高等学校教材

高等数学学习指南

钟仪华　谢祥俊　主编

石油工业出版社

内 容 提 要

本书共九章,包括函数、极限与连续,一元函数微分学,一元函数积分学,微分方程,向量代数与空间解析几何,多元函数微分学,多元函数积分学,积分学的应用,无穷级数. 每章内容均具有基础性、综合性与代表性,为教学中的重难点和学生学习中的易混点,旨在帮助学生巩固并深入理解基本概念、基本性质,掌握基本方法. 全书按照循序渐进、由浅入深的原则合理安排,既注重基础也重视方法,强调学生数学思维能力的培养和提高以及数学素养的拓展训练,强化了创新意识和能力的训练及培养.

本书以对数学有不同要求的一般工科院校的本科生为主要对象,也可供有关教师和高年级本科学生作为教学和考研参考书.

图书在版编目(CIP)数据

高等数学学习指南/钟仪华,谢祥俊主编. —北京:石油工业出版社,2017.8(2024.7 重印)

高等学校教材

ISBN 978 - 7 - 5183 - 1798 - 1

Ⅰ.①高… Ⅱ.①钟…②谢… Ⅲ.①高等数学—高等学校—教学参考资料 Ⅳ.①O13

中国版本图书馆 CIP 数据核字(2017)第 030100 号

出版发行:石油工业出版社

(北京市朝阳区安华里 2 区 1 号楼 100011)

网 址:www.petropub.com

编辑部:(010)64523579 图书营销中心:(010)64523633

经 销:全国新华书店

排 版:北京市密东股份有限公司

印 刷:北京中石油彩色印刷有限责任公司

2017 年 8 月第 1 版 2024 年 7 月第 4 次印刷

787 毫米×1092 毫米 开本:1/16 印张:29

字数:742 千字

定价:49.90 元

前　　言

　　由西南石油大学理学院谢祥俊、涂道兴等老师编写的讲义《数学基础知识与综合提高学习辅导(高等数学)》已经在校使用了多年,受益学生几万人.学生取得包括全国大学生数学竞赛、全国大学生数学建模竞赛在内的国家级奖项二十余项、省级奖项四十余项,人才培养效果得到极大提升.

　　《高等数学学习指南》是在此讲义的基础上,结合四川省高等教育人才培养质量和教学改革项目"多元化人才培养模式下的大学数学系列课程改革与实践"的成果,由数学学科十位老师共同编写完成的,是教改组和数学学科老师集体智慧的结晶.

　　本书共分九章,每章又分为教学大纲及知识结构图,内容提要(基本概念、基本性质、基本方法和典型方法),典型例题(基本题型、综合题型),数学文化拾趣园(数学家趣闻轶事、数学思维与发现),数学实践训练营(数学实验及软件使用、建模案例分析),考研加油站(考研大纲解读、典型真题解答及思考),自我训练与提高(数学术语的英语表述、习题与测验题)七个部分.其中"教学大纲及知识结构图"和"内容提要"是为读者进行复习而设计的,它包括了本章的学时分配、目的要求和重难点,基本概念、主要定理、基本公式及其之间的联系;"典型例题"是本书的主体,精选了各类基本题和综合提高题,并通过分析或说明的方式对典型例题进行分析、归纳和总结,特别是一题多解,使读者掌握各类题目的解题思路、方法和步骤,力争能够举一反三、学会如何利用所学的知识和方法分析解决问题;"数学文化拾趣园"旨在激发和培养读者学习数学的兴趣,提高读者的数学思维和数学素养;"数学实践训练营"重在培养读者用计算机和数学知识分析问题解决问题的能力和意识;"考研加油站"旨在为有考研需求的读者助力加油打气;"自我训练与提高"目的在于促使读者内化学习及反思学习,并为其阅读英文数学文献奠定基础.每部分都体现了培养不同层次人才的要求,读者可根据自己的需要选择相应内容学习、拓展和提高.

　　本书的最大特点是在对高等数学的基本概念、基本性质和基本方法进行归纳总结的同时,画出各知识点的结构和关系图,提炼出各章的典型方法;特别针对不同人才培养模式的需求,加强对典型例题和考研真题的求解思路和方法指导及一题多解的选讲;注重数学文化、数学应用的介绍,强化创新意识和能力的训练及培养;既注重基础也重视方法,强调学生数学思维能力的培养和提高及数学素养的拓展训练,激发学生学习数学的兴趣和自主学习的能力.

　　本书由钟仪华和谢祥俊担任主编.各章撰写人分别是:第一章钟仪华,第二章张晴霞,第三章林敏,第四章和第五章丁显峰,第六章钟仪华、肖建英,第七章金检华,第八章李玲娜,第九章蒋尚武、张晴霞.其中,第一章至第四章和第六章由钟仪华负责指导修改,第五章和第七章至第九章由谢祥俊负责指导修改.全书的内容结构由钟仪华和谢祥俊主持设计制定;钟仪华负责全书的统稿和定稿工作.

　　本书在编写过程中,参考和引用了相关专家、同行的教材和专著上的成果及网上的一些资料,在此一并感谢!

　　限于编者的水平与学识,疏漏与错误难免,敬请广大读者和同行批评指正.

　　若读者想了解更多西南石油大学"高等数学"建设情况,可扫描下面的二维码,进入西南石油大学"高等数学"课程中心。

编　者

2017 年 2 月

目　　录

第一章　函数、极限与连续

第一节　教学大纲及知识结构图

一、教学大纲

1. 高等数学Ⅰ

1）学时分配

"函数与极限"这一章授课学时建议 16 学时：函数与映射（2 学时）；数列的极限（2 学时）；函数的极限（2 学时）；极限存在准则，两个重要极限（2 学时）；无穷小（2 学时）；函数的连续性与间断点（2 学时）；闭区间上连续函数的性质（2 学时）；习题课（2 学时）．

2）目的与要求

学习本章的目的是使学生理解函数、极限和连续，能熟练进行极限运算，用极限方法分析问题和处理问题．本章知识的基本要求是：

（1）理解映射、函数；理解符号函数、取整函数、分段函数、基本初等函数、初等函数、双曲函数．

（2）掌握函数的奇偶性、单调性、周期性和有界性；熟悉基本初等函数的性质和图形，能建立简单实际问题中变量之间的函数关系式．

（3）理解数列极限的定义，掌握收敛数列的性质，熟练掌握数列极限的四则运算法则，能运用数列极限的四则运算法则计算数列极限．

（4）理解极限、左极限与右极限的概念，以及函数极限存在与左极限、右极限之间的关系；掌握函数极限的性质．

（5）能求函数图形的水平渐近线、铅直渐近线和斜渐近线．

（6）熟练掌握极限运算的四则运算法则和复合函数的极限运算法则．

（7）掌握极限存在的两个准则（夹逼准则和单调有界准则），会利用它们证明极限的存在性并计算极限，掌握利用两个重要极限求极限的方法．

（8）理解无穷小、无穷大的概念，掌握无穷小的性质与比较方法及用等价无穷小因子替换求极限的方法．

（9）理解函数连续性（含左连续与右连续）的概念，会判别函数间断点的类型．

（10）理解连续函数的性质和初等函数的连续性，理解闭区间上连续函数的性质（有界性、最大值和最小值定理、介值定理），并会应用这些性质解决相关问题．

3）重点和难点

（1）重点：数列的极限和函数的极限，极限的四则运算法则和复合函数的极限运算法则，两个重要极限公式及等价无穷小因子替换求极限的方法，连续函数的概念及性质．

（2）难点：数列的极限和函数的极限概念，极限存在准则的应用，函数间断点及其分类，闭区间上连续函数性质的应用.

2. 高等数学Ⅱ

1）学时分配

"函数""极限和连续"两章授课学时建议 18 学时：函数（4 学时）；数列的极限（2 学时）；函数的极限（2 学时）；极限存在准则，两个重要极限（2 学时）；无穷小（2 学时）；函数的连续性与间断点（2 学时）；闭区间上连续函数的性质（2 学时）；习题课和单元测验（2 学时）.

2）目的与要求

学习本章的目的是使学生理解函数的概念，能建立简单实际问题中变量之间的函数关系式；理解极限和连续等概念，能熟练进行极限运算，用极限方法分析问题和处理问题. 本章知识的基本要求是：

（1）理解笛卡尔乘积、邻域、映射、单射、满射、双射、逆映射和复合映射等概念；理解函数、符号函数、取整函数、分段函数、基本初等函数、初等函数、双曲函数等概念.

（2）掌握函数的有界性、奇偶性、单调性和周期性等四种特性，能建立简单实际问题中变量之间的函数关系式.

（3）理解数列极限的定义，掌握收敛数列的性质，熟练掌握数列极限的四则运算法则，能运用数列极限的四则运算法则计算数列极限.

（4）理解极限、左极限与右极限等概念，掌握函数极限存在的充分必要条件，能求函数图形的水平渐近线，掌握函数极限的性质.

（5）熟练掌握极限运算的四则运算法则和复合函数的极限运算法则，能用极限运算法则计算极限.

（6）掌握夹逼准则和单调有界准则这两个极限存在准则，会利用极限存在准则证明极限存在并求极限，能利用两个重要极限公式求极限.

（7）理解无穷小、无穷大的概念，能求函数图形的铅直渐近线，掌握无穷小的性质与比较，会用等价无穷小替换计算极限.

（8）理解函数在一点处连续、左连续与右连续、函数的间断点等概念，掌握函数在一点处连续的充分必要条件，能判定函数的间断点的类型，理解初等函数的连续性.

（9）理解最大值、最小值定理和介值定理等闭区间上连续函数的性质定理，并会用其解决有关问题.

3）重点和难点

（1）重点：函数的有关概念，建立简单函数关系式，数列和函数的极限，极限的四则运算法则和复合函数的极限运算法则，两个重要极限公式及等价无穷小因子替换求极限的方法，连续函数的概念及性质.

（2）难点：笛卡尔乘积、函数的有界性和复合函数的概念，建立简单函数关系式，数列的极限和函数的极限概念，极限存在准则的应用，函数间断点及其分类，闭区间上连续函数性质的应用.

3. 高等数学Ⅲ

1）学时分配

"函数与极限"这一章授课学时建议 8 学时. 初等函数（2 学时）；极限的概念及四则运算法则（2 学时）；两个重要极限，无穷大与无穷小（2 学时）；函数的连续性（2 学时）.

2）目的与要求

学习本章的目的是使学生理解函数、极限和连续的概念,能熟练进行极限运算. 本章知识的基本要求是:

(1)理解函数的概念,了解函数的有界性、奇偶性、单调性和周期性四种特性,会建立简单实际问题中变量之间的函数关系式.

(2)了解复合函数和反函数的概念.

(3)掌握基本初等函数的性质及其图形,了解初等函数的概念.

(4)理解数列极限和函数极限(包括左极限与右极限)的概念,以及函数极限存在与左极限、右极限之间的关系;能运用极限四则运算法则计算极限.

(5)掌握利用两个重要极限公式求极限的方法.

(6)了解无穷小、无穷大的概念;了解无穷大与无穷小的关系.

(7)理解函数连续和间断的直观概念,了解连续函数的性质和初等函数的连续性,会利用函数的连续性计算初等函数的极限.

(8)了解最大值、最小值定理和介值定理等闭区间上连续函数的性质定理.

3）重点和难点

(1)重点:函数和连续函数的概念,基本初等函数的性质及图形,利用极限的四则运算法则、两个重要极限公式、初等函数连续性求函数的极限.

(2)难点:建立简单函数关系式,极限的定义,无穷小和无穷大的概念,闭区间上连续函数的性质.

二、知识结构图

高等数学Ⅰ的知识结构图如图 1-1 所示,高等数学Ⅱ的知识结构图如图 1-2 所示,高等数学Ⅲ的知识结构图如图 1-3 所示.

第二节　内　容　提　要

函数是现实世界中变量依赖关系在数学中的反映,是微积分学的主要研究对象. 而极限方法是研究变量的一种基本方法. 本节总结和归纳本章的基本概念、基本性质、基本方法及一些典型方法.

一、基本概念

1. 集合的相关概念

集合是数学中最基本的概念之一,它在现代数学中非常重要,大多数数学家相信所有数学用集合论语言表达是可能的. 集合也是一种原始概念,无法给出精确的定义,只能给出说明性的描述.

集合(简称集)是指具有某种特定性质的事物的总体,组成这个集合的事物称为该集合的元素(简称元).

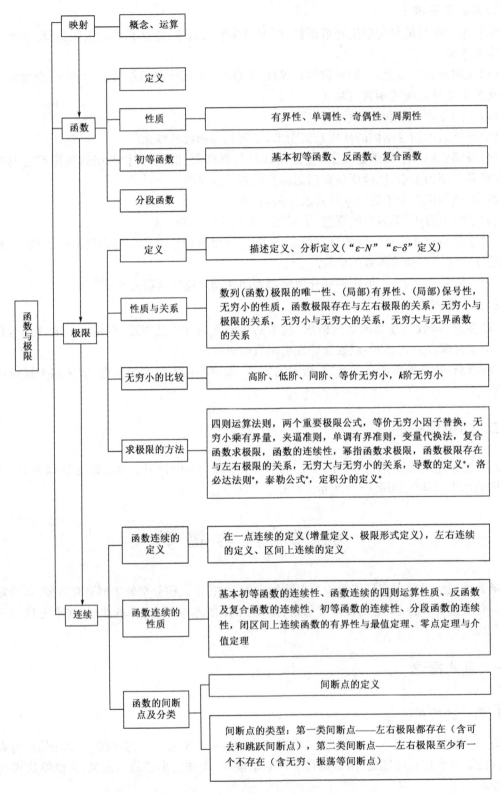

图 1—1

"＊"表示不是本章所讲的方法．"$A \rightarrow B$"表示由"A"推广可得到"B"．

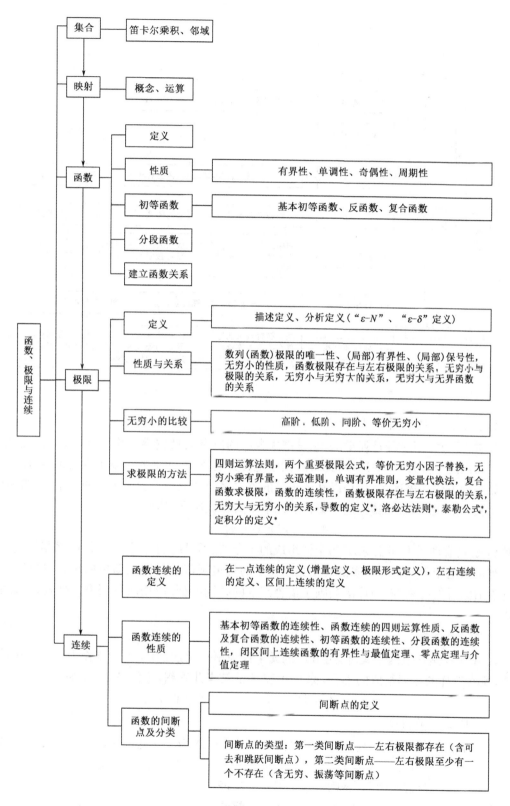

图 1—2

— 5 —

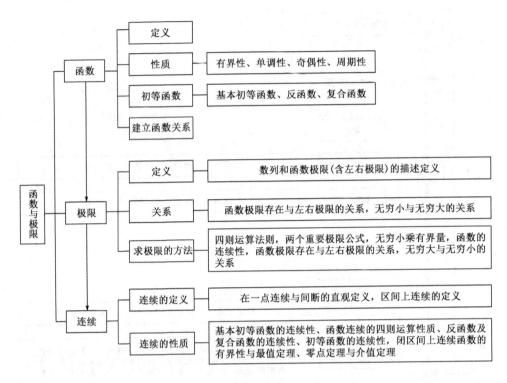

图 1—3

1) 表示集合的常用方法

通常有两种:第一种是列举法,它是把集合中的所有元素按某一次序逐一列在花括号内,元素之间用逗号隔开. 列举法中,元素的次序是无关紧要的,元素的重复出现无足轻重.

第二种方法是描述法,它是以某个小写的英文字母来统一表示该集合的元素,并描述出集合元素具有的性质,而不属于这个集合的元素不具有该性质,其形式为

$$A = \{x \mid x \text{ 具有性质 } P\},$$

这里 A 是具有性质 P 的元素 x 的全体组成的集合,花括号内的符号"|"读作"系指".

列举法适用于元素不太多的有限集或元素的构造规律比较明显简单的集合,好处是可以具体看清集合的元素,而描述法刻画了集合元素的共同特征. 应用时可根据方便任意选用,不受限制.

2) 笛卡儿乘积

设 A 和 B 是任意两个集合,用 A 中的元素作为第一元素,B 中的元素作为第二元素,构成序偶,所有这样的序偶组成的集合,称为 A 和 B 的**笛卡儿乘积**,记作 $A \times B$,即

$$A \times B = \{(x,y) \mid x \in A \text{ 且 } y \in B\}.$$

3) 邻域的有关概念

设 a 是实数,δ 是正实数,则称开区间 $(a-\delta, a+\delta)$ 为点 a 的 δ 邻域,记为 $U(a,\delta)$,即

$$U(a,\delta) = \{x \mid x \in R, |x-a| < \delta\} = (a-\delta, a+\delta).$$

其中 a 称为这个邻域的**中心**,δ 称为这个邻域的**半径**.

称 $(a-\delta, a) \bigcup (a, a+\delta)$ 为点 a 的**去心 δ 邻域**,记为 $\mathring{U}(a,\delta)$,即

$$\mathring{U}(a,\delta) = \{x \mid 0 < |x-a| < \delta\} = (a-\delta, a) \bigcup (a, a+\delta).$$

其中 a 称为这个邻域的**中心**，δ 称为这个邻域的**半径**.

称开区间 $(a-\delta,a)$ 为点 a 的**左 δ 邻域**、开区间 $(a,a+\delta)$ 为点 a 的**右 δ 邻域**.

设 $P_0(x_0,y_0)$ 是 xOy 面内的一个定点，δ 是正实数，则称

$$U(P_0,\delta)=\{P\,|\,P\in R^2,|PP_0|<\delta\}=\{(x,y)\,|\,(x-x_0)^2+(y-y_0)^2<\delta^2\}$$

为点 P_0 的 **δ 邻域**，称

$$\mathring{U}(P_0,\delta)=\{P\,|\,P\in R^2,0<|PP_0|<\delta\}=\{(x,y)\,|\,0<(x-x_0)^2+(y-y_0)^2<\delta^2\}$$

为点 P_0 的**去心 δ 邻域**.

2. 映射的相关概念

1）映射的定义

设 X 和 Y 为两个非空集合，如果存在一个法则 f，使得对于集合 X 中的每一个元素 x，按照法则 f，在集合 Y 中有一个唯一确定的元素 y 与它对应，那么称 f 为从 X 到 Y 的一个**映射**（**mapping**），记为

$$f:X\rightarrow Y,x\rightarrow y.$$

其中元素 y 称为元素 x 在映射 f 下的**像**，记为 $f(x)$，即 $y=f(x)$，而元素 x 称为元素 y 在映射 f 下的**原像**；又称 X 为映射 f 的**定义域**，记为 D_f，即 $D_f=X$，而 $\{y\,|\,y=f(x),x\in X\}$ 称为映射 f 的**值域**，记为 R_f 或 $f(X)$，即

$$R_f=f(X)=\{f(x)\,|\,x\in X\}.$$

f 是从 X 到 Y 的映射的充分必要条件是：(1) $D_f=X$，即对 X 的每个元素都要有像（存在性条件）；(2) 如果 $y_1=f(x)$，$y_2=f(x)$，那么 $y_1=y_2$，即对每一个 X 的每个元素都只有一个像（唯一性条件）.

2）映射的类型

设 $f:X\rightarrow Y$，且对任意 x_1、$x_2\in X,x_1\neq x_2$，总有 $f(x_1)\neq f(x_2)$，则称 f 为从 X 到 Y 的**单射映射**；设 $f:X\rightarrow Y$，且 $R_f=Y$，则称 f 为从 X 到 Y 的**满射映射**；设 $f:X\rightarrow Y$，且 f 既是单射映射又是满射映射，则称 f 为从 X 到 Y 的**双射映射**.

设 f 为从 X 到 Y 的一个单射，则对任意 $y\in f(X)$，都存在唯一的 $x\in X$，使得 $y=f(x)$，令

$$g:f(X)\rightarrow X,y\rightarrow x,$$

其中 x 满足 $y=f(x)$. 根据映射的定义，g 为从 $f(X)$ 到 X 的映射，我们称 g 为映射 f 的**逆映射**，记为 f^{-1}. 显然，$D_{f^{-1}}=f(X)$，$R_{f^{-1}}=X$.

设 $f:X\rightarrow Y$ 和 $g:U\rightarrow V$ 是两个映射，其中 $Y\subseteq U$，则根据映射的定义，

$$X\rightarrow V,x\rightarrow g(f(x))$$

为从 X 到 Y 的映射，我们称这个映射为 f 和 g 的**复合映射**，记为 $g\circ f$.

由 f 和 g 求得 $g\circ f$ 的运算"$\circ$"称为**复合运算**.

3. 函数的相关概念

1）函数

（1）**定义**. 设 $D\subseteq\mathbf{R},D\neq\varnothing$，则称由 D 到 $\mathbf{R}$ 的一个映射 $f:D\rightarrow\mathbf{R}$ 为定义在 D 上的**一元函数**，简称**函数**，通常记为

$$y = f(x), x \in D,$$

其中 y 为 x 的函数，x 为自变量，y 为因变量. 记为 $y = f(x)$，D 为函数 f 的**定义域**，记为 D_f. 称 $f(x)$ 为函数 f 在 x 处的**函数值**，因变量与自变量之间的这种依赖关系称为**函数关系**，函数值的全体所构成的集合称为函数 f 的**值域**，记为 R_f 或 $f(D)$，即

$$R_f = f(D) = \{y \mid y = f(x), x \in D\}.$$

(2)确定定义域的方法. 通常有两种：一是在实际问题中由实际问题确定，其自变量的取值要使实际问题有意义；二是在非实际问题中我们约定函数的定义域就是使该函数有意义的所有自变量的集合.

(3)表示函数的方法. 通常有三种：解析法（公式法）、表格法和图形法. 其中，用图形法表示函数是基于函数图形的概念，即坐标平面上的点集

$$\{(x, y) \mid y = f(x), x \in D\}$$

称为函数 $y = f(x)$ 的图形，D 是函数 $y = f(x)$ 的定义域.

2）分段函数

在自变量的不同变化范围中，对应法则用不同式子来表示的函数.

3）有界函数

设函数 $f(x)$ 的定义域是 D，数集 $X \subseteq D$.

(1)有上界的函数. 如果存在实数 M_1，使得对任意 $x \in X$，均有 $f(x) \leqslant M_1$ 成立，那么称函数 $f(x)$ 在 X 上有上界，而 M_1 称为函数 $f(x)$ 在 X 上的一个上界.

(2)有下界的函数. 如果存在实数 M_2，使得对任意 $x \in X$，均有 $f(x) \geqslant M_2$ 成立，那么称函数 $f(x)$ 在 X 上有下界，而 M_2 称为函数 $f(x)$ 在 X 上的一个下界.

(3)有界和无界函数. 如果存在正实数 M，使得对任意 $x \in X$，均有 $|f(x)| \leqslant M$ 成立，那么称函数 $f(x)$ 在 X 上**有界**；如果这样的正实数 M 不存在，那么称函数 $f(x)$ 在 X 上**无界**.

4）基本初等函数

幂函数、指数函数、对数函数、三角函数、反三角函数统称为**基本初等函数**.

5）初等函数

初等函数是指由常数和基本初等函数经过有限次四则运算和有限次的函数复合步骤所构成并能够用一个式子表示的函数.

4. 数列及其有界性的定义

(1)数列的定义. 如果按照某一个法则，对每个 n，对应着一个确定的实数 x_n，这些实数按照下标从小到大排列得到的一个序列

$$x_1, x_2, \cdots, x_n, \cdots$$

称为**数列**，记为 $\{x_n\}$. 数列中的每一个数称为数列的项，第 n 项 x_n 称为**一般项**.

(2)数列的有界性. 对于数列，如果存在正数 M，使得对于一切 x_n 都满足不等式 $|x_n| \leqslant M$，那么称数列 $\{x_n\}$ 有界；如果这样的正数 M 不存在，那么称数列 $\{x_n\}$ 无界.

5. 数列极限的定义

(1)描述定义. 设 $\{x_n\}$ 为一个数列，如果存在常数 a，当 n 无限增大时，$\{x_n\}$ 无限接近于常数 a，那么称常数 a 是数列 $\{x_n\}$ 的**极限**，或者称数列 $\{x_n\}$ 收敛 a，记为

$$\lim_{n \to \infty} x_n = a \text{ 或 } x_n \to a(n \to \infty).$$

如果不存在这样的常数,那么就称数列 $\{x_n\}$ 没有极限,或者称数列**发散**,习惯上也称 $\lim\limits_{n \to \infty} x_n$ 不存在.

(2)分析定义. 设 $\{x_n\}$ 为一个数列,如果存在常数 a,对于任意给定的正数 ε(不论它多么小),总存在正整数 N,使得 $n > N$ 时的一切 x_n,不等式

$$|x_n - a| < \varepsilon$$

都成立,那么就称常数 a 是数列 $\{x_n\}$ 的**极限**,或者称数列 $\{x_n\}$ 收敛 a.

6. 函数极限的定义

(1)描述定义. 设函数 $f(x)$ 在 x_0 的某个去心邻域内(在 $|x| > X_0$ 时)有意义,如果存在常数 A,当 x 无限趋近于 x_0($|x|$ 无限增大)时,$f(x)$ 无限接近于常数 A,那么称常数 A 为函数 $f(x)$ 当 $x \to x_0$($x \to \infty$)时的**极限**,或者称 $f(x)$ 的极限是 A,记为

$$\lim_{x \to x_0(x \to \infty)} f(x) = A$$

或

$$f(x) \to A, x \to x_0(x \to \infty).$$

否则,称函数 $f(x)$ 在 $x \to x_0$($x \to \infty$)时的极限不存在.

(2)分析(ε—δ 或 ε—X)定义. 设函数 $f(x)$ 在 x_0 的某个去心邻域内(在 $|x| > X_0$ 时,X_0 是正数)有意义,如果存在常数 A,对于任意给定的正数 ε(不论它多么小),总存在正数 $\delta(X)$,使得当 x 满足

$$0 < |x - x_0| < \delta(|x| > X)$$

时,对应的函数值 $f(x)$ 满足不等式

$$|f(x) - A| < \varepsilon,$$

那么就称常数 A 为函数 $f(x)$ 当 $x \to x_0$($x \to \infty$)时的极限,或者称 $f(x)$ 的极限是 A.

7. 单侧(边)极限的定义

(1)左、右极限. 设 $f(x)$ 在 $(x_0 - \delta_1, x_0)[(x_0, x_0 + \delta_1)]$ 内有意义,如果存在常数 A,对于任意给定的正数 ε(不论它多么小),总存在正数 δ,使得当 x 满足

$$x_0 - \delta < x < x_0(x_0 < x < x_0 + \delta)$$

时,对应的函数值 $f(x)$ 满足不等式

$$|f(x) - A| < \varepsilon,$$

那么就称常数 A 为函数 $f(x)$ 当 $x \to x_0$ 时的左(右)**极限**,或者称 $f(x)$ 在 x_0 处的左(右)极限是 A,记为

$$f(x_0^-) = \lim_{x \to x_0^-} f(x) = A(f(x_0^+) = \lim_{x \to x_0^+} f(x) = A);$$

否则,称函数 $f(x)$ 在 $x \to x_0$ 时的左(右)极限不存在.

(2) $x \to -\infty(+\infty)$ **的极限**. 设 X_0 是正数,$f(x)$ 在 $x < -X_0(x > X_0)$ 时有意义,如果存在常数 A,对于任意给定的正数 ε(不论它多么小),总存在正数 $X > X_0$,使得当 x 满足

$$x < -X(x > X)$$

时,对应的函数值 $f(x)$ 满足不等式

$$|f(x) - A| < \varepsilon,$$

那么就称常数 A 为函数 $f(x)$ 当 $x \to -\infty$($x \to +\infty$)时的**极限**,记为

$$\lim_{x \to \infty} f(x) = A (\lim_{x \to +\infty} f(x) = A),$$

否则，称函数 $f(x)$ 在 $x \to -\infty$（$x \to +\infty$）时的极限不存在.

8. 单调数列

(1)单增数列. 满足 $x_1 \leqslant x_2 \leqslant \cdots \leqslant x_n \leqslant \cdots$ 的数列 $\{x_n\}$.

(2)单减数列. 满足 $x_1 \geqslant x_2 \geqslant \cdots \geqslant x_n \geqslant \cdots$ 的数列 $\{x_n\}$.

(3)单调数列. 单增数列和单减数列的统称.

9. 无穷小与无穷大

(1)无穷小(量). 在某一极限过程中，以 0 为极限的变量(数列或函数)称为该极限过程中的**无穷小量**，简称**无穷小**，即 $f(x)$ 为无穷小的充分必要条件是 $\lim f(x) = 0$.

(2)无穷大(量). 在某一极限过程中，绝对值无限增大的变量(数列或函数)称为该极限过程中的**无穷大量**，简称**无穷大**.

10. 无穷小的比较

设 $\alpha(x)$ 和 $\beta(x)$ 都是同一极限过程中的两个无穷小量.

(1)高阶的无穷小. 若 $\lim \dfrac{\alpha(x)}{\beta(x)} = 0$，则称 $\alpha(x)$ 是比 $\beta(x)$ **高阶的无穷小**，记为 $\alpha(x) = o[\beta(x)]$.

(2)低阶的无穷小. 若 $\lim \dfrac{\alpha(x)}{\beta(x)} = \infty$，则称 $\alpha(x)$ 是比 $\beta(x)$ **低阶的无穷小**.

(3)同阶无穷小. 若 $\lim \dfrac{\alpha(x)}{\beta(x)} = c(c \neq 0, c \neq \infty)$，则称 $\alpha(x)$ 与 $\beta(x)$ 是**同阶无穷小**.

(4)等价无穷小. 若 $\lim \dfrac{\alpha(x)}{\beta(x)} = 1$，则称 $\alpha(x)$ 与 $\beta(x)$ 是**等价无穷小**，记为 $\alpha(x) \sim \beta(x)$.

(5) k 阶无穷小. 若 $\lim \dfrac{\alpha(x)}{\beta^k(x)} = c(c \neq 0, c \neq \infty)$，则称 $\alpha(x)$ 是关于 $\beta(x)$ 的 k **阶无穷小**.

11. 函数的连续性

1)在一点连续的定义

(1)增量形式的定义. 设函数 $y = f(x)$ 在点 x_0 的某个邻域内有定义，且
$$\lim_{\Delta x \to 0} \Delta y = \lim_{\Delta x \to 0}[f(x_0 + \Delta x) - f(x_0)] = 0,$$
则称函数 $y = f(x)$ 在点 x_0 处**连续**，此时称 x_0 为 $f(x)$ 的**连续点**.

(2)极限形式的定义. 设函数 $y = f(x)$ 在点 x_0 的某个邻域内有定义，且
$$\lim_{x \to x_0} f(x) = f(x_0),$$
则称函数 $y = f(x)$ 在点 x_0 处**连续**.

2)左、右连续的定义

(1)左连续. 设函数 $y = f(x)$ 在点 x_0 的某个邻域内有定义，且 $f(x_0^-) = f(x_0)$，则称 $f(x)$ 在 x_0 处**左连续**.

(2)右连续. 设函数 $y = f(x)$ 在点 x_0 的某个邻域内有定义，且 $f(x_0^+) = f(x_0)$，则称

$f(x)$ 在点 x_0 处右连续.

3)在区间内(上)连续的定义

(1)在 (a,b) 内连续. 如果 $f(x)$ 在 (a,b) 内每一点处都连续,那么称 $f(x)$ 在 (a,b) 内连续.

(2)在 $[a,b]$ 上连续. 如果 $f(x)$ 在 (a,b) 内连续,且在 a 处右连续,在 b 处左连续,则称 $f(x)$ 在 $[a,b]$ 上连续.

12. 函数的间断点及分类

(1)间断点的定义. 设 x_0 的任何去心邻域都有异于 x_0 而属于 $f(x)$ 的定义域中的点,如果 $\lim\limits_{x \to x_0} f(x) \neq f(x_0)$,那么称 x_0 为 $f(x)$ 的**不连续点**或**间断点**.

(2)间断点的分类. 若 $f(x_0^-)$、$f(x_0^+)$ 存在,则称 x_0 为 $f(x)$ 的**第一类间断点**.特别地:若 $f(x_0^-) \neq f(x_0^+)$,即左、右极限存在但不相等,则称 x_0 为 $f(x)$ 的**跳跃间断点**;若 $f(x_0^-) = f(x_0^+)$,即左、右极限存在且相等,但不等于该点的函数值,则称 x_0 为 $f(x)$ 的可去间断点.不是第一类的间断点,即左极限 $f(x_0^-)$、右极限 $f(x_0^+)$ 至少有一个不存在的间断点称为**第二类间断点**.

13. 函数的最值及最值点

(1)最大值(最小值). 设函数 $f(x)$ 在区间 I 上有定义,如果存在 $x_0 \in I$ 使得对于任意 $x \in I$ 都有

$$f(x) \leqslant f(x_0)(f(x) \geqslant f(x_0)),$$

那么称 $f(x_0)$ 为函数 $f(x)$ 在区间 I 上的**最大值(最小值)**,x_0 为函数 $f(x)$ 在区间 I 上的一个最大值点(一个最小值点).

(2)最值点. 使函数取得最大值或最小值的点,包括最大值点和最小值点.

14. 函数的零点或方程的根

如果 $f(x_0) = 0$,那么称 x_0 为函数 $f(x)$ 的**零点**或方程 $f(x) = 0$ 的**根**.

15. 曲线的渐近线

(1)水平渐近线. 设函数 $f(x)$ 在 $(-\infty, 0)$ 或者 $(0, +\infty)$ 内连续,如果

$$\lim\limits_{x \to -\infty} f(x) = a \text{ 或者 } \lim\limits_{x \to +\infty} f(x) = a,$$

那么称直线 $y = a$ 为曲线 $y = f(x)$ 的**水平渐近线**.

(2)铅直渐近线. 设函数 $f(x)$ 在 $(x_0 - \delta, x_0)$ 或者 $(x_0, x_0 + \delta)$ 内连续,如果

$$\lim\limits_{x \to x_0^-} f(x) = +\infty, \text{ 或者 } \lim\limits_{x \to x_0^-} f(x) = -\infty,$$
$$\text{或者 } \lim\limits_{x \to x_0^+} f(x) = +\infty, \text{ 或者 } \lim\limits_{x \to x_0^+} f(x) = -\infty,$$

那么称直线 $x = x_0$ 为曲线 $y = f(x)$ 的**铅直渐近线**.

(3)斜渐近线. 如果直线 L 的斜率不等于零,且曲线 $y = f(x)$ 上的动点 $M(x, y)$ 到直线 L 的距离 $d(M, L)$ 满足:当 $x \to +\infty$(或者 $x \to -\infty$,或者 $x \to \infty$)时,$d(M, L) \to 0$,那么称直线 L 为曲线 $y = f(x)$ 的**斜渐近线**.

设函数 $f(x)$ 在 $(-\infty, 0)$ 或者 $(0, +\infty)$ 内连续,如果

$$\lim_{x \to -\infty} \frac{f(x)}{x} = a(a \neq 0), \lim_{x \to -\infty}[f(x) - ax] = b,$$

或者

$$\lim_{x \to +\infty} \frac{f(x)}{x} = a(a \neq 0), \lim_{x \to +\infty}[f(x) - ax] = b,$$

那么直线 $y = ax + b$ 为曲线 $y = f(x)$ 的斜渐近线.

二、基本性质

1. 函数的性质

(1)有界性. 函数 $f(x)$ 在 X 上有界的充分必要条件是存在两个实数 A 和 B,使得对任意 $x \in X$,均有 $A \leqslant f(x) \leqslant B$,即 $f(x)$ 在 X 上既有上界又有下界. 从几何上看,若函数 $f(x)$ 在 $x \in X$ 的范围内,其图像介于两条水平直线 $y = A, y = B$ 之间,则函数 $f(x)$ 在 X 上有界. 函数 $f(x)$ 在 X 上无界的充分必要条件是:对任意正实数 M,总存在 $x_0 \in X$,使得 $|f(x_0)| > M$ 成立.

(2)单调性. 设函数 $f(x)$ 的定义域为 D,区间 $I \subset D$. 如果对于区间 I 上任意两点 x_1 和 x_2,当 $x_1 < x_2$ 时,恒有 $f(x_1) < f(x_2)(f(x_1) > f(x_2))$,则称函数 $f(x)$ 在区间 I 上是单调增加的(单调减少的). 单调增加的和单调减少的函数统称为单调函数.

(3)奇偶性. 设函数 $f(x)$ 的定义域 D 关于原点对称. 如果对于任一 $x \in D, f(-x) = -f(x)(f(-x) = f(x))$ 都成立,那么称 $f(x)$ 为奇函数(偶函数).奇函数的图形关于原点对称,偶函数的图形关于 y 轴对称.

(4)周期性. 设函数 $f(x)$ 的定义域为 D,如果存在一个不为零的数 l,使得对于任一 $x \in D$ 有 $(x \pm l) \in D$,且 $f(x + l) = f(x)$ 恒成立,则称 $f(x)$ 为周期函数,l 为 $f(x)$ 的周期. 通常我们说周期函数的周期是指它的最小正周期,但并不是每个周期函数都有最小正周期. 周期为 l 的周期函数,在其定义域内每个长度为 l 的区间上有相同的图形形状.

(5)两个常用的不等式. ① $|\sin x| < |x|, x \in (-\infty, 0) \cup (0, +\infty)$. ② $|x| < |\tan x|$, $x \in \left(-\frac{\pi}{2}, 0\right) \cup \left(0, \frac{\pi}{2}\right)$.

2. 数列极限的性质

(1)收敛数列极限的唯一性. 收敛数列的极限唯一.

(2)收敛数列的有界性. 如果数列 $\{x_n\}$ 收敛,那么数列 $\{x_n\}$ 一定有界.

(3)收敛数列的保号性. ①设 $\lim_{n \to \infty} x_n = a$,如果 $a > 0$(或 $a < 0$),那么存在正整数 N,使得当 $n > N$ 时,都有 $x_n > 0$(或 $x_n < 0$). ②设 $\lim_{n \to \infty} x_n = a, \lim_{n \to \infty} y_n = b$,如果 $a > b$,那么存在正整数 N,使得当 $n > N$ 时,都有 $x_n > y_n$. ③设 $\lim_{n \to \infty} x_n = a$ 且存在正整数 N,使得当 $n > N$ 时,都有 $x_n \geqslant 0$(或 $x_n \leqslant 0$),那么 $a \geqslant 0$(或 $a \leqslant 0$).

(4)四则运算法则. 设 $\lim_{n \to \infty} x_n = a, \lim_{n \to \infty} y_n = b$,则:① $\lim_{n \to \infty}(x_n \pm y_n)$ 存在,且 $\lim_{n \to \infty}(x_n \pm y_n) = \lim_{n \to \infty} x_n \pm \lim_{n \to \infty} y_n = a \pm b$. ② $\lim_{n \to \infty} x_n y_n$ 存在,且 $\lim_{n \to \infty} x_n y_n = \lim_{n \to \infty} x_n \lim_{n \to \infty} y_n = ab$. ③ $\lim_{n \to \infty} \frac{x_n}{y_n}$ 存在,且

$$\lim_{n \to \infty} \frac{x_n}{y_n} = \frac{\lim\limits_{n \to \infty} x_n}{\lim\limits_{n \to \infty} y_n} = \frac{a}{b}(b \neq 0).$$

(5) 若 $\lim\limits_{n \to \infty} x_n = a$, 则 $\lim\limits_{n \to \infty} |x_n| = |a|$.

(6)数列极限的夹逼准则. 如果数列 $\{x_n\}$、$\{y_n\}$ 及 $\{z_n\}$ 满足下列条件: ① 存在正数 $N_0 \in N^+$, 当 $n > N_0$ 时, 有 $y_n \leqslant x_n \leqslant z_n$; ② $\lim\limits_{n \to \infty} y_n = a$, $\lim\limits_{n \to \infty} z_n = a$; 那么数列 $\{x_n\}$ 的极限存在, 且 $\lim\limits_{n \to \infty} x_n = a$.

(7)单调有界数列的极限存在准则. 单调有界数列必有极限.

注: 数列有界是数列收敛的必要条件, 但不是数列收敛的充分条件; 而数列单调既不是数列收敛的充分条件, 也不是数列收敛的必要条件.

(8)重要极限. $\lim\limits_{n \to \infty} \left(1 + \dfrac{1}{n}\right)^n = \mathrm{e}.$

3. 函数极限的性质

(1)函数极限的唯一性. 如果函数 $f(x)$ 当 $x \to x_0$ ($x \to \infty$) 时的极限存在, 那么这个极限唯一.

(2)函数极限的局部有界性. 如果函数 $f(x)$ 当 $x \to x_0$ ($x \to \infty$) 时的极限存在, 那么存在正常数 M 和 δ (X), 使得当 x 满足 $0 < |x - x_0| < \delta$ ($|x| > X$) 时, 有 $|f(x)| \leqslant M$.

(3)函数极限的局部保号性. ① 设极限 $\lim\limits_{x \to x_0 (x \to \infty)} f(x) = A$, 且 $A > 0 (A < 0)$, 则存在去心邻域 $\mathring{U}(x_0, \delta)$ ($|x| > X$), 使得当 $x \in \mathring{U}(x_0, \delta)$ ($|x| > X$) 时, $f(x) > 0 (f(x) < 0)$. ② 设极限 $\lim\limits_{x \to x_0 (x \to \infty)} f(x) = A$, $\lim\limits_{x \to x_0 (x \to \infty)} g(x) = B$, 且 $A > B$, 则存在去心邻域 $\mathring{U}(x_0, \delta)$ ($|x| > X$), 使得当 $x \in \mathring{U}(x_0, \delta)$ ($|x| > X$) 时, $f(x) > g(x)$. ③ 设 $\lim\limits_{x \to x_0 (x \to \infty)} f(x) = A$, 且存在 $\mathring{U}(x_0, \delta)$ ($|x| > X$), 使得当 $x \in \mathring{U}(x_0, \delta)$ ($|x| > X$) 时, $f(x) \geqslant 0 (f(x) \leqslant 0)$, 则 $A \geqslant 0 (A \leqslant 0)$. ④ 设 $\lim\limits_{x \to x_0 (x \to \infty)} f(x) = A$, $\lim\limits_{x \to x_0 (x \to \infty)} g(x) = B$, 且存在 $\mathring{U}(x_0, \delta)$ ($|x| > X$), 使得当 $x \in \mathring{U}(x_0, \delta)$ ($|x| > X$) 时, $f(x) \geqslant g(x)$, 则 $A \geqslant B$.

注: 函数的左、右极限和 $x \to \pm\infty$ 时函数的极限也有类似的性质.

(4)函数极限的四则运算法则. 设 $\lim f(x) = A$, $\lim g(x) = B$ (极限的趋近方式相同), 则: ① $\lim[f(x) \pm g(x)]$ 存在, 且 $\lim[f(x) \pm g(x)] = \lim f(x) \pm \lim g(x) = A \pm B$. ② $\lim[f(x)g(x)]$ 存在, 且 $\lim[f(x)g(x)] = \lim f(x) \cdot \lim g(x) = AB$. ③ $\lim \dfrac{f(x)}{g(x)}$ 存在, 且 $\lim \dfrac{f(x)}{g(x)} = \dfrac{A}{B}(B \neq 0).$

(5)复合函数的极限运算法则(或变量代换法则). 设函数 $f(x)$ 是由函数 $u = \varphi(x)$ 和 $y = f(u)$ 复合而成, $y = f[\varphi(x)]$ 在点 x_0 的某个去心邻域内有定义. 如果 $\lim\limits_{x \to x_0} \varphi(x) = u_0$, $\lim\limits_{u \to u_0} f(u) = A$, 且在 $\mathring{U}(x_0, \delta)$ 内 $\varphi(x) \neq u_0$, 那么 $\lim\limits_{x \to x_0} f[\varphi(x)] = \lim\limits_{u \to u_0} f(u) = A.$

(6)函数极限的夹逼准则. 如果函数 $f(x)$、$g(x)$ 及 $h(x)$ 在 x_0 的某去心邻域内满足下列条件：① $f(x) \leqslant g(x) \leqslant h(x)$；② $\lim\limits_{x \to x_0} f(x) = \lim\limits_{x \to x_0} h(x) = a$；那么 $\lim\limits_{x \to x_0} g(x)$ 存在，且 $\lim\limits_{x \to x_0} g(x) = a$.

注：函数的左、右极限和 $x \to \infty$、$x \to \pm\infty$ 时的函数极限也有类似的夹逼准则.

(7)两个重要极限. ①$\lim\limits_{x \to 0} \dfrac{\sin x}{x} = 1$（$x$ 为弧度）. ②$\lim\limits_{x \to \infty} \left(1 + \dfrac{1}{x}\right)^x = \mathrm{e}$，$\lim\limits_{x \to 0}(1 + x)^{\frac{1}{x}} = \mathrm{e}$.

注：$x \to 0^{\pm}$ 和 $x \to \infty$、$x \to \pm\infty$ 时也有相应的极限公式.

4. 无穷小的性质

(1)和的性质. 有限个无穷小的和是无穷小.

(2)积的性质. 有限个无穷小的积是无穷小.

(3)有界量与无穷小积的性质. 有界函数与无穷小的乘积是无穷小.

(4)无穷大与无穷小的关系性质. 在自变量的同一个变化过程中，若 $f(x)$ 为无穷小，$f(x) \neq 0$，则 $\dfrac{1}{f(x)}$ 为无穷大；若 $f(x)$ 为无穷大，则 $\dfrac{1}{f(x)}$ 为无穷小.

(5)无穷小与函数极限的关系. 在自变量的同一个变化过程中，$\lim f(x) = A$ 的充分必要条件是 $f(x) = A + \alpha(x)$，其中 $\lim \alpha(x) = 0$.

(6)等价无穷小因子替换定理. 设在自变量的同一变化过程中，$\alpha_1(x) \sim \alpha_2(x)$，$\beta_1(x) \sim \beta_2(x)$，且极限 $\lim \dfrac{f(x)\alpha_2(x)}{g(x)\beta_2(x)}$ 存在，则极限 $\lim \dfrac{f(x)\alpha_1(x)}{g(x)\beta_1(x)}$ 存在，且 $\lim \dfrac{f(x)\alpha_1(x)}{g(x)\beta_1(x)} = \lim \dfrac{f(x)\alpha_2(x)}{g(x)\beta_2(x)}$.

(7)几个常用的等价无穷小. 当 $x \to 0$ 时：① $\sin x \sim x$；②$\tan x \sim x$；③$1 - \cos x \sim x^2/2$；④$\ln(1+x) \sim x$；⑤$(1+x)^{\mu} - 1 \sim \mu x$；⑥$a^x - 1 \sim x \ln a$；⑦$\arcsin x \sim x$；⑧$\arctan x \sim x$；⑨若 $\lim f(x) = 0$，则 $a^{f(x)} - 1 \sim f(x)\ln a$，其余类似.

5. 初等函数的连续性

(1)连续函数的和、差、积、商的连续性. 设函数 $f(x)$ 和 $g(x)$ 在点 x_0 连续，则函数 $f(x) \pm g(x)$，$f(x) \cdot g(x)$，$\dfrac{f(x)}{g(x)}$（当 $g(x_0) \neq 0$ 时）在点 x_0 也连续.

(2)反函数的连续性. 如果函数 $f(x)$ 在区间 I_x 上单调增加（或单调减少）且连续，那么它的反函数 $x = f^{-1}(y)$ 也在对应的区间 $I_y = \{y \mid y = f(x), x \in I_x\}$ 上单调增加（或单调减少）且连续.

(3)复合函数的连续性.

①设 $\lim\limits_{x \to x_0} u = \lim\limits_{x \to x_0} \varphi(x) = a$，$y = f(u)$ 在 $u = a$ 处连续，则 $\lim\limits_{x \to x_0} f[\varphi(x)] = f(a)$，即 $\lim\limits_{x \to x_0} f[\varphi(x)] = \lim\limits_{u \to a} f(u)$ 或 $\lim\limits_{x \to x_0} f[\varphi(x)] = f[\lim\limits_{x \to x_0} \varphi(x)]$.

②设 $u = \varphi(x)$ 在 $x = x_0$ 点连续，即 $\lim\limits_{x \to x_0} \varphi(x) = \varphi(x_0) = a$，$y = f(u)$ 在 $u = a$ 点连续，即 $\lim\limits_{u \to a} f(u) = f(a)$，则 $y = f[\varphi(x)]$ 在 $x = x_0$ 点连续，即 $\lim\limits_{x \to x_0} f[\varphi(x)] = \lim\limits_{u \to a} f(u) = f(a)$，或 $\lim\limits_{x \to x_0} f[\varphi(x)] = f[\varphi(x_0)]$.

③设 $f(x)$ 在点 x_0 连续，且 $f(x_0) > 0 (f(x_0) < 0)$，则存在点 x_0 的某个邻域 $U(x_0, \delta)$，使得 $x \in U(x_0, \delta)$ 时，$f(x) > 0 (f(x) < 0)$.

（4）基本初等函数在它们的定义域内都是连续的.

（5）一切初等函数在其定义区间内是连续的.

6. 闭区间上连续函数的性质

1）有界性和最大值最小值定理

设函数 $f(x)$ 在闭区间 $[a,b]$ 上连续，则 $f(x)$ 在闭区间 $[a,b]$ 上有界，且一定能取得它的最大值和最小值，即存在点 $\xi_1,\xi_2 \in [a,b]$，使得对任意 $x \in [a,b]$ 都有

$$f(\xi_1) \leqslant f(x) \leqslant f(\xi_2).$$

2）零点定理与介值定理

（1）零点定理（根的存在定理）. 设函数 $f(x)$ 在 $[a,b]$ 上连续，且 $f(a) \cdot f(b) < 0$，则至少存在 $\xi \in (a,b)$，使得 $f(\xi) = 0$.

（2）介值定理. 设函数 $f(x)$ 在闭区间 $[a,b]$ 上连续，且 $f(a) \neq f(b)$，则对介于 $f(a)$ 和 $f(b)$ 之间的任意一个数 c，至少存在 $\xi \in (a,b)$，使得 $f(\xi) = c$. 设函数 $f(x)$ 在闭区间 $[a,b]$ 上连续，$f(\xi_1)$ 和 $f(\xi_2)$ 分别为 $f(x)$ 在 $[a,b]$ 上的最小值和最大值，则对任意一个数 $c \in [f(\xi_1), f(\xi_2)]$，至少存在 $\xi \in [a,b]$，使得 $f(\xi) = c$.

三、基本方法

1. 求函数的定义域的方法

（1）求初等函数定义域的原则. ①分母不能为零；②偶次根式的被开方数为非负数；③对数的真数大于零；④ $\arcsin x$ 或 $\arccos x$ 的定义域为 $|x| \leqslant 1$；⑤ $\tan x$ 的定义域为 $x \neq k\pi + \dfrac{\pi}{2}$，$k \in \mathbf{Z}$；⑥ $\cot x$ 的定义域为 $x \neq k\pi, k \in \mathbf{Z}$.

（2）求复合函数的定义域的方法. 将复合函数看成一系列初等函数的复合，然后考查每个初等函数的定义域和值域，得到对应的不等式组，通过联立求解不等式组，就可以得到复合函数的定义域.

（3）求分段函数的定义域的方法. 先在分段函数的自变量不同的取值范围内按照初等函数定义域的原则求出，然后结合其自变量的取值范围确定它的定义域.

2. 求函数的表达式的方法

1）建立实际问题的函数关系

根据实际问题，利用相关学科的理论和知识建立变量的关系式，其定义域由实际问题确定.

2）求复合函数的方法

（1）代入法. 将一个函数中的自变量用另一个函数的表达式来代替，适用于初等函数的复合.

（2）分析法. 抓住最外层函数定义域的各区间段，结合中间变量的表达式及中间变量的定义域进行分析，适用于初等函数与分段函数的复合或两个分段函数的复合.

（3）图式法*. ① 画出中间变量 $u = \varphi(x)$ 的图像；② 将 $y = f(u)$ 的分界点在 xOu 坐标平

面上画出;③ 写出 u 在不同区间上 x 所对应的变化区间;④ 将③所得的结果代入 $y = f(u)$ 中,便得到复合函数 $y = f[\varphi(x)]$ 的表达式及相应的变化区间. 此方法适用于两个分段函数的复合.

3. 判断或证明函数性质的方法

1)函数的有界性

(1)利用函数有界性的定义.

(2)闭区间上连续函数的有界性定理.

2)函数的单调性

(1)利用函数单调性的定义.

(2)*利用导数证明.

3)函数的奇偶性

(1)利用函数奇偶性的定义.

(2)利用函数奇偶性的运算性质.

(3)证明 $f(-x) + f(x) = 0$ 或 $f(-x) - f(x) = 0$.

4)函数的周期性

(1)利用函数周期性的定义.

(2)利用周期函数的运算性质.

4. 判定或证明极限存在的方法

1)数列极限

(1)利用"ε—N"的定义. $x_n \to a(n \to \infty)$ 的充分必要条件是 $\forall \varepsilon > 0$, $\exists$ 正整数 N, 当 $n > N$ 时, $|x_n - a| < \varepsilon$ 或 $x_n \in U(a, \varepsilon)$.

(2)利用单调有界准则.

(3)*利用函数极限与数列极限的关系. 设 $\lim\limits_{x \to +\infty} f(x) = A$, 则 $\lim\limits_{n \to +\infty} f(n) = A$.

(4)*利用级数收敛的必要条件证明数列极限为零.

2)函数极限

(1)利用"ε—δ""ε—X"等的定义.

① $\lim\limits_{x \to x_0} f(x) = A$ 的充分必要条件是 $\forall \varepsilon > 0$, $\exists \delta > 0$, 当 $0 < |x - x_0| < \delta$ 时, $|f(x) - A| < \varepsilon$.

② $\lim\limits_{x \to x_0^+} f(x) = A$ 的充分必要条件是 $\forall \varepsilon > 0$, $\exists \delta > 0$, 当 $x_0 < x < x_0 + \delta$ 时, $|f(x) - A| < \varepsilon$.

③ $\lim\limits_{x \to x_0^-} f(x) = A$ 的充分必要条件是 $\forall \varepsilon > 0$, $\exists \delta > 0$, 当 $x_0 - \delta < x < x_0$ 时, $|f(x) - A| < \varepsilon$.

④ $\lim\limits_{x \to \infty} f(x) = A$ 的充分必要条件是 $\forall \varepsilon > 0$, $\exists X > 0$, 当 $|x| > X$ 时, $|f(x) - A| < \varepsilon$.

⑤ $\lim\limits_{x \to +\infty} f(x) = A$ 的充分必要条件是 $\forall \varepsilon > 0$, $\exists X > 0$, 当 $x > X$ 时, $|f(x) - A| < \varepsilon$.

⑥ $\lim\limits_{x \to -\infty} f(x) = A$ 的充分必要条件是 $\forall \varepsilon > 0$, $\exists X > 0$, 当 $x < -X$ 时, $|f(x) - A| < \varepsilon$.

(2)利用单侧(边)极限的关系.

① $\lim\limits_{x \to x_0} f(x) = A$ 的充分必要条件是 $f(x_0^-) = A$ 且 $f(x_0^+) = A$.

② $\lim\limits_{x\to\infty} f(x) = A$ 的充分必要条件是 $\lim\limits_{x\to-\infty} f(x) = A$ 且 $\lim\limits_{x\to+\infty} f(x) = A$.

5. 求极限的方法

(1)极限的四则运算法则.

(2)两个重要极限公式.

(3)等价无穷小因子替换.

(4)无穷小乘有界量.

(5)夹逼准则.

(6)数列的单调有界准则.

(7)变量代换法.

(8)复合函数求极限.

(9)函数的连续性.

(10)幂指函数求极限.

(11)函数极限存在与其左右极限的关系.

(12)无穷大和无穷小的关系.

(13)导数的定义*.

(14)洛必达法则*.

(15)泰勒公式*.

(16)定积分的定义*.

6. 讨论或证明函数连续的方法

1)函数在一点的连续性

(1)利用函数在一点连续的增量形式的定义或"$\varepsilon-\delta$"定义. 即 $f(x)$ 在点 x_0 连续的充分必要条件是 $\forall \varepsilon > 0$,$\exists \delta > 0$,当 $|x-x_0| < \delta$ 时,$|f(x) - f(x_0)| < \varepsilon$. 适用于讨论抽象函数的连续性问题.

(2)利用函数在一点连续的极限形式的定义. 即 $f(x)$ 在点 x_0 连续的充分必要条件是 $\lim\limits_{x\to x_0} f(x) = f(x_0)$,特别地当 x_0 为分段函数的分界点时,用 $f(x)$ 在点 x_0 连续的充分必要条件 $f(x_0^-) = f(x_0) = f(x_0^+)$ 判断. 适用于讨论初等函数的非定义区间中点的连续性问题.

(3)利用初等函数在定义区间内连续. 适用于讨论初等函数在定义区间内点的连续性问题.

2)函数在区间上(内)的连续性

(1)对区间内的任意一点连续性的判定或证明. 利用函数在一点连续的增量形式的定义.

(2)对区间的端点的左或右连续性的判定或证明. 利用函数在一点的左或右连续的"$\varepsilon-\delta$"定义.

7. 讨论函数的间断点类型的方法

1)函数的间断点已知

先求出函数在给定点的左、右极限,然后利用间断点分类的定义进行判定.

2）函数的间断点未知

（1）初等函数的间断点. 其方法步骤为：①求出初等函数的间断点，利用初等函数在定义区间内连续性质，可知初等函数无定义的点、定义域中未形成区间的点都是初等函数的间断点；②判断初等函数间断点的类型，先求出函数在每个间断点的左、右极限，然后依据间断点分类的定义确定间断点的类型.

（2）分段函数的间断点. 其方法步骤为：①在函数的分界点两侧按照（1）讨论；②求函数分界点的左、右极限，如果存在相等并等于函数值，则该分界点为函数的连续点；否则依据间断点分类的定义确定间断点的类型.

8. 利用闭区间上连续函数的性质证明命题的方法

（1）解决有关方程的根或函数零点问题的方法. 先根据问题，构造辅助函数并确定其取值区间；然后验证零点定理的条件；最后获得问题的解答.

（2）解决有关函数取值、有界和最值的方法. 先将问题转化为有限闭区间上的相应问题，然后利用闭区间上连续函数的介值定理或最值定理，使问题得到解决.

四、典型方法

（1）已知抽象函数和其复合函数的运算结果，求此函数表达式的方法. 通过分析函数和其复合函数，先作变量代换，并依据函数用什么自变量表示无关，建立关于函数和其复合函数的方程组；然后以它们为未知量解方程组，即可求出函数关系.

（2）复合函数的分解方法. 利用基本初等函数的表达式，由外及里，边分解边假设变量.

（3）已知极限，反求函数或数列中的待定常数的方法. 先利用代数或三角变形及求极限的方法建立有关待定常数的关系式；然后求解关于待定常数的方程或方程组.

（4）已知函数连续，反求函数中的待定常数的方法. 先利用求函数的左、右极限的方法求出其左、右极限；然后利用函数在一点连续的充要条件建立有关待定常数的关系式；最后求解关于待定常数的方程或方程组.

第三节 典型例题

一、基本题型

1. 求函数的表达式或定义域

例 1 设 $f\left(\dfrac{1}{x} - 1\right) = \cos x$，求 $f(x)$.

分析 此题已知一个复合函数的结果，要求因变量与中间变量的关系. 为此利用复合函数的分解方法及求函数表达式的代入法即可.

解 设 $t = \dfrac{1}{x} - 1$，则 $x = \dfrac{1}{t+1}$，于是复合函数 $f\left(\dfrac{1}{x} - 1\right)$ 可分解成 $f(t)$ 和 $t = \dfrac{1}{x} - 1$.

将 $x = \dfrac{1}{t+1}$ 代入 $\cos x$，即得 $f(t) = f\left(\dfrac{1}{x} - 1\right) = \cos x = \cos\dfrac{1}{t+1}$. 再依据函数与自变量用什么符号表示无关，得到 $f(x) = \cos\dfrac{1}{x+1}$.

例 2 设 $f(x) = \begin{cases} 1, & |x| \leqslant 1, \\ 0, & |x| > 1, \end{cases}$ $g(x) = \begin{cases} 2 - x^2, & |x| \leqslant 1, \\ 2, & |x| > 1, \end{cases}$ 求 $f[g(x)]$ 和 $g[f(x)]$ 及它们的定义域.

分析 要解决本题，首先利用求复合函数关系的分析法求出这两个分段函数复合的复合函数；然后再用求函数定义域的方法求出它们的定义域.

解 把复合函数 $f[g(x)]$ 中的 $g(x)$ 看成中间变量，由 $f(x)$ 的定义可知

$$f[g(x)] = \begin{cases} 1, & |g(x)| \leqslant 1, \\ 0, & |g(x)| > 1. \end{cases}$$

再由 $g(x)$ 的定义可知，当 $|x| = 1$ 时，$g(x) = 1$；当 $|x| \neq 1$ 时，$g(x) > 1$. 于是

$$f[g(x)] = \begin{cases} 1, & |x| = 1, \\ 0, & |x| \neq 1. \end{cases}$$

因为 $f[g(x)]$ 为分段函数，所以由求分段函数定义域的方法，可知其定义域 $D = (-\infty, +\infty)$.

把复合函数 $g[f(x)]$ 中的 $f(x)$ 看成中间变量，由 $g(x)$ 的定义可知

$$g[f(x)] = \begin{cases} 2 - [f(x)]^2, & |f(x)| \leqslant 1, \\ 2, & |(f(x))| > 1. \end{cases}$$

因为对于任意实数 x，都有 $|f(x)| \leqslant 1$，且当 $|x| > 1$ 时，$f(x) = 0$. 所以当 $|x| > 1$ 时，$g[f(x)] = 2$；当 $|x| \leqslant 1$ 时，$f(x) = 1, g[f(x)] = 1$. 于是

$$g[f(x)] = \begin{cases} 1, & |x| \leqslant 1, \\ 2, & |x| > 1. \end{cases}$$

因为 $g[f(x)]$ 为分段函数，所以由求分段函数定义域的方法，可知其定义域 $D = (-\infty, +\infty)$.

例 3 设 $f(u) = \operatorname{sgn} u, u(x) = \varphi(x) = \sin\dfrac{\pi}{x}, x \in (0,1)$，求 $f[\varphi(x)]$ 及其定义域.

分析 由于本题是求一个分段函数与一个初等函数复合的复合函数及其定义域，因此可先利用求复合函数关系的分析法求出这个复合函数；然后再用求函数定义域的方法求出它的定义域.

解 复合函数 $f[\varphi(x)]$ 中的中间变量是 $u = \varphi(x)$，由 $f(u)$ 的定义可知，

$$f[\varphi(x)] = \begin{cases} 1, & \sin\dfrac{\pi}{x} > 0, \\ 0, & \sin\dfrac{\pi}{x} = 0, \\ -1, & \sin\dfrac{\pi}{x} < 0. \end{cases}$$

即
$$f[\varphi(x)] = \begin{cases} 1, & x \in \left(\dfrac{1}{2n+1}, \dfrac{1}{2n}\right), \\ 0, & x = \dfrac{1}{n}, \qquad n = 1, 2, \cdots. \\ -1, & x \in \left(\dfrac{1}{2n}, \dfrac{1}{2n-1}\right). \end{cases}$$

因为 $f[\varphi(x)]$ 为分段函数, 所以由求分段函数定义域的方法, 可知其定义域

$$D = \left\{ x \,\middle|\, x \in \left(\dfrac{1}{2n+1}, \dfrac{1}{2n}\right) \cup \left(\dfrac{1}{2n}, \dfrac{1}{2n-1}\right) \text{或} \, x = \dfrac{1}{n}, n = 1, 2, \cdots \right\}.$$

2*. 用定义证明极限的存在性

例 4* 根据数列极限的定义, 证明: $\lim\limits_{n\to\infty} \dfrac{2n-1}{2n+1} = 1$.

分析 用数列极限的定义证明某数 a 是数列 $\{x_n\}$ 的极限时, 重要的是对于任意给定的 $\varepsilon > 0$, 要能够找出定义中所说的正整数 N (它仅与 ε 有关) 确实存在, 但没有必要求最小的 N. 因此一般先从 $|x_n - a| < \varepsilon$ 出发, 采用不等式的缩放技术, 变出 $|x_n - a| < n$ 的函数; 再令 n 的函数 $< \varepsilon$, 求出 $n > \varepsilon$ 的函数; 最后确定出 N.

证 对任意 $\varepsilon > 0$, 欲使 $\left| \dfrac{2n-1}{2n+1} - 1 \right| < \varepsilon$, 即使 $\left| \dfrac{2n-1}{2n+1} - 1 \right| = \dfrac{2}{2n+1} < \dfrac{1}{n} < \varepsilon$, 取 $N = \left[\dfrac{1}{\varepsilon} \right] + 1$, 当 $n > N$, 即 $n > N = \left[\dfrac{1}{\varepsilon} \right] + 1 > \dfrac{1}{\varepsilon}$ 时, 有 $\left| \dfrac{2n-1}{2n+1} - 1 \right| < \varepsilon$. 根据数列极限的定义, 得 $\lim\limits_{n\to\infty} \dfrac{2n-1}{2n+1} = 1$.

例 5* 根据数列极限的定义, 证明: $\lim\limits_{n\to\infty} \dfrac{\sqrt{n^2 + a^2}}{n} = 1$.

分析 方法类似于例 4.

证 对任意 $\varepsilon > 0$, 欲使 $\left| \dfrac{\sqrt{n^2 + a^2}}{n} - 1 \right| < \varepsilon$, 即使 $\left| \dfrac{\sqrt{n^2 + a^2}}{n} - 1 \right| = \dfrac{a^2}{n(\sqrt{n^2 + a^2} + n)} < \dfrac{a^2}{n} < \varepsilon$, 取 $N = \left[\dfrac{a^2}{\varepsilon} \right] + 1$, 当 $n > N$, 即 $n > N = \left[\dfrac{a^2}{\varepsilon} \right] + 1 > \dfrac{a^2}{\varepsilon}$ 时, 有 $\left| \dfrac{\sqrt{n^2 + a^2}}{n} - 1 \right| < \varepsilon$. 从而根据数列极限的定义, 得 $\lim\limits_{n\to\infty} \dfrac{\sqrt{n^2 + a^2}}{n} = 1$.

例 6* 已知 $\lim\limits_{n\to\infty} x_n = a$, 证明: $\lim\limits_{n\to\infty} |x_n| = |a|$.

分析 方法类似于例 4, 但找 N 的方法不同, 需要借助于已知极限. 对任意 $\varepsilon > 0$, 利用数列极限的定义确定出 N 及采用不等式的缩放技术来确定要证明极限定义中的 N.

证 因为 $\lim\limits_{n\to\infty} x_n = a$, 所以根据数列极限的定义, 对任意 $\varepsilon > 0$, 存在正整数 N, 当 $n > N$ 时, $|x_n - a| < \varepsilon$, 从而 $\big| |x_n| - |a| \big| \leqslant |x_n - a| < \varepsilon$. 根据数列极限的定义, 得 $\lim\limits_{n\to\infty} |x_n| = |a|$.

说明 此题的结论是一种求数列极限的方法.

例 7* 已知 $\lim\limits_{k\to\infty} x_{2k-1} = a$, $\lim\limits_{k\to\infty} x_{2k} = a$, 证明: $\lim\limits_{n\to\infty} x_n = a$.

分析 方法类似于例 4, 但找 N 的方法不同, 需要借助于已知的两个极限. 对任意 $\varepsilon > 0$,

利用数列极限的定义确定出正整数 K_1 和 K_2，通过取它们的最大值和一些代数关系确定 N.

证　因为 $\lim\limits_{k\to+\infty} x_{2k-1}=a$，$\lim\limits_{k\to+\infty} x_{2k}=a$，所以对任意 $\varepsilon>0$，存在正整数 K_1 和 K_2，当 $k>K_1$ 时，$|x_{2k-1}-a|<\varepsilon$，当 $k>K_2$ 时，$|x_{2k}-a|<\varepsilon$，取 $K=\max\{K_1,K_2\}$，$N=2K$，当 $n>N$ 时：

若 $n=2k-1$，则 $k>K+\dfrac{1}{2}>K_1$，从而 $|x_n-a|=|x_{2k-1}-a|<\varepsilon$；

若 $n=2k$，则 $k>K\geqslant K_2$，从而 $|x_n-a|=|x_{2k}-a|<\varepsilon$.

综上所述，对任意 $\varepsilon>0$，存在正整数 N，当 $n>N$ 时，$|x_n-a|<\varepsilon$. 根据数列极限的定义，得 $\lim\limits_{n\to\infty}x_n=a$.

说明　此题的结论是一种求数列极限的方法. 事实上 $\lim\limits_{n\to\infty}x_n=a$ 的充分必要条件是 $\lim\limits_{k\to+\infty} x_{2k-1}=a$，$\lim\limits_{k\to+\infty} x_{2k}=a$.

例 8　设 $\lim\limits_{x\to\infty}f(x)=A$，证明：$\lim\limits_{n\to\infty}f(n)=A$.

分析　方法类似于例 4，但找 N 的方法不同，需要借助于已知函数当 $x\to+\infty$ 极限的"$\varepsilon-X$"定义，先确定出 X，然后通过取整函数来确定 N.

证　对任意 $\varepsilon>0$，存在 $X>0$，当 $x>X$ 时，$|f(x)-A|<\varepsilon$. 取 $N=[X]+1$，当 $n>N$ 时，$|f(n)-A|<\varepsilon$. 根据数列极限的定义，得 $\lim\limits_{n\to\infty}f(n)=A$.

说明　此题的结论是一种求函数数列极限的方法.

3. 函数性质的问题

例 9　设 $\lim\limits_{x\to x_0}f(x)=A$，且 $A\neq0$，证明：存在 $\delta>0$，使得当 $x\in \overset{\circ}{U}(x_0,\delta)$ 时，$|f(x)|>\dfrac{1}{2}|A|$.

分析　本题已知函数在一点的极限，要证明其函数局部有下界或上界. 只要利用函数极限的"$\varepsilon-\delta$"定义即可. **一般来说，已知极限，要证明函数的性质，只需要在"$\varepsilon-\delta$"的定义中恰当取定 ε 的值便可使问题得到解决.**

证　根据函数极限的定义，对 $\varepsilon=\dfrac{1}{2}|A|>0$，存在 $\delta>0$，当 $x\in\overset{\circ}{U}(x_0,\delta)$ 时，$|f(x)-A|<\varepsilon$，即 $A-\dfrac{1}{2}|A|<f(x)<A+\dfrac{1}{2}|A|$. 当 $A>0$ 时，由 $A-\dfrac{1}{2}|A|<f(x)$，得 $f(x)>\dfrac{1}{2}|A|$，即 $|f(x)|>\dfrac{1}{2}|A|$；当 $A<0$ 时，由 $f(x)<A+\dfrac{1}{2}|A|$，得 $f(x)<-\dfrac{1}{2}|A|$，即 $|f(x)|>\dfrac{1}{2}|A|$.

综上所述，存在 $\delta>0$，使得当 $x\in\overset{\circ}{U}(x_0,\delta)$ 时，$|f(x)|>\dfrac{1}{2}|A|$.

4. 求函数或数列的极限

例 10　求极限 $\lim\limits_{n\to\infty}\left(\dfrac{2^3-1}{2^3+1}\cdot\dfrac{3^3-1}{3^3+1}\cdots\dfrac{n^3-1}{n^3+1}\right)$.

分析　由于数列的表达式非常复杂，且其极限为 $\dfrac{\infty}{\infty}$ 型，所以需要先利用代数的恒等变形将数列的表达式化简;然后再利用数列极限的四则运算法则和无穷大与无穷小的关系求其极限.

解 利用 $(k+1)^2 - (k+1) + 1 = k^2 + k + 1$,得

$$\prod_{k=2}^{n} \frac{k^3 - 1}{k^3 + 1} = \prod_{k=2}^{n} \frac{(k-1)(k^2+k+1)}{(k+1)(k^2-k+1)} = \prod_{k=2}^{n} \frac{(k-1)}{(k+1)} \prod_{k=2}^{n} \frac{(k^2+k+1)}{(k^2-k+1)}$$

$$= \frac{1 \cdot 2 \cdot 3 \cdots (n-1)}{3 \cdot 4 \cdot 5 \cdots (n+1)} \cdot \frac{2^2+2+1}{2^2-2+1} \cdot \frac{3^2+3+1}{3^2-3+1} \cdots \frac{(n-1)^2+(n-1)+1}{(n-1)^2-(n-1)+1} \cdot \frac{n^2+n+1}{n^2-n+1}$$

$$= \frac{2}{n(n+1)} \cdot \frac{2^2+2+1}{2^2-2+1} \cdot \frac{3^2+3+1}{2^2+2+1} \cdots \frac{(n-1)^2+(n-1)+1}{(n-2)^2+(n-2)+1} \cdot \frac{n^2+n+1}{(n-1)^2+(n-1)+1}$$

$$= \frac{2}{n(n+1)} \cdot \frac{n^2+n+1}{2^2-2+1} = \frac{2}{3} \cdot \frac{n^2+n+1}{n^2+n} = \frac{2}{3} \cdot \frac{1+\dfrac{1}{n}+\dfrac{1}{n^2}}{1+\dfrac{1}{n}},$$

于是

$$\lim_{n \to \infty} \left(\frac{2^3-1}{2^3+1} \cdot \frac{3^3-1}{3^3+1} \cdots \frac{n^3-1}{n^3+1} \right) = \frac{2}{3}.$$

例 11 求极限 $\lim\limits_{x \to \infty} \dfrac{(3x^2-1)^3(2x^3+3x^2-5x+1)^{10}}{(6x^5+4x^3+2)^4(x^2-2x+1)^8}$.

分析 由于函数的表达式非常复杂,且其极限为 $\dfrac{\infty}{\infty}$ 型,所以需要先利用代数的恒等变形消去无穷大因子;然后再利用函数极限的四则运算法则和无穷大与无穷小的关系求其极限.

解 先将分子、分母分别除以 x^{36},再根据函数极限的四则运算法则,得

$$\lim_{x \to \infty} \frac{(3x^2-1)^3(2x^3+3x^2-5x+1)^{10}}{(6x^5+4x^3+2)^4(x^2-2x+1)^8} = \lim_{x \to \infty} \frac{\left(3-\dfrac{1}{x^2}\right)^3\left(2+\dfrac{3}{x}-\dfrac{5}{x^2}+\dfrac{1}{x^3}\right)^{10}}{\left(6+\dfrac{4}{x^2}+\dfrac{2}{x^5}\right)^4\left(1-\dfrac{2}{x}+\dfrac{1}{x^2}\right)^8} = \frac{64}{3}.$$

例 12 求极限 $\lim\limits_{x \to 1} \dfrac{x+x^2+\cdots+x^n-n}{x-1}$.

分析 由于函数的表达式非常复杂,且其极限为 $\dfrac{0}{0}$ 型,所以需要利用代数的恒等变形消去零因子,再利用函数极限的四则运算法则求其极限.

解 根据函数极限的四则运算法则,得

$$\lim_{x \to 1} \frac{x+x^2+\cdots+x^n-n}{x-1} = \lim_{x \to 1} \frac{(x-1)+(x^2-1)+\cdots+(x^n-1)}{x-1}$$

$$= \lim_{x \to 1} \frac{x-1}{x-1} + \lim_{x \to 1} \frac{x^2-1}{x-1} + \cdots + \lim_{x \to 1} \frac{x^n-1}{x-1}$$

$$= 1 + \lim_{x \to 1}(x+1) + \lim_{x \to 1}(x^{n-1}+x^{n-2}+\cdots+1)$$

$$= 1 + 2 + \cdots + n = \frac{n(n+1)}{2}.$$

例 13 求极限 $\lim\limits_{x \to 1} \dfrac{\sqrt[3]{x}-1}{\sqrt[4]{x}-1}$.

分析 由于函数的表达式较复杂,且其极限为 $\dfrac{0}{0}$ 型,所以需要利用变量代换和函数极限的四则运算法则求其极限.

解 令 $t = \sqrt[12]{x}$，则当 $x \to 1$ 时，$t \to 1$，从而

$$\lim_{x \to 1} \frac{\sqrt[3]{x} - 1}{\sqrt[4]{x} - 1} = \lim_{t \to 1} \frac{t^4 - 1}{t^3 - 1} = \lim_{t \to 1} \frac{(t-1)(t^3 + t^2 + t + 1)}{(t-1)(t^2 + t + 1)} = \frac{4}{3}.$$

例 14 设 $a_n = \dfrac{1}{n^2 + n + \cos 1} + \dfrac{2}{n^2 + n + \cos 2} + \cdots + \dfrac{n}{n^2 + n + \cos n}$，求 $\lim\limits_{n \to \infty} a_n$.

分析 夹逼准则的重要性在于它不仅提供了一种判定数列极限存在的方法，而且可用此准则来求极限. 利用夹逼准则判定数列极限存在或求数列极限时，关键是将所求数列的通项作适当的缩放. 作缩放时，既不能放得太大，也不能放得太小，而且缩放后要使"两边"的数列收敛于相等的极限值. 由此可知，利用夹逼准则解题的技巧性很强，需要读者多通过练习来体会.

解 令 $b_n = \dfrac{1}{n^2 + n + 1} + \dfrac{2}{n^2 + n + 1} + \cdots + \dfrac{n}{n^2 + n + 1} = \dfrac{n(n+1)}{2(n^2 + n + 1)}$，

$$c_n = \frac{1}{n^2 + n - 1} + \frac{2}{n^2 + n - 1} + \cdots + \frac{n}{n^2 + n - 1} = \frac{n(n+1)}{2(n^2 + n - 1)},$$

则 $b_n \leqslant a_n \leqslant c_n$，且 $\lim\limits_{n \to \infty} b_n = \dfrac{1}{2}$，$\lim\limits_{n \to \infty} c_n = \dfrac{1}{2}$. 由夹逼准则，得 $\lim\limits_{n \to \infty} a_n = \dfrac{1}{2}$.

例 15 证明：$\lim\limits_{n \to \infty} \sqrt[n]{n} = 1$.

分析 由于此题的数列表达式很难通过变形用数列极限的"$\varepsilon - N$"定义，确定出正整数 N，所以它不适合用"$\varepsilon - N$"定义证明. 但它可通过用变量代换、夹逼准则和四则运算法则来证明.

证 设 $x_n = \sqrt[n]{n} - 1$，则当 $n \geqslant 2$ 时，$x_n > 0$，且 $n = (x_n + 1)^n \geqslant C_n^0 x_n^0 + C_n^1 x_n^1 + C_n^2 x_n^2 > 1 + \dfrac{n(n-1)}{2} x_n^2$，从而 $0 < x_n < \sqrt{\dfrac{2}{n}}$. 又因为 $\lim\limits_{n \to \infty} 0 = 0$，$\lim\limits_{n \to \infty} \sqrt{\dfrac{2}{n}} = 0$，所以根据夹逼准则，得 $\lim\limits_{n \to \infty} x_n = 0$，即 $\lim\limits_{n \to \infty} \sqrt[n]{n} = 1$.

说明 数列极限 $\lim\limits_{n \to \infty} \sqrt[n]{n} = 1$ 在级数部分中非常重要.

例 16 设 a 为正常数，证明：$\lim\limits_{n \to \infty} \sqrt[n]{a} = 1$.

分析 证明方法类似于例 15，但由于常数 a 未给定，所以需要分大于 1、小于 1 和等于 1 三种情况讨论.

证 当 $a > 1$ 时，令 $a_n = \sqrt[n]{a} - 1$，则 $a_n > 0$，且 $a = (1 + a_n)^n \geqslant C_n^0 a_n^0 + C_n^1 a_n^1 > n a_n$，即 $0 < a_n < \dfrac{a}{n}$.

因为 $\lim\limits_{n \to \infty} 0 = 0$，$\lim\limits_{n \to \infty} \dfrac{a}{n} = 0$，所以根据夹逼准则，得 $\lim\limits_{n \to \infty} \sqrt[n]{a} = 1$.

当 $a = 1$ 时，$\lim\limits_{n \to \infty} \sqrt[n]{a} = 1$.

当 $a < 1$ 时，$a^{-1} > 1$. 根据第一种情况，得 $\lim\limits_{n \to \infty} \sqrt[n]{a} = \lim\limits_{n \to \infty} \dfrac{1}{\sqrt[n]{a^{-1}}} = 1$.

综上所述，当 a 为正常数时，$\lim\limits_{n \to \infty} \sqrt[n]{a} = 1$.

说明 数列极限 $\lim\limits_{n \to \infty} \sqrt[n]{a} = 1 (a > 0)$ 在级数部分中非常重要.

例 17 设 $a_1, a_2, \cdots, a_k$ 是 k 个正整数，证明：$\lim\limits_{n \to \infty} \sqrt[n]{a_1^n + a_2^n + \cdots + a_k^n} = \max(a_1, a_2, \cdots, a_k)$.

分析 证明方法类似于例 15,但需要再利用例 15 的结论.

证 设 $a = \max(a_1, a_2, \cdots, a_k)$,则 $a = \sqrt[n]{a^n} \leqslant \sqrt[n]{a_1^n + a_2^n + \cdots + a_k^n} \leqslant \sqrt[n]{a^n + a^n + \cdots + a^n} = a\sqrt[n]{k}$,根据例 15 的结论,得 $\lim\limits_{n \to \infty} a\sqrt[n]{k} = a$. 再根据夹逼准则,得 $\lim\limits_{n \to \infty} \sqrt[n]{a_1^n + a_2^n + \cdots + a_k^n} = \max(a_1, a_2, \cdots, a_k)$.

例 18 利用夹逼准则证明:$\lim\limits_{x \to 0^+} x\left[\dfrac{1}{x}\right] = 1$.

分析 夹逼准则也提供了一种判定和求函数极限存在的方法. 利用夹逼准则来判定函数极限存在或求函数的极限时,关键是将所求函数作适当的缩放,既不能放得太大,也不能放得太小,力求"两边"的函数的极限存在且相等.

证 因为 $\dfrac{1}{x} - 1 \leqslant \left[\dfrac{1}{x}\right] \leqslant \dfrac{1}{x}$,且 $x > 0$,于是 $x\left(\dfrac{1}{x} - 1\right) \leqslant x\left[\dfrac{1}{x}\right] \leqslant x \cdot \dfrac{1}{x}$,$1 - x \leqslant x\left[\dfrac{1}{x}\right] \leqslant 1$,又因为 $\lim\limits_{x \to 0^+}(1 - x) = \lim\limits_{x \to 0^+} 1 = 1$,所以由夹逼准则,得 $\lim\limits_{x \to 0^+} x\left[\dfrac{1}{x}\right] = 1$.

例 19 设 $x_1 > 0$,$x_{n+1} = \dfrac{1}{2}\left(x_n + \dfrac{1}{x_n}\right)$,$n = 1, 2, \cdots$,试证明数列 $\{x_n\}$ 的极限存在,并求此极限.

分析 此类问题的解题步骤为:(1)利用数列的有界性定义,直接对通项进行分析或用数学归纳法验证数列 $\{y_n\}$ 有界;(2)利用数列的单调性定义,直接对通项进行分析或用 $x_{n+1} - x_n \leqslant (\geqslant)0$ 或用数学归纳法验证数列 $\{y_n\}$ 单调;(3)利用单调有界准则,证明数列 $\{x_n\}$ 的极限存在;(4)用给定的 $\{y_n\}$ 的表达式求该数列的极限.

解 当 $n \geqslant 2$ 时,$x_n \geqslant 1$,且 $x_{n+1} - x_n = \dfrac{1}{2}\left(\dfrac{1}{x_n} - x_n\right) \leqslant 0$,这说明 $\{x_n\}$ 单调减少且有下界,所以极限 $\lim\limits_{n \to \infty} x_n$ 存在. 设 $\lim\limits_{n \to \infty} x_n = a$,则由 $x_{n+1} = \dfrac{1}{2}\left(x_n + \dfrac{1}{x_n}\right)$,得 $a = \dfrac{1}{2}\left(a + \dfrac{1}{a}\right)$,解得 $a = 1$,即 $\lim\limits_{n \to \infty} x_n = 1$.

例 20 设 a 为正整数,且 $y_1 = \sqrt{a}$,$y_{n+1} = \sqrt{a + y_n}$,$n = 1, 2, \cdots$,试证明数列 $\{y_n\}$ 的极限存在,并求此极限.

分析 证明和求极限的方法类似于例 19.

解 显然,数列 $\{y_n\}$ 单调增加,且 $y_n \geqslant \sqrt{a}$. 由 $y_{n+1} = \sqrt{a + y_n}$ 知,$y_{n+1}^2 = a + y_n < a + y_{n+1}$,$y_{n+1} < \dfrac{a}{y_{n+1}} + 1 \leqslant \sqrt{a} + 1$,即 $\{y_n\}$ 有界,所以 $\lim\limits_{n \to \infty} y_n$ 存在. 设 $A = \lim\limits_{n \to \infty} y_n$,则由 $y_{n+1} = \sqrt{a + y_n}$,得 $A^2 = A + a$,解得 $A = \dfrac{1 + \sqrt{1 + 4a}}{2}$.

例 21 设 x 是某个给定的实数,且 $y_1 = \sin x$,$y_{n+1} = \sin y_n$,$n = 1, 2, \cdots$,试证明数列 $\{y_n\}$ 的极限存在,并求此极限.

分析 证明和求极限的方法类似于例 19.

解 显然,数列 $\{y_n\}$ 有界. 当 $0 \leqslant y_1 \leqslant 1$ 时,$y_n \geqslant 0$,且 $y_{n+1} = \sin y_n \leqslant y_n$,即 $\{y_n\}$ 单调减少,所以 $\lim\limits_{n \to \infty} y_n$ 存在;当 $-1 \leqslant y_1 < 0$ 时,$y_n < 0$,且 $y_{n+1} = \sin y_n > y_n$,即 $\{y_n\}$ 单调增加,所以 $\lim\limits_{n \to \infty} y_n$ 存在. 设 $b = \lim\limits_{n \to \infty} y_n$,则由 $y_{n+1} = \sin y_n$,得 $b = \sin b$,$b = 0$.

5. 证明函数的连续性

例 22* 设函数 $f(x)$ 在点 x_0 连续,证明:函数 $|f(x)|$ 在点 x_0 连续.

分析 由于本题是证明抽象函数在一点的连续性,根据前面的讨论或证明连续性的基本方法,本题采用函数在一点连续的"ε—δ"定义证明. 即对于任意正数 ε,从 $|f(x)-f(x_0)|<\varepsilon$ 出发,采用不等式的缩放技术,变出 $|f(x)-f(x_0)|<|x-x_0|$ 的函数;再令 $|x-x_0|$ 的函数 $<\varepsilon$,求出 $|x-x_0|<\varepsilon$ 和 x_0 的关系;最后确定出正数 δ,它与 ε 和 x_0 有关.

证 因为函数 $f(x)$ 在点 x_0 连续,所以对于任意正数 ε,总存在正数 δ,使得当 x 满足 $|x-x_0|<\delta$ 时,$|f(x)-f(x_0)|<\varepsilon$,从而 $\big||f(x)|-|f(x_0)|\big|\leqslant|f(x)-f(x_0)|<\varepsilon$. 根据函数在一点连续的定义,得 $\lim\limits_{x\to x_0}|f(x)|=|f(x_0)|$,即函数 $|f(x)|$ 在点 x_0 连续.

说明 本题的证明方法本质上就是用"ε—δ"定义证明 $\lim\limits_{x\to x_0}f(x)=A$ 的方法,同时本题可以看作是**连续函数取绝对值运算后连续性不变**,此结论很重要.

例 23 设函数 $f(x)$ 和 $g(x)$ 在点 x_0 连续,证明:$u(x)=\max\{f(x),g(x)\}$,$v(x)=\min\{f(x),g(x)\}$ 也在点 x_0 连续.

分析 尽管本题也是证明抽象函数在一点的连续性,但这两个抽象函数可以通过连续函数的和或差及取绝对值运算(例 22)获得,所以本题采用连续函数的运算性质证明.

证 显然,$u(x)=\dfrac{1}{2}\big[f(x)+g(x)+|f(x)-g(x)|\big]$,$v(x)=\dfrac{1}{2}\big[f(x)+g(x)-|f(x)-g(x)|\big]$. 因为 $f(x)$ 和 $g(x)$ 在点 x_0 连续,所以 $f(x)\pm g(x)$ 在点 x_0 连续,$|f(x)-g(x)|$ 在点 x_0 连续,因此 $u(x)$ 和 $v(x)$ 也在点 x_0 连续.

6. 求函数的间断点,并判别间断点的类型

例 24 求函数 $f(x)=\dfrac{1}{1-\mathrm{e}^{\frac{x}{1-x}}}$ 的间断点,并指出间断点的类型.

分析 因为 $f(x)$ 是初等函数,所以先利用前面求初等函数间断点的方法求出其间断点;然后再利用判断间断点的类型的方法即可确定出间断点的类型.

解 显然,$f(x)$ 的间断点为 $x=0$,$x=1$.

当 $x\to 0^-$ 时,$\dfrac{x}{1-x}\to 0^-$,$\mathrm{e}^{\frac{x}{1-x}}\to 1^-$,$1-\mathrm{e}^{\frac{x}{1-x}}\to 0^+$,$\lim\limits_{x\to 0^-}f(x)=+\infty$.

当 $x\to 1^-$ 时,$\dfrac{x}{1-x}\to+\infty$,$\mathrm{e}^{\frac{x}{1-x}}\to+\infty$,$\lim\limits_{x\to 1^-}f(x)=0$.

当 $x\to 1^+$ 时,$\dfrac{x}{1-x}\to-\infty$,$\mathrm{e}^{\frac{x}{1-x}}\to 0^+$,$\lim\limits_{x\to 1^+}f(x)=1$.

所以 $x=0$ 是 $f(x)$ 的第二类无穷间断点,$x=1$ 是 $f(x)$ 的第一类跳跃间断点.

例 25 设 $f(x)=\begin{cases}\mathrm{e}^{\frac{1}{x-1}}, & x>0,\\ \ln(1+x), & -1<x\leqslant 0,\end{cases}$ 求 $f(x)$ 的间断点,并指出间断点的类型.

分析 因为 $f(x)$ 是分段函数,所以先利用前面求分段函数间断点的方法求出其间断点;然后再利用判断间断点的类型的方法即可确定出间断点的类型.

解 当 $x>0$ 时,因为 $f(x)=\mathrm{e}^{\frac{1}{x-1}}$ 在 $x=1$ 处无定义,所以 $x=1$ 是函数的一个间断点.

因为 $\lim\limits_{x\to 1^-}\dfrac{1}{x-1}=-\infty$，所以 $\lim\limits_{x\to 1^-}f(x)=\lim\limits_{x\to 1^-}\mathrm{e}^{\frac{1}{x-1}}=0$；又因为 $\lim\limits_{x\to 1^+}\dfrac{1}{x-1}=+\infty$，所以

$\lim\limits_{x\to 1^+}f(x)=\lim\limits_{x\to 1^+}\mathrm{e}^{\frac{1}{x-1}}=\infty$；故 $x=1$ 是函数的第二类无穷间断点.

当 $-1<x<0$ 时，因为 $f(x)=\ln(x+1)$ 是初等函数，$(-1,0)$ 为包含在它的定义区间内的区间，所以当 $-1<x<0$ 时，$f(x)$ 无间断点.

因为 $x=0$ 是分段函数 $f(x)$ 的分界点，$\lim\limits_{x\to 0^-}f(x)=\lim\limits_{x\to 0^-}\ln(x+1)=0$，$\lim\limits_{x\to 0^+}f(x)=$
$\lim\limits_{x\to 0^+}\mathrm{e}^{\frac{1}{x-1}}=\dfrac{1}{\mathrm{e}}$，所以 $x=0$ 是函数的间断点，且为第一类跳跃间断点.

二、综合题型

1. 求函数的表达式或定义域

例 1 已知 $f(x)=\mathrm{e}^{x^2}$，$f[\varphi(x)]=1-x$，且 $\varphi(x)\geqslant 0$，求 $\varphi(x)$ 的定义域.（考研题）

分析 已知函数 $f(x)=\mathrm{e}^{x^2}$ 和复合函数 $f[\varphi(x)]=1-x$，要求中间变量 $\varphi(x)$ 的定义域. 为此必须先利用求复合函数的代入法求出 $f[\varphi(x)]$；然后令它等于复合函数 $f[\varphi(x)]$ 已知的表达式求出 $\varphi(x)$ 的表达式；最后用求函数定义域的方法求出它的定义域.

解 由 $f(x)=\mathrm{e}^{x^2}$，得 $f[\varphi(x)]=\mathrm{e}^{\varphi^2(x)}$. 又由已知，得到 $f[\varphi(x)]=1-x$，于是有 $\mathrm{e}^{\varphi^2(x)}=1-x$，从而有 $\varphi^2(x)=\ln(1-x)$，再依据 $\varphi(x)\geqslant 0$，可知 $\varphi(x)=\sqrt{\ln(1-x)}$. 因为 $\varphi(x)$ 是初等函数，由初等函数求定义域的方法，可得 $\ln(1-x)\geqslant 0$，即 $1-x\geqslant 1$，也即 $x\leqslant 0$，故 $\varphi(x)$ 的定义域 $D=(-\infty,0]$.

例 2 设 $f(x)+f\left(\dfrac{x-1}{x}\right)=2x$，$x\neq 0,1$，求 $f(x)$.

分析 题目已知抽象函数 $f(x)$ 与其复合函数和的结果，要求 $f(x)$. 按前面求函数表达式的典型方法，即可以解决此问题.

解 令 $t=\dfrac{x-1}{x}$，则 $x=\dfrac{1}{1-t}$，将其代入已知方程得到 $f\left(\dfrac{1}{1-t}\right)+f(t)=\dfrac{2}{1-t}$. 由于函数与用什么自变量表示无关，所以 $f(x)+f\left(\dfrac{1}{1-x}\right)=\dfrac{2}{1-x}$. 再令 $\dfrac{1}{1-x}=\dfrac{u-1}{u}$，则 $x=\dfrac{1}{1-u}$，将其代入前一个方程，得到 $f\left(\dfrac{1}{1-u}\right)+f\left(\dfrac{u-1}{u}\right)=\dfrac{2(u-1)}{u}$. 由于函数与用什么自变量表示无关，所以 $f\left(\dfrac{1}{1-x}\right)+f\left(\dfrac{x-1}{x}\right)=\dfrac{2(x-1)}{x}$. 再结合方程 $f(x)+f\left(\dfrac{1}{1-x}\right)=\dfrac{2}{1-x}$，有 $\dfrac{2}{1-x}-f(x)+f\left(\dfrac{x-1}{x}\right)=\dfrac{2(x-1)}{x}$，即 $-f(x)+f\left(\dfrac{x-1}{x}\right)=\dfrac{2(x-1)}{x}-\dfrac{2}{1-x}$. 将它与已知方程联立求解，得 $f(x)=x+\dfrac{1}{1-x}+\dfrac{1}{x}-1$.

2. 证明函数的性质

例 3 设函数 $f(x)$ 在对称区间 $[-a,a]$ 上有意义，证明：函数 $f(x)$ 可以唯一地分解成一个奇函数与一个偶函数之和.

分析 从本题要证明的结论看,首先需要利用奇偶函数的定义采用构造性的方法证明 $f(x)$ 可以分解成一个奇函数与一个偶函数之和;然后再采用反证法及奇偶函数的运算性质证明 $f(x)$ 分解成一个奇函数与一个偶函数之和是唯一的.

证 (1)存在性.因为 $f(x)=\frac{1}{2}\big[f(x)-f(-x)\big]+\frac{1}{2}\big[f(x)+f(-x)\big]$,其中 $\frac{1}{2}\big[f(x)-f(-x)\big]$ 是奇函数,而 $\frac{1}{2}\big[f(x)+f(-x)\big]$ 是偶函数.这就证明了函数 $f(x)$ 可以分解成一个奇函数与一个偶函数之和.

(2)唯一性.设函数 $f(x)=u(x)+v(x)$,其中 $u(x)$ 是奇函数,$v(x)$ 是偶函数,那么

$$\frac{f(x)-f(-x)}{2}-u(x)=v(x)-\frac{f(x)+f(-x)}{2},$$

从而有 $\frac{f(x)-f(-x)}{2}-u(x)$ 既是奇函数,又是偶函数,这说明 $\frac{f(x)-f(-x)}{2}-u(x)=0$,即 $u(x)=\frac{f(x)-f(-x)}{2},v(x)=\frac{f(x)+f(-x)}{2}$.

这就证明了 $f(x)$ 可以唯一地分解成奇函数与偶函数之和.

例 4 设函数 $f(x)$ 在点 x_0 处连续,且 $f(x_0)>0$,证明:存在正数 δ,使得当 x 满足 $0<|x-x_0|<\delta$ 时,$f(x)>0$.

分析 为了证明本题,可先利用函数连续与极限的关系(或函数连续的极限形式定义)将其转化为已知函数的极限,证明函数有下界;然后采用基本题型中例 9 的方法证明即可.也可以直接利用函数在一点连续的"$\varepsilon-\delta$"定义证明.

证 因为函数 $f(x)$ 在点 x_0 处连续,所以 $\lim\limits_{x\to x_0}f(x)=f(x_0)$.根据函数极限的定义,对于正数 $\varepsilon=\frac{1}{2}f(x_0)$,总存在正数 δ,使得当 x 满足 $0<|x-x_0|<\delta$ 时,$|f(x)-f(x_0)|<\varepsilon$,从而有 $f(x)>f(x_0)-\varepsilon=\frac{1}{2}f(x_0)>0$.

3. 证明极限的存在性

例 5* 证明:数列 $\{\sin n\}$ 的极限不存在.

分析 证明数列 x_n 的极限不存在(或发散)的一般方法有两种:(1)找两个极限不相等的子数列;(2)找一个发散的子数列.但本题不能用上面的基本方法,需要综合应用反证法、**收敛数列与其子数列的关系性质*** 及数列极限的运算法则来证明.

证 假设 $\{\sin n\}$ 收敛于 a,则根据数列极限的定义,得 $\lim\limits_{n\to\infty}\sin 2n=a,\lim\limits_{n\to\infty}\sin(n+2)=a$.又根据数列极限的运算法则,得 $\lim\limits_{n\to\infty}[\sin(n+2)-\sin n]=0$.因为 $\sin(n+2)-\sin n=2\sin 1\cos(n+1)$,所以 $\lim\limits_{n\to\infty}\cos(n+1)=0,\lim\limits_{n\to\infty}\cos n=0$,因而 $\lim\limits_{n\to\infty}\sin 2n=\lim\limits_{n\to\infty}2\sin n\cos n=0$,于是 $a=0$,且 $\lim\limits_{n\to\infty}\sin n=0$.根据数列极限的运算法则,得 $\lim\limits_{n\to\infty}(\sin^2 n+\cos^2 n)=0$,与 $\lim\limits_{n\to\infty}(\sin^2 n+\cos^2 n)=\lim\limits_{n\to\infty}1=1$,矛盾,所以数列 $\{\sin n\}$ 的极限不存在.

4. 求函数或数列的极限

例 6 求极限 $\lim\limits_{x\to 0}\dfrac{x^2\sin\dfrac{1}{x}+\cos x-3^x}{3x+\sin 2x}$.

分析 此题是一个较复杂的函数求极限的问题,需要综合应用函数的代数变形和前面求函数极限的方法. 由于题中极限是"$\frac{0}{0}$"型,所以不能直接用商的极限法则,需要先利用代数变形消去"0"因子;然后再借助"加一项减一项"的技巧;最后采用求极限的四则运算法则、有界量与无穷小的乘积为无穷小和等价无穷小因子替换的方法,才可使问题得到解决.

解 先对函数的分子分母同除以 x;然后在分子上同时加和减 $\frac{1}{x}$;最后综合应用分析中提到的 3 种求函数极限的方法,得

$$\lim_{x \to 0} \frac{x^2 \sin \frac{1}{x} + \cos x - 3^x}{3x + \sin 2x} = \lim_{x \to 0} \frac{x \sin \frac{1}{x} + \frac{\cos x - 1}{x} - \frac{3^x - 1}{x}}{3 + \frac{\sin 2x}{x}}$$

$$= \frac{\lim\limits_{x \to 0} x \sin \frac{1}{x} + \lim\limits_{x \to 0} \frac{\cos x - 1}{x} - \lim\limits_{x \to 0} \frac{3^x - 1}{x}}{3 + \lim\limits_{x \to 0} \frac{\sin 2x}{x}} = \frac{0 + \lim\limits_{x \to 0} \frac{-\frac{1}{2} x^2}{x} - \lim\limits_{x \to 0} \frac{x \ln 3}{x}}{3 + \lim\limits_{x \to 0} \frac{2x}{x}} = -\frac{\ln 3}{5}.$$

例 7 求极限 $\lim\limits_{x \to 0} \dfrac{x^2}{\sqrt{1 + x \sin x} - \sqrt{\cos x}}$.

分析 此题是一个较复杂的无理函数求极限的问题,需要综合应用函数的代数变形和前面求函数极限的方法. 由于题中极限是"$\frac{0}{0}$"型,所以不能直接用商的极限法则,需要先对函数进行分母有理化,并采用适当的"拆分技巧",使函数变成两个极限都存在的函数的乘积;然后采用求极限的四则运算法则,将其转化为较简单的"$\frac{0}{0}$"型的极限;最后再采用基本上类似于例 6 的方法求出极限.

解 按照分析中的方法,得

$$\lim_{x \to 0} \frac{x^2}{\sqrt{1 + x \sin x} - \sqrt{\cos x}} = \lim_{x \to 0} \frac{x^2 (\sqrt{1 + x \sin x} + \sqrt{\cos x})}{1 + x \sin x - \cos x}$$

$$= \lim_{x \to 0} (\sqrt{1 + x \sin x} + \sqrt{\cos x}) \cdot \lim_{x \to 0} \frac{x^2}{1 + x \sin x - \cos x}$$

$$= 2 \lim_{x \to 0} \frac{x^2}{1 + x \sin x - \cos x} = 2 \lim_{x \to 0} \frac{1}{\frac{\sin x}{x} + \frac{1 - \cos x}{x^2}}$$

$$= 2 \frac{1}{\lim\limits_{x \to 0} \frac{\sin x}{x} + \lim\limits_{x \to 0} \frac{1 - \cos x}{x^2}} = 2 \frac{1}{\lim\limits_{x \to 0} \frac{x}{x} + \lim\limits_{x \to 0} \frac{\frac{1}{2} x^2}{x^2}} = \frac{4}{3}.$$

例 8 求极限 $\lim\limits_{x \to -\infty} (\sqrt{x^2 + x} + x)$.

分析 此题是一个无理函数求极限的问题,需要综合应用函数的代数变形和前面求函数极限的方法. 由于题中极限是"$\infty - \infty$"型,所以不能直接用差的极限法则,需要先对函数进行分子有理化,将其转化为"$\frac{\infty}{\infty}$"型的极限;然后用代数变形消去无穷大因子;最后利用函数极限的四则运算法则、复合函数求极限的方法及无穷大与无穷小的关系求出极限.

解 先将分子有理化,并同时对分子和分母除以 x,然后再用分析中提到的方法,得

$$\lim_{x\to-\infty}\left(\sqrt{x^2+x}+x\right)=\lim_{x\to-\infty}\frac{\left(\sqrt{x^2+x}+x\right)\left(\sqrt{x^2+x}-x\right)}{\sqrt{x^2+x}-x}=\lim_{x\to-\infty}\frac{x}{\sqrt{x^2+x}-x}$$

$$=\lim_{x\to-\infty}\frac{x}{-x\sqrt{1+\frac{1}{x}}-x}=\lim_{x\to-\infty}\frac{1}{-\sqrt{1+\frac{1}{x}}-1}=-\frac{1}{2}.$$

例 9 求极限 $\lim\limits_{x\to0}\dfrac{(1+ax)^{\frac{1}{m}}-(1+bx)^{\frac{1}{n}}}{x}$.

分析 由于题中极限是"$\dfrac{0}{0}$"型,所以不能直接用商的极限法则,需要先借助"加一项减一项"的技巧;然后采用求极限的四则运算法则和等价无穷小因子替换的方法,使问题得到解决.

解 先对函数的分子同时加 1 和减 1,然后用函数差的极限运算法则和等价无穷小因子替换,得

$$\lim_{x\to0}\frac{(1+ax)^{\frac{1}{m}}-(1+bx)^{\frac{1}{n}}}{x}=\lim_{x\to0}\frac{(1+ax)^{\frac{1}{m}}-1}{x}-\lim_{x\to0}\frac{(1+bx)^{\frac{1}{n}}-1}{x}$$

$$=\lim_{x\to0}\frac{\frac{1}{m}ax}{x}-\lim_{x\to0}\frac{\frac{1}{n}bx}{x}=\frac{a}{m}-\frac{b}{n}.$$

例 10 求极限 $\lim\limits_{x\to1}\dfrac{(1-\sqrt{x})(1-\sqrt[3]{x})\cdots(1-\sqrt[n]{x})}{(1-x)^{n-1}}$.

分析 此题是一个较复杂的无理函数求极限的问题,需要综合应用函数的代数变形和前面求函数极限的方法. 由于题中极限是"$\dfrac{0}{0}$"型,所以不能直接用商的极限法则,需要先对函数进行变量代换;然后采用求极限的四则运算法则和等价无穷小因子替换的方法,使问题得到解决.

解 先令 $t=x-1$,并对函数进行拆分;然后用函数积的极限运算法则和等价无穷小因子替换,得

$$\lim_{x\to1}\frac{(1-\sqrt{x})(1-\sqrt[3]{x})\cdots(1-\sqrt[n]{x})}{(1-x)^{n-1}}=\lim_{t\to0}\frac{\sqrt{t+1}-1}{t}\cdots\frac{\sqrt[n]{t+1}-1}{t}$$

$$=\lim_{t\to0}\frac{\sqrt{t+1}-1}{t}\lim_{t\to0}\frac{\sqrt[3]{t+1}-1}{t}\cdots\lim_{t\to0}\frac{\sqrt[n]{t+1}-1}{t}$$

$$=\lim_{t\to0}\frac{\frac{1}{2}t}{t}\lim_{t\to0}\frac{\frac{1}{3}t}{t}\cdots\lim_{t\to0}\frac{\frac{1}{n}t}{t}=\frac{1}{2}\cdot\frac{1}{3}\cdots\frac{1}{n}=\frac{1}{n!}.$$

例 6 至例 10 的解法说明:(1)在用极限的四则运算法则求极限时,必须注意定理的条件,当条件不具备时,有时可作适当的变形,以创造应用定理的条件;(2)求商的极限时,分子或分母中的**无穷小因子**可用其等价无穷小因子来替换,使极限问题简化明了;(3)若出现 $(+\infty)-(+\infty)$、$(+\infty)+(-\infty)$ 等应化为 $\dfrac{1}{0}\pm\dfrac{1}{0}=\dfrac{0\cdot0}{0\cdot0}$ 等情形来处理;(4)无穷小量乘有界函数仍是无穷小量、等价无穷小因子替换、无穷小的运算性质或无穷小与无穷大的关系都是求极限问题的有效方法,解题时往往需要综合应用.

例 11 (1)设 $\lim\limits_{x\to\infty}f(x)=0,f(x)\neq0$,证明:$\lim\limits_{x\to\infty}\dfrac{\sin f(x)}{f(x)}=1$;

(2)设 $\lim\limits_{x\to\infty}f(x)=0,f(x)\neq0$,且 $\lim\limits_{x\to\infty}f(x)g(x)$ 存在,证明:$\lim\limits_{x\to\infty}[1+f(x)]^{g(x)}=$ $e^{\lim\limits_{x\to\infty}f(x)g(x)}$.

分析 例题(1)本质上是重要极限公式 $\lim\limits_{x\to0}\dfrac{\sin x}{x}=1$ 的推广,因此要证明它只要采用变量代换求极限的方法和重要极限公式的方法即可.例题(2)本质上是幂指函数求极限方法的推广,要证明它,需要先对函数进行代数变形;然后综合应用复合函数求极限及等价无穷小因子替换的方法才能使问题得到解决.

证 (1)令 $u=f(x)$,则 $\lim\limits_{x\to\infty}\dfrac{\sin f(x)}{f(x)}=\lim\limits_{u\to0}\dfrac{\sin u}{u}=1.$

(2)因为 $\lim\limits_{x\to\infty}f(x)=0,f(x)\neq0$,且 $\lim\limits_{x\to\infty}f(x)g(x)$ 存在,所以

$$\lim\limits_{x\to\infty}[1+f(x)]^{g(x)}=\lim\limits_{x\to\infty}e^{\ln[1+f(x)]^{g(x)}}=e^{\lim\limits_{x\to\infty}g(x)\ln[1+f(x)]}=e^{\lim\limits_{x\to\infty}f(x)g(x)}.$$

此题对其他自变量的变化过程也成立。

例 12 求极限 $\lim\limits_{n\to\infty}\left(\sec\dfrac{\pi}{n}\right)^{n^2}$.

分析 这是幂指数列求极限的问题,可采用幂指函数求极限的方法,即先对数列进行代数变形;然后综合应用复合函数求极限及等价无穷小因子替换的方法即可.也可以直接利用基本题型中例 8 和本部分例 11(2)的结论做.

解法 1 由分析得到

$$\lim\limits_{n\to\infty}\left(\sec\dfrac{\pi}{n}\right)^{n^2}=\lim\limits_{n\to\infty}\left(1+\tan^2\dfrac{\pi}{n}\right)^{\frac{n^2}{2}}=\lim\limits_{n\to\infty}e^{\frac{n^2}{2}\ln\left(1+\tan^2\frac{\pi}{n}\right)}=e^{\lim\limits_{n\to\infty}\frac{n^2}{2}\ln\left(1+\tan^2\frac{\pi}{n}\right)}=e^{\lim\limits_{n\to\infty}\tan^2\frac{\pi}{n}\cdot\frac{n^2}{2}}$$

$$=e^{\lim\limits_{n\to\infty}\left(\frac{\pi}{n}\right)^2\cdot\frac{n^2}{2}}=e^{\frac{\pi^2}{2}}.$$

解法 2 由本部分例 11(2)类似得到

$$\lim\limits_{n\to\infty}\left(\sec\dfrac{\pi}{n}\right)^{n^2}=\lim\limits_{n\to\infty}\left(1+\tan^2\dfrac{\pi}{n}\right)^{\frac{n^2}{2}}=e^{\lim\limits_{n\to\infty}\tan^2\frac{\pi}{n}\cdot\frac{n^2}{2}}=e^{\lim\limits_{n\to\infty}\left(\frac{\pi}{n}\right)^2\cdot\frac{n^2}{2}}=e^{\frac{\pi^2}{2}}.$$

例 13 求极限 $\lim\limits_{x\to0}(\sin x+\cos x)^{\frac{2}{x}}$.

分析 此题也是幂指函数求极限的问题,可采用类似于例 12 的解法.

解法 1 由幂指函数求极限的方法,得到

$$\lim\limits_{x\to0}(\sin x+\cos x)^{\frac{2}{x}}=\lim\limits_{x\to0}(1+\sin2x)^{\frac{1}{x}}=\lim\limits_{x\to0}e^{\frac{1}{x}\ln(1+\sin2x)}=e^{\lim\limits_{x\to0}\frac{1}{x}\ln(1+\sin2x)}=e^{\lim\limits_{x\to0}\frac{\sin2x}{x}}=e^2.$$

解法 2 由基本题型中例 8 和本部分例 11(2),得到

$$\lim\limits_{x\to0}(\sin x+\cos x)^{\frac{2}{x}}=\lim\limits_{x\to0}(1+\sin2x)^{\frac{1}{x}}=e^{\lim\limits_{x\to0}\frac{\sin2x}{x}}=e^2.$$

例 14 已知 a 和 b 都是正实数,求极限 $\lim\limits_{n\to\infty}\left(\dfrac{\sqrt[n]{a}+\sqrt[n]{b}}{2}\right)^n$.

分析 此题也是幂指函数求极限问题,可采用类似于例 12 的解法 2.至于解法 1 请自己练习.

解 根据函数极限的运算法则,得

$$\lim\limits_{n\to\infty}\left(\dfrac{\sqrt[n]{a}+\sqrt[n]{b}}{2}\right)^n=\lim\limits_{n\to\infty}\left(1+\dfrac{\sqrt[n]{a}+\sqrt[n]{b}-2}{2}\right)^n=e^{\lim\limits_{n\to\infty}\frac{\sqrt[n]{a}+\sqrt[n]{b}-2}{2}\cdot n}=e^{\lim\limits_{n\to\infty}\frac{1}{2}\left(\frac{\sqrt[n]{a}-1}{\frac{1}{n}}+\frac{\sqrt[n]{b}-1}{\frac{1}{n}}\right)}=e^{\frac{1}{2}(\ln a+\ln b)}=\sqrt{ab}.$$

例 15 求极限 $\lim\limits_{x\to\frac{\pi}{2}}(\sin x)^{\tan x}$.

分析 此题也是幂指函数求极限的问题,可采用类似于例 12 的解法 2,但还需要利用变量代换求极限及三角变换才能最终求出极限.至于解法 1 请自己练习.

解 根据函数极限的运算法则,得

$$\lim_{x \to \frac{\pi}{2}}(\sin x)^{\tan x} = \lim_{x \to \frac{\pi}{2}}[1 + (\sin x - 1)]^{\tan x} = e^{\lim_{x \to \frac{\pi}{2}} (\sin x - 1)\tan x} = e^{\lim_{x \to \frac{\pi}{2}} \frac{\sin x - 1}{\cos x} \cdot \sin x} = e^{\lim_{x \to \frac{\pi}{2}} \frac{\sin x - 1}{\cos x}}.$$

令 $t = x - \dfrac{\pi}{2}$,则 $\lim\limits_{x \to \frac{\pi}{2}} \dfrac{\sin x - 1}{\cos x} = \lim\limits_{t \to 0} \dfrac{\sin\left(t + \dfrac{\pi}{2}\right) - 1}{\cos\left(t + \dfrac{\pi}{2}\right)} = \lim\limits_{t \to 0} \dfrac{\cos t - 1}{-\sin t} = \lim\limits_{t \to 0} \dfrac{t^2}{2t} = 0$,即

$$\lim_{x \to \frac{\pi}{2}}(\sin x)^{\tan x} = 1.$$

例 16 求极限 $\lim\limits_{n \to \infty} \sin^3(\pi \sqrt{4n^2 + n + 1})$.

分析 这是数列求极限的问题.由于数列中含有根号,所以必须构造出根号之差,并对其有理化.为此,可以利用"加一项减一项"的技巧及周期函数的性质和有理化分子变形数列;然后再用复合函数求极限的方法和极限的四则运算法则求出极限.

解 根据分析,得

$$\lim_{n \to \infty}\sin^3(\pi \sqrt{4n^2 + n + 1}) = \lim_{n \to \infty}\sin^3\left[2n\pi + (\sqrt{4n^2 + n + 1} - 2n)\pi\right]$$

$$= \lim_{n \to \infty}\sin^3\left[(\sqrt{4n^2 + n + 1} - 2n)\pi\right] = \left(\lim_{n \to \infty}\sin \frac{n + 1}{\sqrt{4n^2 + n + 1} + 2n}\pi\right)^3$$

$$= \left(\sin \lim_{n \to \infty} \frac{n + 1}{\sqrt{4n^2 + n + 1} + 2n}\pi\right)^3 = \left(\sin \frac{\pi}{4}\right)^3 - \frac{\sqrt{2}}{4}.$$

例 17 设 $f(x) = \lim\limits_{n \to +\infty} \dfrac{n^x - n^{-x}}{n^x + n^{-x}}$,求 $\lim\limits_{x \to 0} f(x)$.

分析 为了求 $\lim\limits_{x \to 0} f(x)$,需要先对 x 分情况讨论,并利用数列求极限的方法,求出函数 $f(x)$;然后再用求分段函数在分界点极限的方法求极限.

解 当 $x > 0$ 时,$f(x) = \lim\limits_{n \to \infty} \dfrac{1 - n^{-2x}}{1 + n^{-2x}} = 1$;

当 $x = 0$ 时,$f(x) = 0$;

当 $x < 0$ 时,$f(x) = \lim\limits_{n \to +\infty} \dfrac{n^{2x} - 1}{n^{2x} + 1} = -1$.

即

$$f(x) = \begin{cases} 1, & x > 0, \\ 0, & x = 0, \\ -1, & x < 0. \end{cases}$$

因为 $\lim\limits_{x \to 0^-} f(x) = -1, \lim\limits_{x \to 0^+} f(x) = 1$,所以 $\lim\limits_{x \to 0} f(x)$ 不存在.

例 18 求半径为 R 的圆的面积 A 及周长 C.

分析 利用极限的思想,先建立圆的面积 A 及周长 C 与其内接正 n 边形的面积 A_n 和周长 C_n 的关系;然后用重要极限公式 1 求极限.

解 半径为 R 的圆的面积 A 及周长 C 分别是半径为 R 的圆的内接正 n 边形的面积 A_n 和周长 C_n 在 $n \to \infty$ 时的极限.因为 $A_n = n \cdot \dfrac{R^2}{2}\sin\dfrac{2\pi}{n}, C_n = n \cdot 2R\sin\dfrac{\pi}{n}$,所以

$$A = \lim_{n \to \infty} A_n = \lim_{n \to \infty} n \cdot \frac{R^2}{2} \sin \frac{\pi}{n} = \lim_{n \to \infty} \pi R^2 \cdot \frac{\sin \frac{2\pi}{n}}{\frac{2\pi}{n}} = \pi R^2,$$

$$C = \lim_{n \to \infty} C_n = \lim_{n \to \infty} n \cdot 2R \sin \frac{\pi}{n} = \lim_{n \to \infty} 2\pi R \cdot \frac{\sin \frac{\pi}{n}}{\frac{\pi}{n}} = 2\pi R.$$

例 19 设函数 $f(x) = a_1 \sin x + a_2 \sin 2x + \cdots + a_n \sin nx$,且 $|f(x)| \leqslant |\sin x|$,$a_1, a_2, \cdots,$ a_n 为常数,证明:$|a_1 + 2a_2 + \cdots + na_n| \leqslant 1$.

分析 本题虽然是证明常数不等式,但由已知条件和要证明的结论及重要极限公式 1 可知,问题可转化为证明 $-1 \leqslant \lim_{x \to 0} \frac{f(x)}{x} \leqslant 1$,即证明 $\lim_{x \to 0} \frac{f(x)}{x} = a_1 + 2a_2 + \cdots + na_n$.

证 当 $0 < |x| < \frac{\pi}{2}$ 时,$-\frac{\sin x}{x} \leqslant \frac{f(x)}{x} \leqslant \frac{\sin x}{x}$. 根据极限的保号性,得 $-1 \leqslant \lim_{x \to 0} \frac{f(x)}{x} \leqslant 1$,由已知和极限的四则运算法则及重要极限公式 1,可知

$$\lim_{x \to 0} \frac{f(x)}{x} = \lim_{x \to 0} \left(a_1 \frac{\sin x}{x} + a_2 \frac{\sin 2x}{x} + \cdots + a_n \frac{\sin nx}{x} \right)$$

$$= a_1 \lim_{x \to 0} \frac{\sin x}{x} + a_2 \lim_{x \to 0} \frac{\sin 2x}{x} + \cdots + a_n \lim_{x \to 0} \frac{\sin nx}{x}$$

$$= a_1 + 2a_2 + \cdots + a_n,$$

所以 $|a_1 + 2a_2 + \cdots + na_n| \leqslant 1$.

5. 确定极限中的常数

例 20 已知 $\lim_{n \to \infty} \frac{\sqrt{n^2 - 1} + an^2 - bn}{n + 1} = 2$,求常数 a 和 b.

分析 依据已知条件及数列本身的特点,构造含有所求常数的一些特殊数列的极限,并根据极限的四则运算法则求出它们的极限,获得关于待定常数的方程或方程组;然后解方程或方程组,求出常数.接下来的解法 1 就属于此方法,一般技巧性较高.建议采用解法 2,首先由已知条件知数列极限为"$\frac{\infty}{\infty}$"型且存在,那么分子中 n 的最高方幂次数不能大于分母中 n 的最高方幂次数,从而可确定出常数 a 的关系式;然后将其代入数列,按相应数列求极限的方法求出它的极限,并令其等于已知的极限值,即可建立关于常数 b 的关系式;最后联立建立的关系式求解即可.

解法 1 根据条件和数列极限的四则运算法则,得

$$\lim_{n \to \infty} \frac{an^2}{n + 1} = \lim_{n \to \infty} \left(\frac{\sqrt{n^2 - 1} + an^2 - bn}{n + 1} - \frac{\sqrt{n^2 - 1}}{n + 1} + \frac{bn}{n + 1} \right) = 1 + b,$$

$$a = \lim_{n \to \infty} \frac{1}{n} \cdot \frac{an^2}{n + 1} = \lim_{n \to \infty} \frac{1}{n} \cdot \lim_{n \to \infty} \frac{an^2}{n + 1} = 0 \cdot (1 + b) = 0,$$

$$b + 1 = \lim_{n \to \infty} \frac{an^2}{n + 1} = 0,$$

于是 $a = 0, b = -1$.

解法 2 由已知条件知数列极限存在,那么 $a = 0$,于是

$$\lim_{n\to\infty}\frac{\sqrt{n^2-1}+an^2-bn}{n+1}=\lim_{n\to\infty}\frac{\sqrt{n^2-1}-bn}{n+1}=\lim_{n\to\infty}\frac{\sqrt{1-\dfrac{1}{n^2}}-b}{1+\dfrac{1}{n}}=1-b,$$

则由题意得 $1-b=2$，故 $a=0,b=-1$.

例 21 已知 $\lim\limits_{n\to\infty}(\sqrt{n^2+2n}+an-b)=1$，求常数 a 和 b.

分析 解法 1 与例 20 的解法 1 相同.建议采用解法 2,首先由已知条件知数列极限存在,那么它必须为"$\infty-\infty$"型,从而可确定出常数 a 的关系式;然后将其代入数列,按相应数列求极限的方法求出它的极限,并令其等于已知的极限值,即可建立关于常数 b 的关系式;最后联立建立的关系式求解即可.

解法 1 根据条件和数列极限的四则运算法则,得

$$\lim_{n\to\infty}\frac{\sqrt{n^2+2n}+an-b}{n}=\lim_{n\to\infty}\frac{1}{n}\cdot(\sqrt{n^2+2n}+an-b)=0,$$

$$\lim_{n\to\infty}\frac{\sqrt{n^2+2n}+an-b}{n}=\lim_{n\to\infty}\left(\frac{\sqrt{n^2+2n}}{n}+\frac{an}{n}-\frac{b}{n}\right)$$

$$=\lim_{n\to\infty}\frac{\sqrt{n^2+2n}}{n}+\lim_{n\to\infty}\frac{an}{n}-\lim_{n\to\infty}\frac{b}{n}=1+a,$$

于是 $a=-1$.

因为 $\lim\limits_{n\to\infty}(\sqrt{n^2+2n}+an)=\lim\limits_{n\to\infty}\left[(\sqrt{n^2+2n}+an-b)+b\right]=1+b$,

$$\lim_{n\to\infty}(\sqrt{n^2+2n}+an)=\lim_{n\to\infty}(\sqrt{n^2+2n}-n)=\lim_{n\to\infty}\frac{2n}{\sqrt{n^2+2n}+n}=1,$$

所以 $1+b=1$，故 $a=-1,b=0$.

解法 2 由已知条件知数列极限存在,那么 $a<0$,于是

$$\lim_{n\to\infty}(\sqrt{n^2+2n}+an-b)=\lim_{n\to\infty}\frac{(1-a^2)n^2+2(1+ab)n-b^2}{\sqrt{n^2+2n}-(an-b)}=1$$

存在,则 $1-a^2=0$,且

$$1=\lim_{n\to\infty}\frac{2(1+ab)n-b^2}{\sqrt{n^2+2n}-(an-b)}=\lim_{n\to\infty}\frac{2(1+ab)-\dfrac{b^2}{n}}{\sqrt{1+\dfrac{2}{n}}-\left(a-\dfrac{b}{n}\right)}=\frac{2(1+ab)}{1-a},$$

故 $a=-1,b=0$.

例 22 已知 $\lim\limits_{x\to1}\dfrac{\sqrt{3x^2+1}-ax-b}{x-1}=0$，求常数 a 和 b.

分析 依据已知条件及函数本身的特点,构造含有所求常数的一些特殊函数的极限,并根据极限的四则运算法求出它们的极限,获得关于待定常数的方程或方程组;然后解方程或方程组,求出常数.解法 1 就属于此方法,一般技巧性较高.建议采用解法 2,首先由已知条件知函数极限为"$\dfrac{0}{0}$"型且存在,那么分子的极限必为 0,从而可确定出常数 a 的关系式;然后将其代入函数,按相应函数求极限的方法求出它的极限,并令其等于已知的极限值,即可建立关于常数 b 的关系式;最后联立建立的关系式求解即可.

解法 1 根据条件和函数极限的四则运算法则,得

$$\lim_{x \to 1}(\sqrt{3x^2+1}-ax-b) = \lim_{x \to 1}\frac{\sqrt{3x^2+1}-ax-b}{x-1} \cdot (x-1) = 0,$$

$$\lim_{x \to 1}(ax+b) = \lim_{x \to 1}[\sqrt{3x^2+1}-(\sqrt{3x^2+1}-ax-b)] = 2,$$

即 $a+b=2$.

又由条件,得 $\lim_{x \to 1}\dfrac{\sqrt{3x^2+1}-2-a(x-1)}{x-1} = \lim_{x \to 1}\dfrac{\sqrt{3x^2+1}-ax-b}{x-1} = 0,$

$$\lim_{x \to 1}\frac{a(x-1)}{x-1} = \lim_{x \to 1}\left[\frac{\sqrt{3x^2+1}-2}{x-1} - \frac{\sqrt{3x^2+1}-2-a(x-1)}{x-1}\right]$$

$$= \lim_{x \to 1}\frac{\sqrt{3x^2+1}-2}{x-1} = \lim_{x \to 1}\frac{3(x^2-1)}{(\sqrt{3x^2+1}+2)(x-1)} = \frac{3}{2},$$

于是 $a=\dfrac{3}{2}, b=2-a=\dfrac{1}{2}$.

解法 2 由已知条件知函数极限存在,且 $\lim_{x \to 1}(x-1)=0$,那么 $\lim_{x \to 1}(\sqrt{3x^2+1}-ax-b)=0$. 又由函数极限的四则运算法则和复合函数求极限的方法,得 $a+b=2$.

$$\lim_{x \to 1}\frac{\sqrt{3x^2+1}-ax-b}{x-1} = \lim_{x \to 1}\frac{\sqrt{3x^2+1}-ax+a-2}{x-1} = \lim_{x \to 1}\frac{\sqrt{3x^2+1}-2}{x-1}-a$$

$$= \lim_{x \to 1}\frac{\sqrt{3x^2+1}-2}{x-1}-a = \lim_{x \to 1}\frac{3(x+1)}{\sqrt{3x^2+1}+2}-a = \frac{3}{2}-a,$$

于是 $\dfrac{3}{2}-a=0$,故 $a=\dfrac{3}{2}, b=2-a=\dfrac{1}{2}$.

例 23 已知 $\lim_{x \to \infty}\left(\dfrac{x^2+1}{x+1}-ax-b\right)=0$,求常数 a 和 b.

分析 依据已知条件及函数本身的特点,构造含有所求常数的一些特殊函数的极限,并根据极限的四则运算法求出它们的极限,获得关于待定常数的方程或方程组;然后解方程或方程组,求出常数. 解法 1 就属于此方法,一般技巧性较高. 建议采用解法 2,首先由已知条件知函数极限可化为"$\dfrac{\infty}{\infty}$"型且存在,那么分子中 x 的最高方幂次数不能大于分母中 x 的最高方幂次数,从而可确定出常数 a 的关系式;然后将其代入函数,按相应函数求极限的方法求出它的极限,并令其等于已知的极限值,即可建立关于常数 b 的关系式;最后联立建立的关系式求解即可.

解法 1 根据条件和函数极限的四则运算法则,得

$$\lim_{x \to \infty}\frac{1}{x} \cdot \left(\frac{x^2+1}{x+1}-ax-b\right) = \lim_{x \to \infty}\frac{1}{x} \cdot \lim_{x \to \infty}\left(\frac{x^2+1}{x+1}-ax-b\right) = 0 \times 0 = 0,$$

而

$$\lim_{x \to \infty}\frac{1}{x} \cdot \left(\frac{x^2+1}{x+1}-ax-b\right) = \lim_{x \to \infty}\left[\frac{x^2+1}{x(x+1)}-a-\frac{b}{x}\right]$$

$$= \lim_{x \to \infty}\frac{x^2+1}{x(x+1)}-a-\lim_{x \to \infty}\frac{b}{x} = 1-a,$$

所以 $1-a=0$,即 $a=1$.

又 $\lim_{x \to \infty}\left(\dfrac{x^2+1}{x+1}-ax-b\right) = \lim_{x \to \infty}\left(\dfrac{x^2+1}{x+1}-x\right)-b = \lim_{x \to \infty}\dfrac{-x+1}{x+1}-b = -1-b,$

所以 $-1-b=0$,故 $b=-1$.

解法 2　由已知条件知函数极限存在, 且

$$\lim_{x\to\infty}\left(\frac{x^2+1}{x+1}-ax-b\right)=\lim_{x\to\infty}\frac{(1-a)x^2-(a+b)x-b}{x+1}=0,$$

得到 $1-a=0, a+b=0$, 故 $a=1, b=-1$.

例 24　设 $\lim\limits_{x\to\infty}\left(\dfrac{x+2a}{x-a}\right)^x=8$, 求常数 a.

分析　由于已知极限是" 1^∞ ", 所以可以考虑用重要极限公式 2 或幂指函数求极限及四则运算法则求极限的方法求出函数的极限, 让其满足给定的条件, 从而求出常数 a.

解法 1　因为 $\lim\limits_{x\to\infty}\left(\dfrac{x+2a}{x-a}\right)^x=\lim\limits_{x\to\infty}\dfrac{\left(1+\dfrac{2a}{x}\right)^x}{\left(1-\dfrac{a}{x}\right)^x}=\lim\limits_{x\to\infty}\dfrac{\left[\left(1+\dfrac{2a}{x}\right)^{\frac{x}{2a}}\right]^{2a}}{\left[\left(1-\dfrac{a}{x}\right)^{-\frac{x}{a}}\right]^{-a}}$

$$=\frac{\lim\limits_{x\to\infty}\left[\left(1+\dfrac{2a}{x}\right)^{\frac{x}{2a}}\right]^{2a}}{\lim\limits_{x\to\infty}\left[\left(1-\dfrac{a}{x}\right)^{-\frac{x}{a}}\right]^{-a}}=\frac{\mathrm{e}^{2a}}{\mathrm{e}^{-a}}=\mathrm{e}^{3a},$$

所以 $\mathrm{e}^{3a}=8$, 故 $a=\ln 2$.

解法 2　$\lim\limits_{x\to\infty}\left(\dfrac{x+2a}{x-a}\right)^x=\lim\limits_{x\to\infty}\left(1+\dfrac{3a}{x-a}\right)^{\frac{x-a}{3a}\cdot\frac{3ax}{x-a}}=\lim\limits_{x\to\infty}\left[\left(1+\dfrac{3a}{x-a}\right)^{\frac{x-a}{3a}}\right]^{\frac{3ax}{x-a}}$, 因为

$\lim\limits_{x\to\infty}\left(1+\dfrac{3a}{x-a}\right)^{\frac{x-a}{3a}}=\mathrm{e}, \lim\limits_{x\to\infty}\dfrac{3ax}{x-a}=3a$, 所以 $\lim\limits_{x\to\infty}\left(\dfrac{x+2a}{x-a}\right)^x=\mathrm{e}^{3a}$, 从而 $\mathrm{e}^{3a}=8$, 故 $a=\ln 2$.

解法 3　因为 $\lim\limits_{x\to\infty}\left(\dfrac{x+2a}{x-a}\right)^x=\lim\limits_{x\to\infty}\mathrm{e}^{x\ln\frac{x+2a}{x-a}}=\mathrm{e}^{\lim\limits_{x\to\infty}x\ln\frac{x+2a}{x-a}}=\mathrm{e}^{\lim\limits_{x\to\infty}x\ln\left(1+\frac{3a}{x-a}\right)}=\mathrm{e}^{\lim\limits_{x\to\infty}x\cdot\frac{3a}{x-a}}=$

e^{3a}, 所以 $\mathrm{e}^{3a}=8$, 故 $a=\ln 2$.

例 25　设 $x\to 0$ 时, ax^b 与 $\tan x-\sin x$ 为等价无穷小, 求常数 a 和 b.

分析　由已知条件和等价无穷小的定义, 先将问题转化为已知两函数的比的极限问题; 然后利用三角函数的关系将分母变成无穷小乘积; 最后用等价无穷小因子替换法求出极限, 并令其为 1, 从而求出常数 a, b.

解　由题意得到, $\lim\limits_{x\to 0}\dfrac{ax^b}{\tan x-\sin x}=1$, 又因为 $\lim\limits_{x\to 0}\dfrac{ax^b}{\tan x-\sin x}=\lim\limits_{x\to 0}\dfrac{ax^b}{\tan x(1-\cos x)}=$

$\lim\limits_{x\to 0}\dfrac{ax^b}{x\cdot\dfrac{1}{2}x^2}=2a\lim\limits_{x\to 0}x^{b-3}$, 所以 $2a\lim\limits_{x\to 0}x^{b-3}=1$, 因此 $2a=1, b-3=0$, 故 $a=\dfrac{1}{2}, b=3$.

例 26　已知函数 $f(x)=\dfrac{\mathrm{e}^x-a}{(x-b)(x-1)}$, 且 $x=1$ 是 $f(x)$ 的可去间断点, $x=0$ 是 $f(x)$ 的无穷间断点, 求常数 a 和 b.

分析　由已知条件和间断点的定义, 先将问题转化为已知函数的极限问题; 然后再依据极限存在的求法和极限不存在但为无穷的判断, 求出常数 a, b.

解　因为 $x=1$ 是 $f(x)$ 的可去间断点, 所以 $\lim\limits_{x\to 1}f(x)=\lim\limits_{x\to 1}\dfrac{\mathrm{e}^x-a}{(x-b)(x-1)}$ 存在. 又因为 $\lim\limits_{x\to 1}(x-b)(x-1)=0$, 所以 $\lim\limits_{x\to 1}(\mathrm{e}^x-a)=0$, 于是 $a=\mathrm{e}$. 又因为 $x=0$ 是 $f(x)$ 的无穷间断点, 即 $\lim\limits_{x\to 0}f(x)=\lim\limits_{x\to 0}\dfrac{\mathrm{e}^x-a}{(x-b)(x-1)}=\infty$, 且 $\lim\limits_{x\to 0}(\mathrm{e}^x-a)=\lim\limits_{x\to 0}(\mathrm{e}^x-\mathrm{e})=1-\mathrm{e}\neq 0$, 因此 $\lim\limits_{x\to 0}(x-b)(x-1)=0$, 故 $b=0$.

例 27 已知 $f(x)=\begin{cases}(\cos x)^{\frac{1}{x^2}}, & x\neq 0,\\ a, & x=0\end{cases}$ 在 $x=0$ 处连续,求常数 a.

分析 对此类已知函数在一点连续,反求待定常数的问题,一般利用函数在一点连续的极限定义,即函数在一点的左极限=右极限=函数值,建立关于方程或方程组,然后解方程或方程组,求出常数.

解 由题意,得到 $f(0^-)=f(0^+)=f(0)$,而 $f(0)=a$,

$$f(0^-)=f(0^+)=\lim_{x\to 0}f(x)=\lim_{x\to 0}(\cos x)^{\frac{1}{x^2}}=\lim e^{\frac{1}{x^2}\ln\cos x}=e^{\lim_{x\to 0}\frac{1}{x^2}\ln\cos x}=e^{\lim_{x\to 0}\frac{1}{x^2}\ln(1+\cos x-1)}$$

$$=e^{\lim_{x\to 0}\frac{1}{x^2}(\cos x-1)}=e^{\lim_{x\to 0}\frac{-\frac{1}{2}x^2}{x^2}}=e^{-\frac{1}{2}},$$

故 $a=e^{-\frac{1}{2}}$.

6. 讨论函数的间断点

例 28 求函数 $f(x)=\lim_{n\to\infty}\dfrac{x^{n+2}}{\sqrt{4^n+x^{2n}}}(x\geqslant 0)$ 的间断点,并指出其间断点的类型.

分析 此题和例 17 一样,需要根据已知的数列极限,求出函数 $f(x)$;然后再利用求分段函数的间断点及其类型的方法即可以解决此问题.

解 当 $0\leqslant x<2$ 时,$f(x)=\lim_{n\to\infty}\dfrac{x^2(x/2)^n}{\sqrt{1+(x/2)^{2n}}}=0$,显然连续;

当 $x=2$ 时,$f(x)=2\sqrt{2}$;当 $x>2$ 时,$f(x)=\lim_{n\to\infty}\dfrac{x^2}{\sqrt{(2/x)^{2n}+1}}=x^2$,也连续.

于是 $f(x)=\begin{cases}0, & 0\leqslant x<2,\\ 2\sqrt{2}, & x=2, \\ x^2, & x>2\end{cases}$ 只可能在 $x=2$ 间断.

因为 $f(2^-)=\lim_{x\to 2^-}f(x)=\lim_{x\to 2^-}0=0$,$f(2^+)=\lim_{x\to 2^+}f(x)=\lim_{x\to 2^+}x^2=4$,所以 $f(2^-)\neq f(2^+)$,故 $x=2$ 是 $f(x)$ 的第一类跳跃间断点.

7. 求函数曲线的渐近线

例 29 证明:直线 $y=ax+b(a\neq 0)$ 为曲线 $y=f(x)$ 的斜渐近线的充分必要条件是 $a=\lim_{x\to+\infty}\dfrac{f(x)}{x}\neq 0$(或者 $a=\lim_{x\to-\infty}\dfrac{f(x)}{x}\neq 0$ 或者 $a=\lim_{x\to\infty}\dfrac{f(x)}{x}\neq 0$),$b=\lim_{x\to+\infty}[f(x)-ax]$ 或者($b=\lim_{x\to-\infty}[f(x)-ax]$ 或者 $b=\lim_{x\to\infty}[f(x)-ax]$).

分析 本题本质上是根据斜渐近线的几何定义,推证其极限形式的定义.只要证明了 $x\to+\infty$ 的情况,其他情况的证明类似.下面仅对 $x\to+\infty$ 加以证明.其关键就是利用几何图形建立曲线 $y=f(x)$ 上的动点 $M(x,y)$ 到直线 $L:y=ax+b$ 的距离 $d(M,L)$ 与 $y=f(x)$ 及 $L:y=ax+b$ 的关系.

证 必要性:如果直线 $y=ax+b$ 为曲线 $y=f(x)$ 的斜渐近线,那么根据曲线的斜渐近线的定义,曲线 $y=f(x)$ 上的动点 $M(x,y)$ 到直线 $L:y=ax+b$ 的距离 $d(M,L)$ 满足:当 $x\to+\infty$ 时,$d(M,L)\to 0$. 因为 $|f(x)-ax-b|=\dfrac{d(M,L)}{\cos\theta}$,其中 θ 是直线 $L:y=ax+b$ 的倾角,所以

$$\lim_{x \to +\infty} |f(x) - ax - b| = 0, \lim_{x \to +\infty} [f(x) - ax - b] = 0, \lim_{x \to +\infty} \frac{1}{x}[f(x) - ax - b] = 0, \text{故}$$

$$\lim_{x \to +\infty} \frac{f(x)}{x} = \lim_{x \to +\infty} \left[\frac{f(x) - ax - b}{x} + \frac{ax + b}{x} \right] = a,$$

$$\lim_{x \to +\infty} [f(x) - ax] = \lim_{x \to +\infty} \{[f(x) - ax - b] + b\} = b.$$

充分性:如果 $a = \lim_{x \to +\infty} \frac{f(x)}{x}, b = \lim_{x \to +\infty} [f(x) - ax]$,那么

$$\lim_{x \to +\infty} [f(x) - ax - b] = 0,$$

$$\lim_{x \to +\infty} |f(x) - ax - b| = 0.$$

设 $d(M,L)$ 是曲线 $y = f(x)$ 上的动点 $M(x,y)$ 到直线 $L:y = ax + b$ 的距离,则

$$d(M,L) = |f(x) - ax - b|\cos\theta,$$

其中 θ 是直线 $L:y = ax + b$ 的倾角,从而曲线 $y = f(x)$ 上的动点 $M(x,y)$ 到直线 $L:y = ax + b$ 的距离 $d(M,L)$ 满足:当 $x \to +\infty$ 时,$d(M,L) \to 0$. 根据曲线的斜渐近线的定义,直线 $y = ax + b$ 为曲线 $y = f(x)$ 的斜渐近线.

例 30 设 $f(x) = \frac{1 - 2x}{x^2} + 1 (x > 0)$,求曲线 $y = f(x)$ 的渐近线.

分析 利用求渐近线的极限形式的定义及求极限的方法即可.

解 因为 $\lim_{x \to 0^+} f(x) = \lim_{x \to 0^+} \left(\frac{1 - 2x}{x^2} + 1 \right) = +\infty$, $\lim_{x \to +\infty} f(x) = \lim_{x \to +\infty} \left(\frac{1 - 2x}{x^2} + 1 \right) = 1$,所以直线 $x = 0$ 为曲线 $y = y(x)$ 的铅直渐近线,$y = 1$ 为曲线 $y = y(x)$ 的水平渐近线.

例 31 设 $f(x) = (2x - 1)e^{\frac{1}{x}}$,求曲线 $y = f(x)$ 的斜渐近线.

分析 利用求斜渐近线的极限形式的定义及求极限的方法即可.

解 因为
$$a = \lim_{x \to +\infty} \frac{f(x)}{x} = \lim_{x \to +\infty} \frac{2x - 1}{x}e^{\frac{1}{x}} = 2,$$

$$b = \lim_{x \to +\infty} [f(x) - ax] = \lim_{x \to +\infty} [(2x - 1)e^{\frac{1}{x}} - 2x]$$

$$= 2\lim_{x \to +\infty} x(e^{\frac{1}{x}} - 1) - \lim_{x \to +\infty} e^{\frac{1}{x}} = 2\lim_{x \to +\infty} \frac{e^{\frac{1}{x}} - 1}{\frac{1}{x}} - 1 = 1,$$

所以曲线 $y = f(x)$ 的斜渐近线是 $y = 2x + 1$.

8. 利用闭区间上连续函数的性质证明命题

例 32 设 $f(x)$ 在 $[a,b]$ 上连续,$a < x_1 < x_2 < \cdots < x_n < b$,证明:存在 $\xi \in (a,b)$,使得

$$f(\xi) = \frac{f(x_1) + f(x_2) + \cdots + f(x_n)}{n}.$$

分析 题目已知函数在闭区间上连续的信息及 $a < x_1 < x_2 < \cdots < x_n < b$,从要证明的结论及介值定理可知,需先在 $[x_1, x_n]$ 上应用最值定理,证明 $\frac{f(x_1) + f(x_2) + \cdots + f(x_n)}{n}$ 介于最小值和最大值之间;然后再用介值定理的推论即可证得结论.

证 因为 $f(x)$ 在 $[a,b]$ 上连续,所以 $f(x)$ 在 $[x_1, x_n]$ 上连续,则 $f(x)$ 在 $[x_1, x_n]$ 上有最小值 m、最大值 M. 由于 $a < x_1 < x_2 < \cdots < x_n < b$,所以 $m \leqslant f(x_i) \leqslant M, i = 1, 2, \cdots,$

n，于是有

$$m \leqslant \frac{f(x_1)+f(x_2)+\cdots+f(x_n)}{n} \leqslant M,$$

从而存在 $\xi \in [x_1,x_2] \subset (a,b)$，使得 $f(\xi) = \frac{f(x_1)+f(x_2)+\cdots+f(x_n)}{n}$.

例 33 设函数 $f(x)$ 在 $[a,b]$ 上连续，且 $a < x_1 < x_2 < b$，证明：对于任意正实数 k_1 和 k_2，存在 $\xi \in [a,b]$，使得 $k_1 f(x_1) + k_2 f(x_2) = (k_1+k_2)f(\xi)$ 成立.

分析 方法类似于例 32.

证 因为函数 $f(x)$ 在 $[a,b]$ 上连续，所以 $f(x)$ 在 $[a,b]$ 上有最大值 M 和最小值 m. 又因为 $a < x_1 < x_2 < b$，于是 $m \leqslant f(x_i) \leqslant M, i = 1,2$，因而对于任意正实数 k_1 和 k_2，有

$$(k_1+k_2)m \leqslant k_1 f(x_1) + k_2 f(x_2) \leqslant (k_1+k_2)M,$$

$$m \leqslant \frac{k_1 f(x_1) + k_2 f(x_2)}{k_1 + k_2} \leqslant M.$$

由介值定理，存在 $\xi \in [a,b]$，使得 $f(\xi) = \frac{k_1 f(x_1) + k_2 f(x_2)}{k_1 + k_2}$，即

$$k_1 f(x_1) + k_2 f(x_2) = (k_1+k_2)f(\xi).$$

例 34 设 $f(x)$ 在 $[a,b]$ 上连续，对任意 $x_1 \in [a,b]$，存在 $x_2 \in [a,b]$，使得 $2|f(x_2)| = |f(x_1)|$，证明：存在 $\xi \in [a,b]$，使得 $f(\xi) = 0$.

分析 题目已知函数在闭区间上连续和函数的绝对值信息，所以依据前面的性质可知 $|f(x)|$ 在该区间上连续，且 $|f(x)| \geqslant 0$. 为了证明存在 $\xi \in [a,b]$，使得 $f(\xi) = 0$，只要证明在 $[a,b]$ 上 $|f(x)|$ 的最小值存在且为零，那么令最小值点为 ξ 就可以了. 闭区间上连续函数的最值定理和已知条件（对任意一点 $x_1 \in [a,b]$，都存在 $x_2 \in [a,b]$，使得 $2|f(x_2)| = |f(x_1)|$）可以确保 $|f(x)|$ 的最小值存在且为零.

证 由于 $f(x)$ 在 $[a,b]$ 上连续，所以 $|f(x)|$ 在 $[a,b]$ 上连续. 由最大值最小值定理，$|f(x)|$ 在 $[a,b]$ 上存在 $c \in [a,b]$，使 $|f(x)|$ 有最小值 $|f(c)|$. 又由题意知，存在 $d \in [a,b]$，使得 $2|f(d)| = |f(c)|$. 于是 $|f(d)| = |f(c)| = 0$，因此 $f(c) = 0$，即存在 $\xi = c \in [a,b]$，使得 $f(\xi) = 0$.

例 35 某赛车跑完 120 千米恰好用了 30 分钟的时间，问在 120 千米的路程中是否至少有一段长为 20 千米的距离恰用 5 分钟时间跑完？

分析 120 千米需用 30 分钟跑完，说明平均速度为 4 千米/分钟，所问 5 分钟跑 20 千米恰为这个平均速度. 直觉上回答是肯定的，下面用连续函数的性质和例 32 来严格论证之.

解 设 t 分钟时间跑过的距离为 $s(t)$，且 $s(0) = 0, s(30) = 120$. 显然，$s(t)$ 是 t 的函数且是单调增加的. 令 $f(t) = s(t+5) - s(t), t \in [0,25]$. 这个函数也是 t 的连续函数，它表示在时刻 t 到时刻 $(t+5)$ 这 5 分钟内所跑的距离. 现在，问题转化为：是否至少存在一点 $\xi \in [0,25]$，使得 $f(\xi) = 20$. 由于

$$f(0) + f(5) + f(10) + f(15) + f(20) + f(25) = s(30) - s(0) = 120,$$

所以由例 32 知，至少存在一点 $\xi \in [0,25]$，使得 $f(\xi) = \frac{1}{6}[f(0)+f(5)+f(10)+f(15)+f(20)+f(25)]$. 说明从 ξ 开始的 5 分钟时间内跑完了 20 千米距离.

第四节　数学文化拾趣园

一、数学家趣闻轶事

1. 刘徽的生平简介

刘徽(约225—295),汉族,山东邹平县人,魏晋时期伟大的数学家,中国古典数学理论的奠基者之一,是中国数学史上非常伟大的数学家,他在263年撰写的著作《九章算术注》以及后来的《海岛算经》,是中国最宝贵的数学遗产.吴代俊先生说:"从对数学贡献的角度来衡量,刘徽应该与欧几里德、阿基米德等相提并论."刘徽是公元三世纪世界上最杰出的数学家,他思想敏捷,方法灵活,既提倡推理又主张直观.他是中国最早明确主张用逻辑推理的方式来论证数学命题的人.

2. 刘徽的代表成就

刘徽的数学著作,留传后世的很少,所留均为久经辗转传抄之作.他的主要著作有:《九章算术注》10卷;《重差》1卷,至唐代易名为《海岛算经》;《九章重差图》1卷.可惜后两种都在宋代失传.

《九章算术注》约成书于东汉初,共有246个问题的解法.在许多方面,如解联立方程、分数四则运算、正负数运算、几何图形的体积面积计算等,都属于世界先进之列.但因解法比较原始,缺乏必要的证明,刘徽则对此均作了补充证明.在这些证明中,显示了他在众多方面的创造性贡献.他是世界上最早提出十进小数概念的人,并用十进小数来表示无理数的立方根;在代数方面,他正确地提出了正负数的概念及其加减运算的法则,改进了线性方程组的解法;在几何方面,提出了"割圆术",即将圆周用内接或外切正多边形穷竭的一种求圆面积和圆周长的方法.他利用割圆术科学地求出了圆周率 $\pi = 3.1416$.他用割圆术,从直径为2尺的圆内接正六边形开始割圆,依次得正12边形、正24边形……,割得越细,正多边形面积和圆面积之差越小,用他的原话说是"割之弥细,所失弥少,割之又割,以至于不可割,则与圆周合体而无所失矣".他计算了3072边形的面积并验证了这个值.刘徽提出的计算圆周率的科学方法,奠定了此后千余年来中国圆周率计算在世界上的领先地位.

《海岛算经》一书中,刘徽精心选编了9个测量问题,这些题目的创造性、复杂性和代表性,都在当时为西方所瞩目.

3. 名家垂范

刘徽治学态度严谨,为后世树立了楷模.在求圆面积时,在当时计算工具很简陋的情况下,他开方即达12位有效数字.他在注释"方程"章节18题时,共用1500余字,反复消元运算达124次,无一差错,答案正确无误,即使作为今天大学代数课答卷亦无逊色.刘徽著《九章算术注》时年仅30岁左右.他的一生是为数学刻苦探求的一生.他虽然地位低下,但人格高尚.他不是沽名钓誉的庸人,而是学而不厌的伟人,他给我们中华民族留下了宝贵的财富.

二、数学思维与发现

1. 极限的思想

（1）直观的极限思想.

直观的极限思想起源很早，主要代表如下.

公元前 5 世纪，希腊数学家安提丰（Antiphon）在研究化圆为方问题时提出了一种颇有价值的方法，后人叫"穷竭法"，即从一个简单的圆内接正多边形（如正方形或正六边形）出发，把每边所对的圆弧二等分，联结分点，得到一个边数加倍的圆内接正多边形，当重复这一步骤足够多次时，所得圆内接正多边形面积与圆面积之差将小于任何给定的限度. 之后，另一位希腊数学家布里松（Bryson）考虑了用圆的外切正多边形逼近圆的类似步骤. 这种以直线形逼近曲边形的过程表明，当时的希腊数学家已经产生了初步的极限思想.

在中国古代，自春秋末年起，就有记载表明了极限的思想. 比较有代表的有：春秋末年的《庄子·天下》中记载的命题"一尺之棰，日取其半，万世不竭"；263 年，魏晋时期杰出的数学家刘徽在《九章算术注》中介绍了割圆术计算圆周率 π 的方法，该方法中"割之弥细，所失弥少，割之又割以至于不可割，则与圆合体而无所失矣"这句话就明确地表达了极限思想.

（2）明确和严格的定义.

最早试图明确定义和严格处理极限概念的数学家是微积分的创始人之一牛顿（I. Newton，1643—1727）. 他在完成于 1676 年的《论曲线的求积》中使用了"初始比和终极比"方法，并在 1687 年出版的名著《自然哲学的数学原理》的第一节评注中特别说明："所谓两个垂逝量（即趋于零的量）的终极比，并非指这两个量消逝前或消逝后的比，而是指它们消逝时的比……两个量消逝时的这种终极比，并非真的是两个终极量的比，而是两个量之比在这两个量无限变小时所收敛的极限；这些比无限接近这个极限，与其相差小于任何给定的差别，但决不在这两个量无限变小以前超过或真的取得这个极限."而且该书第一编的引理 I——"两个量或量之比，如果在有限时间内不断趋于相等，且在这一时间终止前互相靠近，使得其差小于任意给定的差别，则最终就成为相等."这实际上就是他想给极限下的定义. 1735 年，英国数学家罗宾斯（B. Robins，1707—1751）写道："当一个变量能以任意接近程度逼近一个最终的量（虽然永远不能绝对等于它），我们定义这个最终的量为极限."1750 年，法国著名数学家达朗贝尔（Jean Le Rond. d'Alembert，1717—1783）在为法国科学院出版的《百科全书》第四版中对极限的描述是："一个变量趋于一个固定量，趋近程度小于任何给定量，且变量永远达不到固定量."

（3）精确表达.

19 世纪前，仍缺乏精确的表达形式. 极限概念和理论的真正精确表达是由柯西开始而由魏尔斯特拉斯完成的. 1821 年，法国数学家柯西（A. L. Cauchy，1789—1857）在《分析教程第一编·代数分析》中写道："当一个变量相继取的值无限接近于一个固定值，最终与此固定值之差要多小就有多小时，该值就称为所有其他值的极限."1860—1861 年，德国数学家魏尔斯特拉斯（K. W. T. Weierstrass，1815—1897）对极限给出了纯粹算术的表述：如果对于给定的 $\varepsilon > 0$，存在数 $\delta > 0$，使得当 $0 < |x-a| < \delta$ 时，$|f(x)-L| < \varepsilon$ 成立，则称 $\lim_{x \to a} f(x) = L$. 这就是我们现在教科书上极限的定义.

2. 极限的方法

极限的方法是人们从有限中认识无限、从近似中认识精确、从量变中认识质变的一种数学方法. 该方法是微积分的基本方法, 因为微积分学中其他的一些重要概念(如导数、定积分、级数等)都是用极限来定义的.

3. 无穷小(量)的发现

(1)含义模糊, 引起哲学家和数学家的关注和争论.

数学史上所说的无穷小(量), 是指非零而又小于任何指定大小的量, 有时被描述为小到不可再分的量或称为不可分量; 有时也被理解为"正在消失的量"; 但更为常见的是理解为一种静态的、已被确定的量, 并且经常与空间性质的几何直观联系在一起, 这与今天所说的无穷小量(以 0 为极限的变量)有很大区别. 它的含义很模糊, 多次引起哲学家和数学家的关注和争论.

希腊和中国的古代思想家很早就讨论过无穷小和无穷大的概念及有关问题. 它们最初被作为哲学问题提出, 并逐渐影响到对一些数学问题的处理. 5 世纪, 古希腊埃利亚学派的芝诺(Zeno, 约前 490—前 430)在考虑时间和空间是无限可分的还是由不可再分的微粒组成的这一问题时提出了四个著名的悖论; 之后, 德谟克利特(Democritus, 约前 460—前 370)创立原子论并用以处理了一些简单的体积计算问题. 后来, 由于对无穷小和无穷大等问题无法作出逻辑上令人信服的处理, 希腊人在数学中基本排斥了无穷小和无穷大概念. 中国春秋末年的《庄子·天下》中有"至大无外, 谓之大一; 至小无内, 谓之小一"的命题, 其中大一和小一就是(几何中的)无穷大和无穷小概念; 在《墨经》中则作了进一步的讨论. 欧洲一些逻辑学家和自然哲学家中世纪后期继续讨论不可分量问题, 数学家们则在 17 世纪初将其发展为对微积分学的早期发展产生了极为重要影响的一套有效的数学方法.

(2)缺少严格数学定义, 引发第二次数学危机.

在 19 世纪前, 无穷小量概念一直缺乏一个严格的数学定义, 人们对其性质的认识也模糊不清, 由此导致了相当严重的混乱, 从而引发了数学史上著名的第二次危机, 直到 19 世纪才得以解决.

牛顿在创立微积分之初是以"瞬"(即时间 t 的无穷小量 o)为其论证基础的, 稍后又取变元 x 的无穷小瞬 o 为基础, 而这种无穷小瞬的概念在性质上是模糊的. 到 17 世纪 80 年代中期, 牛顿对微积分的基础在观念上发生变化, 提出了"首末比"方法, 试图根据有限差值的最初比和最终比——极限来建立流数的概念.

莱布尼茨(G. W. Leibniz, 1646—1716)的微积分是从研究有限差值开始的, 几何变量的离散的无穷小的差在他的方法中起着中心作用. 虽然似乎他并不坚持认为无穷小量实际存在, 但无论如何, 他已认识到: 无穷小量是否存在的问题, 同按照微积分运算法则对无穷小量进行计算是否可以得出正确答案的问题, 两者是独立的. 因此, 不论无穷小量是否实际存在, 它们总是可以作为"一些假想的对象, 以便用来普遍进行简写和陈述". 虽然莱布尼茨对于无穷小量的存在性问题相当慎重, 但他的继承人(如伯努利兄弟)却不加思考地承认无穷小量是数学上的实体. 正是对微积分基础不怀疑的大胆做法, 或许促进了微积分及其应用的迅速发展.

针对作为微积分基础的无穷小量在概念与性质上的含糊不清, 英国哲学家贝克莱(G. Berkeley, 1685—1753)在《分析学者, 或致一个不信教的数学家》(1734 年)一文中对微积分基础的可靠性提出了强烈的质疑, 从而引发了第二次数学危机. 当时包括麦克劳林(C. Maclaurin, 1698—

1746)在内的一些数学家试图对此进行辩护,但他们的论证同样不能为无穷小量概念提供一个令人满意的基础.为此,达朗贝尔在为法国科学院出版的《百科全书》(1750)所写的"微分"条目中用极限方法替代了无穷小量方法;大数学家欧拉基本上拒绝了无穷小量概念;18世纪末,法国数学家拉格朗日(J. L. Lagrange,1736—1813)甚至试图把微分、无穷小和极限等概念从微积分中完全排除.19世纪末,经过柯西、魏尔斯特拉斯等人的努力,严格的极限理论得以建立,无穷小量可以用"$\varepsilon-\delta$"语言清楚地加以描述,有关的逻辑困难才得到解决.事实上,最初意义上的无穷小量这时已被排除出微积分,直到20世纪60年代它才在非标准分析中卷土重来.

第五节　数学实践训练营

一、数学实验及软件使用

1. MATLAB 符号运算介绍

MATLAB符号运算是通过符号数学工具箱(Symbolic Math Toolbox)来实现的.MATLAB符号数学工具箱是建立在功能强大的Maple软件的基础上的,当MATLAB进行符号运算时,它就请求Maple软件去计算并将结果返回给MATLAB. MATLAB符号数学工具箱可以完成几乎所有的符号运算功能,主要包括:符号表达式的运算,符号表达式的复合、化简,符号矩阵的运算,符号微积分,符号作图,符号代数方程求解,符号微分方程求解等.此外,该工具箱还支持可变精度运算,即支持以指定的精度返回结果.

1)MATLAB 符号运算的特点

运算以推理方式进行,因此不受运算误差累积所带来的困扰;可以给出完全正确的封闭解,或任意精度的数值解(封闭解不存在时);指令的调用比较简单,与数学教科书上的公式相近;所需的运行时间相对较长.

2)符号对象与符号表达式

在进行符号运算时,必须先定义基本的符号对象,可以是符号常量、符号变量、符号表达式等.符号对象是一种数据结构.含有符号对象的表达式称为符号表达式,MATLAB在内部把符号表达式表示成字符串,以与数字变量或运算相区别.符号矩阵(数组)是指元素为符号表达式的矩阵(数组).

(1)符号对象的建立(sym 和 syms). sym 函数用来建立单个符号量,一般调用格式为:符号变量 ＝ sym(A),参数 A 可以是一个数或数值矩阵,也可以是字符串.

例1　>> a=sym('a')　　　　　　其中 a 是符号变量;

　　　>> b=sym(1/3)　　　　　　其中 b 是符号常量;

　　　>>c=sym('[1 ab; c d]')　　其中 c 是符号矩阵.

syms 命令用来建立多个符号量,一般调用格式为:syms 变量1 变量2…变量 n.

例2　>> syms a b c　　它等价于　　>> a=sym('a');

　　　　　　　　　　　　　　　　　　>> b=sym('b');

　　　　　　　　　　　　　　　　　　>> c=sym('c');

(2)符号表达式的建立.通常有两种方法:①用 sym 函数直接建立符号表达式;②使用已

经定义的符号变量组成符号表达式.

例 3 >> y＝sym('sin(x)＋cos(x)')或

>> x＝sym('x');

>> y＝sin(x)＋cos(x)

3)符号对象的基本运算

MATLAB 符号运算采用的运算符和基本函数在形状、名称和使用上,都与数值计算中的运算符和基本函数完全相同.

(1)基本运算符. 普通运算:＋、－、＊、\、/、^;数组运算:. ＊、.\、./、.^;矩阵转置:'、.'

例 4 >> X＝sym('[x11,x12;x21,x22;x31,x32]');

>>Y＝sym('[y11,y12,y13;y21,y22,y23]');

>>Z1＝X＊Y

(2)基本函数. 三角函数与反三角函数、指数函数、对数函数等(表 1－1).

表 1－1

三角函数	sin、cos、tan、cot、sec、csc、…
反三角函数	asin、acos、atan、acot、asec、acsc、…
指数函数、对数函数等	exp、log、log2、log10、sqrt
其他	abs、conj、real、imag
	rank、det、inv、eig、lu、qr、svd
	diag、triu、tril、expm

4)查找符号变量

(1)查找符号表达式中的符号变量.

findsym(expr):按字母顺序列出符号表达式 expr 中的所有符号变量.

findsym(expr, N):列出 expr 中离 x 最近的 N 个符号变量.

注意: 若表达式中有两个符号变量与 x 的距离相等,则 **ASCII 码大者优先**;常量 **pi, i, j** 不作为符号变量.

(2)findsym 举例.

例 5 >>f＝sym('2＊w－3＊y＋z^2＋5＊a')

>>findsym(f)

>>findsym(f,3)

>>findsym(f,1)

5)符号表达式的替换

(1)用给定的数据替换符号表达式中的指定的符号变量.

subs(f,x,a):用 a 替换字符函数 f 中的字符变量 x,a 可以是数/数值变量/表达式 或 字符变量/表达式.

注意: 若 x 是一个由多个字符变量组成的数组或矩阵,则 a 应该具有与 x 相同的形状的数组或矩阵.

(2)subs 举例.

例 6 指出下面各条语句的输出结果

>> f＝sym('2＊u');　　　　　　　　　　　　　　f＝2＊u

```
>> subs(f,'u',2)                         ans＝4
>> f2＝subs(f,'u','u＋2')                 f2＝2＊(u＋2)
>> a＝3;                                  ans＝14
>> subs(f2,'u',a＋2)                      ans＝2＊((a＋2)＋2)
>> subs(f2,'u','a＋2')
>> syms x y
>> f3＝subs(f,'u',x＋y)                   f3＝2＊x＋2＊y
>> subs(f3,[x,y],[1,2])                   ans＝6
```

2. 计算极限

1）软件命令

limit(f,x,a)：计算 $\lim\limits_{x \to a} f(x)$.

limit(f,a)：当默认变量趋向于 a 时的极限.

limit(f)：计算 $a＝0$ 时的极限.

limit(f,x,a,'right')：计算右极限.

limit(f,x,a,'left')：计算左极限.

2）举例示范

例 7　计算 $L = \lim\limits_{h \to 0} \dfrac{\ln(x+h) - \ln x}{h}$，$M = \lim\limits_{n \to \infty} \left(1 - \dfrac{x}{n}\right)^n$.

```
>> syms x h n;
>> L＝limit((log(x＋h)－log(x))/h,h,0)
>> M＝limit((1－x/n)^n,n,inf)
```

例 8　求 $\lim\limits_{x \to 0} \dfrac{\sin x}{x}$.

```
>>syms x;
>>limit(sin(x)/x,x,0)
ans ＝ 1
```

例 9　求 $\lim\limits_{x \to 0^-} \dfrac{1}{x}$.

```
>> x＝sym('x');
>>limit(1/x,x,0,'left')
ans ＝ －inf
```

二、建模案例分析

数学来源于实际，又高于实际. 在人们的生活、学习和工作中，到处都会遇到数学问题，就看我们是否留心观察、发现，善于思考、联想了. 下面就是我们身边两个可通过数学建模，转化为可用极限和连续的数学知识解决的简单问题.

1. 放平椅子问题

由于地面凹凸不平，椅子难于一次放稳（四脚同时着地），因此我们可以提出如下问题：四条腿长度相等的椅子放在不平的地面上,四条腿能否同时着地? 请建立数学模型予以解决.

分析 设椅子的中心不动,每条腿的着地点视为几何上的点,用 A、B、C、D 表示,把 AC 和 BD 连线看作坐标系中的 x 轴和 y 轴,把转动椅子看作坐标轴的旋转. θ 表示对角线 AC 转动后与初始位置 x 轴的夹角,$g(\theta)$ 表示 A、C 两腿与地面距离之和,$f(\theta)$ 表示 B、D 两腿与地面距离之和,当地面光滑时,$f(\theta)$,$g(\theta)$ 均是连续函数,因三条腿总能同时着地,故 $f(\theta) \cdot g(\theta) = 0$.

不妨设初始位置 $\theta = 0$ 时,$g(0) = 0$,$f(0) > 0$,于是椅子问题抽象成如下问题:

已知:$f(\theta)$、$g(\theta)$ 为连续函数,$g(0) = 0$,$f(0) > 0$,且对任意的 θ,都有 $f(\theta) \cdot g(\theta) = 0$. 证明:存在 θ_0,使 $g(\theta_0) = f(\theta_0) = 0$,$0 < \theta_0 < \dfrac{\pi}{2}$.

证明 令 $h(\theta) = g(\theta) - f(\theta)$,显然有 $h(0) = g(0) - f(0) < 0$. 将椅子转动 $\dfrac{\pi}{2}$,即将 AC 与 BD 位置互换,则有 $g\left(\dfrac{\pi}{2}\right) > 0$,$f\left(\dfrac{\pi}{2}\right) = 0$,所以有 $h\left(\dfrac{\pi}{2}\right) = g\left(\dfrac{\pi}{2}\right) - f\left(\dfrac{\pi}{2}\right) > 0$. 因 $h(\theta)$ 是连续函数,由介值定理,存在一点 θ_0,$0 < \theta_0 < \dfrac{\pi}{2}$,使 $h(\theta_0) = 0$,即 $g(\theta_0) = f(\theta_0)$. 由条件知对任意的 θ,均有 $f(\theta) \cdot g(\theta) = 0$,所以 $g(\theta_0) = f(\theta_0) = 0$,即存在 θ_0 方向,四条腿能同时着地(地面光滑).

2. 连续复利问题

将本金 A_0 存入银行,年利率为 r,则一年后本息之和为 $A_0(1 + r_0)$;如果年利率仍为 r,但半年计一次利息,且利息不取,前期的本息之和作为下期的本金再计算以后的利息,这样利息又生利息. 由于半年的利率为 $\dfrac{r}{2}$,故一年后的本息之和为 $A_0\left(1 + \dfrac{r}{2}\right)^2$,这种计算利息的方法称为复式计息法. 如一年计息 n 次,利息按复式计算,一年后的本息之和为多少? 问当计算复利的次数无限增大,即 $n \to \infty$ 时的极限(称为连续复利)为多少?

分析 为了求出连续复利,首先需要建立复式计息法下,一年计息 n 次,一年后的本息之和 A_n;然后利用重要极限公式 2 求出连续复利 $\lim\limits_{n \to \infty} A_n$.

解 依据复式计息法可知:如一年计息 n 次,一年后的本息之和为 $A_n = A_0\left(1 + \dfrac{r}{n}\right)^n$;如一年计息的次数无限增大,那么一年后的本息之和(连续复利)为

$$\lim\limits_{n \to \infty} A_n = \lim\limits_{n \to \infty} A_0\left(1 + \dfrac{r}{n}\right)^n = A_0 \lim\limits_{n \to \infty}\left(1 + \dfrac{r}{n}\right)^n = A_0 \lim\limits_{n \to \infty}\left(1 + \dfrac{r}{n}\right)^{\frac{n}{r} \times r} = A_0 \mathrm{e}^r.$$

第六节 考研加油站

一、考研大纲解读

1. 考研数学一和数学二的大纲

通过对比分析发现:考研数学一和数学二对"函数、极限和连续"的大纲相同,其考试内容

和要求如下.

1)考试内容

(1)函数的概念及表示法,函数的有界性、单调性、周期性和奇偶性,复合函数、反函数、分段函数和隐函数,基本初等函数的性质及其图形,初等函数,函数关系的建立.

(2)数列极限与函数极限的定义及其性质,函数的左极限和右极限,无穷小量和无穷大量的概念及其关系,无穷小量的性质及无穷小量的比较,极限的四则运算,极限存在的两个准则:单调有界准则和夹逼准则,两个重要极限.

(3)函数连续的概念、函数间断点的类型,初等函数的连续性,闭区间上连续函数的性质.

2)考试要求

(1)理解函数的概念,掌握函数的表示法,会建立应用问题的函数关系.

(2)了解函数的有界性、单调性、周期性和奇偶性.

(3)理解复合函数及分段函数的概念,了解反函数及隐函数的概念.

(4)掌握基本初等函数的性质及其图形,了解初等函数的概念.

(5)**理解极限的概念,理解函数左极限与右极限的概念以及函数极限存在与左极限、右极限之间的关系.**

(6)**掌握极限的性质及四则运算法则.**

(7)**掌握极限存在的两个准则,并会利用它们求极限,掌握利用两个重要极限求极限的方法.**

(8)**理解无穷小量、无穷大量的概念**,掌握无穷小量的比较方法,**会用等价无穷小量求极限.**

(9)理解函数连续性的概念(含左连续与右连续),会判别函数间断点的类型.

(10)了解连续函数的性质和初等函数的连续性,理解闭区间上连续函数的性质(有界性、最大值和最小值定理、介值定理),并会应用这些性质.

2. 考研数学三的大纲

1)考试内容
与数学一的相同.

2)考试要求
关于对函数的要求(1)—(4)和对函数连续概念及性质的要求(9)—(10)与数学一的相同;但对数列和函数极限的要求(5)—(7)低一些,不同处用黑体作了标示,具体表述如下:

(5)**了解数列极限和函数极限(包括左极限与右极限)的概念.**

(6)**了解极限的性质与极限存在的两个准则,掌握极限的四则运算法则,掌握利用两个重要极限求极限的方法.**

(7)理解无穷小量的概念和基本性质,掌握无穷小量的比较方法.**了解无穷大量的概念及其与无穷小量的关系.**

3. 几个关键词的解读

(1)**了解.**凡是要求了解的知识点,则要求对该知识点的含义知道得很清楚.一般指的是定义、概念、定理、推论等知识内容,例如了解二重积分的性质,了解微分方程及其阶、解、通解、初始条件和特解等.不仅要记住它们的条件和结论,而且要对这些知识点作进一步的推导.

(2)**理解**.凡是要求理解的知识点,则要求懂得该知识点,且要将其认识得很清楚,主要是指对概念、定理、推理等知识点及知识点之间的关系的理解.这里要注意了解和理解之间的区别,了解偏重于知道,理解是在了解的基础上增加了懂得和能够体会其深层次意思,是从表层到深层次的递进含义.

(3)**会**.会是要会求、会计算、会建立、会应用和会判断等.要求考生理解、懂得,并能够根据所学知识计算表达式结果、列出方程、画出图形、建立数学模型等.在大纲中对知识点要求会求、会计算、会建立方程表达式、会描绘等,主要是指计算方法、知识的灵活运用层次的要求;学习时不仅要记住、理解定理还要推导,才能达到会求解的程度.

(4)**掌握**.凡是要求掌握的,则要求对该知识点了解、熟知并能加以运用,这是大纲中最高的要求.要求掌握的知识点都是历年考试所涉及的内容,希望考生注意这一点.

二、典型真题解答及思考

1.考研真题解析

1)试题特点

从历年的试题分析可知,函数、极限与连续是微积分的基础,每年必考.由于本章涉及非常多的基本概念和基本理论,所以许多考题重点考查它的基本概念和基本理论.但从历年考试情况看,这部分失分率较高,因此,希望同学们重视基本概念和基本理论的复习.

2)常考题型

(1)**求极限(核心)**.重点是常用方法,如有理运算、基本极限、等价无穷小因子替换、洛必达法则等.

(2)**无穷小量及其比较**.实质是研究"$\dfrac{0}{0}$"型极限的值.

(3)**求间断点及判别其类型**.函数间断点类型判断的关键是求其在间断点处的左右极限.

3)考题剖析示例

(1)基本题型.

例1(2008,数一,4题,4分) 设函数 $f(x)$ 在 $(-\infty, +\infty)$ 内单调有界,$\{x_n\}$ 为数列,下列命题正确的是( ).

(A)若 $\{x_n\}$ 收敛,则 $\{f(x_n)\}$ 收敛.   (B)若 $\{x_n\}$ 单调,则 $\{f(x_n)\}$ 收敛.

(C)若 $\{f(x_n)\}$ 收敛,则 $\{x_n\}$ 收敛.   (D)若 $\{f(x_n)\}$ 单调,则 $\{x_n\}$ 收敛.

分析 本题主要考查极限存在准则Ⅱ:单调有界数列必有极限,是关于**极限的概念、性质和存在准则**的题.

解法1(推理法) 因为 $\{x_n\}$ 单调,$f(x)$ 在 $(-\infty, +\infty)$ 内单调有界,所以 $\{f(x_n)\}$ 单调有界.依据数列极限存在的准则Ⅱ知,数列 $\{f(x_n)\}$ 收敛,故应选(B).

解法2(排除法) 如果取 $f(x) = \begin{cases} 1, x \geqslant 0, \\ -1, x < 0, \end{cases}$ $x_n = \dfrac{(-1)^n}{n}$,那么显然 $f(x)$ 在 $(-\infty,$

$+\infty)$ 内单调有界,$\{x_n\}$ 收敛,但是 $f(x_n) = \begin{cases} 1, n\text{ 为偶数}, \\ -1, n\text{ 为奇数} \end{cases}$ 不收敛,因此(A)不正确.

如果取 $f(x)=\arctan x, x_n=n$，那么 $f(x_n)=\arctan n$，显然它收敛且单调，但 $\{x_n\}$ 不收敛，因此(C)和(D)不正确.

综上可知，应选(B).

例2(2006，数一，1题，4分) $\quad \lim\limits_{x\to 0}\dfrac{x\ln(1+x)}{1-\cos x}=$ _____ .

分析 本题是求未定式" $\dfrac{0}{0}$ "型的值，用等价无穷小因子替换即可，是求函数极限的基本题.

解 因为当 $x\to 0$ 时，$\ln(1+x)\sim x, 1-\cos x\sim\dfrac{1}{2}x^2$，则 $\lim\limits_{x\to 0}\dfrac{x\ln(1+x)}{1-\cos x}=\lim\limits_{x\to 0}\dfrac{x\cdot x}{\frac{1}{2}x^2}=2.$

例3(2014，数二，4分) 当 $x\to 0^+$ 时，若 $\ln^a(1+2x)$，$(1-\cos x)^{\frac{1}{a}}$ 均是比 x 高阶的无穷小，则 a 的取值范围是( ).

(A) $(2,+\infty)$. (B) $(1,2)$. (C) $\left(\dfrac{1}{2},1\right)$. (D) $\left(0,\dfrac{1}{2}\right)$.

分析 利用高阶无穷小的定义和常用的等价无穷小，则可以确定出 a 的取值范围. **本题是关于无穷小量及其阶的比较的题.**

解 因为当 $x\to 0^+$ 时，$\ln^a(1+2x)\sim(2x)^a=2^a x^a$，$(1-\cos x)^{\frac{1}{a}}\sim\left(\dfrac{1}{2}x^2\right)^{\frac{1}{a}}=$ $\left(\dfrac{1}{2}\right)^{\frac{1}{a}}x^{\frac{2}{a}}$，所以 $a>1,\dfrac{2}{a}>1$，故 $1<a<2$，因此应选(B).

例4(2013，数三，4分) 函数 $f(x)=\dfrac{|x|^x-1}{x(x+1)\ln|x|}$ 的可去间断点的个数为( ).

(A)0. (B)1. (C)2. (D)3.

分析 利用求间断点及其分类的方法即可解决此问题. **本题是判断函数的间断点及其类型的题.**

解 因为 $f(x)$ 在 $x=-1,0,1$ 处无定义，所以它的间断点为 $x=-1,0,1$.

因为 $\lim\limits_{x\to -1}f(x)=\lim\limits_{x\to -1}\dfrac{|x|^x-1}{x(x+1)\ln|x|}=\lim\limits_{x\to -1}\dfrac{\mathrm{e}^{x\ln|x|}-1}{x(x+1)\ln|x|}=\lim\limits_{x\to -1}\dfrac{x\ln|x|}{x(x+1)\ln|x|}=$ $\lim\limits_{x\to -1}\dfrac{1}{(x+1)}=\infty$，所以 $x=-1$ 是第二类无穷间断点，而不是可去间断点.

因为 $\lim\limits_{x\to 0}f(x)=\lim\limits_{x\to 0}\dfrac{|x|^x-1}{x(x+1)\ln|x|}=\lim\limits_{x\to 0}\dfrac{\mathrm{e}^{x\ln|x|}-1}{x(x+1)\ln|x|}=\lim\limits_{x\to 0}\dfrac{x\ln|x|}{x(x+1)\ln|x|}=$ $\lim\limits_{x\to 0}\dfrac{1}{(x+1)}=1$，所以 $x=0$ 是可去间断点.

因为 $\lim\limits_{x\to 1}f(x)=\lim\limits_{x\to 1}\dfrac{|x|^x-1}{x(x+1)\ln|x|}=\lim\limits_{x\to 1}\dfrac{\mathrm{e}^{x\ln|x|}-1}{x(x+1)\ln|x|}=\lim\limits_{x\to 1}\dfrac{x\ln|x|}{x(x+1)\ln|x|}=$ $\lim\limits_{x\to 1}\dfrac{1}{(x+1)}=\dfrac{1}{2}$，所以 $x=1$ 是可去间断点.

故应选(C).

(2)综合题型.

例1(2011，数一、18题，数二、19题，10分) ①证明：对任意的正整数 n，都有 $\dfrac{1}{n+1}<$

$\ln\left(1+\dfrac{1}{n}\right)<\dfrac{1}{n}$ 成立. ②设 $a_n=1+\dfrac{1}{2}+\cdots+\dfrac{1}{n}-\ln n,n=1,2,\cdots$,证明:数列 $\{a_n\}$ 收敛.

分析 问题①是一个不等式的证明,实际上它是同济《高等数学》第六版教材第 132 页例 1 中的特例,所以只要将其证明过程中的 x 替换成 n 就可以了. 问题②是证明数列收敛,依据极限存在准则 Ⅱ,只需要证明数列 $\{a_n\}$ 单调有界. 由①的不等式及数列单调和有界的定义,可以证明数列 $\{a_n\}$ 单调减少且有下界,从而再依据极限存在准则 Ⅱ 的推论便可以获得②的证明. 本题是关于**极限的概念、性质和存在准则**的题.

证明 ①令 $f(t)=\ln(1+t)$. 显然 $f(t)$ 在 $\left[0,\dfrac{1}{n}\right]$ 上满足拉格朗日中值定理的条件. 根据拉格朗日中值定理,存在 $\xi\in\left(0,\dfrac{1}{n}\right)$,使 $f\left(\dfrac{1}{n}\right)-f(0)=f'(\xi)\dfrac{1}{n}$. 由于 $f(0)=0,f'(t)=\dfrac{1}{1+t}$,所以 $\ln\left(1+\dfrac{1}{n}\right)=\dfrac{1}{n(1+\xi)}$. 又 $\dfrac{1}{n\left(1+\dfrac{1}{n}\right)}<\dfrac{1}{n(1+\xi)}<\dfrac{1}{n}$,故

$$\frac{1}{n+1}<\ln\left(1+\frac{1}{n}\right)<\frac{1}{n}.$$

②由①知,当 $n\geqslant 1$ 时,$a_{n+1}-a_n=\dfrac{1}{n+1}-\ln(n+1)+\ln n=\dfrac{1}{n+1}-\ln\left(1+\dfrac{1}{n}\right)<0$,即数列 $\{a_n\}$ 单调减少;又

$$a_n=1+\frac{1}{2}+\cdots+\frac{1}{n}-\ln n>\ln(1+1)+\ln\left(1+\frac{1}{2}\right)+\cdots+\ln\left(1+\frac{1}{n}\right)-\ln n$$

$$=\ln 2+(\ln 3-\ln 2)+\cdots+[\ln(n+1)-\ln n]-\ln n=\ln(n+1)-\ln n>0,$$

即数列 $\{a_n\}$ 有下界. 故依据极限存在准则 Ⅱ 的推论,则可知数列 $\{a_n\}$ 收敛.

例 2(2009,数二,9 分) 求极限 $\lim\limits_{x\to 0}\dfrac{(1-\cos x)\left[x-\ln(1+\tan x)\right]}{\sin^4 x}$.

分析 求函数的极限主要考求未定式 $\left(\dfrac{0}{0},\dfrac{\infty}{\infty},\infty-\infty,0\cdot\infty,1^\infty,\infty^0,0^0\right)$ 的值,关键是前两种,因为后面五种可以转化为前两种,前两种中尤其是"$\dfrac{0}{0}$"型考得最多. 求"$\dfrac{0}{0}$"型的值通常有三种方法:①利用洛必达法则,在用该法则前,常常用极限的四则运算法则或等价无穷小因子替换或代数化简或三角变形将极限化简;②利用等价无穷小因子替换及四则运算法则等;③利用泰勒公式、四则运算法则等,尤其是 $\sin x,\ln(1+x),e^x,\cos x$ 在 $x=0$ 点的泰勒展开式比较常考. 本题是**求函数极限**的题.

解法 1 先化简再用洛必达法则得到

$$\lim_{x\to 0}\frac{(1-\cos x)\left[x-\ln(1+\tan x)\right]}{\sin^4 x}=\lim_{x\to 0}\frac{\dfrac{1}{2}x^2\left[x-\ln(1+\tan x)\right]}{x^4}$$

$$=\lim_{x\to 0}\frac{x-\ln(1+\tan x)}{2x^2}=\lim_{x\to 0}\frac{1-\dfrac{\sec^2 x}{1+\tan x}}{4x}=\lim_{x\to 0}\frac{1+\tan x-\sec^2 x}{4x}$$

$$=\frac{1}{4}\left(\lim_{x\to 0}\frac{\tan x}{x}-\lim_{x\to 0}\frac{\tan^2 x}{x}\right)=\frac{1}{4}\left(\lim_{x\to 0}\frac{x}{x}-\lim_{x\to 0}\frac{x^2}{x}\right)=\frac{1}{4}.$$

解法 2 用等价无穷小因子替换及四则运算法则得到

$$\lim_{x\to 0}\frac{(1-\cos x)[x-\ln(1+\tan x)]}{\sin^4 x}=\lim_{x\to 0}\frac{\frac{1}{2}x^2[x-\ln(1+\tan x)]}{x^4}=\lim_{x\to 0}\frac{x-\ln(1+\tan x)}{2x^2}$$

$$=\lim_{x\to 0}\frac{[x-\tan x]-[\ln(1+\tan x)-\tan x]}{2x^2}=\lim_{x\to 0}\frac{x-\tan x}{2x^2}-\lim_{x\to 0}\frac{\ln(1+\tan x)-\tan x}{2x^2}$$

$$=\lim_{x\to 0}\frac{-\frac{1}{3}x^3}{2x^2}-\lim_{x\to 0}\frac{-\frac{1}{2}\tan^2 x}{2x^2}=\frac{1}{4}.$$

（因为 $\tan x-x\sim\frac{1}{3}x^3$，$x-\ln(1+x)\sim\frac{1}{2}x^2$）

例3（2006，数一、16题，12分） 设数列 $\{x_n\}$ 满足 $0<x_1<\pi,x_{n+1}=\sin x_n(n=1,2,\cdots)$.
①证明 $\lim_{n\to\infty}x_n$ 存在，并求该极限；②计算 $\lim_{n\to\infty}\left(\frac{x_{n+1}}{x_n}\right)^{\frac{1}{x_n^2}}$.

分析 因为①中的数列 $\{x_n\}$ 是由递推关系给出的，所以一般先由单调有界数列的极限存在准则证明极限的存在性；然后再由递推关系和复合函数求极限等方法求出极限.②中的极限是"1^∞"型未定式的数列极限，可用函数极限与数列极限的关系，先将其转化为函数极限；然后再用重要极限或幂指函数求极限的方法求此极限.本题是**求数列极限的题**.

解 ①用数学归纳法证明数列 $\{x_n\}$ 单调减少且有下界.

因为 $\sin x<x,x\in(0,\pi)$，所以由 $0<x_1<\pi$，得 $0<x_2=\sin x_1<x_1<\pi$.设 $0<x_k<\pi$，则 $0<x_{k+1}=\sin x_k<x_k<\pi$，所以由数学归纳法知，数列 $\{x_n\}$ 单调减少且有下界，故 $\lim_{n\to\infty}x_n$ 存在.设 $\lim_{n\to\infty}x_n=a$，由 $x_{n+1}=\sin x_n$，得到 $a=\sin a$，因此 $a=0$，即 $\lim_{n\to\infty}x_n=0$.

②利用函数极限与数列极限的关系、幂指函数求极限及等价无穷小因子替换的方法求极限.

$$\lim_{n\to\infty}\left(\frac{x_{n+1}}{x_n}\right)^{\frac{1}{x_n^2}}=\lim_{n\to\infty}\left(\frac{\sin x_n}{x_n}\right)^{\frac{1}{x_n^2}}=\lim_{x\to 0}\left(\frac{\sin x}{x}\right)^{\frac{1}{x^2}}=\lim_{x\to 0}e^{\frac{1}{x^2}\ln\frac{\sin x}{x}}=e^{\lim_{x\to 0}\frac{1}{x^2}\ln\frac{\sin x}{x}}=e^{\lim_{x\to 0}\frac{1}{x^2}\ln(1+\frac{\sin x}{x}-1)}$$

$$=e^{\lim_{x\to 0}\frac{1}{x^2}\left(\frac{\sin x}{x}-1\right)}=e^{\lim_{x\to 0}\frac{\sin x-x}{x^3}}=e^{\lim_{x\to 0}\frac{-\frac{1}{6}x^3}{x^3}}=e^{-\frac{1}{6}}.$$

例4（2009，数一，1题，4分） 当 $x\to 0$ 时，$f(x)=x-\sin ax$ 与 $g(x)=x^2\ln(1-bx)$ 是等价无穷小量，则（　　）.

(A) $a=1,b=-\frac{1}{6}$.　　　　　　　(B) $a=1,b=\frac{1}{6}$.

(C) $a=-1,b=-\frac{1}{6}$.　　　　　　(D) $a=-1,b=\frac{1}{6}$.

分析 由已知条件，可先将问题转化为已知极限（为"$\frac{0}{0}$"的未定式），反求其中的待定常数的问题；然后再用求"$\frac{0}{0}$"型未定式值的方法（本题有三种，见例2.下面仅给出一种，其余的自己练习），确定出关于待定常数的方程；最后求出待定常数.**本题是关于无穷小及其阶的比较和确定极限中参数的题**.

解 由已知条件，得到 $\lim_{x\to 0}\frac{x-\sin ax}{x^2\ln(1-bx)}=1$. 又 $\lim_{x\to 0}\frac{x-\sin ax}{x^2\ln(1-bx)}=\lim_{x\to 0}\frac{x-\sin ax}{-bx^3}=$

$\lim_{x\to 0}\frac{1-\frac{\sin ax}{x}}{-bx^2}$，所以 $\lim_{x\to 0}\frac{1-\frac{\sin ax}{x}}{-bx^2}=1$，故 $\lim_{x\to 0}\frac{\sin ax}{x}=1$，从而有 $a=1$. 于是 $1=\lim_{x\to 0}\frac{x-\sin x}{-bx^3}$

$$=\lim_{x\to 0}\frac{\frac{1}{6}x^3}{-bx^3}=-\frac{1}{6b},\text{因此 }b=-\frac{1}{6}.$$

2. 考研真题思考

1)思考题

(1)(**2012,数二,4分**) 设 $a_n>0(n=1,2,\cdots)$，$S_n=a_1+a_2+\cdots+a_n$，则数列 $\{S_n\}$ 有界是数列 $\{a_n\}$ 收敛的( ).

(A)充分必要条件.　　　　　　　　(B)充分非必要条件.

(C)必要非充分条件.　　　　　　　(D)既非充分也非必要条件.

(2)(**2014,数三,4分**) 设 $\lim\limits_{n\to\infty}a_n=a$，且 $a\neq 0$，则当 n 充分大时有( ).

(A) $|a_n|>\dfrac{|a|}{2}$.　　　　　　　　(B) $|a_n|<\dfrac{|a|}{2}$.

(C) $a_n>a-\dfrac{1}{n}$.　　　　　　　　(D) $a_n<a+\dfrac{1}{n}$.

(3)(**2013,数一,1题,4分**) 已知极限 $\lim\limits_{x\to 0}\dfrac{x-\arctan x}{x^k}=c$，其中 k,c 为常数，且 $c\neq 0$，则( ).

(A) $k=2,c=-\dfrac{1}{2}$.　　　　　　　(B) $k=2,c=\dfrac{1}{2}$.

(C) $k=3,c=-\dfrac{1}{3}$.　　　　　　　(D) $k=3,c=\dfrac{1}{3}$.

(4)(**2016,数二,一、(1)题,4分**) 设 $a_1=x(\cos\sqrt{x}-1)$，$a_2=\sqrt{x}\ln(1+\sqrt[3]{x})$，$a_3=\sqrt[3]{x+1}-1$，当 $x\to 0^+$ 时，以上三个无穷小量按照从低阶到高阶的排序是( ).

(A) a_1,a_2,a_3.　　　　　　　　(B) a_2,a_3,a_1.

(C) a_2,a_1,a_3.　　　　　　　　(D) a_3,a_2,a_1.

(5)(**2015,数一,数三,9题,4分**) $\lim\limits_{x\to 0}\dfrac{\ln(\cos x)}{x^2}=$ _____ .

(6)(**2016,数一,二、(9)题,4分**) $\lim\limits_{x\to 0}\dfrac{\int_0^x t\ln(1+t\sin t)\mathrm{d}t}{1-\cos x^2}=$ _____ .

(7)(**2016,数三,二、(9)题,4分**) 已知函数 $f(x)$ 满足 $\lim\limits_{x\to 0}\dfrac{\sqrt{1+f(x)\sin 2x}-1}{\mathrm{e}^{3x}-1}=2$，则 $\lim\limits_{x\to 0}f(x)=$ _____ .

(8)(**1996,5分**) 设 $x_1=10,x_{n+1}=\sqrt{6+x_n},n=1,2,\cdots$，试证数列 $\{x_n\}$ 的极限存在，并求此极限.

2)答案与提示

(1)(B).因为 $a_n>0(n=1,2,\cdots)$，$S_n=a_1+a_2+\cdots+a_n$，所以 $\{S_n\}$ 单调增加.如果 $\{S_n\}$ 有界，那么 $\{S_n\}$ 收敛，设 $\lim S_n=S$.于是 $\lim\limits_{n\to\infty}a_n=\lim(S_n-S_{n-1})=\lim\limits_{n\to\infty}S_n-\lim\limits_{n\to\infty}S_{n-1}=S-S=0$，即数列 $\{a_n\}$ 收敛.但当数列 $\{a_n\}$ 收敛时，$\{S_n\}$ 却不一定有界.如取 $a_n=1(n=1,2,\cdots)$，则 $\{a_n\}$ 收敛，但 $S_n=n$ 无界.故 $\{S_n\}$ 有界是数列 $\{a_n\}$ 收敛的充分非必要条件.

(2)(A). 根据极限保号性的推论(若 $\lim\limits_{n\to\infty}a_n=a$,且 $a\neq 0$,则 $\exists N>0$,当 $n>N$ 时,有 $|a_n|>\lambda a$,$0<\lambda<1$),可选出答案(A).

(3)(D). 由 $\lim\limits_{x\to 0}\dfrac{x-\arctan x}{x^k}=\lim\limits_{x\to 0}\dfrac{\frac{1}{3}x^3}{x^k}=c\neq 0$,得到 $k=3$,$c=\dfrac{1}{3}$.

(4)(B). 因为当 $x\to 0^+$ 时,$a_1=x(\cos\sqrt{x}-1)\sim -\dfrac{1}{2}x^2$,$a_2=\sqrt{x}\ln(1+\sqrt[3]{x})\sim x^{\frac{5}{6}}$,$a_3=\sqrt[3]{x+1}-1\sim\dfrac{1}{3}x$,所以选(B).

(5) $-\dfrac{1}{2}\lim\limits_{x\to 0}\dfrac{\ln(\cos x)}{x^2}=\lim\limits_{x\to 0}\dfrac{\ln(1+\cos x-1)}{x^2}=\lim\limits_{x\to 0}\dfrac{\cos x-1}{x^2}=\lim\limits_{x\to 0}\dfrac{-\frac{1}{2}x^2}{x^2}=-\dfrac{1}{2}$.

(6) $\dfrac{1}{2}\lim\limits_{x\to 0}\dfrac{\int_0^x t\ln(1+t\sin t)\mathrm{d}t}{1-\cos x^2}=\lim\limits_{x\to 0}\dfrac{\int_0^x t\ln(1+t\sin t)\mathrm{d}t}{\frac{1}{2}x^4}=\lim\limits_{x\to 0}\dfrac{x\ln(1+x\sin x)}{2x^3}$

$$=\lim\limits_{x\to 0}\dfrac{x\cdot x\sin x}{2x^3}=\dfrac{1}{2}.$$

(7) 6. 因为 $2=\lim\limits_{x\to 0}\dfrac{\sqrt{1+f(x)\sin 2x}-1}{\mathrm{e}^{3x}-1}=\lim\limits_{x\to 0}\dfrac{\frac{1}{2}f(x)\sin 2x}{3x}=\lim\limits_{x\to 0}\dfrac{\frac{1}{2}f(x)\cdot 2x}{3x}=\dfrac{1}{3}\lim\limits_{x\to 0}f(x)$,所以 $\lim\limits_{x\to 0}f(x)=6$.

(8)**分析**　此题难点是证明数列 $\{x_n\}$ 单调减少,有两种方法:①用数学归纳法证明;②先将数列转化为函数,然后利用函数的导数判定其单调性,从而证明它是单调减少的.

证　设 $x_{n+1}=f(x_n)$,其中 $f(x)=\sqrt{6+x}$,则 $f'(x)=\dfrac{1}{2\sqrt{6+x}}>0$,$x\in(0,+\infty)$,于是 $f(x)$ 在 $(0,+\infty)$ 内单调增加. 因为 $x_1>x_2$,所以 $x_2=f(x_1)>f(x_2)=x_3,\cdots,x_n=f(x_{n-1})>f(x_n)=x_{n+1}$,从而可知数列 $\{x_n\}$ 单调减少. 令 $\lim\limits_{n\to\infty}x_n=a$,由 $x_{n+1}=\sqrt{6+x_n}$,得 $a=\sqrt{6+a}$,即 $\lim\limits_{n\to\infty}x_n=3$.

第七节　自我训练与提高

一、数学术语的英语表述

1. 将下列基本概念翻译成英语

(1)集合.　　(2)映射.　　(3)函数.　　(4)基本初等函数.　　(5)极限.

(6)无穷小.　　(7)两个重要极限.　　(8)等价无穷小.　　(9)连续函数.

2. 本章重要概念的英文定义

(1)极限.　　(2)在一点连续.

二、习题与测验题

1. 习题

(1)设 $f(x)$ 的定义域是 $[0,1]$，求函数 $f(\cos x)$ 的定义域.

(2)收音机每台售价为 90 元，成本为 60 元. 厂方为鼓励销售商大量采购，决定凡是订购量超过 100 台的，每多订购 1 台，售价就降低 1 分，但最低价为每台 75 元. ①将每台的实际售价 p 表示为订购量 x 的函数；②将厂方所获的利润 L 表示成订购量 x 的函数；③某一商行订购了 1000 台，厂方可获得利润多少？

(3)* 函数 $y=x\sin x$ 在 $(-\infty,+\infty)$ 内是否有界？这个函数是否为当 $x\to+\infty$ 时的无穷大？为什么？

(4)在"充分"、"必要"和"充分必要"三者中选择一个正确的填入下列空格内：

①数列 $\{x_n\}$ 有界是数列 $\{x_n\}$ 收敛的_____条件，数列 $\{x_n\}$ 收敛是数列 $\{x_n\}$ 有界的_____条件.

② $f(x)$ 在 x_0 的某一去心邻域内有界是 $\lim\limits_{x\to x_0}f(x)$ 存在的_____条件，$\lim\limits_{x\to x_0}f(x)$ 存在是 $f[f(x)]$ 在 x_0 的某一去心邻域内有界的_____条件.

③ $f(x)$ 在 x_0 的某一去心邻域内无界是 $\lim\limits_{x\to x_0}f(x)=\infty$ 的_____条件，$\lim\limits_{x\to x_0}f(x)=\infty$ 是 $f(x)$ 在 x_0 的某一去心邻域内无界的_____条件.

④ $f(x)$ 当 $x\to x_0$ 时的右极限 $f(x_0^+)$ 及左极限 $f(x_0^-)$ 都存在且相等是 $\lim\limits_{x\to x_0}f(x)$ 存在的_____条件.

(5)选择以下给出的四个结论中一个正确的结论：设 $f(x)=2^x+3^x-2$，则当 $x\to 0$ 时，有(　　).

(A) $f(x)$ 与 x 是等价无穷小.　　(B) $f(x)$ 与 x 同阶但非等价无穷小.

(C) $f(x)$ 是比 x 高阶的无穷小.　　(D) $f(x)$ 是比 x 低阶的无穷小.

(6)求下列极限：

① $\lim\limits_{x\to+\infty}x(\sqrt{x^2+1}-x)$.

② $\lim\limits_{x\to 0}\left(\dfrac{a^x+b^x+c^x}{3}\right)^{\frac{1}{x}}$ （$a>0,b>0,c>0$）.

③ $\lim\limits_{x\to 0}\dfrac{1-\cos 2x}{x\sin x}$.

④ $\lim\limits_{x\to 0}\dfrac{\sin x-\tan x}{(\sqrt[3]{1+x^2}-1)(\sqrt{1+\sin x}-1)}$.

⑤ $\lim\limits_{x\to 0}\dfrac{\sqrt{1+\tan x}-\sqrt{1+\sin x}}{x\sqrt{1+\sin^2 x}-x}$.

⑥ $\lim\limits_{x\to\infty}\dfrac{x^2+1}{x^3+x}(100+\cos x)$.

(7)设 $f(x)=\begin{cases}x\sin\dfrac{1}{x},&x>0,\\a+x^2,&x\leqslant 0,\end{cases}$ 要使 $f(x)$ 在 $(-\infty,+\infty)$ 内连续，应怎样选择数 a？

(8)证明方程 $\sin x+x+1=0$ 在开区间 $\left(-\dfrac{\pi}{2},\dfrac{\pi}{2}\right)$ 内至少有一个根.

(9)* 设 $f(x)$ 是 x 的三次多项式，且 $\lim\limits_{x\to 2a}\dfrac{f(x)}{x-2a}=\lim\limits_{x\to 4a}\dfrac{f(x)}{x-4a}=1,(a\neq 0)$，求 $\lim\limits_{x\to 3a}\dfrac{f(x)}{x-3a}$.

(10)* 设对任意的 x，总有 $\varphi(x)\leqslant f(x)\leqslant g(x)$，且 $\lim\limits_{x\to\infty}[g(x)-\varphi(x)]=0$，请讨论

$\lim\limits_{x\to\infty}f(x)$ 是否存在.

(11)* 设 $f(x)$ 在 $(-\infty,+\infty)$ 内有定义，且 $\lim\limits_{x\to\infty}f(x)=a$，请讨论 $g(x)=\begin{cases}f\left(\dfrac{1}{x}\right),x\neq 0,\\ 0,x=0\end{cases}$ 在 $x=0$ 点的连续性.

(12)* 试分别举出具有以下性质的函数 $f(x)$ 的例子：

① $x=0,\pm 1,\pm 2,\cdots,\pm n,\pm\dfrac{1}{n},\cdots$ 是 $f(x)$ 的所有间断点，且它们都是无穷间断点；

② $f(x)$ 在 R 上处处不连续，但 $|f(x)|$ 在 R 上处处连续；

③ $f(x)$ 在 R 上处处有定义，但仅在一点连续.

2. 测验题

1)填空题(每小题 5 分，共 20 分)

(1)设 $f(x)=\begin{cases}0, & x\leqslant 0,\\ x, & x>0,\end{cases}$ $g(x)=\begin{cases}0, & x\leqslant 0,\\ -x^2, & x>0.\end{cases}$ 则 $f[g(x)]=$ _____ .

(2) $\lim\limits_{n\to\infty}n\left(\dfrac{1}{n^2+\pi}+\dfrac{1}{n^2+2\pi}+\cdots+\dfrac{1}{n^2+n\pi}\right)=$ _____ .

(3) $\lim\limits_{x\to\infty}\left(\dfrac{3x^2+1}{5x+2}\right)\sin\dfrac{3}{x}=$ _____ .

(4)函数 $f(x)=\dfrac{x^3-4x^2-x+4}{x^2-2x-8}$ 的第一类间断点是 $x=$ _____ .

2)单项选择题(每小题 5 分，共 20 分)

(1)下列数列 $\{x_n\}$ 中收敛的是(　　).

(A) $x_n=(-1)^n\dfrac{n+1}{n}$. (B) $x_n=(-1)^{n+1}\dfrac{1}{n}$. (C) $x_n=\sin\dfrac{n\pi}{2}$. (D) $x_n=3^n$.

(2)函数 $f(x)=(1+|x|)^{\frac{1}{x}}+x\sin\dfrac{1}{x}$ 在点 $x=0$ 处的极限为(　　).

(A)e. (B)e^{-1}. (C)0. (D)不存在.

(3)当 $x\to 0$ 时，下列四个无穷小(量)中(　　)是比其他三个更高阶的无穷小(量)？

(A) x^2. (B) $1-\cos x$. (C) $x-\tan x$. (D) $\sqrt[3]{1-x^2}-1$.

(4)下列命题中正确的是(　　).

(A)若在点 x_0 处 $f(x)$ 连续而 $g(x)$ 不连续，则 $f(x)+g(x)$ 在 x_0 处必不连续.

(B)若在点 x_0 处 $f(x)$ 和 $g(x)$ 均不连续，则 $f(x)+g(x)$ 在 x_0 处必不连续.

(C)若在点 x_0 处 $f(x)$ 不连续，则 $|f(x)|$ 在 x_0 处不连续.

(D)若在点 x_0 处 $|f(x)|$ 连续，则 $f(x)$ 必在 x_0 处连续.

3)求下列极限(每小题 8 分，共 24 分)

(1) $\lim\limits_{x\to\pi}\dfrac{\sin x}{\pi-x}$. (2) $\lim\limits_{x\to+\infty}\dfrac{x^3+x+1}{x^3+2^x}(\sin x+\cos x)$ (2007 研).

(3) $\lim\limits_{x\to 0}\dfrac{e-e^{\cos x}}{\sqrt[3]{1+x^2}-1}$ (2009 研).

4)解答题

(1)设 $f(x-2) = \left(1 - \dfrac{3}{x}\right)^x$，求 $\lim\limits_{x \to \infty} f(x)$．（8分）

(2)求函数 $f(x) = \dfrac{x - x^3}{\sin(\pi x)}$ 的间断点，并指出其类型（2009 研）．（12分）

(3)已知 $f(x) = \begin{cases} (\cos x)^{\frac{1}{\sin^2 x}}, & x \neq 0, \\ a, & x = 0 \end{cases}$ 在 $x = 0$ 处连续，求常数 a．（10分）

(4)设 $f(x)$ 是 $[0,1]$ 上的连续函数，$f(0) = f(1)$．证明：$\exists\, \xi \in \left[0, \dfrac{1}{2}\right]$ 使得 $f(\xi) = f\left(\xi + \dfrac{1}{2}\right)$．（6分）

三、参考答案

1. 数学术语的英语表述

1)将下列基本概念翻译成英语

(1)set. (2)mapping. (3)function. (4)basic elementary function. (5)limit.
(6)infinitely small. (7)two important limits. (8)equivalent infinite small.
(9)continuous function.

2)本章重要概念的英文定义

(1)A formal definition of limit：Let $f(x)$ be defined on an open interval about x_0, except possibly at x_0 itself. We say that $f(x)$ approaches the limit A as x approaches x_0, and write $\lim\limits_{x \to x_0} f(x) = A$, if, for every number $\varepsilon > 0$, there exists a corresponding number $\delta > 0$ such that for all x $0 < |x - x_0| < \delta \Rightarrow |f(x) - A| < \varepsilon$.

(2)Definition of continuity at a point：A function f is continuous at an interior point $x = x_0$ of its domain if $\lim\limits_{x \to x_0} f(x) = f(x_0)$.

2. 习题

(1)由 $0 \leqslant \cos x \leqslant 1$ 得 $2n\pi - \dfrac{\pi}{2} \leqslant x \leqslant 2n\pi + \dfrac{\pi}{2}$（$n = 0, \pm 1, \pm 2, \cdots$），即函数 $f(\cos x)$ 的定义域为 $\left[2n\pi - \dfrac{\pi}{2}, n\pi + \dfrac{\pi}{2}\right], n = 0, \pm 1, \pm 2, \cdots$．

(2)①当 $0 \leqslant x \leqslant 100$ 时，$p = 90$．令 $0.01(x_0 - 100) = 90 - 75$，得 $x_0 = 1600$．因此当 $x \geqslant 1600$ 时，$p = 75$．当 $100 < x \leqslant 1600$ 时，$p = 90 - 0.01(x - 100) = 91 - 0.01x$．

综合上述结果得到 $\quad p = \begin{cases} 90, & 0 \leqslant x \leqslant 100, \\ 91 - 0.01x, & 100 < x < 1600, \\ 75, & x \geqslant 1600. \end{cases}$

② $L = (p - 60)x = \begin{cases} 30x, & 0 \leqslant x \leqslant 100, \\ 31x - 0.01x^2, & 100 < x < 1600, \\ 15x, & x \geqslant 1600. \end{cases}$

③ $L = 31 \times 1000 - 0.01 \times 1000^2 = 21000$（元）.

（3）函数 $y = x\sin x$ 在 $(-\infty, +\infty)$ 内无界. 这是因为 $\forall M > 0$, 在 $(-\infty, +\infty)$ 内总能找到这样的 x, 使得 $|y(x)| > M$. 例如

$$y\left(2n\pi + \frac{\pi}{2}\right) = \left(2n\pi + \frac{\pi}{2}\right)\sin\left(2n\pi + \frac{\pi}{2}\right) = 2n\pi + \frac{\pi}{2}, n = 0, 1, 2, \cdots,$$

当 k 充分大时, 就有 $|y(2k\pi)| > M$. 当 $x \to +\infty$ 时, 函数 $y = x\sin x$ 不是无穷大. 这是因为 $\forall M > 0$, 找不到这样一个时刻 N, 使对一切大于 N 的 x, 都有 $|y(x)| > M$. 例如

$$y(2n\pi) = 2n\pi\sin(2n\pi) = 0, n = 0, 1, 2, \cdots,$$

对任何大的 N, 当 n 充分大时, 总有 $x = 2n\pi > N$, 但 $|y(x)| = 0 < M$.

（4）①必要, 充分.　　②必要, 充分.　　③必要, 充分.　　④充分必要.

（5）因为 $\lim\limits_{x \to 0} \dfrac{f(x)}{x} = \lim\limits_{x \to 0} \dfrac{2^x + 3^x - 2}{x} = \lim\limits_{x \to 0} \dfrac{2^x - 1}{x} + \lim\limits_{x \to 0} \dfrac{3^x - 1}{x}$

$$= \ln 2 \lim_{t \to 0} \frac{t}{\ln(1+t)} + \ln 3 \lim_{u \to 0} \frac{u}{\ln(1+u)} = \ln 2 + \ln 3$$

（令 $2^x - 1 = t, 3^x - 1 = u$）.

所以 $f(x)$ 与 x 同阶但非等价无穷小. 故应选（B）.

（6）① $\lim\limits_{x \to +\infty} x(\sqrt{x^2+1} - x) = \lim\limits_{x \to +\infty} \dfrac{x(\sqrt{x^2+1} - x)(\sqrt{x^2+1} + x)}{(\sqrt{x^2+1} + x)} = \lim\limits_{x \to +\infty} \dfrac{x}{\sqrt{x^2+1} + x}$

$$= \lim_{x \to +\infty} \frac{1}{\sqrt{1 + \dfrac{1}{x^2}} + 1} = \frac{1}{2}.$$

②**解法 1** $\lim\limits_{x \to 0} \left(\dfrac{a^x + b^x + c^x}{3}\right)^{\frac{1}{x}} = \lim\limits_{x \to 0} e^{\frac{1}{x}\ln\frac{a^x+b^x+c^x}{3}} = e^{\lim\limits_{x \to 0} \frac{1}{x}\ln\frac{a^x+b^x+c^x}{3}} = e^{\lim\limits_{x \to 0} \frac{1}{x}\ln\left(1 + \frac{a^x+b^x+c^x-3}{3}\right)}$

$$= e^{\lim\limits_{x \to 0} \frac{1}{x} \times \frac{a^x+b^x+c^x-3}{3}} = e^{\frac{1}{3}\lim\limits_{x \to 0}\left(\frac{a^x-1}{x} + \frac{b^x-1}{x} + \frac{c^x-1}{x}\right)}$$

$$= e^{\frac{1}{3}\left(\lim\limits_{x \to 0}\frac{a^x-1}{x} + \lim\limits_{x \to 0}\frac{b^x-1}{x} + \lim\limits_{x \to 0}\frac{c^x-1}{x}\right)}$$

$$= e^{\frac{1}{3}\left(\lim\limits_{x \to 0}\frac{x\ln a}{x} + \lim\limits_{x \to 0}\frac{x\ln b}{x} + \lim\limits_{x \to 0}\frac{x\ln c}{x}\right)} = e^{\frac{1}{3}(\ln a + \ln b + \ln c)} = \sqrt[3]{abc}$$

解法 2 $\lim\limits_{x \to 0} \left(\dfrac{a^x + b^x + c^x}{3}\right)^{\frac{1}{x}} = \lim\limits_{x \to 0} \left(1 + \dfrac{a^x + b^x + c^x - 3}{3}\right)^{\frac{3}{a^x+b^x+c^x-3} \cdot \frac{a^x+b^x+c^x-3}{3x}},$

因为 $\lim\limits_{x \to 0}\left(1 + \dfrac{a^x+b^x+c^x-3}{3}\right)^{\frac{3}{a^x+b^x+c^x-3}} = e$,

$$\lim_{x \to 0} \frac{a^x + b^x + c^x - 3}{3x} = \frac{1}{3}\lim_{x \to 0}\left(\frac{a^x-1}{x} + \frac{b^x-1}{x} + \frac{c^x-1}{x}\right)$$

$$= \frac{1}{3}\left[\ln a \lim_{t \to 0}\frac{1}{\ln(1+t)} + \ln b \lim_{u \to 0}\frac{1}{\ln(1+u)} + \ln c \lim_{v \to 0}\frac{1}{\ln(1+v)}\right]$$

$$= \frac{1}{3}(\ln a + \ln b + \ln c) = \ln\sqrt[3]{abc},$$

所以 $\lim\limits_{x \to 0}\left(\dfrac{a^x + b^x + c^x}{3}\right)^{\frac{1}{x}} = e^{\ln\sqrt[3]{abc}} = \sqrt[3]{abc}.$

提示: 求极限过程中作了变换 $a^x - 1 = t, b^x - 1 = u, c^x - 1 = v$.

③ **解法 1** $\lim\limits_{x \to 0} \dfrac{1 - \cos 2x}{x\sin x} = \lim\limits_{x \to 0} \dfrac{1 - \cos 2x}{x^2} = \lim\limits_{x \to 0} \dfrac{2\sin^2 x}{x^2} = 2\lim\limits_{x \to 0}\left(\dfrac{\sin x}{x}\right)^2 = 2.$

解法 2 $\lim\limits_{x \to 0} \dfrac{1-\cos 2x}{x\sin x} = \lim\limits_{x \to 0} \dfrac{2\sin^2 x}{x\sin x} = 2\lim\limits_{x \to 0} \dfrac{\sin x}{x} = 2.$

④因为 $\sin x - \tan x = \tan x(\cos x - 1) = -2\tan x\sin^2\dfrac{x}{2} \sim -2x \cdot \left(\dfrac{x}{2}\right)^2 = -\dfrac{1}{2}x^3\ (x \to 0)$,

$$\sqrt[3]{1+x^2} - 1 = \dfrac{x^2}{\sqrt[3]{(1+x^2)^2} + \sqrt[3]{1+x^2} + 1} \sim \dfrac{1}{3}x^2\ (x \to 0),$$

$$\sqrt{1+\sin x} - 1 \sim \dfrac{1}{2}\sin x \sim \dfrac{1}{2}x\ (x \to 0),$$

所以 $\quad \lim\limits_{x \to 0} \dfrac{\sin x - \tan x}{(\sqrt[3]{1+x^2} - 1)(\sqrt{1+\sin x} - 1)} = \lim\limits_{x \to 0} \dfrac{-\dfrac{1}{2}x^3}{\dfrac{1}{3}x^2 \cdot \dfrac{1}{2}x} = -3.$

⑤
$$\begin{aligned}
\lim\limits_{x \to 0} \dfrac{\sqrt{1+\tan x} - \sqrt{1+\sin x}}{x\sqrt{1+\sin^2 x} - x} &= \lim\limits_{x \to 0} \dfrac{\left[(\sqrt{1+\tan x})^2 - (\sqrt{1+\sin x})^2\right]\left(\sqrt{1+\sin^2 x} + 1\right)}{x\left[(\sqrt{1+\sin^2 x})^2 - 1^2\right]\left(\sqrt{1+\tan x} + \sqrt{1+\sin x}\right)} \\
&= \lim\limits_{x \to 0} \dfrac{(\tan x - \sin x)\left(\sqrt{1+\sin^2 x} + 1\right)}{x\sin^2 x\left(\sqrt{1+\tan x} + \sqrt{1+\sin x}\right)} \\
&= \lim\limits_{x \to 0} \dfrac{\tan x(1-\cos x)}{x\sin^2 x}\lim\limits_{x \to 0} \dfrac{\sqrt{1+\sin^2 x} + 1}{\sqrt{1+\tan x} + \sqrt{1+\sin x}} \\
&= \lim\limits_{x \to 0} \dfrac{x \cdot \dfrac{1}{2}(x)^2}{x^3} = \dfrac{1}{2}.
\end{aligned}$$

⑥因为 $\lim\limits_{x \to \infty} \dfrac{x^2+1}{x^3+x} = \lim\limits_{x \to \infty} \dfrac{\dfrac{1}{x} + \dfrac{1}{x^3}}{1+\dfrac{1}{x^2}} = 0, |100 + \cos x| \leqslant 101$, 所以

$$\lim\limits_{x \to \infty} \dfrac{x^2+1}{x^3+x}(100 + \cos x) = 0.$$

(7)要使函数连续,必须使函数在 $x = 0$ 处连续. 因为 $f(0) = a, \lim\limits_{x \to 0^-} f(x) = \lim\limits_{x \to 0^-}(a+x^2) = a$, $\lim\limits_{x \to 0^+} f(x) = \lim\limits_{x \to 0^+} x\sin\dfrac{1}{x} = 0$, 所以当 $a = 0$ 时, $f(x)$ 在 $x = 0$ 处连续. 因此选取 $a = 0$ 时, $f(x)$ 在 $(-\infty, +\infty)$ 内连续.

(8)设 $\sin x + x + 1 = f(x)$, 则函数 $f(x)$ 在 $\left[-\dfrac{\pi}{2}, \dfrac{\pi}{2}\right]$ 上连续. 因为 $f\left(-\dfrac{\pi}{2}\right) = -1 - \dfrac{\pi}{2} + 1 = -\dfrac{\pi}{2}, f\left(\dfrac{\pi}{2}\right) = 1 + \dfrac{\pi}{2} + 1 = 2 + \dfrac{\pi}{2}, f\left(-\dfrac{\pi}{2}\right) \cdot f\left(\dfrac{\pi}{2}\right) < 0$, 所以由零点定理, 在区间 $\left(-\dfrac{\pi}{2}, \dfrac{\pi}{2}\right)$ 内至少存在一点 ξ, 使 $f(\xi) = 0$. 这说明方程 $\sin x + x + 1 = 0$ 在开区间 $\left(-\dfrac{\pi}{2}, \dfrac{\pi}{2}\right)$ 内至少有一个根.

(9)由已知条件,得到 $\lim\limits_{x \to 2a} f(x) = 0, \lim\limits_{x \to 4a} f(x) = 0$. 因为 $f(x)$ 是 x 的三次多项式,所以可设 $f(x) = (x-2a)(x-4a)(x-b)$. 再由 $\lim\limits_{x \to 2a} \dfrac{f(x)}{x-2a} = \lim\limits_{x \to 4a} \dfrac{f(x)}{x-4a} = 1, (a \neq 0)$, 得到 $\begin{cases} -2a(2a-b) = 1, \\ 2a(4a-b) = 1, \end{cases}$ 则 $b = 3a, a^2 = \dfrac{1}{2}$, 故

$$\lim_{x \to 3a} \frac{f(x)}{x-3a} = \lim_{x \to 3a} \frac{(x-2a)(x-4a)(x-b)}{x-3a} = \lim_{x \to 3a} \frac{(x-2a)(x-4a)(x-3a)}{x-3a}$$

$$= \lim_{x \to 3a}(x-2a)(x-4a) = -a^2 = -\frac{1}{2}.$$

(10) 当 $\lim\limits_{x \to \infty} \varphi(x)$ 存在时,由 $\lim\limits_{x \to \infty}[g(x)-\varphi(x)] = 0$,可得 $\lim\limits_{x \to \infty}\varphi(x) = \lim\limits_{x \to \infty}g(x)$,故再由对任意的 x,总有 $\varphi(x) \leqslant f(x) \leqslant g(x)$ 和夹逼准则得到:$\lim\limits_{x \to \infty}f(x)$ 存在,并等于 $\lim\limits_{x \to \infty}\varphi(x)$;当 $\lim\limits_{x \to \infty}\varphi(x)$ 不存在时,$\lim\limits_{x \to \infty}f(x)$ 不存在,否则如果 $\lim\limits_{x \to \infty}f(x)$ 存在,那么 $\lim\limits_{x \to \infty}[f(x)-\varphi(x)]$ 不存在,这与 $\lim\limits_{x \to \infty}[f(x)-\varphi(x)] = 0$ 矛盾.(由已知条件,可得 $0 \leqslant f(x)-\varphi(x) \leqslant g(x)-\varphi(x)$,而 $\lim\limits_{x \to \infty}[g(x)-\varphi(x)] = 0$,所以依据夹逼准则得 $\lim\limits_{x \to \infty}[f(x)-\varphi(x)] = 0$.)

(11) 因为 $\lim\limits_{x \to 0}g(x) = \lim\limits_{x \to 0}f\left(\dfrac{1}{x}\right) = \lim\limits_{t \to \infty}f(t) = a$,所以当 $a = 0$ 时,$g(x)$ 在 $x = 0$ 点连续;否则 $g(x)$ 在 $x = 0$ 点不连续.

(12) ① 函数 $f(x) = \csc(\pi x) + \csc\dfrac{\pi}{x}$ 在点 $x = 0, \pm 1, \pm 2, \cdots, \pm n, \pm\dfrac{1}{n}, \cdots$ 处是间断的,且这些点是函数的无穷间断点.

② 函数 $f(x) = \begin{cases} -1, & x \in \mathbf{Q}, \\ 1, & x \notin \mathbf{Q} \end{cases}$ 在 R 上处处不连续,但 $|f(x)|$ 在 R 上处处连续.

③ 函数 $f(x) = \begin{cases} x, & x \in \mathbf{Q}, \\ -x, & x \notin \mathbf{Q} \end{cases}$ 在 R 上处处有定义,它只在 $x = 0$ 处连续.

3. 测验题

1) (1) 0. (2) 1. (3) $\dfrac{9}{5}$. (4) 4.

2) (1) (B). (2) (D). (3) (C). (4) (A).

3) (1) $\lim\limits_{x \to \pi} \dfrac{\sin x}{\pi - x} = \lim\limits_{t \to 0} \dfrac{\sin(\pi - t)}{t} = \lim\limits_{t \to 0}\dfrac{\sin t}{t} = 1.$

(2) 因为 $\lim\limits_{x \to +\infty} \dfrac{x^3 + x + 1}{x^3 + 2^x} = \lim\limits_{x \to +\infty} \dfrac{\dfrac{x^3}{2^x} + \dfrac{x}{2^x} + \dfrac{1}{2^x}}{\dfrac{x^3}{2^x} + 1} = 0, |\sin x + \cos x| \leqslant 2$,所以

$$\lim_{x \to +\infty} \frac{x^3 + x + 1}{x^3 + 2^x}(\sin x + \cos x) = 0.$$

(3) $\lim\limits_{x \to 0} \dfrac{e - e^{\cos x}}{\sqrt[3]{1 + x^2} - 1} = \lim\limits_{x \to 0} \dfrac{e(1 - e^{\cos x - 1})}{\sqrt[3]{1 + x^2} - 1} = \lim\limits_{x \to 0} \dfrac{-e(\cos x - 1)}{\dfrac{1}{3}x^2} = \lim\limits_{x \to 0} \dfrac{e \cdot \dfrac{1}{2}x^2}{\dfrac{1}{3}x^2} = \dfrac{3}{2}e.$

4) (1) 令 $x - 2 = t$,得 $x = t + 2$,于是由 $f(x-2) = \left(1 - \dfrac{3}{x}\right)^x$,得到 $f(t) = \left(1 - \dfrac{3}{t+2}\right)^{t+2}$,故

$$\lim_{x \to \infty}f(x) = \lim_{x \to \infty}\left(1 - \frac{3}{x+2}\right)^{x+2} = \lim_{x \to \infty}\left(1 - \frac{3}{x+2}\right)^{-\frac{x+2}{3}(-3)} = e^{-3}.$$

(2) 函数 $f(x) = \dfrac{x - x^3}{\sin(\pi x)}$ 的间断点 $x = k, k \in \mathbf{Z}$(整数集).

因为 $\lim\limits_{x\to 0}f(x)=\lim\limits_{x\to 0}\dfrac{x-x^3}{\sin(\pi x)}=\lim\limits_{x\to 0}\dfrac{x-x^3}{\pi x}=\dfrac{1}{\pi}$，所以 $x=0$ 为函数 $f(x)$ 的第一类可去间断点. 又因为

$$\lim\limits_{x\to 1}f(x)=\lim\limits_{x\to 1}\dfrac{x-x^3}{\sin(\pi x)}=\lim\limits_{t\to 0}\dfrac{(1-t)\left[1-(1-t)^2\right]}{\sin\left[\pi(1-t)\right]}$$

$$=\lim\limits_{t\to 0}\dfrac{(1-t)(2t-t^2)}{\sin(\pi t)}=\lim\limits_{t\to 0}\dfrac{(1-t)(2t-t^2)}{\pi t}=\dfrac{2}{\pi},$$

所以 $x=1$ 为函数 $f(x)$ 的第一类可去间断点.

同理，可得

$$\lim\limits_{x\to -1}f(x)=\lim\limits_{x\to -1}\dfrac{x-x^3}{\sin(\pi x)}=\lim\limits_{t\to 0}\dfrac{(-1+t)\left[1-(-1+t)^2\right]}{\sin\left[\pi(-1+t)\right]}$$

$$=\lim\limits_{t\to 0}\dfrac{(-1+t)(2t-t^2)}{-\sin(\pi t)}=\lim\limits_{t\to 0}\dfrac{(-1+t)(2t-t^2)}{-\pi t}=\dfrac{2}{\pi},$$

所以 $x=-1$ 为函数 $f(x)$ 的第一类可去间断点.

当 $x=k(k\in \mathbf{Z},k\neq 0,\pm 1)$ 时，因为 $\lim\limits_{x\to k}f(x)=\lim\limits_{x\to k}\dfrac{x-x^3}{\sin(\pi x)}=\infty$，所以 $x=k(k\in \mathbf{Z},k\neq 0,\pm 1)$ 为函数 $f(x)$ 的第二类间断点.

（3）因为 $\lim\limits_{x\to 0}f(x)=\lim\limits_{x\to 0}(\cos x)^{\frac{1}{\sin^2 x}}=\lim\limits_{x\to 0}e^{\frac{1}{\sin^2 x}\ln\cos x}=e^{\lim\limits_{x\to 0}\frac{1}{\sin^2 x}\ln\cos x}=e^{\lim\limits_{x\to 0}\frac{1}{x^2}\ln(1+\cos x-1)}=e^{\lim\limits_{x\to 0}\frac{1}{x^2}(\cos x-1)}=e^{\lim\limits_{x\to 0}\frac{-\frac{1}{2}x^2}{x^2}}=e^{-\frac{1}{2}}$，所以 $a=e^{-\frac{1}{2}}$.

（4）**证明**　令 $F(x)=f(x)-f\left(x+\dfrac{1}{2}\right)$，则由题意知 $F(x)$ 在 $\left[0,\dfrac{1}{2}\right]$ 上连续，且 $F(0)=f(0)-f\left(\dfrac{1}{2}\right)$，$F\left(\dfrac{1}{2}\right)=f\left(\dfrac{1}{2}\right)-f(1)$，又因为 $f(0)=f(1)$，所以

$$F(0)\cdot F\left(\dfrac{1}{2}\right)=-\left[f(0)-f\left(\dfrac{1}{2}\right)\right]^2\leqslant 0.$$

因此当 $\left[f(0)-f\left(\dfrac{1}{2}\right)\right]^2=0$，即 $f(0)=f\left(0+\dfrac{1}{2}\right)$ 时，$\exists \xi=0\in\left[0,\dfrac{1}{2}\right]$，使得 $f(\xi)=f\left(\xi+\dfrac{1}{2}\right)$；当 $F(0)\cdot F\left(\dfrac{1}{2}\right)=-\left[f(0)-f\left(\dfrac{1}{2}\right)\right]^2<0$ 时，由零点定理得到，至少 $\exists \xi\in\left(0,\dfrac{1}{2}\right)$ 使得 $F(\xi)=f(\xi)-f\left(\xi+\dfrac{1}{2}\right)=0$，即 $f(\xi)=f\left(\xi+\dfrac{1}{2}\right)$.

综上，命题得证.

第二章 一元函数微分学

第一节 教学大纲及知识结构图

一、教学大纲

1. 高等数学 I

1）学时分配

"一元函数微分学"这一章授课学时建议 **26 学时**：导数概念（2 学时）；微分概念、函数的求导法则(1)、(2)、(3)(6 学时)；高阶导数（2 学时）；微分中值定理（2 学时）；洛必达法则（2 学时）；函数的单调性（2 学时）；曲线的凹凸性（2 学时）；函数的极值（2 学时）；函数的最大值最小值（2 学时）；习题课和单元测验（4 学时）.

2）目的与要求

学习本章的目的是使学生理解导数和微分的概念，能熟练计算导数，能利用导数计算函数的极限、讨论函数的单调性、函数的极值和平面曲线的凹凸性，能用导数描述实际问题中的变化率，并能解决一些优化方面的实际问题. 本章知识的基本要求是：

(1)理解导数的概念，理解导数的几何意义和物理意义，能求分段函数的一阶导数，能用导数描述一些实际问题中的变化率.

(2)理解微分的概念，理解导数与微分的关系，能利用微分进行近似计算.

(3)熟练掌握基本初等函数的导数公式，能求平面曲线的切线方程和法线方程，理解函数的可导性与连续性之间的关系.

(4)熟练掌握导数的四则运算法则、反函数的求导法则、复合函数的求导法则和参数式函数的求导法则，并能熟练计算函数的导数.

(5)理解一阶微分形式的不变性，能求函数的微分.

(6)理解高阶导数的概念，能求一些简单而又常见的函数的 n 阶导数.

(7)理解罗尔定理和拉格朗日中值定理，会用拉格朗日中值定理，了解柯西中值定理.

(8)理解洛必达法则，能熟练运用洛必达法则求未定式的值.

(9)能利用导数讨论函数的单调性，并能利用函数的单调性证明不等式和讨论方程的根.

(10)理解函数的极值概念，掌握函数极值存在的必要条件和充分条件，能熟练求函数的极值.

(11)能熟练求函数的最大值和最小值，并能解决一些优化方面的实际问题.

(12)能用导数讨论函数图形的凹凸性，能求函数图形的拐点以及水平、铅直和斜渐近线.

3）重点和难点

(1)重点：导数概念与微分概念，求导法则和洛必达法则，求函数的导数与微分，罗尔定理和拉格朗日中值定理,利用导数讨论函数的单调性和平面曲线的凹凸性,函数极值的概念及其求法,并能解决一些优化方面的实际问题.

（2）**难点**:复合函数的求导法和高阶导数的求法,微分中值定理及其应用.

2. 高等数学 Ⅱ

1）学时分配

"一元函数微分学"这一章授课学时建议 24 学时:导数概念(2 学时);函数的求导法则(2 学时);隐函数及由参数方程所确定函数的导数(1 学时);高阶导数(2 学时);函数的微分(1 学时);边际与弹性(2 学时);微分中值定理(2 学时);洛必达法则(2 学时);导数的应用(6 学时);函数的最大值最小值(2 学时);习题课与单元测验(2 学时).

2）目的与要求

学习这部分内容的目的是使学生理解导数和微分等概念,能熟练计算导数,用导数描述一些实际问题中的变化率,能利用导数计算函数的极限、讨论函数的单调性、平面曲线的凹凸性和函数的极值,并能解决一些优化方面的实际问题.本章知识的基本要求是:

（1）理解导数概念,理解导数的几何意义、物理意义和经济意义,能用导数描述实际问题中一些量特别是经济量的变化率.

（2）理解左导数和右导数概念,掌握函数在某点处可导的充分必要条件(左导数与右导数都存在且相等).

（3）熟练掌握基本初等函数的导数公式,能求分段函数的一阶导数,能求平面曲线的切线方程和法线方程,理解函数的可导性与连续性之间的关系.

（4）理解微分概念及其所包含的局部线性化思想,掌握函数在一点处可微的充分必要条件,理解导数与微分的关系,能求函数的微分,能利用微分进行近似计算.

（5）熟练掌握导数的四则运算法则、反函数的求导法则、复合函数的求导法则和参数式函数的求导法则,能熟练计算函数的导数.

（6）了解微分的有理运算法则和一阶微分形式的不变性.

（7）理解高阶导数的概念,掌握高阶导数的运算法则.

（8）能熟练地求出初等函数的一阶、二阶导数,能求隐函数和参数式函数的一阶、二阶导数,能求一些简单而又常见的函数的 n 阶导数.

（9）了解微分的概念、导数与微分之间的关系以及一阶微分形式的不变性,会求函数的微分.

（10）理解罗尔定理和拉格朗日中值定理,会用拉格朗日中值定理,了解柯西中值定理.

（11）理解洛必达法则,能熟练运用洛必达法则求未定式的值.

（12）能利用导数讨论函数的单调性,确定连续函数的单调区间,并能利用函数的单调性证明不等式和讨论方程的根.

（13）能用导数讨论函数图形的凹凸性,能求函数图形的拐点.

（14）理解函数的极值概念,掌握函数极值存在的必要条件和充分条件,能熟练计算函数的极值.

（15）能熟练计算函数的最大值和最小值,并能解决一些优化方面的实际问题.

3）重点和难点

（1）**重点**:导数、左导数和右导数等概念,基本初等函数的导数公式,以及函数在某点处可导的条件(左导数与右导数都存在且相等),函数的可导性与连续性之间的关系,复合函数的求导法则,导数的四则运算法则,反函数的求导法则,参数式函数的求导法则,高阶导数的运算法则和计算函数的高阶导数,微分的概念,边际的概念,弹性的概念,罗尔定理和拉格朗日中值定理,洛必达法则及其应用,函数单调性的判定方法,利用函数的单调性证明不等式和讨论方程的根.用导数讨论函数图形的凹凸性和求函数图形的拐点.函数的极值概念,函数极值存在的必要条件和充分条件,函数极值的计算,闭区间上连续函数的最大值与最小值的求法.

(2)难点:用定义计算导数,复合函数的求导法则,计算复合函数的导数,隐函数的导数求法,计算函数的 n 阶导数,微分在近似计算中的应用,边际的概念,弹性的概念,中值定理的证明及其应用,洛必达法则的应用,利用函数的单调性证明不等式和讨论方程的根,函数图形的凹凸性的应用,函数极值的计算,解决一些优化方面的实际问题.

3. 高等数学Ⅲ

1)学时分配

"一元函数微分学"这一章授课学时建议 14 学时:导数概念(2 学时),微分、函数的求导法则(3 学时),高阶导数(1 学时),微分中值定理(2 学时),洛必达法则(2 学时),函数的极值(4 学时).

2)目的与要求

学习本章的目的是使学生理解导数和微分的概念,能熟练计算导数,会利用导数讨论函数的单调性、函数的极值和最值,能用导数描述一些实际问题中的变化率,并能解决一些优化方面的实际问题.本章知识的基本要求是:

(1)理解导数和微分的概念,理解导数与微分的关系,理解导数的几何意义,会求平面曲线的切线方程和法线方程,了解导数的物理意义,会用导数描述一些物理量.

(2)理解左导数和右导数概念,掌握函数在某点处可导的充分必要条件(左导数与右导数都存在且相等),理解函数的可导性与连续性之间的关系.

(3)掌握导数的四则运算法则和复合函数的求导法则,熟练掌握基本初等函数的导数公式,能熟练计算函数的导数,会求函数的微分.

(4)会求反函数以及隐函数的导数.

(5)了解高阶导数的概念,会求简单函数的高阶导数.

(6)了解罗尔定理和拉格朗日中值定理.

(7)掌握用洛必达法则求未定式值的方法.

(8)掌握用导数判断函数的单调性和求函数极值的方法,会求解较简单的最大值和最小值的应用问题.

3)重点和难点

(1)重点:导数、左导数和右导数,基本初等函数的导数公式,函数在某点处可导的条件(左导数与右导数都存在且相等),函数的可导性与连续性之间的关系,微分概念,导数的四则运算法则,复合函数的求导法则,高阶导数的求法,拉格朗日中值定理,洛必达法则及其应用,用导数判断函数的单调性和求函数极值的方法.

(2)难点:用定义计算导数,微分在近似计算中的应用,计算复合函数和隐函数的导数,计算函数的 n 阶导数,拉格朗日中值定理的应用,洛必达法则的应用,函数取得极值的必要条件和充分条件;利用最值理论解决一些优化方面的实际问题.

二、知识结构图

高等数学 I 的知识结构图如图 2－1 所示,高等数学 II 的知识结构图如图 2－2 所示,高等数学 III 的知识结构图如图 2－3 所示.

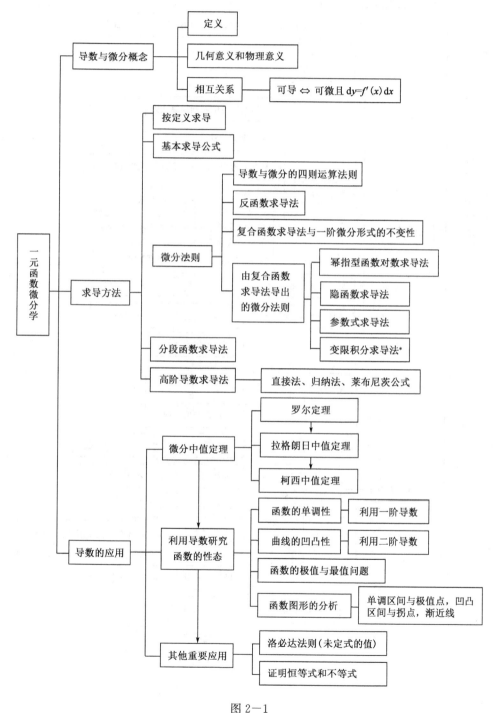

图 2－1

"＊"表示不是本章所讲的方法.

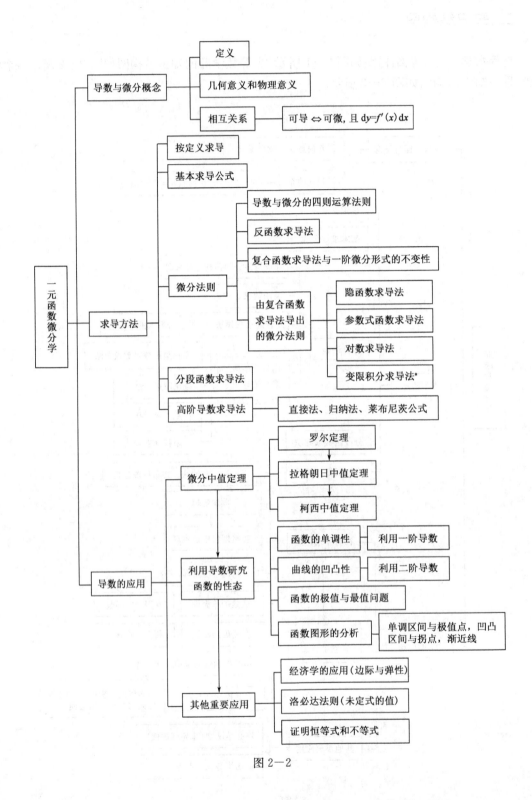

图 2—2

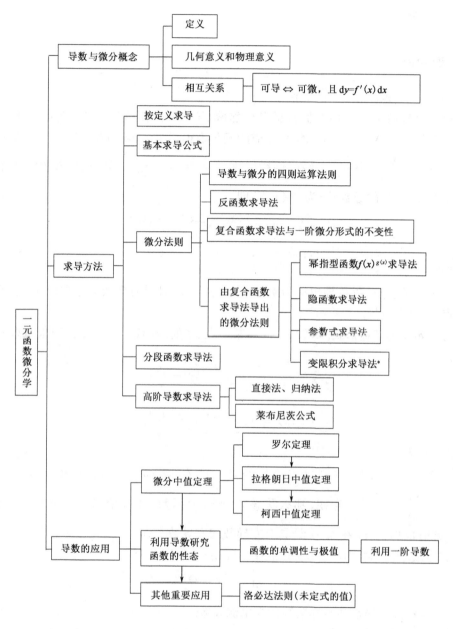

图 2-3

第二节　内　容　提　要

　　一元函数微分学是高等数学的重要组成部分,导数和微分是微分学的两个重要的基本概念,理解了这两个重要概念,就能全面地研究函数的变化特性,掌握其变化规律,进而解决许多实际问题.本节总结和归纳一元函数微分学的基本概念、基本性质、基本方法及一些典型方法.

一、基本概念

1.导数的概念

1)函数 $f(x)$ 在点 x_0 处的导数

(1)定义. 设函数 $y=f(x)$ 在 x_0 的某个邻域 $U(x_0,\delta)$ 内有定义,当自变量 x 在 x_0 处取得增量 Δx（其中 $x_0+\Delta x\in U(x_0,\delta)$）,相应的函数取得增量 $\Delta y=f(x_0+\Delta x)-f(x_0)$;如果极限 $\lim\limits_{\Delta x\to0}\dfrac{f(x_0+\Delta x)-f(x_0)}{\Delta x}$ 存在,则称函数 $y=f(x)$ 在点 x_0 处可导,并称此极限为函数 $y=f(x)$ 在点 x_0 处的导数,记为 $f'(x_0)$,即

$$f'(x_0)=\lim_{\Delta x\to0}\frac{f(x_0+\Delta x)-f(x_0)}{\Delta x}, \tag{1}$$

也可记作 $y'|_{x=x_0}$, $\dfrac{\mathrm{d}y}{\mathrm{d}x}\big|_{x=x_0}$ 或 $\dfrac{\mathrm{d}f(x)}{\mathrm{d}x}\big|_{x=x_0}$.

函数 $f(x)$ 在点 x_0 处可导也称为函数 $f(x)$ 在点 x_0 处具有导数或导数存在. 否则称 $y=f(x)$ 在点 x_0 处不可导.

(2)导数定义的其他形式. 函数 $f(x)$ 在某一点 x_0 处的导数的定义式(1)也可取不同的形式,常见的有

$$f'(x_0)=\lim_{h\to0}\frac{f(x_0+h)-f(x_0)}{h}, \tag{2}$$

$$f'(x_0)=\lim_{x\to x_0}\frac{f(x)-f(x_0)}{x-x_0}. \tag{3}$$

2)单侧导数

(1)左导数. 设函数 $f(x)$ 在点 x_0 的某个左邻域 $(x_0-\delta,x_0]$ 内有定义,若极限 $\lim\limits_{\Delta x\to0^-}\dfrac{f(x_0+\Delta x)-f(x_0)}{\Delta x}$ 存在,那么称该左极限为函数 $f(x)$ 在点 x_0 处的左导数,记为 $f'_-(x_0)$. 此时也称 $f(x)$ 在点 x_0 处具有左导数或左导数存在.

(2)右导数. 类似地,函数 $f(x)$ 在点 x_0 处的右导数定义为

$$f'_+(x_0)=\lim_{\Delta x\to0^+}\frac{f(x_0+\Delta x)-f(x_0)}{\Delta x}.$$

(3)单侧导数. 左导数和右导数统称为单侧导数.

(4)导数存在的充要条件. 函数 $f(x)$ 在点 x_0 处可导的充分必要条件是: $f'_-(x_0)$ 和 $f'_+(x_0)$ 都存在,并且相等.

3)导函数

(1)开区间内可导. 如果函数 $y=f(x)$ 在 (a,b) 内每一点处都可导,那么称函数 $f(x)$ 在开区间 (a,b) 内可导,此时也称函数 $y=f(x)$ 为开区间 (a,b) 内的可导函数.

(2)闭区间上可导. 如果函数 $y=f(x)$ 在 (a,b) 内可导,且 $f'_+(a)$ 和 $f'_-(b)$ 都存在,那么称函数 $y=f(x)$ 在闭区间 $[a,b]$ 上可导.

(3)导函数. 如果函数 $f(x)$ 在 (a,b) 内可导,那么 (a,b) 内的任意一点都对应一个确定的导数值,这样就定义了一个以 (a,b) 为定义域的新函数,称该函数为函数 $y=f(x)$ 的在 (a,b)

内的导函数,简称为导数,记为 $f'(x)$, y' , $\dfrac{\mathrm{d}y}{\mathrm{d}x}$ 或 $\dfrac{\mathrm{d}f(x)}{\mathrm{d}x}$.

根据导数的定义,得

$$f'(x) = \lim_{\Delta x \to 0} \frac{f(x+\Delta x)-f(x)}{\Delta x} \tag{4}$$

或者

$$f'(x) = \lim_{h \to 0} \frac{f(x+h)-f(x)}{h} . \tag{5}$$

(4)函数在一点处的导数与导函数的关系. 显然,如果函数 $y = f(x)$ 是 (a,b) 内的可导函数, $x_0 \in (a,b)$,那么函数 $y = f(x)$ 在点 x_0 处的导数 $f'(x_0)$ 就是它的导函数 $f'(x)$ 在点 x_0 处的函数值,即

$$f'(x_0) = f'(x)\big|_{x=x_0}.$$

4)可导与连续的关系

如果函数 $y = f(x)$ 在 x_0 点可导,那么函数 $y = f(x)$ 在点 x_0 处连续,即可导性是连续性的充分条件,反之不一定成立.

5)导数的几何意义

(1)导数的几何意义. 如果函数 $f(x)$ 在点 x_0 处可导,其导数 $f'(x_0)$ 在几何上表示曲线 $y = f(x)$ 在点 $(x_0,f(x_0))$ 处的切线的斜率.

(2)切线方程. 曲线 $y = f(x)$ 在点 $(x_0,f(x_0))$ 处的切线为经过点 $(x_0,f(x_0))$ 且以 $f'(x_0)$ 为斜率的直线,故曲线 $y = f(x)$ 在点 $(x_0,f(x_0))$ 处的切线方程为

$$y - f(x_0) = f'(x_0)(x-x_0) . \tag{6}$$

2. 微分的概念

(1)微分的定义. 设函数 $y = f(x)$ 在某区间内有定义, x_0 及 $x_0 + \Delta x$ 在这区间内,如果函数增量

$$\Delta y = f(x_0 + \Delta x) - f(x_0)$$

可表示为 $\Delta y = A\Delta x + o(\Delta x)$,其中 A 是不依赖于 Δx 的常数,那么称函数 $y = f(x)$ 在点 x_0 是可微的,而 $A\Delta x$ 称为函数 $y = f(x)$ 在点 x_0 相应于自变量增量 Δx 的微分,记为 $\mathrm{d}y$,即 $\mathrm{d}y = A\Delta x$. 否则,就称 $y = f(x)$ 在点 x_0 处不可微.

(2)函数可微的充要条件. 函数 $f(x)$ 在点 x_0 处可微的充分必要条件是函数 $f(x)$ 在点 x_0 处可导.

3. 高阶导数的概念

(1)函数在一点处的 n 阶导数的定义. 设 $y = f(x)$ 在某个领域 $U(x_0,\delta)$ 内存在 $n-1$ 阶导数,如果极限

$$\lim_{\Delta x \to 0} \frac{f^{(n-1)}(x_0 + \Delta x) - f^{(n-1)}(x_0)}{\Delta x}$$

存在,那么称此极限为函数 $y = f(x)$ 在点 x_0 处的 n 阶导数,记为

$$y^{(n)}_{(x_0)}, f^{(n)}(x_0), \frac{\mathrm{d}^n y}{\mathrm{d}x^n}\Big|_{x=x_0} \text{ 或 } \frac{\mathrm{d}^n y(x)}{\mathrm{d}x^n}\Big|_{x=x_0}.$$

此时,也称 $y = f(x)$ 在点 x_0 处具有 n 阶导数或 n 阶导数存在. 否则,就称 $y = f(x)$ 在点 x_0 处不存在 n 阶导数.

（2）函数在一点处的 n 阶导数与 n 阶导函数的关系. 如果函数 $y = f(x)$ 在 (a,b) 内每一点处都具有 n 阶导数，$\forall x_0 \in (a,b)$，那么函数 $y = f(x)$ 在点 x_0 处的 n 阶导数 $f^{(n)}(x_0)$ 就是它的 n 阶导函数 $f^{(n)}(x)$ 在点 x_0 处的函数值，即

$$f^{(n)}(x_0) = f^{(n)}(x)\big|_{x=x_0}.$$

4. 函数极值的概念

（1）极值. 设函数 $f(x)$ 在点 x_0 的某个邻域 $U(x_0,\delta)$ 内有定义，如果对任意 $x \in \mathring{U}(x_0,\delta)$，恒有 $f(x) < f(x_0)$（或 $f(x) > f(x_0)$），那么称 $f(x_0)$ 为 $f(x)$ 的一个极大值（或极小值），点 x_0 称为 $f(x)$ 的一个极大值点（或极小值点），此时也说 $f(x)$ 在点 x_0 处有极大值（或极小值）$f(x_0)$. 函数的极大值与极小值统称为函数的**极值**.

（2）极值点. 使函数取得极值的点称为**极值点**，包括极大值点和极小值点.

5. 曲线凹凸性的概念

（1）曲线凹凸性的定义. 设函数 $f(x)$ 在区间 I 上连续，如果对 I 上的任意两点 x_1、$x_2(x_1 \neq x_2)$，恒有

$$f\left(\frac{x_1 + x_2}{2}\right) < \frac{f(x_1) + f(x_2)}{2},$$

那么称曲线 $y = f(x)$ 在区间 I 是**向上凹的**，简称凹弧，这时也称 $f(x)$ 是区间 I 上的一个**凹函数**. 如果对 I 上的任意两点 x_1、x_2（$x_1 \neq x_2$），恒有

$$f\left(\frac{x_1 + x_2}{2}\right) > \frac{f(x_1) + f(x_2)}{2},$$

那么称曲线 $y = f(x)$ 在区间 I 是**向上凸的**，简称凸弧，这时也称 $f(x)$ 是区间 I 上的一个**凸函数**.

（2）拐点. 连续曲线 $y = f(x)$ 上凹弧与凸弧的分界点，称为该曲线的**拐点**.

6. 未定式的概念

如果当 $x \to a$（或 $x \to \infty$）时，两个函数 $f(x)$ 与 $F(x)$ 都趋于零或都趋于无穷大，那么极限 $\lim\limits_{\substack{x \to a \\ (x \to \infty)}} \dfrac{f(x)}{F(x)}$ 可能存在，也可能不存在，通常把这种极限叫作**未定式**，并分别简记为 $\dfrac{0}{0}$ 或 $\dfrac{\infty}{\infty}$.

二、基本性质

1. 基本的求导法则和导数公式

1）函数的和、差、积、商的求导法则

设 $u(x)$ 与 $v(x)$ 在点 x 处都可导，则：

(1) $u(x) \pm v(x)$ 在点 x 处可导，且 $[u(x) \pm v(x)]' = u'(x) \pm v'(x)$；

(2) $u(x) \cdot v(x)$ 在点 x 处可导，且 $[u(x) \cdot v(x)]' = u'(x)v(x) + u(x)v'(x)$；

(3) $\dfrac{u(x)}{v(x)}$ 在点 x 处可导，且 $\left[\dfrac{u(x)}{v(x)}\right]' = \dfrac{u'(x)v(x) - u(x)v'(x)}{v^2(x)}(v(x) \neq 0)$.

2) 反函数的求导法则

设函数 $x = \varphi(y)$ 在某一个区间 I_y 内单调、可导,且 $\varphi'(y) \neq 0$,则它的反函数 $y = f(x)$ 在相应的区间 $I_x = \{x \mid x = \varphi(y), y \in I_y\}$ 内也可导,且

$$f'(x) = \frac{\mathrm{d}y}{\mathrm{d}x} = \frac{1}{\dfrac{\mathrm{d}x}{\mathrm{d}y}} = \frac{1}{\varphi'(y)}.$$

3) 复合函数的求导法则

如果 $u = g(x)$ 在点 x 可导,而 $y = f(u)$ 在点 $u = g(x)$ 可导,则复合函数 $y = f[g(x)]$ 在点 x 可导,且其导数为

$$\frac{\mathrm{d}y}{\mathrm{d}x} = \frac{\mathrm{d}y}{\mathrm{d}u} \cdot \frac{\mathrm{d}u}{\mathrm{d}x} = f'(u) \cdot g'(x).$$

复合函数的求导法则可以推广到多个中间变量的情形. 以两个中间变量为例,设 $y = f(u), u = \varphi(v), v = \psi(x)$,则

$$\frac{\mathrm{d}y}{\mathrm{d}x} = \frac{\mathrm{d}y}{\mathrm{d}u} \cdot \frac{\mathrm{d}u}{\mathrm{d}v} \cdot \frac{\mathrm{d}v}{\mathrm{d}x} = f'(u) \cdot \varphi'(v) \cdot \psi'(x).$$

4) 常数和基本初等函数的导数公式

(1) $(C)' = 0$.

(2) $(x^\mu)' = \mu x^{\mu-1}$.

(3) $(\sin x)' = \cos x$.

(4) $(\cos x)' = -\sin x$.

(5) $(\tan x)' = \sec^2 x$.

(6) $(\cot x)' = -\csc^2 x$.

(7) $(\sec x)' = \sec x \tan x$.

(8) $(\csc x)' = -\csc x \cot x$.

(9) $(a^x)' = a^x \ln a \ (a > 0 \text{ 且 } a \neq 1)$.

(10) $(\mathrm{e}^x)' = \mathrm{e}^x$.

(11) $(\log_a x)' = \dfrac{1}{x \ln a} \ (a > 0 \text{ 且 } a \neq 1)$.

(12) $(\ln x)' = \dfrac{1}{x}$.

(13) $(\arcsin x)' = \dfrac{1}{\sqrt{1-x^2}}$.

(14) $(\arccos x)' = -\dfrac{1}{\sqrt{1-x^2}}$.

(15) $(\arctan x)' = \dfrac{1}{1+x^2}$.

(16) $(\operatorname{arccot} x)' = -\dfrac{1}{1+x^2}$.

2. 基本的微分法则

1) 函数的和、差、积、商的微分法则

设 $u(x)$ 与 $v(x)$ 在点 x 处都可导,在下面公式中将 $u(x)$ 和 $v(x)$ 分别简记为 u 和 v,则:

(1) $\mathrm{d}(u \pm v) = \mathrm{d}u \pm \mathrm{d}v$;

(2) $\mathrm{d}(Cu) = C\mathrm{d}u$;

(3) $\mathrm{d}(uv) = v\mathrm{d}u + u\mathrm{d}v$;

(4) $\mathrm{d}\left(\dfrac{u}{v}\right) = \dfrac{v\mathrm{d}u - u\mathrm{d}v}{v^2}(v \neq 0)$.

2) 复合函数的微分法则(微分形式不变性)

如果 $y = f(u)$ 和 $u = g(x)$ 都可导,则复合函数 $y = f[g(x)]$ 的微分为 $\mathrm{d}y = f'(u) \cdot g'(x)\mathrm{d}x$. 由于 $\mathrm{d}u = g'(x)\mathrm{d}x$,所以复合函数 $y = f[g(x)]$ 的微分也可以写为 $\mathrm{d}y = f'(u)\mathrm{d}u$. 由此可见,无论 u 是自变量还是中间变量,微分形式 $\mathrm{d}y = f'(u)\mathrm{d}u$ 保持不变. 这一性质称为**微分形式不变性**. 该性质表示,当变换自变量时,微分形式 $\mathrm{d}y = f'(u)\mathrm{d}u$ 并不改变.

3. 高阶导数的运算法则

设 $u(x)$ 与 $v(x)$ 在点 x 处都具有 n 阶导数,则:

(1) $u(x) \pm v(x)$ 在点 x 处具有 n 阶导数,且 $[u(x) \pm v(x)]^{(n)} = u^{(n)}(x) \pm v^{(n)}(x)$;

(2) $u(x) \cdot v(x)$ 在点 x 处具有 n 阶导数,且 $[u(x) \cdot v(x)]^{(n)} = \sum\limits_{k=0}^{n} C_n^k u^{(n-k)}(x) v^{(k)}(x)$,

该公式称为**莱布尼茨(Leibniz)公式**.

4. 微分中值定理

(1) 费马引理. 设函数 $f(x)$ 在点 x_0 的某个邻域 $U(x_0, \delta)$ 内有定义,且 $f'(x_0)$ 存在. 如果对任意的 $x \in U(x_0, \delta)$,恒有 $f(x) \geqslant f(x_0)$(或 $f(x) \leqslant f(x_0)$),那么 $f'(x_0) = 0$.

(2) 罗尔定理. 如果函数 $f(x)$ 在 $[a, b]$ 上连续,在 (a, b) 内可导,且 $f(a) = f(b)$,那么至少存在一点 $\xi \in (a, b)$,使得 $f'(\xi) = 0$.

(3) 拉格朗日中值定理. 如果函数 $f(x)$ 在 $[a, b]$ 上连续,在 (a, b) 内可导,那么至少存在一点 $\xi \in (a, b)$,使得

$$f'(\xi) = \frac{f(b) - f(a)}{b - a}. \tag{7}$$

公式(7)称为拉格朗日中值公式或微分中值公式,通常可以改写为

$$f(b) - f(a) = f'(\xi)(b - a) \text{ 或 } f(a) - f(b) = f'(\xi)(a - b).$$

如果函数 $f(x)$ 在某个邻域 $U(x_0, \delta)$ 内可导,那么公式(7)又可以写成下列常用形式

$$f(x_0 + \Delta x) - f(x_0) = f'(x_0 + \theta \Delta x) \Delta x. \tag{8}$$

其中 x_0、$x_0 + \Delta x \in U(x_0, \delta)$($0 < \theta < 1$). 公式(8)称为**有限增量公式**.

如果函数 $f(x)$ 在 $[a, b]$ 上连续,在 (a, b) 内可导,且 $f'(x) = 0$,那么 $f(x)$ 在 $[a, b]$ 上是一个常数.

设函数 $f(x)$ 和 $g(x)$ 在 $[a, b]$ 上连续,在 (a, b) 内可导,且 $f'(x) = g'(x)$,则在 $[a, b]$ 上 $f(x) = g(x) + C$(C 为常数).

(4) 柯西中值定理. 设函数 $f(x)$ 与 $g(x)$ 在 $[a, b]$ 上连续,在 (a, b) 内可导,且 $g'(x) \neq 0$,则至少存在一点 $\xi \in (a, b)$,使得

$$\frac{f(b) - f(a)}{g(b) - g(a)} = \frac{f'(\xi)}{g'(\xi)}.$$

(5) 泰勒中值定理. 如果 $f(x)$ 在某个邻域 $U(x_0, \delta)$ 内具有直到 $n+1$ 阶的导数,则当 $x \in U(x_0, \delta)$ 时,有

$$f(x) = f(x_0) + f'(x_0)(x - x_0) + \frac{f''(x_0)}{2!}(x - x_0)^2 + \cdots + \frac{f^{(n)}(x_0)}{n!}(x - x_0)^n + R_n(x), \tag{9}$$

其中,

$$R_n(x) = \frac{1}{(n+1)!} f^{(n+1)}(\xi)(x - x_0)^{n+1}, \tag{10}$$

这里 ξ 是介于 x_0 与 x 之间的某个值.

公式(9)称为 $f(x)$ 在 x_0 处(或按 $(x - x_0)$ 的幂展开)的带有拉格朗日余项的 **n 阶泰勒公式**,而 $R_n(x)$ 的表达式(10)称为**拉格朗日余项**. 在泰勒公式(9)中取 $x_0 = 0$,那么 ξ 介于 0 与 x

之间. 因此可以令 $\xi = \theta x$（$0 < \theta < 1$），从而泰勒公式(9)变成较简单的形式, 即所谓**带有拉格朗日余项的麦克劳林公式**

$$f(x) = f(0) + f'(0)x + \frac{f''(0)}{2!}x^2 + \cdots + \frac{f^{(n)}(0)}{n!}x^n + \frac{f^{(n+1)}(\theta x)x^{n+1}}{(n+1)!} \quad (0 < \theta < 1).$$

(11)

5. 洛必达法则

设函数 $f(x)$ 和 $g(x)$ 在点 x_0 的某个去心邻域内可导, 且 $g'(x) \neq 0$. 如果函数 $f(x)$ 和 $g(x)$ 满足:

(1) $\lim\limits_{x \to x_0} f(x) = 0$, $\lim\limits_{x \to x_0} g(x) = 0$;

(2) 极限 $\lim\limits_{x \to x_0} \dfrac{f'(x)}{g'(x)}$ 存在或为 ∞,

那么

$$\lim_{x \to x_0} \frac{f(x)}{g(x)} = \lim_{x \to x_0} \frac{f'(x)}{g'(x)}.$$

设函数 $f(x)$ 和 $g(x)$ 在点 x_0 的某个去心邻域内可导, 且 $g'(x) \neq 0$. 如果函数 $f(x)$ 和 $g(x)$ 满足:

(1) $\lim\limits_{x \to x_0} f(x) = \infty$, $\lim\limits_{x \to x_0} g(x) = \infty$;

(2) 极限 $\lim\limits_{x \to x_0} \dfrac{f'(x)}{g'(x)}$ 存在或为 ∞,

那么

$$\lim_{x \to x_0} \frac{f(x)}{g(x)} = \lim_{x \to x_0} \frac{f'(x)}{g'(x)}.$$

上述命题中的极限过程换成 $x \to x_0^-, x \to x_0^+, x \to -\infty, x \to +\infty$ 或 $x \to \infty$, 只要把条件作相应的改动, 结论仍然成立.

这种先通过分子、分母分别求导数, 再求导函数之商的极限来确定未定式的值的方法称为**洛必达法则**.

6. 函数的单调性与一阶导数的符号之间的关系

设函数 $f(x)$ 在 $[a,b]$ 上连续, 在 (a,b) 内可导, 则:

(1) 如果在 (a,b) 内恒有 $f'(x) > 0$, 那么函数 $f(x)$ 在 $[a,b]$ 上单调增加.

(2) 如果在 (a,b) 内恒有 $f'(x) < 0$, 那么函数 $f(x)$ 在 $[a,b]$ 上单调减少.

7. 函数的极值与极值点的性质及判定条件

1) 函数极值与极值点的性质

(1) 函数的极值点一定在其定义域的内部;

(2) 函数的极值具有局部性, 即函数的极大值(极小值)是函数的局部的最大值(最小值);

(3) 函数可能有多个极值, 且极小值可能大于极大值;

(4) 单调函数无极值;

(5) 函数的极值点一定是驻点 ($f'(x) = 0$) 或者导数不存在的点.

2)判定极值的充分条件

(1)第一充分条件. 设函数 $f(x)$ 在点 x_0 的某个邻域 $U(x_0,\delta)$ 内连续,在 $\overset{\circ}{U}(x_0,\delta)$ 内可导,则:

①如果在 $(x_0-\delta,x_0)$ 内 $f'(x)<0$,而在 $(x_0,x_0+\delta)$ 内 $f'(x)>0$,那么 $f(x_0)$ 为 $f(x)$ 的一个极小值;

②如果在 $(x_0-\delta,x_0)$ 内 $f'(x)>0$,而在 $(x_0,x_0+\delta)$ 内 $f'(x)<0$,那么 $f(x_0)$ 为 $f(x)$ 的一个极大值;

③如果在 $\overset{\circ}{U}(x_0,\delta)$ 内恒有 $f'(x)>0$ 或 $f'(x)<0$,那么 $f(x_0)$ 不是 $f(x)$ 的极值.

(2)第二充分条件. 设函数 $f(x)$ 在点 x_0 处具有二阶导数,且 $f'(x_0)=0$,$f''(x_0)\neq0$,则:

①如果 $f''(x_0)<0$,那么 $f(x_0)$ 为 $f(x)$ 的一个极大值;

②如果 $f''(x_0)>0$,那么 $f(x_0)$ 为 $f(x)$ 的一个极小值.

8. 曲线的凹凸性与二阶导数的符号之间的关系

设函数 $f(x)$ 在 $[a,b]$ 上连续,在 (a,b) 内二阶可导,则:

(1)如果在 (a,b) 内恒有 $f''(x)>0$,那么曲线 $y=f(x)$ 在 $[a,b]$ 上是凹弧.

(2)如果在 (a,b) 内恒有 $f''(x)<0$,那么曲线 $y=f(x)$ 在 $[a,b]$ 上是凸弧.

三、基本方法

1. 求一阶导数的方法

(1)利用基本的求导法则(**函数的和、差、积、商的求导法则**)以及基本初等函数的导数公式求导. 该方法对于大多数的函数表达式具体给出的初等函数求导是适用的,是一种十分常见的求导方法.

(2)利用函数在一点 x_0 处的导数的定义求,即

$$f'(x_0)=\lim_{\Delta x\to0}\frac{f(x_0+\Delta x)-f(x_0)}{\Delta x}\left(\text{或者}\ f'(x_0)=\lim_{x\to x_0}\frac{f(x)-f(x_0)}{x-x_0}\right).$$

适合用定义求导数的几种情形:

①分段函数在分段点处的导数必须由定义求.

②求导法则不能使用的情形. 例如:设函数 $g(x)=(x-x_0)\varphi(x)$,其中 $\varphi(x)$ 在 $x=x_0$ 处连续,判断函数 $g(x)$ 在 $x=x_0$ 处是否可导. 如果可导,求函数 $g(x)$ 在 $x=x_0$ 处的导数. 由于题设条件中仅告知 $\varphi(x)$ 在 $x=x_0$ 处连续,因此无从得知 $\varphi(x)$ 在 $x=x_0$ 处的可导性,故不能使用求导法则求导. 此时,可考虑利用导数的定义求导,考察极限 $\lim_{x\to x_0}\dfrac{g(x)-g(x_0)}{x-x_0}=$

$\lim_{x\to x_0}\dfrac{(x-x_0)\varphi(x)-0}{x-x_0}=\lim_{x\to x_0}\varphi(x)=\varphi(x_0)$,故 $g(x)$ 在 $x=x_0$ 处可导,且导数为 $g'(x_0)=$

$\varphi(x_0)$.

③对于某些函数在一些特殊值处的导数,虽然可以利用求导法则求导,但是利用导数定义来求导往往可以使计算简化,则可以利用导数的定义求导.

2. 求微分的方法

(1)要求函数 $y = f(x)$ 的微分,可以先利用求导公式求出该函数的导数 $f'(x)$,再利用微分公式 $\mathrm{d}y = f'(x)\mathrm{d}x$ 求得该函数的微分 $\mathrm{d}y$.

(2)利用函数的微分法则求微分. 特别是对于比较复杂的复合函数求微分,则可利用微分形式不变性来求,例如:复合函数 $y = f[g(x)]$,则 $\mathrm{d}y = f'[g(x)]\mathrm{d}[g(x)] = f'[g(x)]g'(x)\mathrm{d}x$.

3. 求高阶导数(或 n 阶导数)的基本方法

(1)直接法. 多次接连地求导数,此方法适用于求阶数不是很高的高阶导数.

(2)归纳法. 先求出函数的一阶、二阶、三阶导数等,并观察其规律,归纳出 n 阶导数的公式.

(3)间接法. 通过变量代换之后应用已有的导数公式,或者应用高阶导数的运算法则等方法来求函数的导数.

常用函数的 n 阶导数的公式:

① $(\mathrm{e}^x)^{(n)} = \mathrm{e}^x$.   ② $(\sin x)^{(n)} = \sin\left(x + n \cdot \dfrac{\pi}{2}\right)$.

③ $(\cos x)^{(n)} = \cos\left(x + n \cdot \dfrac{\pi}{2}\right)$.   ④ $[\ln(1+x)]^{(n)} = (-1)^{n-1}\dfrac{(n-1)!}{(1+x)^n}$.

4. 隐函数的求导方法

(1)设方程 $F(x, y) = 0$ 可以确定一个隐函数 $y = y(x)$,求 $\dfrac{\mathrm{d}y}{\mathrm{d}x}$ 的具体方法如下:在方程 $F(x, y) = 0$ 两边同时对 x 求导,在求导时将 y 看作 x 的函数,得到一个关于导数 y' 的方程,求解该方程得到 y' 的表达式.

注:由于在求导过程中将 y 看作 x 的函数,从而需要利用复合函数的求导法则.

(2)设方程 $F(x, y) = 0$ 可以确定一个隐函数 $y = y(x)$,求 $\dfrac{\mathrm{d}^2 y}{\mathrm{d}x^2}$ 的方法有以下两种:

①对一阶导数 $\dfrac{\mathrm{d}y}{\mathrm{d}x}$ 继续对 x 求导得二阶导数 $\dfrac{\mathrm{d}^2 y}{\mathrm{d}x^2}$.

②在方程两边同时求导两次,然后再解出二阶导数 $\dfrac{\mathrm{d}^2 y}{\mathrm{d}x^2}$.

注:无论是哪一种方法,求导时都要将 y 和 $\dfrac{\mathrm{d}y}{\mathrm{d}x}$ 看成 x 的函数,综合应用复合函数的求导法则以及导数的四则运算法则求导.

5. 由参数方程确定的函数的求导方法

1)求一阶导数的方法

设函数 $y = y(x)$ 由参数方程 $\begin{cases} x = u(t), \\ y = v(t) \end{cases}$ $(\alpha \leqslant t \leqslant \beta)$ 确定,其中 $u(t)$ 和 $v(t)$ 都是可导函数,且 $x = u(t)$ 严格单调,$u'(t) \neq 0$,要求 $\dfrac{\mathrm{d}y}{\mathrm{d}x}$. 求参数方程所确定的函数的导数有以下三种方法.

(1)利用复合函数和反函数的求导法则求导. 由于 $x = u(t)$ 具有单调连续反函数 $t = u^{-1}(x)$，且此反函数能与函数 $y = v(t)$ 构成复合函数，那么参数方程 $\begin{cases} x = u(t), \\ y = v(t) \end{cases}$ 确定的函数 $y = y(x)$ 可以看成是由函数 $y = v(t)$，$t = u^{-1}(x)$ 复合而成的函数 $y = v[u^{-1}(x)]$，于是根据复合函数的求导法则和反函数的求导法则可得下面的导数公式：

$$\frac{\mathrm{d}y}{\mathrm{d}x} = \frac{\mathrm{d}y}{\mathrm{d}t} \cdot \frac{\mathrm{d}t}{\mathrm{d}x} = \frac{\dfrac{\mathrm{d}y}{\mathrm{d}t}}{\dfrac{\mathrm{d}x}{\mathrm{d}t}} = \frac{v'(t)}{u'(t)}.$$

(2)利用微分法求导数. 将导数 $\dfrac{\mathrm{d}y}{\mathrm{d}x}$ 看成是微分 $\mathrm{d}y$ 和 $\mathrm{d}x$ 的商，先分别求出 $\mathrm{d}y$ 和 $\mathrm{d}x$，再求二者的商.

$$\frac{\mathrm{d}y}{\mathrm{d}x} = \frac{v'(t)\mathrm{d}t}{u'(t)\mathrm{d}t} = \frac{v'(t)}{u'(t)}.$$

(3)先消去参数再求导. 对于某些比较容易消去参数的参数方程，可以先从参数方程中消去参数，得到明确的 y 关于 x 的表达式，再利用前面提到的求导法则求导.

2)求二阶导数的方法

(1)先求出一阶导数 $\dfrac{\mathrm{d}y}{\mathrm{d}x}$，再对 $\dfrac{\mathrm{d}y}{\mathrm{d}x} = \dfrac{v'(t)}{u'(t)}$ 关于 x 求导，将 t 视为中间变量，利用复合函数的求导法则求导，求导公式如下：

$$\frac{\mathrm{d}^2 y}{\mathrm{d}x^2} = \frac{\mathrm{d}}{\mathrm{d}x}\left(\frac{\mathrm{d}y}{\mathrm{d}x}\right) = \frac{\mathrm{d}}{\mathrm{d}x}\left[\frac{v'(t)}{u'(t)}\right] = \frac{\mathrm{d}}{\mathrm{d}t}\left[\frac{v'(t)}{u'(t)}\right] \cdot \frac{\mathrm{d}t}{\mathrm{d}x} = \frac{v''(t)u'(t) - v'(t)u''(t)}{[u'(t)]^3}.$$

(2)先求出一阶导数 $\dfrac{\mathrm{d}y}{\mathrm{d}x}$，然后将它看成由参数方程 $\begin{cases} x = u(t), \\ \dfrac{\mathrm{d}y}{\mathrm{d}x} = \dfrac{v'(t)}{u'(t)} \end{cases} (\alpha \leqslant t \leqslant \beta)$ 确定的函数，再用参数方程确定的函数的求导方法求导即可.

注：上述二阶导数的公式不需要记住，只需要掌握求法.

6. 利用洛必达法则求未定式值的方法

(1)求 $\dfrac{0}{0}$ 或 $\dfrac{\infty}{\infty}$ 型未定式值的方法：

①首先考查待求的极限问题是否为未定式 $\dfrac{0}{0}$ 或者 $\dfrac{\infty}{\infty}$ 型，如果是，则可以考虑使用洛必达法则求极限；如果不是，则一般可以利用第一章介绍的方法求出极限.

②在使用洛必达法则求导之前，需要对函数先进行化简. 例如，检查函数表达式中是否有极限存在且不为零的乘积因子，如果有，则应将待求的极限考虑为两个极限的乘积，将其中一个极限值先计算出，再来计算剩下的未定型的值. 特别是，对于 $\dfrac{0}{0}$ 型的极限，可以利用等价无穷小因子替换，也就是把分子、分母中某些乘积因子用与之等价的无穷小因子进行替换.

③使用洛必达法则，对分子、分母分别求导数，使得分子、分母的函数形式变得简单，再考虑用四则运算法则求极限，如果还是未定式则需要继续利用②中的方法化简之后，再使用洛必达法则，直到得到答案.

（2）求 $\infty - \infty$，$0 \cdot \infty$，1^{∞}，0^{0} 或 ∞^{0} 型未定式值的方法：

① $\infty - \infty$ 型．通过通分、变量代换、根式有理化等方法转化为 $\dfrac{0}{0}$ 或 $\dfrac{\infty}{\infty}$ 型，再使用洛必达法则求极限．

② $0 \cdot \infty$ 型．转化为 $\dfrac{0}{0}$ 或 $\dfrac{\infty}{\infty}$ 型，再使用洛必达法则求极限．

③ 1^{∞}，0^{0} 或 ∞^{0} 型．通过取对数后分别转化为 $\infty \cdot \ln 1 = \infty \cdot 0$，$0 \cdot \ln 0 = 0 \cdot \infty$，$0 \cdot \ln \infty = 0 \cdot \infty$，再转化为 $\dfrac{0}{0}$ 或 $\dfrac{\infty}{\infty}$ 型，然后使用洛必达法则求极限．

7. 函数单调性的判定方法

确定连续函数 $f(x)$ 的单调区间的方法和步骤是：

（1）求函数 $f(x)$ 的定义域；

（2）求 $f'(x)$ 的零点和 $f'(x)$ 不存在的点 x_1，x_2，$\cdots$，x_k；

（3）用点 x_1，x_2，$\cdots$，x_k 划分 $f(x)$ 的定义域，得到一些小区间，再根据 $f'(x)$ 的符号来确定函数 $f(x)$ 在这些小区间内的单调性，从而得到 $f(x)$ 的单调区间．

8. 曲线凹凸性的判定方法

确定连续曲线 $y = f(x)$ 上凹弧、凸弧与拐点的方法是：

（1）求函数 $f(x)$ 的定义域；

（2）求 $f''(x)$ 的零点和 $f''(x)$ 不存在点 x_1，x_2，$\cdots$，x_k；

（3）用这些点划分函数 $f(x)$ 的定义域，得到一些小区间，再根据 $f''(x)$ 的符号来确定曲线在这些小区间上的凹凸性，并确定曲线的拐点．

9. 函数极值的求法

如果函数 $f(x)$ 在所讨论的区间内连续，除了某些点外处处可导，那么就可以按照下列步骤来求函数 $f(x)$ 在该区间内的极值：

（1）求 $f'(x)$ 的零点和 $f'(x)$ 不存在点 x_1，x_2，$\cdots$，x_k；

（2）由第一充分性条件或者第二充分性条件确定 x_1，x_2，$\cdots$，x_k 中哪些是函数的极值点，并判定是极大值点还是极小值点；

（3）求出各极值点处的函数值，就得到函数 $f(x)$ 的极值．

10. 函数的最值的求法

（1）求闭区间 $[a,b]$ 上的连续函数 $f(x)$ 的最大值、最小值的方法：

① 在 (a,b) 内求 $f'(x)$ 的零点和 $f'(x)$ 不存在点 x_1，x_2，$\cdots$，x_k；

② 比较函数值 $f(a)$，$f(x_1)$，$f(x_2)$，$\cdots$，$f(x_k)$，$f(b)$ 的大小，其中最大者为 $f(x)$ 在 $[a,b]$ 上的最大值，最小者为 $f(x)$ 在 $[a,b]$ 上的最小值，即

$$\max\{f(a),f(x_1),f(x_2),\cdots,f(x_k),f(b)\} \text{ 为 } f(x) \text{ 在 } [a,b] \text{ 上的最大值,}$$

$$\min\{f(a),f(x_1),f(x_2),\cdots,f(x_k),f(b)\} \text{ 为 } f(x) \text{ 在 } [a,b] \text{ 上的最小值.}$$

（2）求区间 I 上（内）的可导函数 $f(x)$ 的最大值、最小值的方法：设函数 $f(x)$ 在 I 上（内）可导，x_0 是 $f(x)$ 在 I 内的唯一驻点，且 $f(x_0)$ 为 $f(x)$ 的极大值（或极小值），则 $f(x_0)$ 为 $f(x)$

在区间 I 上(内)的最大值(或最小值).

（3）在实际问题中，往往根据问题的性质就可以断定可导函数 $f(x)$ 确有最大值或最小值，而且一定在定义区间内部取得，这时如果 $f(x)$ 在定义区间内部只有一个驻点 x_0，那么不必讨论 $f(x_0)$ 是不是极值，就可以断定 $f(x_0)$ 是最大值或最小值.

11. 函数的零点或方程实根的存在性和唯一性的证明方法

若要证明函数 $y = f(x)$ 的零点(或方程 $f(x) = 0$ 的根)存在，一般利用**零点定理**来证明. 如果还要证明函数 $y = f(x)$ 的零点(或方程 $f(x) = 0$ 的根)唯一，则有两种做法：一是利用单调性，说明函数在某个区间上单调，那么函数在该区间上仅有一个零点；二是用反证法，首先假设函数在某个区间内至少有两个零点，根据罗尔定理推出矛盾，故假设不成立，从而证明零点是唯一的.

四、典型方法

1. 用导数的定义求极限的方法

由导数的定义可以看出，导数本质上是一种特殊的极限，因此可以考虑利用导数的定义来求特定形式的函数极限.

（1）如果 $f'(x_0)$ 存在，所求极限可以化为 $\lim\limits_{\Delta x \to 0} \dfrac{f(x_0 + \Delta x) - f(x_0)}{\Delta x}$ 或 $\lim\limits_{x \to x_0} \dfrac{f(x) - f(x_0)}{x - x_0}$ 的形式，则按导数定义该极限即为 $f'(x_0)$.

（2）如果 $f'(x_0)$ 存在，由数列极限与函数极限的关系还可得，当 $\lim\limits_{n \to \infty} x_n = 0$ 时，

$$\lim_{n \to \infty} \frac{f(x_0 + x_n) - f(x_0)}{x_n} = f'(x_0).$$

2. 讨论方程 $f(x) = 0$ 的根的个数的方法

（1）利用单调性讨论零点个数：
①求出函数 $f(x)$ 的可能的极值点(驻点和不可导点)，划分 $f(x)$ 的单调区间；
②求出函数 $f(x)$ 在每个单调区间的最值，通过分析该最值与 x 轴的位置关系来判断根的个数.
（2）利用罗尔定理：若要证明方程 $f(x) = 0$ 有根，可以先求出函数 $f(x)$ 的原函数 $F(x)$，如果 $F(x)$ 在相应的区间上满足罗尔定理的条件，则 $F'(x) = f(x)$ 有零点，即方程 $f(x) = 0$ 有根.

3. 证明不等式的方法

证明不等式的常用方法有：
（1）利用函数单调性证明不等式.
（2）利用拉格朗日中值定理、柯西中值定理等证明不等式.
（3）利用函数的最值(或极值)证明不等式.
（4）利用曲线的凹凸性证明不等式.

(5)利用泰勒公式证明不等式.

4. 求函数 $f(x)$ 在点 x_0 处的 n 阶导数 $f^{(n)}(x_0)$ 的方法

(1)利用函数在一点 x_0 处的 n 阶导数的定义求,即

$$f^{(n)}(x_0) = \lim_{\Delta x \to 0} \frac{f^{(n-1)}(x_0 + \Delta x) - f^{(n-1)}(x_0)}{\Delta x}.$$

(2)利用函数在一点 x_0 处的 n 阶导数与 n 阶导函数的关系 $f^{(n)}(x_0) = f^{(n)}(x)|_{x=x_0}$ 来求,也就是先求高阶导函数 $f^{(n)}(x)$,再将 $x = x_0$ 代入 $f^{(n)}(x)$ 中计算得 $f^{(n)}(x_0)$.

(3)利用泰勒公式求 $f^{(n)}(x_0)$

由于泰勒公式中的项 $(x-x_0)^n$ 的系数为 $\dfrac{f^{(n)}(x_0)}{n!}$,因此,可以写出函数的泰勒公式,找到 $(x-x_0)^n$ 的系数 a_n,即得 $f^{(n)}(x_0) = n!a_n$.

5. 与微分中值定理的结论有关的问题的证明方法

对于证明存在一个点 ξ,使得 $F[\xi, f(\xi), f'(\xi)] = 0$,这类问题一般是构造适当的辅助函数之后用罗尔定理来证明. 常用的辅助函数如表 2—1 所示.

表 2—1

序号	需要证明的结论	构造的辅助函数
1	$\xi f'(\xi) + f(\xi) = 0$	$F(x) = xf(x)$
2	$\xi f'(\xi) + nf(\xi) = 0$	$F(x) = x^n f(x)$
3	$\xi f'(\xi) - f(\xi) = 0$	$F(x) = \dfrac{f(x)}{x}$
4	$\xi f'(\xi) - nf(\xi) = 0$	$F(x) = \dfrac{f(x)}{x^n}$
5	$f'(\xi) + f(\xi) = 0$	$F(x) = e^x f(x)$
6	$f'(\xi) - f(\xi) = 0$	$F(x) = e^{-x} f(x)$
7	$f'(\xi) + \lambda f(\xi) = 0$	$F(x) = e^{\lambda x} f(x)$

第三节　典型例题

一、基本题型

1. 利用导数的定义求导数

例 1　设函数 $f(x) = x(x+1)(x+2)\cdots(x+n)$,求 $f(x)$ 在 $x = 0$ 处的导数 $f'(0)$.

分析　此题要求函数在某点处的导数 $f'(x_0)$,根据基本方法中提到的,解决此类问题有两种方法:

解法 1　先由求导法则求出 $f(x)$ 的导函数 $f'(x)$,再将 $x = 0$ 代入该表达式中求得 $f'(0)$.

解法 2　根据导数的定义求 $f'(0) = \lim\limits_{x \to x_0} \dfrac{f(x) - f(0)}{x - 0}$.

注意到本题中函数 $f(x)$ 的表达式的特点,利用**解法 2** 给出的方法来求 $f'(0)$ 更加方便.

解　由导数的定义有

$$f'(0) = \lim_{x \to 0} \frac{f(x) - f(0)}{x - 0} = \lim_{x \to 0} \frac{f(x)}{x} = \lim_{x \to 0}(x+1)(x+2)\cdots(x+n) = n!.$$

2. 利用左、右导数判断函数分段点处的导数的存在性

例 2　已知函数 $f(x) = \begin{cases} \sin x, & x \geqslant 0, \\ \ln(1+x), & x < 0, \end{cases}$ 判断 $f(x)$ 在 $x = 0$ 处是否可导.

分析　判断分段函数在其分段点处的导数是否存在,必须用导数的定义判断. 一般分别求出左、右导数,根据左、右导数的情况来判断分段点处的导数是否存在.

解　左导数 $f'_-(0) = \lim\limits_{x \to 0^-} \dfrac{f(x) - f(0)}{x - 0} = \lim\limits_{x \to 0^-} \dfrac{\ln(1+x)}{x} = 1$,

右导数 $f'_+(0) = \lim\limits_{x \to 0^+} \dfrac{f(x) - f(0)}{x - 0} = \lim\limits_{x \to 0^+} \dfrac{\sin x}{x} = 1$.

因为 $f'_-(0) = f'_+(0)$,故 $f(x)$ 在 $x = 0$ 处可导,且 $f'(0) = 1$.

3. 求函数的一阶导数

例 3　求下列函数的导函数 y'.

(1) $y = (x^3 - 5x^2 + 2x - 5)^4$.

(2) $y = \ln(x + \sqrt{a^2 + x^2})$.

(3) $y = \mathrm{e}^{\arcsin^2 \frac{1}{x}}$.

(4) $y = \dfrac{x}{2}\sqrt{a^2 - x^2} + \dfrac{a^2}{2}\arcsin\dfrac{x}{a}$.

分析　本题的四个小题中,(1)、(2)都是复合函数,并且内层函数包含了函数的四则运算,因此,需先利用复合函数的求导法则,再用四则运算法则求导;(3)是三次复合函数,可直接应用复合函数的求导法则;(4)是函数的乘法和加法的运算,并且乘积因子中包含有复合函数,因此,需先用导数的四则运算法则,再利用复合函数的求导法则. 对于复合函数的导数,需要应用复合函数求导的链式法则. 应用链式法则的关键在于弄清楚函数的复合关系,恰当地选择中间变量,从外层到内层一步一步地进行求导运算,不要遗漏. 尤其是当四则运算与函数复合都存在时,要根据题目中给出的表示式来确定先利用导数的四则运算法则,还是复合函数的求导法则. 对于形式复杂的复合函数也可以利用一阶微分形式不变性,先求出函数的微分,再得到函数的导数.

解　(1) $y = (x^3 - 5x^2 + 2x - 5)^4$ 可以看成由 $y = u^4$ 和 $u = x^3 - 5x^2 + 2x - 5$ 复合而成. 根据复合函数求导的链式法则,有

$$\frac{\mathrm{d}y}{\mathrm{d}x} = \frac{\mathrm{d}y}{\mathrm{d}u} \cdot \frac{\mathrm{d}u}{\mathrm{d}x} = 4u^3 \cdot (3x^2 - 10x + 2) = 4(x^3 - 5x^2 + 2x - 5)^3(3x^2 - 10x + 2).$$

(2) $y = \ln(x + \sqrt{a^2 + x^2})$ 可以看成是由 $y = \ln u, u = x + \sqrt{x^2 + a^2}$ 复合而成,则

$$\frac{\mathrm{d}y}{\mathrm{d}x} = \frac{\mathrm{d}y}{\mathrm{d}u} \cdot \frac{\mathrm{d}u}{\mathrm{d}x} = \frac{1}{u}\left(1 + \frac{x}{\sqrt{x^2 + a^2}}\right) = \frac{1}{x + \sqrt{x^2 + a^2}}\left(1 + \frac{x}{\sqrt{x^2 + a^2}}\right) = \frac{1}{\sqrt{x^2 + a^2}}.$$

(3)**解法 1**　利用复合函数的求导法则,令 $y = \mathrm{e}^u, u = v^2, v = \arcsin w, w = \dfrac{1}{x}$,则

$$\frac{\mathrm{d}y}{\mathrm{d}x} = \frac{\mathrm{d}y}{\mathrm{d}u} \cdot \frac{\mathrm{d}u}{\mathrm{d}v} \cdot \frac{\mathrm{d}v}{\mathrm{d}w} \cdot \frac{\mathrm{d}w}{\mathrm{d}x} = \mathrm{e}^u \cdot 2v \cdot \frac{1}{\sqrt{1-w^2}} \cdot \left(-\frac{1}{x^2}\right)$$

$$= \mathrm{e}^{\arcsin^2 \frac{1}{x}} \cdot 2\arcsin\frac{1}{x} \cdot \frac{1}{\sqrt{1-\frac{1}{x^2}}} \left(-\frac{1}{x^2}\right) = -\mathrm{e}^{\arcsin^2 \frac{1}{x}} \cdot 2\arcsin\frac{1}{x} \cdot \frac{1}{x\sqrt{x^2-1}}.$$

解法 2 利用一阶微分形式不变性,有

$$\mathrm{d}y = \mathrm{e}^{\arcsin^2 \frac{1}{x}} \mathrm{d}\left(\arcsin^2 \frac{1}{x}\right) = \mathrm{e}^{\arcsin^2 \frac{1}{x}} \left(2\arcsin\frac{1}{x}\right) \mathrm{d}\left(\arcsin\frac{1}{x}\right)$$

$$= \mathrm{e}^{\arcsin^2 \frac{1}{x}} \left(2\arcsin\frac{1}{x}\right) \frac{1}{\sqrt{1-\frac{1}{x^2}}} \mathrm{d}\left(\frac{1}{x}\right) = \mathrm{e}^{\arcsin^2 \frac{1}{x}} \left(2\arcsin\frac{1}{x}\right) \frac{1}{\sqrt{1-\frac{1}{x^2}}} \left(-\frac{1}{x^2}\right)\mathrm{d}x,$$

从而可得,$\dfrac{\mathrm{d}y}{\mathrm{d}x} = -\mathrm{e}^{\arcsin^2 \frac{1}{x}} \cdot 2\arcsin\dfrac{1}{x} \cdot \dfrac{1}{x\sqrt{x^2-1}}.$

$$(4)\ y' = \frac{1}{2}\sqrt{a^2-x^2} + \frac{x}{2} \cdot \frac{-2x}{2\sqrt{a^2-x^2}} + \frac{a^2}{2} \cdot \frac{\frac{1}{a}}{\sqrt{1-\left(\frac{x}{a}\right)^2}} = \sqrt{a^2-x^2}.$$

注:对复合函数的分解比较熟悉以后,中间变量可以不必写出来,而直接写出函数对中间变量求导的结果,重要的是必须清楚每一步在对哪个变量求导. 对于比较复杂的复合函数,可以利用一阶微分形式不变性一步一步地由表及里求微分.

4. 求函数的高阶导数

例 4 设 $y = \ln\sqrt{\dfrac{1-x}{1+x^2}}$,求 $y''(0)$.

分析 该题是求函数的二阶导数,按照求高阶导数的方法,采用直接法求导,即先求一阶导数,再求二阶导数,然后将 $x=0$ 代入二阶导数的公式中得到 $y''(0)$. 本题中所给的函数是复合函数,直接求导计算量比较大,注意到外层函数是对数函数,因此,可以先利用对数函数的运算性质将函数化简之后再求导.

解 将函数变形为 $y = \ln\sqrt{\dfrac{1-x}{1+x^2}} = \dfrac{1}{2}[\ln|1-x| - \ln(1+x^2)]$,得

$$y' = \frac{1}{2}\left(\frac{-1}{1-x} - \frac{2x}{1+x^2}\right), \quad y'' = \frac{1}{2}\left[\frac{-1}{(1-x)^2} - \frac{2(1-x^2)}{(1+x^2)^2}\right],$$

故

$$y''(0) = -\frac{3}{2}.$$

例 5 设 $f(x) = \mathrm{e}^x\sin x$,求 $f^{(n)}(x)$.

分析 求函数的 n 阶导数的方法通常有:归纳法、间接法. 此题可先尝试用归纳法求解,先求出前几阶导数,看是否能够总结出 n 阶导数的公式. 注意到 $f'(x) = \mathrm{e}^x\sin x + \mathrm{e}^x\cos x$,将 $f'(x)$ 进一步写为:$f'(x) = \mathrm{e}^x\sin x + \mathrm{e}^x\cos x = \sqrt{2}\,\mathrm{e}^x\sin\left(x + \dfrac{\pi}{4}\right)$,由此可以看出,$f'(x)$ 与 $f(x)$ 的函数形式是相同的,但是多了系数 $\sqrt{2}$,并且正弦函数中 x 变成了 $x + \dfrac{\pi}{4}$. 继续求导,$f''(x) = (\sqrt{2})^2\mathrm{e}^x\sin\left(x + \dfrac{\pi}{4}\cdot 2\right)$,观察二阶导数的形式,可以看出二阶导数也有类似的情况,

从而可以总结出一般规律.

解 $f'(x) = \mathrm{e}^x \sin x + \mathrm{e}^x \cos x = \sqrt{2}\,\mathrm{e}^x \sin\left(x + \dfrac{\pi}{4}\right),$

$$f''(x) = \sqrt{2}\,\mathrm{e}^x \sin\left(x + \frac{\pi}{4}\right) + \sqrt{2}\,\mathrm{e}^x \cos\left(x + \frac{\pi}{4}\right) = \sqrt{2}\,\mathrm{e}^x\left[\sin\left(x + \frac{\pi}{4}\right) + \cos\left(x + \frac{\pi}{4}\right)\right]$$

$$= (\sqrt{2})^2\,\mathrm{e}^x \sin\left(x + \frac{\pi}{4}\cdot 2\right),$$

由归纳法可得,$f^{(n)}(x) = (\sqrt{2})^n\,\mathrm{e}^x \sin\left(x + \dfrac{n\pi}{4}\right).$

例 6 已知 $y = x^2 \mathrm{e}^{2x}$,求 $y^{(20)}$.

分析 本题是求高阶导数的问题,用归纳法不容易得出结论. 注意到函数 $y = x^2 \mathrm{e}^{2x}$ 是由幂函数 x^2(幂次为正整数)和指数函数 e^{2x} 相乘而得到的,而对于 x^n(n 为正整数),注意到 $(x^n)^{(k)} = 0$($k \geqslant n+1$),因此,对于本题而言,$k \geqslant 3$ 时,$(x^2)^{(k)} = 0$,因此可用**莱布尼茨**公式求该函数的高阶导数.

解 设 $u = \mathrm{e}^{2x}, u' = 2\mathrm{e}^{2x}, u'' = 2^2\mathrm{e}^{2x}, \cdots, u^{(20)} = 2^{20}\mathrm{e}^{2x}; v = x^2, v' = 2x, v'' = 2, v''' = 0.$

由莱布尼茨公式可得,

$$y^{(20)} = \sum_{k=0}^{20} C_{20}^k u^{(20-k)} \cdot v^{(k)} = C_{20}^0 u^{(20)} \cdot v + C_{20}^1 u^{(19)} \cdot v' + C_{20}^2 u^{(18)} \cdot v''$$

$$= 2^{20}\mathrm{e}^{2x} x^2 + 20 \cdot 2^{19}\mathrm{e}^{2x} 2x + 190 \cdot 2^{18}\mathrm{e}^{2x} \cdot 2$$

$$= 2^{20}\mathrm{e}^{2x}(x^2 + 20x + 95).$$

例 7 求函数 $y = \sin^4 x + \cos^4 x$ 的 n 阶导数 $y^{(n)}(x)(n \geqslant 1)$.

分析 若对题中给出的函数直接求导,不容易归纳出 n 阶导数的公式,注意到该函数可以利用三角函数的公式进行降次,因此可以对该函数化简之后再用公式法求导.

解 将函数 $y = \sin^4 x + \cos^4 x$ 变形后可得,

$$y = \sin^4 x + \cos^4 x = (\sin^2 x + \cos^2 x)^2 - 2\sin^2 x \cos^2 x = 1 - \frac{1}{2}\sin^2 2x$$

$$= 1 - \frac{1}{2}\left(\frac{1 - \cos 4x}{2}\right) = \frac{3}{4} + \frac{1}{4}\cos 4x.$$

$$y^{(n)} = \frac{1}{4} \cdot 4^n \cos\left(4x + n\cdot\frac{\pi}{2}\right) = 4^{n-1}\cos\left(4x + n\cdot\frac{\pi}{2}\right).$$

例 8 设 $f(x) = (1 + x^2)\ln(1 + x)$,求 $f^{(25)}(0)$.

分析 根据本题中函数的特征,可以利用**莱布尼茨**公式,先求出 $f^{(25)}(x)$,再令 $x = 0$ 得到 $f^{(25)}(0)$. 此题还有一种解法是利用泰勒公式,由于泰勒公式中的项 x^n 的系数为 $\dfrac{f^{(n)}(0)}{n!}$,则 $f^{(25)}(0) = 25!a_{25}$,先写出函数 $f(x) = (1 + x^2)\ln(1 + x)$ 的麦克劳林公式,找到 x^{25} 的系数再乘以 $25!$,即得到 $f^{(25)}(0)$. 下面采用后一种方法求解,关于第一种方法请自己练习.

解 因为 $\ln(1+x) = x - \dfrac{x^2}{2} + \cdots + \dfrac{x^{23}}{23} - \dfrac{x^{24}}{24} + \dfrac{x^{25}}{25} + o(x^{25})$,所以

$$f(x) = (1 + x^2)\ln(1 + x) = (1 + x^2)\left[x - \frac{x^2}{2} + \cdots + \frac{x^{23}}{23} - \frac{x^{24}}{24} + \frac{x^{25}}{25} + o(x^{25})\right]$$

$$= x - \frac{x^2}{2} + \left(1 + \frac{1}{3}\right)x^3 + \cdots + \left(\frac{1}{25} + \frac{1}{23}\right)x^{25} + o(x^{25}),$$

又因为 $f(x) = f(0) + f'(0)x + \cdots + \dfrac{f^{(25)}(0)}{25!}x^{25} + o(x^{25})$,

比较两式可得，$\dfrac{f^{(25)}(0)}{25!} = \dfrac{1}{25} + \dfrac{1}{23}$，从而 $f^{(25)}(0) = \left(\dfrac{1}{25} + \dfrac{1}{23}\right)25!$.

5. 求隐函数的导数

例 9　设 $e^{x+y} = 3xy + 2x$，求 $\dfrac{\mathrm{d}y}{\mathrm{d}x}$.

分析　隐函数的求导方法是在方程 $F(x, y) = 0$ 的两边同时对 x 求导，在求导过程中将 y 看成 x 的函数 $y(x)$，得到导函数 $\dfrac{\mathrm{d}y}{\mathrm{d}x}$ 的方程，解出 $\dfrac{\mathrm{d}y}{\mathrm{d}x}$.

解　在等式两边对 x 求导，可得

$$e^{x+y}\left(1 + \dfrac{\mathrm{d}y}{\mathrm{d}x}\right) = 3y + 3x\dfrac{\mathrm{d}y}{\mathrm{d}x} + 2$$

求解上式可得　$\dfrac{\mathrm{d}y}{\mathrm{d}x} = \dfrac{e^{x+y} - 3y - 2}{3x - e^{x+y}}$（$3x - e^{x+y} \neq 0$）.

注：因为在求导时将 y 看成 x 的函数，因此求导时要用到复合函数的求导法则.

例 10　求由方程 $x - y + \dfrac{1}{2}\sin y = 0$ 所确定的隐函数 $y = y(x)$ 的二阶导数 y''.

分析　本题是求隐函数的高阶导数问题，要求二阶导数需先求一阶导数. 要求 $\dfrac{\mathrm{d}^2 y}{\mathrm{d}x^2}$，有两种方法：一种对 $\dfrac{\mathrm{d}y}{\mathrm{d}x}$ 关于 x 求导，将 y 看成 x 的函数；另外一种方法是在方程两边同时求导两次，然后再解出二阶导数 $\dfrac{\mathrm{d}^2 y}{\mathrm{d}x^2}$，求导时将 y 看成 x 的函数.

解法 1　等式两边同时对 x 求导，有

$$1 - y' + \dfrac{1}{2}\cos y \cdot y' = 0, \tag{12}$$

$$y' = \dfrac{2}{2 - \cos y}, \tag{13}$$

在上式中对 x 求导，可得 $y'' = \dfrac{-2\sin y \cdot y'}{(2 - \cos y)^2}$，将 $y' = \dfrac{2}{2 - \cos y}$ 代入该式中可得

$$y'' = \dfrac{-2\sin y \cdot \dfrac{2}{2 - \cos y}}{(2 - \cos y)^2} = \dfrac{-4\sin y}{(2 - \cos y)^3}.$$

解法 2　在式（12）的两端再对 x 求导，可得

$$-y'' + \dfrac{1}{2}(-\sin y)(y')^2 + \dfrac{1}{2}\cos y \cdot y'' = 0,$$

解得 $y'' = \dfrac{\dfrac{1}{2}\sin y \cdot (y')^2}{\dfrac{1}{2}\cos y - 1}$，将 $y' = \dfrac{2}{2 - \cos y}$ 代入该式中即得结果.

例 11　设 $y = f(x + y)$，其中 f 具有二阶导数，且其一阶导数不等 1，求 $\dfrac{\mathrm{d}^2 y}{\mathrm{d}x^2}$.

解　在等式 $y = f(x + y)$ 两边同时对 x 求导，则有

$y' = f'(x+y)(1+y')$，求解可得 $y' = \dfrac{f'(x+y)}{1-f'(x+y)}$　（$1-f'(x+y) \neq 0$）.

在等式 $y' = f'(x+y)(1+y')$ 同时对 x 求导，则有
$$y'' = f''(x+y)(1+y')^2 + y''f'(x+y),$$
整理得，　$y'' = \dfrac{f''(x+y)(1+y')^2}{1-f'(x+y)} = \dfrac{f''(x+y)}{[1-f'(x+y)]^3}$　（$1-f'(x+y) \neq 0$）.

说明：抽象函数求了一阶导数后，其复合关系和原函数一样.

6. 幂指函数的求导

例 12　设 $y = \left(\dfrac{x}{x+1}\right)^x$，求 $\dfrac{dy}{dx}$.

分析　此类函数是幂指函数，需用"对数求导法"来求导数.

解法 1　在等号的两边取对数，即 $\ln y = x\ln\left(\dfrac{x}{x+1}\right)$.

用隐函数的求导方法可得，
$$\frac{1}{y} \cdot y' = \ln\frac{x}{x+1} + x \cdot \frac{x+1}{x} \cdot \frac{1}{(x+1)^2} = \ln\frac{x}{x+1} + \frac{1}{x+1},$$
整理得，
$$y' = \left(\frac{x}{x+1}\right)^x \left(\ln\frac{x}{x+1} + \frac{1}{x+1}\right).$$

解法 2　对 y 作恒等变形得 $y = e^{x\ln\left(\frac{x}{x+1}\right)}$. 根据复合函数与四则运算综合的求导法，可得
$$y' = e^{x\ln\frac{x}{x+1}}\left(\ln\frac{x}{x+1} + x \cdot \frac{x+1}{x} \cdot \frac{1}{(x+1)^2}\right) = \left(\frac{x}{x+1}\right)^x \left(\ln\frac{x}{x+1} + \frac{1}{x+1}\right).$$

7. 由参数方程确定的函数的导数的求法举例

例 13　求由摆线的参数方程 $\begin{cases} x = a(t-\sin t), \\ y = a(1-\cos t) \end{cases}$ 所确定的函数 $y = y(x)$ 的导数 $\dfrac{dy}{dx}$ 和 $\dfrac{d^2 y}{dx^2}$.

分析　该题是由参数方程确定的函数的求导问题，按照在基本方法中给出的求导方法求导，即先求出一阶导数 $\dfrac{dy}{dx}$，再求二阶导数 $\dfrac{d^2 y}{dx^2}$.

解　利用参数方程的求导法则，
$$\frac{dy}{dx} = \frac{dy/dt}{dx/dt} = \frac{a\sin t}{a(1-\cos t)} = \frac{\sin t}{1-\cos t}　（1-\cos t \neq 0）,$$
$$\frac{d^2 y}{dx^2} = \frac{d\left(\frac{dy}{dx}\right)/dt}{dx/dt} = \frac{d\left(\frac{\sin t}{1-\cos t}\right)/dt}{a(1-\cos t)} = \frac{\frac{-1}{1-\cos t}}{a(1-\cos t)} = \frac{-1}{a(1-\cos t)^2}　（1-\cos t \neq 0）.$$

8. 利用洛必达法则求极限

例 14　求下列极限.

(1) $\lim\limits_{x \to 0} \dfrac{\ln(1+x)}{x}$.

(2) $\lim\limits_{x \to 0} \dfrac{e^x - e^{-x}}{\sin x}$.

(3) $\lim\limits_{x\to 0^+}\dfrac{\ln\tan(3x)}{\ln\tan(2x)}.$ (4) $\lim\limits_{x\to 1^+}\dfrac{\ln(x-1)-x}{\tan\dfrac{\pi}{2x}}.$

分析 分析题中各个极限的特征,不难发现,所给的极限都是未定式,具体来说,(1)和(2)是 $\dfrac{0}{0}$ 型,(3)和(4)是 $\dfrac{\infty}{\infty}$ 型,并且分子、分母对应的函数都是可导的,因此,可以考虑使用洛必达法则求极限.

解 (1) $\lim\limits_{x\to 0}\dfrac{\ln(1+x)}{x}=\lim\limits_{x\to 0}\dfrac{\dfrac{1}{1+x}}{1}=1.$

(2) $\lim\limits_{x\to 0}\dfrac{e^x-e^{-x}}{\sin x}=\lim\limits_{x\to 0}\dfrac{e^x+e^{-x}}{\cos x}=2.$

(3) $\lim\limits_{x\to 0^+}\dfrac{\ln\tan(3x)}{\ln\tan(2x)}=\lim\limits_{x\to 0^+}\dfrac{\dfrac{1}{\tan(3x)}\cdot\sec^2 3x\cdot 3}{\dfrac{1}{\tan(2x)}\cdot\sec^2 2x\cdot 2}=\lim\limits_{x\to 0^+}\dfrac{\tan(2x)\cdot\sec^2 3x\cdot 3}{\tan(3x)\cdot\sec^2 2x\cdot 2}$

$=\dfrac{3}{2}\lim\limits_{x\to 0^+}\dfrac{\tan(2x)}{\tan(3x)}\lim\limits_{x\to 0^+}\dfrac{\sec^2 3x}{\sec^2 2x}=\dfrac{3}{2}\lim\limits_{x\to 0^+}\dfrac{\tan(2x)}{\tan(3x)}$ （此时未定式为 $\dfrac{0}{0}$ 型）

$=\dfrac{3}{2}\lim\limits_{x\to 0^+}\dfrac{\sec^2(2x)\cdot 2}{\sec^2(3x)\cdot 3}=\dfrac{3}{2}\cdot\dfrac{2}{3}=1$

(4) $\lim\limits_{x\to 1^+}\dfrac{\ln(x-1)-x}{\tan\dfrac{\pi}{2x}}=\lim\limits_{x\to 1^+}\dfrac{\dfrac{1}{x-1}-1}{\left(-\dfrac{\pi}{2x^2}\right)\sec^2\dfrac{\pi}{2x}}=-\dfrac{2}{\pi}\lim\limits_{x\to 1^+}\dfrac{\cos^2\dfrac{\pi}{2x}}{x-1}$ （此时未定式为 $\dfrac{0}{0}$ 型）

$=-\dfrac{2}{\pi}\lim\limits_{x\to 1^+}\dfrac{\cos^2\dfrac{\pi}{2x}}{x-1}=-\dfrac{2}{\pi}\lim\limits_{x\to 1^+}\dfrac{2\cos\dfrac{\pi}{2x}\left(-\sin\dfrac{\pi}{2x}\right)\cdot\dfrac{\pi}{2}\cdot\left(-\dfrac{1}{x^2}\right)}{1}=0.$

例 15 求下列极限.

(1) $\lim\limits_{x\to 1^-}\ln x\ln(1-x).$ (2) $\lim\limits_{x\to 0}\left[\dfrac{1}{\ln(1+x)}-\dfrac{1}{x}\right].$

(3) $\lim\limits_{x\to 0^+}x^x.$ (4) $\lim\limits_{x\to 0}\left(\dfrac{\sin x}{x}\right)^{\frac{1}{x^2}}.$

(5) $\lim\limits_{x\to\frac{\pi}{2}}(\tan x)^{2x-\pi}.$

分析 在求函数的极限之前,首先需要分析各极限的类型,(1)是 $0\cdot\infty$ 型未定式;(2)是 $\infty-\infty$ 型未定式;(3)是 0^0 型未定式;(4)是 1^∞ 型未定式;(5)是 ∞^0 型未定式.(1) $0\cdot\infty$ 型转化为 $\dfrac{0}{0}$ 型还是 $\dfrac{\infty}{\infty}$ 型需要根据函数的具体特征而定,经过分析,该函数适合转化为 $\dfrac{\infty}{\infty}$ 型;(2)通分之后可以化为 $\dfrac{0}{0}$ 型;(3)(4)(5)都需要先取对数之后再进行转化.特别地,对于 1^∞ 型未定式,也可以利用重要极限来求.

解 (1)它是 $0\cdot\infty$ 型未定式.

$\lim\limits_{x\to 1^-}\ln x\ln(1-x)=\lim\limits_{x\to 1^-}\dfrac{\ln(1-x)}{(\ln x)^{-1}}=\lim\limits_{x\to 1^-}\dfrac{(x-1)^{-1}}{-(\ln x)^{-2}\cdot x^{-1}}=\lim\limits_{x\to 1^-}\dfrac{(\ln x)^2}{1-x}=\lim\limits_{x\to 1^-}\dfrac{2x^{-1}\ln x}{-1}=0.$

（2）它是 $\infty-\infty$ 型未定式.

$$\lim_{x\to 0}\left[\frac{1}{\ln(1+x)}-\frac{1}{x}\right]=\lim_{x\to 0}\frac{x-\ln(1+x)}{x\ln(1+x)}=\lim_{x\to 0}\frac{x-\ln(1+x)}{x^2}=\lim_{x\to 0}\frac{1-\dfrac{1}{1+x}}{2x}$$

$$=\lim_{x\to 0}\frac{1}{2(1+x)}=\frac{1}{2}.$$

（3）它是 0^0 型未定式. 设 $A=\lim\limits_{x\to 0^+}x^x$，则

$$\ln A=\lim_{x\to 0^+}x\ln x=\lim_{x\to 0^+}\frac{\ln x}{x^{-1}}=\lim_{x\to 0^+}\frac{x^{-1}}{-x^{-2}}=0,$$

于是 $A=1$，原式 $=1$.

（4）它是 1^∞ 型未定式.

解法 1 设 $A=\lim\limits_{x\to 0}\left(\dfrac{\sin x}{x}\right)^{\frac{1}{x^2}}$，则

$$\ln A=\lim_{x\to 0}\frac{\ln\dfrac{\sin x}{x}}{x^2}=\lim_{x\to 0}\frac{\dfrac{x}{\sin x}\cdot\dfrac{x\cos x-\sin x}{x^2}}{2x}=\lim_{x\to 0}\frac{x\cos x-\sin x}{2x^3}=\lim_{x\to 0}\frac{-x\sin x}{6x^2}=-\frac{1}{6},$$

于是 $A=e^{-\frac{1}{6}}$，原式 $=e^{-\frac{1}{6}}$.

解法 2 $\lim\limits_{x\to 0}\left(\dfrac{\sin x}{x}\right)^{\frac{1}{x^2}}=\lim\limits_{x\to 0}\left(1+\dfrac{\sin x-x}{x}\right)^{\frac{1}{x^2}}=e^{\lim\limits_{x\to 0}\frac{\sin x-x}{x}\cdot\frac{1}{x^2}}=e^{\lim\limits_{x\to 0}\frac{\sin x-x}{x^3}},$

$\lim\limits_{x\to 0}\dfrac{\sin x-x}{x^3}$ 是 $\dfrac{0}{0}$ 型未定式，使用洛必达法则得

$$\lim_{x\to 0}\frac{\sin x-x}{x^3}=\lim_{x\to 0}\frac{\cos x-1}{3x^2}=\lim_{x\to 0}\frac{-\sin x}{6x}=-\frac{1}{6},$$

故原极限 $=e^{-\frac{1}{6}}$.

（5）它是 ∞^0 型未定式. 设 $A=\lim\limits_{x\to\frac{\pi}{2}^-}(\tan x)^{2x-\pi}$，则

$$\ln A=\lim_{x\to\frac{\pi}{2}^-}\frac{\ln\tan x}{(2x-\pi)^{-1}}=\lim_{x\to\frac{\pi}{2}^-}\frac{\cot x\cdot\sec^2 x}{-2(2x-\pi)^{-2}}=-\lim_{x\to\frac{\pi}{2}^-}\frac{(2x-\pi)^2}{2\cos x}=-\lim_{x\to\frac{\pi}{2}^-}\frac{4(2x-\pi)}{-2\sin x}=0,$$

于是 $A=1$，原式 $=1$.

说明：根据（3）得，$\lim\limits_{n\to\infty}\sqrt[n]{n}=1$，这个数列极限在级数部分中非常重要.

例 16 求 $\lim\limits_{x\to+\infty}\dfrac{x^2+\sin x}{x^2}$.

分析 当 $x\to+\infty$ 时，$\dfrac{x^2+\sin x}{x^2}$ 是 $\dfrac{\infty}{\infty}$ 型的未定式. 如果利用洛必达法则，则有

$$\lim_{x\to+\infty}\frac{x^2+\sin x}{x^2}=\lim_{x\to+\infty}\frac{2x+\cos x}{2x}=\lim_{x\to+\infty}\frac{2-\sin x}{2},$$

注意到 $\lim\limits_{x\to+\infty}\sin x$ 不存在，这种情况下洛必达法则失效.

解 $\lim\limits_{x\to+\infty}\dfrac{x^2+\sin x}{x^2}=\lim\limits_{x\to+\infty}\left(1+\dfrac{\sin x}{x^2}\right)=1+0=1.$

其中，$\lim\limits_{x\to+\infty}\dfrac{\sin x}{x^2}=\lim\limits_{x\to+\infty}\left(\dfrac{1}{x^2}\sin x\right)=0$，该极限是利用"无穷小与有界函数的乘积仍是无穷小"

的结论得到的.

说明 在利用洛必达法则求函数极限时要注意法则成立的条件.

例 17 求极限 $\lim\limits_{n\to\infty}\sqrt[n]{n^2+2^n}$.

分析 本题是求数列极限的问题,求数列极限常用的方法有:极限的四则运算法则、单调有界准则、夹逼准则等(见第一章).本题可以利用夹逼准则来求极限.利用夹逼准则求极限需要找到两个极限相同的数列,恰好将待求的数列夹在中间,这也是应用这个方法的困难之处.注意到数列可以看成是一种特殊的函数,因此可以利用函数极限与数列极限的关系,将求数列极限问题转化为求函数极限问题,即要求 $\lim\limits_{n\to\infty}\sqrt[n]{n^2+2^n}$,可以先求函数极限 $\lim\limits_{x\to+\infty}(x^2+2^x)^{\frac{1}{x}}$,而求得的极限也是数列的极限,这种方法体现了从一般到特殊的思想,而极限 $\lim\limits_{x\to+\infty}(x^2+2^x)^{\frac{1}{x}}$ 是 ∞^0 型未定式,可以利用洛必达法则求极限.

解法 1(夹逼准则) 当 $n\geqslant 9$ 时,$2^n=(1+1)^n\geqslant C_n^3=\dfrac{n(n-1)(n-2)}{6}>n^2$.

于是当 $n\geqslant 9$ 时,$2\leqslant\sqrt[n]{n^2+2^n}\leqslant\sqrt[n]{2\cdot 2^n}=2\sqrt[n]{2}\to 2(n\to\infty)$.

根据夹逼准则得 $\lim\limits_{n\to\infty}\sqrt[n]{n^2+2^n}=2$.

解法 2(离散变量连续化) 设 $A=\lim\limits_{x\to+\infty}(x^2+2^x)^{\frac{1}{x}}$,则

$$\ln A=\lim_{x\to+\infty}\frac{\ln(x^2+2^x)}{x}=\lim_{x\to+\infty}\frac{2x+2^x\ln 2}{x^2+2^x}=\lim_{x\to+\infty}\frac{2+2^x(\ln 2)^2}{2x+2^x\ln 2}$$

$$=\lim_{x\to+\infty}\frac{2^x(\ln 2)^3}{2+2^x(\ln 2)^2}=\lim_{x\to+\infty}\frac{2^x(\ln 2)^4}{2^x(\ln 2)^3}=\ln 2,$$

于是,$A=2$.

说明 应用洛必达法则求极限时要注意以下几个问题.

(1)应用洛必达法则时要分别对分子和分母求导,而不是把函数当作整个分式来求导.

(2)洛必达法则可以多次连续使用,但必须注意,每次使用前需确定是否为未定式.

(3)若 $\lim\limits_{x\to a}\dfrac{f'(x)}{g'(x)}$ $\left[\text{或}\ \lim\limits_{x\to\infty}\dfrac{f'(x)}{g'(x)}\right]$ 不存在且不是 ∞,不能判断原极限是否存在,此时法则失效,改用其他方法.洛必达法则并不能解决一切未定式的极限问题.

(4)应用洛必达法则时要结合其他方法,例如等价无穷小因子替换、换元、分离非零因子、凑重要极限等,同时也要注意边计算边化简.

9. 函数的单调性和极值问题

例 18 判断函数 $f(x)=(x-1)\mathrm{e}^{\frac{\pi}{2}+\arctan x}$ 的单调区间和极值.

分析 要确定函数的单调区间和极值,则需要找到 $f'(x)$ 为零或者不存在的点,对定义区间进行划分,判断各个小区间的导数的符号,确定函数的单调区间,再根据各个区间上的单调性确定极值点和极值.

解 $f(x)$ 的定义域为 $(-\infty,+\infty)$.

$$f'(x)=\mathrm{e}^{\frac{\pi}{2}+\arctan x}+(x-1)\mathrm{e}^{\frac{\pi}{2}+\arctan x}\cdot\frac{1}{1+x^2}=\frac{x^2+x}{1+x^2}\mathrm{e}^{\frac{\pi}{2}+\arctan x},$$

令 $f'(x) = 0$ 得驻点 $x_1 = 0, x_2 = -1$. 列表得表 2—2.

表 2—2

x	$(-\infty, -1)$	-1	$(-1, 0)$	0	$(0, +\infty)$
$f'(x)$	$+$	0	$-$	0	$+$
$f(x)$	单调递增	$-2\mathrm{e}^{\frac{\pi}{4}}$	单调递减	$-\mathrm{e}^{\frac{\pi}{2}}$	单调递增

由此可见,函数 $f(x)$ 单调递增的区间为 $(-\infty, -1]$,$[0, +\infty)$;单调递减的区间为 $[-1, 0]$. 极小值为 $f(0) = -\mathrm{e}^{\frac{\pi}{2}}$;极大值为 $f(-1) = -2\mathrm{e}^{\frac{\pi}{4}}$.

10. 曲线的凹凸性与拐点

例 19 求函数 $y = \ln(x^2 + 1)$ 的图形的拐点及凹或凸的区间.

解 函数的定义域为 $(-\infty, +\infty)$,$y' = \dfrac{2x}{x^2 + 1}$,$y'' = \dfrac{2(1 - x^2)}{(x^2 + 1)^2} = -\dfrac{2(x + 1)(x - 1)}{(x^2 + 1)^2}$.

令 $y'' = 0$,得 $x_1 = -1, x_2 = 1$. 列表如下:

x	$(-\infty, -1)$	-1	$(-1, 1)$	1	$(1, +\infty)$
y''	$-$	0	$+$	0	$-$
y	凸的	拐点 $(-1, \ln 2)$	凹的	拐点 $(1, \ln 2)$	凸的

所以,曲线在区间 $[-1, 1]$ 上是凹的;曲线在区间 $(-\infty, -1]$,$[1, +\infty)$ 上是凸的. 曲线的拐点为 $(-1, \ln 2)$ 和 $(1, \ln 2)$.

二、综合题型

1. 利用导数的定义求导数和极限

例 1 设 $f(x)$ 在 $x = 2$ 处连续,且 $\lim\limits_{x \to 2} \dfrac{f(x)}{x - 2} = 3$,求 $f'(2)$.

分析 由于题目是在没有给出函数 $f(x)$ 的具体表达式时,求其在某些特殊点处的导数,所以只能利用导数的定义来求. 按照导数的定义,其形式在结构上与已知极限有相似之处. 通过比较分析发现,可利用 $f(x)$ 在 $x = 2$ 处连续和极限的运算方法推出 $f(2) = 0$,从而使问题得到解决.

解 由题设条件可知,$\lim\limits_{x \to 2} f(x) = \lim\limits_{x \to 2} \dfrac{f(x)}{x - 2} \cdot (x - 2) = 0$. 又因为 $f(x)$ 在 $x = 2$ 处连续,从而有 $f(2) = \lim\limits_{x \to 2} f(x) = 0$.

由于 $f'(2) = \lim\limits_{x \to 2} \dfrac{f(x) - f(2)}{x - 2} = \lim\limits_{x \to 2} \dfrac{f(x) - 0}{x - 2} = 3$,故 $f'(2) = 3$.

例 2 设 $f'(x_0)$ 存在,求 $\lim\limits_{\Delta x \to 0} \dfrac{f(x_0 + \alpha \Delta x) - f(x_0 - \beta \Delta x)}{\Delta x}$.

分析 函数 $f(x)$ 在点 x_0 处的导数 $f'(x_0)$ 存在,也就是极限 $\lim\limits_{\Delta x \to 0} \dfrac{f(x_0 + \Delta x) - f(x_0)}{\Delta x}$ 存在,注意到待求的极限与导数的定义式有相似之处,因此,可以利用导数的定义式,通过代数变

形——加一项减一项构造出导数定义式的形式,再利用求极限的一般方法求极限.

解 由于 $f'(x_0)$ 存在,由导数的定义可知, $f'(x_0) = \lim\limits_{\Delta x \to 0} \dfrac{f(x_0 + \Delta x) - f(x_0)}{\Delta x}$. 则

$$\lim_{\Delta x \to 0} \frac{f(x_0 + \alpha \Delta x) - f(x_0 - \beta \Delta x)}{\Delta x} = \lim_{\Delta x \to 0} \frac{f(x_0 + \alpha \Delta x) - f(x_0) + f(x_0) - f(x_0 - \beta \Delta x)}{\Delta x}$$

$$= \lim_{\Delta x \to 0} \left[\alpha \frac{f(x_0 + \alpha \Delta x) - f(x_0)}{\alpha \Delta x} + \beta \frac{f(x_0 - \beta \Delta x) - f(x_0)}{-\beta \Delta x} \right] = (\alpha + \beta) f'(x_0).$$

2. 利用导数的定义、可导与连续的关系来确定分段函数的参数以及求分段函数的导数

例 3 选取合适的 a, b 和 c 值,使得函数

$$f(x) = \begin{cases} e^{ax}, & x < 0, \\ b, & x = 0, \\ \ln(x+1) + c\cos x, & x > 0 \end{cases}$$

处处可导,并求 $f'(x)$.

分析 本题给出的函数是分段函数. 对于分段点和其他点处的导数要分开进行考虑. 当 $x < 0$ 时, $f(x) = e^{ax}$ 是初等函数,容易看出,无论 a 取何值,该函数都是可导的. 同样地,当 $x > 0$ 时, $f(x) = \ln(x+1) + c\cos x$,无论 c 取何值,该函数也是可导的.

求解本题的关键在于利用" $f(x)$ 在分段点 $x = 0$ 处可导"这一条件,并且需要利用"函数 $f(x)$ 在 $x = 0$ 处可导必有 $f(x)$ 在 $x = 0$ 处连续"这个重要结论以及函数连续的条件和函数可导的条件,来找出 $f(x)$ 在点 $x = 0$ 处可导的必要条件,最后说明它也是 $f(x)$ 在 $x = 0$ 处可导的充分条件.

解 当 $x < 0$ 时, $f(x) = e^{ax}$ 是可导的,利用求导公式可得 $f'(x) = ae^{ax}$.

当 $x > 0$ 时, $f(x) = \ln(x+1) + c\cos x$ 也是可导的, $f'(x) = \dfrac{1}{x+1} - c\sin x$.

如果 $f(x)$ 在点 $x = 0$ 处可导,那么 $f(x)$ 在 $x = 0$ 处连续,从而

$$f(0^-) = f(0) = f(0^+), \text{ 且 } f'_-(0) = f'_+(0).$$

因为 $f(0^-) = 1$, $f(0) = b$, $f(0^+) = c$,所以 $b = c = 1$. 又因为

$$f'_-(0) = \lim_{x \to 0^-} \frac{f(x) - f(0)}{x} = \lim_{x \to 0^-} \frac{e^{ax} - 1}{x} = a,$$

$$f'_+(0) = \lim_{x \to 0^+} \frac{f(x) - f(0)}{x} = \lim_{x \to 0^+} \frac{\ln(1+x) + \cos x - 1}{x} = 1,$$

所以 $a = 1$.

显然当 $a = b = c = 1$ 时, $f(x)$ 在点 $x = 0$ 处可导,且 $f'(0) = 1$. 故

$$f'(x) = \begin{cases} e^x, & x < 0, \\ 1, & x = 0, \\ \dfrac{1}{x+1} - \sin x, & x > 0. \end{cases}$$

说明 对于需要确定系数,使得函数具有连续性、可导性时,要利用函数连续、可导的定义,同时还要注意利用"函数 $f(x)$ 在 $x = x_0$ 处可导必有 $f(x)$ 在 $x = x_0$ 处连续"这一"隐性"条件.

例 4 设 $f(x) = \lim\limits_{n\to\infty} \dfrac{x^2 e^{n(x-1)} + ax + b}{e^{n(x-1)} + 1}$，试确定常数 a、b 使 $f(x)$ 处处可导，并求 $f'(x)$.

分析 本题要确定函数 $f(x)$ 中的常数 a、b 使 $f(x)$ 处处可导，并且要求出 $f(x)$ 的导数 $f'(x)$. 由于函数 $f(x)$ 是由极限形式给出来的，因此，解决此问题需先求出函数 $f(x)$ 的具体表达式. 而求 $f(x)$ 的具体表达式本质上是求含有参变量的数列极限问题，需对参变量 x 分类讨论. 从表达式来看，需要分 $x-1>0$，$x-1=0$，$x-1<0$ 这几种情况讨论. 对应于不同的情况得到 $f(x)$ 的表达式，显然 $f(x)$ 是分段函数，因此，利用求分段函数导数的方法来求 $f'(x)$.

解 求得 $f(x)$ 为

$$f(x) = \begin{cases} ax + b, & x < 1, \\ \dfrac{1}{2}(a+b+1), & x = 1, \\ x^2, & x > 1. \end{cases}$$

当 $x<1$ 时，$f'(x) = a$；当 $x>1$ 时，$f'(x) = 2x$.

而 $f(x)$ 在 $x=1$ 处可导，则必有 $f(1^-) = f(1) = f(1^+)$，且 $f'_-(1) = f'_+(1)$.

$f(1^-) = a+b$，$f(1^+) = 1$，于是有 $a+b = 1 = \dfrac{1}{2}(a+b+1)$.

$f'_-(1) = \lim\limits_{x\to 1^-} \dfrac{f(x) - f(1)}{x-1} = \lim\limits_{x\to 1^-} \dfrac{a(x-1)}{x-1} = a$,

$f'_+(1) = \lim\limits_{x\to 1^+} \dfrac{f(x) - f(1)}{x-1} = \lim\limits_{x\to 1^+} \dfrac{x^2 - 1}{x-1} = 2$,

由 $f'_-(1) = f'_+(1)$ 得 $a = 2$，联立求解得 $a = 2$，$b = -1$，$f'(1) = 2$. 故

$$f'(x) = \begin{cases} 2, & x \leqslant 1, \\ 2x, & x > 1. \end{cases}$$

3. 由导数的定义证明一些命题

例 5 设 $f(x)$ 可导，$F(x) = f(x)(1 + |\sin x|)$，证明：$F(x) = f(x)(1 + |\sin x|)$ 在 $x = 0$ 处可导的充分必要条件是 $f(0) = 0$.

分析 本题需要从两方面来证明，即证充分性（" $f(0) = 0$ " $\Rightarrow$ " $F(x)$ 在 $x = 0$ 处可导"）和必要性（" $F(x)$ 在 $x = 0$ 处可导" $\Rightarrow$ " $f(0) = 0$ "）. 讨论的核心问题是函数在一点处的可导性，而该函数中还包含有抽象函数 $f(x)$，因此可以考虑利用导数的定义来分析.

证 **充分性**：要证明 $F(x)$ 在 $x = 0$ 处可导，由导数的定义得

$F'_+(0) = \lim\limits_{x\to 0^+} \dfrac{F(x) - F(0)}{x - 0} = \lim\limits_{x\to 0^+} \dfrac{f(x)(1 + \sin x) - f(0)}{x - 0}$

$\quad = \lim\limits_{x\to 0^+} \dfrac{f(x)(1 + \sin x)}{x} = \lim\limits_{x\to 0^+} \dfrac{f(x)}{x} = \lim\limits_{x\to 0^+} \dfrac{f(x) - f(0)}{x - 0} = f'(0)$.

$F'_-(0) = \lim\limits_{x\to 0^-} \dfrac{F(x) - F(0)}{x - 0} = \lim\limits_{x\to 0^-} \dfrac{f(x)(1 - \sin x) - f(0)}{x - 0}$

$\quad = \lim\limits_{x\to 0^-} \dfrac{f(x)(1 - \sin x)}{x} = \lim\limits_{x\to 0^-} \dfrac{f(x)}{x} = \lim\limits_{x\to 0^-} \dfrac{f(x) - f(0)}{x - 0} = f'(0)$.

由 $F'_+(0) = F'_-(0)$ 可知，$F(x) = f(x)(1 + |\sin x|)$ 在 $x = 0$ 处可导.

必要性：由于 $F(x)$ 在 $x = 0$ 处可导，则 $F'_+(0) = F'_-(0)$，

$$F'_+(0) = \lim_{x \to 0^+} \frac{F(x) - F(0)}{x - 0} = \lim_{x \to 0^+} \frac{f(x)(1 + \sin x) - f(0)}{x - 0}$$

$$= \lim_{x \to 0^+} \frac{f(x) - f(0)}{x} + \lim_{x \to 0^+} \frac{f(x)\sin x}{x} = f'(0) + f(0).$$

$$F'_-(0) = \lim_{x \to 0^-} \frac{F(x) - F(0)}{x - 0} = \lim_{x \to 0^-} \frac{f(x)(1 - \sin x) - f(0)}{x - 0}$$

$$= \lim_{x \to 0^-} \frac{f(x) - f(0)}{x} - \lim_{x \to 0^-} \frac{f(x)\sin x}{x} = f'(0) - f(0).$$

由 $F'_+(0) = F'_-(0)$ 可知，$f(0) = 0$.

4. 各种求导方法综合应用的类型

例 6 设 $y = y(x)$ 由 $\mathrm{e}^{\arctan\frac{y}{x}} = \sqrt{x^2 + y^2}$ 确定，求 $\dfrac{\mathrm{d}^2 y}{\mathrm{d}x^2}$.

分析 本题是求高阶导数问题，要求二阶导数 $\dfrac{\mathrm{d}^2 y}{\mathrm{d}x^2}$，需先求出一阶导数 $\dfrac{\mathrm{d}y}{\mathrm{d}x}$. 该题中的函数 $y = y(x)$ 是由方程确定的，因此本题是隐函数求导问题，需要用到隐函数求导的方法来处理. 另外，注意到方程的左边是指数函数，而右边是根式，因此可以通过取对数的方法化简方程，再用隐函数的求导方法求导.

解 在方程 $\mathrm{e}^{\arctan\frac{y}{x}} = \sqrt{x^2 + y^2}$ 的两边取自然对数，得

$$\arctan\frac{y}{x} = \frac{1}{2}\ln(x^2 + y^2).$$

在上述方程的两边对 x 求导，得

$$\frac{1}{1 + \left(\frac{y}{x}\right)^2} \cdot \frac{y'x - y}{x^2} = \frac{2x + 2yy'}{2(x^2 + y^2)},$$

整理得 $x + yy' = xy' - y$，解得 $y' = \dfrac{x + y}{x - y}$.

又在方程 $x + yy' = xy' - y$ 的两边对 x 求导，得 $1 + (y')^2 + yy'' = xy''$，解得

$$y'' = \frac{1 + (y')^2}{x - y},$$

将 $y' = \dfrac{x + y}{x - y}$ 代入可得

$$y'' = \frac{2(x^2 + y^2)}{(x - y)^3}.$$

说明 在求出的 $\dfrac{\mathrm{d}^2 y}{\mathrm{d}x^2}$ 的表达式中如果含有 $\dfrac{\mathrm{d}y}{\mathrm{d}x}$，应将 $\dfrac{\mathrm{d}y}{\mathrm{d}x}$ 的具体表达式代入到 $\dfrac{\mathrm{d}^2 y}{\mathrm{d}x^2}$ 中，使得最后结果中只出现 x 和 y.

例 7 设 $y = y(x)$ 是由 $\begin{cases} x = 3t^2 + 2t + 5, \\ \mathrm{e}^y \sin t - y + 1 = 0 \end{cases}$ 确定的函数，求 $\dfrac{\mathrm{d}y}{\mathrm{d}x}\bigg|_{t=0}$.

分析 本题是求由参数方程确定的函数的导数. 利用由参数方程确定的函数的求导方法，$\dfrac{\mathrm{d}y}{\mathrm{d}x} = \dfrac{\dfrac{\mathrm{d}y}{\mathrm{d}t}}{\dfrac{\mathrm{d}x}{\mathrm{d}t}}$，而 y 和 t 的函数关系是由方程 $\mathrm{e}^y \sin t - y + 1 = 0$ 给出，因此，求 $\dfrac{\mathrm{d}y}{\mathrm{d}t}$ 需要利用隐函数的求导方法. 本题是由参数方程确定的函数求导与隐函数求导的**综合题型**，在求解时要区分问

题，正确运用求导方法.

解 $\dfrac{\mathrm{d}x}{\mathrm{d}t}=6t+2,\dfrac{\mathrm{d}x}{\mathrm{d}t}\Big|_{t=0}=2$，在方程 $\mathrm{e}^y\sin t-y+1=0$ 的两边对 t 求导可得

$$\mathrm{e}^y\frac{\mathrm{d}y}{\mathrm{d}t}\sin t+\mathrm{e}^y\cos t-\frac{\mathrm{d}y}{\mathrm{d}t}=0,$$

将 $t=0$ 代入上式，可得 $\dfrac{\mathrm{d}y}{\mathrm{d}t}\Big|_{t=0}=\mathrm{e}$，于是 $\dfrac{\mathrm{d}y}{\mathrm{d}x}\Big|_{t=0}=\dfrac{\dfrac{\mathrm{d}y}{\mathrm{d}t}}{\dfrac{\mathrm{d}x}{\mathrm{d}t}}\Big|_{t=0}=\dfrac{\mathrm{e}}{2}.$

5. 与高阶导数有关的证明题

例 8 已知 $y=(\arcsin x)^2$，证明：
$$(1-x^2)y^{(n+1)}-(2n-1)xy^{(n)}-(n-1)^2 y^{(n-1)}=0\quad(n\geqslant 2).$$

分析 本题要证明函数 $y=(\arcsin x)^2$ 的 $n-1$ 阶导数、n 阶导数和 $n+1$ 阶导数之间的等式关系，属于计算型证明题. 要证明该结论需要求所给函数的 n 阶导数. 从较低阶导数开始求，先给出一阶导数，二阶导数，通过观察一阶导数、二阶导数与函数的关系，再推导出 $n-1$ 阶导数、n 阶导数和 $n+1$ 阶导数之间的等式关系.

证 $$y'=\frac{2\arcsin x}{\sqrt{1-x^2}},\ y'\sqrt{1-x^2}=2\arcsin x,$$

$$\sqrt{1-x^2}\,y''-\frac{x}{\sqrt{1-x^2}}y'=\frac{2}{\sqrt{1-x^2}},\ (1-x^2)y''-xy'=2,$$

两边对 x 求 $n-1$ 阶导数，得

$$(1-x^2)y^{(n+1)}-(n-1)(-2x)y^{(n)}+\frac{(n-1)(n-2)}{2}(-2)y^{(n-1)}-xy^{(n)}-(n-1)y^{(n-1)}=0,$$

即 $$(1-x^2)y^{(n+1)}-(2n-1)xy^{(n)}-(n-1)^2 y^{(n-1)}=0\quad(n\geqslant 2).$$

6. 求函数极限的综合题型

例 9 求下列极限.

(1) $\lim\limits_{x\to 0}\dfrac{x-\arcsin x}{x^3}$.

(2) $\lim\limits_{x\to 0}\dfrac{x^2}{\sqrt{1+x\sin x}-\sqrt{\cos x}}$.

(3) $\lim\limits_{x\to 0^+}\dfrac{\mathrm{e}^{-\frac{1}{x}}}{x^3}$.

(4) $\lim\limits_{x\to 0}\left(\dfrac{1}{\sin^2 x}-\dfrac{1}{x^2}\right)$.

(5) $\lim\limits_{x\to 0}\dfrac{x^2\mathrm{e}^{2x}+\ln(1-x^2)}{x\cos x-\sin x}$.

分析 本题是求极限的问题，在上一章和本章中所讲的求极限的方法都可以使用.

(1)是 $\dfrac{0}{0}$ 型未定式，可以使用洛必达法则求极限. 使用一次洛必达法则后为

$\lim\limits_{x\to 0}\dfrac{1-\dfrac{1}{\sqrt{1-x^2}}}{3x^2}$，仍是 $\dfrac{0}{0}$ 型未定式，可继续使用洛必达法则，为了便于求导，对函数进行恒等

变形得到 $\lim\limits_{x\to 0}\dfrac{1}{\sqrt{1-x^2}}\cdot\dfrac{\sqrt{1-x^2}-1}{3x^2}$，同时利用极限的四则运算法则，即 $\lim\limits_{x\to 0}\dfrac{1}{\sqrt{1-x^2}}\cdot$

$\dfrac{\sqrt{1-x^2}-1}{3x^2}=\lim\limits_{x\to 0}\dfrac{1}{\sqrt{1-x^2}}\cdot\lim\limits_{x\to 0}\dfrac{\sqrt{1-x^2}-1}{3x^2}=\lim\limits_{x\to 0}\dfrac{\sqrt{1-x^2}-1}{3x^2}$，再利用洛必达法则（或者等

价无穷小因子替换的方法)求极限.

(2)也是 $\dfrac{0}{0}$ 型未定式,同样可以使用洛必达法则求极限. 但是注意到分母的导数比较复杂,因此,在使用洛必达法则之前需先将分母有理化,并利用极限的四则运算法则得

$$\lim_{x\to 0}\dfrac{x^2(\sqrt{1+x\sin x}+\sqrt{\cos x})}{1+x\sin x-\cos x}=2\lim_{x\to 0}\dfrac{x^2}{1+x\sin x-\cos x},\text{再利用洛必达法则求极限.}$$

(3)也是 $\dfrac{0}{0}$ 型未定式,使用洛必达法则之后为 $\lim\limits_{x\to 0^+}\dfrac{\mathrm{e}^{-\frac{1}{x}}\cdot\frac{1}{x^2}}{3x^2}=\lim\limits_{x\to 0^+}\dfrac{\mathrm{e}^{-\frac{1}{x}}}{3x^4}$,从形式上来看,求导并没有使函数形式变简单,因此,对于此题而言,直接使用洛必达法则求极限是不可取的. 注意到,使求导后的函数形式变得更复杂的原因是指数函数中的 $\dfrac{1}{x}$,因此,可以先使用变量代换的方法将函数变形,令 $t=\dfrac{1}{x}$,将原极限化为 $\lim\limits_{t\to +\infty}\dfrac{t^3}{\mathrm{e}^t}$ ($\dfrac{\infty}{\infty}$ 型未定式),再利用洛必达法则求极限.

(4)是 $\infty-\infty$ 型未定式,通分之后可化为 $\dfrac{0}{0}$ 型未定式 $\lim\limits_{x\to 0}\dfrac{x^2-\sin^2 x}{x^4}$,多次使用洛必达法则可以求出极限. 另外,注意到分子 $x^2-\sin^2 x$ 可以分解因式后化为 $(x-\sin x)(x+\sin x)$,于是原极限等于 $\lim\limits_{x\to 0}\dfrac{x+\sin x}{x}\cdot\dfrac{x-\sin x}{x^3}$,利用极限的四则运算法则将原极限化为 $\lim\limits_{x\to 0}\dfrac{x+\sin x}{x}\cdot\lim\limits_{x\to 0}\dfrac{x-\sin x}{x^3}=2\lim\limits_{x\to 0}\dfrac{x-\sin x}{x^3}$,再利用洛必达法则求极限. 相比较而言,后一种方法的计算量较小,更容易得到正确的结果. 需要注意的是后一种方法中,拆分时要注意分式 $\dfrac{x+\sin x}{x}$ 和 $\dfrac{x-\sin x}{x^3}$ 中分母中 x 的幂次的选取. 一般来说,需要先确定 $x+\sin x$ 对应的分母中 x 的幂次 k,使得极限 $\lim\limits_{x\to 0}\dfrac{x+\sin x}{x^k}$ 是非零的常数.

(5)也是 $\dfrac{0}{0}$ 型未定式,由于函数 $\dfrac{x^2\mathrm{e}^{2x}+\ln(1-x^2)}{x\cos x-\sin x}$ 形式较为复杂,因此利用洛必达法则求极限可能会比较麻烦,甚至不容易计算得到结果. 这种类型可以考虑利用泰勒公式求极限,利用 e^x、$\ln(1+x)$、$\cos x$、$\sin x$ 的泰勒公式,将分子、分母中的函数在 $x=0$ 处展开,再求极限.

解 (1) $\lim\limits_{x\to 0}\dfrac{x-\arcsin x}{x^3}=\lim\limits_{x\to 0}\dfrac{1-\dfrac{1}{\sqrt{1-x^2}}}{3x^2}=\lim\limits_{x\to 0}\dfrac{\sqrt{1-x^2}-1}{3x^2}=\lim\limits_{x\to 0}\dfrac{-\dfrac{1}{2}x^2}{3x^2}=-\dfrac{1}{6}.$

(2) $\lim\limits_{x\to 0}\dfrac{x^2}{\sqrt{1+x\sin x}-\sqrt{\cos x}}=\lim\limits_{x\to 0}\dfrac{x^2(\sqrt{1+x\sin x}+\sqrt{\cos x})}{1+x\sin x-\cos x}$

$=\lim\limits_{x\to 0}(\sqrt{1+x\sin x}+\sqrt{\cos x})\cdot\lim\limits_{x\to 0}\dfrac{x^2}{1+x\sin x-\cos x}$

$=2\lim\limits_{x\to 0}\dfrac{x^2}{1+x\sin x-\cos x}=2\lim\limits_{x\to 0}\dfrac{2x}{x\cos x+2\sin x}=2\lim\limits_{x\to 0}\dfrac{2}{3\cos x-x\sin x}=\dfrac{4}{3}.$

(3)令 $t=\dfrac{1}{x}$, $\lim\limits_{x\to 0^+}\dfrac{\mathrm{e}^{-\frac{1}{x}}}{x^3}=\lim\limits_{t\to +\infty}\dfrac{t^3}{\mathrm{e}^t}=\lim\limits_{t\to +\infty}\dfrac{3t^2}{\mathrm{e}^t}=\lim\limits_{t\to +\infty}\dfrac{6t}{\mathrm{e}^t}=\lim\limits_{t\to +\infty}\dfrac{6}{\mathrm{e}^t}=0.$

(4)**解法 1** $\lim\limits_{x\to 0}\left(\dfrac{1}{\sin^2 x}-\dfrac{1}{x^2}\right)=\lim\limits_{x\to 0}\dfrac{x^2-\sin^2 x}{x^4}=\lim\limits_{x\to 0}\dfrac{2x-2\sin x\cos x}{4x^3}=\lim\limits_{x\to 0}\dfrac{2x-\sin 2x}{4x^3}$

$$= \lim_{x \to 0} \frac{2 - 2\cos 2x}{12x^2} = \lim_{x \to 0} \frac{4\sin 2x}{24x} = \frac{1}{3}.$$

解法 2 $\quad \lim\limits_{x \to 0} \left(\dfrac{1}{\sin^2 x} - \dfrac{1}{x^2} \right) = \lim\limits_{x \to 0} \dfrac{x^2 - \sin^2 x}{x^4} = \lim\limits_{x \to 0} \dfrac{x + \sin x}{x} \cdot \dfrac{x - \sin x}{x^3}$

$$= 2 \lim_{x \to 0} \frac{x - \sin x}{x^3} = 2 \lim_{x \to 0} \frac{1 - \cos x}{3x^2} = \frac{2}{3} \lim_{x \to 0} \frac{\sin x}{2x} = \frac{1}{3}.$$

(5)由于 $\sin x = x - \dfrac{1}{6}x^3 + o(x^3)$，$\cos x = 1 - \dfrac{1}{2}x^2 + o(x^2)$，则

$$x\cos x - \sin x = \left(-\frac{1}{2} + \frac{1}{6} \right) x^3 + o(x^3) = -\frac{1}{3}x^3 + o(x^3).$$

又因为 $e^{2x} = 1 + (2x) + o(x)$，$\ln(1 - x^2) = -x^2 + o(x^3)$，则 $x^2 e^{2x} + \ln(1 - x^2) = 2x^3 + o(x^3)$，故 $\lim\limits_{x \to 0} \dfrac{x^2 e^{2x} + \ln(1 - x^2)}{x\cos x - \sin x} = \lim\limits_{x \to 0} \dfrac{2x^3 + o(x^3)}{-\dfrac{1}{3}x^3 + o(x^3)} = -6.$

说明 （1）对于复杂函数的极限，泰勒公式是一个有力的工具，利用泰勒公式并没有什么限制，可能不好把握的是函数具体展开到哪一阶，至于函数具体展开到多少阶要根据分子、分母的无穷小的阶数来确定的，没有统一的标准，要根据具体的题目，灵活处理；（2）求未定式极限最常用的方法是洛必达法则和等价无穷小因子替换．

7. 罗尔定理的应用

例 10 证明：方程 $x^5 + x = 1$ 有且仅有一个实根．

分析 证方程有且仅有一个实根，需要从两方面来证：证明该方程的实根存在，再证明该实根是唯一的．

证 首先证明根的存在性．设 $f(x) = x^5 + x - 1$，则 $f(x)$ 在 $(-\infty, +\infty)$ 内可导．

因为 $f(0) < 0$，$f(1) > 0$，由零点存在定理可知，至少存在一点 $\xi \in (0, 1)$，使得 $f(\xi) = 0$，即方程 $x^5 + x = 1$ 至少有一个实根．

再证根的唯一性．假设方程 $x^5 + x = 1$ 至少有两个实根 a 和 b（不妨设 $a < b$），则 $f(a) = f(b) = 0$．根据罗尔定理，至少存在一点 $\eta \in (a, b)$ 满足 $f'(\eta) = 0$．但是，$f'(\eta) = 5\eta^4 + 1 > 0$，于是产生矛盾．这就证明了方程 $x^5 + x = 1$ 有且仅有一个实根．

说明 罗尔定理的作用之一是证明函数的零点的唯一性．

例 11 设实数 $a_0, a_1, \cdots, a_n$ 满足下列等式 $a_0 + \dfrac{1}{2}a_1 + \cdots + \dfrac{1}{n+1}a_n = 0$，证明：方程 $a_0 + a_1 x + \cdots + a_n x^n = 0$ 在 $(0, 1)$ 内至少有一个实根．

分析 通常利用零点定理来证明方程的根存在，设 $f(x) = a_0 + a_1 x + \cdots + a_n x^n$，说明 $f(0) = a_0$ 与 $f(1) = a_0 + a_1 + \cdots + a_n$ 异号，但是根据本题所给条件不容易判断这两个值是异号的．注意到条件"$a_0 + \dfrac{1}{2}a_1 + \cdots + \dfrac{1}{n+1}a_n = 0$"与 $f(x) = a_0 + a_1 x + \cdots + a_n x^n$ 的原函数有关联．因此，可设 $F'(x) = f(x)$，则 $F(x) = a_0 x + \dfrac{a_1}{2}x^2 + \cdots + \dfrac{a_n}{n+1}x^{n+1}$，若 $F(x)$ 满足罗尔定理的条件，则至少存在一点 $\xi \in (0, 1)$，使得 $F'(\xi) = f(\xi) = 0$，则方程根的存在性得证．容易验证，$F(x)$ 在 $[0, 1]$ 上连续，在 $(0, 1)$ 内可导，且 $F(0) = F(1) = 0$，由罗尔定理可知，至少存在一点 $\xi \in (0, 1)$，使得 $F'(\xi) = 0$．因此，某些特殊条件下，可以利用罗尔定理来证明方

程的根存在.

证 设 $F(x) = a_0 x + \dfrac{a_1}{2} x^2 + \cdots + \dfrac{a_n}{n+1} x^{n+1}$,显然,函数 $F(x)$ 在 $[0,1]$ 上连续,在 $(0,1)$ 内可导,且 $F(0) = F(1) = 0$,由罗尔定理可知,至少存在一点 $\xi \in (0,1)$,使得 $F'(\xi) = 0$.

又因为 $F'(x) = a_0 + a_1 x + \cdots + a_n x^n$,从而可知,方程 $a_0 + a_1 x + \cdots + a_n x^n = 0$ 在 $(0,1)$ 内至少有一个实根 ξ. 证毕.

例 12 设函数 $f(x)$ 在 $[0,1]$ 上连续,在 $(0,1)$ 内可导,且 $f(1) = 0$,证明:至少存在一点 $\xi \in (0,1)$,满足 $f'(\xi) = -\dfrac{2f(\xi)}{\xi}$.

分析 此类问题的证明需应用中值定理,其关键是构造辅助函数. 构造辅助函数的方法和步骤如下:(1)将需要证明的结论中的 ξ 换成 x;(2)对等式进行恒等变形之后转化为易于消除导数符号的形式;(3)通过观察或者积分法给出原函数;(4)移项,使等号的一端等于零,则等号的另一端即可转化为辅助函数. 在本题中,为了方便构造辅助函数,将需要证明的等式做适当的变形,化为 $\xi f'(\xi) + 2f(\xi) = 0$.

证 设辅助函数为 $\varphi(x) = x^2 f(x)$,容易看出,函数 $\varphi(x)$ 在 $[0,1]$ 上满足罗尔定理的条件,故至少存在一点 $\xi \in (0,1)$ 满足

$$\varphi'(\xi) = 2\xi f(\xi) + \xi^2 f'(\xi) = 0,$$

即

$$f'(\xi) = -\dfrac{2f(\xi)}{\xi}.$$

8. 拉格朗日中值定理和柯西中值定理的应用

例 13 设函数 $f(x)$ 在 (a,b) 内可导,且 $|f'(x)| \leqslant M$,证明:函数 $f(x)$ 在 (a,b) 内有界.

分析 本题要证明函数有界,即证明存在常数 $K > 0$,对任意的 $x \in (a,b)$,满足 $|f(x)| \leqslant K$. 注意题设条件是"函数 $f(x)$ 在 (a,b) 内可导,且 $|f'(x)| \leqslant M$",那么解决此问题的关键在于如何将函数 $f(x)$ 与其导数 $f'(x)$ 联系起来,然后利用已知条件,得到不等式 $|f(x)| \leqslant K$. 而**拉格朗日中值定理**是沟通函数和其导数关系的桥梁,因此,可以利用拉格朗日中值定理来证明本题.

证 取点 $x_0 \in (a,b)$,对于任意的 $x \in (a,b)$,由拉格朗日中值定理有

$$f(x) - f(x_0) = f'(\xi)(x - x_0) \quad (\xi \text{ 介于 } x_0 \text{ 与 } x \text{ 之间}).$$

因为 $\quad |f(x)| = |f(x_0) + f'(\xi)(x - x_0)| \leqslant |f(x_0)| + |f'(\xi)||x - x_0|$

$$\leqslant |f(x_0)| + M(b-a) = K \quad (K \text{ 为某个固定的常数}),$$

所以,对任意的 $x \in (a,b)$,$|f(x)| \leqslant K$,即 $f(x)$ 在 (a,b) 内有界.

例 14 设 $f(x)$ 在 $[a,b]$ 上连续,在 (a,b) 内可导,且 $0 < a < b$,试证:存在 $\xi, \eta \in (a,b)$,使

$$f'(\xi) = \dfrac{a+b}{2\eta} f'(\eta).$$

分析 由于要证明的等式中有 $\dfrac{f'(\eta)}{2\eta}$,因此可以考虑用柯西中值定理,设 $g(x) = x^2$,则 $\dfrac{f(b) - f(a)}{g(b) - g(a)} = \dfrac{f(b) - f(a)}{b^2 - a^2} = \dfrac{f'(\eta)}{g'(\eta)} = \dfrac{f'(\eta)}{2\eta}$,其中 $\eta \in (a,b)$,接下来需证明 $\dfrac{f(b) - f(a)}{b^2 - a^2} = \dfrac{f'(\xi)}{a+b}$,可以使用拉格朗日中值定理.

证 欲证 $\dfrac{f'(\xi)}{a+b} = \dfrac{f'(\eta)}{2\eta}$，即要证 $\dfrac{f'(\xi)(b-a)}{b^2-a^2} = \dfrac{f'(\eta)}{2\eta}$.

因为 $f(x)$ 在 $[a,b]$ 上连续，在 (a,b) 内可导，利用拉格朗日中值定理可得
$$f(b) - f(a) = f'(\xi)(b-a), \xi \in (a,b), \qquad\qquad ①$$

又因为 $f(x)$ 以及 $g(x) = x^2$ 在 $[a,b]$ 上满足柯西定理的条件，由柯西中值定理可得，
$$\frac{f(b) - f(a)}{b^2 - a^2} = \frac{f'(\eta)}{2\eta}, \qquad \eta \in (a,b), \qquad\qquad ②$$

将①代入②，化简得 $f'(\xi) = \dfrac{a+b}{2\eta} f'(\eta), \quad \xi, \eta \in (a,b)$.

9. 不等式的证明

例 15 证明：当 $x > 0$ 时，$e^x > 1 + x$.

分析 利用函数的单调性是证明不等式的一种基本方法. 将不等号右端的表达式移到左边即为 $e^x - 1 - x > 0$，构造函数 $f(x) = e^x - 1 - x$，恰好有 $f(0) = 0$. 即证明当 $x > 0$ 时，$f(x) > f(0)$. 因此，如果可以证明当 $x > 0$ 时，$f(x)$ 单调递增，则不等式得证.

证 令 $f(x) = e^x - 1 - x, x \in [0, +\infty)$，显然，$f(x)$ 在 $[0, +\infty)$ 上连续，在 $(0, +\infty)$ 内可导.

$f'(x) = e^x - 1$，当 $x > 0$ 时，$f(x)$ 单调递增，则 $f(x) > f(0) = 0$. 得证.

例 16 求证：当 $x > 0$ 时，$(1+x)\ln^2(1+x) < x^2$.

分析 同上例一样，构造函数 $f(x) = (1+x)\ln^2(1+x) - x^2, x \in [0, +\infty)$，且 $f(0) = 0$，因此，若能证明 $f(x)$ 在 $[0, +\infty)$ 上单调递减，则不等式成立. 因此，需证 $f'(x) = \ln^2(1+x) + 2\ln(1+x) - 2x < 0$，但是，直接判断当 $x > 0$ 时，$f'(x) < 0$ 并不容易. 再计算 $f'(0)$ 和 $f''(x)$，此时有 $f'(0) = 0$，若 $f''(x) < 0$，则 $f'(x)$ 单调递减，则当 $x > 0$ 时，$f'(x) < f'(0) = 0$. 因此可通过二阶导数的符号来判断一阶导数的单调性，进而确定一阶导数的符号，确定函数 $f(x)$ 的单调性.

证 令 $f(x) = (1+x)\ln^2(1+x) - x^2, \quad x \in [0, +\infty)$，易知 $f(0) = 0$.

$f'(x) = \ln^2(1+x) + 2\ln(1+x) - 2x, f'(0) = 0$.

$f''(x) = 2\ln(1+x) \cdot \dfrac{1}{1+x} + \dfrac{2}{1+x} - 2 = \dfrac{2}{1+x}[\ln(1+x) - x], f''(0) = 0$.

令 $g(x) = \ln(1+x) - x, x \in [0, +\infty)$，则 $g(0) = 0$.

$g'(x) = \dfrac{1}{1+x} - 1 = \dfrac{-x}{1+x} < 0, \quad x \in (0, +\infty)$，

从而 $g(x)$ 在 $[0, +\infty)$ 上单调递减，故当 $x > 0$ 时，$g(x) < g(0) = 0$.

由此可知，当 $x > 0$ 时，$f''(x) < 0, f'(x)$ 在 $[0, +\infty)$ 上单调递减，所以，当 $x > 0$ 时，$f'(x) < f'(0) = 0$.

故 $f(x)$ 在 $[0, +\infty)$ 上单调递减，当 $x > 0$ 时，$f(x) < f(0) = 0$. 不等式得证.

说明 本题中的不等式需要反复运用单调性来证明，注意掌握这种方法.

例 17 证明：$1 + x\ln(x + \sqrt{1+x^2}) \geqslant \sqrt{1+x^2}$.

分析 本题也是证明不等式，先构造辅助函数 $f(x) = 1 + x\ln(x + \sqrt{1+x^2}) - \sqrt{1+x^2}$，显然，$f(0) = 0$. 与前面两个例子不同的是，此处没有"$x > 0$"这个条件，换言之，要证明对任意的实数 x，均有 $f(x) \geqslant 0 = f(0)$. 那么，可以证明 $f(0)$ 是 $f(x)$ 的最小值.

证 令 $f(x) = 1 + x\ln(x + \sqrt{1+x^2}) - \sqrt{1+x^2}$，显然，$f(0) = 0$.

$f'(x) = \ln(x + \sqrt{1+x^2})$，$f'(0) = 0$.

因为 $f''(x) = \dfrac{1}{\sqrt{1+x^2}} > 0$，所以 $f'(x)$ 单调增加.

由 $f''(x) > 0$ 以及 $f'(0) = 0$ 得，当 $x < 0$ 时，$f'(x) < 0$；当 $x > 0$ 时，$f'(x) > 0$.
于是，$x = 0$ 为 $f(x)$ 的最小值点，最小值为 $f(0) = 0$.

故 $\forall x \in \mathbf{R}, f(x) \geqslant 0$，即 $1 + x\ln(x + \sqrt{1+x^2}) \geqslant \sqrt{1+x^2}$.

说明 若构造的辅助函数 $f(x)$ 不满足 $f(0) = 0$，也可以用同样的方法证明，只需要证明 $f(x)$ 的最小值大于或者等于零即可.

例 18 设 $x \neq y$，证明：$e^{\frac{x+y}{2}} < \dfrac{e^x + e^y}{2}$.

分析 本题中给出的不等式的左右两边是两种运算交换了次序，因此可以考虑利用曲线的凹凸性来证明不等式.

证 令 $f(t) = e^t$，因为 $\forall t \in \mathbf{R}, f''(t) = e^t > 0$，所以函数 $f(t) = e^t$ 为 $(-\infty, +\infty)$ 上的凹函数，也就是对任意的 $x, y \in \mathbf{R}$，且 $x \neq y, f\left(\dfrac{x+y}{2}\right) < \dfrac{f(x) + f(y)}{2}$，即 $e^{\frac{x+y}{2}} < \dfrac{e^x + e^y}{2}$. 得证.

例 19 设 $e < a < b < e^2$，证明：$\ln^2 b - \ln^2 a > \dfrac{4}{e^2}(b - a)$.

分析 不等式左边 $\ln^2 b - \ln^2 a$ 可以看成是函数 $\varphi(x) = \ln^2 x$ 在区间 $[a, b]$ 上的增量，利用拉格朗日中值定理得到等式 $\varphi(b) - \varphi(a) = \ln^2 b - \ln^2 a = \dfrac{2\ln\xi}{\xi}(b - a)$，其中 $\xi \in (a, b) \subset (e, e^2)$，然后再证明 $\dfrac{2\ln\xi}{\xi}(b - a)$ 大于 $\dfrac{4}{e^2}(b - a)$，由于 $a < b$，即证 $\dfrac{2\ln\xi}{\xi} > \dfrac{4}{e^2} = \dfrac{2\ln e^2}{e^2}$. 又因为 $\xi < e^2$，因此若能证明函数 $h(x) = \dfrac{2\ln x}{x}$ 是单调递减的，则不等式成立. 当 $x > e$ 时，$h'(x) = \dfrac{2(1 - \ln x)}{x^2} < 0$，因此 $h(x) = \dfrac{2\ln x}{x}$ 在 $[e, +\infty)$ 上单调递减.

证 当 $\varphi(x) = \ln^2 x, x \in [e, e^2]$，$\varphi'(x) = \dfrac{2\ln x}{x}$，在区间 $[a, b]$ 上应用拉格朗日中值定理得，至少存在一点 $\xi \in (a, b) \subset (e, e^2)$，使得

$$\varphi(b) - \varphi(a) = \ln^2 b - \ln^2 a = \dfrac{2\ln\xi}{\xi}(b - a).$$

令 $h(x) = \dfrac{2\ln x}{x}, x \in [e, e^2]$，当 $x > e$ 时，$h'(x) = \dfrac{2 - 2\ln x}{x^2} < 0$，因此 $h(x) = \dfrac{2\ln x}{x}$ 在 $[e, e^2]$ 上单调递减，由于 $\xi < e^2$，则 $\dfrac{2\ln\xi}{\xi} > \dfrac{2\ln e^2}{e^2} = \dfrac{4}{e^2}$.

故 $\ln^2 b - \ln^2 a = \dfrac{2\ln\xi}{\xi}(b - a) > \dfrac{4}{e^2}(b - a)$.

说明 此题是拉格朗日中值定理与函数的单调性综合应用证明不等式的类型.

例 20 证明：当 $x \in (0,1)$ 时，$\dfrac{\ln(x+1)}{\arctan x} > \sqrt{\dfrac{1-x}{1+x}}$.

分析 该不等式涉及三种类型的函数，若利用函数单调性来证明该不等式，不是很容易. 而注意到 $[\ln(x+1)]' = \dfrac{1}{x+1}$，$(\arctan x)' = \dfrac{1}{x^2+1}$，不等式左端分子、分母上的两个函数的导数与不等式右端的函数形式较为接近，因此可以考虑用柯西中值定理来表示 $\dfrac{\ln(x+1)}{\arctan x}$. 构造辅助函数 $f(t) = \ln(t+1)$，$g(t) = \arctan t$，在区间 $[0,x]$ 上应用柯西中值定理.

证 令 $f(t) = \ln(t+1)$，$g(t) = \arctan t$. 显然，对任意 $x \in (0,1)$，函数 $f(t)$ 和 $g(t)$ 在 $[0,x]$ 上满足柯西中值定理的条件. 根据柯西中值定理，存在 $\xi \in (0,x)$，使得

$$\frac{f(x)-f(0)}{g(x)-g(0)} = \frac{f'(\xi)}{g'(\xi)},$$

即

$$\frac{\ln(1+x)}{\arctan x} = \frac{1+\xi^2}{1+\xi}.$$

又因为

$$\frac{1+\xi^2}{1+\xi} > \frac{\sqrt{1-x^2}}{1+x} = \sqrt{\frac{1-x}{1+x}},$$

所以

$$\frac{\ln(1+x)}{\arctan x} > \sqrt{\frac{1-x}{1+x}}.$$

例 21 证明：函数 $f(x) = \left(1+\dfrac{1}{x}\right)^x$ 在区间 $(0,+\infty)$ 内单调增加.

分析 要证明函数 $f(x) = \left(1+\dfrac{1}{x}\right)^x$ 在区间 $(0,+\infty)$ 内单调增加，即证明其导数 $f'(x)$ 在 $(0,+\infty)$ 恒为正（或为非负）. 因此，这里首先要求 $f(x) = \left(1+\dfrac{1}{x}\right)^x$ 的导数. 注意到，题目中给出的函数是幂指函数，因此先要进行恒等变形化为指数函数 $f(x) = \mathrm{e}^{x\ln\left(1+\frac{1}{x}\right)}$ 再来求导数. 求得的导数为

$$f'(x) = \left(1+\frac{1}{x}\right)^x\left[\ln\left(1+\frac{1}{x}\right) - \frac{1}{1+x}\right] = \left(1+\frac{1}{x}\right)^x\left[\ln\left(\frac{x+1}{x}\right) - \frac{1}{1+x}\right],$$

注意到，当 $x \in (0,+\infty)$ 时，$\left(1+\dfrac{1}{x}\right)^x > 0$. 因此，需要证明 $\ln\left(\dfrac{1+x}{x}\right) - \dfrac{1}{1+x} > 0$，$x \in (0,+\infty)$. 那么该问题转化为不等式的证明问题.

构造函数 $g(x) = \ln\left(\dfrac{1+x}{x}\right) - \dfrac{1}{1+x}$，注意到 $\lim\limits_{x\to+\infty}\left[\ln\left(1+\dfrac{1}{x}\right) - \dfrac{1}{1+x}\right] = 0$，若能证明 $g(x)$ 在 $(0,+\infty)$ 上单调递减，则不等式得证.

此外，若将上面不等式变形为 $\ln(1+x) - \ln x > \dfrac{1}{1+x}$，则可以利用中值定理证明该不等式. 构造函数 $F(t) = \ln t$，在 $[x,x+1]$ 上利用拉格朗日中值定理，$\ln(x+1) - \ln x = \dfrac{1}{\xi}$，$0 < x < \xi < x+1$，由于 $\dfrac{1}{\xi} > \dfrac{1}{x+1}$，从而得证.

证法 1 将 $f(x) = \left(1+\dfrac{1}{x}\right)^x$ 变形为 $f(x) = \mathrm{e}^{x\ln\left(1+\frac{1}{x}\right)}$，求导可得

$$f'(x) = \left(1+\frac{1}{x}\right)^x\left[\ln\left(1+\frac{1}{x}\right) - \frac{1}{1+x}\right].$$

令 $g(x) = \ln\left(1 + \dfrac{1}{x}\right) - \dfrac{1}{1+x} = \ln(1+x) - \ln x - \dfrac{1}{1+x}$，则 $x > 0$ 时，

$$g'(x) = \frac{1}{1+x} - \frac{1}{x} + \frac{1}{(1+x)^2} = -\frac{1}{x(1+x)^2} < 0,$$

因此，$g(x)$ 在 $(0, +\infty)$ 上单调递减.

由于 $\lim\limits_{x \to +\infty}\left[\ln\left(1 + \dfrac{1}{x}\right) - \dfrac{1}{1+x}\right] = 0$，故对于任意的 $x > 0$，$g(x) > 0$，而 $\left(1 + \dfrac{1}{x}\right)^x > 0$，

从而当 $x > 0$ 时，$f'(x) > 0$. 所以函数 $f(x) = \left(1 + \dfrac{1}{x}\right)^x$ 在 $(0, +\infty)$ 上单调增加.

证法 2 $f'(x) = \left(1 + \dfrac{1}{x}\right)^x\left[\ln(x+1) - \ln x - \dfrac{1}{1+x}\right].$

令 $F(t) = \ln t$，在 $[x, x+1]$ 上利用拉格朗日中值定理，得

$$\ln(x+1) - \ln x = \frac{1}{\xi},\ 0 < x < \xi < x+1,$$

因为 $\dfrac{1}{\xi} > \dfrac{1}{x+1}$，所以 $\ln(x+1) - \ln x > \dfrac{1}{x+1}$.

故当 $x > 0$ 时，$f'(x) > 0$，从而 $f(x)$ 在 $(0, +\infty)$ 上单调增加.

第四节　数学文化拾趣园

一、数学家趣闻轶事

1. 罗尔

1）生平简介

米歇尔·罗尔（Michel Rolle，1652—1719），出生于下奥弗涅的昂贝尔（Ambert），法国数学家. 1675 年他从昂贝尔搬往巴黎，1682 年因为解决了数学家雅克·奥扎南提出的一个数论难题而获得盛誉，得到了让·巴蒂斯特·科尔贝的津贴资助. 1685 年获选进法兰西皇家科学院，1699 年成为科学院的 Pensionnaire Géometre.

2）代表成就

著名的有罗尔定理（1691 年）、现在仍然用的"表示 x 的 n 次根的记法". 他在代数学方面做过许多工作，曾经积极采用简明的数学符号如"="、"$\sqrt{}$"等撰写数学著作；研究并掌握了与现代一致的实数集的序的观念以及方程的消元法；提出所谓的级联（Cascades）法则来分离代数方程的根.

3）名家垂范

米歇尔·罗尔仅受过初等教育，依靠自学精通了代数与丢番图分析理论. 他是微积分的早期批评者，认为它不准确，建基于不稳固的推论；但他后来改变立场. 他的自学成才、不畏权威敢于质疑的批判精神，值得后人学习.

2. 拉格朗日

1）生平简介

拉格朗日（Lagrange，1736—1813），出生于意大利都灵，法国著名的数学家、力学家、天文学家，变分法的开拓者和分析力学的奠基人．他曾获得过 18 世纪"欧洲最大之希望、欧洲最伟大的数学家"的赞誉．

2）代表成就

拉格朗日 20 岁起，开始研究"极大和极小"的问题，他采用的是纯分析的方法．1758 年 8 月，他把自己的研究方法写信告诉了欧拉，欧拉对此给予了极高的评价．从此，两位大师开始频繁通信，就在这一来一往中，诞生了数学的一个新的分支——变分法．

1759 年，在欧拉的推荐下，拉格朗日被提名为柏林科学院的通讯院士。接着，他又当选为该院的外国院士．1762 年，法国科学院悬赏征解有关月球何以自转，以及自转时总是以同一面对着地球的难题．拉格朗日写出一篇出色的论文，成功地解决了这一问题，并获得了科学院的大奖．拉格朗日的名字因此传遍了整个欧洲，引起世人的瞩目．两年之后，法国科学院又提出了木星的 4 个卫星和太阳之间的摄动问题的所谓"六体问题"．面对这一难题，拉格朗日毫不畏惧，经过数个不眠之夜，他终于用近似解法找到了答案，从而再度获奖．这次获奖，使他赢得了世界性的声誉．

1766 年，拉格朗日接替欧拉担任柏林科学院物理数学所所长．在担任所长的 20 年中，拉格朗日发表了许多论文，并多次获得法国科学院的大奖：1772 年，其论文《论三体问题》获奖；1773 年，其论文《论月球的长期方程》再次获奖；1779 年，拉格朗日又因论文《由行星活动的试验来研究彗星的摄动理论》而获得双倍奖金．在柏林科学院工作期间，拉格朗日对代数、数论、微分方程、变分法和力学等方面进行了广泛而深入的研究．他最有价值的贡献之一是在方程论方面．他的"用代数运算解一般 n 次方程（$n>4$）是不能的"结论，可以说是伽罗华建立群论的基础．

最值得一提的是，拉格朗日完成了自牛顿以后最伟大的经典著作——《论不定分析》．此书是他历时 37 个春秋写成的，出版时，他已 50 多岁．在这部著作中，拉格朗日把宇宙谱写成由数字和方程组成的有节奏的旋律，把动力学发展到登峰造极的地步，并把固体力学和流体力学这两个分支统一起来．他利用变分原理，建立起了优美而和谐的力学体系，可以说，这是整个现代力学的基础．伟大的科学家哈密顿把这本巨著誉为"科学诗篇"．

3）名家垂范

拉格朗日由于是长子，父亲一心想让他学习法律，然而，拉格朗日对法律毫无兴趣，偏偏喜爱上文学．16 岁之前，拉格朗日仍十分偏爱文学，对数学尚未产生兴趣．16 岁那年，他偶然读到一篇介绍牛顿微积分的文章《论分析方法的优点》，使他对牛顿产生了无限崇拜和敬仰之情，于是，他下决心要成为牛顿式的数学家．在进入都灵皇家炮兵学院学习后，拉格朗日开始有计划地自学数学．由于勤奋刻苦，他的进步很快，尚未毕业就担任了该校的数学教学工作，20 岁时就被正式聘任为该校的数学副教授．从该年起，直到 1813 年 4 月 10 日因病逝世，他走完了光辉灿烂的科学旅程．他那严谨的科学态度，精益求精的工作作风影响着每一位科学家．而他的学术成果也为高斯、阿贝尔等世界著名数学家的成长提供了丰富的营养．可以说，在此后 100 多年的时间里，数学中的很多重大发现几乎都与他的研究有关．

3. 柯西

1）生平简介

柯西（Cauchy,1789—1857）,生于巴黎,法国数学家、物理学家、天文学家.在数学领域,有很高的建树和造诣.19世纪初期,微积分已发展成一个庞大的分支,内容丰富,应用非常广泛.与此同时,它的薄弱之处也逐渐暴露出来:微积分的理论基础并不严格.为解决新问题并澄清微积分概念,数学家们展开了数学分析严谨化的工作,在分析基础的奠基工作中,做出卓越贡献的要首推伟大的数学家柯西.

2）代表成就

柯西在数学上的最大贡献是在微积分中引进了极限概念,并以极限为基础建立了逻辑清晰的分析体系.这是微积分发展史上的精华,也是柯西对人类科学发展所做的巨大贡献.

1821年柯西提出极限定义的方法,把极限过程用不等式来刻画,后经魏尔斯特拉斯改进,成为现在所说的柯西极限定义或 $\varepsilon-\delta$ 定义.当今所有微积分的教科书都还（至少是在本质上）沿用着柯西等人关于极限、连续、导数、收敛等概念的定义.他对微积分的解释被后人普遍采用.柯西对定积分作了最系统的开创性工作,他把定积分定义为和的"极限".在定积分运算之前,强调必须确认积分的存在性.他利用中值定理首先严格证明了微积分基本定理.通过柯西以及后来魏尔斯特拉斯的艰苦工作,使数学分析的基本概念得到严格的论述,从而结束微积分二百年来思想上的混乱局面,把微积分及其推广从对几何概念、运动和直观了解的完全依赖中解放出来,并使微积分发展成现代数学最基础最庞大的数学学科.

数学分析严谨化的工作一开始就产生了很大的影响.在一次学术会议上柯西提出了级数收敛性理论.会后,拉普拉斯急忙赶回家中,根据柯西的严谨判别法,逐一检查其巨著《天体力学》中所用到的级数是否都收敛.柯西在其他方面的研究成果也很丰富,复变函数的微积分理论就是由他创立的,在代数方面、理论物理、光学、弹性理论方面,也有突出贡献.他的名字与许多定理、准则一起记录在当今许多教材中.

柯西在纯数学和应用数学的功力是相当深厚的,在数学写作上,他是被认为在数量上仅次于欧拉的人,他一生一共写作了789篇论文和几本书,其中有些还是经典之作,不过并不是他所有的著作质量都很高,因此他还曾被人批评高产而轻率,这点倒是与数学王子相反.据说,法国科学院"会刊"创刊的时候,由于柯西的作品实在太多,以至于科学院要负担很大的印刷费用,超出科学院的预算,因此,科学院后来规定论义最长的只能有四页,所以,柯西较长的论文只得投稿到其他地方.

3）名家垂范

柯西的父亲是一位精通古典文学的律师,与当时法国的大数学家拉格朗日和拉普拉斯交往密切.柯西在幼年时,他的父亲常带领他到法国参议院内的办公室,并且在那里指导他进行学习,因此他有机会遇到参议员拉普拉斯和拉格朗日两位大数学家.他们对柯西的才能十分赏识,拉格朗日认为他将来必定会成为大数学家,但建议他的父亲在他学好文科前不要学数学.父亲因此加强了对柯西的文学教养,他在诗歌方面也表现出很高的才华.1807年至1810年柯西在工学院学习,曾当过交通道路工程师.由于身体欠佳,接受了拉格朗日和拉普拉斯的劝告,放弃工程师而致力于纯数学的研究.

作为一位学者,他思路敏捷,功绩卓著.从柯西卷帙浩大的论著和成果,人们不难想象他一生是怎样孜孜不倦地勤奋工作.1857年5月23日柯西在巴黎病逝,他临终的一句名言"人总是要死的,但是,他们的业绩永存."长久地叩击着一代又一代学子的心扉.

4. 洛必达

1)生平简介

洛必达(Marquis de L'Hôpital,1661—1704),生于法国的贵族家庭,法国的数学家.洛必达的《无限小分析》(1696年)一书是微积分学方面最早的教科书,在十八世纪时为一模范著作,书中创造一种算法(洛必达法则),用以寻找满足一定条件的两函数之商的极限,洛必达于前言中向莱布尼兹和伯努利致谢,特别是约翰·伯努利.

2)代表成就

洛必达的著作盛行于18世纪的圆锥曲线的研究.他最重要的著作是《阐明曲线的无穷小分析》(1696年),这本书是世界上第一本系统的微积分学教科书,他由一组定义和公理出发,全面地阐述变量、无穷小量、切线、微分等概念,这对传播新创建的微积分理论起了很大的作用.在书中第九章记载着约翰·伯努利在1694年7月22日告诉他的一个著名定理:洛必达法则,即求一个分式当分子和分母都趋于零时的极限的法则,后人误以为是他的发明,故"洛必达法则"之名沿用至今.洛必达还写作过几何、代数及力学方面的文章.他也计划写作一本关于积分学的教科书,但由于他过早去世,因此这本积分学教科书未能完成.而遗留的手稿于1720年在巴黎出版,名为《圆锥曲线分析论》.

3)名家垂范

洛必达曾受袭侯爵衔,并在军队中担任骑兵军官,后来因为视力不佳而退出军队,转向学术方面加以研究.他早年就显露出数学才能,在他15岁时就解出帕斯卡的摆线难题,以后又解出约翰·伯努利向欧洲挑战的"最速降曲线问题".稍后他放弃了炮兵的职务,投入更多的时间在数学上,在瑞士数学家伯努利的门下学习微积分,并成为法国新解析的主要成员.洛必达的经历表明:只要坚持,不放弃,多向专家学习请教,必成大器!

二、数学思维与发现

1. 微分的思想

微分是对函数的局部变化率的一种线性描述,它可以近似地描述当函数自变量的取值作足够小的改变时,函数的值是怎样改变的.其概念是在解决直与曲的矛盾中产生的,在微小局部可以用直线去近似替代曲线,它的直接应用就是函数的线性化.它既表示一个微小的量,同时又表示一种与求导密切相关的运算,是微分学转向积分学的一个关键概念.微分的思想就是一个线性近似的观念,利用几何的语言就是在函数曲线的局部,用直线代替曲线,而线性函数总是比较容易进行数值计算的,因此就可以把线性函数的数值计算结果作为本来函数的数值近似值,这就是运用微分方法进行近似计算的基本思想.

微分产生于十七世纪三种自然科学问题:第一类问题是研究运动的时候直接出现的,也就是求瞬时速度的问题;第二类问题是求曲线的切线的问题;第三类问题是求函数的最大值和最小值问题.解决这三类问题都可归结为相同模式的数学问题——求因变量在某一时刻对自变量的变化率,这导致了微分的概念,包含了极限与无穷小的思想.

2. 微分的方法

微分的方法是人们用简单的线性函数去逼近复杂函数局部特性的一种数学方法,是近似计算中的基本方法,它主要利用了函数在一点处的函数值和导数值去构造线性函数进行近似计算.

3. 连续性并不蕴含可微性的发现

虽然波尔查诺和柯西已经在一定程度上严密化了连续性和导数的概念,但是柯西和他那个时代的几乎所有的数学家都相信,而且在后来 50 年中许多教科书都"证明",连续函数一定是可微的(当然要除去像 $y = \dfrac{1}{x}$ 中的 $x = 0$ 那样的孤立点). 波尔查诺在他的《函数论》(他在 1834 年写了这本书,但是没写完,也没有发表)一书中通过一个例子给出了连续性和可微性之间的区别:他给出了一个在任何点都没有有限导数的连续函数的例子. 一如他其他的著作一样,这个例子没有引起人们的注意. 最终讲明白连续性和可微性之间区别的例子,是由黎曼在 1854 年写的论文中给出的. 黎曼定义了以下的函数:令 (x) 表示 x 和最靠近 x 的整数的差,如果 x 在两个整数的中点,则令 $(x) = 0$,于是 $-\dfrac{1}{2} < (x) < \dfrac{1}{2}$,$f(x)$ 定义为

$$f(x) = \frac{(x)}{1} + \frac{(2x)}{4} + \frac{(3x)}{9} + \cdots.$$

这个级数对所有的 x 值收敛.然而(对于任意的 n)对 $x = \dfrac{p}{2n}$,其中 p 是一个和 $2n$ 互质的整数,$f(x)$ 是间断的而且具有一个数值为 $\dfrac{\pi^2}{8n^2}$ 的跳跃,在 x 的所有其他数值处,$f(x)$ 是连续的,而且在每个任意小的区间上 $f(x)$ 有无穷多个间断点.尽管如此,$f(x)$ 却是可积的. 而且 $F(x) = \int f(x)\mathrm{d}x$ 对一切 x 连续,但在 $f(x)$ 的间断点处没有导数. 这个例子直到 1868 年才发表,在这之前,这个病态函数没有引起多大的注意.

连续性和可微性之间的一个更为惊人的区别是由瑞士数学家赛莱里耶(Charles Cellerier,1818—1889)指出的. 1860 年,他给出了一个连续但是处处不可微的函数的例子,$f(x) = \sum\limits_{n=1}^{\infty} a^{-n}\sin a^n x$,其中 a 是一个人的正整数,但是这个例子直到 1890 年才发表. 最引起人们注意的例子,是由魏尔斯特拉斯给出的. 早在 1861 年他在讲课中已经确认,任何想要从连续性推出可微性的企图都注定失败. 1872 年 7 月 18 日,在柏林科学院的一次演讲中,魏尔斯特拉斯给出了处处不可微的连续函数的经典例子,$f(x) = \sum\limits_{n=0}^{\infty} b^n \cos(a^n \pi x)$,其中 a 是一个奇整数而 b 是一个小于 1 的正常数,而且 $ab > 1 + \left(\dfrac{3\pi}{2}\right)$,这个级数是一致收敛的,因而定义了一个连续函数.魏尔斯特拉斯的例子推动人们去创造更多的函数,这些函数在一个区间上连续或处处连续,但在一个稠密集或在任何点上都是不可微的.

发现连续性并不蕴含可微性,以及函数可以具有各种各样的反常性质,其历史意义是巨大的,它使数学家们更加不敢信赖直观或者几何的思考了.

第五节　数学实践训练营

一、数学实验及软件使用

1. 计算函数的导数与高阶导数

1）软件命令

D＝diff(fx, x, n)

参数说明：D 是求得的导数；fx 是函数的符号表达式；x 是符号自变量；n 是求导阶数，其默认值为 1.

2）举例示范

例 1　已知 $f(x) = e^{-x} \sin x^2$，求 $f'(x)$，$f''(x)$.

```
>> syms x
>> f=exp(−x) * sin(x^2);
>> df=diff(f);          %求一阶导数
>> df=simple(df)        %对一阶导数化简
>>d2f=diff(f,2);        %求二阶导数
>>d2f=simple(d2f)       %对二阶导数进行化简
   df =
   −exp(−x) * (sin(x^2)−2 * x * cos(x^2))
   d2f =
   −exp(−x) * (2 * x−1) * (2 * cos(x^2)+sin(x^2)+2 * x * sin(x^2))
```

例 2　求由方程 $e^y + xy - e = 0$ 所确定的隐函数的导数 $\dfrac{dy}{dx}$.

```
>> syms x
>> y=sym('y(x)');
>> F=exp(y)+x * y−exp(1);
>>dFdx=diff(F,x)
   dFdx =
   y(x)+exp(y(x)) * diff(y(x),x)+x * diff(y(x),x)
>>[r,s]=subexpr(dFdx,'s')
   r=
   y(x)+s * exp(y(x))+s * x
   s=
   diff(y(x),x)
>>dydx=solve(r,'s')
   dydx =
   −y(x)/(x + exp(y(x)))
```

例 3 求由摆线的参数方程 $\begin{cases} x = a(t - \sin t), \\ y = a(1 - \cos t) \end{cases}$ 所确定的函数 $y = y(x)$ 的导数 $\dfrac{dy}{dx}$.

```
>> syms a t
>> x=a*(t-sin(t));
>> y=a*(1-cos(t));
>> dx=diff(x,t);
>> dy=diff(y,t);
>>dydx=dy/dx                    %求一阶导数
   dydx =
   sin(t)/(1-cos(t))
>> m=diff(dydx,t);
>> n=m/dx;                      %求二阶导数
>>d2ydx2=simple(n)             %化简二阶导数
   d2ydx2 =
   -1/(a*(cos(t)-1)^2)
```

2. 洛必达法则计算未定式的值

1) 软件命令

L=Lhospital(num,den,x):用洛必达法则计算 num/den 关于 $x=0$ 处的极限；

L=Lhospital(num,den,x,a):用洛必达法则计算 num/den 关于 $x=a$ 处的极限；

[L,form]=Lhospital(num,den,x,a):用洛必达法则计算 num/den 关于 $x=a$ 处的极限，并返回极限值 L 和未定式类型 form

参数说明：num、den 分别是极限式的分子和分母表达式，x 是符号自变量，L 是极限值.

2) 举例示范

例 4 用洛必达法则计算 $\lim\limits_{x \to 0} \dfrac{\tan x - x}{x^2 \sin x}$.

```
>> syms x
>>[L,form]=Lhospital(tan(x)-x,x^2*sin(x),x,0)
   L=1/3
   form=0/0
```

3. 判定函数的单调性

1) 软件命令

[Interval,type]=Monotonicity(Fun,Domain):求函数 Fun 在区间 Domain 上的单调区间

参数说明：Fun 是函数表达式，Domain 是指定的定义区间，Interval 是返回的单调区间，type 是返回的各单调区间上函数的单调性.

2) 举例示范

例 5 求函数 $y = 2x^3 - 9x^2 + 12x - 3 (-\infty < x < +\infty)$ 的单调区间，并判断函数在各单

调区间内的单调增减性.

```
>> syms x
>> y=2*x^3-9*x^2+12*x-3;
>> [Interval,type]=Monotonicity(y,[-inf,inf]);
>> Interval{:}
ans=
    -inf    1
ans=
     1      2
ans=
     2     inf
>> type
type=
    '单调增加'    '单调减少'    '单调增加'
```

4. 判定曲线的凹凸性

1)软件命令

[Interval,type,Inflexion]=Concavity(Fun,Domain):求函数 Fun 在区间 Domain 上的凹凸区间及拐点.

参数说明:Fun 是函数表达式,Domain 是指定的定义区间,Interval 是返回的凹凸区间,type 是返回的各凹凸区间上曲线的凹凸性,Inflexion 是返回的拐点.

2)举例示范

例6 求函数 $y=2x^3+3x^2-12x+14(-\infty<x<+\infty)$ 的拐点,并判断各区间的凹凸性.

```
>> syms x
>> y=2*x^3+3*x^2-12*x+14;
>> [Interval,type,Inflexion]=Concavity(y,[-inf,inf]);
>> Interval{:}
ans=
    -inf    -0.5000
ans=
    -0.5000    inf
ans=
     2      inf
>> type
type=
    '凸弧'    '凹弧'
Inflexion=
    -0.5000
```

5. 求函数的极值

1)软件命令

[X,FVAL,TYPE]=Extremum(Fun,Domain):求函数 Fun 在区间 Domain 上的极值点和极值.

参数说明:Fun 是函数表达式,Domain 是指定的定义区间,X 是返回的极值点,FVAL 是返回的极值,TYPE 是返回的极值类型.

2)举例示范

例 7 求函数 $y=(x^2-1)^3+1(-\infty<x<+\infty)$ 的极值.

```
>> syms x
>> y=(x^2-1)^3+1;
>> [X,FVAL,TYPE]=Extremum(y,[-inf,inf]);
X =
    -1    0    1
FVAL =
    1    0    1
TYPE =
    '不确定'  '极小值'  '不确定'
```

二、建模案例分析

1. 醉驾判断问题

设警方对司机酒后驾车时醉驾的判定标准是血液中酒精含量超过 80%(mg/mL).现有一起交通事故,在事故发生 3 小时后,测得涉事司机血液中酒精含量为 56%(mg/mL),又过了两个小时测得其酒精含量降为 40%(mg/mL).请问:事故发生时,涉事司机是否属于醉驾?

1)模型建立

设 $x(t)$ 为 t 时刻司机血液中的酒精含量,并设事故发生时为 0 时刻,我们需要知道此时司机血液中的酒精含量,设为 x_0. 取时间间隔 $[t,t+\Delta t](t\geqslant 0)$,其间酒精含量的改变量 Δx 正比于 $x(t)\Delta t$,即

$$x(t+\Delta t)-x(t)=-kx(t)\Delta t,$$

其中,$k>0$ 为比例常数,负号表示酒精含量随时间推移是递减的.

等式两边除以 Δt,得

$$\frac{x(t+\Delta t)-x(t)}{\Delta t}=-kx(t).$$

令 $\Delta t \to 0$,结合初始条件得微分方程模型

$$\begin{cases} \dfrac{dx}{dt}=-kx, \\ x(0)=x_0, \end{cases}$$

且有 $x(3)=56$,$x(5)=40$.

2)模型求解

首先求解微分方程初值问题:

在 MATLAB 命令窗口调用函数 dsolve 求解上述微分方程初值问题:

$\gg$ x=dsolve('Dx=$-$k*x','x(0)=x0','t')

x=

x0*exp($-$k*t)

即上述微分方程初值问题的解为 $x(t) = x_0 \mathrm{e}^{-kt}$.

代入条件 $x(3) = 56$,$x(5) = 40$,得 $\begin{cases} x_0 \mathrm{e}^{-3k} = 56, \\ x_0 \mathrm{e}^{-5k} = 40. \end{cases}$

再求解上述关于参数 k 和 x_0 的非线性方程组(此方程组很方便人工求解)得出

$$k = \frac{1}{2}\ln\frac{56}{40} \approx 0.17, x_0 = 56 \times \mathrm{e}^{3\times0.17} \approx 93.25.$$

k 和 x_0 的近似值在 MATLAB 命令行窗口中调用内部函数即可求出.

所以,事故发生时,涉事司机属于醉驾.

说明 该微分方程模型建立时使用导数的定义把未知函数 $x(t)$ 的导数引入到等量关系中.

2. 容器流水问题

有高 1m 的半球状容器,水从它的底部小孔流出,如图 2−4 所示. 小孔的横截面积为 1cm². 开始时容器内盛满了水,求水从小孔流出过程中容器中水面高度 h(水面与孔口中心的距离)随时间 t 的变化规律,并求经过多长时间容器中的水流光.

1)模型建立

由流体力学知识可知,水从孔口流出的流量 Q(即通过孔口横截面的水的体积 V 对时间 t 的变化率)为

$$Q = \frac{\mathrm{d}V}{\mathrm{d}t} = 0.62S\sqrt{2gh},$$

其中,0.62 为流量系数,S 为孔口的横截面积. $S = 1\mathrm{cm}^2$,所以

$$\frac{\mathrm{d}V}{\mathrm{d}t} = 0.62\sqrt{2gh}, \mathrm{d}V = 0.62\sqrt{2gh}\,\mathrm{d}t.$$

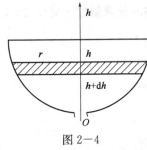

图 2−4

另一方面,取微小时间间隔 $[t, t+\mathrm{d}t]$,在此时间间隔内,水面高度由 h 降为 $h+\mathrm{d}h(\mathrm{d}h \leqslant 0)$,如图 2−4 所示. 由此可得 $\mathrm{d}V = -\pi r^2\mathrm{d}h$,其中,$r$ 是 t 时刻水面半径. 右端的负号是由于 $\mathrm{d}V > 0$ 而 $\mathrm{d}h < 0$. 又

$$r^2 = 100^2 - (100-h)^2 = 200h - h^2,$$

所以 $\mathrm{d}V = -\pi(200h - h^2)\mathrm{d}h$,从而

$$-\pi(200h - h^2)\mathrm{d}h = 0.62\sqrt{2gh}\,\mathrm{d}t.$$

整理即得水面高度 h 关于时间 t 的函数关系 $h(t)$ 满足的微分方程

$$\begin{cases} \dfrac{\mathrm{d}h}{\mathrm{d}t} = \dfrac{0.62\sqrt{2gh}}{\pi(h^2 - 200h)}, \\ h(0) = 100. \end{cases}$$

2)模型求解

此方程可以用分离变量法求解,使用软件反而不好求其解析解(软件求解析解没有优势). 分离变量得

$$(h^{\frac{3}{2}} - 200h^{\frac{1}{2}})\mathrm{d}h = \frac{0.62\sqrt{2g}}{\pi}\mathrm{d}t,$$

积分得

$$\frac{2}{5}h^{\frac{5}{2}} - \frac{400}{3}h^{\frac{3}{2}} = \frac{0.62\sqrt{2g}}{\pi}t + C,$$

其中,C 为任意常数. 代入初始条件 $h(0) = 100$,求得 $C = -\frac{14}{15} \times 10^5$,得到水流过程中水面高度 h 与时间 t 之间的函数关系

$$t = \frac{\pi}{4.65\sqrt{2g}}(7 \times 10^5 - 10^3 h^{\frac{3}{2}} + 3h^{\frac{5}{2}}),$$

令 $h = 0$ 即得水流光所花时间 $t = \frac{7\pi}{4.65\sqrt{2g}} \times 10^5$.

说明 该例建模使用了**微元法**.

第六节　考研加油站

一、考研大纲解读

1. 考研数学一和数学二的大纲

数学一和数学二关于"一元函数微分学"部分的大纲相同,其考试内容和要求如下.

1)考试内容

(1)导数和微分的概念,导数的几何意义和物理意义,函数的可导性与连续性之间的关系,平面曲线的切线和法线.

(2)导数和微分的四则运算,基本初等函数的导数,复合函数、反函数、隐函数以及参数方程所确定的函数的微分法,高阶导数,一阶微分形式的不变性.

(3)微分中值定理,洛必达(L'Hospital)法则,函数单调性的判别,函数的极值,函数图形的凹凸性、拐点及渐近线,函数图形的描绘,函数的最大值与最小值,弧微分,曲率的概念,曲率圆与曲率半径.

2)考试要求

(1)理解导数和微分的概念、导数与微分的关系以及导数的几何意义,会求平面曲线的切线方程和法线方程,了解导数的物理意义,会用导数描述一些物理量,理解函数的可导性与连续性之间的关系.

(2)掌握导数的四则运算法则、复合函数的求导法则以及基本初等函数的导数公式,了解微分的四则运算法则和一阶微分形式的不变性,会求函数的微分.

(3)了解高阶导数的概念,会求简单函数的高阶导数.

(4)会求分段函数的导数,会求隐函数、由参数方程所确定的函数以及反函数的导数.

(5)理解并会用罗尔(Rolle)定理、拉格朗日(Lagrange)中值定理和泰勒(Taylor)定理,了解并会用柯西(Cauchy)中值定理.

(6)掌握用洛必达法则求未定式极限的方法.

(7)理解函数的极值概念,掌握用导数判断函数的单调性和求函数极值的方法,掌握函数最大值和最小值的求法及其应用.

(8)会用导数判断函数图形的凹凸性(在区间 (a,b) 内,设函数 $f(x)$ 具有二阶导数. 当 $f''(x)>0$ 时,$f(x)$ 的图形是凹的;当 $f''(x)<0$ 时,$f(x)$ 的图形是凸的),会求函数图形的拐点以及水平、铅直和斜渐近线,会描绘函数的图形.

(9)了解曲率、曲率圆与曲率半径的概念,会计算曲率和曲率半径.

2. 考研数学三的大纲

1)考试内容

(1)导数和微分的概念,导数的几何意义和经济意义,函数的可导性与连续性之间的关系,平面曲线的切线与法线.

(2)导数和微分的四则运算,基本初等函数的导数,复合函数、反函数和隐函数的微分法,高阶导数,一阶微分形式的不变性.

(3)微分中值定理,洛必达(L'Hospital)法则,函数单调性的判别,函数的极值,函数图形的凹凸性、拐点及渐近线,函数图形的描绘,函数的最大值与最小值.

2)考试要求

(1)理解导数的概念及可导性与连续性之间的关系,了解导数的几何意义与经济意义(含边际与弹性的概念),会求平面曲线的切线方程和法线方程.

(2)掌握基本初等函数的导数公式、导数的四则运算法则及复合函数的求导法则,会求分段函数的导数,会求反函数与隐函数的导数.

(3)了解高阶导数的概念,会求简单函数的高阶导数.

(4)了解微分的概念、导数与微分之间的关系以及一阶微分形式的不变性,会求函数的微分.

(5)理解罗尔(Rolle)定理、拉格朗日(Lagrange)中值定理,了解泰勒(Taylor)定理、柯西(Cauchy)中值定理,掌握这四个定理的简单应用.

(6)会用洛必达法则求极限.

(7)掌握函数单调性的判别方法,了解函数极值的概念,掌握函数极值、最大值和最小值的求法及其应用.

(8)会用导数判断函数图形的凹凸性(在区间 (a,b) 内,设函数 $f(x)$ 具有二阶导数. 当 $f''(x)>0$ 时,$f(x)$ 的图形是凹的;当 $f''(x)<0$ 时,$f(x)$ 的图形是凸的),会求函数图形的拐点和渐近线.

(9)会描绘简单函数的图形.

二、典型真题解答及思考

1. 考研真题解析

1)试题特点

本章考试内容多,考题占分数比例较大,20 分左右. 常考题型包括:基本概念——导数和微分,基本方法——求导法则,基本理论——微分中值定理,以及导数的应用——函数的性态.

2)常考题型

(1)导数概念.

(2)求导法则:复合函数求导法则,隐函数求导法则,参数方程所确定函数的求导法则.

(3)函数的单调性与极值.

(4)曲线的凹凸性与拐点.

(5)方程的根.

(6)证明函数不等式.

(7)与微分中值定理有关的证明题.

注:后面三种类型是考试的难点,考研试卷中的难题经常出现在与微分中值定理有关的证明题中.

3)考题剖析示例

(1)基本题型.

例1(2007,数一,4分) 设函数 $f(x)$ 在 $x=0$ 处连续,下列命题错误的是( ).

(A)若 $\lim\limits_{x\to 0}\dfrac{f(x)}{x}$ 存在,则 $f(0)=0$.　　(B)若 $\lim\limits_{x\to 0}\dfrac{f(x)+f(-x)}{x}$ 存在,则 $f(0)=0$.

(C)若 $\lim\limits_{x\to 0}\dfrac{f(x)}{x}$ 存在,则 $f'(0)$ 存在.　　(D)若 $\lim\limits_{x\to 0}\dfrac{f(x)-f(-x)}{x}$ 存在,则 $f'(0)$ 存在.

分析 主要考查导数的概念以及极限和连续的一些基本知识的灵活应用.

解 若 $\lim\limits_{x\to 0}\dfrac{f(x)}{x}$ 存在,因为 $\lim\limits_{x\to 0}x=0$,所以 $\lim\limits_{x\to 0}f(x)=0$,又 $f(x)$ 在 $x=0$ 处连续,则 $f(0)=0$,因此,选项(A)正确.同理,若 $\lim\limits_{x\to 0}\dfrac{f(x)+f(-x)}{x}$ 存在,则 $\lim\limits_{x\to 0}[f(x)+f(-x)]=f(0)+f(0)=0$,则 $f(0)=0$,因此,选项(B)正确.若 $\lim\limits_{x\to 0}\dfrac{f(x)}{x}$ 存在,由前面讨论可知,$f(0)=0$,则 $\lim\limits_{x\to 0}\dfrac{f(x)}{x}=\lim\limits_{x\to 0}\dfrac{f(x)-f(0)}{x}$ 存在,由导数的定义可知,$f'(0)$ 存在,故选项(C)正确.利用排除法可知,选项(D)不正确.尽管

$$\lim\limits_{x\to 0}\dfrac{f(x)-f(-x)}{x}=\lim\limits_{x\to 0}\left[\dfrac{f(x)-f(0)}{x}-\dfrac{f(-x)-f(0)}{x}\right],$$

但是,$\lim\limits_{x\to 0}\dfrac{f(x)-f(-x)}{x}$ 存在,不能保证 $\lim\limits_{x\to 0}\dfrac{f(x)-f(0)}{x}$ 或者 $\lim\limits_{x\to 0}\dfrac{f(-x)-f(0)}{x}$ 一定存在,从而可知,$f'(0)$ 不一定存在.可以举**反例**,例如,$f(x)=|x|$,$\lim\limits_{x\to 0}\dfrac{f(x)-f(-x)}{x}=\lim\limits_{x\to 0}\dfrac{|x|-|-x|}{x}=0$,但是 $f'(0)$ 不存在,故选(D).

说明 ①在判断极限问题时,要注意应用结论:$\lim\limits_{x\to 0}\dfrac{f(x)}{g(x)}$ 存在,且 $\lim\limits_{x\to 0}g(x)=0$,则 $\lim\limits_{x\to 0}f(x)=0$;

②若 $f'(x_0)$ 存在,则极限 $\lim\limits_{\Delta x\to 0}\dfrac{f(x_0+\Delta x)-f(x_0-\Delta x)}{\Delta x}$ 一定存在,但反之不成立.该知识点出现频率比较高,需引起重视.

例 2（2000，数二，3 分）   设函数 $f(x)$，$g(x)$ 是大于 0 的可导函数，且 $f'(x)g(x) - f(x)g'(x) < 0$，则当 $a < x < b$ 时，有（   ）．

(A) $f(x)g(b) > f(b)g(x)$.

(B) $f(x)g(a) > f(a)g(x)$.

(C) $f(x)g(x) > f(b)g(b)$.

(D) $f(x)g(x) > f(a)g(a)$.

解   由 $f'(x)g(x) - f(x)g'(x) < 0$ 可以得到 $\left(\dfrac{f(x)}{g(x)}\right)' = \dfrac{f'(x)g(x) - f(x)g'(x)}{g^2(x)} < 0$，

于是有 $\dfrac{f(x)}{g(x)}$ 在 (a,b) 内单调减少，即 $\forall x \in (a,b)$，$\dfrac{f(x)}{g(x)} > \dfrac{f(b)}{g(b)}$，即 $f(x)g(b) > f(b)g(x)$，

应选(A).

例 3（2004，数二，4 分）   设函数 $f(x) = |x(1-x)|$，则（   ）．

(A) $x = 0$ 是 $f(x)$ 的极值点，但 $(0,0)$ 不是曲线 $y = f(x)$ 的拐点.

(B) $x = 0$ 不是 $f(x)$ 的极值点，但 $(0,0)$ 是曲线 $y = f(x)$ 的拐点.

(C) $x = 0$ 是 $f(x)$ 的极值点，且 $(0,0)$ 是曲线 $y = f(x)$ 的拐点.

(D) $x = 0$ 不是 $f(x)$ 的极值点，$(0,0)$ 也不是曲线 $y = f(x)$ 的拐点.

分析   考察 $x = a$ 是否是函数 $y = f(x)$ 的极值点，$(a, f(a))$ 是否是曲线 $y = f(x)$ 的拐点时，都要求 $y = f(x)$ 在 $x = a$ 处连续；然后考察 $f'(x)$ 在 $x = a$ 两侧是否变号，$f''(x)$ 在 $x = a$ 两侧是否变号，可以不要求 $f'(a)$，$f''(a)$ 存在，本题中 $f'(0)$ 与 $f''(0)$ 均不存在．

解   显然，$f(x)$ 在 $x = 0$ 处连续.

$$f(x) = \begin{cases} x(1-x), & 0 \leqslant x < 1, \\ -x(1-x), & x < 0, \end{cases} \quad \text{求导得 } f'(x) = \begin{cases} 1-2x, & 0 < x < 1, \\ -1+2x, & x < 0. \end{cases}$$

当 $x < 0$ 时，$f'(x) < 0$；当 $0 < x < \dfrac{1}{2}$ 时，$f'(x) > 0$，因此 $x = 0$ 是 $f(x)$ 的极小值点.

又 $f''(x) = \begin{cases} -2, & 0 < x < 1, \\ 2, & x < 0, \end{cases}$ 所以 $f''(x)$ 在 $x = 0$ 两侧异号. 从而 $(0,0)$ 是曲线 $y = f(x)$

的拐点. 故应选(C).

例 4（2013，数一，4 分）   设函数 $y = f(x)$ 由方程 $y - x = \mathrm{e}^{x(1-y)}$ 确定，则

$\lim\limits_{n \to \infty} n\left[f\left(\dfrac{1}{n}\right) - 1\right] = $ _____ .

分析   本题主要考查隐函数求导和导数的定义．

解   由 $y - x = \mathrm{e}^{x(1-y)}$ 知，$x = 0$ 时 $y = 1$.

等式两边对 x 求导可得，$y' - 1 = \mathrm{e}^{x(1-y)}[(1-y) - xy']$，则 $y'(0) = 1$，

$$\lim\limits_{n \to \infty} n\left[f\left(\dfrac{1}{n}\right) - 1\right] = \lim\limits_{n \to \infty} \frac{f\left(\dfrac{1}{n}\right) - f(0)}{\dfrac{1}{n}} = f'(0) = 1.$$

例 5（2014，数一，10 分）   设函数 $y = f(x)$ 由方程 $y^3 + xy^2 + x^2y + 6 = 0$ 确定，求 $f(x)$ 的极值.

解   方程 $y^3 + xy^2 + x^2y + 6 = 0$ 两端对 x 求导得 $3y^2y' + y^2 + 2xyy' + 2xy + x^2y' = 0$，在上式中令 $y' = 0$，得 $y^2 + 2xy = 0$，由此可得 $y = 0$，$y = -2x$.

显然 $y = 0$ 不满足原方程，将 $y = -2x$ 代入原方程 $y^3 + xy^2 + x^2y + 6 = 0$ 得 $-6x^3 + 6 = 0$，解得 $x_0 = 1$，$f(1) = -2$，$f'(1) = 0$.

在等式 $3y^2y' + y^2 + 2xyy' + 2xy + x^2y' = 0$ 的两端对 x 求导得

$$6y(y')^2 + 3y^2 y'' + 4yy' + 2x(y')^2 + 2xyy'' + 2y + 4xy' + x^2 y'' = 0,$$

将 $x=1, f(1) = -2, f'(1) = 0$ 代入上式得 $f''(1) = \dfrac{4}{9} > 0$.

故函数 $y = f(x)$ 在 $x = 1$ 处取得极小值,且 $f(1) = -2$.

例 6(2005,数一,4 分) 曲线 $y = \dfrac{x^2}{2x+1}$ 的斜渐近线方程为 _____ .

解 $a = \lim\limits_{x \to \infty} \dfrac{y}{x} = \lim\limits_{x \to \infty} \dfrac{x^2}{(2x+1)x} = \dfrac{1}{2}$,

$$b = \lim\limits_{x \to \infty}(y - ax) = \lim\limits_{x \to \infty}\left(\dfrac{x^2}{2x+1} - \dfrac{1}{2}x\right) = \lim\limits_{x \to \infty}\dfrac{-x}{2(2x+1)} = -\dfrac{1}{4}.$$

则斜渐近线方程为 $y = \dfrac{1}{2}x - \dfrac{1}{4}$.

例 7(2002,数二,8 分) 设 $0 < a < b$,证明:不等式 $\dfrac{2a}{a^2+b^2} < \dfrac{\ln b - \ln a}{b-a} < \dfrac{1}{\sqrt{ab}}$.

分析 注意到不等式中 $\dfrac{\ln b - \ln a}{b-a}$ 的形式,因此一个比较直接的想法是在区间 $[a,b]$ 上用拉格朗日中值定理,则 $\dfrac{\ln b - \ln a}{b-a} = \dfrac{1}{\xi}$,($0 < a < \xi < b$),转化为证明不等式 $\dfrac{2a}{a^2+b^2} < \dfrac{1}{\xi} < \dfrac{1}{\sqrt{ab}}$. 由于 $2a\xi < 2ab < a^2 + b^2$,因此有 $\dfrac{2a}{a^2+b^2} < \dfrac{1}{\xi}$ 成立. 但是 $\dfrac{1}{\xi} < \dfrac{1}{\sqrt{ab}}$ 不容易证明. 对于不等式 $\dfrac{\ln b - \ln a}{b-a} < \dfrac{1}{\sqrt{ab}}$,为了应用微分学中的一些证明不等式的方法,通常需要将其中的常数 a 或 b 换为变量 x. 不妨将 b 换成 x,现在问题转化为证明不等式:当 $0 < a < x$ 时,$\dfrac{\ln x - \ln a}{x-a} < \dfrac{1}{\sqrt{ax}}$(或者证 $\dfrac{x-a}{\sqrt{ax}} - \ln x + \ln a > 0$). 因此,可以构造辅助函数,利用函数的单调性证明.

证 ①令 $f(x) = \ln x, x \in [a,b]$,由拉格朗日中值定理得,至少存在一点 $\xi \in (a,b)$,使得 $\dfrac{\ln b - \ln a}{b-a} = \dfrac{1}{\xi}$,由于 $2a\xi < 2ab < a^2 + b^2$,因此,$\dfrac{2a}{a^2+b^2} < \dfrac{1}{\xi}$. 即

$$\dfrac{2a}{a^2+b^2} < \dfrac{\ln b - \ln a}{b-a}.$$

②令 $g(x) = \dfrac{x-a}{\sqrt{ax}} - \ln x + \ln a, x \in [a,b]$,易知,$g(a) = 0$.

$$g'(x) = \dfrac{1}{\sqrt{ax}} - \dfrac{x-a}{2x\sqrt{ax}} - \dfrac{1}{x} = \dfrac{1}{2x\sqrt{ax}}(x - 2\sqrt{ax} + a) = \dfrac{(\sqrt{x} - \sqrt{a})^2}{2x\sqrt{ax}} > 0$$

$(0 < a < x)$,

从而当 $x > a$ 时,$g(x) > g(a) = 0$.

特别地,取 $x = b$ 得,$g(b) > 0$,即 $\dfrac{\ln b - \ln a}{b-a} < \dfrac{1}{\sqrt{ab}}$.

说明 ①是利用拉格朗日中值定理,②是利用函数的单调性,这两种方法是非常常见的证明不等式的方法.

(2)综合题型.

例 1(2010,数三,10 分) 设函数 $f(x)$ 在 $[0,3]$ 上连续,在 $(0,3)$ 内存在二阶导数,且

$2f(0) = \int_0^2 f(x)\mathrm{d}x = f(2) + f(3)$. 证明: ① 存在 $\eta \in (0,2)$, 使 $f(\eta) = f(0)$; ② 存在 $\xi \in (0,3)$, 使得 $f''(\xi) = 0$.

分析 对①只要证明存在 $\eta \in (0,2)$, 使 $\int_0^2 f(x)\mathrm{d}x = 2f(\eta)$, 这是积分中值定理的推广, 因为这里要求 η 属于开区间 $(0,2)$, 而不是闭区间 $[0,2]$; 对②只要能够证明函数 $f(x)$ 在 $[0,3]$ 上有三个点函数值相同, 多次使用罗尔定理即可证明.

证 ①设 $F(x) = \int_0^x f(t)\mathrm{d}t$ $(0 \leqslant x \leqslant 2)$, 则 $F(2) - F(0) = \int_0^2 f(t)\mathrm{d}t$, 由拉格朗日中值定理知, 存在 $\eta \in (0,2)$, 使 $F(2) - F(0) = 2F'(\eta) = 2f(\eta)$, 即 $\int_0^2 f(x)\mathrm{d}x = 2f(\eta)$, 根据题设条件 $2f(0) = \int_0^2 f(x)\mathrm{d}x$ 可知, $f(\eta) = f(0)$.

②因为 $f(x)$ 在 $[2,3]$ 上连续, 则 $f(x)$ 在 $[2,3]$ 上有最大值 M 和最小值 m, 从而有
$$m \leqslant \frac{f(2) + f(3)}{2} \leqslant M.$$

由介值定理可知, 存在 $c \in [2,3]$, 使 $f(c) = \dfrac{f(2) + f(3)}{2}$, 由(1)的结果知, $f(0) = f(\eta) = f(c)(0 < \eta < c)$.

根据罗尔定理, 存在 $\xi_1 \in (0,\eta), \xi_2 \in (\eta,c)$, 使 $f'(\xi_1) = 0, f'(\xi_2) = 0$.

再根据罗尔定理, 存在 $\xi \in (\xi_1,\xi_2) \subset (0,3)$, 使 $f''(\xi) = 0$.

说明 本题是一道综合题, 考查的知识点包括罗尔定理、拉格朗日中值定理、最大值最小值定理与介值定理.

例2(1999, 数二, 8 分) 设函数 $f(x)$ 在闭区间 $[-1,1]$ 上具有三阶连续导数, 且 $f(-1) = 0, f(1) = 1, f'(0) = 0$, 证明: 在开区间 $(-1,1)$ 内至少存在一点 ξ, 使 $f'''(\xi) = 3$.

分析 由于 $f(x)$ 三阶可导, 可以考虑用泰勒公式. 又因为 $f'(0) = 0$, 应在 $x = 0$ 处展开.

证 由泰勒公式有
$$f(x) = f(0) + f'(0)x + \frac{f''(0)}{2!}x^2 + \frac{f'''(\eta)}{3!}x^3 \quad (\eta \text{ 在 } 0 \text{ 与 } x \text{ 之间}).$$

在上式中分别取 $x = 1$ 和 $x = -1$ 可得下面两个等式
$$1 = f(1) = f(0) + \frac{f''(0)}{2!} + \frac{f'''(\eta_1)}{3!} \quad (0 < \eta_1 < 1),$$
$$0 = f(-1) = f(0) + \frac{f''(0)}{2!} - \frac{f'''(\eta_2)}{3!} \quad (-1 < \eta_2 < 0),$$

两式相减可得 $f'''(\eta_1) + f'''(\eta_2) = 6$, 即 $\dfrac{f'''(\eta_1) + f'''(\eta_2)}{2} = 3$.

由于 $f'''(x)$ 连续, 则 $f'''(x)$ 在闭区间 $[\eta_2, \eta_1]$ 上最大值和最小值存在, 分别记为 M 和 m, 于是有 $m \leqslant \dfrac{f'''(\eta_1) + f'''(\eta_2)}{2} \leqslant M$.

由介值定理可知, 存在 $\xi \in [\eta_2, \eta_1] \subset (-1,1)$, 使得
$$f'''(\xi) = \frac{f'''(\eta_1) + f'''(\eta_2)}{2} = 3.$$

说明 本题是一道综合题, 利用了泰勒展开式, 最大值最小值定理以及介值定理, 是一个比

较难的题. 该题还有另外一个思路: 可以构造一个三次多项式 $g(x)$, 使得 $g(x)$ 满足 $g(-1) = f(-1), g(1) = f(1), g(0) = f(0), g'(0) = f'(0)$, 多次使用罗尔定理可以证明本题.

令 $g(x) = \dfrac{x^2(x+1)}{2} + (1-x^2)f(0)$, 显然, $g(x)$ 满足上面的条件.

令 $F(x) = f(x) - g(x)$, 则 $F(-1) = F(0) = F(1) = 0, F'(0) = 0$.

在区间 $[-1,0]$ 和 $[0,1]$ 上分别对 $F(x)$ 使用罗尔定理, 则存在 $\eta_1 \in (-1,0), \eta_2 \in (0,1)$ 使
$$F'(\eta_1) = F'(\eta_2) = 0.$$

在区间 $[\eta_1,0]$ 和 $[0,\eta_2]$ 上分别对 $F'(x)$ 使用罗尔定理, 则存在 $\xi_1 \in (\eta_1,0), \xi_2 \in (0,\eta_2)$ 使
$$F''(\xi_1) = F''(\xi_2) = 0.$$

在 $[\xi_1,\xi_2]$ 上对 $F''(x)$ 使用罗尔定理, 则存在 $\xi \in (\xi_1,\xi_2)$ 使 $F'''(\xi) = 0$.
又因为 $F'''(x) = f'''(x) - 3$, 则 $f'''(x) - 3 = 0$, 从而 $f'''(\xi) = 3$.

2. 考研真题思考

1) 思考题

(1)(2004, 数一, 4分) 设函数 $f(x)$ 连续, 且 $f'(0) > 0$, 则存在 $\delta > 0$, 使得 (　　).

(A) $f(x)$ 在 $(0,\delta)$ 内单调增加. 　　(B) $f(x)$ 在 $(-\delta,0)$ 内单调减少.

(C) 对任意 $x \in (0,\delta)$ 有 $f(x) > f(0)$. 　　(D) 对任意 $x \in (-\delta,0)$ 有 $f(x) > f(0)$.

(2)(1996, 数三, 4分) 设函数 $f(x)$ 在区间 $(-\delta,\delta)$ 内有定义, 若当 $x \in (-\delta,\delta)$ 时, 恒有 $|f(x)| \leqslant x^2$, 则 $x = 0$ 必是 $f(x)$ 的 (　　).

(A) 间断点. 　　(B) 连续而不可导的点.

(C) 可导的点, 且 $f'(0) = 0$. 　　(D) 可导的点, 且 $f'(0) \neq 0$.

(3)(1996, 数一, 3分) 设 $f(x)$ 有二阶连续导数, 且 $f'(0) = 0, \lim\limits_{x \to 0} \dfrac{f''(x)}{|x|} = 1$, 则 (　　).

(A) $f(0)$ 是 $f(x)$ 的极大值.

(B) $f(0)$ 是 $f(x)$ 的极小值.

(C) $(0, f(0))$ 是曲线 $y = f(x)$ 的拐点.

(D) $f(0)$ 不是 $f(x)$ 的极值点, $(0, f(0))$ 也不是曲线 $y = f(x)$ 的拐点.

(4)(2007, 数一, 4分) 设函数 $f(x)$ 在 $(0, +\infty)$ 内具有二阶导数, 且 $f''(x) > 0$, 令 $u_n = f(n)$ $(n = 1, 2, \cdots)$, 则下列结论正确的是 (　　).

(A) 若 $u_1 > u_2$, 则 $\{u_n\}$ 必收敛. 　　(B) 若 $u_1 > u_2$, 则 $\{u_n\}$ 必发散.

(C) 若 $u_1 < u_2$, 则 $\{u_n\}$ 必收敛. 　　(D) 若 $u_1 < u_2$, 则 $\{u_n\}$ 必发散.

(5)(2015, 数一, 4分) 设函数 $f(x)$ 在 $(-\infty, +\infty)$ 内连续, 其二阶导函数的图形如图 2-5 所示, 则曲线 $y = f(x)$ 的拐点个数为 (　　).

(A)0. 　　(B)1. 　　(C)2. 　　(D)3.

(6)(2002, 数一, 3分) 已知函数 $y = y(x)$ 由方程 $e^y + 6xy + x^2 - 1 = 0$ 确定, 则 $y''(0) = $ _____.

(7)(2007, 数二, 4分) 设函数 $y = \dfrac{1}{2x+3}$, 则 $y^{(n)}(0) = $ _____.

(8)(2009, 数二, 4分) 函数 $y = x^{2x}$ 在区间 $(0,1]$ 上的最小值

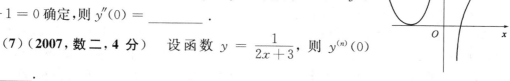

图 2-5

为_____.

(9)(2012,数一,10分) 证明：$x\ln\dfrac{1+x}{1-x}+\cos x\geqslant 1+\dfrac{x^2}{2}$ $(-1<x<1)$.

(10)(2012,数二,10分) (1)证明:方程 $x^n+x^{n-1}+\cdots+x=1$（n 为大于1的整数）在区间 $\left(\dfrac{1}{2},1\right)$ 内有且仅有一个实根；(2)记(1)中的实根为 x_n，证明 $\lim\limits_{n\to\infty}x_n$ 存在,并求此极限.

(11)(2013,数一,10分) 设奇函数 $f(x)$ 在 $[-1,1]$ 上具有二阶导数,且 $f(1)=1$,证明：

①存在 $\xi\in(0,1)$，使得 $f'(\xi)=1$；②存在 $\eta\in(-1,1)$，使得 $f''(\eta)+f'(\eta)=1$.

2)答案与提示

(1)(C). 因为 $f'(0)=\lim\limits_{x\to 0}\dfrac{f(x)-f(0)}{x}>0$，所以由函数的局部保号性知,存在 $\delta>0$，使得当 $0<|x|<\delta$ 时，$\dfrac{f(x)-f(0)}{x}>0$，则当 $x\in(-\delta,0)$，有 $f(x)<f(0)$；当 $x\in(0,\delta)$，有 $f(x)>f(0)$，故应选(C).

说明 此题可能容易误选(A). 将区间上的导数大于零推出函数在该区间上单调增加的结论错误地用成由一点处导数大于零得到函数在某个区间上单调增加. 从本题的讨论可以得到以下常用的结论：

①若 $f'(x_0)>0$，则存在 $\delta>0$，当 $x\in(x_0-\delta,x_0)$ 时，$f(x)<f(x_0)$；当 $x\in(x_0,x_0+\delta)$ 时，$f(x)>f(x_0)$；

②若 $f'(x_0)<0$，则存在 $\delta>0$，当 $x\in(x_0-\delta,x_0)$ 时，$f(x)>f(x_0)$；当 $x\in(x_0,x_0+\delta)$ 时，$f(x)<f(x_0)$；

(2)(C). 由 $|f(x)|\leqslant x^2$ 可得，$f(0)=0$，且 $\lim\limits_{x\to 0}f(x)=0$，$f(x)$ 在 $x=0$ 处连续. 又因为 $\left|\dfrac{f(x)}{x}\right|\leqslant\dfrac{x^2}{|x|}$，则 $\lim\limits_{x\to 0}\left|\dfrac{f(x)}{x}\right|=0$，那么 $\lim\limits_{x\to 0}\dfrac{f(x)}{x}=0$，即 $f'(0)=\lim\limits_{x\to 0}\dfrac{f(x)-f(0)}{x}=\lim\limits_{x\to 0}\dfrac{f(x)}{x}=0$，故应选(C).

(3)(B). 由于 $\lim\limits_{x\to 0}\dfrac{f''(x)}{|x|}=1>0$，由极限的保号性可知,存在 $\delta>0$，使得当 $0<|x|<\delta$ 时，$\dfrac{f''(x)}{|x|}>0$，则 $f''(x)>0$，从而 $f'(x)$ 单调增加. 又 $f'(0)=0$，则当 $x\in(-\delta,0)$ 时，$f'(x)<0$；当 $x\in(0,\delta)$ 时，$f'(x)>0$. 由极值第一充分性条件知,$f(0)$ 是 $f(x)$ 的极小值.

(4)(D). 利用排除法. 取 $f(x)=(x-2)^2$，$f''(x)=2>0$，$f(1)=1>f(2)=0$，但 $u_n=f(n)\to+\infty$，排除(A)；取 $f(x)=\dfrac{1}{x}$，在 $(0,+\infty)$ 上 $f''(x)>0$，且 $f(1)=1>f(2)=\dfrac{1}{2}$，但 $u_n=f(n)\to 0$，排除(B)；取 $f(x)=\mathrm{e}^x$，在 $(0,+\infty)$ 上 $f''(x)>0$，且 $f(1)=\mathrm{e}<f(2)=\mathrm{e}^2$，但 $u_n=f(n)\to+\infty$，排除(C).

(5)(C). 由图 2-5 可知，$f''(x_1)=f''(x_2)=0$，$f''(0)$ 不存在,其余点上 $f''(x)$ 存在且不等于零,则曲线 $y=f(x)$ 最多三个拐点,但在 $x=x_1$ 的两侧二阶导数不变号,因此 $(x_1,f(x_1))$ 不是曲线 $y=f(x)$ 的拐点,而在 $x=0$ 和 $x=x_2$ 的两侧二阶导数符号改变,则 $(0,f(0))$ 和 $(x_2,f(x_2))$ 是曲线 $y=f(x)$ 的拐点,故应选(C).

(6) -2. 方程两端对 x 求导得 $\mathrm{e}^y y' + 6y + 6xy' + 2x = 0$，由原方程知，当 $x = 0$ 时，$y = 0$，代入上式得 $y'(0) = 0$. 等式 $\mathrm{e}^y y' + 6y + 6xy' + 2x = 0$ 两端对 x 求导得

$$\mathrm{e}^y (y')^2 + \mathrm{e}^y y'' + 12y' + 6xy'' + 2 = 0,$$

将 $x = 0$，$y = 0$，$y'(0) = 0$ 代入上式得 $y''(0) = -2$.

(7) $\dfrac{(-1)^n 2^n n!}{3^{n+1}}$.

解法 1 先求一阶导数 y'，二阶导数 y''，然后归纳 n 阶导数.

$$y' = (-1)(2x+3)^{-2} \cdot 2, \quad y'' = (-1)(-2)(2x+3)^{-3} \cdot 2^2,$$

由此可以归纳得

$$y^{(n)} = (-1)^n n! (2x+3)^{-(n+1)} \cdot 2^n,$$

则

$$y^{(n)}(0) = \frac{(-1)^n 2^n n!}{3^{n+1}}.$$

解法 2 利用幂级数展开的方法. 为求 $y^{(n)}(0)$，将 $y = \dfrac{1}{2x+3}$ 在 $x = 0$ 处展开为幂级数，则其展开式中 x^n 的系数为 $\dfrac{y^{(n)}(0)}{n!}$，即可求得 $y^{(n)}(0)$.

$$y = \frac{1}{2x+3} = \frac{1}{3} \frac{1}{1+\frac{2}{3}x} = \frac{1}{3} \left[1 - \frac{2}{3}x + \left(\frac{2}{3}x\right)^2 + \cdots + (-1)^n \left(\frac{2}{3}x\right)^n + \cdots \right],$$

上式右端 x^n 的系数 $(-1)^n \dfrac{2^n}{3^{n+1}}$，即 $\dfrac{y^{(n)}(0)}{n!} = (-1)^n \dfrac{2^n}{3^{n+1}}$，故 $y^{(n)}(0) = \dfrac{(-1)^n 2^n n!}{3^{n+1}}$.

(8) $y = \mathrm{e}^{-\frac{2}{\mathrm{e}}}$. 因为 $y' = x^{2x}(2\ln x + 2)$，令 $y' = 0$ 得驻点 $x = \dfrac{1}{\mathrm{e}}$. 当 $x \in \left(0, \dfrac{1}{\mathrm{e}}\right)$ 时，$y' < 0$，$y = x^{2x}$ 单调减；当 $x \in \left(\dfrac{1}{\mathrm{e}}, 1\right]$ 时，$y' > 0$，$y = x^{2x}$ 单调增，则 $y = x^{2x}$ 在 $x = \dfrac{1}{\mathrm{e}}$ 处取到区间 $(0,1]$ 上的最小值，最小值为 $\mathrm{e}^{-\frac{2}{\mathrm{e}}}$.

(9) 令 $f(x) = x\ln\dfrac{1+x}{1-x} + \cos x - 1 - \dfrac{x^2}{2}$（$-1 < x < 1$），则

$$f'(x) = \ln\frac{1+x}{1-x} + \frac{2x}{1-x^2} - \sin x - x, \quad f''(x) = \frac{4}{1-x^2} + \frac{4x^2}{(1-x^2)^2} - \cos x - 1.$$

当 $-1 < x < 1$ 时，由于 $\dfrac{4}{1-x^2} \geqslant 4$，$\cos x + 1 \leqslant 2$，所以 $f''(x) \geqslant 2 > 0$，从而 $f'(x)$ 单调增加. 又因为 $f'(0) = 0$，所以，当 $-1 < x < 0$ 时，$f'(x) < 0$；当 $0 < x < 1$ 时，$f'(x) > 0$. 于是 $f(0) = 0$ 是函数 $f(x)$ 在 $(-1,1)$ 内的最小值.

从而当 $-1 < x < 1$ 时，$f(x) \geqslant f(0) = 0$，即 $x\ln\dfrac{1+x}{1-x} + \cos x \geqslant 1 + \dfrac{x^2}{2}$.

(10)证 (1)令 $f(x) = x^n + x^{n-1} + \cdots + x - 1$（$n > 1$），则 $f(x)$ 在 $\left[\dfrac{1}{2}, 1\right]$ 上连续，且

$$f\left(\frac{1}{2}\right) = \frac{\frac{1}{2}\left(1 - \frac{1}{2^n}\right)}{1 - \frac{1}{2}} - 1 = -\frac{1}{2^n} < 0, \quad f(x) = n - 1 > 0.$$

由零点定理可知，方程 $f(x) = 0$ 在 $\left(\dfrac{1}{2}, 1\right)$ 内至少有一个实根. 当 $x \in \left(\dfrac{1}{2}, 1\right)$ 时，$f'(x) = nx^{n-1} + (n-1)x^{n-2} + \cdots + 2x + 1 > 0$，故 $f(x)$ 在 $\left(\dfrac{1}{2}, 1\right)$ 内单调增加.

综上所述，方程 $f(x)=0$ 在 $\left(\dfrac{1}{2},1\right)$ 内有且仅有一个实根.

(2)由 $x_n\in\left(\dfrac{1}{2},1\right)$ 知数列 $\{x_n\}$ 有界，又 $x_n^n+x_n^{n-1}+\cdots+x_n=1$，$x_{n+1}^{n+1}+x_{n+1}^n+x_{n+1}^{n-1}+\cdots+x_{n+1}=1$.

因为 $x_{n+1}^{n+1}>0$，所以 $x_n^n+x_n^{n-1}+\cdots+x_n>x_{n+1}^n+x_{n+1}^{n-1}+\cdots+x_{n+1}$.

于是有 $x_n>x_{n+1}$，$n=1,2,\cdots$，即 $\{x_n\}$ 单调减少.

综上所述，数列 $\{x_n\}$ 单调有界，故 $\{x_n\}$ 收敛.

记 $a=\lim\limits_{n\to\infty}x_n$，由于 $x_n^n+x_n^{n-1}+\cdots+x_n=1$，则 $\dfrac{x_n-x_n^{n+1}}{1-x_n}=1$，令 $n\to\infty$，并且注意到 $\dfrac{1}{2}<x_n<x_1<1$，则有 $\dfrac{a}{1-a}=1$，解得 $a=\dfrac{1}{2}$，即 $\lim\limits_{n\to\infty}x_n=\dfrac{1}{2}$.

(11)证 ①因为 $f(x)$ 是区间 $[-1,1]$ 上的奇函数，所以 $f(0)=0$. 因为函数 $f(x)$ 在 $[0,1]$ 上可导，根据拉格朗日中值定理，存在 $\xi\in(0,1)$，使得 $f(1)-f(0)=f'(\xi)$.

又因为 $f(1)=1$，所以 $f'(\xi)=1$.

②因为 $f(x)$ 是奇函数，所以 $f'(x)$ 是偶函数，故 $f'(\xi)=f'(-\xi)=1$.

令 $F(x)=(f'(x)-1)\mathrm{e}^x$，则 $F(x)$ 可导，且 $F(-\xi)=F(\xi)=0$.

根据罗尔定理，存在 $\eta\in(-\xi,\xi)\subset(-1,1)$，使得 $F'(\eta)=0$.

由 $F'(\eta)=[f''(\eta)+f'(\eta)-1]\mathrm{e}^\eta$，且 $\mathrm{e}^\eta\neq0$，得 $f''(\eta)+f'(\eta)=1$.

第七节　自我训练与提高

一、数学术语的英语表述

1. 将下列基本概念翻译成英语

(1)导数. (2)导函数. (3)微分. (4)可微.

(5)高阶导数. (6)单调函数. (7)极值. (8)拐点.

2. 本章重要概念和定理的英文定义

(1)导函数. (2)拉格朗日中值定理.

二、习题与测验题

1. 习题

(1)设 $y=\ln(x+\sqrt{1+x^2})$，则 $\mathrm{d}y=$ _____.

(2)设函数 $y=y(x)$ 是由方程 $\ln(x^2+y)=x^3y+\sin x$ 确定，则 $\left.\dfrac{\mathrm{d}y}{\mathrm{d}x}\right|_{x=0}=$ _____.

(3)曲线 $y = x\mathrm{e}^{\frac{1}{x^2}}$ ( ).

(A)仅有水平渐近线.　　　　　　　　(B)仅有垂直渐近线.

(C)既有水平渐近线,又有垂直渐近线.　　(D)既有垂直渐近线,又有斜渐近线.

(4)设函数 $f(x)$ 连续,且 $f'(0) = 1$,则存在 $\delta > 0$,使得( ).

(A) $f(x)$ 在 $(0,\delta)$ 内单调增加.

(B) $f(x)$ 在 $(-\delta,0)$ 内单调减少.

(C)对任意的 $x \in (0,\delta)$,有 $f(x) > f(0)$.

(D)对任意的 $x \in (-\delta,0)$,有 $f(x) > f(0)$.

(5)设函数 $y = y(x)$ 由方程 $\begin{cases} x = 2(t - \sin t), \\ y = 2(1 - \cos t) \end{cases}$ 确定,求 $\dfrac{\mathrm{d}^2 y}{\mathrm{d} x^2}$.

(6)设函数 $y = \dfrac{1}{3x + 2}$,求 $y^{(n)}(0)$.

(7)求 $\lim\limits_{x \to 0}\left(\dfrac{1}{x^2} - \dfrac{1}{x\tan x}\right)$.

(8)证明:当 $x > 0$ 时,对任意 $a \geqslant 0$,有 $1 - 2ax + x^2 < \mathrm{e}^x$.

(9)已知函数 $y = \dfrac{x^3}{(x-1)^2}$,试求其单调区间、极值及图形的凹凸区间、拐点和渐近线.

(10)设函数 $y = y(x)$ 由方程 $y\ln y - x + y = 0$ 确定,试判断曲线 $y = y(x)$ 在点 $(1,1)$ 附近的凹凸性.

(11)求函数 $f(x) = x - 3\sqrt[3]{x}$ 在闭区间 $[-1,8]$ 上的最大值和最小值.

(12)设函数 $f(x)$ 在闭区间 $[0,1]$ 内可导,且 $f(0) = 0$,$f(1) = 1$. 证明:

①存在 $\xi \in (0,1)$,使 $f(\xi) = 1 - \xi$;

②存在两个不同的点 $\eta_1, \eta_2 \in (0,1)$,使 $f'(\eta_1) \cdot f'(\eta_2) = 1$.

(13)设函数 $f(x)$ 在 $[0,1]$ 上连续,在 $(0,1)$ 内可导,且 $f(0) = f(1) = 0$,$f\left(\dfrac{1}{2}\right) = 1$,证明:存在点 $\xi \in (0,1)$,使得 $f'(\xi) = 1$.

2. 测验题

1)填空题(每小题 5 分,共 20 分)

(1)若 $f(x) = x(x+1)(x+2)\cdots(x+100)$,则 $f'(0) = $ _____ .

(2)若点 $(1,3)$ 是曲线 $y = ax^3 + bx^2$ 的拐点,则 $a = $ _____ ,$b = $ _____ .

(3)曲线 $y = \dfrac{2x^3}{x^2 + 1}$ 的渐近线为 _____ .

(4)设函数 $f(x) = \begin{cases} x^2 + ax + b, & x \leqslant 0, \\ \mathrm{e}^x - 1, & x > 0 \end{cases}$ 在点 $x = 0$ 处可导,则 $a = $ _____ ,$b = $ _____ .

(5)设 $y = \arccos\dfrac{1}{x}$,则 $\mathrm{d}y = $ _____ .

2)单项选择题(每小题 5 分,共 20 分)

(1)设函数 $f(x)$ 在点 $x = 0$ 处可导,则 $f(|x|)$ 在点 $x = 0$ 处可导的充要条件为( ).

(A) $f(0) = 0$.　　　(B) $f(0) \neq 0$.　　　(C) $f'(0) = 0$.　　　(D) $f'(0) \neq 0$.

(2)若 $f(x)$ 在 x_0 点可导,则 $|f(x)|$ 在 x_0 点处( ).

(A)必可导.　　　　　　　　　　　　(B)连续但不一定可导.

(C)一定不可导.　　　　　　　　　　(D)不连续.

(3)设 $f(x),g(x)$ 有二阶导数,且 $f(x_0)=g(x_0)=0$,$f'(x_0)\cdot g'(x_0)>0$,则(　　).

(A) x_0 不是 $f(x)\cdot g(x)$ 的驻点.

(B) x_0 是 $f(x)\cdot g(x)$ 的驻点,但不是它的极值点.

(C) x_0 是 $f(x)\cdot g(x)$ 的驻点,且是它的极小值点.

(D) x_0 是 $f(x)\cdot g(x)$ 的驻点,且是它的极大值点.

(4)设函数 $f(x)$ 在闭区间 $[a,b]$ 上有定义,在开区间 (a,b) 内可导,则(　　).

(A)当 $f(a)\cdot f(b)<0$ 时,存在 $\xi\in(a,b)$,使 $f(\xi)=0$.

(B)对任何 $\xi\in(a,b)$,有 $\lim\limits_{x\to\xi}[f(x)-f(\xi)]=0$.

(C)当 $f(a)=f(b)$ 时,存在 $\xi\in(a,b)$,使 $f'(\xi)=0$.

(D)存在 $\xi\in(a,b)$,使 $f(b)-f(a)=f'(\xi)(b-a)$.

(5)若函数 $f(x)$ 在 x_0 点存在左、右导数,则 $f(x)$ 在点 x_0 (　　).

(A)可导.　　　　　(B)连续.　　　　　(C)不可导.　　　　　(D)不连续.

3)计算题(每小题 8 分,共 24 分)

(1) $\lim\limits_{x\to 0}\dfrac{\ln\cos x}{x-\ln(1+x)}$.

(2)设 $y=y(x)$ 是由方程 $\begin{cases} x=t\ln t,\\ y+\mathrm{e}^y=t \end{cases}$ 确定的函数,求 $\dfrac{\mathrm{d}y}{\mathrm{d}x}$.

(3)求函数 $f(x)=\dfrac{(\ln x)^2}{x}$ 的极值.

4)解答题

(1)设函数 $f(x)=\begin{cases} x^a\sin\dfrac{1}{x}, & x\neq 0,\\ 0, & x=0 \end{cases}$ (a 为实数),试在 a 取不同的值时,讨论 $f(x)$ 在点 $x=0$ 处的连续性及可导性.(8 分)

(2)设 $y=\dfrac{x}{(x-1)^2}$,求(1)函数的单调区间;(2)函数图形的凹凸区间及拐点;(3)渐近线.(12 分)

(3)设 $f'(x)$ 在 $[0,a]$ 上连续,且 $f(0)=0$,证明: $\left|\displaystyle\int_0^a f(x)\mathrm{d}x\right|\leqslant\dfrac{Ma^2}{2}$,其中 $M=\max\limits_{0\leqslant x\leqslant a}|f'(x)|$.(10 分)

(4)设函数 $f(x),g(x)$ 在 $[a,b]$ 上连续,在 (a,b) 内可导,且 $f(a)=f(b)=0$,证明:至少存在一点 $\xi\in(a,b)$,使得 $f'(\xi)+f(\xi)g'(\xi)=0$.(6 分)

三、参考答案

1.数学术语的英语表述

1)将下列基本概念翻译成英语

(1)derivative.　　　　　(2)derivative function.　　　　　(3)differential.

(4)differentiable.   (5)higher order derivative.   (6)monotonic Function.

(7)local extreme value.   (8)point of inflection.

2)本章重要概念和定理的英文定义

(1)Definition of derivative function: The derivative of the function $f(x)$ with respect to the variable x is the function $f'(x)$ whose value at x is $f'(x) = \lim\limits_{h \to 0} \dfrac{f(x+h)-f(x)}{h}$, provided the limit exists.

(2)The Mean Value Theorem: suppose $f(x)$ is continuous on a closed interval $[a,b]$ and differentiable on the interval's interior (a,b). Then there is at least one point ξ in (a,b) at which $\dfrac{f(b)-f(a)}{b-a} = f'(\xi)$.

2. 习题

(1) $\dfrac{1}{\sqrt{1+x^2}}\mathrm{d}x$.   (2)1.   (3)(D).   (4)(C).

(5) $\dfrac{\mathrm{d}y}{\mathrm{d}x} = \dfrac{2\sin t}{2(1-\cos t)} = \dfrac{\sin t}{1-\cos t}$,

$\dfrac{\mathrm{d}^2 y}{\mathrm{d}x^2} = \dfrac{\cos t(1-\cos t)-\sin t \cdot \sin t}{(1-\cos t)^2} \cdot \dfrac{1}{2(1-\cos t)} = -\dfrac{1}{2(1-\cos t)^2}$.

(6) $y = (3x+2)^{-1}$, $y' = -1 \cdot (3x+2)^{-2} \cdot 3$, $y'' = 1 \cdot 2(3x+2)^{-3} \cdot 3^2$,

$y^{(n)} = \dfrac{(-1)^n n!\, 3^n}{(3x+2)^{n+1}}$, $y^{(n)}(0) = \dfrac{(-1)^n n!\, 3^n}{2^{n+1}}$.

(7)原式 $= \lim\limits_{x \to 0} \dfrac{\tan x - x}{x^2 \tan x} = \lim\limits_{x \to 0} \dfrac{\tan x - x}{x^3} = \lim\limits_{x \to 0} \dfrac{\sec^2 x - 1}{3x^2} = \lim\limits_{x \to 0} \dfrac{\tan^2 x}{3x^2} = \dfrac{1}{3}$.

(8)令 $f(x) = \mathrm{e}^x - (1-2ax+x^2)$,则 $f'(x) = \mathrm{e}^x + 2a - 2x$, $f''(x) = \mathrm{e}^x - 2$, $f'''(x) = \mathrm{e}^x$. 令 $f''(x) = 0$,得 $x = \ln 2$,且 $f'''(\ln 2) = 2 > 0$,则 $f'(x)$ 在 $x = \ln 2$ 处取得唯一极小值,且为最小值.

故 $f'(x) > f'(\ln 2) = 2 + 2a - 2\ln 2 > 0 \Rightarrow f(x)$ 单增 $\Rightarrow f(x) > f(0) = 0$.

(9) $y' = \dfrac{3x^2(x-1)^2 - 2(x-1)x^3}{(x-1)^4} = \dfrac{x^2(x-3)}{(x-1)^3}$,得驻点 $x = 0$, $x = 3$.

$y'' = \dfrac{(3x^2-6x)(x-1)^3 - 3(x-1)^2(x^3-3x^2)}{(x-1)^6} = \dfrac{6x}{(x-1)^4}$.

列表得表 2-3.

表 2-3

x	$(-\infty,0)$	0	$(0,1)$	$(1,3)$	3	$(3,+\infty)$
y'	+	0	+	-	0	+
y''	-	0	+	+	+	+
y	凸增	拐点 $(0,0)$	凹增	凹减	极小值 27/4	凹增

则单增区间为 $(-\infty,1)$, $[3,+\infty)$,单减区间为 $(1,3)$;极小值为 $y(3) = 27/4$;凹区间为 $[0,1)$, $(1,+\infty)$,凸区间为 $(-\infty,0]$;拐点为 $(0,0)$.

$\lim\limits_{x \to 1} \dfrac{x^3}{(x-1)^2} = +\infty$,故 $x = 1$ 为垂直渐近线.

又因为 $a = \lim\limits_{x\to\infty} \dfrac{y}{x} = \lim\limits_{x\to\infty} \dfrac{x^2}{(x-1)^2} = 1$,

$$b = \lim_{x\to\infty}(y-x) = \lim_{x\to\infty}\left[\frac{x^3}{(x-1)^2} - x\right] = \lim_{x\to\infty}\frac{2x^2-x}{x^2-2x+1} = 2,$$

因此,斜渐近线为 $y = x+2$.

(10) $y\ln y - x + y = 0 \Rightarrow y' = \dfrac{1}{2+\ln y}$, $y'' = -\dfrac{1}{y(2+\ln y)^3}$, $y''(1) = -\dfrac{1}{8}$.

由于二阶导数 y'' 在 $x=1$ 附近是连续函数,由 $y''(1) = -\dfrac{1}{8}$ 可知在 $x=1$ 附近 $y''<0$,故曲线 $y=y(x)$ 在 $x=1$ 附近是凸的.

(11) $f(x)$ 在 $[-1,8]$ 上连续,在 $x=0$ 处不可导. 当 $x \neq 0$ 时, $f'(x) = 1 - x^{-2/3}$.

令 $f'(x) = 0$, 得驻点 $x_0 = 1$.

比较函数值 $f(-1) = 2$, $f(0) = 0$, $f(1) = -2$, $f(8) = 2$ 知, $f(x)$ 的最大值为 $f(-1) = f(8) = 2$, 最小值为 $f(1) = -2$.

(12) ①令 $F(x) = f(x) - 1 + x$, $F(x)$ 在 $[0,1]$ 上连续,且 $F(0) \cdot F(1) = -1 < 0$. 由零点定理可知必存在 $\xi \in (0,1)$, 使 $F(\xi) = 0$, 即 $f(\xi) = 1 - \xi$.

②根据拉格朗日中值定理,存在 $\eta_1 \in (0,\xi)$, $\eta_2 \in (\xi,1)$, 使得

$$f'(\eta_1) = \frac{f(\xi) - f(0)}{\xi} = \frac{1-\xi}{\xi},$$

$$f'(\eta_2) = \frac{f(1) - f(\xi)}{1-\xi} = \frac{\xi}{1-\xi},$$

由上面两式可得, $f'(\eta_1) \cdot f'(\eta_2) = 1$.

因此,存在两个不同的点 $\eta_1, \eta_2 \in (0,1)$, 使 $f'(\eta_1) \cdot f'(\eta_2) = 1$.

(13)证 设 $F(x) = f(x) - x$, 则 $F(x) \in C[0,1]$, 且 $F(0) = 0$, $F\left(\dfrac{1}{2}\right) = \dfrac{1}{2}$, $F(1) = -1$.

①因为 $F(x) \in C\left[\dfrac{1}{2},1\right]$, $F\left(\dfrac{1}{2}\right) = \dfrac{1}{2} > 0$, $F(1) = -1 < 0$. 故由零点定理可知:存在点 $\eta \in \left(\dfrac{1}{2},1\right)$, 使得 $F(\eta) = 0$.

②因为 $F(x) \in C[0,\eta]$, $F(x) \in D(0,\eta)$, $F(0) = F(\eta)$, 故由罗尔定理可知:存在点 $\xi \in (0,\eta) \subset (0,1)$, 使得 $F'(\xi) = 0$, 即 $f'(\xi) = 1$.

3. 测验题

1)(1) $100!$. (2) $-\dfrac{3}{2}, \dfrac{9}{2}$. (3) $y = 2x$. (4)$1, 0$. (5) $\dfrac{1}{\sqrt{x^4-x^2}}\mathrm{d}x$.

2)(1)(C). (2)(B). (3)(C). (4)(B). (5)(B).

3)(1) $\lim\limits_{x\to 0} \dfrac{\ln\cos x}{x - \ln(1+x)} = \lim\limits_{x\to 0} \dfrac{-\dfrac{\sin x}{\cos x}}{1 - \dfrac{1}{1+x}} = -\lim\limits_{x\to 0} \dfrac{\sin x}{x} \cdot \dfrac{1+x}{\cos x} = -1$.

(2)由 $y + e^y = t$ 得, $\dfrac{\mathrm{d}y}{\mathrm{d}t} + e^y \dfrac{\mathrm{d}y}{\mathrm{d}t} = 1$, $\dfrac{\mathrm{d}y}{\mathrm{d}t} = \dfrac{1}{1+e^y}$, 又 $\dfrac{\mathrm{d}x}{\mathrm{d}t} = 1 + \ln t$, 故

$$\frac{\mathrm{d}y}{\mathrm{d}x} = \frac{\dfrac{\mathrm{d}y}{\mathrm{d}t}}{\dfrac{\mathrm{d}x}{\mathrm{d}t}} = \frac{\dfrac{1}{1+\mathrm{e}^y}}{1+\ln t} = \frac{1}{(1+\ln t)(1+\mathrm{e}^y)}.$$

(3) $f'(x) = \dfrac{\ln x \cdot (2-\ln x)}{x^2} = 0 \Rightarrow x_1 = 1, x_2 = \mathrm{e}^2$. 列表如表 2—4 所示.

表 2—4

x	$(0,1)$	$x=1$	$(1,\mathrm{e}^2)$	$x=\mathrm{e}^2$	$(\mathrm{e}^2,+\infty)$
$f'(x)$	$-$	0	$+$	0	$-$
$f(x)$	单调减小	极小值 $f(1)=0$	单调增加	极大值 $f(\mathrm{e}^2)=\dfrac{4}{\mathrm{e}^2}$	单调减小

所以函数的极值分别为极小值 $f(1)=0$, 极大值 $f(\mathrm{e}^2)=\dfrac{4}{\mathrm{e}^2}$.

4)(1)①当 $a \leqslant 0$ 时, 极限 $\lim\limits_{x\to 0} f(x)$ 不存在, $f(x)$ 在点 $x=0$ 处不连续、不可导.

②当 $a > 0$ 时, $\lim\limits_{x\to 0} f(x) = \lim\limits_{x\to 0} |x|^a \sin\dfrac{1}{x} = 0 = f(0)$, 此时 $f(x)$ 在点 $x=0$ 处连续.

③当 $0 < a \leqslant 1$ 时, $\lim\limits_{x\to 0} \dfrac{f(x)-f(0)}{x-0} = \lim\limits_{x\to 0} \dfrac{|x|^a}{x} \sin\dfrac{1}{x}$, 该极限不存在, 此时 $f(x)$ 在 $x=0$ 处不可导.

④当 $a > 1$ 时, $\lim\limits_{x\to 0} \dfrac{f(x)-f(0)}{x-0} = \lim\limits_{x\to 0} \dfrac{|x|^a}{x} \sin\dfrac{1}{x} = 0$, $f(x)$ 在 $x=0$ 处可导, 且 $f'(x)=0$.

(2)当 $x \neq 1$ 时, 函数连续且可导. 当 $x \neq 1$ 时,

$$y' = \frac{(x-1)^2 - x \cdot 2x(x-1)}{(x-1)^4} = \frac{-(x+1)}{(x-1)^3}.$$

令 $y'=0$, 得驻点 $x_1 = -1$.

$$y'' = -\frac{(x-1)^3 - (x+1)\cdot 3(x-1)^2}{(x-1)^6} = \frac{2(x+2)}{(x-1)^4}.$$

令 $y''=0$, 得 $x_2 = -2$, 函数的特征如表 2—5 所示.

表 2—5

x	$(-\infty,-2)$	-2	$(-2,-1)$	-1	$(-1,1)$	$(1,+\infty)$
y'	$-$	$-$	$-$	0	$+$	$+$
y''	$-$	0	$+$	$+$	$+$	$+$
y	凸、减	拐点 $\left(-2,-\dfrac{2}{9}\right)$	凹、减	极小值 $-\dfrac{1}{4}$	凹、增	凹、减

因为 $\lim\limits_{x\to\infty} \dfrac{x}{(x-1)^2} = 0$, 所以 $y=0$ 为水平渐近线.

又因为 $\lim\limits_{x\to 1} \dfrac{x}{(x-1)^2} = \infty$, 所以 $x=1$ 为铅直渐近线. 无斜渐近线.

(3)由拉格朗日中值定理得 $f(x)-f(0) = f'(\xi)(x-0)$, 即 $f(x)=f'(\xi)x$, 其中 ξ 介于 0 与 x 之间. 则

$$\left| \int_0^a f(x)\mathrm{d}x \right| = \left| \int_0^a f'(\xi)x\,\mathrm{d}x \right| \leqslant \int_0^a |f'(\xi)x|\,\mathrm{d}x \leqslant \max_{0 \leqslant x \leqslant a} |f'(x)| \int_0^a x\,\mathrm{d}x = \frac{Ma^2}{2}.$$

(4)令 $F(x) = e^{g(x)} f(x)$，由已知条件，$F(x)$ 在 $[a,b]$ 上连续，在 (a,b) 内可导，且

$$F(a) = e^{g(a)} f(a) = 0, F(b) = e^{g(b)} f(b) = 0.$$

由罗尔定理知，至少存在一点 $\xi \in (a,b)$，使得 $F'(\xi) = 0.$ 而

$$F'(x) = e^{g(x)} \cdot g'(x) \cdot f(x) + e^{g(x)} \cdot f(x),$$

由 $F'(\xi) = 0$ 知，

$$e^{g(\xi)} \cdot g'(\xi) \cdot f(\xi) + e^{g(\xi)} \cdot f'(\xi) = 0,$$

即

$$f'(\xi) + f(\xi)g'(\xi) = 0.$$

第三章　一元函数积分学

第一节　教学大纲及知识结构图

一、教学大纲

1. 高等数学Ⅰ

1)学时分配

"一元函数积分学"(含不定积分和定积分)这一章授课学时建议**24学时**:其中不定积分的概念与性质(2学时);不定积分的第一类换元法(2学时);不定积分的第二类换元法(2学时);不定积分的分部积分法(2学时);有理函数的积分(2学时);定积分的概念与性质(2学时);微积分基本公式(2学时);定积分的换元积分法(4学时);定积分的分部积分法(2学时);反常积分(2学时);习题课(2学时).

2)目的与要求

学习本章的目的是使学生理解不定积分与定积分的概念,掌握不定积分与定积分的性质,能熟练运用换元积分法和分部积分法计算不定积分与定积分,会求几种特殊类型的积分以及反常积分.本章知识的基本要求是:

(1)理解原函数与不定积分的概念,掌握不定积分的基本公式,掌握不定积分的性质.

(2)掌握不定积分的第一类换元积分法,能熟练利用不定积分的第一类换元积分法计算不定积分.

(3)掌握不定积分的第二类换元积分法,能熟练利用不定积分的第二类换元积分法计算不定积分.

(4)掌握不定积分的分部积分法,能熟练利用不定积分的分部积分法计算不定积分.

(5)能求有理函数、三角函数有理式和简单无理函数的不定积分.

(6)理解定积分的定义,掌握定积分的性质,了解函数可积的条件.

(7)理解积分上限的函数的定义与性质,能求积分上限的函数的导数,熟练掌握牛顿—莱布尼茨(Newton - Leibniz)公式.

(8)掌握定积分的换元积分法,能熟练利用定积分的换元积分法计算定积分.

(9)掌握定积分的分部积分法,能熟练利用定积分的分部积分法计算定积分.

(10)理解反常(或广义)积分的概念,能判定反常积分的敛散性,并能计算收敛的反常积分的值.

3)重点和难点

(1)重点:积分上限的函数及其求导定理,牛顿—莱布尼茨公式,不定积分、定积分的换元积分法、分部积分法,不定积分与定积分的计算.

(2)难点:积分上限的函数的求导,不定积分与定积分的计算,有理函数的积分,反常积分敛散性的判定.

2. 高等数学 II

1)学时分配

"一元函数积分学"(含不定积分和定积分)这一章授课学时建议 **26 学时**:其中定积分的概念与性质(2 学时);微积分基本公式(2 学时);不定积分的概念与性质(2 学时);换元积分法(11 学时);分部积分法(3 学时);反常积分(2 学时);习题课和单元测验(4 学时).

2)目的与要求

学习本章的目的是使学生理解不定积分与定积分的概念,掌握不定积分与定积分的性质,能熟练运用换元积分法和分部积分法计算不定积分与定积分,会求几种特殊类型的积分以及反常积分.本章知识的基本要求是:

(1)理解原函数和不定积分的概念,掌握不定积分的基本公式和性质.

(2)理解定积分的概念,掌握定积分的性质及定积分中值定理.

(3)理解积分上限的函数的概念,能求它的导数,熟练掌握牛顿—莱布尼茨(Newton - Leibniz)公式.

(4)熟练掌握换元积分法,能熟练利用换元积分法计算不定积分与定积分.

(5)熟练掌握分部积分法,能熟练利用分部积分法计算不定积分与定积分.

(6)能求有理函数、三角函数有理式和简单无理函数这几种特殊类型的积分.

(7)了解反常(或广义)积分的概念,会求反常积分.

3)重点和难点

(1)重点:积分上限的函数及其求导定理,牛顿—莱布尼茨公式,不定积分、定积分的换元积分法、分部积分法,不定积分与定积分的计算.

(2)难点:积分上限的函数的求导,不定积分与定积分的计算,有理函数的积分.

3. 高等数学 III

1)学时分配

"一元函数积分学"(含不定积分和定积分)这一章授课学时建议 **24 学时**:其中定积分的概念与性质(2 学时);微积分基本公式(2 学时);不定积分的概念与性质(2 学时);换元积分法(8 学时);分部积分法(4 学时);有理函数的积分(2 学时);反常积分(2 学时);习题课(2 学时).

2)目的与要求

学习本章的目的是使学生理解不定积分与定积分的概念,掌握不定积分与定积分的性质,能熟练运用换元积分法和分部积分法计算不定积分与定积分,会求几种特殊类型的积分以及反常积分.本章知识的基本要求是:

(1)理解定积分的概念,掌握定积分的性质,了解函数可积的条件.

(2)理解积分上限的函数的概念,能求它的导数,熟练掌握牛顿—莱布尼茨(Newton - Leibniz)公式.

(3)理解原函数和不定积分的概念,掌握不定积分的基本公式,掌握不定积分的性质.

(4)熟练掌握换元积分法,能熟练利用换元积分法计算不定积分与定积分.

(5)熟练掌握分部积分法,能熟练利用分部积分法计算不定积分与定积分.

(6)能求有理函数、三角函数有理式和简单无理函数的积分.

(7)了解反常(或广义)积分的概念,能判定简单反常积分的敛散性,并能计算收敛的反常积分的值.

3)重点和难点

（1）重点：积分上限的函数及其求导定理，牛顿－莱布尼茨公式，不定积分、定积分的换元积分法、分部积分法，不定积分与定积分的计算.

（2）难点：积分上限的函数的求导，不定积分与定积分的计算，有理函数的积分.

二、知识结构图

高等数学Ⅰ、Ⅱ、Ⅲ的知识结构图如图3－1所示。

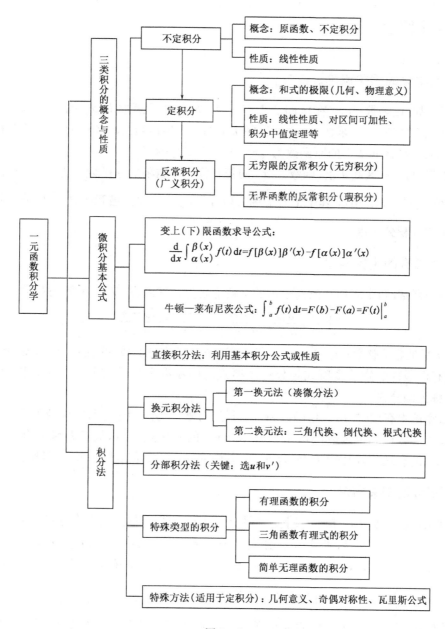

图 3－1
"$A{\rightarrow}B$" 表示由"A"推广可得到"B".

第二节 内 容 提 要

一元函数积分学包括不定积分和定积分. 不定积分讨论的是微分问题的反问题, 即要寻求一个可导函数, 使它的导函数等于已知函数; 定积分的概念由实际问题抽象出来, 它与不定积分有密切的内在联系(通过微积分基本公式揭示). 下面总结和归纳了它们的基本概念、基本性质、基本方法及一些典型方法.

一、基本概念

1. 不定积分的相关概念

(1)原函数. 设函数 $f(x)$ 在区间 I 上有定义, 如果可导函数 $F(x)$ 满足 $F'(x) = f(x)$, $x \in I$, 则称函数 $F(x)$ 为函数 $f(x)$ 在区间 I 上的一个原函数. 设 $f(x)$ 在区间 I 上有原函数 $F(x)$, 则 $f(x)$ 在区间 I 上的原函数为 $\{F(x) + C \mid C \in \mathbf{R}\}$.

(2)不定积分. 在区间 I 上, 函数 $f(x)$ 的带有任意常数项的原函数称为 $f(x)$ 在区间 I 上的**不定积分**, 记作 $\int f(x)\mathrm{d}x$, 其中记号 $\int$ 称为**积分号**, $f(x)$ 称为**被积函数**, $f(x)\mathrm{d}x$ 称为**被积表达式**, x 称为**积分变量**.

2. 有理函数的相关概念

(1)有理函数. 两个多项式的商表示的函数称之为**有理函数**, 又称**有理分式**, 即

$$\frac{P(x)}{Q(x)} = \frac{a_0 x^n + a_1 x^{n-1} + \cdots + a_{n-1} x + a_n}{b_0 x^m + b_1 x^{m-1} + \cdots + b_{m-1} x + b_m},$$

其中 m、n 都是非负整数; $a_0, a_1, \cdots, a_n$ 及 $b_0, b_1, \cdots, b_m$ 都是实数, 并且 $a_0 \neq 0$, $b_0 \neq 0$.

假定有理函数中分子多项式与分母多项式之间没有公因式, 当 $n < m$ 时称为**真分式**, $n \geqslant m$ 时称为**假分式**.

(2)三角函数有理式. 由三角函数和常数经过有限次的四则运算所构成的函数称为**三角函数有理式**. 由于各种三角函数都可用 $\sin x$ 及 $\cos x$ 的有理式表示, 故三角函数有理式也就是 $\sin x$ 及 $\cos x$ 的有理式, 记作 $R(\sin x, \cos x)$, 其中 $R(u,v)$ 表示 u 和 v 两个变量的有理式.

3. 定积分的相关概念

(1)定义. 设函数 $f(x)$ 在 $[a,b]$ 上有界, 在 $[a,b]$ 中任意插入若干个分点 $a = x_0 < x_1 < x_2 < \cdots < x_{n-1} < x_n = b$, 把 $[a,b]$ 分成 n 个小区间 $[x_0, x_1], [x_1, x_2], \cdots, [x_{n-1}, x_n]$, 令 $\Delta x_i = x_i - x_{i-1}, i = 1, 2, \cdots, n; \lambda = \max\{\Delta x_1, \Delta x_2, \cdots, \Delta x_n\}$, 任取 $\xi_i \in [x_{i-1}, x_i], i = 1, 2, \cdots, n$, 作和式 $\sum_{i=1}^{n} f(\xi_i)\Delta x_i$. 如果不论对区间 $[a,b]$ 怎样划分, 也不论在小区间 $[x_{i-1}, x_i]$ 上点 ξ_i 怎样选取, 只要当最大子区间的长度 $\lambda \to 0$ 时, 上述和式的极限存在, 则称此极限为函数 $f(x)$ 在 $[a,b]$ 上的**定积分**, 此时也称 $f(x)$ 在 $[a,b]$ 上**可积**, 记为 $\int_a^b f(x)\mathrm{d}x$, 即

$$\int_a^b f(x)\mathrm{d}x = \lim_{\lambda \to 0}\sum_{i=1}^n f(\xi_i)\Delta x_i,$$

其中 $f(x)$ 称为**被积函数**，$f(x)\mathrm{d}x$ 称为**被积表达式**，x 称为**积分变量**，a 称为**积分下限**，b 称为**积分上限**，$[a,b]$ 称为**积分区间**.

特别注意：

①$[a,b]$ 划分的细密程度不能仅由分点个数的大小或 n 的大小来确定. 因为尽管 n 很大，每一个子区间的长度却不一定都很小. 所以在求和式的极限时，必须要求最大子区间的长度 $\lambda \to 0$，这时当然有 $n \to \infty$.

②$[a,b]$ 的划分与 $[x_{i-1},x_i]$ 上 ξ_i 的选取是任意的，作和时会产生无穷多个和数. 定义要求，无论区间怎样划分，ξ_i 怎样选取，当最大子区间的长度 $\lambda \to 0$ 时，所有的和式都趋于同一个极限. 这时，我们才说定积分存在.

③$\int_a^b f(x)\mathrm{d}x$ 仅与 $f(x)$、$[a,b]$ 有关，而与积分变量的记法无关，即

$$\int_a^b f(x)\mathrm{d}x = \int_a^b f(u)\mathrm{d}u = \int_a^b f(t)\mathrm{d}t.$$

(2)定积分的几何意义. $\int_a^b f(x)\mathrm{d}x$ 的值等于由曲线 $y = f(x)$ 与直线 $x = a$、$x = b(a < b)$ 及 $y = 0$ 围成的曲边梯形的**面积的代数和**.

(3)定积分存在的条件. $f(x)$ 在 $[a,b]$ 上可积，如果下列条件之一成立：
① $f(x) \in C[a,b]$；
② $f(x)$ 在 $[a,b]$ 上只有有限个间断点，且有界；
③ $f(x)$ 为 $[a,b]$ 上的单调有界函数.

(4)函数 $f(x)$ 在区间 $[a,b]$ 上的平均值. $\dfrac{1}{b-a}\int_a^b f(x)\mathrm{d}x$

(5)积分上限的函数（变上限定积分）. 如果对任意 $x \in [a,b]$，定积分 $\int_a^x f(t)\mathrm{d}t$ 存在，那么称函数 $F(x) = \int_a^x f(t)\mathrm{d}t$ 为**积分上限的函数**，此时也称定积分 $\int_a^x f(t)\mathrm{d}t$ 为**变上限定积分**.

注：在 $\int_a^x f(t)\mathrm{d}t$ 中，x 是积分上限，它在 $[a,b]$ 上变化，而 t 是积分变量，它在 $[a,x]$ 上变化.

4. 反常积分（广义积分）的概念

1)无穷限的反常积分

(1)$\int_a^{+\infty} f(x)\mathrm{d}x$. 设函数 $f(x)$ 在 $[a,+\infty)$ 内连续，任取 $b > a$. 如果极限 $\lim\limits_{b \to +\infty}\int_a^b f(x)\mathrm{d}x$ 存在，那么称此极限为函数 $f(x)$ 在无穷区间 $[a,+\infty)$ 上的**反常积分**，记作 $\int_a^{+\infty} f(x)\mathrm{d}x$，即

$$\int_a^{+\infty} f(x)\mathrm{d}x = \lim_{b \to +\infty}\int_a^b f(x)\mathrm{d}x.$$

这时也称反常积分 $\int_a^{+\infty} f(x)\mathrm{d}x$ **收敛**；否则，称反常积分 $\int_a^{+\infty} f(x)\mathrm{d}x$ **发散**，这时记号 $\int_a^{+\infty} f(x)\mathrm{d}x$ 不再表示数值了.

(2)$\int_{-\infty}^b f(x)\mathrm{d}x$. 设函数 $f(x)$ 在 $(-\infty,b]$ 内连续，任取 $a < b$. 如果极限 $\lim\limits_{a \to -\infty}\int_a^b f(x)\mathrm{d}x$

存在,那么称此极限为 $f(x)$ 在无穷区间 $(-\infty,b]$ 上的**反常积分**,记作 $\int_{-\infty}^{b} f(x)\mathrm{d}x$,即

$$\int_{-\infty}^{b} f(x)\mathrm{d}x = \lim_{a\to-\infty}\int_{a}^{b} f(x)\mathrm{d}x.$$

这时也称反常积分 $\int_{-\infty}^{b} f(x)\mathrm{d}x$ **收敛**;否则,称反常积分 $\int_{-\infty}^{b} f(x)\mathrm{d}x$ **发散**,这时记号 $\int_{-\infty}^{b} f(x)\mathrm{d}x$ 不再表示数值了.

(3) $\int_{-\infty}^{+\infty} f(x)\mathrm{d}x$. 设函数 $f(x)$ 在区间 $(-\infty,+\infty)$ 内连续,如果 $\int_{-\infty}^{0} f(x)\mathrm{d}x$ 和 $\int_{0}^{+\infty} f(x)\mathrm{d}x$ 都收敛,那么称上述两反常积分之和为函数 $f(x)$ 在无穷区间 $(-\infty,+\infty)$ 上的**反常积分**,记作 $\int_{-\infty}^{+\infty} f(x)\mathrm{d}x$,即

$$\int_{-\infty}^{+\infty} f(x)\mathrm{d}x = \int_{-\infty}^{0} f(x)\mathrm{d}x + \int_{0}^{+\infty} f(x)\mathrm{d}x = \lim_{t\to-\infty}\int_{t}^{0} f(x)\mathrm{d}x + \lim_{\tau\to+\infty}\int_{0}^{\tau} f(x)\mathrm{d}x.$$

这时也称反常积分 $\int_{-\infty}^{+\infty} f(x)\mathrm{d}x$ **收敛**;否则,称反常积分 $\int_{-\infty}^{+\infty} f(x)\mathrm{d}x$ **发散**,这时记号 $\int_{-\infty}^{+\infty} f(x)\mathrm{d}x$ 不再表示数值了.

上述反常积分统称为**无穷限的反常积分**.

2)无界函数的反常积分

(1) $\int_{a}^{b} f(x)\mathrm{d}x$（ a **为瑕点**）. 设函数 $f(x)$ 在 $(a,b]$ 内连续,而在点 a 的右邻域内无界(此时称点 a 为 $f(x)$ 的**瑕点**). 任取 $t>a$,如果极限 $\lim_{t\to a^+}\int_{t}^{b} f(x)\mathrm{d}x$ 存在,那么称此极限为函数 $f(x)$ 在区间 $(a,b]$ 上的**反常积分**,仍然记作 $\int_{a}^{b} f(x)\mathrm{d}x$,即

$$\int_{a}^{b} f(x)\mathrm{d}x = \lim_{t\to a^+}\int_{t}^{b} f(x)\mathrm{d}x.$$

这时也称反常积分 $\int_{a}^{b} f(x)\mathrm{d}x$ **收敛**;否则,称反常积分 $\int_{a}^{b} f(x)\mathrm{d}x$ **发散**.

(2) $\int_{a}^{b} f(x)\mathrm{d}x$（ b **为瑕点**）. 设函数 $f(x)$ 在 $[a,b)$ 内连续,而在点 b 的左邻域内无界(此时称点 b 为 $f(x)$ 的**瑕点**). 任取 $t<b$,如果极限 $\lim_{t\to b^-}\int_{a}^{t} f(x)\mathrm{d}x$ 存在,那么称此极限为 $f(x)$ 在区间 $[a,b)$ 上的**反常积分**,仍然记作 $\int_{a}^{b} f(x)\mathrm{d}x$,即

$$\int_{a}^{b} f(x)\mathrm{d}x = \lim_{t\to b^-}\int_{a}^{t} f(x)\mathrm{d}x.$$

这时也称反常积分 $\int_{a}^{b} f(x)\mathrm{d}x$ **收敛**;否则,称反常积分 $\int_{a}^{b} f(x)\mathrm{d}x$ **发散**.

(3) $\int_{a}^{b} f(x)\mathrm{d}x$（**瑕点在积分区间内部**）. 设 $f(x)$ 在 $[a,c)\bigcup(c,b]$ 内连续,点 c 为 $f(x)$ 的**瑕点**. 如果 $\int_{a}^{c} f(x)\mathrm{d}x$ 和 $\int_{c}^{b} f(x)\mathrm{d}x$ 都收敛,则称上述两反常积分之和为函数 $f(x)$ 在区间

$[a,b]$ 上的**反常积分**,记作 $\int_a^b f(x)\mathrm{d}x$,即

$$\int_a^b f(x)\mathrm{d}x = \int_a^c f(x)\mathrm{d}x + \int_c^b f(x)\mathrm{d}x = \lim_{t\to c^-}\int_a^t f(x)\mathrm{d}x + \lim_{\tau\to c^+}\int_t^b f(x)\mathrm{d}x.$$

这时也称反常积分 $\int_a^b f(x)\mathrm{d}x$ **收敛**;否则,称反常积分 $\int_a^b f(x)\mathrm{d}x$ **发散**,这时记号 $\int_a^b f(x)\mathrm{d}x$ 不再表示数值了.

上述反常积分统称为无界函数的反常积分.

二、基本性质

1. 不定积分的性质

(1)被积函数的可加性. 设 $f(x)$ 和 $g(x)$ 在区间 I 上都有原函数,则 $f(x)+g(x)$ 在区间 I 上有原函数,且

$$\int[f(x)+g(x)]\mathrm{d}x = \int f(x)\mathrm{d}x + \int g(x)\mathrm{d}x.$$

(2)数乘性质. 设 $f(x)$ 在区间 I 上有原函数,k 为非零常数,则 $kf(x)$ 在区间 I 上有原函数,且

$$\int kf(x)\mathrm{d}x = k\int f(x)\mathrm{d}x.$$

注:(1)和(2)统称为线性性质.

2. 有理函数积分的性质

(1)假分式总可以化成一个多项式和一个真分式之和的形式. 例如,利用多项式除法,$\dfrac{x^3+x+1}{x^2+1} = x + \dfrac{1}{x^2+1}$. 因此,我们仅讨论真分式的积分.

(2)真分式可化为下列部分分式(简单分式)之和的形式. 四种简单分式为:

① $\dfrac{A}{x-a}$; ② $\dfrac{A}{(x-a)^n}$; ③ $\dfrac{Ax+B}{x^2+px+q}$; ④ $\dfrac{Ax+B}{(x^2+px+q)^n}$;

其中 A,B,a,p,q 是常数,且 $p^2-4q<0$.

(3)简单分式必可积. 例如

$$\int \frac{A\mathrm{d}x}{(x-a)^n} = \frac{A}{1-n}(x-a)^{1-n} + C.$$

注:有理函数积分的难点是如何将有理函数真分式化为部分分式之和的形式.

3. 定积分的基本性质

规定: $\int_a^a f(x)\mathrm{d}x = 0$, $\int_a^b f(x)\mathrm{d}x = -\int_b^a f(x)\mathrm{d}x$.

假定下述性质中涉及的定积分均存在.

(1)被积函数的可加性. $\int_a^b [f(x)\pm g(x)]\mathrm{d}x = \int_a^b f(x)\mathrm{d}x \pm \int_a^b g(x)\mathrm{d}x.$

(2)数乘性质. $\int_a^b kf(x)\mathrm{d}x = k\int_a^b f(x)\mathrm{d}x$，其中 k 为常数.

注：(1)和(2)统称为线性性质.

(3)积分区间的可加性. $\int_a^b f(x)\mathrm{d}x = \int_a^c f(x)\mathrm{d}x + \int_c^b f(x)\mathrm{d}x$.

(4)不等式性质. 如果 $a < b$，那么：

①当 $f(x) \geqslant 0, \forall x \in [a,b]$ 时，则 $\int_a^b f(x)\mathrm{d}x \geqslant 0$.

②当 $f(x) \leqslant g(x), \forall x \in [a,b]$ 时，则 $\int_a^b f(x)\mathrm{d}x \leqslant \int_a^b g(x)\mathrm{d}x$.

③ $\left|\int_a^b f(x)\mathrm{d}x\right| \leqslant \int_a^b |f(x)|\mathrm{d}x$.

④设 M 和 m 分别为 $f(x)$ 在 $[a,b]$ 上的最大值和最小值，则
$$m(b-a) \leqslant \int_a^b f(x)\mathrm{d}x \leqslant M(b-a).$$

(5)积分中值定理.

①如果 $f(x) \in C_{[a,b]}$，则至少存在 $\xi \in [a,b]$，使得 $\int_a^b f(x)\mathrm{d}x = f(\xi)(b-a)$.

②如果 $f(x) \in C_{[a,b]}, g(x) \in C_{[a,b]}$，且 $g(x)$ 在 $[a,b]$ 上不变号，则至少存在 $\xi \in [a,b]$，使得 $\int_a^b f(x)g(x)\mathrm{d}x = f(\xi)\int_a^b g(x)\mathrm{d}x$（该性质本科教学不要求，仅作考研要求）.

4. 定积分的特殊性质

1)奇偶函数在对称性区间上积分的性质（简称奇偶对称性）

(1)设函数 $f(x)$ 在 $[-a,a]$ 上连续，且 $f(x)$ 为偶函数，则 $\int_{-a}^a f(x)\mathrm{d}x = 2\int_0^a f(x)\mathrm{d}x$.

(2)设函数 $f(x)$ 在 $[-a,a]$ 上连续，且 $f(x)$ 为奇函数，则 $\int_{-a}^a f(x)\mathrm{d}x = 0$.

2)周期函数的积分性质

设 $f(x)$ 是周期为 T 的连续函数，则：

(1) $\int_a^{a+T} f(x)\mathrm{d}x = \int_0^T f(x)\mathrm{d}x$；

(2) $\int_a^{a+nT} f(x)\mathrm{d}x = n\int_0^T f(x)\mathrm{d}x, n \in \mathbf{N}.$

3)瓦里斯公式

$$I_n = \int_0^{\frac{\pi}{2}} \sin^n x\,\mathrm{d}x = \int_0^{\frac{\pi}{2}} \cos^n x\,\mathrm{d}x = \begin{cases} \dfrac{n-1}{n} \cdot \dfrac{n-3}{n-2} \cdot \cdots \cdot \dfrac{3}{4} \cdot \dfrac{1}{2} \cdot \dfrac{\pi}{2}, & n\text{ 为正偶数}, \\[2mm] \dfrac{n-1}{n} \cdot \dfrac{n-3}{n-2} \cdot \cdots \cdot \dfrac{4}{5} \cdot \dfrac{2}{3}, & n\text{ 为大于 1 的正奇数}. \end{cases}$$

4)其他结论

若 $f(x)$ 在 $[0,1]$ 上连续，则：

(1) $\int_0^{\frac{\pi}{2}} f(\sin x)\mathrm{d}x = \int_0^{\frac{\pi}{2}} f(\cos x)\mathrm{d}x$；　　　　(2) $\int_0^{\pi} xf(\sin x)\mathrm{d}x = \dfrac{\pi}{2}\int_0^{\pi} f(\sin x)\mathrm{d}x$.

5. 微积分基本公式的相关性质

1）变限定积分求导公式

设函数 $f(x)$ 在 $[a,b]$ 上连续，函数 $\alpha(x)$ 和 $\beta(x)$ 在 $[c,d]$ 上可导，且 $\alpha(x)$，$\beta(x) \in [a,b]$，则函数 $F(x) = \int_{\alpha(x)}^{\beta(x)} f(t)\mathrm{d}t$ 在 $[c,d]$ 上可导，且

$$\frac{\mathrm{d}F(x)}{\mathrm{d}x} = \frac{\mathrm{d}}{\mathrm{d}x}\int_{\alpha(x)}^{\beta(x)} f(t)\mathrm{d}t = f[\beta(x)]\beta'(x) - f[\alpha(x)]\alpha'(x).$$

注：(1) 令 $\alpha(x) = a$，$\beta(x) = x$，则 $\dfrac{\mathrm{d}F(x)}{\mathrm{d}x} = \dfrac{\mathrm{d}}{\mathrm{d}x}\int_a^x f(t)\mathrm{d}t = f(x)$，$x \in [a,b]$.

(2) 令 $\alpha(x) = x$，$\beta(x) = b$，则 $\dfrac{\mathrm{d}F(x)}{\mathrm{d}x} = \dfrac{\mathrm{d}}{\mathrm{d}x}\int_x^b f(t)\mathrm{d}t = -f(x)$，$x \in [a,b]$.

(3) 积分上限函数 $\int_a^x f(t)\mathrm{d}t$ 的三个性质分别为连续性、可导性和奇偶性.

①连续性：若 $f(x)$ 在 $[a,b]$ 上可积，则 $F(x) = \int_a^x f(t)\mathrm{d}t$ 在 $[a,b]$ 上连续.

②可导性：若 $f(x)$ 在 $[a,b]$ 上连续，则 $F(x) = \int_a^x f(t)\mathrm{d}t$ 在 $[a,b]$ 上可导.

③奇偶性：设 $f(x)$ 在 $[a,b]$ 上连续，若 $f(x)$ 是奇函数，则 $F(x) = \int_a^x f(t)\mathrm{d}t$ 是偶函数；若 $f(x)$ 是偶函数，则 $F(x) = \int_a^x f(t)\mathrm{d}t$ 是奇函数.

2）原函数存在定理

设函数 $f(x)$ 在 $[a,b]$ 上连续，则 $\Phi(x) = \int_a^x f(t)\mathrm{d}t$ 为 $f(x)$ 在 $[a,b]$ 上的一个原函数.

3）牛顿—莱布尼兹公式

设函数 $f(x)$ 在 $[a,b]$ 上连续，$F(x)$ 为 $f(x)$ 在 $[a,b]$ 上的一个原函数，则

$$\int_a^b f(t)\mathrm{d}t = F(b) - F(a) = F(t)\Big|_a^b.$$

三、基本方法

1. 计算不定积分的方法

1）分项积分法

我们常把一个复杂的函数分解成几个简单的函数之和，例如：$f(x) = k_1 g_1(x) + k_2 g_2(x)$，若能求出右端两个函数的积分，就能应用不定积分的基本性质

$$\int f(x)\mathrm{d}x = k_1\int g_1(x)\mathrm{d}x + k_2\int g_2(x)\mathrm{d}x$$

求出 $f(x)$ 的不定积分，这就是分项积分法. 对定积分也有类似的分项积分法.

2）第一类换元法（凑微分法）

设 $f(u)$ 具有原函数 $F(u)$，$u = \varphi(x)$ 可导，则有

$$\int f[\varphi(x)]\varphi'(x)\,\mathrm{d}x = \int f[\varphi(x)]\mathrm{d}\varphi(x) = \left[\int f(u)\mathrm{d}u\right]_{u=\varphi(x)}$$
$$= [F(u)]_{u=\varphi(x)} + C = F[\varphi(x)] + C.$$

注:上式中,第一个等式是凑微分过程;第二个等式是换元 $u = \varphi(x)$,也就是将积分变量 x 换成 u;第三个等式是求原函数,实际上就是 $\int f[\varphi(x)]\varphi'(x)\mathrm{d}x$ 不容易求,而 $\left[\int f(u)\mathrm{d}u\right]$ 容易求,所以先求出后一个不定积分;最后再将变量 u 还原成 x 的形式.

需要注意的是,通常遇到的问题是求 $\int g(x)\mathrm{d}x$,而其中的被积函数并未表示成 $f[\varphi(x)]\varphi'(x)$ 的形式.这时,需要根据 $g(x)$ 的特点,选择合适的函数 $\varphi(x)$,把 $g(x)$ 分拆成 $f[\varphi(x)]$ 与 $\varphi'(x)$ 的乘积. 常用的凑微分公式如下:

① $\int f(ax+b)\mathrm{d}x = \dfrac{1}{a}\int f(ax+b)\mathrm{d}(ax+b)$ $(a \neq 0)$,

② $\int f(ax^n+b)x^{n-1}\mathrm{d}x = \dfrac{1}{an}\int f(ax^n+b)\mathrm{d}(ax^n+b)$ $(a \neq 0, n \neq 0)$,

③ $\int f\left(\dfrac{1}{x}\right)\dfrac{1}{x^2}\mathrm{d}x = -\int f\left(\dfrac{1}{x}\right)\mathrm{d}\left(\dfrac{1}{x}\right)$,

$\int f\left(\dfrac{1}{\sqrt{x}}\right)\dfrac{1}{\sqrt{x}}\mathrm{d}x = 2\int f\left(\dfrac{1}{\sqrt{x}}\right)\mathrm{d}(\sqrt{x})$,

④ $\int f(\ln x)\dfrac{1}{x}\mathrm{d}x = \int f(\ln x)\mathrm{d}(\ln x)$,

⑤ $\int f(\mathrm{e}^{ax})\mathrm{e}^{ax}\mathrm{d}x = \dfrac{1}{a}\int f(\mathrm{e}^{ax})\mathrm{d}(\mathrm{e}^{ax})$ $(a \neq 0)$,

⑥ $\int f(\sin x)\cos x\mathrm{d}x = \int f(\sin x)\mathrm{d}(\sin x)$,

$\int f(\cos x)\sin x\mathrm{d}x = -\int f(\cos x)\mathrm{d}(\cos x)$,

⑦ $\int f(\tan x)\sec^2 x\mathrm{d}x = \int f(\tan x)\dfrac{1}{\cos^2 x}\mathrm{d}x = \int f(\tan x)\mathrm{d}(\tan x)$,

$\int f(\cot x)\csc^2 x\mathrm{d}x = \int f(\cot x)\dfrac{1}{\sin^2 x}\mathrm{d}x = -\int f(\cot x)\mathrm{d}(\cot x)$,

⑧ $\int f(\sec x)\sec x\tan x\mathrm{d}x = \int f(\sec x)\mathrm{d}(\sec x)$,

$\int f(\csc x)\csc x\cot x\mathrm{d}x = -\int f(\csc x)\mathrm{d}(\csc x)$,

⑨ $\int f(\arcsin x)\dfrac{1}{\sqrt{1-x^2}}\mathrm{d}x = \int f(\arcsin x)\mathrm{d}(\arcsin x)$,

$\int f(\arctan x)\dfrac{1}{1+x^2}\mathrm{d}x = \int f(\arctan x)\mathrm{d}(\arctan x)$,

⑩ $\int f(\sqrt{1+x^2})\dfrac{x}{\sqrt{1+x^2}}\mathrm{d}x = \int f(\sqrt{1+x^2})\mathrm{d}\sqrt{1+x^2}$,

$\int f(\sqrt{1-x^2})\dfrac{-x}{\sqrt{1-x^2}}\mathrm{d}x = \int f(\sqrt{1-x^2})\mathrm{d}\sqrt{1-x^2}$.

3)第二类换元法

设 $x = \varphi(t)$ 为单调、可导函数,且 $\varphi'(t) \neq 0, f(\varphi(t))\varphi'(t)$ 具有原函数,则

$$\int f(x)\mathrm{d}x = \left[\int f[\varphi(t)]\varphi'(t)\mathrm{d}t\right]_{t=\varphi^{-1}(x)}.$$

其中 $t = \varphi^{-1}(x)$ 是 $x = \varphi(t)$ 的反函数.

注:第二类换元法的关键是作变量的一个适当代换 $x = \varphi(t)$,且 $f[\varphi(t)]\varphi'(t)$ 的原函数易求. 第二类换元法常用的变量代换有三角代换、倒代换、根式代换.

(1)三角代换. 其目的是化掉根式,一般规律如下:当被积函数中含有

① $\sqrt{a^2-x^2}(a>0)$,可令 $x = a\sin t, -\dfrac{\pi}{2} < t < \dfrac{\pi}{2}$;

② $\sqrt{a^2+x^2}(a>0)$,可令 $x = a\tan t, -\dfrac{\pi}{2} < t < \dfrac{\pi}{2}$;

③ $\sqrt{x^2-a^2}(a>0)$,可令 $x = \pm a\sec t, 0 < t < \dfrac{\pi}{2}$.

注意适当选取 t 的范围,使 $x = \varphi(t)$ 单调可导且 $\varphi'(t) \neq 0$.

(2)倒代换. 令 $x = \dfrac{1}{t}$.

(3)根式代换. 被积函数由 $\sqrt[n]{ax+b}(a\neq 0)$ 或 $\sqrt[n]{\dfrac{ax+b}{cx+d}},(a,c\neq 0)$ 构成,令 $\sqrt[n]{ax+b} = t$ 或 $\sqrt[n]{\dfrac{ax+b}{cx+d}} = t$.

4)分部积分法

设 $u(x)$ 和 $v(x)$ 是可导函数,且 $\int u'(x)v(x)\mathrm{d}x$ 存在,则 $\int u(x)v'(x)\mathrm{d}x$ 存在,且

$$\int u(x)v'(x)\mathrm{d}x = u(x)v(x) - \int u'(x)v(x)\mathrm{d}x.$$

注:(1)被积函数中含有两种不同类型的基本初等函数(或它们的复合函数)相乘时,一般要用分部积分法来求积分.

(2)应用公式时,关键是恰当选择 u 和 v',而选择的原则是:① v 易求;② $\int v\mathrm{d}u$ 要比 $\int u\mathrm{d}v$ 容易积分. 选择 u 和 v' 的一般技巧是:可按"反三角函数、对数函数、幂函数、三角函数、指数函数"的顺序把排在前面的那类函数选作 u,而把排在后面的那类函数选作 v'. 注意这种选择技巧并不是绝对不变的,例如当被积函数是三角函数与指数函数乘积时,既可以把三角函数选作 u,也可以把指数函数选作 u.

(3)分部积分的方法和过程相当灵活,有时要通过多次分部积分才能求得最终结果,有时需兼用换元法,而首要的条件是要熟记一些常见的凑微分公式.

2. 几种特殊类型函数积分的方法

1)有理函数的积分

根据有理函数积分的性质,假分式可分解为多项式和真分式之和的形式,多项式积分易求,所以有理函数积分关键问题是真分式的积分. 真分式需要进一步分解为简单分式之和的形式,**真分式化为部分分式之和的一般规律为**:

(1)分母中若有因式 $(x-a)^k$,则分解后为

$$\frac{A_1}{(x-a)^k} + \frac{A_2}{(x-a)^{k-1}} + \cdots + \frac{A_k}{x-a},\text{其中 } A_1, A_2, \cdots, A_k \text{ 都是常数.}$$

特殊地：$k = 1$，分解后为 $\dfrac{A}{x-a}$.

（2）分母中若有因式 $(x^2 + px + q)^k$，其中 $p^2 - 4q < 0$，则分解后为

$$\frac{M_1 x + N_1}{(x^2 + px + q)^k} + \frac{M_2 x + N_2}{(x^2 + px + q)^{k-1}} + \cdots + \frac{M_k x + N_k}{x^2 + px + q},$$

其中 M_i, N_i 都是常数 $(i = 1, 2, \cdots, k)$.

特殊地：$k = 1$，分解后为 $\dfrac{Mx + N}{x^2 + px + q}$.

注：简单分式中的待定系数可由**待定系数法**或**取特殊值的方法**确定.

2）三角函数有理式的积分 $\displaystyle\int R(\sin x, \cos x)\,\mathrm{d}x$

（1）一般方法. 通过万能代换公式化为有理函数的积分.

令 $u = \tan \dfrac{x}{2}$，则 $\sin x = 2\sin\dfrac{x}{2}\cos\dfrac{x}{2} = \dfrac{2\tan\dfrac{x}{2}}{\sec^2\dfrac{x}{2}} = \dfrac{2u}{1+u^2}$,

$$\cos x = \cos^2\frac{x}{2} - \sin^2\frac{x}{2} = \frac{1-u^2}{1+u^2}, \mathrm{d}x = \frac{2}{1+u^2}\mathrm{d}u.$$

即

$$\int R(\sin x, \cos x)\,\mathrm{d}x = \int R\left(\frac{2u}{1+u^2}, \frac{1-u^2}{1+u^2}\right)\frac{2}{1+u^2}\,\mathrm{d}u.$$

（2）特殊方法. 利用三角函数公式（如倍角公式、积化和差公式、和差化积公式等）先变换被积函数，再用换元法或分部积分法寻求简便方法来计算积分. 对三角函数有理式的积分思路是：

①尽量使分母简单，为此常用公式 $1 + \cos x = 2\cos^2\dfrac{x}{2}$，$1 - \cos x = 2\sin^2\dfrac{x}{2}$ 等，把分母化为 $\sin^k x$（或 $\cos^k x$）的单项式.

②尽量使幂降低，为此常用倍角公式或积化和差公式等.

③常用技巧："1"的妙用，如 $\sin^2 x + \cos^2 x = 1$ 等.

注：三角函数有理式的积分中，万能置换化为有理函数这种一般方法适用范围广，但计算繁琐. 因此对三角函数的积分还是首先考虑利用特殊方法，即先对被积函数进行三角函数恒等变形，再用换元法或分部积分法寻求简便方法来计算积分.

3）简单无理函数的积分

简单无理函数的积分关键是运用变量代换或分子、分母有理化，把根号去掉，从而化为有理函数的积分. 为此，可以通过对被积函数的变形或根据被积函数表达式的特点灵活地选择变量代换来达到目的. 这里，我们只讨论 $R(x, \sqrt[n]{ax+b})$ 及 $R\left(x, \sqrt[n]{\dfrac{ax+b}{cx+d}}\right)$ 这两类函数的积分，其中 $R(x, u)$ 表示 x 和 u 两个变量的有理式. 对于这两类函数的积分，可令 $t = \sqrt[n]{ax+b}$ 或 $t = \sqrt[n]{\dfrac{ax+b}{cx+d}}$ 化为 t 的有理式的积分来解决.

3. 计算定积分的方法

（1）定积分的换元法. 设函数 $f(x)$ 在 $[a, b]$ 上连续，且 $x = \varphi(t)$ 满足：

① $\varphi(\alpha)=a$，$\varphi(\beta)=b$；② $\varphi'(t)\in C_{[\alpha,\beta]}$ 或 $\varphi'(t)\in C_{[\beta,\alpha]}$，且 $\varphi(t)\in[a,b]$. 则有

$$\int_a^b f(x)\mathrm{d}x=\int_\alpha^\beta f[\varphi(t)]\varphi'(t)\mathrm{d}t.$$

（2）定积分的分部积分法. 设 $u'(x)$ 和 $v'(x)$ 在 $[a,b]$ 上连续，则

$$\int_a^b u(x)v'(x)\mathrm{d}x=[u(x)v(x)]_a^b-\int_a^b u'(x)v(x)\mathrm{d}x.$$

（3）定积分计算的特殊方法.

①利用定积分的几何意义；

②利用奇偶对称性；

③利用周期函数积分的性质；

④利用特殊的结论；

⑤利用瓦里斯公式.

4. 计算反常积分的方法

反常积分在计算时首先要区分类型，判断是无穷限积分还是瑕积分；特别是无穷限积分和瑕积分的混合型，一定要进行分解，分解为多个单一类型的反常积分再逐个计算. 反常积分的计算方法是转化为定积分的计算再求极限. 因此在它收敛时，与定积分具有相同的性质和积分方法，如换元法、分部积分法及牛顿—莱布尼兹公式.

（1）无穷限积分的牛顿—莱布尼兹公式. 设 $F'(x)=f(x)$，

$$\int_a^{+\infty}f(x)\mathrm{d}x=[F(x)]_a^{+\infty}=\lim_{x\to+\infty}F(x)-F(a);$$

$$\int_{-\infty}^b f(x)\mathrm{d}x=[F(x)]_{-\infty}^b=F(b)-\lim_{x\to-\infty}F(x).$$

（2）瑕积分的牛顿—莱布尼兹公式. 设 $F'(x)=f(x)$，

当 $x=b$ 为 $f(x)$ 的瑕点，$\int_a^b f(x)\mathrm{d}x=[F(x)]_a^b=\lim_{x\to b^-}F(x)-F(a)$；

当 $x=a$ 为 $f(x)$ 的瑕点，$\int_a^b f(x)\mathrm{d}x=[F(x)]_a^b=F(b)-\lim_{x\to a^+}F(x)$.

注：关于定积分的奇偶对称性结论不能随意推广到反常积分的计算中.

四、典型方法

1. 分段积分法

（1）不定积分的分段积分法. 关键用连续拼接法求出分段函数的原函数. 对分段函数 $f(x)$ 求原函数除了在分段的区间上分别积分外，一定要保证原函数 $F(x)$ 在整个定义区间上处处连续，否则 $F(x)$ 就不能成为原函数. 通常只需利用所求 $F(x)$ 在分段点处的连续性建立任意常数之间的关系即可（**连续拼接法**），而定义区间其它点处的连续性由初等函数的连续性即可保证.

（2）定积分的分段积分法. 分段函数的定积分要分段进行计算，关键是要弄清积分限与分段函数的分界点之间的位置关系，以便用积分区间的可加性对定积分进行正确分段. 被积函数中含有绝对值时，要去掉绝对值符号化为不含绝对值的分段函数并用积分区间的可加性分段

计算定积分.

2. 利用定积分的定义求和式极限的方法

利用定积分定义 $\lim\limits_{\lambda \to 0} \sum\limits_{i=1}^{n} f(\xi_i) \Delta x_i = \int_a^b f(x) \mathrm{d}x$ 可以求某种和式的极限,一般采用逆向思维的方法,其关键是构造被积函数 $f(x)$ 与积分区间 $[a,b]$.

最常见的和式极限为 $\lim\limits_{n \to \infty} \dfrac{1}{n} \sum\limits_{i=1}^{n} f\left(\dfrac{i}{n}\right) = \int_0^1 f(x) \mathrm{d}x$,这里的 $\dfrac{1}{n}$ 可看作将区间 $[0,1]n$ 等分后各小区间的长度 Δx_i,取点 $\xi_i = x_i = \dfrac{i}{n}$ 的值;或 $\lim\limits_{n \to \infty} \dfrac{1}{n} \sum\limits_{i=1}^{n} f\left[a + \dfrac{i(b-a)}{n}\right] = \dfrac{1}{b-a} \int_a^b f(x) \mathrm{d}x$,这里的 $\dfrac{1}{n}$ 可看作将区间 $[a,b]n$ 等分后各小区间的长度 $\Delta x_i = \dfrac{b-a}{n}$ 的 $\dfrac{1}{b-a}$ 倍,取点 $\xi_i = x_i = a + \dfrac{i(b-a)}{n}$ 的值.

3. 计算分段函数的变上限积分 $F(x) = \int_0^x f(t) \mathrm{d}t, x \in I$

因为 $f(t)$ 是分段函数,所以 $F(x)$ 的表达式需要分段来求.计算时需注意自变量和积分上限 x 的范围是 $x \in I$,而 t 作为积分变量,其取值范围为 $[0,x]$ 或 $[x,0]$. 由于 x 在不同的范围内,被积函数的形式不一样,因此需要分类讨论.

第三节　典型例题

一、基本题型

1. 利用原函数与不定积分的定义求解问题

例1　设 $f(x)$ 是可导函数,则下列等式中正确的是(　　).

(A) $\int f'(x) \mathrm{d}x = f(x)$.　　　　　　　　(B) $\int \mathrm{d}f(x) = f(x)$.

(C) $\dfrac{\mathrm{d}}{\mathrm{d}x} \int f(x) \mathrm{d}x = f(x)$.　　　　　(D) $\mathrm{d} \int f(x) \mathrm{d}x = f(x)$.

分析　本题讨论的是原函数、不定积分、导数、微分的关系,是关于积分与微分互为逆运算性质的应用题.

解　不定积分一定注意不能漏掉任意常数 C,而(A)、(B)漏掉了 C;(D)的微分式中漏掉了 $\mathrm{d}x$,也不对.故选(C).

例2　求 $f(x) = \max(1, x^2)$ 的一个原函数 $F(x)$,并且满足 $F(0) = 1$.

分析　事实上,被积函数是一个处处连续的分段函数:$f(x) = \begin{cases} x^2, & x < -1, \\ 1, & x \in [-1,1], \\ x^2, & x > 1, \end{cases}$ 因此其原函数存在,并且也应是一个分段函数.由原函数的定义知,$F'(x) = f(x)$,所以求 $F(x)$ 只

需对 $f(x)$ 在不同的分段区间上分别积分即可,同时注意到既然 $F(x)$ 是 $f(x)$ 的原函数,则要求 $F(x)$ 处处可导,当然必处处连续. 综合上述分析便可求出 $F(x)$ 的表达式.

解 显然 $f(x)$ 为连续函数,从而它的原函数存在. 易知

$$F(x) = \begin{cases} \dfrac{x^3}{3} + C_1, & x < -1, \\ x + C_2, & x \in [-1, 1], \\ \dfrac{x^3}{3} + C_3, & x > 1. \end{cases}$$

下面确定常数 C_1, C_2 和 C_3.

由于 $F(x)$ 在 $x = \pm 1$ 处连续,所以 $\lim\limits_{x \to -1^-} F(x) = \lim\limits_{x \to -1^+} F(x)$, $\lim\limits_{x \to 1^-} F(x) = \lim\limits_{x \to 1^+} F(x)$,即有

$$\begin{cases} -\dfrac{1}{3} + C_1 = -1 + C_2, \\ \dfrac{1}{3} + C_3 = 1 + C_2. \end{cases}$$

又因为 $F(0) = 1$,所以 $C_2 = 1$,从而 $C_1 = \dfrac{1}{3}$, $C_3 = \dfrac{5}{3}$,即

$$F(x) = \begin{cases} \dfrac{x^3}{3} + \dfrac{1}{3}, & x < -1, \\ x + 1, & x \in [-1, 1], \\ \dfrac{x^3}{3} + \dfrac{5}{3}, & x > 1. \end{cases}$$

说明 对分段函数求原函数除了在分段的区间上分别积分外,一定要保证原函数 $F(x)$ 在整个定义区间上处处连续,否则 $F(x)$ 就不能成为原函数. 通常只需利用所求 $F(x)$ 在分段点处的连续性建立常数之间的关系即可(如此题中利用在 $x = \pm 1$ 处连续得到 C_1, C_2 和 C_3 的关系),而定义区间其他点处的连续性由初等函数的连续性即可保证.

2. 直接积分法计算不定积分

例 3 求下列不定积分.

(1) $\displaystyle\int \left(1 - \frac{1}{x^2} \right) \sqrt{x\sqrt{x}}\, \mathrm{d}x$.   (2) $\displaystyle\int (x-2)^2 \,\mathrm{d}x$.   (3) $\displaystyle\int \frac{(1-x)^2}{\sqrt{x}} \,\mathrm{d}x$.

(4) $\displaystyle\int \frac{\mathrm{e}^{3x}+1}{\mathrm{e}^x+1} \,\mathrm{d}x$.   (5) $\displaystyle\int \cos^2 \frac{x}{2} \,\mathrm{d}x$.   (6) $\displaystyle\int \frac{1}{\sin^2 x \cos^2 x} \,\mathrm{d}x$.

分析 利用不定积分的性质及基本积分公式求不定积分的方法称为直接积分法,这是常用的积分方法之一. 被积函数如果不是积分表中的类型,可先把被积函数进行恒等变形(例如分子分母同乘(除)一个因子,有理化,加一项再减一项,三角函数恒等变形等),使之逐项能用基本积分公式,然后再积分.

解 (1) $\displaystyle\int \left(1 - \frac{1}{x^2} \right) \sqrt{x\sqrt{x}}\, \mathrm{d}x = \int \left(x^{\frac{3}{4}} - x^{-\frac{5}{4}} \right) \mathrm{d}x = \int x^{\frac{3}{4}} \mathrm{d}x - \int x^{-\frac{5}{4}} \mathrm{d}x = \frac{4}{7} x^{\frac{7}{4}} + 4x^{-\frac{1}{4}} + C$.

(2) $\displaystyle\int (x-2)^2 \,\mathrm{d}x = \int (x^2 - 4x + 4) \,\mathrm{d}x = \int x^2 \mathrm{d}x - \int 4x \,\mathrm{d}x + \int 4 \,\mathrm{d}x = \frac{1}{3} x^3 - 2x^2 + 4x + C$.

(3) $\displaystyle\int \frac{(1-x)^2}{\sqrt{x}} \,\mathrm{d}x = \int \left(x^{\frac{3}{2}} - 2x^{\frac{1}{2}} + x^{-\frac{1}{2}} \right) \mathrm{d}x = \frac{2}{5} x^{\frac{5}{2}} - \frac{4}{3} x^{\frac{3}{2}} + 2x^{\frac{1}{2}} + C$.

(4) $\int \dfrac{\mathrm{e}^{3x}+1}{\mathrm{e}^x+1}\mathrm{d}x = \int (\mathrm{e}^{2x}-\mathrm{e}^x+1)\mathrm{d}x = \dfrac{1}{2}\mathrm{e}^{2x}-\mathrm{e}^x+x+C.$

(5) $\int \cos^2\dfrac{x}{2}\mathrm{d}x = \int \dfrac{1+\cos x}{2}\mathrm{d}x = \dfrac{x+\sin x}{2}+C.$

(6) $\int \dfrac{1}{\sin^2 x\cos^2 x}\mathrm{d}x = \int \dfrac{\sin^2 x+\cos^2 x}{\sin^2 x\cos^2 x}\mathrm{d}x = \int \dfrac{1}{\cos^2 x}+\dfrac{1}{\sin^2 x}\mathrm{d}x = \tan x-\cot x+C.$

说明　直接积分法要求熟练掌握基本积分公式,对被积函数可通过恒等变形后利用积分性质化为若干个基本积分公式的形式,从而求得积分.

3. 利用第一类换元法计算不定积分

第一类换元法又称凑微分法,它是复合函数求导数的逆运算,这种方法在求积分中经常使用,但比利用复合函数求导数要困难. 因为方法中的 $\varphi(x)$ 隐含在被积函数中,如何适当选择 $u=\varphi(x)$,把积分中 $\varphi'(x)\mathrm{d}x$ 凑成 $\mathrm{d}u$ 没有一般规律可循,因此要掌握好凑微分法,除了熟悉一些典型的例子外,还要多做练习,熟练掌握各种形式的**凑微分公式**(详见**内容提要**)是关键.

例 4　求下列不定积分.

(1) $\int (3-2x)^2\mathrm{d}x.$　　　(2) $\int x^2\sqrt{x^3+1}\,\mathrm{d}x.$　　　(3) $\int \dfrac{x^4}{(x^5+1)^4}\mathrm{d}x.$

分析　被积函数形如 $f(ax+b)$ 或 $f(ax^n+b)x^{n-1}$,此种类型通常凑成 $\mathrm{d}(ax+b)$ 或 $\mathrm{d}(ax^n+b)$,令 $u=ax+b$ 或 $u=ax^n+b$,然后化为对 u 的积分.可用常见的凑微分公式①、②解决.

解　(1) $\int (3-2x)^2\mathrm{d}x = -\dfrac{1}{2}\int (3-2x)^2\mathrm{d}(3-2x)\xupuu{u=3-2x} -\dfrac{1}{2}\int u^2\mathrm{d}u = -\dfrac{1}{2}\times\dfrac{1}{3}u^3+C$

$= -\dfrac{1}{6}(3-2x)^3+C.$

(2) $\int x^2\sqrt{x^3+1}\,\mathrm{d}x = \dfrac{1}{3}\int \sqrt{x^3+1}\,\mathrm{d}(x^3+1)\xupuu{u=x^3+1} \dfrac{1}{3}\int \sqrt{u}\,\mathrm{d}u = \dfrac{1}{3}\times\dfrac{2}{3}u^{\frac{3}{2}}+C$

$= \dfrac{2}{9}(x^3+1)^{\frac{3}{2}}+C.$

(3) $\int \dfrac{x^4}{(x^5+1)^4}\mathrm{d}x = \dfrac{1}{5}\int \dfrac{1}{(x^5+1)^4}\mathrm{d}(x^5+1) = \dfrac{1}{5}\times\left(-\dfrac{1}{3}\right)(x^5+1)^{-3}+C$

$= -\dfrac{1}{15}(x^5+1)^{-3}+C.$

例 5　求下列不定积分.

(1) $\int \dfrac{\mathrm{d}x}{\sqrt{x(4-x)}}.$　　　(2) $\int \dfrac{1}{x(1+2\ln x)}\mathrm{d}x.$　　　(3) $\int \dfrac{1}{\sqrt{4-x^2}\arcsin\dfrac{x}{2}}\mathrm{d}x.$

(4) $\int \dfrac{1}{1+\mathrm{e}^x}\mathrm{d}x.$　　　(5) $\int \tan^4 x\mathrm{d}x.$　　　(6) $\int \sin^2 x\cdot\cos^5 x\mathrm{d}x.$

(1)**解法 1**　$\int \dfrac{\mathrm{d}x}{\sqrt{x(4-x)}} = \int \dfrac{\mathrm{d}x}{\sqrt{2^2-(x-2)^2}} = \int \dfrac{\mathrm{d}(x-2)}{\sqrt{2^2-(x-2)^2}}$　(令 $u=x-2$)

$= \int \dfrac{\mathrm{d}u}{\sqrt{2^2-u^2}} = \arcsin\dfrac{u}{2}+C = \arcsin\dfrac{x-2}{2}+C.$

解法 2　$\int \dfrac{\mathrm{d}x}{\sqrt{x(4-x)}} = \int \dfrac{\mathrm{d}(2\sqrt{x})}{\sqrt{(4-x)}} = 2\int \dfrac{\mathrm{d}\sqrt{x}}{\sqrt{2^2-(\sqrt{x})^2}}$　(令 $u=\sqrt{x}$)

$$= 2\int \frac{\mathrm{d}u}{\sqrt{2^2-u^2}} = 2\arcsin\frac{u}{2}+C = 2\arcsin\frac{\sqrt{x}}{2}+C.$$

说明 解法 2 用的是常见的凑微分公式③.解法 1 和解法 2 得到的不定积分结果形式有差别是完全正常的,可将积分结果通过求导来验证其正确性.该例表明不定积分的结果并不是唯一的,可以有不同形式.

(2)**分析** 被积函数形如 $f(\ln x)\dfrac{1}{x}$,可用常见的凑微分公式④解决.

解 $\displaystyle\int\frac{1}{x(1+2\ln x)}\mathrm{d}x = \int\frac{1}{1+2\ln x}\mathrm{d}(\ln x) = \frac{1}{2}\int\frac{1}{1+2\ln x}\mathrm{d}(1+2\ln x)$ (令 $u=1+2\ln x$)

$$= \frac{1}{2}\int\frac{1}{u}\mathrm{d}u = \frac{1}{2}\ln u + C = \frac{1}{2}\ln(1+2\ln x)+C.$$

(3)**分析** 被积函数形如 $f(\arcsin x)\dfrac{1}{\sqrt{1-x^2}}$,可用常见的凑微分公式⑨解决.

解 $\displaystyle\int\frac{1}{\sqrt{4-x^2}\arcsin\frac{x}{2}}\mathrm{d}x = \int\frac{1}{\sqrt{1-\left(\frac{x}{2}\right)^2}\arcsin\frac{x}{2}}\mathrm{d}\frac{x}{2} = \int\frac{1}{\arcsin\frac{x}{2}}\mathrm{d}\left(\arcsin\frac{x}{2}\right)$

$$= \ln\arcsin\frac{x}{2}+C.$$

说明 (2)和(3)实际上可称为分步凑微分.

(4)**分析** 被积函数可通过恒等变形后化为形如 $f(\mathrm{e}^{ax})\mathrm{e}^{ax}$,然后可用常见的凑微分公式⑤解决.

解法 1 $\displaystyle\int\frac{1}{1+\mathrm{e}^x}\mathrm{d}x = \int\frac{1+\mathrm{e}^x-\mathrm{e}^x}{1+\mathrm{e}^x}\mathrm{d}x = \int\left(1-\frac{\mathrm{e}^x}{1+\mathrm{e}^x}\right)\mathrm{d}x = \int\mathrm{d}x - \int\frac{\mathrm{e}^x}{1+\mathrm{e}^x}\mathrm{d}x$

$$= \int\mathrm{d}x - \int\frac{1}{1+\mathrm{e}^x}\mathrm{d}(1+\mathrm{e}^x) = x - \ln(1+\mathrm{e}^x)+C.$$

解法 2 $\displaystyle\int\frac{1}{1+\mathrm{e}^x}\mathrm{d}x = \int\frac{\mathrm{e}^{-x}}{\mathrm{e}^{-x}+1}\mathrm{d}x = -\int\frac{1}{\mathrm{e}^{-x}+1}\mathrm{d}\mathrm{e}^{-x} = -\int\frac{1}{\mathrm{e}^{-x}+1}\mathrm{d}(\mathrm{e}^{-x}+1)$

$$= -\ln(1+\mathrm{e}^{-x})+C.$$

(5)**分析** 被积函数可通过恒等变形后一部分可化为形如 $f(\tan x)\sec^2 x$,然后可用常见的凑微分公式⑦解决.

解 $\displaystyle\int\tan^4 x\mathrm{d}x = \int\tan^2 x(\sec^2 x-1)\mathrm{d}x = \int\tan^2 x\sec^2 x\mathrm{d}x - \int\tan^2 x\mathrm{d}x$

$$= \int\tan^2 x\mathrm{d}\tan x - \int(\sec^2-1)\mathrm{d}x = \frac{1}{3}\tan^3 x - \tan x + x + C.$$

(6)**分析** 当被积函数是三角函数相乘时,通常拆开奇次项去凑微分.被积函数形如 $f(\sin x)\cos x$ 或 $f(\cos x)\sin x$,可用常见的凑微分公式⑥解决.

解 $\displaystyle\int\sin^2 x\cdot\cos^5 x\mathrm{d}x = \int(\sin^2 x\cdot\cos^4 x)\cos x\mathrm{d}x = \int[\sin^2 x\cdot(1-\sin^2 x)^2]\cos x\mathrm{d}x$

$$= \int[\sin^2 x\cdot(1-\sin^2 x)^2]\mathrm{d}(\sin x) = \int(\sin^2 x - 2\sin^4 x + \sin^6 x]\mathrm{d}(\sin x)$$

$$= \frac{1}{3}\sin^3 x - \frac{2}{5}\sin^5 x + \frac{1}{7}\sin^7 x + C.$$

例 6 求下列不定积分.

$(1)\displaystyle\int\frac{\sin2x}{\sqrt{3-\cos^4x}}\mathrm{d}x.$ $\qquad$ $(2)\displaystyle\int\frac{\sin x}{1+\sin x}\mathrm{d}x.$ $\qquad$ $(3)\displaystyle\int\frac{1}{\sin^2x+2\cos^2x}\mathrm{d}x.$

分析 被积函数中含有三角函数,若不能直接积分可先用三角函数恒等式将函数变形,再应用积分公式进行积分.代数恒等变形的技巧性很强,需要多观察函数的特点,不断积累变形的经验.

解 $(1)\displaystyle\int\frac{\sin2x}{\sqrt{3-\cos^4x}}\mathrm{d}x=\int\frac{2\sin x\cos x}{\sqrt{3-\cos^4x}}\mathrm{d}x=-\int\frac{2\cos x}{\sqrt{3-\cos^4x}}\mathrm{d}\cos x$

$$=-\int\frac{1}{\sqrt{3-(\cos^2x)^2}}\mathrm{d}\cos^2x=-\arcsin\frac{\cos^2x}{\sqrt{3}}+C.$$

$(2)\displaystyle\int\frac{\sin x}{1+\sin x}\mathrm{d}x=\int\Big(1-\frac{1}{1+\sin x}\Big)\mathrm{d}x=\int1\mathrm{d}x-\int\frac{\mathrm{d}x}{1+\sin x}$

$$=x-\int\frac{1-\sin x}{(1+\sin x)(1-\sin x)}\mathrm{d}x=x-\int\frac{1-\sin x}{1-\sin^2x}\mathrm{d}x$$

$$=x-\int\frac{1-\sin x}{\cos^2x}\mathrm{d}x=x-\int\frac{1}{\cos^2x}\mathrm{d}x+\int\frac{1}{\cos^2x}\mathrm{d}(-\cos x)$$

$$=x-\tan x+\sec x+C.$$

$(3)\displaystyle\int\frac{1}{\sin^2x+2\cos^2x}\mathrm{d}x=\int\frac{1}{\cos^2x(\tan^2x+2)}\mathrm{d}x=\int\frac{\mathrm{d}\tan x}{(\tan^2x+2)}=\frac{1}{\sqrt{2}}\arctan\frac{\tan x}{\sqrt{2}}+C.$

4. 利用第二类换元法计算不定积分

例 7 求下列不定积分.

$(1)\displaystyle\int\frac{x^3}{\sqrt{x^2+1}}\mathrm{d}x.$ $\qquad$ $(2)\displaystyle\int\frac{1}{x+\sqrt{9-x^2}}\mathrm{d}x.$ $\qquad$ $(3)\displaystyle\int\frac{\sqrt{x^2-a^2}}{x}\mathrm{d}x(a>0).$

分析 该题中被积函数中含有 $\sqrt{a^2+x^2}$,$\sqrt{a^2-x^2}$,$\sqrt{x^2-a^2}$,可考虑不定积分的第二类换元法中的三角代换法.根据被积函数的形式不同采用不同的三角代换,目的是去根号,即化积分函数中的无理函数为有理函数.变换时一要注意不仅被积函数要换,同时积分变量也要相应改变,即 $\mathrm{d}x=x'(t)\mathrm{d}t$;二要注意新变量的取值范围;三要注意积分结果要将原变量换回(可借助辅助三角形图 3-2,图 3-3,图 3-4 及图 3-5).

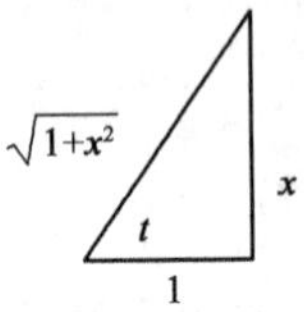

图 3-2 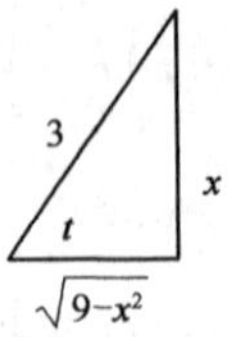 $\qquad$ 图 3-3 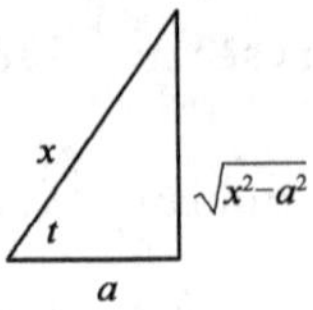 $\qquad$ 图 3-4 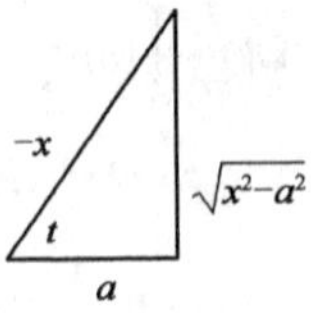 $\qquad$ 图 3-5

解 (1)**解法1** 令 $x=\tan t\Big(-\frac{\pi}{2}<t<\frac{\pi}{2}\Big)$,则 $\mathrm{d}x=\mathrm{d}\tan t=\sec^2t\mathrm{d}t$,

$$\int\frac{x^3}{\sqrt{x^2+1}}\mathrm{d}x=\int\frac{\tan^3t}{\sec t}\cdot\sec^2t\mathrm{d}t=\int\frac{\sin^3t}{\cos^4t}\mathrm{d}t=\int\frac{\cos^2t-1}{\cos^4t}\mathrm{d}\cos t$$

$$=-\frac{1}{\cos t}+\frac{1}{3\cos^3t}+C=\frac{1}{3}(x^2+1)^{\frac{3}{2}}-(x^2+1)^{\frac{1}{2}}+C.$$

解法 2 $\int \dfrac{x^3}{\sqrt{x^2+1}}\mathrm{d}x = \dfrac{1}{2}\int\left(\dfrac{x^2}{\sqrt{x^2+1}}\right)\mathrm{d}(x^2+1) = \dfrac{1}{2}\int\left(\dfrac{x^2+1-1}{\sqrt{x^2+1}}\right)\mathrm{d}(x^2+1)$

$$= \dfrac{1}{2}\int\left(\sqrt{x^2+1} - \dfrac{1}{\sqrt{x^2+1}}\right)\mathrm{d}(x^2+1) = \dfrac{1}{3}(x^2+1)^{\frac{3}{2}} - (x^2+1)^{\frac{1}{2}} + C.$$

说明 本例中解法 1 采用的是第二类换元法的三角代换,解法 2 采用了凑微分法. 由此可见,三角代换并不是去根式的唯一方法. 一般说来,凡能用凑微分法计算不定积分时,使用凑微分法计算不定积分一般比用其他方法计算要简便些.

(2) 令 $x = 3\sin t\left(-\dfrac{\pi}{2} < t < \dfrac{\pi}{2}\right)$,则 $\mathrm{d}x = 3\cos t\,\mathrm{d}t$,

$$\int \dfrac{\mathrm{d}x}{x+\sqrt{9-x^2}} = \int \dfrac{3\cos t\,\mathrm{d}t}{3\sin t + 3\cos t} = \int \dfrac{\cos t\,\mathrm{d}t}{\sin t + \cos t}$$

$$= \dfrac{1}{2}\int \dfrac{(\sin t + \cos t)+(\cos t - \sin t)}{\sin t + \cos t}\mathrm{d}t = \dfrac{1}{2}\left[\int 1\mathrm{d}t + \int \dfrac{\mathrm{d}(\sin t + \cos t)}{\sin t + \cos t}\right]$$

$$= \dfrac{1}{2}[t + \ln|\sin t + \cos t|] + C = \dfrac{1}{2}\left[\arcsin \dfrac{x}{3} + \ln\left|\dfrac{x}{3} + \dfrac{\sqrt{9-x^2}}{3}\right|\right] + C.$$

(3) 当 $x > a$ 时,令 $x = a\sec t\left(0 < t < \dfrac{\pi}{2}\right)$,则 $\mathrm{d}x = a\sec t\tan t\,\mathrm{d}t$,

$$\int \dfrac{\sqrt{x^2-a^2}}{x}\mathrm{d}x = \int \dfrac{a\tan t}{a\sec t}\cdot a\sec t \cdot \tan t\,\mathrm{d}t = \int a\tan^2 t\,\mathrm{d}t = \int a(\sec^2 t - 1)\mathrm{d}t$$

$$= a(\tan t - t) + C = \sqrt{x^2-a^2} - a\arccos \dfrac{a}{x} + C;$$

当 $x < -a$ 时,令 $x = -a\sec t\left(0 < t < \dfrac{\pi}{2}\right)$,则 $\mathrm{d}x = -a\sec t\tan t\,\mathrm{d}t$,

$$\int \dfrac{\sqrt{x^2-a^2}}{x}\mathrm{d}x = \int \dfrac{a\tan t}{-a\sec t}\cdot(-a\sec t \cdot \tan t)\mathrm{d}t = \int a\tan^2 t\,\mathrm{d}t = \int a(\sec^2 t - 1)\mathrm{d}t$$

$$= a(\tan t - t) + C = \sqrt{x^2-a^2} - a\arccos \dfrac{a}{-x} + C.$$

综上可得 $$\int \dfrac{\sqrt{x^2-a^2}}{x}\mathrm{d}x = \sqrt{x^2-a^2} - a\arccos \dfrac{a}{|x|} + C.$$

说明 本例中注意到被积函数的定义域是 $x > a$ 和 $x < -a$ 两个区间,因此积分时在两个区间分别求不定积分.

例 8 求下列不定积分.

(1) $\displaystyle\int \dfrac{\mathrm{d}x}{x(x^6+4)}$.   (2) $\displaystyle\int \dfrac{1}{x^4\sqrt{x^2+1}}\mathrm{d}x$.

分析 该例中分母都含有变量因子 x 的方幂,且分母的次数比分子次数高很多,可以考虑用倒代换 $x = \dfrac{1}{t}$ 计算不定积分.

解 (1)**解法 1** 令 $x = \dfrac{1}{t}$,则 $\mathrm{d}x = -\dfrac{1}{t^2}\mathrm{d}t$,

$$\int \frac{dx}{x(x^6+4)} = -\int \frac{\frac{1}{t^2}dt}{\frac{1}{t}\left(\frac{1}{t^6}+4\right)} = -\int \frac{t^5}{4t^6+1}dt = -\frac{1}{24}\int \frac{d(4t^6+1)}{4t^6+1}$$

$$= -\frac{1}{24}\ln(4t^6+1)+C = -\frac{1}{24}\ln\frac{x^6+4}{x^6}+C.$$

解法 2 $\quad \int \frac{dx}{x(x^6+4)} = \frac{1}{4}\int \left(\frac{1}{x}-\frac{x^5}{x^6+4}\right)dx = \frac{1}{4}\ln|x| - \frac{1}{24}\ln(x^6+4)+C.$

(2)令 $x = \frac{1}{t}$，则 $dx = -\frac{1}{t^2}dt$，于是：

当 $x > 0$ 时，$\int \frac{1}{x^4\sqrt{x^2+1}}dx = \int \frac{1}{\left(\frac{1}{t}\right)^4\sqrt{\left(\frac{1}{t}\right)^2+1}}\left(-\frac{1}{t^2}\right)dt = -\int \frac{t^3}{\sqrt{t^2+1}}dt$

$$= -\frac{1}{2}\int \frac{t^2}{\sqrt{t^2+1}}dt^2 \xlongequal{u=t^2} -\frac{1}{2}\int \frac{u}{\sqrt{u+1}}du = \frac{1}{2}\int \frac{1-1-u}{\sqrt{u+1}}du$$

$$= \frac{1}{2}\int \left(\frac{1}{\sqrt{1+u}}-\sqrt{1+u}\right)d(1+u) = -\frac{1}{3}(\sqrt{1+u})^3 + \sqrt{1+u}+C$$

$$= -\frac{1}{3}(\sqrt{1+t^2})^3 + \sqrt{1+t^2}+C = -\frac{1}{3}\left(\frac{\sqrt{1+x^2}}{x}\right)^3 + \frac{\sqrt{1+x^2}}{x}+C;$$

当 $x < 0$ 时，同法可得 $\int \frac{1}{x^4\sqrt{x^2+1}}dx = -\frac{1}{3}\left(\frac{\sqrt{1+x^2}}{x}\right)^3 + \frac{\sqrt{1+x^2}}{x}+C.$

例 9 求下列不定积分.

(1) $\int \frac{dx}{1+\sqrt[3]{x+2}}.$ $\qquad$ (2) $\int \frac{x^5}{\sqrt{1+x^2}}dx.$ $\qquad$ (3) $\int \frac{1}{\sqrt{x}(1+\sqrt[3]{x})}dx.$

分析 该例中第(1)题被积函数含有 $\sqrt[n]{ax+b}(a\neq 0)$ 形式，可考虑根式代换，令 $\sqrt[n]{ax+b}=t$；第(2)题被积函数含有 $\sqrt{a^2+x^2}$ 形式，可先考虑三角代换，令 $x=a\tan t$，但通过运算发现三角代换后的积分运算很繁琐，于是考虑用根式代换，令 $\sqrt{a^2+x^2}=t$；第(3)题中被积函数含有两种或两种以上的根式 $\sqrt[k]{x},\cdots,\sqrt[l]{x}$ 时，可令 $\sqrt[n]{x}=t$，即 $x=t^n$（其中 n 为各根指数的最小公倍数），便可去掉所有的根式.

解 (1)令 $\sqrt[3]{x+2}=t$，则 $x=t^3-2, dx=3t^2dt,$

$$\int \frac{dx}{1+\sqrt[3]{x+2}} = \int \frac{3t^2}{1+t}dt = 3\int \left(t-1+\frac{1}{1+t}\right)dt = \frac{3}{2}t^2-3t+3\ln|1+t|+C$$

$$= \frac{3}{2}\sqrt[3]{(x+2)^2}-3\sqrt[3]{x+2}+3\ln|1+\sqrt[3]{x+2}|+C$$

(2)令 $t=\sqrt{1+x^2}$ 则 $x^2=t^2-1, xdx=tdt,$

$$\int \frac{x^5}{\sqrt{1+x^2}}dx = \int \frac{(t^2-1)^2}{t}tdt = \int(t^4-2t^2+1)dt = \frac{1}{5}t^5-\frac{2}{3}t^3+t+C$$

$$= \frac{1}{15}(8-4x^2+3x^4)\sqrt{1+x^2}+C.$$

(3)令 $x=t^6$，则 $dx=6t^5dt,$

$$\int \frac{1}{\sqrt{x}(1+\sqrt[3]{x})}\mathrm{d}x = \int \frac{6t^5}{t^3(1+t^2)}\mathrm{d}t = \int \frac{6t^2}{1+t^2}\mathrm{d}t = 6\int \frac{t^2+1-1}{1+t^2}\mathrm{d}t = 6\int\left(1-\frac{1}{1+t^2}\right)\mathrm{d}t$$
$$= 6(t-\arctan t) + C = 6(\sqrt[6]{x} - \arctan \sqrt[6]{x}) + C.$$

5. 利用分部积分法计算不定积分

例 10 求下列不定积分.

(1) $\int x\arctan x\mathrm{d}x.$ (2) $\int \frac{\ln^2 x}{x^2}\mathrm{d}x.$ (3) $\int \mathrm{e}^x\sin x\mathrm{d}x.$

分析 该例中第(1)题被积函数是幂函数与反三角函数的乘积形式,方法一般有两种:一种是选取反三角函数 $\arctan x$ 为 u,幂函数 x 为 v',然后用分部积分法;另一种用换元法,令 $\arctan x = t$,则 $x = \tan t$,代换后再用分部积分法. 第(2)题被积函数是对数复合函数与幂函数的乘积形式,选取对数复合函数 $\ln^2 x$ 为 u,幂函数 x^{-2} 为 v',然后用分部积分法. 第(3)题被积函数是指数函数与三角函数的乘积形式,选指数函数 e^x 或三角函数 $\sin x$ 作为 u 都可,但需注意此种类型一般是经过两次分部积分后会出现原积分形式(称为"和循环"),然后通过移项解得;为避免出现错误一般是在第一步分部积分时选定哪类函数为 u,在下一步的分部积分中仍选此类函数为 u.

解 (1)**解法 1** 令 $u = \arctan x$,$x\mathrm{d}x = \mathrm{d}\frac{x^2}{2} = \mathrm{d}v$,

$$\int x\arctan x\mathrm{d}x = \int \arctan x\mathrm{d}\frac{x^2}{2} = \frac{x^2}{2}\arctan x - \int \frac{x^2}{2}\mathrm{d}(\arctan x)$$
$$= \frac{x^2}{2}\arctan x - \int \frac{x^2}{2}\cdot\frac{1}{1+x^2}\mathrm{d}x = \frac{x^2}{2}\arctan x - \int \frac{1}{2}\left(1-\frac{1}{1+x^2}\right)\mathrm{d}x$$
$$= \frac{x^2}{2}\arctan x - \frac{1}{2}(x-\arctan x) + C.$$

解法 2 令 $\arctan x = t$,则 $x = \tan t$,

$$\int x\arctan x\mathrm{d}x = \int \tan t\cdot t\mathrm{d}(\tan t) = \frac{1}{2}\int t\mathrm{d}(\tan^2 t) = \frac{1}{2}\left[t\tan^2 t - \int \tan^2 t\mathrm{d}t\right]$$
$$= \frac{1}{2}t\tan^2 t - \frac{1}{2}\int (\sec^2 t - 1)\mathrm{d}t = \frac{1}{2}t\tan^2 t - \frac{1}{2}(\tan t - t) + C$$
$$= \frac{x^2}{2}\arctan x - \frac{1}{2}(x-\arctan x) + C.$$

(2) $\int \frac{\ln^2 x}{x^2}\mathrm{d}x = -\int \ln^2 x\mathrm{d}\frac{1}{x} = -\frac{\ln^2 x}{x} + 2\int \frac{\ln x}{x^2}\mathrm{d}x = -\frac{\ln^2 x}{x} - 2\int \ln x\mathrm{d}\left(\frac{1}{x}\right)$

$\quad = -\frac{\ln^2 x}{x} - 2\frac{\ln x}{x} + 2\int \frac{1}{x^2}\mathrm{d}x = -\frac{1}{x}(\ln^2 x + 2\ln x + 2) + C.$

(3) $\int \mathrm{e}^x\sin x\mathrm{d}x = \int \sin x\mathrm{d}\mathrm{e}^x = \mathrm{e}^x\sin x - \int \mathrm{e}^x\mathrm{d}(\sin x) = \mathrm{e}^x\sin x - \int \mathrm{e}^x\cos x\mathrm{d}x$

$\quad = \mathrm{e}^x\sin x - \int \cos x\mathrm{d}\mathrm{e}^x = \mathrm{e}^x\sin x - \left(\mathrm{e}^x\cos x - \int \mathrm{e}^x\mathrm{d}\cos x\right)$

$\quad = \mathrm{e}^x(\sin x - \cos x) - \int \mathrm{e}^x\sin x\mathrm{d}x$ (注意**和循环**形式),

因此 $\int \mathrm{e}^x\sin x\mathrm{d}x = \frac{\mathrm{e}^x}{2}(\sin x - \cos x) + C.$

说明 分部积分的计算主要分为化简型和回归型或方程型. 此例中第(1)和第(2)题为化简型,第(3)题为回归型或方程型. 在第(3)题中被积函数是指数函数与三角函数的乘积形式,此时必须进行两次分部积分且两次积分中所选取的 u 的函数类型不变,从而得到一个所求积分满足的恒等式,由该等式便可求得积分. 本例中第一次分部积分时 $\int e^x \sin x \, dx$ 选取 $\sin x$ 为 u,第二次分部积分时 $\int e^x \cos x \, dx$ 选取 $\cos x$ 为 u,两次积分中所选取的 u 均为三角函数,才能出现和循环. 请读者尝试下若两次分部积分均选取 e^x 为 u,会得到怎样的结果.

例 11 设 $f(x) = \dfrac{\sin x}{x}$,求 $\int x f''(x) dx$.

分析 本题如果直接先求出 $f''(x)$ 的结果,再代入积分中运算则会很繁琐. 最佳思路是先运用分部积分公式得到 $\int x f''(x) dx = \int x df'(x) = x f'(x) - \int f'(x) dx$,并注意到 $\int f'(x) dx = f(x) + C$,这样只需求出 $f'(x) = \dfrac{x \cos x - \sin x}{x^2}$,就可以计算最终结果.

解 根据不定积分的分部积分法,得

$$\int x f''(x) dx = \int x df'(x) = x f'(x) - f(x) + C = \cos x - \frac{2 \sin x}{x} + C.$$

6. 有理函数及能化为有理函数的积分

例 12 求下列不定积分.

(1) $\displaystyle\int \frac{x^5}{1 - x^2} dx$.   (2) $\displaystyle\int \frac{2x + 2}{(x - 1)(x^2 + 1)^2} dx$.   (3) $\displaystyle\int \frac{1 + x^3}{x(1 - x^3)} dx$.

分析 本题是有理函数积分的问题. 此例中第(1)题是假分式,首先需要分解成多项式与真分式之和的形式,然后再积分;第(2)和第(3)题是真分式,需要将真分式分解为简单分式之和的形式. 分解的关键是掌握**分解规则**和**待定系数法**(可参看前面的**内容提要**).

解 (1) $\displaystyle\int \frac{x^5}{1 - x^2} dx = \int \left(-x^3 - x + \frac{x}{1 - x^2} \right) dx = -\frac{x^4}{4} - \frac{x^2}{2} - \frac{1}{2} \ln|1 - x^2| + C$.

(2) 令 $\dfrac{2x + 2}{(x - 1)(x^2 + 1)^2} = \dfrac{a}{x - 1} + \dfrac{bx + c}{x^2 + 1} + \dfrac{ux + v}{(x^2 + 1)^2}$,则

$$a(x^2 + 1)^2 + (bx + c)(x - 1)(x^2 + 1) + (ux + v)(x - 1) \equiv 2x + 2,$$

整理并比较同次幂的系数,得

$$a = 1, b = c = -1, u = -2, v = 0,$$

于是 $\displaystyle\int \frac{2x + 2}{(x - 1)(x^2 + 1)^2} dx = \int \left[\frac{1}{x - 1} - \frac{x + 1}{x^2 + 1} - \frac{2x}{(x^2 + 1)^2} \right] dx$

$= \ln|x - 1| - \dfrac{1}{2} \ln(x^2 + 1) - \arctan x + \dfrac{1}{x^2 + 1} + C$.

(3) **解法 1** $\displaystyle\int \frac{1 + x^3}{x(1 - x^3)} dx = \int \frac{(1 - x^3) + 2x^3}{x(1 - x^3)} dx = \int \frac{1}{x} dx + 2 \int \frac{x^2}{1 - x^3} dx$

$= \ln|x| - \dfrac{2}{3} \displaystyle\int \frac{1}{1 - x^3} d(1 - x^3) = \ln|x| - \dfrac{2}{3} |1 - x^3| + C$.

解法 2 设 $\dfrac{1 + x^3}{x(1 - x^3)} = \dfrac{1 + x^3}{x(1 - x)(1 + x + x^2)} = \dfrac{A}{x} + \dfrac{B}{1 - x} + \dfrac{Cx + D}{1 + x + x^2}$,通分得

$$1+x^3 = A(1-x^3) + Bx(1+x+x^2) + (Cx+D)x(1-x),$$

整理并比较同次幂的系数，得 $A=1, B=\dfrac{2}{3}, C=-\dfrac{4}{3}, D=-\dfrac{2}{3}$，

故　原式 $= \displaystyle\int \left(\dfrac{1}{x} \mathrm{d}x + \dfrac{2}{3} \cdot \dfrac{1}{1-x} - \dfrac{2}{3} \cdot \dfrac{2x+1}{1+x+x^2} \right) \mathrm{d}x$

$$= \ln|x| - \dfrac{2}{3}\ln|1-x| - \dfrac{2}{3}\ln|1+x+x^2| + C$$

$$= \ln|x| - \dfrac{2}{3}|1-x^3| + C.$$

说明　比较第(3)题中的两种解法，可见解法 1 显然比解法 2 更简单些，因此对于有理函数的积分还是应灵活运用各种解法.

7. 三角函数有理式的积分

例 13　求积分 $\displaystyle\int \dfrac{1}{\sin^4 x} \mathrm{d}x.$

分析　三角函数有理式的积分，一般考虑两种思路：其一是采用**一般方法**——通过**万能代换公式**化为有理函数的积分；其二是采用**特殊方法**——利用**三角函数公式**(如倍角公式、积化和差公式、和差化积公式等)先变换被积函数，再用换元法或分部积分法寻求简便方法来计算积分.

解法 1（万能置换）　令 $u = \tan \dfrac{x}{2}, \sin x = \dfrac{2u}{1+u^2}, \mathrm{d}x = \dfrac{2}{1+u^2}\mathrm{d}u,$

$$\int \dfrac{1}{\sin^4 x}\mathrm{d}x = \int \dfrac{1+3u^2+3u^4+u^6}{8u^4}\mathrm{d}u = \dfrac{1}{8}\left(-\dfrac{1}{3u^3} - \dfrac{3}{u} + 3u + \dfrac{u^3}{3} \right) + C$$

$$= -\dfrac{1}{24\left(\tan\dfrac{x}{2}\right)^3} - \dfrac{3}{8\tan\dfrac{x}{2}} + \dfrac{3}{8}\tan\dfrac{x}{2} + \dfrac{1}{24}\left(\tan\dfrac{x}{2}\right)^3 + C.$$

解法 2　令 $u = \tan x, \mathrm{d}x = \dfrac{2}{1+u^2}\mathrm{d}u,$

$$\int \dfrac{1}{\sin^4 x}\mathrm{d}x = \int \dfrac{1}{\left(\dfrac{u}{\sqrt{1+u^2}}\right)^4} \cdot \dfrac{1}{1+u^2}\mathrm{d}u = \int \dfrac{1+u^2}{u^4}\mathrm{d}u = -\dfrac{1}{3u^3} - \dfrac{1}{u} + C$$

$$= -\dfrac{1}{3}\cot^3 x - \cot x + C.$$

解法 3　可以不用万能置换公式.

$$\int \dfrac{1}{\sin^4 x}\mathrm{d}x = \int \csc^2 x(1+\cot^2 x)\mathrm{d}x = \int \csc^2 x\,\mathrm{d}x + \int \cot^2 x\csc^2 x\,\mathrm{d}x = -\dfrac{1}{3}\cot^3 x - \cot x + C.$$

说明　比较以上三种解法，便知万能置换不一定是最佳方法，故三角函数有理式积分的计算中先考虑其他手段，不得已才用万能置换.

8. 简单无理函数的积分

例 14　计算下列不定积分.

(1) $\displaystyle\int \dfrac{x}{\sqrt{3x+1} + \sqrt{2x+1}}\mathrm{d}x.$

(2) $\displaystyle\int \dfrac{\mathrm{d}x}{\sqrt[3]{(x-1)(x+1)^2}}.$

分析 第(1)题的分母为两个不同的被开方函数根式之和,不能利用简单无理函数积分的方法计算,但可考虑对分母进行有理化处理后再用积分的线性性质及凑微分法进行计算;第(2)题根式下太复杂,可先通过对被积函数变形,再灵活地选择变量代换将部分被积函数有理化.

解 (1)先对分母进行有理化,

$$原式 = \int \frac{x(\sqrt{3x+1} - \sqrt{2x+1})}{(\sqrt{3x+1} + \sqrt{2x+1})(\sqrt{3x+1} - \sqrt{2x+1})} dx = \int (\sqrt{3x+1} - \sqrt{2x+1}) dx$$

$$= \frac{1}{3}\int \sqrt{3x+1}\, d(3x+1) - \frac{1}{2}\int \sqrt{2x+1}\, d(2x+1) = \frac{2}{9}(3x+1)^{\frac{3}{2}} - \frac{1}{3}(2x+1)^{\frac{3}{2}} + C.$$

(2)先对分母进行代数变形,

$$原式 = \int \frac{dx}{\sqrt[3]{\frac{(x-1)(x+1)^3}{x+1}}} = \int \left(\frac{x+1}{x-1}\right)^{\frac{1}{3}} \frac{1}{x+1} dx,$$

作变量代换,令 $t = \left(\frac{x+1}{x-1}\right)^{\frac{1}{3}}$,则 $x = \frac{t^3+1}{t^3-1}$,$dx = \frac{-6t^2}{(t^3-1)^2} dt$,

$$原式 = \int t \cdot \frac{t^3-1}{2t^3} \cdot \frac{-6t^2}{(t^3-1)^2} dt = -3\int \frac{dt}{t^3-1} = -\int \frac{dt}{t-1} + \frac{1}{2}\int \frac{(2t+1)+3}{t^2+t+1} dt$$

$$= -\ln|t-1| + \frac{1}{2}\ln|t^2+t+1| + \sqrt{3}\arctan\frac{2t+1}{\sqrt{3}} + C$$

$$= -\ln\left|\sqrt[3]{\frac{x+1}{x-1}} - 1\right| + \frac{1}{2}\ln\left|\sqrt[3]{\frac{(x+1)^2}{(x-1)^2}} + \sqrt[3]{\frac{x+1}{x-1}} + 1\right| + \sqrt{3}\arctan\frac{2\sqrt[3]{\frac{x+1}{x-1}}+1}{\sqrt{3}} + C.$$

9. 利用定积分的性质证明不等式

例 15 证明:$\frac{1}{2} \leqslant \int_0^{\frac{1}{2}} \frac{dx}{\sqrt{2x^2-x+1}} \leqslant \frac{\sqrt{14}}{7}$.

分析 由所需证明的不等式的形式特征可猜想,若求出函数 $\frac{1}{\sqrt{2x^2-x+1}}$ 在 $\left[0, \frac{1}{2}\right]$ 的最大值和最小值,利用定积分的性质(估值定理)即可完成证明;再作进一步分析,为简化计算,求 $\frac{1}{\sqrt{2x^2-x+1}}$ 的最值问题可转化为求 $2x^2-x+1$ 的最值问题.

证 令 $g(x) = 2x^2 - x + 1$,在 $\left(0, \frac{1}{2}\right)$ 内,解 $g'(x) = 0$ 得 $x = \frac{1}{4}$.

因为 $g(0) = 1, g\left(\frac{1}{2}\right) = 1, g\left(\frac{1}{4}\right) = \frac{7}{8}$,所以当 $x \in \left[0, \frac{1}{2}\right]$ 时,$\frac{7}{8} \leqslant 2x^2-x+1 \leqslant 1$,从而

$$1 \leqslant \frac{1}{\sqrt{2x^2-x+1}} \leqslant \frac{1}{\sqrt{\frac{7}{8}}} = \frac{2\sqrt{14}}{7},$$

则由定积分性质得 $\frac{1}{2} = 1 \cdot \left(\frac{1}{2} - 0\right) \leqslant \int_0^{\frac{1}{2}} \frac{dx}{\sqrt{2x^2-x+1}} \leqslant \frac{2\sqrt{14}}{7} \times \left(\frac{1}{2} - 0\right) = \frac{\sqrt{14}}{7}$.

10. 求变限积分的导数

例 16 计算下列变限积分的导数.

(1) $\dfrac{\mathrm{d}}{\mathrm{d}x}\displaystyle\int_{x^2}^{x^3}\dfrac{\mathrm{d}t}{\sqrt{1+t^2}}$.

(2) $\dfrac{\mathrm{d}}{\mathrm{d}x}\displaystyle\int_{x^2}^{0}x\cos t^2\,\mathrm{d}t$.

分析 变限积分求导主要依据公式为 $\dfrac{\mathrm{d}}{\mathrm{d}x}\displaystyle\int_{\alpha(x)}^{\beta(x)}f(t)\,\mathrm{d}t=f[\beta(x)]\beta'(x)-f[\alpha(x)]\alpha'(x)$.
第(1)题直接运用变限积分求导公式可得. 第(2)题因为被积函数中还含有 x, 不能直接运用变限积分的求导公式; 注意到积分变量是 t, 所以被积函数中的 x 可提到积分号的外面, 再运用乘法运算的求导法则和变限积分求导公式可得.

解 (1) $\dfrac{\mathrm{d}}{\mathrm{d}x}\displaystyle\int_{x^2}^{x^3}\dfrac{\mathrm{d}t}{\sqrt{1+t^2}}=\dfrac{3x^2}{\sqrt{1+x^6}}-\dfrac{2x}{\sqrt{1+x^4}}$.

(2) $\dfrac{\mathrm{d}}{\mathrm{d}x}\displaystyle\int_{x^2}^{0}x\cos t^2\,\mathrm{d}t=\dfrac{\mathrm{d}}{\mathrm{d}x}\left(x\cdot\displaystyle\int_{x^2}^{0}\cos t^2\,\mathrm{d}t\right)=\displaystyle\int_{x^2}^{0}\cos t^2\,\mathrm{d}t-2x^2\cos x^4$.

11. 计算分段函数的变上限积分

例 17 设 $f(x)=\begin{cases}x, & x<0,\\ 2x, & 0\leqslant x\leqslant 1,\\ x+1, & x>1,\end{cases}$ 求 $F(x)=\displaystyle\int_0^x f(t)\,\mathrm{d}t$ 在 $(-\infty,+\infty)$ 内的表达式.

分析 因为 $f(x)$ 是分段函数, 所以 $F(x)$ 的表达式需要分段来求. 计算时需注意自变量和积分上限 x 的范围是 $(-\infty,+\infty)$, 而 t 作为积分变量, 其取值范围为 $[0,x]$ 或 $[x,0]$. x 在不同的范围内, 被积函数的形式不一样, 因此需要分段讨论.

解 当 $x<0$ 时, $F(x)=\displaystyle\int_0^x f(t)\,\mathrm{d}t=\displaystyle\int_0^x t\,\mathrm{d}t=\dfrac{x^2}{2}$;

当 $0\leqslant x\leqslant 1$ 时, $F(x)=\displaystyle\int_0^x f(t)\,\mathrm{d}t=\displaystyle\int_0^x 2t\,\mathrm{d}t=x^2$;

当 $x>1$ 时, $F(x)=\displaystyle\int_0^1 f(t)\,\mathrm{d}t+\displaystyle\int_1^x f(t)\,\mathrm{d}t=\displaystyle\int_0^1 2t\,\mathrm{d}t+\displaystyle\int_1^x(t+1)\,\mathrm{d}t=\dfrac{x^2}{2}+x$.

综上, $\qquad\qquad\qquad F(x)=\begin{cases}\dfrac{x^2}{2}, & x<0,\\[2mm] x^2, & 0\leqslant x\leqslant 1,\\[2mm] \dfrac{x^2}{2}+x, & x>1.\end{cases}$

12. 利用基本方法计算定积分

计算定积分的基本方法有直接积分法、换元积分法和分部积分法.

(1)直接积分法主要是利用定积分的性质及基本积分公式. 需要注意的是如果被积函数是分段函数, 计算时首先利用积分区间的可加性将积分拆成在各段上的若干个积分之和, 然后再对每个积分进行计算; 被积函数带有绝对值符号时, 需要先去掉绝对值符号后转化为分段函数的积分.

(2)换元积分法整体思路与不定积分相似, 但要注意变量代换的条件以及换元时必须换限.

(3)分部积分法选择 u 和 v' 的思路同不定积分一样.

例18 求下列定积分.

(1) $\displaystyle\int_0^\pi \cos^4 x\,\mathrm{d}x.$ (2) $\displaystyle\int_{e^{-2}}^{e^2} \frac{|\ln x|}{\sqrt{x}}\,\mathrm{d}x.$ (3) $\displaystyle\int_0^1 x\sqrt{1-x}\,\mathrm{d}x.$

(4) $\displaystyle\int_1^2 \frac{\sqrt{x^2-1}}{x^4}\,\mathrm{d}x.$ (5) $\displaystyle\int_{\frac{1}{2}}^1 e^{\sqrt{2x-1}}\,\mathrm{d}x.$ (6) $\displaystyle\int_0^a \frac{1}{x+\sqrt{a^2-x^2}}\,\mathrm{d}x \quad (a>0).$

解 (1)原式 $=\displaystyle\int_0^\pi \left(\frac{1+\cos 2x}{2}\right)^2\mathrm{d}x=\int_0^\pi \frac{1}{4}[1+2\cos 2x+\cos^2(2x)]\mathrm{d}x$

$$=\int_0^\pi \frac{1}{4}\left(1+2\cos 2x+\frac{1+\cos 4x}{2}\right)\mathrm{d}x=\int_0^\pi\left(\frac{3}{8}+\frac{\cos 2x}{2}+\frac{\cos 4x}{8}\right)\mathrm{d}x$$

$$=\left(\frac{3x}{8}+\frac{\sin 2x}{4}+\frac{\sin 4x}{32}\right)\Big|_0^\pi=\frac{3\pi}{8}.$$

(2)原式 $=-\displaystyle\int_{e^{-2}}^1 \frac{\ln x}{\sqrt{x}}\mathrm{d}x+\int_1^{e^2}\frac{\ln x}{\sqrt{x}}\mathrm{d}x=-2\int_{e^{-2}}^1 \ln x\,\mathrm{d}\sqrt{x}+2\int_1^{e^2}\ln x\,\mathrm{d}\sqrt{x}$

$$=(-2\sqrt{x}\ln x+4\sqrt{x})\Big|_{e^{-2}}^1+(2\sqrt{x}\ln x-4\sqrt{x})\Big|_1^{e^2}=8-\frac{8}{e}.$$

(3)令 $t=\sqrt{1-x}$，则原式 $=\displaystyle\int_0^1(2t^2-2t^4)\mathrm{d}t=\frac{4}{15}.$

(4)令 $x=\sec t$，则原式 $=\displaystyle\int_0^{\frac{\pi}{3}}\sin^2 t\cos t\,\mathrm{d}t=\frac{\sin^3 t}{3}\Big|_0^{\frac{\pi}{3}}=\frac{\sqrt{3}}{8}.$

(5)令 $t=\sqrt{2x-1}$，则原式 $=\displaystyle\int_0^1 te^t\mathrm{d}t=\int_0^1 t\,\mathrm{d}e^t=(te^t-e^t)\Big|_0^1=1.$

(6)令 $x=a\sin t,\mathrm{d}x=a\cos t\,\mathrm{d}t,x=a\Rightarrow t=\dfrac{\pi}{2},x=0\Rightarrow t=0$，则

$$原式=\int_0^{\frac{\pi}{2}}\frac{a\cos t}{a\sin t+\sqrt{a^2(1-\sin^2 t)}}\mathrm{d}t=\int_0^{\frac{\pi}{2}}\frac{\cos t}{\sin t+\cos t}\mathrm{d}t$$

$$=\frac{1}{2}\int_0^{\frac{\pi}{2}}\left(1+\frac{\cos t-\sin t}{\sin t+\cos t}\right)\mathrm{d}t=\frac{1}{2}\cdot\frac{\pi}{2}+\frac{1}{2}(\ln|\sin t+\cos t|)\Big|_0^{\frac{\pi}{2}}=\frac{\pi}{4}.$$

13. 利用特殊方法计算定积分

计算定积分的特殊方法有利用定积分的几何意义、奇偶对称性结论、瓦里斯公式等，关键是要注意到被积函数和积分区间的特点. 利用这些特殊方法计算定积分常常可使计算简化.

例19 求下列定积分.

(1) $\displaystyle\int_{-1}^1 \frac{2x^2+x\cos x}{1+\sqrt{1-x^2}}\mathrm{d}x.$ (2) $\displaystyle\int_0^{100\pi}\sqrt{1-\cos 2x}\,\mathrm{d}x.$ (3) $\displaystyle\int_0^{\frac{\pi}{2}}\sin^2 x\cos^5 x\,\mathrm{d}x.$

分析 第(1)题中积分区间关于原点对称，且被积函数拆成两项后，一项为偶函数，一项为奇函数，所以可以利用定积分的奇偶对称性简化计算. 第(2)题中被积函数通过倍角公式化为 $\sqrt{2}\,|\sin x|$，注意到 $|\sin x|$ 是以 π 为周期的周期函数，所以可用周期函数的积分性质简化计算. 第(3)题中积分区间很特殊，为 $\left[0,\dfrac{\pi}{2}\right]$，被积函数通过恒等变换能化为 $\cos^n x$ 的形式，于是可考虑用瓦里斯公式简化计算.

解 (1)原式 $=\displaystyle\int_{-1}^1 \frac{2x^2}{1+\sqrt{1-x^2}}\mathrm{d}x+\int_{-1}^1 \frac{x\cos x}{1+\sqrt{1-x^2}}\mathrm{d}x$

$$\xlongequal{\text{奇偶对称性}} 4\int_0^1 \frac{x^2}{1+\sqrt{1-x^2}}\mathrm{d}x + 0 = 4\int_0^1 \frac{x^2(1-\sqrt{1-x^2})}{1-(1-x^2)}\mathrm{d}x$$

$$= 4\int_0^1 (1-\sqrt{1-x^2})\mathrm{d}x = 4 - 4\int_0^1 \sqrt{1-x^2}\mathrm{d}x \ (\text{减去单位圆面积})$$

$$= 4 - \pi.$$

(2)原式 $= \int_0^{100\pi} \sqrt{2}\,|\sin x|\,\mathrm{d}x = 100\sqrt{2}\int_0^\pi \sin x\mathrm{d}x = 200\sqrt{2}.$

(3)原式 $= \int_0^{\frac{\pi}{2}}(1-\cos^2 x)\cos^5 x\mathrm{d}x = \int_0^{\frac{\pi}{2}}(\cos^5 x - \cos^7 x)\mathrm{d}x$

$$= \int_0^{\frac{\pi}{2}}\cos^5 x\mathrm{d}x - \int_0^{\frac{\pi}{2}}\cos^7 x\mathrm{d}x = \frac{4}{5}\times\frac{2}{3} - \frac{6}{7}\times\frac{4}{5}\times\frac{2}{3} = \frac{8}{105}.$$

14. 求反常积分

例 20 求下列反常积分.

(1) $\displaystyle\int_1^{+\infty} \frac{(1+x)^2}{(1+x^2)^2}\mathrm{d}x.$ 　　　　(2) $\displaystyle\int_{-\infty}^{+\infty} \frac{\mathrm{d}x}{4x^2+4x+5}.$ 　　　　(3) $\displaystyle\int_1^{+\infty} \frac{\ln x}{x^2}\mathrm{d}x.$

分析 本题的几个小题均属无穷限的广义积分,此类型积分的方法为首先用常义积分的积分法求出原函数,然后代入上下限,代无穷限时注意运用极限的方法.

解 (1)原式 $= \displaystyle\int_1^{+\infty} \frac{(1+x^2)+2x}{(1+x^2)^2}\mathrm{d}x = \int_1^{+\infty} \frac{\mathrm{d}x}{1+x^2} + \int_1^{+\infty} \frac{\mathrm{d}(1+x^2)}{(1+x^2)^2}$

$$= [\arctan x]_1^{+\infty} - \left[\frac{1}{1+x^2}\right]_1^{+\infty} = \lim_{x\to+\infty}\arctan x - \frac{\pi}{4} - \lim_{x\to+\infty}\frac{1}{1+x^2} + \frac{1}{2}$$

$$= \frac{\pi}{4} + \frac{1}{2}.$$

(2)原式 $= \displaystyle\int_{-\infty}^{+\infty} \frac{\mathrm{d}x}{(2x+1)^2+4} = \frac{1}{2}\int_{-\infty}^{+\infty}\frac{\mathrm{d}(2x+1)}{(2x+1)^2+2^2} = \frac{1}{2}\cdot\frac{1}{2}\arctan\frac{2x+1}{2}\Big|_{-\infty}^{+\infty}$

$$= \frac{1}{4}\left[\lim_{x\to+\infty}\arctan\frac{2x+1}{2} - \lim_{x\to-\infty}\arctan\frac{2x+1}{2}\right] = \frac{1}{4}\cdot\left[\frac{\pi}{2} - \left(-\frac{\pi}{2}\right)\right] = \frac{\pi}{4}.$$

(3)原式 $= -\displaystyle\int_1^{+\infty}\ln x\,\mathrm{d}\left(\frac{1}{x}\right) = -\left(\frac{\ln x}{x} - \int_1^{+\infty}\frac{1}{x^2}\mathrm{d}x\right) = -\left(\frac{\ln x+1}{x}\right)\Big|_1^{+\infty}$

$$= -\lim_{x\to+\infty}\frac{\ln x+1}{x} + 1 = 1.$$

例 21 求下列反常积分.

(1) $\displaystyle\int_1^2 \frac{\mathrm{d}x}{x\ln x}.$ 　　　　(2) $\displaystyle\int_0^2 \frac{\mathrm{d}x}{\sqrt{|x-1|}}.$ 　　　　(3) $\displaystyle\int_0^1 \frac{\mathrm{d}x}{\sqrt{x-x^2}}.$

分析 瑕积分在形式上与定积分相同,计算瑕积分时要特别注意找到所有瑕点(瑕点可能是积分区间的端点,也可能是积分区间内的点),找到原函数后,瑕点处要求极限,不能直接代值计算.

解 (1) $x=1$ 为瑕点(瑕点在区间左端点处),

$$\int_1^2 \frac{\mathrm{d}x}{x\ln x} = \int_1^2 \frac{\mathrm{d}(\ln x)}{\ln x} = [\ln(\ln x)]_1^2 = \ln(\ln 2) - \lim_{x\to1^+}\ln(\ln x) = \infty,$$

故原反常积分发散.

(2) $x=1$ 为瑕点(瑕点在区间内部),

$$\int_0^2 \frac{dx}{\sqrt{|x-1|}} = \int_0^1 \frac{dx}{\sqrt{1-x}} + \int_1^2 \frac{dx}{\sqrt{x-1}} = -2\sqrt{(1-x)}\Big|_0^1 + 2\sqrt{(x-1)}\Big|_1^2$$

$$= -2\Big[\lim_{x \to 1^-}\sqrt{(1-x)} - \sqrt{(1-0)}\Big] + 2\Big[\sqrt{(2-1)} - \lim_{x \to 1^+}\sqrt{(1-x)}\Big] = 4,$$

故 $\int_0^2 \dfrac{dx}{\sqrt{|x-1|}}$ 收敛,其值为 4.

(3) $x=0$ 和 $x=1$ 为瑕点(瑕点在区间左、右端点处),

$$\int_0^1 \frac{dx}{\sqrt{x-x^2}} = \int_0^1 \frac{dx}{\sqrt{\frac{1}{4}-\left(x-\frac{1}{2}\right)^2}} = \int_0^1 \frac{d\left(x-\frac{1}{2}\right)}{\sqrt{\left(\frac{1}{2}\right)^2-\left(x-\frac{1}{2}\right)^2}} = \arcsin\left[2\left(x-\frac{1}{2}\right)\right]\Big|_0^1$$

$$= \lim_{x \to 1^-}\arcsin\left[2\left(x-\frac{1}{2}\right)\right] - \lim_{x \to 0^+}\arcsin\left[2\left(x-\frac{1}{2}\right)\right] = \frac{\pi}{2} - \left(-\frac{\pi}{2}\right) = \pi,$$

故 $\int_0^1 \dfrac{dx}{\sqrt{x-x^2}}$ 收敛,其值为 π.

二、综合题型

1. 综合类积分问题

例 1 求下列不定积分.

(1) $\displaystyle\int e^{\sqrt{x}}\, dx$.　　　　(2) $\displaystyle\int \frac{dx}{\sin(2x)+2\sin x}$.　　　　(3) $\displaystyle\int \frac{x}{(x^4+1)(x^4+x^2)}\, dx$.

分析　该例中第(1)题被积函数含有根式,可先通过第二类换元法的根式代换,代换后变成幂函数与指数函数乘积的形式,再用分部积分法. 该题是换元积分法和分部积分法的综合应用. 第(2)题被积函数是三角函数有理式,而三角函数公式很多,可先用倍角公式、半角公式、万能公式等将被积函数进行变形,再综合应用变量代换或凑微分等方法求出积分. 因此,本题解法很多,但不同方法积分繁简程度各不相同,积分结果的形式也不完全相同. 第(3)题被积函数是有理函数真分式,但直接分解成简单分式之和的形式比较困难,可考虑先运用凑微分法简化被积函数形式后,再用有理函数的部分分式积分法求解.

解　(1) 令 $\sqrt{x}=t$,则 $x=t^2$,$dx=2t\,dt$,因此

$$\int e^{\sqrt{x}}\,dx = \int e^t 2t\,dt = 2\int te^t\,dt = 2\left[te^t - e^t\right] + C = 2e^{\sqrt{x}}(\sqrt{x}-1) + C.$$

(2)**解法 1**　$\displaystyle\int \frac{dx}{\sin(2x)+2\sin x} = \int \frac{dx}{2\sin x(\cos x+1)} \xrightarrow{\text{同乘以 }\sin x} \int \frac{\sin x\,dx}{2\sin^2 x(\cos x+1)}$

$$= \int \frac{-d(\cos x)}{2(1-\cos^2 x)(\cos x+1)} \xrightarrow{\text{令}\cos x=u} -\frac{1}{2}\int \frac{du}{(1-u^2)(u+1)} = -\frac{1}{2}\int \frac{du}{(1-u)(1+u)^2}$$

$$= -\frac{1}{8}\int \left[\frac{1}{(1-u)} + \frac{1}{(1+u)} + \frac{2}{(1+u)^2}\right]du = \frac{1}{8}\left[\ln|1-u| - |1+u| + \frac{2}{(1+u)}\right] + C$$

$$= \frac{1}{8}\left[\ln \frac{1-\cos x}{1+\cos x} + \frac{2}{(1+\cos x)}\right] + C.$$

解法 2　$\displaystyle\int \frac{dx}{\sin(2x)+2\sin x} = \int \frac{dx}{2\sin x(\cos x+1)} \xrightarrow{\text{同乘以 }\sin x} \int \frac{\sin x\,dx}{2\sin^2 x(\cos x+1)}$

$$= \int \frac{-\mathrm{d}(1+\cos x)}{2(1-\cos^2 x)(\cos x+1)} = -\int \frac{\mathrm{d}(1+\cos x)}{2(1+\cos x)^2(1-\cos x)} \xrightarrow{\diamondsuit\, 1+\cos x = t} \int \frac{\mathrm{d}t}{2t^2(2-t)}$$

$$= -\frac{1}{4}\int\left[\frac{1}{t^2}+\frac{1}{2t}-\frac{1}{2(t-2)}\right]\mathrm{d}t = -\frac{1}{4}\left(-\frac{1}{t}\right)-\frac{1}{8}\ln|t|+\frac{1}{8}\ln|t-2|+C$$

$$= \frac{1}{4(1+\cos x)}+\frac{1}{8}\ln\frac{1-\cos x}{1+\cos x}+C.$$

解法 3　$\displaystyle\int \frac{\mathrm{d}x}{\sin(2x)+2\sin x} = \int \frac{\mathrm{d}x}{2\sin x(\cos x+1)} \xrightarrow{\text{倍角公式}} \int \frac{\sin^2\dfrac{x}{2}+\cos^2\dfrac{x}{2}}{8\sin\dfrac{x}{2}\cos^3\dfrac{x}{2}}\mathrm{d}x$

$$= \frac{1}{8}\int \frac{\sin\dfrac{x}{2}}{\cos^3\dfrac{x}{2}}\mathrm{d}x + \frac{1}{4}\int\frac{1}{\sin x}\mathrm{d}x = \frac{1}{8}\sec^2\frac{x}{2}+\frac{1}{4}\ln|\csc x - \cot x|+C.$$

解法 4　令 $t = \tan\dfrac{x}{2}$，则 $\sin x = \dfrac{2t}{1+t^2}, \cos x = \dfrac{1-t^2}{1+t^2}, x = 2\arctan t, \mathrm{d}x = \dfrac{2\mathrm{d}t}{1+t^2}$,

$$\int \frac{\mathrm{d}x}{\sin(2x)+2\sin x} = \int \frac{\mathrm{d}x}{2\sin x(\cos x+1)} = \int \frac{\dfrac{2}{1+t^2}\mathrm{d}t}{2\dfrac{2t}{1+t^2}\left(\dfrac{1-t^2}{1+t^2}+1\right)}$$

$$= \frac{1}{4}\int\left(\frac{1}{t}+t\right)\mathrm{d}t = \frac{1}{4}\ln|t|+\frac{1}{8}t^2+C = \frac{1}{4}\ln\left|\tan\frac{x}{2}\right|+\frac{1}{8}\tan^2\frac{x}{2}+C.$$

(3) $\displaystyle\int \frac{x}{(x^4+1)(x^4+x^2)}\mathrm{d}x = \frac{1}{2}\int \frac{\mathrm{d}(x^2)}{[(x^2)^2+1]x^2(x^2+1)} \xrightarrow{\diamondsuit\, u = x^2} \frac{1}{2}\int \frac{\mathrm{d}u}{(u^2+1)u(u+1)}$，由

真分式分解性质，得到 $\dfrac{1}{(u^2+1)u(u+1)} = \dfrac{A}{u}+\dfrac{B}{u+1}+\dfrac{Cu+D}{u^2+1}$,

利用待定系数法或赋特值法，解得 $A = 1, B = -\dfrac{1}{2}, C = -\dfrac{1}{2}, D = -\dfrac{1}{2}$,

故　　原式 $= \dfrac{1}{2}\displaystyle\int\left[\frac{1}{u}-\frac{1}{2(u+1)}+\frac{-\dfrac{1}{2}u-\dfrac{1}{2}}{u^2+1}\right]\mathrm{d}u$

$$= \frac{1}{2}\ln|u|-\frac{1}{4}\ln|u+1|-\frac{1}{8}\ln(u^2+1)-\frac{1}{4}\arctan u + C$$

$$= \frac{1}{2}\ln x^2-\frac{1}{4}\ln(x^2+1)-\frac{1}{8}\ln(x^4+1)-\frac{1}{4}\arctan x^2 + C$$

$$= \frac{1}{8}\ln\frac{x^8}{(x^2+1)^2(x^4+1)}-\frac{1}{4}\arctan x^2 + C.$$

2. 利用定积分的定义或性质求极限

例 2　求极限 $\displaystyle\lim_{n\to\infty}\frac{\sqrt[n]{(n+1)(n+2)\cdots(n+n)}}{n}$.

分析　该数列极限比较复杂，可考虑利用对数恒等式先转化为和式的极限

$\displaystyle\lim_{n\to\infty}\mathrm{e}^{\sum\limits_{i=1}^{n}\ln\left(1+\frac{i}{n}\right)\cdot\frac{1}{n}}$，再考虑利用定积分定义 $\displaystyle\int_a^b f(x)\mathrm{d}x = \lim_{\lambda\to0}\sum_{i=1}^{n}f(\xi_i)\Delta x_i$ 求该极限. 关键是构造

被积函数与积分区间.采用逆向思维的方法,易见 $\lim\limits_{n\to\infty}\sum\limits_{i=1}^{n}\ln\left(1+\dfrac{i}{n}\right)\cdot\dfrac{1}{n}$ 中的 $\dfrac{1}{n}$ 可看作区间 $[0,1]$ n 等分后小区间的长度 Δx_i,而 $\ln\left(1+\dfrac{i}{n}\right)$ 可看作函数 $\ln(1+x)$ 在点 $\xi_i=x_i=\dfrac{i}{n}$ 的值,于是原极限化为定积分 $\mathrm{e}^{\int_0^1\ln(1+x)\mathrm{d}x}$.

解 根据定积分的定义,得

$$\lim_{n\to\infty}\frac{\sqrt[n]{(n+1)(n+2)\cdots(n+n)}}{n}=\lim_{n\to\infty}\sqrt[n]{\frac{(n+1)(n+2)\cdots(n+n)}{n^n}}$$

$$=\lim_{n\to\infty}\left[\left(1+\frac{1}{n}\right)\left(1+\frac{2}{n}\right)\cdots\left(1+\frac{n}{n}\right)\right]^{\frac{1}{n}}=\lim_{n\to\infty}\mathrm{e}^{\frac{1}{n}\ln\left[\left(1+\frac{1}{n}\right)\left(1+\frac{2}{n}\right)\cdots\left(1+\frac{n}{n}\right)\right]}$$

$$=\lim_{n\to\infty}\mathrm{e}^{\sum\limits_{i=1}^{n}\ln\left(1+\frac{i}{n}\right)\cdot\frac{1}{n}}=\mathrm{e}^{\lim\limits_{n\to\infty}\sum\limits_{i=1}^{n}\ln\left(1+\frac{i}{n}\right)\cdot\frac{1}{n}}.$$

因为 $\lim\limits_{n\to\infty}\sum\limits_{i=1}^{n}\ln\left(1+\dfrac{i}{n}\right)\cdot\dfrac{1}{n}=\int_0^1\ln(1+x)\mathrm{d}x=\left[x\ln(1+x)-x+\ln(1+x)\right]_0^1=2\ln2-1$,

故 $$\lim_{n\to\infty}\frac{\sqrt[n]{(n+1)(n+2)\cdots(n+n)}}{n}=\mathrm{e}^{2\ln2-1}=\frac{4}{\mathrm{e}}.$$

例3 求证:$\lim\limits_{n\to\infty}\displaystyle\int_0^1\dfrac{x^n}{\sqrt{1+x^2}}\mathrm{d}x=0$.

分析 本题本质上是数列极限,但其数列是由定积分定义的,它的被积函数 $f(x)=\dfrac{x^n}{\sqrt{1+x^2}}\geqslant0,x\in[0,1]$.结合要证明的结论,我们需要利用定积分的不等式性质及夹逼准则解决此问题.为此对被积函数作恰当"估计",以寻求 $g(x)$ 和 $h(x)$,使 $g(x)\leqslant f(x)\leqslant h(x)$,$x\in[0,1]$,并且

$$\lim_{n\to\infty}\int_0^1 g(x)\mathrm{d}x=\lim_{n\to\infty}\int_0^1 h(x)\mathrm{d}x.$$

证 当 $0\leqslant x\leqslant1$ 时,$0\leqslant\dfrac{x^n}{\sqrt{1+x^2}}\leqslant x^n$,由定积分的不等式性质得到

$$0\leqslant\int_0^1\frac{x^n\mathrm{d}x}{\sqrt{1+x^2}}\leqslant\int_0^1 x^n\mathrm{d}x=\frac{1}{n+1},$$

而 $\lim\limits_{n\to\infty}\dfrac{1}{n+1}=0$,故由极限的夹逼准则得 $\lim\limits_{n\to\infty}\displaystyle\int_0^1\dfrac{x^n}{\sqrt{1+x^2}}\mathrm{d}x=0$.

3. 求变限积分的极限

含变限积分的求极限问题,通常会利用洛必达法则、等价无穷小替换、变限积分求导等方法求解.

例4 求极限 $\lim\limits_{x\to0}\dfrac{\displaystyle\int_0^{\sin x}\left[\mathrm{e}^t\ln(1+t)\int_{t^2}^0\cos u\mathrm{d}u\right]\mathrm{d}t}{x^4\mathrm{e}^x}$.

分析 该极限属于"$\dfrac{0}{0}$"型未定式.为了使运算简化,一般在用洛必达法则前,先要用极限的四则运算法则或等价无穷小因子替换等方法化简后,再用洛必达法则结合其他求极限的方法求解.

解

$$\lim_{x\to 0}\frac{\int_0^{\sin x}\left[e^t\ln(1+t)\int_{t^2}^0\cos u\,du\right]dt}{x^4 e^x}=\lim_{x\to 0}\frac{1}{e^x}\cdot\lim_{x\to 0}\frac{\int_0^{\sin x}\left[e^t\ln(1+t)\int_{t^2}^0\cos u\,du\right]dt}{x^4}$$

$$=\lim_{x\to 0}\frac{\cos x\cdot e^{\sin x}\ln(1+\sin x)\cdot\int_{\sin^2 x}^0\cos u\,du}{4x^3}=\lim_{x\to 0}\frac{\sin x\cdot\int_{\sin^2 x}^0\cos u\,du}{4x^3}=\lim_{x\to 0}\frac{\int_{\sin^2 x}^0\cos u\,du}{4x^2}$$

$$=\lim_{x\to 0}\frac{-\cos(\sin^2 x)\cdot\sin 2x}{8x}=-\lim_{x\to 0}\frac{\sin 2x}{8x}=-\frac{1}{4}.$$

4. 定积分的换元积分法（或分部积分法）与变限积分求导的综合运用

例 5 设函数 $f(x)$ 连续，且 $\int_0^x tf(2x-t)dt=\frac{1}{2}\arctan x^2$. 已知 $f(1)=1$，求 $\int_1^2 f(x)dx$ 的值.

分析 由已知条件直接计算 $\int_1^2 f(x)dx$ 是很困难的，注意到给定的等式左端 $\int_0^x tf(2x-t)dt$ 是被积函数中含 x 的变上限积分. 解决此类型问题的一般方法是通过化简将被积函数中的 x 移至积分号外再求导，但此题目中的 x 含在抽象函数中不能直接提出来，所以可以先换元再求导，从而找出所求问题的解决方法.

解 令 $u=2x-t$，则 $t=2x-u$，$dt=-du$，

$$\int_0^x tf(2x-t)dt=-\int_{2x}^x(2x-u)f(u)du=2x\int_x^{2x}f(u)du-\int_x^{2x}uf(u)du,$$

从而 $2x\int_x^{2x}f(u)du-\int_x^{2x}uf(u)du=\frac{1}{2}\arctan x^2$，两端对 x 求导，得

$$2\int_x^{2x}f(u)du+2x[2f(2x)-f(x)]-[2xf(2x)\cdot 2-xf(x)]=\frac{x}{1+x^4},$$

化简整理得 $\int_x^{2x}f(u)du=\frac{x}{2(1+x^4)}+\frac{1}{2}xf(x)$，上式中令 $x=1$，得

$$\int_1^2 f(x)dx=\int_1^2 f(u)du=\frac{1}{4}+\frac{1}{2}=\frac{3}{4}.$$

例 6 设 $f(x)=\int_1^{x^2}\frac{\sin t}{t}dt$，求 $\int_0^1 xf(x)dx$.

分析 因为 $\frac{\sin t}{t}$ 没有初等函数形式的原函数，故无法直接求出 $f(x)$. 注意到 $f(x)$ 是变上限积分，其导数易求，在所求积分中若要与 $f'(x)$ 联系，则可考虑用分部积分法.

解

$$\int_0^1 xf(x)dx=\frac{1}{2}\int_0^1 f(x)d(x^2)=\frac{1}{2}\left[x^2 f(x)\right]_0^1-\frac{1}{2}\int_0^1 x^2 df(x)$$

$$=\frac{1}{2}f(1)-\frac{1}{2}\int_0^1 x^2 f'(x)dx,$$

因为 $f(x)=\int_1^{x^2}\frac{\sin t}{t}dt$，$f(1)=\int_1^1\frac{\sin t}{t}dt=0$，$f'(x)=\frac{\sin x^2}{x^2}\cdot 2x=\frac{2\sin x^2}{x}$，所以

$$\int_0^1 xf(x)dx=\frac{1}{2}f(1)-\frac{1}{2}\int_0^1 x^2 f'(x)dx=-\frac{1}{2}\int_0^1 2x\sin x^2 dx$$

$$=-\frac{1}{2}\int_0^1\sin x^2 dx^2=\frac{1}{2}\left[\cos x^2\right]_0^1=\frac{1}{2}(\cos 1-1).$$

5. 证明积分等式与不定式

积分等式和不等式常常利用下面的方法并结合一些积分技巧来证明.

1)证明积分等式的常用方法

(1)变量替换法,其所作代换主要根据所要证的等式两边的被积函数或两端的积分上下限来确定.

(2)分部积分法,特别是被积函数中出现 $f(x)$ 的导数时.

(3)利用积分中值定理.

2)证明积分不等式的常用方法

(1)利用定积分的性质(积分不等式、积分中值定理等).

(2)将积分上限换为 x,引入辅助函数,转化为证函数不等式.

(3)把一元函数积分转化为二元函数的二重积分等方法来证明,有的也可用泰勒公式或牛顿—莱布尼兹公式证明.

例 7 设 $f(x)$ 在 $[a,b]$ 上具有二阶连续导数,证明:

$$\int_a^b f(x)\mathrm{d}x = \frac{1}{2}(b-a)[f(a)+f(b)] + \frac{1}{2}\int_a^b f''(x)(x-a)(x-b)\mathrm{d}x.$$

分析 本题容易想到用分部积分法,但要注意"小技巧":

$$\int_a^b f(x)\mathrm{d}x = \int_a^b f(x)\mathrm{d}(x-b) \text{ 或 } \int_a^b f(x)\mathrm{d}x = \int_a^b f(x)\mathrm{d}(x-a),$$

这样改写后分部积分的首项简单.

证 连续利用分部积分法有

$$\int_a^b f(x)\mathrm{d}x = \int_a^b f(x)\mathrm{d}(x-b) = [f(x)(x-b)]_a^b - \int_a^b f'(x)(x-b)\mathrm{d}x$$

$$= f(a)(b-a) - \int_a^b f'(x)(x-b)\mathrm{d}(x-a)$$

$$= f(a)(b-a) + [(x-a)f'(x)(x-b)]_a^b + \int_a^b (x-a)\mathrm{d}[f'(x)(x-b)]$$

$$= f(a)(b-a) + \int_a^b (x-a)\mathrm{d}[f'(x)(x-b)]$$

$$= f(a)(b-a) + \int_a^b (x-a)\mathrm{d}f(x) + \int_a^b f''(x)(x-a)(x-b)\mathrm{d}x$$

$$= f(a)(b-a) + [(x-a)f(x)]_a^b - \int_a^b f(x)\mathrm{d}(x-a) + \int_a^b f''(x)(x-a)(x-b)\mathrm{d}x$$

$$= f(a)(b-a) + f(b)(b-a) - \int_a^b f(x)\mathrm{d}x + \int_a^b f''(x)(x-a)(x-b)\mathrm{d}x,$$

移项后得 $\int_a^b f(x)\mathrm{d}x = \frac{1}{2}(b-a)[f(a)+f(b)] + \frac{1}{2}\int_a^b f''(x)(x-a)(x-b)\mathrm{d}x.$

例 8 设 $f(x)$ 和 $g(x)$ 在 $[a,b]$ 上连续,且同为单调不减(或同为单调不增)函数,证明:

$$(b-a)\int_a^b f(x)g(x)\mathrm{d}x \geqslant \int_a^b f(x)\mathrm{d}x\int_a^b g(x)\mathrm{d}x.$$

分析 本题即证 $(b-a)\int_a^b f(x)g(x)\mathrm{d}x - \int_a^b f(x)\mathrm{d}x\int_a^b g(x)\mathrm{d}x \geqslant 0$. 引入辅助函数 $F(x) = (x-a)\int_a^x f(t)g(t)\mathrm{d}t - \int_a^x f(t)\mathrm{d}t\int_a^x g(t)\mathrm{d}t$ 后,相当于证明 $F(b) \geqslant 0 = F(a)$,因而问题转化为

证明 $F(x)$ 在 $[a,b]$ 上的单调性，于是想到利用 $F'(x)$ 进行判定.

证 引进辅助函数 $F(x) = (x-a)\displaystyle\int_a^x f(t)g(t)\mathrm{d}t - \int_a^x f(t)\mathrm{d}t\int_a^x g(t)\mathrm{d}t$，转化为证明

$$F(x) \geqslant 0 \quad (x \in [a,b]).$$

因为 $F'(x) = \displaystyle\int_a^x f(t)g(t)\mathrm{d}t + (x-a)f(x)g(x) - f(x)\int_a^x g(t)\mathrm{d}t - g(x)\int_a^x f(t)\mathrm{d}t$

$$= \int_a^x f(t)[g(t)-g(x)]\mathrm{d}t - \int_a^x f(x)[g(t)-g(x)]\mathrm{d}t$$

$$= \int_a^x [f(t)-f(x)][g(t)-g(x)]\mathrm{d}t \geqslant 0 \quad (x \in [a,b]),$$

其中 $(x-a)f(x)g(x) = \displaystyle\int_a^x f(x)g(x)\mathrm{d}x$，可得 $F(x)$ 在 $[a,b]$ 上单调不减，于是当 $x \in [a,b]$ 时，$F(x) \geqslant F(a) = 0$.

特别有 $F(b) \geqslant 0$，即 $(b-a)\displaystyle\int_a^b f(x)g(x)\mathrm{d}x \geqslant \int_a^b f(x)\mathrm{d}x\int_a^b g(x)\mathrm{d}x$.

第四节 数学文化拾趣园

一、数学家趣闻轶事

1. 牛顿

1）生平简介

牛顿（Isaac Newton，1642—1727），英国伟大的物理学家、天文学家和数学家，经典力学体系的奠基人，生于林肯郡伍尔索普村的一个农民家庭. 12 岁的他在格兰撒姆的公立学校读书时，就表现出了对实验和机械发明的兴趣，自己动手制作了水钟、风磨和日晷等. 1661 年，牛顿就读于剑桥大学的三一学院，成了一名优秀学生. 1665 年，伦敦流行鼠疫，牛顿回到乡间，终日思考各种问题，运用他的智慧和数年来获得的知识，发明了流数术（微积分）、万有引力和光的分析. 1687 年，在天文学家哈雷的鼓励和赞助下，牛顿发表了著名的《自然哲学的数学原理》，创造了运动定律和万有引力定律，对近代自然科学的发展，作出了重大贡献. 1703 年，当选为英国皇家学会会长. 1727 年 3 月 27 日，逝世于伦敦郊外的一个小村落里.

2）代表成就

牛顿著有《自然哲学的数学原理》、《光学》、《二项式定理》和《微积分》. 他在 1687 年发表的论文《自然哲学的数学原埋》里，对万有引力和三大运动定律进行了描述，这些描述奠定了此后三个世纪里物理世界的科学观点，并成为了现代工程学的基础. 他通过论证开普勒行星运动定律与他的引力理论间的一致性，证实了地面物体与天体的运动都遵循着相同的自然定律，从而消除了对太阳中心说的最后一丝疑虑，并推动了科学革命. 在力学上，牛顿阐明了动量角动量守恒原理. 在光学上，他发明了反射式望远镜，并基于对三棱镜将白光发散成可见光谱的观察，发展出了颜色理论. 他还系统地表述了冷却定律，并研究了音速. 在数学上，牛顿与戈特弗里德·莱布尼茨分享了发展出微积分学的荣誉. 他也证明了广义二项式定理，提出了"牛顿法"

以趋近函数的零点,并为幂级数的研究作出了贡献. 在 2005 年,英国皇家学会进行了一场"谁是科学史上最有影响力的人"的民意调查,牛顿被认为比爱因斯坦更具影响力.

3)名家垂范

(1)苹果落地(一个偶然的事件往往能引发一位科学家思想的闪光). 这是 1666 年夏末一个温暖的傍晚,在英格兰林肯州乌尔斯索普,一个腋下夹着一本书的年轻人走进他母亲家的花园里,坐在一棵树下,开始埋头读他的书. 当他翻动书页时,他头顶的树枝中有样东西晃动起来. 一只历史上最著名的苹果落了下来,打在 23 岁的牛顿的头上,恰巧在那天,牛顿正苦苦思索着一个问题:是什么力量使月球保持在环绕地球运行的轨道上,以及使行星保持在其环绕太阳运行的轨道上?为什么这只打中他脑袋的苹果会坠落到地上?正是从思考这一问题开始,他找到了这些的答案——万有引力理论.

(2)牛顿与伪币. 作为英国皇家铸币厂的主管官员,牛顿估计大约有 20% 的硬币是伪造的. 伪造货币在英国是大逆罪,会被处以车裂的极刑. 尽管这样,为那些恶名昭著的罪犯定罪是异常困难的;不过,事实证明牛顿能胜任这项任务. 他通过掩饰自己的身份而搜集了许多证据,并公之于酒吧和客栈里. 英国的法律保留了古老且麻烦的习惯,以给起诉设置必要的障碍,并将政府部门从司法中分离开来. 牛顿为此当上了太平绅士,并在 1698 年 6 月到 1699 年圣诞节间引导了对 200 名证人、告密者和嫌疑犯的交叉讯问. 牛顿最后得以胜诉,并在 1699 年 2 月执行了 10 名罪犯的死刑. 后来,他下令将所有的讯问记录予以销毁. 查洛纳密谋策动一起假的天主教阴谋活动,然后检举那些不幸被他诱骗来的共谋者. 在向国会的请愿中,查洛纳控告铸币厂有偿地将工具提供给了造伪币者,并请求国会允许他检查铸币厂的生产过程以证明他的控告,他还请求国会采纳他所谓的"无法伪造的造币过程",以及同时打击假币的计划. 牛顿被激怒了,并开始着手调查,以查出查洛纳做过的其他事. 在调查中,牛顿发现查洛纳参与了伪币制造. 他立即起诉了查洛纳,但查洛纳先生在高层有一些朋友,因此他被无罪释放了,这让牛顿感到不满. 在第二次起诉中,牛顿提供了确凿的证据,并成功地使查洛纳被判处大逆罪.

(3)科学研究的痴情. 牛顿对于科学研究专心到痴情的地步. 据说有一次牛顿煮鸡蛋,他一边看书一边干活,糊里糊涂地把一块怀表扔进了锅里,等水煮开后,揭盖一看,才知道错把怀表当鸡蛋煮了. 还有一次,一位来访的客人请他估价一具棱镜,牛顿一下就被这具可以用作科学研究的棱镜吸引住了,毫不迟疑地回答说:"它是一件无价之宝!"客人看到牛顿对棱镜垂涎三尺,表示愿意卖给他,还故意要了一个高价. 牛顿立即欣喜地把它买了下来,管家老太太知道了这件事,生气地说:"咳,你这个笨蛋,你只要照玻璃的重量折一个价就行了!"有一次牛顿请朋友吃饭,准备好饭菜后,自己却钻进了研究室,朋友见状吃完后便不辞而别了,牛顿出来时发现桌上只剩下残羹冷饭,以为自己已经吃过了,就回去继续进行研究实验. 牛顿用心之专注被传为佳话.

2. 莱布尼茨

1)生平简介

戈特弗里德·威廉·莱布尼茨(Gottfried Wilhelm Leibniz,1646—1716),德国最重要的自然科学家、数学家、物理学家、历史学家和哲学家,一位举世罕见的科学天才,出生于德国东部莱比锡的一个书香之家. 1661 年,莱布尼茨进入莱比锡大学学法律,1663 年曾到耶拿大学学习数学和逻辑学等,并在莱比锡大学获得哲学硕士学位. 1666 年他写了论文《论组合的艺术》而顺利通过了阿尔特道夫大学的法学博士学位考试. 1670—1672 年他在马因兹任职,当了法院参议. 1672 年他受聘担任梅因兹选帝侯的外交官职务,并被派往巴黎,留居了四年,期间与大数学家惠更斯结识,开始进入数学界.1673 年,他把自己在巴黎设计制造的一台比帕斯卡加法机更好的能做乘法的计算机,献给了伦敦皇家学会,被选为皇家学会会员.1677 年,他在百忙之中发明了微积分.1682 年,莱布尼茨与门克创办了近代科学史上卓有影响的拉丁文科学杂志《学术纪事》(又称《教师学报》),他的数学、哲学文章大都刊登在该杂志上;这时,他的哲学思想也逐渐走向成熟.1685 年莱布尼兹被任命为布伦兹维克家族的编史官,他在历史方面做了很多工作,由于撰写布伦茨维克家族历史的功绩,他获得了枢密顾问官职务.在 1700 年世纪转变时期,莱布尼茨热心地从事科学院的筹划、建设事务,他屡次劝说一些君主建立国家科学院,1700 年柏林科学院终于建立起来了,莱布尼兹被推举为第一任院长.据传,他还曾经通过传教士,建议中国清朝的康熙皇帝在北京建立科学院.1716 年 11 月 14 日莱布尼茨死于汉诺威,享寿七十岁.

2)代表成就

莱布尼茨的研究成果遍及数学、力学、逻辑学、化学、地理学、解剖学、动物学、植物学、气体学、航海学、地质学、语言学、法学、哲学、历史、外交等方面,被誉为十七世纪的亚里士多德.

莱布尼茨在数学方面的成就是巨大的,和牛顿同为微积分的创建人.1684 年莱布尼茨发表了数学史上第一篇正式的微积分文献《一种求极限值和切线的新方法》,这篇文献是他自 1673 年以来的微积分研究的概括与成果,其中定义了微分,广泛地采用了微分符号 dx、dy,还给出了和、差、积、商及乘幂的微分法则,同时包括了微分法在求切线、极大、极小值及拐点方面的应用.两年后,又发表了一篇积分学论文《深奥的几何与不变量及其无限的分析》,其中首次使用积分符号"∫",初步论述了积分(或求积)问题与微分求切线问题的互逆问题,即今天大家熟知的牛顿—莱布尼茨公式.此外,他还对线性方程组进行研究,对消元法从理论上进行了探讨,并首先引入了行列式的概念,提出行列式的某些理论.

莱布尼茨的物理学成就也是非凡的.1671 年,莱布尼茨发表了《物理学新假说》一文,提出了具体运动原理和抽象运动原理.他还对笛卡儿提出的动量守恒原理进行了认真的探讨,提出了能量守恒原理的雏形,并在《教师学报》上发表了《关于笛卡尔和其他人在自然定律方面的显著错误的简短证明》,提出了运动的量的问题,证明了动量不能作为运动的度量单位,并引入动能概念,第一次认为动能守恒是一个普通的物理原理.1684 年,莱布尼茨在《固体受力的新分析证明》一文中指出,纤维可以延伸,其张力与伸长成正比,因此他提出将胡克定律应用于单根纤维.这一假说后来在材料力学中被称为马里奥特—莱布尼茨理论.在光学方面,莱布尼茨也有建树,他利用微积分中的求极值方法,推导出了折射定律,并尝试用求极值的方法解释光学基本定律.可以说莱布尼茨的物理学研究一直是朝着为物理学建立一个类似欧氏几何公理系统的目标前进的.

作为著名的哲学家,他的哲学理论主要是"单子论"、"前定和谐论"及自然哲学理论.他的学说与其弟子沃尔夫的理论相结合,形成了莱布尼茨—沃尔夫体系,极大地影响了德国哲学的发展,尤其是影响了康德的哲学思想.他开创的德国自然哲学经过沃尔夫、康德、歌德到黑格尔得到了长足的发展."世界上没有两片完全相同的树叶"就是出自他之口,他还是最早研究中国文化和中国哲学的德国人,对丰富人类的科学知识宝库做出了不可磨灭的贡献.

3)名家垂范

莱布尼茨在青年时代曾经有一个伟大的梦想:把人的理性还原为计算,并且用机器来执行这些计算.他梦想把整个人类知识用一种普遍的人工数学语言和演算规则进行汇编,用数学语言把知识的每一个方面表达出来,用演算规则揭示命题之间所有的逻辑关系,最后梦想能够制造出机器来完成这些演算.

莱布尼茨终身都致力于实现这个梦想,即找到能表达人类思想的真正的符号系统以及操纵这些符号的计算工具.他认为,以往算术和代数中所使用的那些符号,以及化学和天文学中所使用的符号能给我们带来启发,因为这些学科中每个符号都自然而恰当地表示了某个确定的概念,每个符号都是一个真实的文字,所以建立一个真正合适的有意义符号系统至关重要. 20世纪早期的逻辑学家、研究莱布尼茨的专家路易·古杜拉曾这样写道:"可以说,正是代数符号体现了文字的理想,它成了一个典范.莱布尼茨也一直用代数的例子来说明一个恰当选取的符号系统是多么有用,而且是演绎思想所不可或缺的."

莱布尼茨也致力于制造能够进行计算的机器. 1647年,莱布尼茨描述了一种能够解代数方程的机器,过了一年,他又为一种机械装置写了相应的逻辑推理,后来还发现任何数都可以用0和1表示出来(即二进制),这一思想是非比寻常.虽然莱布尼茨的机器采用的是十进制,但他最先提出的二进制的运算法则已应用于现代计算机之中. 1673年,在莱布尼茨第一次访问伦敦时,曾向人们展示了一台能够执行四种算术基本运算的机器.帕斯卡曾设计过一台能够进行加减运算的机器,但莱布尼茨的机器还可以进行乘除运算,在继承帕斯卡基本原理的基础上,莱布尼茨为机器增添了一种装置——"步进轮",它能使机器连续重复地作加法运算.直到20世纪,这一装置仍在计算机上普遍使用.

莱布尼茨明确地指出了发明"推理演算"和逻辑代数的重要性,也描述了普遍文字,却没有完成具体工作.尽管他满怀激情,但他知道,这个梦想不是他一个人所能实现的,不过他相信,如果把一些有能力的人聚集在一个科学院来共同努力,可能在若干年可以完成相当一部分任务.莱布尼茨的伟大梦想激励着一代又一代人去努力、去追求、去实现它.

3. 微积分创始之争

牛顿与莱布尼茨,究竟是谁先发明了微积分?这是科学史上一场最著名、最激烈、最长久的发明权之争,争论的结果是:牛顿和莱布尼茨相互独立地创建了微积分.牛顿从力学或运动学的角度研究微积分,而莱布尼茨则更多地从几何学的角度研究微积分.这场争论被认为是"科学史上最不幸的一章",曾导致欧洲和英国学术界交流的中断.从研究微积分的时间看,牛顿比莱布尼茨早约9年.据牛顿自述,其研究始于1664年,在1665年11月发明流数术,即微分学;1666年5月建立反流数术,即积分学.莱布尼茨则在1673年开始研究,于1675—1676年间先后建立微分学和积分学.从微积分著作发表的时间看,莱布尼茨比牛顿早3年.莱布尼茨于1684年和1686年分别发表了微分学和积分学的论文.而牛顿关于微分学的第一次公开表述,出现在1687年出版的巨著《自然哲学的数学原理》中;其《曲线图形的求积法》,即积分学,作为《光学》一书的数学附录出版于1704年.

二、数学思维与发现

1. 积分的思想

在十七世纪,人们在解决诸如求曲线的弧长、曲线围成的面积、曲面围成的体积、物体的重心、一个体积相当大的物体作用于另一物体上的引力等科学问题时发现:这些问题都可归结为相同模式的数学问题——因变量在一定时间过程中所积累的变化,这导致了积分概念的产生,它包含了分割、作近似、求和、取极限的思想. 但是, 积分的思想在古代就已经产生了. 公元前三世纪, 古希腊的阿基米德在研究解决抛物弓形的面积、球和球冠面积、螺线下面积和旋转双曲体的体积的问题中, 就隐含着近代积分学的思想; 我国南北朝时期的数学家祖暅(中国古代数学家祖冲之之子)发展了刘徽的思想, 在求出球的体积的同时, 得到了一个重要的结论(后人称之为祖暅原理): 夫叠基成立积, 缘幂势既同, 则积不容异. 用现在的话来讲就是, 一个几何体(立积)是由一系列很薄的小片(基)叠成的, 若两个几何体相应的小片的截面积(幂势)都相同, 那它们的体积(积)必然相等.

2. 微积分的发现与创立

十七世纪下半叶, 在前人工作的基础上, 英国大科学家牛顿和德国数学家莱布尼茨分别在自己的国度里独自研究并完成了微积分的创立工作. 虽然这只是十分初步的工作, 但他们的最大功绩是把两个貌似毫不相关的问题联系在一起, 一个是切线问题(微分学的中心问题), 一个是求积问题(积分学的中心问题). 他们分别发现了联系微分学和积分学的基本定理, 即牛顿—莱布尼茨定理, 该定理把求区间上的定积分转化为计算原函数在该区间上的增量. 这种从量的方面研究事物运动变化(函数)的方法是微积分的基本方法, 叫作数学分析方法. 牛顿和莱布尼茨建立微积分的出发点是直观的无穷小量, 因此这门学科早期也称为无穷小分析, 这正是现代数学中分析学这一大分支名称的来源.

3. 牛顿和莱布尼茨对微积分学科的功绩

微积分学科的建立, 归功于两位伟大的科学先驱: 牛顿和莱布尼茨. 关键在于他们认识到, 过去一直分别研究的微分和积分这两个运算, 是彼此互逆的两个过程, 它们是由牛顿—莱布尼茨公式联系起来的. 1669 年英国大数学家牛顿提出微积分学说存在正反两个方面的运算, 例如面积计算和切线斜率计算就是互逆的两种运算, 即微分和积分互为逆运算, 从而完成了微积分运算的决定性步骤. 但由于种种原因, 他决定不向外界公开他的数学成果, 他的成果只是以手稿的形式在少数几个同事中传阅, 而这一决定在以后给他带来了大麻烦. 直到 1687 年, 牛顿才出版了他的著作《自然哲学的数学原理》, 在这个划时代的著作中, 他陈述了他的伟大创造微积分, 并应用微积分理论, 从开普勒关于行星的三大定律导出了万有引力定律. 牛顿还将微积分广泛应用于声学、光学、流体运动等学科, 充分显示了微积分理论的巨大威力. 牛顿和莱布尼茨对微积分的研究都达到了同一目标, 但两人的方法不同.

正是由于牛顿和莱布尼茨的功绩, 微积分成为了一门独立的学科. 求微分与求积分的问题, 不再是孤立地进行处理了, 而是有了统一的处理方法. 微积分的产生历史, 说明了这样一个真理: 人类科技发展史上的任何一个进步, 都是站在巨人的肩膀上取得的. 牛顿说他就是站在巨人的肩膀上, 在当时这个巨人已经形成, 包括了一大批微积分的先驱们, 如: 阿基米德、开普勒、费尔马、巴罗等数学家.

微积分的诞生具有划时代的意义, 是数学史上的分水岭与转折点, 是人类探索大自然的艰苦努力的一项伟大的成功, 是人类思维的最伟大的成就之一. 这个伟大发明所产生的新数学与旧数学有本质的区别: 旧数学是关于常量的数学, 新数学是关于变量的数学; 旧数学是静态的, 新数学是动态的; 旧数学只涉及固定的和有限的量, 新数学则包含了运动、变化和无限.

关于微积分的地位, 恩格斯这样评论: "在一切理论成就中, 未必再有什么像 17 世纪下半叶微积分的发现那样被看作人类精神的最高胜利了. 如果在某个地方我们看到人类精神的纯粹的和唯一的功绩,那正是在这里."微积分诞生后,数学引来了一次空前的繁荣时期.18世纪被称为数学史上的英雄世纪,数学家们把微积分应用于天文学、力学、光学、热学等各个领域,获得了丰硕的成果,在数学本身,他们把微积分作为工具,又发展出微分方程、微分几何、无穷级数等理论分支,大大扩展了数学研究的范围.

第五节　数学实践训练营

一、数学实验及软件使用

1. 计算不定积分

1)软件命令

$\text{int}(\text{fx}, \text{x})$：计算 $\int f(x)\mathrm{d}x$.

参数说明：fx 是函数的符号表达式；x 是符号自变量，当 fx 只含有一个变量时，x 可以省略.

2)举例示范

例1　计算 $I = \int \dfrac{x + \sin x}{1 + \cos x}\mathrm{d}x$.

$\qquad \gg$ syms x
$\qquad \gg$ I=int((x+sin(x))/(1+cos(x)))
$\qquad$ I=
$\qquad$ x * tan(x/2)

说明：由上述运行结果可知,int 函数求取得不定积分时不带常数项的,要得到一般形式的不定积分,可以编写如下语句：

$\qquad \gg$ syms x c
$\qquad \gg$ I= int((x+sin(x))/(1+cos(x)),x)+c
$\qquad$ I=
$\qquad$ c+x * tan(x/2)

2. 计算定积分

1)软件命令

$\text{int}(\text{fx}, \text{x}, \text{a}, \text{b})$：计算 $\int_a^b f(x)\mathrm{d}x$.

参数说明：fx 是函数的符号表达式；x 是符号自变量,当 f 只含有一个变量时,x 可以省略；a 和 b 分别是积分下限和积分上限.

2)举例示范

例2　计算 $I = \int_0^1 \sqrt{\ln\dfrac{1}{x}}\,\mathrm{d}x$.

```
>> syms x
>> I=int(sqrt(log(1/x)),0,1)
I=
Pi^(1/2)/2
```

例 3 计算 $I = \int_0^2 f(x)\mathrm{d}x$，其中 $f(x) = \begin{cases} x+1, x \leqslant 1, \\ \dfrac{1}{2}x^2, x > 1. \end{cases}$

```
>> syms x
>> I=int(x+1,0,1)+int(x^2/2,1,2)
I=
8/3
```

例 4 计算 $\lim\limits_{x \to 0} \dfrac{\int_{\cos x}^1 \mathrm{e}^{-t^2}\mathrm{d}t}{x^2}$.

```
>> syms x t
>> num=int(exp(-t^2),t,cos(x),1);
>> den=x^2;
>> [L,form]=LHospital(num,den,x,0)
L—
1/(2*exp(1))
form=
0/0
```

3. 计算无穷限的反常积分

1）软件命令

$\mathrm{int}(\mathrm{fx},\mathrm{x},-\mathrm{inf},\mathrm{inf})$：计算 $\displaystyle\int_{-\infty}^{+\infty} f(x)\mathrm{d}x$

$\mathrm{int}(\mathrm{fx},\mathrm{x},\mathrm{a},\mathrm{inf})$：计算 $\displaystyle\int_{a}^{+\infty} f(x)\mathrm{d}x$

$\mathrm{int}(\mathrm{fx},\mathrm{x},-\mathrm{inf},\mathrm{b})$：计算 $\displaystyle\int_{-\infty}^{b} f(x)\mathrm{d}x$

2）举例示范

例 5 计算 $\displaystyle\int_{-\infty}^{+\infty} \dfrac{\mathrm{d}x}{1+x^2}$.

```
>> syms x
>> I=int(1/(1+x^2),-inf,inf)
I=
pi
```

例 6 计算 $\displaystyle\int_0^{+\infty} t\mathrm{e}^{-pt}\mathrm{d}t (p > 0)$.

```
>>syms x t
>> syms p positive
```

```
>> I=int(t*exp(−p*t),t,0,inf)
I=
1/p^2
```

4. 计算无界函数的反常积分（瑕积分）

1）软件命令

$int(fx,x,a,b)$：计算瑕积分 $\int_a^b f(x)\mathrm{d}x$.

说明：计算瑕积分的命令与定积分相同.

2）举例示范

例 7　计算 $\int_0^2 \dfrac{\mathrm{d}x}{\sqrt{4-x^2}}$

```
>> syms x
>> I=int(1/sqrt(4−x^2),0,2)
I=
pi/2
```

例 8　计算 $\int_{-1}^1 \dfrac{\mathrm{d}x}{x^2}$

```
>> syms x
>> I=int(1/x^2,−1,1)
I=
Inf
```

5. 积分的数值求解

MATLAB 提供了很多求解数值积分的专用函数，比如 trapz 函数、quad 函数、quadl 函数等. 其中，trapz 函数是基于复化梯形公式设计编写的；quad 函数是基于自适应辛普森法设计的；quadl 函数使用的算法是自适应 Lobatto 算法，其精度和速度远高于 quad 函数，所以在追求高精度数值解时，建议使用该函数.

1）软件命令

$trapz(x,y,dim)$：计算定积分 $\int_a^b f(x)\mathrm{d}x$.

参数说明：x,y 是观测数据，x 可以是行向量或列向量，y 可以为向量或矩阵，y 的行数应等于 x 向量的元素个数；dim 表示按维进行求积，若 dim=1（默认值），则按行求积.

$quad(fx,a,b)$：计算定积分 $\int_a^b f(x)\mathrm{d}x$.

$quadl(fx,a,b)$：计算定积分 $\int_a^b f(x)\mathrm{d}x$.

参数说明：fx 是被积函数，可以是字符表达式、内联函数、匿名函数和 M 函数；a,b 是定积分的上限和下限.

2）举例示范

例 9　计算 $\int_0^{\frac{3\pi}{2}} \cos15x\mathrm{d}x$

```
>> h=0.0001;
>> x=[0:h:3*pi/2,3*pi/2];
>> y=cos(15*x);
>> I=trapz(x,y)
I=
6.6667e-002
```

二、建模案例分析

1. 漏水的时间问题

一个半径为 $R=5\text{m}$ 的球形水罐充满了水,底部有一个半径为 $b=0.1\text{m}$ 的圆形小孔漏水 (图 3-6),若不考虑摩擦力,水从小孔漏出的速度由下列能量方程决定:

$$g(z+R)=\frac{u^2}{2},$$

其中,u 是速度,z 表示从球心测量的水面高度,$g=9.81\text{m/s}^2$ 为重力加速度,问多少时间以后,水面将下降至离底部 0.5m?

问题分析(模型建立) 考虑在时间 $\text{d}t$ 内水面变化 $\text{d}z$,漏水的体积为 $uA\text{d}t=-\pi x^2\text{d}z$,其中 x 为高度 z 水面的半径,$A=\pi b^2$. 由于 $R^2=z^2+x^2$,从而 $\text{d}t=-\dfrac{R^2-z^2}{b^2\sqrt{2g(z+R)}}\text{d}z$,在顶部 $z=R$,水降到 0.5m 时 $z=0.5-R$,从而

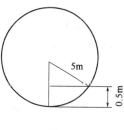

图 3-6

$$t=-\int_R^{0.5-R}-\frac{R^2-z^2}{b^2\sqrt{2g(z+R)}}\text{d}z=\int_{0.5-R}^R\frac{R^2-z^2}{b^2\sqrt{2g(z+R)}}\text{d}z.$$

模型求解 MATLAB 计算程序如下
————————————————————————————————

```
>> R=5;b=0.1;g=9.81;z1=0.5-R;z2=R;
>> n=100;h=(z2-z1)/n;z=z1:h:z2;
>> f=(R^2-z.^2)./(b^2*sqrt(2*g*(z+R)));
>> I=trapz(z,f)/(60^2)    %求积分 ∫_{0.5-R}^R (R²-z²)/(b²√(2g(z+R))) dz

ans =
  0.5144    %求得结果为 0.5144 小时
```
————————————————————————————————

2. 生日蛋糕问题

一个数学家即将要迎来他 90 岁的生日,有很多的学生要来为他祝寿,所以要订做一个特大的蛋糕. 为了纪念他提出的一项重要成果——口腔医学的悬链线模型,他的弟子要求蛋糕店的老板将蛋糕边缘圆盘半径作成下列悬链线函数:

$$r=2-\frac{\text{e}^{2h}+\text{e}^{-2h}}{5},\quad 0<h<1(\text{单位:m}).$$

由于蛋糕店从来没有做过这样的蛋糕,蛋糕店的老板必须要计算一下成本.这主要涉及两个问题的计算:一个是蛋糕的质量,由此可以确定需要多少鸡蛋和面料;另一个是蛋糕表面积(底面除外),由此确定需要多少奶油.

问题分析(模型建立) 对于一个圆盘形的单层蛋糕,如图 3—7(a)绕水平中心轴旋转而成.若高为 H (m),半径为 r (m),密度为 ρ (kg/m³),则蛋糕的质量 W (kg)和表面积 S (m²)为

$$W = \rho\pi r^2 H,$$
$$S = 2\pi r H + \pi r^2.$$

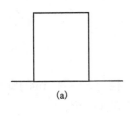 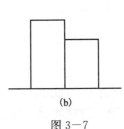 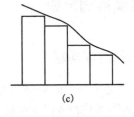

(a)　　　　　　　　(b)　　　　　　　　(c)

图 3—7

如果蛋糕是双层圆盘的,如图 3—7(b)绕水平中心轴线旋转而成,每层高 $H/2$,下层蛋糕半径为 r_1,上层蛋糕半径为 r_2,此时蛋糕的质量和表面积为

$$W = \frac{\rho\pi r_1^2 H}{2} + \frac{\rho\pi r_2^2 H}{2} = \frac{\rho\pi H}{2}(r_1^2 + r_2^2),$$

$$S = 2\pi r_1 \frac{H}{2} + 2\pi r_2 \frac{H}{2} + \pi r_1^2 = \pi H(r_1 + r_2) + \pi r_1^2.$$

依次类推,如果蛋糕是 n 层的,每层高为 H/n,半径分别为 $r_1, r_2, \cdots r_n$,则蛋糕的质量 W 和表面积 S 为

$$W = \frac{\rho\pi H}{n}\sum_{i=1}^{n} r_i^2, \quad S = 2\pi \frac{H}{n}\sum_{i=1}^{n} r_i + \pi r_1^2.$$

事实上,蛋糕边缘圆盘半径

$$r = r(h) = 2 - \frac{e^{2h} + e^{-2h}}{5}, (0 < h < 1),$$

那么当 $r_i \to \infty, H = 1$ 时

$$W = \frac{\rho\pi H}{n}\sum_{i=1}^{n} r_i^2 \to \rho\pi\int_0^1 r^2(h)\mathrm{d}h,$$

$$S = 2\pi \frac{H}{n}\sum_{i=1}^{n} r_i + \pi r_1^2 \to 2\pi\int_0^1 r(h)\mathrm{d}h + \pi r^2(0),$$

数学家的生日蛋糕问题转化为求上面两个数值积分.

模型求解 蛋糕边缘圆盘半径 r 是高度 h 的函数　$r = r(h) = 2 - \frac{e^{2h} + e^{-2h}}{5}, 0 < h < 1,$

现要求积分 $\pi\int_0^1 r^2(h)\mathrm{d}h$ 和 $2\pi\int_0^1 r(h)\mathrm{d}h + \pi r^2(0)$.

在 MATLAB 命令窗口输入下述命令:

——

```
>> syms h                                    %定义 h 为自变量
>> r=2-(exp(2*h)+exp(-2*h))/5;
```

>>quadl('pi * (2−(exp(2 * h)+exp(−2 * h))/5).^2',0,1)%求积分 $\pi\int_0^1 r^2(h)dh$

ans =

  5.4171

>> r0=subs(r,h,0)   %计算 $r(0)$ 的值

r0 =

  1.6000

>> quadl('2 * pi * (2−(exp(2 * h)+exp(−2 * h))/5)',0,1)+pi * r0^2

ans =

16.0512   %求得 $2\pi\int_0^1 r(h)\mathrm{d}h+\pi r^2(0)$ 的值

——

求得该数学家的生日蛋糕的质量和表面积为
$$W=5.4171(\mathrm{kg}), \quad S=16.0512(\mathrm{m}^2).$$

实际上,问题的分析部分使用的是数值积分中的矩形法,求解时直接使用 MATLAB 积分命令求解,使用不定积分 int 也可以得到相同的解答结果.

第六节　考研加油站

一、考研大纲解读

1. 考研数学一和数学二的大纲

通过对比分析发现:考研数学一和数学二对"一元函数积分学"的大纲相同,其考试内容和要求如下.

1)考试内容

(1)原函数和不定积分的概念,不定积分的基本性质、基本积分公式.

(2)定积分的概念和基本性质,定积分中值定理.

(3)积分上限的函数及其导数,牛顿—莱布尼茨(Newton-Leibniz)公式.

(4)不定积分和定积分的换元积分法与分部积分法.

(5)有理函数、三角函数的有理式和简单无理函数的积分,反常(广义)积分.

(6)定积分的应用.

2)考试要求

(1)理解原函数的概念,理解不定积分和定积分的概念.

(2)掌握不定积分的基本公式,掌握不定积分和定积分的性质及定积分中值定理,掌握换元积分法与分部积分法.

(3)会求有理函数、三角函数有理式和简单无理函数的积分.

(4)理解积分上限的函数,会求它的导数,掌握牛顿—莱布尼茨公式.

(5)了解反常积分的概念,会计算反常积分.

2. 考研数学三的大纲

1）考试内容

（1）原函数和不定积分的概念，不定积分的基本性质、基本积分公式.

（2）定积分的概念和基本性质，定积分中值定理.

（3）积分上限的函数及其导数，牛顿—莱布尼茨（Newton-Leibniz）公式.

（4）不定积分和定积分的换元积分法与分部积分法.

（5）反常（广义）积分.

（6）定积分的应用.

2）考试要求

（1）理解原函数与不定积分的概念，掌握不定积分的基本性质和基本积分公式，掌握不定积分的换元积分法与分部积分法.

（2）了解定积分的概念和基本性质，了解定积分中值定理，理解积分上限的函数并会求它的导数，掌握牛顿—莱布尼茨公式以及定积分的换元积分法和分部积分法.

（3）了解反常积分的概念，会计算反常积分.

二、典型真题解答及思考

1. 考研真题解析

1）试题特点

定积分和不定积分是积分学的两个基本概念，计算不定积分和定积分是微积分的一种基本运算，是考研的一个重点，定积分的应用是考研试卷中应用题最多的一个内容.

2）常考题型

（1）不定积分、定积分及反常积分的计算.

（2）变上限积分及其应用.

（3）用定积分计算几何、物理量（详见本书第八章"积分学的应用"）.

（4）一元微积分学的综合题.

3）考题剖析示例

（1）基本题型.

例 1（2001，数一，6 分）　求 $\int \dfrac{\arctan\mathrm{e}^x}{\mathrm{e}^{2x}}\mathrm{d}x$.

分析　本题考查不定积分的分部积分法、凑微分法和有理函数的积分.

解法 1　令 $\mathrm{e}^x = t$，则 $x = \ln t$，

$$\int \frac{\arctan\mathrm{e}^x}{\mathrm{e}^{2x}}\mathrm{d}x = \int \frac{\arctan t}{t^3}\mathrm{d}t = -\frac{1}{2}\int \arctan t\,\mathrm{d}\left(\frac{1}{t^2}\right) = -\frac{1}{2}\left[\frac{\arctan t}{t^2} - \int \frac{\mathrm{d}t}{t^2(1+t^2)}\right]$$

$$= -\frac{1}{2}\left[\frac{\arctan t}{t^2} - \int \frac{\mathrm{d}t}{t^2} + \int \frac{\mathrm{d}t}{(1+t^2)}\right] = -\frac{1}{2}\left(\frac{\arctan t}{t^2} + \frac{1}{t} + \arctan t\right) + C$$

$$= -\frac{1}{2}\left(\frac{\arctan\mathrm{e}^x}{\mathrm{e}^{2x}} + \frac{1}{\mathrm{e}^x} + \arctan\mathrm{e}^x\right) + C.$$

解法 2 $\int\dfrac{\arctan\mathrm{e}^x}{\mathrm{e}^{2x}}\mathrm{d}x=-\dfrac{1}{2}\int\arctan\mathrm{e}^x\mathrm{d}\mathrm{e}^{-2x}=-\dfrac{1}{2}\mathrm{e}^{-2x}\arctan\mathrm{e}^x+\dfrac{1}{2}\int\dfrac{\mathrm{e}^{-2x}}{1+\mathrm{e}^{2x}}\mathrm{d}\mathrm{e}^x$

$$=-\dfrac{1}{2}\mathrm{e}^{-2x}\arctan\mathrm{e}^x+\dfrac{1}{2}\left[\int\dfrac{\mathrm{d}\mathrm{e}^x}{\mathrm{e}^{2x}(1+\mathrm{e}^{2x})}\right]=-\dfrac{1}{2}\mathrm{e}^{-2x}\arctan\mathrm{e}^x+\dfrac{1}{2}\left(\int\dfrac{\mathrm{d}\mathrm{e}^x}{\mathrm{e}^{2x}}-\int\dfrac{\mathrm{d}\mathrm{e}^x}{1+\mathrm{e}^{2x}}\right)$$

$$=-\dfrac{1}{2}\left(\dfrac{\arctan\mathrm{e}^x}{\mathrm{e}^{2x}}+\dfrac{1}{\mathrm{e}^x}+\arctan\mathrm{e}^x\right)+C.$$

例 2(2000,数二,5 分) 设 $f(\ln x)=\dfrac{\ln(1+x)}{x}$,计算 $\int f(x)\mathrm{d}x$.

分析 本题考查不定积分的分部积分法和分项积分法以及变量替换的解题技巧.

解 设 $\ln x=t$,则 $x=\mathrm{e}^t$,$f(t)=\dfrac{\ln(1+\mathrm{e}^t)}{\mathrm{e}^t}$,

$\displaystyle\int f(x)\mathrm{d}x=\int\dfrac{\ln(1+\mathrm{e}^x)}{\mathrm{e}^x}\mathrm{d}x=-\int\ln(1+\mathrm{e}^x)\mathrm{d}\mathrm{e}^{-x}=-\mathrm{e}^{-x}\ln(1+\mathrm{e}^x)+\int\dfrac{\mathrm{d}x}{1+\mathrm{e}^x}$

$$=-\mathrm{e}^{-x}\ln(1+\mathrm{e}^x)+\int\left(1-\dfrac{\mathrm{e}^x}{1+\mathrm{e}^x}\right)\mathrm{d}x=-\mathrm{e}^{-x}\ln(1+\mathrm{e}^x)+x-\ln(1+\mathrm{e}^x)+C$$

$$=x-(1+\mathrm{e}^{-x})\ln(1+\mathrm{e}^x)+C.$$

例 3(2011,数三,10 分) 求 $\displaystyle\int\dfrac{\arcsin\sqrt{x}+\ln x}{\sqrt{x}}\mathrm{d}x$.

分析 本题考查不定积分的分部积分法.

解 $\displaystyle\int\dfrac{\arcsin\sqrt{x}+\ln x}{\sqrt{x}}\mathrm{d}x=2\int(\arcsin\sqrt{x}+\ln x)\mathrm{d}\sqrt{x}$

$$=2\sqrt{x}(\arcsin\sqrt{x}+\ln x)-\int\dfrac{\mathrm{d}x}{\sqrt{1-x}}-2\int\dfrac{\mathrm{d}x}{\sqrt{x}}$$

$$=2\sqrt{x}(\arcsin\sqrt{x}+\ln x)+2\sqrt{1-x}-4\sqrt{x}+C.$$

例 4(2011,数一,4 分) 设 $I=\displaystyle\int_0^{\frac{\pi}{4}}\ln(\sin x)\mathrm{d}x,J=\int_0^{\frac{\pi}{4}}\ln(\cot x)\mathrm{d}x,K=\int_0^{\frac{\pi}{4}}\ln(\cos x)\mathrm{d}x$,
则 I,J,K 的大小关系为(   ).

(A) $I<J<K$.   (B) $I<K<J$.   (C) $J<I<K$.   (D) $K<J<I$.

分析 同一区间上定积分大小比较最常用的思想就是比较被积函数大小.

解 因为当 $0<x<\dfrac{\pi}{4}$ 时,$0<\sin x<\cos x<1<\cot x$.又因为 $\ln x$ 为 $(0,+\infty)$ 上的
单调增函数,所以 $\ln(\sin x)<\ln(\cos x)<\ln(\cot x),x\in\left(0,\dfrac{\pi}{4}\right)$.

故 $\displaystyle\int_0^{\frac{\pi}{4}}\ln(\sin x)\mathrm{d}x<\int_0^{\frac{\pi}{4}}\ln(\cos x)\mathrm{d}x<\int_0^{\frac{\pi}{4}}\ln(\cot x)\mathrm{d}x$,即 $I<K<J$,因此应选(B).

例 5(2002,数二,3 分) $\displaystyle\lim_{n\to\infty}\dfrac{1}{n}\left(\sqrt{1+\cos\dfrac{\pi}{n}}+\sqrt{1+\cos\dfrac{2\pi}{n}}+\cdots+\sqrt{1+\cos\dfrac{n\pi}{n}}\right)=$

_____.

分析 本题考查利用定积分的定义求和式极限的方法.

解 原式 $=\displaystyle\lim_{n\to\infty}\dfrac{1}{n}\sum_{i=1}^n\sqrt{1+\cos\dfrac{i\pi}{n}}\xrightarrow{\text{定积分定义}}\int_0^1\sqrt{1+\cos\pi x}\mathrm{d}x=\int_0^1\sqrt{2\cos^2\dfrac{\pi x}{2}}\mathrm{d}x$

$$=\sqrt{2}\int_0^1\cos\dfrac{\pi x}{2}\mathrm{d}x=\dfrac{2\sqrt{2}}{\pi}.$$

例 6（2007，数一，4 分） $\displaystyle\int_1^2 \frac{1}{x^3}\mathrm{e}^{\frac{1}{x}}\mathrm{d}x = $ _____.

分析 本题考查定积分的分部积分法.

解 $\displaystyle\int_1^2 \frac{1}{x^3}\mathrm{e}^{\frac{1}{x}}\mathrm{d}x = -\int_1^2 \frac{1}{x}\mathrm{e}^{\frac{1}{x}}\mathrm{d}\left(\frac{1}{x}\right) = -\int_1^2 \frac{1}{x}\mathrm{d}(\mathrm{e}^{\frac{1}{x}}) = -\frac{1}{x}\mathrm{e}^{\frac{1}{x}}\Big|_1^2 + \int_1^2 \mathrm{e}^{\frac{1}{x}}\mathrm{d}\left(\frac{1}{x}\right)$

$\displaystyle = \mathrm{e} - \frac{1}{2}\mathrm{e}^{\frac{1}{2}} + \mathrm{e}^{\frac{1}{2}} - \mathrm{e} = \frac{\sqrt{\mathrm{e}}}{2}.$

例 7（2012，10 题，4 分） $\displaystyle\int_0^2 x\sqrt{2x-x^2}\,\mathrm{d}x = $ _____.

分析 本题考查定积分的第二类换元积分法和特殊方法的结合使用来计算定积分.

解法 1 采用定积分的第二类换元积分法（三角代换）、定积分的奇偶对称性及瓦里斯公式.

令 $x-1=\sin t$，则 $\mathrm{d}x = \cos t\,\mathrm{d}t$，于是 $\displaystyle\int_0^2 x\sqrt{2x-x^2}\,\mathrm{d}x = \int_0^2 x\sqrt{1-(x-1)^2}\,\mathrm{d}x$

$\displaystyle = \int_{-\frac{\pi}{2}}^{\frac{\pi}{2}}(1+\sin t)\cos^2 t\,\mathrm{d}t = 2\int_0^{\frac{\pi}{2}}\cos^2 t\,\mathrm{d}t = 2\cdot\frac{1}{2}\cdot\frac{\pi}{2} = \frac{\pi}{2}.$

解法 2 采用定积分的第二类换元积分法、定积分的奇偶对称性及定积分的几何意义.

令 $x-1=t$，则 $\mathrm{d}x = \mathrm{d}t$，则 $\displaystyle\int_0^2 x\sqrt{2x-x^2}\,\mathrm{d}x = \int_{-1}^1 (1+t)\sqrt{1-t^2}\,\mathrm{d}t = 2\int_0^1 \sqrt{1-t^2}\,\mathrm{d}t =$

$2\cdot\dfrac{\pi}{4} = \dfrac{\pi}{2}$（其中 $\displaystyle\int_0^1 \sqrt{1-t^2}\,\mathrm{d}t$ 是单位圆面积的 $\dfrac{1}{4}$ ）.

例 8（2013，15 题，10 分） 计算 $\displaystyle\int_0^1 \frac{f(x)}{\sqrt{x}}\mathrm{d}x$，其中 $f(x) = \displaystyle\int_1^x \frac{\ln(t+1)}{t}\mathrm{d}t$.

分析 本题考查定积分的分部积分法和第二类换元积分法.

解 因为 $f(x) = \displaystyle\int_1^x \frac{\ln(t+1)}{t}\mathrm{d}t$，所以 $f'(x) = \dfrac{\ln(x+1)}{x}$，且 $f(1)=0$. 由分部积分法得

$\displaystyle\int_0^1 \frac{f(x)}{\sqrt{x}}\mathrm{d}x = \int_0^1 f(x)\mathrm{d}(2\sqrt{x}) = 2\left[f(x)\sqrt{x}\,\big|_0^1 - \int_0^1 \sqrt{x}f'(x)\mathrm{d}x\right] = -2\int_0^1 \frac{\ln(x+1)}{\sqrt{x}}\mathrm{d}x$

$\displaystyle = -4\sqrt{x}\ln(x+1)\big|_0^1 + 4\int_0^1 \frac{\sqrt{x}}{x+1}\mathrm{d}x = -4\ln 2 + 4\int_0^1 \frac{\sqrt{x}}{x+1}\mathrm{d}x.$

由第二换元积分法，令 $u=\sqrt{x}$，则

$$\int_0^1 \frac{\sqrt{x}}{x+1}\mathrm{d}x = 2\int_0^1 \frac{u^2}{u^2+1}\mathrm{d}u = 2(u-\arctan u)\big|_0^1 = 2-\frac{\pi}{2},$$

所以 $$\int_0^1 \frac{f(x)}{\sqrt{x}}\mathrm{d}x = 8-2\pi-4\ln 2.$$

例 9（2001，3 分） $\displaystyle\int_{-\frac{\pi}{2}}^{\frac{\pi}{2}}(x^3+\sin^2 x)\cos^2 x\,\mathrm{d}x = $ _____.

分析 本题考查定积分的线性性质、奇偶对称性和瓦里斯公式. 注意到积分区间关于原点对称，$x^3\cos^2 x$ 是奇函数，$\sin^2 x\cos^2 x$ 是偶函数.

解 $\displaystyle\int_{-\frac{\pi}{2}}^{\frac{\pi}{2}}(x^3+\sin^2 x)\cos^2 x\,\mathrm{d}x = 2\int_0^{\frac{\pi}{2}}\sin^2 x\cos^2 x\,\mathrm{d}x = 2\left(\int_0^{\frac{\pi}{2}}\sin^2 x\,\mathrm{d}x - \int_0^{\frac{\pi}{2}}\sin^4 x\,\mathrm{d}x\right)$

$\displaystyle = 2\times\left(\frac{1}{2}\times\frac{\pi}{2} - \frac{3}{4}\times\frac{1}{2}\times\frac{\pi}{2}\right) = \frac{\pi}{8}.$

例 10（2005，8 题，4 分）　设 $F(x)$ 是连续函数 $f(x)$ 的一个原函数，则必有（　　）.

（A）$F(x)$ 是偶函数 $\Leftrightarrow f(x)$ 是奇函数.　　　　（B）$F(x)$ 是奇函数 $\Leftrightarrow f(x)$ 是偶函数.

（C）$F(x)$ 是周期函数 $\Leftrightarrow f(x)$ 是周期函数.　（D）$F(x)$ 是单调函数 $\Leftrightarrow f(x)$ 是单调函数.

分析　本题主要考查原函数的一些基本性质.

解　若 $F(x)$ 是偶函数，由导函数的一个基本结论"可导偶函数的导函数是奇函数"知 $f(x)$ 是奇函数；反之，若 $f(x)$ 是奇函数，则 $\int_0^x f(t)\mathrm{d}t$ 为偶函数，$f(x)$ 的任一原函数 $F(x)$ 可表示为 $F(x)=\int_0^x f(t)\mathrm{d}t+C$，则 $F(x)$ 是偶函数. 故应选（A）.

（2）综合题型.

例 1（1997，8 分）　设 $f(x)$ 连续，$\varphi(x)=\int_0^1 f(xt)\mathrm{d}t$ 且 $\lim\limits_{x\to 0}\dfrac{f(x)}{x}=A$，（$A$ 为常数），求 $\varphi'(x)$ 并讨论 $\varphi'(x)$ 在 $x=0$ 处的连续性.

分析　这是一道综合性很强的考题，主要考查定积分的换元法、变上限积分求导、洛必达法则、导数定义及函数连续性的概念. 解题思路是首先通过变量代换将 $\varphi(x)$ 化为积分上限的函数，然后求 $\varphi'(x)$ 并讨论 $\varphi'(x)$ 的连续性.

解　由 $\lim\limits_{x\to 0}\dfrac{f(x)}{x}=A$ 及 $f(x)$ 的连续性知，$f(0)=\lim\limits_{x\to 0}f(x)=\lim\limits_{x\to 0}\dfrac{f(x)}{x}\cdot\lim\limits_{x\to 0}x=0$，从而有 $x=0$ 时

$$\varphi(0)=\int_0^1 f(0)\mathrm{d}t=0.$$

当 $x\neq 0$ 时，令 $xt=u$，则 $t=\dfrac{u}{x}$，$\mathrm{d}t=\dfrac{\mathrm{d}u}{x}$，故

$$\varphi(x)=\frac{\int_0^x f(u)\mathrm{d}u}{x},$$

$$\varphi'(x)=\frac{xf(x)-\int_0^x f(u)\mathrm{d}u}{x^2}\quad(x\neq 0).$$

于是　$\lim\limits_{x\to 0}\varphi'(x)=\lim\limits_{x\to 0}\dfrac{xf(x)-\int_0^x f(u)\mathrm{d}u}{x^2}=\lim\limits_{x\to 0}\dfrac{f(x)}{x}-\lim\limits_{x\to 0}\dfrac{\int_0^x f(u)\mathrm{d}u}{x^2}=A-\dfrac{A}{2}=\dfrac{A}{2}.$

又因为 $\varphi'(0)=\lim\limits_{x\to 0}\dfrac{\varphi(x)-\varphi(0)}{x}=\lim\limits_{x\to 0}\dfrac{\int_0^x f(u)\mathrm{d}u}{x^2}=\lim\limits_{x\to 0}\dfrac{f(x)}{2x}=\dfrac{A}{2}=\lim\limits_{x\to 0}\varphi'(x),$

故 $\varphi'(x)$ 在 $x=0$ 处连续.

例 2（2014，数二，10 分）　设函数 $f(x)$，$g(x)$ 在区间 $[a,b]$ 上连续，且 $f(x)$ 单调增加，$0\leqslant g(x)\leqslant 1$. 证明：

① $0\leqslant \int_a^x g(t)\mathrm{d}t\leqslant x-a,\quad x\in[a,b]$;

② $\int_a^{a+\int_a^b g(t)\mathrm{d}t} f(x)\mathrm{d}x\leqslant \int_a^b f(x)g(x)\mathrm{d}x.$

分析 本题主要考察积分不等式的证明,第①题可利用定积分的性质(积分不等式)来证明;第②题可将积分上限换为 x,引入辅助函数,转化为证函数不等式.

证 ①由 $0 \leqslant g(x) \leqslant 1$ 得

$$0 = \int_a^x 0 \mathrm{d}t \leqslant \int_a^x g(t)\mathrm{d}t \leqslant \int_a^x 1\mathrm{d}t = x - a, \quad x \in [a,b].$$

②令 $F(u) = \int_a^u f(x)g(x)\mathrm{d}x - \int_a^{a+\int_a^u g(t)\mathrm{d}t} f(x)\mathrm{d}x, \quad u \in [a,b].$

只要证明 $F(b) \geqslant 0$,显然 $F(a) = 0$,只要证明 $F(u)$ 在 $[a,b]$ 上单调递增,就有 $F(b) \geqslant F(a) = 0$.

因为 $F'(u) = f(u)g(u) - f\left[a + \int_a^u g(t)\mathrm{d}t\right]g(u) = g(u)\left\{f(u) - f\left[a + \int_a^u g(t)\mathrm{d}t\right]\right\}$,由于 $0 \leqslant \int_a^x g(t)\mathrm{d}t \leqslant x - a$,则有 $a \leqslant a + \int_a^u g(t)\mathrm{d}t \leqslant u$.

又因 $f(x)$ 单调增加,则 $f(u) \geqslant f\left[a + \int_a^u g(t)\mathrm{d}t\right]$,因此 $F'(u) \geqslant 0$,于是 $F(b) \geqslant F(a) = 0$. 故

$$\int_a^{a+\int_a^b g(t)\mathrm{d}t} f(x)\mathrm{d}x \leqslant \int_a^b f(x)g(x)\mathrm{d}x.$$

例 3(2013,数二,4 分) 设函数 $f(x) = \begin{cases} \dfrac{1}{(x-1)^{\alpha-1}}, & 1 < x < \mathrm{e}, \\ \dfrac{1}{x\ln^{\alpha+1}x}, & x \geqslant \mathrm{e}, \end{cases}$ 若反常积分 $\int_1^{+\infty} f(x)\mathrm{d}x$ 收敛,则( ).

(A) $\alpha < -2$.   (B) $\alpha > -2$.   (C) $-2 < \alpha < 0$.   (D) $0 < \alpha < 2$.

分析 本题主要考察用定义判定反常积分的收敛性,这里不仅用到反常积分的概念,还用到两个基本结论:

① $\int_a^{+\infty} \dfrac{1}{x^p}\mathrm{d}x \begin{cases} p > 1, \text{收敛}, \\ p \leqslant 1, \text{发散}, \end{cases} (a > 0);$ ② $\int_a^b \dfrac{1}{(x-a)^p}\mathrm{d}x \begin{cases} p < 1, \text{收敛}, \\ p \geqslant 1, \text{发散}. \end{cases}$

解 $\int_1^{+\infty} f(x)\mathrm{d}x = \int_1^{\mathrm{e}} \dfrac{1}{(x-1)^{\alpha-1}}\mathrm{d}x + \int_{\mathrm{e}}^{+\infty} \dfrac{1}{x\ln^{\alpha+1}x}\mathrm{d}x$,当 $\alpha - 1 < 1$,即 $\alpha < 2$ 时,$\int_1^{\mathrm{e}} \dfrac{1}{(x-1)^{\alpha-1}}\mathrm{d}x$ 收敛;

$\int_{\mathrm{e}}^{+\infty} \dfrac{1}{x\ln^{\alpha+1}x}\mathrm{d}x = \int_{\mathrm{e}}^{+\infty} \dfrac{\mathrm{d}\ln x}{\ln^{\alpha+1}x} = \int_1^{+\infty} \dfrac{\mathrm{d}u}{u^{\alpha+1}}$,则当 $\alpha + 1 > 1$,即 $\alpha > 0$ 时,$\int_{\mathrm{e}}^{+\infty} \dfrac{1}{x\ln^{\alpha+1}x}\mathrm{d}x$ 收敛. 故 $-2 < \alpha < 0$ 时原积分收敛.

2. 考研真题思考

1)思考题

(1)(2009,数二,9 分) 求 $\int \ln\left(1 + \sqrt{\dfrac{1+x}{x}}\right)\mathrm{d}x \, (x > 0)$.

(2)(2003,4 分) 设 $I_1 = \int_0^{\frac{\pi}{4}} \dfrac{\tan x}{x}\mathrm{d}x, I_2 = \int_0^{\frac{\pi}{4}} \dfrac{x}{\tan x}\mathrm{d}x$,则正确的是( ).

(A) $I_1 > I_2 > 1$.   (B) $1 > I_1 > I_2$.   (C) $I_2 > I_1 > 1$.   (D) $1 > I_2 > I_1$.

(3)（**2012，数二，4 分**）　$\lim\limits_{n\to\infty}n\left(\dfrac{1}{1+n^2}+\dfrac{1}{2^2+n^2}+\cdots+\dfrac{1}{n^2+n^2}\right)=$_____.

(4)（**2010，10 题，4 分**）　$\displaystyle\int_0^{\frac{\pi^2}{2}}\sqrt{x}\cos\sqrt{x}\,\mathrm{d}x=$_____.

(5)（**2015，10 题，4 分**）　$\displaystyle\int_{-\frac{\pi}{2}}^{\frac{\pi}{2}}\left(\dfrac{\sin x}{1+\cos x}+|x|\right)\mathrm{d}x=$_____.

(6)（**1995，数二，8 分**）　设 $f(x)=\displaystyle\int_0^x\dfrac{\sin t}{\pi-t}\,\mathrm{d}t$，计算 $\displaystyle\int_0^\pi f(x)\,\mathrm{d}x$.

(7)（**2008，1 题，4 分**）　设函数 $f(x)=\displaystyle\int_0^{x^2}\ln(2+t)\,\mathrm{d}t$，则 $f'(x)$ 的零点个数为（　　）.

(A) 0.　　　　　　　(B) 1.　　　　　　　(C) 2.　　　　　　　(D) 3.

(8)（**2013，数二，4 分**）　设函数 $f(x)=\begin{cases}\sin x,&0\leqslant x<\pi,\\2,&\pi\leqslant x\leqslant 2\pi,\end{cases}$ $F(x)=\displaystyle\int_0^x f(t)\,\mathrm{d}t$，则（　　）.

(A) $x=\pi$ 是函数 $F(x)$ 的跳跃间断点.　　　(B) $x=\pi$ 是函数 $F(x)$ 的可去间断点.
(C) $F(x)$ 在 $x=\pi$ 处连续但不可导.　　　(D) $F(x)$ 在 $x=\pi$ 处可导.

(9)（**2003，数三，10 分**）　设函数 $f(x)$ 在闭区间 $[a,b]$ 上连续，开区间 (a,b) 内可导，且 $f'(x)>0$，若极限 $\lim\limits_{x\to a^+}\dfrac{f(2x-a)}{x-a}$ 存在，证明：

① 在 (a,b) 内 $f(x)>0$；
② 在 (a,b) 内存在 ξ，使 $\dfrac{b^2-a^3}{\displaystyle\int_a^b f(x)\,\mathrm{d}x}=\dfrac{2\xi}{f(\xi)}$.

(10)（**2013，12 题，4 分**）　$\displaystyle\int_1^{+\infty}\dfrac{\ln x}{(1+x)^2}\,\mathrm{d}x=$_____.

2）答案与提示

(1) 令 $\sqrt{\dfrac{1+x}{x}}=t$，则 $x=\dfrac{1}{t^2-1}$，

$$\int\ln\left(1+\sqrt{\dfrac{1+x}{x}}\right)\mathrm{d}x=\int\ln(1+t)\,\mathrm{d}\dfrac{1}{t^2-1}=\dfrac{\ln(1+t)}{t^2-1}-\int\dfrac{1}{t^2-1}\cdot\dfrac{1}{t+1}\,\mathrm{d}t$$

$$=\dfrac{\ln(1+t)}{t^2-1}-\dfrac{1}{4}\int\left[\dfrac{1}{t-1}-\dfrac{1}{t+1}-\dfrac{1}{(t+1)^2}\right]\mathrm{d}t$$

$$=\dfrac{\ln(1+t)}{t^2-1}-\dfrac{1}{4}\ln|t-1|+\dfrac{1}{4}\ln|t+1|-\dfrac{1}{2(t+1)}+C$$

$$=\dfrac{\ln(1+t)}{t^2-1}+\dfrac{1}{4}\ln\left|\dfrac{t+1}{t-1}\right|-\dfrac{1}{2(t+1)}+C$$

$$=x\ln\left(1+\sqrt{\dfrac{1+x}{x}}\right)+\dfrac{1}{2}\ln(\sqrt{1+x}+\sqrt{x})-\dfrac{1}{2}\cdot\dfrac{\sqrt{x}}{\sqrt{1+x}+\sqrt{x}}+C.$$

(2)(B). 因为 $x\in\left(0,\dfrac{\pi}{2}\right)$ 时，$\sin x<x<\tan x$，得到 $\dfrac{\tan x}{x}>\dfrac{x}{\tan x}$，$\dfrac{x}{\tan x}<1$，由 $\dfrac{\tan x}{x}>$ $\dfrac{x}{\tan x}$ 知 $I_1>I_2$，因此排除(C)、(D). 由 $\dfrac{x}{\tan x}<1$ 知 $I_2=\displaystyle\int_0^{\frac{\pi}{4}}\dfrac{x}{\tan x}\,\mathrm{d}x<\dfrac{\pi}{4}<1$，因此排除(A)，故应选(B).

(3) $\dfrac{\pi}{4}$. 因为 $\lim\limits_{n\to\infty}n\left(\dfrac{1}{1+n^2}+\dfrac{1}{2^2+n^2}+\cdots+\dfrac{1}{n^2+n^2}\right)=\lim\limits_{n\to\infty}\dfrac{1}{n}\left[\dfrac{1}{1+\left(\dfrac{1}{n}\right)^2}+\dfrac{1}{1+\left(\dfrac{2}{n}\right)^2}\right.$

$$\cdots + \frac{1}{1+\left(\frac{n}{n}\right)^2}\Big] = \lim_{n\to\infty}\sum_{i=1}^{n}\frac{1}{1+\left(\frac{1}{n}\right)^2}\frac{1}{n} = \int_0^1 \frac{1}{1+x^2}\mathrm{d}x = \frac{\pi}{4}.$$

(4) $-4\pi.$ 令 $\sqrt{x}=t$, 则 $\int_0^{\pi^2}\sqrt{x}\cos\sqrt{x}\,\mathrm{d}x = -4\int_0^{\pi}t\sin t\,\mathrm{d}t = 4t\cos t\Big|_0^{\pi} - 4\int_0^{\pi}\cos t\,\mathrm{d}t = -4\pi.$

(5) $\dfrac{\pi^2}{4}.$ 因为 $\int_{-\frac{\pi}{2}}^{\frac{\pi}{2}}\left(\dfrac{\sin x}{1+\cos x}+|x|\right)\mathrm{d}x = 2\int_0^{\frac{\pi}{2}}x\,\mathrm{d}x = \dfrac{\pi^2}{4}.$

(6) 2. 因为 $\int_0^{\pi}f(x)\mathrm{d}x = xf(x)\Big|_0^{\pi} - \int_0^{\pi}xf'(x)\mathrm{d}x = \pi\int_0^{\pi}\dfrac{\sin t}{\pi-t}\mathrm{d}t - \int_0^{\pi}\pi\dfrac{\sin x}{\pi-x}\mathrm{d}x$

$$= \int_0^{\pi}(\pi-x)\frac{\sin x}{\pi-x}\mathrm{d}x = \int_0^{\pi}\sin x\,\mathrm{d}x = 2.$$

(7)(B). 因为 $f'(x) = 2x\ln(2+x^2)$ 且 $\ln(2+x^2)\neq 0$, 则 $x=0$ 是 $f'(x)$ 唯一的零点.

(8)(C). 因为 $x=\pi$ 是 $f(x)$ 的跳跃间断点, 故 $F(x)$ 在 $x=\pi$ 处连续但不可导.

(9)证 ①因为 $\lim\limits_{x\to a^+}\dfrac{f(2x-a)}{x-a}$ 存在, 则 $\lim\limits_{x\to a^+}f(2x-a)=0.$ 由于 $f(x)$ 在闭区间 $[a,b]$ 上连续, 从而 $f(a)=0.$ 又 $f'(x)>0$, 则 $f(x)$ 在 $[a,b]$ 上单增, 故 $f(x)>f(a)=0, x\in(a,b).$

②设 $F(x)=x^2, g(x)=\int_a^x f(t)\mathrm{d}t(a\leqslant x\leqslant b)$, 则 $g'(x)=f(x)>0$, 故 $F(x),g(x)$ 满足柯西中值定理的条件, 于是在 (a,b) 内存在 ξ, 使 $\dfrac{F(b)-F(a)}{g(b)-g(a)} = \dfrac{b^2-a^2}{\int_a^b f(t)\mathrm{d}t - \int_a^a f(t)\mathrm{d}t} =$

$$\dfrac{(x^2)'}{\left(\int_a^x f(t)\mathrm{d}t\right)'}\Big|_{x=\xi}, \text{ 即 } \dfrac{b^2-a^2}{\int_a^b f(x)\mathrm{d}x} = \dfrac{2\xi}{f(\xi)}.$$

(10) $\ln 2.$ $\int_1^{+\infty}\dfrac{\ln x}{(1+x)^2}\mathrm{d}x = -\int_1^{+\infty}\ln x\,\mathrm{d}\dfrac{1}{1+x} = -\dfrac{\ln x}{1+x}\Big|_1^{+\infty} + \int_1^{+\infty}\dfrac{\mathrm{d}x}{x(1+x)}$

$$= \ln\frac{x}{1+x}\Big|_1^{+\infty} = -\ln\frac{1}{2} = \ln 2.$$

第七节　自我训练与提高

一、数学术语的英语表述

1. 将下列基本概念翻译成英语

(1)原函数.　　　　　(2)不定积分.　　　　　(3)定积分.

(4)有理函数.　　　　(5)反常积分(广义积分).　　(6)微积分.

2. 本章重要概念的英文定义

(1)不定积分.　　　　(2)定积分.

二、习题与测验题

1. 习题

(1)求不定积分 $\displaystyle\int \frac{1}{\sqrt{1+\mathrm{e}^x}}\mathrm{d}x$.

(2)求不定积分 $\displaystyle\int \frac{1}{x(x^7+2)}\mathrm{d}x$.

(3)求不定积分 $\displaystyle\int \frac{\mathrm{d}x}{x^2\sqrt{x^2-4}}$.

(4)求不定积分 $\displaystyle\int \frac{\mathrm{d}x}{\sqrt{x}(1+x)}$.

(5)求不定积分 $\displaystyle\int x^3\ln x\mathrm{d}x$.

(6)求不定积分 $\displaystyle\int \frac{12\sin x+\cos x}{5\sin x-2\cos x}\mathrm{d}x$.

(7)求不定积分 $\displaystyle\int \frac{1}{x}\sqrt{\frac{1+x}{x}}\mathrm{d}x$.

(8)将和式极限 $\displaystyle\lim_{n\to\infty}\frac{1}{n}\left[\sin\frac{\pi}{n}+\sin\frac{2\pi}{n}+\cdots+\sin\frac{(n-1)\pi}{n}\right]$ 表示成定积分.

(9)求定积分 $\displaystyle\int_{\sqrt{\mathrm{e}}}^{\mathrm{e}^{\frac{3}{4}}} \frac{\mathrm{d}x}{x\sqrt{\ln x(1-\ln x)}}$.

(10)设 $f(x)=\begin{cases} 0, & x<0, \\ x, & 0\leqslant x\leqslant 1, \\ 2-x, & x>1, \end{cases}$ 求 $F(x)=\displaystyle\int_{-\infty}^{x} f(t)\mathrm{d}t$.

(11)设 $f(x)=\begin{cases} 2x, & x\geqslant 0, \\ \dfrac{1}{\mathrm{e}^x+1}, & x<0, \end{cases}$ 计算定积分 $\displaystyle\int_0^2 f(x-1)\mathrm{d}x$.

(12)计算反常积分 $\displaystyle\int_0^{+\infty} x\mathrm{e}^{-x}\mathrm{d}x$.

2. 测验题

1)填空题(每小题 5 分,共 20 分)

(1)若 e^{-x} 是 $f(x)$ 的一个原函数,则 $\displaystyle\int x^2 f(\ln x)\mathrm{d}x=$ _____ .

(2)设 $f(x)$ 是可导函数,$\sin x$ 是 $f(x)$ 的导函数,则 $f(x)$ 的一个原函数是_____ .

(3) $\displaystyle\int_{-2}^{2} \frac{x+|x|}{2+x^2}\mathrm{d}x=$ _____ .

(4) $\displaystyle\frac{\mathrm{d}}{\mathrm{d}x}\int_{\cos x}^{x^2} \mathrm{e}^{t^2}\mathrm{d}t=$ _____ .

2)单项选择题(每小题 5 分,共 20 分)

(1)若 $\int f'(x^3)\mathrm{d}x = x^3 + C$, 则 $f(x) = ($ $)$.

(A) $\dfrac{6}{5}x^{\frac{5}{3}} + C$.   (B) $\dfrac{9}{5}x^{\frac{5}{3}} + C$.   (C) $x^3 + C$.   (D) $x + C$.

(2)设 $f(x)$ 是可导函数,则下列命题中正确的是(   ).

(A) $\mathrm{d}\int f(x)\mathrm{d}x = f(x)$.   (B) $\int f'(x)\mathrm{d}x = f(x)$.

(C) $\dfrac{\mathrm{d}}{\mathrm{d}x}\int f(x)\mathrm{d}x = f(x)$.   (D) $\int f(x)\mathrm{d}x = f(x) + C$.

(3)设函数 $f(x) = \displaystyle\int_0^{x^2} \mathrm{e}^{-t^2}\mathrm{d}t$, 则下列命题不正确的是(   ).

(A)函数 $f(x)$ 在 $(-\infty,0)$ 内单增减少,在 $(0,+\infty)$ 内单增增加.

(B)函数 $f(x)$ 的极值点只有一个.

(C)曲线 $y = f(x)$ 在 $\left(-\dfrac{1}{\sqrt{2}}, \dfrac{1}{\sqrt{2}}\right)$ 内是凹的.

(D)曲线 $y = f(x)$ 的拐点只有一个.

(4)设 $f(x)$ 具有连续导数,$f'(x) \neq 0$, 函数 $y = y(x)$ 由方程 $\begin{cases} x = \displaystyle\int_0^t f(u^2)\mathrm{d}u, \\ y = \left[f(t^2)\right]^2 \end{cases}$ 确定,则

$\dfrac{\mathrm{d}y}{\mathrm{d}x} = ($ $)$.

(A) $2tf'(t^2)$.   (B) $4tf'(t^2)$.   (C) $4tf(t^2)$.   (D) $tf'(t^2)$.

3)求下列不定积分(每小题 8 分,共 24 分).

(1) $\displaystyle\int \dfrac{1}{x(x+1)^2}\mathrm{d}x$.   (2) $\displaystyle\int \dfrac{\mathrm{d}x}{3 + \cos x}$.   (3) $\displaystyle\int \dfrac{\mathrm{d}x}{1 + \sqrt[3]{x+1}}$.

4)解答题

(1)计算定积分 $\displaystyle\int_0^{\ln 2} \sqrt{1 - \mathrm{e}^{-2x}}\,\mathrm{d}x$. (研,8 分).

(2)计算反常积分 $\displaystyle\int_0^{+\infty} \dfrac{\mathrm{d}x}{x^2 + 4x + 8}$. (研,8 分).

(3)设函数 $f(x) = \dfrac{1}{1 + x^2} + \sqrt{1 - x^2}\displaystyle\int_0^1 f(x)\mathrm{d}x$, 求 $\displaystyle\int_0^1 f(x)\mathrm{d}x$. (研,10 分)

(4)设函数 $f(x)$ 在 $[a,b]$ 上连续,在 (a,b) 内 $f'(x) < 0$, $F(x) = \dfrac{1}{x-a}\displaystyle\int_a^x f(t)\mathrm{d}t$, 证明:

$F(x)$ 在 (a,b) 内单调减少.(10 分)

三、参考答案

1. 数学术语的英语表述

1)将下列基本概念翻译成英语

(1)primitive function.   (2)indefinite integral.   (3)definite integral.

(4)rational function.   (5)improper integral.   (6)calculus.

2)本章重要概念的英文定义

（1）Definition of indefinite integral：A function $F(x)$ is an antiderivative of a function $f(x)$ if $F'(x) = f(x)$ for all x in the domain of f. The set of all antiderivatives of f is the indefinite integral of f with respect to x, denoted by $\int f(x)\,dx$. The symbol $\int$ is an integral sign. The function f is the integrand of the integral and x is the variable of integration.

（2）Definition of definite integral（The Definite integral as a Limit of Riemann Sums）：Let $f(x)$ be a function defined on a closed interval $[a,b]$. We say that the limit of the Riemann Sums $\sum_{k=1}^{n} f(c_k)\Delta x_k$ on $[a,b]$ as $\|P\| \to 0$ is the number I if the following condition is satisfied：

Given any number $\varepsilon > 0$, there exists a corresponding number $\delta > 0$ such that for every partition P of $[a,b]$

$$\|P\| < \delta \Rightarrow \left| \sum_{k=1}^{n} f(c_k)\Delta x_k - I \right| < \varepsilon$$

For any choice of the number c_k in the subintervals $[x_{k-1}, x_k]$.

If the limit exists , we write $\lim\limits_{\|P\| \to 0} \sum_{k=1}^{n} f(c_k)\Delta x_k = I$. We call I definite integral of f over $[a,b]$, we say that f is integrable over $[a,b]$, and we say that the Riemann sums of f on $[a,b]$ converge to the number I.

We usually write I as $\int_a^b f(x)\,dx$, which is read "integral of f from a to b". Then, if the limit exists,

$$\lim_{\|P\| \to 0} \sum_{k=1}^{n} f(c_k)\Delta x_k = \int_a^b f(x)\,dx.$$

2. 习题

（1）令 $t = \sqrt{1+e^x} \Rightarrow e^x = t^2 - 1, x = \ln(t^2-1), dx = \dfrac{2t}{t^2-1}dt$,

$$\int \frac{1}{\sqrt{1+e^x}}dx = \int \frac{2}{t^2-1}dt = \int \left(\frac{1}{t-1} - \frac{1}{t+1}\right)dt = \ln\left|\frac{t-1}{t+1}\right| + C = 2\ln(\sqrt{1+e^x}-1) - x + C.$$

（2）令 $x = \dfrac{1}{t}$, 则 $\displaystyle\int \frac{1}{x(x^7+2)}dx = \int \frac{t}{\left(\frac{1}{t}\right)^7 + 2} \cdot \left(-\frac{1}{t^2}\right)dt = -\int \frac{t^6}{1+2t^7}dt$

$$= -\frac{1}{14}\ln|1+2t^7| + C = -\frac{1}{14}\ln|2+x^7| + \frac{1}{2}\ln|x| + C.$$

（3）**解法 1** 令 $x = 2\sec t, t \in \left(0, \dfrac{\pi}{2}\right)$, 则原式 $= \dfrac{1}{4}\displaystyle\int \cos t\,dt = \dfrac{\sqrt{x^2-4}}{4x} + C$;

解法 2 令 $x = \dfrac{1}{t}, t > 0$, 则原式 $= -\displaystyle\int \frac{t\,dt}{\sqrt{1-4t^2}} = \frac{\sqrt{1-4t^2}}{4} + C = \frac{\sqrt{x^2-4}}{4x} + C.$

（4）**解法 1** $\displaystyle\int \frac{dx}{\sqrt{x}(x+1)} = 2\int \frac{d\sqrt{x}}{1+(\sqrt{x})^2} = 2\arctan\sqrt{x} + C.$

解法 2 令 $t = \sqrt{x}$，则 $\displaystyle\int \frac{\mathrm{d}x}{\sqrt{x}\,(x+1)} = 2\int \frac{\mathrm{d}t}{1+t^2} = 2\arctan\sqrt{x} + C.$

(5)分部积分法. $\displaystyle\int x^3 \ln x \,\mathrm{d}x = \frac{1}{4}x^4 \ln x - \frac{1}{4}\int x^3 \,\mathrm{d}x = \frac{1}{4}x^4 \ln x - \frac{1}{16}x^4 + C.$

(6) $\displaystyle\int \frac{12\sin x + \cos x}{5\sin x - 2\cos x}\,\mathrm{d}x = \int \frac{2(5\sin x - 2\cos x) + (5\sin x - 2\cos x)'}{5\sin x - 2\cos x}\,\mathrm{d}x = 2x + \ln|\,5\sin x -$

$2\cos x\,| + C.$

(7)令 $\displaystyle\sqrt{\frac{1+x}{x}} = t \Rightarrow \frac{1+x}{x} = t^2, x = \frac{1}{t^2-1}, \mathrm{d}x = -\frac{2t\,\mathrm{d}t}{(t^2-1)^2},$

$$\int \frac{1}{x}\sqrt{\frac{x+1}{x}}\,\mathrm{d}x = -\int (t^2-1)t\,\frac{2t}{(t^2-1)^2}\,\mathrm{d}t = -2\int \frac{t^2\,\mathrm{d}t}{t^2-1} = -2\int \left(1 + \frac{1}{t^2-1}\right)\mathrm{d}t$$

$$= -2t - \ln\frac{t-1}{t+1} + C = -2\sqrt{\frac{1+x}{x}} - \ln\left[x\left(\sqrt{\frac{1+x}{x}} - 1\right)^2\right] + C.$$

(8)原式 $= \displaystyle\lim_{n\to\infty} \frac{1}{n}\left[\sin\frac{\pi}{n} + \sin\frac{2\pi}{n} + \cdots + \sin\frac{(n-1)\pi}{n} + \sin\frac{n\pi}{n}\right] = \lim_{n\to\infty} \frac{1}{n}\sum_{i=1}^{n}\sin\frac{i}{n}\pi$

$$= \frac{1}{\pi}\lim_{n\to\infty}\sum_{i=1}^{n}\left(\sin\frac{i\pi}{n}\right)\cdot\frac{\pi}{n} = \frac{1}{\pi}\int_0^{\pi}\sin x\,\mathrm{d}x.$$

(9)原式 $= \displaystyle\int_{\sqrt{e}}^{e^{\frac{3}{4}}} \frac{\mathrm{d}(\ln x)}{\sqrt{\ln x(1-\ln x)}} = \int_{\sqrt{e}}^{e^{\frac{3}{4}}} \frac{\mathrm{d}(\ln x)}{\sqrt{\ln x}\,\sqrt{1-\ln x}} = 2\int_{\sqrt{e}}^{e^{\frac{3}{4}}} \frac{\mathrm{d}\sqrt{\ln x}}{\sqrt{1-(\sqrt{\ln x})^2}}$

$$= 2\left[\arcsin(\sqrt{\ln x})\right]_{\sqrt{e}}^{e^{\frac{3}{4}}} = \frac{\pi}{6}.$$

(10)当 $x < 0$ 时，$F(x) = \displaystyle\int_{-\infty}^{x} 0\,\mathrm{d}t = 0$；当 $0 \leqslant x \leqslant 1$ 时，$F(x) = \displaystyle\int_{-\infty}^{0} 0\,\mathrm{d}t + \int_{-\infty}^{x} t\,\mathrm{d}t = \frac{x^2}{2}$；当

$x > 1$ 时，$F(x) = \displaystyle\int_{-\infty}^{0} 0\,\mathrm{d}t + \int_0^1 t\,\mathrm{d}t + \int_1^x (2-t)\,\mathrm{d}t = -\frac{x^2}{2} + 2x - 1.$ 故

$$F(x) = \int_{-\infty}^{x} f(t)\,\mathrm{d}t = \begin{cases} 0, & x < 0, \\ \dfrac{x^2}{2}, & 0 \leqslant x \leqslant 1, \\ 2x - 1 - \dfrac{x^2}{2}, & x > 1. \end{cases}$$

(11)令 $t = x - 1$，则 $\displaystyle\int_0^2 f(x-1)\,\mathrm{d}x = \int_{-1}^{1} f(t)\,\mathrm{d}t = \int_{-1}^{0} \frac{\mathrm{d}t}{e^t+1} + 2\int_0^1 t\,\mathrm{d}t = \int_{-1}^{0} \frac{e^{-t}\,\mathrm{d}t}{e^{-t}+1} + 2\int_0^1 t\,\mathrm{d}t$

$$= -\int_{-1}^{0} \frac{\mathrm{d}(e^{-t}+1)}{e^{-t}+1} + 1 = -\ln(e^{-t}+1)\,\Big|_{-1}^{0} + 1$$

$$= \ln(e+1) - \ln 2 + 1.$$

(12) $\displaystyle\int_0^{+\infty} x e^{-x}\,\mathrm{d}x = -\int_0^{+\infty} x\,\mathrm{d}e^{-x} = -(x+1)e^{-x}\,\Big|_0^{+\infty} = 1.$

3. 测验题

1)(1) $-\dfrac{1}{2}x^2 + C.$ (2) $1 - \sin x.$ (3) $\ln 3.$ (4) $2x e^{x^4} + \sin x e^{\cos^2 x}.$

2)(1)(B)(对已知等式两端求导). (2)(C). (3)(D). (4)(B).

3)(1) $\ln|x| - \ln|x+1| + \dfrac{1}{x-1} + C.$

(2) $\dfrac{1}{\sqrt{2}}\arctan\dfrac{\tan\dfrac{x}{2}}{\sqrt{2}}+C.$

(3) $\dfrac{3}{2}\sqrt[3]{(1+x)^2}-3\sqrt[3]{x+1}+3\ln\big|1+\sqrt[3]{1+x}\big|+C.$

4)(1) $\displaystyle\int_0^{\ln2}\sqrt{1-\mathrm{e}^{-2x}}\,\mathrm{d}x=\int_0^{\ln2}\mathrm{e}^{-x}\sqrt{\mathrm{e}^{2x}-1}\,\mathrm{d}x=-\mathrm{e}^{-x}\sqrt{\mathrm{e}^{2x}-1}\,\Big|_0^{\ln2}+\int_0^{\ln2}\dfrac{\mathrm{e}^x\,\mathrm{d}x}{\sqrt{\mathrm{e}^{2x}-1}}$

$$=-\dfrac{\sqrt{3}}{2}+\ln(\mathrm{e}^x+\sqrt{\mathrm{e}^{2x}-1})\,\Big|_0^{\ln2}=-\dfrac{\sqrt{3}}{2}+\ln(2+\sqrt{3}).$$

(2) $\displaystyle\int_0^{+\infty}\dfrac{\mathrm{d}x}{x^2+4x+8}=\int_0^{+\infty}\dfrac{\mathrm{d}x}{(x+2)^2+2^2}=\dfrac{1}{2}\int_0^{+\infty}\dfrac{\mathrm{d}\left(\dfrac{x}{2}+1\right)}{\left(\dfrac{x}{2}+1\right)^2+1}$

$$=\dfrac{1}{2}\arctan\left(\dfrac{x}{2}+1\right)\Big|_0^{+\infty}=\dfrac{1}{2}\left(\dfrac{\pi}{2}-\dfrac{\pi}{4}\right)=\dfrac{\pi}{8}.$$

(3) 令 $\displaystyle\int_0^1 f(x)\,\mathrm{d}x=a$, 则 $a=\displaystyle\int_0^1 f(x)\,\mathrm{d}x=\int_0^1\dfrac{1}{1+x^2}\,\mathrm{d}x+a\int_0^1\sqrt{1-x^2}\,\mathrm{d}x$

$$=\arctan x\,\Big|_0^1+\dfrac{a}{2}(\arcsin x+x\sqrt{1-x^2})\,\Big|_0^1=\dfrac{\pi}{4}+\dfrac{\pi}{4}a.$$

(4) 显然, 在 (a,b) 内 $F'(x)=\dfrac{1}{(x-a)^2}\left[f(x)(x-a)-\displaystyle\int_a^x f(t)\,\mathrm{d}t\right]$. 让明在 (a,b) 内 $F'(x)<0$ 的方法有两个：①根据积分中值定理，$\displaystyle\int_a^x f(t)\,\mathrm{d}t=f(\zeta)(x-a)$, 其中 $\xi\in(a,x)$；②令 $G(x)=f(x)(x-a)-\displaystyle\int_a^x f(t)\,\mathrm{d}t$, 则 $G'(x)<0$, $G(x)$ 在 $[a,b]$ 上单调减少, 从而当 $x>a$ 时, $G(x)<G(a)=0$.

第四章 微分方程

第一节 教学大纲及知识结构图

一、教学大纲

高等数学 I、高等数学 II 和高等数学 III 教学大纲基本一致,具体如下:

1)学时分配

"微分方程"这一章授课学时建议 **16 学时**:微分方程的基本概念及可分离变量的微分方程(2 学时);齐次微分方程和一阶线性微分方程(2 学时);伯努利方程和一阶微分方程综合题(2 学时);可降阶的高阶微分方程(2 学时);二阶线性微分方程解的结构和二阶常系数齐次线性微分方程(2 学时);二阶常系数非齐次线性微分方程(4 学时);习题课与单元测验(2 学时).

2)目的与要求

学习本章的目的是使学生熟练掌握几类简单的微分方程的解法,培养学生具有一定的建立数学模型,并求解数学模型的能力.本章知识的基本要求是:

(1)理解微分方程及其阶、解、通解、特解、初始条件、初值问题和积分曲线,能建立一些简单问题的微分方程.

(2)掌握可分离变量的微分方程、齐次微分方程、一阶线性微分方程和伯努利方程的解法.

(3)能用变量代换解某些一阶微分方程.

(4)掌握 $y^{(n)}=f(x)$、$y''=f(x,y')$ 和 $y''=f(y,y')$ 型微分方程的解法.

(5)掌握二阶线性微分方程解的性质及解的结构定理.

(6)掌握二阶常系数齐次线性微分方程的解法.

(7)能解自由项形如 $e^{\lambda x}P_m(x)$ 的二阶常系数非齐次线性微分方程,其中 λ 是实数,$P_m(x)$ 是 m 次多项式.

(8)能解自由项形如 $e^{\lambda x}[P_m(x)\cos\omega x+Q_n(x)\sin\omega x]$,其中 λ 和 ω 都是实数,$P_m(x)$ 和 $P_n(x)$ 分别是 m 次多项式和 n 次多项式.

(9)会通过建立微分方程模型,解决一些简单的实际问题.

3)重点和难点

(1)重点:微分方程的基本概念,可分离变量及一阶线性微分方程的解法,可降阶的高阶微分方程的解法,二阶线性微分方程解的结构,二阶常系数齐次线性微分方程的解法,自由项形如 $e^{\lambda x}P_m(x)$ 和 $e^{\lambda x}[P_m(x)\cos\omega x+Q_n(x)\sin\omega x]$ 二阶常系数非齐次线性微分方程的解法.

(2)难点:伯努利方程的解法,二阶常系数非齐次线性微分方程的解法,通过建立微分方程模型,解决一些简单的实际问题.

二、知识结构图

高等数学Ⅰ、Ⅱ、Ⅲ的知识结构图如图 4-1 所示。

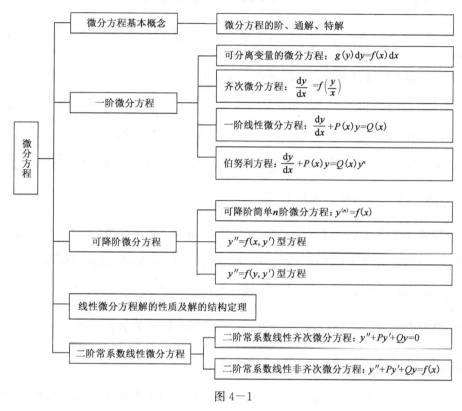

图 4-1

第二节　内容提要

微分方程是现代数学的一个重要分支,它是微积分学在解决实际问题上的应用渠道之一.在诸多领域各种量与量之间的函数关系往往可表示为微分方程.本节总结和归纳微分方程的基本概念、基本性质、基本方法及一些典型方法.

一、基本概念

1. 微分方程的相关概念

(1)微分方程. 表示未知函数、未知函数导数与自变量之间关系的方程,称为微分方程. 未知函数为一元函数的微分方程称为常微分方程.

(2)微分方程的阶. 微分方程中所出现的未知函数的导数的最高阶数,称为微分方程的阶.

(3)微分方程的解. 若函数 $y=y(x)$ 代入某一微分方程中使得等式恒成立,则称其为该方程的一个解;若 $y=y(x)$ 由方程 $\varphi(x,y)=0$ 确定,则称 $\varphi(x,y)=0$ 为该方程的隐式解.

（4）通解和特解. 方程的解中含有独立任意常数的个数和方程的阶相同,则称其为通解(这里的独立任意常数是指不能合并而使得其个数减少);在初始条件下确定了通解中的任意常数之后所得到的解称为微分方程的特解.

2. 一阶微分方程

一阶可求解的微分方程主要有四类:可分离变量的微分方程、齐次方程、一阶线性微分方程和伯努利方程.

（1）可分离变量的微分方程 若一阶微分方程能化成 $g(y)\mathrm{d}y = f(x)\mathrm{d}x$ 的形式,则称原方程为可分离变量的微分方程. 将方程两端积分,有 $\int g(y)\mathrm{d}y = \int f(x)\mathrm{d}x$, 设 $G(y)$ 及 $F(x)$ 依次为 $g(y)$ 及 $f(x)$ 的原函数,于是有 $G(y) = F(x) + C$, 这就是可分离变量微分方程的隐式通解.

（2）齐次方程. 如果一阶微分方程 $\dfrac{\mathrm{d}y}{\mathrm{d}x} = f(x,y)$ 中的函数 $f(x,y)$ 可写成 $\dfrac{y}{x}$ 的函数,即 $f(x,y) = \varphi\left(\dfrac{y}{x}\right)$, 则称这方程为齐次方程.

（3）一阶线性微分方程. 方程 $\dfrac{\mathrm{d}y}{\mathrm{d}x} + P(x)y = Q(x)$ 叫作一阶线性微分方程(对于未知函数及其导数均为一次的). 如果 $Q(x) \equiv 0$, 则方程称为齐次线性方程,否则方程称为非齐次线性方程. 方程 $\dfrac{\mathrm{d}y}{\mathrm{d}x} + P(x)y = 0$ 叫作对应于非齐次线性方程 $\dfrac{\mathrm{d}y}{\mathrm{d}x} + P(x)y = Q(x)$ 的齐次线性方程.

（4）伯努利方程. 方程 $\dfrac{\mathrm{d}y}{\mathrm{d}x} + P(x)y = Q(x)y^n (n \neq 0,1)$ 叫作伯努利方程.

3. 可降阶的高阶微分方程

形如 $y^{(n)} = f(x)$, $y'' = f(x,y')$, $y'' = (y,y')$ 的微分方程称为可降阶的高阶微分方程.

4. 二阶线性微分方程

二阶线性微分方程的一般形式为 $\dfrac{\mathrm{d}^2 y}{\mathrm{d}x^2} + P(x)\dfrac{\mathrm{d}y}{\mathrm{d}x} + Q(x)y = f(x)$, 若方程右端 $f(x) \equiv 0$ 时,方程称为齐次的,否则称为非齐次的.

二、基本性质

1. 函数组的线性相关性

（1）函数组的线性相关与线性无关. 设 $y_1(x), y_2(x), \cdots, y_n(x)$ 为定义在区间 I 上的 n 个函数,如果存在 n 个不全为零的常数 $k_1, k_2, \cdots, k_n$, 使得当 $x \in I$ 时有恒等式 $k_1 y_1(x) + k_2 y_2(x) + \cdots + k_n y_n(x) \equiv 0$ 成立,那么称这 n 个函数在区间 I 上线性相关;否则称为线性无关.

（2）两个函数的线性相关性. 如果两个函数的比为常数,那么它们线性相关;否则线性无关.

2. 二阶线性微分方程的解的结构

（1）齐次线性方程解的叠加原理. 若 $y_1(x)$ 与 $y_2(x)$ 是二阶线性齐次方程 $y'' + P(x)y' +$

$Q(x)y=0$ 的两个解，则 $y=C_1y_1(x)+C_2y_2(x)$ 也是方程的解，其中 C_1,C_2 为任意常数.

（2）二阶齐次线性微分方程的通解结构定理. 若 $y_1(x)$ 与 $y_2(x)$ 是二阶线性齐次方程 $y''+P(x)y'+Q(x)y=0$ 的两个线性无关解，则 $y=C_1y_1(x)+C_2y_2(x)$ 是方程的通解，其中 C_1,C_2 为任意常数.

（3）二阶非齐次线性微分方程的通解结构定理. 设 $y^*(x)$ 是二阶非齐次线性方程 $y''+P(x)y'+Q(x)y=f(x)$ 的一个特解，$Y(x)$ 是对应的齐次方程的通解，那么 $y=Y(x)+y^*(x)$ 是二阶非齐次线性微分方程的通解.

（4）二阶非齐次线性方程解的叠加原理. 设非齐次线性微分方程 $y''+P(x)y'+Q(x)y=f(x)$ 的右端 $f(x)$ 几个函数之和，如：$y''+P(x)y'+Q(x)y=f_1(x)+f_2(x)$ ，而 $y_1^*(x)$ 与 $y_2^*(x)$ 分别是方程 $y''+P(x)y'+Q(x)y=f_1(x)$ 与 $y''+P(x)y'+Q(x)y=f_2(x)$ 的特解，那么 $y_1^*(x)+y_2^*(x)$ 就是原方程的特解.

三、基本方法

1. 一阶微分方程的解法

一阶微分方程一般形式为 $y'=f(x,y)$，有时也可写成对称形式 $P(x,y)\mathrm{d}x+Q(x,y)\mathrm{d}y=0$.

1）可分离变量的方程

（1）标准形式. 如果一个一阶微分方程能够写成 $f(x)\mathrm{d}x=g(y)\mathrm{d}y$，则称该方程为可分离变量的微分方程. 就是说，能够把微分方程写成一端只含有 x 的函数和 $\mathrm{d}x$，另一端只含有 y 的函数和 $\mathrm{d}y$.

（2）解法. 若 $f(x)$ 和 $g(y)$ 是连续的，则对 $f(x)\mathrm{d}x=g(y)\mathrm{d}y$ 两端积分，即 $\int f(x)\mathrm{d}x=\int g(y)\mathrm{d}y$，设 $F(x)$ 和 $G(y)$ 分别是 $f(x)$ 和 $g(y)$ 的原函数，于是该方程的通解为 $G(y)=F(x)+C$.

2）齐次方程

（1）标准形式. 如果一阶微分方程可化为 $\dfrac{\mathrm{d}y}{\mathrm{d}x}=\varphi\left(\dfrac{y}{x}\right)$ 的形式，那么则称该方程为齐次方程.

（2）解法. 在齐次方程 $\dfrac{\mathrm{d}y}{\mathrm{d}x}=\varphi\left(\dfrac{y}{x}\right)$ 中，令 $u=\dfrac{y}{x}$，即 $y=ux$，有 $u+x\dfrac{\mathrm{d}u}{\mathrm{d}x}=\varphi(u)$，分离变量得 $\dfrac{\mathrm{d}u}{\varphi(u)-u}=\dfrac{\mathrm{d}x}{x}$，两端积分，得 $\int\dfrac{\mathrm{d}u}{\varphi(u)-u}=\int\dfrac{\mathrm{d}x}{x}$ ，求出积分后，再用 $\dfrac{y}{x}$ 代替 u，便得所给齐次方程的通解.

注 1：齐次方程的求解实际上是通过变量代换，将方程化为可分离变量的方程. 变量代换法是解微分方程的一种常用方法，更多类型见例题.

注 2：要判断方程 $\dfrac{\mathrm{d}y}{\mathrm{d}x}=f(x,y)$ 是否是齐次方程，只需用 tx、ty 分别替换 $f(x,y)$ 中的 x、y，若 $f(tx,ty)=f(x,y)$，则该方程就是齐次方程.

3）线性方程

（1）标准形式. 方程 $\dfrac{\mathrm{d}y}{\mathrm{d}x}+P(x)y=Q(x)$ 叫作一阶线性微分方程，因为它对于未知函数 y 及其

导数是一次方程. 如果 $Q(x)\equiv 0$, 那么称该方程为齐次的; 若 $Q(x)\neq 0$, 则称方程为非齐次的.

(2)解法. 一阶齐次线性方程的解法: 齐次线性方程 $\dfrac{\mathrm{d}y}{\mathrm{d}x}+P(x)y=0$ 是变量可分离方程. 分离变量后得 $\dfrac{\mathrm{d}y}{y}=-P(x)\mathrm{d}x$, 两边积分 $y=C\mathrm{e}^{-\int P(x)\mathrm{d}x}$ ($C=\pm\mathrm{e}^{C_1}$).

一阶非齐次线性方程的解法: 使用**常数变易法**可得到非齐次线性方程的通解 $y=\mathrm{e}^{-\int P(x)\mathrm{d}x}\left[\int Q(x)\mathrm{e}^{\int P(x)\mathrm{d}x}\mathrm{d}x+C\right]$. 将对应齐次微分方程通解 $y=C\mathrm{e}^{-\int P(x)\mathrm{d}x}$ 中的 C 换成 x 的函数 $u(x)$, 即做变换 $y=u(x)\mathrm{e}^{-\int P(x)\mathrm{d}x}$, 代入非齐次微分方程整理得 $u'=Q(x)\mathrm{e}^{\int P(x)\mathrm{d}x}$, 两边积分得 $u(x)=\int Q(x)\mathrm{e}^{\int P(x)\mathrm{d}x}\mathrm{d}x+C$, 进而得非齐次线性方程的通解 $y=\mathrm{e}^{-\int P(x)\mathrm{d}x}\left[\int Q(x)\mathrm{e}^{\int P(x)\mathrm{d}x}\mathrm{d}x+C\right]$.

4)伯努利方程

(1)标准形式. 方程 $\dfrac{\mathrm{d}y}{\mathrm{d}x}+P(x)y=Q(x)y^n$ ($n\neq 0,1$) 叫作伯努利方程.

(2)解法. 以 y^n 除方程的两边, 得 $y^{-n}\dfrac{\mathrm{d}y}{\mathrm{d}x}+P(x)y^{1-n}=Q(x)$, 令 $z=y^{1-n}$, 得一阶线性非齐次微分方程 $\dfrac{\mathrm{d}z}{\mathrm{d}x}+(1-n)P(x)z=(1-n)Q(x)$, 可以套用一阶线性非齐次微分方程求解公式求解, 求解后以 y^{1-n} 代 z 便得到了伯努利方程的通解.

2. 可降阶的高阶微分方程的解法

(1) $y^{(n)}=f(x)$ 型的微分方程. 连续积分 n 次, 便得到方程含有 n 个任意常数的通解.

(2) $y''=f(x,y')$ 型的微分方程(不含 y). 设 $y'=p(x)$, 则方程化为 $p'=f(x,p)$, 用一阶微分方程求解的方法求其解, 得到它的通解 $p=\varphi(x,C_1)$, 即 $\dfrac{\mathrm{d}y}{\mathrm{d}x}=\varphi(x,C_1)$. 故原方程的通解为 $y=\int\varphi(x,C_1)\mathrm{d}x+C_2$.

(3) $y''=f(y,y')$ 型的微分方程(不含 x). 设 $y'=p$, 有 $y''=\dfrac{\mathrm{d}p}{\mathrm{d}x}=\dfrac{\mathrm{d}p}{\mathrm{d}y}\cdot\dfrac{\mathrm{d}y}{\mathrm{d}x}=p\dfrac{\mathrm{d}p}{\mathrm{d}y}$. 原方程化为 $p\dfrac{\mathrm{d}p}{\mathrm{d}y}=f(y,p)$. 设方程 $p\dfrac{\mathrm{d}p}{\mathrm{d}y}=f(y,p)$ 的通解为 $y'=p=\varphi(y,C_1)$, 则原方程的通解为 $\int\dfrac{\mathrm{d}y}{\varphi(y,C_1)}=x+C_2$.

注: 求高阶方程满足初始条件的特解时, 确定任意常数的方法是"边解边定"法, 而不要待求出通解之后再逐一确定, 详见例题.

3. 二阶常系数齐次线性微分方程的解法

(1)标准形式. $\dfrac{\mathrm{d}^2 y}{\mathrm{d}x^2}+p\dfrac{\mathrm{d}y}{\mathrm{d}x}+qy=0$ 或 $y''+py'+qy=0$, 称之为二阶常系数齐次微分方程.

(2)特征方程和特征根. 称 $r^2+pr+q=0$ 为二阶常系数齐次微分方程 $y''+py'+qy=0$ 的特征方程. **特别注意**, 特征方程中未知量 r 出现的位置为二阶常系数齐次微分方程中有因变量导数的地方, 幂次与微分方程中因变量导数的阶次一致; 方程 $r^2+pr+q=0$ 的解 $r_{1,2}=$

$\dfrac{-p\pm\sqrt{p^2-4q}}{2}$ 称为特征根.

（3）求齐次方程 $y''+py'+qy=0$ 通解的步骤.

①写出特征方程 $r^2+pr+q=0$，求出两个特征根 r_1,r_2；

②根据特征根的不同情形，按表 4—1 写出齐次微分方程的通解.

表 4—1

特征方程 $r^2+pr+q=0$ 的两个根 r_1,r_2	齐次微分方程 $y''+py+qy=0$ 的通解
两个不相等的实根 r_1,r_2	$Y=C_1e^{r_1x}+C_2e^{r_2x}$
两个相等的实根 r_1,r_2	$Y=(C_1+C_2x)e^{r_1x}$
一对共轭复根 $r_{1,2}=\alpha\pm i\beta$	$Y=e^{\alpha x}(C_1\cos\beta x+C_2\sin\beta x)$

4. 二阶常系数非齐次线性微分方程的解法

首先求出其对应齐次方程的特征方程的特征根，然后依据原非齐次方程自由项的类型，求出其特解或通解.

1）标准形式

$\dfrac{d^2y}{dx^2}+p\dfrac{dy}{dx}+qy=f(x)$ 或 $y''+py'+qy=f(x)$，称之为二阶常系数非齐次微分方程.

2）特解的求法

（1）自由项 $f(x)=P_m(x)e^{\lambda x}$ 时的解法.

①求出对应齐次方程的特征根；

②确定特解的待定形式 $y^*=x^kQ_m(x)e^{\lambda x}$，

其中 $Q_m(x)$ 为与 $P_m(x)$ 同幂次的多项式，$k=\begin{cases}0, & \lambda \text{ 不是特征方程的根,}\\ 1, & \lambda \text{ 是特征方程的单根,}\\ 2, & \lambda \text{ 是特征方程的重根.}\end{cases}$

③把特解代入原方程求出待定系数，获得其特解.

（2）自由项 $f(x)=e^{\lambda x}[P_l(x)\cos\omega x+P_n(x)\sin\omega x]$ 时的解法.

①和③同上，但②确定的待定特解形式不同，为

$y^*=x^ke^{\lambda x}[R_m^1(x)\cos\omega x+R_m^2(x)\sin\omega x]$，其中，$R_m^1(x)$，$R_m^2(x)$ 是两个 m 次多项式，

$$k=\begin{cases}0,\lambda+i\omega \text{ 不是特征方程的根,}\\ 1,\lambda+i\omega \text{ 是特征方程的单根,}\end{cases} m=\max\{l,n\}.$$

3）通解的求法

①写出特征方程 $r^2+pr+q=0$，求出两个特征根 r_1,r_r；

②根据特征根的不同情形，写出齐次微分方程的通解；

③求出非齐次微分方程的特解；

④根据解的结构定理，写出非齐次微分方程的通解.

四、典型方法

1. 已知微分方程的通解，反求微分方程的方法

根据所给微分方程通解中任意常数的个数，先判别微分方程的阶数，再对所给通解求相应

阶的导数,整理化简所得到的一个或几个方程得到待求的微分方程.

2. x 是 y 的一阶线性微分方程的求解公式法

当所给一阶微分方程不是上述的四种方程时,常常需要把 x 看成 y 的函数. 如果能够化成 x 关于 y 的线性方程,那么找到 $P(y)$ 和 $Q(y)$,代入公式 $x = \mathrm{e}^{-\int P(y)\mathrm{d}y}\left[\int Q(y)\mathrm{e}^{\int P(y)\mathrm{d}y}\mathrm{d}y + C\right]$ 进行求解即可.

3. 已知非齐次微分方程的几个线性无关的特解,反求该微分方程的通解的方法

此类型题,考察的是微分方程解的结构和形式,两个非齐次方程的特解之差是对应齐次方程的一个解,非齐次方程的通解结构为对应齐次方程的通解加上一个非齐次方程的特解.

第三节　典　型　例　题

一、基本题型

1. 验证微分方程的解及函数所满足的微分方程

例 1　验证下列函数是否为方程 $\dfrac{\mathrm{d}^2 y}{\mathrm{d}x^2} + \omega^2 y = 0$ 的解,其中 $\omega > 0$ 是常数. 指出哪一个是方程的通解,并求方程满足初始条件 $y(0) = 1, y'(0) = 1$ 的特解.

(1) $y = \cos\omega x$.

(2) $y = C\sin\omega x$,其中 C 是任意常数.

(3) $y = C_1\cos\omega x + C_2\sin\omega x$,其中 C_1, C_2 是任意常数.

(4) $y = A\sin(\omega x + \varphi)$,其中 A, φ 是任意常数.

分析　要判断一个函数是否为所给微分方程的解,只要将它代入方程,看其是否使方程成为恒等式.

解　(1) 将 $y = \cos\omega x$ 代入方程,因为 $\dfrac{\mathrm{d}y}{\mathrm{d}x} = -\omega\sin\omega x$, $\dfrac{\mathrm{d}^2 y}{\mathrm{d}x^2} = -\omega^2\cos\omega x$,所以 $\dfrac{\mathrm{d}^2 y}{\mathrm{d}x^2} + \omega^2 y = -\omega^2\cos\omega x + \omega^2\cos\omega x \equiv 0$.

故 $y = \cos\omega x$ 是方程的解.

(2) 同样把 $y = C\sin\omega x$ 代入方程,有 $\dfrac{\mathrm{d}^2 y}{\mathrm{d}x^2} + \omega^2 y = -C\omega^2\sin\omega x + C\omega^2\sin\omega x \equiv 0$.

故 $y = C\sin\omega x$ 是方程的解,其中 C 是任意常数.

(3) 同样把 $y = C_1\cos\omega x + C_2\sin\omega x$ 代入方程,因为

$$\frac{\mathrm{d}y}{\mathrm{d}x} = -C_1\omega\sin\omega x + C_2\omega\cos\omega x,$$

$$\frac{\mathrm{d}^2 y}{\mathrm{d}x^2} = -C_1\omega^2\cos\omega x - C_2\omega^2\sin\omega x = -\omega^2(C_1\cos\omega x + C_2\sin\omega x) = -\omega^2 y,$$

所以 $\dfrac{\mathrm{d}^2 y}{\mathrm{d}x^2} + \omega^2 y = -\omega^2 y + \omega^2 y \equiv 0$.

故 $y = C_1 \cos\omega x + C_2 \sin\omega x$ 是方程的解,其中 C_1, C_2 是任意常数.

(4)同样把 $y = A\sin(\omega x + \varphi)$ 代入方程,有 $\dfrac{\mathrm{d}^2 y}{\mathrm{d}x^2} + \omega^2 y = -\omega^2 y + \omega^2 y \equiv 0$.

故 $y = A\sin(\omega x + \varphi)$ 是方程的解,其中 A, φ 是任意常数.

可见所给的四个函数都是方程的解,但它们不全是通解,因为原方程是二阶的,其通解应包含有两个独立的任意常数. 由此知(3) $y = C_1 \cos\omega x + C_2 \sin\omega x$ (其中 C_1, C_2 是任意常数)和 (4) $y = A\sin(\omega x + \varphi)$ (其中 A, φ 是任意常数)是方程的通解.

满足初始条件的解叫微分方程的特解. 因此在(3)(或(4))中代入初始条件 $y(0) = 1$, $y'(0) = 1$,有 $1 = C_1 \cdot 1 + C_2 \cdot 0$ 及 $1 = -C_1\omega \cdot 0 + C_2\omega \cdot 1$,解得 $C_1 = 1, C_2 = \dfrac{1}{\omega}$. 故方程的特解为 $y = \cos\omega x + \dfrac{1}{\omega}\sin\omega x$.

例 2 求下列曲线簇所满足的微分方程.

(1) $x^2 + Cy^2 = 1$.   (2) $y = C_1\mathrm{e}^x + C_2\mathrm{e}^{2x}$.   (3) $(x-C)^2 + y^2 = r^2$.   (4) $y = \sin(x + C)$.

其中 C_1, C_2, C, r 是任意常数.

分析 求曲线簇所满足的微分方程,即求一方程使所给的曲线簇为该方程的积分曲线簇(通解),故要求的方程其阶数应与曲线簇参数的个数一致. 采用的方法是求导并消去参数.

解 (1) $x^2 + Cy^2 = 1$

给出的曲线簇为

$$x^2 + Cy^2 = 1, \qquad \text{①}$$

对等式两端求 x 的导数得

$$2x + 2Cyy' = 0. \qquad \text{②}$$

从式①中解出 C 代入式②,整理后得 $xy + (1 - x^2)y' = 0$,这就是满足曲线簇①的微分方程.

思考 如果对式②两端再求 x 的导数也能消掉任意常数 C,得到的微分方程是否为满足曲线簇①的微分方程,为什么?

(2) $y = C_1\mathrm{e}^x + C_2\mathrm{e}^{2x}$. $\qquad \text{③}$

式③含有两个任意参数,它所满足的微分方程应是二阶的,故将式③对 x 求一阶和二阶导数,有

$$y' = C_1\mathrm{e}^x + 2C_2\mathrm{e}^{2x}, \qquad \text{④}$$

$$y'' = C_1\mathrm{e}^x + 4C_2\mathrm{e}^{2x}. \qquad \text{⑤}$$

联合式④和式⑤解出 C_1 和 C_2 再代入式③整理后有 $y'' - 3y' + 2y = 0$.

(3) $(x-C)^2 + y^2 = r^2$. $\qquad \text{⑥}$

式⑥含有两个任意参数,它所满足的微分方程应是二阶的,故将式⑥对 x 求导两次有 $2(x-C) + 2yy' = 0$,

$$1 + (y')^2 + yy'' = 0, \qquad \text{⑦}$$

式⑦即为所求方程.

(4) $y = \sin(x + C)$. $\qquad \text{⑧}$

对式⑧两端求关于 x 的导数有

$$y' = \cos(x+C) \qquad\qquad ⑨$$

由式⑧和式⑨消去 C 得到方程 $y^2 + (y')^2 = 1$.

2. 可分离变量和齐次微分方程的求解

例3 求下列微分方程的通解.

(1) $(xy^2 + x)\mathrm{d}x + (y - x^2 y)\mathrm{d}y = 0$. 　　　　 (2) $(\mathrm{e}^{x+y} - \mathrm{e}^x)\mathrm{d}x + (\mathrm{e}^{x+y} + \mathrm{e}^y)\mathrm{d}y = 0$.

分析 解一阶微分方程第一步先判断方程的类型,不同的方程用不同的方法.本题的方程都属于可分离变量的类型.

解 (1) 分离变量得 $\dfrac{x}{x^2-1}\mathrm{d}x = \dfrac{y}{y^2+1}\mathrm{d}y$,两边积分有 $\displaystyle\int \dfrac{x}{x^2-1}\mathrm{d}x = \int \dfrac{y}{y^2+1}\mathrm{d}y$.

整理化简可得通解 $y^2 + 1 = C(x^2 - 1)$,其中 C 为任意常数.

(2) 分离变量得 $\dfrac{\mathrm{e}^x}{\mathrm{e}^x+1}\mathrm{d}x = \dfrac{\mathrm{e}^y}{1-\mathrm{e}^y}\mathrm{d}y$,两边积分有 $\displaystyle\int \dfrac{\mathrm{e}^x}{\mathrm{e}^x+1}\mathrm{d}x = \int \dfrac{\mathrm{e}^y}{1-\mathrm{e}^y}\mathrm{d}y$.

整理化简可得通解 $(1-\mathrm{e}^y)(\mathrm{e}^x+1) = C$,其中 C 为任意常数.

例4 求下列微分方程的通解.

(1) $\dfrac{\mathrm{d}y}{\mathrm{d}x} = \mathrm{e}^{\frac{y}{x}} + \dfrac{y}{x}$. 　　　　 (2) $y^2 + x^2 \dfrac{\mathrm{d}y}{\mathrm{d}x} = xy \dfrac{\mathrm{d}y}{\mathrm{d}x}$.

(3) $x \dfrac{\mathrm{d}y}{\mathrm{d}x} = y(\ln y - \ln x)$. 　　　　 (4) $\dfrac{\mathrm{d}y}{\mathrm{d}x} = (x + 4y + 1)^2$.

分析 本题通过变量代换可化为可分离变量的方程,前三题属于齐次方程;第(4)题如果将 x 视为未知函数,那么它也可以化为可分离变量的方程,而且计算会更简单.在解微分方程时,选择哪个变量作为未知函数不是固定不变的,要以计算简便为原则.

解 (1) 令 $\dfrac{y}{x} = u$,则 $\dfrac{\mathrm{d}y}{\mathrm{d}x} = u + x\dfrac{\mathrm{d}u}{\mathrm{d}x}$,原方程化为 $u + x\dfrac{\mathrm{d}u}{\mathrm{d}x} = \mathrm{e}^u + u$.

$\displaystyle\int \dfrac{\mathrm{d}u}{\mathrm{e}^u} = \int \dfrac{\mathrm{d}x}{x} + C_1$,于是 $-\mathrm{e}^{-u} = \ln|x| + C_1 = \ln|Cx|$.

因此 $\mathrm{e}^{-\frac{y}{x}} = -\ln|Cx|$,其中 C 为任意常数.

(因为 $\mathrm{e}^{-\frac{y}{x}} > 0$,所以 $0 < |Cx| < 1$)

(2) $y^2 + (x^2 - xy)\dfrac{\mathrm{d}y}{\mathrm{d}x} = 0$,则 $\dfrac{\mathrm{d}y}{\mathrm{d}x} = \dfrac{y^2}{xy - x^2} = \dfrac{\left(\dfrac{y}{x}\right)^2}{\left(\dfrac{y}{x}\right) - 1}$.

令 $\dfrac{y}{x} = u$,则 $u + x\dfrac{\mathrm{d}u}{\mathrm{d}x} = \dfrac{u^2}{u-1}$,得 $u\,\mathrm{d}x + x(1-u)\,\mathrm{d}u = 0$. 于是

$$\int \dfrac{1-u}{u}\mathrm{d}u + \int \dfrac{\mathrm{d}x}{x} = C_1, \quad \ln|xu| - u = C_1.$$

因此 $xu = \mathrm{e}^{C_1+u} = C\mathrm{e}^u$,即 $y = C\mathrm{e}^{\frac{y}{x}}$,其中 C 为任意常数.

(3) $\dfrac{\mathrm{d}y}{\mathrm{d}x} = \dfrac{y}{x}\ln\dfrac{y}{x}$,令 $\dfrac{y}{x} = u$,则 $u + x\dfrac{\mathrm{d}u}{\mathrm{d}x} = u\ln u$. 于是

$$\int \dfrac{\mathrm{d}u}{u(\ln u - 1)} = \int \dfrac{\mathrm{d}x}{x} + C_1, \quad \ln|\ln u - 1| = \ln Cx.$$

因此 $\ln u = 1 + Cx, u = \mathrm{e}^{1+Cx}, y = x\mathrm{e}^{1+Cx}$,其中 C 为任意常数.

(4)令 $x+4y+1=u$，则 $\dfrac{\mathrm{d}u}{4u^2+1}=\mathrm{d}x$，$\displaystyle\int\dfrac{\mathrm{d}u}{4u^2+1}=\int\mathrm{d}x+C_1$.

因此 $x=\dfrac{1}{2}\arctan 2u+C=\dfrac{1}{2}\arctan 2(x+4y+1)+C$，其中 C 为任意常数.

例 5 若连续函数 $f(x)$ 满足关系式 $f(x)=\displaystyle\int_0^{2x}f\left(\dfrac{t}{2}\right)\mathrm{d}t+\ln 2$，则 $f(x)$ 等于（　　）．

(A)$\mathrm{e}^x\ln 2$. 　　　　(B)$\mathrm{e}^{2x}\ln 2$. 　　　　(C)$\mathrm{e}^x+\ln 2$. 　　　　(D)$\mathrm{e}^{2x}+\ln 2$.

分析 这是一个含积分上限函数的方程，求解这类题的方法一般是先通过对方程两端求导，建立微分方程；然后利用上下限相等确定定解条件；最后求解定解问题使问题得以解决.

解 对所给关系式两边关于 x 求导，得 $f'(x)=2f(x)$，且有初始条件 $f(0)=\ln 2$. 于是，$f'(x)=2f(x)$，$\dfrac{\mathrm{d}f(x)}{f(x)}=2\mathrm{d}x$，积分得 $\ln|f(x)|=2x+\ln|C|$，故 $f(x)=C\mathrm{e}^{2x}$. 令 $x=0$，得 $C=\ln 2$，故 $f(x)=\mathrm{e}^{2x}\ln 2$. 故应选(B).

例 6 已知曲线 $y=f(x)$ 过点 $\left(0,-\dfrac{1}{2}\right)$，且其上任一点 (x,y) 处的切线斜率为 $x\ln(1+x^2)$ 则 $f(x)=$ _____．

分析 这是一道应用导数的几何意义，建立微分方程的问题. 其关键就是曲线的导数与斜率的关系.

解 $y=f(x)$ 满足 $\dfrac{\mathrm{d}y}{\mathrm{d}x}=x\ln(1+x^2)$，$y\big|_{x=0}=-\dfrac{1}{2}$.

$y=\displaystyle\int x\ln(1+x^2)\mathrm{d}x=\dfrac{1}{2}\int\ln(1+x^2)\mathrm{d}(x^2+1)=\dfrac{1}{2}(1+x^2)\ln(1+x^2)-\dfrac{1}{2}x^2+C$.

将 $x=0$，$y=-\dfrac{1}{2}$ 代入上式，得 $C=-\dfrac{1}{2}$. 故 $f(x)=\dfrac{1}{2}(1+x^2)[\ln(1+x^2)-1]$.

例 7 求初值问题 $\begin{cases}(y+\sqrt{x^2+y^2})\mathrm{d}x-x\mathrm{d}y=0 & (x>0),\\ y\big|_{x=1}=0\end{cases}$ 的解.

分析 方程形式看起来很复杂，但细心化简后发现它是一阶齐次方程，其解法是固定的.

解 因为 $(y+\sqrt{x^2+y^2})\mathrm{d}x-x\mathrm{d}y=0$ $(x>0)$，所以 $\dfrac{\mathrm{d}y}{\mathrm{d}x}=\dfrac{y+\sqrt{x^2+y^2}}{x}=\dfrac{y}{x}+\sqrt{1+\left(\dfrac{y}{x}\right)^2}$. 故此方程为齐次方程.

令 $u=\dfrac{y}{x}$，则 $y=xu$，$\dfrac{\mathrm{d}y}{\mathrm{d}x}=u+x\dfrac{\mathrm{d}u}{\mathrm{d}x}$，$u+x\dfrac{\mathrm{d}u}{\mathrm{d}x}=u+\sqrt{1+u^2}$. 有 $\dfrac{\mathrm{d}u}{\sqrt{1+u^2}}=\dfrac{\mathrm{d}x}{x}$，积分得 $\ln(u+\sqrt{1+u^2})=\ln x+C_1$. 因此 $u+\sqrt{1+u^2}=\mathrm{e}^{\ln x+C_1}=\mathrm{e}^{C_1}\cdot x=Cx$，其中 $C=\mathrm{e}^{C_1}$.

代入 $u=\dfrac{y}{x}$，得 $\dfrac{y}{x}+\sqrt{1+\dfrac{y^2}{x^2}}=Cx$，即 $y+\sqrt{x^2+y^2}=Cx^2$，由已知 $y\big|_{x=1}=0$，代入得 $0+\sqrt{1^2+0^2}=C\cdot 1$，所以 $C=1$.

所求初值问题的解为 $y+\sqrt{x^2+y^2}=x^2$，化简得 $y=\dfrac{1}{2}(x^2-1)$.

例 8 一个半球体状的雪堆，其体积融化的速率与半球面面积 S 成正比，比例常数 $k>0$. 假设在融化过程中雪堆始终保持半球体状，已知半径为 r_0 的雪堆在开始融化的 3 小时内，融化了其体积的 $\dfrac{7}{8}$，问雪堆全部融化需要多少小时？

分析 这是一道应用导数的概念,建立微分方程的问题.关键是半球体积融化的速率与面积 S 成正比的关系.半径为 r 的球体体积为 $\frac{4}{3}\pi r^3$,表面积为 $4\pi r^2$,而雪堆为半球体状,故设雪堆在 t 时刻的底面半径为 r,于是雪堆在 t 时刻的体积 $V=\frac{2}{3}\pi r^3$,侧面积 $S=2\pi r^2$.其中体积 V,半径 r 与侧面积 S 均为时间 t 的函数.

解 由题意,有 $\frac{\mathrm{d}v}{\mathrm{d}t}=-kS$,分别代入体积和表面积有 $\frac{2}{3}\pi\cdot 3r^2\frac{\mathrm{d}r}{\mathrm{d}t}=-k\cdot 2\pi r^2$.

即 $\frac{\mathrm{d}r}{\mathrm{d}t}=-k$,$\mathrm{d}r=-k\mathrm{d}t$,$\int \mathrm{d}r=-k\int \mathrm{d}t$,解得 $r=-kt+C$.

由已知 $t=0$ 时 $r|_{t=0}=r_0$,解得 $C=r_0$,即 $r=-kt+r_0$.

而 $V|_{t=3}=\frac{1}{8}V|_{t=0}$,即 $\frac{2}{3}\pi(-3k+r_0)^3=\frac{1}{8}\cdot\frac{2}{3}\pi r_0^3$.

故 $k=\frac{1}{6}r_0$,$r=-\frac{1}{6}r_0t+r_0$.

当雪堆全部融化时,$r=0$,$V=0$,令 $0=-\frac{1}{6}r_0t+r_0$,得 $t=6$(小时).

3. 一阶线性非齐次微分方程的求解

例 9 微分方程 $xy'+2y=x\ln x$ 满足 $y(1)=-\frac{1}{9}$ 的解为_____.

分析 直接套用一阶线性微分方程 $y'+P(x)y=Q(x)$ 的通解公式

$$y=\mathrm{e}^{-\int P(x)\mathrm{d}x}\left[\int Q(x)\mathrm{e}^{\int P(x)\mathrm{d}x}\mathrm{d}x+C\right],$$ 再由初始条件确定任意常数即可.

解法 1 原方程等价为 $y'+\frac{2}{x}y=\ln x$,于是通解为

$$y=\mathrm{e}^{-\int\frac{2}{x}\mathrm{d}x}\left[\int \ln x\cdot\mathrm{e}^{\int\frac{2}{x}\mathrm{d}x}\mathrm{d}x+C\right]=\frac{1}{x^2}\cdot\left[\int x^2\ln x\mathrm{d}x+C\right]=\frac{1}{3}x\ln x-\frac{1}{9}x+C\frac{1}{x^2}.$$

由 $y(1)=-\frac{1}{9}$ 得 $C=0$,故所求解为 $y=\frac{1}{3}x\ln x-\frac{1}{9}x$.

说明 本题虽属基本题型,但在用相关公式时应注意先化为标准型.另外,本题也可利用"凑导数"的方法求解,具体过程如下.

解法 2 原方程可化为 $x^2y'+2xy=x^2\ln x$,即 $[x^2y]'=x^2\ln x$,两边积分得

$$x^2y=\int x^2\ln x\mathrm{d}x=\frac{1}{3}x^3\ln x-\frac{1}{9}x^3+C.$$

再代入初始条件即可得所求解为 $y=\frac{1}{3}x\ln x-\frac{1}{9}x$.

例 10 求下列微分方程的通解.

(1) $\frac{\mathrm{d}y}{\mathrm{d}x}-\frac{2y}{x+1}=(x+1)^{\frac{5}{2}}$.　　　　　(2) $x\frac{\mathrm{d}y}{\mathrm{d}x}+2y=\sin x$.

(3) $\frac{\mathrm{d}y}{\mathrm{d}x}=\frac{y}{x+y^4}$.　　　　　(4) $(x-\sin y)\mathrm{d}y+\tan y\mathrm{d}x=0$.

分析 求解这类一阶线性方程有公式法和常数变易法,可根据需要选取合适的方法求解.

特别注意第(3)和第(4)题,它们不是 4 种方程中的任何一类,但当把 x 视为 y 的未知函数时,它们就是一阶微分方程了.

解 (1)直接用常数变易法.

对应的齐次线性方程为 $\dfrac{\mathrm{d}y}{\mathrm{d}x}=\dfrac{2y}{x+1}$,通解为 $y=C(x+1)^2$.

令非齐次线性方程 $\dfrac{\mathrm{d}y}{\mathrm{d}x}-\dfrac{2}{x+1}y=(x+1)^{\frac{5}{2}}$ 的通解为 $y=C(x)\cdot(x+1)^2$,代入方程得 $C'(x)\cdot(x+1)^2=(x+1)^{\frac{5}{2}}$,则 $C'(x)=(x+1)^{\frac{1}{2}}$,$C(x)=\dfrac{2}{3}(x+1)^{\frac{3}{2}}+C$.

故所求方程的通解为 $y=\left[\dfrac{2}{3}(x+1)^{\frac{3}{2}}+C\right](x+1)^2=\dfrac{2}{3}(x+1)^{\frac{7}{2}}+C(x+1)^2$.

(2)直接用通解公式(先化标准形式 $\dfrac{\mathrm{d}y}{\mathrm{d}x}+\dfrac{2}{x}y=\dfrac{\sin x}{x}$). $P(x)=\dfrac{2}{x}$,$Q(x)=\dfrac{\sin x}{x}$,通解为

$$y=\mathrm{e}^{-\int\frac{2}{x}\mathrm{d}x}\left(\int\dfrac{\sin x}{x}\mathrm{e}^{\int\frac{2}{x}\mathrm{d}x}\mathrm{d}x+C\right)=\dfrac{1}{x^{-2}}\left(\int x\sin x\mathrm{d}x+C\right)=\dfrac{1}{x^2}(\sin x-x\cos x+C).$$

(3)此题不是一阶线性方程,但把 x 看作未知函数,y 看作自变量,所得微分方程 $\dfrac{\mathrm{d}x}{\mathrm{d}y}=\dfrac{x+y^4}{y}$,即 $\dfrac{\mathrm{d}x}{\mathrm{d}y}-\dfrac{1}{y}x=y^3$,是一阶线性方程. $P(y)=-\dfrac{1}{y}$,$Q(y)=y^3$ 代入求解公式计算整理得

$$x=\mathrm{e}^{\int\frac{1}{y}\mathrm{d}y}\left(\int y^3\mathrm{e}^{-\int\frac{1}{y}\mathrm{d}y}\mathrm{d}y+C\right)=\dfrac{1}{3}y^4+Cy$$

(4)此题把 x 看作未知函数,y 看作自变量所得微分方程为 $\dfrac{\mathrm{d}x}{\mathrm{d}y}+(\cot y)x=\cos y$.

$P(y)=\cot y$,$Q(y)=\cos y$,得

$$x=\mathrm{e}^{-\int\cot y\mathrm{d}y}\left(\int\cos y\mathrm{e}^{\int\cot y\mathrm{d}y}\mathrm{d}y+C\right)=\dfrac{1}{\sin y}\left(\dfrac{1}{2}\sin^2 y+C\right).$$

例 11 求微分方程 $y'-\dfrac{1}{x}y=-\dfrac{\cos x}{x}y^2$ 满足初始条件 $y(\pi)=1$ 的特解.

分析 仔细观察方程的类型,采取相应的求解方法,此题是**伯努利方程**.

解 令 $z=y^{-1}$,则原方程化为 $\dfrac{\mathrm{d}z}{\mathrm{d}x}+\dfrac{1}{x}z=\dfrac{\cos x}{x}$.

因此,$z=y^{-1}=\mathrm{e}^{-\int\frac{1}{x}\mathrm{d}x}\left(\int\dfrac{\cos x}{x}\mathrm{e}^{\int\frac{1}{x}\mathrm{d}x}\mathrm{d}x+C\right)=\dfrac{1}{x}(\sin x+C)$,代入初始条件,解得 $C=\pi$,所求特解为 $y=\dfrac{x}{\sin x+\pi}$.

例 12 一门课程结束后,学生学到的知识开始慢慢忘记,假设学生忘记其所学知识的速率与他们当时还记得的知识与某一常数 a 之间的差成正比(比例系数设为 k).

(1)设 $y(t)$ 为课程结束 t 星期后仍被学生记得的那部分知识的量,试建立关于 $y(t)$ 的微分方程;

(2)设课程结束时学生学到的知识的量为 1(即 100%),解此微分方程;

(3)试解释在解中的两个常数 a 和 k 的实际意义.

分析 该题是相对比较简单的一阶微分方程建模问题.

解 (1)建立 t 星期后学生记得的那部分知识 $y(t)$ 的微分方程为

$$\frac{\mathrm{d}y}{\mathrm{d}t}=-k(y-a).$$

(2)课程结束时学生学到的知识的量为 1,即初始条件为 $t=0,y=1$,求解(1)所建立的微分方程并代入初始条件得 $y(t)=a+(1-a)\mathrm{e}^{-kt}$.

(3) a 为牢记不忘的量, k 为相对于以后要忘记的量的相对忘记速率.

4. 可降阶的高阶微分方程的求解

例 13 求微分方程 $x^2y''=(y')^2+2xy'$ 的通解.

分析 该方程是二阶可降阶方程中不含因变量 y 的类型.

解 令 $y'=p(x)$,则 $y''=p'$,代入原方程,得 $x^2p'-2xp=p^2$(伯努利方程).

令 $z=p^{-1},\dfrac{\mathrm{d}z}{\mathrm{d}x}+\dfrac{2}{x}z=-\dfrac{1}{x^2}$,因此 $z=\mathrm{e}^{-\int\frac{2}{x}\mathrm{d}x}\left(-\int\dfrac{1}{x^2}\mathrm{e}^{\int\frac{2}{x}\mathrm{d}x}\mathrm{d}x+C_1\right)=\dfrac{1}{x^2}(-x+C_1).$

从而通解为 $\quad y=\displaystyle\int p\mathrm{d}x=\int\dfrac{x^2}{C_1-x}\mathrm{d}x=-\dfrac{x^2}{2}-C_1x-C_1^2\ln|C_1-x|+C_2.$

例 14 求微分方程 $y''=(y')^3+y'$ 的通解.

分析 该方程是二阶可降阶方程中不含因变量 x 的类型.

解 令 $y'=p(y)$,则令 $p=y',y''=\dfrac{\mathrm{d}^2y}{\mathrm{d}x^2}=\dfrac{\mathrm{d}y'}{\mathrm{d}x}=\dfrac{\mathrm{d}p}{\mathrm{d}x}=\dfrac{\mathrm{d}p}{\mathrm{d}y}\cdot\dfrac{\mathrm{d}y}{\mathrm{d}x}=p\dfrac{\mathrm{d}p}{\mathrm{d}y}$,代入原方程,得

$$p\frac{\mathrm{d}p}{\mathrm{d}y}=p^3+p.$$

当 $p(y)=0$ 时, $y=C$ 为原方程的解;当 $p(y)\neq0$ 时, $\dfrac{\mathrm{d}p}{\mathrm{d}y}=p^2+1$,即 $\dfrac{\mathrm{d}p}{p^2+1}=\mathrm{d}y$,积分得 $\arctan p=y-C_1$,即 $y'=p=\tan(y-C_1).$

分离变量后两边积分得 $\ln|\sin(y-C_1)|=x+\ln|C_2|$,整理得通解为 $y=\arcsin C_2\mathrm{e}^x+C_1.$

例 15 求初值问题 $\begin{cases}1+y'^2=2yy'',\\y(1)=1,y'(1)=-1\end{cases}$ 的解.

分析 该方程是二阶可降阶方程中不含因变量 x 的类型.

解 方程 $1+y'^2=2yy''$ 不显含 x,令 $p=y',y''=p\dfrac{\mathrm{d}p}{\mathrm{d}y}.$

代入原方程得 $1+p^2=2yp\dfrac{\mathrm{d}p}{\mathrm{d}y}$,即 $\dfrac{\mathrm{d}p}{\mathrm{d}y}=\dfrac{1+p^2}{2yp}$,分离变量得 $\dfrac{2p\mathrm{d}p}{1+p^2}=\dfrac{\mathrm{d}y}{y}$,两边积分,得 $\ln|1+p^2|=\ln|y|+C_1,1+p^2=\pm\mathrm{e}^{c_1}y=Cy$,其中 $C=\pm\mathrm{e}^{c_1}.$

由初始条件 $y(1)=1,y'(1)=-1$,故 $C=2$,得 $p^2=2y-1,p=-\sqrt{2y-1},p=\sqrt{2y-1}$(不合题意舍去).

即 $\dfrac{\mathrm{d}y}{\mathrm{d}x}=-\sqrt{2y-1}$,整理得 $\dfrac{\mathrm{d}y}{\sqrt{2y-1}}=-\mathrm{d}x$,两边积分得 $\sqrt{2y-1}=-x+C.$

再由 $y(1)=1$,得 $C=2$,所求特解为 $\sqrt{2y-1}=2-x$,即 $y=\dfrac{1}{2}(x^2-4x+5).$

5. 高阶线性微分方程解的结构

例 16 设线性无关的函数 $y_1(x),y_2(x),y_3(x)$ 都是二阶非齐次线性方程 $y''+P(x)y'+$

$Q(x)y=f(x)$ 的解，C_1,C_2 是任意常数，则该方程的通解是_____.

(A)$C_1y_1+C_2y_2+y_3$.　　　　　(B)$C_1y_1+C_2y_2-(C_1+C_2)y_3$.

(C)$C_1y_1+C_2y_2-(1-C_1-C_2)y_3$.　　(D)$C_1y_1+C_2y_2+(1-C_1-C_2)y_3$.

分析　考察的是微分方程解的结构和形式，非齐次微分方程解的结构为对应齐次微分方程的通解+非齐次微分方程的一个特解；而两个非齐次微分方程特解之差为对应齐次微分方程的一个解.

解　因为 y_1,y_2,y_3 都是非齐次方程的解，所以其差 y_1-y_3,y_2-y_3 是对应齐次方程的解，又由于 y_1,y_2,y_3 线性无关，所以 y_1-y_3 与 y_2-y_3 也线性无关. 故由线性方程解的结构定理，对应齐次方程的通解 $C_1(y_1-y_3)+C_2(y_2-y_3)$ 再加上非齐次方程的一个特解就是非齐次方程的通解.

故应选(D).

6. 二阶常系数线性微分方程的求解

例 17　求下列二阶常系数微分方程的解.

(1)$y''-y'=0$.　　　　(2)$y''-3y'+2y=0$.　　　　(3)$y''-6y'+9y=0$.

(4)$y''+9y=0$.　　　　(5)$y''-4y'+5y=0$.

分析　上述各题为二阶常系数齐次微分方程，依题意写出特征方程并求特征根，代入通解公式即可.

解　(1)该方程的特征方程为 $r^2-r=0$，其特征根为 $r_1=0,r_2=1$. 所以该方程的通解为 $y=C_1+C_2e^x$.

(2)该方程的特征方程为 $r^2-3r+2=0$，其特征根为 $r_1=1,r_2=2$. 所以该方程的通解为 $y=C_1e^x+C_2e^{2x}$.

(3)该方程的特征方程为 $r^2-6r+9=0$，其特征根为 $r_1=r_2=3$. 所以该方程的通解为 $y=(C_1+C_2x)e^{3x}$.

(4)该方程的特征方程为 $r^2+9=0$，其特征根为一对共轭复根 $r_{1,2}=\pm3i$. 所以该方程的通解是 $y=C_1\cos3x+C_2\sin3x$.

(5)该方程的特征方程为 $r^2-4r+5=0$，有一对共轭复根 $r_{1,2}=2\pm i$. 所以该方程的通解为 $y=e^{2x}(C_1\cos x+C_2\sin x)$.

例 18　求微分方程 $y''-2y'-3y=(x+1)e^x$ 的一个通解.

分析　这是二阶线性常系数非齐次方程，其自由项呈 $P_m(x)e^{\lambda x}$ 的形状，其中 $P_m(x)=x+1(m=1),\lambda=1$.

解　该方程对应齐次方程的特征方程是 $r^2-2r-3=0$，特征根是 $r_1=-1,r_2=3$. 从而方程对应齐次方程的通解为 $Y=C_1e^{-x}+C_2e^{3x}$.

由于 $\lambda=1$ 不是特征根，故设特解为 $y^*=(b_1x+b_0)e^x$.

为了确定 b_1 和 b_0，把 y^* 代入原方程，经化简，可得 $-4b_1x-4b_0=x+1$，令此式两端同次幂系数相等，有 $\begin{cases}-4b_1=1,\\-4b_0=1,\end{cases}$ 由此解得 $b_1=-\dfrac{1}{4},b_0=-\dfrac{1}{4}$，因此特解为 $y^*=-\dfrac{1}{4}(x+1)e^x$.

故原微分方程的通解为 $y=Y+y^*=C_1e^{-x}+C_2e^{3x}-\dfrac{1}{4}(x+1)e^x$.

例 19 求微分方程的 $y''+a^2y=\sin x$ 通解,其中常数 $a>0$.

分析 这是二阶线性常系数非齐次方程,其自由项呈 $f(x)=\mathrm{e}^{\lambda x}[P_l(x)\cos\omega x+P_n(x)\sin\omega x]$ 的形状,其中 $P_l(x)=0,P_n(x)=1,\lambda=0,\omega=1$.

解 特征方程为 $r^2+a^2=0$,特征根为 $r_{1,2}=\pm ai$. 对应齐次微分方程的通解为 $Y=C_1\cos ax+C_2\sin ax$.

①当 $a\neq1$ 时,设原微分方程的特解为 $y^*=A\sin x+B\cos x$,代入原方程得
$$A(a^2-1)\sin x+B(a^2-1)\cos x=\sin x,$$
比较等式两端对应项的系数得 $A=\dfrac{1}{a^2-1},B=0$. 所以 $y^*=\dfrac{\sin x}{a^2-1}$.

②当 $a=1$ 时,设原微分方程的特解为 $y^*=x(A\sin x+B\cos x)$,代入原方程得
$$2A\cos x-2B\sin x=\sin x,$$
比较等式两端对应项的系数得 $A=0,B=-\dfrac{1}{2}$. 所以 $y^*=-\dfrac{x\cos x}{2}$. 综上:

当 $a\neq1$ 时,通解为 $y=C_1\cos ax+C_2\sin ax+\dfrac{\sin x}{a^2-1}$.

当 $a=1$ 时,通解为 $y=C_1\cos x+C_2\sin x-\dfrac{x\cos x}{2}$.

二、综合题型

1. 利用积分方程建立微分方程,并求解的问题

例 1 假设对于一切实数 x,函数 $f(x)$ 满足等式 $f'(x)=x^2+\displaystyle\int_0^x f(t)\mathrm{d}t$,且 $f(0)=2$,求函数 $f(x)$.

分析 本题是利用积分上限函数求导化原方程为微分方程的问题. 由题设条件可知 $f'(x)$ 存在,从而积分上限函数 $\displaystyle\int_0^x f(t)\mathrm{d}t$ 对上限可导,故 $f'(x)$ 可导,因此可以对方程两端求导,得到一个二阶常系数非齐次微分方程,解此微分方程,结合方程和初始条件,求出 $f(x)$.

解 对所给等式两端同时求导,得微分方程 $f''(x)=2x+f(x)$,即 $f''(x)-f(x)=2x$.

求解该微分方程,通解为 $f(x)=C_1\mathrm{e}^x+C_2\mathrm{e}^{-x}-2x$.

由于 $f(0)=2,f'(0)=0$(将 0 代入题设方程)得到关于常数 C_1 和 C_2 的方程组 $\begin{cases}C_1-C_2=2,\\C_1+C_2=2,\end{cases}$ 其解为 $C_1=2,C_2=0$,于是 $f(x)=2\mathrm{e}^x-2x$.

例 2 设 $f(x)=\sin x-\displaystyle\int_0^x(x-t)f(t)\mathrm{d}t$,其中 $f(x)$ 为连续函数,求 $f(x)$.

分析 本题是利用积分上限函数求导化原方程为微分方程的问题. 方程中含有 $\displaystyle\int_0^x(x-t)f(t)\mathrm{d}t$,首先要对该积分上限函数进行处理 $\displaystyle\int_0^x(x-t)f(t)\mathrm{d}t=x\int_0^x f(t)\mathrm{d}t-\int_0^x tf(t)\mathrm{d}t$,然后对方程两边求导,化为二阶常系数非齐次线性微分方程;结合方程当 $x=0$ 时,确定初始条件 $f(0)$ 和 $f'(0)$.

解 由题设等式有 $f(x)=\sin x-x\displaystyle\int_0^x f(t)\mathrm{d}t+\int_0^x tf(t)\mathrm{d}t$,知 $f(0)=0$,对其两端求 x 的导

数得 $f'(x)=\cos x-\int_0^x f(t)\mathrm{d}t$，知 $f'(0)=1$，对其再两端求 x 的导数得 $f''(x)=-\sin x-f(x)$，即 $f''(x)+f(x)=-\sin x$.

该方程对应齐次方程特征方程为 $r^2+1=0$，解的特征根为 $r_{1,2}=\pm\mathrm{i}$，对应齐次方程通解为 $Y=C_1\cos x+C_2\sin x$. 由于 $\lambda=0,\omega=\mathrm{i}$ 是特征单根，故设其特解为 $y^*=x(a\cos x+b\sin x)$，代入 $f''(x)+f(x)=-\sin x$，解得 $a=\dfrac{1}{2},b=0$. 则 $f''(x)+f(x)=-\sin x$ 的通解为 $y=C_1\cos x+C_2\sin x+\dfrac{x}{2}\cos x$，再代入初始条件 $f(0)=0$ 和 $f'(0)=1$ 解得 $f(x)=\dfrac{1}{2}\sin x+\dfrac{x}{2}\cos x$.

2. 有关一阶微分方程的综合题

例 3 设函数 $f(x)$ 在 $[1,+\infty)$ 上连续. 若由曲线 $y=f(x)$，直线 $x=1,x=t(t>1)$ 与 x 轴所围成的平面图形绕 x 轴旋转一周所成的旋转体体积为 $V(t)=\dfrac{\pi}{3}\big[t^2 f(t)-f(1)\big]$. 试求 $y=f(x)$ 所满足的微分方程，并求该微分方程满足条件 $y|_{x=2}=\dfrac{2}{9}$ 的解.

分析 本题是利用定积分的应用建立微分方程，并求解的问题，它含有一元函数积分学应用中的曲线绕直线旋转所得旋转体体积的知识点，还含有将积分上限函数求导化原方程为微分方程的知识点，整理后将化为齐次方程，再按照齐次方程的求解方法求解.

解 由旋转体体积计算公式得 $V(t)=\pi\displaystyle\int_1^t f^2(x)\mathrm{d}x$ 于是，依题意得 $\pi\displaystyle\int_1^t f^2(x)\mathrm{d}x=\dfrac{\pi}{3}\big[t^2 f(t)-f(1)\big]$. 两边对 t 求导得

$$3f^2(t)=2tf(t)+t^2 f'(t).$$

将上式改写为 $x^2 y'=3y^2-2xy$，即 $\dfrac{\mathrm{d}y}{\mathrm{d}x}=3\Big(\dfrac{y}{x}\Big)^2-2\cdot\dfrac{y}{x}$. 令 $u=\dfrac{y}{x}$，则有 $x\dfrac{\mathrm{d}u}{\mathrm{d}x}=3u(u-1)$.

当 $u\neq0,u\neq1$ 时，由 $\dfrac{\mathrm{d}u}{u(u-1)}=\dfrac{3\mathrm{d}x}{x}$. 两边积分得 $\dfrac{u-1}{u}=Cx^3$. 从而方程 $\dfrac{\mathrm{d}y}{\mathrm{d}x}=3\Big(\dfrac{y}{x}\Big)^2-2\dfrac{y}{x}$ 的通解为 $y-x=Cx^3 y$ （C 为任意常数）.

由已知条件，求得 $C=-1$ 从而所求的解为 $y-x=-x^3 y$ 或 $y=\dfrac{x}{1+x^3}(x\geqslant1)$.

例 4 求微分方程 $x\mathrm{d}y+(x-2y)\mathrm{d}x=0$ 的一个解 $y=y(x)$，使得由曲线 $y=y(x)$ 与直线 $x=1,x=2$ 以及 x 轴所围成的平面图形绕 x 轴旋转一周的旋转体体积最小.

分析 这是一道微分方程与一元函数微积分学的综合题，较为复杂，难度大. 首先要求出微分方程的通解；其次利用平面曲线所围区域绕 x 轴旋转的体积公式求体积，该体积是含有任意常数 C 的函数；最后再求该体积函数的最小值，确定任意常数 C，回代至微分方程的通解，得到要求的特解 $y=y(x)$.

解 题设方程可化为 $\dfrac{\mathrm{d}y}{\mathrm{d}x}-\dfrac{2}{x}y=-1$ 利用求解公式，得通解

$$y=\mathrm{e}^{\int\frac{2}{x}\mathrm{d}x}\Big(-\int\mathrm{e}^{-\int\frac{2}{x}\mathrm{d}x}+C\Big)=x+Cx^2.$$

旋转体体积 $V(C)=\displaystyle\int_1^2\pi(x+Cx^2)^2\mathrm{d}x=\pi\Big(\dfrac{31}{5}C^2+\dfrac{15}{2}C+\dfrac{7}{3}\Big)$.

由 $V'(C) = \pi\left(\dfrac{62}{5}C + \dfrac{15}{2}\right) = 0$，解得 $C = -\dfrac{75}{124}$，由于 $V''(C) = \dfrac{62}{5}\pi > 0$. 故 $C = -\dfrac{75}{124}$ 为唯一极小值点，也是最小值点，于是得 $y = x - \dfrac{75}{124}x^2$.

例 5 设 $f(x)$ 是可微函数且对任何 x,y，恒有 $f(x+y) = \mathrm{e}^y f(x) + \mathrm{e}^x f(y)$，又 $f'(0) = 2$，求 $f(x)$ 所满足的一阶微分方程，并求 $f(x)$.

分析 题目所给方程含有两个变量，注意这两个变量可以任意取值，结合题设可微和特殊点 0，可以取 $x=y=0$ 得到初始条件，再对方程两端的一个变量求导.

解 令 $x=y=0$，得 $f(0) = 2f(0)$，故 $f(0) = 0$.

在方程 $f(x+y) = \mathrm{e}^y f(x) + \mathrm{e}^x f(y)$ 两边对 y 求偏导数，有 $f'(x+y) = \mathrm{e}^y f(x) + \mathrm{e}^x f'(y)$.

令 $y=0$，得 $f'(x) = f(x) + \mathrm{e}^x f'(0)$. 于是求 $f(x)$，归结为求解下列初值问题：

$$\begin{cases} f'(x) - f(x) = 2\mathrm{e}^x, \\ f'(0) = 2, f(0) = 0. \end{cases}$$

解得

$$f(x) = \mathrm{e}^{\int \mathrm{d}x}\left(C + \int 2\mathrm{e}^x \mathrm{e}^{-\int x \mathrm{d}x}\,\mathrm{d}x\right) = c\mathrm{e}^x + 2x\mathrm{e}^x.$$

由 $f(0) = 0$，得 $C = 0$，故 $f(x) = 2x\mathrm{e}^x$.

例 6（2003，数三，9 分） 设 $F(x) = f(x)g(x)$，其中函数 $f(x),g(x)$ 在 $(-\infty, +\infty)$ 内满足以下条件：$f'(x) = g(x)$，$f(x) = g'(x)$ 且 $f(0) = 0$，$f(x) + g(x) = 2\mathrm{e}^x$.

(1) 求 $F(x)$ 所满足的一阶微分方程；

(2) 求出 $F(x)$ 的表达式.

分析 由题意可知 $F(x)$ 可导，对 $F(x) = f(x)g(x)$ 两端求导，结合已知条件整理求导后等式，得到一个一阶非齐次微分方程（第(1)题的解）；求解该微分方程结合初始条件，得到 $F(x)$ 的表达式.

解 (1) 由 $F'(x) = f'(x)g(x) + f(x)g'(x) = f^2(x) + g^2(x) = [f(x)+g(x)]^2 - 2f(x)g(x) = 4\mathrm{e}^{2x} - 2F(x)$，整理有 $F'(x) + 2F(x) = 4\mathrm{e}^{2x}$.

(2) 求解第(1)题 $F(x)$ 满足的一阶微分方程有 $F(x) = \mathrm{e}^{2x} + C\mathrm{e}^{-2x}$. 将初始条件 $f(0) = 0$ 代入得 $C = -1$，于是 $F(x) = \mathrm{e}^{2x} - \mathrm{e}^{-2x}$.

例 7 设有微分方程 $y' - 2y = \varphi(x)$，其中 $\varphi(x) = \begin{cases} 2, & x<1, \\ 0, & x>1, \end{cases}$ 试求在 $(-\infty, +\infty)$ 内的连续函数 $y = y(x)$，使之在 $(-\infty, 1)$ 和 $(1, +\infty)$ 内都满足所给方程，且满足 $y(0) = 0$.

分析 线性方程 $y' - 2y = \varphi(x)$ 中的非齐次项 $\varphi(x)$ 有间断点 $x=1$. 在点 $x=1$ 处 $\varphi(x)$ 无定义，且 $x=1$ 为 $\varphi(x)$ 的第一类间断点中的跳跃间断点. 当 $x<1$ 及 $x>1$ 时均可求出方程的解 $y = y(x)$，二者相等. 又因为 $y = y(x)$ 是连续函数，故 $\lim\limits_{x\to 1-0} y(x) = \lim\limits_{x\to 1+0} y(x) = y(1)$，从而可以确定 $y(x)$ 中的任意常数，得到解 $y(x)$.

解 当 $x<1$ 时方程为 $y' - 2y = 2$，其通解是

$$y = \mathrm{e}^{-\int -2\mathrm{d}x}\left[\int 2\mathrm{e}^{-\int 2\mathrm{d}x}\,\mathrm{d}x + C_1\right] = \mathrm{e}^{2x}\left[\int 2\mathrm{e}^{-2x}\,\mathrm{d}x + C_1\right] = C_1\mathrm{e}^{2x} - 1.$$

将初始条件 $y(0) = 0$ 代入通解中，得到 $C_1 = 1$. 得特解 $y = \mathrm{e}^{2x} - 1\,(x<1)$. 又有当 $x>1$ 时方程为 $y' - 2y = 0$，即 $\dfrac{\mathrm{d}y}{\mathrm{d}x} = 2y$，$\dfrac{\mathrm{d}y}{y} = 2\mathrm{d}x$，两端积分得 $\ln|y| = 2x + C_2$，即 $y = \pm\mathrm{e}^{C_2} \cdot \mathrm{e}^{2x} = C\mathrm{e}^{2x}$，其中 $C = \pm\mathrm{e}^{C_2}$. 因为 $y = y(x)$ 是连续函数，所以有

$$\lim_{x \to 1-0}(e^{2x}-1)=\lim_{x \to 1+0}Ce^{2x}, C=1-e^{-2}.$$

故当 $x>1$ 时,特解为 $y=(1-e^{-2})e^{2x}$.

补充 $y=y(x)$ 在 $x=1$ 处的函数值 $y(1)=e^2-1$,则得到在 $(-\infty,+\infty)$ 上的连续函数,即所求解为

$$y(x)=\begin{cases} e^{2x}-1, & x\leqslant 1, \\ (1-e^{-2})e^{2x}, & x>1. \end{cases}$$

3. 有关可降阶高阶微分方程的综合题

例 8 设对任意 $x>0$,曲线 $y=f(x)$ 上点 $(x,f(x))$ 处的切线在 y 轴上的截距等于 $\dfrac{1}{x}\displaystyle\int_0^x f(t)\mathrm{d}t$,求 $f(x)$ 的一般表达式.

分析 结合题意,利用导数的几何意义等知识点建立带有积分上限函数的方程.为了求解 $f(x)$,一般通过两边求导,去掉变上限积分,获得关于 $f(x)$ 的微分方程;然后通过求解微分方程的方法求解 $f(x)$,这种方法一般情况下都可以获得初始条件,只要把上下限取一致即可.

解 曲线 $y=f(x)$ 上点 $(x,f(x))$ 处的切线方程为

$$Y-f(x)=f'(x)(X-x)$$

令 $X=0$,得截距 $Y=f(x)-xf'(x)$. 由题意知,$\dfrac{1}{x}\displaystyle\int_0^x f(t)\mathrm{d}t=f(x)-xf'(x)$,即 $\displaystyle\int_0^x f(t)\mathrm{d}t=x[f(x)-xf'(x)]$. 对上式两端求导,化简得 $xf''(x)+f'(x)=0$,即 $\dfrac{\mathrm{d}}{\mathrm{d}x}[xf'(x)]=0$. 积分得 $xf'(x)=C_1$. 因此 $f(x)=C_1\ln x+C_2(C_1,C_2$ 为任意常数).

例 9 函数 $xf(x)$ 在 $[0,+\infty)$ 上可导,$f(0)=1$ 且满足等式

$$f'(x)+f(x)-\frac{1}{x+1}\int_0^x f(t)\mathrm{d}t=0,$$

(1)求导数 $f'(x)$;(2)证明:当 $x\geqslant 0$ 时,不等式 $e^{-x}\leqslant f(x)\leqslant 1$ 成立.

分析 本题方程中含有一阶导数和变上限积分,传统做法是方程两端求导,注意题设条件.

解 (1)原方程两边乘 $x+1$ 后再求导,得

$$(x+1)f''(x)=-(x+2)f'(x).$$

设 $f'(x)=p$,则 $f''(x)=\dfrac{\mathrm{d}p}{\mathrm{d}x}$. 方程化为 $(x+1)\dfrac{\mathrm{d}p}{\mathrm{d}x}=-(x+2)p$,故

$$\int\frac{\mathrm{d}p}{p}=-\int\frac{x+2}{x+1}\mathrm{d}x, f'(x)=p=\frac{Ce^{-x}}{x+1}.$$

由 $f(0)=1$ 及 $f'(0)+f(0)=0$,知 $f'(0)=-1$,从而 $C=-1$,故 $f'(x)=-\dfrac{e^{-x}}{x+1}$.

(2)对 $f'(x)=-\dfrac{e^{-x}}{x+1}$ 两端积分,得 $f(x)-f(0)=-\displaystyle\int_0^x \frac{e^{-t}}{t+1}\mathrm{d}t$,即 $\displaystyle\int_0^x \frac{e^{-t}}{t+1}\mathrm{d}t=1-f(x)$.

当 $x\geqslant 0$ 时,有 $0\leqslant\displaystyle\int_0^x \frac{e^{-t}}{t+1}\mathrm{d}t\leqslant\int_0^x e^{-t}\mathrm{d}t=1-e^{-x}$.

于是 $0\leqslant 1-f(x)\leqslant 1-e^{-x}$,所以 $e^{-x}\leqslant f(x)\leqslant 1$.

4. 有关二阶常系数线性微分方程的综合题

例 10(考研题) 已知函数 $f(x)$ 满足方程 $f''(x)+f'(x)-2f(x)=0$ 及 $f'(x)+f(x)=$

$2e^x$. 求: (1) $f(x)$ 表达式; (2) 曲线 $y = f(x^2) \int_0^x f(-t^2) \mathrm{d}t$ 的拐点.

分析 该题考察的知识点有二阶常系数齐次微分方程特解求法和积分上限函数拐点. 首先, 求出 $f(x)$ 满足方程 $f''(x) + f'(x) - 2f(x) = 0$ 的通解; 其次, 由 $f'(x) + f(x) = 2e^x$ 确定通解中的两个任意常数; 最后, 将 $f(x)$ 代入曲线 $y = f(x^2) \int_0^x f(-t^2) \mathrm{d}t$ 整理, 按照一元函数求拐点的方法求出拐点.

解 (1) 由特征方程 $r^2 + r - 2 = 0$, 得特征根 $r_1 = 1, r_2 = -2$, 齐次微分方程 $f''(x) + f'(x) - 2f(x) = 0$ 的通解为 $f(x) = C_1 e^x + C_2 e^{-2x}$. 再由 $f'(x) + f(x) = 2e^x$, 得 $2C_1 e^x - C_2 e^{-2x} = 2e^x$, 可知 $C_1 = 1, C_2 = 0$, 故 $f(x) = e^x$.

(2) 曲线 $y = f(x^2) \int_0^x f(-t^2) \mathrm{d}t = e^{x^2} \int_0^x e^{-t^2} \mathrm{d}t$, 求导得

$$y' = 1 + 2x e^{x^2} \int_0^x e^{-t^2} \mathrm{d}t, \quad y'' = 2x + 2(1 + 2x^2) e^{x^2} \int_0^x e^{-t^2} \mathrm{d}t.$$

令 $y'' = 0$, 得 $x = 0$. 为了说明 $x = 0$ 是 $y'' = 0$ 的唯一解, 我们来讨论 y'' 在 $x > 0$ 和 $x < 0$ 时的符号:

当 $x > 0$ 时, $2x > 0$, $2(1 + 2x^2) e^{x^2} \int_0^x e^{-t^2} \mathrm{d}t > 0$, 可知 $y'' > 0$;

当 $x < 0$ 时, $2x < 0$, $2(1 + 2x^2) e^{x^2} \int_0^x e^{-t^2} \mathrm{d}t < 0$, 可知 $y'' < 0$.

可知 $x = 0$ 是 $y'' = 0$ 的唯一解. 同时, 由上述讨论可知曲线 $y = f(x^2) \int_0^x f(-t^2) \mathrm{d}t$ 在 $x = 0$ 左右两侧的凹凸性相反, 可知点 $(0,0)$ 为曲线的唯一拐点.

例 11 设二阶线性常系数齐次微分方程 $y'' + by' + y = 0$ 的每一个解 $y(x)$ 都在区间 $(0, +\infty)$ 上有界, 则实数 b 的取值范围是 (   ).

(A) $[0, +\infty)$.   (B) $(-\infty, 0]$.   (C) $(-\infty, 4]$.   (D) $(-\infty, +\infty)$.

分析 本题是二阶常系数微分方程解的有界性判定问题, 通过解的有界性反求常系数的取值范围.

解 对应的特征方程为 $r^2 + br + 1 = 0$, 则 $r = \dfrac{-b \pm \sqrt{b^2 - 4}}{2}$.

(1) 当 $b = -2$ 时, 特征根 $r_1 = r_2 = -\dfrac{b}{2}$, 其通解为 $y = (C_1 + C_2 x) e^x = (C_1 + C_2 x) e^x$. 其中 $C_1^2 + C_2^2 \neq 0$, 而此时 $\lim\limits_{x \to +\infty} (C_1 + C_2 x) e^x = \infty$, 即在区间 $(0, +\infty)$ 内, 当 $b = -2$, 通解 $y = (C_1 + C_2 x) e^x$ 无界. 不合题意, 故 $b \neq -2$.

(2) 当 $b = 2$ 时, 特征根 $r_1 = r_2 = -\dfrac{b}{2} = -1$, 其通解为 $y = (C_1 + C_2 x) e^{-x}$, 在 $(0, +\infty)$ 内有界. 故 $b = 2$.

(3) 当 $b^2 - 4 > 0$ 时, 特征根

$$r_1 = \frac{-b + \sqrt{b^2 - 4}}{2} = -\frac{b - \sqrt{b^2 - 4}}{2},$$

$$r_2 = \frac{-b - \sqrt{b^2 - 4}}{2} = -\frac{b + \sqrt{b^2 - 4}}{2},$$

其通解为 $y=C_1\mathrm{e}^{-\frac{b-\sqrt{b^2-4}}{2}x}+C_2\mathrm{e}^{-\frac{b+\sqrt{b^2-4}}{2}x}$. 即当 $b^2-4>0$ 时,要想使通解 y 在区间 $(0,+\infty)$ 上有界,只需要 $\frac{b-\sqrt{b^2-4}}{2}\geqslant0$ 且 $\frac{b+\sqrt{b^2-4}}{2}\geqslant0$ 成立,即 $b>2$.

(4)当 $b^2-4<0$ 时,特征根为共轭复根,$r=\dfrac{-b\pm\sqrt{b^2-4}}{2}=\dfrac{-b\pm\sqrt{4-b^2}\,i}{2}$,则其通解为

$$y=\mathrm{e}^{\alpha x}(C_1\cos\beta x+C_2\sin\beta x)=\mathrm{e}^{-\frac{b}{2}x}\left(C_1\cos\frac{\sqrt{4-b^2}}{2}x+C_2\sin\frac{\sqrt{4-b^2}}{2}x\right).$$

要想使通解 y 在区间 $(0,+\infty)$ 上有界,只需要 $-\dfrac{b}{2}\leqslant0$,即 $b\geqslant0$ 且 $|b|<2$,即 $0\leqslant b<2$.

综上所述,当且仅当 $b\geqslant0$ 时,方程 $y''+by'+y=0$ 的每一个解 $y(x)$ 都在区间 $[0,+\infty)$ 上有界,**故选(A)**.

第四节　数学文化拾趣园

一、数学家趣闻轶事

1. 庞加莱的生平简介

亨利·庞加莱(Jules Henri Poincaré)是法国数学家、天体力学家、数学物理学家、科学哲学家,1854 年 4 月 29 日生于法国南锡,1912 年 7 月 17 日卒于巴黎. 庞加莱的研究涉及数论、代数学、几何学、拓扑学、天体力学、数学物理、多复变函数论、科学哲学等许多领域. 他被公认是 19 世纪后四分之一和 20 世纪初的领袖数学家,是对于数学和它的应用具有全面知识的最后一个人. 庞加莱在数学方面的杰出工作对 20 世纪和当今的数学造成极其深远的影响,他在天体力学方面的研究是牛顿之后的一座里程碑,他因为对电子理论的研究被公认为相对论的理论先驱.

2. 庞加莱的代表成就

庞加莱最重要的工作是在函数论方面. 他早期的主要工作是创立自守函数理论(1878年),他引进了富克斯群和克莱因群,构造了更一般的基本域. 他利用后来以他的名字命名的级数构造了自守函数,并发现这种函数作为代数函数的单值化函数的效用. 1883 年,庞加莱提出了一般的单值化定理(1907 年,他和克贝相互独立地给出完全的证明). 同年,他继续研究一般解析函数论,研究了整函数的亏格及其与泰勒展开的系数或函数绝对值的增长率之间的关系,它同皮卡定理构成后来的整函数及亚纯函数理论发展的基础. 他又是多复变函数论的先驱者之一.

庞加莱为了研究行星轨道和卫星轨道的稳定性问题,在 1881—1886 年发表的四篇关于微分方程所确定的积分曲线的论文中,创立了微分方程的定性理论. 庞加莱还开创了动力系统理论,1895 年证明了"庞加莱回归定理". 他在天体力学方面的另一重要结果是,在引力作用下,转动流体的形状除了已知的旋转椭球体、不等轴椭球体和环状体外,还有三种庞加莱梨形体

存在.

庞加莱对数学物理和偏微分方程也有贡献.他用括去法(sweepingout)证明了狄利克雷问题解的存在性,这一方法后来促使位势论有了新的发展.

庞加莱对现代数学最重要的影响是创立组合拓扑学.1892年他发表了第一篇论文,1895—1904年,他在六篇论文中建立了组合拓扑学.庞加莱的思想预示了德·拉姆定理和霍奇理论.他还提出庞加莱猜想,在"庞加莱的最后定理"中,他把限制性三体问题的周期解的存在问题,归结为满足某种条件的平面连续变换不动点的存在问题.庞加莱对经典物理学有深入而广泛的研究,对狭义相对论的创立有贡献.早于爱因斯坦,庞加莱在1897年发表了一篇文章"The Relativity of Space"《空间的相对性》,其中已有狭义相对论的影子.庞加莱的哲学著作《科学与假设》、《科学的价值》、《科学与方法》也有着重大的影响.他是约定主义哲学的代表人物,认为科学公理是方便的定义或约定,可以在一切可能的约定中进行选择,但需以实验事实为依据,避开一切矛盾.

1904年,庞加莱在一篇论文中提出了一个看似很简单的拓扑学的猜想:"在一个三维空间中,假如每一条封闭的曲线都能收缩到一点,那么这个空间一定是一个三维的圆球."但1905年发现其中的错误,修改为:"任何与 n 维球面同伦的 n 维封闭流形必定同胚于 n 维球面",后来这个猜想被推广至三维以上的空间,称为"高维庞加莱猜想".

3. 名家垂范

庞加莱自幼就患有一种奇怪的运动神经系统疾病,写字绘画都很困难.在5岁时,他又患上了严重的白喉病,致使他的语言能力发展缓慢,视力也受到严重损害.但庞加莱的天资通过家庭教育和自我锻炼开始显露出来,上课时看不清老师的板书,无法记录,他就全神贯注地听讲,用心记在脑子里.下面的这则小故事就能充分体现这位传奇人物的学习特点.

1864年的秋天,在法国一所中学的一间教室里,当地一位小有名气的天文学家给学生们讲行星的运动过程.对天文学缺乏兴趣的学生们大都心不在焉,不是面无表情就是哈欠连天,这显然让吃力不讨好的老师有些恼火.这时,他再次发现后排的一个小个子男孩低着头始终没有注视过黑板,看起来在开小差,于是他大步流星走了过去.

"同学,你在干什么?怎么不看着黑板,难道你都听懂了吗?"老师很生气地问.

"我习惯用耳朵听,而且我听懂了,谢谢!"小个子男生站起来恭敬地回答.

"真的么?那请你讲给大家听听!"不怎么相信的老师有意刁难道.

"行星的运行……"小个子男生把老师刚才讲的内容完整地复述了一遍.

"天哪!你居然能过耳不忘,真是太了不起了!"老师瞠目结舌,觉得不可思议:"那你为什么不看黑板上的内容,这样理解起来更方便啊!"老师仍有些不解.

"老师,他眼睛严重近视,看不清黑板上的字."旁边的同学赶忙解释道.

"哦,是这样.看起来上帝是公平的,你的聚精会神已经弥补了视力上的缺陷,你已经拥有了一双最好的'内在之眼'!"

这个拥有超常记忆力的少年就是后来的数学大师庞加莱.由于视力上的障碍,庞加莱听课只能靠听和记忆,这就意味着他要付出比常人更多的努力和艰辛,但他同时收获的是出奇发达的大脑,尤其是超众的理解能力和记忆能力.1873年,19岁的庞加莱参加了巴黎综合工科学校的入学考试,考官们为他精心设计了几道数学难题,并把考试时间推延了45分钟,为了试探一下他的能力.这个貌不惊人的年轻人没有动笔,在脑袋里就轻松地完成了运算,当他报出答案时,时间之短暂,方法之巧妙,令主考老师们在瞠目结舌之余欣喜若狂.庞加莱反应机敏,擅长讨论,敏捷的思维犹如泉涌,撰写论文快似行云流水,几万字的学术论文可以在脑子里很快构思完成,书写出来无需修改一字.

庞加莱的研究和贡献涉及数学的各个分支,例如函数论、代数拓扑学、阿贝尔函数和代数几何学、数论、微分方程、数学基础等,当代数学研究的不少课题都可溯源于他的工作.从20世纪开始,数学界只承认"两个半"真正意义上的全能数学家,第一个就是庞加莱,另一个是冯·诺依曼,那半个指的是希尔伯特,可见庞加莱在数学界的崇高地位,所以称他是一位可以和19世纪数学之王高斯相媲美的数学大师毫不为过.事实上,庞加莱不仅在数学领域有着非凡贡献,而且在天体力学、物理学和科学哲学等领域也有杰出成就,所以被数学史权威评价为"对数学和它的应用具有全面知识的最后一个数学全才".

庞加莱作为数学大师中的大师,数学界不折不扣的领军人物,他的智商显然不会是测试结论中的"愚笨",甚至还恰恰相反.由此可见,人的智力是不能被一张表格绝对判定的,表格和数据并不能准确预见人的未来发展.庞加莱用他永不松懈不断进取的一生告诉我们一个事实:仅仅以智商来衡量一个人聪明与否、能力高低是片面的,一个人在某方面的欠缺,反而能极大地激发出在其他方面的潜能.庞加莱正是这样的榜样!

二、数学思维与发现

1. 常微分方程的思想方法

(1)方程的思想方法.中国古代算术注重实际问题的解决,即现代语意义下的多项式方程的求解问题,成为中国古代算术发展的核心.方程作为古典代数的主干,方程的理论,不仅早在函数出现之前就有了相当大的发展,而且推动了符号化和变元思想的发展,促成了数系的扩展.十七世纪笛卡尔的变量思想和坐标思想方法,使方程的研究开拓出新的领域,并带来活力.自微积分创立后,人们研究物体的运动时产生了微分方程的思想.微分方程,尤其是目的在于求出解的方程,最初是作为解决问题的数学模型出现的,即用来表达"数量关系",这是方程思想的基本点.微分方程的思想方法是代数方程思想方法的发展,其基本点是一致的,即把问题归结为求未知量,用含未知量的式子建立的等量关系,以此求得未知量.因此可以说方程思想贯穿常微分方程始终.

(2)数学模型.数学在各门科学中的应用主要或首先就是数学模型思想方法的应用.数学模型成了数学和其他科学共同发展的连接点,数学模型思想方法的应用也使数学理论本身得以发展.常微分方程自诞生之初,就是模型的产物,尤其在实域解析理论阶段表现得非常充分,如弹性问题、摆的理论、波动理论、二体问题(行星在太阳引力下的运动)、三体问题(太阳、地球、月球的相互作用)等问题的提出与研究是产生微分方程理论的直接动因,随后渐渐地加强与其他学科的渗透、支援,理论开始丰富、深化.时至今日,放射性元素的衰变模型、人口以及生态系统的模型、医学方面的传染病模型、气象学中的洛伦茨模型、国防军事方面的军备竞赛和作战模型等等,给我们展示了微分方程中众多的数学模型例子.随着微分方程的不断发展,微分方程中的数学模型也逐渐现代化,在确定连续模型的基础上,从静态优化的微分法模型向动态模型、平衡与稳定状态模型及动态优化模型发展.因此,我们认为微分方程的理论形成或其应用都得益于数学模型的思想方法.

（3）化归与逼近思想方法. 在日常生活中,当人遇到问题需要解决时,都会不自觉地应用化归思想方法. 在常微分方程数学思想方法中,化归思想方法是非常重要的一种方法,比如讨论常微分方程中的基本问题——方程求解及解的性质问题,化归思想方法从始至终都参与到了讨论过程中. 所谓化归方法,是指利用联系、变化的观点,有意识地将问题化繁为简,比如一阶线性方程组化为一阶线性方程问题. 同时,在数学教学过程中,利用化归思想方法还可以有效地培养学生的数学能力. 逼近思想是贯穿整个微积分学的基本思想,在数学的多个分支中都有应用. 其思想的含义是为了解决某一数学问题,首先从与该问题实质内容有着本质联系的某些容易入手的条件或某些减弱的条件出发,在逐步地扩大(或缩小)范围,逐步逼近,以致最后达到问题所要求的解. 比如方程的数值解法,给定方程一个可行或近似的初始解,然后以此解为基础,按照固定的程序给出一个解序列,这个解序列的极限就是该问题的精确解,序列的每一项都是这个问题的近似解.

（4）抽象化、符号化思想. 这是数学一贯就具有的特点之一. 数学的抽象化是从简单到复杂的逐步深化的过程,微分方程的发展也是抽象化的过程,通过抽象,其理论意义进一步增强. 现代数学抽象化、符号化意识更为强烈,它使数学尽量形式化符号化,使其更易于抽象统一. 符号化思想方法不仅为现代数学的发展起了突飞猛进的作用,而且它的意义远远超出了数学本身,为信息化时代计算机事业的发展创造了条件.

2. 海王星的发现

1781 年天王星被发现以后,天文学家们根据天体力学的原理对这颗新行星的运行轨道进行了研究. 可是,观测了一段时期以后,却发现天王星是一个"性格古怪"的星球. 因为别的大行星都遵循着科学家推算出来的轨道绕太阳运行,只有天王星不那么"循规蹈矩",它在绕太阳运行的时候,经常偏离应该走的路线. 天王星运行轨道的"不规则性",使人们非常困惑. 天文学家根据哥白尼学说和牛顿经典力学关于太阳与行星以及行星与行星之间相互引力的关系,很快就揭开了这个谜. 他们认为:在天王星轨道外面,有一颗未知的行星,在它的影响下,天王星的轨道便受到了"扰乱".

英国剑桥大学一位 27 岁的数学系学生 J. C. **亚当斯**开始利用课余时间对此现象建立了微分方程,通过计算解决了这个问题. 1845 年 9 月,他终于计算出了那颗未知行星应有的位置,如果那颗行星那样运行的话,就能说明天王星轨道不准确的原因. 在 1845 年 10 月的一天,26 岁的亚当斯来到格林尼治天文台求见台长艾里,结果门房把这位年轻人挡在了门外. 10 月 21 日,亚当斯写了一封长信给艾里,给出了他的研究结果和计算过程,几天后艾里也回信说收到了. 但是,艾里并没有把这个青年人的研究成果放在眼里,他把亚当斯的信随手放进了办公桌抽屉里.

在同一时期,另有一位法国的年轻天文学家**勒威耶**也在独立地研究这个问题,他在亚当斯之后半年完成研究工作,得出了与亚当斯相同的结果. 勒威耶非常幸运,他找到德国天文学家**伽勒**帮助检查他所指出的那片天区是否有一颗未知的行星. 伽勒于 1846 年 9 月 23 日夜晚开始搜寻,他和他的助手**迪阿雷斯特**仅用了一个小时就找到了一颗星象图上没有标记的八等星.

当这一结果向全世界发布后,英国天文学家才想到了亚当斯的材料. 谦虚的勒威耶就要把第一个发现海王星的功劳给亚当斯,但亚当斯也不接受,认为第一个找到海王星的应该是勒威耶. 后来人们认为海王星是他们两个找到的.

第五节　数学实践训练营

一、数学实验及软件使用

1. MATLAB 求微分方程解析解

1)软件命令

(1)dsolve('eq1,eq2,…','cond1,cond2,…','v').

'eq1,eq2,…'为微分方程或微分方程组,'cond1,cond2,…'是初始条件或边界条件,'v'是独立变量,默认的独立变量是't';写方程(或条件)时用 Dy 表示 y 关于自变量的一阶导数,用 D2y 表示 y 关于自变量的二阶导数,依此类推.

函数 dsolve 用来解符号常微分方程、方程组,如果没有初始条件,则求出通解,如果有初始条件,则求出特解.

(2)simplify(s):对表达式 s 使用 Maple 的化简规则进行化简.

(3)[r,how]=simple(s):由于 MATLAB 提供了多种化简规则,simple 命令就是对表达式 s 用各种规则进行化简,然后用 r 返回最简形式,how 返回形成这种形式所用的规则.

2)举例示范

例 1　求解微分方程$\dfrac{\mathrm{d}y}{\mathrm{d}x}+2xy=xe^{-x^2}$,并加以验证.

求解本问题的 MATLAB 程序为:

```
>>syms x y                              %line1
>>y=dsolve('Dy+2*x*y=x*exp(-x^2)','x')  %line2
>>diff(y,x)+2*x*y-x*exp(-x^2)           %line3
>>simplify(diff(y,x)+2*x*y-x*exp(-x^2)) %line4
y = (1/2*x^2+C1)*exp(-x^2)
ans = 0
ans = 0
```

说明

(1)行 line1 是用命令定义 x,y 为符号变量. 这里叫以不写,但为确保正确性,建议写上;

(2)行 line2 是用命令求出的微分方程的解 $1/2*\exp(-x^2)*x^2+\exp(-x^2)*C1$;

(3)行 line3 使用所求得的解. 这里是将解代入原微分方程,结果应该为 0,但这里给出:

$\quad -x^3*\exp(-x^2)-2*x*\exp(-x^2)*C1+2*x*(1/2*\exp(-x^2)*x^2+\exp(-x^2)*C1)$;

(4)行 line4 用 simplify()函数对上式进行化简,结果为 0,表明 $y=y(x)$的确是微分方程的解.

2. MATLAB 求微分方程数值解

1)软件命令

$[T,Y] = \mathrm{solver}(odefun, tspan, y0)$ 求微分方程的数值解.

说明:

(1)其中的 solver 为命令 ode45、ode23、ode113、ode15s、ode23s、ode23t、ode23tb 之一.

(2)$odefun$ 是显式常微分方程: $\begin{cases} \dfrac{\mathrm{d}y}{\mathrm{d}t} = f(t,y); \\ y(t_0) = y_0. \end{cases}$

(3)在积分区间 $tspan = [t_0, t_f]$ 上,从 t_0 到 t_f,用初始条件 y_0 求解.

(4)要获得问题在其他指定时间点 $t_0, t_1, t_2, \cdots$ 上的解,则令 $tspan = [t_0, t_1, t_2, \cdots, t_f]$(要求是单调的).

(5)因为没有一种算法可以有效地解决所有的常微分方程(ODE)问题,所以 MATLAB 提供了多种求解器 Solver. 对于不同的 ODE 问题,采用不同的 Solver,如表 4—2 所示.

表 4—2

求解器 Solver	ODE 类型	特　　点	说　　明
ode45	非刚性	单步算法;4、5 阶 Runge-Kutta 方程;累计截断误差达 $(\Delta x)^3$	大部分场合的首选算法
ode23	非刚性	单步算法;2、3 阶 Runge-Kutta 方程;累计截断误差达 $(\Delta x)^3$	使用于精度较低的情形
ode113	非刚性	多步法;Adams 算法;高低精度均可到 $10^{-3} \sim 10^{-6}$	计算时间比 ode45 短
ode23t	适度刚性	采用梯形算法	适度刚性情形
ode15s	刚性	多步法;Gear's 反向数值微分;精度中等	若 ode45 失效时,可尝试使用
ode23s	刚性	单步法;2 阶 Rosebrock 算法;低精度	当精度较低时,计算时间比 ode15s 短
ode23tb	刚性	梯形算法;低精度	当精度较低时,计算时间比 ode15s 短

(6)要特别注意的是:ode23、ode45 是极其常用的用来求解非刚性的标准形式的一阶常微分方程(组)的初值问题的解的 MATLAB 常用程序,其中:

ode23 采用龙格—库塔 2 阶算法,用 3 阶公式作误差估计来调节步长,具有低等的精度;

ode45 则采用龙格—库塔 4 阶算法,用 5 阶公式作误差估计来调节步长,具有中等的精度.

2)举例示范

例 2　求解微分方程初值问题 $\begin{cases} \dfrac{\mathrm{d}y}{\mathrm{d}x} = -2y + 2x^2 + 2x, \\ y(0) = 1 \end{cases}$ 的数值解,求解范围为区间 $[0, 0.5]$.

$\gg$fun=inline('$-2*y+2*x2+2*x$','x','y');

$\gg$ [x,y]=ode23(fun,[0,0.5],1);

$\gg$x';

$\gg$y';

$\gg$plot(x,y,'o—')

```
>> x'
ans =
     0.0000    0.0400    0.0900    0.1400    0.1900    0.2400
     0.2900    0.3400    0.3900    0.4400    0.4900    0.5000
>> y'
ans =
     1.0000    0.9247    0.8434    0.7754    0.7199    0.6764
     0.6440    0.6222    0.6105    0.6084    0.6154    0.6179
```

图形结果如图 4—2 所示.

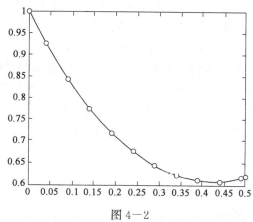

图 4—2

二、建模案例分析

1. 人口预测模型

由于资源的有限性,当今世界各国都注意有计划地控制人口的增长. 为了得到人口预测模型,必须首先搞清影响人口增长的因素. 而影响人口增长的因素很多,如人口的自然出生率、人口的自然死亡率、人口的迁移、自然灾害、战争等诸多因素,如果一开始就把所有因素都考虑进去,则无从下手. 因此,先把问题简化,建立比较粗糙的模型,再逐步修改,得到较完善的模型.

例 1 (马尔萨斯(Malthus)模型)英国人口统计学家马尔萨斯(1766—1834)在担任牧师期间,查看了教堂 100 多年人口出生统计资料,发现人口出生率是一个常数,于 1789 年在《人口原理》一书中提出了闻名于世的马尔萨斯人口模型. 他的基本假设是:在人口自然增长过程中,净相对增长(出生率与死亡率之差)是常数,即单位时间内人口的增长量与人口成正比,比例系数设为 r. 在此假设下,推导并求解人口随时间变化的数学模型.

解 设时刻 t 的人口为 $N(t)$,把 $N(t)$ 当作连续、可微函数处理(因人口总数很大,可近似地这样处理,此乃离散变量连续化处理). 据马尔萨斯的假设,在 t 到 $t+\Delta t$ 时间段内,人口的增长量为

$$N(t+\Delta t)-N(t)=rN(t)\Delta t,$$

并设 $t=t_0$ 时刻的人口为 N_0,于是

$$\begin{cases} \dfrac{\mathrm{d}N}{\mathrm{d}t} = rN, \\ N(t_0) = N_0 \end{cases}$$

这就是马尔萨斯人口模型,用分离变量法易求出其解为

$$N(t) = N_0 \mathrm{e}^{r(t-t_0)},$$

此式表明人口以指数规律随时间无限增长.

模型检验:据估计 1961 年地球上的人口总数为 3.06×10^9,而在以后 7 年中,人口总数以每年 2% 的速度增长,这样 $t_0 = 1961, N_0 = 3.06 \times 10^9, r = 0.02$,于是

$$N(t) = 3.06 \times 10^9 \mathrm{e}^{0.02(t-1961)}.$$

这个公式非常准确地反映了在 1700—1961 年世界人口总数. 因为,这期间地球上的人口大约每 35 年翻一番,而上式断定 34.6 年增加一倍(请读者证明这一点).

但是,后来人们以美国人口为例,用马尔萨斯模型计算结果与人口资料比较,却发现有很大的差异,尤其是在用此模型预测较遥远的未来地球人口总数时,发现更令人不可思议的问题:如按此模型计算,到 2670 年,地球上将有 36000 亿人口. 如果地球表面全是陆地(事实上,地球表面还有 80% 被水覆盖),我们也只得互相踩着肩膀站成两层了,这是非常荒谬的,因此,这一模型应该修改. 感兴趣的同学可以尝试一下修改该模型.

2. 市场价格模型

对于纯粹的市场经济来说,商品市场价格取决于市场供需之间的关系,市场价格能促使商品的供给与需求相等(这样的价格称为(静态)均衡价格). 也就是说,如果不考虑商品价格形成的动态过程,那么商品的市场价格应能保证市场的供需平衡. 但是,实际的市场价格不会恰好等于均衡价格,而且价格也不会是静态的,应是随时间不断动态变化的.

例 2 试建立描述市场价格形成的动态过程的数学模型.

解 假设在某一时刻 t,商品的价格为 $p(t)$,它与该商品的均衡价格间有差别,此时存在促使价格变动的供需差. 对新的价格,又有新的供需差,如此不断调节,就构成市场价格形成的动态过程. 假设价格 $p(t)$ 的变化率 $\dfrac{\mathrm{d}p}{\mathrm{d}t}$ 与需求和供给之差成正比,并记 $f(p,r)$ 为需求函数,$g(p)$ 为供给函数(r 为参数),于是

$$\begin{cases} \dfrac{\mathrm{d}p}{\mathrm{d}t} = \alpha[f(p,r) - g(p)], \\ p(0) = p_0. \end{cases}$$

其中 p_0 为商品在 $t=0$ 时刻的价格,α 为正常数.

若设 $f(p,r) = -ap + b, g(p) = cp + d$,则上式变为

$$\begin{cases} \dfrac{\mathrm{d}p}{\mathrm{d}t} = -\alpha(a+c)p + \alpha(b-d), \\ p(0) = p_0. \end{cases}$$

其中 a, b, c, d 均为正常数,其解为

$$p(t) = \left(p_0 - \frac{b-d}{a+c}\right)\mathrm{e}^{-\alpha(a+c)t} + \frac{b-d}{a+c}.$$

下面对所得结果进行讨论:

(1)设 $\bar{p}$ 为静态均衡价格,则其应满足

$$f(\bar{p},r)-g(\bar{p})=0,$$

即
$$-a\bar{p}+b=c\bar{p}+d,$$

于是得 $\bar{p}=\dfrac{b-d}{a+c}$，从而价格函数 $p(t)$ 可写为

$$p(t)=(p_0-\bar{p})\mathrm{e}^{-a(a+c)t}+\bar{p},$$

令 $t\to+\infty$，取极限得

$$\lim_{t\to+\infty}p(t)=\bar{p}.$$

这说明，市场价格逐步趋于均衡价格．又若初始价格 $p_0=\bar{p}$，则动态价格就维持在均衡价格 $\bar{p}$ 上，整个动态过程就化为静态过程．

（2）由于

$$\frac{\mathrm{d}p}{\mathrm{d}t}=(\bar{p}-p_0)a(a+c)\mathrm{e}^{-a(a+c)t},$$

所以，当 $p_0>\bar{p}$ 时，$\dfrac{\mathrm{d}p}{\mathrm{d}t}<0$，$p(t)$ 单调下降向 $\bar{p}$ 靠拢；当 $p_0<\bar{p}$ 时，$\dfrac{\mathrm{d}p}{\mathrm{d}t}>0$，$p(t)$ 单调增加向 $\bar{p}$ 靠拢．这说明：初始价格高于均衡价格时，动态价格就要逐步降低，且逐步靠近均衡价格；否则，动态价格就要逐步升高．因此，式①在一定程度上反映了价格影响需求与供给，而需求与供给反过来又影响价格的动态过程，并指出了动态价格逐步向均衡价格靠拢的变化趋势．

第六节　考研加油站

一、考研大纲解读

1. 考研数学一的大纲

1）考试内容

常微分方程的基本概念，变量可分离的微分方程，齐次微分方程，一阶线性微分方程，伯努利（Bernoulli）方程，全微分方程，可用简单的变量代换求解的某些微分方程，可降阶的高阶微分方程，线性微分方程解的性质及解的结构定理，二阶常系数齐次线性微分方程，高于二阶的某些常系数齐次线性微分方程，简单的二阶常系数非齐次线性微分方程，欧拉（Euler）方程，微分方程的简单应用．

2）考试要求

（1）了解微分方程及其阶、解、通解、初始条件和特解等概念．

（2）掌握变量可分离的微分方程及一阶线性微分方程的解法．

（3）会解齐次微分方程、伯努利方程和全微分方程，会用简单的变量代换解某些微分方程．

（4）会用降阶法解形如 $y^{(n)}=f(x)$、$y''=f(x,y')$ 和 $y''=f(y,y')$ 的微分方程．

（5）理解线性微分方程解的性质及解的结构．

（6）掌握二阶常系数齐次线性微分方程的解法，并会解某些高于二阶的常系数齐次线性微分方程．

(7)会解自由项为多项式、指数函数、正弦函数、余弦函数以及它们的和与积的二阶常系数非齐次线性微分方程.

(8)会解欧拉方程.

(9)会用微分方程解决一些简单的应用问题.

2. 考研数学二的大纲

1)考试内容

常微分方程的基本概念,变量可分离的微分方程,齐次微分方程,一阶线性微分方程,可降阶的高阶微分方程,线性微分方程解的性质及解的结构定理,二阶常系数齐次线性微分方程,高于二阶的某些常系数齐次线性微分方程,简单的二阶常系数非齐次线性微分方程,微分方程的简单应用.

2)考试要求

(1)了解微分方程及其阶、解、通解、初始条件和特解等概念.

(2)掌握变量可分离的微分方程及一阶线性微分方程的解法,会解齐次微分方程.

(3)会用降阶法解形如 $y^{(n)}=f(x)$、$y''=f(x,y')$ 和 $y''=f(y,y')$ 的微分方程.

(4)理解二阶线性微分方程解的性质及解的结构定理.

(5)掌握二阶常系数齐次线性微分方程的解法,并会解某些高于二阶的常系数齐次线性微分方程.

(6)会解自由项为多项式、指数函数、正弦函数、余弦函数以及它们的和与积的二阶常系数非齐次线性微分方程.

(7)会用微分方程解决一些简单的应用问题.

3. 考研数学三的大纲

1)考试内容

常微分方程的基本概念,变量可分离的微分方程,齐次微分方程,一阶线性微分方程,线性微分方程解的性质及解的结构定理,二阶常系数齐次线性微分方程及简单的非齐次线性微分方程,差分与差分方程的概念,差分方程的通解与特解,一阶常系数线性差分方程,微分方程的简单应用.

2)考试要求

(1)了解微分方程及其阶、解、通解、初始条件和特解等概念.

(2)掌握变量可分离的微分方程、齐次微分方程和一阶线性微分方程的求解方法.

(3)会解二阶常系数齐次线性微分方程.

(4)了解线性微分方程解的性质及解的结构定理,会解自由项为多项式、指数函数、正弦函数、余弦函数的二阶常系数非齐次线性微分方程.

(5)了解差分与差分方程及其通解与特解等概念.

(6)了解一阶常系数线性差分方程的求解方法.

(7)会用微分方程求解简单的经济应用问题.

二、典型真题解答及思考

1. 考研真题解析

1)试题特点

从近几年的试题分析可知,这部分内容每年试题一般是一个小题,以大题出现的形式较少,分数约占试卷的 4%,难度不是很大.除了各种微分方程的求解,对常系数线性微分方程解的结构及性质的考查也是考试的一个重要方面.

2)考题剖析示例

(1)基本题型

例 1(2014,数一,11 题,4 分) 微分方程 $xy' + y(\ln x - \ln y) = 0$ 满足 $y(1) = e^3$ 条件的解 $y = \underline{\qquad}$.

分析 这题是典型的齐次微分方程,按照其求解的一般方法求解.

解 这是齐次方程,原方程整理后为 $\dfrac{dy}{dx} + \dfrac{y}{x}\ln\dfrac{x}{y} = 0$,令 $u = \dfrac{y}{x}$ 代入方程得可分离变量微分方程 $u'x + u = u\ln u$,解得 $y = xe^{Cx+1}$,代入初始条件得 $y = xe^{2x+1}$.

例 2(1998,数一,3 分) 已知函数 $y - y(x)$ 在任一点 x 处的增量 $\Delta y = \dfrac{y\Delta x}{1+x^2} + \alpha$,且当 $\Delta x \to 0$ 时,α 是 Δx 的高阶无穷小,$y(0) = \pi$,则 $y(1)$ 等于( ).

(A)2π.　　　　(B)π.　　　　(C)$e^{\frac{\pi}{4}}$.　　　　(D)$\pi e^{\frac{\pi}{4}}$.

分析 如果能够获得 $y(x)$ 的表达式,则 $y(1)$ 显然可求.由 $\Delta y = \dfrac{y\Delta x}{1+x^2} + \alpha$ 和 $\alpha = o(\Delta x)$,可知 y 在 x 处可微,于是本题转化为求微分方程的特解问题.

解 因为 $\Delta y = \dfrac{y\Delta x}{1+x^2} + \alpha$,且当 $\Delta x \to 0$ 时,α 是 Δx 的高阶无穷小,故由微分定义可知 $dy = \dfrac{y}{1+x^2}dx$(可分离变量微分方程),解得通解为 $y = Ce^{\arctan x}$.

由 $y(0) = \pi$ 可得 $C = \pi$,故 $y(x) = \pi e^{\arctan x}$,即 $y(1) = \pi e^{\frac{\pi}{4}}$,因此应选(D).

例 3(2006,数三,4 分) 非齐次线性方程 $y' + P(x)y = Q(x)$ 有两个不同的解 y_1、y_2,C 为任意常数,则该非齐次微分方程的通解为( ).

(A)$C(y_1 - y_2)$.　　(B)$y_1 + C(y_1 - y_2)$.　　(C)$C(y_1 + y_2)$.　　(D)$y_1 + C(y_1 + y_2)$.

解 由于(B)中的 $y_1 - y_2$ 是对应齐次微分方程的解,所以非齐次微分方程的通解为 $y = y_1 + C(y_1 - y_2)$,(B)正确.其他选项也可以通过相同的方法讨论.

(2)综合题型

例 1(2000,数二,7 分) 某湖泊的水量为 V,每年排入湖泊内含污染物 A 的污水量为 $\dfrac{V}{6}$,流入湖泊内不含 A 的水量也为 $\dfrac{V}{6}$,流出湖泊的水量为 $\dfrac{V}{3}$,已知 1999 年底湖中 A 的含量为 $5m_0$,超过国家规定指标.为了治理污水,从 2000 年初起,限定排入湖泊中含 A 的污水浓度不超过 $\dfrac{m_0}{V}$.问至多需要多少年,湖泊中 A 的含量降至 m_0 以内(设湖水中 A 的浓度均匀)?

分析 这类题的关键是要找到 Δt 时间内污染物的变化量,该变化量等于流入的减去流出的,据此可以建立微分方程.

解 设从 2000 年初(令此时 $t=0$)开始,第 t 年湖中 A 的总量为 m,浓度为 $\dfrac{m}{V}$,则在时间间隔 $[t,t+\mathrm{d}t]$ 内,排入湖中 A 的含量为 $\dfrac{m_0}{V} \cdot \dfrac{V}{6} \cdot \mathrm{d}t = \dfrac{m_0}{6}\mathrm{d}t$,流出湖泊的水中 A 的含量为 $\dfrac{m}{V} \cdot \dfrac{V}{3} \cdot \mathrm{d}t = \dfrac{m}{3}\mathrm{d}t$,因而在此时间间隔内湖泊中 A 的改变量为 $\mathrm{d}m = \left(\dfrac{m_0}{6} - \dfrac{m}{3}\right)\mathrm{d}t$,分离变量解得 $m = \dfrac{m_0}{2} - C\mathrm{e}^{-\frac{t}{3}}$. 初始条件为 $m(0)=5m_0$,得 $C = -\dfrac{9m_0}{2}$. 于是 $m = \dfrac{m_0}{2}\left(1+9\mathrm{e}^{-\frac{t}{3}}\right)$.

令 $m=m_0$,得 $t=6\ln3\approx6.59$ 年,湖泊中 A 的含量降至 m_0 以内.

例 2(1995,数一,7 分) 设曲线 L 位于 xOy 平面的第一象限内,L 上任意一点 M 处的切线与 y 轴总相交,交点记为 A.已知 $|\overline{MA}|=|\overline{OA}|$,且 L 过点 $\left(\dfrac{3}{2},\dfrac{3}{2}\right)$,求 L 的方程.

分析 根据题意要写出过直线的切线方程,进而求出截距,计算点 M 到点的 A 距离.

解 设过点 $M(x,y)$ 处的切线方程为 $Y-y=y'(X-x)$.令 $X=0$,得 $Y=y-xy'$,则点 A 的坐标为 $(0,y-xy')$.由 $|\overline{MA}|=|\overline{OA}|$,得 $\sqrt{x^2+(xy')^2}=|y-xy'|$,两边平方且化简得

$$2yy' - \frac{1}{x}y^2 = -x \quad (伯努利方程).$$

令 $y^2=u$,得 $u'-\dfrac{1}{x}u=-x$,解得 $u=y^2=Cx-x^2$,由于曲线位于平面第一象限内,故 $y=\sqrt{Cx-x^2}$,又由于过点 $\left(\dfrac{3}{2},\dfrac{3}{2}\right)$,得 $C=3$,则 L 的方程为 $y=\sqrt{3x-x^2}\ (0<x<3)$.

例 3(2004,数二,11 分) 某种飞机在机场降落时,为了减少滑行距离,在接触地面的瞬间,飞机尾部张开减速伞增大阻力,使飞机迅速减速并且停下. 现有质量为 9000kg 的飞机,着陆时的水平速度为 700km/h,经测试减速伞打开后,飞机所受的总阻力与飞机的速度成正比(比例系数为 $k=6.0\times10^6$).问从着陆点算起,飞机滑行的最长距离是多少?

分析 此题关键是要找准分机着陆时速度与距离的函数关系.

解 由题设,飞机的质量 $m=9000$kg,着陆水平速度 $v_0=700$km/h,从飞机接触跑道开始计时,设 t 时刻飞机的滑行距离为 $x(t)$,速度为 $v(t)$.

根据牛顿第二定律,$m\dfrac{\mathrm{d}v}{\mathrm{d}t}=-kv$,又 $\dfrac{\mathrm{d}v}{\mathrm{d}t}=\dfrac{\mathrm{d}v}{\mathrm{d}x}\cdot\dfrac{\mathrm{d}x}{\mathrm{d}t}=v\dfrac{\mathrm{d}v}{\mathrm{d}x}$,综合上述二式得 $\mathrm{d}x=-\dfrac{m}{k}\mathrm{d}v$,积分得

$$x(t) = -\frac{m}{k}v(t) + C.$$

由于 $v(0)=v_0$,$x(0)=0$,故 $C=\dfrac{m}{k}v_0$,从而 $x(t)=-\dfrac{m}{k}v(t)+\dfrac{m}{k}v_0$.

当 $v(t)\to0$ 时,$x(t)\to\dfrac{m}{k}v_0=\dfrac{9000\times700}{6.0\times10^6}=1.05$(km).所以,飞机滑行的最长距离为 1.05km.

2.考研真题思考

1)思考题

(1)(**2006,数一,4 分**) 微分方程 $y'=\dfrac{y(1-x)}{x}$ 的通解是_____.

(2)（**2005，数一，4 分**）　微分方程 $xy'+2y=x\ln x$ 满足 $y(1)=-\dfrac{1}{9}$ 解为_____.

(3)（**2007，数三，4 分**）　微分方程 $\dfrac{\mathrm{d}y}{\mathrm{d}x}=\dfrac{y}{x}-\dfrac{1}{2}\left(\dfrac{y}{x}\right)^3$ 满足 $y|_{x=1}=1$ 的特解为 $y=$_____.

(4)（**1993，数一，5 分**）　求微分方程 $x^2y'+xy=y^2$ 满足 $y|_{x=1}=1$ 的特解.

(5)（**2000，数一，3 分**）　微分方程 $xy''+3y'=0$ 的通解为_____.

(6)（**2001，数一，3 分**）　设 $y=\mathrm{e}^x(c_1\sin x+c_2\cos x)(c_1,c_2$ 为任意常数$)$ 为某二阶常系数线性齐次微分方程的通解，则该方程为_____.

(7)（**2007，数一，4 分**）　二阶常系数非奇次线性微分方程 $y''-4y'+3y=2\mathrm{e}^{2x}$ 的通解为_____.

(8)（**2004，数二，4 分**）　微分方程 $y''+y=x^2+1+\sin x$ 的特解形式可设为_____.

(A)$y^*=ax^2+bx+c+x(A\sin x+B\cos x)$.　　　(B)$y^*=x(ax^2+b+c+A\sin x+B\cos x)$.

(C)$y^*=ax^2+bx+c+A\sin x$.　　　(D)$y^*=ax^2+bx+c+A\cos x$.

2)答案与提示

(1)$y=Cx\mathrm{e}^{-x}$.　(2)$y=\dfrac{1}{3}x\ln x-\dfrac{1}{9}x$.　(3)$y=x(1+\ln x)^{-\frac{1}{2}}$.　(4)$y=\dfrac{2x}{x^2-1}$.

(5)$y=C_1x^{-2}+C_2$.　(6)$y''-2y'+2y=0$.　(7)$y=C_1\mathrm{e}^x+C_2\mathrm{e}^{3x}-2\mathrm{e}^{2x}$.　(8)(A).

第七节　自我训练与提高

一、数学术语的英语表述

1. 将下列基本概念翻译成英语

(1)微分方程.　　　(2)一阶方程.　　　(3)微分方程的解.

(4)初始条件.　　　(5)边界条件.　　　(6)线性方程.

2. 本章重要概念的英文定义

(1)常微分方程.　　　(2)偏微分方程.

二、习题与测验题

1. 习题

1)求下列微分方程的通解或特解

(1)$y\mathrm{d}x+(x^2-4x)\mathrm{d}y=0$.

(2)$x\dfrac{\mathrm{d}y}{\mathrm{d}x}=y(\ln y-\ln x)$.

(3)$\dfrac{\mathrm{d}y}{\mathrm{d}x}-y\cot x=2x\sin x$.

(4)$y^2 \mathrm{d}x = (xy - x^2)\mathrm{d}y$，$y\big|_{x=1} = 1$，求特解．

(5)$\dfrac{\mathrm{d}x}{\mathrm{d}y} = (x+y)^2$．

(6)$y' = 1 + 2\ln x - \dfrac{y}{x}$，$y(1) = 2$，求特解．

(7)$3(1+x^2)y' + 2xy = 2xy^4$，$y(0) = \dfrac{1}{2}$，求特解．

(8)$\dfrac{\mathrm{d}^2 y}{\mathrm{d}x^2} = \dfrac{2y-1}{y^2+1}\left(\dfrac{\mathrm{d}y}{\mathrm{d}x}\right)^2$．

(9)$y'' + y = x + \mathrm{e}^x$．

(10)$y''' + y'' + y' + y = \cos 3x$．

2)单项选择题

(1)具有特解 $y_1 = \mathrm{e}^{-x}$，$y_2 = 2x\mathrm{e}^{-x}$，$y_3 = 3\mathrm{e}^x$ 的三阶常系数齐次线性微分方程是（ 　　 ）．

(A)$y''' - y'' - y' + y = 0$. 　　　　　(B)$y''' + y'' - y' - y = 0$.

(C)$y''' - 6y'' + 11y' - 6y = 0$. 　　　(D)$y''' - 2y'' - y' + 2y = 0$.

(2)微分方程 $y'' + y = x^2 + 1 + \sin x$ 的特解形式可设为（ 　　 ）．

(A)$y^* = ax^2 + bx + c + x(A\sin x + B\cos x)$.

(B)$y^* = x(ax^2 + bx + c + A\sin x + B\cos x)$.

(C)$y^* = ax^2 + bx + c + A\sin x$.

(D)$y^* = ax^2 + bx + c + xA\sin x$.

(3)设 $y = y(x)$ 是二阶常系数微分方程 $y'' + py' + qy = \mathrm{e}^{3x}$ 满足初始条件 $y'(0) = y(0) = 0$ 的特解，则当 $x \to 0$ 时，函数 $\dfrac{\ln(1+x^2)}{y(x)}$ 的极限为（ 　　 ）．

(A)不存在. 　　　(B)等于 1. 　　　(C)等于 2. 　　　(D)等于 3.

(4)设非齐次线性微分方程 $y' + P(x)y = Q(x)$ 有两个不同的解 $y_1(x)$、$y_2(x)$，C 为任意常数，则该方程的通解为（ 　　 ）．

(A)$C[y_1(x) - y_2(x)]$. 　　　　　(B)$C[y_1(x) - y_2(x)] + y_1(x)$.

(C)$C[y_1(x) + y_2(x)]$. 　　　　　(D)$C[y_1(x) + y_2(x)] + y_1(x)$.

(5)已知 $y = \dfrac{x}{\ln x}$ 是微分方程 $y' = \dfrac{y}{x} + \varphi\left(\dfrac{x}{y}\right)$ 的解，则 $\varphi\left(\dfrac{x}{y}\right)$ 的表达式为（ 　　 ）．

(A)$-\dfrac{y^2}{x^2}$. 　　　(B)$\dfrac{y^2}{x^2}$. 　　　(C)$-\dfrac{x^2}{y^2}$. 　　　(D)$\dfrac{x^2}{y^2}$.

3)已知连续函数 $f(x)$ 满足条件 $f(x) = \displaystyle\int_0^{3x} f\left(\dfrac{t}{3}\right)\mathrm{d}t + \mathrm{e}^{2x}$，求 $f(x)$．

2. 测验题

1)填空题(每小题 3 分，共 9 分)

(1)微分方程 $y'' - y = 0$ 的通解为_____．

(2)微分方程 $xy' + y = \mathrm{e}^x$ 满足 $y(1) = \mathrm{e}$ 的特解为_____．

(3)设 $f(x)$ 是可导函数，且满足 $f(x) + 2\displaystyle\int_0^x f(t)\mathrm{d}t = x^2$，则 $f(x)$ 为_____．

2)单项选择题(每小题 3 分,共 9 分)

(1)微分方程 $(xy^3+x)\mathrm{d}x+y(1+x^2)\mathrm{d}y=0$ 是( ).

(A)可分离变量方程. (B)齐次方程. (C)一阶线性方程. (D)伯努利方程.

(2)微分方程 $y''-6y'+9y=xe^{3x}$ 的待定特解为( ).

(A)$(ax+b)e^{3x}$. (B)$x(ax+b)e^{3x}$. (C)$x^2(ax+b)e^{3x}$. (D)axe^{3x}.

(3)微分方程 $y''+y=\sin x$ 有特解( ).

(A)$y^*=x^2(A\sin x+B\cos x)$. (B)$y^*=x(A\sin x+B\cos x)$.

(C)$y^*=A\sin x+B\cos x$. (D)$y^*=xA\sin x$.

3)解答题

(1)求微分方程 $yy'+2x=y^2$ 的通解. (10 分)

(2)求微分方程 $x(\ln x-\ln y)y'=y$ 的通解. (12 分)

(3)设 $f(x)$ 是可导函数,且满足 $f(x)\cos x+2\int_0^x f(t)\sin t\mathrm{d}t=1+x$,求 $f(x)$. (15 分)

(4)设平面曲线上任一点 $P(x,y)$ 处的法线与 x 轴的交点为 Q,线段 PQ 的长度等于常数 a,且曲线经过原点,求曲线方程. (15 分)

(5)求微分方程 $y''-4y'+4y=xe^{2x}$ 满足定解条件 $y(0)=1,y'(0)=0$ 的特解. (15 分)

(6)若二阶常系数线性齐次微分方程 $y''+ay'+by=0$ 的通解为 $y=(C_1+C_2x)e^x$,求非齐次方程 $y''+ay'+by=x$ 满足条件 $y(0)=2,y'(0)=0$ 的解. (15 分)

三、参考答案

1. 数学术语的英语表述

1)将下列基本概念翻译成英语

(1)differential equation. (2)first order equation. (3)solution of a differential equation .

(4)initial condition. (5)boundary condition. (6)linear equation.

2)本章重要概念的英文定义

(1)Ordinary differential equation. An ordinary differential equation(ODE)is an equation containing a function of one independent variable and its derivatives. The term "*ordinary*" is used in contrast with the termpartial differential equation which may be with respect to **more than** one independent variable.

(2)Partial differential equation. A partial differential equation(PDE)is a differential equation that contains unknown multivariable functions and their partial derivatives. (This is in contrast to ordinary differential equations,which deal with functions of a single variable and their derivatives.)PDEs are used to formulate problems involving functions of several variables,and are either solved by hand,or used to create a relevant computer model.

2. 习题

1)(1)(可分离变量)$(x-4)y^4=Cx$. (2)(齐次方程)$y=xe^{1+Cx}$.

(3)(一阶线性)$y=(x^2+C)\sin x$.　　　　　　(4)(齐次方程)$\dfrac{y}{x}-\ln y=1$.

(5)(变量代换)$y=\arctan(x+y)+C$.　　　　(6)$y=\dfrac{2}{x}+x\ln x$.

(7)方程改写为伯努利方程$\dfrac{dy}{dx}+\dfrac{2x}{3(1+x^2)}y=\dfrac{2x}{3(1+x^2)}y^4$,令$z=y^{-3}$,代入原方程整理后为一阶线性非齐次方程$\dfrac{dz}{dx}-\dfrac{2x}{1+x^2}z=-\dfrac{2x}{1+x^2}$,求得通解为$\dfrac{1}{y^3}=1+C(1+x^2)$,由初始条件求得特解为$y^3=(7x^2+8)^{-1}$.

(8)令$\dfrac{dy}{dx}=p(y)$,则$\dfrac{d^2y}{dx^2}=p\dfrac{dp}{dy}$,原方程化为$p\dfrac{dp}{dy}=\dfrac{2y-1}{y^2+1}p^2$.当$p(y)=0$时,$y=C$为原方程的解;当$p(y)\neq0$时,分离变量后再积分有$\ln p=\ln(y^2+1)-\arctan y+\ln C_1$,整理得$y'=p=C_1(y^2+1)\mathrm{e}^{-\arctan y}$,即$\mathrm{e}^{\arctan y}=C_1x+C_2$.

(9)特征方程为$r^2+1=0$,特征根为$r=\pm i$,对应齐次方程的通解为$Y=C_1\cos x+C_2\sin x$.$y''+y=x$的特解为$y_1=x$,$y''+y=\mathrm{e}^x$的特解为$y_2=\dfrac{1}{2}\mathrm{e}^x$.故原方程通解为

$$y=C_1\cos x+C_2\sin x+x+\dfrac{1}{2}\mathrm{e}^x.$$

(10)特征方程为$r^3+r^2+r+1=0$,特征根为$r_1=-1,r_{2,3}=\pm i$,对应齐次方程的通解为$Y=C_1\mathrm{e}^{-x}+C_2\cos x+C_3\sin x$,非齐次微分方程特解为$y^*=\dfrac{1}{80}(-3\sin3x-\cos3x)$.故原方程通解为

$$y=C_1\mathrm{e}^{-x}+C_2\cos x+C_3\sin x-\dfrac{1}{80}(3\sin3x+\cos3x).$$

2)(1)(B).　(2)(A).　(3)(C).　(4)(B).　(5)(A).

3)两端同时对x求导得$f'(x)=3f(x)+2\mathrm{e}^{2x}$,解该一阶线性非齐次微分方程得$f(x)=C\mathrm{e}^{3x}-2\mathrm{e}^{2x}$,由于$f(0)=1$得$C=3$,于是$f(x)=3\mathrm{e}^{3x}-2\mathrm{e}^{2x}$.

3. 测验题

1)(1)$y=C_1\mathrm{e}^x+C_2\mathrm{e}^{-x}$.　　　　　(2)$y=\dfrac{\mathrm{e}^x}{x}$.

(3)在已知方程的两端对x求导,得$f'(x)+2f(x)=2x$.根据一阶线性非齐次微分方程求解公式,可得上述方程的通解为$f(x)=\mathrm{e}^{-2x}\left(\displaystyle\int2x\mathrm{e}^{2x}dx+C\right)=C\mathrm{e}^{-2x}+x-\dfrac{1}{2}$,又由已知条件$x=0,f(0)=0$代入上式,可以确定$C=\dfrac{1}{2}$,因此所求函数$f(x)=\dfrac{1}{2}\mathrm{e}^{-2x}+x-\dfrac{1}{2}$.

2)(1)(A).　(2)(C).　(3)(B).

3)(1)方程化为$y'=y-2xy^{-1}$,这是$n=-1$的伯努利方程,利用公式求得方程的通解为

$$y^2=C\mathrm{e}^{2x}+2x+1.$$

(2)方程化为$y'=\dfrac{y}{x}\,\dfrac{1}{\ln\dfrac{x}{y}}$,这是齐次方程.令$z=\dfrac{y}{x}$,从而原方程化为$z'=\dfrac{z(1+\ln z)}{x\ln z}$,这是可分离变量的微分方程,分离后两边积分,代回原变量得通解为$Cy=1+\ln\dfrac{y}{x}$.

(3)对原方程两端求 x 的导数,得 $f'(x)\cos x + f(x)\sin x = 1$,这是一阶线性微分方程.利用一阶线性非齐次微分方程求解公式求解该方程,得方程通解为 $y = (\tan x + C)\cos x$,又由已知条件 $x = 0$、$f(0) = 1$,可以确定 $C = 1$,因此所求函数 $y = \sin x + \cos x$.

(4)设曲线方程为 $y = y(x)$,则其在点 $P(x,y)$ 处的法线方程为 $Y - y = -\dfrac{1}{y'}(X - x)$,法线与 x 轴的交点 $Q(x + yy', 0)$.依据题意得 $(yy')^2 + y^2 = a^2$,整理得 $yy' = \pm\sqrt{a^2 - y^2}$,这是可分离变量的方程.求解该方程得通解为 $(x + C)^2 + y^2 = a^2$,依据题意曲线过原点,代入定解条件 $y(0) = 0$,得 $C = \pm a$,代回通解即得特解为 $(x \pm a)^2 + y^2 = a^2$.

(5)对应齐次微分方程的特征方程为 $r^2 - 4r + 4 = 0$,其特征根为 $r_1 = r_2 = 2$,齐次微分方程的通解为 $Y = (C_1 + C_2 x)\mathrm{e}^{2x}$.设非齐次微分方程的特解为 $y^* = x^2(ax + b)\mathrm{e}^{2x}$,代入原方程求得 $a = \dfrac{1}{6}$,$b = 0$,即非齐次方程的特解为 $y^* = \dfrac{1}{6}x^3\mathrm{e}^{2x}$.根据解的结构定理,原方程的通解为 $y = Y + y^* = (C_1 + C_2 x)\mathrm{e}^{2x} + \dfrac{1}{6}x^3\mathrm{e}^{2x}$,代入定解条件 $y(0) = 1$,$y'(0) = 0$,得 $C_1 = 1$,$C_2 = -2$,则原方程特解为 $y = (1 - 2x)\mathrm{e}^{2x} + \dfrac{1}{6}x^3\mathrm{e}^{2x}$.

(6)由齐次方程 $y'' + ay' + by = 0$ 的通解 $y = (C_1 + C_2 x)\mathrm{e}^x$ 推知特征值为 $r_1 = r_2 = 1$,故可以计算出 $a = -2$,$b = 1$.设非齐次方程 $y'' - 2y' + y = x$ 的特解为 $y^* = Ax + B$,代入方程整理后得 $A = 1$,$B - 2$,其通解为 $y = (C_1 + C_2 x)\mathrm{e}^x + x + 2$.代入初始条件解得 $C_1 = 0$,$C_2 = -1$,故要求的解为 $y = -x\mathrm{e}^x + x + 2$.

第五章　空间解析几何与向量代数

第一节　教学大纲及知识结构图

一、教学大纲

1. 高等数学 Ⅰ

1）学时分配

"空间解析几何与向量代数" 这一章授课学时建议 **14 学时**：向量及其运算（2 学时）；数量积与向量积（2 学时）；曲面与空间曲线（4 学时）；平面及其方程（2 学时）；空间直线及其方程（2 学时）；习题课（2 学时）.

2）目的与要求

学习本章的目的是使学生正确理解和使用向量代数的知识，运用解析方法研究立体几何，培养学生运用代数方法解决空间几何问题的能力和空间想象能力. 本章知识的基本要求是：

（1）理解向量和向量的线性运算，掌握向量的线性运算的运算规律，会用平行四边形法则作向量的加减法.

（2）理解空间直角坐标系、空间点的坐标和向量的坐标，能利用向量的坐标进行向量的线性运算，能利用向量的坐标计算向量的模、方向余弦.

（3）理解两向量的数量积（内积或点积）、向量积（外积或叉积），理解数量积和向量积的物理意义，会求两向量的数量积、向量积及两向量的夹角，掌握两向量平行、垂直的条件.

（4）了解曲面方程的概念，掌握球面、旋转曲面和柱面的方程及其图形，会求以坐标轴为旋转轴的旋转曲面，了解二次曲面.

（5）了解空间曲线的一般方程和参数方程，会求空间曲线在坐标面上的投影曲线方程和空间区域在坐标面上的投影区域.

（6）理解平面方程和两平面的夹角，掌握平面方程的三种形式，会求平面方程，掌握两平面垂直、平行的条件，以及点到平面的距离公式.

（7）理解空间直线方程、两空间直线的夹角、空间直线与平面的夹角，掌握空间直线方程的三种形式，会求空间直线方程，掌握两空间直线垂直、平行的条件，以及空间直线与平面垂直、平行的条件.

3）重点和难点

（1）重点：向量的概念，向量的表示及其运算，平面方程与直线方程的求法.

（2）难点：向量间的向量积，利用平面、直线的相互关系解决有关问题.

2. 高等数学Ⅱ

1)学时分配

"空间解析几何与向量代数"这一章授课学时建议 **14 学时**：向量及其运算（2 学时）；数量积与向量积（2 学时）；曲面与空间曲线（4 学时）；平面及其方程（2 学时）；空间直线及其方程（2 学时）；习题课（2 学时）.

2)目的与要求

学习本章的目的是使学生正确理解和使用向量代数的知识，以及在掌握几何图形性质的同时，培养学生运用代数方法解决几何问题的能力和空间想象能力. 本章知识的基本要求是：

（1）理解空间直角坐标系和向量的概念，掌握向量及其线性运算.

（2）理解数量积和向量积的物理意义，掌握数量积和向量积的计算，了解两个向量垂直、平行的条件.

（3）了解空间图形及其方程的概念，掌握如何求平面方程和直线方程.

（4）掌握求平面与平面、平面与直线、直线与直线之间的夹角和点到平面的距离的方法，并会利用平面与直线的相互关系（平行、垂直、相交等）解决有关问题.

（5）了解常见二次曲面的方程及其图形，会求以坐标轴为旋转轴的旋转曲面，了解空间曲线的参数方程和一般方程.

（6）了解空间曲线在坐标面上的投影曲线方程和空间立体在坐标面上的投影区域.

3)重点和难点

（1）重点：向量的概念，向量的表示及其运算，平面方程与直线方程的求法.

（2）难点：向量间的向量积，利用平面、直线的相互关系解决有关问题.

二、知识结构图

高等数学Ⅰ、Ⅱ的知识结构图如图 5—1 所示。

第二节　内　容　提　要

空间解析几何类似于平面解析几何，都是采用代数方法研究几何问题，其重要工具就是向量代数. 众所周知，平面解析几何的基础对学习一元微积分是至关重要的，同样的，空间解析几何的知识对后续的多元微积分的学习也是不可缺少的. 本节总结和归纳本章的基本概念、基本性质和基本方法及一些典型方法.

一、基本概念

1. 向量代数

1)向量概念

（1）既有大小又有方向的量，称为**向量**.

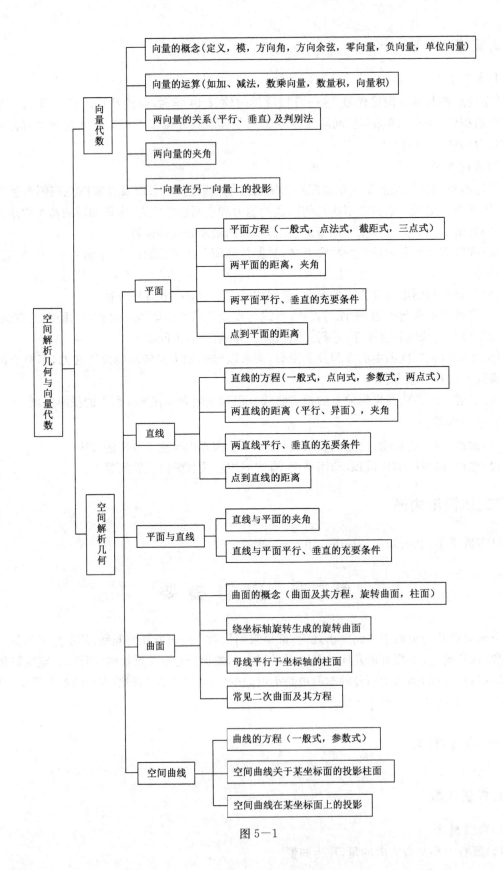

图 5—1

（2）与起点位置无关而只与大小和方向有关的向量,称为自由向量.

（3）向量的大小(或长度),称为向量的模.

（4）模为 1 的向量,称为单位向量.

（5）模为 0 的向量,称为零向量,记作 $\boldsymbol{0}$.

（6）与 $\boldsymbol{a}$ 大小相等方向相反的向量称为 $\boldsymbol{a}$ 的负向量,记作 $-\boldsymbol{a}$.

（7）若两向量 $\boldsymbol{a},\boldsymbol{b}$ 模相等方向相同,则 $\boldsymbol{a}$ 与 $\boldsymbol{b}$ 相等.

（8）若 $\boldsymbol{a}$ 与 $\boldsymbol{b}$ 方向相同或相反,则称 $\boldsymbol{a}$ 与 $\boldsymbol{b}$ 平行,记作 $\boldsymbol{a}//\boldsymbol{b}$.

2）向量的线性运算

（1）把向量 $\boldsymbol{b}$ 的起点移到向量 $\boldsymbol{a}$ 的终点,则以 $\boldsymbol{a}$ 的起点为起点 $\boldsymbol{b}$ 的终点为终点的向量 $\boldsymbol{c}$,称为 $\boldsymbol{a}$ 与 $\boldsymbol{b}$ 的和向量,记做 $\boldsymbol{c}=\boldsymbol{a}+\boldsymbol{b}$.

（2）向量的减法:若把两向量 $\boldsymbol{a}$ 与 $\boldsymbol{b}$ 移到同一起点 O,则从 $\boldsymbol{a}$ 的终点 A 向 $\boldsymbol{b}$ 的终点 B 引向量 $\boldsymbol{AB}$,即 $\boldsymbol{b}$ 与 $\boldsymbol{a}$ 的差 $\boldsymbol{b}-\boldsymbol{a}$.

（3）向量与数的乘法:实数 λ 与向量 $\boldsymbol{a}$ 的乘积是一个向量,记做 $\lambda\boldsymbol{a}$,它的大小或模为:$|\lambda\boldsymbol{a}|=|\lambda||\boldsymbol{a}|$;**方向规定为**:当 $\lambda>0$ 时,$\lambda\boldsymbol{a}$ 与 $\boldsymbol{a}$ 同向;当 $\lambda<0$ 时,$\lambda\boldsymbol{a}$ 与 $\boldsymbol{a}$ 反向;当 $\lambda=0$ 时,$\lambda\boldsymbol{a}$ 为零向量,方向任意.

3）向量的坐标表示及运算

向量 $\boldsymbol{a}$ 的坐标表示式 $\boldsymbol{a}=(a_x,a_y,a_z)$.

向量 $\boldsymbol{a}$ 按基本向量的分解式 $\boldsymbol{a}=a_x\boldsymbol{i}+a_y\boldsymbol{j}+a_z\boldsymbol{k}$;$a_x\boldsymbol{i},a_y\boldsymbol{j},a_z\boldsymbol{k}$ 分别称为 $\boldsymbol{a}$ 在 x,y,z 轴上的分向量.

设 $\boldsymbol{a}=(a_x,a_y,a_z),\boldsymbol{b}=(b_x,b_y,b_z)$,则

（1）$\boldsymbol{a}\pm\boldsymbol{b}=(a_x\pm b_x,a_y\pm b_y,a_z\pm b_z)$.

（2）$\lambda\boldsymbol{a}=(\lambda a_x,\lambda a_y,\lambda a_z)$.

（3）$|\boldsymbol{a}|=\sqrt{a_x^2+a_y^2+a_z^2}$.

（4）当 $|\boldsymbol{a}|\neq0$ 时,$\cos\alpha=\dfrac{a_x}{\sqrt{a_x^2+a_y^2+a_z^2}}$;$\cos\beta=\dfrac{a_y}{\sqrt{a_x^2+a_y^2+a_z^2}}$;$\cos\gamma=\dfrac{a_z}{\sqrt{a_x^2+a_y^2+a_z^2}}$

（其中 α,β,γ 为 $\boldsymbol{a}$ 的方向角）.

（5）当 $|\boldsymbol{a}|\neq0$ 时,与 $\boldsymbol{a}$ 同向的单位向量为 $\boldsymbol{a}^\circ=\dfrac{\boldsymbol{a}}{|\boldsymbol{a}|}=(\cos\alpha,\cos\beta,\cos\gamma)$.

（6）称 $|\boldsymbol{a}|\cos(\overset{\wedge}{\boldsymbol{a},\boldsymbol{b}})$ 为 $\boldsymbol{a}$ 在 $\boldsymbol{b}$ 上的投影,记作 $\mathrm{p_{rj}b}\boldsymbol{a}$,即 $\mathrm{p_{rj}b}\boldsymbol{a}=|\boldsymbol{a}|\cos(\overset{\wedge}{\boldsymbol{a},\boldsymbol{b}})$.

4）数量积

设 $\boldsymbol{a}=(a_x,a_y,a_z),\boldsymbol{b}=(b_x,b_y,b_z)$,则

（1）称 $\boldsymbol{a}\cdot\boldsymbol{b}=|\boldsymbol{a}|\cdot|\boldsymbol{b}|\cos(\overset{\wedge}{\boldsymbol{a},\boldsymbol{b}})$ 为向量 $\boldsymbol{a}$ 与 $\boldsymbol{b}$ 的数量积.

（2）数量积的坐标表达式 $\boldsymbol{a}\cdot\boldsymbol{b}=a_xb_x+a_yb_y+a_zb_z$.

（3）两非零向量夹角余弦的坐标表达式 $\cos(\overset{\wedge}{\boldsymbol{a},\boldsymbol{b}})=\dfrac{a_xb_x+a_yb_y+a_zb_z}{\sqrt{a_x^2+a_y^2+a_z^2}\sqrt{b_x^2+b_y^2+b_z^2}}$.

5）向量积

（1）向量积的定义.若 $\boldsymbol{c}$ 由 $\boldsymbol{a}$ 与 $\boldsymbol{b}$ 按下列方式决定:$\boldsymbol{c}$ 的大小为 $|\boldsymbol{c}|=|\boldsymbol{a}||\boldsymbol{b}|\sin(\overset{\wedge}{\boldsymbol{a},\boldsymbol{b}})$;$\boldsymbol{c}$ 的方向垂直 $\boldsymbol{a}$ 与 $\boldsymbol{b}$ 所确定的平面,且 $\boldsymbol{a}、\boldsymbol{b}、\boldsymbol{c}$ 符合右手法则,则称 $\boldsymbol{c}$ 为 $\boldsymbol{a}$ 与 $\boldsymbol{b}$ 的向量积,记作 $\boldsymbol{c}=\boldsymbol{a}\times\boldsymbol{b}$.

注：$a \times b \perp a, a \times b \perp b$.

(2)向量积坐标表示 $a \times b = \begin{vmatrix} i & j & k \\ a_x & a_y & a_z \\ b_x & b_y & b_z \end{vmatrix}$.

2. 平面与直线

1)平面方程

(1)平面的点法式方程. 已知平面上的一点 $M_0(x_0, y_0, z_0)$ 和它的一个法线向量 $n = (A, B, C)$，对平面上的任一点 $M(x, y, z)$，有向量 $M_0M \perp n$，即 $M_0M \cdot n = 0$，代入坐标式有

$$A(x - x_0) + B(y - y_0) + C(z - z_0) = 0$$

此即平面的点法式方程.

(2)平面的一般方程. $Ax + By + Cz + D = 0$.

(3)平面的截距式方程. $\dfrac{x}{a} + \dfrac{y}{b} + \dfrac{z}{c} = 1$.

(4)三点式方程*. 通过不在同一条直线上的三点 $M_1(x_1, y_1, z_1)$，$M_2(x_2, y_2, z_2)$，$M_3(x_3, y_3, z_3)$ 的平面方程为

$$\begin{vmatrix} x - x_1 & y - y_1 & z - z_1 \\ x_2 - x_1 & y_2 - y_1 & z_2 - z_1 \\ x_3 - x_1 & y_3 - y_1 & z_3 - z_1 \end{vmatrix} = 0.$$

2)直线方程

(1)空间直线的一般方程. 两平面交线 $L: \begin{cases} A_1x + B_1y + C_1z + D_1 = 0, \\ A_2x + B_2y + C_2z + D_2 = 0. \end{cases}$ L 的方向向量为 $(A_1, B_1, C_1) \times (A_2, B_2, C_2)$.

(2)空间直线的对称式方程. $L: \dfrac{x - x_0}{m} = \dfrac{y - y_0}{n} = \dfrac{z - z_0}{p}$，其中 $M_0(x_0, y_0, z_0)$ 为 L 上一点，$s = (m, n, p)$ 为 L 的方向向量.

(3)空间直线的参数式方程. $L: \begin{cases} x = x_0 + mt, \\ y = y_0 + nt, \\ z = z_0 + pt, \end{cases}$ 其中 t 是参数.

3)直线、平面的相互关系

(1)两直线的方向向量的夹角(锐角)称为两直线的夹角. 设两直线 L_1 与 L_2 的方向向量分别为 $s_1 = (m_1, n_1, p_1)$，$s_2 = (m_2, n_2, p_2)$ 则

① $L_1 // L_2 \Leftrightarrow \dfrac{m_1}{m_2} = \dfrac{n_1}{n_2} = \dfrac{p_1}{p_2}$.

② $L_1 \perp L_2 \Leftrightarrow m_1m_2 + n_1n_2 + p_1p_2 = 0$.

③ $\cos\varphi = \dfrac{|m_1m_2 + n_1n_2 + p_1p_2|}{\sqrt{m_1^2 + n_1^2 + p_1^2} \cdot \sqrt{m_2^2 + n_2^2 + p_2^2}}$，($\varphi$ 为 L_1 与 L_2 的夹角).

(2)平面之间的关系. 两平面法向量的夹角(锐角)称为两平面的夹角. 设两平面 Π_1 与 Π_2 分别为

$\Pi_1: A_1x + B_1y + C_1z + D_1 = 0$，$n_1 = (A_1, B_1, C_1)$;

$\Pi_2 : A_2 x + B_2 y + C_2 z + D_2 = 0, \quad \boldsymbol{n}_2 = (A_2, B_2, C_2).$

则① $\Pi_1 /\!/ \Pi_2 \Leftrightarrow \dfrac{A_1}{A_2} = \dfrac{B_1}{B_2} = \dfrac{C_1}{C_2}.$

② $\Pi_1 \perp \Pi_2 \Leftrightarrow A_1 A_2 + B_1 B_2 + C_1 C_2 = 0.$

③ $\cos\theta = \dfrac{|\boldsymbol{n}_1 \cdot \boldsymbol{n}_2|}{|\boldsymbol{n}_1||\boldsymbol{n}_2|}$ (θ 为 Π_1 与 Π_2 的夹角).

(3)直线与平面的关系. 直线与它在平面上的投影直线的夹角 $\theta(0 \leqslant \theta \leqslant \dfrac{\pi}{2})$, 称为直线与平面的夹角.

设直线 L 的方向向量为 $\boldsymbol{s} = (m, n, p)$, 平面 Π 的法向量为 $\boldsymbol{n} = (A, B, C)$, 则

① $\sin\theta = \dfrac{|Am + Bn + Cp|}{\sqrt{A^2 + B^2 + C^2} \cdot \sqrt{m^2 + n^2 + p^2}}$, ($\theta$ 为直线 L 与平面 Π 的夹角).

② $L /\!/ \Pi \Leftrightarrow Am + Bn + Cp = 0.$

③ $L \perp \Pi \Leftrightarrow \dfrac{A}{m} = \dfrac{B}{n} = \dfrac{C}{p}.$

(4)点到平面与直线的距离.

①点 $M_0(x_0, y_0, z_0)$ 到平面 $\Pi : Ax + By + Cz + D = 0$ 的距离为

$$d = \frac{|\overrightarrow{M_1 M_0} \cdot \boldsymbol{n}|}{|\boldsymbol{n}|} = \frac{|Ax_0 + By_0 + Cz_0 + D|}{\sqrt{A^2 + B^2 + C^2}}.$$

②点 $M_0(x_0, y_0, z_0)$ 到直线 $l : \dfrac{x - x_1}{m} = \dfrac{y - y_1}{n} = \dfrac{z - z_1}{p}$ 的距离为

$$d = \frac{|\overrightarrow{M_0 M_1} \times \boldsymbol{s}|}{|\boldsymbol{s}|} = \frac{1}{\sqrt{m^2 + n^2 + p^2}} \left\| \begin{array}{ccc} \boldsymbol{i} & \boldsymbol{j} & \boldsymbol{k} \\ x_1 - x_0 & y_1 - y_0 & z_1 - z_0 \\ m & n & p \end{array} \right\|.$$

3. 曲面及其方程

1)曲面方程的一般表达式

(1)一般方程：$F(x, y, z) = 0.$

(2)显示方程：$z = f(x, y).$

2)旋转曲面

曲线 $\begin{cases} f(x, y) = 0, \\ z = 0 \end{cases}$ 绕 x 轴旋转的旋转曲面方程为 $f(x, \pm\sqrt{y^2 + z^2}) = 0$；绕 y 轴旋转的旋转曲面方程为 $f(\pm\sqrt{x^2 + z^2}, y) = 0.$

3)常见二次曲面

(1)椭球面 $\dfrac{x^2}{a^2} + \dfrac{y^2}{b^2} + \dfrac{z^2}{c^2} = 1 \quad (a, b, c > 0).$

(2)双曲面.

①单叶双曲面 $\dfrac{x^2}{a^2} + \dfrac{y^2}{b^2} - \dfrac{z^2}{c^2} = 1 \quad (a, b, c > 0)$;

②双叶双曲面 $\dfrac{x^2}{a^2} + \dfrac{y^2}{b^2} - \dfrac{z^2}{c^2} = -1 \quad (a, b, c > 0).$

（3）抛物面.

①椭圆抛物面 $\dfrac{x^2}{p^2} + \dfrac{y^2}{q^2} = 2z \quad (p,q > 0)$；

②双曲抛物面（马鞍面）$\dfrac{x^2}{p^2} - \dfrac{y^2}{q^2} = 2z \quad (p,q > 0)$.

（4）二次柱面.

①椭圆柱面 $\dfrac{x^2}{a^2} + \dfrac{y^2}{b^2} = 1 \quad (a,b > 0)$；

②双曲柱面 $\dfrac{x^2}{a^2} - \dfrac{y^2}{b^2} = 0 \quad (a,b > 0)$；

③抛物柱面 $x^2 + 2py = 0$.

（5）椭圆锥面 $\dfrac{x^2}{a^2} + \dfrac{y^2}{b^2} - \dfrac{z^2}{c^2} = 0 \quad (a,b,c > 0)$.

4. 曲线方程及其在坐标平面上的投影

（1）空间曲线的一般方程. $\begin{cases} F(x,y,z) = 0, \\ G(x,y,z) = 0. \end{cases}$

（2）空间曲线的参数方程. $\begin{cases} x = x(t), \\ y = y(t), \\ z = z(t). \end{cases}$

（3）曲线在 xOy 面上的投影. 消去空间曲线 $\begin{cases} F(x,y,z) = 0, \\ G(x,y,z) = 0 \end{cases}$ 方程中的 z 得到投影柱面方程 $f(x,y) = 0$，再联立，即 $\begin{cases} f(x,y) = 0, \\ z = 0. \end{cases}$

二、基本性质

1. 向量的运算性质

设 λ, u 为实数，则

（1）$\boldsymbol{a} + \boldsymbol{b} = \boldsymbol{b} + \boldsymbol{a}$.

（2）$(\boldsymbol{a} + \boldsymbol{b}) + \boldsymbol{c} = \boldsymbol{a} + (\boldsymbol{b} + \boldsymbol{c})$.

（3）$\lambda(\mu \boldsymbol{a}) = \mu(\lambda \boldsymbol{a}) = (\lambda \mu)\boldsymbol{a}$.

（4）$(\lambda + \mu)\boldsymbol{a} = \lambda \boldsymbol{a} + \mu \boldsymbol{a}, \lambda(\boldsymbol{a} + \boldsymbol{b}) = \lambda \boldsymbol{a} + \lambda \boldsymbol{b}$.

（5）设 $\boldsymbol{b}$ 是非零向量，则 $\boldsymbol{a} // \boldsymbol{b} \Leftrightarrow$ 存在实数 λ，使 $\boldsymbol{a} = \lambda \boldsymbol{b}$.

2. 数量积的运算性质

（1）$\boldsymbol{a} \cdot \boldsymbol{b} = \boldsymbol{b} \cdot \boldsymbol{a}$.

（2）$(\boldsymbol{a} + \boldsymbol{b}) \cdot \boldsymbol{c} = \boldsymbol{a} \cdot \boldsymbol{c} + \boldsymbol{b} \cdot \boldsymbol{c}$.

（3）$(\lambda \boldsymbol{a}) \cdot \boldsymbol{b} = \lambda(\boldsymbol{a} \cdot \boldsymbol{b}) = \boldsymbol{a} \cdot (\lambda \boldsymbol{b})$.

（4）$\boldsymbol{a} \perp \boldsymbol{b} \Leftrightarrow \boldsymbol{a} \cdot \boldsymbol{b} = 0 \Leftrightarrow a_x b_x + a_y b_y + a_z b_z = 0$.

3. 向量积的运算性质

（1）$\boldsymbol{a} \times \boldsymbol{b} = -\boldsymbol{b} \times \boldsymbol{a}$.

(2) $(\lambda \boldsymbol{a}) \times \boldsymbol{b} = \boldsymbol{a} \times (\lambda \boldsymbol{b}) = \lambda(\boldsymbol{a} \times \boldsymbol{b})$.

(3) $(\boldsymbol{a} + \boldsymbol{b}) \times \boldsymbol{c} = \boldsymbol{a} \times \boldsymbol{c} + \boldsymbol{b} \times \boldsymbol{c}$.

(4) $\boldsymbol{a} \mathop{/\!/} \boldsymbol{b} \Leftrightarrow \boldsymbol{a} \times \boldsymbol{b} = \boldsymbol{0} \Leftrightarrow \dfrac{a_x}{b_x} = \dfrac{a_y}{b_y} = \dfrac{a_z}{b_z} \quad (\boldsymbol{b} \neq \boldsymbol{0})$.

三、基本方法

1. 求向量模、方向角、方向余弦的方法

向量 $\boldsymbol{a} = (a_x, a_y, a_z)$，向量的模为向量各分量平方和的平方根；方向余弦为各分量与模的商；据此可以反求方向角. 注意：向量 $\boldsymbol{a}$ 的方向余弦 $\cos\alpha, \cos\beta, \cos\gamma$ 有关系式 $\cos^2\alpha + \cos^2\beta + \cos^2\gamma = 1$.

2. 求数量积、向量积及其有关问题的方法

（1）**数量积、向量积的求取.** 根据实际向量，利用定义求取.

（2）**利用向量积的几何意义求面积.** 向量积模的几何意义是以向量 $\boldsymbol{a}$、$\boldsymbol{b}$ 为邻边的平行四边形的面积，其二分之一就是以向量 $\boldsymbol{a}$、$\boldsymbol{b}$ 为邻边的三角形的面积.

3. 求平面的基本方法

（1）**点法式.** 用点法式求平面方程时，关键是确定平面上的一个已知点和平面的法向量 $\boldsymbol{n}$.

（2）**一般式.** 将得到的点法式方程化简，从而得到所求平面的方程.

（3）**平面束问题.** 求过某直线的平面方程时，用平面束方程处理较为简便.

（4）**垂直于已知直线的平面.** 已知直线的方向向量便是所求平面的法向量，再找平面上任一点运用点法式即可求得平面方程.

4. 求直线的基本方法

（1）**点向式.** 用点向式求直线方程时，关键是确定直线上的一个已知点和直线的方向量 $\boldsymbol{s}$.

（2）**一般式.** 利用两个平面相交，即直线方程的一般式.

5. 求直线与平面相交点的方法

求直线与平面交点坐标时，常用的方法是将直线方程化为参数方程形式代入平面方程来求.

6. 求投影曲线方程的方法

(1)先求出空间曲线在给定平面上的投影柱面方程.

(2)将投影柱面方程与给定平面方程联立，即求得投影曲线方程.

四、典型方法

1. 求与已知向量平行的向量

利用向量基本概念及向量与数乘法规则，可以求出已知向量的模，再根据待求向量的模大

小及方向可反求之.

2. 带有未知参数的两个向量关系已知,求未知数

由已知向量表示的带有未知参数的两个向量位置关系已知,如垂直,那么可以用向量的内积等于零来反推未知参数;如由两向量为邻边组成三角形或平行四边形的面积已知,那么可以利用叉积模的几何意义来反推未知参数;如带一个未知参数的向量模最小,那么依据一元函数极值和向量自身点积为模的平方的知识点,反求未知参数.

3. 应用点到平面的距离公式求待求平面

已知点到平面的距离和平面的一些其他已知条件,如平面在三条坐标轴上的截距比例关系等,可以利用平面的截距式方程来表示点到平面的距离来反求待求平面.

4. 求过一已知直线且与另一已知直线平行的平面方程

由已知条件知道待求平面的法向量与已知的两条直线的方向向量均垂直,可以取待求平面的法向量为两已知直线方向向量的叉积,再在平面通过的已知直线上任取一点,应用点法式求出待求平面.

5. 已知平面与过已知直线的待求平面位置关系已知,求待求平面

建立过已知直线的平面束方程,依据已知的位置关系,利用面面关系公式,来确定平面束方程中的未知参数,即可求出待求平面方程.

6. 求到两已知曲面距离比例已知的点的轨迹方程

依据题意求出点到两已知平面的距离,再依据距离比例关系,求出点的轨迹方程.

第三节　典型例题

一、基本题型

1. 向量及其运算

例1　判断下列各题的对错.

(1)与非零向量 a 同向的单位向量 $a°$ 只有 1 个.

(2)与非零向量 a 共线的单位向量只有 1 个.

(3) $i+j+k$ 是单位向量.

(4) $-k$ 是单位向量.

(5)与 x,y,z 三坐标轴的正向夹角相等的向量,其方向角为 $\left(\dfrac{\pi}{3},\dfrac{\pi}{3},\dfrac{\pi}{3}\right)$.

(6) $|a|a=a\cdot a$.

(7) $a\cdot b=0 \Leftrightarrow a=0$ 或 $b=0$.

(8)若 $|a| = |b|$ ，则 $a = b$.

(9)若 $a \neq 0$ ，且 $a \times b = a \times c$ ，则 $b = c$.

(10) $2j > i$.

分析 (1)—(5)比较简单，考查的是基本概念；(6)—(10)是一组关于向量的各种运算的等式．判定等式是否成立，先要看等式两边是否同时是数量，或同时是向量；其次，若同时是数量，则看数值是否相等，若同时是向量，则判断模是否相等，方向是否相同；若一边是数量，另一边是向量，显然不相等．

解 (1)对． $a^\circ = \dfrac{a}{|a|}$ ．

(2)错．与非零向量 a 共线的单位向量有两个为 $\pm \dfrac{a}{|a|}$ ．

(3)错．因为 $|i + j + k| = \sqrt{1^2 + 1^2 + 1^2} = \sqrt{3} \neq 1$ ，所以 $i + j + k$ 不是单位向量．

(4)对．由于 $|-k| = 1$ ，故 $-k$ 是单位向量．

(5)错．因为任何一个向量的三个方向角 α, β, γ 应满足关系式 $\cos^2\alpha + \cos^2\beta + \cos^2\gamma = 1$ ，而 $\cos^2 \dfrac{\pi}{3} + \cos^2 \dfrac{\pi}{3} + \cos^2 \dfrac{\pi}{3} = \dfrac{3}{4} \neq 1$ ，事实上，均以 $\dfrac{\pi}{3}$ 作为方向角的向量是根本不存在的．

(6)错．由于 $|a|a = a \cdot a$ 左端是向量，右端是数量，故等式不成立．

(7)错．因为 $a \cdot b = 0 \Leftrightarrow a \perp b$ ，故结论不成立．

(8)错．两向量 a 与 b 的模相等，但方向不一定相同，如 $|i| = |j| = 1$ ，但 $i \neq j$ ，故结论不一定成立．

(9)错．由 $a \times b = a \times c$ 可知 $a \times (b - c) = 0$ ，且 $a \neq 0$ ，此等式成立，当且仅当 $a // (b - c)$ ，而不一定有 $b = c$ ，如 $i \times k = i \times (i + k)$ ，但 $k \neq i + k$ ．实际上，将 b, c 的起点移到同一点，只要 b, c 的终点落在与 a 平行的任一直线上，就有 $a // (b - c)$ ，从而 $a \times b = a \times c$ ，但 $b \neq c$ ．

(10)错．因为向量不能比较大小，该等式没有意义．

例 2 单项选择题．

(1)点 $P(1, -2, 3)$ 到 y 轴的距离 $d = ($ 　　　)．

(A) $\sqrt{1^2 + (-2)^2 + 3^2}$ ． 　(B) $\sqrt{(-2)^2 + 3^2}$ ． 　(C) $\sqrt{1^2 + (-2)^2}$ ． 　(D) $\sqrt{1^2 + 3^2}$ ．

(2)点 $(2, -3, 1)$ 在第_____卦限．

(A) Ⅰ． 　　　　(B) Ⅳ． 　　　　(C) Ⅴ． 　　　　(D) Ⅷ．

分析 该题属于基本题，考查的是两点间的距离公式和空间点与卦限之间的关系．

解 (1)选(D)． P 点在 y 轴上的投影为 $(0, -2, 0)$ ，故点 P 到 y 轴的距离为 $d = \sqrt{(1-0)^2 + (-2+2)^2 + (3-0)^2} = \sqrt{1^2 + 3^2}$ ．

(2)选(B)．

例 3 单项选择题．

(1)设 a, b 为非零向量，且 $a \perp b$ ，则必有(　　　)．

(A) $|a + b| = |a| + |b|$ ． 　　　　　　(B) $|a - b| = |a| - |b|$ ．

(C) $|a + b| = |a - b|$ ． 　　　　　　(D) $a + b = a - b$ ．

(2)设向量 a, b 相平行，但方向相反，则当 $|a| > |b| > 0$ 时，必有(　　　)．

(A) $|a + b| = |a| - |b|$ ． 　　　　　　(B) $|a + b| > |a| - |b|$ ．

(C) $|a + b| < |a| - |b|$ ． 　　　　　　(D) $|a + b| = |a| + |b|$ ．

分析 该题考查的是向量的加减法及向量的模.

解 (1)选(C).当 a,b 为非零向量,且 $a \perp b$,则以 a,b 为两邻边的平行四边形是矩形.而矩形的两条对角线长度相等,故必有 $|a+b| = |a-b|$.

(2)选(A).以 a,b 及 $a+b$ 为三条边的三角形的边长,必须满足关系式 $|a+b| \geqslant |a| - |b|$.但是,当 a,b 互相平行,方向相反,且 $|a| > |b| > 0$ 时,必有 $|a+b| = |a| - |b|$.

例 4 单项选择题.

(1)向量 a 与 b 的数量积 $a \cdot b = ($ $)$.

(A) $|a| \operatorname{Prj}_b a$.   (B) $a \cdot \operatorname{Prj}_a b$.   (C) $|a| \operatorname{Prj}_a b$.   (D) $|b| \operatorname{Prj}_a b$.

(2)非零向量 a,b 满足 $a \cdot b = 0$,则有(   ).

(A) $a /\!/ b$.   (B) $a = \lambda b$(λ 为实数).   (C) $a \perp b$.   (D) $a + b = 0$.

(3)设 a 与 b 为非零向量,则 $a \times b = 0$ 是(   ).

(A) $a /\!/ b$ 的充要条件.   (B) $a \perp b$ 的充要条件.

(C) $a = b$ 的充要条件.   (D) $a /\!/ b$ 的必要但不充分的条件.

(4)设 $a = 2i + 3j - 4k, b = 5i - j + k$,则向量 $c = 2a - b$ 在 y 轴上的分向量是(   ).

(A)7.   (B)$7j$.   (C)-1.   (D)$-9k$.

分析 本题考查的是向量的数量积、向量积及向量在坐标轴上的投影.

解 (1)选(C).因为 $a \cdot b = |a||b| \cos (\widehat{a,b}) = |a| \operatorname{Prj}_a b$

(2)选(C).因为 $a \cdot b = 0 \Leftrightarrow a \perp b$.

(3)选(A).因为 $a \times b = 0 \Leftrightarrow a /\!/ b$.

(4)选(B).因为 $c = -i + 7j - 9k$.

例 5 计算题.

(1)求 $A(1,-3,2)$ 关于点 $P(-1,2,1)$ 的对称点 B.

(2)在第三卦限内求一点 M,它与三个坐标轴的距离分别为 $d_x = 5, d_y = 3\sqrt{5}, d_z = 2\sqrt{13}$.

分析 本题考查的是对称点之间的关系、空间点与坐标轴之间的距离及点与卦限的位置关系.

解 (1)设对称点 $B(x,y,z)$,由中点公式得

$$-1 = \frac{1}{2}(1+x), 2 = \frac{1}{2}(-3+y), 1 = \frac{1}{2}(2+z).$$

解得 $x = -3, y = 7, z = 0$,即所求点 B 的坐标为 $(-3,7,0)$.

(2)设所求点为 $M(x,y,z)$,点 M 在 x,y,z 轴上的投影分别为 $A(x,0,0), B(0,y,0), C(0,0,z)$,则

$$d_x = |MA| = \sqrt{(x-x)^2 + (y-0)^2 + (z-0)^2} = 5,$$
$$d_y = |MB| = \sqrt{(x-0)^2 + (y-y)^2 + (z-0)^2} = 3\sqrt{5},$$
$$d_z = |MC| = \sqrt{(x-0)^2 + (y-0)^2 + (z-z)^2} = 3\sqrt{13}.$$

即有 $\begin{cases} y^2 + z^2 = 25, \\ x^2 + z^2 = 45, \\ x^2 + y^2 = 52, \end{cases}$ 解得 $x = \pm 6, y = \pm 4, z = \pm 3$.

因为 M 在第 III 卦限内,故所求点 M 的坐标为 $(-6,-4,3)$.

例 6 试证以点 $A(4,1,9)$、$B(10,-1,6)$、$C(2,4,3)$ 为顶点的三角形是等腰直角三

角形.

分析 本题依旧考查的是空间两点之间的距离公式.

证 因 $|AB| = \sqrt{(10-4)^2 + (-1-1)^2 + (6-9)^2} = 7$,

$$|AC| = \sqrt{(2-4)^2 + (4-1)^2 + (3-9)^2} = 7,$$

$$|BC| = \sqrt{(2-10)^2 + (4+1)^2 + (3-6)^2} = 7\sqrt{2}.$$

有 $|AB| = |AC|$, 且 $|AB|^2 + |AC|^2 = |BC|^2$, 故 $\triangle ABC$ 为等腰直角三角形.

例 7 设向量 $\boldsymbol{a} = (a_x, a_y, a_z)$,

(1) 用 $\boldsymbol{a}$ 的模及方向余弦表示 $\boldsymbol{a}$.

(2) 求与向量 $\boldsymbol{a} = (16, -15, 12)$ 反向平行, 且长度为 75 的向量.

分析 本题考查的知识点是向量的模、方向余弦和两个向量平行的条件.

解 (1) $\boldsymbol{a} = a_x\boldsymbol{i} + a_y\boldsymbol{j} + a_z\boldsymbol{k} = |\boldsymbol{a}|\left(\dfrac{a_x}{|\boldsymbol{a}|}\boldsymbol{i} + \dfrac{a_y}{|\boldsymbol{a}|}\boldsymbol{j} + \dfrac{a_z}{|\boldsymbol{a}|}\boldsymbol{k}\right) = |\boldsymbol{a}|(\cos\alpha\boldsymbol{i} + \cos\beta\boldsymbol{j} + \cos\gamma\boldsymbol{k})$.

(2) 按题意所求向量为 $\boldsymbol{b} = \lambda\boldsymbol{a} = (16\lambda, -15\lambda, 12\lambda)$ $(\lambda < 0)$, 且 $\boldsymbol{b} = \sqrt{(16\lambda)^2 + (-15\lambda)^2 + (12\lambda)^2} = 75$, 解得 $\lambda = -3$. 则有向量 $\boldsymbol{b} = (-48, 45, -36)$.

例 8 设 $A(x_1, y_1, z_1)$ 和 $B(x_2, y_2, z_2)$ 为两已知点, 而在 AB 直线上的点 M 分有向线段 AB 为两个有向线段 AM 与 MB, 使它们满足等式 $AM = \lambda MB (\lambda \neq -1)$, 试证分点 $M(x, y, z)$ 的坐标为: $x = \dfrac{x_1 + \lambda x_2}{1 + \lambda}, y = \dfrac{y_1 + \lambda y_2}{1 + \lambda}, z = \dfrac{z_1 + \lambda z_2}{1 + \lambda}$.

分析 本题考查的仍然是两点之间的距离公式, 进而引出线段定比分点.

证 由题意有 $AM = \lambda MB (\lambda \neq -1)$, 即 $(x - x_1, y - y_1, z - z_1) = \lambda(x_2 - x, y_2 - y, z_2 - z)$.

亦即 $\begin{cases} x - x_1 = \lambda(x_2 - x), \\ y - y_1 = \lambda(y_2 - y), \\ z - z_1 = \lambda(z_2 - z), \end{cases}$ 解得 $\begin{cases} x = \dfrac{x_1 + \lambda x_2}{1 + \lambda}, \\ y = \dfrac{y_1 + \lambda y_2}{1 + \lambda}, \\ z = \dfrac{z_1 + \lambda z_2}{1 + \lambda}. \end{cases}$

即证得分点 $M(x, y, z)$ 的坐标为 $x = \dfrac{x_1 + \lambda x_2}{1 + \lambda}, y = \dfrac{y_1 + \lambda y_2}{1 + \lambda}, z = \dfrac{z_1 + \lambda z_2}{1 + \lambda}$.

2. 平面、直线及其方程

例 9 一平面过 $M_1(1, 1, 1)$ 和 $M_2(0, 1, -1)$, 且垂直于平面 $x + y + z = 0$, 求其方程.

分析 该题可以用两种方法求解: 法一可设出待求平面方程, 将已知两点代入得到两个方程, 再根据待求平面与已知平面垂直列出第三个方程, 联立求解; 法二根据待求平面法向量与平面内两点组成向量及已知平面法向量垂直, 依据向量积性质求出待求平面的法向量, 再依据点法式写出待求平面.

解法 1 设所求平面方程为 $Ax + By + Cz + D = 0$, 将 $M_1(1, 1, 1)$ 和 $M_2(0, 1, -1)$ 代入得

$$\begin{cases} A + B + C + D = 0, \\ B - C + D = 0. \end{cases}$$

又由于所求平面垂直于平面 $x+y+z=0$，故有 $A+B+C=0$，联立上述三个方程解得 $D=0,B=C,A=-2C$，于是所求平面方程为 $2x-y-z=0$.

解法 2 由于 (A,B,C) 与 $(1,1,1)$ 及 $\overrightarrow{M_1M_2}=(-1,0,-2)$ 垂直，有 $A+B+C=0$ 和 $-A-2C=0$，解得 $B=C,A=-2C$，令 $C=1$，则所求平面方程为 $-2(x-1)+y-1+z-1=0$，即 $2x-y-z=0$.

例 10 指出下列方程组在空间解析几何中表示怎样的曲线.

$$(1)\begin{cases}x=1,\\y=2.\end{cases} \qquad (2)\begin{cases}y=3,\\x^2+y^2+z^2=16.\end{cases} \qquad (3)\begin{cases}z=\dfrac{x^2}{2}+\dfrac{y^2}{2},\\x-y=0.\end{cases}$$

分析 本题考查的是空间曲线的一般方程与图形之间的关系.

解 (1) $x=1$ 表示平行于 yOz 坐标面的平面，$y=2$ 表示平行于 xOz 坐标面的平面，方程组 $\begin{cases}x=1,\\y=2\end{cases}$ 表示过点 $(1,2,0)$ 平行于 z 轴的一条直线.

(2) $x^2+y^2+z^2=16$ 表示以原点为球心，以 4 为半径的球面；$y=3$ 表示平行于 xOz 坐标面的平面，方程组 $\begin{cases}y=3,\\x^2+y^2+z^2=16\end{cases}$ 表示平面 $y=3$ 上的一个圆，圆心为 $(0,3,0)$，半径为 $\sqrt{7}$.

(3) $z=\dfrac{x^2}{2}+\dfrac{y^2}{2}$ 表示椭圆抛物面，$x-y=0$ 表示过 z 轴的平面，方程组 $\begin{cases}z=\dfrac{x^2}{2}+\dfrac{y^2}{2},\\x-y=0\end{cases}$ 表示平面 $x-y=0$ 上的一条抛物线.

例 11 写出满足下列各条件的直线方程.

(1)经过点 $(-1,2,5)$ 且垂直于平面 $3x-7y+2z-11=0$.

(2)经过点 $(2,0,-1)$ 且平行于 y 轴.

(3)经过点 $(-2,3,1)$ 且平行于直线 $\begin{cases}2x-3y+z=0,\\x+5y-2z=0.\end{cases}$

分析 该题考查的是直线与平面、直线与直线的关系. 第(1)题过一点与已知平面垂直，说明直线的方向向量与平面的法向量平行，故可取平面法向量为直线方向向量；第(2)和(3)题都是求与已知直线平行的直线方程，故可取待求直线方向向量为已知直线方向向量.

解 (1)因为所求直线垂直于平面 $3x-7y+2z-11=0$，所以直线平行于所给平面法向量 $\boldsymbol{n}=(3,-7,2)$，故可取直线的方向向量为 $\boldsymbol{s}=\boldsymbol{n}=(3,-7,2)$，于是所求直线方程为

$$\frac{x+1}{3}=\frac{y-2}{-7}=\frac{z-5}{2}.$$

(2)因为直线平行于 y 轴，所以直线的方向向量 $\boldsymbol{s}$ 平行于单位向量 $\boldsymbol{j}=(0,1,0)$，故可取 $\boldsymbol{s}=\boldsymbol{j}=(0,1,0)$，于是所求直线方程为

$$\frac{x-2}{0}=\frac{y}{1}=\frac{z+1}{0}.$$

(3)因为已知直线的方向向量 $\boldsymbol{s}_1=(2,-3,1)\times(1,5,-2)=(1,5,13)$，故所求直线的方向向量可以取为 $\boldsymbol{s}=\boldsymbol{s}_1=(1,5,13)$，于是所求直线方程为

$$\frac{x+2}{1}=\frac{y-3}{5}=\frac{z-1}{13}.$$

例 12 求直线 $\dfrac{x-2}{1}=\dfrac{y-3}{1}=\dfrac{z-4}{2}$ 与平面 $2x+y+z-6=0$ 的交点.

分析 平面与直线交点问题,可以将直线的参数方程代入平面方程求取.

解 由 $\dfrac{x-2}{1}=\dfrac{y-3}{1}=\dfrac{z-4}{1}$ 得 $x=y-1,z=2y-2$,将 x、z 代入 $2x+y+z-6=0$,得 $y=2$,将 $y=2$ 代入 x、z,得 $x=1,z=2$.所以交点为 $(1,2,2)$.

3. 曲线、曲面及其方程

例 13 单项选择题.

(1)空间曲线的方程是(　　).

(A)唯一的.　　　　(B)不唯一的.　　　(C)可能不唯一.　　　(D)不能确定.

(2)方程组 $\begin{cases} 2x^2+y^2+4z^2=9, \\ x=1 \end{cases}$ 表示(　　).

(A)椭球面.　　　　　　　　　　　　(B)$x=1$ 平面上的椭圆.

(C)椭圆柱面.　　　　　　　　　　　(D)空间曲线在 $x=1$ 平面上的投影.

(3)方程 $x^2+y^2=0$ 在空间直角坐标系下表示(　　).

(A)坐标原点 $(0,0,0)$.　　　　　　　(B)xOy 坐标面的原点 $(0,0)$.

(C)z 轴.　　　　　　　　　　　　　(D)xOy 坐标面.

分析 该题考查的是空间曲线一般方程的基本概念、性质.

解 (1)选(B).因为空间曲线的一般方程是 $\begin{cases} F(x,y,z)=0, \\ G(x,y,z)=0, \end{cases}$ 即任何两个包含该曲线的曲面方程联立,都可以表示该曲线的曲线方程,如曲线 $\begin{cases} x^2+y^2=1, \\ z=0, \end{cases}$ 也可以用 $\begin{cases} x^2+y^2+z^2=1, \\ z=0 \end{cases}$ 或 $\begin{cases} z=x^2+y^2-1, \\ z=0 \end{cases}$ 等表示.

(2)选(B).因为该方程组表示一个椭球面与平面 $x=1$ 的交线,即平面 $x=1$ 上的椭圆.

(3)选(C).因为 $x^2+y^2=0$ 等价于 $\begin{cases} x=0, \\ y=0, \end{cases}$ 而 $x=0$ 表示 yOz 坐标面,$y=0$ 表示 xOz 坐标面,这两个坐标面的交线即为 z 轴.

例 14 试求到球面 $\sum_1:(x-4)^2+y^2+z^2=9$ 与 $\sum_2:(x+1)^2+(y+1)^2+(z+1)^2=4$ 的距离比为 $3:2$ 的点的轨迹,并指出曲面的类型.

分析 在待求曲面上任取一点 $M(x,y,z)$,根据已知条件,建立动点 M 的坐标应满足方程 $F(x,y,z)=0$,则此方程即为待求曲面方程.

解 设待求平面上的动点为 $M(x,y,z)$.

点 M 到球面 $\sum_1$ 的球心 $(4,0,0)$ 的距离为 $d_1=\sqrt{(x-4)^2+y^2+z^2}$.

点 M 到球面 $\sum_2$ 的球心 $(-1,-1,-1)$ 的距离为 $d_2=\sqrt{(x+1)^2+(y+1)^2+(z+1)^2}$.

点 M 到球面 $\sum_1$ 的距离为 $d_1-3=\sqrt{(x-4)^2+y^2+z^2}-3$.

点 M 到球面 $\sum_2$ 的距离为 $d_2-2=\sqrt{(x+1)^2+(y+1)^2+(z+1)^2}-2$.

由已知 $\dfrac{d_1-3}{d_2-2}=\dfrac{3}{2}$,得 $2d_1=3d_2$,整理化简后得 $5(x^2+y^2+z^2)+50x+18y+18z-37=0$,这是一个球面方程.

二、综合题型

例1 设 $u = 2a + b, v = ka + b$,其中 $|a| = 1, |b| = 2$,且 $a \perp b$,求:

(1) k 为何值时,$u \perp v$.

(2) k 为何值时,以 u, v 为邻边的平行四边形面积为6.

分析 (1)依据题意根据 $u \perp v$ 的关系(内积为0)反推 k;(2)依据两向量叉积模的几何意义为两向量为邻边平行四边形的面积反推 k.

解 (1)由 $u \cdot v = (2a + b) \cdot (ka + b) = 2k |a|^2 + (2 + k)a \cdot b + |b|^2 = 2k + 4$,可知当 $k = -2$ 时,$u \cdot v = 0$,亦即 $u \perp v$.

(2)据题意知 $|u \times v| = 6$,即

$$| (2a + b) \times (ka + b) | = | 2k(a \times a) + 2(a \times b) + k(b \times a) + b \times b |$$

$$= |2 - k| |a \times b| = |2 - k| \cdot 2 \cdot 1 \cdot \sin \frac{\pi}{2} = |4 - 2k| = 6,$$

解得 $k = -1$ 和 $k = 5$.

例2 设 $a = (1, -1, 1), b = (3, -4, 5), c = a + \lambda b$,问 λ 取何值时,$|c|$ 最小?并证明当 $|c|$ 最小时,$c \perp b$.

分析 该题比较复杂,首先要求出使 $|c|$ 最小的 λ,依据题意求 $|c|$ 最小相当于求 $|c|^2$ 最小,结合一元函数极值知识求出 λ;然后求出向量 c,判断其与 b 的关系.

解 令 $f(\lambda) = |c|^2 = |a + \lambda b|^2 = |a|^2 + 2\lambda a \cdot b + \lambda^2 |b|^2$,而 $|a|^2 = 3, |b|^2 = 50, a \cdot b = 12$,所以 $f(\lambda) = 3 + 24\lambda + 50\lambda^2, f'(\lambda) = 24 + 100\lambda$. 令 $f'(\lambda) = 0$,得唯一驻点 $\lambda = -\frac{6}{25}$,而 $f''(\lambda) = 100 > 0$,故 $\lambda = -\frac{6}{25}$ 是 $f(\lambda)$ 的唯一小值点,因此当 $\lambda = -\frac{6}{25}$ 时,$f(\lambda)$ 最小,此时 $|c|$ 也最小. 当 $\lambda = -\frac{6}{25}$ 时,$c = a - \frac{6}{25}b = \left(\frac{7}{25}, -\frac{1}{25}, -\frac{5}{25} \right)$.

因为 $c \cdot b = \frac{7}{25} \times 3 - \frac{1}{25} \times (-4) - \frac{5}{25} \times 5 = 0$,故 $c \perp b$.

例3 求同时垂直于 $a = (3, 6, 8)$ 和 x 轴的单位向量.

分析 本题设出待求向量,根据向量叉积的意义求取.

解 设 b 为 x 轴上向量,则 $b = (x, 0, 0)$.

由向量积的定义可知,若 $a \times b = c$,则 c 同时垂直于 a 和 b,且

$$c = a \times b = \begin{vmatrix} i & j & k \\ 3 & 6 & 8 \\ x & 0 & 0 \end{vmatrix} = 8xj - 6xk.$$

显然,与 $c = a \times b$ 平行的单位向量应是两个方向相反的向量,它们是

$$\pm c° = \pm \frac{a \times b}{|a \times b|} = \pm \frac{8xj - 6xk}{\sqrt{(8x)^2 + (-6x)^2}} = \pm \frac{1}{10}(0, 8, -6).$$

例4 单项单选题.

(1)设空间直线的对称式方程为 $\frac{x}{0} = \frac{y}{1} = \frac{z}{2}$,则该直线必( ).

(A)过原点且垂直于 x 轴.   (B)过原点且垂直于 y 轴.

(C)过原点且垂直于 z 轴.   (D)过原点且平行于 x 轴.

(2)设空间三直线的方程分别为 $L_1: \dfrac{x+3}{-2} = \dfrac{y+4}{-5} = \dfrac{z}{3}$, $L_2: \begin{cases} x = 3t, \\ y = -1 + 3t, \\ z = 2 + 7t, \end{cases}$

$L_3: \begin{cases} x + 2y - z + 1 = 0, \\ 2x + y - z = 0, \end{cases}$ 则必有(   ).

(A)$L_1 /\!/ L_2$.   (B)$L_1 /\!/ L_3$.   (C)$L_2 \perp L_3$.   (D)$L_1 \perp L_2$.

分析   本题考查的知识点为两条直线的位置关系.

解   (1)选(A).由题设知给定直线的方向向量为 $\boldsymbol{s} = (0,1,2)$, x 轴的方向向量为 $\boldsymbol{i} = (1, 0, 0)$,由 $\boldsymbol{s} \cdot \boldsymbol{i} = 0$,知 $\boldsymbol{s} \perp \boldsymbol{i}$,即直线垂直于 x 轴.又因给定直线 $\dfrac{x}{0} = \dfrac{y}{1} = \dfrac{z}{2}$ 就是平面 $x = 0$ 与 $z = 2y$ 的交线,该直线显然通过原点.综上所述,所给直线过原点且垂直于 x 轴.

(2)选(D).设直线 L_1, L_2, L_3 的方向向量分别为 $\boldsymbol{s}_1, \boldsymbol{s}_2, \boldsymbol{s}_3$,则有 $\boldsymbol{s}_1 = (-2, -5, 3)$, $\boldsymbol{s}_2 = (3, 3, 7)$, $\boldsymbol{s}_3 = (1, 2, -1) \times (2, 1, -1) = (-1, -1, -3)$.因为 $\boldsymbol{s}_1 \cdot \boldsymbol{s}_2 = (-2) \times 3 + (-5) \times 3 + 3 \times 7 = 0$,所以 $L_1 \perp L_2$.

例 5   一平面与原点距离为 6,且在三坐标轴上的截距之比 $a:b:c = 1:3:2$,求该平面方程.

分析   可设平面方程为截距式,再利用原点到平面的距离及截距之间的关系求出平面在三个坐标轴上的截距,即可得平面方程.

解   因为截距之比 $a:b:c = 1:3:2$,故可设 $a = t, b = 3t, c = 2t$.

则该平面方程为 $\dfrac{x}{t} + \dfrac{y}{3t} + \dfrac{z}{2t} = 1$,即 $x + \dfrac{y}{3} + \dfrac{z}{2} - t = 0$.

原点到平面的距离 $d = \dfrac{|-t|}{\sqrt{1 + \left(\dfrac{1}{3}\right)^2 + \left(\dfrac{1}{2}\right)^2}} = 6$,解得 $t = \pm 7$.

则所求平面方程为两个:$6x + 2y + 3z \pm 42 = 0$.

例 6   (1)求过点 $M(1, 2, -1)$ 且与直线 $\begin{cases} x = -t + 2, \\ y = 3t - 4, \\ z = t - 1 \end{cases}$ 垂直的平面方程.

(2)已知两条直线的方程分别是 $L_1: \dfrac{x-1}{1} = \dfrac{y-2}{0} = \dfrac{z-3}{-1}$, $L_2: \dfrac{x+2}{2} = \dfrac{y-1}{1} = \dfrac{z}{1}$,求过 L_1 且平行于 L_2 的平面方程.

分析   第(1)题比较简单,将直线方向向量看成待求平面法向量,应用点法式即可求出;第(2)题依题意知待求平面与两条直线的方向向量均垂直,因此可以取待求平面的法向量为已知两条直线方向向量的叉积,在 L_1 任取一点,应用点法式即可求出.

解   (1)化参数方程为对称方程:$\dfrac{x-2}{-1} = \dfrac{y+4}{3} = \dfrac{z+1}{1}$,则所求平面的法向量为 $\boldsymbol{n} = (-1, 3, 1)$,依点法式得 $-1(x-1) + 3(y-2) + 1 \cdot (z+1) = 0$,即 $x - 3y - z + 4 = 0$.

(2)取 L_1 上的点 $A(1, 2, 3)$,取

$$n = s_1 \times s_2 = \begin{vmatrix} i & j & k \\ 1 & 0 & -1 \\ 2 & 1 & 1 \end{vmatrix} = (1, -3, 1),$$

则由点法式可得所求平面方程为 $x - 3y + z + 2 = 0$.

例 7 (1) 求直线 $\dfrac{x+2}{1} = \dfrac{y-3}{2} = \dfrac{z+6}{-3}$ 与平面 $\Pi: x - y - z = 0$ 的夹角 θ.

(2) 直线 $L: \dfrac{x-1}{2} = \dfrac{y+2}{-1} = \dfrac{z+1}{m}$ 在平面 $\Pi: -px + 2y - z + 4 = 0$ 上, 试求 m, p 的值.

分析 该题考查的是直线与平面的关系. 第(1)题求直线与平面的夹角, 要用到直线与平面夹角公式; 第(2)题要使直线 L 在平面 Π 上, 只要 L 平行于 Π, 且有一个点在 Π 上即可.

解 (1) 直线 L 的方向向量 $s = (1, 2, -3)$, 平面 Π 的法向量 $n = (1, -1, -1)$, 由直线与平面所成角的公式得

$$\sin\theta = \frac{|s \cdot n|}{|s| \cdot |n|} = \frac{|1 \times 1 + 2 \times (-1) + (-3) \times (-1)|}{\sqrt{1^2 + 2^2 + (-3)^2} \cdot \sqrt{1^2 + (-1)^2 + (-1)^2}} = \frac{2}{\sqrt{42}}.$$

(2) 直线 L 的方向向量 $s = (2, -1, m)$, 平面 Π 的法向量 $n = (-p, 2, -1)$, 由 L 平行于 Π, 得 $s \cdot n = 0$, 即 $-2p - 2 - m = 0$. 又 $M_0(1, -2, -1)$ 为 L 上的点, 把此点的坐标代入 Π 的方程得 $-p + 1 = 0$, 解得 $m = -4, p = 1$.

例 8 求经过直线 $L: \begin{cases} x + 5y + z = 0, \\ x - z + 4 = 0 \end{cases}$ 且与平面 $x - 4y - 8z + 12 = 0$ 交成角 $\dfrac{\pi}{4}$ 的平面方程.

分析 该题可以在通过直线 L 的平面束中寻找与已知平面成 $\dfrac{\pi}{4}$ 角的平面.

解 过直线 L 的平面束方程为 $\lambda(x + 5y + z) + \mu(x - z + 4) = 0$, 即 $(\lambda + \mu)x + 5\lambda y + (\lambda - \mu)z + 4\mu = 0$, 则所求平面的法向量为 $n_1 = (\lambda + \mu, 5\lambda, \lambda - \mu)$, 而已知平面的法向量为 $n_2 = (1, -4, -8)$, 所以 $\cos\dfrac{\pi}{4} = \dfrac{|n_1 \cdot n_2|}{|n_1| |n_2|} = \dfrac{|3\lambda - \mu|}{\sqrt{27\lambda^2 + 2\mu^2}} = \dfrac{\sqrt{2}}{2}$, 解得 $\lambda = 0$ 或 $\dfrac{\lambda}{\mu} = -\dfrac{4}{3}$. 故所求平面方程为 $x - z + 4 = 0$ 或 $x + 20y + 7z - 12 = 0$.

例 9 已知两条直线的方程为 $L_1: \dfrac{x-1}{1} = \dfrac{y-2}{0} = \dfrac{z-3}{-1}$, $L_2: \dfrac{x+2}{2} = \dfrac{y-1}{1} = \dfrac{z}{1}$, 则过 L_1 且平行于 L_2 的平面方程是_____.

分析 该题所求平面过已知直线且平行于另一已知直线, 故可取待求平面的法向量为两已知直线方向向量的叉积.

解 根据题意, 所求平面应该过直线 L_1, 从而过直线 L_1 上的点 $(1, 2, 3)$, 另一方面所求平面的法向量 n 与已知直线 L_1 及 L_1 的方向向量 s_1 及 s_2 都垂直, 从而可取 $n = s_1 \times s_2 = (1, -3, 1)$, 于是所求平面方程为 $1 \cdot (x - 1) - 3 \cdot (y - 2) + 1 \cdot (z - 3) = 0$, 故应填

$$x - 3y + z + 2 = 0.$$

例 10 判断下列两条直线 $L_1: \dfrac{x+1}{1} = \dfrac{y}{1} = \dfrac{z-1}{2}$, $L_2: \dfrac{x}{1} = \dfrac{y+1}{3} = \dfrac{z-2}{4}$ 是否在同一平面上. 若在同一平面上求交点, 若不在同一平面上求两条直线之间的最短距离.

分析 该题较为复杂, 如果两条直线(已知两条直线不平行)在同一平面上, 那么该平面的法向量(取两直线方向向量的叉积)与两条直线上任意两点所成向量的点积为零, 否则两条直

线不在同一平面上. 求不在同一平面两条直线的距离,可以用直线的参数方程表示直线,利用两点间的距离公式,再利用极值原理求取.

解 根据题意,两条直线的方向向量 $s_1 = (1,1,2)$ 和 $s_2 = (1,3,4)$,两条直线分别过点 $P(-1,0,1)$ 和点 $Q(0,-1,2)$,$\overrightarrow{PQ} = (1,-1,1)$,直线 L_1 和 L_2 在同一平面上等价于 $(s_1 \times s_2) \cdot \overrightarrow{PQ} = 0$,而 $(s_1 \times s_2) \cdot \overrightarrow{PQ} = \begin{vmatrix} 1 & 1 & 2 \\ 1 & 3 & 4 \\ 1 & -1 & 1 \end{vmatrix} = 2 \neq 0$,所以这两条直线不在同一平面上.

直线 L_1 和 L_2 的参数方程分别为 $L_1: \begin{cases} x = -1+t, \\ y = t, \\ z = 1+2t, \end{cases}$ $L_2: \begin{cases} x = s, \\ y = -1+3s, \\ z = 2+4s, \end{cases}$ 设两条直线之间的距离为 d,则有

$$d = \sqrt{(s-t+1)^2 + (-1+3s-t)^2 + (1+4s-2t)^2}.$$

令 $f(s,t) = (s-t+1)^2 + (-1+3s-t)^2 + (1+4s-2t)^2$,求其最值,解得 $s = 1$,$t = \dfrac{7}{3}$,根据几何意义可知,当 $s = 1, t = \dfrac{7}{3}$ 时两条直线的距离最短,最短距离 $d = \dfrac{\sqrt{3}}{3}$.

第四节　数学文化拾趣园

一、数学家趣闻轶事

1. 笛卡尔的生平简介

笛卡尔,1596 年 3 月 31 日生于法国安德尔—卢瓦尔省的图赖讷拉海(现改名为笛卡尔以纪念这位伟人),1650 年 2 月 11 日逝世于瑞典斯德哥尔摩. 笛卡尔是法国著名的哲学家、物理学家、数学家、神学家,他对现代数学的发展做出了重要的贡献,因将几何坐标体系公式化而被认为是解析几何之父. 笛卡尔是二元论的代表,留下名言"我思故我在"(或译为"思考是唯一确定的存在"),提出了"普遍怀疑"的主张,是欧洲近代哲学的奠基人之一,黑格尔称他为"现代哲学之父",他的哲学思想深深影响了之后的几代欧洲人,开拓了"欧陆理性主义"哲学. 笛卡尔自成体系,融唯物主义与唯心主义于一体,在哲学史上产生了深远的影响. 同时,他又是一位勇于探索的科学家,他所建立的解析几何在数学史上具有划时代的意义. 笛卡尔堪称 17 世纪的欧洲哲学界和科学界最有影响的巨匠之一,被誉为"近代科学的始祖".

2. 笛卡尔的代表成就

笛卡尔对数学最重要的贡献是创立了解析几何. 在笛卡尔之前,代数还是一个比较新的学科,几何学的思维还在数学家的头脑中占有统治地位. 笛卡尔致力于将代数和几何联系起来的研究,并成功地将当时完全分开的代数和几何学联系到了一起. 1637 年,在创立了坐标系后,笛卡尔成功地创立了解析几何学,他的这一成就为微积分的创立奠定了基础,而微积分又是现代数学的重要基石. 解析几何直到现在仍是重要的数学方法之一.

笛卡尔不仅提出了解析几何学的主要思想方法,还指明了其发展方向.在他的著作《几何》中,笛卡尔将逻辑、几何、代数方法结合起来,通过讨论作图问题,勾勒出解析几何的新方法.从此,数和形就走到了一起,数轴是数和形的第一次接触,并向世人证明,几何问题可以归结成代数问题,也可以通过代数转换来发现、证明几何性质.笛卡尔引入了坐标系以及线段的运算概念,他创新地将几何图形"转译"代数方程式,从而将几何问题以代数方法求解,这就是今日的"解析几何"或称"坐标几何".

　　解析几何的创立是数学史上一次划时代的转折,而平面直角坐标系的建立正是解析几何得以创立的基础.直角坐标系的创建,在代数和几何上架起了一座桥梁,它使几何概念可以用代数形式来表示,几何图形也可以用代数形式来表示,于是代数和几何就这样合为一家人了.

　　笛卡尔的方法论对于后来物理学的发展有重要的影响.他在古代演绎方法的基础上创立了一种以数学为基础的演绎法:以唯理论为根据,从自明的直观公理出发,运用数学的逻辑演绎,推出结论.这种方法和培根所提倡的实验归纳法结合起来,经过惠更斯和牛顿等人的综合运用,成为物理学特别是理论物理学的重要方法.作为他的普遍方法的一个最成功的例子,这种方法是笛卡尔运用代数方法来解决几何问题的尝试,确立了坐标几何学即解析几何学的基础.

3. 名家垂范

　　笛卡尔自幼体弱多病,但却异常聪慧,学习成绩优异.他在治学方面十分严谨,采用所谓"怀疑的方法",求证知识来源的可靠性.笛卡尔在科学上的贡献是多方面的,1629—1649 年在荷兰写成《方法谈》(1637 年)及其附录《几何学》、《屈光学》、《哲学原理》(1644 年),死后还出版有《论光》(1664 年)等著作.他的哲学与数学思想对历史的影响是深远的,人们在他的墓碑上刻下了这样一句话:"笛卡尔,欧洲文艺复兴以来,第一个为人类争取并保证理性权利的人."

二、数学思维与发现

1. 引入坐标概念

　　笛卡尔从自古已知的天文和地理的经纬制度出发,指出平面上的点和实数对 (x,y) 的对应关系,从而建立了坐标的观念.笛卡尔的坐标系不同于一般的定理和数学理论,这是一种思想方法和技艺,它使整个数学发生了崭新的变化.恩格斯对笛卡尔的这一贡献曾经这样评价:"数学中的转折点是笛卡尔的变量,有了它,运动进入了数学,因而辩证法进入了数学,因而微分和积分的运算也就立刻成为必要了."为纪念这位杰出的业余数学家,人们把现在所用的直角坐标系,通常叫作"笛卡尔直角坐标系".

2. 几何量算术化

　　(1)从解决几何作图问题入手,只要知道线段长度的有关知识,就可以完成它的作图;

　　(2)引入"单位线段"概念;

　　(3)定义线段加、减、乘、除、乘方、开方的运算;

　　(4)以特殊记号 $(a,b,c,\cdots)$ 表示不同的线段;

　　(5)用数可以表示所有的几何量,而且几何量之间也可以进行算术运算.

3. 构造代数方程

（1）假设提出的几何作图问题已经解决；

（2）由于图形中已知线段与未知线段之间必存在依赖关系，而线段又可以用数和字母表示，这样就可以构造代数方程；

（3）通过解方程，使之用已知线段表示未知线段，最终解决几何作图问题.

4. 求解轨迹方程进而形成核心概念

笛卡尔得出了帕普斯问题的轨迹方程，并进而做更深入的分析：

（1）给 y 指定一个值，x 即可按已有的方法做出；

（2）那么，接连取无穷多个不同的线段 y 的值，将会得到无穷多个不同的线段 x 的值；

（3）因此，就有了无穷多个不同的点 C，所求曲线便可依此画出.

5. 思维链条

如果对笛卡尔这一思路做进一步分析，会发现其中蕴涵着一个精致的思维链条：
代数方程——方程的解——变量——线段——有序数对——曲线上的点——曲线.

（1）思维起点——代数方程；

（2）思维指向——代数方程的解；

（3）思维跳跃——让方程的解动起来；

（4）思维提取——形可表示数；

（5）思维迁移——借助坐标；

（6）思维重组——数又可表示形；

（7）思维变向——方程可表示曲线；

（8）思维反演——曲线与方程统一.

笛卡尔从轨迹出发寻找它的方程，使用的是从几何到代数的方法，从批判希腊的传统出发，走革新古代方法的道路. 他的方法更具一般性，适用于更广泛的超越曲线，从历史的发展看，更具有突破性.

第五节　数学实践训练营

一、数学实验及软件使用

为了显示三维图形，MATLAB 提供了各种各样的函数. 有一些函数可在三维空间中画线，而另一些可以画曲面与线格框架.

1. 函数 plot3

plot3 命令将绘制二维图形的函数 plot 的特性扩展到三维空间. 函数格式除了包括第三维的信息（比如 Z 方向）之外，与二维函数 plot 相同. plot3 一般语法调用格式是 $plot3(x_1, y_1, z_1, S_1, x_2, y_2, z_2, S_2, \cdots)$，这里 x_n, y_n 和 z_n 是向量或矩阵，S_n 是可选的字符串，用来指定颜色、标记符号和（或）线形.

总的来说,plot3 可用来画一个单变量的三维函数.如下为一个三维螺旋线例子:

```
>> t=0:pi/50:10 * pi;
>> plot3(sin(t),cos(t),t)
>> title('Helix'),xlabel('sint(t)'),ylabel('cos(t)'),zlabel('t')
>> text(0,0,0,'Origin')
>> grid
>> v = axis
v =
     -1      1     -1      1      0     40
```

输出见图 5-2.

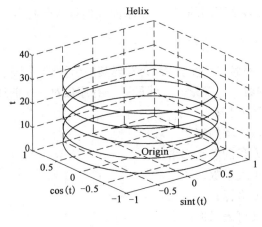

图 5-2

从上例可明显看出,二维图形的所有基本特性在三维中仍都存在.axis 命令扩展到三维只是返回 z 轴界限(0 和 40),在数轴向量中增加两个元素.函数 zlabel 用来指定 z 轴的数据名称,函数 grid 在图底绘制三维网格,函数 test(x,y,z,'string')在由三维坐标 x,y,z 所指定的位置放一个字符串.

2. 改变视角

在 MATLAB 中,函数 view 改变所有类型的二维和三维图形的图形视角.如 view(az,el)和 view([az,el])将视角改变到所指定的方位角 az 和仰角 el.

表 5-1

函数 view	
view(az,el)	将视图设定为方位角 az 和仰角 el
view([az,el])	
view([x,y,z])	在笛卡尔坐标系中将视图设为沿向量[x,y,z]指向原点,例如 view([0 0 1])=view(0,90)
view(2)	设置缺省的二维视角,az=0,el=90
view(3)	设置缺省的三维视角,az=-37.5,el=30
[az,el]=view	返回当前的方位角 az 和仰角 el
view(T)	用一个 4×4 的转置矩阵 T 来设置视图角
T=view	返回当前的 4×4 转置矩阵

3. 网格图

利用在 $x-y$ 平面的矩形网格点上的 z 轴坐标值,MATLAB 定义了一个网格曲面. MATLAB 通过将邻接的点用直线连接起来形成网状曲面,其结果好像在数据点有结点的鱼网. 例如,用 MATLAB 的函数 peaks 可以画一个简单的曲面.

$\gg$ [X,Y,Z]=peaks(30);

$\gg$ mesh(X,Y,Z)

$\gg$ grid,xlabel('x—axis'),ylabel('y—axis'),zlabel('z—axis')

$\gg$ title('MESH of PEAKS')

输出见图 5—3.

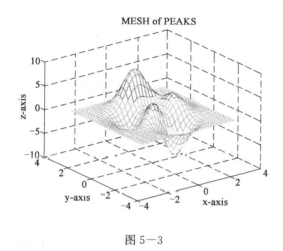

图 5—3

在显示器上要注意线的颜色与网格的高度有关. 一般情况下,函数 mesh 有可选的参量来控制绘图中所用的颜色. 关于 MATLAB 如何使用、改变颜色在下一章讨论. 在任何情况下,由于颜色用于增加图形有效的第四维,这样使用的颜色被称作伪彩色.

二、建模案例分析

1. 车灯表面形状设计问题

安装在汽车头部的车灯的形状为一旋转抛物面,车灯的对称轴水平地指向正前方,其开口半径为 36 毫米,深度为 21.6 毫米. 经过车灯的焦点,在与对称轴相垂直的水平方向,对称地放置一定长度的均匀分布的线光源. 要求在某一设计规范标准下确定线光源的长度.

请解决下列问题:

(1)在满足该设计规范的条件下,计算线光源长度,使线光源的功率最小.

(2)对得到的线光源长度,在有标尺的坐标系中画出测试屏上反射光的亮区.

(3)讨论该设计规范的合理性.

问题分析 本题是 2002 年全国数学建模竞赛 A 题,用这一章的知识肯定完成不了该命题,我们结合本章知识仅对该题建立一个车灯的旋转抛物面模型.

解 按照求解建模题的格式,给出求解问题(1)(2)(3)前的基础部分.

1)问题重述

汽车头部车灯的线光源的设计对车灯的照明光强有重要影响.一种可能的设计规范标准为:在焦点 F 正前方25米处的 A 点放置一测试屏,屏与 FA 垂直,用以测试车灯的反射光.在屏上过 A 点引出一条与地面相平行的直线,在该直线 A 点的同侧取 B 点和 C 点,使 $AC=2AB=2.6$ 米.要求 C 点的光强度不小于某一额定值(可取为1个单位),B 点的光强度不小于该额定值的两倍(只需考虑一次反射).

假设车灯的反射面是旋转抛物面.车灯的对称轴水平地指向正前方,其开口半径为36毫米,深度为21.6毫米.线光源对称地一定长度的均匀放置在经过车灯的焦点,在与对称轴相垂直的水平方向.旋转抛物面及其内部线光源的空间位置如图5-4所示.

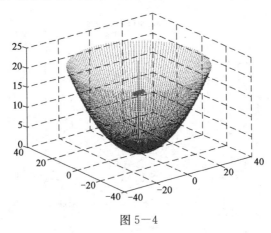

图5-4

在满足该设计规范的条件下,线光源的功率存在一个极小值,此时线光源长度最短.

2)基本假设

(1)线光源没有宽度,发光功率均匀分布.

(2)线光源上任意一点发出的光的波阵面为球形.

(3)光线在被反射时没有能量损失,也就是说,光线被全反射.

(4)光线在空气中传播时没有能量损失,也不会遇到障碍物.

(5)不考虑二次反射的情况.

(6)光线被测试屏完全吸收,即在测试屏处检测的光强就是照射到此处的光强.

3)符号说明

r——旋转抛物面的开口半径;

h——旋转抛物面的开口深度;

f——焦距;

I——光强度(单位面积的光功率);

W——光功率。

4)旋转抛物面的焦距

根据题意,$r=36$(本题中所有长度单位为毫米),$h=21.6$,根据公式有

$$f=\frac{r^2}{4h}=\frac{36^2}{4\times 21.6}=15.$$

焦点附近的线光源可看成许多点光源的线性叠加.一个基本的结论是若点光源在焦点位

置,它发出的光经过抛物面的反射形成平行光.

5)测试屏反射点坐标公式

给定线光源上一个点光源 P_0,它与焦点的距离为 d,它发出的光线经旋转抛物面上的一点 P_1 的反射,反射光线与测试屏的交点为 P_2,下面的工作是建立 P_2 与 P_0 和 P_1 的关系.

本题中,旋转抛物面的对称轴设为 z 轴正向,顶点在原点,水平面为 zOy 面.则其方程为

$$F(x,y,z) = x^2 + y^2 - 60z = 0. \tag{1}$$

显然,P_0 坐标为 $(d,0,15)$.设 $P_1(x_0,y_0,z_0)$,则 P_1 坐标满足式(1),有

$$x_0^2 + y_0^2 = 60z_0. \tag{2}$$

根据空间解析几何,曲面在 P_1 点的法线 l 的法向量为

$$\boldsymbol{n} = \left(\frac{\partial F}{\partial x} \mid x = x_0, \frac{\partial F}{\partial y} \mid y = y_0, \frac{\partial F}{\partial z} \mid z = z_0 \right) = (2x_0, 2y_0, -60). \tag{3}$$

则过 P_1 点的法线方程为

$$\frac{x - x_0}{x_0} = \frac{y - y_0}{y_0} = \frac{z - z_0}{-30}. \tag{4}$$

设 P_0 关于法线 l 的对称点 P 的坐标为 (x_1,y_1,z_1),则 P_0 和 P 连线的中点 $P_m\left(\frac{d+x_1}{2}, \frac{y_1}{2}, \frac{15+z_1}{2} \right)$ 在法线上,得

$$\frac{d + x_1 - 2x_0}{x_0} = \frac{y_1 - 2y_0}{y_0} = \frac{15 + z_1 - 2z_0}{-30}. \tag{5}$$

另外,$\overrightarrow{P_0P} = (x_1 - d, y_1, z_1 - 15)$,显然 $\overrightarrow{P_0P} \perp \boldsymbol{n}$,故

$$(x_1 - d)x_0 + y_1 y - 30(z_1 - 15) = 0. \tag{6}$$

联立式(5)、式(6)两式,解得

$$\begin{cases} x_1 = x_0 + x_0 a - d, \\ y_1 = y_0 + y_0 a, \\ z_1 = 2z_0 - 30a + 15, \end{cases} \tag{7}$$

其中 $a = \frac{dx_0}{30z_0 + 450}$.

过 P_1 和 P 两点的反射光线的方程为

$$\frac{x - x_0}{x_1 - x_0} = \frac{y - y_0}{y_1 - y_0} = \frac{z - z_0}{z_1 - z_0} = b. \tag{8}$$

它与测试屏的交点为 $P_2(x_2,y_2,z_2)$.在测试屏上,$z_2 = 25015$,将式(7)代入(8),得交点坐标

$$\begin{cases} x_2 = x_0(1 + ab) - bd, \\ y_2 = y_0(1 + ab), \end{cases} \tag{9}$$

其中 $b = \frac{25015 - z_0}{z_0 + 15 - 30a}$.

由式(9)可见,如果 $y_2 = 0$(即问题1中 B 点和 C 点的情况),则 $y_0 = 0$ 或 $ab = -1$.这说明对线光源上的任一点光源,对测试屏上过轴与屏的交点并与线光源平行的直线上的点的光强有贡献的抛物曲面上的反射点分两部分:一是线光源与轴线所确定的平面与曲面的交点,即 $y_0 = 0$;二是由空间点,满足 $ab = -1$.

2. 车灯线光源的优化设计问题

请对 2002 数学建模 A 题的第(1)-(3)题感兴趣的同学,自己查阅资料解决.

第六节　考研加油站

一、考研大纲解读

只有考研数学一才考"空间解析几何与向量代数"这部分,其考试内容和要求如下:

1. 考试内容

向量的概念,向量的线性运算,向量的数量积和向量积,向量的混合积,两向量垂直、平行的条件,两向量的夹角,向量的坐标表达式及其运算,单位向量,方向数与方向余弦,曲面方程和空间曲线方程的概念,平面方程、直线方程,平面与平面、平面与直线、直线与直线的夹角以及平行、垂直的条件,点到平面和点到直线的距离,球面,柱面,旋转曲面,常用的二次曲面方程及其图形,空间曲线的参数方程和一般方程,空间曲线在坐标面上的投影曲线方程.

2. 考试要求

(1)理解空间直角坐标系,理解向量的概念及其表示.

(2)掌握向量的运算(线性运算、数量积、向量积、混合积),了解两个向量垂直、平行的条件.

(3)理解单位向量、方向数与方向余弦、向量的坐标表达式,掌握用坐标表达式进行向量运算的方法.

(4)掌握平面方程和直线方程及其求法.

(5)会求平面与平面、平面与直线、直线与直线之间的夹角,并会利用平面、直线的相互关系(平行、垂直、相交等)解决有关问题.

(6)会求点到直线以及点到平面的距离.

(7)了解曲面方程和空间曲线方程的概念.

(8)了解常用二次曲面的方程及其图形,会求简单的柱面和旋转曲面的方程.

(9)了解空间曲线的参数方程和一般方程,了解空间曲线在坐标平面上的投影,并会求该投影曲线的方程.

二、典型真题解答及思考

1. 考研真题解析

1)试题特点

单独出题的几率较小. 即使出题也多为选择题或填空题,试题难度不大,但多元函数微分学在几何中应用、重积分、曲线和曲面积分的题目有许多涉及到空间解析几何. 主要掌握向量的概念、运算及运算性质,会求各种形式的直线及平面方程,特别是要记住常见的几种曲面方程以及它们在各坐标面上的投影.

2)考题剖析示例

例1(1999,3分) 设直线 $L_1:\dfrac{x+1}{1}=\dfrac{y}{1}=\dfrac{z-1}{2}$ 与 $L_2:\begin{cases}x-y=6,\\2y+z=3,\end{cases}$ 则两条直线的夹角为(　　).

(A) $\dfrac{\pi}{6}$. 　　　　(B) $\dfrac{\pi}{4}$. 　　　　(C) $\dfrac{\pi}{3}$. 　　　　(D) $\dfrac{\pi}{2}$.

分析 本题考查的是两条直线夹角的基本公式.

解 直线 L_1 的方向向量 $\boldsymbol{s}_1=(1,-2,1)$, 而直线 L_2 的方向向量 $\boldsymbol{s}_2=\begin{vmatrix}\boldsymbol{i}&\boldsymbol{j}&\boldsymbol{k}\\1&-1&0\\0&2&1\end{vmatrix}=$

$-\boldsymbol{i}-\boldsymbol{j}+2\boldsymbol{k}$, 两条直线夹角余弦 $\cos\varphi=\dfrac{|-1+2+2|}{\sqrt{1+4+1}\cdot\sqrt{1+1+4}}=\dfrac{1}{2}$, 故选(C).

例2(2006,4分) 点 $(2,1,0)$ 到平面 $3x+4y+5z=0$ 的距离 $d=$_____.

分析 本题考查的是点到平面距离的基本公式.

解 直接利用点到平面的距离公式 $d=\dfrac{|Ax_0+By_0+Cz_0+D|}{\sqrt{A^2+B^2+C^2}}$ 进行计算,得 $d=\sqrt{2}$.

例3(1995,3分) 设有直线 $L:\begin{cases}x+3y+2z+1=0,\\2x-y-10z+3=0\end{cases}$ 及平面 $\varPi:4x-2y+z-2=0$,则直线 L (　　).

(A)平行于 $\varPi$. 　　　(B)在 $\varPi$ 上. 　　　(C)垂直于 $\varPi$. 　　　(D)与 $\varPi$ 斜交.

分析 本题考查的是直线与平面关系的基本公式.

解 直线 L 的方向向量 $\boldsymbol{s}=\begin{vmatrix}\boldsymbol{i}&\boldsymbol{j}&\boldsymbol{k}\\1&3&2\\2&-1&-10\end{vmatrix}=-7(4,-2,1)$, 平行于平面 $\varPi$ 的法向量, 因此选(C).

2. 考研真题思考

1)思考题

(1)(**1996,3分**) 设一平面经过原点及 $(6,-3,2)$,且与平面 $4x-y+2z=8$ 垂直,则此平面方程为_____.

(2)(**1994,6分**) 已知 A 点和 B 点的直角坐标分别为 $(1,0,0)$ 与 $(0,1,1)$,线段 AB 绕 z 轴旋转一周所成的旋转曲面为 S,求由 S 及两平面 $z=0,z=1$ 所围成立体的体积.

2)答案与提示

(1) $2x+2y-3z=0$. 设平面方程为 $Ax+By+Cz=0$,点 $(6,-3,2)$ 在平面上的方程 $6A-3B+2C=0$,又由于与待求平面与平面 $4x-y+2z=8$ 垂直,得方程 $4A-B+2C=0$,联立这两个方程得 $A=B,C=-\dfrac{3}{2}B$,代入待求平面即得 $2x+2y-3z=0$.

(2)**分析** 绕 z 轴旋转所得旋转体的体积计算,关键是求出其垂直于 z 轴的界面的面积 $S(z)$,然后即可转化为定积分计算. 这里截面为圆,只需找出 x,y 关于 z 的表式,即可求出圆的半径,从而求出圆的面积,而这一点可以通过直线方程得到.

解　由于直线 AB 过点 $(1,0,0)$ 与 $(0,1,1)$,因此直线方程为 $\frac{x-1}{-1} = \frac{y}{1} = \frac{z}{1}$,即 $x=1-z,y=z$. 用 $z=z$ 的平面去截此旋转体,其截面为圆域,且其圆截面半径为：$r(z) = \sqrt{(1-z)^2+z^2} = \sqrt{1-2z+2z^2}$,从而截面面积为 $S(z) = \pi(1-2z+2z^2)$,因此旋转体的体积为 $V = \int_0^1 \pi(1-2z+2z^2)\mathrm{d}z = \frac{2}{3}\pi$.

第七节　自我训练与提高

一、数学术语的英语表述

1. 将下列基本概念翻译成英语

(1)向量.　　(2)坐标.　　(3)曲面.　　(4)曲线.　　(5)平面.　　(6)直线.

2. 本章重要概念的英文定义

(1)数量积.　　(2)向量积.

二、习题与测验题

1. 习题

1)填空题

(1)已知 $a=2i+3j-4k,b=5i-3j+k$,则向量 $c=2a-3b$ 在 z 轴方向上的分向量为

_____.

(2)过点 $M_1(3,-2,1)$ 和 $M_2(-1,0,2)$ 的直线方程为_____.

(3)设 $|a|=2,|b|=\sqrt{2}$,且 $a \cdot b = 2$,则 $|a \times b| = $ _____.

(4)设空间两直线 $\frac{x-1}{1} = \frac{y+1}{2} = \frac{z-1}{\lambda}$ 与 $x+1=y-1=z$ 相交于一点,则 $\lambda = $

_____.

(5)已知向量 a 与 $c=(4,7,-4)$ 平行且方向相反,若 $|a|=27$,则 $a = $ _____.

(6)方程 $z=x^2+y^2$ 在空间直角坐标系中表示的曲面是_____.

(7)平面 $x-y+2z-1=0$ 与平面 $2x+y+z-3=0$ 的夹角为_____.

(8) xOy 平面上的双曲线 $4x^2-9y^2=36$ 绕 y 轴旋转所得旋转曲面方程为_____.

2)单项选择题

(1)设 a,b,c 为三个任意向量,则 $(a+b) \times c = ($　　$)$.

(A) $a \times c + c \times b$.　　(B) $c \times a + c \times b$.　　(C) $a \times c + b \times c$.　　(D) $c \times a + b \times c$.

(2)曲面 $x^2+y^2+z^2=a^2$ 与 $x^2+y^2=2az(a>0)$ 的交线是(　　).

(A)抛物线.　　　　(B)双曲线　　　　(C)圆周.　　　　(D)椭圆.

(3)设向量 a 与 b 平行且方向相反,又 $|a|>|b|>0$,则有(　　).

(A) $|a+b|=|a|-|b|$.　　　　　　(B) $|a+b|>|a|-|b|$.

(C) $|a+b|<|a|-|b|$.　　　　　　(D) $|a+b|=|a|+|b|$.

(4)直线 $\dfrac{x+3}{-2}=\dfrac{y+4}{-7}=\dfrac{z}{3}$ 与平面 $4x-2y-2z=3$ 的关系为(　　).

(A)平行但直线不在平面上.　　　　(B)直线在平面上.

(C)垂直相交.　　　　(D)相交但不垂直.

(5)已知 $|a|=1,|b|=\sqrt{2}$,且 $(a\overset{\wedge}{,}b)=\dfrac{\pi}{4}$,则 $|a+b|=($　　$)$.

(A)1.　　　　(B) $1+\sqrt{2}$.　　　　(C)2.　　　　(D) $\sqrt{5}$.

(6)下列等式中正确的是(　　).

(A) $i+j=k$.　　(B) $i\cdot j=k$.　　(C) $i\cdot i=j\cdot j$.　　(D) $i\times i=i\cdot i$.

(7)曲面 $x^2-y^2=z$ 在 xOz 平面上的截线方程为(　　).

(A) $x^2=z$.　　(B) $\begin{cases} y^2=-z, \\ x=0. \end{cases}$　　(C) $\begin{cases} x^2-y^2=0, \\ z=0. \end{cases}$　　(D) $\begin{cases} x^2=z, \\ y=0. \end{cases}$

(8) $2(x-1)^2+(y-2)^2-(z-3)^2=0$ 在空间直角坐标系中表示(　　).

(A)球面.　　　(B)椭圆锥面.　　　(C)抛物面.　　　(D)圆锥面.

3)计算题

(1)已知 $|a|=2,|b|=5,(a\overset{\wedge}{,}b)=\dfrac{2\pi}{3}$,问 λ 为何值时,向量 $u=\lambda a+17b$ 与 $v=3a-b$ 互相垂直.

(2)求过点 $M_1(x_1,y_1,z_1)$,$M_2(x_2,y_2,z_2)$ 且垂直于平面 $x+y+z=0$ 的平面法向量 n.

(3)求两平行面 $3x+6y-2z+14=0$ 与 $3x+6y-2z-7=0$ 之间的距离.

(4)求过点 $(-3,2,5)$ 且与两平面 $x-4z-3=0$ 和 $2x-y-5z-1=0$ 的交线平行的直线方程.

(5)一平面过点 $A(1,0,-1)$ 且平行向量 $a=(2,1,1)$ 和 $b=(1,-1,0)$,试求这平面方程.

4)已知三个非零向量 a,b,c 中任意两个向量都不平行,但 $(a+b)$ 与 c 平行,$(b+c)$ 与 a 平行,试证: $a+b+c=0$.

2. 测验题

1)填空题(每题 3 分,共 30 分)

(1)若 $|a|=4,|b|=2,a\cdot b=4\sqrt{2}$,则 $|a\times b|=|a\times b|=$ _____.

(2)设向量 $a=2i-j+k,b=4i-2j+\lambda k$,则当 $\lambda=$ _____时, a 与 b 垂直;当 $\lambda=$ _____时, a 与 b 平行.

(3)方程 $x^2+2y^2+3z^2=1$ 表示_____曲面.

(4)直线 $\begin{cases} x+y+z+1=0, \\ 2x-y+3z+4=0 \end{cases}$ 的对称式方程为_____,参数式方程为_____.

(5)旋转曲面 $x^2+\dfrac{y^2}{4}+\dfrac{z^2}{4}=1$ 是由曲线_____绕_____轴旋转　周而得的.

(6)直线 $x = 3y = 5z$ 与平面 $4x + 12y + 20z - 1 = 0$ 的位置关系为_____.

(7)直线 $\dfrac{x-3}{2k} = \dfrac{y+1}{k+1} = \dfrac{z-3}{5}$ 与直线 $\dfrac{x-1}{3} = y + 5 = \dfrac{z+2}{k-2}$ 相互垂直,则 $k =$

_____.

(8)过点 $M(1,2,3)$ 且与 yOz 坐标面平行的平面方程为_____.

(9)点 $(1,2,1)$ 到平面 $x + 2y + 2z - 10 = 0$ 的距离为_____.

(10)平面 $x + \sqrt{26}\,y + 3z - 3 = 0$ 与 xOy 面夹角为_____.

2)计算题(每题 7 分,共 70 分)

(1)已知三角形的三个顶点为 $A(-1,2,3)$,$B(1,1,1)$,$C(0,0,5)$,试证 $\triangle ABC$ 为直角三角形,并求角 B.

(2)试求通过点 $(2,-3,4)$,且与 y 轴垂直相交的直线方程.

(3)已知直线 $L_1:\begin{cases} 2x + y - 1 = 0, \\ 3x + z - 2 = 0 \end{cases}$ 和 $L_2:\dfrac{1-x}{1} = \dfrac{y+1}{2} = \dfrac{z-2}{3}$,证明:$L_1 /\!/ L_2$,并求 L_1, L_2 确定的平面方程.

(4)求点 $(-1,2,0)$ 在平面 $x + 2y - z + 1 = 0$ 上的投影.

(5)求直线 $\dfrac{x}{2} = y + 2 = \dfrac{z+1}{3}$ 与平面 $x + y + z + 15 = 0$ 的交点,并求与平面 $2x - 3y + 4z + 5 = 0$ 垂直的直线方程.

(6)已知直线 $L:\begin{cases} x + 5y + z = 0, \\ x - z + 4 = 0 \end{cases}$ 与平面 $\Pi:x - 4y - 8z - 9 = 0$,求直线 L 与平面 Π 的夹角.

(7)求过点 $(2,0,-3)$ 且与直线 $L:\begin{cases} x - 2y + 4z - 7 = 0, \\ 3x + 5y - 2z + 1 = 0 \end{cases}$ 垂直的平面方程.

(8)求过点 $M(3,1,-2)$ 且通过 $\dfrac{x-4}{5} = \dfrac{y+3}{2} = \dfrac{z}{1}$ 的平面方程.

(9)求过点 $(0,2,4)$ 且与两平面 $x + 2z = 1$ 和 $y - 3z = 2$ 平行的直线方程.

(10)已知直线 $L_1:x - 1 = \dfrac{y-2}{0} = \dfrac{z-3}{-1}$,直线 $L_2:\dfrac{x+2}{2} = \dfrac{y-1}{1} = \dfrac{z}{1}$,求过 L_1 且平行 L_2 的平面方程.

三、参考答案

1. 数学术语的英语表述

1)将下列基本概念翻译成英语

(1)vector. (2)coordinate. (3)curved surface. (4)curve. (5)plane. (6)line.

2)本章重要概念的英文定义

(1)**Scalar Product** or **Dot Product Definition**:the dot product of two vectors $\boldsymbol{A} = [A_1,$ $A_2, \cdots, A_n]$ and $\boldsymbol{B} = [B_1, B_2, \cdots, B_n]$ is defined as:$\boldsymbol{A} \cdot \boldsymbol{B} = \sum\limits_{i=1}^{n} A_i B_i = A_1 B_1 + A_2 B_2 + \cdots +$

A_nB_n, where $\sum$ denotes summation notation and n is the dimension of the vector space.

(2)**Vector Product** or **Cross Product Definition**: the cross product $\mathbf{a} \times \mathbf{b}$ is defined as a vector $\mathbf{c}$ that is perpendicular to both $\mathbf{a}$ and $\mathbf{b}$, with a direction given by the right-hand rule and a magnitude equal to the area of the parallelogram that the vectors span.

2. 习题

1)(1) $-11\mathbf{k}$. (2) $\dfrac{x-3}{-4}=\dfrac{y+2}{2}=\dfrac{z-1}{1}$. (3)2. (4) $\lambda=\dfrac{5}{4}$. (5) $\mathbf{a}=(-12,-21,12)$.

(6)顶点在原点,开口向上的旋转抛物面. (7) $\theta=\dfrac{\pi}{3}$. (8) $4(x^2+z^2)-9y^2=36$.

2)(1)(C). (2)(C). (3)(A). (4)(A). (5)(D). (6)(C). (7)(D). (8)(B).

3)(1)由 $\mathbf{u}\cdot\mathbf{v}=0$ 得 $(\lambda\mathbf{a}+17\mathbf{b})\cdot(3\mathbf{a}-\mathbf{b})=0$,即 $3\lambda\,|\,\mathbf{a}\,|^2+(51-\lambda)\mathbf{a}\cdot\mathbf{b}-17\,|\,\mathbf{b}\,|^2=0$,将 $|\,\mathbf{a}\,|=2,|\,\mathbf{b}\,|=5,(\widehat{\mathbf{a},\mathbf{b}})=\dfrac{2\pi}{3}$ 代入,得 $12\lambda+(51-\lambda)\cdot10\cos\dfrac{2\pi}{3}-425=0$,解得 $\lambda=40$.

(2)由题意知: $\mathbf{n}$ 垂直于过点 M_1 和 M_2 的直线,故 $\mathbf{n}\perp(x_1-x_2,y_1-y_2,z_1-z_2)$,又因为 $\mathbf{n}$ 垂直于已知平面 $x+y+z=0$ 的法向量,故 $\mathbf{n}\perp(1,1,1)$,从而可取

$$\mathbf{n}=\begin{vmatrix} \mathbf{i} & \mathbf{j} & \mathbf{k} \\ x_1-x_2 & y_1-y_2 & z_1-z_2 \\ 1 & 1 & 1 \end{vmatrix}$$

$$=(y_1-y_2-z_1+z_2,-x_1+x_2+z_1-z_2,x_1-x_2-y_1+y_2).$$

(3)在平面 $3x+6y-2z+14=0$ 上取点 $M(0,0,7)$,则点 M 到平面 $3x+6y-2z-7=0$ 的距离即为所求:

$$d=\frac{|0+0-2\times7-7|}{\sqrt{3^2+6^2+(-2)^2}}=\frac{21}{7}=3.$$

(4)设 $\mathbf{s}=(m,n,p)$ 为所求直线的一个方向向量,由题意知 $\mathbf{s}$ 与两个平面的法向量 $\mathbf{n}_1=(1,0,-4)$ 和 $\mathbf{n}_2=(2,1,-5)$ 同时垂直,故有 $\mathbf{s}\cdot\mathbf{n}_1=0,\mathbf{s}\cdot\mathbf{n}_2=0$,即 $\begin{cases} m-4p=0, \\ 2m-n-5p=0, \end{cases}$ 解得 $m=4p,n=3p$,即得 $\mathbf{s}=(4,3,1)$,故所求直线方程为 $\dfrac{x+3}{4}=\dfrac{y-2}{3}=\dfrac{z-5}{1}$.

(5)(从点法式入手)由条件可取 $\mathbf{n}=\mathbf{a}\times\mathbf{b}=\begin{vmatrix} \mathbf{i} & \mathbf{j} & \mathbf{k} \\ 2 & 1 & 1 \\ 1 & -1 & 0 \end{vmatrix}=(1,1,-3)$,于是 $1\cdot(x-1)+1\cdot(y-0)-3\cdot(z+1)=0$,即

$x+y-3z-4=0$ 为所求平面方程.

4)因为 $(\mathbf{a}+\mathbf{b})$ 与 $\mathbf{c}$ 平行,所以存在常数 λ 使

$$\mathbf{a}+\mathbf{b}=\lambda\mathbf{c}. \qquad\qquad ①$$

同理有

$$\mathbf{b}+\mathbf{c}=\mu\mathbf{a}. \qquad\qquad ②$$

①$-$②得: $\mathbf{a}-\mathbf{c}=\lambda\mathbf{c}-\mu\mathbf{a}$,即 $(1+\mu)\mathbf{a}=(1+\lambda)\mathbf{c}$.

但 $\mathbf{a}$ 与 $\mathbf{c}$ 不平行,故 $1+\mu=1+\lambda=0$,所以 $\lambda=\mu=-1$.

从而 $\mathbf{a}+\mathbf{b}=-\mathbf{c}$,故 $\mathbf{a}+\mathbf{b}+\mathbf{c}=0$,得证.

3. 测验题

1)(1) $4\sqrt{2}$.　(2)$-10,2$.　(3)以原点为中心的椭球.

(4) $\dfrac{x}{4}=\dfrac{y-\dfrac{1}{4}}{-1}=\dfrac{z+\dfrac{5}{4}}{-3}$, $\begin{cases} x=4t, \\ y=-t+\dfrac{1}{4}, \\ z=-3t-\dfrac{5}{4}. \end{cases}$　(5) $x^2+\dfrac{y^2}{4}=1$(或 $x^2+\dfrac{z^2}{4}=1$), x.

(6)相交.　(7)0.75.　(8) $x=1$.　(9)1.　(10) $\dfrac{\pi}{3}$.

2)(1) $\overrightarrow{AB}=(2,-1,-2),\overrightarrow{AC}=(1,-2,2),\overrightarrow{BC}=(-1,-1,4)$.

$\overrightarrow{AB}\cdot\overrightarrow{AC}=2+2-4=0\Rightarrow\overrightarrow{AB}\perp\overrightarrow{AC}$,所以 $\triangle ABC$ 为直角三角形.

$$\cos B=\left|\frac{\overrightarrow{AB}\cdot\overrightarrow{BC}}{|\overrightarrow{AB}|\cdot|\overrightarrow{BC}|}\right|=\frac{9}{3\times3\sqrt{2}}=\frac{\sqrt{2}}{2}\Rightarrow B=\frac{\pi}{4}.$$

(2)设所求直线与 y 轴交点为 $(0,a,0)$,则其方向向量为 $(2,-3-a,4)$,因为此向量与 y

轴垂直,所以 $a=-3$,所求直线方程为 $\begin{cases} \dfrac{x-2}{2}=\dfrac{z-4}{4}, \\ y=-3. \end{cases}$

(3)L_1 的方向向量为 $\begin{vmatrix} \boldsymbol{i} & \boldsymbol{j} & \boldsymbol{k} \\ 2 & 1 & 0 \\ 3 & 0 & 1 \end{vmatrix}=(1,-2,-3)$,$L_2$ 的方向向量为 $(-1,2,3)$,且点

$M_2(1,-1,2)$ 在 L_2 上但不在 L_1 上,所以 $L_1//L_2$.再在 L_1 上取点 $M_1(0,1,2)$,则向量 $\overrightarrow{M_1M_2}=$

$(1,-2,0)$ 所求平面法向量为 $\begin{vmatrix} \boldsymbol{i} & \boldsymbol{j} & \boldsymbol{k} \\ 1 & -2 & 0 \\ -1 & 2 & 3 \end{vmatrix}=(-6,-3,0)$,所求平面方程为 $2x+y-1=0$.

(4)过点 $(-1,2,0)$ 且与平面 $x+2y-z+1=0$ 垂直的直线方程,其参数方程为

$\begin{cases} x=-1+t, \\ y=2+2t, \\ z=-t, \end{cases}$代入平面方程 $x+2y-z+1=0$ 得 $t=-\dfrac{2}{3}$,故投影为 $\left(-\dfrac{5}{3},\dfrac{2}{3},\dfrac{2}{3}\right)$.

(5)设 $\dfrac{x}{2}=y+2=\dfrac{z+1}{3}=t$,则其参数方程为 $\begin{cases} x=2t, \\ y=t-2, \\ z=3t-1, \end{cases}$代入平面 $x+y+z+15=0$,

得 $t=-2$,故交点为 $(-4,-4,-7)$.由已知条件所求直线与平面 $2x-3y+4z+5=0$ 垂直,

则所求直线方程为 $\dfrac{x+4}{2}=\dfrac{y+4}{-3}=\dfrac{z+7}{4}$.

(6)直线 $\boldsymbol{L}$ 的方向向量为 $\begin{vmatrix} \boldsymbol{i} & \boldsymbol{j} & \boldsymbol{k} \\ 1 & 5 & 1 \\ 1 & 0 & -1 \end{vmatrix}=(-5,2,-5)$,平面 $\boldsymbol{\varPi}$ 的法向量为 $(1,-4,-8)$.

设所求直线 $\boldsymbol{L}$ 与平面 $\boldsymbol{\varPi}$ 的夹角为 φ,则 $\sin\varphi=\dfrac{|-5-8+40|}{\sqrt{54}\sqrt{81}}=\dfrac{\sqrt{6}}{6}$,所以 $\varphi=\arcsin\dfrac{\sqrt{6}}{6}$.

(7)直线 L 的方向向量为 $\begin{vmatrix} i & j & k \\ 1 & -2 & 4 \\ 3 & 5 & -2 \end{vmatrix} = (-16, 14, 11)$，则所求的平面方程为

$-16(x-2) + 14y + 11(z+3) = 0$，即

$$16x - 14y - 11z - 65 = 0.$$

(8)在直线 $\dfrac{x-4}{5} = \dfrac{y+3}{2} = \dfrac{z}{1}$ 上取一点 $P(4, -3, 0)$，$\overrightarrow{MP} = (1, -4, 2)$，则

$$\boldsymbol{n} = (1-4, 2) \times (5, 2, 1) = \begin{vmatrix} i & j & k \\ 1 & -4 & 2 \\ 5 & 2 & 1 \end{vmatrix} = (-8, 9, 22).$$

所求平面方程为 $-8(x-3) + 9(y-1) + 22(z+2) = 0$，即

$$8x - 9y - 22z - 59 = 0.$$

(9)直线的方向向量 $\boldsymbol{s} = \begin{vmatrix} i & j & k \\ 1 & 0 & 2 \\ 0 & 1 & -3 \end{vmatrix} = (-2, 3, 1)$，故所直线方程为

$$\frac{x}{-2} = \frac{y-2}{3} = \frac{z-4}{1}.$$

(10) $\boldsymbol{n} = \begin{vmatrix} i & j & k \\ 1 & 0 & -1 \\ 2 & 1 & 1 \end{vmatrix} = (1, -3, 1)$，在 L_1 上任取一点 $(1, 2, 3)$，故所求平面方程为

$(x-1) - 3(y-2) + (z-3) = 0$，即

$$x - 3y + z + 2 = 0.$$

第六章　多元函数微分法及其应用

第一节　教学大纲及知识结构图

一、教学大纲

1. 高等数学 I

1）学时建议及分配

"多元函数微分法及其应用"这一章授课学时建议 **20 学时**：多元函数的极限与连续性（2学时）；偏导数（2学时）；全微分（2学时）；多元复合函数的求导法则（2学时）；隐函数的求导公式（2学时）；多元函数微分学的几何应用（2学时）；方向导数与梯度（2学时）；多元函数极值的极值及其求法（4学时）；习题课与单元测验（2学时）.

2）目的与要求

学习本章的目的是使学生理解多元函数的极限、连续、偏导数和全微分等概念，能熟练计算偏导数，能利用偏导数讨论几何上的一些问题，并能解决一些优化方面的实际问题. 本章知识的基本要求是：

（1）理解二元函数的极限和连续等概念，会求二重极限，了解平面点集的有关概念和有界闭区域上多元连续函数的性质.

（2）理解多元函数偏导数的概念，能熟练计算偏导数，了解偏导数的几何意义.

（3）理解全微分的概念，掌握多元函数可微分的必要条件和充分条件，能熟练计算多元函数的全微分.

（4）掌握多元复合函数的求导法则，能熟练计算多元复合函数的全导数和偏导数，了解全微分形式的不变性.

（5）能计算隐函数的导数和偏导数.

（6）理解空间曲线的切线、法平面以及曲面的切平面、法线等概念，能求空间曲线的切线、法平面的方程以及曲面的切平面、法线的方程.

（7）理解方向导数与梯度等概念，能计算方向导数与梯度.

（8）理解多元函数的极值和条件极值等概念，掌握多元函数极值存在的必要条件和二元函数极值存在的充分条件，能求二元函数的极值.

（9）能用拉格朗日乘数法求条件极值，并能解决一些优化问题.

3）重点和难点

（1）重点：二元函数的极限和连续性等概念，二重极限的计算，偏导数的定义及其计算法，全微分的概念和二元函数可微分的条件，计算多元初等函数的全微分，多元复合函数的求导法则和计算多元复合函数的全导数和偏导数，隐函数的求导公式以及导数与偏导数的计算，空间曲线的切线、法平面以及曲面的切平面、法线等概念,求空间曲线的切线方程、法平面方程以及曲面的切平面方程、法线方程,方向导数和梯度的概念与计算,多元函数极值和条件极值的概念,多元函数极值存在的必要条件和二元函数极值存在的充分条件,二元函数极值的计算.

(2)**难点**:证明二重极限不存在,计算高阶偏导数,证明二元函数在某点处可微分,计算抽象多元复合函数的全导数和偏导数,隐函数的求导公式,推导空间曲线的切线方程和曲面的切平面方程,计算方向导数,解决一些优化问题.

2. 高等数学Ⅱ

1)学时建议及分配

"多元函数微分法及其应用"这一章授课学时建议 14 学时:多元函数的极限与连续性(2学时);偏导数(2学时);全微分(2学时);多元复合函数的求导法则(2学时);多元函数极值的极值及其求法(4学时);习题课与单元测验(2学时).

2)目的与要求

学习本章的目的是使学生理解多元函数的极限、连续、偏导数和全微分等概念,能熟练计算偏导数,能解决一些实际优化问题. 本章知识的基本要求是:

(1)理解二元函数的极限和连续等概念,会求二重极限,了解平面点集的有关概念和有界闭区域上多元连续函数的性质.

(2)理解多元函数偏导数的概念,能熟练计算偏导数,了解偏导数的几何意义.

(3)理解全微分的概念,掌握多元函数可微分的必要条件和充分条件,能熟练计算多元函数的全微分.

(4)掌握多元复合函数的求导法则,能熟练计算多元复合函数的全导数和偏导数,了解全微分形式的不变性.

(5)理解多元函数的极值和条件极值等概念,掌握多元函数极值存在的必要条件和二元函数极值存在的充分条件,能求二元函数的极值.

(6)能用拉格朗日乘数法求条件极值,并能解决一些优化问题.

3)重点和难点

(1)**重点**:二元函数的极限和连续性等概念,二重极限的计算,偏导数的定义及其计算法,全微分的概念和二元函数可微分的条件,计算多元初等函数的全微分,多元复合函数的求导法则和计算多元复合函数的全导数和偏导数,多元函数极值和条件极值的概念,多元函数极值存在的必要条件和二元函数极值存在的充分条件,二元函数极值的计算.

(2)**难点**:证明二重极限不存在,计算高阶偏导数,证明二元函数在某点处可微分,计算抽象多元复合函数的全导数和偏导数,解决一些优化问题.

3. 高等数学Ⅲ

1)学时建议及其分配

"多元函数微分法及其应用"这一章授课学时建议 18 学时:多元函数的极限与连续性(2学时);偏导数(2学时);全微分(2学时);多元复合函数的求导法则(2学时);隐函数的求导公式(2学时);多元函数微分学的几何应用(2学时);多元函数的极值及其求法(4学时);习题课与单元测验(2学时).

2)目的与要求

学习本章的目的是使学生理解偏导数和全微分的概念,能熟练计算偏导数,能利用偏导数

解决一些优化方面的实际问题.本章知识的基本要求:

(1)理解多元函数的概念,了解二元函数的几何意义.

(2)理解二元函数的极限与连续的直观意义,了解有界闭区域上二元连续函数的性质.

(3)理解多元函数偏导数与全微分的概念,会求多元复合函数一阶、二阶偏导数,会求全微分,会用隐函数的求导法则.

(4)理解空间曲线的切线、法平面以及曲面的切平面、法线等概念,能求空间曲线的切线、法平面的方程以及曲面的切平面、法线的方程.

(5)理解多元函数的极值和条件极值的概念,掌握多元函数极值存在的必要条件,了解二元函数极值存在的充分条件,会求二元函数的极值,会用拉格朗日乘数法求条件极值,会求简单多元函数的最大值和最小值,会求解一些简单的应用题.

3)重点和难点

(1)重点:二元函数的极限和连续性等概念,二重极限的计算,偏导数的定义及其计算法,全微分的概念和二元函数可微分的条件,以及计算多元初等函数的全微分,多元复合函数的求导法则和计算多元复合函数的全导数和偏导数,隐函数的求导公式,以及隐函数的导数与偏导数的计算,空间曲线的切线、法平面以及曲面的切平面、法线的概念,求空间曲线的切线方程、法平面方程以及曲面的切平面方程、法线方程,多元函数极值和条件极值的概念,多元函数极值存在的必要条件和二元函数极值存在的充分条件,二元函数极值的计算.

(2)难点:证明二重极限不存在,计算高阶偏导数,证明二元函数在某点处可微分,计算抽象多元复合函数的全导数和偏导数,隐函数的求导公式,推导空间曲线的切线方程和曲面的切平面方程,解决一些优化问题.

二、各类知识结构图

高等数学 I 的知识结构图如图 6-1 所示,高等数学 II 的知识结构图如图 6-2 所示,高等数学 III 的知识结构图如图 6-3 所示.

第二节 内 容 提 要

一、基本概念

之前的讨论中函数都只有一个自变量(一元函数),但在很多实际问题中往往有涉及多方面的因素,反映到数学上就是一个变量依赖于多个变量的情形,这就提出了多元函数及其微分和积分问题,本章讨论多元函数的微分法及其应用,讨论中以二元函数为主,因为从一元函数到二元函数会产生新问题,而从二元函数到二元以上函数则可以类推。

1.平面点集的相关概念

(1)平面点集.坐标平面上具有某种性质 P 的点的集合 E 称为平面点集,记为 $E = \{(x,y) \mid (x,y)$ 具有性质 $P\}$.

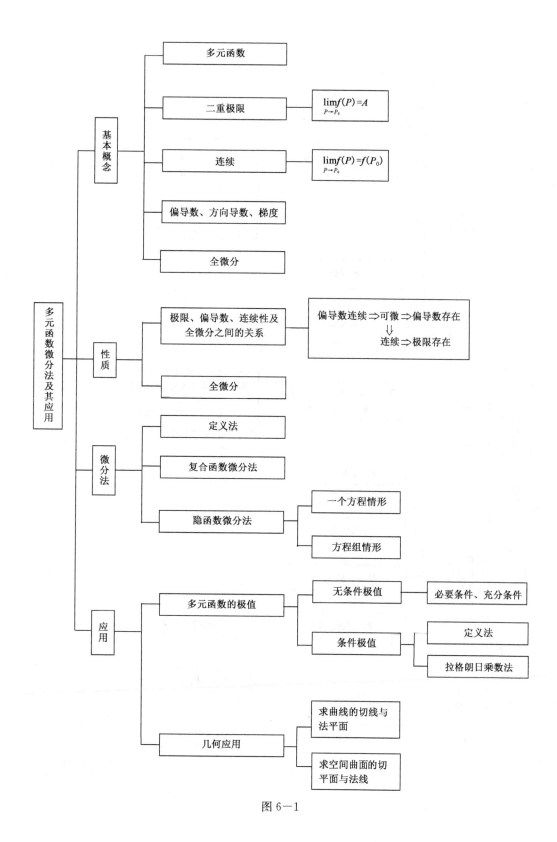

图 6—1

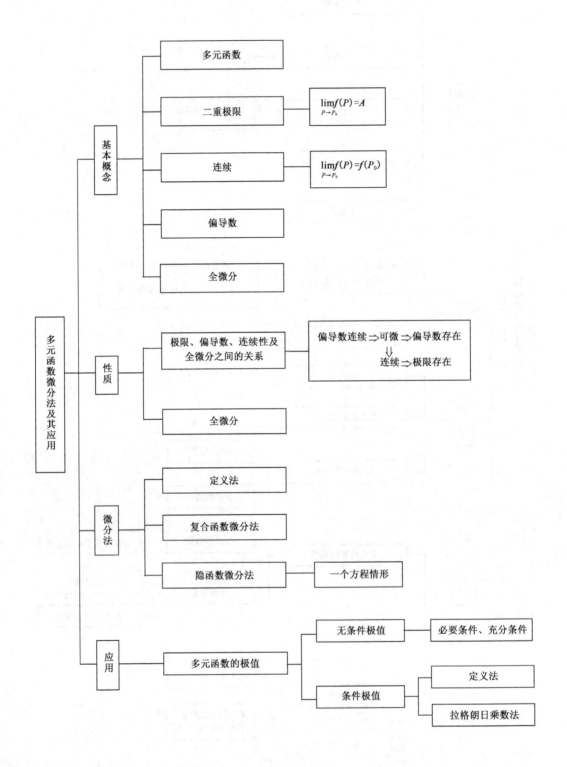

图 6—2

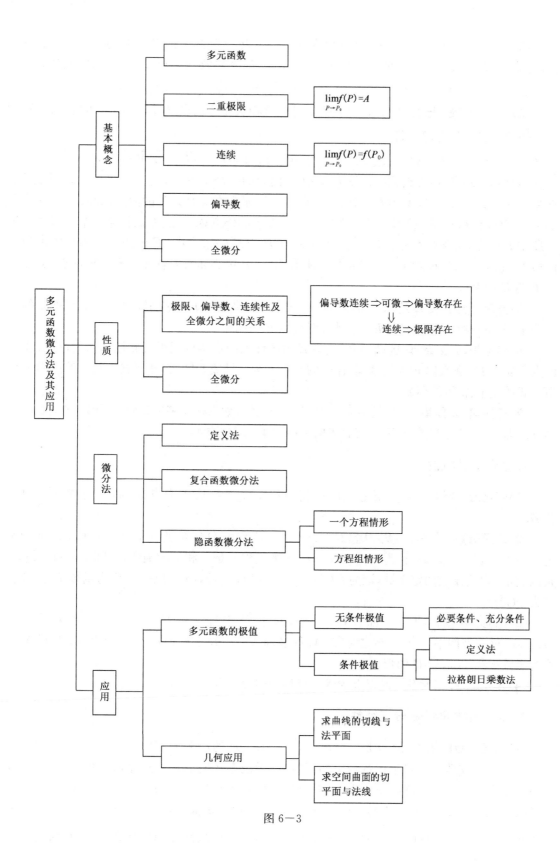

图 6—3

（2）**δ 邻域.** 设 $P_0(x_0,y_0)$ 是 xOy 面内的一个定点，δ 是某个正实数，则称与点 $P_0(x_0,y_0)$ 的距离小于 δ 的点 $P(x,y)$ 的全体为点 $P_0(x_0,y_0)$ 的 δ 邻域，记为 $U(P_0,\delta)$，即 $U(P_0,\delta) = \{P \mid P \in \mathbf{R}^2, \mid PP_0 \mid < \delta\} = \{(x,y) \mid \sqrt{(x-x_0)^2 + (y-y_0)^2} < \delta\}$.

（3）**去心 δ 邻域.** 与点 $P_0(x_0,y_0)$ 的距离小于 δ 而大于零的点 $P(x,y)$ 的全体为点 P_0 的去心 δ 邻域，记为 $\mathring{U}(P_0,\delta)$，即

$$\mathring{U}(P_0,\delta) = \{P \mid P \in \mathbf{R}^2, 0 < \mid PP_0 \mid < \delta\} = \{(x,y) \mid 0 < \sqrt{(x-x_0)^2 + (y-y_0)^2} < \delta\}.$$

（4）**内点、外点、边界点、聚点.** 设 P 是 xOy 面内的一个定点，E 是 xOy 面内的一个点集. 如果存在点 P 的某个邻域 $U(P)$，使得 $U(P) \subseteq E$，那么称点 P 为 E 的内点；如果点 P 的某个邻域 $U(P)$，使得 $U(P) \bigcap E = \varnothing$，那么称点 P 为 E 的外点；如果点 P 的任意一个邻域内既含有属于 E 的点，又含有不属于 E 的点，那么称点 P 为 E 的边界点，E 的边界点的全体称为 E 的边界，记为 ∂E；如果对于任意给定的正实数 δ，点 P 去心邻域内总含有属于 E 的点，那么称点 P 为 E 的聚点.

（5）**开集、闭集.** 设 E 是 xOy 面内的一个点集. 如果点集 E 的点都是 E 的内点，那么称 E 为开集；如果点集 E 的边界是 E 的子集，那么称 E 为闭集.

（6）**连通集、开区域、闭区域.** 如果点集 E 内的任意两点均可用折线联结起来，且该折线上的点都属于 E，那么称 E 为连通集；连通的开集称为区域或开区域；开区域连同它的边界一起所构成的点集称为闭区域.

（7）**有界集、无界集.** 设 E 是 xOy 面内的一个点集，如果存在某个正数 r，使得 $E \subseteq U((0,0),r)$，那么称 E 为有界集；不是有界集的平面点集称为无界集.

2. 多元函数概念

（1）**变化域.** 变量 x 和 y 所能取的一切数组 (x,y) 组成平面点集，称为变量 x、y 的变化域.

（2）**二元函数.** 设平面点集 $D \subseteq R^2$，$D \neq \varnothing$，则称由 D 到 R 的一个映射 $f: (x,y) \rightarrow z$ 为定义在 D 上的二元函数，记为 $z = f(x,y)$. 习惯上称 z 是 x 和 y 的函数，x 和 y 为自变量，z 是因变量，D 为函数的定义域，记为 $D(f)$；$\{z \mid z = f(x,y),(x,y) \in D\}$ 称为函数 f 的值域，记为 $f(D)$.

（3）**图形.** 在空间直角坐标系 $Oxyz$ 中，对于 D 中每一点 $P(x,y)$，依函数关系 $z = f(x,y)$，就有空间中一点 M 与之对应，M 的坐标为 $(x,y,f(x,y))$. 在空间中，点 M 的全体称为函数 $z = f(x,y)$ 的图形.

（4）**多元函数.** 二元及二元以上的函数统称为多元函数.

3. 多元函数的极限与连续性

（1）**二元函数的极限.** 设 D 是二元函数 $z = f(x,y)$ 的定义域，$P_0(x_0,y_0)$ 为 D 内的一个聚点. 如果存在常数 A，对于任意给定的正数 ε（无论多么的小），总是存在正数 δ，使得当点 (x,y) 满足 $(x,y) \in D \bigcap \mathring{U}(P_0,\delta)$ 时，对应的函数值满足不等式 $\mid f(x,y) - A \mid < \varepsilon$，那么就称常数 A 为函数 $z = f(x,y)$ 当 $(x,y) \rightarrow (x_0,y_0)$ 时的二重极限，记为 $\lim\limits_{(x,y) \rightarrow (x_0,y_0)} f(x,y) = A$ 或 $\lim\limits_{\substack{x \rightarrow x_0 \\ y \rightarrow y_0}} f(x,y) = A$，也说 $z = f(x,y)$ 在 $P_0(x_0,y_0)$ 处的极限是 A. 否则，称二元函数 $z =$

$f(x,y)$ 在 $(x,y) \to (x_0,y_0)$ 时的极限不存在.

注:① 二元函数 $z = f(x,y)$ 在 $P_0(x_0,y_0)$ 处的极限是否存在与 $z = f(x,y)$ 在 $P_0(x_0,y_0)$ 处是否有定义无关.

② 如果动点 (x,y) 在 $U(P_0,\delta)$ 内沿不同的路径无限趋近于 $P_0(x_0,y_0)$ 时,二元函数 $z = f(x,y)$ 的值无限接近于不同的常数,则二元函数 $z = f(x,y)$ 在 $(x,y) \to (x_0,y_0)$ 时的极限不存在.

(2)二元函数的连续与间断. 设 D 是二元函数 $z = f(x,y)$ 的定义域,$P_0(x_0,y_0)$ 为 D 内的一个聚点,且 $P_0 \in D$. 如果 $\lim\limits_{(x,y) \to (x_0,y_0)} f(x,y) = f(x_0,y_0)$,则称二元函数 $z = f(x,y)$ 在点 $P_0(x_0,y_0)$ 处连续. 此时,称 $P_0(x_0,y_0)$ 为二元函数 $z = f(x,y)$ 的连续点. 如果二元函数 $z = f(x,y)$ 在点 $P_0(x_0,y_0)$ 处不连续,那么称 $P_0(x_0,y_0)$ 为函数 $f(x,y)$ 的间断点.

4. 偏导数

(1)偏导数.

设 $z = f(x,y)$ 在点 (x_0,y_0) 的某一邻域内有定义,若 $\lim\limits_{\Delta x \to 0} \dfrac{f(x_0 + \Delta x,y_0) - f(x_0,y_0)}{\Delta x}$ 存在,则称此极限为函数 $z = f(x,y)$ 在点 (x_0,y_0) 处**对 x 的偏导数**,记为 $f_x(x_0,y_0)$、$f'_x(x_0,y_0)$、$\dfrac{\partial z}{\partial x}\Big|_{\substack{x=x_0 \\ y=y_0}}$、$\dfrac{\partial f}{\partial x}\Big|_{\substack{x=x_0 \\ y=y_0}}$ 或 $z_x(x_0,y_0)$,此时也称 $z = f(x,y)$ 在点 (x_0,y_0) 处**对 x 的偏导数存在**. 否则,就称 $z = f(x,y)$ 在点 (x_0,y_0) 处**对 x 的偏导数不存在**.

类似地,函数 $z = f(x,y)$ 在点 (x_0,y_0) 处**对 y 的偏导数**定义为 $\lim\limits_{\Delta y \to 0} \dfrac{f(x_0,y_0 + \Delta y) - f(x_0,y_0)}{\Delta y}$,记为 $f_y(x_0,y_0)$、$f'_y(x_0,y_0)$、$\dfrac{\partial z}{\partial y}\Big|_{\substack{x=x_0 \\ y=y_0}}$、$\dfrac{\partial f}{\partial y}\Big|_{\substack{x=x_0 \\ y=y_0}}$ 或 $z_y(x_0,y_0)$.

设函数 $z = f(x,y)$ 在区域 D 内每一点 (x,y) 处对 x 的偏导数都存在,那么这个偏导数就是 x,y 的函数,它就称为函数 $z = f(x,y)$ **对自变量 x 的偏导数**,记作 z_x、f_x、f'_x、$\dfrac{\partial z}{\partial x}$ 或 $\dfrac{\partial f}{\partial x}$.

类似地,若函数 $z = f(x,y)$ 在区域 D 内每一点 (x,y) 处对 y 的偏导数都存在,那么这个偏导数就是 x、y 的函数,它就称为函数 $z = f(x,y)$ **对自变量 y 的偏导数**,记作 z_y、f_y、f'_y、$\dfrac{\partial z}{\partial y}$ 或 $\dfrac{\partial f}{\partial y}$.

(2)高阶偏导数.

二元函数 $z = f(x,y)$ 的两个偏导数 $\dfrac{\partial z}{\partial x}$、$\dfrac{\partial z}{\partial y}$,一般说来,它们仍然是自变量 x、y 的函数. 如果 $\dfrac{\partial z}{\partial x}$、$\dfrac{\partial z}{\partial y}$ 的偏导数,即 $\dfrac{\partial}{\partial x}\left(\dfrac{\partial z}{\partial x}\right)$、$\dfrac{\partial}{\partial y}\left(\dfrac{\partial z}{\partial x}\right)$、$\dfrac{\partial}{\partial x}\left(\dfrac{\partial z}{\partial y}\right)$、$\dfrac{\partial}{\partial y}\left(\dfrac{\partial z}{\partial y}\right)$ 存在,则称这四个偏导数为函数 $z = f(x,y)$ 的二阶偏导数,记作

$$\frac{\partial}{\partial x}\left(\frac{\partial z}{\partial x}\right) = \frac{\partial^2 z}{\partial x^2} = f_{xx}(x,y), \qquad \frac{\partial}{\partial y}\left(\frac{\partial z}{\partial x}\right) = \frac{\partial^2 z}{\partial x \partial y} = f_{xy}(x,y),$$

$$\frac{\partial}{\partial x}\left(\frac{\partial z}{\partial y}\right) = \frac{\partial^2 z}{\partial y \partial x} = f_{yx}(y,x), \qquad \frac{\partial}{\partial y}\left(\frac{\partial z}{\partial y}\right) = \frac{\partial^2 z}{\partial y^2} = f_{yy}(x,y).$$

其中 $f_{xy}(x,y)$,$f_{yx}(x,y)$ 称为混合偏导数. 前者是先对 x 后对 y 求导,后者是先对 y 后对 x 求

导,即它们求偏导数的先后次序不同. 如果二元函数 $z = f(x,y)$ 的两个混合偏导数 $f_{xy}(x,y)$ 和 $f_{yx}(x,y)$ 在区域 D 内连续,那么在区域 D 内这两个二阶混合偏导数必相等.

有时我们也记 $\dfrac{\partial^2 f}{\partial x^2}$ 或 $f_{xx}(x,y)$ 为 $D_{11}f(x,y)$,记 $\dfrac{\partial^2 f}{\partial y^2}$ 或 $f_{yy}(x,y)$ 为 $D_{22}f(x,y)$,记 $\dfrac{\partial^2 f}{\partial x \partial y}$ 为 $D_{12}f(x,y)$,记 $\dfrac{\partial^2 f}{\partial y \partial x}$ 或 $f_{yx}(x,y)$ 为 $D_{21}f(x,y)$.

类似地,可以定义三阶及三阶以上的偏导数. 二阶及二阶以上的偏导数统称为高阶偏导数.

5. 全微分

设二元函数 $z = f(x,y)$ 在点 (x_0, y_0) 的某一邻域内有定义,如果

$$\Delta z = f(x_0 + \Delta x, y_0 + \Delta y) - f(x_0, y_0)$$
$$= A(x_0, y_0)\Delta x + B(x_0, y_0)\Delta y + o(\sqrt{(\Delta x)^2 + (\Delta y)^2}),$$

则称 $z = f(x,y)$ 在点 (x_0, y_0) 处**可微**,并称 $A(x_0, y_0)\Delta x + B(x_0, y_0)\Delta y$ 为 $f(x,y)$ 在点 (x_0, y_0) 的**全微分**,记为 $\mathrm{d}z$ 或 $\mathrm{d}f(x,y)$.

如果 $f(x,y)$ 在区域 D 内各点处都可微分,则称这函数**在 D 内可微分**.

6. 空间曲线的切线和法平面

设点 M_0 是空间曲线 Γ 上的一个定点,点 M 是 Γ 上的一个动点. 当点 M 沿着 Γ 趋近点 M_0 时,如果割线 M_0M 的极限位置 M_0T 存在,则称直线 M_0T 为曲线 Γ 在点 M_0 的切线;过点 M_0 且垂直于切线 M_0T 的平面称为曲线 Γ 在点 M_0 的法平面.

7. 曲面的切平面与法线

设点 M_0 是曲面 Σ 上的一个定点,如果曲面 Σ 上过 M_0 的任意曲线在点 M_0 处的切线都同在一个平面上,则称该平面为曲面 Σ 在点 M_0 的切平面;过点 M_0 且垂直于切平面的直线称为曲面 Σ 在点 M_0 的法线.

8. 方向导数与梯度

(1)方向导数. 设 $z = f(x,y)$ 在点 $P_0(x_0, y_0)$ 的某一邻域内有定义,以 $P_0(x_0, y_0)$ 为起点作射线 l,$P(x_0 + \Delta x, y_0 + \Delta y)$ 为 l 上另外一点. 如果 $\lim\limits_{\substack{\Delta x \to 0 \\ \Delta y \to 0}} \dfrac{f(x_0 + \Delta x, y_0 + \Delta y) - f(x_0, y_0)}{\sqrt{(\Delta x)^2 + (\Delta y)^2}}$ 存在,则称此极限为函数 $z = f(x,y)$ 在点 (x_0, y_0) 处沿方向 l 的**方向导数**,记为 $\dfrac{\partial z}{\partial l}\Big|_{\substack{x = x_0 \\ y = y_0}}$ 或 $\dfrac{\partial f}{\partial l}\Big|_{\substack{x = x_0 \\ y = y_0}}$.

(2)梯度. 设函数 $z = f(x,y)$ 在点 (x_0, y_0) 处对 x、y 的偏导数存在,则称向量 $f_x(x_0, y_0)\boldsymbol{i} + f_y(x_0, y_0)\boldsymbol{j}$ 为函数 $z = f(x,y)$ 在点 (x_0, y_0) 处的梯度,记为 $\mathbf{grad}\, f(x,y)\Big|_{\substack{x = x_0 \\ y = y_0}}$.

如果函数 $f(x,y,z)$ 在点 (x_0, y_0, z_0) 处可微分,则称向量 $(f_x(x_0, y_0, z_0), f_y(x_0, y_0, z_0),$

$f_z(x_0, y_0, z_0))$ 为函数 $f(x, y, z)$ 在点 (x_0, y_0, z_0) 处的梯度,记作 $\mathbf{grad}\, f(x, y, z)\Big|_{\substack{x = x_0 \\ y = y_0 \\ z = z_0}}$.

9. 二元函数的极值

(1)极值的定义. 设函数 $z = f(x, y)$ 在点 (x_0, y_0) 的某个邻域内有定义,若对该邻域内任一点 (x, y) 都有 $f(x, y) \leqslant f(x_0, y_0)$(或 $f(x, y) \geqslant f(x_0, y_0)$),则称函数 $z = f(x, y)$ 在点 (x_0, y_0) 有极大值(或极小值)$f(x_0, y_0)$,而称点 (x_0, y_0) 为函数 $z = f(x, y)$ 的极大(或极小)值点. 极大值点与极小值点统称极值点.

(2)无条件极值和条件极值. 如果函数的自变量除了限制在定义域内以外,再没有其他限制,这种极值问题称为无条件极值;如果函数的自变量除了限制在定义域内以外,自变量还受到某些条件的约束,这种对自变量有约束条件的极值问题称为条件极值.

二、基本性质

1. 多元函数的极限与连续性

(1)多元函数的极限运算. 有与一元函数类似的极限运算法则.

(2)多元函数的连续性. 多元连续函数的和、差、积、商(分母不为零处)仍为连续函数;多元连续函数的复合函数也是连续函数; 切多元初等函数在其定义区域内是连续的.

(3)有界闭区域上连续函数的性质.

①**有界性与最大值最小值定理.** 有界闭区域 D 上连续的多元函数,必定在 D 上有界,且能取得它的最大值和最小值.

②**介值定理.** 在有界闭区域 D 上的多元连续函数,必取得介于函数最大值与最小值之间的任何值.

2. 高阶混合偏导的性质

(1)二阶混合偏导. 如果函数 $z = f(x, y)$ 的两个二阶混合偏导数 $\dfrac{\partial^2 z}{\partial x \partial y}$ 和 $\dfrac{\partial^2 z}{\partial y \partial x}$ 在区域 D 内连续,那么在该区域内这两个二阶混合偏导数必相等,即二阶混合偏导在偏导数连续的条件下与求偏导的次序无关.

(2)高阶混合偏导. 高阶混合偏导在偏导数连续的条件下也与求偏导的次序无关.

3. 二元函数可微的条件

(1)可微的必要条件 1. 若 $z = f(x, y)$ 在点 (x_0, y_0) 可微分,则 $f(x, y)$ 在点 (x_0, y_0) 处连续.

(2)可微的必要条件 2. 若 $z = f(x, y)$ 在点 (x_0, y_0) 可微分,则 $f(x, y)$ 在点 (x_0, y_0) 处的偏导数 $f_x(x_0, y_0)$、$f_y(x_0, y_0)$ 存在,且 $\mathrm{d}z = f_x(x_0, y_0)\mathrm{d}x + f_y(x_0, y_0)\mathrm{d}y$.

(3)可微的充要条件. $f(x, y)$ 在点 (x_0, y_0) 处可微的充分必要条件是

$$\lim_{\substack{\Delta x \to 0 \\ \Delta y \to 0}} \frac{f(x_0 + \Delta x, y_0 + \Delta y) - f(x_0, y_0) - f_x(x_0, y_0)\Delta x - f_y(x_0, y_0)\Delta y}{\sqrt{(\Delta x)^2 + (\Delta y)^2}} = 0.$$

（4）可微的充分条件. 若 $z=f(x,y)$ 的偏导函数 $\dfrac{\partial z}{\partial x}$、$\dfrac{\partial z}{\partial y}$ 在点 (x_0,y_0) 处连续,则 $f(x,y)$ 在点 (x_0,y_0) 一定可微.

4. 多元复合函数的求导法则

（1）自变量为一个的情形.

设 $u=\varphi(x)$,$v=\psi(x)$ 在点 x 处都可导,而 $z=f(u,v)$ 在相应于 x 的点 (u,v) 处可微,则复合函数 $z=f[\varphi(x),\psi(x)]$ 在点 x 处都可导,且 $\dfrac{\mathrm{d}z}{\mathrm{d}x}=\dfrac{\partial f}{\partial u}\cdot\dfrac{\mathrm{d}u}{\mathrm{d}x}+\dfrac{\partial f}{\partial v}\cdot\dfrac{\mathrm{d}v}{\mathrm{d}x}$.

设 $u=\varphi(x)$,$v=\psi(x)$,$w=\omega(x)$ 在点 x 处都可导,而 $z=f(u,v,w)$ 在相应于 x 的点 (u,v,w) 处可微,则复合函数 $z=f[\varphi(x),\psi(x),\omega(x)]$ 在点 x 处都可导,且 $\dfrac{\mathrm{d}z}{\mathrm{d}x}=\dfrac{\partial f}{\partial u}\cdot\dfrac{\mathrm{d}u}{\mathrm{d}x}+\dfrac{\partial f}{\partial v}\cdot\dfrac{\mathrm{d}v}{\mathrm{d}x}+\dfrac{\partial f}{\partial w}\cdot\dfrac{\mathrm{d}w}{\mathrm{d}x}$.

注：上述两个导数称为全导数.

（2）中间变量为多元函数的情形.

设 $u=\varphi(x,y)$,$v=\psi(x,y)$ 在点 (x,y) 处具有对 x,y 的偏导数,而 $z=f(u,v)$ 在相应于 (x,y) 的点 (u,v) 处可微,则复合函数 $z=f[\varphi(x,y),\psi(x,y)]$ 在点 (x,y) 处的两个偏导数存在,且 $\dfrac{\partial z}{\partial x}=\dfrac{\partial f}{\partial u}\cdot\dfrac{\partial u}{\partial x}+\dfrac{\partial f}{\partial v}\cdot\dfrac{\partial v}{\partial x},\dfrac{\partial z}{\partial y}=\dfrac{\partial f}{\partial u}\cdot\dfrac{\partial u}{\partial y}+\dfrac{\partial f}{\partial v}\cdot\dfrac{\partial v}{\partial y}$.

设 $u=\varphi(x,y)$,$v=\psi(x,y)$,$w=\omega(x,y)$ 在点 (x,y) 处具有对 x,y 的偏导数,而 $z=f(u,v,w)$ 在相应于 (x,y) 的点 (u,v,w) 处可微,则 $z=f[\varphi(x,y),\psi(x,y),\omega(x,y)]$ 在点 (x,y) 处具有对 x,y 的偏导数,且 $\dfrac{\partial z}{\partial x}=\dfrac{\partial f}{\partial u}\cdot\dfrac{\partial u}{\partial x}+\dfrac{\partial f}{\partial v}\cdot\dfrac{\partial v}{\partial x}+\dfrac{\partial f}{\partial w}\cdot\dfrac{\partial w}{\partial x},\dfrac{\partial z}{\partial y}=\dfrac{\partial f}{\partial u}\cdot\dfrac{\partial u}{\partial y}+\dfrac{\partial f}{\partial v}\cdot\dfrac{\partial v}{\partial y}+\dfrac{\partial f}{\partial w}\cdot\dfrac{\partial w}{\partial y}$.

特别若 $z=f(u,x,y)$,$u=\varphi(x,y)$,则 $\dfrac{\partial z}{\partial x}=\dfrac{\partial f}{\partial u}\cdot\dfrac{\partial u}{\partial x}+\dfrac{\partial f}{\partial x},\dfrac{\partial z}{\partial y}=\dfrac{\partial f}{\partial u}\cdot\dfrac{\partial u}{\partial y}+\dfrac{\partial f}{\partial y}$.

5. 全微分的形式不变性

当 $z=f(u,v)$ 可微,u,v 是自变量时,则 $\mathrm{d}z=\dfrac{\partial f}{\partial u}\mathrm{d}u+\dfrac{\partial f}{\partial v}\mathrm{d}v$.

当 $u=\varphi(x,y)$,$v=\psi(x,y)$ 是 x,y 的函数,且 $u=\varphi(x,y)$,$v=\psi(x,y)$ 具有偏导数时,则

$$\mathrm{d}z=\dfrac{\partial z}{\partial x}\mathrm{d}x+\dfrac{\partial z}{\partial y}\mathrm{d}y=\left(\dfrac{\partial f}{\partial u}\cdot\dfrac{\partial u}{\partial x}+\dfrac{\partial f}{\partial v}\cdot\dfrac{\partial v}{\partial x}\right)\mathrm{d}x+\left(\dfrac{\partial f}{\partial u}\cdot\dfrac{\partial u}{\partial y}+\dfrac{\partial f}{\partial v}\cdot\dfrac{\partial v}{\partial y}\right)\mathrm{d}y$$

$$=\dfrac{\partial f}{\partial u}\left(\dfrac{\partial u}{\partial x}\mathrm{d}x+\dfrac{\partial u}{\partial y}\mathrm{d}y\right)+\dfrac{\partial f}{\partial v}\left(\dfrac{\partial v}{\partial x}\mathrm{d}x+\dfrac{\partial v}{\partial y}\mathrm{d}y\right)=\dfrac{\partial f}{\partial u}\mathrm{d}u+\dfrac{\partial f}{\partial v}\mathrm{d}v.$$

也就是说,不论 u,v 是自变量时,还是中间变量,都有 $\mathrm{d}z=\dfrac{\partial f}{\partial u}\mathrm{d}u+\dfrac{\partial f}{\partial v}\mathrm{d}v$,这种性质称为多元函数的**一阶全微分形式不变性**.

6. 隐函数的求导法则

1）一个方程的情形

（1）一元函数情形. 设函数 $F(x,y)$ 在点 $P(x_0,y_0)$ 的某一邻域内具有连续偏导数,又

$F(x_0,y_0)=0,F_y(x_0,y_0)\neq0$，则方程 $F(x,y)=0$ 在点 $P(x_0,y_0)$ 的某个邻域内恒能唯一确定一个连续且具有连续导数的函数 $y=f(x)$，它们满足条件 $y_0=f(x_0)$，并有 $\dfrac{\mathrm{d}y}{\mathrm{d}x}=-\dfrac{F_x}{F_y}$.

（2）二元函数情形. 设函数 $F(x,y,z)$ 在点 $P(x_0,y_0,z_0)$ 的某一邻域内具有连续偏导数，又 $F(x_0,y_0,z_0)=0,F_z(x_0,y_0,z_0)\neq0$，则方程 $F(x,y,z)=0$ 在点 $P(x_0,y_0,z_0)$ 的某个邻域内恒能唯一确定一个连续且具有连续导数的函数 $z=f(x,y)$，它们满足条件 $z_0=f(x_0,y_0)$，并有 $\dfrac{\partial z}{\partial x}=-\dfrac{F_x}{F_z},\dfrac{\partial z}{\partial y}=-\dfrac{F_y}{F_z}$.

2）方程组的情形

设 $F(x,y,u,v),G(x,y,u,v)$ 在点 $P(x_0,y_0,u_0,v_0)$ 的某一邻域内具有对各个变量的连续偏导数，又 $F(x_0,y_0,u_0,v_0)=0,G(x_0,y_0,u_0,v_0)=0$，且偏导数所组成的函数行列式（或称

雅可比式）$J=\dfrac{\partial(F,G)}{\partial(u,v)}=\begin{vmatrix}\dfrac{\partial F}{\partial u}&\dfrac{\partial F}{\partial v}\\[2mm]\dfrac{\partial G}{\partial u}&\dfrac{\partial G}{\partial v}\end{vmatrix}$ 在 点 $P(x_0,y_0,u_0,v_0)$ 不 等 于 零，则 方 程 组

$F(x,y,u,v)=0,G(x,y,u,v)=0$ 在点 $P(x_0,y_0,u_0,v_0)$ 的某一邻域内恒能确定一组连续且具有连续偏导数的函数 $u=u(x,y),v=v(x,y)$，它们满足条件 $u_0=u(x_0,y_0),v=v(x_0,y_0)$，并有

$$\frac{\partial u}{\partial x}=-\frac{1}{J}\frac{\partial(F,G)}{\partial(x,v)},\frac{\partial v}{\partial x}=-\frac{1}{J}\frac{\partial(F,G)}{\partial(u,x)},\frac{\partial u}{\partial y}=-\frac{1}{J}\frac{\partial(F,G)}{\partial(y,v)},\frac{\partial v}{\partial y}=-\frac{1}{J}\frac{\partial(F,G)}{\partial(u,y)}.$$

7. 多元函数的极限、连续、偏导数和全微分的关系

如果函数的偏导数连续，则该函数可微；如果函数可微，则其偏导数存在；如果函数连续，则该函数的二重极限存在；反之不一定成立，而且函数的连续性与函数的偏导数无关.

8. 方向导数存在的条件

（1）二元函数的方向导数. 如果 $z=f(x,y)$ 在点 $P_0(x_0,y_0)$ 处可微，则函数在该点处沿任意方向 l 的方向导数都存在，且 $\dfrac{\partial z}{\partial l}\Big|_{\substack{x=x_0\\y=y_0}}=f_x(x_0,y_0)\cos\alpha+f_y(x_0,y_0)\cos\beta$，其中 $\cos\alpha,\cos\beta$ 是方向 l 的方向余弦.

（2）三元函数的方向导数. 如果三元函数 $u=f(x,y,z)$ 在点 (x_0,y_0,z_0) 处可微分，那么三元函数 $f(x,y,z)$ 在点 (x_0,y_0,z_0) 处沿任意方向 l 的方向导数都存在，且

$$\frac{\partial u}{\partial l}\Big|_{\substack{x=x_0\\y=y_0\\z=z_0}}=f_x(x_0,y_0,z_0)\cos\alpha+f_y(x_0,y_0,z_0)\cos\beta+f_z(x_0,y_0,z_0)\cos\gamma,$$

其中 $\cos\alpha,\cos\beta,\cos\gamma$ 是方向 l 的方向余弦.

9. 二元函数极值存在的条件

（1）极值存在的必要条件. 设 $z=f(x,y)$ 在点 (x_0,y_0) 处有极值，则下列结论之一成立：

① $f_x(x_0,y_0)=0$ 且 $f_y(x_0,y_0)=0$，此时 (x_0,y_0) 称为 $f(x,y)$ 的**驻点**.

② $f_x(x_0,y_0)$ 或 $f_y(x_0,y_0)$ 不存在.

（2）极值存在的充分条件. 设点 $P_0(x_0,y_0)$ 是函数 $z=f(x,y)$ 的驻点，且在 $P_0(x_0,y_0)$ 的

某一邻域内 $f(x,y)$ 具有二阶连续偏导数,令 $A = f_{xx}(x_0,y_0)$, $B = f_{xy}(x_0,y_0)$, $C = f_{yy}(x_0,y_0)$,那么:

①当 $B^2 - AC < 0$ 时,$f(x_0,y_0)$ 是极值. 当 $A < 0$ 时,$f(x_0,y_0)$ 是极大值;当 $A > 0$ 时,$f(x_0,y_0)$ 是极小值.

②当 $B^2 - AC > 0$ 时,$f(x_0,y_0)$ 不是极值.

③当 $B^2 - AC = 0$ 时,$f(x_0,y_0)$ 不一定是极值.

10. 多元函数的极值与最值的关系

如果函数 $z = f(x,y)$ 在有界闭区域 D 上连续,则函数在 D 上一定取得最大值和最小值. 如果函数的最大值或最小值在区域 D 的内部取得,则其最大值或最小值必为极大值或极小值. 因此,求出驻点或偏导数不存在的点的函数值及边界上函数的最大值和最小值,其中最大值便是函数在闭区域 D 上的最大值,最小值便是函数在闭区域 D 上的最小值. 具体问题中,常常通过分析可知函数的最大值或最小值存在,且在定义域内部取得,又知在定义域内只有唯一驻点,于是可以肯定驻点处的函数值便是函数的最大值或最小值.

三、基本方法

1. 求多元函数的定义域及表达式

(1)求多元函数的定义域. 与求一元函数的定义域相仿,需考虑:分式的分母不能为零,偶次方根号下的表达式非负,对数的真数大于零,反正弦、反余弦中的表达式的绝对值小于等于1等. 再解联立不等式组,即得定义域.

(2)多元函数表达式. 关键在于分清楚复合函数的复合结构,在解题过程中适当引入中间变量,最后再把中间变量还原回去.

2. 求或证明二重极限的方法

(1)求二重极限的方法. 计算二重极限时,常把二元函数极限转化为一元函数极限问题,再利用四则运算法则、夹逼准则、作变量代换、两个重要极限、等价无穷小因子替换、对函数作恒等变换约去零因子、洛必达法则等,或者利用函数连续的定义及多元初等函数的连续性.

(2)证明二重极限不存在的方法. 选择不同的路径计算极限. 如果沿不同路径算出不同的极限值,或者按照某一路径计算时极限不存在,那么可以断定原二重极限不存在.

3. 求导数或偏导数的方法

1)偏导数的定义法

此方法适用于求分段函数在分段点的偏导数或涉及无法判定函数的偏导数是否存在的问题.

2)运算法则和性质的求法

(1)简单多元初等函数. 由偏导数定义知,偏导数与一元函数的导数运算相仿,也满足四则运算法则. 关键是要弄清对哪个变量求偏导数,将其余变量均看作常量,然后按一元函数求导

公式及导数运算法则去求. 一般来说,求初等函数在定义域内的偏导数,直接用一元函数的求导公式和法则即可. 这是因为 $\left.\dfrac{\partial f}{\partial x}\right|_{(x_0,y_0)}=\left.\dfrac{\mathrm{d}}{\mathrm{d}x}f(x,y_0)\right|_{x=x_0}$. 若求具体某点处的偏导数,用公式求出偏导数后再代入该点的坐标即可.

(2)多元复合函数. 求多元复合函数的导数或偏导时,要理清复合结构,正确使用复合函数求导或求偏导的链式法则. 计算抽象复合函数的偏导数或高阶偏导数时,一定要设出中间变量,要注意正确理解和使用常见的偏导数记号.

(3)全微分的形式不变性. 利用全微分的形式不变性,先求出微分,再求偏导数.

3)隐函数的求导或偏导求法

(1)公式法. 先将方程中所有非零项移到等式一边,并将其设为函数 F;然后将各变量看作独立变量,对 F 分别求偏导;最后用隐函数的求导法则中的公式求出导数或偏导数.

(2)直接法(公式推导法). 分别将二元方程(或三元方程)两边同时对 x 求导(或对 x、y 求偏导)这时将 y 看作 x 的函数(或将 x、y 看作独立变量,z 是 x 和 y 的函数),得到关于 $\dfrac{\mathrm{d}y}{\mathrm{d}x}$ 的方程(或关于 $\dfrac{\partial z}{\partial x}$、$\dfrac{\partial z}{\partial y}$ 的两个方程),解方程可求出 $\dfrac{\mathrm{d}y}{\mathrm{d}x}$(或 $\dfrac{\partial z}{\partial x}$、$\dfrac{\partial z}{\partial y}$).

(3)全微分法. 利用全微分形式的不变性,对所给方程两边求微分,整理成 $\mathrm{d}y=u(x,y)\mathrm{d}x$(或 $\mathrm{d}z=u(x,y,z)\mathrm{d}x+vf(x,y,z)\mathrm{d}y$),则 $\mathrm{d}x$ 的系数便是 $\dfrac{\mathrm{d}y}{\mathrm{d}x}$(或 $\mathrm{d}x$、$\mathrm{d}y$ 的系数便是 $\dfrac{\partial z}{\partial x}$、$\dfrac{\partial z}{\partial y}$). 在求全微分时,$y$(或 z)应看作自变量.

4. 求全微分的方法

(1)叠加原理法. 先求出函数的偏导数,然后用叠加原理写出其全微分.

(2)直接法. 用微分的四则运算法则或全微分的形式不变性方法直接求函数的全微分.

5. 求高阶导数或偏导数的方法

(1)定义法. 利用高阶导数(偏导数)的定义求. 此法适用于求分段函数或未知函数的高阶导数(偏导)信息的函数的高阶导数(偏导数).

(2)逐次求导(或偏导)的方法. 利用 n 阶导数(偏导数)是 $n-1$ 阶导数(偏导函数)的导数(偏导数),可以从一阶开始,使用求导(偏导数)法则求出各阶偏导数.

6. 求空间曲线的切线与法平面

(1)参数方程情形. 设空间曲线 Γ 的参数方程为 $\begin{cases}x=x(t),\\y=y(t),\\z=z(t),\end{cases}x(t),y(t),z(t)$ 均可导,且 $x'(t),y'(t),z'(t)$ 不同时为零,则向量 $\boldsymbol{T}=(x'(t),y'(t),z'(t))$ 是切线 M_0T 的方向向量,称为切线向量. 切线向量的方向余弦即为切线的方向余弦,曲线在 M_0 点的切线方程为 $\dfrac{x-x_0}{x'(t_0)}=\dfrac{y-y_0}{y'(t_0)}=\dfrac{z-z_0}{z'(t_0)}$,法平面方程为 $x'(t_0)(x-x_0)+y'(t_0)(y-y_0)+z'(t_0)(z-z_0)=0$.

(2)一般方程情形. 设设空间曲线 Γ 的参数方程为 $\begin{cases}F(x,y,z)=0,\\G(x,y,z)=0,\end{cases}M_0(x_0,y_0,z_0)$ 是曲

线 Γ 一点，如果 $\dfrac{\partial(F,G)}{\partial(y,z)}$，$\dfrac{\partial(F,G)}{\partial(z,x)}$，$\dfrac{\partial(F,G)}{\partial(x,y)}$ 在点 $M_0(x_0,y_0,z_0)$ 处不全为零，则曲线 Γ 在点 $M_0(x_0,y_0,z_0)$ 处的切向量

$$T=\left(\frac{\partial(F,G)}{\partial(y,z)},\frac{\partial(F,G)}{\partial(z,x)},\frac{\partial(F,G)}{\partial(x,y)}\right)_{M_0},$$

切线方程为

$$\frac{x-x_0}{\begin{vmatrix}\dfrac{\partial F}{\partial y}&\dfrac{\partial F}{\partial z}\\[2mm]\dfrac{\partial G}{\partial y}&\dfrac{\partial G}{\partial z}\end{vmatrix}_{M_0}}=\frac{y-y_0}{\begin{vmatrix}\dfrac{\partial F}{\partial z}&\dfrac{\partial F}{\partial x}\\[2mm]\dfrac{\partial G}{\partial z}&\dfrac{\partial G}{\partial x}\end{vmatrix}_{M_0}}=\frac{z-z_0}{\begin{vmatrix}\dfrac{\partial F}{\partial x}&\dfrac{\partial F}{\partial y}\\[2mm]\dfrac{\partial G}{\partial x}&\dfrac{\partial G}{\partial y}\end{vmatrix}_{M_0}},$$

法平面方程为

$$\begin{vmatrix}\dfrac{\partial F}{\partial y}&\dfrac{\partial F}{\partial z}\\[2mm]\dfrac{\partial G}{\partial y}&\dfrac{\partial G}{\partial z}\end{vmatrix}_{M_0}(x-x_0)+\begin{vmatrix}\dfrac{\partial F}{\partial z}&\dfrac{\partial F}{\partial x}\\[2mm]\dfrac{\partial G}{\partial z}&\dfrac{\partial G}{\partial x}\end{vmatrix}_{M_0}(y-y_0)+\begin{vmatrix}\dfrac{\partial F}{\partial x}&\dfrac{\partial F}{\partial y}\\[2mm]\dfrac{\partial G}{\partial x}&\dfrac{\partial G}{\partial y}\end{vmatrix}_{M_0}(z-z_0)=0.$$

7. 求曲面的切平面与法线

(1)隐式方程情形. 设曲面 $\sum$ 的方程为 $F(x,y,z)=0$，$M_0(x_0,y_0,z_0)$ 是曲面上的一点，假定函数 $F(x,y,z)$ 的偏导数在该点连续且不同时为零，则曲面 $\sum$ 在点 $M_0(x_0,y_0,z_0)$ 处的切平面方程为 $F_x(x_0,y_0,z_0)(x-x_0)+F_y(x_0,y_0,z_0)(y-y_0)+F_z(x_0,y_0,z_0)(z-z_0)=0.$ 曲面 $\sum$ 在点 $M_0(x_0,y_0,z_0)$ 处的法线方程为 $\dfrac{x-x_0}{F_x(x_0,y_0,z_0)}=\dfrac{y-y_0}{F_y(x_0,y_0,z_0)}=\dfrac{z-z_0}{F_z(x_0,y_0,z_0)}.$

(2)显式方程情形. 若曲面方程由 $z=f(x,y)$ 给出，假定函数 $f(x,y)$ 的偏导数在点 (x_0,y_0) 连续，则曲面 $\sum$ 在点 $M_0(x_0,y_0,z_0)$ 处的切平面方程为

$$f_x(x_0,y_0)(x-x_0)+f_y(x_0,y_0)(y-y_0)-(z-z_0)=0,$$

法线方程为 $\dfrac{x-x_0}{f_x(x_0,y_0)}=\dfrac{y-y_0}{f_y(x_0,y_0)}=\dfrac{z-z_0}{-1}.$

8. 求二元函数极值的方法

(1)定义法. 利用函数极值的定义进行判定.

(2)具有二阶连续偏导的函数极值求法. 先求出函数的驻点；然后对于每个驻点 (x_0,y_0)，求出二阶偏导数的值 A、B 和 C，并定出 $AC-B^2$ 的符号；最后按照极值存在的充分条件判定 $f(x_0,y_0)$ 是否为极值.

9. 求函数最值的方法

(1)有界闭区域上连续函数最值的求法（只比较不判断的方法）. 求出区域内的所有驻点后，不必判断驻点是否为极值点，直接将驻点的函数值与边界上的最大值、最小值进行比较，其中最大者即为最大值，最小者即为最小值.

(2)区域只有唯一驻点的可微函数最值的求法（只判断不比较的方法）. 求出的驻点为唯一驻点时，不必与边界上的最大值、最小值进行比较.对于非实际问题的二元函数，利用充分条件

判断该驻点是否为极值点,若判断为极大值即为最大值,若判断为极小值即为最小值;对于二元以上的函数,可根据其问题的含义,判断该驻点是否为极值点,若判断为极大值即为最大值,若判断为极小值即为最小值.对于实际问题涉及的函数,如果由问题可判断其最值存在,则该唯一驻点的函数值就是所求的最值.

四、典型方法

1. 已知多元抽象函数和其复合函数的运算结果,求此函数表达式的方法

通过分析函数和其复合函数,先作变量代换,并依据函数用什么自变量表示无关,建立关于函数和其复合函数的方程组;然后以它们为未知量解方程组,即可求出函数关系.

2. 多元复合函数的分解方法

利用多元基本初等函数的表达式,由外及里,边分解边假设变量,并画出其树图关系的方法.

3. 证明函数在一点可微的方法

(1)分段函数在分界点或抽象函数的可微性.利用函数在一点可微(全微分存在)的必要条件,即如果函数在分界点不连续或偏导数有一个不存在,那么可断定函数不可微;否则函数在一点可微的充要条件(定义)证明其可微性.

(2)多元初等函数的可微性.先求出其偏导函数、并判定其连续,然后利用函数在一点可微(全微分存在)的充分条件,可以证明函数是可微的.

4. 已知某函数的全微分表达式,反求表达式中的待定常数的方法

先利用全微分的形式不变性,写出函数的偏导数;然后求它们的混合偏导数;再利用"连续的混合偏导数与求偏导次序无关"建立有关待定常数的关系式;最后求解关于待定常数的方程或方程组.

5. 已知多元初等函数取得极值,反求其表达式中的待定常数的方法

先利用多元初等函数极值存在的必要条件建立有关待定常数的关系式;然后求解关于待定常数的方程或方程组.

6. 复合与四则运算综合出现的函数求导或偏导的方法

先理清函数中复合运算与四则运算哪个先出现;然后采用相应的求导或偏导的法则求出导数或偏导数.

7. 抽象复合函数的高阶导数或偏导的求法

仍然采用逐次求导或偏导的方法,但要注意对抽象函数求了一次导数或偏导后,其复合关系与原来函数的复合关系相同.

8. 拉格朗日乘数法

1)求函数 $z=f(x,y)$ 在条件 $\varphi(x,y)=0$ 下的条件极值问题

(1)构造辅助函数(称为拉格朗日函数)$L(x,y)=f(x,y)+\lambda\phi(x,y)$,其中 λ 是待定常数;

(2)求 $L(x,y)$ 对 x、y 的偏导数,并解方程组
$$\begin{cases} f_x(x,y)+\lambda\phi_x(x,y)=0, \\ f_y(x,y)+\lambda\phi_y(x,y)=0, \\ \phi(x,y)=0, \end{cases}$$
,得到唯一驻点

(x,y),它就是函数 $z=f(x,y)$ 在条件 $\varphi(x,y)=0$ 下的可能极值点;

(3)由实际问题确定其最值存在,则 (x,y) 为最值点.

2)推广到二元以上的函数以及条件为多个方程的情形

例如求函数 $f(x,y,z)$ 在条件 $\phi(x,y,z)=0$,$\varphi(x,y,z)=0$ 下的极值点.

(1)构造拉格朗日函数 $L(x,y,z)=f(x,y,z)+\lambda\phi(x,y,z)+\mu\varphi(x,y,z)$,其中 λ,μ 是待定常数;

(2)求 $L(x,y,z)$ 对 x、y、z 的偏导数,并解方程组
$$\begin{cases} f_x(x,y,z)+\lambda\phi_x(x,y,z)+\mu\varphi_x(x,y,z)=0, \\ f_y(x,y,z)+\lambda\phi_y(x,y,z)+\mu\varphi_y(x,y,z)=0, \\ \phi(x,y,z)=0, \\ \varphi(x,y,z)=0, \end{cases}$$

得到唯一驻点 (x,y,z) 就是函数 $f(x,y,z)$ 在条件 $\phi(x,y,z)=0$,$\varphi(x,y,z)=0$ 下的可能极值点.

(3)由实际问题确定其最值存在,则 (x,y,z) 为最值点.

第三节　典型例题

一、基本题型

1. 求二元函数的定义域或表达式

例 1　求函数 $z=\arcsin(2x)+\dfrac{\sqrt{4x-y^2}}{\ln(1-x^2-y^2)}$ 的定义域.

分析　求多元函数的定义域,就是要求出使其表达式有意义的点的全体. 首先,要写出构成部分的各个简单函数的定义域,再解联立不等式组,即得所求定义域.

解　$\arcsin(2x)$ 的定义域为 $|2x|\leqslant1$,$\sqrt{4x-y^2}$ 的定义域为 $4x-y^2\geqslant0$,$\dfrac{1}{\ln(1-x^2-y^2)}$ 的

定义域为 $1-x^2-y^2>0$ 且 $1-x^2-y^2\neq1$. 故得联立方程组
$$\begin{cases} |2x|\leqslant1, \\ 4x-y^2\geqslant0, \\ 1-x^2-y^2>0, \\ 1-x^2-y^2\neq1. \end{cases}$$
因此,所求函数的

定义域为 $\left\{(x,y)\left| -\dfrac{1}{2}\leqslant x\leqslant\dfrac{1}{2}, y^2\leqslant 4x, 0<x^2+y^2<1\right.\right\}$.

例 2 设 $f(x,y)=\dfrac{xy}{x^2+y}$，求 $f\left(xy,\dfrac{x}{y}\right)$.

分析 求复合函数 $f\left(xy,\dfrac{x}{y}\right)$ 的表达式，可适当引入中间变量，令 $u=xy, v=\dfrac{x}{y}$，这样把 $f\left(xy,\dfrac{x}{y}\right)$ 转化为 $f(u,v)$，而函数的对应关系与所用字母无关，故 $f(u,v)=\dfrac{uv}{u^2+v}$，最后再把中间变量 u,v 还原为关于 x,y 的表达式.

解 令 $u=xy, v=\dfrac{x}{y}$，则 $f\left(xy,\dfrac{x}{y}\right)=f(u,v)=\dfrac{uv}{u^2+v}=\dfrac{xy\cdot\dfrac{x}{y}}{(xy)^2+\dfrac{x}{y}}=\dfrac{xy}{xy^3+1}$.

2. 证明二重极限不存在

例 3 证明 $\lim\limits_{(x,y)\to(0,0)}\dfrac{xy^2}{x^3+y^3}$ 不存在.

分析 若要证明二重极限不存在，可以选择不同的路径计算极限. 如果沿不同路径算出不同的极限值，或者按照某一路径计算时极限不存在，那么可以断定原二重极限不存在.

证 令 $y=kx(k\neq-1)$，则 $\lim\limits_{\substack{x\to 0\\y=kx}}\dfrac{xy^2}{x^3+y^3}=\lim\limits_{x\to 0}\dfrac{x\cdot k^2x^2}{x^3+k^3x^3}=\dfrac{k^2}{1+k^3}$. 这表示沿着不同的直线 $y=kx$，当点 $(x,y)\to(0,0)$ 时，极限值与 k 有关，极限值不相同. 故 $\lim\limits_{(x,y)\to(0,0)}\dfrac{xy^2}{x^3+y^3}$ 不存在.

说明 证明 $\lim\limits_{(x,y)\to(0,0)}\dfrac{xy^2}{x^3+y^3}$ 不存在可用下列方法：

(1)沿某特殊路径极限不存在；

(2)沿不同路径极限不相等. 这两种方法是判定 $\lim\limits_{(x,y)\to(x_0,y_0)}f(x,y)$ 不存在的有效方法.

3. 二重极限的计算

例 4 计算极限 $\lim\limits_{(x,y)\to(0,0)}\dfrac{\sin xy}{x}$.

分析 本题可利用夹逼准则来求解，但要注意这里不能将 $\dfrac{\sin xy}{x}$ 转化为 $\dfrac{\sin xy}{xy}\cdot y$. 因为前者的定义域为 $\{(x,y)\mid x\neq 0\}$，而后者的定义域为 $\{(x,y)\mid x\neq 0$ 且 $y\neq 0\}$. 如果条件变为 $y\to a(a\neq 0)$，这时便可利用重要极限求解.

解 因为 $|\sin xy|\leqslant|xy|$，所以 $0\leqslant\left|\dfrac{\sin xy}{x}\right|\leqslant|y|$. 又 $\lim\limits_{(x,y)\to(0,0)}|y|=0$，所以由夹逼准则知

$$\lim\limits_{(x,y)\to(0,0)}\dfrac{\sin xy}{x}=0.$$

例 5 计算 $\lim\limits_{\substack{x\to 1\\y\to 0}}\dfrac{\ln(x+e^y)}{\sqrt{x^2+y^2}}$.

分析 $(1,0)$ 为函数定义域内的点，函数是二元初等函数，故用二元初等函数的连续性求其极限，即其极限值等于其函数值.

解 $\displaystyle\lim_{\substack{x\to 1\\y\to 0}}\frac{\ln(x+\mathrm{e}^y)}{\sqrt{x^2+y^2}}=\frac{\ln 2}{1}=\ln 2.$

例 6 计算 $\displaystyle\lim_{\substack{x\to 1\\y\to 0}}\frac{2-\sqrt{xy+4}}{xy}.$

分析 此题是 $\dfrac{0}{0}$ 型的极限问题,不能直接用洛必达法则,但可先用有理化分子去掉零因子,然后利用二元初等函数的连续性求其极限. 当然此题也可先作变量代换将二重极限化为一元函数的极限;然后利用一元函数求极限的方法求解,参见综合题型中的例 2,请自己练习.

解 原式 $=\displaystyle\lim_{\substack{x\to 0\\y\to 0}}\frac{-xy}{xy(2+\sqrt{xy+4})}=\lim_{\substack{x\to 0\\y\to 0}}\frac{-1}{2+\sqrt{xy+4}}=-\frac{1}{4}.$

例 7 $\displaystyle\lim_{\substack{x\to 0\\y\to 0}}\frac{xy}{\sqrt{x^2+y^2}}.$

分析 此题是 $\dfrac{0}{0}$ 型的极限问题,也不能用洛必达法则求. 由问题的特殊性,此题可以用二重极限的定义、夹逼准则和变量代换化为一元函数求极限的方法求,具体如下:

解法 1 应用二重极限的"$\varepsilon-\delta$"定义.
$$\left|\frac{xy}{\sqrt{x^2+y^2}}\right|\leqslant\frac{x^2+y^2}{2\sqrt{x^2+y^2}}=\frac{1}{2}\sqrt{x^2+y^2},$$
因为 $\forall\varepsilon>0$,取 $\delta=2\varepsilon$,当 $0<\sqrt{x^2+y^2}<\delta$ 时,恒有 $\left|\dfrac{xy}{\sqrt{x^2+y^2}}-0\right|<\varepsilon$,所以 $\displaystyle\lim_{\substack{x\to 0\\y\to 0}}\frac{xy}{\sqrt{x^2+y^2}}=0.$

解法 2 用夹逼准则求.
因为 $0\leqslant\left|\dfrac{xy}{\sqrt{x^2+y^2}}\right|=\left|\dfrac{x}{\sqrt{x^2+y^2}}\right|\cdot|y|\leqslant|y|$,又 $\displaystyle\lim_{\substack{x\to 0\\y\to 0}}|y|=0$,所以 $\displaystyle\lim_{\substack{x\to 0\\y\to 0}}\frac{xy}{\sqrt{x^2+y^2}}=0.$

解法 3 用极坐标代换求.
令 $x=r\cos\theta,y=r\sin\theta$,则当 $(x,y)\to(0,0)$ 时,$r\to 0$ ($0\leqslant\theta\leqslant 2\pi$),故
$$\lim_{\substack{x\to 0\\y\to 0}}\frac{xy}{\sqrt{x^2+y^2}}=\lim_{r\to 0}\frac{r\cos\theta r\sin\theta}{r}=\lim_{r\to 0}r\cos\theta\sin\theta=0.$$

4. 讨论二元分段函数在分界点的连续性

例 8 设 $f(x,y)=\begin{cases}\dfrac{y\mathrm{e}^{\frac{1}{x^2}}}{y^2\mathrm{e}^{\frac{2}{x^2}}+1}, & x\neq 0,y\ 任意,\\[3mm] 0, & x=0,y\ 任意,\end{cases}$ 讨论 $f(x,y)$ 在 $(0,0)$ 处是否连续.

分析 根据函数连续的定义,若 $\displaystyle\lim_{\substack{x\to x_0\\y\to y_0}}f(x,y)=f(x_0,y_0)$,则函数 $z=f(x,y)$ 在 (x_0,y_0) 连续. 因此本题的关键是讨论 (x_0,y_0) 处二重极限的存在性,若 (x,y) 沿不同曲线趋于 (x_0,y_0) 时,极限值不同,则二重极限不存在.

解 若 (x,y) 沿 x 轴趋于 $(0,0)$,则 $\displaystyle\lim_{\substack{x\to 0\\y=0}}\frac{y\mathrm{e}^{\frac{1}{x^2}}}{y^2\mathrm{e}^{\frac{2}{x^2}}+1}=\lim_{\substack{x\to 0\\y=0}}\frac{0}{1}=0.$

若 (x,y) 沿 $y=\mathrm{e}^{-\frac{1}{x^2}}$ 轴趋于 $(0,0)$,则 $\displaystyle\lim_{\substack{x\to 0\\y\to 0}}\frac{y\mathrm{e}^{\frac{1}{x^2}}}{y^2\mathrm{e}^{\frac{2}{x^2}}+1}=\lim_{\substack{x\to 0\\y=\mathrm{e}^{-\frac{1}{x^2}}}}\frac{1}{1+1}=\frac{1}{2}.$ 故 $\displaystyle\lim_{\substack{x\to 0\\y\to 0}}f(x,y)$ 不存在,

从而函数 $f(x,y)$ 在 $(0,0)$ 处是不连续.

5. 求简单初等函数的偏导数

例 9　求函数 $f(x,y)=x+y-\sqrt{x^2+y^2}$ 在 $(3,4)$ 处的偏导数.

分析　由于 $f(x,y)$ 是简单的初等函数,所以由前面求偏导的基本方法,只需将 y 看作常数,利用一元函数的求导法则及公式即可求出 f_x;同理(或用文字对称性),可求出 f_y;最后要求 $f_x(3,4)$ 和 $f_y(3,4)$,只需将点 $(3,4)$ 代入 f_x、f_y 中即可求解.

解　将 y 看作常数,对 x 求导,得 $f_x(x,y)=1-\dfrac{1}{2}(x^2+y^2)^{-\frac{1}{2}}2x=1-\dfrac{x}{\sqrt{x^2+y^2}}$. 同理,将 x 当作常数,对 y 求导,得 $f_y(x,y)=1-\dfrac{1}{2}(x^2+y^2)^{-\frac{1}{2}}\cdot 2y=1-\dfrac{y}{\sqrt{x^2+y^2}}$. 故 $f_x(3,4)=1-\dfrac{3}{\sqrt{3^2+4^2}}=1-\dfrac{3}{5}=\dfrac{2}{5}$,$f_y(3,4)=1-\dfrac{4}{\sqrt{3^2+4^2}}=1-\dfrac{4}{5}=\dfrac{1}{5}$.

说明　多元函数求偏导问题实质仍是一元函数的求导问题,故一元函数的求导公式、法则均可直接应用. 求偏导时,关键是要分清对哪个变量求导,把哪个变量暂时当作常量. 另外,一元函数的求导公式应熟练掌握.

例 10　已知 $f(x,y)=x+(y-1)\arcsin\sqrt{\dfrac{x}{y}}$,求 $f_x(x,1)$.

分析　本题如例 9 一样,可以将 y 看作常数利用求导公式直接求出 $f_x(x,y)$,然后将 $y=1$ 代入;也可以运用偏导数定义直接求 $f_x(x,1)$;根据偏导数的定义,还可以先将 $y=1$ 代入,将函数化为一元函数 $f(x,1)$,再对 x 求导.具体如下.

解法 1　将 y 看作常数,先求出偏导数 $f_x(x,y)$.

因为 $f_x(x,y)=1+(y-1)\dfrac{1}{\sqrt{1-\left(\sqrt{\dfrac{x}{y}}\right)^2}}\dfrac{1}{\sqrt{y}}\dfrac{1}{2\sqrt{x}}=1+\dfrac{y-1}{2\sqrt{x}}\dfrac{1}{\sqrt{y-x}}$,所以 $f_x(x,1)=1$.

解法 2　利用定义直接求 $f_x(x,1)$.

$f_x(x,1)=\lim\limits_{\Delta x\to 0}\dfrac{f(x+\Delta x,1)-f(x,1)}{\Delta x}=\lim\limits_{\Delta x\to 0}\dfrac{x+\Delta x-x}{\Delta x}=\lim\limits_{\Delta x\to 0}\dfrac{\Delta x}{\Delta x}=1$,故 $f_x(x,1)=1$.

解法 3　化为一元函数再求导.

先将 $y=1$ 代入,将函数化为一元函数 $f(x,1)=x$,故 $f_x(x,1)=1$.

说明　由本例可以看出,在某些具体点求偏导数,有时用定义直接求或化为一元函数再求导的方法反而更简单.

例 11　求函数 $z=(1+xy)^y$ 的偏导数.

分析　求简单二元初等函数 $z=f(x,y)$ 在点 (x,y) 处的偏导函数的方法:求 $\dfrac{\partial f}{\partial x}$ 时,只要把 y 暂时看成常量而对 x 求导数,函数为 x 的幂函数;求 $\dfrac{\partial f}{\partial y}$ 时,只要把 x 暂时看成常量而对 y 求导数,函数为 y 的幂指函数,有两种方法.

解　$\dfrac{\partial z}{\partial x}=y(1+xy)^{y-1}(1+xy)'_x=y(1+xy)^{y-1}y=y^2(1+xy)^{y-1}$.

求 $\dfrac{\partial z}{\partial y}$ 的方法如下:

解法 1 既取指数又取对数的方法：$\dfrac{\partial z}{\partial y}=\left[\mathrm{e}^{\ln(1+xy)^y}\right]'_y=\left[\mathrm{e}^{y\ln(1+xy)}\right]'_y=$

$\mathrm{e}^{y\ln(1+xy)}\left[\ln(1+xy)+y\dfrac{x}{1+xy}\right]=(1+xy)^y\left[\ln(1+xy)+\dfrac{xy}{1+xy}\right]$

解法 2 利用隐函数求导法则（对数求导法）：在方程两边同时取自然对数得 $\ln z=$ $y\ln(1+xy)$，方程两边同时对自变量 y 求偏导数，注意 z 为 x,y 的函数.

$\dfrac{1}{z}\dfrac{\partial z}{\partial y}=\ln(1+xy)+y\dfrac{x}{1+xy}$，故 $\dfrac{\partial z}{\partial y}=(1+xy)^y\left[\ln(1+xy)+\dfrac{xy}{1+xy}\right]$.

6. 讨论分段函数的可偏导性

例 12 设 $f(x,y)=\begin{cases}(x^2+y)\sin\dfrac{1}{\sqrt{x^2+y^2}}, & x^2+y^2\neq 0,\\ 0, & x^2+y^2=0,\end{cases}$ 求 $f'_x(x,y),f'_y(x,y)$

分析 此题是讨论分段函数的偏导问题，在分段点处偏导数只能用定义求；在其余点应用简单初等函数求偏导的方法求出.

解 当 $(x,y)=(0,0)$ 时，

$$f'_x(0,0)=\lim_{\Delta x\to 0}\frac{f(0+\Delta x,0)-f(0,0)}{\Delta x}=\lim_{\Delta x\to 0}\frac{(\Delta x)^2\sin\dfrac{1}{|\Delta x|}}{\Delta x}=0,$$

$$f'_y(0,0)=\lim_{\Delta y\to 0}\frac{f(0,0+\Delta y)-f(0,0)}{\Delta y}=\lim_{\Delta y\to 0}\frac{\Delta y\sin\dfrac{1}{|\Delta y|}}{\Delta y}=\lim_{\Delta y\to 0}\sin\frac{1}{|\Delta y|}\ \text{不存在}.$$

当 $(x,y)\neq(0,0)$ 时，

$$f'_x(x,y)=2x\sin\frac{1}{\sqrt{x^2+y^2}}+(x^2+y)\cos\frac{1}{\sqrt{x^2+y^2}}\cdot\frac{-\dfrac{x}{\sqrt{x^2+y^2}}}{x^2+y^2}$$

$$=2x\sin\frac{1}{\sqrt{x^2+y^2}}-\frac{x(x^2+y)}{\sqrt{(x^2+y^2)^3}}\cos\frac{1}{\sqrt{x^2+y^2}},$$

$$f'_y(x,y)=\sin\frac{1}{\sqrt{x^2+y^2}}+(x^2+y)\cos\frac{1}{\sqrt{x^2+y^2}}\cdot\frac{-\dfrac{y}{\sqrt{x^2+y^2}}}{x^2+y^2}$$

$$=\sin\frac{1}{\sqrt{x^2+y^2}}-\frac{y(x^2+y)}{\sqrt{(x^2+y^2)^3}}\cos\frac{1}{\sqrt{x^2+y^2}}.$$

7. 偏导数的几何意义

例 13 曲线 $\begin{cases}z=\dfrac{x^2+y^2}{4},\\ y=4\end{cases}$ 在点 $(2,4,5)$ 处的切线与 x 轴正向所成的倾角是多少？

分析 $z=f(x,y)$ 的偏导数 $f_x(x_0,y_0)$ 表示空间曲线 $\begin{cases}z=f(x,y),\\ y=y_0\end{cases}$ 在点 (x_0,y_0,z_0) 处的切线 T_x 关于 x 轴的斜率，$k=\tan\alpha$.

解 因为 $\dfrac{\partial z}{\partial x}=\dfrac{2x}{4}=\dfrac{x}{2},\dfrac{\partial z}{\partial x}\Big|_{(2,4,5)}=\dfrac{2}{2}=1=\tan\alpha$，所以 $\alpha=\dfrac{\pi}{4}$.

例 14　求曲线 $\begin{cases} z=\sqrt{1+x^2+y^2}, \\ x=1 \end{cases}$ 在点 $(1,1,\sqrt{3})$ 处的切线与 y 轴的倾角.

分析　偏导数 $f_y(1,1)$ 的几何意义是曲线 $\begin{cases} z=\sqrt{1+x^2+y^2}, \\ x=1 \end{cases}$ 在点 $(1,1,\sqrt{3})$ 处的切线与 y 轴的斜率. 因此,只要求出 $f_y(1,1)$,由斜率与倾角的关系,便可求出倾角.

解　设所求倾角为 β,由偏导数的几何意义可知,因为

$$\tan\beta=\frac{\partial z}{\partial y}\bigg|_{(1,1,\sqrt{3})}=\frac{1}{2}(1+x^2+y^2)^{-\frac{1}{2}}2y\bigg|_{(1,1,\sqrt{3})}=\frac{y}{\sqrt{1+x^2+y^2}}\bigg|_{(1,1,\sqrt{3})}=\frac{1}{\sqrt{3}},$$

所以　$\beta=\dfrac{\pi}{6}$.

说明　求解此类问题的关键是理解偏导数的几何意义. $f_x(x_0,y_0)$ 为曲面 $z=f(x,y)$ 与平面 $y=y_0$ 的交线在 $P_0(x_0,y_0)$ 处的切线关于 x 轴的斜率;$f_y(x_0,y_0)$ 为曲面 $z=f(x,y)$ 与平面 $x=x_0$ 的交线在 $P_0(x_0,y_0)$ 处的切线关于 y 轴的斜率.

8. 求多元函数的全微分

例 15　求下列函数的全微分.

(1) $z=3x^2y+\dfrac{x}{y}$.　(2) $z=\sin(x\cos y)$.　(3) $z=\ln(2+x^2+y^2)$ 在 $x=2,y=1$ 时的全微分.

分析　利用前面求全微分的叠加原理法:先求出函数的偏导数,然后代入全微分公式 $\mathrm{d}z=\dfrac{\partial z}{\partial x}\mathrm{d}x+\dfrac{\partial z}{\partial y}\mathrm{d}y$,此题也可以利用求全微分的直接法求,请自己练习.

解　(1)因为 $\dfrac{\partial z}{\partial x}=6xy+\dfrac{1}{y},\dfrac{\partial z}{\partial y}=3x^2-\dfrac{x}{y^2}$ 在定义域内连续,所以

$$\mathrm{d}z=\left(6xy+\frac{1}{y}\right)\mathrm{d}x+\left(3x^2-\frac{x}{y^2}\right)\mathrm{d}y.$$

(2) 因为 $\dfrac{\partial z}{\partial x}=\cos(x\cos y)\cos y,\dfrac{\partial z}{\partial y}=\cos(x\cos y)(-x\sin y)$ 在定义域内连续,所以

$$\mathrm{d}z=\cos(x\cos y)\cos y\,\mathrm{d}x-x\sin y\cos(x\cos y)\,\mathrm{d}y.$$

(3)因为 z 的偏导数在 $(2,1)$ 点连续,且

$$\frac{\partial z}{\partial x}\bigg|_{\substack{x=2\\y=1}}=\frac{2x}{2+x^2+y^2}\bigg|_{\substack{x=2\\y=1}}=\frac{4}{7},\frac{\partial z}{\partial y}\bigg|_{\substack{x=2\\y=1}}=\frac{2y}{2+x^2+y^2}\bigg|_{\substack{x=2\\y=1}}=\frac{2}{7},$$

所以 z 在 $(2,1)$ 点的全微分为 $\mathrm{d}z=\dfrac{4}{7}\mathrm{d}x+\dfrac{2}{7}\mathrm{d}y$.

例 16　求 $u=x^{yz}$ 的全微分.

分析　此题是求三元函数的全微分,方法与例 14 类似,先求出函数关于自变量的三个偏导数,然后由叠加原理求出函数的全微分.

解　因为 $\dfrac{\partial u}{\partial x}=yzx^{yz-1},\dfrac{\partial u}{\partial y}=x^{yz}\ln x\cdot z=zx^{yz}\ln x,\dfrac{\partial u}{\partial z}=x^{yz}\ln x\cdot y=yx^{yz}\ln x$ 在定义域内连续,所以 $\mathrm{d}u=yzx^{yz-1}\mathrm{d}x+zx^{yz}\ln x\mathrm{d}y+yx^{yz}\ln x\mathrm{d}z$.

9. 求多元复合函数的一阶及其二阶导数或偏导数

例 17　设 $z=x^2+xy+y^2$,而 $x=t^2,y=t$,求 $\dfrac{\mathrm{d}z}{\mathrm{d}t}$、$\dfrac{\mathrm{d}^2z}{\mathrm{d}t^2}$.

分析 由于此题中 z 是由两个中间变量和一个自变量复合而成的复合函数,所以根据前面的多元复合函数的链式法则,用全导数公式先求出一阶导数;然后再用高阶导数的方法求其二阶导数.

解 $\dfrac{\mathrm{d}z}{\mathrm{d}t}=\dfrac{\partial z}{\partial x}\dfrac{\mathrm{d}x}{\mathrm{d}t}+\dfrac{\partial z}{\partial y}\dfrac{\mathrm{d}y}{\mathrm{d}t}=(2x+y)2t+(x+2y)=4t^3+3t^2+2t.$

$\dfrac{\mathrm{d}^2z}{\mathrm{d}t^2}=\dfrac{\mathrm{d}}{\mathrm{d}t}\left(\dfrac{\mathrm{d}z}{\mathrm{d}t}\right)=(4t^3+3t^2+2t)'=12t^2+6t+2.$

例 18 设 $z=x^2y-xy^2$,而 $x=u\cos v,y=u\sin v$,求 $\dfrac{\partial z}{\partial u},\dfrac{\partial z}{\partial v}.$

分析 由于此题中 z 是由两个中间变量和两个自变量复合而成的复合函数,所以根据前面的多元复合函数的链式法则,求出一阶偏导数.

解 $\dfrac{\partial z}{\partial u}=\dfrac{\partial z}{\partial x}\cdot\dfrac{\partial x}{\partial u}+\dfrac{\partial z}{\partial y}\cdot\dfrac{\partial y}{\partial u}=(2xy-y^2)\cos v+(x^2-2xy)\sin v=3u^2\sin v\cos v(\cos v-\sin v),$

$\dfrac{\partial z}{\partial v}=\dfrac{\partial z}{\partial x}\cdot\dfrac{\partial x}{\partial v}+\dfrac{\partial z}{\partial y}\cdot\dfrac{\partial y}{\partial v}=(2xy-y^2)(-u\sin v)+(x^2-2xy)u\cos v$

$=-2u^3\sin v\cos v(\sin v+\cos v)+u^3(\sin^3v+\cos^3v).$

例 19 设 $z=(x^2+y^2)^{xy}$,求 $\dfrac{\partial z}{\partial x},\dfrac{\partial z}{\partial y}.$

分析 此题和例 17 一样,是由两个中间变量和二个自变量复合而成的复合函数,所以根据前面的多元复函数的链式法则,可求出其一阶偏导数.

解 令 $u=x^2+y^2,v=xy$ 则函数可看为 $z=u^v,u=x^2+y^2,v=xy$ 复合而成的函数,从而

$\dfrac{\partial z}{\partial x}=\dfrac{\partial z}{\partial u}\cdot\dfrac{\partial u}{\partial x}+\dfrac{\partial z}{\partial v}\cdot\dfrac{\partial z}{\partial x}=vu^{v-1}\cdot 2x+u^v\ln u\cdot y=(x^2+y^2)^{xy}\left[\dfrac{2x^2y}{x^2+y^2}+y\ln(x^2+y^2)\right],$

$\dfrac{\partial z}{\partial y}=\dfrac{\partial z}{\partial u}\cdot\dfrac{\partial u}{\partial y}+\dfrac{\partial z}{\partial v}\cdot\dfrac{\partial v}{\partial y}=vu^{v-1}\cdot 2y+u^v\ln u\cdot x=(x^2+y^2)^{xy}\left[\dfrac{2xy^2}{x^2+y^2}+x\ln(x^2+y^2)\right].$

说明 本题也可根据幂指函数求导法则 $[u(x)^{v(x)}]'_x=[\mathrm{e}^{\ln u(x)^{v(x)}}]'_x=[\mathrm{e}^{v(x)\ln u(x)}]'_x$ 计算或用对数求导法. 请读者练习.

例 20 设 $u=f(x,xy,xyz)$,$f(x,y,z)$ 有连续偏导数,求 $\dfrac{\partial u}{\partial x},\dfrac{\partial u}{\partial y},\dfrac{\partial u}{\partial z}.$

分析 令 $v=xy,w=xyz$,则 $u=f(x,v,w)$. 这里 x 既是自变量又是中间变量,u 与 x 之间有三条路径,u 与 y 之间有两条路径,u 与 z 之间只有一条路径. 前面的多元复合函数的链式法则,可求出 $\dfrac{\partial u}{\partial x},\dfrac{\partial u}{\partial y},\dfrac{\partial u}{\partial z}.$

解 令 $v=xy,w=xyz$,则 $u=f(x,v,w)$.

$\dfrac{\partial u}{\partial x}=\dfrac{\partial f}{\partial x}\dfrac{\mathrm{d}x}{\mathrm{d}x}+\dfrac{\partial f}{\partial v}\dfrac{\mathrm{d}v}{\mathrm{d}x}+\dfrac{\partial f}{\partial w}\dfrac{\mathrm{d}w}{\mathrm{d}x}=f_x+f_vy+f_wyz=f_1'+f_2'y+f_3'yz.$

$\dfrac{\partial u}{\partial y}=\dfrac{\partial f}{\partial v}\dfrac{\partial v}{\partial y}+\dfrac{\partial f}{\partial w}\dfrac{\partial w}{\partial y}=f_2'x+f_3'xz,\quad \dfrac{\partial u}{\partial z}=\dfrac{\partial f}{\partial w}\dfrac{\partial w}{\partial z}=xyf_3'.$

其中 $f_1'=f_x'(x,v,w),\ f_2'=f_v'(x,v,w),\ f_3'=f_w'(x,v,w).$

10. 求隐函数的导数或偏导数

例 21 求 $xy+\ln y+\ln x=0$ 确定的隐函数导数 $\dfrac{\mathrm{d}y}{\mathrm{d}x}.$

分析 此题是二元方程确定的一元隐函数的求导问题，按照前面介绍的方法求解如下.

解法 1 公式法. 令 $F(x,y)=xy+\ln y+\ln x$，则 $F_x(x,y)=y+\dfrac{1}{x}$，$F_y(x,y)=x+\dfrac{1}{y}$，

故

$$\frac{\mathrm{d}y}{\mathrm{d}x}=-\frac{F_x}{F_y}=-\frac{y+\dfrac{1}{x}}{x+\dfrac{1}{y}}=-\frac{xy^2+y}{x^2y+x}=-\frac{y}{x},\ \left(x+\frac{1}{y}\neq0\right).$$

解法 2 公式推导法. 方程两边对 x 求导，得 $y+x\dfrac{\mathrm{d}y}{\mathrm{d}x}+\dfrac{1}{y}\dfrac{\mathrm{d}y}{\mathrm{d}x}+\dfrac{1}{x}=0$，解得

$$\frac{\mathrm{d}y}{\mathrm{d}x}=-\frac{y+\dfrac{1}{x}}{x+\dfrac{1}{y}}=-\frac{xy^2+y}{x^2y+x}=-\frac{y}{x},\ \left(x+\frac{1}{y}\neq0\right).$$

例 22 设 $x+y+z-2\sqrt{xyz}=0$，求 $\dfrac{\partial z}{\partial x}$，$\dfrac{\partial z}{\partial y}$.

分析 此题是三元方程确定的二元隐函数的求偏导问题，按照前面介绍的方法求解如下.

解法 1 公式法. 令 $F(x,y,z)=x+y+z-2\sqrt{xyz}$，则

$$F_x=1-\frac{yz}{\sqrt{xyz}},\ F_y=1-\frac{xz}{\sqrt{xyz}},\ F_z=1-\frac{xy}{\sqrt{xyz}},$$

故

$$\frac{\partial z}{\partial x}=-\frac{F_x}{F_z}=-\frac{1-\dfrac{yz}{\sqrt{xyz}}}{1-\dfrac{xy}{\sqrt{xyz}}}=\frac{yz-\sqrt{xyz}}{\sqrt{xyz}-xy},\ \left(1-\frac{xy}{\sqrt{xyz}}\right)\neq0\ ;$$

$$\frac{\partial z}{\partial y}=-\frac{F_y}{F_z}=-\frac{1-\dfrac{xz}{\sqrt{xyz}}}{1-\dfrac{xy}{\sqrt{xyz}}}=\frac{xz-\sqrt{xyz}}{\sqrt{xyz}-xy},\ \left(1-\frac{xy}{\sqrt{xyz}}\right)\neq0.$$

解法 2 公式推导法. 方程两边同时对自变量 x 求偏导，得 $1+\dfrac{\partial z}{\partial x}-\left(\dfrac{yz}{\sqrt{xyz}}+\dfrac{xy\dfrac{\partial z}{\partial x}}{\sqrt{xyz}}\right)=0$，

整理可得 $\left(1-\dfrac{xy}{\sqrt{xyz}}\right)\dfrac{\partial z}{\partial x}=\dfrac{yz}{\sqrt{xyz}}-1$，故

$$\frac{\partial z}{\partial x}=-\frac{1-\dfrac{yz}{\sqrt{xyz}}}{\dfrac{xy}{\sqrt{xyz}}-1}=\frac{yz-\sqrt{xyz}}{\sqrt{xyz}-xy},\ \left(\frac{xy}{\sqrt{xyz}}-1\right)\neq0.$$

方程两边同时对自变量 y 求偏导，得 $1+\dfrac{\partial z}{\partial y}-\left(\dfrac{xz}{\sqrt{xyz}}+\dfrac{xy\dfrac{\partial z}{\partial y}}{\sqrt{xyz}}\right)=0$，整理可得

$$\left(1-\frac{xy}{\sqrt{xyz}}\right)\frac{\partial z}{\partial y}=\frac{xz}{\sqrt{xyz}}-1,$$

故

$$\frac{\partial z}{\partial y}=\frac{1-\dfrac{xz}{\sqrt{xyz}}}{\dfrac{xy}{\sqrt{xyz}}-1}=\frac{xz-\sqrt{xyz}}{\sqrt{xyz}-xy},\ \left(\frac{xy}{\sqrt{xyz}}-1\right)\neq0.$$

11. 求函数在某点沿方向 l 的方向导数和梯度

例 23 函数 $u=xy^2z$ 在点 $P_0(1,-1,2)$ 处沿什么方向的方向导数最大？并求出此方向导数的最大值.

分析 由方向导数与梯度的关系可知，函数 u 在点 P_0 沿其梯度方向的方向导数最大值，且其最大值即为函数在该点处梯度向量的模.

解 由 $u=xy^2z$ 可知 $\dfrac{\partial u}{\partial x}=y^2z,\dfrac{\partial u}{\partial y}=2xyz,\dfrac{\partial u}{\partial z}=xy^2$. 所以

$$\mathrm{grad}\,u|_{P_0}=\left(\frac{\partial u}{\partial x},\frac{\partial u}{\partial y},\frac{\partial u}{\partial z}\right)\Big|_{P_0}=(2,-4,1),\ \left|\mathrm{grad}\,u|_{P_0}\right|=\sqrt{2^2+(-4)^2+1^2}=\sqrt{21}.$$

故方向 $(2,-4,1)$ 是函数 u 在点 P_0 处方向导数值最大的方向，其方向导数最大值为 $\sqrt{21}$.

12. 求多元函数的极值和最值

例 24 求函数 $f(x,y)=(6x-x^2)(4y-y^2)$ 的极值.

分析 由于函数 $f(x,y)$ 是二元初等函数，所以此题可用具有二阶连续偏导的函数极值求法求解.

解 $f_x(x,y)=(6-2x)(4y-y^2),f_y(x,y)=(6x-x^2)(4-2y),f_{xx}(x,y)=-2(4y-y^2)$，
$f_{xy}(x,y)=(6-2x)(4-2y),f_{yy}(x,y)=-2(6x-x^2)$.

由极值存在的必要条件，得到 $\begin{cases}f_x(x,y)=(6-2x)(4y-y^2)=0,\\ f_y(x,y)=(6x-x^2)(4-2y)=0,\end{cases}$ 解之得到驻点. 列表讨论函数在各驻点处取得极值的情况如表 6—1 所示.

表 6—1

驻点	A	B	C	$AC-B^2$	$f(x,y)$
$(3,2)$	-8	0	-18	144	极大值
$(0,0)$	0	24	0	-24^2	非极值
$(0,4)$	0	-24	0	-24^2	非极值
$(6,0)$	0	-24	0	-24^2	非极值
$(6,4)$	0	24	0	-24^2	非极值

由表 6—1 可知，函数 $f(x,y)$ 在点 $(3,2)$ 点处取得极大值为 $f(3,2)=36$.

例 25 设函数 $f(x,y)=2x^2+xy^2+ax+by$ 在点 $(1,-1)$ 处取得极值，则（　　）.
(A) $a=5,b=2$. 　(B) $a=5,b=-2$. 　(C) $a=-5,b=2$. 　(D) $a=-5,b=-2$.

分析 由于函数 $f(x,y)$ 是二元初等函数，所以此题可用典型方法中的第 5 种方法确定出待定常数的值.

解 由题意，$\begin{cases}f_x(1,-1)=4\times1+(-1)^2+a=0,\\ f_y(1,-1)=2\times1\times(-1)+b=0,\end{cases}$ 解之得 $a=-5,b=2$，故选(C).

例 26 求 $f(x,y)=\sin x+\sin y-\sin(x+y)$ 在区域 $D=\{(x,y)\mid x\geqslant0,y\geqslant0,x+y\leqslant2\pi\}$ 上的最大值和最小值.

分析 由于此题是求二元连续函数在有界闭区域上的最值，所以利用前面有界闭区域上

连续函数最值的求法即可.

解 在区域 D 的内部求函数的可能极值点,即令 $\begin{cases} f_x = \cos x - \cos(x+y) = 0, \\ f_y = \cos y - \cos(x+y) = 0, \end{cases}$ 则得到 $(x,y) = \left(\dfrac{2\pi}{3}, \dfrac{2\pi}{3} \right)$;在区域 D 的边界上求函数的最值.由于函数区域 D 的边界上的函数值为 0,所以其最大和最小值都为 0;而 $f\left(\dfrac{2\pi}{3}, \dfrac{2\pi}{3} \right) = \dfrac{3\sqrt{3}}{2}$. 故所求最大值为 $f\left(\dfrac{2\pi}{3}, \dfrac{2\pi}{3} \right) = \dfrac{3\sqrt{3}}{2}$,最小值为 0.

例 27 求 $f(x,y,z) = (x-2)^2 + (y-1)^2 + (z-1)^2$ 在条件 $x+y-z+1 = 0$ 下的最小值.

分析 由于此题是求三元函数在一个条件约束下的条件极值,所以常利用前面的拉格朗日乘数法求;当然此题也可转为求二元函数的最值(间接法)和用几何法求.具体如下:

解法 1 拉格朗日乘数法.构造拉格朗日函数 $L(x,y,z,\lambda) = (x-2)^2 + (y-1)^2 + (z-1)^2 + \lambda(x+y-z+1)$. 根据条件极值的必要条件,得到 $\begin{cases} 2(x-2) + \lambda = 0, \\ 2(y-1) + \lambda = 0, \\ 2(z-1) - \lambda = 0, \\ x+y-z+1 = 0, \end{cases}$ 解得唯一驻点 $(1,0,2)$. 由题意可知,$f(x,y,z)$ 的最小值存在,它在驻点处取得为 $f(1,0,2) = 3$.

解法 2 间接法.由条件 $x+y-z+1 = 0$ 得 $z = x+y+1$,将它代入 $f(x,y,z)$ 得二元函数

$$u(x,y) = (x-2)^2 + (y-1)^2 + (x+y)^2.$$

则所求最小值就是函数 $u(x,y)$ 的最小值.根据二元函数极值存在的必要条件,得到

$$\begin{cases} 2(x-2) + 2(x+y) = 0, \\ 2(y-1) + 2(x+y) = 0, \end{cases}$$

解之得到驻点 $(1,0)$. 由题意可知,所求的最小值为 $u(1,0) = 3$.

解法 3 几何法.因为函数 $g(x,y,z) = \sqrt{(x-2)^2 + (y-1)^2 + (z-1)^2}$ 在条件 $x+y-z+1 = 0$ 下的最小值就是点 $(2,1,1)$ 到平面 $x+y-z+1 = 0$ 的距离 $d = \dfrac{|2+1-1+1|}{\sqrt{1^2+1^2+1^2}} = \sqrt{3}$,所以所求的最小值为 3.

二、综合题型

1. 求函数的表达式和偏导数

例 1 设 $f\left(x+y, \dfrac{y}{x} \right) = x^2 - y^2$,求 $f_x(x,y), f_y(x,y)$.

分析 题目已知二元复合函数 $f\left(x+y, \dfrac{y}{x} \right) = x^2 - y^2$,要求二元函数 $f(x,y)$ 的偏导数.为此必须先求函数的表达式.求函数的表达式一般利用已知二元复合函数的结果求函数表达式的方法,此题也可作代数变形后再用变量代换出 $f(x,y)$;然后利用求偏导数的方法求出偏导数.

解法 1 令 $x+y=u, \dfrac{y}{x}=v$，则 $x=\dfrac{u}{1+v}, y=\dfrac{uv}{1+v}, f(u,v)=\dfrac{u^2}{(1+v)^2}-\dfrac{u^2v^2}{(1+v)^2}=$

$\dfrac{u^2(1-v)}{1+v}$，从而 $f(x,y)=\dfrac{x^2(1-y)}{1+y}$，故 $f_x(x,y)=\dfrac{2x(1-y)}{1+y}, f_y(x,y)=\dfrac{-2x^2}{(1+y)^2}$.

解法 2 由已知得 $f\left(x+y,\dfrac{y}{x}\right)=\dfrac{(x+y)^2(x-y)}{x+y}=\dfrac{(x+y)^2\left(1-\dfrac{y}{x}\right)}{1+\dfrac{y}{x}}$. 令 $x+y=u$,

$\dfrac{y}{x}=v$，则 $f(u,v)=\dfrac{u^2(1-v)}{1+v}$，后面的步骤与解法 1 同.

2. 二重极限的计算

例 2 $\lim\limits_{\substack{x\to 0 \\ y\to 0}}\dfrac{\sqrt{x^2+y^2}-\sin\sqrt{x^2+y^2}}{\sqrt{(x^2+y^2)^3}}$.

分析 先作变量替换，然后对未定型 $\dfrac{0}{0}$ 应用洛必达法则及等价无穷小因子替换法求.

解 令 $\sqrt{x^2+y^2}=u$，则 $(x,y)\to(0,0)$ 时，$u\to 0^+$，则

$$\text{原式}=\lim_{u\to 0^+}\dfrac{u-\sin u}{u^3}\xlongequal{\text{洛必达法则}}\lim_{u\to 0^+}\dfrac{1-\cos u}{3u^2}=\lim_{u\to 0^+}\dfrac{\dfrac{1}{2}u^2}{3u^2}=\dfrac{1}{6}.$$

说明 计算二重极限时，常把二元函数极限转化为一元函数极限问题，再利用四则运算性质、夹逼准则作变量代换，两个重要极限、等价无穷小因子替换、对函数作恒等变换约去零因子、洛必达法则等，或者利用函数连续的定义及多元初等函数的连续性求解.

3. 讨论二元函数在一点的连续性、偏导数的存在性和可微性

例 3 讨论 $f(x,y)=\begin{cases}(x^2+y^2)\ln(x^2+y^2), & x^2+y^2\neq 0, \\ 0, & x^2+y^2=0\end{cases}$ 在点 $(0,0)$ 的连续性.

分析 根据函数连续的定义，若 $\lim\limits_{\substack{x\to x_0 \\ y\to y_0}}f(x,y)=f(x_0,y_0)$，则函数 $z=f(x,y)$ 在 (x_0,y_0) 连续. 因此本题的关键是求函数在 (x_0,y_0) 处的二重极限的存在性. 求二重极限可以采用变量代换，将其化为一元函数的极限；然后用洛必达法则求其值；最后根据其极限值是否等于函数值进行判断.

解 令 $\begin{cases}x=r\cos\theta, \\ y=r\sin\theta,\end{cases}$ 则当 $(x,y)\to(0,0)$ 时，有 $r=\sqrt{x^2+y^2}\to 0$，因为

$$\lim_{(x,y)\to(0,0)}f(x,y)=\lim_{(x,y)\to(0,0)}(x^2+y^2)\ln(x^2+y^2)=\lim_{r\to 0}r^2\ln r^2=0=f(0,0),$$

所以 $f(x,y)$ 在 $(0,0)$ 点连续.

说明 当 $f(x,y)$ 的表达式中有 x^2+y^2 时，常作变换 $x=r\cos\theta, y=r\sin\theta$. 这样 $x^2+y^2=r^2$，且 $(x,y)\to(0,0)$ 变为 $r\to 0$；也可以直接令 $x^2+y^2=u$.

例 4 设 $f(x,y)=\begin{cases}\dfrac{xy}{\sqrt{x^2+y^2}}, & (x,y)\neq(0,0), \\ 0, & (x,y)=(0,0),\end{cases}$ 求偏导数 $f_x(x,y)$、$f_y(x,y)$.

分析 值得注意的是:$(0,0)$为$f(x,y)$的分界点,因此需按偏导数定义单独求函数$f(x,y)$在$(0,0)$点的偏导数值$f_x(0,0)$及$f_y(0,0)$.

解 当$(x,y)\neq(0,0)$,时,由商的求导法则得

$$f_x(x,y)=\frac{y\sqrt{x^2+y^2}-xy\cdot\frac{1}{2}(x^2+y^2)^{-\frac{1}{2}}\cdot 2x}{(x^2+y^2)}=\frac{y^3}{(x^2+y^2)^{\frac{3}{2}}},$$

$$f_y(x,y)=\frac{x\sqrt{x^2+y^2}-xy\cdot\frac{1}{2}(x^2+y^2)^{-\frac{1}{2}}\cdot 2y}{(x^2+y^2)}=\frac{x^3}{(x^2+y^2)^{\frac{3}{2}}}.$$

当$(x,y)=(0,0)$时,由定义求导得

$$f_x(0,0)=\lim_{\Delta x\to 0}\frac{f(0+\Delta x,0)-f(0,0)}{\Delta x}=\lim_{\Delta x\to 0}\frac{0-0}{\Delta x}=0,$$

$$f_y(0,0)=\lim_{\Delta y\to 0}\frac{f(0,0+\Delta y)-f(0,0)}{\Delta y}=\lim_{\Delta y\to 0}\frac{0-0}{\Delta y}=0.$$

于是 $f_x(x,y)=\begin{cases}\dfrac{y^3}{(x^2+y^2)^{\frac{3}{2}}},&(x,y)\neq(0,0),\\0,&(x,y)=(0,0),\end{cases}$ $f_y(x,y)=\begin{cases}\dfrac{x^3}{(x^2+y^2)^{\frac{3}{2}}},&(x,y)\neq(0,0),\\0,&(x,y)=(0,0).\end{cases}$

例 5 二元函数 $f(x,y)=\begin{cases}\dfrac{xy}{x^2+y^2},&(x,y)\neq(0,0),\\0,&(x,y)=(0,0),\end{cases}$ 在点$(0,0)$处( ).(考研题)

(A)连续,偏导数存在. (B)连续,偏导数不存在.

(C)不连续,偏导数存在. (D)不连续,偏导数不存在.

分析 此题既要考虑分段函数在分界点的连续性,又要讨论其偏导数是否存在.为此,依据连续的定义,先考查 $\lim\limits_{(x,y)\to(0,0)}f(x,y)$,然后再讨论$f(x,y)$在$(0,0)$处的连续性;又由于$(0,0)$点为$f(x,y)$的分界点,故应按偏导数定义去求$f_x(0,0)$及$f_y(0,0)$.

解 令 $y=kx$,则 $\lim\limits_{\substack{x\to 0\\y=kx}}\frac{xy}{x^2+y^2}=\lim\limits_{x\to 0}\frac{x\cdot kx}{x^2+k^2x^2}=\frac{k}{1+k^2}$,当$k$不同时,$\frac{k}{1+k^2}$便不同.因此 $\lim\limits_{(x,y)\to(0,0)}\frac{xy}{x^2+y^2}$不存在,从而$f(x,y)$在$(0,0)$点处不连续.

由偏导数定义知,

$$f_x(0,0)=\lim_{\Delta x\to 0}\frac{f(0+\Delta x,0)-f(0,0)}{\Delta x}=\lim_{\Delta x\to 0}\frac{0-0}{\Delta x}=0,$$

$$f_y(0,0)=\lim_{\Delta y\to 0}\frac{f(0,0+\Delta y)-f(0,0)}{\Delta y}=\lim_{\Delta x\to 0}\frac{0-0}{\Delta y}=0,$$

故在点$(0,0)$处,$f(x,y)$的偏导数存在.因此,选(C).

说明 对于一元函数而言,可导一定连续,但对于多元函数来说偏导数存在不一定连续.

例 6 考虑二元函数 $f(x,y)$的下面 4 条性质:

①$f(x,y)$在点(x_0,y_0)处连续,

②$f(x,y)$在点(x_0,y_0)处的两个偏导数连续,

③$f(x,y)$在点(x_0,y_0)处可微,

④$f(x,y)$在点(x_0,y_0)的两个偏导数存在.

若用"P⇒Q"表示可由性质 P 推出性质 Q,则有(   )

(A)②⇒③⇒①.　　　(B)③⇒②⇒①.　　　(C)③⇒④⇒①.　　　(D)③⇒①⇒④.

分析　依据基本性质 7,可得到四个性质之间的关系如下:

$$偏导数连续 \Rightarrow 可微 \Rightarrow 偏导数存在$$
$$\Downarrow$$
$$连续 \Rightarrow 极限存在$$

解　正确答案为(A).

例 7　$f(x,y)=\begin{cases} xy\sin\dfrac{1}{\sqrt{x^2+y^2}}, & (x,y)\neq(0,0), \\ 0, & (x,y)=(0,0). \end{cases}$　求证:(1) $f_x(0,0)$、$f_y(0,0)$ 存在;

(2)偏导数 $f_x(x,y)$、$f_y(x,y)$ 在点$(0,0)$处不连续;(3)$f(x,y)$在$(0,0)$处可微.

分析　此题是讨论分段函数在分解点的偏导数的存在性、分段函数的偏导函数在分界点的连续性和分段函数在分解点的可微性. 对于(1),直接用偏导数的定义进行证明;对于(2),可采用本节中例 3 的方法;对于(3),使用证明分段函数在分解点的可微性的方法.

证明　(1)因为 $f(x,y)=0$,所以 $f_x(0,0)=\lim\limits_{x\to 0}\dfrac{f(x,0)-f(0,0)}{x}=0$. 同理可得 $f_y(0,0)=0$,故 $f_x(0,0)$、$f_y(0,0)$都存在.

(2)当$(x,y)\neq(0,0)$时,

$$\begin{aligned} f_x(x,y) &= y\sin\frac{1}{\sqrt{x^2+y^2}}+xy\cos\frac{1}{\sqrt{x^2+y^2}}\cdot\frac{-x}{(x^2+y^2)^{\frac{3}{2}}} \\ &= y\sin\frac{1}{\sqrt{x^2+y^2}}-\frac{x^2y}{(x^2+y^2)^{\frac{3}{2}}}\cos\frac{1}{\sqrt{x^2+y^2}}. \end{aligned}$$

同理或由文字对称性可得

$$\begin{aligned} f_y(x,y) &= x\sin\frac{1}{\sqrt{x^2+y^2}}+xy\cos\frac{1}{\sqrt{x^2+y^2}}\cdot\frac{-y}{(x^2+y^2)^{\frac{3}{2}}} \\ &= x\sin\frac{1}{\sqrt{x^2+y^2}}-\frac{xy^2}{(x^2+y^2)^{\frac{3}{2}}}\cos\frac{1}{\sqrt{x^2+y^2}}. \end{aligned}$$

令 $y=x$ 当 $x\to 0^+$,即动点(x,y)沿直线 $y=x$ 趋于$(0,0)$时

$$\lim\limits_{\substack{x\to 0^+ \\ y=x}} f_x(x,y)=\lim\limits_{x\to 0^+}\left(x\sin\frac{1}{\sqrt{2}\,x}-\frac{1}{2\sqrt{2}}\cos\frac{1}{\sqrt{2}\,x}\right),$$

以上极限不存在,故 $f_x(x,y)$在$(0,0)$处不连续.

同理,$f_y(x,y)$在$(0,0)$处也不连续.

(3)函数 $f(x,y)$在点$(0,0)$处的全增量为

$$\Delta z=f(0+\Delta x,0+\Delta y)-f(0,0)=\Delta x\cdot\Delta y\sin\frac{1}{\sqrt{(\Delta x)^2+(\Delta y)^2}},$$

令 $\rho=\sqrt{(\Delta x)^2+(\Delta y)^2}$,则 $0\leqslant\left|\dfrac{\Delta z-f_x(0,0)\Delta x-f_y(0,0)\Delta y}{\rho}\right|=\left|\dfrac{\Delta x\Delta y\sin\dfrac{1}{\sqrt{(\Delta x)^2+(\Delta y)^2}}}{\sqrt{(\Delta x)^2+(\Delta y)^2}}\right|$

$\leqslant |\Delta x|$,所以,当 $\rho \to 0$ 时,即 $\Delta x \to 0$ 时,由夹逼准则,得到 $\lim\limits_{\rho \to 0} \dfrac{\Delta z - f_x(0,0)\Delta x - f_y(0,0)\Delta y}{\rho} = 0$,从而 $\Delta z = f_x(0,0)\Delta x + f_y(0,0)\Delta y + o(\rho)$. 故函数 $f(x,y)$ 在 $(0,0)$ 点处可微.

4. 求多元复合函数的一阶及其二阶导数或偏导数

例 8　设 $z = \dfrac{y}{f(x^2 - y^2)}$,其中 f 为可导函数,验证:$\dfrac{1}{x}\dfrac{\partial z}{\partial x} + \dfrac{1}{y}\dfrac{\partial z}{\partial y} = \dfrac{z}{y^2}$.

分析　本题本质上为四则与抽象复合函数 $f(x^2 - y^2)$ 综合出现的函数求偏导问题. 故依据前面的方法,先要用商式求导法则 $\left(\dfrac{u}{v}\right)' = \dfrac{u'v - uv'}{v^2}$;然后再按复合函数求导法则求偏导;最后代入左边验证是否等于右边.

证　令 $u = x^2 - y^2$,则

$$\frac{\partial z}{\partial x} = \frac{-yf'(u)\cdot 2x}{f^2(u)} = -\frac{2xyf'(u)}{f^2(u)},$$

$$\frac{\partial z}{\partial y} = \frac{f(u) - yf'(u)\cdot(-2y)}{f^2(u)} = \frac{f(u) + 2y^2 f'(u)}{f^2(u)},$$

所以有

$$\frac{1}{x}\frac{\partial z}{\partial x} + \frac{1}{y}\frac{\partial z}{\partial y} = \frac{1}{x}\cdot\frac{-2xyf'(u)}{f^2(u)} + \frac{1}{y}\frac{f(u) + 2y^2 f'(u)}{f^2(u)}$$

$$= \frac{-2xy^2 f'(u) + xf(u) + 2xy^2 f'(u)}{xyf^2(u)}$$

$$= \frac{1}{yf(u)} = \frac{1}{yf(x^2 - y^2)} = \frac{y}{y^2 f(x^2 - y^2)} = \frac{z}{y^2}.$$

例 9　设 $z = f(2x - y, y\sin x)$,其中 f 具有连续二阶偏导数,求 $\dfrac{\partial^2 z}{\partial x \partial y}$.

分析　此题是求抽象复合函数的二阶偏导数,按照前面典型方法中的第 6 种方法,先用有两个中间变量和两个自变量的多元复合函数链式法则求 $\dfrac{\partial z}{\partial x}$;然后再用复合与四则综合出现的方法求二阶混合偏导.

解　令 $u = 2x - y, v = y\sin x$,则函数为 $z = f(u,v), u = 2x - y, v = y\sin x$ 复合而成,按复合函数求偏导法有 $\dfrac{\partial z}{\partial x} = \dfrac{\partial f}{\partial u}\cdot\dfrac{\partial u}{\partial x} + \dfrac{\partial f}{\partial v}\cdot\dfrac{\partial v}{\partial x} = 2f'_u + y\cos x f'_v$,由 $f(u,v)$ 为 u,v 的函数,所以 f'_u,f'_v 仍为以 u,v 为中间变量,以 x,y 为自变量的函数,故

$$\frac{\partial^2 z}{\partial x \partial y} = \frac{\partial(2f'_u + y\cos x f'_v)}{\partial y} = 2\left(\frac{\partial f'_u}{\partial u}\cdot\frac{\partial u}{\partial y} + \frac{\partial f'_u}{\partial v}\cdot\frac{\partial v}{\partial y}\right) + f'_v \cos x + y\cos x\left(\frac{\partial f'_v}{\partial u}\cdot\frac{\partial u}{\partial y} + \frac{\partial f'_v}{\partial v}\cdot\frac{\partial v}{\partial y}\right)$$

$$= 2(-f''_{uu} + f''_{uv}\sin x) + f'_v \cos x + y\cos x(-f''_{vu} + f''_{vv}\sin x)$$

$$= -2f''_{uu} + (2\sin x - y\cos x)f''_{uv} + y\cos x\sin x f''_{vv} + f'_v \cos x$$

(因为 f 具有连续二阶偏导数 $f''_{uv} = f''_{vu}$).

例 10　设 $x^2 + z^2 = y\varphi\left(\dfrac{z}{y}\right)$ 确定 $z = z(x,y)$,其中 φ 为可微分函数,求 $\dfrac{\partial z}{\partial x}, \dfrac{\partial z}{\partial y}$.

分析　此题是三元方程确定的二元隐函数的求偏导问题,但隐函数方程中又含有抽象复合函数. 因此为解此题,不仅要用前面介绍的隐函数求偏导的方法,而且还要利用四则与抽象复合函数混合出现的求偏导方法. 具体解法如下:

解法 1 公式法. 令 $F(x, y, z) = x^2 + z^2 - y\varphi\left(\dfrac{z}{y}\right)$，则 $F_x = 2x$，

$F_y = -\varphi\left(\dfrac{z}{y}\right) - y\varphi'\left(\dfrac{z}{y}\right)\left(-\dfrac{z}{y^2}\right) = -\varphi\left(\dfrac{z}{y}\right) + \dfrac{z}{y}\varphi'\left(\dfrac{z}{y}\right)$，$F_z = 2z - y\varphi'\left(\dfrac{z}{y}\right) \cdot \left(\dfrac{1}{y}\right) = 2z - \varphi'\left(\dfrac{z}{y}\right)$，

所以 $\dfrac{\partial z}{\partial x} = -\dfrac{F_x}{F_z} = -\dfrac{2x}{2z - \varphi'\left(\dfrac{z}{y}\right)} = \dfrac{2x}{\varphi' - 2z}$ $(2z - \varphi' \neq 0)$，因此

$$\frac{\partial z}{\partial y} = -\frac{F_y}{F_z} = -\frac{-\varphi + \dfrac{z}{y}\varphi'}{2z - \varphi'} = \frac{\varphi - \dfrac{z}{y}\varphi'}{2z - \varphi'} = \frac{y\varphi - z\varphi'}{y(2z - \varphi')} \quad (2z - \varphi' \neq 0).$$

解法 2 公式推导法. 将所给方程两边直接关于 x 求偏导，得 $2x + 2z\dfrac{\partial z}{\partial x} = y\varphi' \cdot \dfrac{1}{y}\dfrac{\partial z}{\partial x}$，

所以

$$\frac{\partial z}{\partial x} = \frac{2x}{\varphi' - 2z} \quad (\varphi' - 2z \neq 0).$$

将所给方程两边直接关于 y 求偏导，得 $2z\dfrac{\partial z}{\partial y} = \varphi + y\varphi'\dfrac{\dfrac{\partial z}{\partial y}y - z}{y^2}$，所以

$$\frac{\partial z}{\partial y} = \frac{y\varphi - z\varphi'}{y(2z - \varphi')} \quad (\varphi' - 2z \neq 0).$$

例 11 设 $y = y(x), z = z(x)$ 是由方程 $z = xf(x+y)$ 和 $F(x, y, z) = 0$ 所确定的函数，其中 f 和 F 分别具有一阶连续导数和一阶连续偏导数，求 $\dfrac{\mathrm{d}z}{\mathrm{d}x}$.

分析 此题是三元抽象方程组确定的一元隐函数的求导问题. 按照前面介绍的方法，有两种方法，一种是用直接法（公式推导法）和抽象函数与四则运算及复合函数混合出现的求导方法；另一种是用公式法和抽象函数与四则运算及复合函数混合出现的求偏导方法. 具体求解如下：

解法 1 直接法（公式推导法）. 对 $z = xf(x+y)$ 和 $F(x, y, z) = 0$ 两边分别对 x 求导，得

$\begin{cases} \dfrac{\mathrm{d}z}{\mathrm{d}x} = f(x+y) + xf'(x+y)\left(1 + \dfrac{\mathrm{d}y}{\mathrm{d}x}\right), \\ F_x + F_y\dfrac{\mathrm{d}y}{\mathrm{d}x} + F_z\dfrac{\mathrm{d}z}{\mathrm{d}x} = 0, \end{cases}$ 整理得 $\begin{cases} -xf'\dfrac{\mathrm{d}y}{\mathrm{d}x} + \dfrac{\mathrm{d}z}{\mathrm{d}x} = f + xf', \\ F_y\dfrac{\mathrm{d}y}{\mathrm{d}x} + F_z\dfrac{\mathrm{d}z}{\mathrm{d}x} = -F_x, \end{cases}$

解得 $\dfrac{\mathrm{d}z}{\mathrm{d}x} = \dfrac{(f + xf')F_y - xf'F_x}{F_y + xf'F_z}$.

解法 2 公式法. 令 $G(x, yz) = z - xf(x+y)$，隐函数由方程组 $\begin{cases} F(x, yz) = 0, \\ G(x, y, z) = 0 \end{cases}$ 确定，其中

$G_x = -f - xf', G_y = -xf', G_z = 1$.

因为 $\quad J = \dfrac{\partial(F, G)}{\partial(y, z)} = \begin{vmatrix} F_y & F_z \\ G_y & G_z \end{vmatrix} = \begin{vmatrix} F_y & F_z \\ -xf' & 1 \end{vmatrix} = F_y + xf'F_z$，

$\dfrac{\partial(F, G)}{\partial(y, x)} = \begin{vmatrix} F_y & F_x \\ G_y & G_x \end{vmatrix} = \begin{vmatrix} F_y & F_x \\ -xf' & -f - xf' \end{vmatrix} = -[(f + xf')F_y - xf'F_x]$，

所以 $\quad \dfrac{\mathrm{d}z}{\mathrm{d}x} = -\dfrac{\dfrac{\partial(F, G)}{\partial(y, x)}}{J} = \dfrac{(f + xf')F_y - xf'F_x}{F_y + xf'F_z}$.

5. 求空间曲线的切线和法平面

例 12 求 $\begin{cases} x^2+y^2+z^2=6, \\ z=x^2+y^2 \end{cases}$ 在 $(-1,1,2)$ 处的切线方程.

分析 此题是求由一般式方程表示的空间曲线在一点的切线方程,按照前面介绍的方法,先利用三元隐含数组方程两边对 x 求导;然后求切线的方向向量;最后由直线的点向式方程求出切线方程.

解 方程组两边对 x 求导,得 $\begin{cases} 2x+2y\dfrac{dy}{dx}+2z\dfrac{dz}{dx}=0, \\ \dfrac{dz}{dx}=2x+2y\dfrac{dy}{dx}. \end{cases}$ 解得 $\dfrac{dy}{dx}=\dfrac{-x}{y}, \dfrac{dz}{dx}=0.$ 则在

$(-1,1,2)$ 处的切向量 $\boldsymbol{T}=\left(1,\dfrac{dy}{dx},\dfrac{dz}{dx}\right)\bigg|_{(-1,1,2)}=(1,1,0).$ 故所求切线方程为 $\dfrac{x+1}{1}=\dfrac{y-1}{1}$

$=\dfrac{z-2}{0}.$

例 13 求曲线 $\begin{cases} x^2+y^2+z^2=a^2, \\ x^2+y^2=ax \end{cases}$ 在点 $M_0(0,0,a)$ 处的切线方程与法平面方程.

分析 此题是求由一般式方程表示的空间曲线在一点的切线方程,按照前面介绍的方法,先利用三元隐含数组方程两边对 x 求导;然后求切线的方向向量;最后由直线的点向式方程和平面的点法式方程求出切线和法平面方程.

解 设 $F(x,y,z)=x^2+y^2+z^2-a^2, G(x,y,z)=x^2+y^2-ax,$ 则

$$F_x|_{M_0}=2x|_{M_0}=0, F_y|_{M_0}=2y|_{M_0}=0, F_z|_{M_0}=2z|_{M_0}=2a,$$

$$G_x|_{M_0}=(2x-a)|_{M_0}=-a, G_y|_{M_0}=2y|_{M_0}=0, G_z|_{M_0}=0.$$

$$\begin{vmatrix} F_y & F_z \\ G_y & G_z \end{vmatrix}_{M_0}=\begin{vmatrix} 0 & 2a \\ 0 & 0 \end{vmatrix}=0, \begin{vmatrix} F_z & F_x \\ G_z & G_x \end{vmatrix}_{M_0}=\begin{vmatrix} 2a & 0 \\ 0 & -a \end{vmatrix}=-2a^2, \begin{vmatrix} F_x & F_y \\ G_x & G_y \end{vmatrix}_{M_0}=\begin{vmatrix} 0 & 0 \\ -a & 0 \end{vmatrix}=0.$$

于是曲线在点 $M_0(0,0,a)$ 处的切向量为 $\boldsymbol{T}=\{0,-2a^2,0\}.$

故所求切线方程为 $\begin{cases} x=0 \\ z=a \end{cases}$,法平面方程为 $-2a^2(y-0)=0,$ 即 $y=0.$

例 14 在曲线 $x=t, y=-t^2, z=t^3$ 的所有切线中,与平面 $x+2y+z=-4$ 平行的切线（　　）.

(A)只有一条.　　　　(B)只有 2 条.　　　　(C)至少有 3 条.　　　　(D)不存在.

分析 此题是空间曲线的切线与平面平行的综合题.需先求曲线 $\begin{cases} x=x(t), \\ y=y(t), \\ z=z(t) \end{cases}$ 的切向量

$(x'(t),y'(t),z'(t))$;然后由直线与平面平行的条件,即曲线的切线的方向向量与平面的法向量垂直及向量垂直的充要条件,即可得解.

解 曲线的切向量为 $(x'(t),y'(t),z'(t))=(1,-2t,3t^2).$ 依题意知,切向量应与平面

$x+2y+z=4$ 的法向量垂直,于是有 $(1,-2t,3t^2) \cdot (1,2,1)=1-4t+3t^2=0$ 解得 $t_1=\dfrac{1}{3},$

$t_2=1.$ 故与平面 $x+2y+z=-4$ 平行的切线只有 2 条.故选(B).

6. 求空间曲面的切平面和法线

例 15 已知平面 Π 是椭球面 $x^2+2y^2+3z^2=6$ 上某点处的切平面,且平面 Π 过直线 L: $\frac{x}{3}=\frac{y-3}{-3}=\frac{z}{1}$,求平面 Π 的方程.

分析 此题是空间曲面的切平面与直线平行的综合题.关键是求出满足条件的切点,为此可先假设出切点;然后利用求曲面在一点的切平面的方法写出切平面;再用该切平面过已知直线的条件,即可求出切点;最后将切点代入平面 Π. 此题也可考虑用平面束的方法,请读者自己考虑.

解 设平面 Π 是椭球面 $x^2+2y^2+3z^2=6$ 上点 $M(x_0,y_0,z_0)$ 处的切平面,则平面 Π 的法向量 $\boldsymbol{n}=(2x_0,4y_0,6z_0)$,从而由平面的点法式方程得到 Π 为 $x_0x+2yy_0+3zz_0=6$. 因为平面 Π 过已知直线,且点 $A(0,3,0)$ 和点 $B(3,0,1)$ 在该直线 L 上,所以点 A 和 B 在平面 Π 上,从而 $y_0=1,x_0+z_0=2$. 联立方程 $x_0{}^2+2y_0{}^2+3z_0{}^2=6$,解得 $x_0=1,y_0=1,z_0=1$,或者 $x_0=2,y_0=1,z_0=0$. 故所求平面 Π 的方程为 $x+2y+3z=6$ 与 $x+y=3$.

7. 求函数在某点沿方向 l 的方向导数和梯度

例 16 函数 $u=\ln(x+\sqrt{y^2+z^2})$ 在点 $A(1,0,1)$ 处沿 A 指向点 $B(3,-2,2)$ 方向的方向导数为_____.

分析 由于函数 u 在 $A(1,0,1)$ 处的偏导数连续,所以利用可微的充分条件可知,函数 u 在 $A(1,0,1)$ 处可微;再由方向导数存在的充分条件知 $\left.\frac{\partial u}{\partial l}\right|_{(1,0,1)}=\left.\frac{\partial u}{\partial x}\right|_{(1,0,1)}\cdot\cos\alpha+\left.\frac{\partial u}{\partial y}\right|_{(1,0,1)}\cdot\cos\beta+\left.\frac{\partial u}{\partial z}\right|_{(1,0,1)}\cdot\cos\gamma$,其中 l 为 $\overrightarrow{AB}$ 的方向.因此,只要计算出 $\left.\frac{\partial u}{\partial x}\right|_{(1,0,1)},\left.\frac{\partial u}{\partial y}\right|_{(1,0,1)},\left.\frac{\partial u}{\partial z}\right|_{(1,0,1)}$ 及 $\overrightarrow{AB}$ 的方向余弦 $\cos\alpha,\cos\beta,\cos\gamma$,问题即可解决.

解 因为 $\overrightarrow{AB}=(3-1,-2-0,2-1)=(2,-2,1)$,所以方向余弦 $\cos\alpha=\dfrac{2}{\sqrt{2^2+(-2)^2+1^2}}$ $=\dfrac{2}{3},\cos\beta=\dfrac{-2}{\sqrt{2^2+(-2)^2+1^2}}=-\dfrac{2}{3},\cos\gamma=\dfrac{1}{\sqrt{2^2+(-2)^2+1^2}}=\dfrac{1}{3}$.

$$\left.\frac{\partial u}{\partial x}\right|_{(1,0,1)}=\left.\frac{1}{x+\sqrt{y^2+z^2}}\right|_{(1,0,1)}=\frac{1}{2},$$

$$\left.\frac{\partial u}{\partial y}\right|_{(1,0,1)}=\left.\frac{1}{x+\sqrt{y^2+z^2}}\cdot\frac{1}{2}(y^2+z^2)^{-\frac{1}{2}}\cdot 2y\right|_{(1,0,1)}=0,$$

$$\left.\frac{\partial u}{\partial z}\right|_{(1,0,1)}=\left.\frac{1}{x+\sqrt{y^2+z^2}}\cdot\frac{1}{2}(y^2+z^2)^{-\frac{1}{2}}\cdot 2z\right|_{(1,0,1)}=\frac{1}{2},$$

所以
$$\frac{\partial u}{\partial\overrightarrow{AB}}=\frac{1}{2}\times\frac{2}{3}+0\times\left(-\frac{2}{3}\right)+\frac{1}{2}\times\frac{1}{3}=\frac{1}{2}.$$

8. 确定全微分表达式中的常数

例 17 已知 $(axy^3-y^2\cos x)\mathrm{d}x+(1+by\sin x+3x^2y^2)\mathrm{d}y$ 为某个函数 $f(x,y)$ 在 (x,y) 处的全微分,则( ).

    (A) $a=-1,b=2$.   (B) $a=2,b=-2$.   (C) $a=-1,b=-2$.   (D) $a=2,b=2$.

分析 由于此题是已知某函数 $f(x,y)$ 在 (x,y) 处的全微分表达式,反求其中的待定常数,所以可用典型方法中的第 4 种方法确定出待定常数的值.

解 由题意和全微分的形式不变性,得到 $f_x(x,y)=axy^3-y^2\cos x$, $f_y(x,y)=1+by\sin x+3x^2y^2$,则 $f_{xy}(x,y)=3axy^2-2y\cos x$, $f_{yx}(x,y)=by\cos x+6xy^2$. 又因为 $f(x,y)$ 在 (x,y) 处的混合偏导数为二元初等函数,所以它们连续,最后再利用连续的混合偏导数与求偏导次序无关,得到 $f_{xy}(x,y)=f_{yx}(x,y)$,即 $3axy^2-2y\cos x=by\cos x+6xy^2$,从而 $a=2$,$b=-2$,故选(B).

9. 多元函数的极值和最值

例 18 设可微函数 $f(x,y)$ 在点 $(0,0)$ 处取得极小值,则下列结论正确的是(   ).

(A)$f(x_0,y)$ 在 $y=y_0$ 处的导数等于零.　　　　(B)$f(x_0,y)$ 在 $y=y_0$ 处的导数大于零.

(C)$f(x_0,y)$ 在 $y=y_0$ 处的导数小于零.　　　　(D)$f(x_0,y)$ 在 $y=y_0$ 处的导数不存在.

分析 依据可微与偏导数的关系、极值存在的必要条件和偏导数的定义.

解 因为 $f(x,y)$ 为可微函数,所以它的偏导数存在,从而 $f(x,y)$ 在 (x_0,y_0) 处关于 y 的偏导数存在;又因为 $f(x,y)$ 在点 $(0,0)$ 处取得极小值则由极值的必要条件知 $f_y(x_0,y_0)=0$;再由偏导数的定义,得到 $f(x_0,y)$ 在 y_0 处的导数等于零,故选(A).

例 19 求由方程 $x^2+y^2+z^2-2x+2y-4z-10=0$ 确定的函数 $z=f(x,y)$ 的极值.

分析 先按隐函数求导法则求出函数偏导数;然后解方程组 $f_x(x,y)=0$, $f_y(x,y)=0$ 得出函数的驻点;再求出函数二阶偏导数,确定驻点处 A,B,C 的值;最后依据 $AC-B^2$ 符号判定是否为极值点.具体解法如下:

解 在方程两边同时对 x 求偏导得 $2x+2z\dfrac{\partial z}{\partial x}-2-4\dfrac{\partial z}{\partial x}=0$, $\dfrac{\partial z}{\partial x}=\dfrac{1-x}{z-2}$.

在方程两边同时对 y 求偏导得 $2y+2z\dfrac{\partial z}{\partial y}+2-4\dfrac{\partial z}{\partial y}=0$, $\dfrac{\partial z}{\partial y}=-\dfrac{1+y}{z-2}$.

解方程组 $\begin{cases}\dfrac{\partial z}{\partial x}=\dfrac{1-x}{z-2}=0,\\[2mm]\dfrac{\partial z}{\partial y}=-\dfrac{1+y}{z-2}=0\end{cases}$ 得驻点 $(1,-1)$,且 $x=1$,$y=-1$ 时 $z=-2$ 或 $z=6$.

又 $z''_{xx}=\dfrac{-(z-2)^2-(1-x)^2}{(z-2)^3}$; $z''_{xy}=\dfrac{(1-x)(1+y)}{(z-2)^3}$; $z''_{yy}=\dfrac{-(z-2)^2-(1+y)^2}{(z-2)^3}$,故 $z=-2$ 时,$A=\dfrac{1}{4}$,$B=0$,$C=\dfrac{1}{4}$,$AC-B^2=\dfrac{1}{16}>0$,又 $A=-\dfrac{1}{4}>0$,故函数在点 $(1,-1)$ 处取得极小值 -2;$z=6$ 时,$A=-\dfrac{1}{4}$,$B=0$,$C=\dfrac{1}{4}$,$AC-B^2=\dfrac{1}{16}>0$,又 $A=-\dfrac{1}{4}<0$,故函数在点 $(1,-1)$ 处取得极小值 6.

说明 由本题的特殊性,可用配方法求解如下:

原方程可变为 $(x-1)^2+(y+1)^2+(z-2)^2=16$,以 $(1,-1,2)$ 为中心,4 为半径的球面.则 $z=2\pm\sqrt{16-(x-1)^2-(y+1)^2}$,于是当 $x=1$,$y=-1$ 时,$\sqrt{16-(x-1)^2-(y+1)^2}$ 取得极大值 4,故 $z=2+4=6$ 为极大值,$z=2-4=-2$ 为极小值.

例 20 设可微函数 $f(x,y)$ 在点 $(0,0)$ 处取得极小值,则下列结论正确的是(   ).

(A)$f(x_0,y)$ 在 $y-y_0$ 处的导数等于零.　　　　(B)$f(x_0,y)$ 在 $y=y_0$ 处的导数大于零.

(C)$f(x_0,y)$在$y=y_0$处的导数小于零.　　　　　　(D)$f(x_0,y)$在$y=y_0$处的导数不存在.

分析　依据可微与偏导数的关系、极值存在的必要条件和偏导数的定义,可以选择答案.

解　因为$f(x,y)$为可微函数,所以它的偏导数存在,从而$f(x,y)$在(x_0,y_0)处关于y的偏导数存在;又因为$f(x,y)$在点$(0,0)$处取得极小值则由极值的必要条件知$f_y(x_0,y_0)=0$;再由偏导数的定义,得到$f(x_0,y)$在y_0处的导数等于零,故选(A).

例21　求表面积为$24\mathrm{m}^2$的无盖长方体水箱的最大容积.

分析　此题是求实际问题的最大值.首先需要根据实际问题建立数学模型——条件极值;然后利用拉格朗日乘数法求解.

解　设水箱的长、宽、高分别为x、y、z,则由题意可得水箱的容积为$V(x,y,z)=xyz$,从而问题变为求$V(x,y,z)=xyz$在条件$xy+2(yz+xz)=24,x>0,y>0,z>0$下的最大值.为此,构造拉格朗日函数$L(x,y,z,\lambda)=xyz+\lambda(xy+2yz+2xz-24)$.根据条件极值的必要条件,得到

$$\begin{cases}yz+\lambda(y+2z)=0 & (1),\\ xz+\lambda(x+2z)=0 & (2),\\ xy+\lambda(2y+2x)=0 & (3),\\ xy+2(yz+xz)-24=0 & (4).\end{cases}$$由式(1)、式(2)和文字对称性得到$x=y$;由

式$(2)\cdot y-$式$(3)\cdot z$,得到$y=2z$;将它们代入式(4)解得唯一驻点$(2\sqrt{2},2\sqrt{2},\sqrt{2})$.由实际问题可知,$V(x,y,z)$的最大值存在,故当水箱的长、宽、高分别为$2\sqrt{2}\mathrm{m}$、$2\sqrt{2}\mathrm{m}$、$\sqrt{2}\mathrm{m}$时,该水箱的容积最大,为$8\sqrt{2}\mathrm{m}^3$.

例22　求周长为$2a$的三角形的最大面积.

分析　此题是求实际问题的最大值.首先需要根据实际问题建立数学模型——有一个约束条件的条件极值;然后利用复合函数的条件极值等价于中间变量的条件极值、常数因子不改变函数的极值点;最后用格朗日乘数法求解.

解　设三角形的三边长分别为x、y、z,则由海伦公式,可得该三角形的面积为$S(x,y,z)=\sqrt{a(a-x)(a-y)(a-z)}$,从而问题变为求$S(x,y,z)$在条件$x+y+z=2a,x+y>z,y+z>x,x+z>y,x>0,y>0,z>0$下的最大值.又因为复合函数的条件极值等价于中间变量的条件极值和常数因子不改变函数的极值点,所以问题变为求$\dfrac{1}{a}S^2(x,y,z)$在以上条件下的极值.为此构造拉格朗日函数$L(x,y,z,\lambda)=(a-x)(a-y)(a-z)+\lambda(x+y+z-2a)$.

根据条件极值的必要条件,得到$$\begin{cases}(a-y)(a-z)-\lambda=0,\\ (a-x)(a-z)-\lambda=0,\\ (a-x)(a-y)-\lambda=0,\\ x+y+z-2a=0.\end{cases}$$由文字对称性得到$x=y=z=$

$\dfrac{2a}{3}$,即得到唯一驻点$\left(\dfrac{2a}{3},\dfrac{2a}{3},\dfrac{2a}{3}\right)$.由实际问题可知,$S(x,y,z)$的最大值存在,故当三角形的三边长都为$\dfrac{2a}{3}$时,该三角形的面积最大为$\dfrac{\sqrt{3}a^2}{9}$.

例23　求曲线$y=x^2$与直线$x-y=2$之间的最短距离.

分析　此题是求实际问题的最大值.首先需要根据实际问题建立数学模型——条件极值;依据建立的条件极值的约束条件个数不同及采用的方法不同,有三种解法,具体如下:

解法1　一个约束条件下的拉格朗日乘数法.由题意,所求的最短距离就是曲线上的点

(x,y) 到直线 $x-y=2$ 的距离 $d(x,y)=\dfrac{|x-y-2|}{\sqrt{1^2+(-1)^2}}=\dfrac{|x-y-2|}{\sqrt{2}}$ 的最小值,即是函数 $d(x,y)$ 在条件 $y=x^2$ 下的最小值.因为复合函数的条件极值等价于中间变量的条件极值和常数因子不改变函数的极值点,所以问题变为求 $\sqrt{2}d^2(x,y)=(x-y-2)^2$ 在条件 $y=x^2$ 下的最小值.为此构造拉格朗日函数 $L(x,y,\lambda)=(x-y-2)^2+\lambda(y-x^2)$.根据条件极值的必要条件,得到 $\begin{cases} 2(x-y-2)-2\lambda x=0, \\ -2(x-y-2)+\lambda=0, \\ y-x^2=0. \end{cases}$ 解得 $x=\dfrac{1}{2}$,$y=\dfrac{1}{4}$,即得到唯一驻点 $\left(\dfrac{1}{2},\dfrac{1}{4}\right)$.由实际问题可知,$d(x,y)$ 的最小值存在,为 $d\left(\dfrac{1}{2},\dfrac{1}{4}\right)=\dfrac{7}{4\sqrt{2}}$.

解法 2 一个约束条件下的间接法.所建立的数学模型与解法 1 相同,即求函数 $d(x,y)$ 在条件 $y=x^2$ 下的最小值.对其求解采用将 $y=x^2$ 代入 $d(x,y)$ 中,化为求一元函数 $f(x)=\dfrac{|x-x^2-2|}{\sqrt{2}}$ 的最小值.利用初等配方法,可得 $f(x)=\dfrac{\left|\left(x-\dfrac{1}{2}\right)^2+\dfrac{7}{4}\right|}{\sqrt{2}}$,故所求的最短距离为 $d\left(\dfrac{1}{2},\dfrac{1}{4}\right)=f\left(\dfrac{1}{2}\right)=\dfrac{7}{4\sqrt{2}}$.

解法 3 二个约束条件下的拉格朗日乘数法.由题意,所求的最短距离就是求函数 $f(x,y,u,v)=\sqrt{(x-u)^2+(y-v)^2}$ 在条件 $y=x^2$,$u-v=2$ 下的最小值.因为复合函数的条件极值等价于中间变量的条件极值,所以问题变为求 $f^2(x,y,u,v)=(x-u)^2+(y-v)^2$ 在以上条件下的最小值.为此构造拉格朗日函数 $L(x,y,u,v,\lambda,\mu)=(x-u)^2+(y-v)^2+\lambda(y-x^2)+\mu(u-v-2)$.根据条件极值的必要条件,得到 $\begin{cases} 2(x-u)-2\lambda x=0 & (1), \\ 2(y-v)+\lambda=0 & (2), \\ -2(x-u)+\mu=0 & (3), \\ -2(y-v)-\mu=0 & (4), \\ y-x^2=0 & (5), \\ u-v-2=0 & (6). \end{cases}$ 将方程

(2)加到方程(4),得到 $\lambda=\mu$.将方程(1)加到方程(3),得到 $\mu=2\lambda x$.再由方程(5),可得 $x=\dfrac{1}{2}$,$y=\dfrac{1}{4}$.再由方程(3)加到方程(4),得 $x+y=u+v$.再由方程(6),得 $u=\dfrac{11}{8}$,$v=-\dfrac{5}{8}$.从而得到唯一驻点 $\left(\dfrac{1}{2},\dfrac{1}{4},\dfrac{11}{8},-\dfrac{5}{8}\right)$.由实际问题可知,$f(x,y,u,v)$ 的最小值存在,故为 $f\left(\dfrac{1}{2},\dfrac{1}{4},\dfrac{11}{8},-\dfrac{5}{8}\right)=\dfrac{7}{4\sqrt{2}}$.

例 24 设曲面 $z=x^2+y^2$ 被平面 $x+y+z=1$ 截得一椭圆,求原点到该椭圆的最短与最长距离.

分析 此题是求实际问题的最值.首先需要根据实际问题建立数学模型——有两个约束条件的条件极值;然后利用复合函数的条件极值等价于中间变量的条件极值;最后用格朗日乘数法求解.

解 由题意,所求的最短与最长距离就是求函数 $d(x,y,z)=\sqrt{x^2+y^2+z^2}$ 在条件

$z=x^2+y^2$，$x+y+z=1$下的最值. 因为复合函数的条件极值等价于中间变量的条件极值，所以问题变为求 $d^2(x,y,z)=x^2+y^2+z^2$ 在以上条件下的最值. 为此构造拉格朗日函数 $L(x,y,z,\lambda,\mu)=x^2+y^2+z^2+\lambda(z-x^2-y^2)+\mu(x+y+z-1)$. 根据条件极值的必要条

件，得到 $\begin{cases} 2x-2\lambda x+\mu=0 & (1), \\ 2y-2\lambda y+\mu=0 & (2), \\ 2z+\lambda+\mu=0 & (3), \\ z-x^2-y^2=0 & (4), \\ x+y+z-1=0 & (5). \end{cases}$ 由方程(1)和(2)，得到 $x=y$，将此结果代入方程(4)，

得到 $z=2x^2$；再由方程(5)，可得 $x=y=\dfrac{-1\pm\sqrt{3}}{2}$，$z=2\mp\sqrt{3}$. 从而得到驻点

$\left(\dfrac{-1+\sqrt{3}}{2},\dfrac{-1+\sqrt{3}}{2},2-\sqrt{3}\right)$ 和 $\left(\dfrac{-1-\sqrt{3}}{2},\dfrac{-1-\sqrt{3}}{2},2+\sqrt{3}\right)$. 在点 $\left(\dfrac{-1+\sqrt{3}}{2},\dfrac{-1+\sqrt{3}}{2},\right.$

$\left.2-\sqrt{3}\right)$ 处，$d=\sqrt{9-5\sqrt{3}}$；在点 $\left(\dfrac{-1-\sqrt{3}}{2},\dfrac{-1-\sqrt{3}}{2},2+\sqrt{3}\right)$ 处，$d=\sqrt{9+5\sqrt{3}}$. 故由实

际问题可知，原点到该椭圆的最短距离 $d_1=\sqrt{9-5\sqrt{3}}$，最长距离 $d_2=\sqrt{9+5\sqrt{3}}$.

例 25 已知椭球面 Σ 的方程是 $\dfrac{x^2}{a^2}+\dfrac{y^2}{b^2}+\dfrac{z^2}{c^2}=1$，在 Σ 上求一点，使得该点在第 I 卦限内，且曲面 Σ 上该点处的切平面与三个坐标面所围成的四面体的体积最小.

分析 此题是求实际问题的最值. 首先需要利用空间曲面在一点的切平面的求法，写出曲面在切点的切平面方程；然后求出该切平面与三坐标面围成的四面体的体积，获得具有一个约束条件的条件极值；其次利用复合函数的条件极值等价于中间变量的条件极值；最后用格朗日乘数法求解.

解 设所求的点为 (x_0,y_0,z_0)，则 $\dfrac{x_0^2}{a^2}+\dfrac{y_0^2}{b^2}+\dfrac{z_0^2}{c^2}=1$，且椭球面 Σ 在该点的切平面方程为

$\dfrac{x_0 x}{a^2}+\dfrac{y_0 y}{b^2}+\dfrac{z_0 z}{c^2}=1$，该切平面在三坐标轴上的截距为 $\dfrac{a^2}{x_0}$，$\dfrac{b^2}{y_0}$，$\dfrac{c^2}{z_0}$，于是该切平面与三坐标面

围成的四面体的体积为 $V=\dfrac{1}{6}\dfrac{a^2 b^2 c^2}{x_0 y_0 z_0}$. 因为复合函数的条件极值等价于中间变量的条件极值

和常数因子不改变函数的极值点，所以本题变为求 $f(x,y,z)=xyz$ 在条件 $\dfrac{x^2}{a^2}+\dfrac{y^2}{b^2}+\dfrac{z^2}{c^2}=1$，$x>0,y>0,z>0$ 下的最大值. 为此，构造拉格朗日函数 $L(x,y,z,\lambda)=xyz+$

$\lambda\left(\dfrac{x^2}{a^2}+\dfrac{y^2}{b^2}+\dfrac{z^2}{c^2}-1\right)$. 根据条件极值的必要条件，得到 $\begin{cases} yz+\dfrac{2\lambda}{a^2}x=0 & (1), \\ xz+\dfrac{2\lambda}{b^2}y=0 & (2), \\ xy+\dfrac{2\lambda}{c^2}z=0 & (3), \\ \dfrac{x^2}{a^2}+\dfrac{y^2}{b^2}+\dfrac{z^2}{c^2}-1=0 & (4). \end{cases}$ 解得，

$x=\dfrac{\sqrt{3}a}{3}, y=\dfrac{\sqrt{3}b}{3}, z=\dfrac{\sqrt{3}c}{3}$，即得到唯一驻点 $\left(\dfrac{\sqrt{3}a}{3}, \dfrac{\sqrt{3}b}{3}, \dfrac{\sqrt{3}c}{3}\right)$．由实际问题可知，$V$ 的最小值存在，故当所求切点为 $\left(\dfrac{\sqrt{3}a}{3}, \dfrac{\sqrt{3}b}{3}, \dfrac{\sqrt{3}c}{3}\right)$ 时，切平面与三个坐标面所围成的四面体的体积最小．

第四节　数学文化拾趣园

一、数学家趣闻轶事

1. 欧拉的生平简介

欧拉(Euler,1707—1783),瑞士数学家及自然科学家．1707 年 4 月 15 日出生于瑞士的巴塞尔,1783 年 9 月 18 日于俄国的彼得堡去世．欧拉出生于牧师家庭,自幼受到父亲的教育．13 岁时入读巴塞尔大学,15 岁大学毕业,16 岁获得硕士学位．1727 年,在丹尼尔·伯努利的推荐下,到俄国的彼得堡科学院从事研究工作,并在 1731 年接替丹尼尔·伯努利,成为物理学教授．欧拉是 18 世纪数学界最杰出的人物之一,他不但为数学界做出贡献,更把数学推至几乎整个物理的领域．

2. 欧拉的代表成就

欧拉的研究涉及行星运动、刚体运动、热力学、弹道学、人口学等诸多领域,获得的数学和自然科学成果极为丰富,在数学方面更是做了非常重要的贡献．他是数学史上最多产的数学家,写了大量的力学、分析学、几何学、变分法的课本,《无穷小分析引论》(1748 年),《微分学原理》(1755 年),以及《积分学原理》(1768—1770 年)都成为数学中的经典著作．

欧拉最大的功绩是扩展了微积分的领域,为微分几何及分析学的一些重要分支(如无穷级数、微分方程等)的产生与发展奠定了基础．欧拉把无穷级数由一般的运算工具转变为一个重要的研究科目,他计算出 ξ 函数在偶数点的值;他证明了 a_{2k} 是有理数,而且可以用伯努利数来表示．此外,他对调和级数亦有所研究,并相当精确地计算出欧拉常数 γ 的值,其值近似为 $0.5772156649015328606065120 9\cdots$.

在 18 世纪中叶,欧拉和其他数学家在解决物理方面问题的过程中,创立了微分方程学．当中,在常微分方程方面,他完整地解决了 n 阶常系数线性齐次方程的问题,对于非齐次方程,他提出了一种降低方程阶的解法;而在偏微分方程方面,欧拉将二维物体振动的问题,归结出了一、二、三维波动方程的解法．欧拉所写的《方程的积分法研究》是偏微分方程在纯数学研究中的第一篇论文．在微分几何方面(微分几何是研究曲线、曲面逐点变化性质的数学分支),欧拉引入了空间曲线的参数方程,给出了空间曲线曲率半径的解析表达方式．1766 年,他出版了《关于曲面上曲线的研究》,这是欧拉对微分几何最重要的贡献,更是微分几何发展史上一个里程碑．他将曲面表为 $z=f(x,y)$,并引入一系列标准符号以表示 z 对 x,y 的偏导数,这些符号至今仍通用．此外,在该著作中,他亦得到了曲面在任意截面上截线的曲率公式．欧拉在分析学上的贡献不胜枚举,如他引入了 G 函数和 B 函数,这证明了椭圆积分的加法定理,以及最早引入二重积分等等.在代数学方面,他发现了每个实系数多项式必分解为一次或二次因子之积,即 $a+bi$ 的形式.欧拉还给出了费马小定理的三个证明,并引入了数论中重要的欧拉函数 $\phi(n)$,他研究数论的一系列成果奠定了数论成为数学中一个独立分支的基础.欧拉又用解析方法讨论数论问题,发现了 ζ 函数所满足的函数方程,并引入欧拉乘积,而且还解决了著名的哥尼斯堡七桥问题.欧拉对数学的研究非常广泛,在微分方程、曲面微分几何、组合数学、拓扑学等多个数学领域的研究都具有开创性,因此在许多数学的分支中也可经常见到以他的名字命名的重要常数、公式和定理:欧拉角(刚体运动)、欧拉常数(无穷级数)、欧拉方程(流体动力学)、欧拉公式(复合变量)、欧拉数(无穷级数)、欧拉多角曲线(微分方程)、欧拉齐性函数定理(微分方程)、欧拉变换(无穷级数)、伯努利—欧拉定律(弹性力学)、欧拉—傅里叶公式(三角函数)、欧拉—拉格朗日方程(变分学,力学)以及欧拉—马克劳林公式.

3. 名家垂范

欧拉的父亲希望他学习神学,但他最感兴趣的是数学.在上大学时,他已受到约翰·伯努利的特别指导,专心研究数学,直至 18 岁,他彻底放弃当牧师的想法而专攻数学,19 岁时(1726 年)开始创作文章,并获得巴黎科学院奖金.他 28 岁一只眼睛失明,59 岁另一只眼睛也失去了光明,但他以其惊人的记忆力和心算技巧继续从事科学创作.他通过与助手们的讨论以及直接口授等方式完成了大量的科学著作,直至生命的最后一刻.

二、数学思维与发现

1. 多元问题一元化的思想

多元问题的研究采用将自变量中的某自变量看成变量、将其余自变量看成常量或变量代换的思想,将多元问题转化为一元问题,利用类比于一元微分学的方法进行研究的.

2. 类比和比较法

本章主要利用多元问题一元化的思想,把多元函数的微分问题转化为一元函数的微分问题;然后采用类比和比较的方法,研究多元函数的微分问题:二元函数的二重极限、多元函数的连续、偏导数、全微分、极值和最值等,找出它们的相同和不同点.

3. 拓扑学的发现

拓扑学产生于**哥尼斯堡七桥问题**.即 18 世纪初在普鲁士的哥尼斯堡城,城内一条河的两支流绕过河中间的一个岛,有七座桥横跨这两支流把全城连接起来(图 6—4).当时城内流传一个问题:一个散步者能否走过每一座桥,而每座桥却只走过一次再返回原处.

欧拉在 1736 年圆满地解决了这一问题,证明这种方法并不存在.欧拉把每一座桥视为一条线,桥所连接的地区视为点(图 6—5).这样问题就转化为:能不能从图 6—5 中 A,B,C,D 任意一点出发,连续地(笔不离纸)经过每条线恰好一次最后回到出发点?这就是我们熟悉的"一笔画"问题.

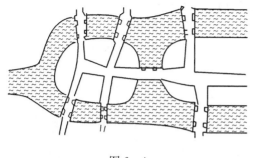

图 6—4

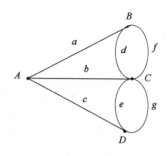

图 6—5

要一笔画成某个图形,必须选择某个点作为起始点,某个点作为终点,这是"两个"(也可能一个)特殊点,其余点是中途经过的点,不妨称为中间点.对于中间点而言,画图可以发现,有一条线"进入"该点,同时必须有一条线"走出"该点,有进有出,因而与该点相连的线的数目是偶数,称该点为偶点.相应地,称与某点相连的线的数目为奇数的点为奇点.由以上分析可知,可以一笔画成的图中偶点数目可以任意,奇点数目是 0 或 2 个.

欧拉从七桥问题的研究中发现,这里涉及的几何与图形的形状、大小没有关系,只与相互间的位置关系有关,由此他开创了一种新的几何学——拓扑学.

第五节　数学实践训练营

一、数学实验及软件使用

1. 软件命令

Plot3D[z[x,y],{x,a,b},{y,c,d},PlotPoints→30,Lighting→True],画三维彩图.

FindMinimum[f,{x,x_0}],在选取的初始点 x_0 附近求 $f(x)$ 的极小值.

FindMinimum[f,{x,x_0,x_1}],在选取的两个不同的初始点 x_0 与 x_1 附近求 $f(x)$ 的极小值,当 f 的微分符号形式求不出时,必须用这种命令形式.

2. 示范举例

例 1　设 $z=\cos\sqrt{x^2+y^2}$,求 $\dfrac{\partial z}{\partial x}$,$\dfrac{\partial z}{\partial y}$,$\dfrac{\partial^2 z}{\partial x \partial y}$ 并画图.

解　输入下面指令:

In[1]:=z[x_,y_]:=cos[sqrt[x^2+y^2]]　　　　　　　　%输入函数

out[1]=cos[sqrt[x^2+y^2]]　　　　　　　　%接受指令

In[2]:=Plot3D[z[x,y],{x,−10,10},{y,−10,10},PlotPoints→30,

Lighting→True]　　　　　　　　%画三维彩图

out[2]:=−surfaceGraphics−　　　　　　　　%显曲面

In[3]:=D[z[x,y],x]　　　　　　　　%函数 z 对 x 求偏导

out[3]:=$-\left(\dfrac{x\sin[\mathrm{sqrt}[x^2+y^2]]}{\mathrm{sqrt}[x^2+y^2]}\right)-$　　　　　　　　%已求出导函数

In[4]:=Plot3D[%,{x,−10,10},{y,−10,10},PlotPoints→30,

Lighting→True]   ％画图

out[4]:=−surfaceGraphics−   ％看导函数图形

In[5]:=D[z[x,y],y]

$$out[5]:=-\left(\frac{ysin[sqrt[x\char94 2+y\char94 2]]}{sqrt[x\char94 2+y\char94 2]}\right)-$$

In[6]:=Plot3D[%,{x,−10,10},{y,−10,10},PlotPoints→30,Lighting→True]

out[6]:=−surfaceGraphics−

In[7]:=D[z,x,y]   ％求二阶混合偏导数

$$out[7]:=-\left(\frac{xycos[sqrt[x\char94 2+y\char94 2]]}{x\char94 2+y\char94 2}\right)+\left(\frac{xysin[sqrt[x\char94 2+y\char94 2]]}{[x\char94 2+y\char94 2]^{-3/2}}\right)$$

In[8]:=Plot3D[%,{x,−10,10},{y,−10,10},PlotPoints→30,Lighting→True]

out[8]:=−surfaceGraphics−

例 2 （求条件极值）一个长方体的三面在坐标面上，与原点相对的顶点在平面 $\frac{x}{1}+\frac{y}{2}+\frac{z}{3}=1$ 上，求长方体的最大体积.

解 设长方体的长度长，宽，高分别为 x,y,z，体积为 v，有 $v=xyz$. 因为 $P(x,y,z)$ 在平面上，此问题化为求 $f(x,y,z)=xyz$ 在 $\frac{x}{1}+\frac{y}{2}+\frac{z}{3}=1$ 下的条件极值问题（$0\leqslant x\leqslant 1,0\leqslant y\leqslant 2,0\leqslant z\leqslant 3$）.

$$In[\ ]:=L=xyz+r\left(x+\frac{y}{2}+\frac{z}{3}-1\right)$$

$$out[\ ]=r\left(-1+x+\frac{y}{2}+\frac{z}{3}\right)+xyz$$

$$In[\ ]:=solve[\{D[L,x]==0,D[l,y]==0,D[l,z]==0,D[l,z]==0,x+\frac{y}{2}+\frac{z}{3}==1\}\{x,y,z,r\}]$$

$$out[\ ]=\left\{\left\{r\to-\frac{3}{2},z\to1,y\to\frac{2}{3},x\to\frac{1}{3},\cdots\right\}\right\}$$

$$In[\ ]:=xyz/\cdot\left\{x->\frac{1}{3},y->\frac{2}{3},z->1\right\}$$

$$out[\ ]=\frac{2}{9}$$

二、建模案例分析

1. 攀岩起点的位置问题

设有一小山，取它的底面所在的平面为 xOy 坐标面，其底部所占的区域为 $D=\{(x,y)\mid x^2+y^2-xy\leqslant 75\}$，小山的高度函数为 $h=f(x,y)=75-x^2-y^2+xy$.

（1）设 $M(x_0,y_0)\in D$，问 $f(x,y)$ 在该点沿平面上什么方向的方向导数最大？若记此方向导数的最大值为 $g(x_0,y_0)$，试写出 $g(x_0,y_0)$ 的表达式.

（2）现欲利用此小山开展攀岩活动，为此需要在山脚下找一上山坡度最大的点作为攀岩的起点. 也就是说，要在 D 的边界线上找出（1）中的 $g(x,y)$ 达到最大值的点. 试确定攀岩起点的位置.

分析 问题（1）考查梯度的几何意义，由梯度和方向导数的关系即可得到 $g(x,y)$；问题（2）要在 D 的边界线上找出（1）中的 $g(x,y)$ 达到最大值的点，只要利用条件极值即可得到最大值点，即攀岩起点.

解 （1）由梯度与方向导数的关系知，$h=f(x,y)$ 在点 $M(x_0,y_0)\in D$ 处沿梯度 $\mathrm{grad}f(x_0,y_0)=(y_0-2x_0)\boldsymbol{i}+(x_0-2y_0)\boldsymbol{j}$ 方向的方向导数最大，方向导数的最大值为该梯度的模，所以 $g(x_0,y_0)=\sqrt{(y_0-2x_0)^2+(x_0-2y_0)^2}=\sqrt{5x_0^2+5y_0^2-8x_0y_0}$.

（2）欲在 D 的边界上求 $g(x,y)$ 达到最大值的点，只需求 $F(x,y)=g^2(x,y)=5x^2+5y^2-8xy$ 在 $x^2+y^2-xy=75$ 下达到最大值的点. 因此，作拉格朗日函数 $L=5x^2+5y^2-8xy+\lambda(75-x^2-y^2+xy)$，则令
$$\begin{cases} L_x=10x-8y+\lambda(y-2x)=0 & ①, \\ L_y=10y-8x+\lambda(x-2y)=0 & ②, \\ L_\lambda=75-x^2-y^2+xy=0 & ③. \end{cases}$$

由①＋②得 $(x+y)(2-\lambda)=0$，故 $y=-x$ 或 $\lambda=2$.

如果 $y=-x$，则由③得到 $x=\pm5$，$y=\mp5$；如果 $\lambda=2$，则由①得到 $y=x$，再由③得到 $x=\pm5\sqrt{3}$，$y=\pm5\sqrt{3}$，即 4 个可能的极值点：$M_1(5,-5)$，$M_2(-5,5)$，$M_3(5\sqrt{3},5\sqrt{3})$，$M_4(-5\sqrt{3},-5\sqrt{3})$.

通过对比计算 $F(M_1)=F(M_2)=450$，$F(M_3)=F(M_4)=150$，故 $M_1(5,-5)$ 或 $M_2(-5,5)$ 可以作为攀岩的起点.

2. 最优广告策略问题

某公司可以通过电视和报纸两种媒体做商品的销售广告. 据统计资料，销售收入 R（万元）与向电视台支付的广告费用 x（万元）及向报社支付的广告费用 y（万元）之间有如下经验公式：$R(x,y)=15+14x+32y-8xy-2x^2-10y^2$.（1）在广告费用不限的情况下，试求最优广告策略.（2）假设公司只能提供 1.5 万元的广告费用，试求相应的最优广告策略.

分析 此题中的最优广告策略，就是分别向电视台和报社各支付多少广告费用，使商品的销售利润达到最大. 问题（1）本质是求无条件极值，问题（2）是求有一个约束条件的条件极值. 对于（1），首先依据实际问题建立利润函数，然后利用求实际问题最大值的方法求解；对于（2），首先依据实际问题建立利润函数在广告费用限制下的条件极值，然后利用格朗日乘数法求解.

解 （1）由题意可知，当用 x（万元）和 y（万元）分别在电视台和报纸上 $f(x,y)$ 做广告宣传时，公司获得的利润为 $f(x,y)=R(x,y)-(x+y)=15+13x+31y-8xy-2x^2-10y^2$. 根据极值的必要条件，得到 $\begin{cases} 13-8y-4x=0, \\ 31-8x-20y=0, \end{cases}$ 解得 $x=0.75$，$y=1.25$，即得函数 $f(x,y)$ 的唯一驻点 $(0.75,1.25)$. 由实际问题可知，$f(x,y)$ 的最大值存在，故最优广告策略为在电视台花费 0.75 万元广告费和在报纸上花费 1.25 万元广告费时，商品的销售利润达到最大.

（2）因为公司只能提供 1.5 万元的广告费用，即 $x+y=1.5$，此时问题即为求（1）中的 $f(x,y)$ 在 $x+y=1.5$ 下的条件极值问题. 为此，构造拉格朗日函数 $L(x,y,\lambda)=15+13x+31y-8xy-2x^2-10y^2+\lambda(x+y \quad 1.5)$. 根据条件极值的必要条件，得到

$$\begin{cases} 13-8y-4x+\lambda=0, \\ 31-8x-20y+\lambda=0, \\ x+y-1.5=0. \end{cases}$$ 解之得，$x=0$，$y=1.5$，即得到唯一驻点$(0,1.5)$. 由实际问题可知，

$f(x,y)$的最大值存在，故最优广告策略就是将 1.5 万元全部用于在报纸上做广告，可获得商品的销售利润最大.

第六节　考研加油站

一、考研大纲解读

1. 考研数学一和考研数学二的大纲

通过对比分析发现：数学一和数学二对"多元函数微分学"的大纲相同，其考试内容和要求如下.

1）考试内容

（1）多元函数的概念，二元函数的几何意义，二元函数的极限与连续的概念，有界闭区域上多元连续函数的性质.

（2）多元函数的偏导数和全微分，全微分存在的必要条件和充分条件.

（3）多元复合函数、隐函数的求导法，二阶偏导数.

（4）方向导数和梯度，空间曲线的切线和法平面、曲面的切平面和法线.

（5）二元函数的二阶泰勒公式.

（6）多元函数的极值和条件极值，多元函数的最大值、最小值及其简单应用.

2）考试要求

（1）理解多元函数的概念，理解二元函数的几何意义.

（2）了解二元函数的极限与连续的概念以及有界闭区域上连续函数的性质.

（3）理解多元函数偏导数和全微分的概念，会求全微分，了解全微分存在的必要条件和充分条件，了解全微分形式的不变性.

（4）理解方向导数与梯度的概念，并掌握其计算方法.

（5）掌握多元复合函数一阶、二阶偏导数的求法.

（6）了解隐函数存在定理，会求多元隐函数的偏导数.

（7）了解空间曲线的切线和法平面及曲面的切平面和法线的概念，会求它们的方程.

（8）了解二元函数的二阶泰勒公式.

（9）理解多元函数极值和条件极值的概念，掌握多元函数极值存在的必要条件，了解二元函数极值存在的充分条件，会求二元函数的极值，会用拉格朗日乘数法求条件极值，会求简单多元函数的最大值和最小值，并会解决一些简单的应用问题.

2. 考研数学三的大纲

1）考试内容

（1）多元函数的概念，二元函数的几何意义，二元函数的极限与连续的概念，有界闭区域上

二元连续函数的性质.

（2）多元函数偏导数的概念与计算，多元复合函数的求导法与隐函数求导法，二阶偏导数，全微分.

（3）多元函数的极值和条件极值、最大值和最小值.

2）考试要求

（1）了解多元函数的概念，了解二元函数的几何意义.

（2）了解二元函数的极限与连续的概念，了解有界闭区域上二元连续函数的性质.

（3）了解多元函数偏导数与全微分的概念，会求多元复合函数一阶、二阶偏导数，会求全微分，会求多元隐函数的偏导数.

（4）了解多元函数极值和条件极值的概念，掌握多元函数极值存在的必要条件，了解二元函数极值存在的充分条件，会求二元函数的极值，会用拉格朗日乘数法求条件极值，会求简单多元函数的最大值和最小值，并会解决简单的应用问题.

二、典型真题解答及思考

1. 考研真题解析

1）试题特点

从历年的试题分析可知，本章主要考查复合函数求偏导数及多元函数的极值，难度不是很大，一定要熟练掌握复合函数求偏导数的公式，特别要注意抽象函数求高阶偏导数的题目以及复合函数求偏导数的方法在隐函数求偏导中的应用. 同时，多元函数微分学在几何中的应用和求函数的极值、最值也是考研数学中的一个重点.

2）常考题型

（1）求多元函数的偏导数及全微分.

（2）多元函数的极值.

3）考题剖析示例

（1）基本题型

例 1（2007，数学一、12 题，4 分）　设 $f(u,v)$ 是二元可微函数，$z=f(x^y,y^x)$，则 $\dfrac{\partial z}{\partial x}$ = _____.

分析　此题是求两个中间变量、两个自变量构成的复合函数求偏导数的问题，直接用相应的链式法则就可以了.

解　$\dfrac{\partial z}{\partial x}=f'_1 \cdot yx^{y-1}+f'_2 \cdot y^x \ln y.$

例 2（2008，数学二，4 分）　设 $z=\left(\dfrac{y}{x}\right)^{\frac{x}{y}}$，则 $\dfrac{\partial z}{\partial x}\Big|_{(1,2)}$ = _____.

分析　本题是二元函数求偏导的问题，按照其求法，本质为幂指函数的求导问题.

解　$\dfrac{\partial z}{\partial x}=\dfrac{\partial}{\partial x}\left[\mathrm{e}^{\frac{x}{y}(\ln y-\ln x)}\right]=\mathrm{e}^{\frac{x}{y}(\ln y-\ln x)}\dfrac{1}{y}\left[(\ln y-\ln x)+x\left(0-\dfrac{1}{x}\right)\right]=\left(\dfrac{y}{x}\right)^{\frac{x}{y}}\dfrac{\ln y-\ln x-1}{y},$

故 $\dfrac{\partial z}{\partial x}\big|_{(1,2)}=\dfrac{\sqrt{2}}{2}(\ln 2-1)$.

例3（2005，数学三，8分） 设 $f(u)$ 具有二阶连续导数，且 $g(x,y)=f\left(\dfrac{y}{x}\right)+yf\left(\dfrac{x}{y}\right)$，求 $x^2\dfrac{\partial^2 g}{\partial x^2}-y^2\dfrac{\partial^2 g}{\partial y^2}$.

分析 本题本质是求二元函数的二阶偏导．该函数由复合函数与四则运算综合出现，只要采用相应方法求出二阶偏导，然后代入表达式即可．

解 由已知条件和二阶偏导的求法，得到

$$\frac{\partial g}{\partial x}=-\frac{y}{x^2}f'\left(\frac{y}{x}\right)+f'\left(\frac{x}{y}\right),$$

$$\frac{\partial^2 g}{\partial x^2}=\frac{2y}{x^3}f'\left(\frac{y}{x}\right)+\frac{y^2}{x^4}f''\left(\frac{y}{x}\right)+\frac{1}{y}f''\left(\frac{x}{y}\right),$$

$$\frac{\partial g}{\partial y}=\frac{1}{x}f'\left(\frac{y}{x}\right)+f\left(\frac{x}{y}\right)-\frac{x}{y}f'\left(\frac{x}{y}\right),$$

$$\frac{\partial^2 g}{\partial y^2}=\frac{1}{x^2}f''\left(\frac{y}{x}\right)-\frac{x}{y^2}f'\left(\frac{x}{y}\right)+\frac{x}{y^2}f'\left(\frac{x}{y}\right)+\frac{x^2}{y^3}f''\left(\frac{x}{y}\right)=\frac{1}{x^2}f''\left(\frac{y}{x}\right)+\frac{x^2}{y^3}f''\left(\frac{x}{y}\right).$$

故

$$x^2\frac{\partial^2 g}{\partial x^2}-y^2\frac{\partial^2 g}{\partial y^2}=\frac{2y}{x}f'\left(\frac{y}{x}\right)+\frac{y^2}{x^2}f''\left(\frac{y}{x}\right)+\frac{x^2}{y}f''\left(\frac{x}{y}\right)-\frac{y^2}{x^2}f''\left(\frac{y}{x}\right)-\frac{x^2}{y}f''\left(\frac{x}{y}\right)$$

$$=\frac{2y}{x}f'\left(\frac{y}{x}\right).$$

例4（2011，数学一、3题，4分） 设函数 $f(x)$ 具有二阶连续倒数，且 $f(x)>0$，$f'(0)=0$，则函数 $z=f(x)\ln f(y)$ 在点 $(0,0)$ 处取得极小值的一个充分条件是（　　）．

(A) $f(x)>1$，$f''(0)>0$．　　　　(B) $f(x)>1$，$f''(0)<0$．

(C) $f(x)<1$，$f''(0)>0$．　　　　(D) $f(x)<1$，$f''(0)<0$．

分析 此题虽然与直接求二元函数的极值不同，但本质上仍然是依据二元函数取得极值的充分条件进行求解．

解 由 $z=f(x)\ln f(y)$，有 $z'_x(x,y)=f'(x)\ln f(y)$，$z'_y(x,y)=f(x)\dfrac{f'(y)}{f(y)}$，所以

$$z'_x(0,0)=f'(0)\ln f(0)=0,\quad z'_y(0,0)=f(0)\frac{1}{f(0)}f'(0)=0.$$

故 $(0,0)$ 是 $z=f(x)\ln f(y)$ 可能的极值点．经计算得

$$z''_{xx}(x,y)=f''(x)\ln f(y),$$

$$z''_{yy}(x,y)=f(x)\frac{f''(y)f(y)-f'^2(y)}{f^2(y)},$$

$$z''_{xy}(x,y)=f'(x)\frac{f'(y)}{f(y)}.$$

所以 $A=z''_{xx}(0,0)=f''(0)\ln f(0)$，$B=z''_{xy}(0,0)=0$，$C=z''_{yy}(0,0)=f''(0)$．

由 $B^2-AC<0$，且 $A>0$，$C>0$，有 $f''(0)>0$，$f(0)>1$．因此应选（A）．

（2）综合题型

例1（2005，数一、9题，4分） 设函数 $u(x,y)=\varphi(x+y)+\varphi(x-y)+\displaystyle\int_{x-y}^{x+y}\phi(t)\mathrm{d}t$，其中 φ 函数具有二阶导数，ϕ 具有一阶导数，则必有（　　）．

(A)$\dfrac{\partial^2 u}{\partial x^2}=-\dfrac{\partial^2 u}{\partial y^2}$.　　(B)$\dfrac{\partial^2 u}{\partial x^2}=-\dfrac{\partial^2 u}{\partial y^2}$.　　(C)$\dfrac{\partial^2 u}{\partial x\partial y}=-\dfrac{\partial^2 u}{\partial y^2}$.　　(D)$\dfrac{\partial^2 u}{\partial x\partial y}=-\dfrac{\partial^2 u}{\partial x^2}$.

分析　此题是抽象函数求二阶偏导的问题.该函数由复合函数与四则运算综合出现,而且还涉及变限积分函数,很复杂.但只要理清函数的构成关系,采用相应求偏导数和二阶偏导数的方法,并注意导数和偏导数的记号,那么就可正确选择答案.作为做题技巧,也可以取 $\varphi(t)=t^2,\phi(t)=1$,则 $u(x,y)=2x^2+2y^2+2y$,容易验算只有 $\dfrac{\partial^2 u}{\partial x^2}=-\dfrac{\partial^2 u}{\partial y^2}$ 成立,也可以选出答案.

解　因为 $\dfrac{\partial u}{\partial x}=\varphi'(x+y)+\varphi'(x-y)+\phi(x+y)-\phi(x-y)$,

$$\dfrac{\partial u}{\partial y}=\varphi'(x+y)-\varphi'(x-y)+\phi(x+y)+\phi(x-y),$$

于是　　$\dfrac{\partial^2 u}{\partial x^2}=\varphi''(x+y)+\varphi''(x-y)+\phi'(x+y)-\phi'(x-y)$,

$$\dfrac{\partial^2 u}{\partial x\partial y}=\varphi''(x+y)-\varphi''(x-y)+\phi'(x+y)+\phi'(x-y),$$

$$\dfrac{\partial^2 u}{\partial y^2}=\varphi''(x+y)+\varphi''(x-y)+\phi'(x+y)-\phi'(x-y).$$

可见有 $\dfrac{\partial^2 u}{\partial x^2}=\dfrac{\partial^2 u}{\partial y^2}$,应选(B).

例 2(2011,数学一、11 题,4 分)　设函数 $F(x,y)=\displaystyle\int_0^{xy}\dfrac{\sin t}{1+t^2}\mathrm{d}t$,则 $\dfrac{\partial^2 F}{\partial x^2}\Big|_{x=0,y=2}=$ _____.

分析　此题是求变限积分定义的函数的二阶偏导数值的问题.需要综合采用求二阶偏导数的方法和变限积分函数求导的方法.

解　由偏导数的求法,得到 $\dfrac{\partial F}{\partial x}=\dfrac{y\sin xy}{1+(xy)^2}$.再依据二阶偏导数值的定义,得到

$$\dfrac{\partial^2 F}{\partial x^2}\Big|_{x=0,y=2}=\Big(\dfrac{2\sin 2x}{1+4x^2}\Big)'\Big|_{x=0}=\dfrac{4(1+4x^2)\cos 2x-16x\sin 2x}{(1+4x^2)^2}\Big|_{x=0}=4.$$

故应填 4.

例 3(2011,数学一、16 题,9 分)　设函数 $z=f[xy,yg(x)]$,函数 f 具有二阶连续偏导数,函数 $g(x)$ 可导且在 $x=1$ 处取得极值 $g(1)=1$,求 $\dfrac{\partial^2 z}{\partial x\partial y}\Big|_{\substack{x=1\\y=1}}$.

分析　此题需要综合利用多元复合函数的求偏导法则和二阶偏导的求法及函数取得极值的必要条件 $g'(1)=0$.

解　由题意知 $g'(1)=0$.由多元复合函数的求偏导法则得到 $\dfrac{\partial z}{\partial x}=yf_1'+yg'(x)f_2'$,再由二阶偏导的求法和四则运算与复合函数综合出现的偏导数求法得到

$$\dfrac{\partial^2 z}{\partial x\partial y}=f_1'+y[xf_{11}''+g(x)f_{12}'']+g'(x)f_2'+yg'(x)[xf_{21}''+g(x)f_{22}''].$$

所以,令 $x=y=1$,且注意到 $g(1)=1,g'(1)=0$,得

$$\dfrac{\partial^2 z}{\partial x\partial y}\Big|_{\substack{x=1\\y=1}}=f_1'(1,1)+f_{11}''(1,1)+f_{12}''(1,1).$$

例 4(2012,数学一、3 题,4 分)　若函数 $f(x,y)$ 在 $(0,0)$ 处连续,那么下列正确的是(　　).

(A)若极限$\lim\limits_{\substack{x\to 0\\y\to 0}}\dfrac{f(x,y)}{|x|+|y|}$存在,则$f(x,y)$在$(0,0)$处可微.

(B)若极限$\lim\limits_{\substack{x\to 0\\y\to 0}}\dfrac{f(x,y)}{x^2+y^2}$存在,则$f(x,y)$在$(0,0)$处可微.

(C)若$f(x,y)$在$(0,0)$处可微,则极限$\lim\limits_{\substack{x\to 0\\y\to 0}}\dfrac{f(x,y)}{|x|+|y|}$存在.

(D)若$f(x,y)$在$(0,0)$处可微,则极限$\lim\limits_{\substack{x\to 0\\y\to 0}}\dfrac{f(x,y)}{x^2+y^2}$存在.

分析　本题考查二元函数的二重极限、连续、偏导数和可微的关系及其定义和运算性质. 此题也可用举反例排除错误答案,请读者自己练习.

解　若极限$\lim\limits_{\substack{x\to 0\\y\to 0}}\dfrac{f(x,y)}{x^2+y^2}$存在,则有$\lim\limits_{\substack{x\to 0\\y\to 0}}f(x,y)=0$. 又由$f(x,y)$在$(0,0)$处连续,可知

$f(0,0)=0$,$f'_x(0,0)=\lim\limits_{x\to 0}\dfrac{f(x,0)-f(0,0)}{x}=\lim\limits_{x\to 0}\dfrac{f(x,0)}{x^2+0^2}\cdot x=0$,类似$f'_y(0,0)=0$. 于是

$$\lim\limits_{\substack{x\to 0\\y\to 0}}\dfrac{f(x,y)-f(0,0)-[f'_x(0,0)x+f'_y(0,0)y]}{\sqrt{x^2+y^2}}=\lim\limits_{\substack{x\to 0\\y\to 0}}\dfrac{f(x,y)}{\sqrt{x^2+y^2}}=\lim\limits_{\substack{x\to 0\\y\to 0}}\dfrac{f(x,y)}{x^2+y^2}\cdot\sqrt{x^2+y^2}=0.$$

由微分定义知$f(x,y)$在$(0,0)$处可微,故应选(B).

例5(2015,数学一、11题,4分)　若函数$z=z(x,y)$由方程$\mathrm{e}^z+xyz+x+\cos x=2$确定,则$\mathrm{d}z|_{(0,1)}=$_____.

分析　本题求隐函数在一点的全微分,有两种方法:一种是利用隐函数求偏导的方法,求出偏导数;然后再由叠加原理求全微分;另一种是利用微分的形式不变性直接在方程两端微分.下面采用第一种方法求解.

解　$F(x,y,z)=\mathrm{e}^z+xyz+x+\cos x-2$,则
$$F'_x(x,y,z)=yz+1-\sin x,$$
$$F'_y=xz,F'_z(x,y,z)=\mathrm{e}^z+xy.$$

又当$x=0,y=1$时$\mathrm{e}^z=1$,即$z=0$.

所以$\dfrac{\partial z}{\partial x}\Big|_{(0,1)}=-\dfrac{F'_x(0,1,0)}{F'_z(0,1,0)}=-1$,$\dfrac{\partial z}{\partial y}\Big|_{(0,1)}=-\dfrac{F'_y(0,1,0)}{F'_z(0,1,0)}=0$,因而$\mathrm{d}z|_{(0,1)}=-\mathrm{d}x$.

例6(2007,数学一、11题,11分)　求函数$f(x,y)=x^2+2y^2-x^2y^2$在区域$D=\{(x,y)\mid x^2+y^2\leqslant 4,y\geqslant 0\}$上的最大值和最小值.

分析　本题为求二元函数在闭区域上的最值. 先求出函数在区域内的驻点;然后比较驻点的函数值和边界上的极值,则最大者为最大值,最小者为最小值.

解　因为$\begin{cases}f'_x=2x-2xy^2=0,\\f'_y=4y-2x^2y=0,\end{cases}$解得$\begin{cases}x=\pm\sqrt{2},\\y=2,\end{cases}\begin{cases}x=\pm\sqrt{2},\\y=-1,\end{cases}\begin{cases}x=0,\\y=0,\end{cases}$所以函数在区域$D=\{(x,y)\mid x^2+y^2\leqslant 4,y\geqslant 0\}$内的驻点为$(\sqrt{2},1),(-\sqrt{2},1)$和$(0,0)$.

下面求函数在边界线上的极值.

作拉格朗日函数如下$L(x,y)=x^2+2y^2-x^2y^2+\lambda(x^2+y^2-4)$,则

$$\begin{cases}\dfrac{\partial L}{\partial x}=2x-2xy^2+2\lambda x=0,\\[2mm]\dfrac{\partial L}{\partial y}=4y-2x^2y+2\lambda y=0,\\[2mm]\dfrac{\partial L}{\partial \lambda}=x^2+y^2-4=0,\end{cases}$$解之得$\begin{cases}x=\pm\sqrt{\dfrac{5}{2}},\\[2mm]y=\pm\sqrt{\dfrac{3}{2}},\end{cases}\begin{cases}x=0,\\y=\pm 2,\end{cases}\begin{cases}x=\pm 2,\\y=0.\end{cases}$

于是条件驻点为 $(\sqrt{3},1),(-\sqrt{3},1),(0,2),(\pm2,0)$.

而 $f(\pm\sqrt{2},1)=2,f(\pm\sqrt{3},1)=2,f(0,0)=0,f(0,2)=8,f(\pm2,0)=4$.

比较以上函数值,可得函数在区域 $D=\{(x,y)\,|\,x^2+y^2\leqslant4,y\geqslant0\}$ 上的最大值为 8,最小值为 0.

例 7(2013,数学一、16 题,10 分) 求函数 $f(x,y)=xe^{-\frac{x^2+y^2}{2}}$ 的极值.

分析 此题为常规题型,只需要二元函数取得极值的必要和充分条件即可,但求偏导数需要用到四则运算与复合函数综合出现的方法.

解 令 $f_x'(x,y)=e^{-\frac{x^2+y^2}{2}}+xe^{-\frac{x^2+y^2}{2}}(-x)=(1-x^2)e^{-\frac{x^2+y^2}{2}}=0$.

$$f_y'(x,y)=xe^{-\frac{x^2+y^2}{2}}(-y)=-xye^{-\frac{x^2+y^2}{2}}=0.$$

解得函数驻点,即可能极值点为 $(1,0)$ 或 $(-1,0)$.

$$f_{xx}''(x,y)=-2xe^{-\frac{x^2+y^2}{2}}+(1-x^2)e^{-\frac{x^2+y^2}{2}}(-x)=(x^2-3)xe^{-\frac{x^2+y^2}{2}},$$

易得 $f_{xy}''(x,y)=(x^2-1)ye^{-\frac{x^2+y^2}{2}}$,

$$f_{yy}''(x,y)=-xe^{-\frac{x^2+y^2}{2}}-xye^{-\frac{x^2+y^2}{2}}(-y)=(y^2-1)xe^{-\frac{x^2+y^2}{2}}.$$

(1)在驻点 $(1,0)$,$A=f_{xx}''(1,0)=-2e^{-\frac{1}{2}}$,$B=f_{xy}''(1,0)=0$,$C=f_{yy}''(1,0)=-e^{-\frac{1}{2}}$.

由 $B^2-AC=-2e^{-\frac{1}{2}}<0$,且 $A<0$,知 $(1,0)$ 为极大值点,极大值 $f(1,0)=e^{-\frac{1}{2}}$.

(2)在驻点 $(-1,0)$,$A=f_{xx}''(1,0)=2e^{-\frac{1}{2}}$,$B=f_{xy}''(-1,0)=0$,$C=f_{yy}''(-1,0)-e^{-\frac{1}{2}}$.

由 $B^2-AC=-2e^{-1}<0$,且 $A>0$,知 $(-1,0)$ 为极小值点,极小值 $f(-1,0)=-e^{-\frac{1}{2}}$.

例 8(2013,数学一、17 题,10 分) 求函数 $f(x,y)=\left(y+\frac{x^3}{3}\right)e^{x+y}$ 的极值.

分析 此题也为常规题型,只需要二元函数取得极值的必要和充分条件即可,但求偏导数需要用到四则运算与复合函数综合出现的方法.

解 令 $f_x'(x,y)=x^2e^{x+y}+\left(y+\frac{x^3}{3}\right)e^{x+y}=\left(x^2+y+\frac{x^3}{3}\right)e^{x+y}=0$,

$$f_y'(x,y)=e^{x+y}+\left(y+\frac{x^3}{3}\right)e^{x+y}=\left(1+y+\frac{x^3}{3}\right)e^{x+y}=0,$$

即 $\begin{cases}x^2+y+\dfrac{x^3}{3}=0,\\ 1+y+\dfrac{x^3}{3}=0,\end{cases}$ 解得 $\begin{cases}x=1,\\ y=-\dfrac{4}{3},\end{cases}\begin{cases}x=-1,\\ y=-\dfrac{2}{3},\end{cases}$ 可能极值点为 $\left(1,-\dfrac{4}{3}\right),\left(1,-\dfrac{2}{3}\right)$.

$$f_{xx}''(x,y)=\left(2x+2x^2+y+\frac{x^3}{3}\right)e^{x+y},$$

易得 $f_{xy}''(x,y)=\left(1+x^2+y+\dfrac{x^3}{3}\right)e^{x+y}$,$f_{yy}''(x,y)=\left(2+y+\dfrac{x^3}{3}\right)e^{x+y}$.

(1)在驻点 $\left(1,-\dfrac{4}{3}\right)$ 处,

$$A=f_{xx}''\left(1,-\frac{4}{3}\right)=3e^{-\frac{1}{3}},B=f_{xy}''\left(1,-\frac{4}{3}\right)=e^{-\frac{1}{3}},C=f_{yy}''\left(1,-\frac{4}{3}\right)=e^{-\frac{1}{3}}.$$

由 $B^2-AC=-2e^{-\frac{2}{3}}<0$,且 $A=3e^{-\frac{1}{3}}>0$,则函数在点 $\left(1,-\dfrac{4}{3}\right)$ 处取到极小值 $e^{-\frac{1}{3}}$.

（2）在驻点 $\left(1,-\dfrac{2}{3}\right)$ 处，

$$A=f''_{xx}\left(-1,-\dfrac{2}{3}\right)=-\mathrm{e}^{-\frac{5}{3}},B=f''_{xy}\left(-1,-\dfrac{2}{3}\right)=\mathrm{e}^{-\frac{5}{3}},C=f''_{yy}\left(-1,-\dfrac{2}{3}\right)=\mathrm{e}^{-\frac{5}{3}}.$$

由 $B^2-AC=2\mathrm{e}^{-\frac{10}{3}}>0$ 知，点 $\left(1,-\dfrac{2}{3}\right)$ 处不是极值点.

因而此函数只在点 $\left(1,-\dfrac{4}{3}\right)$ 处取到最小值 $-\mathrm{e}^{-\frac{1}{3}}$.

例 9（2015，数学一、17 题，10 分）　已知函数 $f(x,y)=x+y+xy$，曲线 C：$x^2+y^2+xy=3$，求 $f(x,y)$ 在曲线 C 上的最大方向导数.

分析　依据方向导数与梯度的关系性质可知，函数在一点处沿梯度方向的方向导数最大，最大为梯度的模，进而问题转化为求 $f(x,y)$ 在点 (x,y) 的梯度的模在 $x^2+y^2+xy=3$ 下的条件极值问题.

解　函数 $f(x,y)=x+y+xy$ 在点 (x,y) 的梯度的模，即在该处的最大方向导数为 $\sqrt{f'^2_x(x,y)+f'^2_y(x,y)}=\sqrt{(1+y)^2+(1+x)^2}$，从而问题变为求该函数在 $x^2+y^2+xy=3$ 下的条件极值问题；再根据复合函数求极值的方法，它又等价于求该函数的平方在 $x^2+y^2+xy=3$ 下的条件极值问题。因此由拉格朗日乘数法，构造拉格朗日函数 $L(x,y,\lambda)=(1+y)^2+(1+x)^2+\lambda(x^2+y^2+xy-3)$，则

$$\begin{cases}L'_x(x,y,\lambda)=2(1+x)+2\lambda x+\lambda y=0\ (1),\\ L'_y(x,y,\lambda)=2(1+y)+2\lambda y+\lambda x=0\ (2),\\ L'_\lambda(x,y,\lambda)=x^2+y^2+xy-3=0\quad\ (3).\end{cases}$$

（2）$-$（1），得 $(y-x)(2+\lambda)=0$.

若 $y=x$，则 $y=x=\pm1$，若 $\lambda=-2$，则 $x=-1,y=2$ 或 $x=2,y=-1$. 把两个点坐标代入 $\sqrt{(1+y)^2+(1+x)^2}$ 中，$f(x,y)$ 在曲线 C 上最大方向导数为 3.

例 10（2005，数学二、20 题，10 分）　已知函数 $z=f(x,y)$ 的全微分 $\mathrm{d}z=2x\mathrm{d}x-2y\mathrm{d}y$，并且 $f(1,1)=2$. 求 $f(x,y)$ 在椭圆域 $D=\left\{(x,y)\left|x^2+\dfrac{y^2}{4}\leqslant1\right.\right\}$ 上的最大值和最小值.

分析　为求解问题，需要先根据全微分的形式不变性和初始条件，确定 $f(x,y)$ 的表达式；然后利用有界闭区域上连续函数求最值的方法求解.

解　由题设和全微分的形式不变性知，$\dfrac{\partial f}{\partial x}=2x,\dfrac{\partial f}{\partial y}=-2y$，于是 $f(x,y)=x^2+C(y)$，且 $C'(y)=-2y$，从而 $C(y)=-y^2+C$；再由 $f(1,1)=2$，得到 $C=2$；故 $f(x,y)=x^2-y^2+2$.

在 D 内，令 $\dfrac{\partial f}{\partial x}=2x=0,\dfrac{\partial f}{\partial y}=-2y=0$，得到驻点为 $(0,0)$，则 $f(0,0)=2$.

在 D 的边界 $x^2+\dfrac{y^2}{4}=1$ 上，$y^2=4-4x^2$，则 $f(x,y)=x^2-y^2+2=5x^2-2=g(x)$，$x\in[-1,1]$. 令 $g'(x)=10x=0$，得到 $x=0$，从而 $g(0)=-2,g(\pm1)=3$. 因此所求的最大值为 3，最小值为 -2.

注意　求 $f(x,y)$ 在 D 的边界 $x^2+\dfrac{y^2}{4}=1$ 上的最值也可以转化为条件极值来求.

例 11（2014，数学一、17 题，10 分）　设函数 $f(u)$ 具有 2 阶连续导数，$z=f(\mathrm{e}^x\cos y)$ 满足 $\dfrac{\partial^2 z}{\partial x^2}+\dfrac{\partial^2 z}{\partial y^2}=(4z+\mathrm{e}^x\cos y)\mathrm{e}^{2x}$. 若 $f(0)=0,f'(0)=0$，求 $f(u)$ 的表达式.

分析 先利用复合函数的链式法则和抽象复合函数的高阶偏导等的求法,求出二阶偏导;然后根据已知的关系式,变形得到关于 $f(u)$ 的二阶常系数非齐次微分方程,解微分方程求得 $f(u)$.

解 由已知得到 $\dfrac{\partial z}{\partial x} = f'(\mathrm{e}^x\cos y)\mathrm{e}^x\cos y$, $\dfrac{\partial z}{\partial y} = f'(\mathrm{e}^x\cos y)(-\mathrm{e}^x\sin y)$,

$$\frac{\partial^2 z}{\partial x^2} = f''(\mathrm{e}^x\cos y)\mathrm{e}^{2x}\cos^2 y + f'(\mathrm{e}^x\cos y)\mathrm{e}^x\cos y,$$

$$\frac{\partial^2 z}{\partial y^2} = f''(\mathrm{e}^x\cos y)\mathrm{e}^{2x}\sin^2 y - f'(\mathrm{e}^x\cos y)\mathrm{e}^x\cos y.$$

再由 $\dfrac{\partial^2 z}{\partial x^2} + \dfrac{\partial^2 z}{\partial y^2} = (4z + \mathrm{e}^x\cos y)\mathrm{e}^{2x}$,代入得到 $f''(\mathrm{e}^x\cos y)\mathrm{e}^{2x} = [4f(\mathrm{e}^x\cos y) + \mathrm{e}^x\cos y]\mathrm{e}^{2x}$,即 $f''(\mathrm{e}^x\cos y) - 4f(\mathrm{e}^x\cos y) = \mathrm{e}^x\cos y$,令 $\mathrm{e}^x\cos y = u$,得到 $f''(u) - 4f(u) = u$,特征方程 $\gamma^2 - 4 = 0$,解得 $\gamma = \pm 2$,于是齐次方程的通解 $Y = C_1\mathrm{e}^{2u} + C_2\mathrm{e}^{-2u}$. 设特解 $y^* = au + b$,代入方程得到 $a = -\dfrac{1}{4}, b = 0$,特解 $y^* = -\dfrac{1}{4}u$,则原方程的通解 $y = f(u) = C_1\mathrm{e}^{2u} + C_2\mathrm{e}^{-2u} - \dfrac{1}{4}u$. 由 $f(0) = 0, f'(0) = 0$,得到 $C_1 = \dfrac{1}{16}, C_2 = -\dfrac{1}{16}$,则 $y = f(u) = \dfrac{1}{16}\mathrm{e}^{2u} - \dfrac{1}{16}\mathrm{e}^{-2u} - \dfrac{1}{4}u$.

2. 考研真题思考

1)思考题

(1)(**2009,数二,10 分**)设 $z = f(x+y, x-y, xy)$,其中 f 具有二阶连续偏导数,求 $\mathrm{d}z$ 与 $\dfrac{\partial^2 z}{\partial x\partial y}$.

(2)(**2010,数一、2 题,4 分**)设函数 $z = z(x,y)$ 由方程 $F\left(\dfrac{y}{x}, \dfrac{z}{x}\right) = 0$ 确定,其中 F 为可微函数,且 $F'_2 \neq 0$,则 $x\dfrac{\partial z}{\partial x} + y\dfrac{\partial z}{\partial y} = $ _____.

(A) x.   (B) z.   (C) $-x$.   (D) $-z$.

(3)(**2006,数一、10 题,4 分**)设 $f(x,y)$ 与 $\varphi(x,y)$ 均为可微函数,且 $\varphi_y(x,y) \neq 0$,已知 (x_0, y_0) 是 $f(x,y)$ 在约束条件 $\varphi(x,y) = 0$ 下的一个极值点,下列选项正确的是( ).

(A)若 $f'_x(x_0, y_0) = 0$,则 $f'_y(x_0, y_0) = 0$.

(B)若 $f'_x(x_0, y_0) = 0$,则 $f'_y(x_0, y_0) \neq 0$.

(C)若 $f'_x(x_0, y_0) \neq 0$,则 $f'_y(x_0, y_0) = 0$.

(D)若 $f'_x(x_0, y_0) \neq 0$,则 $f'_y(x_0, y_0) \neq 0$.

(4)(**2003,数一,4 分**)已知函数 $f(x,y)$ 在点 $(0,0)$ 的某个邻域内连续,且 $\lim\limits_{x\to 0, y\to 0} \dfrac{f(x,y) - xy}{(x^2 + y^2)^2} = 1$,则( ).

(A)点 $(0,0)$ 不是 $f(x,y)$ 的极值点.

(B)点 $(0,0)$ 是 $f(x,y)$ 的极大值点.

(C)点 $(0,0)$ 是 $f(x,y)$ 的极小值点.

(D)根据所给条件无法判断点 $(0,0)$ 是否为 $f(x,y)$ 的极值点.

(5)(**2011,数三、16 题,10 分**)已知函数 $f(u,v)$ 具有二阶连续偏导数,$f(1,1) = 2$ 是

$f(u,v)$ 的极值, $z = f[x+y, f(x,y)]$. 求 $\frac{\partial^2 z}{\partial x \partial y}\big|_{\substack{x=1 \\ y=1}}$.

(6)(2006,数一、18 题,12 分)设函数 $f(u)$ 在 $(0, +\infty)$ 内具有二阶导数,且 $z = f(\sqrt{x^2+y^2})$ 满足等式 $\frac{\partial^2 z}{\partial x^2} + \frac{\partial^2 z}{\partial y^2} = 0$. ①验证 $f''(u) + \frac{f'(u)}{u} = 0$. ②若 $f(1) = 0$, $f'(1) = 1$, 求函数 $f(u)$ 的表达式.

(7)(2010,数二,11 分)设函数 $u = f(x,y)$ 具有二阶连续偏导数,且满足 $4\frac{\partial^2 u}{\partial x^2} + 12\frac{\partial^2 u}{\partial x \partial y} + 5\frac{\partial^2 u}{\partial y^2} = 0$,确定 a,b 的值,使等式在变换 $\xi = x + ay$, $\eta = x + by$ 下化简为 $\frac{\partial^2 u}{\partial \xi \partial \eta} = 0$.

(8)(2014, 数学三,10 分)设函数 $f(u)$ 具有连续导数, $z = f(e^x \cos y)$ 满足 $\cos y \frac{\partial z}{\partial x} - \sin y \cdot \frac{\partial z}{\partial y} = (4z + e^x \cos y) e^x$. 若 $f(0) = 0$,求 $f(u)$ 的表达式.

2)答案与提示

(1) $\frac{\partial z}{\partial x} = f'_1 + f'_2 + y f'_3$, $\frac{\partial z}{\partial y} = f'_1 - f'_2 + x f'_3$, 则

$$dz = \frac{\partial z}{\partial x} dx + \frac{\partial z}{\partial y} dy = (f'_1 + f'_2 + y f'_3) dx + (f'_1 - f'_2 + x f'_3) dy.$$

$$\frac{\partial^2 z}{\partial x \partial y} = f''_{11} \cdot 1 + f''_{12} \cdot (-1) + f''_{13} \cdot x + f''_{21} \cdot 1 + f''_{22} \cdot (-1) + f''_{23} \cdot x + f'_3 + y[f''_{31} \cdot 1 + f''_{32} \cdot (-1) + f''_{33} \cdot x] = f'_3 + f''_{11} - f''_{22} + xy f''_{33} + (x+y) f''_{13} + (x-y) f''_{23}$$

(2)(B). 由隐函数方程确定的函数求偏导数的公式或方程两边求全微分求出 $\frac{\partial z}{\partial x}$, $\frac{\partial z}{\partial y}$, 再代入表达式计算即可.

(3)(D). 作拉格朗日函数 $L(x,y,\lambda) = f(x,y) + \lambda \varphi(x,y)$,并记对应 (x_0, y_0) 的参数 λ 的值为 λ_0, 则 $\begin{cases} L_x(x_0, y_0, \lambda_0) = 0, \\ L_y(x_0, y_0, \lambda_0) = 0, \end{cases}$ 即 $\begin{cases} f'_x(x_0, y_0) + \lambda_0 \varphi'_x(x_0, y_0) = 0, \\ f'_y(x_0, y_0) + \lambda_0 \varphi'_y(x_0, y_0) = 0. \end{cases}$ 消去 λ_0,得到 $f'_x(x_0, y_0) \varphi'_y(x_0, y_0) - f'_y(x_0, y_0) \varphi'_x(x_0, y_0) = 0$,整理得到

$$f'_x(x_0, y_0) = \frac{1}{\varphi'_y(x_0, y_0)} f'_y(x_0, y_0) \varphi'_x(x_0, y_0), \text{ 因为 } \varphi_y(x,y) \neq 0.$$

若 $f'_x(x_0, y_0) \neq 0$,则 $f'_y(x_0, y_0) \neq 0$. 故选(D).

(4)(A). 由 $\lim\limits_{x \to 0, y \to 0} \frac{f(x,y) - xy}{(x^2 + y^2)^2} = 1$ 知,分子的极限为 0,从而 $f(0,0) = 0$,且当 $|x|$, $|y|$ 充分小时, $f(x,y) - xy \approx (x^2 + y^2)^2$,于是 $f(x,y) - f(0,0) \approx xy + (x^2 + y^2)^2$. 可见当 $y = x$ 且 $|x|$ 充分小时, $f(x,y) - f(0,0) \approx x^2 + 4x^4 > 0$;当 $y = -x$ 且 $|x|$ 充分小时, $f(x,y) - f(0,0) \approx -x^2 + 4x^4 < 0$. 故点 $(0,0)$ 不是 $f(x,y)$ 的极值点,应选(A).

(5) $\frac{\partial z}{\partial x} = z_u + z_v v_x$,其中 $u = x + y$, $v = f(x,y)$. $\frac{\partial^2 z}{\partial x \partial y} = z_{uu} + z_{uv} v_y + (z_{vu} + z_{vv} \cdot v_y) v_x + z_v v_{xy}$. 由于 $f(1,1) = 2$ 是 $f(u,v)$ 的极值,则 $v_x(1,1) = f_x(1,1) = 0$, $v_y(1,1) = f_y(1,1) = 0$. 令 $x = y = 1$,得到

$$\frac{\partial^2 z}{\partial x \partial y}\big|_{\substack{x=1 \\ y=1}} = z_{uu}(2,2) + z_v(2,2) v_{xy}(1,1) = z_{uu}(2,2) + z_v(2,2) f_{xy}(1,1).$$

(6)利用复合函数求偏导数和二阶偏导的方法,求出二阶偏导代入已知等式即可得①. ② 可按照不显含未知函数的二阶可降解的微分方程求解方法,即可求出 $f(u) = \ln u$.

(7)利用复合函数求偏导数和二阶偏导的方法,求出二阶偏导代入已知等式即可得 $(5a^2 + 12a + 4)\dfrac{\partial^2 u}{\partial \xi^2} + (5b^2 + 12b + 4)\dfrac{\partial^2 u}{\partial \eta^2} + (12(a+b) + 10ab + 8)\dfrac{\partial^2 u}{\partial \xi \partial \eta} = 0$;再由已知,则可求得

$$\begin{cases} a = -\dfrac{2}{5}, \\ b = -2 \end{cases} \text{或} \begin{cases} a = -2, \\ b = -\dfrac{2}{5}. \end{cases}$$

(8)利用复合函数求偏导数的方法,求出二个偏导代入已知等式即可得一阶线性非齐次方程 $f'(e^x \cos y) - 4f(e^x \cos y) = e^x \cos y.$ 变量代换并求解该方程,可得到 $f(u) = \dfrac{1}{16}(e^{4u} - 4u^{-1}).$

第七节　自我训练与提高

一、数学术语的英语表述

1. 将下列基本概念翻译成英语

(1)二元函数.　　(2)全微分.　　(3)偏导数.　　(4)方向导数.　　(5)梯度.

2. 本章重要概念的英文定义

(1)二元函数在某一点的偏导数.　　(2)全微分.

二、习题与测验题

1. 习题

(1)设 $f(x,y) = \begin{cases} \dfrac{x^3}{x^2 + y^2}, & (x,y) \neq (0,0), \\ 0, & (x,y) = (0,0), \end{cases}$ 求 $f_x(0,0)$ 和 $f_y(0,0)$.

(2)设 $z = \arctan \dfrac{x+y}{x-y}$,求 dz.

(3)求极限 $\lim\limits_{(x,y) \to (0,0)} \dfrac{\sqrt{xy+1} - 1}{x+y}$.

(4)求螺旋线 $x = \cos t, y = \sin t, z = t$ 在点 $(1,0,0)$ 的切线及法平面方程.

(5)设 $f(x,y) = \arctan \dfrac{x^2 + y^2}{x - y}$,求 $f_x(1,0)$.

(6)设 $z = f(x^2 - y^2, e^{xy})$,其中 f 具有连续二阶偏导数,求 $\dfrac{\partial^2 z}{\partial x \partial y}$.

(7)设 $r = \sqrt{x^2 + y^2 + z^2}$,证明:$\left(\dfrac{\partial r}{\partial x}\right)^2 + \left(\dfrac{\partial r}{\partial y}\right)^2 + \left(\dfrac{\partial r}{\partial z}\right)^2 = 1$.

(8)设 $z = \sqrt{1 - x^2 - y^2}$,求 dz.

(9)某工厂生产甲、乙两种产品的日产量分别为 x 件和 y 件,总成本函数为 $C(x,y) = 1000 + 8x^2 - xy + 12y^2$(元). 要求每天生产这两种产品的总量为 42 件,问甲、乙两种产品的日产量为多少时,成本最低.

2. 测验题

1)填空题(每小题 5 分,共 15 分)

(1) $\lim\limits_{(x,y)\to(0,0)} \dfrac{\sqrt{xy+4}-2}{xy} = $ _____.

(2)设 $f(x,y) = \ln\sqrt{x^2+y^2} + \sin(x^2-1)\mathrm{e}^{\arctan(x^2+\sqrt{x^2+y^2})}$,$f_x(1,2) = $ _____.

(3)设 $u = x + \sin\dfrac{y}{2} + \mathrm{e}^{yz}$,则 $\mathrm{d}u = $ _____.

2)单项选择题(每小题 5 分,共 20 分)

(1)二元函数 $f(x,y)$ 在点 (x_0,y_0) 处两个偏导数 $f'_x(x_0,y_0)$,$f'_y(x_0,y_0)$ 存在是 $f(x,y)$ 在该点连续的(   )

(A)充分条件而非必要条件.　　　(B)必要条件而非充分条件.

(C)充分必要条件.　　　(D)既非充分条件又非必要条件.

(2)已知 $\dfrac{(x+ay)\mathrm{d}x + y\mathrm{d}y}{(x+y)^2}$ 为某函数的全微分,则 a 等于(   )

(A)-1.　　　(B)0.　　　(C)1.　　　(D)2.

(3)二元函数 $f(x,y) = \begin{cases} \dfrac{xy}{x^2+y^2}, & (x,y)\neq(0,0), \\ 0, & (x,y)=(0,0) \end{cases}$ 在点 $(0,0)$ 处(   )

(A)连续、偏导数存在.　　　(B)连续、偏导数不存在.

(C)不连续、偏导数存在.　　　(D)连续、偏导数不存在.

(4)设可微函数 $f(x,y)$ 在点 (x_0,y_0) 取得极小值,则下列结论正确的是(   )

(A)$f(x_0,y)$ 在 $y=y_0$ 处的导数等于零.　　　(B)$f(x_0,y)$ 在 $y=y_0$ 处的导数大于零.

(C)$f(x_0,y)$ 在 $y=y_0$ 处的导数小于零.　　　(D)$f(x_0,y)$ 在 $y=y_0$ 处的导数不存在.

3)解答题(每小题 10 分,共 50 分)

(1)设 $z = z(x,y)$ 由方程 $xy + yz + xz = 1$ 所确定,求 $\dfrac{\partial z}{\partial x}$,$\dfrac{\partial^2 z}{\partial x^2}$,$\dfrac{\partial^2 z}{\partial x\partial y}$.

(2)求函数 $f(x,y) = x^2(2+y^2) + y\ln y$ 的极值.

(3)设 $u = yf\left(\dfrac{y}{x}\right) + xg\left(\dfrac{x}{y}\right)$,其中 f,g 具有二阶连续偏导数,求 $x\dfrac{\partial^2 u}{\partial x^2} + y\dfrac{\partial^2 u}{\partial x\partial y}$.

(4)求曲线 $y=\sin x$,$z=\dfrac{x}{2}$ 上点 $\left(0,\dfrac{\pi}{2}\right)$ 处的切线和法平面方程.

(5)求旋转抛物面 $z = x^2+y^2$ 在点 $(1,-1,2)$ 处的切平面方程和法线方程.

4)应用题(共 15 分)

某工厂生产两种产品甲和乙,出售单价分别为 10 元与 9 元,生产 x 单位的产品甲与生产 y 单位的产品乙的总费用是 $400 + 2x + 3y + 0.01(3x^2 + xy + 3y^2)$ 元,求取得最大利润时,两种产品的产量各为多少?

三、参考答案

1. 数学术语的英语表述

1)将下列基本概念翻译成英语

(1)function of two variables.　(2)complete differential; total differentiation.

(3)partial derivative.　(4)directional derivative.

(5)gradient.

2)本章重要概念的英文定义

(1)The partial derivative of $f(x,y)$ with respect to x at the point (x_0,y_0) is $\dfrac{\partial f(x,y)}{\partial x}\Big|_{(x_0,y_0)}=$

$\dfrac{\mathrm{d}f(x,y_0)}{\partial x}\Big|_{x=x_0}=\lim\limits_{h\to 0}\dfrac{f(x_0+h,y_0)-f(x_0,y_0)}{h}$ provided the limit exists.

The partial derivative of $f(x,y)$ with respect to y at the point (x_0,y_0) is $\dfrac{\partial f(x,y)}{\partial y}\Big|_{(x_0,y_0)}=$

$\dfrac{\mathrm{d}f(x_0,y)}{\partial y}\Big|_{y=y_0}=\lim\limits_{h\to 0}\dfrac{f(x_0,y_0+h)-f(x_0,y_0)}{h}$ provided the limit exists.

(2)Suppose that the first partial derivatives of $f(x,y)$ are defined throughout an open region R containing the point (x_0,y_0) and that f_x and f_y are continuous at (x_0,y_0). Then the change $\Delta z=f(x_0+\Delta x,y_0+\Delta y)-f(x_0,y_0)$ in the value of $f(x,y)$ that results from moving from (x_0,y_0) to another point $(x_0+\Delta x,y_0+\Delta y)$ in R satisfies an equation of the form $\Delta z=f_x(x_0,y_0)\Delta x+f_y(x_0,y_0)\Delta y+\varepsilon_1\Delta x+\varepsilon_2\Delta y$, in which $\varepsilon_1,\varepsilon_2\to 0$ as $\Delta x,\Delta y\to 0$.

2. 习题

(1)$f_x(0,0)=\lim\limits_{\Delta x\to 0}\dfrac{f(0+\Delta x,0)-f(0,0)}{\Delta x}=\lim\limits_{\Delta x\to 0}\dfrac{\Delta x}{\Delta x}=1,$

$f_y(0,0)=\lim\limits_{\Delta x\to 0}\dfrac{f(0,0+\Delta y)-f(0,0)}{\Delta y}=\lim\limits_{\Delta x\to 0}\dfrac{0}{\Delta y}=0.$

(2)令 $u=x+y,v=x-y$，则 $z=\arctan\dfrac{u}{v}$，$\mathrm{d}z=\mathrm{d}\arctan\dfrac{u}{v}=\dfrac{1}{1+\left(\dfrac{u}{v}\right)^2}\dfrac{1}{v}\mathrm{d}u-\dfrac{1}{1+\left(\dfrac{u}{v}\right)^2}\dfrac{u}{v^2}$

$\mathrm{d}v$,而 $\mathrm{d}u=\mathrm{d}x+\mathrm{d}y,\mathrm{d}v=\mathrm{d}x-\mathrm{d}y$,故

$$\mathrm{d}z=\dfrac{1}{1+\left(\dfrac{x+y}{x-y}\right)^2}\dfrac{1}{x-y}\left[\mathrm{d}x+\mathrm{d}y-\dfrac{(x+y)(\mathrm{d}x-\mathrm{d}y)}{x-y}\right]=\dfrac{x\mathrm{d}y-y\mathrm{d}x}{x^2+y^2}.$$

(3)$\lim\limits_{(x,y)\to(0,0)}\dfrac{\sqrt{xy+1}-1}{x+y}=\lim\limits_{(x,y)\to(0,0)}\dfrac{(\sqrt{xy+1}-1)(\sqrt{xy+1}+1)}{(x+y)(\sqrt{xy+1}+1)}$

$$=\lim\limits_{(x,y)\to(0,0)}\dfrac{xy}{(x+y)(\sqrt{xy+1}+1)}=0.$$

(4)点 $(1,0,0)$ 对应的参数 $t=0$. 因为 $x'(t)=-\sin t,y'(t)=\cos t,z'(t)=1$,所以切线向量

$T=\{x'(0),y'(0),z'(0)\}=\{0,1,1\}$，因此，曲线在点$(1,0,0)$处的切线方程为$\dfrac{x-1}{0}=\dfrac{y-0}{1}=\dfrac{z-0}{1}$；在点$(1,0,0)$处的法平面方程为$0\times(x-1)+1\times(y-0)+1\times(z-0)=0$，即$y+z=0$.

(5) $f(x,0)=\arctan x$，$f_x(x,0)=\dfrac{1}{1+x^2}$，故 $f_x(1,0)=\dfrac{1}{1+1}=\dfrac{1}{2}$.

(6) $-4xyf''_{11}+2(x^2-y^2)\mathrm{e}^{xy}f''_{12}+xy\mathrm{e}^{2xy}f''_{22}+\mathrm{e}^{xy}(1+xy)f'_2$.

(7) $\dfrac{\partial r}{\partial x}=\dfrac{x}{\sqrt{x^2+y^2+z^2}}=\dfrac{x}{r}$，利用函数关于自变量的对称性，可推断得到$\dfrac{\partial r}{\partial y}=\dfrac{y}{r}$，$\dfrac{\partial r}{\partial z}=\dfrac{z}{r}$.

$$\left(\dfrac{\partial r}{\partial x}\right)^2+\left(\dfrac{\partial r}{\partial y}\right)^2+\left(\dfrac{\partial r}{\partial z}\right)^2=\dfrac{x^2+y^2+z^2}{r^2}=\dfrac{r^2}{r^2}=1.$$

(8) $\dfrac{\partial z}{\partial x}=\dfrac{-x}{\sqrt{1-x^2-y^2}}$，$\dfrac{\partial z}{\partial y}=\dfrac{-y}{\sqrt{1-x^2-y^2}}$，所以 $\mathrm{d}z=\dfrac{-x}{\sqrt{1-x^2-y^2}}\mathrm{d}x+\dfrac{-y}{\sqrt{1-x^2-y^2}}\mathrm{d}y$.

(9)问题是在约束条件 $x+y=42(x>0,y>0)$ 下，函数 $C(x,y)=1000+8x^2-xy+12y^2$ 的条件极值问题. 令 $L(x,y,\lambda)=1000+8x^2-xy+12y^2+\lambda(x+y-42)$，由 $L_x=16x-y+\lambda=0$，$L_y=-x+24y+\lambda=0$，$x+y=42$ 得 $x=25$，$y=17$.

根据问题本身的意义及驻点的唯一性知，当投入两种产品的产量分别为 25 件和 17 件时，可使成本最低.

3. 测验题

1)(1) $\displaystyle\lim_{(x,y)\to(0,0)}\dfrac{\sqrt{xy+4}-2}{xy}=\lim_{(x,y)\to(0,0)}\dfrac{(\sqrt{xy+4}-2)(\sqrt{xy+4}+2)}{xy(\sqrt{xy+4}+2)}$

$$=\lim_{(x,y)\to(0,0)}\dfrac{1}{\sqrt{xy+4}+2}=\dfrac{1}{4}.$$

(2) $f(x,2)=\dfrac{1}{2}\ln(x^2+4)+\sin(x^2-1)\mathrm{e}^{\arctan(x^2+\sqrt{x^2+4})}$，

$$f_x(x,2)=\dfrac{1}{2}\dfrac{2x}{x^2+4}+\cos(x^2-1)2x\mathrm{e}^{\arctan(x^2+\sqrt{x^2+4})}$$

$$+\sin(x^2-1)\mathrm{e}^{\arctan(x^2+\sqrt{x^2+4})}\dfrac{2x+\dfrac{1}{2}\dfrac{2x}{\sqrt{x^2+4}}}{1+(x^2+\sqrt{x^2+4})^2}.$$

所以 $f_x(1,2)=\dfrac{1}{5}+2\mathrm{e}^{\arctan(1+\sqrt{5})}$.

(3) $\dfrac{\partial u}{\partial x}=1$，$\dfrac{\partial u}{\partial y}=\dfrac{1}{2}\cos\dfrac{y}{2}+z\mathrm{e}^{yz}$，$\dfrac{\partial u}{\partial z}=y\mathrm{e}^{yz}$，所以 $\mathrm{d}u=\mathrm{d}x+\left(\dfrac{1}{2}\cos\dfrac{y}{2}+z\mathrm{e}^{yz}\right)\mathrm{d}y+y\mathrm{e}^{yz}\mathrm{d}z$.

2)(1)(D). (2)(D). (3)(C). (4)(A).

3)(1)两边同时对 x 求偏导，得 $y+y\dfrac{\partial z}{\partial x}+z+x\dfrac{\partial z}{\partial x}=0$，因此 $\dfrac{\partial z}{\partial x}=-\dfrac{y+z}{x+y}$，由对称性可得

$$\dfrac{\partial z}{\partial y}=-\dfrac{x+z}{x+y}.$$

$$\dfrac{\partial^2 z}{\partial x^2}=-\dfrac{\dfrac{\partial z}{\partial x}(x+y)-(y+z)}{(x+y)^2}=-\dfrac{-\dfrac{y+z}{x+y}(x+y)-y-z}{(x+y)^2}=\dfrac{2y+2z}{(x+y)^2}.$$

$$\frac{\partial^2 z}{\partial x \partial y} = -\frac{\left(1+\frac{\partial z}{\partial y}\right)(x+y)-(y+z)}{(x+y)^2} = -\frac{\left(1-\frac{x+z}{x+y}\right)(x+y)-y-z}{(x+y)^2} = \frac{2z}{(x+y)^2}.$$

(2)先解方程组 $\begin{cases} f_x(x,y)=2x(2+y^2)=0, \\ f_y(x,y)=2x^2y+\ln y+1=0, \end{cases}$ 得驻点为 $(0,1)$. $f_{xx}=2(2+y^2)$，$f_{xy}(x,y)=$

$4xy$，$f_{yy}(x,y)=2x^2+\frac{1}{y}$，在点 $(0,1)$ 处，$\Delta = AC - B^2 = 6\times 1 - 0 > 0$，又 $A>0$，所以函数在 $(0,1)$ 处

有极小值 $f(0,1)=0$.

(3) $\frac{\partial u}{\partial x} = yf'\left(\frac{y}{x}\right)\left(-\frac{y}{x^2}\right) + g\left(\frac{x}{y}\right) + xg'\left(\frac{x}{y}\right)\frac{1}{y}$,

$\frac{\partial^2 u}{\partial x^2} = yf''\left(\frac{y}{x}\right)\left(\frac{y^2}{x^4}\right) + yf'\left(\frac{y}{x}\right)\frac{2y}{x^3} + g'\left(\frac{x}{y}\right)\frac{1}{y} + g'\left(\frac{x}{y}\right)\frac{1}{y} + xg''\left(\frac{x}{y}\right)\frac{1}{y^2}$,

$\frac{\partial^2 u}{\partial x \partial y} = -f''\left(\frac{y}{x}\right)\left(\frac{y^2}{x^3}\right) - f'\left(\frac{y}{x}\right)\frac{2y}{x^2} - g'\left(\frac{x}{y}\right)\frac{x}{y^2} - g''\left(\frac{x}{y}\right)\frac{x^2}{y^3} - g'\left(\frac{x}{y}\right)\frac{x}{y^2}$,

所以 $x\frac{\partial^2 u}{\partial x^2} + y\frac{\partial^2 u}{\partial x \partial y} = 0$.

(4)把 x 看作参数，此时曲线方程为 $\begin{cases} x=x, \\ y=\sin x, \\ z=\dfrac{x}{2}, \end{cases}$ $x'|_{x=\pi}=1$，$y'|_{x=\pi}=\cos x|_{x=\pi}=-1$，$z'|_{x=\pi}=\dfrac{1}{2}$.

在点 $\left(\pi,0,\dfrac{\pi}{2}\right)$ 处的切线方程为 $\dfrac{x-\pi}{1} = \dfrac{y-0}{-1} = \dfrac{z-\dfrac{\pi}{2}}{\dfrac{1}{2}}$；法平面方程为 $(x-\pi)-(y-0)+$

$\dfrac{1}{2}\left(z-\dfrac{\pi}{2}\right)=0$，即 $4x-4y+2z=5\pi$.

(5)由 $z=x^2+y^2$ 得 $f'_x(1,-1)=2x|_{(1,-1)}=2$，$f'_y(1,-1)=2y|_{(1,-1)}=-2$，切平面方程

为 $z-2=2(x-1)-2(y+1)$，即 $2x-2y-z=2$；法线方程为 $\dfrac{x-1}{2}=\dfrac{y+1}{-2}=\dfrac{z-2}{-1}$.

4)$L(x,y)$ 表示获得的总利润,则总利润等于总收益与总费用之差,即有利润目标函数

$$L(x,y) = (10x+9y) - [400+2x+3y+0.01(3x^2+xy+3y^2)]$$
$$= 8x+6y-0.01(3x^2+xy+3y^2)-400 \quad (x>0, y>0).$$

令 $\begin{cases} L'_x = 8-0.01(6x+y)=0, \\ L'_y = 6-0.01(x+6y)=0, \end{cases}$ 解得唯一驻点 $(120,80)$.

又因 $A=L''_{xx}=-0.06<0$，$B=L''_{xy}=-0.01$，$C=L''_{yy}=-0.06$，得 $AC-B^2=3.5\times10^{-3}$

>0，得极大值 $L(120,80)=320$. 根据实际情况，此极大值就是最大值. 故生产 120 单位产品甲

与 80 单位产品乙时所得利润最大 320 元.

第七章 多元函数积分学

第一节 教学大纲及知识结构图

一、教学大纲

1. 高等数学 Ⅰ

1)学时建议及分配

"多元函数积分学"授课学时建议 16 学时:二重积分(6 学时);第一类曲线积分(2 学时);第一类曲面积分(2 学时);第二类曲线积分(2 学时);格林公式及其应用(2 学时);习题课(2 学时).

2)目的与要求

学习本章的目的是使学生理解二重积分、平面曲线积分、曲面积分的概念,掌握二重积分、平面曲线积分和曲面积分的性质,能计算二重积分、平面曲线积分和曲面积分,掌握二重积分、平面曲线积分和曲面积分的计算方法.本章知识的基本要求是:

(1)理解二重积分的概念及性质,能熟练运用直角坐标法和极坐标法计算二重积分.

(2)能运用重积分计算立体体积等几何量.

(3)理解两类曲线积分的概念,了解两类曲线积分的性质及两类曲线积分的关系,掌握两类曲线积分的计算法.

(4)理解第一类曲面积分的定义和物理意义,掌握第一类曲面积分的性质,能计算第一类曲面积分.

(5)掌握格林(Green)公式,会使用平面曲线积分与路径无关的条件.

3)重点和难点

(1)重点:二重积分、第一类曲面积分、格林(Green)公式.

(2)难点:两类曲线积分的计算法.

2. 高等数学 Ⅱ

1)学时建议及分配

"多元函数积分学"授课学时建议 14 学时:二重积分(6 学时);第一类曲线积分(2 学时);第二类曲线积分(2 学时);格林公式及其应用(2 学时);习题课(2 学时).

2)目的与要求

理解二重积分、平面曲线积分的概念,掌握二重积分、平面曲线积分的性质与计算.本章知识的基本要求是:

(1)理解二重积分的概念及性质,能熟练运用直角坐标法和极坐标法计算二重积分.

（2）能运用二重积分计算立体体积等几何量.

（3）理解两类曲线积分的概念，了解两类曲线积分的性质及两类曲线积分的关系，掌握两类曲线积分的计算法.

（4）掌握格林（Green）公式，会使用平面曲线积分与路径无关的条件.

3）重点和难点

（1）重点：二重积分、格林（Green）公式.

（2）难点：两类曲线积分的计算法.

3. 高等数学Ⅲ

1）学时建议及分配

"多元函数积分学"授课学时建议 8 学时：二重积分的概念（2 学时）；直角坐标计算二重积分（2 学时）；二重积分的计算法极坐标计算二重积分（2 学时）；习题课（2 学时）.

2）目的与要求

学习本章的目的是使学生理解二重积分，掌握二重积分的性质与计算.本章知识的基本要求是：理解二重积分的概念与基本性质，掌握二重积分（直角坐标、极坐标）的计算方法.

3）重点和难点

（1）重点：二重积分的概念、性质和计算.

（2）难点：二重积分的计算.

二、各类知识结构图

高等数学Ⅰ的知识结构图如图 7—1 所示，高等数学Ⅱ的知识结构图如图 7—2 所示，高等数学Ⅲ的知识结构图如图 7—3 所示.

第二节　内 容 提 要

将一元函数定积分中"和式的极限"推广到定义在区域、曲线及曲面上的多元函数情形，则得到重积分、曲线积分及曲面积分的概念.本节总结和归纳他们的基本概念、基本性质、基本方法及一些典型方法.

一、基本概念

1. 二重积分的定义

设函数 $f(x,y)$ 是有界闭区域 D 上的有界函数.将闭区域 D 任意分成 n 个小闭区域 $\Delta\sigma_1$，$\Delta\sigma_2,\cdots,\Delta\sigma_n$，第 i 个小闭区域的面积仍用 $\Delta\sigma_i$ 表示.在每个 $\Delta\sigma_i$ 上任取一点 (ξ_i,η_i)，$i=1$，$2,\cdots,n$，作和式 $\sum\limits_{i=1}^{n}f(\xi_i,\eta_i)\Delta\sigma_i$.如果不论对闭区域 D 怎样划分，也不论在小闭区域 $\Delta\sigma_i$ 上点 (ξ_i,η_i) 怎样选取，只要当各个小闭区域的直径最大者 $\lambda\to 0$ 时，$\sum\limits_{i=1}^{n}f(\xi_i,\eta_i)\Delta\sigma_i$ 的极限存在，则称此极限为函数 $f(x,y)$ **在有界闭区域 D 上的二重积分**，记为 $\iint\limits_{D}f(x,y)\mathrm{d}\sigma$，即

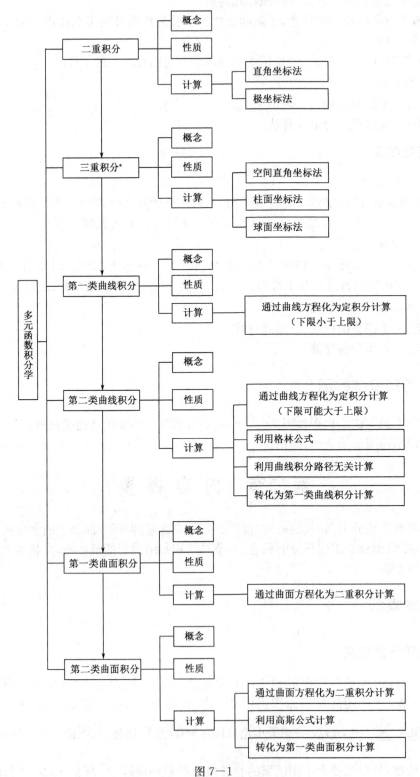

图 7—1

带 * 号的部分在"大学数学"选修课中介绍.

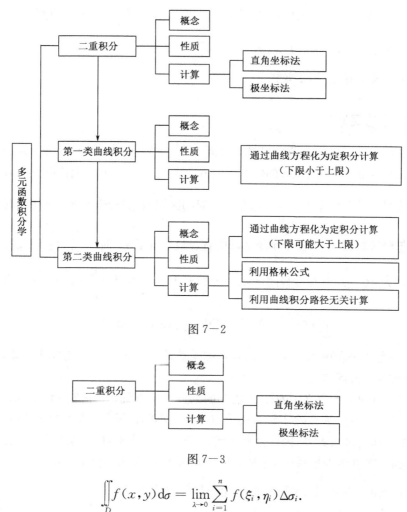

图 7—2

图 7—3

$$\iint_D f(x,y)\mathrm{d}\sigma = \lim_{\lambda \to 0}\sum_{i=1}^n f(\xi_i,\eta_i)\Delta\sigma_i.$$

其中 $f(x,y)$ 称为**被积函数**，$f(x,y)\mathrm{d}\sigma$ 称为**被积表达式**，$\mathrm{d}\sigma$ 称为**面积元素**，x,y 称为**积分变量**，D 称为**积分区域**.

对二重积分定义的说明：

(1)二重积分的定义中，对闭区域 D 的划分是任意的，在每个闭区域 $\Delta\sigma_i$ 上取点 (ξ_i,η_i) 也是任意的.

(2)当 $f(x,y)$ 在闭区域 D 上连续时，定义中和式的极限必存在，即二重积分必存在.

(3)在直角坐标系下用平行于坐标轴的直线网来划分区域 D，则面积元素为 $\mathrm{d}\sigma = \mathrm{d}x\mathrm{d}y$，故二重积分可写为

$$\iint_D f(x,y)\mathrm{d}\sigma = \iint_D f(x,y)\mathrm{d}x\mathrm{d}y.$$

(4)当被积函数 $f(x,y) \geqslant 0$ 时，二重积分 $\iint_D f(x,y)\mathrm{d}\sigma$ 是以区域 D 为底，以曲面 $z = f(x,y)$ 为顶的曲顶柱体体积.

(5)当被积函数 $f(x,y) \leqslant 0$ 时，二重积分 $\iint_D f(x,y)\mathrm{d}\sigma$ 是以区域 D 为底，以曲面 $z = f(x,y)$ 为顶的曲顶柱体体积的负值.

(6)当被积函数 $f(x,y) = 1$ 时,二重积分 $\iint\limits_{D} f(x,y)\mathrm{d}\sigma$ 等于区域 D 的面积.

D 的面密度为 $f(x,y)$ [$f(x,y)$ 在区域 D 上连续且 $f(x,y) > 0$],则二重积分 $\iint\limits_{D} f(x,y)\mathrm{d}\sigma$ 等于物质薄片 D 的质量.

2. 三重积分的定义 *

设函数 $f(x,y,z)$ 是空间有界闭区域 Ω 上的有界函数. 将闭区域 Ω 任意分成 n 个小闭区域 $\Delta V_1,\Delta V_2,\cdots,\Delta V_n$,第 i 个小闭区域的体积仍用 ΔV_i 表示. 在每个 ΔV_i 上任取一点 (ξ_i,η_i,ζ_i), $i = 1,2,\cdots,n$,作和式 $\sum_{i=1}^{n} f(\xi_i,\eta_i,\zeta_i)\Delta V_i$. 如果不论对闭区域 Ω 怎样划分,也不论在小闭区域 ΔV_i 上点 (ξ_i,η_i,ζ_i) 怎样选取,只要当各个小闭区域的直径最大者 $\lambda \to 0$ 时,$\sum_{i=1}^{n} f(\xi_i,\eta_i,\zeta_i)\Delta V_i$ 的极限存在,则称此极限为 $f(x,y,z)$ 在有界闭区域 Ω 上的**三重积分**,记为 $\iiint\limits_{\Omega} f(x,y,z)\mathrm{d}V$, 即

$$\iiint\limits_{\Omega} f(x,y,z)\mathrm{d}V = \lim_{\lambda \to 0} \sum_{i=1}^{n} f(\xi_i,\eta_i,\zeta_i)\Delta V_i.$$

其中 $f(x,y,z)$ 称为**被积函数**,$f(x,y,z)\mathrm{d}V$ 称为**被积表达式**,$\mathrm{d}V$ 称为**体积元素**,x,y,z 称为**积分变量**,Ω 称为**积分区域**.

注:(1)在三重积分的定义中对闭区域 Ω 的划分是任意的,如果在直角坐标系中用平行于坐标面的平面来划分 Ω,那么除了包含边界点的一些小闭区域外(求和的极限时,这些小闭区域所对应的项的和的极限为零,因此这些小闭区域可以忽略不计),其余的小闭区域都是长方体形闭区域. 因此在直角坐标系中,有时把积分体积元素 $\mathrm{d}V$ 记为 $\mathrm{d}x\mathrm{d}y\mathrm{d}z$,而把三重积分记为 $\iiint\limits_{\Omega} f(x,y,z)\mathrm{d}x\mathrm{d}y\mathrm{d}z$,其中 $\mathrm{d}x\mathrm{d}y\mathrm{d}z$ 称为直角坐标系的体积元素.

(2)若 $f(x,y,z) = 1, \forall (x,y,z) \in \Omega$,则 $\iiint\limits_{\Omega} f(x,y,z)\mathrm{d}V$ 为空间有界闭区域 Ω 的体积.

(3)三重积分的物理意义:若某物体所占有的空间闭区域为 Ω,该物体的密度函数为连续函数 $f(x,y,z)$,则该物体的质量等于三重积分 $\iiint\limits_{\Omega} f(x,y,z)\mathrm{d}V$.

3. 第一类曲线积分(对弧长的曲线积分)的定义

设 L 为 xOy 面内的一条光滑曲线弧,函数 $f(x,y)$ 在 L 上有界,在 L 上任意插入若干个分点把 L 分成 n 个小段 $\Delta s_1,\Delta s_2,\cdots,\Delta s_{n-1},\Delta s_n$,并用 Δs_i 表示第 i 个小段的长度,$i = 1,2,\cdots,n$. 令 $\lambda = \max\{\Delta s_1,\Delta s_2,\cdots,\Delta s_n\}$. 任取 $(\xi_i,\eta_i) \in \Delta s_i$, $i = 1,2,\cdots,n$,作和式 $\sum_{i=1}^{n} f(\xi_i,\eta_i)\Delta s_i$. 如果不论对曲线弧 L 怎样划分,也不论在小段 Δs_i 上点 (ξ_i,η_i) 怎样选取,只要当 $\lambda \to 0$ 时,$\sum_{i=1}^{n} f(\xi_i)\Delta x_i$ 的极限总存在,则称此极限为函数 $f(x,y)$ 在 L 上对弧长的曲线积分或**第一类曲线积分**,记为 $\int_{L} f(x,y)\mathrm{d}s$, 即

$$\int_L f(x,y)\mathrm{d}s = \lim_{\lambda \to 0}\sum_{i=1}^{n} f(\xi_i,\eta_i)\Delta s_i.$$

其中 $f(x,y)$ 称为**被积函数**，L 称为**积分弧段**.

注:若曲线型构件 L 的线密度为连续函数 $f(x,y)[f(x,y)\geqslant 0]$，则 $\int_L f(x,y)\mathrm{d}s$ 等于该曲线型构件 L 的质量.

4. 第二类曲线积分的定义

设 L 为 xOy 面内从点 A 到点 B 的一条有向光滑曲线弧，函数 $P(x,y),Q(x,y)$ 在 L 上有界. 在 L 上沿 L 的方向任意插入若干个分点 $M_1(x_1,y_1),M_2(x_2,y_2),\cdots,M_{n-1}(x_{n-1},y_{n-1})$ 把 L 分成 n 个有向小弧段，取其中一个有向小弧段 $\overline{M_{i-1}M_i}$ 来分析:由于 $\overline{M_{i-1}M_i}$ 光滑而且很短，可以用有把 L 分成 n 个小段 $\overline{M_0M_1},\overline{M_1M_2},\cdots,\overline{M_{n-1}M_n}$，其中 $M_0=A,M_n=B$，用 λ 表示 n 个小弧段的最大长度. 点 (ξ_i,η_i) 为 $\overline{M_{i-1}M_i}$ 上任意取定的点. 如果不论对曲线弧 L 怎样划分，也不论点 (ξ_i,η_i) 为 $\overline{M_{i-1}M_i}$ 上怎样选取，只要当 $\lambda \to 0$ 时，$\sum_{i=1}^{n} P(\xi_i,\eta_i)\Delta x_i$ 的极限存在，则称此极限为函数 $f(x,y)$ 在有向光滑曲线弧 L 上对坐标 x 的曲线积分或**第二类曲线积分**，记为 $\int_L P(x,y)\mathrm{d}x$，即

$$\int_L P(x,y)\mathrm{d}x = \lim_{\lambda \to 0}\sum_{i=1}^{n} P(\xi_i,\eta_i)\Delta x_i.$$

其中 $P(x,y)$ 称为**被积函数**，L 称为**积分弧段**.

类似地，$\int_L Q(x,y)\mathrm{d}y = \lim_{\lambda \to 0}\sum_{i=1}^{n} Q(\xi_i,\eta_i)\Delta y_i.$

$\int_L P(x,y)\mathrm{d}x + Q(x,y)\mathrm{d}y$ 的**物理意义**:当质点受到力 $\boldsymbol{F}(x,y) = P(x,y)\boldsymbol{i} + Q(x,y)\boldsymbol{j}$ 作用，在 xOy 面内从点 A 沿光滑曲线 L 移动到点 B 时，变力 $\boldsymbol{F}(x,y)$ 所做的功为

$$\int_L \vec{F}\cdot\mathrm{d}\boldsymbol{r} = \int_L P(x,y)\mathrm{d}x + Q(x,y)\mathrm{d}y.$$

其中 $\mathrm{d}\boldsymbol{r} = \mathrm{d}x\boldsymbol{i} + \mathrm{d}y\boldsymbol{j}$.

质点在空间沿光滑曲线移动时变力做功可表示为空间曲线对坐标的曲线积分.

注:上述定义可以类似地推广到积分弧段为空间有向曲线弧 Γ 的情形:

$$\int_\Gamma P(x,y,z)\mathrm{d}x = \lim_{\lambda \to 0}\sum_{i=1}^{n} P(\xi_i,\eta_i,\zeta_i)\Delta x_i,$$

$$\int_\Gamma Q(x,y,z)\mathrm{d}y = \lim_{\lambda \to 0}\sum_{i=1}^{n} Q(\xi_i,\eta_i,\zeta_i)\Delta y_i,$$

$$\int_\Gamma R(x,y,z)\mathrm{d}z = \lim_{\lambda \to 0}\sum_{i=1}^{n} R(\xi_i,\eta_i,\zeta_i)\Delta z_i.$$

类似地，把

$$\int_\Gamma P(x,y,z)\mathrm{d}x + \int_\Gamma Q(x,y,z)\mathrm{d}y + \int_\Gamma R(x,y,z)\mathrm{d}z$$

简写成

$$\int_\Gamma P(x,y,z)\mathrm{d}x + Q(x,y,z)\mathrm{d}y + R(x,y,z)\mathrm{d}z,$$

或
$$\int_\Gamma \boldsymbol{A}(x,y,z) \cdot \mathrm{d}\boldsymbol{r}.$$

其中 $\boldsymbol{A}(x,y,z) = P(x,y,z)\boldsymbol{i} + Q(x,y,z)\boldsymbol{j} + R(x,y,z)\boldsymbol{k}, \mathrm{d}\boldsymbol{r} = \mathrm{d}x\boldsymbol{i} + \mathrm{d}y\boldsymbol{j} + \mathrm{d}z\boldsymbol{k}.$

5. 第一类曲面积分（对面积的曲面积分）的定义

设函数 $f(x,y,z)$ 在光滑曲面 $\sum$ 上有界. 把 $\sum$ 任意分成 n 个小块 $\Delta s_1, \Delta s_2, \cdots, \Delta s_{n-1}, \Delta s_n$, 并用 Δs_i 表示第 i 个小块的面积, $i = 1, 2, \cdots, n.$ 任取 $(\xi_i, \eta_i, \gamma_i) \in \Delta s_i, i = 1, 2, \cdots, n$, 作和式 $\sum\limits_{i=1}^{n} f(\xi_i, \eta_i, \gamma_i)\Delta s_i.$ 如果不论对曲面 $\sum$ 怎样划分, 也不论在小块 Δs_i 上点 $(\xi_i, \eta_i, \gamma_i)$ 怎样选取, 只要当各个小块曲面的直径（曲面的直径是指曲面上任意两点间距离的最大者）的最大值 $\lambda \to 0$ 时, $\sum\limits_{i=1}^{n} f(\xi_i, \eta_i, \gamma_i)\Delta s_i$ 的极限存在, 则称此极限为函数 $f(x,y,z)$ 在光滑曲面 $\sum$ 上对面积的曲面积分或**第一类曲面积分**, 记为 $\iint\limits_{\sum} f(x,y,z)\mathrm{d}S$, 即

$$\iint\limits_{\sum} f(x,y,z)\mathrm{d}S = \lim_{\lambda \to 0} \sum_{i=1}^{n} f(\xi_i, \eta_i)\Delta S_i.$$

其中 $f(x,y,z)$ 称为**被积函数**, $\sum$ 称为**积分曲面**.

注: (1) 若 $f(x,y,z) > 0, \forall (x,y,z) \in \sum$, 曲面积分 $\iint\limits_{\sum} f(x,y,z)\mathrm{d}S$ 可看成是以 $f(x,y,z)$ 为面密度的曲面 $\sum$ 的质量.

(2) 若 $f(x,y,z) = 1, \forall (x,y,z) \in \sum$, $\iint\limits_{\sum} f(x,y,z)\mathrm{d}S = \iint\limits_{\sum} \mathrm{d}S$ 为曲面 $\sum$ 的质量.

6. 第二类曲面积分的定义*

设 $\sum$ 为有向光滑曲面, 函数 $R(x,y,z)$ 在 $\sum$ 上有界, 则函数 $R(x,y,z)$ 在有向光滑曲面 $\sum$ 上对坐标 x、y 的曲面积分定义为

$$\iint\limits_{\sum} R(x,y,z)\mathrm{d}x\mathrm{d}y = \lim_{\lambda \to 0} \sum_{i=1}^{n} R(\xi_i, \eta_i, \zeta_i)(\Delta S_i)_{xy}.$$

其中 λ 是各小块曲面 ΔS_i 的直径的最大值. 类似地可定义函数 $P(x,y,z)$ 在有向光滑曲面 $\sum$ 上对坐标 y, z 的曲面积分及函数 $Q(x,y,z)$ 在 $\sum$ 上对坐标 z, x 的曲面积分分别为

$$\iint\limits_{\sum} P(x,y,z)\mathrm{d}y\mathrm{d}z = \lim_{\lambda \to 0} \sum_{i=1}^{n} P(\xi_i, \eta_i, \zeta_i)(\Delta S_i)_{yz},$$

$$\iint\limits_{\sum} Q(x,y,z)\mathrm{d}z\mathrm{d}x = \lim_{\lambda \to 0} \sum_{i=1}^{n} Q(\xi_i, \eta_i, \zeta_i)(\Delta S_i)_{zx}.$$

注: 对坐标的曲面积分概念是从求流向曲面一侧的流量问题抽象得到的.

二、基本性质

1. 二重积分的性质（假设所涉及的二重积分均存在）

(1)线性性质. $\iint\limits_{D} kf(x,y)\mathrm{d}\sigma = k\iint\limits_{D} f(x,y)\mathrm{d}\sigma, k$ 是常数；

$$\iint\limits_{D}[f(x,y) \pm g(x,y)]\mathrm{d}\sigma = \iint\limits_{D} f(x,y)\mathrm{d}\sigma \pm \iint\limits_{D} g(x,y)\mathrm{d}\sigma.$$

(2)积分区域的可加性. $\iint\limits_{D} f(x,y)\mathrm{d}x\mathrm{d}y = \iint\limits_{D_1} f(x,y)\mathrm{d}x\mathrm{d}y + \iint\limits_{D_2} f(x,y)\mathrm{d}x\mathrm{d}y.$ 其中，D_1 和 D_2 构成 D 的一种划分.

(3)不等式性质. 若在区域 D 内恒有 $f(x,y) \geqslant g(x,y)$，则

$$\iint\limits_{D} f(x,y)\mathrm{d}x\mathrm{d}y \geqslant \iint\limits_{D} g(x,y)\mathrm{d}x\mathrm{d}y.$$

特别地，$\qquad\left|\iint\limits_{D} f(x,y)\mathrm{d}x\mathrm{d}y\right| \leqslant \iint\limits_{D} |f(x,y)|\mathrm{d}x\mathrm{d}y.$

(4)估值定理. 设 m 和 M 分别为 $f(x,y)$ 在闭区域 D 上的最小值和最大值，则

$$mS \leqslant \iint\limits_{D} f(x,y)\mathrm{d}x\mathrm{d}y \leqslant MS.$$

其中 S 为闭区域 D 的面积.

(5)中值定理. 若 $f(x,y)$ 在闭区域 D 上连续，则在 D 上至少存在一点 $(\xi,\eta) \in D$ 使得

$$\iint\limits_{D} f(x,y)\mathrm{d}x\mathrm{d}y = f(\xi,\eta) \cdot \sigma.$$

其中 σ 为闭区域 D 的面积.

(6)对称性与奇偶性法则. 设 $f(x,y)$ 在有界闭区域 D_1 和 D_2 上分别可积，如果下列条件之一成立：

①若 D_1 与 D_2 关于 y 轴对称、且 $f(x,y)$ 是关于 x 的奇(偶)函数；

②若 D_1 与 D_2 关于 x 轴对称、且 $f(x,y)$ 是关于 y 的奇(偶)函数；

则 $\qquad \iint\limits_{D_1} f(x,y)\mathrm{d}x\mathrm{d}y = -\iint\limits_{D_2} f(x,y)\mathrm{d}x\mathrm{d}y\left[\iint\limits_{D_1} f(x,y)\mathrm{d}x\mathrm{d}y = \iint\limits_{D_2} f(x,y)\mathrm{d}x\mathrm{d}y\right].$

2. 三重积分的性质[*]

三重积分有类似于定积分和二重积分的性质，即具有积分的线性性质与对积分区域的可加性等.

设函数 $f(x,y,z)$ 在空间有界闭区域 Ω 上可积，且 Ω 被某曲面分为两个闭区域 Ω_1 和 Ω_2. 如果下列条件之一成立：

(1) Ω_1 与 Ω_2 关于 xOy 面对称，且 $f(x,y,z)$ 是关于 z 的奇(偶)函数；

(2) Ω_1 与 Ω_2 关于 xOz 面对称，且 $f(x,y,z)$ 是关于 y 的奇(偶)函数；

(3) Ω_1 与 Ω_2 关于 yOz 面对称，且 $f(x,y,z)$ 是关于 x 的奇(偶)函数.

那么

$$\iiint_{\Omega} f(x,y,z)\mathrm{d}x\mathrm{d}y\mathrm{d}z = 0 \left[\iiint_{\Omega} f(x,y,z)\mathrm{d}x\mathrm{d}y\mathrm{d}z = 2\iiint_{\Omega_1} f(x,y,z)\mathrm{d}x\mathrm{d}y\mathrm{d}z\right].$$

关于上述性质中的有关术语解释如下:

Ω_1 与 Ω_2 关于 xOy 面对称是指 Ω_1 与 Ω_2 满足

$$\Omega_2 = \{(x,y,-z) \mid (x,y,z) \in \Omega_1\},$$

此时也称 Ω 关于 xOy 面对称;

Ω_1 与 Ω_2 关于 xOz 面对称是指 Ω_1 与 Ω_2 满足

$$\Omega_2 = \{(x,-y,z) \mid (x,y,z) \in \Omega_1\},$$

此时也称 Ω 关于 xOz 面对称;

Ω_1 与 Ω_2 关于 yOz 面对称是指 Ω_1 与 Ω_2 满足

$$\Omega_2 = \{(-x,y,z) \mid x,y,z \in \Omega_1\},$$

此时也称 Ω 关于 yOz 面对称.

如果 $f(x,y,-z) = -f(x,y,z)$,那么 $f(x,y,z)$ 是关于 z 的奇函数.

如果 $f(x,y,-z) = f(x,y,z)$,那么 $f(x,y,z)$ 是关于 z 的偶函数.

如果 $f(x,-y,z) = -f(x,y,z)$,那么 $f(x,y,z)$ 是关于 y 的奇函数.

如果 $f(x,-y,z) = f(x,y,z)$,那么 $f(x,y,z)$ 是关于 y 的偶函数.

如果 $f(-x,y,z) = -f(x,y,z)$,那么 $f(x,y,z)$ 是关于 x 的奇函数.

如果 $f(-x,y,z) = f(x,y,z)$,那么 $f(x,y,z)$ 是关于 x 的偶函数.

3. 第一类曲线积分的性质

第一类曲线积分有类似于定积分的性质和重积分的性质,即具有积分的线性性质与对积分弧段的可加性等,它也具有下列对称性:

设 $f(x,y)$ 在平面曲线弧 L 上可积,如果 L 可分为两段光滑曲线弧 L_1 和 L_2,且下列条件之一成立:

(1) L_1 与 L_2 关于 y 轴对称,$f(x,y)$ 是关于 x 的奇(偶)函数;

(2) L_1 与 L_2 关于 x 轴对称,$f(x,y)$ 是关于 y 的奇(偶)函数.

那么
$$\int_L f(x,y)\mathrm{d}s = 0 \left[\int_L f(x,y)\mathrm{d}s = 2\int_{L_1} f(x,y)\mathrm{d}s\right].$$

关于上述性质中的有关术语解释如下:

(1) L_1 与 L_2 关于 y 轴对称是指 L_1 与 L_2 满足

$$L_2 = \{(-x,y) \mid (x,y) \in L_1\},$$

此时也称 L 关于 y 轴对称.

(2) L_1 与 L_2 关于 x 轴对称是指 L_1 与 L_2 满足

$$L_2 = \{(x,-y) \mid (x,y) \in L_1\},$$

此时也称 L 关于 x 轴对称.

4. 第二类曲线积分的性质

第二类曲线积分具有类似于第一类曲线积分的性质,即具有积分的线性性质与对积分弧段的可加性等,但是第二类曲线积分不具有对称性.

(1)设 α 和 β 都是常数,则 $\displaystyle\int_L (\alpha\boldsymbol{F}_1 + \beta\boldsymbol{F}_2) \cdot \mathrm{d}\boldsymbol{r} = \alpha\int_L \boldsymbol{F}_1 \cdot \mathrm{d}\boldsymbol{r} + \beta\int_L \boldsymbol{F}_2 \cdot \mathrm{d}\boldsymbol{r}.$

（2）如果把 L 分成 L_1 和 L_2，则 $\int_L P\mathrm{d}x + Q\mathrm{d}y = \int_{L_1} P\mathrm{d}x + Q\mathrm{d}y + \int_{L_2} P\mathrm{d}x + Q\mathrm{d}y$.

（3）设 L 是有向曲线弧，$-L$ 是与 L 方向相反的有向曲线弧，则

$$\int_{-L} P(x,y)\mathrm{d}x + Q(x,y)\mathrm{d}y = -\int_L P(x,y)\mathrm{d}x + Q(x,y)\mathrm{d}y.$$

（即第二类曲线积分与方向有关）

注：$\int_L P(x,y,z)\mathrm{d}x + Q(x,y,z)\mathrm{d}y + R(x,y,z)\mathrm{d}z$ 具有上述类似的性质.

5. 第一类曲面积分的性质

第一类曲面积分有类似于定积分、重积分和第一类曲线积分的性质，即具有积分的线性性质与对积分曲面的可加性等，它也具有对称性：

设函数 $f(x,y,z)$ 在光滑曲面 Σ 上可积，且 Σ 被某曲线分为两块曲面 Σ_1 和 Σ_2. 如果下列条件之一成立：

（1）Σ_1 与 Σ_2 关于 xOy 面对称，$f(x,y,z)$ 是关于 z 的奇（偶）函数；

（2）Σ_1 与 Σ_2 关于 xOz 面对称，$f(x,y,z)$ 是关于 y 的奇（偶）函数；

（3）Σ_1 与 Σ_2 关于 yOz 面对称，$f(x,y,z)$ 是关于 x 的奇（偶）函数；

那么

$$\iint_\Sigma f(x,y,z)\mathrm{d}S = 0 \left[\iint_\Sigma f(x,y,z)\mathrm{d}S = 2\iint_{\Sigma_1} f(x,y,z)\mathrm{d}S \right].$$

关于上述性质中的有关术语解释如下：

（1）Σ_1 与 Σ_2 关于 xOy 面对称是指 Σ_1 与 Σ_2 满足

$$\Sigma_2 = \{(x,y,-z) \mid (x,y,z) \in \Sigma_1\},$$

此时也称 Σ 关于 xOy 面对称.

（2）Σ_1 与 Σ_2 关于 xOz 面对称是指 Σ_1 与 Σ_2 满足

$$\Sigma_2 = \{(x,-y,z) \mid (x,y,z) \in \Sigma_1\},$$

此时也称 Σ 关于 xOz 面对称.

（3）Σ_1 与 Σ_2 关于 yOz 面对称是指 Σ_1 与 Σ_2 满足

$$\Sigma_2 = \{(-x,y,z) \mid (x,y,z) \in \Sigma_1\},$$

此时也称 Σ 关于 yOz 面对称.

6. 第二类曲面积分的性质[*]

当对坐标的曲面积分存在时，

（1）$$\iint_{\Sigma_1+\Sigma_2} P\mathrm{d}y\mathrm{d}z + Q\mathrm{d}z\mathrm{d}x + R\mathrm{d}x\mathrm{d}y$$

$$= \iint_{\Sigma_1} P\mathrm{d}y\mathrm{d}z + Q\mathrm{d}z\mathrm{d}x + R\mathrm{d}x\mathrm{d}y + \iint_{\Sigma_2} P\mathrm{d}y\mathrm{d}z + Q\mathrm{d}z\mathrm{d}x + R\mathrm{d}x\mathrm{d}y;$$

(2) $\iint\limits_{\Sigma^-} P\mathrm{d}y\mathrm{d}z + Q\mathrm{d}z\mathrm{d}x + R\mathrm{d}x\mathrm{d}y = -\iint\limits_{\Sigma^+} P\mathrm{d}y\mathrm{d}z + Q\mathrm{d}z\mathrm{d}x + R\mathrm{d}x\mathrm{d}y.$

其中 Σ^+ 表示曲面 Σ 的正向侧面,而 Σ^- 表示与 Σ^+ 相反侧的有向曲面.

三、基本计算方法

1. 二重积分的计算

1)利用直角坐标计算二重积分

(1)积分区域 $D = \{(x,y) \mid x \in [a,b], \varphi_1(x) \leqslant y \leqslant \varphi_2(x)\}$ 称为 $X-$型积分区域,其中 $\varphi_1(x), \varphi_2(x)$ 在 $[a,b]$ 上连续,则

$$\iint\limits_{D} f(x,y)\mathrm{d}x\mathrm{d}y = \int_a^b \mathrm{d}x \int_{\varphi_1(x)}^{\varphi_2(x)} f(x,y)\mathrm{d}y.$$

该公式右端的积分称为先对 y,后对 x 的二次积分.

事实上,由二重积分的物理意义,$\iint\limits_{D} f(x,y)\mathrm{d}x\mathrm{d}y$ 的值等于面密度为 $f(x,y)$ 而占有平面区域 D 的平面薄片质量. 任取 $x \in [a,b]$,由定积分的物理意义知,$g(x) = \int_{\varphi_1(x)}^{\varphi_2(x)} f(x,y)\mathrm{d}y$ 表示过点 $(x,0)$ 且平行于 y 轴的直线上从点 $(x,\varphi_1(x))$ 到点 $(x,\varphi_2(x))$ 这一线段的质量. 假设把这一质量看成位于点 $(x,0)$ 处的一个质点的质量. 则又由定积分的物理意义知

$$\iint\limits_{D} f(x,y)\mathrm{d}x\mathrm{d}y = \int_a^b g(x)\mathrm{d}x = \int_a^b \mathrm{d}x \int_{\varphi_1(x)}^{\varphi_2(x)} f(x,y)\mathrm{d}y.$$

(2)若积分区域 $D = \{(x,y) \mid y \in [c,d], \varphi_1(y) \leqslant x \leqslant \varphi_2(y)\}$ 称为 $Y-$型积分区域,其中 $\varphi_1(y), \varphi_2(y)$ 在 $[c,d]$ 上连续,则

$$\iint\limits_{D} f(x,y)\mathrm{d}x\mathrm{d}y = \int_c^d \mathrm{d}y \int_{\varphi_1(y)}^{\varphi_2(y)} f(x,y)\mathrm{d}x.$$

该公式右端的积分称为先对 x,后对 y 的二次积分.

2)利用极坐标计算二重积分

有些二重积分,积分区域 D 的边界曲线用极坐标方程来表示比较方便,且被积函数用极坐标变量 r,θ 表达比较简单. 这时,我们可以考虑利用极坐标来计算 $\iint\limits_{D} f(x,y)\mathrm{d}x\mathrm{d}y$.

将二重积分的变量从直角坐标变换为极坐标的公式为

$$\iint\limits_{D} f(x,y)\mathrm{d}x\mathrm{d}y = \iint\limits_{D} f(r\cos\theta, r\sin\theta) r\mathrm{d}r\mathrm{d}\theta.$$

至于变量变换为极坐标后的二重积分,则可化为二次积分来进行计算. 化为二次积分时,积分限是根据 r,θ 在积分区域 D 中的变化范围来确定的.

(1)若积分区域 $D = \{(r,\theta) \mid \theta \in [\alpha,\beta], \varphi_1(\theta) \leqslant r \leqslant \varphi_2(\theta)\}$,其中 $\varphi_1(\theta), \varphi_2(\theta)$ 在 $[\alpha,\beta]$ 上连续,则

$$\iint\limits_{D} f(x,y)\mathrm{d}x\mathrm{d}y = \int_\alpha^\beta \mathrm{d}\theta \int_{\varphi_1(\theta)}^{\varphi_2(\theta)} f(r\cos\theta, r\sin\theta) r\mathrm{d}r.$$

(2)若积分区域 $D = \{(r,\theta) \mid \theta \in [\alpha,\beta], 0 \leqslant r \leqslant \varphi(\theta)\}$，其中 $\varphi(\theta)$ 在 $[\alpha,\beta]$ 上连续，则

$$\iint\limits_{D} f(x,y)\mathrm{d}x\mathrm{d}y = \int_{\alpha}^{\beta}\mathrm{d}\theta \int_{0}^{\varphi(\theta)} f(r\cos\theta, r\sin\theta)r\mathrm{d}r.$$

(3)若积分区域 $D = \{(r,\theta) \mid \theta \in [0,2\pi], 0 \leqslant r \leqslant \varphi(\theta)\}$，其中 $\varphi(\theta)$ 在 $[0,2\pi]$ 上连续，则

$$\iint\limits_{D} f(x,y)\mathrm{d}x\mathrm{d}y = \int_{0}^{2\pi}\mathrm{d}\theta \int_{0}^{\varphi(\theta)} f(r\cos\theta, r\sin\theta)r\mathrm{d}r.$$

2. 三重积分的计算法[*]

下面根据三重积分的物理意义来讨论三重积分化为三次积分的方法.

1)利用直角坐标计算三重积分

（1）投影法（先一后二法）.

设 $\Omega = \{(x,y,z) \mid (x,y) \in D, z_1(x,y) \leqslant z \leqslant z_2(x,y)\}$，则有

$$\iiint\limits_{\Omega} f(x,y,z)\mathrm{d}x\mathrm{d}y\mathrm{d}z = \iint\limits_{D}\left[\int_{z_1(x,y)}^{z_2(x,y)} f(x,y,z)\mathrm{d}z\right]\mathrm{d}x\mathrm{d}y.$$

事实上，由三重积分的物理意义，$\iiint\limits_{\Omega} f(x,y,z)\mathrm{d}x\mathrm{d}y\mathrm{d}z$ 的值等于体密度函数为 $f(x,y,z)$ 而占有空间区域 Ω 的立体的质量. 任取 $(x,y) \in D$，由定积分的物理意义，$g(x) = \int_{z_1(x,y)}^{z_2(x,y)} f(x,y,z)\mathrm{d}z$ 表示过点 $(x,y,0)$ 且平行于 z 轴的直线上从点 $(x,y,z_1(x,y))$ 到点 $(x,y,z_2(x,y))$ 这一线段的质量. 假设把这一质量看成位于点 $(x,y,0)$ 处的一个质点的质量，则又由二重积分的物理意义知，体密度函数为 $f(x,y,z)$ 而占有空间区域 Ω 的立体的质量为

$$\iiint\limits_{\Omega} f(x,y,z)\mathrm{d}x\mathrm{d}y\mathrm{d}z = \iint\limits_{D}\left[\int_{z_1(x,y)}^{z_2(x,y)} f(x,y,z)\mathrm{d}z\right]\mathrm{d}x\mathrm{d}y.$$

根据平面区域 D 是 X —型区域或是 Y —型区域，就可将 $\iiint\limits_{\Omega} f(x,y,z)\mathrm{d}x\mathrm{d}y\mathrm{d}z$ 化为先对 z、次对 y、最后对 x 的三次积分或先对 z、次对 x、最后对 y 的三次积分，即

$$\iiint\limits_{\Omega} f(x,y,z)\mathrm{d}x\mathrm{d}y\mathrm{d}z = \int_{a}^{b}\mathrm{d}x \int_{y_1(x)}^{y_2(x)}\mathrm{d}y \int_{z_1(x,y)}^{z_2(x,y)} f(x,y,z)\mathrm{d}z$$

或

$$\iiint\limits_{\Omega} f(x,y,z)\mathrm{d}x\mathrm{d}y\mathrm{d}z = \int_{c}^{d}\mathrm{d}y \int_{x_1(y)}^{x_2(y)}\mathrm{d}x \int_{z_1(x,y)}^{z_2(x,y)} f(x,y,z)\mathrm{d}z.$$

（2）截面法（先二后一法）.

设 $\Omega = \{(x,y,z) \mid c_1 \leqslant z \leqslant c_2, (x,y) \in D_z\}$，则有

$$\iiint\limits_{\Omega} f(x,y,z)\mathrm{d}x\mathrm{d}y\mathrm{d}z = \int_{c_1}^{c_2}\mathrm{d}z \iint\limits_{D_z} f(x,y,z)\mathrm{d}x\mathrm{d}y.$$

其中 D_z 是过点 $(0,0,z)$ 且平行 xOy 面的平面截空间闭区域 Ω 所得到的一个平面闭区域在 xOy 面上的投影.

事实上，由三重积分的物理意义，$\iiint\limits_{\Omega} f(x,y,z)\mathrm{d}x\mathrm{d}y\mathrm{d}z$ 的值等于体密度为 $f(x,y,z)$ 而占有空间区域 Ω 的立体的质量. 由二重积分的物理意义，$F(z) = \iint\limits_{D_z} f(x,y,z)\mathrm{d}x\mathrm{d}y$ 表示位于 D_z

而面密度函数为 $f(x,y,z)$ 的平面薄片的质量. 假设把这一质量看成位于点 $(0,0,z)$ 处的一个质点的质量, 则又由定积分的物理意义知, 体密度函数为 $f(x,y,z)$ 而占有空间区域 Ω 的立体的质量为

$$\iiint\limits_{\Omega} f(x,y,z)\mathrm{d}x\mathrm{d}y\mathrm{d}z = \int_{c_1}^{c_2}\mathrm{d}z\iint\limits_{D_z} f(x,y,z)\mathrm{d}x\mathrm{d}y.$$

注: $f(x,y,z)$ 为 z 的函数或 D_z 容易求出时, 一般可用截面法计算三重积分.

利用直角坐标计算三重积分时, 应注意以下两点:

(1)应画出积分区域的图形. 当积分区域为长方体、四面体等时, 宜采用直角坐标计算.

(2)应根据被积函数中三个变量的难易选择往某一个坐标面投影, 从而确定积分限.

2)利用柱面坐标计算三重积分

设 $M(x,y,z)$ 为空间内一点, 若点 M 在 xOy 面上的投影的极坐标为 (r,θ), 则称 (r,θ,z) 为点 M 的柱面坐标, 其中 $0 \leqslant r \leqslant +\infty, 0 \leqslant \theta \leqslant 2\pi, -\infty \leqslant z \leqslant +\infty$.

三组坐标面分别为:

(1) $r = r_0$ (常数), 即以 z 轴为中心轴、r_0 为半径的圆柱面.

(2) $\theta = \theta_0$ (常数), 即过 z 轴的半平面.

(3) $z = z_0$ (常数), 即平行 xOy 面的平面.

显然, 点 M 的直角坐标与柱面坐标的关系为

$$\begin{cases} x = r\cos\theta, \\ y = r\sin\theta, \\ z = z, \end{cases}$$

现在要把 $\iiint\limits_{\Omega} f(x,y,z)\mathrm{d}x\mathrm{d}y\mathrm{d}z$ 中的变量变换为柱面坐标. 为此, 用三组坐标面分别为 $r = r_0$ (常数), $\theta = \theta_0$ (常数), $z = z_0$ (常数)把 Ω 分成许多小闭区域, 除了包含边界点的一些小闭区域外(求和的极限时, 这些小闭区域所对应的项之和的极限为零, 因此这些小闭区域可以忽略不计), 其余的小闭区域都是柱体. 考虑由 r,θ,z 各取得增量 $\mathrm{d}r,\mathrm{d}\theta,\mathrm{d}z$ 所得柱体的体积的近似值为 $r\mathrm{d}r\mathrm{d}\theta\mathrm{d}z$, 这就是柱面坐标系中的体积元素. 于是将三重积分的变量从直角坐标变换为柱面坐标的公式为

$$\iiint\limits_{\Omega} f(x,y,z)\mathrm{d}x\mathrm{d}y\mathrm{d}z = \iiint\limits_{\Omega} f(r\cos\theta,r\sin\theta,z)r\mathrm{d}r\mathrm{d}\theta\mathrm{d}z.$$

至于变量变换为柱面坐标后的三重积分, 则可化为三次积分来进行计算. 化为三次积分时, 积分限根据 r,θ,z 在积分区域 Ω 中的变化范围来确定.

利用柱面坐标计算三重积分时, 应注意以下三点:

(1)当积分区域的形状是柱体、锥体或由柱面、锥面、旋转抛物面与其他曲面所围成的形体时, 又 $f(x,y,z)$ 中含有 $x^2 + y^2$, 可用柱面坐标法计算三重积分.

(2)要将积分区域 Ω 的表面曲面方程化为柱面坐标下的方程及将积分区域 Ω 在 xOy 面上的投影区域用极坐标表示.

(3)关键是正确确定积分限(画图).

3)利用球面坐标计算三重积分

设 $M(x,y,z)$ 为空间内一点, 则点 M 也可用这样三个有次序的数 r,φ,θ 来确定, 其中 r 为坐标原点与点 M 间的距离, φ 为有向线段 $\overrightarrow{OM}$ 与 z 轴正向所夹的角, θ 为从正 z 轴来看自 x 轴按逆时针方向转到有向线段 $\overrightarrow{OP}$ 的角, 这里点 P 为点 M 在 xOy 面上的投影. 这样的三个有

次序的数 r,φ,θ 称为点 M 的球面坐标,其中 $0 \leqslant r \leqslant +\infty, 0 \leqslant \varphi \leqslant \pi, 0 \leqslant \theta \leqslant 2\pi$.

三组坐标面分别为:

(1) $r = r_0$(常数),即以原点为球心、以 r_0 为半径的球面.

(2) $\varphi = \varphi_0$(常数),即以原点为顶点、以 z 轴为中心轴的圆锥面.

(3) $\theta = \theta_0$(常数),即过 z 轴的半平面.

显然,点 M 的直角坐标与球面坐标的关系为

$$\begin{cases} x = r\sin\varphi\cos\theta, \\ y = r\sin\varphi\sin\theta, \\ z = r\cos\varphi, \end{cases}$$

现在要把 $\iiint\limits_{\Omega} f(x,y,z)\mathrm{d}x\mathrm{d}y\mathrm{d}z$ 中的变量变换为球面坐标. 为此,用三组坐标面分别为 $r = r_0$ (常数),$\varphi = \varphi_0$(常数),$\theta = \theta_0$(常数)把 Ω 分成许多小闭区域. 今考虑由 r,φ,θ 各取得增量 $\mathrm{d}r$, $\mathrm{d}\varphi,\mathrm{d}\theta$ 所得六面体的体积的近似值为 $r^2\sin\varphi\mathrm{d}r\mathrm{d}\varphi\mathrm{d}\theta$,这就是球面坐标系中的体积元素. 于是将三重积分的变量从直角坐标变换为球面坐标的公式为

$$\iiint\limits_{\Omega} f(x,y,z)\mathrm{d}x\mathrm{d}y\mathrm{d}z = \iiint\limits_{\Omega} f(r\sin\varphi\cos\theta, r\sin\varphi\sin\theta, r\cos\varphi)r^2\sin\varphi\mathrm{d}r\mathrm{d}\theta\mathrm{d}\varphi.$$

至于变量变换为球面坐标后的三重积分,则可化为三次积分来进行计算. 化为三次积分时,积分限根据 r,φ,θ 在积分区域 Ω 中的变化范围来确定.

利用球面坐标计算三重积分时,应注意以下四点:

(1)当积分区域为球体或球面与锥面所围区域时,又 $f(x,y,z)$ 中含有 $x^2 + y^2 + z^2$,可用球面坐标计算三重积分.

(2)要将积分区域 Ω 的表面曲面方程化为球面坐标下的方程.

(3)关键是正确确定积分限(画图).

(4)采用球面坐标计算不作投影.

3. 第一类曲线积分的计算(参数方程法化为定积分计算)

定理 设 $f(x,y)$ 是在光滑曲线弧 L 上有定义的连续函数,L 的参数方程为

$$\begin{cases} x = \varphi(t), \\ y = \psi(t), \end{cases} t \in [\alpha,\beta].$$

若 $\varphi(t),\psi(t)$ 在 $[\alpha,\beta]$ 上具有一阶连续导数,且 $\varphi'^2(t) + \psi'^2(t) \neq 0$,则曲线积分存在,且

$$\int_L f(x,y)\mathrm{d}s = \int_\alpha^\beta f[\varphi(t),\psi(t)]\sqrt{\varphi'^2(t) + \psi'^2(t)}\,\mathrm{d}t \quad (\alpha < \beta).$$

注:(1)若 $L: y = y(x), x \in [\alpha,\beta]$,则

$$\int_L f(x,y)\mathrm{d}s = \int_\alpha^\beta f[x,y(x)]\sqrt{1 + [y'(x)]^2}\,\mathrm{d}x.$$

(2)若 $L: r = r(\theta), \theta \in [\alpha,\beta]$,则

$$\int_L f(x,y)\mathrm{d}s = \int_\alpha^\beta f[r(\theta)\cos\theta, r(\theta)\sin\theta]\sqrt{r^2 + [r'(\theta)]^2}\,\mathrm{d}\theta.$$

注意 (1)与二重、三重积分不同,对弧长的曲线积分的动点 (x,y) 取在曲线 L 上,且 x,y 有联系.

(2)积分下限 α 一定小于积分上限 β.

4. 第二类曲线积分的计算法

1)通过曲线方程化为定积分计算

(1)参数方程法.

定理 设 $P(x,y),Q(x,y)$ 在有向曲线弧 L 上连续,L 的参数方程为

$$\begin{cases} x = \varphi(t), \\ y = \phi(t). \end{cases}$$

当参数 t 单调地由 a 变到 b 时,动点从 L 的起点沿 L 运动到终点. $\varphi(t),\phi(t)$ 在以 a,b 为端点的闭区间上具有一阶连续导数,且 $\varphi'^2(t) + \phi'^2(t) \neq 0$,则

$$\int_L P(x,y)\mathrm{d}x + Q(x,y)\mathrm{d}y = \int_a^b \{P[\varphi(t),\phi(t)]\varphi'(t) + Q[\varphi(t),\phi(t)]\phi'(t)\}\mathrm{d}t.$$

其余情况:

①$L:y = y(x),x$ 起点为 a,终点为 b,则

$$\int_L P\mathrm{d}x + Q\mathrm{d}y = \int_a^b \{P[x,y(x)] + Q[x,y(x)]y'(x)\}\mathrm{d}x.$$

②$L:x = x(y),y$ 起点为 c,终点为 d,则

$$\int_L P\mathrm{d}x + Q\mathrm{d}y = \int_c^d \{P[x(y),y]x'(y) + Q[x(y),y]\}\mathrm{d}y.$$

③推广 $\Gamma:\begin{cases} x = \varphi(t), \\ y = \psi(t), \\ z = \omega(t), \end{cases}$ t 起点为 α,终点为 β,则

$$\int_L P\mathrm{d}x + Q\mathrm{d}y + R\mathrm{d}z = \int_\alpha^\beta \{P[\varphi(t),\psi(t),\omega(t)]\varphi'(t) + Q[\varphi(t),\psi(t),\omega(t)]\psi'(t)$$
$$+ R[\varphi(t),\psi(t),\omega(t)]\omega'(t)\}\mathrm{d}t.$$

(2)利用格林公式计算.

定理 设 xOy 面内的闭区域 D 由分段光滑的曲线 L 围成,函数 $P(x,y),Q(x,y)$ 在 D 上具有一阶连续偏导数,则有格林公式

$$\oint_L P\mathrm{d}x + Q\mathrm{d}y = \iint_D \left(\frac{\partial Q}{\partial x} - \frac{\partial P}{\partial y}\right)\mathrm{d}x\mathrm{d}y$$

其中 L 是 D 的取正向的边界曲线.

注:①应掌握单连通、复连通区域的边界曲线正向的规定.

②格林公式是计算第二类曲线积分的重要公式,L 应是闭曲线. 否则,使用补线法计算.

③平面区域 D 的面积 $S = \frac{1}{2}\oint_L x\mathrm{d}y - y\mathrm{d}x$.

④ P_y,Q_x 在 D 上连续,否则,在间断点处"挖洞",应用复连通区域上的格林公式

$$\iint_D \left(\frac{\partial Q}{\partial x} - \frac{\partial P}{\partial y}\right)\mathrm{d}x\mathrm{d}y = \oint_{L+l} P\mathrm{d}x + Q\mathrm{d}y.$$

(3)利用曲线积分与路径无关计算.

定理 设开区域 G 是一个单连通区域,$P(x,y),Q(x,y)$ 在 G 内具有一阶连续偏导数,则下列四个条件等价:

① $\int_L P\mathrm{d}x + Q\mathrm{d}y$ 在 G 内与路径无关.

②对于 G 内任意闭曲线 C, $\oint_C P\mathrm{d}x + Q\mathrm{d}y = 0$.

③ $\dfrac{\partial P}{\partial y} = \dfrac{\partial Q}{\partial x}$ 在 G 内恒成立.

④存在 $u(x,y)$, 使 $\mathrm{d}u = P\mathrm{d}x + Q\mathrm{d}y$, 此时

$$u(x,y) = \int_{x_0}^{x} P(t,y_0)\mathrm{d}t + \int_{y_0}^{y} Q(x,t)\mathrm{d}t + C$$

或

$$u(x,y) = \int_{x_0}^{x} P(t,y)\mathrm{d}t + \int_{y_0}^{y} Q(x_0,t)\mathrm{d}t + C,$$

其中 (x_0,y_0) 为 G 内一个定点, C 为任意常数.

(4)**转化为第一类曲线积分计算**[*].

5. 第一类曲面积分的计算（投影法化为二重积分计算）

(1)若 $\Sigma = \{(x,y,z) \mid (x,y) \in D_{xy}, z = z(x,y)\}$, 则

$$\iint\limits_{\Sigma} f(x,y,z)\mathrm{d}S = \iint\limits_{D_{xy}} f[x,y,z(x,y)] \sqrt{1 + z_x{}^2 + z_y{}^2}\,\mathrm{d}x\mathrm{d}y.$$

(2)若 $\Sigma = \{(x,y,z) \mid (y,z) \in D_{yz}, x = x(y,z)\}$, 则

$$\iint\limits_{\Sigma} f(x,y,z)\mathrm{d}S = \iint\limits_{D_{yz}} f[x(y,z),y,z] \sqrt{1 + x_y{}^2 + x_z{}^2}\,\mathrm{d}x\mathrm{d}z.$$

(3)若 $\Sigma = \{(x,y,z) \mid (x,z) \in D_{xz}, y = y(x,z)\}$, 则

$$\iint\limits_{\Sigma} f(x,y,z)\mathrm{d}S = \iint\limits_{D_{xz}} f[x,y(x,z),z] \sqrt{1 + y_x{}^2 + y_z{}^2}\,\mathrm{d}x\mathrm{d}z.$$

注:①与二重、三重积分不同, 对面积的曲面积分的动点 (x,y,z) 取在曲面 Σ 上, 且 x,y,z 有联系.

②使用投影法计算, 当 $\Sigma : z = f(x,y)$ 时, $\mathrm{d}S - \sqrt{1 + z_x{}^2 + z_y{}^2}\,\mathrm{d}x\mathrm{d}y$, 其余类似. 若 Σ 平行于 z 轴, 则 Σ 只能投影到 yOz 面或 xOz 面. 特别地, 若 Σ 平行于 z 轴及 y 轴, 则 Σ 只能投影到 yOz 面.

6. 第二类曲面积分的计算[*]

1)投影法

(1)设曲面 Σ 是由方程 $z = z(x,y)$ 给出的曲面上侧, Σ 在 xOy 面上的投影区域为 D_{xy}, 函数 $z(x,y)$ 在 D_{xy} 上连续, 被积函数 $R(x,y,z)$ 在 Σ 连续, 则有

$$\iint\limits_{\Sigma} R(x,y,z)\mathrm{d}x\mathrm{d}y = \iint\limits_{D_{xy}} R[x,y,z(x,y)]\mathrm{d}x\mathrm{d}y \quad \text{（上侧投影为正）}.$$

若曲面积分取在Σ的下侧,则有

$$\iint\limits_{\Sigma} R(x,y,z)\mathrm{d}x\mathrm{d}y = -\iint\limits_{D_{xy}} R[x,y,z(x,y)]\mathrm{d}x\mathrm{d}y \quad (\text{下侧投影为负}).$$

(2)设曲面Σ是由方程$y = y(x,z)$给出,则有

$$\iint\limits_{\Sigma} Q(x,y,z)\mathrm{d}z\mathrm{d}x = \pm\iint\limits_{D_{zx}} Q[x,y(x,z),z]\mathrm{d}z\mathrm{d}x \quad (\text{右侧投影为正,左侧投影为负}).$$

(3)设曲面Σ是由方程$x = x(y,z)$给出,则有

$$\iint\limits_{\Sigma} P(x,y,z)\mathrm{d}y\mathrm{d}z = \pm\iint\limits_{D_{yz}} P[x(y,z),y,z]\mathrm{d}y\mathrm{d}z \quad (\text{前侧投影为正,后侧投影为负}).$$

注:①求对坐标x,y的曲面积分,必须将Σ投影到xOy面上,化为对x,y的二重积分,若Σ与xOy面垂直,则投影为零,对坐标x,y的曲面积分为零.

②$z = z(x,y)$应为单值函数,否则,需分为上下两片曲面分别进行投影计算.

③求对坐标z,x或y,z的曲面积分与此类似.

2)利用高斯公式计算

定理(高斯公式) 设空间闭区域Ω由分片光滑的闭曲面Σ围成,三元函数$P(x,y,z)$,$Q(x,y,z),R(x,y,z)$在Ω上具有一阶连续偏导数,则有高斯公式

$$\oiint\limits_{\Sigma} P\mathrm{d}y\mathrm{d}z + Q\mathrm{d}x\mathrm{d}z + R\mathrm{d}x\mathrm{d}y = \pm\iiint\limits_{\Omega} \left(\frac{\partial P}{\partial x} + \frac{\partial Q}{\partial y} + \frac{\partial R}{\partial z}\right)\mathrm{d}x\mathrm{d}y\mathrm{d}z,$$

其中Σ是Ω的边界曲面的外(内)侧.

注:(1)高斯公式是计算第二型曲面积分的重要公式,建立了空间区域上的三重积分与其边界曲面上的曲面积分之间的关系.

(2)对高斯公式中符号的解释:外侧取"$+$",内侧取"$-$".

(3)若非封闭曲面,则补面后,才能使用高斯公式.

3)转化为第一类曲面积分计算

斯托克斯(Stokes)公式 是格林公式的推广.格林公式表达了平面闭区域上二重积分与其边界曲线上的曲线积分间的关系,而斯托克斯公式则把曲面Σ上的曲面积分与沿着Σ的边界曲线的曲线积分联系起来.

定理 设Γ为分段光滑的空间有向闭曲线,Σ是以Γ为边界的分片光滑的有向曲面,Γ的正向与Σ的侧符合右手规则,函数$P(x,y,z),Q(x,y,z),R(x,y,z)$在包含曲面$\Sigma$在内的一个空间区域具有一阶连续偏导数,则有

$$\iint\limits_{\Sigma} \left(\frac{\partial R}{\partial y} - \frac{\partial Q}{\partial x}\right)\mathrm{d}y\mathrm{d}z + \left(\frac{\partial P}{\partial z} - \frac{\partial R}{\partial x}\right)\mathrm{d}z\mathrm{d}x + \left(\frac{\partial Q}{\partial x} - \frac{\partial P}{\partial y}\right)\mathrm{d}x\mathrm{d}y = \oint\limits_{\Gamma} P\mathrm{d}x + Q\mathrm{d}y + R\mathrm{d}z.$$

此公式叫作**斯托克斯公式**.

四、典型方法

1. 坐标互为转化求二重积分及三重积分

在化二重积分为二次积分时,为了计算简便,需要选择恰当的二次积分的次序. 这时,既要考虑积分区域的形状,又要考虑被积函数的特性.

2. 求第二类曲线积分的方法

当积分曲线的路径很复杂时,往往考虑用格林公式(积分曲线不封闭时先用补线法)、曲线积分与路径无关的等价条件来计算第二类曲线积分.

第三节 典 型 例 题

一、基本题型

例 1 求 $\iint\limits_{D} xy \mathrm{d}\sigma$,其中 D 是由直线 $x=2, y=1, y=x$ 所围成的闭区域.

分析 本题考查二重积分的计算. 首先画图 7—4 分析积分区域 D 的特点(积分区域既是 X 型又是 Y 型区域),然后根据二重积分的计算公式求解.

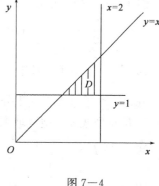

图 7—4

解 画出积分区域. 如图 7—4 所示,由"点到点、线到线"确定积分限.

若将积分区域看成 X 型区域,则

$$\iint\limits_{D} xy \mathrm{d}\sigma = \int_1^2 \mathrm{d}x \int_1^x xy \mathrm{d}y = \int_1^2 \frac{1}{2} x(x^2-1)\mathrm{d}x = \frac{9}{8}.$$

若将积分区域看成 Y 型区域,则

$$\iint\limits_{D} f(x,y) \mathrm{d}x\mathrm{d}y = \int_1^2 \mathrm{d}y \int_y^2 xy \mathrm{d}x = \int_1^2 \frac{1}{2} y(4-y^2)\mathrm{d}y = \frac{9}{8}.$$

例 2 计算 $I = \iint\limits_{D} y \mathrm{d}\sigma$,其中 D 是由 $x^2 - y^2 = 1, y=0$ 及 $y=1$ 所围成的闭区域.

分析 本题考查二重积分的计算,往往需要画图分析积分区域的特征,可以根据二重积分的计算公式将积分区域化为 X —型或 Y —型区域求解. 本题采用 Y —型区域求解更容易(图 7—5).

解 $I = \int_0^1 \mathrm{d}y \int_{-\sqrt{1+y^2}}^{\sqrt{1+y^2}} y \mathrm{d}x = \int_0^1 2y \sqrt{1+y^2} \mathrm{d}y = \frac{2}{3} (1+y^2)^{\frac{3}{2}} \Big|_0^1 = \frac{4}{3}\sqrt{2} - \frac{2}{3}.$

例 3 计算 $\iint\limits_{D} y \mathrm{d}\sigma$,其中闭区域 D 由 $x=0$ 及 $x = \sqrt{1-y^2}$ 所围.

分析 本题考查二重积分的计算. 首先画图 7-6 分析积分区域的特点, 然后考查被积函数的特点, 根据二重积分的计算公式将积分区域化为 $X-$ 型或 $Y-$ 型区域进行求解. 此题还可以根据二重积分的性质计算.

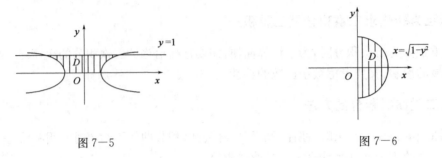

图 7-5   图 7-6

解法 1 利用 $X-$ 型区域二重积分计算公式计算.

$$\iint\limits_{D} y \mathrm{d}x\mathrm{d}y = \int_0^1 \mathrm{d}x \int_{-\sqrt{1-x^2}}^{\sqrt{1-x^2}} y \mathrm{d}y = 0.$$

解法 2 利用 $Y-$ 型区域二重积分计算公式计算.

$$\iint\limits_{D} y \mathrm{d}x\mathrm{d}y = \int_{-1}^1 \mathrm{d}y \int_0^{\sqrt{1-y^2}} y \mathrm{d}x = \int_{-1}^1 y\sqrt{1-y^2}\,\mathrm{d}y = 0.$$

解法 3 利用对称性质计算二重积分. 由于被积函数关于自变量 y 是奇函数, 积分区域关于 x 轴对称, 则由对称性质知, $\iint\limits_{D} y \mathrm{d}x\mathrm{d}y = 0$.

例 4 求下列二重积分.

(1) $I = \iint\limits_{D} \sqrt{x^2+y^2}\,\mathrm{d}x\mathrm{d}y, D:r \leqslant a(1-\cos\theta)$.

(2) $I = \iint\limits_{D} y \mathrm{d}x\mathrm{d}y$, 其中 D 是由圆 $x^2+y^2 \leqslant ax$ 与 $x^2+y^2 \leqslant ay$ 的公共部分 $(a>0)$.

分析 本题考查二重积分的计算. 本题可利用极坐标计算公式转化二重积分, 再将积分区域化为 $R-$ 型或 $\theta-$ 型区域求解.

解 (1) $I = \int_0^{2\pi} \mathrm{d}\theta \int_0^{a(1-\cos\theta)} r^2 \mathrm{d}r = \dfrac{5\pi a^3}{3}$.

(2) $I = \int_0^{\frac{\pi}{4}} \mathrm{d}\theta \int_0^{a\sin\theta} r^2\sin\theta\mathrm{d}r + \int_{\frac{\pi}{4}}^{\frac{\pi}{2}} \mathrm{d}\theta \int_0^{a\cos\theta} r^2\sin\theta\mathrm{d}r = \dfrac{a^3}{16}\left(\dfrac{\pi}{2}-1\right)$.

注: ①当积分区域 D 为圆、圆环、扇形且被积函数 $f(x,y)$ 中含有 x^2+y^2、xy 等时, 一般可用极坐标法计算二重积分.

②用极坐标法计算二重积分时, 要将积分区域 D 的边界曲线方程用极坐标方程表示出来.

③关键是正确确定积分限 (画积分区域图).

④要恰当选择直角坐标或极坐标法计算二重积分.

例 5 求由曲面 $z_1 = 6-2x^2-y^2$ 与曲面 $z_2 = x^2+2y^2$ 所围立体体积.

分析 本题重在考查利用二重积分求空间立体的体积. 首先画图分析立体图形, 然后借助二重积分正确表达立体的体积, 最后根据二重积分的计算方法求解. 由积分区域及被积函数的特点知, 本题宜采用极坐标法计算二重积分.

解 $Z_1 = 6 - 2x^2 - y^2$ 与 $Z_2 = x^2 + 2y^2$ 的交线在 xOy 平面上投影区域为 D：$x^2 + y^2 \leqslant 2$. 故所求体积

$$V = \iint\limits_D (Z_1 - Z_2) \mathrm{d}x\mathrm{d}y = \iint\limits_D (6 - 3x^2 - 3y^2) \mathrm{d}x\mathrm{d}y = \int_0^{2\pi} \mathrm{d}\theta \int_0^{\sqrt{2}} (6 - 3r^2) r \mathrm{d}r = 6\pi.$$

例 6 设有空间区域 $\Omega_1 : x^2 + y^2 + z^2 \leqslant R^2, z \geqslant 0$；$\Omega_2 : x^2 + y^2 + z^2 \leqslant R^2, x \geqslant 0, y \geqslant 0, z \geqslant 0$，则（　　）.

(A) $\iiint\limits_{\Omega_1} x\mathrm{d}V = 4\iiint\limits_{\Omega_2} x\mathrm{d}V$ 　　　　　(B) $\iiint\limits_{\Omega_1} y\mathrm{d}V = 4\iiint\limits_{\Omega_2} y\mathrm{d}V$

(C) $\iiint\limits_{\Omega_1} z\mathrm{d}V = 4\iiint\limits_{\Omega_2} z\mathrm{d}V$ 　　　　　(D) $\iiint\limits_{\Omega_1} xyz\mathrm{d}V = 4\iiint\limits_{\Omega_2} xyz\mathrm{d}V$

分析 Ω_1 是关于 xOz 面、yOz 面对称，且 $f(x,y,z) = z$ 关于 x, y 是偶函数，故选(C). (A)、(B)、(D)均属于左端积分等于 0，而右端积分值大于 0 的情况.

例 7* 求 $I = \iiint\limits_{\Omega} (x + y + z) \mathrm{d}x\mathrm{d}y\mathrm{d}z$，$\Omega$ 是由平面 $x + y + z = 1$ 及三个坐标面围成.

分析 本题考查三重积分的计算，可以根据三重积分的计算方法采用投影法和根据对称性求解.

解法 1 将积分区域 Ω 向 xOy 平面投影，并由"点到点，线到线，面到面"法则确定积分限得

$$I = \int_0^1 \mathrm{d}x \int_0^{1-x} \mathrm{d}y \int_0^{1-x-y} (x + y + z) \mathrm{d}z = \frac{1}{8}.$$

解法 2 $\int_0^1 \mathrm{d}x \int_0^{1-x} \mathrm{d}y \int_0^{1-x-y} x\mathrm{d}z = \frac{1}{24}$，同理 $\iiint\limits_{\Omega} y\mathrm{d}x\mathrm{d}y\mathrm{d}z = \frac{1}{24}$，$\iiint\limits_{\Omega} z\mathrm{d}x\mathrm{d}y\mathrm{d}z = \frac{1}{24}$，于是 $I = \frac{1}{8}$.

例 8 求 $I = \iint\limits_{\Sigma} z\mathrm{d}S$，其中 $\Sigma : z = \sqrt{1 - x^2 - y^2}$.

分析 本题考查第一类曲面积分的计算，将 Σ 向 xOy 面投影得到投影区域 D_{xy}，转化成二重积分进行计算.

解 $\mathrm{d}S = \sqrt{1 + z_x^2 + z_y^2} \mathrm{d}x\mathrm{d}y = \dfrac{\mathrm{d}x\mathrm{d}y}{\sqrt{1 - x^2 - y^2}}$，于是

$$I = \iint\limits_{\Sigma} z\mathrm{d}S = \iint\limits_{D_{xy}} \sqrt{1 - x^2 - y^2}\sqrt{1 + z_x^2 + z_y^2} \mathrm{d}x\mathrm{d}y = \iint\limits_{x^2 + y^2 \leqslant 1} \mathrm{d}x\mathrm{d}y = \pi.$$

例 9 求 $I = \iint\limits_{\Sigma} z^2 \mathrm{d}S$，其中 $\Sigma : x^2 + y^2 = 36, -2 \leqslant z \leqslant 4$.

分析 本题考查第一类曲面积分的计算. 难点是积分曲面投影区域的选择.

解 $\mathrm{d}S = \sqrt{1 + x_y^2 + x_z^2} \mathrm{d}y\mathrm{d}z = \dfrac{6}{\sqrt{36 - y^2}} \mathrm{d}y\mathrm{d}z$　（注意：取 $x = \sqrt{36 - y^2}$），由对称性，

$$I = 2\int_{-6}^6 \mathrm{d}y \int_{-2}^4 \frac{6z^2}{\sqrt{36 - y^2}} \mathrm{d}z = 12 \int_{-6}^6 \frac{1}{\sqrt{36 - y^2}} \mathrm{d}y \int_{-2}^4 z^2 \mathrm{d}z = 288\pi.$$

例 10 求 $I = \iint\limits_{\Sigma} (xy + yz + xz) \mathrm{d}S$，其中 Σ 为锥面 $z = \sqrt{x^2 + y^2}$ 被柱面 $x^2 + y^2 = 2x$ 所截得的部分.

分析 本题考查第一类曲面积分的计算,根据对称性可以简化积分进行求解,将Σ向xOy面投影得到投影区域D_{xy},转化成二重积分进行计算.

解 $dS = \sqrt{1 + z_x^2 + z_y^2}\,dxdy = \sqrt{2}\,dxdy$,由对称性,$\iint\limits_{\Sigma} xy\,dS = \iint\limits_{\Sigma} yz\,dS = 0$ 于是

$$I = \iint\limits_{\Sigma} xz\,dS = \sqrt{2}\iint\limits_{x^2+y^2\leqslant 2x} x\sqrt{x^2+y^2}\,dxdy = \sqrt{2}\int_{-\frac{\pi}{2}}^{\frac{\pi}{2}}d\theta\int_0^{2\cos\theta} r^3\cos\theta\,dr = \frac{64\sqrt{2}}{15}.$$

例 11* 设Σ为曲面$x^2 + y^2 + z^2 = 1$的外侧,计算

$$I = \oiint\limits_{\Sigma} x^3\,dydz + y^3\,dzdx + z^3\,dxdy.$$

分析 本题考查第二类曲面积分的计算,由高斯公式转化为三重积分,再利用球面坐标法进行计算.

解 由高斯公式,并利用球面坐标计算三重积分,得

$$I = 3\iiint\limits_{\Omega}(x^2+y^2+z^2)\,dv = 3\int_0^{2\pi}d\theta\int_0^{\pi}\sin\varphi d\varphi\int_0^1 r^2\cdot r^2\,dr = \frac{12}{5}\pi \quad (\Omega\text{ 是由}\Sigma\text{ 所围区域}).$$

例 12* 计算$I = \iint\limits_{\Sigma} yz\,dzdx + 2\,dxdy$,其中$\Sigma$是球面$x^2+y^2+z^2 = 4$外侧在$z\geqslant 0$的部分.

分析 本题考查第二类曲面积分的计算.若Σ非封闭,则往往需补充曲面Σ_1,使$\Sigma + \Sigma_1$封闭,从而利用高斯公式进行求解.

解 取曲面片Σ_1:$\begin{cases} x^2 + y^2 \leqslant 4 \\ z = 0 \end{cases}$,其法向量与$z$轴负向相同.由高斯公式

$$I + \iint\limits_{\Sigma} yz\,dzdy + 2\,dxdy = \iiint\limits_{\Omega} z\,dxdydz = \int_0^{2\pi}d\theta\int_0^{\frac{\pi}{2}}\sin\varphi d\varphi\int_0^2 r\cos\varphi\cdot r^2\,dr = 4\pi$$

$$(\Omega\text{ 是由 }\Sigma + \Sigma_1\text{ 所围区域}).$$

而$\iint\limits_{\Sigma_1} yz\,dzdx = 0$,$\iint\limits_{\Sigma_1} 2\,dxdy = -2\iint\limits_{x^2+y^2\leqslant 4} dxdy = -8\pi$,所以 $I = 4\pi + 8\pi = 12\pi$.

例 13* 计算曲面积分$I = \iint\limits_{\Sigma}(2x+z)\,dydz + z\,dzdxdy$,其中$\Sigma$为有向曲面$z = x^2 + y^2$ ($0\leqslant z\leqslant 1$),其法向量与z轴正向夹角为锐角.

分析 使用补面法.补充曲面Σ_1,使$\Sigma + \Sigma_1$封闭,本题取内侧利用高斯公式,要加"$-$".

解 取曲面片Σ_1:$\begin{cases} x^2 + y^2 \leqslant 1 \\ z = 1 \end{cases}$,其法向量指向$z$轴负向.由高斯公式

$$\oiint\limits_{\Sigma+\Sigma_1}(2x+z)\,dydz + z\,dxdy = -\iiint\limits_{\Omega}(2+1)\,dV = -3\int_0^{2\pi}d\theta\int_0^1 r\,dr\int_{r^2}^1 dz = -6\pi\int_0^1(r-r^3)\,dr$$

$$= -\frac{3}{2}\pi \quad (\Omega\text{ 是由 }\Sigma + \Sigma_1\text{ 所围区域}).$$

而 $\iint\limits_{\Sigma}(2x+z)\mathrm{d}y\mathrm{d}z+z\mathrm{d}x\mathrm{d}y=\iint\limits_{D}-\mathrm{d}x\mathrm{d}y=-\pi$，因此，

$$I=-\frac{3}{2}\pi-(-\pi)=-\frac{1}{2}\pi.$$

例 14　计算曲面积分 $\iint\limits_{\Sigma}z\mathrm{d}S$，其中 Σ 为锥面 $z=\sqrt{x^2+y^2}$ 在柱体 $x^2+y^2\leqslant 2x$ 内部分.

分析　本题考查第一类曲面积分的计算，采用投影法将 Σ 投影到 xOy 平面进行求解.

解　Σ 在 xOy 面上的投影 $D_{xy}:x^2+y^2\leqslant 2x$，于是

$$\iint\limits_{\Sigma}z\mathrm{d}S=\iint\limits_{D_{xy}}\sqrt{x^2+y^2}\cdot\sqrt{2}\,\mathrm{d}\sigma=\sqrt{2}\int_{-\frac{\pi}{2}}^{\frac{\pi}{2}}\mathrm{d}\theta\int_0^{2\cos\theta}r^2\mathrm{d}r=\frac{16}{3}\sqrt{2}\int_0^{\frac{\pi}{2}}\cos^3\theta\mathrm{d}\theta=\frac{32}{9}\sqrt{2}.$$

例 15*　计算曲面积分 $I=\oiint\limits_{\Sigma}\dfrac{x\mathrm{d}y\mathrm{d}z+y\mathrm{d}z\mathrm{d}x+z\mathrm{d}x\mathrm{d}y}{x^2+y^2+z^2}$，其中 Σ 为 $x^2+y^2+z^2=1$ 的外侧.

分析　本题考查第二类曲面积分的计算，利用高斯公式进行求解. 注意到被积函数中的积分变量满足曲面方程，因此若能化简曲面积分，则首先化简曲面积分.

解　设 Ω 是由 Σ 所围区域，则

$$I=\oiint\limits_{\Sigma}\frac{x\mathrm{d}y\mathrm{d}z+y\mathrm{d}z\mathrm{d}x+z\mathrm{d}x\mathrm{d}y}{x^2+y^2+z^2}=\iint\limits_{\Sigma}x\mathrm{d}y\mathrm{d}z+y\mathrm{d}z\mathrm{d}x+z\mathrm{d}x\mathrm{d}y$$

$$=\iiint\limits_{\Omega}(1+1+1)\mathrm{d}x\mathrm{d}y\mathrm{d}z=3\iiint\limits_{\Omega}\mathrm{d}x\mathrm{d}y\mathrm{d}z=3\cdot\frac{4}{3}\pi=4\pi.$$

例 16*　利用斯托克斯公式计算曲线积分 $\oint_{\Gamma}z\mathrm{d}x+x\mathrm{d}y+y\mathrm{d}x$，其中 Γ 为平面 $x+y+z=1$ 被三个坐标面所截得的三角形的整个边界，它的正向与这个三角形上侧的法向量之间符合右手规则.

分析　本题考查斯托克斯公式.

解　由斯托克斯公式有

$$\oint_{\Gamma}z\mathrm{d}x+x\mathrm{d}y+y\mathrm{d}z=\iint\limits_{\Sigma}\mathrm{d}y\mathrm{d}z+\mathrm{d}z\mathrm{d}x+\mathrm{d}x\mathrm{d}y.$$

由于 Σ 的法向量的三个方向余弦都为正，又由于对称性，上式右端等于

$$3\iint\limits_{D_{xy}}\mathrm{d}\sigma.$$

其中，D_{xy} 为 xOy 面上由直线 $x+y=1$ 及两条坐标轴围成的三角形闭区域，因此

$$\oint_{\Gamma}z\mathrm{d}x+x\mathrm{d}y+y\mathrm{d}z=\frac{3}{2}.$$

二、综合题型

例 1　计算二重积分 $\iint\limits_{D}y\mathrm{d}x\mathrm{d}y$，其中积分区域 D 是由直线 $x=-2,y=0,y=2$ 及曲线

$x = -\sqrt{2y - y^2}$ 所围成的平面区域.

分析 考察积分区域的特点,本题可利用二重积分的区域可加性将二重积分化简成矩形积分区域上的二重积分减去半圆形积分区域上的二重积分,从而便于利用公式求解,见解法 1.通过绘图知将积分区域看成 Y 一型区域,可直接利用公式计算,见解法 2.

解法 1 设 D_1 是由曲线 $x = -\sqrt{2y - y^2}$ 及 $x = 0$ 所围成区域. 则

$$I = \iint\limits_{D+D_1} y \mathrm{d}x\mathrm{d}y - \iint\limits_{D_1} y \mathrm{d}x\mathrm{d}y = \int_{-2}^0 \mathrm{d}x \int_0^2 y \mathrm{d}y - \int_{\frac{\pi}{2}}^\pi \mathrm{d}\theta \int_0^{2\sin\theta} r^2 \sin\theta \mathrm{d}r = 4 - \frac{8}{3} \int_{\frac{\pi}{2}}^\pi \sin^4\theta \mathrm{d}\theta = 4 - \frac{\pi}{2}.$$

解法 2 $I = \int_0^2 y \mathrm{d}y \int_{-2}^{-\sqrt{2y-y^2}} \mathrm{d}x = 2\int_0^2 y \mathrm{d}y - \int_0^2 y \sqrt{2y - y^2} \mathrm{d}y$

$$= 4 - \int_0^2 y \sqrt{1 - (y-1)^2} \mathrm{d}y.$$

令 $y - 1 = \sin t$,则

$$I = 4 - \frac{1}{2} \int_{-\frac{\pi}{2}}^{\frac{\pi}{2}} (1 + \cos 2t) \mathrm{d}t = 4 - \frac{\pi}{2}.$$

例 2 计算 $\iint\limits_D \left[\mathrm{e}^{(y-1)^2} + \frac{\sin x}{x} \right] \mathrm{d}x\mathrm{d}y$,$D$ 由 $y = 0, x = 1, y = x$ 围成.

分析 当积分区域既可以看成 X 一型区域又可以看成 Y 一型区域时,注意分析被积函数的特点,即当被积函数是关于自变量 x 的一元函数时,二重积分转化为先对 y 后对 x 的二次积分;当被积函数是关于自变量 y 的一元函数时,二重积分转化为先对 x 后对 y 的二次积分.

解 原式 $= \iint\limits_D \mathrm{e}^{(y-1)^2} \mathrm{d}x\mathrm{d}y + \iint\limits_D \frac{\sin x}{x} \mathrm{d}\sigma = \int_0^1 \mathrm{d}y \int_y^1 \mathrm{e}^{(y-1)^2} \mathrm{d}x + \int_0^1 \mathrm{d}x \int_0^x \frac{\sin x}{x} \mathrm{d}y$

$$= \int_0^1 (1-y) \mathrm{e}^{(y-1)^2} \mathrm{d}y + \int_0^1 x \frac{\sin x}{x} \mathrm{d}x = \frac{\mathrm{e}+1}{2} - \cos 1.$$

例 3* 求 $I = \int_0^1 \mathrm{d}x \int_0^{1-x} \mathrm{d}z \int_0^{1-x-z} (1-y) \mathrm{e}^{-(1-y-z)^2} \mathrm{d}y$.

分析 本题考查三重积分的计算,可以根据积分区域图形正确选择积分次序.

解 交换积分次序得

$$I = \int_0^1 \mathrm{d}y \int_0^{1-y} \mathrm{d}z \int_0^{1-y-z} (1-y) \mathrm{e}^{-(1-y-z)^2} \mathrm{d}x = \frac{1}{4\mathrm{e}}.$$

例 4* 求 $I = \iiint\limits_\Omega z^2 \mathrm{d}x\mathrm{d}y\mathrm{d}z$,其中 $\Omega = \left\{ (x,y,z) \left| \frac{x^2}{a^2} + \frac{y^2}{b^2} + \frac{z^2}{c^2} \leqslant 1 \right. \right\}$.

分析 本题考查三重积分的计算,可以采用截面法进行计算.

解 由"先二后一"法得 $I = \pi ab \int_{-c}^c \left(1 - \frac{z^2}{c^2} \right) z^2 \mathrm{d}z = \frac{4}{15} \pi abc^3$.

例 5 确定 λ 的值,使曲线积分 $\int_A^B (x^4 + 4xy^\lambda) \mathrm{d}x + (6x^{\lambda-1}y^2 - 5y^4) \mathrm{d}y$ 与路径无关,并求当 A, B 分别为 $(0,0), (1,2)$ 时这曲线积分的值.

分析 本题考查格林公式,可利用积分与路径无关求解.

解 设 $P = x^4 + 4xy^\lambda$,$Q = 6x^{\lambda-1}y^2 - 5y^4$. 欲使积分与路径无关,则 $\frac{\partial P}{\partial y} = \frac{\partial Q}{\partial x}$,即 $4\lambda xy^{\lambda-1} =$

$6(\lambda-1)x^{\lambda-2}y^2$，解得 $\lambda=3$. 即当 $\lambda=3$ 时，此线积分与路径无关. 当 A,B 分别为 $(0,0),(1,2)$ 时，有

$$\int_A^B (x^4+4xy^\lambda)\mathrm{d}x+(6x^{\lambda-1}y^2-5y^4)\mathrm{d}y=\int_{(0,0)}^{(1,2)}(x^4+4xy^3)\mathrm{d}x+(6x^2y^2-5y^4)\mathrm{d}y=-\frac{79}{5}.$$

例 6 求 $I=\iiint\limits_\Omega (x+y+z)^2\mathrm{d}V$，其中 $\Omega:x^2+y^2+z^2\leqslant a^2$.

分析 三重积分的计算常常可用球面坐标法、投影法、柱面坐标法和截面法. 对于积分区域是球体情形，本题可考虑用以上四种方法求解.

解法 1 球面坐标法，设

$$\Omega:\begin{cases}0\leqslant\theta\leqslant 2\pi,\\0\leqslant\varphi\leqslant\pi,\\0\leqslant r\leqslant a.\end{cases}$$

$$I=\iiint\limits_\Omega (x^2+y^2+z^2)\mathrm{d}V=\int_0^{2\pi}\mathrm{d}\theta\int_0^\pi\mathrm{d}\varphi\int_0^a r^2\cdot r^2\sin\varphi\mathrm{d}r=2\pi\cdot 2\cdot\frac{a^5}{5}=\frac{4\pi a^5}{5}.$$

$$\left(\iiint\limits_\Omega 2(xy+yz+xz)\mathrm{d}V=0\right)$$

解法 2 投影法.

$$I=\iint\limits_{x^2+y^2\leqslant a}\mathrm{d}x\mathrm{d}y\int_{-\sqrt{a^2-x^2-y^2}}^{\sqrt{a^2-x^2-y^2}}(x^2+y^2+z^2)\mathrm{d}z=\frac{4\pi a^5}{5}.$$

解法 3 柱面坐标法.

$$I=\int_0^{2\pi}\mathrm{d}\theta\int_0^r r\mathrm{d}r\int_{-\sqrt{a^2-x^2-y^2}}^{\sqrt{a^2-x^2-y^2}}(x^2+y^2+z^2)\mathrm{d}z=\frac{4\pi a^5}{5}.$$

解法 4 截面法. 设 $D_x=\{(y,z)\in R^2\mid y^2+z^2\leqslant a^2-x^2\}$，$D_y=\{(x,z)\in R^2\mid x^2+z^2\leqslant a^2-y^2\}$，$D_z=\{(x,y)\in R^2\mid x^2+y^2\leqslant a^2-z^2\}$，则

$$\iiint\limits_\Omega z^2\mathrm{d}V=\int_{-a}^a\mathrm{d}z\iint\limits_{D_z}z^2\mathrm{d}x\mathrm{d}y=\int_{-a}^a z^2\cdot\pi(a^2-z^2)\mathrm{d}z=\frac{4\pi a^5}{15},$$

$$\iiint\limits_\Omega x^2\mathrm{d}V=\int_{-a}^a\mathrm{d}x\iint\limits_{D_x}x^2\mathrm{d}y\mathrm{d}z=\int_{-a}^a x^2\cdot\pi(a^2-x^2)\mathrm{d}x=\frac{4\pi a^5}{15},$$

$$\iiint\limits_\Omega y^2\mathrm{d}V=\int_{-a}^a\mathrm{d}y\iint\limits_{D_y}y^2\mathrm{d}z\mathrm{d}x=\int_{-a}^a y^2\cdot\pi(a^2-y^2)\mathrm{d}y=\frac{4\pi a^5}{15},$$

$$I=\iiint\limits_\Omega (x^2+y^2+z^2)\mathrm{d}V=\iiint\limits_\Omega x^2\mathrm{d}V+\iiint\limits_\Omega y^2\mathrm{d}V+\iiint\limits_\Omega z^2\mathrm{d}V=\frac{4\pi a^5}{5}.$$

例 7 计算 $I=\iiint\limits_\Omega (x^2+y^2+z)\mathrm{d}v$，其中 Ω 是曲线 $\begin{cases}y^2=2z,\\x=0\end{cases}$ 绕 z 轴旋转一周而成的旋转曲面与平面 $z=4$ 所围成的立体.

分析 本题考查三重积分的计算，对于积分区域是旋转抛物面的情形，可以利用柱面坐标化为累次积分进行计算.

解 用柱面坐标法计算，得

$$I=\int_0^{2\pi}\mathrm{d}\theta\int_0^{2\sqrt{2}}r\mathrm{d}r\int_{\frac{1}{2}r^2}^4(r^2+z)\mathrm{d}z=2\pi\int_0^{2\sqrt{2}}\left(4r^3+8r-\frac{5}{8}r^5\right)\mathrm{d}r=\frac{256}{3}\pi.$$

例8 设 L 是圆周 $x^2 + y^2 = R^2$，计算 $I = \oint_L (x^2 + y^3) \mathrm{d}s$.

分析 本题考查第一类曲线积分的计算，根据第一类曲线积分的性质以及被积函数的奇偶性进行求解.

解 由曲线积分的性质，$I = \oint_L x^2 \mathrm{d}s + \oint_L y^3 \mathrm{d}s$. 对于 $\oint_L x^2 \mathrm{d}s$，因为积分曲线 L 关于 x, y 轴对称，被积函数 $f(x, y) = x^2$ 是 L 上关于 x 的偶函数，故 $\oint_L x^2 \mathrm{d}s = 2\oint_{L_1} x^2 \mathrm{d}s$，其中 L_1 为右半圆弧，于是

$$\oint_L x^2 \mathrm{d}s = 2\int_{-\frac{\pi}{2}}^{\frac{\pi}{2}} R^2 \cos^2\theta \cdot R\mathrm{d}\theta = 4R^3 \int_0^{\frac{\pi}{2}} \cos^2\theta \mathrm{d}\theta = \pi R^3.$$

对于 $\oint_L y^3 \mathrm{d}s$，因为积分曲线 L 关于 x 轴对称，被积函数 $f(x, y) = y^3$ 是关于 y 的奇偶数，所以 $\oint_L y^3 \mathrm{d}s = 0$.

综上，$I = \pi R^3$.

例9 设 $L: (x^2 + y^2)^2 = x^2 - y^2$，求 $I = \oint_L |y| \mathrm{d}s$.

分析 本题考查第一类曲线积分的计算. 由于积分曲线的直角坐标系下的方程比较复杂，难于直接绘制图像，于是将其转化为极坐标系下的方程表达式，利用对称性及公式化简计算.

解 $r^4 = r^2(\cos^2\theta - \sin^2\theta), r^2 = \cos 2\theta, r = \sqrt{\cos 2\theta}$. 由对称性得

$$I = 4\int_{L_1} y\mathrm{d}s. \quad L_1: r = \sqrt{\cos 2\theta}, 0 \leqslant \theta \leqslant \frac{\pi}{4}.$$

所以

$$I = 4\int_0^{\frac{\pi}{4}} \sqrt{\cos 2\theta} \cdot \sin\theta \cdot \sqrt{\cos 2\theta + \frac{1}{\cos^2\theta} \sin^2 2\theta} \mathrm{d}\theta = 2(2 - \sqrt{2}).$$

例10 $I = \oint_L \frac{x\mathrm{d}y - y\mathrm{d}x}{4x^2 + y^2}$，其中 L 是不经过原点 $(0, 0)$ 的任一光滑的简单闭曲线，方向取正向.

分析 本题考查第二类曲线积分的计算，可利用格林公式进行求解.

解 令 $P(x, y) = \frac{-y}{4x^2 + y^2}, Q(x, y) = \frac{x}{4x^2 + y^2}$. 则当 $x^2 + y^2 \neq 0$ 时，有

$$\frac{\partial P}{\partial y} = \frac{y^2 - 4x^2}{(4x^2 + y^2)^2} = \frac{\partial Q}{\partial x}.$$

(1)当 L 不包围原点时，由格林公式有

$$I = \oint_L \frac{x\mathrm{d}y - y\mathrm{d}x}{4x^2 + y^2} = \iint_D (Q_x - P_y)\mathrm{d}\sigma = 0 \quad （D \text{ 为 } L \text{ 所包围的闭区域}）.$$

(2)当 L 包围原点时，由复连通域上的格林公式有

$$I = \oint_L \frac{x\mathrm{d}y - y\mathrm{d}x}{4x^2 + y^2} = \oint_{L_1} \frac{x\mathrm{d}y - y\mathrm{d}x}{4x^2 + y^2} = \oint_{4x^2 + y^2 = \varepsilon^2} \frac{x\mathrm{d}y - y\mathrm{d}x}{4x^2 + y^2} = \frac{1}{\varepsilon^2}\oint x\mathrm{d}y - y\mathrm{d}x$$

$$= \frac{1}{\varepsilon^2}\iint_D (1+1)\mathrm{d}x\mathrm{d}y = \frac{2}{\varepsilon^2}\iint_D \mathrm{d}x\mathrm{d}y = \frac{2}{\varepsilon^2} \cdot \pi \cdot \frac{\varepsilon}{2} \cdot \varepsilon = \pi.$$

其中 L_1 是包含在 L 内部的充分小的椭圆，与 L 同方向，D 是 L_1 所围区域.

注：(2)也可用参数方程法计算.

例 11 计算下列曲线积分.

(1) $\oint_L (2x - y + 4)\mathrm{d}x + (5y + 3x - 6)\mathrm{d}y$. 其中 L 为顶点分别为 $A(0,0)$，$B(3,0)$ 和 $C(3,2)$ 的三角形正向边界.

(2) $I = \int_L [\mathrm{e}^x \sin y - b(x + y)]\mathrm{d}x + (\mathrm{e}^x \cos y - ax)\mathrm{d}y$，其中 a,b 为正常数，L 为从点 $A(2a, 0)$ 沿曲线 $y = \sqrt{2ax - x^2}$ 到点 $O(0,0)$ 的有向弧段.

分析 本题考查第二类曲线积分的计算. 若积分路径分段光滑或光滑，且形状规则时可利用公式直接计算；否则，利用格林公式(当积分曲线不封闭时首先用"补线法"补线)将第二类曲线积分转化为二重积分计算.

(1)解法 1 直接计算法.

$$\oint_L P\mathrm{d}x + Q\mathrm{d}y = \int_{AB} P\mathrm{d}x + Q\mathrm{d}y + \int_{BC} P\mathrm{d}x + Q\mathrm{d}y + \int_{CA} P\mathrm{d}x + Q\mathrm{d}y = 12.$$

解法 2 格林公式.

令 $P = 2x - y + 4$，$Q = 5y + 3x - 6$. 则由格林公式知

$$\oint_L P\mathrm{d}x + Q\mathrm{d}y = \iint_D \left(\frac{\partial Q}{\partial x} - \frac{\partial P}{\partial y}\right)\mathrm{d}x\mathrm{d}y \quad (D \text{ 为 } L \text{ 所围的三角形闭区域})$$

$$= \iint_D [3 - (-1)]\mathrm{d}x\mathrm{d}y = 4\iint_D \mathrm{d}x\mathrm{d}y = 4 \times \frac{1}{2} \times 3 \times 2 = 12.$$

注：当 $\frac{\partial Q}{\partial x} \neq \frac{\partial P}{\partial y}$ 时，若 L 为封闭曲线，则利用格林公式求解.

(2)解 $\frac{\partial Q}{\partial x} = \mathrm{e}^x \cos y - a$，$\frac{\partial P}{\partial y} = \mathrm{e}^x \cos y - b$. 设 L_1 为从 $O \to A$ 的有向线段，D 为 $L_1 + L$ 所围区域，则由格林公式知

$$I = \oint_{L+L_1} - \int_{L_1} = \iint_D (b - a)\mathrm{d}x\mathrm{d}y - \int_0^{2a} (-bx)\mathrm{d}x = \frac{1}{2}(b - a)\pi a^2 + 2a^2 b.$$

例 12 计算 $I = \int_L \frac{x\mathrm{d}y - y\mathrm{d}x}{(x - y)^2}$，其中 L 为从 $A(0,1)$ 沿曲线 $y = \sqrt{1 + x^2}$ 至 $B(\sqrt{3}, 2)$ 的有向弧段.

分析 本题考查第二类曲线积分的计算，可利用格林公式进行求解.

解法 1 令 $P = \frac{-y}{(x - y)^2}$，$Q = \frac{x}{(x - y)^2}$，在 $y > x$ 时具有一阶连续偏导数，且 $\frac{\partial P}{\partial y} = -\frac{x + y}{(x - y)^3} = \frac{\partial Q}{\partial x}$，取点 $C(0, 2)$，则

$$I = \int_L \frac{x\mathrm{d}y - y\mathrm{d}x}{(x - y)^2} = \int_{AC} \frac{x\mathrm{d}y - y\mathrm{d}x}{(x - y)^2} + \int_{CB} \frac{x\mathrm{d}y - y\mathrm{d}x}{(x - y)^2} = \int_0^{\sqrt{3}} \frac{-2}{(x - 2)^2}\mathrm{d}x = \frac{\sqrt{3}}{\sqrt{3} - 2}.$$

解法 2 因为 $\frac{x\mathrm{d}y - y\mathrm{d}x}{(x - y)^2} = \mathrm{d}\left(\frac{x}{x - y}\right)$，故在 $y > x$ 的区域内积分与路径无关，于是

$$I = \int_{(0,1)}^{(\sqrt{3},2)} \frac{x\mathrm{d}y - y\mathrm{d}x}{(x - y)^2} = \left(\frac{x}{x - y}\right)\Big|_{(0,1)}^{(\sqrt{3},2)} = \frac{\sqrt{3}}{\sqrt{3} - 2}.$$

第四节　数学文化拾趣园

一、数学家趣闻轶事

1. 格林

1）生平简介

格林(George Green,1793—1841)英国数学家、物理学家. 生于诺丁汉郡,卒于诺丁汉郡. 1833 年自费入剑桥大学学习,1837 年获学士学位,1839 年任剑桥大学教授.

2）代表成就

1828 年,格林完成重要著作《数学分析在电磁理论中的应用》,书中他引入了位势概念,提出了著名的格林函数与格林定理,发展了电磁理论. 他在晶体中光的反射和折射等方面有较大的贡献. 他还发展了能量守恒定律,给出了弹性理论的基本方程. 变分法中的狄利克雷原理、超球面函数的概念等最初都是由他提出来的. 他的名字经常出现在大学数学、物理教科书或当代文献中,以他的名字命名的术语有格林定理、格林公式、格林函数、格林曲线、格林算子、格林测度、格林空间等.

格林主要受法国学派(P. S. 拉普拉斯、J. L. 拉格朗日、S. D. 泊松等)的影响. 格林将分析应用于电磁领域并引发了他在数学物理的一系列重要研究. 格林的其他著作致力于用分析方法解决引力、水波、声音和光的传播以及弹性理论等问题,其中包含了许多宝贵的数学思想,如变分学中狄利克雷原理、超球面函数的概念以及今天数学物理中使用的 WKB 方法等,都是格林最早提出的. 格林也是率先发展 n 维函数的分析人之一. 格林的工作孕育了以 W. 汤姆森、G. G. 斯托克斯、J. C. 麦克斯韦为代表的剑桥数学物理学派.

3）名家垂范

格林 8 岁时曾就读于一所私立学校,据格林的妹夫回忆,格林在校表现出非凡的数学才能,可惜这段学习仅延续了一年左右. 1802 年夏天,格林就辍学回家,帮助父亲做工. 1807 年,格林的父亲在诺汉丁郡近郊的史奈登地方买下一座磨坊,从面包师变成了磨坊主. 父子二人惨淡经营,家道小康. 但格林始终未忘记他对数学的爱好,以惊人的毅力坚持白天工作,晚上自学,把磨坊顶楼当作书斋,攻读从本市布朗利图书馆借来的数学书籍. 布朗利图书馆收藏有当时出版的各种重要的学术著作,对格林影响最大的是法国数学家拉普拉斯、拉格朗日、泊松、拉克鲁阿等人的著作. 通过钻研,格林不仅掌握了纯熟的分析方法,而且能创造性地发展、应用. 1833 年 10 月,年已 40 的格林终于跨进了剑桥大学的大门,成为冈维尔—凯厄斯学院的自费生. 经过 4 年艰苦的学习,格林 1837 年获剑桥数学荣誉考试一等第四名,翌年获学士学位,1839 年当选为冈维尔—凯厄斯学院院委. 正当一条更加宽广的科学道路在格林面前豁然展现之时,这位磨坊工出身的数学家却积劳成疾,不得不回家乡休养,于 1841 年 5 月 31 日病故.

格林在学术中反对门阀偏见,他培育了数学物理方面的剑桥学派,其中包括近代的很多伟大数学物理学家,如斯托克斯,麦克斯韦等,特别是格林的那种自强不息,自学成才的精神,实为后人楷模.

2. 斯托克斯

1）生平简介

斯托克斯（George Gabriel Stokes，1819—1903），英国数学家、力学家．1819 年 8 月 13 日生于爱尔兰的一个小镇，1903 年 2 月 1 日卒于英国剑桥．

2）代表成就

斯托克斯的主要贡献是对黏性流体运动规律的研究．C. L. M. H. 纳维从分子假设出发，将 L. 欧拉关于流体运动方程推广，1821 年获得带有一个反映黏性的常数的运动方程．1845 年斯托克斯从改用连续系统的力学模型和牛顿关于黏性流体的物理规律出发，在《论运动中流体的内摩擦理论和弹性体平衡和运动的理论》中给出黏性流体运动的基本方程组，其中含有两个常数，这组方程后称纳维—斯托克斯方程，它是流体力学中最基本的方程组．1851 年，斯托克斯在《流体内摩擦对摆运动的影响》的研究报告中提出球体在黏性流体中作较慢运动时受到的阻力的计算公式，指明阻力与流速和黏滞系数成比例，这是关于阻力的斯托克斯公式．斯托克斯发现流体表面波的非线性特征，其波速依赖于波幅，并首次用摄动方法处理了非线性波问题（1847 年）．斯托克斯对弹性力学也有研究，他指出各向同性弹性体中存在两种基本抗力，即体积压缩的抗力和对剪切的抗力，明确引入压缩刚度的剪切刚度（1845 年），证明弹性纵波是无旋容胀波，弹性横波是等容畸变波（1849 年）．斯托克斯在数学方面以场论中关于线积分和面积分之间的一个转换公式（斯托克斯公式）而闻名．

3）名家垂范

斯托克斯是六兄妹中最小的一个，从小就非常有教养．他的父亲是一个有知识的人，注重拓宽孩子们的知识面，如教他们学习拉丁语等．1832 年，斯托克斯进入都柏林学校学习．学习期间，他的父亲因病去世，他只能寄居在叔叔家中，而不能像别的孩子那样寄宿，因为家庭已负担不起他的生活开支．

1835 年，16 岁的斯托克斯来到英格兰，在布里斯托尔学院求学．1837 年至 1841 年，在彭布罗克（Pembroke）学院学习，毕业时，以在数学方面优异的成绩获得了史密斯奖学金（他是获得此奖学金的第一人）．此后，他在别人的指导下着手流体动力学方面的研究工作．1842 年到 1843 年期间斯托克斯发表了题为"不可压缩流体运动"的论文．使他成为一名数学家的最重要的转折点也许是 1846 年他所作的"关于流体动力学的研究"的报告．1849 年，斯托克斯被聘任为剑桥大学的数学教授，同时获得剑桥大学卢卡斯数学教授席位（Lucasian Chair of Mathematics），并任卢卡斯教授长达 50 年．1851 年当选皇家学会会员，1854 年被推选到英国皇家学会工作，1852 年获皇家学会 Rumford 奖．1854 年至 1885 年，他一直担任皇家学会的秘书，此期间的 1857 年他和一位天文学家的女儿结婚．1886 年至 1890 年当选为皇家学会的主席，同时在 1886 年当选为维多利业学院的院长直至 1903 年死去．斯托克斯是继牛顿之后任卢卡斯数学教授席位、皇家学会书记、皇家学会会长这三项职务的第二个人．

斯托克斯的研究是建立在剑桥大学前一辈科学家的研究成果之上的，对他有重要影响的科学家包括拉格朗日、拉普拉斯、傅立叶、泊松和柯西等人．斯托克斯在对光学和流体动力学进行研究时，推导出了在曲线积分中最有名的被后人称之为"斯托斯公式"的定理．直至现代，此定理在数学、物理学等方面都有着重要而深刻的影响．

二、数学思维与发现

1. 多元积分问题一元化的思想

多元积分问题的研究采用将自变量中的某自变量看成变量、将其余自变量看成常量或变量代换的思想,将多元积分问题转化为一元积分问题,利用类比于一元积微分学的方法进行研究.

2. 类比和比较法

本章主要利用多元问题一元化的思想,把多元函数的积分问题转化为一元函数的积分问题,然后采用类比和比较的方法,研究多元函数的积分问题:二重积分、三重积分;第一类曲线和曲面积分;第二类曲线和曲面积分及其联系,找出它们的相同和不同点.

3. 多元函数微积分的产生

(1) 偏导数的产生. 偏导数由不同的数学家从不同角度进行了研究和发现. 牛顿虽然从 x 与 y 的多项式方程[即 $f(x,y)=0$]导出了我们现在由 f 对 x 或 y 取偏导数而得到的表达式,但是他没有发表此工作. 詹姆斯·伯努利在其关于等周问题的著作中用了偏导数,同样尼古拉·伯努利(1687—1759)在 1720 年《教师学报》上发表的关于正交轨线的文章中也用了偏导数. 可是创造偏导数理论的却是方丹(Alexis Fontaine des Bertins,1705—1771)、欧拉、克莱罗(Alexis-Claude Clairaut)与达朗贝尔.

(2) 多重积分的出现. 多重积分最早出现在牛顿的著作《原理》中,他用几何论述的方法在讨论球与球壳作用于质点上的万有引力时就涉及此概念. 18 世纪上半叶,在人们以分析的形式推广了牛顿的工作后,重积分出现了并被用来表示 $\dfrac{\partial^2 z}{\partial x \partial y} = f(x,y)$ 的解,同时它也被用来确定一个薄片作用在一个质点上的万有引力. 1770 年左右,欧拉对由弧围成的有界区域上的二重定积分有了清楚的概念,并给出了用累次积分计算这种积分的程序. 拉格朗日在其关于旋转椭球的引力的著作中用三重积分表示引力,并在分析用直角坐标计算困难后,引入球坐标解决了三重积分难于计算的问题,自此他开始了多重积分变换的课题研究. 当然拉普拉斯也几乎同时做出了球坐标变换.

第五节　数学实践训练营

一、数学实验及软件使用

1. 计算重积分

对于重积分的计算来讲,基本的计算方法是先确定积分区域,然后化为累次积分进行计算,其中第一步尤为重要,如果积分区域不利于计算,那么我们通常会进行区域变换,如常见的三重积分的球面和柱面变换.除了掌握基本的计算方法,还必须注意对称性、拆分区域、拆分函数、交换积分次序、交换积分坐标系等的应用.

2. 计算第一型线面积分

对于第一型曲线积分的计算关键在于要将被积曲线方程化为参数方程,然后利用公式将第一型曲线积分化为定积分进行计算.计算第一型曲面积分首先要能找出被积曲面在坐标面上的投影区域,然后利用公式将其化为重积分进行计算.

3. 计算第二型线面积分

第二型曲线积分的计算方法和第一型曲线积分相似,都是将被积曲线方程化为参数方程形式,然后直接代入被积函数,将曲线积分化为定积分进行计算,但是在这里我们要注意被积曲线的方向.有时候被积曲线比较复杂,我们可以用简便算法,考虑曲线积分与路径是否有关,或者利用格林公式进行转化计算.

1)软件命令

$int(s)$符号表达式 s 的不定积分.

$int(s,v)$符号表达式 s 关于变量 v 的不定积分.

$int(s,a,b)$符号表达式 s 的定积分,a,b 分别为上、下限.

$int(s,v,a,b)$符号表达式 s 关于变量 v 从 a 到 b 的定积分.

当系统求解不出解析解,会自动求原点附近的一个近似解.

2)举例示范

例1 计算二重积分 $\int_{-1}^{1}\left(\int_{-\sqrt{1-x^2}}^{\sqrt{1-x^2}} 2\sqrt{1-x^2}\,\mathrm{d}y\right)\mathrm{d}x$.

```
>>syms x y%定义变量
>>f=2*(1-x^2)^0.5;                      %定义被积函数
>>ys=-(1-x^2)^0.5;                      %内层积分下限
>>yu=(1-x^2)^0.5;                       %内层积分上限
>>xs=-1;                                %外层积分下限
>>xu=1;                                 %外层积分上限
>>int(int(f,y,ys,yu),x,xs,xu)          %积分命令
>>ans=
>>16/3
```

例2 计算三重积分 $\int_{0}^{\pi}\int_{0}^{1}\int_{-1}^{1} y\sin x + z\cos x\,\mathrm{d}x\mathrm{d}y\mathrm{d}z$.

```
>>symsx y z %定义变量
>>f=y*sin(x)+z*cos(x);                  %定义被积函数
>>xs=-1;                                %第一层积分下限
>>xu=1;                                 %第一层积分上限
>>ys=0;                                 %第二层积分下限
>>yu=1;                                 %第二层积分下限
>>zs=0;                                 %第三层积分卜限
```

```
>>zu=pi;                                  %第三层积分下限
>>int(int(int(f,x,xs,xu),y,ys,yu),z,zs,zu)  %积分命令
>>ans =
>>pi^2 * sin(1)
```

例3 计算第一类曲线积分 $\int_L |y| \mathrm{d}s$，其中 L 为双纽线 $(x^2+y^2)^2 = a^2(x^2-y^2)$ 的弧.

解 双纽线的极坐标方程为 $r^2 = a^2\cos 2t$. 用隐函数求导得 $rr' = -a^2\sin 2t$，$r' = -\dfrac{a^2\sin 2t}{r}$，$\mathrm{d}s = \sqrt{r^2+r'^2}\,\mathrm{d}t = \sqrt{r^2+\dfrac{a^4\sin^2 2t}{r^2}}\,\mathrm{d}t = \dfrac{a^2}{r}\mathrm{d}t$. 所以

$$\int_L |y|\,\mathrm{d}s = 4\int_0^{\frac{\pi}{4}} r\sin t \cdot \frac{a^2}{r}\,\mathrm{d}t = 4a^2\int_0^{\frac{\pi}{4}}\sin t\,\mathrm{d}t.$$

单纯考虑积分 $4\int_0^{\frac{\pi}{4}}\sin t\,\mathrm{d}t$ 的 MATLAB 代码如下.

```
>>syms t                                  %定义变量
>>f=4 * sin(t);                           %定义被积函数
>>ts=0;                                    %积分下限
>>tu=pi/4;                                 %积分上限
>>int(f,t,ts,tu)                          %积分命令
>>ans =
>>4 - 2 * 2^(1/2)
```

例4 计算 $\iint\limits_{\Sigma} |xyz|\,\mathrm{d}S$，其中 Σ 为抛物面 $z = x^2+y^2 (0 \leqslant z \leqslant 1)$.

解 根据抛物面 $z = x^2+y^2$ 对称性及函数 $|xyz|$ 关于 xOz，yOz 坐标面对称，有

$$\iint\limits_{\Sigma} |xyz|\,\mathrm{d}S = 4\iint\limits_{\Sigma_1} xyz\,\mathrm{d}S = 4\iint\limits_{D_{xy}} (x^2+y^2)\sqrt{1+(2x)^2+(2y)^2}\,\mathrm{d}x\mathrm{d}y$$

$$= 4\int_0^{\frac{\pi}{2}}\mathrm{d}t\int_0^1 r^2\cos t\sin t \cdot r^2\sqrt{1+4r^2}\,r\mathrm{d}r = 2\int_0^{\frac{\pi}{2}}\sin 2t\,\mathrm{d}t\int_0^1 r^5\sqrt{1+4r^2}\,\mathrm{d}r.$$

```
>>syms t r                                %定义变量
>>f=2 * sin(2 * t) * r^5 * (1+4 * r^2)^0.5;  %定义被积函数
>>rs=0;                                    %内层积分下限
>>ru=1;                                    %内层积分上限
>>ts=0;                                    %外层积分下限
>>tu=pi/2;                                 %外层积分上限
>>int(int(f,r,rs,ru),t,ts,tu)             %积分命令
>>ans =
>>(25 * 5^(1/2))/84 - 1/420
```

例5 计算 $\iint\limits_{D} \mathrm{e}^{-y^2}\,\mathrm{d}x\mathrm{d}y$，其中 D 是以 $O(0,0)$，$A(1,1)$，$B(0,1)$ 为顶点的三角形闭区域.

解 令 $P = 0$，$Q = x\mathrm{e}^{-y^2}$，则 $\dfrac{\partial Q}{\partial x} - \dfrac{\partial P}{\partial y} = \mathrm{e}^{-y^2}$. 应用格林公式得

$$\iint\limits_{D} \mathrm{e}^{-y^2}\,\mathrm{d}x\mathrm{d}y = \int_{\overline{OA}+\overline{AB}+\overline{BO}} x\mathrm{e}^{-y^2}\,\mathrm{d}y = \int_0^1 x\mathrm{e}^{-x^2}\,\mathrm{d}x.$$

```
>>syms x                          %定义变量
>>f=x*exp(-x^2);                  %定义被积函数
>>xs=0;                           %积分下限
>>xu=1;                           %积分上限
>>int(f,x,xs,xu)                  %积分命令
>>ans =
>>1/2 - exp(-1)/2
```

二、建模案例分析

1. 雪堆融化问题

设有一高度为 $h(t)$（t 为时间）的雪堆在融化过程中，其侧面满足方程 $z = h(t) - \dfrac{2(x^2+y^2)}{h(t)}$（设长度单位为厘米，时间单位为小时），已知体积减小的速率与侧面积成正比（比例系数 0.9），问高度为 130 厘米的雪堆全部融化需多少时间？

解 记 V 为雪球体积，S 为雪堆侧面积，则

$$V = \int_0^{h(t)} dz \iint_{x^2+y^2 \leqslant [h^2(t)-h(t)z]} dxdy = \int_0^{h(t)} \frac{1}{2}\pi[h^2(t)-h(t)z]dz = \frac{\pi}{4}h^3(t),$$

$$S = \iint_{x^2+y^2 \leqslant \frac{1}{2}h^2(t)} \sqrt{1+z_x^2+z_y^2}\, dxdy = \iint \sqrt{1+\frac{16(x^2+y^2)}{h^2(t)}}\, dxdy$$

$$= \frac{2\pi}{h(t)} \int_0^{\frac{h(t)}{\sqrt{2}}} [h^2(t)+16r^2]^{\frac{1}{2}} \cdot r\, dr = \frac{13}{12}\pi h^2(t).$$

由题设 $\dfrac{dv}{dt} = -0.9S$，所以 $\dfrac{dh(t)}{dt} = -\dfrac{13}{10}$，$h(t) = -\dfrac{13}{10}t+c$，由 $h(0)=130$，得 $h(t)=-\dfrac{13}{10}t+130$，令 $h(t)=0$，得 $t=100$（小时）.

2. 飓风模型问题

在一个简化的飓风模型中，假定速度只取单纯的圆周方向，其大小为 $v(r,z) = \Omega r \mathrm{e}^{-\frac{z}{h}-\frac{r}{a}}$，其中 r、z 是柱坐标的两个坐标变量，Ω、h、a 为常量，以海平面飓风中心处作为坐标原点，如果大气密度 $\rho(z) = \rho_0 \mathrm{e}^{-\frac{z}{h}}$，求运动的全部功能，以及在哪一位置速度具有最大值.

解 求动能 E，因为 $E = \dfrac{1}{2}mv^2$，微元素 $dE = \dfrac{1}{2}v^2 \cdot \Delta m = \dfrac{1}{2}v^2 \cdot \rho \cdot dv$，故

$$I = \int_0^{2\pi} d\theta \int_0^{a(1-\cos\theta)} r^2\, dr = \frac{5\pi a^3}{3}.$$

因为飓风活动空间很大，在选用柱坐标计算中 $0 \to +\infty$，r 由 $0 \to +\infty$，于是

$$E = \frac{1}{2}\rho_0 \Omega^2 \int_0^{2\pi} d\theta \int_0^{+\infty} r^2 \mathrm{e}^{\frac{-2r}{a}} r\, dr \int_0^{+\infty} \mathrm{e}^{-\frac{3z}{h}}\, dz.$$

其中 $\int_0^{+\infty} r^3 \mathrm{e}^{-\frac{2r}{a}}\, dr$ 用分部积分法算得 $\dfrac{3}{8}a^4$，$\int_0^{+\infty} \mathrm{e}^{-\frac{3z}{h}}\, dz = -\dfrac{h}{3} \cdot \mathrm{e}^{-\frac{3z}{h}}\Big|_0^{+\infty} = \dfrac{h}{3}$. 最后有

$$E = \frac{1}{2}\rho_0\Omega^2 \cdot 2\pi \cdot \frac{3}{8}a^4 \cdot \frac{h}{3} = \frac{h\rho_0\pi}{8}\Omega^2 a^4.$$

下面计算何处速度最大.

$$v(r,z) = \Omega r e^{-\frac{z}{h} - \frac{r}{a}} \tag{1}$$

$$\begin{cases} \dfrac{\partial v}{\partial z} = \Omega r\left(-\dfrac{1}{h}\right)e^{-\frac{z}{h} - \frac{r}{a}} = 0 \\[3mm] \dfrac{\partial v}{\partial z} = \Omega\left[e^{-\frac{z}{h} - \frac{r}{a}} + r \cdot \left(-\dfrac{1}{a}\right) \cdot e^{-\frac{z}{h} - \frac{r}{a}}\right] = 0 \end{cases} \tag{2}$$

由式(1)得 $r = 0$,显然,当 $r = 0$ 时,$v = \Omega r e^{-\frac{z}{h} - \frac{r}{a}} = 0$,不是最大值(实际上是最小值),舍去. 由式(2)得 $r = a$. 此时 $v(a,z) = \Omega a \cdot e^{-1} \cdot e^{-\frac{z}{h}}$,它是 z 的单调下降函数. 故 $r = a, z = 0$ 处速度最大,即海平面上风沿边缘速度最大.

第六节　考研加油站

一、考研大纲解读

1. 考研数学一的大纲

1)考试内容
(1)二重积分与三重积分的概念、性质、计算和应用.
(2)两类曲线积分的概念、性质及计算.
(3)两类曲线积分的关系.
(4)格林公式.
(5)平面曲线积分与路径无关的条件.
(6)二元函数全微分的原函数.
(7)两类曲面积分的概念、性质及计算.
(8)两类曲面积分的关系.
(9)高斯公式.
(10)斯托克斯公式.
(11)散度、旋度的概念及计算.
(12)曲线积分和曲面积分的应用.

2)考试要求
(1)理解二重积分、三重积分的概念,了解重积分的性质,了解二重积分的中值定理.
(2)掌握二重积分的计算方法(直角坐标、极坐标),会计算三重积分(直角坐标、柱面坐标、球面坐标)
(3)理解两类曲线积分的概念,了解两类曲线积分的性质及关系.
(4)掌握计算两类曲线积分的方法.
(5)掌握格林公式并会运用平面曲线积分与路径无关的条件,会求二元函数全微分的原函数.

(6)了解两类曲面积分的概念、性质及两类曲面积分的关系,掌握计算两类曲面积分的方法,掌握用高斯公式计算曲面积分的方法,并会用斯托克斯公式计算曲线积分.

(7)了解散度与旋度的概念,并会计算.

2. 考研数学二和考研数学三的大纲

1)考试内容

二重积分的概念、基本性质和计算.

2)考试要求

了解二重积分的概念与基本性质,掌握二重积分的计算方法(直角坐标、极坐标).

二、典型真题解答及思考

1. 考研真题解析

1)试题特点

由于重积分糅合在线面积分中,每年的试题中单独对重积分的考查力度不大,主要集中在二重积分计算的考查中,往往在被积函数和积分区域设置障碍,因此要掌握一定的方法和技巧.线面积分是考试命题的重要内容,主要考查各类线面积分的计算,重点是与二型线面积分的计算.

2)常考题型

通常涉及的题型有选择题、填空题、计算题,其中以计算题为主.

3)考题剖析示例

(1)基本题型.

例 1(2015,数一,4 分) 设 D 是第一象限中的曲线 $2xy=1,4xy=1$ 与直线 $y=x,y=\sqrt{3}\,x$ 围成的平面区域,函数 $f(x,y)$ 在 D 上连续,则 $\iint\limits_{D} f(x,y)\mathrm{d}x\mathrm{d}y=($).

(A) $\displaystyle\int_{\frac{\pi}{4}}^{\frac{\pi}{3}}\mathrm{d}\theta\int_{\frac{1}{2\sin2\theta}}^{\frac{1}{\sin2\theta}}f(r\cos\theta,r\sin\theta)r\,\mathrm{d}r.$

(B) $\displaystyle\int_{\frac{\pi}{4}}^{\frac{\pi}{3}}\mathrm{d}\theta\int_{\frac{1}{\sqrt{2\sin2\theta}}}^{\frac{1}{\sqrt{\sin2\theta}}}f(r\cos\theta,r\sin\theta)r\,\mathrm{d}r.$

(C) $\displaystyle\int_{\frac{\pi}{4}}^{\frac{\pi}{3}}\mathrm{d}\theta\int_{\frac{1}{2\sin2\theta}}^{\frac{1}{\sin2\theta}}f(r\cos\theta,r\sin\theta)\,\mathrm{d}r.$

(D) $\displaystyle\int_{\frac{\pi}{4}}^{\frac{\pi}{3}}\mathrm{d}\theta\int_{\frac{1}{\sqrt{2\sin2\theta}}}^{\frac{1}{\sqrt{\sin2\theta}}}f(r\cos\theta,r\sin\theta)\,\mathrm{d}r.$

分析 此题考查将二重积分化成极坐标系下的累次积分.

解 由 $y=x$ 得 $\theta=\dfrac{\pi}{4}$,由 $y=\sqrt{3}\,x$ 得 $\theta=\dfrac{\pi}{3}$,由 $2xy=1$ 得 $2r^2\cos\theta\sin\theta=1,r=\dfrac{1}{\sqrt{\sin2\theta}}$,

由 $4xy=1$ 得 $4r^2\cos\theta\sin\theta=1,r=\dfrac{1}{\sqrt{2\sin2\theta}}$. 所以

$$\iint\limits_{D} f(x,y)\mathrm{d}x\mathrm{d}y=\int_{\frac{\pi}{4}}^{\frac{\pi}{3}}\mathrm{d}\theta\int_{\frac{1}{\sqrt{2\sin2\theta}}}^{\frac{1}{\sqrt{\sin2\theta}}}f(r\cos\theta,r\sin\theta)r\,\mathrm{d}r.$$

因此应选(B).

例 2(2015,数一,4 分) 设 Ω 是由平面 $x+y+z=1$ 与三个坐标平面所围成的空间区域,则 $\iiint\limits_{\Omega}(x+2y+3z)\mathrm{d}x\mathrm{d}y\mathrm{d}z=$ _____.

分析 此题考查三重积分的计算,可直接计算,也可利用轮换对称性化简后再计算.

解 由轮换对称性得 $\iiint\limits_{\Omega}(x+2y+3z)\mathrm{d}x\mathrm{d}y\mathrm{d}z=6\iiint\limits_{\Omega}z\mathrm{d}x\mathrm{d}y\mathrm{d}z=6\int_0^1 z\mathrm{d}z\iint\limits_{D_z}\mathrm{d}x\mathrm{d}y$. 其中 D_z 为平面 $Z=z$ 截空间区域 Ω 所得的截面,其面积为 $\frac{1}{2}(1-z)^2$. 所以

$$\iiint\limits_{\Omega}(x+2y+3z)\mathrm{d}x\mathrm{d}y\mathrm{d}z=6\iiint\limits_{\Omega}z\mathrm{d}x\mathrm{d}y\mathrm{d}z=6\int_0^1 z(1-z)^2\mathrm{d}z=3\int_0^1(z^3-2z^2+z)\mathrm{d}z=\frac{1}{4}.$$

例 3(2014,数一,4 分) 设 $f(x,y)$ 是连续函数,则 $\int_0^1\mathrm{d}y\int_{-\sqrt{1-y^2}}^{1-y}f(x,y)\mathrm{d}x=($).

(A) $\int_0^1\mathrm{d}x\int_0^{x-1}f(x,y)\mathrm{d}y+\int_{-1}^0\mathrm{d}x\int_0^{\sqrt{1-x^2}}f(x,y)\mathrm{d}y$.

(B) $\int_0^1\mathrm{d}x\int_0^{1-x}f(x,y)\mathrm{d}y+\int_{-1}^0\mathrm{d}x\int_{-\sqrt{1-x^2}}^0 f(x,y)\mathrm{d}y$.

(C) $\int_0^{\frac{\pi}{2}}\mathrm{d}\theta\int_0^{\overline{\frac{1}{\cos\theta+\sin\theta}}}f(r\cos\theta,r\sin\theta)\mathrm{d}r+\int_{\frac{\pi}{2}}^{\pi}\mathrm{d}\theta\int_0^1 f(r\cos\theta,r\sin\theta)\mathrm{d}r$.

(D) $\int_0^{\frac{\pi}{2}}\mathrm{d}\theta\int_0^{\overline{\frac{1}{\cos\theta+\sin\theta}}}f(r\cos\theta,r\sin\theta)r\mathrm{d}r+\int_{\frac{\pi}{2}}^{\pi}\mathrm{d}\theta\int_0^1 f(r\cos\theta,r\sin\theta)r\mathrm{d}r$.

分析 本题考查直角坐标与极坐标之间的转化,通过画图可以直观得到他们之间的关系.

解 应选(D).

例 4(2014,数一,4 分) 设 L 是柱面 $x^2+y^2=1$ 与平面 $y+z=0$ 的交线,从 z 轴正向往 z 轴负向看去为逆时针方向,则曲线积分 $\oint\limits_L z\mathrm{d}x+y\mathrm{d}z=$ _____.

分析 本题考查第二类曲线积分,可采用参数法将其转化为关于 t 的积分进行计算.

解 令 $\begin{cases} x=\cos t, \\ y=\sin t, \\ z=-\sin t, \end{cases} t\in[0,2\pi]$,所以

$$\oint\limits_L z\mathrm{d}x+y\mathrm{d}y=\int_0^{2\pi}[-\sin t(-\sin t)+\sin t(-\cos t)]\mathrm{d}t=\int_0^{2\pi}\frac{1-\cos 2t}{2}\mathrm{d}t+\int_0^{2\pi}(-\sin t)\mathrm{d}(\sin t)$$

$$=\pi+0=\pi.$$

例 5(2013,数一,4 分) 设 $L_1:x^2+y^2=1,L_2:x^2+y^2=2,L_3:x^2+2y^2=2,L_4:2x^2+y^2=2$ 为四条逆时针方向的平面曲线,记 $I_i=\oint\limits_L\left(y+\frac{y^3}{6}\right)\mathrm{d}x+\left(2x-\frac{x^3}{3}\right)\mathrm{d}y$ $(i=1,2,3,4)$,则 $\max\{I_1,I_2,I_3,I_4\}=($).

(A) I_1.   (B) I_2.   (C) I_3.   (D) I_4.

分析 本题考查第二类曲线积分的计算,可用格林公式进行求解.

解 $I_1=\iint\limits_{x^2+y^2\leqslant1}\left(1-x^2-\frac{1}{2}y^2\right)\mathrm{d}x\mathrm{d}y=\int_0^{2\pi}\mathrm{d}\theta\int_0^1\left(1-r^2\cos^2\theta-\frac{1}{2}r^2\sin^2\theta\right)r\mathrm{d}r=\frac{5\pi}{8}$.

$I_2=\iint\limits_{x^2+y^2\leqslant2}\left(1-x^2-\frac{1}{2}y^2\right)\mathrm{d}x\mathrm{d}y=\int_0^{2\pi}\mathrm{d}\theta\int_0^{\sqrt{2}}\left(1-r^2\cos^2\theta-\frac{1}{2}r^2\sin^2\theta\right)r\mathrm{d}r=\frac{4\pi}{8}$.

$$I_3 = \iint\limits_{x^2+y^2\leqslant 2}\left(1-x^2-\frac{1}{2}y^2\right)\mathrm{d}x\mathrm{d}y = \int_0^{2\pi}\mathrm{d}\theta\int_0^1\left(1-2r^2\cos^2\theta-\frac{1}{2}r^2\sin^2\theta\right)\sqrt{2}\,r\mathrm{d}r = \frac{\sqrt{18}\pi}{8}.$$

$$I_4 = \iint\limits_{x^2+y^2\leqslant 2}\left(1-x^2-\frac{1}{2}y^2\right)\mathrm{d}x\mathrm{d}y = \int_0^{2\pi}\mathrm{d}\theta\int_0^1(1-r^2\cos^2\theta-r^2\sin^2\theta)\sqrt{2}\,r\mathrm{d}r = \frac{\sqrt{32}\pi}{8}.$$

综上,应选(D).

例 6(2011,数一,4 分) 设 L 是柱面方程 $x^2+y^2=1$ 与平面 $z=x+y$ 的交线,从 z 轴正向往 z 轴负向看去为逆时针方向,则曲线积分 $\oint xz\,\mathrm{d}x+x\,\mathrm{d}y+\frac{y^2}{2}\mathrm{d}z=$ _____.

分析 本题考查第二类曲线积分的计算,首先将曲线写成参数方程的形式,再代入相应的计算公式计算即可.

解 曲线 L 的参数方程为 $\begin{cases} x=\cos t, \\ y=\sin t, \\ z=\cos t+\sin t, \end{cases}$ 其中 t 从 0 到 2π,因此

$$\oint xz\,\mathrm{d}x+x\,\mathrm{d}y+\frac{y^2}{2}\mathrm{d}z = \int_0^{2\pi}\cos t(\cos t+\sin t)(-\sin t)+\cos t\cos t+\frac{\sin^2 t}{2}(\cos t-\sin t)\mathrm{d}t$$

$$= \int_0^{2\pi}-\sin t\cos^2 t-\frac{\sin^2 t\cos t}{2}+\cos^2 t-\frac{\sin^3 t}{2}\mathrm{d}t = \pi.$$

例 7(2012,数一,4 分) 设 $\Sigma = \{(x,y,z)\mid x+y+z=1,x\geqslant 0,y\geqslant 0,z\geqslant 0\}$,则 $\iint\limits_{\Sigma}y^2\mathrm{d}s=$ _____.

分析 本题考查第一类曲面积分,由曲线积分的公式易得结果.

解 由曲面积分的计算公式可知

$$\iint\limits_{\Sigma}y^2\mathrm{d}s = \iint\limits_{D}y^2\sqrt{1+(-1)^2+(-1)^2}\,\mathrm{d}x\mathrm{d}y = \sqrt{3}\iint\limits_{D}y^2\mathrm{d}x\mathrm{d}y.$$

其中 $$D = \{(x,y)\mid x\geqslant 0, x+y\leqslant 1\}.$$

故 原式 $= \sqrt{3}\int_0^1\mathrm{d}y\int_0^{1-y}y^2\mathrm{d}x = \sqrt{3}\int_0^1 y^2(1-y)\mathrm{d}y = \frac{\sqrt{3}}{12}.$

例 8(2013,数二、数三,4 分) 设 D_k 是圆域 $D = \{(x,y)\mid x^2+y^2\leqslant 1\}$ 在第 k 象限的部分,记 $I_k = \iint\limits_{D_k}(y-x)\mathrm{d}x\mathrm{d}y$ $(k=1,2,3,4)$,则( ).

(A) $I_1>0$. (B) $I_2>0$. (C) $I_3>0$. (D) $I_4>0$.

分析 本题考查二重积分的相关知识.

解 $I_1=0, I_3=0, I_2=\iint\limits_{D_2}[y+(-x)]\mathrm{d}\sigma>0$ (因为 $y+(-x)>0$),

$$I_4 = \iint\limits_{D_4}[y+(-x)]\mathrm{d}\sigma<0 \quad (因为 y+(-x)<0).$$

所以选(B).

例 9(2013,数二、数三,10 分) 设 D 是由曲线 $y=x^{\frac{1}{3}}$,直线 $x=a(a>0)$ 及 x 轴所围成的平面图形,V_x, V_y 分别是 D 绕 x 轴,y 轴旋转一周所得旋转体的体积,若 $V_y=10V_x$,求 a 的值.

分析 本题考查旋转体的相关知识.

解 由题意可知 $V_x = \pi \int_0^a x^{\frac{2}{3}} \mathrm{d}x = \frac{3\pi}{5} a^{\frac{5}{3}}$，$V_y = 2\pi \int_0^a x \cdot x^{\frac{1}{3}} \mathrm{d}x = \frac{6\pi}{7} a^{\frac{7}{3}}$. 因为 $V_y = 10 V_x$，

所以 $a = \sqrt[7]{7}$.

例 10（2013，数二、数三，10 分） 设平面内区域 D 由直线 $x = 3y, y = 3x$ 及 $x + y = 8$ 围成，计算 $\iint\limits_D x^2 \mathrm{d}x \mathrm{d}y$.

分析 本题考查二重积分的计算，由积分区域的可加性性质可解.

解 由 $y = \begin{cases} y = 3x, \\ x + y = 8 \end{cases}$ 得 $\begin{cases} x = 2, \\ y = 6, \end{cases}$ 由 $y = \begin{cases} y = \frac{1}{3} x, \\ x + y = 8 \end{cases}$ 得 $\begin{cases} x = 6, \\ y = 2. \end{cases}$

$$I = \iint\limits_{D_1} x^2 \mathrm{d}\sigma + \iint\limits_{D_2} x^2 \mathrm{d}\sigma = \int_0^2 x^2 \mathrm{d}x \int_{\frac{x}{3}}^{3x} \mathrm{d}y + \int_2^6 x^2 \mathrm{d}x \int_{\frac{x}{3}}^{8-x} \mathrm{d}y$$

$$= \frac{8}{3} \int_0^2 x^3 \mathrm{d}x + \int_2^6 x^2 \left(8 - \frac{4x}{3} \right) \mathrm{d}x = \frac{416}{3}.$$

例 11（2012，数二，4 分） 设区域 D 由曲线 $y = \sin x, x = \pm \frac{\pi}{2}, y = 1$ 围成，则

$$\iint (x^5 y - 1) \mathrm{d}x \mathrm{d}y = \underline{\qquad}.$$

(A) π.　　　　(B) 2.　　　　(C) -2.　　　　(D) $-\pi$.

分析 本题考查二重积分的计算，根据区域对称性进行求解.

解 由二重积分的区域对称性，有

$$\iint (x^5 y - 1) \mathrm{d}x \mathrm{d}y = \int_{-\frac{\pi}{2}}^{\frac{\pi}{2}} \mathrm{d}x \int_{\sin x}^1 (x^5 y - 1) \mathrm{d}y = -\pi.$$

例 12（2012，数二，10 分） 计算二重积分 $\iint\limits_D xy \mathrm{d}\sigma$，其中区域 D 由曲线 $r = 1 + \cos\theta (0 \leqslant \theta \leqslant \pi)$ 与极轴围成.

分析 本题查考二重积分的计算，在极坐标下进行求解.

解 积分区域 D 由上半心形线 $r = 1 + \cos\theta$ 与极轴组成.

$$\iint\limits_D xy \mathrm{d}\sigma = \int_0^\pi \left[\int_0^{1+\cos\theta} r\cos\theta \cdot r\sin\theta \cdot r \mathrm{d}r \right] \mathrm{d}\theta = \frac{1}{4} \int_0^\pi \cos\theta \sin\theta (1 + \cos\theta)^4 \mathrm{d}\theta$$

$$= -\frac{1}{4} \int_0^\pi \cos\theta (1 + \cos\theta)^4 \mathrm{d}(\cos\theta) = -\frac{1}{4} \int_0^\pi ((1 + \cos\theta)^5 - (1 + \cos\theta)^4) \mathrm{d}(1 + \cos\theta)$$

$$= -\frac{1}{24} (1 + \cos\theta)^6 \Big|_0^\pi + \frac{1}{20} (1 + \cos\theta)^5 \Big|_0^\pi = \frac{8}{3} - \frac{8}{5} = \frac{16}{15}.$$

例 13（2011，数二，4 分） 设平面区域 D 由直线 $y = x$，圆 $x^2 + y^2 = 2y$ 及 y 轴所围成，则

二重积分 $\iint\limits_D xy \mathrm{d}\sigma = \underline{\qquad}$.

分析 本题考查二重积分的计算，用极坐标进行求解.

解

$$I = \iint\limits_D xy \mathrm{d}\sigma = \int_{\frac{\pi}{4}}^{\frac{\pi}{2}} \mathrm{d}\theta \int_0^{2\sin\theta} r^2 \cos\theta \sin\theta \cdot r \mathrm{d}r = 4 \int_{\frac{\pi}{4}}^{\frac{\pi}{2}} \sin^5\theta \cos\theta \mathrm{d}\theta = 4 \int_{\frac{\pi}{4}}^{\frac{\pi}{2}} \sin^5\theta \mathrm{d}(\sin\theta) = \frac{7}{12}.$$

例 14(2014,数三,4 分) 二次积分 $\int_0^1 \mathrm{d}y \int_y^1 \left(\dfrac{\mathrm{e}^{x^2}}{x} - \mathrm{e}^{y^2} \right) \mathrm{d}x =$ _____.

分析 本题考查二重积分,由积分性质可进行求解.

解
$$\int_0^1 \mathrm{d}y \int_y^1 \left(\frac{\mathrm{e}^{x^2}}{x} - \mathrm{e}^{y^2} \right) \mathrm{d}x = \int_0^1 \mathrm{d}y \int_y^1 \frac{\mathrm{e}^{x^2}}{x} \mathrm{d}x - \int_0^1 \mathrm{d}y \int_y^1 \mathrm{e}^{y^2} \mathrm{d}x = \int_0^1 \mathrm{d}x \int_0^x \frac{\mathrm{e}^{x^2}}{x} \mathrm{d}y - \int_0^1 (1-y) \mathrm{e}^{y^2} \mathrm{d}y$$

$$= \int_0^1 \mathrm{e}^{x^2} \mathrm{d}x - \int_0^1 (1-y) \mathrm{e}^{y^2} \mathrm{d}y = \int_0^1 y \mathrm{e}^{y^2} \mathrm{d}y = \frac{1}{2} \mathrm{e}^{y^2} \Big|_0^1 = \frac{1}{2}(\mathrm{e}-1).$$

例 15(2013,数三,4 分) 设 D_k 是圆域 $D = \{(x,y) \mid x^2 + y^2 \leqslant 1\}$ 位于第 k 象限的部分,

记 $I_k = \iint\limits_{D_k} (y-x) \mathrm{d}x\mathrm{d}y$ $(k=1,2,3,4)$,则( ).

(A) $I_1 > 0$.   (B) $I_2 > 0$.   (C) $I_3 > 0$.   (D) $I_4 > 0$.

分析 本题考查重积分的性质,利用重积分的性质即可得出答案.

解 由于第 1,3 象限区域有关于 x,y 的轮换对称性,故

$$\iint\limits_{D_k} y \mathrm{d}x\mathrm{d}y = \iint\limits_{D_k} x \mathrm{d}x\mathrm{d}y, \text{ 于是 } I_k = (y-x) \mathrm{d}x\mathrm{d}y = 0 \quad (k=1,3).$$

在第 2 象限区域 D_2 上,$y-x \geqslant 0$,第 4 象限区域 D_4 上,$y-x \leqslant 0$,故由重积分的性质得 $I_2 > 0$,$I_4 < 0$. 因此,应选(B).

例 16(2012,数三,4 分) 由曲线 $y = \dfrac{4}{x}$ 和直线 $y = x$ 及 $y = 4x$ 在第一象限中所围图形的面积为( ).

分析 本题可采用被积函数为 1 的二重积分来求解.

解
$$S = \int_0^2 \mathrm{d}y \int_{\frac{y}{4}}^y \mathrm{d}x + \int_2^4 \mathrm{d}y \int_{\frac{y}{4}}^{\frac{4}{y}} \mathrm{d}x = \frac{3}{2} + 4\ln 2 - \frac{3}{2} = 4\ln 2.$$

(2)综合题型.

例 1(2014,数一,10 分) 设 Σ 为曲面 $z = x^2 + y^2$ $(z \leqslant 1)$ 的上侧,计算曲面积分
$$I = \iint\limits_{\Sigma} (x-1)^3 \mathrm{d}y\mathrm{d}z + (y-1)^3 \mathrm{d}z\mathrm{d}x + (z-1)\mathrm{d}x\mathrm{d}y.$$

分析 本题考查第二类曲面积分的计算,采用割补法将 Σ 补充成闭合区域,转化成三重积分进行计算.

解 补曲面 $\Sigma_1 : \{(x,y,z) \mid z=1\}$ 的下侧,使之与 Σ 围成闭合的区域 Ω.

$$\iint\limits_{\Sigma+\Sigma_1} - \iint\limits_{\Sigma_1} = -\iiint\limits_{\Omega} [3(x-1)^2 + 3(y-1)^2 + 1] \mathrm{d}x\mathrm{d}y\mathrm{d}z$$

$$= -\int_0^{2\pi} \mathrm{d}\theta \int_0^1 \mathrm{d}\rho \int_{\rho^2}^1 [3(\rho\cos\theta - 1)^2 + 3(\rho\sin\theta - 1)^2 + 1]\rho \mathrm{d}z$$

$$= -\int_0^{2\pi} \mathrm{d}\theta \int_0^1 \mathrm{d}\rho \int_{\rho^2}^1 [3\rho^2 - 6\rho^2\cos\theta - 6\rho^2\sin\theta + 7\rho]\mathrm{d}z$$

$$= -2\pi \int_0^1 (3\rho^3 + 7\rho)(1-\rho^2)\mathrm{d}\rho = -4\pi.$$

例 2(2013,数一,10 分) 设直线 L 过 $A(1,0,0)$,$B(0,1,1)$ 两点,将 L 绕 z 轴旋转一周得到曲面 Σ,Σ 与平面 $z=0$,$z=2$ 所围成的立体为 Ω. ①求曲面 Σ 的方程;②求 Ω 的形心坐标.

分析 本题考查旋转体相关知识.

解 ①直线方向 $AB = \{-1,1,1\}$，直线方程 $\dfrac{x-0}{-1} = \dfrac{y-1}{1} = \dfrac{z-1}{1} = t$，绕 z 轴旋转的

曲面方程为 $x^2 + y^2 = x_0^2 + y_0^2 = z^2 + (1-z)^2$，解得 $x^2 + y^2 = z^2 + (1-z)^2$.

②由①可知形心坐标 $\overline{x} = 0, \overline{y} = 0$.

$$\overline{z} = \frac{\iiint\limits_{\Omega} z\,\mathrm{d}v}{\iiint\limits_{\Omega} \mathrm{d}v} = \frac{\int_0^2 z\,\mathrm{d}z \iint \mathrm{d}x\mathrm{d}y\, \dfrac{10}{3}\pi}{\int_0^2 \mathrm{d}z \iint \mathrm{d}x\mathrm{d}y\, \dfrac{14}{3}\pi} = \frac{7}{5}.$$

所以形心坐标为 $\left(0, 0, \dfrac{7}{5}\right)$.

例 3（2012，数一，10 分）　已知 L 是第一象限中从点 $(0,0)$ 沿圆周 $x^2 + y^2 = 2x$ 到点 $(2,0)$，再沿圆周 $x^2 + y^2 = 4$ 到点 $(0,2)$ 的曲线段，计算曲线积分

$$J = \int_L 3x^2 y\,\mathrm{d}x + (x^3 + x - 2y)\,\mathrm{d}y.$$

分析　本题考查第二类曲线积分的计算，可将曲线补充成闭曲线再用格林公式进行求解.

解　补充曲线 L_1 沿 y 轴由点 $(2,0)$ 到 $(0,0)$，D 为曲线 L 和 L_1 围成的区域. 由格林公式

可得原式 $= \displaystyle\int_{L+L_1} 3x^2 y\,\mathrm{d}x + (x^3 + x - 2y)\,\mathrm{d}y - \int_{L_1} 3x^2 y\,\mathrm{d}x + (x^3 + x - 2y)\,\mathrm{d}y$

$= \displaystyle\iint\limits_D (3x^2 + 1 - 3x^2)\,\mathrm{d}\sigma - \int_{L_1} (-2y)\,\mathrm{d}y = \iint\limits_D 1\,\mathrm{d}\sigma + \int_{L_1} 2y\,\mathrm{d}y$

$= \dfrac{1}{4} \cdot \pi \cdot 2^2 - \dfrac{1}{2} \cdot \pi \cdot 1^2 - \displaystyle\int_0^2 2y\,\mathrm{d}y = \dfrac{\pi}{2} - y^2 \Big|_0^2 = \dfrac{\pi}{2} - 4.$

例 4（2011，数一、数二，11 分）　已知函数 $f(x,y)$ 具有二阶连续偏导数，且

$f(1,y) = 0, f(x,1) = 0, \displaystyle\iint\limits_D f(x,y)\,\mathrm{d}x\mathrm{d}y = a$，其中 $D = \{(x,y) \mid 0 \leqslant x \leqslant 1, 0 \leqslant y \leqslant 1\}$，计

算二重积分 $\displaystyle\iint\limits_D xy f''_{xy}(x,y)\,\mathrm{d}x\mathrm{d}y$.

分析　本题考查二重积分的计算. 计算中主要利用分部积分法将需要计算的积分公式化为已知的积分式，出题形式较为新颖，有一定难度.

解　将二重积分 $\displaystyle\iint\limits_D xy f''_{xy}(x,y)\,\mathrm{d}x\mathrm{d}y$ 转化为累次积分可得

$$\iint\limits_D xy f''_{xy}(x,y)\,\mathrm{d}x\mathrm{d}y = \int_0^1 \mathrm{d}y \int_0^1 xy f''_{xy}(x,y)\,\mathrm{d}x,$$

首先考虑 $\displaystyle\int_0^1 xy f''_{xy}(x,y)\,\mathrm{d}x$，注意这里是把变量 y 看作常数的，故有

$$\int_0^1 xy f''_{xy}(x,y)\,\mathrm{d}x = y \int_0^1 x\,\mathrm{d}f'_y(x,y) = xy f'_y(x,y)\Big|_0^1 - \int_0^1 y f'_y(x,y)\,\mathrm{d}x$$

$$= y f'_y(1,y) - \int_0^1 y\,\mathrm{d}f'_y(x,y).$$

由 $f(1,y) = 0, f(x,1) = 0$ 易知 $f'_y(1,y) = 0 = f'_x(x,1)$，故

$$\int_0^1 xy f''_{xy}(x,y)\,\mathrm{d}x = -\int_0^1 y f'_y(x,y)\,\mathrm{d}x.$$

$$\iint_D xyf''_{xy}(x,y)\mathrm{d}x\mathrm{d}y = \int_0^1 \mathrm{d}y\int_0^1 xyf''_{xy}(x,y)\mathrm{d}x = -\int_0^1 \mathrm{d}y\int_0^1 yf'_y(x,y)\mathrm{d}x.$$

对该积分交换积分次序可得

$$-\int_0^1 \mathrm{d}y\int_0^1 yf'_y(x,y)\mathrm{d}x = -\int_0^1 \mathrm{d}x\int_0^1 yf'_y(x,y)\mathrm{d}y.$$

再考虑积分 $\int_0^1 yf''_{xy}(x,y)\mathrm{d}y$，注意到这里是把变量 x 看作常数的，故有

$$\int_0^1 yf'_y(x,y)\mathrm{d}y = \int_0^1 y\mathrm{d}f(x,y) = yf(x,y)\big|_0^1 - \int_0^1 f(x,y)\mathrm{d}y = -\int_0^1 f(x,y)\mathrm{d}y.$$

因此

$$\iint_D xyf''_{xy}(x,y)\mathrm{d}x\mathrm{d}y = -\int_0^1 \mathrm{d}x\int_0^1 yf'_y(x,y)\mathrm{d}y = \int_0^1 \mathrm{d}x\int_0^1 f(x,y)\mathrm{d}y = \iint_D f(x,y)\mathrm{d}x\mathrm{d}y = a.$$

例 5（2015，数二，10 分）　设 $A>0$，D 是由曲线段 $y = A\sin x\left(0\leqslant x\leqslant \dfrac{\pi}{2}\right)$ 及直线 $y=0,x=\dfrac{\pi}{2}$ 所形成的平面区域，V_1,V_2 分别表示 D 绕 x 轴与 y 轴旋转所成旋转体的体积，若 $V_1=V_2$，求 A 的值.

分析　本题考查旋转体相关知识.

解　由旋转体的体积公式，得

$$V_1 = \int_0^{\frac{\pi}{2}} \pi f^2(x)\mathrm{d}x = \int_0^{\frac{\pi}{2}} \pi(A\sin x)^2\mathrm{d}x = \pi A^2\int_0^{\frac{\pi}{2}} \frac{1-\cos 2x}{2}\mathrm{d}x = \frac{\pi^2 A^2}{4}.$$

$$V_2 = \int_0^{\frac{\pi}{2}} 2\pi xf(x)\mathrm{d}x = -2\pi A\int_0^{\frac{\pi}{2}} x\mathrm{d}(\cos x) = 2\pi A.$$

由题 $V_1=V_2$，求得 $A=\dfrac{8}{\pi}$.

例 6（2015，数二，10 分）　计算二重积分 $\displaystyle\iint_D x(x+y)\mathrm{d}x\mathrm{d}y$，其中

$$D = \{(x,y) = | x^2+y^2\leqslant 2,y\geqslant x^2\}.$$

分析　本题考查二重积分的计算. 注意观察函数的奇偶性与积分区域的对称性.

解
$$\iint_D x(x+y)\mathrm{d}x\mathrm{d}y = \iint_D x^2\mathrm{d}x\mathrm{d}y = 2\int_0^1 \mathrm{d}x\int_{x^2}^{\sqrt{2-x^2}} x^2\mathrm{d}y = 2\int_0^1 x^2(\sqrt{2-x^2}-x^2)\mathrm{d}x$$

$$= 2\int_0^1 x^2\sqrt{2-x^2}\mathrm{d}x - \frac{2}{5}\xlongequal{x=\sqrt{2}\sin t} 2\int_0^{\frac{\pi}{4}} 2\sin^2 t 2\cos^2 t\mathrm{d}t - \frac{2}{5}$$

$$= 2\int_0^{\frac{\pi}{4}} \sin^2 2t\mathrm{d}t - \frac{2}{5}\xlongequal{u=2t} \int_0^{\frac{\pi}{2}} \sin^2 u\mathrm{d}u - \frac{2}{5} = \frac{\pi}{4} - \frac{2}{5}.$$

例 7（2014，数二、数三，10 分）　设平面区域 $D = \{(x,y) = | 1\leqslant x^2+y^2\leqslant 4,x\geqslant 0, y\geqslant 0\}$. 计算 $\displaystyle\iint_D \frac{x\sin(\pi\sqrt{x^2+y^2})}{x+y}\mathrm{d}x\mathrm{d}y$.

分析　本题考查二重积分的计算，可由对称性性质进行求解.

解　由对称性得

$$I = \iint_D \frac{x\sin(\pi\sqrt{x^2+y^2})}{x+y}\mathrm{d}x\mathrm{d}y = \iint_D \frac{y\sin(\pi\sqrt{x^2+y^2})}{x+y}\mathrm{d}x\mathrm{d}y = \frac{1}{2}\iint_D \frac{(x+y)\sin(\pi\sqrt{x^2+y^2})}{x+y}\mathrm{d}x\mathrm{d}y$$

$$= \frac{1}{2}\iint_D \frac{\sin(\pi\sqrt{x^2+y^2})}{1}\mathrm{d}x\mathrm{d}y = \frac{1}{2}\int_0^{\frac{\pi}{2}} \mathrm{d}\theta\int_1^2 r\sin(\pi r)\mathrm{d}r = -\frac{3}{4}.$$

例 8(2014,数二,11 分) 已知函数 $f(x,y)$ 满足 $\dfrac{\partial f}{\partial y}=2(y+1)$,且 $f(x,y)=(y+1)^2-$ $(2-x)\ln x$. 求曲线 $f(x,y)=0$ 所围成的图形绕直线 $y=-1$ 旋转所成的旋转体的体积.

分析 本题考查旋转体相关知识.

解 由于函数 $f(x,y)$ 满足 $\dfrac{\partial f}{\partial y}=2(y+1)$,所以 $f(x,y)=y^2+2y+C(x)$,其中 $C(x)$ 为待定的连续函数. 又因为 $f(y,y)=(y+1)^2-(2-y)\ln y$,从而可知 $C(x)=1-(2-x)\ln x$,得到 $f(x,y)=y^2+2y+C(x)=y^2+2y+1-(2-x)\ln x$. 且当 $y=-1$ 时,$x_1=1,x_2=2$. 曲线 $f(x,y)=0$ 所围成的图形绕直线 $y=-1$ 旋转所成的旋转体的体积为

$$V=\pi\int_1^2(y+1)^2\mathrm{d}x=\pi\int_1^2(2-x)\ln x\mathrm{d}x=\left(2\ln 2-\frac{5}{4}\right)\pi.$$

例 9(2012,数二,10 分) 过 $(0,1)$ 点作曲线 $L:y=\ln x$ 的切线,切点为 A,又 L 与 x 轴交于 B 点,区域 D 由 L 与直线 AB 围成,求区域 D 的面积及 D 绕 x 轴旋转一周所得旋转体的体积.

分析 本题考查旋转体的相关知识.

解 设切点 A 为 (x_0,y_0),切线方程的斜率为 k,则 $y_0-1=kx_0,k=\dfrac{1}{x_0}$,解得 $x_0=\mathrm{e}^2$,$y_0=2$,所以切线方程为 $y=\dfrac{1}{\mathrm{e}^2}x+1$,切点 $A(\mathrm{e}^2,2)$,L 与 x 轴的交点 $B(-\mathrm{e}^2,0)$. 区域 D 的面积为

$$\int_0^2\left[\mathrm{e}^y-\mathrm{e}^2(y-1)\right]\mathrm{d}y=\left[\mathrm{e}^y-\mathrm{e}^2\left(\frac{1}{2}y^2-y\right)\right]\Big|_0^2=\mathrm{e}^2-1.$$

则 D 绕 x 轴旋转一周所得的体积为

$$V=\frac{1}{3}\pi\cdot2^2\cdot\left[\mathrm{e}^2-(-\mathrm{e}^2)\right]-\pi\int_1^{\mathrm{e}^2}\ln^2 x\mathrm{d}x=\frac{8}{3}\pi\mathrm{e}^2-\pi\left[(x\ln^2 x)\Big|_1^{\mathrm{e}^2}-\int_1^{\mathrm{e}^2}2\ln x\mathrm{d}x\right]$$

$$=\frac{8}{3}\pi\mathrm{e}^2-\pi\left[4\mathrm{e}^2-(2x\ln x)\Big|_1^{\mathrm{e}^2}+\int_1^{\mathrm{e}^2}2\mathrm{d}x\right]=\frac{8}{3}\pi\mathrm{e}^2-2\pi(\mathrm{e}^2-1)=\frac{2}{3}\pi(\mathrm{e}^2+3).$$

例 10(2012,数三,10 分) 计算二重积分 $\displaystyle\iint\limits_{D}\mathrm{e}^x xy\mathrm{d}x\mathrm{d}y$,其中 D 为曲线 $y=\sqrt{x}$ 与 $y=\dfrac{1}{\sqrt{x}}$ 所围区域.

分析 本题考查二重积分的计算,注意分析积分区域的特点.

解 由题意知,区域 $D=\left\{(x,y)\Big|0<x\leqslant1,\sqrt{x}<y\leqslant\dfrac{1}{\sqrt{x}}\right\}$,所以

$$\iint\limits_{D}\mathrm{e}^x xy\mathrm{d}x\mathrm{d}y=\lim_{x\to0}\int_0^1\mathrm{d}x\int_{\sqrt{x}}^{\frac{1}{\sqrt{x}}}\mathrm{e}^x xy\mathrm{d}y=\lim_{x\to0}\int_0^1\mathrm{e}^x x\left(\frac{1}{2}y^2\right)\Big|_{\sqrt{x}}^{\frac{1}{\sqrt{x}}}\mathrm{d}x$$

$$=\frac{1}{2}\lim_{x\to0}\int_0^1\mathrm{e}^x x\left(\frac{1}{2x}-\frac{x}{2}\right)\mathrm{d}x=\frac{1}{2}\lim_{x\to0}\left(\int_0^1\mathrm{e}^x\mathrm{d}x-\int_0^1\mathrm{e}^x x^2\mathrm{d}x\right)$$

$$=\frac{1}{2}\lim_{x\to0}\int_0^1\mathrm{e}-1-\mathrm{e}^x x^2\Big|_0^1+2\int_0^1\mathrm{e}^x x\mathrm{d}x=\frac{1}{2}\lim_{x\to0}\left(-1+2\int_0^1 x\mathrm{d}\mathrm{e}^x\right)$$

$$=\frac{1}{2}\lim_{x\to0}\left[-1+2(\mathrm{e}^x x\Big|_0^1-\int_0^1\mathrm{e}^x\mathrm{d}x)\right]=\frac{1}{2}\lim_{x\to0}\{-1+2[\mathrm{e}-(\mathrm{e}-1)]\}=\frac{1}{2}.$$

例 11(2011,数三,10 分) 设函数 $f(x)$ 在 $[0,1]$ 上有连续导数,$f(0)=1$,且

$$\iint\limits_{D_t}f'(x+y)\mathrm{d}x\mathrm{d}y=\iint\limits_{D_t}f(t)\mathrm{d}x\mathrm{d}y,\ D_t=\{(x,y)\,|\,0\leqslant y\leqslant t-x,0\leqslant x\leqslant t\}\,(0<t<1),$$

求 $f(x)$ 的表达式.

分析 本题考查二重积分的相关知识.

解
$$\iint\limits_{D_t}f(t)\mathrm{d}x\mathrm{d}y=\frac{1}{2}t^2f(t),$$

$$\iint\limits_{D_t}f'(x+y)\mathrm{d}x\mathrm{d}y=\int_0^t\mathrm{d}x\int_0^{t-x}f'(x+y)\mathrm{d}y=\int_0^t[f(t)-f(x)]\mathrm{d}x=tf(t)-\int_0^tf(x)\mathrm{d}x.$$

由题设有 $tf(t)-\int_0^tf(x)\mathrm{d}x=\dfrac{1}{2}f(t)$,上式两端求导,整理得 $(2-t)f'(t)=2f(t)$,解得 $f(t)=\dfrac{C}{(t-2)^2}$,代入 $f(0)=1$,得 $C=4$. 所以,$f(x)=\dfrac{4}{(x-2)^2},0\leqslant x\leqslant 1$.

例 12(2010,数三,10 分) 计算二重积分 $\iint\limits_D(x+y)^3\mathrm{d}\sigma$,其中 D 由曲线 $x=\sqrt{1+y^2}$ 与直线 $x+\sqrt{2}\,y=0$ 及 $x-\sqrt{2}\,y=0$ 所围成.

分析 本题考查二重积分的性质,注意观察被积函数的特点,利用二重积分的对称性进行求解.

解 积分区域 $D=D_1\bigcup D_2$,其中

$$D_1=\left\{(x,y)\,\big|\,0\leqslant y\leqslant 1,\sqrt{2}\,y\leqslant x\leqslant\sqrt{1+y^2}\right\},$$

$$D_2=\left\{(x,y)\,\big|\,-1\leqslant y\leqslant 0,-\sqrt{2}\,y\leqslant x\leqslant\sqrt{1+y^2}\right\},$$

$$\iint\limits_D(x+y)^3\mathrm{d}\sigma=\iint\limits_D(x^3+3x^3y+3xy^2+y^3)\mathrm{d}x\mathrm{d}y.$$

因为区域 D 关于 x 轴对称,被积函数 $3x^2y+y^3$ 是 y 的奇函数,所以 $\iint\limits_D 3x^2y+y^3\mathrm{d}x\mathrm{d}y=0$.

$$\iint\limits_D(x+y)^3\mathrm{d}x\mathrm{d}y=\iint\limits_D(x^3+3xy^2)\mathrm{d}x\mathrm{d}y=2\iint\limits_{D_1}(x^3+3xy^2)\mathrm{d}x\mathrm{d}y$$

$$=2\left[\int_0^1\mathrm{d}y\int_{\sqrt{2}\,y}^{\sqrt{1+y^2}}(x^3+3xy^2)\mathrm{d}x\right]=2\int_0^1\left(\frac{1}{4}x^4+\frac{3}{2}x^2y^2\right)\Big|_{\sqrt{2}\,y}^{\sqrt{1+y^2}}\mathrm{d}y$$

$$=2\int_0^1(-y^4+8y^2+1)\mathrm{d}y=\frac{1}{2}\left(-\frac{1}{5}y^5+\frac{8}{3}y^3+y\right)\Big|_0^1=\frac{14}{15}.$$

2. 考研真题思考

1)思考题

计算曲面积分 $I=\iint\limits_{\Sigma}2x^3\mathrm{d}y\mathrm{d}z+2y^3\mathrm{d}z\mathrm{d}x+3(z^2-1)\mathrm{d}x\mathrm{d}y$,其中 Σ 是曲面 $z=1-x^2-y^2(z\geqslant 0)$ 的上侧.

2)答案与提示

解 $I=\iint\limits_{\Sigma+\Sigma_1}2x^3\mathrm{d}y\mathrm{d}z+2y^3\mathrm{d}z\mathrm{d}x+3(z^2-1)\mathrm{d}x\mathrm{d}y-\iint\limits_{\Sigma}2x^3\mathrm{d}y\mathrm{d}z+2y^3\mathrm{d}z\mathrm{d}x+3(z^2-1)\mathrm{d}x\mathrm{d}y.$

由高斯公式得 $I = \iint\limits_{\Sigma + \Sigma_1} 2x^3\mathrm{d}y\mathrm{d}z + 2y^3\mathrm{d}z\mathrm{d}x + 3(z^2 - 1)\mathrm{d}x\mathrm{d}y = \iiint\limits_{\Omega} 6(x^2 + y^2 + z)\mathrm{d}x\mathrm{d}y\mathrm{d}z$

$$= 6\int_0^{2\pi}\mathrm{d}\theta\int_0^1\mathrm{d}r\int_0^{1-r^2}(z + r^2)r\mathrm{d}z = 2\pi.$$

而 $I = \iint\limits_{\Sigma_1} 2x^3\mathrm{d}y\mathrm{d}z + 2y^3\mathrm{d}z\mathrm{d}x + 3(z^2 - 1)\mathrm{d}x\mathrm{d}y = -\iint\limits_{x^2+y^2\leqslant 1} -3\mathrm{d}x\mathrm{d}y = 3\pi$，故 $I = 2\pi - 3\pi = -\pi$.

提示 先添加一曲面使之与原曲面围成一封闭曲面,应用高斯公式求解,继而在添加的曲面上应用直接投影法求解即可.

第七节　自我训练与提高

一、数学术语的英语表述

1. 将下列基本概念翻译成英语

(1)二重积分.　　　　(2)三重积分.　　　　(3)曲线积分.

(4)曲面积分.　　　　(5)格林公式.　　　　(6)高斯公式.

2. 本章重要概念的英文定义

(1)矩形上的二重积分.　　(2)对弧长的曲线积分.

二、习题与测验题

1. 习题

(1)计算 $\iint\limits_{D} x\sqrt{y}\,\mathrm{d}\sigma$，其中 D 是由曲线 $y = \sqrt{x}$，$y = x^2$ 所围成的闭区域.

(2)计算 $\iint\limits_{D}\sqrt{x^2 + y^2}\,\mathrm{d}\sigma$，其中 D 是圆环域：$a^2 \leqslant x^2 + y^2 \leqslant b^2$.

(3)计算 $\iiint\limits_{\Omega}(x^2 + y^2 + z^2)\mathrm{d}V$，其中 Ω 是由 $x^2 + y^2 + z^2 = 1$ 所围成的区域.

(4)计算 $\iiint\limits_{\Omega}(y + z)\mathrm{d}V$，其中 Ω 是由曲面 $z = \sqrt{x^2 + y^2}$ 与 $z = \sqrt{1 - x^2 - y^2}$ 围成.

(5)计算 $\int_{L} xy\mathrm{d}s$，其中 L 是圆周 $x^2 + y^2 = a^2$ 在第一象限内部分.

(6)计算 $\int_{\Gamma} x\mathrm{d}x + y\mathrm{d}y + (x + y - 1)\mathrm{d}z$，其中 Γ 是从点 $(1,1,1)$ 到点 $(2,3,4)$ 的一段直线.

(7)计算 $\int_{L}(y + 2xy)\mathrm{d}x + (x^2 + 2x + y^2)\mathrm{d}y$，其中曲线 L 是沿 $x^2 + y^2 = 4x$ 的上半圆周由 $A(4,0)$ 到 $O(0,0)$ 的有向曲线.

(8)计算 $\iint\limits_{\Sigma}(x+y+z)\mathrm{d}S$,其中 Σ 为球面 $x^2+y^2+z^2=a^2$ 上 $z \geqslant h\,(0<h<a)$ 的部分.

(9)计算 $\iint\limits_{\Sigma}z\mathrm{d}x\mathrm{d}y$,其中 Σ 是球面 $x^2+y^2+z^2=R^2$ 的上半部分外侧.

(10) 计算 $\oiint\limits_{\Sigma}2xz\mathrm{d}y\mathrm{d}z+yz\mathrm{d}z\mathrm{d}x-z^2\mathrm{d}x\mathrm{d}y$,其中 Σ 由曲线 $z=\sqrt{x^2+y^2}$ 与 $z=\sqrt{2-x^2-y^2}$ 所围立体的表面外侧.

2. 测验题

1)填空题((1)每空 3.5 分,其余每空 4 分,共 15 分)

(1) $\iint\limits_{x^2+y^2\leqslant 2a^2}\mathrm{d}\sigma=$ _____, $\iiint\limits_{x^2+y^2+z^2\leqslant 1}\left[\dfrac{z^3\ln(x^2+y^2+z^2+100)}{x^2+y^2+z^2+2}+1\right]\mathrm{d}V=$ _____.

(2)设 L 为连接 $(1,0)$ 及 $(0,1)$ 两点的直线段,则 $\int_L(x+y)\mathrm{d}s=$ _____.

(3)设 Σ 为球面 $x^2+y^2+z^2=a^2$,则 $\oiint\limits_{\Sigma}\mathrm{d}S=$ _____.

2)单项选择题(每小题 4 分,共 12 分)

(1)设平面区域 $D:x^2+y^2\leqslant a^2$,D_1 是 D 在第一象限部分,则( ).

(A) $\iint\limits_{D}x^2\mathrm{d}x\mathrm{d}y=\dfrac{1}{2}\iint\limits_{D}(x^2+y^2)\mathrm{d}x\mathrm{d}y$.

(B) $\iint\limits_{D}(x^2+y^2)\mathrm{d}x\mathrm{d}y=\iint\limits_{D}a^2\mathrm{d}x\mathrm{d}y$.

(C) $\iint\limits_{D}xy\mathrm{d}x\mathrm{d}y=4\iint\limits_{D_1}xy\mathrm{d}x\mathrm{d}y$.

(D) $\iint\limits_{D}(x^2+\sin xy)\mathrm{d}x\mathrm{d}y=\iint\limits_{D}(x^2+\sin xy)\mathrm{d}x\mathrm{d}y$.

(2)积分 $\int_0^1\mathrm{d}x\int_{-\sqrt{1-x^2}}^{\sqrt{1-x^2}}f(x,y)\mathrm{d}y$ 可以化为( ).

(A) $\int_0^{\frac{\pi}{2}}\mathrm{d}\theta\int_0^1 f(r\cos\theta,r\sin\theta)r\mathrm{d}r$.   (B) $\int_{-\frac{\pi}{2}}^0\mathrm{d}\theta\int_0^1 f(r\cos\theta,r\sin\theta)r\mathrm{d}r$.

(C) $\int_0^{2\pi}\mathrm{d}\theta\int_0^1 f(r\cos\theta,r\sin\theta)r\mathrm{d}r$.   (D) $\int_{-\frac{\pi}{2}}^{\frac{\pi}{2}}\mathrm{d}\theta\int_0^1 f(r\cos\theta,r\sin\theta)r\mathrm{d}r$.

(3)累次积分 $\int_0^{\frac{\pi}{2}}\mathrm{d}\theta\int_0^{\cos\theta}f(r\cos\theta,r\sin\theta)r\mathrm{d}r$ 可写成( ).

(A) $\int_0^1\mathrm{d}y\int_0^{\sqrt{1-y^2}}f(x,y)\mathrm{d}x$.   (B) $\int_0^1\mathrm{d}y\int_{-\sqrt{1-y^2}}^{\sqrt{1-y^2}}f(x,y)\mathrm{d}x$.

(C) $\int_0^1\mathrm{d}x\int_0^1 f(x,y)\mathrm{d}y$.   (D) $\int_0^1\mathrm{d}x\int_0^{\sqrt{x-x^2}}f(x,y)\mathrm{d}y$.

3)计算二重积分(每小题 5 分,共 15 分)

(1) $\iint\limits_{D}\mathrm{e}^{x+y}\mathrm{d}\sigma$,其中 D 是由 $|x|+|y|\leqslant 1$ 所确定的区域.

(2) $\iint\limits_{D} e^{x^2+y^2} d\sigma$，其中 D 是由圆周 $x^2+y^2=4$ 所围区域.

(3) $\iint\limits_{D} \arctan \dfrac{y}{x} d\sigma$，其中 D 是由圆周 $x^2+y^2=4, x^2+y^2=1$，及直线 $y=0, y=x$ 所围成的在第一象限内的区域.

4) 计算三重积分（每小题 5 分，共 10 分）

(1) $\iiint\limits_{\Omega} \dfrac{dx dy dz}{(1+x+y+z)^3}$，其中 Ω 是由平面 $x=0, y=0, z=0$ 及 $x+y+z=1$ 所围成的四面体.

(2) $\iiint\limits_{\Omega} (x^2+y^2+z) dx dy dz$，其中 Ω 为由曲面 $z=x^2+y^2$ 与 $x^2+y^2=1$ 所围成的区域中第一象限部分.

5) 计算下列曲线积分（每小题 6 分，共 24 分）

(1) $\int_{L} \sqrt{y} ds$，其中 L 为抛物线 $y=x^2$ 从点 $(0,0)$ 到点 $(2,4)$ 一段弧.

(2) $\int_{L} (x^2-y^2) dx$，其中 L 是 $y=x^2$ 上从点 $(0,0)$ 到点 $(2,4)$ 的一段弧.

(3) $\int_{L} y dx + x dy$，其中 L 为圆周 $x=R\cos t, y=R\sin t$ 上对应 t 从 0 到 $\dfrac{\pi}{2}$ 的一段弧.

(4) $\oint_{L} y^3 dx + (3x-x^3) dy$，其中 L 是 $x^2+y^2=R^2$ 的正向.

6) 计算下列曲面积分（每小题 6 分，共 24 分）

(1) $\iint\limits_{\Sigma} (x^2+y^2) dS$，其中 Σ 是锥面 $z=\sqrt{x^2+y^2}$ $(0 \leqslant z \leqslant 1)$.

(2) $\iint\limits_{\Sigma} xz dx dy + xy dy dz + yz dz dx$，其中 Σ 是平面 $x=0, y=0, z=0, x+y+z=1$ 所围成的区域的整个边界曲面的外侧.

(3) $\iint\limits_{\Sigma} (x^2+y^2) dz dy + z dx dy$，其中 Σ 是锥面 $z=\sqrt{x^2+y^2}$ $(z \leqslant 1)$ 在第一卦限部分.方向取下侧.

(4) $\oiint\limits_{\Sigma} x^3 dy dz + y^3 dz dx + z^3 dx dy$，其中 Σ 为 $x^2+y^2+z^2=1$ 外侧.

三、参考答案

1. 数学术语的英语表述

1) 将下列基本概念翻译成英语

(1) Double integral.　　(2) Triple integral.　　(3) Curvilinear integral.

(4) Surface integral.　　(5) Green formula.　　(6) Gauss formula.

2)本章重要概念的英文定义

(1)Double Integrals over Rectangles.

Suppose that $f(x,y)$ is defined on a rectangular region R given by

$$R: a \leqslant x \leqslant b, c \leqslant y \leqslant d.$$

We imagine R to be covered by a network of lines parallel to the x- and y-axes. These lines divise R into small pieces of area $\Delta A = \Delta x \Delta y$ We number these in some order $\Delta A_1, \Delta A_2, \cdots, \Delta A_n$, choose a point (x_k, y_k) in each piece ΔA_k, and form the sum

$$S_n = \sum_{k=1}^{n} f(x_k, y_k) \Delta A_k. \tag{1}$$

If f is continuous throughout R, then, as we refine the mesh width to make both Δx and Δy go to zero, the sums in (1) approach a limit called the **double integral** $\iint\limits_{R} f(x,y) \mathrm{d}A$ or $\iint\limits_{R} f(x,y) \mathrm{d}x \mathrm{d}y$. Thus,

$$\iint\limits_{R} f(x,y) \mathrm{d}A = \lim_{\Delta A \to 0} \sum_{k=1}^{n} f(x_k, y_k) \Delta A_k. \tag{2}$$

As with functions of a single variable, the sums approach this limit no matter how the intervals $[a,b]$ and $[c,d]$ that determine R are partitioned, as long as the norms of the partitions both go to zero. The limit in (2) is also independent of the order in which the areas ΔA_k are numbered and independent of the choice of the point (x_k, y_k) within each ΔA_k. The values of the individual approximating sums S_n depend on these choices, but the sums approach the same limit in the end. The proof of the existence and uniqueness of this limit for a continuous function f is given in more advanced text. The continuity of f is a sufficient condition for the existence of the double integral, but not a necessary one. The limit in question exists for many discontinuous function as well.

(2)Line Integrals over the Curve.

Suppose that $f(x,y,z)$ is a function whose domain contains the curve $r(t) = g(t)i + h(t) j + k(t)k, a \leqslant t \leqslant b$. We partition the curve into a finite number of subarcs(Fig. 7.7). The typical subarc has length ΔS_k. In each subarc we choose a point (x_k, y_k, z_k) and form the sum

$$S_n = \sum_{k=1}^{n} f(x_k, y_k, z_k) \Delta S_k. \tag{3}$$

If f is continuous and functions g, h and k have continuous first derivatives, then the sums in (3) approach a limit as n increases, and the lengths ΔS_k approach zero. We call this limit the **integral of f over the curve from a to b**. If the curve is denoted by a dingle letter, C for example, the notation for the integral is

$$\int_C f(x,y,z) \mathrm{d}s \quad \text{"The integral } f \text{ of over } C\text{"}.$$

The curve $r = g(t)i + h(t)j + k(t)k$, partitioned into small arcs from $t=a$ to $t=b$. The length of a typical subarc is ΔS_k.

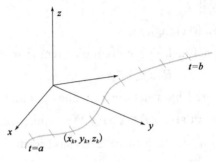

Fig 7—7

2. 习题

(1) $\displaystyle\iint\limits_{D} x\sqrt{y}\,\mathrm{d}\sigma = \int_0^1 \mathrm{d}x \int_{x^2}^{\sqrt{x}} x\sqrt{y}\,\mathrm{d}y = \int_0^1 x\cdot \frac{y^{\frac{3}{2}}}{1+\frac{1}{2}}\Big|_{x^2}^{\sqrt{x}}\,\mathrm{d}x,$

$$\int_0^1 x\cdot\frac{2}{3}(x^{\frac{3}{4}}-x^3)\,\mathrm{d}x = \frac{2}{3}\int_0^1 (x^{\frac{7}{4}}-x^4)\,\mathrm{d}x = \frac{2}{3}\left(\frac{4}{11}x^{\frac{11}{4}}-\frac{1}{5}x^5\right)\Big|_0^1$$

$$=\frac{2}{3}\left(\frac{4}{11}-\frac{1}{5}\right)=\frac{6}{55}.$$

(2) $\displaystyle\iint\limits_{D}\sqrt{x^2+y^2}\,\mathrm{d}\sigma = \int_0^{2\pi}\mathrm{d}\theta\int_a^b r\cdot r\,\mathrm{d}r = 2\pi\cdot\frac{b^3-a^3}{3}=\frac{2}{3}\pi(b^3-a^3).$

(3) $\displaystyle\iiint\limits_{\Omega}(x^2+y^2+z^2)\,\mathrm{d}V = \int_0^{2\pi}\mathrm{d}\theta\int_0^{\pi}\mathrm{d}\varphi\int_0^1 r^2\cdot r^2\sin\varphi\,\mathrm{d}r$

$$=2\pi\int_0^{\pi}\sin\varphi\,\mathrm{d}\varphi\cdot\frac{1}{5}=\frac{2}{5}\cdot(-\cos\varphi)\Big|_0^{\pi}=\frac{4\pi}{5}.$$

(4) $\displaystyle\iiint\limits_{\Omega}(y+z)\,\mathrm{d}V = \int_0^{2\pi}\mathrm{d}\theta\int_0^{\frac{\sqrt{2}}{2}} r\,\mathrm{d}r\int_r^{\sqrt{1-r^2}} z\,\mathrm{d}z \qquad\left(\iiint\limits_{\Omega}y\,\mathrm{d}V=0\right)$

$$=2\pi\int_0^{\frac{\sqrt{2}}{2}} r\,\frac{1-r^2-r^2}{2}\,\mathrm{d}r = \pi\left(\frac{r^2}{2}-\frac{r^4}{4}-\frac{r^4}{4}\right)\Big|_0^{\frac{\sqrt{2}}{2}}=\frac{\pi}{8}.$$

(5) $\displaystyle\int_L xy\,\mathrm{d}s = \int_0^{\frac{\pi}{2}} a\cos\theta\, a\sin\theta\,\sqrt{(-a\sin\theta)^2+(a\cos\theta)^2}$

$$=\int_0^{\frac{\pi}{2}} a\cos\theta\, a\sin\theta\, a\,\mathrm{d}\theta = a^3\,\frac{\sin^2\theta}{2}\Big|_0^{\frac{\pi}{2}}=\frac{a^3}{2}.$$

(6) 直线段 $\dfrac{x-1}{2-1}=\dfrac{y-1}{3-1}=\dfrac{z-1}{4-1}$ 即 $\dfrac{x-1}{1}=\dfrac{y-1}{2}=\dfrac{z-1}{3}$，化为参数方程为

$$\begin{cases} x=1+t,\\ y=1+2t, \quad 0\leqslant t\leqslant 1,\\ z=1+3t, \end{cases}$$

$$\int_{\Gamma} x\,\mathrm{d}x+y\,\mathrm{d}y+(x+y-1)\,\mathrm{d}z = \int_0^1\big[(1+t)+(1+2t)\cdot 2+(1+3t)\cdot 3\big]\mathrm{d}t$$

$$=\int(14t+6)\,\mathrm{d}t = 13.$$

(7) $\oint\limits_{L+\overrightarrow{OA}}(y+2xy)\mathrm{d}x+(x^2+2x+y^2)\mathrm{d}y=\iint\limits_{D}(2x+2-1-2x)\mathrm{d}x\mathrm{d}y$

$$=\iint\limits_{D}\mathrm{d}x\mathrm{d}y=\frac{1}{2}\pi\cdot 2^2=2\pi.$$

由于 $\oint\limits_{\overrightarrow{OA}}(y+2xy)\mathrm{d}x+(x^2+2x+y^2)\mathrm{d}y=0$，故

$$\oint\limits_{L}(y+2xy)\mathrm{d}x+(x^2+2x+y^2)\mathrm{d}y=2\pi-0=2\pi.$$

(8) $\iint\limits_{\Sigma}(x+y+z)\mathrm{d}S=\iint\limits_{\Sigma}x\mathrm{d}S+\iint\limits_{\Sigma}y\mathrm{d}S+\iint\limits_{\Sigma}z\mathrm{d}S=0+0+\iint\limits_{\Sigma}z\mathrm{d}S$

$$=\iint\limits_{D}\sqrt{a^2-x^2-y^2}\cdot\sqrt{1+z^2_x+z^2_y}\,\mathrm{d}x\mathrm{d}y$$

$$=\iint\limits_{D}\sqrt{a^2-x^2-y^2}\cdot\sqrt{1+\left(\frac{-2x}{2\sqrt{a^2-x^2-y^2}}\right)^2+\left(\frac{-2y}{2\sqrt{a^2-x^2-y^2}}\right)^2}\,\mathrm{d}x\mathrm{d}y$$

$$=\iint\limits_{D}a\,\mathrm{d}x\mathrm{d}y=a\pi(a^2-h^2).$$

(9) $\oiint\limits_{\Sigma+\Sigma'}z\,\mathrm{d}x\mathrm{d}y=\iiint\limits_{\Omega}\mathrm{d}V=\frac{2}{3}\pi R^3,\qquad \oiint\limits_{\Sigma'}z\,\mathrm{d}x\mathrm{d}y=0,$

$$\oiint\limits_{\Sigma}z\,\mathrm{d}x\mathrm{d}y=\oiint\limits_{\Sigma+\Sigma'}z\,\mathrm{d}x\mathrm{d}y-\oiint\limits_{\Sigma'}z\,\mathrm{d}x\mathrm{d}y=\frac{2}{3}\pi R^3-0=\frac{2}{3}\pi R^3.$$

(10) $\oiint\limits_{\Sigma}2xz\,\mathrm{d}y\mathrm{d}z+yz\,\mathrm{d}z\mathrm{d}x-z^2\,\mathrm{d}x\mathrm{d}y=\iiint\limits_{\Omega}(2z+z-2z)\mathrm{d}V=\iiint\limits_{\Omega}z\,\mathrm{d}V$

$$=\int_0^{2\pi}\mathrm{d}\theta\int_0^1 r\mathrm{d}r\int_r^{\sqrt{2-r^2}}z\,\mathrm{d}z=2\pi\int_0^1 r\cdot\frac{2-r^2-r^2}{2}\mathrm{d}r=\int_0^1(2r-2r^3)\,\mathrm{d}r=\frac{\pi}{2}.$$

3. 测验题

1)(1) $2\pi a^2,\dfrac{4}{3}\pi.$　　　　(2) $\sqrt{2}.$　　　　(3) $4\pi a^2.$

2)(1)(A).　　　　(2)(D).　　　　(3)(D).

3)(1) $\iint\limits_{D}\mathrm{e}^{x+y}\mathrm{d}\sigma=\int_{-1}^0\mathrm{d}x\int_{-x-1}^{x+1}\mathrm{e}^{x+y}\mathrm{d}y+\int_0^1\mathrm{d}x\int_{x-1}^{-x+1}\mathrm{e}^{x+y}\mathrm{d}y$

$$=\int_{-1}^0\mathrm{e}^x\cdot(\mathrm{e}^{x+1}-\mathrm{e}^{-x-1})\mathrm{d}x+\int_0^1\mathrm{e}^x\cdot(\mathrm{e}^{-x+1}-\mathrm{e}^{x-1})\mathrm{d}y$$

$$=\frac{1}{2}\mathrm{e}^{2x+1}\Big|_{-1}^0-\mathrm{e}^{-1}+\mathrm{e}-\frac{1}{2}\mathrm{e}^{2x+1}\Big|_0^1=\mathrm{e}-\mathrm{e}^{-1}.$$

(2) $\iint\limits_{D}\mathrm{e}^{x^2+y^2}\mathrm{d}\sigma=\int_0^{2\pi}\mathrm{d}\theta\int_0^2\mathrm{e}^{r^2}r\mathrm{d}r=2\pi\cdot\frac{1}{2}\mathrm{e}^{r^2}\Big|_0^2=\pi(\mathrm{e}^4-1).$

(3) $\iint\limits_{D}\arctan\dfrac{y}{x}\mathrm{d}\sigma=\int_0^{\frac{\pi}{4}}\mathrm{d}\theta\int_1^2\arctan\dfrac{r\sin\theta}{r\cos\theta}r\mathrm{d}r=\int_0^{\frac{\pi}{4}}\theta\mathrm{d}\theta\int_1^2 r\mathrm{d}r=\dfrac{3}{64}\pi^2.$

4)(1) $\iiint\limits_{\Omega} \dfrac{\mathrm{d}x\mathrm{d}y\mathrm{d}z}{(1+x+y+z)^3} = \int_0^1 \mathrm{d}x \int_0^{1-x} \mathrm{d}y \int_0^{1-x-y} \dfrac{1}{(1+x+y+z)^3}\mathrm{d}z$

$= \int_0^1 \mathrm{d}x \int_0^{1-x} \dfrac{1}{-2}(1+x+y+z)^{-2}\Big|_0^{1-x-y}\mathrm{d}y = \int_0^1 \mathrm{d}x \int_0^{1-x} \dfrac{1}{-2}\Big[\dfrac{1}{4} - (1+x+y+z)^{-2}\Big]\mathrm{d}y$

$= -\dfrac{1}{2}\int_0^1 \Big[\dfrac{1}{4}(1-x) + \Big(\dfrac{1}{2} - \dfrac{1}{1+x}\Big)\Big]\mathrm{d}x = -\dfrac{1}{2}\Big(\dfrac{1}{4} - \dfrac{1}{8} + \dfrac{1}{2} - \ln 2\Big) = \dfrac{8\ln 2 - 5}{16}.$

(2) $\iiint\limits_{\Omega}(x^2+y^2+z)\mathrm{d}x\mathrm{d}y\mathrm{d}z = \int_0^{\frac{\pi}{2}}\mathrm{d}\theta \int_0^1 r\mathrm{d}r \int_0^{r^2}(r^2+z)\mathrm{d}z = \dfrac{\pi}{2}\int_0^1 r\Big(r^4 + \dfrac{r^4}{2}\Big)\mathrm{d}r$

$= \dfrac{\pi}{2}\int_0^1 \dfrac{3}{2}r^5\mathrm{d}r = \dfrac{3\pi}{4}\cdot\dfrac{1}{6} = \dfrac{\pi}{8}.$

5)(1) $\int_L \sqrt{y}\,\mathrm{d}s = \int_0^2 x\sqrt{1+4x^2}\,\mathrm{d}x = \dfrac{1}{8}\cdot\dfrac{2}{3}(1+4x^2)^{\frac{2}{3}}\Big|_0^2 = \dfrac{1}{12}(17^{\frac{3}{2}} - 1).$

(2) $\int_L (x^2-y^2)\mathrm{d}x = \int_0^2 (x^2 - x^4)\mathrm{d}x = -\dfrac{56}{15}.$

(3) $\int_L y\mathrm{d}x + x\mathrm{d}y = \int_0^{\frac{R}{2}} R\sin t\mathrm{d}R\cos t + R\cos t\mathrm{d}R\sin t$

$= R^2\int_0^{\frac{\pi}{2}}(-\sin^2 t + \cos^2 t)\mathrm{d}t = R\int_0^{\frac{\pi}{2}}\cos^2 t\mathrm{d}t = 0$

(4) $\oint_L y^3\,\mathrm{d}x + (3x - x^3)\mathrm{d}y = \iint\limits_D (3 - 3x^2 - 3y^2)\mathrm{d}\sigma$

$= 3\pi R^2 - 3\iint\limits_D (x^2+y^2)\mathrm{d}\sigma$

$= 3\pi R^2 - 3\int_0^{2\pi}\mathrm{d}\theta \int_0^R r^2 r\mathrm{d}r = 3\pi R^2 - \dfrac{3}{2}\pi R^4$

6)(1) $\iint\limits_{\Sigma}(x^2+y^2)\mathrm{d}S = \iint\limits_{x^2+y^2\leqslant 1}(x^2+y^2)\cdot\sqrt{1+z_x^2 + z_y^2}\,\mathrm{d}x\mathrm{d}y$

$= \iint\limits_{x^2+y^2\leqslant 1}(x^2+y^2)\sqrt{1 + \dfrac{x^2}{x^2+y^2} + \dfrac{y^2}{x^2+y^2}}\,\mathrm{d}x\mathrm{d}y = \sqrt{2}\int_0^{2\pi}\mathrm{d}\theta \int_0^1 r^2\cdot r\mathrm{d}r = \dfrac{\sqrt{2}}{2}\pi.$

(2) $\iint\limits_{\Sigma} xz\,\mathrm{d}x\mathrm{d}y + xy\,\mathrm{d}y\mathrm{d}z + yz\,\mathrm{d}z\mathrm{d}x$

$= \iiint\limits_{\Omega}(x+y+z)\mathrm{d}v = \int_0^1 \mathrm{d}x \int_0^{1-x}\mathrm{d}y \int_0^{1-x-y}(x+y+z)\mathrm{d}z$

$= \int_0^1 \mathrm{d}x \int_0^{1-x}\dfrac{(x+y+z)^2}{2}\Big|_0^{1-x-y}\mathrm{d}y = \int_0^1 \mathrm{d}x \int_0^{1-x}\dfrac{1}{2}[1 - (x+y)^2]\mathrm{d}y$

$= \dfrac{1}{2}\int_0^1\Big[(1-x) - \dfrac{1}{3}(x+y)^3\Big|_0^{1-x}\Big]\mathrm{d}x = \dfrac{1}{2}\int_0^1\Big[(1-x) - \dfrac{1}{3}(1-x^3)\Big]\mathrm{d}x = \dfrac{1}{8}.$

(3) $\iint\limits_{\Sigma}(x^2+y^2)\mathrm{d}z\mathrm{d}y + z\mathrm{d}x\mathrm{d}y = \iiint\limits_{\Omega}(2x+1)\mathrm{d}v + \int_0^1\mathrm{d}y\int_y^1 y^2\mathrm{d}z - \dfrac{\pi}{4} = \dfrac{1}{4} - \dfrac{\pi}{6}.$

(4) $\oint\limits x^3\,\mathrm{d}y\mathrm{d}z + y^3\,\mathrm{d}z\mathrm{d}x + z^3\,\mathrm{d}x\mathrm{d}y = \iiint\limits_{(x^2+y^2+z^2)\leqslant 1}(3x^2+3y^2+3z^2)\mathrm{d}v$

$= 3\int_0^{2\pi}\mathrm{d}\theta\int_0^{\pi}\mathrm{d}\varphi\int_0^1 r^2\cdot r^2\sin\varphi\mathrm{d}r = \dfrac{12\pi}{5}.$

第八章　积分学的应用

第一节　教学大纲及知识结构图

一、教学大纲

1. 高等数学 Ⅰ

1）学时分配

"积分学的应用"授课学时建议 13 学时：微元分析法（1 学时）；定积分在几何问题上的应用（4 学时）；定积分在物理学上的应用（2 学时）；重积分、曲线积分及曲面积分在几何问题上的应用（2 学时）；重积分、曲线积分及曲面积分在物理学上的应用（2 学时）；习题课（2 学时）.

2）目的与要求

学习本章的目的是使学生理解微元分析法的数学思想与数学方法，能利用微元分析法解决几何、物理问题. 本章知识的基本要求是：

（1）理解科学技术问题中建立定积分表达式的元素法（微元分析法）的基本思想，会建立某些简单几何量和物理量的积分表达式；

（2）能熟练利用积分计算平面图形的面积、平面曲线的弧长、旋转体的体积及侧面积和平行截面面积为已知的立体体积、曲面面积、弧长等；

（3）能熟练利用积分计算质量、质心坐标、转动惯量、引力、功、压力和平均值等.

3）重点和难点

（1）重点：微元分析法.

（2）难点：恰当地将实际的几何问题、物理问题化为积分的形式.

2. 高等数学 Ⅱ

1）学时分配

"积分学的应用"授课学时建议 9 学时：微元分析法（1 学时）；定积分在几何问题上的应用（4 学时）；二重积分在几何问题上的应用（2 学时）；习题课（2 学时）.

2）目的与要求

学习本章的目的是使学生理解微元分析法的数学思想与数学方法，能利用微元分析法解决几何、物理问题. 本章知识的基本要求是：

（1）理解科学技术问题中建立定积分表达式的元素法（微元分析法）的基本思想，会建立某些简单的几何问题及经济管理问题的定积分表达式；

（2）能利用积分计算平面图形的面积、旋转体的体积、平行截面面积已知的立体体积、空间立体图形的休积.

3)重点和难点

(1)重点:微元分析法.

(2)难点:恰当地将实际的几何问题、经济管理问题化为积分的形式.

3. 高等数学 Ⅲ

1)学 时 分 配

"积分学的应用"授课学时建议 5 学时:微元分析法(1 学时);定积分在几何问题上的应用(2 学时);定积分在物理学上的应用(1 学时);习题课(1 学时).

2)目 的 与 要 求

学习本章的目的是使学生理解微元分析法的数学思想与数学方法,能利用微元分析法解决几何、物理问题. 本章知识的基本要求是:

(1)理解科学技术问题中建立定积分表达式的元素法(微元分析法)的基本思想,会建立某些简单几何量和物理量的积分表达式;

(2)会应用定积分计算平面图形的面积、旋转体的体积和质量.

3)重点和难点

(1)重点:微元分析法.

(2)难点:恰当地将实际的几何问题、物理问题化为积分的形式.

二、知识结构图

高等数学Ⅰ的知识结构图如图 8−1 所示,高等数学Ⅱ的知识结构图如图 8−2 所示,高等数学Ⅲ的知识结构图如图 8−3 所示.

第二节 内 容 提 要

使用微元分析法分析实际生活中的几何问题和物理问题,能加强我们对已知规律的再思考,从而起到巩固知识、加深认识和提高能力的作用. 这是一种深刻的思维方法,是先分割逼近,找到规律,再累计求和,了解整体. 它是对某事件做整体观察后,取出该事件的某一微小单元进行分析,通过对微元细节的物理分析和描述,最终解决整体的方法.

一、基本概念

1. 定积分的元素法

定积分的元素法是将实际问题化为定积分问题的一种简便方法,也是物理学、力学和工程技术上普遍采用的方法. 在计算一些不规则图形的面积、体积、弧长或者计算一些物理量的时候,由于在计算公式中,某些量不是常量,而是变量,因此,无法应用初等数学的方法求解其值,故采用元素法. 利用元素法解题时,人们往往根据问题的几何或物理特征,自然地将注意力集中于寻找几何或物理元素(微元)上,"以常代变"、"以直代曲",利用初等数学的方法来表示对应的局部几何量或物理量.

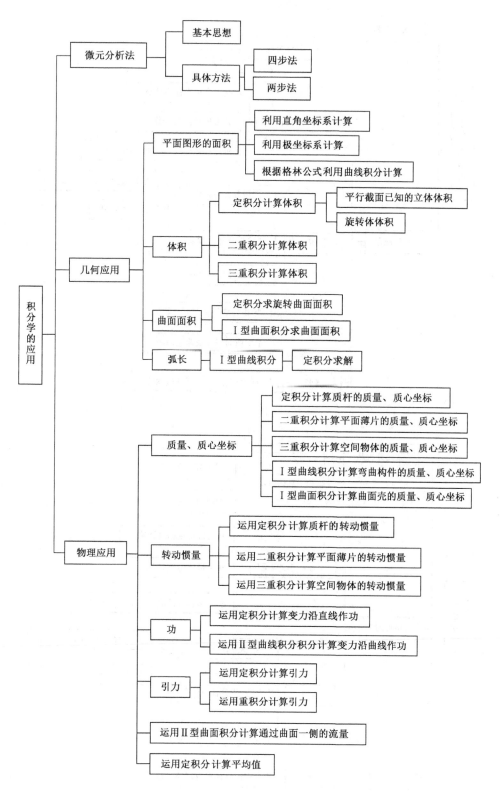

图 8-1

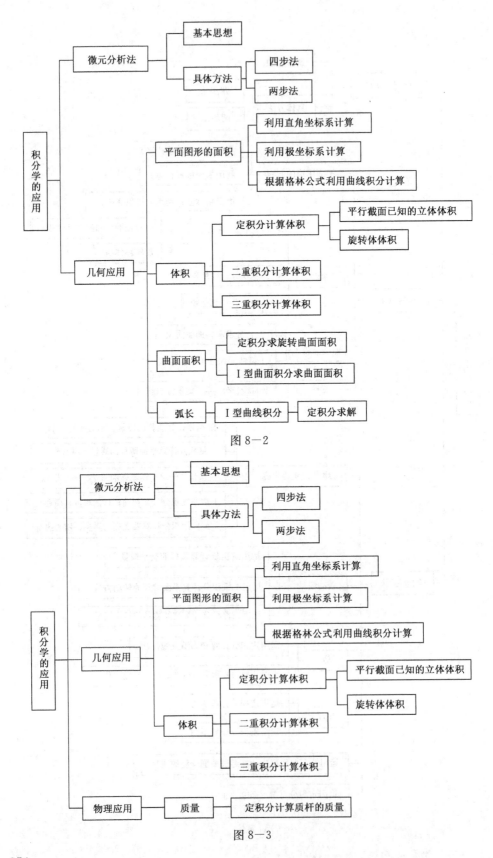

图 8—2

图 8—3

2. 多元函数积分的元素法（Φ 域上积分的元素法）

借助定积分概念的思想，对于多元函数的积分，可以将其积分区域抽象为 Φ 域，Φ 域可代表空间区域 Ω、曲线弧度 L、空间曲面 $\sum$ 等，被积函数抽象为定义在 Φ 域上的点函数 $f(P)$，同样"以常代变"、"以直代曲"，利用初等数学的方法来表示对应的局部几何量或物理量，从而得到多元函数积分的元素法.

二、基本方法

1. 定积分的元素法的方法步骤

1）四步法

（1）分割. 把区间 $[a,b]$ 划分为若干部分区间 $[x_{i-1},x_i]$ $(i=1,2,\cdots,n)$，其中 $x_0=a$，$x_n=b$，于是 $U=\sum\limits_{i=1}^{n}\Delta U_i$，其中 ΔU_i 表示对应部分区间 $[x_{i-1},x_i](i=1,2,\cdots,n)$ 的部分量.

（2）近似. $\Delta U_i\approx f(\xi_i)\Delta x_i$，其中 $\xi_i\in[x_{i-1},x_i]$，$\Delta x_i=x_i-x_{i-1}$，$i=1,2,\cdots,n$.

（3）求和. $U\approx\sum\limits_{i=1}^{n}f(\xi_i)\Delta x_i$.

（4）取极限. $U=\lim\limits_{\lambda\to 0}\sum\limits_{i=1}^{n}f(\xi_i)\Delta x_i=\int_a^b f(x)\mathrm{d}x$，其中 $\lambda=\max\{\Delta x_1,\Delta x_2,\cdots,\Delta x_n\}$.

2）两步法

一般，如果某一实际问题中的所求量 U 符合下列条件：

(1) U 是与一个变量 x 的变化区间 $[a,b]$ 有关的量；

(2) U 对于区间 $[a,b]$ 具有可加性，也就是说，如果把区间 $[a,b]$ 划分为若干部分区间 $[x_{i-1},x_i](i=1,2,\cdots,n)$，其中 $x_0=a$，$x_n=b$，则 $U=\sum\limits_{i=1}^{n}\Delta U_i$，其中 ΔU_i 表示对应部分区间 $[x_{i-1},x_i](i=1,2,\cdots,n)$ 的部分量；

(3) 部分量 $\Delta U_i=f(\xi_i)\Delta x_i+o(\Delta x_i)$，$i=1,2,\cdots,n$.

那么就可以考虑用定积分来求这个量 U，且可将写出这个量 U 的积分表达式的步骤简化为两步：

（1）取微元. 选取一个变量例如 x 为积分变量，并确定它的变化区间为 $[a,b]$，任取 $x\in[a,b]$，如果相应于区间 $[x,x+\Delta x]$ 的部分量 $\Delta U=f(x)\Delta x+o(\Delta x)$，其中 $f(x)$ 在 $[a,b]$ 连续，$f(x)\mathrm{d}x$ 称为 U 的微元，记为 $\mathrm{d}U=f(x)\mathrm{d}x$

（2）定积分. 用定积分来求这个量 $U=\int_a^b f(x)\mathrm{d}x$.

2. 多元函数积分的元素法的方法步骤——两步法

（1）取微元. 设 $f(P)$ 是定义在 Φ 域上有界的函数. 选取一个变量例如 ϕ 为积分变量，并确定它的变化区域为 Φ，任取 $\phi\in\Phi$，如果相应于区域 $\Delta\phi$ 的部分量 $\Delta U=f(P)\Delta\phi+o(\Delta\phi)$，其中 $f(P)$ 在 Φ 域连续，$f(P)\mathrm{d}\phi$ 称为 U 的微元，记为 $\mathrm{d}U=f(P)\mathrm{d}\phi$.

（2）定积分. 用 Φ 域上的积分来求这个量 $U=\int_\Phi f(P)\mathrm{d}\phi$.

三、典型方法

1. 平面面积

1)利用直角坐标系计算平面区域 D 面积

(1)若 $D = \{(x,y) \,|\, x \in [a,b], \varphi_1(x) \leqslant y \leqslant \varphi_2(x)\}$，其中 $\varphi_1(x), \varphi_2(x)$ 在 $[a,b]$ 上连续，则

$$S = \iint\limits_{D} 1 \mathrm{d}x \mathrm{d}y = \int_a^b \mathrm{d}x \int_{\varphi_1(x)}^{\varphi_2(x)} \mathrm{d}y = \int_a^b [\varphi_2(x) - \varphi_1(x)] \mathrm{d}x.$$

(2)若 $D = \{(x,y) \,|\, y \in [c,d], \varphi_1(y) \leqslant x \leqslant \varphi_2(y)\}$，其中 $\varphi_1(y), \varphi_2(y)$ 在 $[c,d]$ 上连续，则

$$S = \iint\limits_{D} 1 \mathrm{d}x \mathrm{d}y = \int_c^d \mathrm{d}y \int_{\varphi_1(y)}^{\varphi_2(y)} \mathrm{d}x = \int_c^d [\varphi_2(y) - \varphi_1(y)] \mathrm{d}y.$$

2)利用极坐标系计算平面区域 D 面积

若平面区域 D 的边界曲线用极坐标方程来表示比较方便时，则可考虑用极坐标计算平面区域 D 的面积.

(1)若区域 $D = \{(r,\theta) \,|\, \theta \in [\alpha,\beta], 0 \leqslant r \leqslant \varphi(\theta)\}$，其中 $\varphi(\theta)$ 在 $[\alpha,\beta]$ 上连续，则

$$S = \iint\limits_{D} 1 \mathrm{d}x \mathrm{d}y = \int_\alpha^\beta \mathrm{d}\theta \int_0^{\varphi(\theta)} r \mathrm{d}r = \frac{1}{2} \int_\alpha^\beta \varphi^2(\theta) \mathrm{d}\theta.$$

(2)若区域 $D = \{(r,\theta) \,|\, \theta \in [0,2\pi], 0 \leqslant r \leqslant \varphi(\theta)\}$，其中 $\varphi(\theta)$ 在 $[0,2\pi]$ 上连续，则

$$S = \iint\limits_{D} 1 \mathrm{d}x \mathrm{d}y = \int_0^{2\pi} \mathrm{d}\theta \int_0^{\varphi(\theta)} r \mathrm{d}r = \frac{1}{2} \int_0^{2\pi} \varphi^2(\theta) \mathrm{d}\theta.$$

(3)若区域 $D = \{(r,\theta) \,|\, \theta \in [\alpha,\beta], \varphi_1(\theta) \leqslant r \leqslant \varphi_2(\theta)\}$，其中 $\varphi_1(\theta), \varphi_2(\theta)$ 在 $[\alpha,\beta]$ 上连续，则

$$S = \iint\limits_{D} 1 \mathrm{d}x \mathrm{d}y = \int_\alpha^\beta \mathrm{d}\theta \int_{\varphi_1(\theta)}^{\varphi_2(\theta)} r \mathrm{d}r = \frac{1}{2} \int_\alpha^\beta [\varphi_2^2(\theta) - \varphi_1^2(\theta)] \mathrm{d}\theta.$$

3)根据格林公式，利用第二型曲线积分计算平面区域 D 面积

若曲线 L 为平面区域 D 的正向边界曲线，则

$$S = \frac{1}{2} \oint_L x \mathrm{d}y - y \mathrm{d}x.$$

2. 立体体积

1)平行截面面积为已知的立体的体积

在空间直角坐标系中，设一空间立体位于平面 $x = a$ 和 $x = b(a < b)$ 之间，若过点 $(x,0,0)(a \leqslant x \leqslant b)$ 且垂直于 x 轴的平面截该立体，所得的截面面积为 $A(x)$，且 $A(x)$ 在 $[a,b]$ 上连续，则该立体的体积为

$$V = \int_a^b A(x) \mathrm{d}x.$$

2)旋转体的体积

(1)由连续曲线 $y = f(x) \geqslant 0$ 与直线 $x = a$、$x = b(a < b)$ 及 x 轴围成的平面图形绕 x 轴

旋转一周而成的旋转体的体积为

$$V = \pi \int_a^b f^2(x)\mathrm{d}x.$$

（2）由连续曲线 $x = g(y) \geqslant 0$ 与直线 $y = c$、$y = d(c < d)$ 及 y 轴围成的平面图形绕 y 轴旋转一周而成的旋转体的体积为

$$V = \pi \int_c^d g^2(y)\mathrm{d}y.$$

（3）由连续曲线 $y = f(x) \geqslant 0$ 与直线 $x = a$、$x = b(0 \leqslant a < b)$ 及 x 轴围成的平面图形绕 y 轴旋转一周而成的旋转体的体积为

$$V = 2\pi \int_a^b x f(x)\mathrm{d}x.$$

3）利用二重积分计算立体的体积

设一空间闭区域 Ω 由上下两张曲面 $z_1 = f(x,y)$，$z_2 = g(x,y)$ 围成，在 xOy 面上的投影为 D，则该立体的体积为

$$V = \iint\limits_D [f(x,y) - g(x,y)]\mathrm{d}\sigma$$

4）利用三重积分计算立体的体积

设一立体占有空间闭区域 Ω，则该立体的体积为

$$V = \iiint\limits_\Omega 1\mathrm{d}v.$$

3. 曲线的弧长

（1）设曲线弧的直角坐标方程为 $y = f(x)(a \leqslant x \leqslant b)$，其中 $f'(x)$ 在 $[a,b]$ 上连续，则该曲线弧的长度为

$$s = \int_a^b \sqrt{1 + [f'(x)]^2}\,\mathrm{d}x.$$

（2）设曲线弧由参数方程 $\begin{cases} x = \varphi(t), \\ y = \psi(t) \end{cases} (\alpha \leqslant t \leqslant \beta)$，给出，其中 $\varphi'(t)$，$\psi'(t)$ 在 $[\alpha,\beta]$ 上连续且不同时为零，则该曲线弧的长度为

$$s = \int_\alpha^\beta \sqrt{[\psi'(t)]^2 + [\varphi'(t)]^2}\,\mathrm{d}t.$$

（3）设曲线弧的极坐标方程为 $r = r(\theta)(\alpha \leqslant \theta \leqslant \beta)$，其中 $r'(\theta)$ 在 $[\alpha,\beta]$ 上连续，则该曲线弧的长度为

$$s = \int_\alpha^\beta \sqrt{r^2(\theta) + [r'(\theta)]^2}\,\mathrm{d}\theta.$$

4. 曲面的面积

空间曲面 Σ 的面积为 $S = \iint\limits_\Sigma 1\mathrm{d}S$. 特别，若曲面 Σ 是旋转曲面，有以下结论：

（1）设曲面 Σ 是由单调光滑曲线 $y = f(x)(f(x) \geqslant 0, a \leqslant x \leqslant b)$ 绕 x 轴旋转一周而生成的旋转曲面. 则 Σ 的面积为

$$S = 2\pi \int_a^b f(x) \sqrt{1 + [f'(x)]^2} \, \mathrm{d}x.$$

(2)设曲面Σ是由单调光滑曲线$y = f(x)(0 \leqslant a \leqslant x \leqslant b)$绕$y$轴旋转一周而生成的旋转曲面.则$\Sigma$的面积为

$$S = 2\pi \int_a^b x \sqrt{1 + [f'(x)]^2} \, \mathrm{d}x.$$

5. 质量和质心坐标

(1)平面薄片的质量和质心坐标.设有一物质薄片占有xOy面上的闭区域D,在点(x,y)处的面密度为$\rho(x,y)$,且$\rho(x,y)$在D上连续,则该物质薄片的质量为

$$M = \iint\limits_D \rho(x,y) \, \mathrm{d}x\mathrm{d}y.$$

该物质薄片的质心坐标为$(\overline{x}, \overline{y})$,其中

$$\overline{x} = \frac{1}{M}\iint\limits_D x\rho(x,y)\mathrm{d}x\mathrm{d}y, \overline{y} = \frac{1}{M}\iint\limits_D y\rho(x,y)\mathrm{d}x\mathrm{d}y.$$

(2)空间物体的质量和质心坐标.设有一物体占有空间闭区域Ω,在点(x,y,z)处的体密度为$\rho(x,y,z)$,且$\rho(x,y,z)$在Ω上连续,则该物体的质量为

$$M = \iiint\limits_\Omega \rho(x,y,z) \, \mathrm{d}x\mathrm{d}y\mathrm{d}z.$$

该物体的质心坐标为$(\overline{x}, \overline{y}, \overline{z})$,其中

$$\overline{x} = \frac{1}{M}\iiint\limits_\Omega x\rho(x,y,z)\mathrm{d}x\mathrm{d}y\mathrm{d}z, \overline{y} = \frac{1}{M}\iiint\limits_\Omega y\rho(x,y,z)\mathrm{d}x\mathrm{d}y\mathrm{d}z, \overline{z} = \frac{1}{M}\iiint\limits_\Omega z\rho(x,y,z)\mathrm{d}x\mathrm{d}y\mathrm{d}z.$$

(3)平面曲线的质量和质心坐标.设在xOy面上有一曲线L,其上分布有质量,在点(x,y)处的线密度为$\rho(x,y)$,且$\rho(x,y)$在L上连续,则该物质曲线的质量为

$$M = \int_L \rho(x,y)\mathrm{d}s.$$

该物质曲线的质心坐标为$(\overline{x}, \overline{y})$,其中

$$\overline{x} = \frac{1}{M}\int_L x\rho(x,y)\mathrm{d}s, \overline{y} = \frac{1}{M}\int_L y\rho(x,y)\mathrm{d}s.$$

(4)空间曲面的质量和质心坐标.设在空间直角坐标系中有一曲面Σ,其上分布有质量,在点(x,y,z)处的面密度为$\rho(x,y,z)$,且$\rho(x,y,z)$在Σ上连续,则该空间曲面的质量为

$$M = \iint\limits_\Sigma \rho(x,y,z)\mathrm{d}S.$$

该空间曲面的质心坐标为$(\overline{x}, \overline{y}, \overline{z})$,其中

$$\overline{x} = \frac{1}{M}\iint\limits_\Sigma x\rho(x,y,z)\mathrm{d}S, \overline{y} = \frac{1}{M}\iint\limits_\Sigma y\rho(x,y,z)\mathrm{d}S, \overline{z} = \frac{1}{M}\iint\limits_\Sigma z\rho(x,y,z)\mathrm{d}S.$$

6. 转动惯量

(1)平面薄片的转动惯量.设有一物质薄片占有xOy面上的闭区域D,在点(x,y)处的面密度为$\rho(x,y)$,且$\rho(x,y)$在D上连续,则该物质薄片对x轴的转动惯量I_x、对y轴的转动惯

量 I_y 和对坐标原点的转动惯量 I_0 分别为

$$I_x = \iint_D y^2 \rho(x,y)\mathrm{d}x\mathrm{d}y, \ I_y = \iint_D x^2 \rho(x,y)\mathrm{d}x\mathrm{d}y, \ I_0 = \iint_D (x^2+y^2)\rho(x,y)\mathrm{d}x\mathrm{d}y.$$

（2）空间物体的转动惯量. 设有一物体占有空间闭区域 Ω，在点 (x,y,z) 处的体密度为 $\rho(x,y,z)$，且 $\rho(x,y,z)$ 在 Ω 上连续，则该物体对 x 轴的转动惯量 I_x、对 y 轴的转动惯量 I_y、对 z 轴的转动惯量 I_z 和对坐标原点的转动惯量 I_0 分别为

$$I_x = \iiint_\Omega (y^2+z^2)\rho(x,y,z)\mathrm{d}x\mathrm{d}y\mathrm{d}z, I_y = \iiint_\Omega (x^2+z^2)\rho(x,y,z)\mathrm{d}x\mathrm{d}y\mathrm{d}z,$$

$$I_z = \iiint_\Omega (x^2+y^2)\rho(x,y,z)\mathrm{d}x\mathrm{d}y\mathrm{d}z, I_0 = \iiint_\Omega (x^2+y^2+z^2)\rho(x,y,z)\mathrm{d}x\mathrm{d}y\mathrm{d}z.$$

（3）平面曲线的转动惯量. 设在 xOy 面上有一曲线 L，其上分布有质量，在点 (x,y) 处的线密度为 $\rho(x,y)$，且 $\rho(x,y)$ 在 L 上连续，则该平面曲线对 x 轴的转动惯量 I_x、对 y 轴的转动惯量 I_y 和对坐标原点的转动惯量 I_0 分别为

$$I_x = \int_L y^2 \rho(x,y)\mathrm{d}s, I_y = \int_L x^2 \rho(x,y)\mathrm{d}s, I_0 = \int_L (x^2+y^2)\rho(x,y)\mathrm{d}s.$$

（4）空间曲面的转动惯量. 设在空间直角坐标系中有一曲面 Σ，其上分布有质量，在点 (x,y,z) 处的面密度为 $\rho(x,y,z)$，且 $\rho(x,y,z)$ 在 Σ 上连续，则该空间曲面对 x 轴的转动惯量 I_x、对 y 轴的转动惯量 I_y、对 z 轴的转动惯量 I_z 和对坐标原点的转动惯量 I_0 分别为

$$I_x = \iint_\Sigma (y^2+z^2)\rho(x,y,z)\mathrm{d}S, I_y = \iint_\Sigma (x^2+z^2)\rho(x,y,z)\mathrm{d}S,$$

$$I_z = \iint_\Sigma (x^2+y^2)\rho(x,y,z)\mathrm{d}S, I_0 = \iint_\Sigma (x^2+y^2+z^2)\rho(x,y,z)\mathrm{d}S.$$

7. 引力

（1）物质薄片对质点的引力. 设有一物质薄片占有 xOy 面上的闭区域 D，在点 (x,y) 处的面密度为 $\rho(x,y)$，且 $\rho(x,y)$ 在 D 上连续. 若有一质量为 m 的质点位于点 (a,b)，则该物质薄片对质点的引力为

$$\boldsymbol{F} = F_x\boldsymbol{i} + F_y\boldsymbol{j},$$

其中 $F_x = Gm\iint_D \dfrac{x-a}{r^3}\rho(x,y)\mathrm{d}x\mathrm{d}y, F_y = Gm\iint_D \dfrac{y-b}{r^3}\rho(x,y)\mathrm{d}x\mathrm{d}y, G$ 为万有引力常数，$r = \sqrt{(x-a)^2+(y-b)^2}$.

（2）物体对质点的引力. 设有一物体占有空间闭区域 Ω，在点 (x,y,z) 处的体密度为 $\rho(x,y,z)$，且 $\rho(x,y,z)$ 在 Ω 上连续. 若有一质量为 m 的质点位于点 (a,b,c)，则该物体对质点的引力为

$$\boldsymbol{F} = F_x\boldsymbol{i} + F_y\boldsymbol{j} + F_z\boldsymbol{k},$$

其中 $F_x = Gm\iiint_\Omega \dfrac{x-a}{r^3}\rho(x,y,z)\mathrm{d}x\mathrm{d}y\mathrm{d}z, F_y = Gm\iiint_\Omega \dfrac{y-b}{r^3}\rho(x,y,z)\mathrm{d}x\mathrm{d}y\mathrm{d}z,$

$F_z = Gm\iiint_\Omega \dfrac{z-c}{r^3}\rho(x,y,z)\mathrm{d}x\mathrm{d}y\mathrm{d}z, r = \sqrt{(x-a)^2+(y-b)^2+(z-c)^2}, G$ 为万有引力常数.

(3)平面曲线对质点的引力. 设在 xOy 面上有一曲线 L，其上分布有质量，在点 (x,y) 处的线密度为 $\rho(x,y)$，且 $\rho(x,y)$ 在 L 上连续. 若有一质量为 m 的质点位于点 (a,b)，则该物体对质点的引力为

$$\boldsymbol{F} = F_x \boldsymbol{i} + F_y \boldsymbol{j},$$

其中 $F_x = Gm \int_L \dfrac{r-a}{r^3} \rho(x,y)\mathrm{d}s, F_y = Gm \int_L \dfrac{r-b}{r^3} \rho(x,y)\mathrm{d}s, r = \sqrt{(x-a)^2+(y-b)^2}, G$ 为万有引力常数.

(4)空间曲面对质点的引力. 设在空间直角坐标系中有一曲面 Σ，其上分布有质量，在点 (x,y,z) 处的面密度为 $\rho(x,y,z)$，且 $\rho(x,y,z)$ 在 Σ 上连续. 若有一质量为 m 的质点位于点 (a,b,c)，则该空间曲面对质点的引力为

$$\boldsymbol{F} = F_x \boldsymbol{i} + F_y \boldsymbol{j} + F_z \boldsymbol{k},$$

其中 $F_x = Gm \iint\limits_{\Sigma} \dfrac{x-a}{r^3} \rho(x,y,z)\mathrm{d}S, F_y = Gm \iint\limits_{\Sigma} \dfrac{y-b}{r^3} \rho(x,y,z)\mathrm{d}S,$

$F_z = Gm \iint\limits_{\Sigma} \dfrac{z-c}{r^3} \rho(x,y,z)\mathrm{d}S, r = \sqrt{(x-a)^2+(y-b)^2+(z-c)^2}, G$ 为万有引力常数.

8. 功

在 xOy 面内，质点在力 $\boldsymbol{F} = P(x,y)\boldsymbol{i} + Q(x,y)\boldsymbol{j}$ 的作用下，从点 A 沿光滑曲线弧 L 移动到点 B，则该变力所做的功为

$$W = \int_L P(x,y)\mathrm{d}x + Q(x,y)\mathrm{d}y.$$

如果质点在力 $\boldsymbol{F} = P(x,y,z)\boldsymbol{i} + Q(x,y,z)\boldsymbol{j} + R(x,y,z)\boldsymbol{k}$ 的作用下，从点 A 沿光滑的空间曲线弧 L 移动到点 B，则该变力所做的功为

$$W = \int_L P(x,y,z)\mathrm{d}x + Q(x,y,z)\mathrm{d}y + R(x,y,z)\mathrm{d}z.$$

9. 流量

设稳定流动(即流速与时间无关)的不可压缩流体以速度

$$\boldsymbol{V} = P(x,y,z)\boldsymbol{i} + Q(x,y,z)\boldsymbol{j} + R(x,y,z)\boldsymbol{k}$$

流向曲面 Σ 指定侧，如果流体的密度为 1，且 $P(x,y,z), Q(x,y,z), R(x,y,z)$ 在 Σ 上连续，则在单位时间内流向曲面 Σ 指定侧的流体的质量(即流量)为

$$\Phi = \iint\limits_{\Sigma} P(x,y,z)\mathrm{d}y\mathrm{d}z + Q(x,y,z)\mathrm{d}x\mathrm{d}z + R(x,y,z)\mathrm{d}x\mathrm{d}y.$$

10. 平均值

设函数 $f(x)$ 在 $[a,b]$ 上连续，则 $f(x)$ 在 $[a,b]$ 上的平均值为

$$\bar{y} = \frac{1}{b-a}\int_a^b f(x)\mathrm{d}x.$$

第三节 典型例题

一、基本题型

1. 平面面积

例1 (1)求由曲线 $y = x^3 - 6x$ 与 $y = x^2$ 所围成的平面图形的面积.

(2)求椭圆 $\dfrac{x^2}{a^2} + \dfrac{y^2}{b^2} = 1$ 所围成的平面图形的面积.

(3)求星形线 $x = a\cos^3 t, y = b\sin^3 t (0 \leqslant t \leqslant 2\pi)$ 围成的平面图形的面积.

分析 求平面图形的面积时,首先,要根据具体情况,正确利用公式;其次,当不能直接利用公式时,则应先将平面图形划分为一些小的平面图形,然后再按有关公式分别计算它们的面积;最后,尽量利用图形的对称性,化简计算.

解 (1)解方程组 $\begin{cases} y = x^3 - 6x, \\ y = x^2 \end{cases}$ 得两曲线的交点为 $(-2, 4)$、$(0, 0)$ 和 $(3, 9)$. 当 $x \in [-2, 0]$ 时,$x^3 - 6x \geqslant x^2$;当 $x \in [0, 3]$ 时,$x^3 - 6x \leqslant x^2$. 所以所求面积为

$$S = \int_{-2}^{0} (x^3 - 6x - x^2)\mathrm{d}x + \int_{0}^{3} (x^2 - x^3 + 6x)\mathrm{d}x = 21\frac{1}{12}.$$

(2)由对称性,所求面积为

$$S = 4b \int_{0}^{a} \sqrt{1 - \frac{x^2}{a^2}}\,\mathrm{d}x.$$

令 $x = a\sin t$,则

$$S = 4ab \int_{0}^{\frac{\pi}{2}} \cos^2 t\,\mathrm{d}t = 2ab \int_{0}^{\frac{\pi}{2}} (1 + \cos 2t)\,\mathrm{d}t = \pi ab.$$

(3)**解法1** 由对称性,所求面积为

$$S = 4\int_{0}^{a} y\,\mathrm{d}x = 4\int_{0}^{\frac{\pi}{2}} b\sin^3 t\,\mathrm{d}(a\cos^3 t) = 12ab\int_{0}^{\frac{\pi}{2}} \sin^4 t\cos^2 t\,\mathrm{d}t$$

$$= 12ab\int_{0}^{\frac{\pi}{2}} \sin^4 t(1 - \sin^2 t)\,\mathrm{d}t = 12ab\int_{0}^{\frac{\pi}{2}} (\sin^4 t - \sin^6 t)\,\mathrm{d}t$$

$$= 12ab\left(\frac{3}{4} \cdot \frac{1}{2} \cdot \frac{\pi}{2} - \frac{5}{6} \cdot \frac{3}{4} \cdot \frac{1}{2} \cdot \frac{\pi}{2}\right) = \frac{3\pi ab}{8}.$$

解法2 由格林公式知

$$S = \frac{1}{2}\oint_{L} x\,\mathrm{d}y - y\,\mathrm{d}x = \frac{3ab}{2}\int_{0}^{2\pi} (\cos^4 t\sin^2 t + \sin^4 t\cos^2 t)\,\mathrm{d}t$$

$$= \frac{3ab}{8}\int_{0}^{2\pi} \sin^2 2t\,\mathrm{d}t = \frac{3ab}{16}\int_{0}^{2\pi} (1 - \cos 4t)\,\mathrm{d}t = \frac{3\pi ab}{8}.$$

2. 立体体积

例2 已知点 A 与 B 的直角坐标分别为 $(1, 1, 0)$ 与 $\left(2, 1, \dfrac{1}{2}\right)$,求由线段 AB 绕 x 轴旋转所产生的旋转曲面与平面 $x - 1, x = 2$ 所围立体的体积.

分析 如果采用先求出旋转曲面的方程 $y^2 + z^2 = 1 + \dfrac{(x-1)^2}{4}$，然后利用重积分来计算该立体的体积的方法是相当麻烦的. 而用微元分析法来求，就显得简单明了. 首先选取 x 为积分变量；其次，任取 $x \in [a, b]$，关键是求出相应于区间 $[x, x+\Delta x]$ 的体积的近似值，即体积微元.

解 显然，线段 AB 的方程为 $\dfrac{x-1}{2} = \dfrac{y-1}{0} = \dfrac{z}{1}$. 设点 $M(x, y, z)$ 为旋转曲面上任一点，则过点 $M(x, y, z)$ 且平行于 yOz 面的平面截此立体所得截面为一个圆，此截面与线段 AB 的交点为 $P\left(x, 1, \dfrac{x-1}{2}\right)$，而该平面与 x 轴的交点为 $A(x, 0, 0)$. 所以圆截面半径为

$$r(x) = \sqrt{(x-x)^2 + (1-0)^2 + \left(\frac{x-1}{2} - 0\right)^2} = \sqrt{1 + \left(\frac{x-1}{2}\right)^2}.$$

从而截面面积为 $S(x) = \pi\left[\dfrac{(x-1)^2}{4} + 1\right]$，体积微元为 $\mathrm{d}V = \pi\left[\dfrac{(x-1)^2}{4} + 1\right]\mathrm{d}x$. 于是所求体积为

$$V = \int_1^2 \pi\left[\frac{(x-1)^2}{4} + 1\right]\mathrm{d}x = \frac{13\pi}{12}.$$

例 3 求由曲线弧 $8y = 12x - x^3 (0 \leqslant x \leqslant 2)$ 与直线 $x = 0$ 和 $x = 2$ 围成的平面图形绕 y 轴旋转一周所成的旋转体的体积.

分析 本题是求旋转体的体积，可以直接利用公式计算，注意选择恰当的公式.

解 所求的体积为 $V = 2\pi \displaystyle\int_0^2 x\left(2 - \dfrac{3x}{2} + \dfrac{x^3}{8}\right)\mathrm{d}x = \dfrac{8\pi}{5}$.

3. 曲线的弧长

例 4 求心形线 $r = a(1 + \cos\theta)$ 的全长，其中 $a > 0$ 是常数.

分析 可以直接利用极坐标系下曲线长度计算公式计算曲线长度，为方便计算，一般应结合图形对称性化简计算.

解 由对称性，得 $s = 2\displaystyle\int_0^\pi \sqrt{[a(1+\cos\theta)]^2 + (-a\sin\theta)^2}\,\mathrm{d}\theta = 4a\int_0^\pi \cos\frac{\theta}{2}\mathrm{d}\theta = 8a$.

4. 曲面的面积等

例 5 求半径为 R 的球面的面积.

分析 可以直接利用曲面面积的计算公式计算曲线面积，为方便计算，一般应结合图形对称性化简计算.

解 设半径为 R 的球面是 $x^2 + y^2 + z^2 = R^2$，则其面积为

$$S = 2\iint\limits_{x^2+y^2 \leqslant R^2} \frac{R}{\sqrt{R^2 - x^2 - y^2}}\mathrm{d}x\mathrm{d}y = 2\int_0^{2\pi}\mathrm{d}\theta\int_0^R \frac{R}{\sqrt{R^2 - r^2}}r\mathrm{d}r$$

$$= -2\pi\int_0^R \frac{R}{\sqrt{R^2 - r^2}}\mathrm{d}(R^2 - r^2) = -4\pi R\sqrt{R^2 - r^2}\Big|_0^R = 4\pi R^2.$$

例 6 求星形线 $\begin{cases} x = a\cos^3 t \\ y = a\sin^3 t \end{cases}$ $(0 \leqslant t \leqslant 2\pi)$ 的长度 l、绕 x 轴旋转一周所产生的旋转体的体积 V 与旋转体的表面面积 A.

分析 可以直接利用公式计算曲线的长度、旋转体的体积和旋转曲面的面积,同时利用对称性,可以化简计算.

解 由对称性,

$$l = 4\int_0^{\frac{\pi}{2}} \sqrt{[x'(t)]^2 + [y'(t)]^2}\, dt = 12a\int_0^{\frac{\pi}{2}} \cos t \sin t\, dt = 6a,$$

$$V = 2\pi\int_0^a y^2\, dx = 2\pi\int_{\frac{\pi}{2}}^0 a^2 \sin^6 t \cdot 3a\cos^2 t \cdot (-\sin t)\, dt = 6\pi a^3 \int_0^{\frac{\pi}{2}} (\sin^7 t - \sin^9 t)\, dt = \frac{32\pi a^3}{105},$$

$$A = 2\int_0^a 2\pi y\sqrt{1 + [y_x']^2}\, dx = 4\pi\int_{\frac{\pi}{2}}^0 a\sin^3 t \cdot 3a\cos t \cdot (-\sin t)\, dt = \frac{12\pi a^2}{5}.$$

例 7 求曲面 $x^2 + y^2 = 2z$ 包含在柱面 $(x^2+y^2)^2 = 2xy$ 内部部分的面积.

分析 对曲面 $x^2 + y^2 = 2z$,由 $ds = \sqrt{1 + x^2 + y^2}\, dx dy$,而柱面的极坐标方程为 $r^2 = \sin 2\theta$,由对称性,只要计算相应 $0 \leqslant \theta \leqslant \frac{\pi}{2}$ 的那部分曲面面积的 2 倍即可.

解 $$S = 2\iint\limits_{D_{xy}} \sqrt{1 + x^2 + y^2}\, dx dy = 2\int_0^{\frac{\pi}{2}} d\theta \int_0^{\sqrt{\sin 2\theta}} r\sqrt{1 + r^2}\, dr$$

$$= \frac{2}{3}\int_0^{\frac{\pi}{2}} [(\sin\theta + \cos\theta)^3 - 1]\, d\theta = \frac{20}{9} - \frac{\pi}{3}.$$

5. 质量和质心坐标

例 8 设有一半径为 R 的球体,P_0 是此球体的表面上的一个定点,球体上任一点处的体密度与该点到 P_0 的距离的平方成正比(比例常数 $k > 0$),试求此球体的质心坐标.

分析 首先是要建立空间直角坐标系,把球面的方程、点 P_0 的坐标和体密度表示出来;然后利用有关公式计算. 从两种方法计算的结果来看,球体的质心坐标在连接球心与点 P_0 的直线上,且质心坐标与点 P_0 分别在球心的两侧,它们之间的距离为 $\frac{5R}{4}$.

解法 1 设所考虑的球体为 Ω,以 Ω 的球心为坐标原点 O,射线 OP_0 为 x 轴正半轴,建立空间直角坐标系.则点 P_0 的坐标为 $(R,0,0)$,球面的方程为 $x^2 + y^2 + z^2 = R^2$.

设 Ω 的质心坐标位置为 $(\bar{x}, \bar{y}, \bar{z})$,则由对称性,$\bar{x} = \bar{y} = 0$. 因为球体的质量为

$$M = \iiint\limits_{\Omega} k[(x-R)^2 + y^2 + z^2]\, dx dy dz = k\iiint\limits_{\Omega}(x^2 + y^2 + z^2)\, dx dy dz + k\iiint\limits_{\Omega} R^2\, dx dy dz$$

$$= k\int_0^{2\pi} d\theta \int_0^{\pi} d\varphi \int_0^R r^4 \sin\varphi\, dr + \frac{4k\pi R^5}{3} = \frac{32k\pi R^5}{15}.$$

而 $$\iiint\limits_{\Omega} x[(x-R)^2 + y^2 + z^2]\, dx dy dz = -2R\iiint\limits_{\Omega} x^2\, dx dy dz = -\frac{2R}{3}\iiint\limits_{\Omega}(x^2 + y^2 + z^2)\, dx dy dz$$

$$= -\frac{2R}{3}\int_0^{2\pi} d\theta \int_0^{\pi} d\varphi \int_0^R r^4 \sin\varphi\, dr = -\frac{8\pi R^6}{15},$$

所以 $\bar{x} = \frac{1}{M}\iiint\limits_{\Omega} kx[(x-R)^2 + y^2 + z^2]\, dx dy dz = -\frac{R}{4}$. 于是球体 Ω 的质心坐标为 $\left(-\frac{R}{4}, 0, 0\right)$.

解法 2 设所考虑的球体为 Ω,球心为 O',以定点 P_0 为原点,射线 P_0O' 为 z 轴正半轴,建立空间直角坐标系.则球面的方程为 $x^2 + y^2 + z^2 = 2Rz$. 设 Ω 的质心坐标位置为 $(\bar{x}, \bar{y}, \bar{z})$,

则由对称性，$\bar{x} = \bar{y} = 0$. 因为球体的质量为

$$M = \iiint\limits_{\Omega} k(x^2 + y^2 + z^2)\mathrm{d}x\mathrm{d}y\mathrm{d}z = k\int_0^{2\pi}\mathrm{d}\theta\int_0^{\frac{\pi}{2}}\mathrm{d}\varphi\int_0^{2R\cos\varphi} r^4\sin\varphi\mathrm{d}r = \frac{32k\pi R^5}{15},$$

而
$$\iiint\limits_{\Omega} z(x^2 + y^2 + z^2)\mathrm{d}x\mathrm{d}y\mathrm{d}z = \int_0^{2\pi}\mathrm{d}\theta\int_0^{\frac{\pi}{2}}\mathrm{d}\varphi\int_0^{2R\cos\varphi} r^5\sin\varphi\cos\varphi\mathrm{d}r = \frac{8\pi R^6}{3},$$

所以 $\bar{z} = \dfrac{1}{M}\iiint\limits_{\Omega} kz(x^2 + y^2 + z^2)\mathrm{d}x\mathrm{d}y\mathrm{d}z = \dfrac{5R}{4}$. 于是球体 Ω 的质心坐标为 $\left(0, 0, \dfrac{5R}{4}\right)$.

注：所求的质心坐标与建立的坐标系有关，所以上述两种方法求得的质心坐标不一样.

6. 转动惯量

例9 设物体由曲面 $z = x^2 + y^2$ 和平面 $z = 2x$ 围成，其上各点处的密度的大小等于该点到平面 $y = 0$ 的距离的平方，试求该物体关于 z 轴的转动惯量.

分析 根据空间立体关于 z 轴的转动惯量计算公式，首先计算空间立体 Ω；然后计算其体密度 $\rho(x, y, z)$.

解 由方程组 $\begin{cases} z = x^2 + y^2, \\ z = 2x \end{cases}$ 消去 z，可以得两曲面的交线关于 xOy 面的投影柱面方程为 $x^2 + y^2 = 2x$，从而 $\Omega = \{(x, y, z) \mid x^2 + y^2 \leqslant 2x\}$；再由题意，得到 $\rho(x, y, z) = y^2$，故所求物体的转动惯量为

$$I_z = \iiint\limits_{\Omega} y^2(x^2 + y^2)\mathrm{d}x\mathrm{d}y\mathrm{d}z = \iint\limits_{x^2+y^2\leqslant 2x}\mathrm{d}x\mathrm{d}y\int_{x^2+y^2}^{2x} y^2(x^2 + y^2)\mathrm{d}z$$

$$= \int_{-\frac{\pi}{2}}^{\frac{\pi}{2}}\mathrm{d}\theta\int_0^{2\cos\theta}\mathrm{d}r\int_{r^2}^{2r\cos\theta} r^5\sin^2\theta\mathrm{d}z = \frac{2^9}{56}\int_0^{\frac{\pi}{2}}(\cos^8\theta - \cos^{10}\theta)\mathrm{d}\theta = \frac{\pi}{8}.$$

7. 引力

例10 设有一长度为 l，线密度为 μ 的均匀细直棒，在与棒的一端垂直距离为 a 单位处有一质量为 m 的质点 M（图 8-4），试求这细棒对质点 M 的引力.

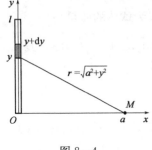

图 8-4

分析 由于直棒长度为 l，不能将直棒视作一质点，直棒每点与质点 M 之间都有引力，且由于每点与质点 M 的距离都不一样，所以不能直接根据引力公式计算直棒与质点间的引力大小，应利用微元分析法，先求出引力微元，再利用积分求解.

解 建立坐标系如图 8-4 所示.在细直棒上取一小段 $\mathrm{d}y$，引力元素为

$$\mathrm{d}F = G \cdot \frac{m\mu\mathrm{d}y}{a^2 + y^2} = \frac{Gm\mu}{a^2 + y^2}\mathrm{d}y,$$

$\mathrm{d}F$ 在 x 轴方向和 y 轴方向上的分力分别为

$$\mathrm{d}F_x = -\frac{a}{r}\mathrm{d}F, \quad \mathrm{d}F_y = \frac{y}{r}\mathrm{d}F.$$

$$F_x = \int_0^l \left(-\frac{a}{r} \cdot \frac{Gm\mu}{a^2 + y^2}\right)\mathrm{d}y = -aGm\mu\int_0^l \frac{1}{(a^2 + y^2)}\frac{1}{\sqrt{a^2 + y^2}}\mathrm{d}y = -\frac{Gm\mu l}{a\sqrt{a^2 + l^2}},$$

$$F_y = \int_0^l \frac{y}{r} \cdot \frac{Gm\mu}{a^2+y^2} dy = Gm\mu \int_0^l \frac{1}{(a^2+y^2)\sqrt{a^2+y^2}} dy = Gm\mu\left(\frac{1}{a} - \frac{1}{\sqrt{a^2+l^2}}\right).$$

8. 功

例 11 半径为 R 的球沉入水中,它与水面相切,设球的密度与水的密度相同,计算将球提出水面要做多少功(水的密度为 $10^3\,\mathrm{kg/m^3}$,记为 μ_0).

分析 由于球的密度与水的密度相同,所以球在水中的部分所受水的浮力等于球的该部分的重力,从而在将球提出水面的过程中,外力等于露出水面的球缺的重力. 计算的结果表明:将球提出水面所做的功,相当于将球的质量集中到球心处,提出水面所做的功. 事实上,球的质心坐标就是位于球心处.

解法 1 以水面为坐标原点,铅直向上的方向为 y 轴的正向,建立平面直角坐标系. 当球露出水面高为 y 时,外力将球球体再提高 $\mathrm{d}y$ 所做的功即为功微元,而此时球缺的体积为 $V = \pi y^2\left(R - \frac{y}{3}\right)$,所以功微元 $\mathrm{d}W = \mu_0 g \cdot \pi y^2\left(R - \frac{y}{3}\right)\mathrm{d}y$,于是外力将球提出水面所做的功为

$$W = \mu_0 g\pi \int_0^{2R} y^2\left(R - \frac{y}{3}\right)\mathrm{d}y = \frac{4}{3}\pi R^4 \mu_0 g \text{(焦耳)}$$

解法 2 另一种思路是:设想将球分片,每次取出一个薄圆片. 以球心为坐标原点,铅直向上的方向为 z 轴的正向,建立空间直角坐标系. 将球提出水面,就是将每个薄圆片都提高 $2R$ 的距离. 外力将位于平面 $z = z_0$ 和 $z = z_0 + \mathrm{d}z$ 之间的薄圆片提高 $2R$ 的距离,所做的功即为功微元,而需外力做功的距离为 $R + z_0$,即

$$\mathrm{d}W = \mu_0 g \cdot \pi(R + z_0)(R^2 - z_0^2)\mathrm{d}z.$$

于是 $$W = \mu_0 g\pi \int_{-R}^{R} (R^2 - z^2)(R + z)\mathrm{d}z = \frac{4}{3}\pi R^4 \mu_0 g \text{(焦耳)}.$$

9. 流量

例 12 已知流体的速度场 $v(x,y,z) = xy\boldsymbol{i}$,试求此流体场在单位时间内通过曲面 Σ: $z = x^2 + y^2$ 位于平面 $z = 1$ 以下部分外侧的流体的质量(流体密度为 1).

分析 利用流量计算公式计算,可以补面后利用高斯公式进行计算,注意结合奇偶函数在对称区域上积分的性质简化计算.

解 流量 $\Phi = \iint\limits_{\Sigma} xy\,\mathrm{d}y\mathrm{d}z$,补面 Σ_1: $z = 1, x^2 + y^2 \leqslant 1$,则 $\Phi = \oiint\limits_{\Sigma+\Sigma_1} xy\,\mathrm{d}y\mathrm{d}z - \iint\limits_{\Sigma_1} xy\,\mathrm{d}y\mathrm{d}z$,由高斯公式和奇偶对称性得 $\oiint\limits_{\Sigma+\Sigma_1} xy\,\mathrm{d}y\mathrm{d}z = \iiint\limits_{\Omega} y\,\mathrm{d}v = 0$,而 $\iint\limits_{\Sigma_1} xy\,\mathrm{d}y\mathrm{d}z = 0$,故 $\Phi = 0$.

10. 平均值

例 13 求函数 $f(x) = \sqrt{a^2 - x^2}$ 在 $[-a, a]$ 上的平均值.

分析 由平均值公式直接计算.

解 $\bar{y} = \frac{1}{2a}\int_{-a}^{a} \sqrt{a^2 - x^2}\,\mathrm{d}x = \frac{1}{a}\int_0^a \sqrt{a^2 - x^2}\,\mathrm{d}x$

$$= \frac{1}{a}\left[\frac{a^2}{2}\arcsin\frac{x}{a} + \frac{1}{2}x\sqrt{a^2 - x^2}\right]_0^a = \frac{\pi a}{4}.$$

二、综合题型

1. 平面面积

例1 求一条抛物线，使它满足：(1)过点 $(0,0)$，$(1,2)$；(2)它的对称轴平行于 y 轴，且开口向下；(3)它与 x 轴所围图形的面积最小.

分析 首先根据题目已知条件(2)确定抛物线的二次函数形式，再根据条件(1)、(2)判断系数满足的条件，根据条件(3)用定积分得到平面面积的表达式，再结合函数最值的判定方法进行计算.

解 因为所求的抛物线的对称轴平行于 y 轴，所以可设其方程为 $y = ax^2 + bx + c$. 由条件(1)、(2)知，$a < 0$，$c = 0$，$b = 2 - a$. 于是 $y = ax^2 + (2-a)x$. 从而该曲线与 x 轴所围图形的面积为

$$S(a) = \int_0^{1-\frac{2}{a}} \left[ax^2 + (2-a)x \right] \mathrm{d}x = \frac{(2-a)^3}{6a^2}.$$

由 $S'(a) = \frac{-(a+4)(2-a)^2}{6a^3} = 0$，得 $a = -4$，$a = 2$（舍去），从而 $b = 2 - a = 6$，故

$$y = -4x^2 + 6x.$$

例2 求由抛物线 $y^2 = 4x$ 与过焦点的弦所围成的平面图形面积的最小值.

分析 对于这类讨论平面图形面积的最小值问题，其一般解法是先求出抛物线与过焦点的弦的交点，再选用直角坐标的有关公式求出曲线与直线所围成的平面图形的面积，最后讨论面积的最小值. 对本题而言，这个解法不仅复杂，而且运算量非常大. 我们的解法是先建立极坐标系，将曲线的直角坐标方程化为极坐标方程，然后用极坐标的相关公式求出曲线与直线所围成的平面图形的面积，最后讨论面积的最小值. 这样解答本题，就非常简捷. 这说明恰当的解题方法，尤为重要.

解 以 $(1,0)$ 为极点，x 轴的正半轴为极轴建立极坐标系. 则两种坐标之间的关系为

$$\begin{cases} x = 1 + r\cos\theta, \\ y = r\sin\theta. \end{cases}$$

于是抛物线 $y^2 = 4x$ 在极坐标系下的方程为 $r = \dfrac{2}{1-\cos\theta}$. 由对称性，可设过点 $(1,0)$ 的弦与 x 轴的正半轴的夹角 $\alpha \in \left(0, \dfrac{\pi}{2}\right)$. 于是过点 $(1,0)$ 且与 x 轴的正半轴的夹角为 α 的弦与抛物线 $y^2 = 4x$ 所围成的图形的面积为

$$S(\alpha) = \frac{1}{2} \int_\alpha^{\alpha+\pi} \left(\frac{2}{1-\cos\theta} \right)^2 \mathrm{d}\theta.$$

当 $\alpha \in \left(0, \dfrac{\pi}{2}\right)$ 时，$S'(\alpha) = -\dfrac{8\cos\alpha}{\sin^4\alpha} < 0$，从而 $S(\alpha)$ 在 $\left(0, \dfrac{\pi}{2}\right)$ 上单调下降，即 $S\left(\dfrac{\pi}{2}\right)$ 为 $S(\alpha)$ 的最小值. 于是所求的最小面积为 $S\left(\dfrac{\pi}{2}\right) = \int_{-2}^{2} \left(1 - \dfrac{y^2}{4}\right) \mathrm{d}y = \dfrac{8}{3}$.

2. 立体体积

例3 用微元分析法证明：由连续曲线 $y = f(x)$ $(f(x) \geqslant 0)$ 与直线 $x = a$、$x = b$ 及 x 轴围

成的平面图形绕 y 轴旋转一周而成的旋转体的体积为 $V = 2\pi \int_a^b x f(x) \mathrm{d}x$，其中 $0 \leqslant a < b$.

分析 用微元分析法解决实际问题的关键是求出部分量的近似值. 对本题而言,关键是对任取的 $x \in [a, b]$,求出相应于区间 $[x, x + \Delta x]$ 的体积的近似值,即体积微元.

证 考虑由对应于部分区间 $[x, x + \Delta x]$ 的小曲边梯形绕 y 轴旋转一周所成的旋转体的体积 ΔV. 设 y_m, y_M 分别为 $f(x)$ 在 $[x, x + \Delta x]$ 上的最小值、最大值,则
$$\pi[(x + \Delta x)^2 - x^2] y_m \leqslant \Delta V \leqslant \pi[(x + \Delta x)^2 - x^2] y_M.$$
用 Δx 除上式两边,再令 $\Delta x \to 0$,得 $\dfrac{\mathrm{d}V}{\mathrm{d}x} = 2\pi x f(x)$,即体积微元为 $\mathrm{d}V = 2\pi x f(x) \mathrm{d}x$,由微元分析法知,旋转体的体积为 $V = 2\pi \int_a^b x f(x) \mathrm{d}x$.

例 4 求由曲面 $x^2 + y^2 + z = 4$ 和 $z = \sqrt{4 - x^2 - y^2}$ 所围成的立体的体积.

分析 利用重积分来计算曲面围成的立体的体积,关键是求出立体在坐标面内的投影区域.

解 由方程组 $\begin{cases} x^2 + y^2 + z = 4, \\ z = \sqrt{4 - x^2 - y^2} \end{cases}$ 消去 z,得 $x^2 + y^2 = 3$ 或 $x^2 + y^2 = 4$. 这表明所给两曲面的交线有两条 $\begin{cases} x^2 + y^2 = 3, \\ z = 1 \end{cases}$ 和 $\begin{cases} x^2 + y^2 = 4, \\ z = 0, \end{cases}$ 从而两曲面所围成的立体由两部分组成,其一是由 yOz 面内的平面图形 $\{(y, z) \mid 0 \leqslant y \leqslant \sqrt{3}, \sqrt{4 - y^2} \leqslant z \leqslant 4 - y^2\}$ 绕 z 轴旋转一周所产生的旋转体,它在 xOy 面内的投影为 $D_1 = \{(x, y) \mid x^2 + y^2 \leqslant 3\}$；其二是由 yOz 面内的平面图形 $\{(y, z) \mid \sqrt{3} \leqslant y \leqslant 2, 4 - y^2 \leqslant z \leqslant \sqrt{4 - y^2}\}$ 绕 z 轴旋转一周所产生的旋转体,它在 xOy 面内的投影为 $D_2 = \{(x, y) \mid 3 \leqslant x^2 + y^2 \leqslant 2\}$. 于是所求的体积为
$$V = \iint\limits_{x^2 + y^2 \leqslant 3} (4 - x^2 - y^2 - \sqrt{4 - x^2 - y^2}) \mathrm{d}x\mathrm{d}y + \iint\limits_{3 \leqslant x^2 + y^2 \leqslant 4} (\sqrt{4 - x^2 - y^2} - 4 + x^2 + y^2) \mathrm{d}x\mathrm{d}y$$
$$= \int_0^{2\pi} \mathrm{d}\theta \int_0^{\sqrt{3}} (4 - r^2 - \sqrt{4 - r^2}) r \mathrm{d}r + \int_0^{2\pi} \mathrm{d}\theta \int_{\sqrt{3}}^2 (\sqrt{4 - r^2} - 4 + r^2) r \mathrm{d}r$$
$$= 2\pi \left[2r^2 - \frac{r^4}{4} + \frac{1}{3}\sqrt{(4 - r^2)^3} \right] \Big|_0^{\sqrt{3}} + 2\pi \left[-\frac{1}{3}\sqrt{(4 - r^2)^3} - 2r^2 + \frac{r^4}{4} \right] \Big|_{\sqrt{3}}^2 = 3\pi.$$

3. 曲线的弧长

例 5 求抛物线 $y^2 = \dfrac{2}{3}(x - 1)^3$ 被抛物线 $y^2 = \dfrac{x}{3}$ 截得的一段弧的长度.

分析 直接由公式计算,注意结合对称性,便于计算.

解 由 $\dfrac{x}{3} = \dfrac{2}{3}(x - 1)^3$ 得两曲线的交点为 $\left(2, \dfrac{2}{3}\right)$,由对称性,得
$$s = 2\int_1^2 \sqrt{\frac{3x - 1}{2}} \mathrm{d}x = \frac{8}{9}\left[\left(\frac{5}{2}\right)^{\frac{3}{2}} - 1 \right].$$

4. 曲面的面积

例 6 计算圆 $x^2 + y^2 = R^2$ 在 $[x_1, x_2] \subset [-R, R]$ 上的弧段绕 x 轴旋所得球带的面积.

分析 注意到该弧段绕 x 轴旋转一周所产生的球带的面积就是旋转曲面面积,可以利用

公式计算,且如果 $x_1 = -R, x_2 = R$,那么球带面积实际上就是球面面积.

解 曲线方程为 $y = \sqrt{R^2 - x^2}$. 在区间 $[x_1, x_2] \subset [-R, R]$ 上应用曲面面积计算公式,得

$$S = 2\pi \int_{x_1}^{x_2} \sqrt{R^2 - x^2} \sqrt{1 + \frac{x^2}{R^2 - x^2}} \, dx = 2\pi R \int_{x_1}^{x_2} dx = 2\pi R (x_2 - x_1).$$

5. 质量和质心坐标

例 7 设有一半径为 a 物质球面,其上任一点处的面密度等于该点到此球的一条直径距离的平方,试求此球面的质量.

分析 计算球面的质量,应该用曲面积分,注意面密度需要根据题目信息先确定,再用质量计算公式计算.

解 设球面方程为 $x^2 + y^2 + z^2 = a^2$,则球面的质量为

$$M = \iint_{\Sigma} (x^2 + y^2) dS = \iint_{\Sigma} (x^2 + z^2) dS = \iint_{\Sigma} (z^2 + y^2) dS.$$

又 $\iint_{\Sigma}(x^2 + y^2)dS + \iint_{\Sigma}(x^2 + z^2)dS + \iint_{\Sigma}(z^2 + y^2)dS = 2\iint_{\Sigma}(x^2 + y^2 + z^2)dS = 2\iint_{\Sigma}a^2 dS = 8\pi a^4$,

所以
$$M = \frac{8}{3}\pi a^4.$$

例 8 一个均匀物体(密度的大小为 k)占有闭区域 Ω,其中 Ω 是曲面 $z = x^2 + y^2$ 和平面 $z = 0$、$|x| = a$、$|y| = a$ 围成的空间闭区域. (1)求物体的质量;(2)求物体的质心.

分析 利用质量计算公式和质心坐标计算公式计算,注意结合图形的对称性,简化计算.

解 (1)物体的质量为

$$M = \iiint_{\Omega} k \, dv = \int_{-a}^{a} dx \int_{-a}^{a} dy \int_{0}^{x^2+y^2} k \, dz = k \int_{-a}^{a} dx \int_{-a}^{a} (x^2 + y^2) dy = k \int_{-a}^{a} \left(2ax^2 + \frac{2a^3}{3}\right) dx = \frac{8ka^4}{3}.$$

(2)设该物体的质心坐标为 $(\bar{x}, \bar{y}, \bar{z})$,则由对称性知,$\bar{x} = \bar{y} = 0$. 根据质心坐标的计算公式,得

$$\bar{z} = \frac{1}{M} \iiint_{\Omega} kz \, dv = \frac{1}{M} \int_{-a}^{a} dx \int_{-a}^{a} dy \int_{0}^{x^2+y^2} kz \, dz = \frac{k}{2M} \int_{-a}^{a} dx \int_{-a}^{a} (x^2 + y^2)^2 dy = \frac{7a}{15},$$

所以,物体的质心为 $\left(0, 0, \frac{7a}{15}\right)$.

6. 转动惯量

例 9 一个均匀物体(密度的大小为 k)占有闭区域 Ω,其中 Ω 是曲面 $z = x^2 + y^2$ 和平面 $z = 0$、$|x| = a$、$|y| = a$ 围成的空间闭区域. 求物体关于 z 轴的转动惯量.

分析 这是计算转动惯量的问题,可以利用转动惯量计算公式进行计算,但需要搞清楚题目描述的空间闭区域在 xOy 面内的投影区域,从而准确进行计算.

解 物体关于 z 轴的转动惯量为

$$I_z = \iiint_{\Omega} k(x^2 + y^2) dv = k \int_{-a}^{a} dx \int_{-a}^{a} dy \int_{0}^{x^2+y^2} (x^2 + y^2) dz = \frac{112ka^6}{45}$$

7. 引力

例 10 有两根长各为 l，质量各为 M 的均匀细杆，位于同一条直线上，相距为 a，求两杆间的引力.

分析 取某杆的一微元，先求此微元与另一杆间的引力，然后再沿杆积分.

解 沿杆建立坐标系，在右杆上取微元 dx，它与左杆间的引力为

$$dF = k\frac{M \cdot \dfrac{M}{l}dx}{x(x+l)},$$

于是两杆间的引力为

$$F = \int_a^{a+l} \frac{kM^2}{lx(x+l)}dx = \frac{kM^2}{l^2}\int_a^{a+l}\left(\frac{1}{x}-\frac{1}{x+l}\right)dx = \frac{kM^2}{l^2}\ln\frac{x}{x+l}\Big|_a^{a+l} = \frac{kM^2}{l^2}\ln\frac{(a+l)^2}{a(a+2l)}.$$

8. 功

例 11 已知力场为 $\boldsymbol{F} = yz\boldsymbol{i} + xz\boldsymbol{j} + xy\boldsymbol{k}$，问质点从原点沿直线移动到曲面

$$\frac{x^2}{a^2}+\frac{y^2}{b^2}+\frac{z^2}{c^2}=1$$

的第一卦限部分上的哪一点，力做功最大？并求最大功.

分析 首先求出质点从原点沿直线移动到曲面上一点时，变力所做的功，然后将曲面上哪一点处的功最大和最大功是多少，这两个问题转化为一个条件极值问题.

解 设所求点为 (x_0, y_0, z_0)，则质点从原点沿直线移动到点 (x_0, y_0, z_0) 的直线路径为

$$\Gamma: \begin{cases} x = x_0 t, \\ y = y_0 t, \quad t: 0 \to 1, \\ z = z_0 t, \end{cases}$$

则力做的功为 $W = \displaystyle\int_\Gamma yz\,dx + xz\,dy + xy\,dz = 3x_0 y_0 z_0 \int_0^1 t^2 dt = x_0 y_0 z_0$. 所求的最大功就是 $f(x, y, z) = xyz$ 在条件

$$\frac{x^2}{a^2}+\frac{y^2}{b^2}+\frac{z^2}{c^2}=1, \quad x>0, y>0, z>0$$

下的最大值. 用拉格朗日乘数法来求这个最大值和最大值点. 为此，令

$$F(x, y, z) = xyz + \lambda\left(\frac{x^2}{a^2}+\frac{y^2}{b^2}+\frac{z^2}{c^2}-1\right).$$

根据条件极值的必要条件，得

$$\begin{cases} yz + \dfrac{2\lambda x}{a^2} = 0, \\[2mm] xz + \dfrac{2\lambda y}{b^2} = 0, \\[2mm] xy + \dfrac{2\lambda z}{c^2} = 0, \\[2mm] \dfrac{x^2}{a^2}+\dfrac{y^2}{b^2}+\dfrac{z^2}{c^2} = 1. \end{cases}$$

解得 $x = \dfrac{a}{\sqrt{3}}, y = \dfrac{b}{\sqrt{3}}, z = \dfrac{c}{\sqrt{3}}$. 由题意，所求的点为 $\left(\dfrac{a}{\sqrt{3}}, \dfrac{b}{\sqrt{3}}, \dfrac{c}{\sqrt{3}}\right)$，最大功为 $W = \dfrac{abc}{3\sqrt{3}}$.

9. 流量

例 12 设向量 $\boldsymbol{A} = \{xy, y^2, z^2\}$，曲面 $\sum$ 为上半球面 $(x-1)^2 + y^2 + z^2 = 1(z \geqslant 0)$，被锥面 $z = \sqrt{x^2 + y^2}$ 所截部分(即 $z \geqslant \sqrt{x^2 + y^2}$)的上侧，求 $\boldsymbol{A}$ 通过曲面 $\sum$ 的流量(流体质量).

分析 此题可由流量计算公式直接计算，但涉及曲面比较复杂，不便于使用高斯公式求解，故利用转换投影法求解.

解 流量 $\Phi = \iint\limits_{\sum} xy \mathrm{d}y\mathrm{d}z + y^2 \mathrm{d}z\mathrm{d}x + z^2 \mathrm{d}x\mathrm{d}y$，因为曲面 $\sum$ 在 xOy 面上投影域的边界曲线比较容易求，所以用转换投影法，由 $(x-1)^2 + y^2 + z^2 = 1$ 与 $z^2 = x^2 + y^2$，消去 z，得到 $x = x^2 + y^2$，所以曲面 $\sum$ 在 xOy 面上投影区域为 $D_{xy} = \{(x,y) \mid x^2 + y^2 \leqslant x\}$，并且 $\sum$ 在 xOy 面上的投影点不重合，由

$$\sum : z = \sqrt{1 - (x-1)^2 - y^2} = \sqrt{2x - x^2 - y^2}$$

得 $\dfrac{\partial z}{\partial x} = \dfrac{1-x}{\sqrt{2x - x^2 - y^2}}, \dfrac{\partial z}{\partial y} = \dfrac{-y}{\sqrt{2x - x^2 - y^2}}$，所以 $\boldsymbol{n} = \left\{\dfrac{1-x}{\sqrt{2x - x^2 - y^2}}, \dfrac{-y}{\sqrt{2x - x^2 - y^2}}, 1\right\}$.

于是 $\Phi = \iint\limits_{\sum} \{xy, y^2, z^2\} \cdot \left\{\dfrac{1-x}{\sqrt{2x - x^2 - y^2}}, \dfrac{-y}{\sqrt{2x - x^2 - y^2}}, 1\right\} \mathrm{d}x\mathrm{d}y$

$= \iint\limits_{\sum} \left(\dfrac{x^2 y - xy + y^3}{\sqrt{2x - x^2 - y^2}} + z^2\right) \mathrm{d}x\mathrm{d}y = \iint\limits_{D_y} \left(\dfrac{x^2 y - xy + y^3}{\sqrt{2x - x^2 - y^2}} + 2x - x^2 - y^2\right) \mathrm{d}x\mathrm{d}y$

$= \iint\limits_{D_{xy}} \dfrac{(x^2 - x + y^2)y}{\sqrt{2x - x^2 - y^2}} \mathrm{d}x\mathrm{d}y + \iint\limits_{D_{xy}} (2x - x^2 - y^2) \mathrm{d}x\mathrm{d}y$

$= 0 + \int_{-\frac{\pi}{2}}^{\frac{\pi}{2}} \mathrm{d}\theta \int_0^{\cos\theta} (2r\cos\theta - r^2) r \mathrm{d}r = \int_{-\frac{\pi}{2}}^{\frac{\pi}{2}} \left(\dfrac{2}{3}\cos^4\theta - \dfrac{1}{4}\cos^4\theta\right) \mathrm{d}\theta$

$= \dfrac{5}{12} \times 2 \int_0^{\frac{\pi}{2}} \cos^4\theta \mathrm{d}\theta = \dfrac{5}{6} \times \dfrac{3}{4} \times \dfrac{1}{2} \times \dfrac{\pi}{2} = \dfrac{5}{32}\pi.$

10. 平均值

例 13 求纯电阻电路中正弦交流电 $i = I_m \sin\omega t$ 在一个周期上的平均功率.

分析 这是实际问题，但问题的本质仍然是计算平均值，即计算一个周期上功率的平均值，所以根据平均值的计算公式进行计算.

解 设电阻为 R，则电路中的电压为 $u = iR = I_m R \sin\omega t$. 功率为 $p = ui = I_m^2 R \sin^2\omega t$. 一个周期区间为 $\left[0, \dfrac{2\pi}{\omega}\right]$，平均功率为 $\overline{p} = \dfrac{\omega}{2\pi} \int_0^{\frac{2\pi}{\omega}} I_m^2 R \sin^2\omega t \mathrm{d}t = \dfrac{I_m^2 R}{2\pi} \int_0^{\frac{2\pi}{\omega}} \sin^2\omega t \mathrm{d}(\omega t) = \dfrac{I_m^2 R}{2}.$

因为电压 $U_m = I_m R$，所以 $\overline{p} = \dfrac{I_m U_m}{2}$，即纯电阻电路中正弦交流电的平均功率等于电流与电压峰值乘积的 1/2.

第四节　数学文化拾趣园

一、数学家趣闻轶事

1. 高斯

1）生平简介

约翰·卡尔·弗里德里希·高斯（C. F. Gauss，1777—1855），男，德国著名数学家、物理学家、天文学家、大地测量学家.1777 年 4 月 30 日生于布伦兹维克，1855 年 2 月 23 日在哥廷根去世.高斯是近代数学奠基者之一，被认为是历史上最重要的数学家之一，并享有"数学王子"之称.1795—1798 年在格丁根大学学习，1798 年转入黑尔姆施泰特大学，翌年因证明代数基本定理获博士学位.从 1807 年起担任格丁根大学教授兼格丁根天文台台长直至逝世.

2）代表成就

高斯和阿基米德、牛顿并列为世界三大数学家，一生成就极为丰硕，共发表 323 种著作，提出了 404 项科学创见，完成了 4 项重要发明，其中以他名字命名的成果达 110 个，属数学家中之最.他的成就遍及数学的各个领域，在数论、非欧几何、微分几何、超几何级数、复变函数论以及椭圆函数论等方面均有开创性贡献.他十分注重数学的应用，并且在对天文学、大地测量学和磁学的研究中也偏重于用数学方法进行研究.

1792 年，15 岁的高斯进入 Braunschweig 学院，在那里开始了对高等数学的研究，独立发现了二次项定理的一般形式、数论上的"二次互反律"、质数分布定理及算术几何平均.1796 年，17 岁的他得到了一个数学史上极重要的结果——《正十七边形尺规作图之理论与方法》，并为流传了 2000 年的欧氏几何提供了自古希腊时代以来的第一次重要补充.1807 年高斯成为哥廷根大学的教授和当地天文台的台长.高斯在他的建立在最小二乘法基础上的测量平差理论的帮助下，计算出天体的运行轨迹，并用这种方法，发现了谷神星的运行轨迹.（谷神星于 1801 年由意大利天文学家皮亚齐发现，但他因病耽误了观测，失去了这颗小行星的轨道.皮亚齐以希腊神话中"丰收女神"（Ceres）来命名它，即谷神星（Planetoiden Ceres），并将以前观测的位置发表出来，希望全球的天文学家一起寻找）.高斯通过以前的三次观测数据，计算出了谷神星的运行轨迹.奥地利天文学家奥伯斯（Heinrich Wilhelm Olbers）在高斯的计算出的轨道上成功发现了这颗小行星，从此高斯名扬天下.高斯将这种方法著述在著作《天体运动论》中.

高斯的数论研究总结在《算术研究》（1801 年）中，这本书奠定了近代数论的基础，它不仅是数论方面的划时代之作，也是数学史上不可多得的经典著作之一.高斯对代数学的重要贡献是证明了代数基本定理，他的存在性证明开创了数学研究的新途径.高斯在 1816 年左右就得到非欧几何的原理.他还深入研究复变函数，建立了一些基本概念发现了著名的柯西积分定理和椭圆函数的双周期性.1828 年高斯出版了《关于曲面的一般研究》，全面系统地阐述了空间曲面的微分几何学，并提出内蕴曲面理论.高斯的曲面理论后来由黎曼发展.其著作还有《地磁概念》和《论与距离平方成反比的引力和斥力的普遍定律》等.

3)名家垂范

高斯出生于德国布伦兹维克的一个贫苦家庭,幼时家境贫困.他在数学方面显示出非凡的才华,3 岁能纠正父亲计算中的错误,10 岁便独立发现了算术级数的求和公式,11 岁发现了二项式定理.少年时高斯聪敏异常,受到很有名望的布瑞克公爵垂青与资助,从而进学校受教育.高斯还喜欢文学和语言学,懂得十几门外语.不到 20 岁时,高斯在许多学科上就已取得了不小的成就.邻居的几个小伙子对于他接二连三的成功很不服气,决心要为难他一下.小伙子们聚到一起冥思苦想,终于想出了一道难题.他们用一根细棉线系上一块银币,然后再找来一个非常薄的玻璃瓶,把银币悬空垂放在瓶中,瓶口用瓶塞塞住,棉线的另一头也系在瓶塞上.准备好以后,他们小心翼翼地捧着瓶子,在大街上拦住高斯,用挑衅的口吻说道,"你一天到晚捧著书本,拿着放大镜东游西逛,一副蛮有学问的样子,你那么有本事,能不碰破瓶子,不去掉瓶塞,把瓶中的棉线弄断吗?"高斯对他们这种无聊的挑衅很生气,本不想理他们,可当他看了瓶子后,又觉得这道难题还的确有些意思,于是认真地想着解题的办法来.繁华的大街商店林立,人流如潮,在小伙子们为能难倒高斯而得意之时,大街上的围观者越来越多.大家兴趣甚浓,都在想着法子,但无济于事,除了摇头自嘲之外,只好把期冀的目光投向高斯.高斯呢,眉头紧皱,一声不吭.小伙子们更得意了,他们为自己高明的难题而叫绝.有人甚至刁难道:"怎么样,你智力有限吧,实在解不出,就把你得到的那么多荣誉证书拿到大街上当众烧掉,以后别再逞能了."高斯的确气恼,但他仍克制住,不受围观者嘈杂吵嚷的影响而冷静思考.他无意地看了看明媚的阳光,又望了望那个瓶子,忽然高兴地叫道:"有办法了."说着从口袋里拿出一面放大镜,对着瓶子里的棉线照着,一分钟、两分钟……人们好奇地睁大了眼,随着钱币"铛"的一声掉落瓶底,大家发现棉线被烧断了.高斯高声说道:"我是把太阳光聚焦,让这个热度很高的焦点穿过瓶子,照射在棉线上,使棉线烧断.太阳光帮了我的忙."人们不由发出一阵欢呼声,那几个小伙子也佩服得连连赞叹.小伙伴们,你能从中收获什么呢?

特别值得一提的是,高斯对自己的工作精益求精,非常严格地要求自己的研究成果.他自己曾说:宁可发表少,但发表的东西是成熟的成果.许多当代的数学家要求他,不要太认真,把结果写出来发表,这对数学的发展是很有帮助的.高斯的信仰是基于寻求真理的,他相信"精神个性上的不朽,像是个人在死后的持久性,还有最后命令的东西,以及永恒的、正义的、无所不知和无所不能的上帝."高斯也坚持宗教的宽容,他相信打扰其他正处在他们自己和信念中的人是不对的.

2. 阿基米德

1)生平简介

阿基米德(Archimedes,前 287—前 212)伟大的古希腊哲学家、百科式科学家、数学家、物理学家、力学家,静态力学和流体静力学的奠基人,并且享有"力学之父"的美称.公元前 287 年,阿基米德诞生于希腊西西里岛叙拉古附近的一个小村庄,他出身于贵族,与叙拉古的赫农王(King Hieron)有亲戚关系,家庭十分富有.公元前 212 年,古罗马军队入侵叙拉古,阿基米德被罗马士兵杀死,终年七十五岁.

2)代表成就

阿基米德和高斯、牛顿并列为世界三大数学家,他确立了静力学和流体静力学的基本原理,给出许多求几何图形重心,包括由一抛物线和其网平行弦线所围成图形的重心的方法.阿基米德证明物体在液体中所受浮力等于它所排开液体的重量,这一结果后被称为阿基米德原理.他还给出正抛物旋转体浮在液体中平衡稳定的判据.阿基米德发明的机械有引水用的水螺旋,能牵动满载大船的杠杆滑轮机械,能说明日食、月食现象的地球—月球—太阳运行模型.但他认为机械发明比纯数学低级,因而没写这方面的著作.阿基米德还采用不断分割法求椭球体、旋转抛物体等的体积,这种方法已具有积分计算的雏形.

3)名家垂范

在阿基米德年老的时候,叙拉古和罗马帝国之间发生战争,罗马军队的最高统帅马塞拉斯率领罗马军队包围了他所居住的城市,还占领了海港.阿基米德虽不赞成战争,但又不得不尽自己的责任,保卫自己的祖国.阿基米德眼见国土危急,护国的责任感促使他奋起抗敌,于是阿基米德绞尽脑汁,继以日夜地发明御敌武器,如利用杠杆原理制造的一种叫作石弩的抛石机.

二、数学思维与发现

1. 微元分析法的思想

微元分析法是指在处理问题时,从对事物的极小部分(微元)分析入手,达到解决事物整体目的的方法.它在解决物理问题时很常用,思想就是"化整为零",先分析微元,再通过微元分析整体.微元分析法是分析、解决物理问题的常用方法,也是从部分到整体的思维方法.用该方法可以使一些复杂的物理过程用我们熟悉的物理规律迅速地加以解决,使所求的问题简单化.在使用微元分析法处理问题时,需将其分解为众多微小的"元过程",而且每个"元过程"所遵循的规律是相同的,这样,我们只需分析这些"元过程",然后再将"元过程"进行必要的数学方法或物理思想处理,进而使问题求解.

事实上,微元分析法的基本思想是从定积分的概念中归纳总结出来的.假设我们要求的整体量与一个变量的变化区间有关,且在该区间上具有可加性,那么我们就可以考虑用定积分来计算这个整体量.由于所求量是不规则或不均匀的,所以利用定积分解决问题的基本思想就是将"不规则"向"规则"、"不均匀"向"均匀"转化.

2. 求积问题

求积问题就是求图形的面积、体积问题,该问题的历史十分悠久,可以追溯到古代各个文明对一些简单图形求面积和体积,比如求三角形、四边形、圆或球、圆柱、圆锥等的面积或体积,以及17世纪欧洲人对圆面积、球体积、曲边三角形、曲边四边形等面积的计算.这些问题直到牛顿和莱布尼茨建立微积分才从根本上得到了解决.求积问题是促使微积分产生的主要因素之一.

在积分思想发展的过程中,有一批伟大的数学家为此做出了杰出的贡献.古希腊时代伟大的数学家、力学家阿基米德,我国古代著名数学家刘徽,祖冲之父子等为积分思想的形成和发展做出了重要的贡献.

16、17世纪是微积分思想发展最为活跃的时期,杰出的代表有意大利天文学家、力学家伽利略和德国天文学家、数学家、物理学家开普勒,卡瓦列里等,他们的工作为牛顿、莱布尼茨创立微积分理论奠定了基础.

第五节　数学实践训练营

一、数学实验及软件使用

1. 计算函数的定积分

1）软件命令

Q= quad(fun,a,b)或 Q= quadl(fun,a,b)

参数说明：Q 是函数 fun 在区间[a,b]内的定积分值,这里 quad 命令使用 Simpson 算法求函数 fun 的数值积分,quadl 命令使用 Lobatto Quadrature 算法求函数 fun 的数值积分.

2）举例示范

例 1　已知 $f(x) = \dfrac{1}{x^3 - 2x - 5}$,求定积分 $\displaystyle\int_0^2 f(x)\mathrm{d}x$.

>>F = @(x)1./(x.^3−2*x−5);

>>Q = quad(F,0,2)

>>Q=

　　　　−0.4605

2. 计算函数的二重积分

1）软件命令

Q= dblquad(fun,xmin,xmax,ymin,ymax)

参数说明：Q 是函数 fun 在区域(xmin≤x≤xmax,ymin≤y≤ymax)的二重积分值.

2）举例示范

例 2　已知 $f(x,y) = y\sin x + x\cos y, D = \{(x,y) \mid \pi \leq x \leq 2\pi, 0 \leq y \leq \pi\}$,求二重积分 $\displaystyle\iint\limits_{D} f(x,y)\mathrm{d}\sigma$.

>>F = @(x,y)y*sin(x)+x*cos(y);

>>Q = dblquad(F,pi,2*pi,0,pi);

>>Q=

　　　　−9.8696

3. 计算函数的三重积分

1）软件命令

Q = triplequad(fun,xmin,xmax,ymin,ymax,zmin,zmax)

参数说明：Q 是函数 fun 在区域(xmin≤x≤xmax,ymin≤y≤ymax,zmin≤z≤zmax)的三重积分值.

2)举例示范

例 3 已知 $f(x)=y\sin x+z\cos x,\Omega=\{(x,y,z)\mid 0\leqslant x\leqslant \pi,0\leqslant y\leqslant 1,-1\leqslant z\leqslant 1\}$，求定积分 $\iiint\limits_{\Omega}f(x,y,z)\mathrm{d}v$.

```
>>F = @(x,y,z)y * sin(x)+z * cos(x);
>>Q = triplequad(F,0,pi,0,1,-1,1);
>>Q=
        2.0000
```

二、建模案例分析——储油罐标定问题

这是一个来自油田的问题. 在石油的生产地、加工厂和加油站,为了储存原油,经常使用大量的储油罐. 假设油罐外形为一个圆柱体和两个圆锥体的组合,上端有一注油孔(图 8—5). 由于经常注油和取油,有时很难知道油罐中剩油的数量. 这给现有储油量的统计带来很大的麻烦. 显然,将剩油取出计量是不现实的. 因此,希望能设计一个精细的标尺:工人只需将该尺垂直插入使尺端至油罐的最底部,就可以根据标尺上的油痕位置的刻度获知剩油量的多少.

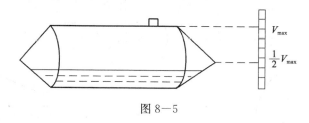

图 8—5

1. 问题分析

设圆柱的底面半径为 R,长度为 L. 若油面高度即标尺被油浸湿位置的高度为 H,而此时罐内的油量为 V. 那么我们的问题归结为求出油量与游标刻度即油面高度的函数

$$V=V(H),0\leqslant H\leqslant 2R.$$

记 $V(H)=V_c(H)+2V_b(H),0\leqslant H\leqslant R$. 其中 $V_c(H)$ 和 $V_b(H)$ 分别为相应圆柱和圆锥(一侧部分)中的储油量.

2. 模型建立

先求 $V_c(H)$,设圆柱体截面中储油部分对应的弓形区域面积为 $S(H)$,弓形对应的圆心角的一半为 θ(图 8—6),那么,易得 $S(H)=R^2\theta-R(R-H)\sin\theta$,利用 θ 的三角函数表达式,就有

$$S(H)=R^2\arccos\left(1-\frac{H}{R}\right)-R^2\left(1-\frac{H}{R}\right)\sqrt{1-\left(1-\frac{H}{R}\right)^2}.$$

于是

$$V_c=LS=LR^2\left[\arccos\left(1-\frac{H}{R}\right)-\left(1-\frac{H}{R}\right)\sqrt{1-\left(1-\frac{H}{R}\right)^2}\right].$$

再求 $V_b(H)$. 设与圆锥体底面平行且距底面 x 处的截面上表示储油部分的弓形区域面积为 Q,那么和前面 S 不同的是:Q 不仅与 H 有关,而且与 x 有关. 设该弓形的半径为 r 高为 h,

则由几何关系(图 8-7)不难看出

$$\frac{H-h}{x} = \frac{R}{A} = \frac{r}{A-x}.$$

从而得到 $r = R\left(1 - \frac{x}{A}\right).$

因此 $h = H - \frac{Rx}{A}$, 于是类似于 S 的求法, 有

$$Q(H,x) = r^2 \arccos\left(1 - \frac{h}{r}\right) - r^2\left(1 - \frac{h}{r}\right)\sqrt{1 - \left(1 - \frac{h}{r}\right)^2}.$$

通过作变换 $\frac{1}{t} = 1 - \frac{h}{r} = \frac{R-H}{r}$, 即 $t = \frac{R}{R-H} - \frac{xR}{(R-H)A}$, 将有

$$Q = t^2(R-H)^2\left(\arcsin\sqrt{1 - \frac{1}{t^2}} - \frac{1}{t}\sqrt{1 - \frac{1}{t^2}}\right),$$

$$V_b(H) = \int_0^{\frac{AH}{R}} Q(H,x)\,\mathrm{d}x = \frac{A}{R}(R-H)^3 \int_1^{\frac{R}{R-H}}\left(t^2\arcsin\sqrt{1 - \frac{1}{t^2}} - \sqrt{t^2 - 1}\right)\mathrm{d}t.$$

综上, 得模型如下:

$$V(H) = LR^2\left[\arccos\left(1 - \frac{H}{R}\right) - \left(1 - \frac{H}{R}\right)\sqrt{1 - \left(1 - \frac{H}{R}\right)^2}\right]$$

$$+ 2\frac{A}{R}(R-H)^3 \int_1^{\frac{R}{R-H}}\left(t^2\arcsin\sqrt{1 - \frac{1}{t^2}} - \sqrt{t^2 - 1}\right)\mathrm{d}t.$$

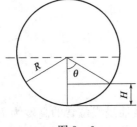

图 8-6

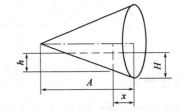

图 8-7

3. 模型求解

现在我们假设 $R=1, A=1, L=5$, 并取 $H_0 = 0, \Delta H = 0.1, H_i = i\Delta H (i = 1, 2, \cdots, 10)$ (单位:m)为例进行实际计算, 在 MATLAB 中编写 m 文件如下:

————————————————————————————————

```
clc;clear
syms t
L=5;R=1;A=1;i=1;vc(i)=0;vb(i)=0;Hmax=1;vbmax=pi*R^2*A/3;
for H=0.1:0.1:R    %计算油量在总油量一半以下的标尺和油量关系
  i=i+1;
  vc(i)=L*R^2*(acos(1-H/R)-(1-H/R)*sqrt(1-(1-H/R)^2));
  if H==Hmax
    vb(i)=pi*R^2*A/6;
  elseif H>Hmax
```

```
    H=2*Hmax−H;
    q2=quadl('t.^2.*asin(sqrt(1−1./t.^2))−sqrt(t.^2−1)',1,R/(R−H));
    vb(i)=vbmax−A*(R−H)^3/R*q2;
  else
    q2=quadl('t.^2.*asin(sqrt(1−1./t.^2))−sqrt(t.^2−1)',1,R/(R−H));
    vb(i)=A*(R−H)^3/R*q2;
  end
end
[vc',vb',vc'+2*vb']
```

――

可得计算结果如表 8−1 所示

表 8−1

i	H_i	V_c	V_b	$V=V_c+2V_b$
0	0.0	0.0000	0.0000	0.0000
1	0.1	0.2936	0.0023	0.2982
2	0.2	0.8175	0.0128	0.8431
3	0.3	1.4775	0.0343	1.5461
4	0.4	2.2365	0.0682	2.3729
5	0.5	3.0709	0.1153	3.3015
6	0.6	3.9634	0.1754	4.3142
7	0.7	4.8996	0.2481	5.3958
8	0.8	5.8674	0.3320	6.5314
9	0.9	6.8557	0.4249	7.7055
10	1.0	7.8540	0.5236	8.9012

如果将 for 循环上限修改为 2R,则可以计算出油罐中整个油量与油面高度的关系,i 从 11 到 20 的计算结果如表 8−2 所示.

表 8−2

i	H_i	V_c	V_b	$V=V_c+2V_b$
11	1.1	8.8523	0.6223	10.097
12	1.2	9.8406	0.7152	11.2711
13	1.3	10.8084	0.7991	12.4065
14	1.4	11.7446	0.8718	13.4881
15	1.5	12.637	0.9319	14.5009
16	1.6	13.4715	0.979	15.4295
17	1.7	14.2305	1.0129	16.2563
18	1.8	14.8905	1.0344	16.9593
19	1.9	15.4143	1.0449	17.5041
20	2.0	15.708	1.0472	17.8024

第六节　考研加油站

一、考研大纲解读

1. 考研数学一的大纲

1) 考试内容

(1) 利用定积分表达和计算一些几何量与物理量.

(2) 利用重积分、曲线积分及曲面积分求一些几何量与物理量.

2) 考试要求

(1) 掌握用定积分表达和计算一些几何量与物理量(平面图形的面积、平面曲线的弧长、旋转体的体积及侧面积、平行截面面积为已知的立体体积、功、引力、压力、质心、形心等)及函数的平均值.

(2) 会用重积分、曲线积分及曲面积分求一些几何量与物理量(平面图形的面积、体积、曲面面积、弧长、质量、质心、形心、转动惯量、引力、功及流量等).

2. 考研数学二的大纲

1) 考试内容

(1) 利用定积分表达和计算一些几何量与物理量.

(2) 利用二重积分求一些几何量.

2) 考试要求

(1) 掌握用定积分表达和计算一些几何量与物理量(平面图形的面积、平面曲线的弧长、旋转体的体积及侧面积、平行截面面积为已知的立体体积、功、引力、压力、质心、形心等)及函数的平均值.

(2) 会用二重积分求一些几何量(平面图形的面积、体积、曲面面积等).

3. 考研数学三的大纲

1) 考试内容

(1) 利用定积分表达和计算一些几何量.

(2) 利用二重积分求一些几何量.

2) 考试要求

(1) 会利用定积分计算平面图形的面积、旋转体的体积和函数的平均值,会利用定积分求解简单的经济应用问题.

(2) 会用二重积分求一些几何量(平面图形的面积、体积、曲面面积等).

二、典型真题解答及思考

1. 考研真题解析

1)试题特点

本章内容在历年的考察中形式多样,可以以客观题的形式出现,也可以在解答题中出现,并且经常与其他知识点综合起来考察,比如与极限、导数、微分中值定理、极值等知识点综合在一起出题. 在这部分需要重点掌握用微元法计算平面图形的面积、平面曲线的弧长、旋转体的体积及侧面积、平行截面面积为已知的立体体积、功、引力、压力、质心、形心等. 而对于考研数学三只要求会计算平面图形的面积和旋转体的体积就可以了. 其中求旋转体的体积以及微积分几何应用与最值问题相结合构成的应用题是重点常考题型,应该予以充分的重视. 对于定积分的应用部分,首先需要对微元法熟练掌握. 在历年考研真题中,有大量的题是利用微元法来获得方程式的.

2)常考题型

(1)计算平面图形的面积,若图形与圆有关时,可考虑用极坐标系;若在直角坐标系下,还要根据图形的形状选择恰当的积分变量;若不是公式所给的类型,还需要对图形进行分割,分割后的每一块都是标准类型的一种,然后再积分. 注意恰当地选择坐标系及积分变量可给计算带来方便,另外,可利用图形的对称性简化计算.

(2)计算曲边梯形绕坐标旋转形成的旋转体体积,可利用切片法,即把旋转体看成由一系列垂直于旋转轴的圆形薄片组成,而此薄片体积是体积元.

(3)计算曲线弧长,主要是根据曲线的方程,选择相应的公式写出弧微分 ds,继而求出弧长.

(4)计算旋转体的侧面积,需要注意是绕哪个轴旋转.

3)考题剖析示例

(1)基本题型.

例 1(1996,数二,3 分)　由曲线 $y = x + \dfrac{1}{x}, x = 2$ 及 $y = 2$ 所围图形的面积 $S = $
_____.

分析　利用定积分计算平面图形面积公式进行计算.

解　$S = \displaystyle\int_1^2 (x + \dfrac{1}{x} - 2)\mathrm{d}x = \ln 2 - \dfrac{1}{2}$.

例 2(1987,数一,3 分)　由曲线 $y = \ln x$ 与两直线 $y = e + 1 - x$ 及 $y = 0$ 所围成的平面图形的面积是_____.

分析　先求出交点,利用定积分计算平面图形面积公式进行计算,注意选择恰当的计算公式.

解　先求出 $y = \ln x$ 与 $y = e + 1 - x$ 的交点 $(e, 1)$,利用直角坐标系下 Y-型积分公式进行积分,得面积 $S = \displaystyle\int_0^1 (e + 1 - y - e^y)\mathrm{d}y = \dfrac{3}{2}$.

例 3(2013,数二,3 分) 设封闭曲线 L 的极坐标方程为 $r = \cos 3\theta \left(-\dfrac{\pi}{6} \leqslant \theta \leqslant \dfrac{\pi}{6} \right)$,则 L 所围成的平面图形的面积为_____.

分析 先求出交点,利用定积分计算平面图形面积公式进行计算,注意选择恰当的计算公式,可以根据对称性简化计算.

解 所围图形的面积是 $S = \dfrac{1}{2} \displaystyle\int_{-\frac{\pi}{6}}^{\frac{\pi}{6}} \cos^2 3\theta \mathrm{d}\theta = \displaystyle\int_{0}^{\frac{\pi}{6}} \dfrac{1 + \cos 6\theta}{2} \mathrm{d}\theta = \dfrac{\pi}{12}.$

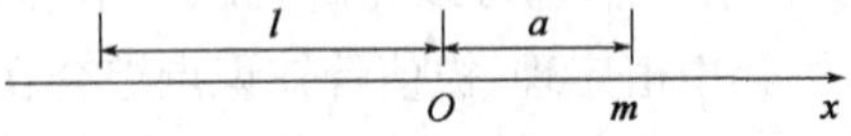

例 4(1991,数二,3 分) 如图 8—8 所示,轴上有一线密度为常数 μ,长度为 l 的细杆,有一质量为 m 的质点到杆右端的距离为 a,已知引力系数为 k,则质点和细杆之间引力的大小为(   ).

图 8—8

(A) $\displaystyle\int_{-l}^{0} \dfrac{km\mu}{(a-x)^2} \mathrm{d}x.$ (B) $\displaystyle\int_{0}^{l} \dfrac{km\mu}{(a-x)^2} \mathrm{d}x.$

(C) $2\displaystyle\int_{-\frac{l}{2}}^{0} \dfrac{km\mu}{(a+x)^2} \mathrm{d}x.$ (D) $2\displaystyle\int_{0}^{\frac{l}{2}} \dfrac{km\mu}{(a+x)^2} \mathrm{d}x.$

分析 本题考查用定积分计算物理量.

解 质量微元为 $\mu\mathrm{d}x$,与质点的距离为 $a-x$,故两点间的引力微元 $\mathrm{d}F = \dfrac{km\mu}{(a-x)^2}\mathrm{d}x$,

积分得 $F = \displaystyle\int_{-l}^{0} \dfrac{km\mu}{(a-x)^2} \mathrm{d}x$,故选(A).

(2)综合题型.

例 1(1989,数二,10 分) 设抛物线 $y = ax^2 + bx + c$ 过原点,当 $0 \leqslant x \leqslant 1$ 时,$y \geqslant 0$,又已知该抛物线与 x 轴及直线 $x=1$ 所围图形的面积为 $\dfrac{1}{3}$,试确定 a,b,c 使此图形绕 x 轴旋转一周而成的旋转体的体积 V 最小.

分析 根据题目已知信息先确定 $c=0$,减少未知参数个数,根据体积计算未知参数满足的方程,利用面积计算得到 a、b 的关系,将方程转化为一元情形,再根据最值求解方法确定参数的取值.

解 由题知曲线过原点即 $(0,0)$ 点,得 $c=0$,即 $y = ax^2 + bx$,面积微元 $\mathrm{d}S = y\mathrm{d}x$,所以

$$S = \int_0^1 y\mathrm{d}x = \int_0^1 (ax^2 + bx)\mathrm{d}x = \frac{a}{3} + \frac{b}{2}.$$

由题知 $\dfrac{a}{3} + \dfrac{b}{2} = \dfrac{1}{3}$,即 $b = \dfrac{2-2a}{3}$. 当 $y = ax^2 + bx$ 绕 x 轴旋转一周,则体积微元 $\mathrm{d}V = \pi y^2 \mathrm{d}x$,所以旋转体积

$$V = \int_0^1 \pi y^2 \mathrm{d}x = \pi \int_0^1 (ax^2 + bx)\mathrm{d}x = \pi\left(\frac{a^2}{5} + \frac{ab}{2} + \frac{b^2}{3} \right).$$

将 $b = \dfrac{2-2a}{3}$ 代入上式得 $V = \pi\left[\dfrac{a^2}{5} + \dfrac{4(1-a)^2}{2} + \dfrac{a(1-a)}{3} \right]$,这是 a 的函数,两边对 a 求导得

$$\frac{\mathrm{d}V}{\mathrm{d}a} = \frac{\pi}{27}\left(\frac{4a}{5} + 1 \right).$$

令其为 0 得唯一驻点 $a = -\dfrac{5}{4}$,$\dfrac{\mathrm{d}V}{\mathrm{d}a}$ 在该处由负变正,此点为极小值点,故体积最小,此时 $b=$

— 380 —

$\frac{3}{2}$，故所求函数为 $y = -\frac{5}{4}x^2 + \frac{3}{2}x$.

例 2（1998，数二，8 分） 设有曲线 $y = \sqrt{x-1}$，过原点作其切线，求由此曲线、切线及 x 轴围成的平面图形绕 x 轴旋转一周所得到的旋转体的表面积.

分析 根据题目已知条件求出切线方程，注意旋转体的表面积包括两部分，分别计算再求和.

解 先求 (x_0, y_0) 处的切线方程为 $y - y_0 = \frac{1}{2y_0}(x - x_0)$，以 $x = 0, y = 0$ 代入切线方程，解得 $x_0 = 2, y_0 = 1$，所以切线方程为 $y = \frac{1}{2}x$. 由曲线段 $y = \sqrt{x-1}$（$1 \leqslant x \leqslant 2$）绕 x 轴的旋转面面积

$$S_1 = \int_1^2 2\pi y \sqrt{1 + y'^2}\, dx = \frac{\pi}{6}(5\sqrt{5} - 1).$$

而由曲线段 $y = \frac{1}{2}x$（$0 \leqslant x \leqslant 2$）绕 x 轴的旋转面面积为

$$S_2 = \int_0^2 2\pi y \sqrt{1 + y'^2}\, dx = \sqrt{5}\pi.$$

由此，旋转体表面积为 $S = S_1 + S_2 = \frac{\pi}{6}(11\sqrt{5} - 1)$.

例 3（1996，数二，5 分） 设有一正椭圆柱体（如图 8—9），其底面的长短分别为 $2a, 2b$，用过此柱体底面的短轴且与底面成 α 角（$0 < \alpha < \frac{\pi}{2}$）的平面截此柱体，得一形体，求此形体的体积 V.

分析 利用平行截面面积已知的体积计算方法，即切片法进行计算.

解 底面椭圆方程为 $\frac{x^2}{a^2} + \frac{y^2}{b^2} = 1$，以垂直于 y 轴的平行平面截此形体所得的截面为直角三角形，其一直角边长为 $a\sqrt{1 - \frac{y^2}{b^2}}$，另一直角边长为 $a\sqrt{1 - \frac{y^2}{b^2}}\tan\alpha$. 因此得截面面积 $S(y) = \frac{a^2}{2}\left(1 - \frac{y^2}{b^2}\right)\tan\alpha$，则形体体积

$$V = \int_0^b \frac{a^2}{2}\left(1 - \frac{y^2}{b^2}\right)\tan\alpha\, dy = \frac{2a^2 b}{3}\tan\alpha.$$

例 4（1997，数一，3 分） 设在区间 $[a, b]$ 上 $f(x) > 0, f'(x) < 0, f''(x) > 0$，令 $S_1 = \int_a^b f(x)\, dx$，$S_2 = f(b)(b-a)$，$S_3 = \frac{1}{2}[f(a) + f(b)](b-a)$，则（ ）.

(A) $S_1 < S_2 < S_3$.　　　　　　　(B) $S_2 < S_1 < S_3$.

(C) $S_3 < S_1 < S_2$.　　　　　　　(D) $S_2 < S_3 < S_1$.

解法 1 用几何意义. 由 $f(x) > 0, f'(x) < 0, f''(x) > 0$ 可知，曲线 $y = f(x)$ 是上半平面的一段下降的凹弧，$y = f(x)$ 的图形大致如图 8—10 所示. $S_1 = \int_a^b f(x)\, dx$ 是曲边梯形 $ABCD$ 的面积；$S_2 = f(b)(b-a)$ 是矩形 $ABCE$ 的面积；$S_3 = \frac{1}{2}[f(a) + f(b)](b-a)$ 是梯形 $ABCD$ 的面积.

由图可见 $S_2 < S_1 < S_3$，应选（B）.

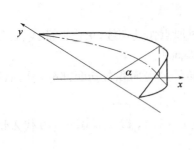

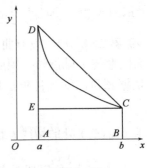

图 8—9   图 8—10

解法 2 观察法.因为是要选择对任何满足条件的 $f(x)$ 都成立的结果,故可以取满足条件的特定的 $f(x)$ 来观察结果是什么.例如取 $f(x)=\dfrac{1}{x^2},x\in[1,2]$,则

$$S_1=\int_1^2\frac{1}{x^2}\mathrm{d}x=\frac{1}{2},S_2=\frac{1}{4},S_3=\frac{5}{8}\Rightarrow S_2<S_1<S_3.$$

例 5（1999,数一,6 分;数二,7 分） 为清除井底的污泥,用缆绳将抓斗放入井底,抓起污泥后提出井口,如图 8—11 所示,已知井深 30m,抓斗自重 400N,缆绳每米重 50N,抓斗抓起的污泥重 2000N,提升速度为 3m/s,在提升过程中,污泥以 20N/s 的速度从抓斗缝隙中漏掉,现将抓起污泥的抓斗提升至井口,问克服重力需做多少焦耳的功?(说明:(1)1N×1m=1J;其中 m,N,s,J 分别表示米,牛顿,秒,焦耳;(2)抓斗的高度及位于井口上方的缆绳长度忽略不计.)

分析 这是一个做功的问题,利用微元分析法先找到功微元,再利用定积分计算.

解 将抓起污泥的抓斗提升至井口需做功 W,当抓斗运动到 x 处时,作用力 $f(x)$ 包括抓斗的自重 400N,缆绳的重力 $50(30-x)$N,污泥的重力 $\left(2000-\dfrac{20}{3}x\right)$N,即

$$f(x)=400+50(30-x)+2000-\frac{20}{3}x=3900-\frac{170}{3}x,$$

于是克服重力需做功

$$W=\int_0^{30}\left(3900-\frac{170}{3}x\right)\mathrm{d}x=91500(\mathrm{J}).$$

2.考研真题思考

1)思考题

(1)**（1989,数一,9 分）** 设半径为 R 的球面 Σ 的球心在定球面 $x^2+y^2+z^2=a^2(a>0)$ 上,问当 R 为何值时,球面 Σ 在定球面内部的那部分的面积最大?

(2)**（1989,数二,3 分）** 曲线 $y=\cos x\left(-\dfrac{\pi}{2}\leqslant x\leqslant\dfrac{\pi}{2}\right)$ 与 x 轴所围成的图形,绕 x 轴旋转一周所成的旋转体的体积为（　　　）

(A) $\dfrac{\pi}{2}$.　　　　(B) π .　　　　(C) $\dfrac{\pi^2}{2}$.　　　　(D) π^2 .

(3)**（1990,数一,8 分）** 质点 P 沿着以 AB 为直径的半圆周,从点 $A(1,2)$ 运动到点 $B(3,4)$ 的过程中受变力 F 作用(图 8—12).F 的大小等于点 P 与原点 O 之间的距离,其方向

垂直于线段 OP 且与 y 轴正向的夹角小于 $\dfrac{\pi}{2}$，求变力 F 对质点 P 所做的功.

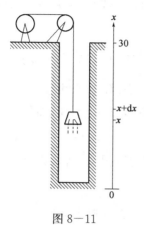

图 8—11

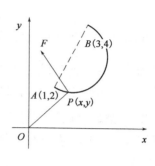

图 8—12

(4)(**1990，数二，9 分**)　过点 $P(1,0)$ 作抛物线 $y=\sqrt{x-2}$ 的切线，该切线与上述抛物线及 x 轴围成一平面图形，求此平面图形绕 x 轴旋转一周所围成旋转体的体积.

(5)(**1991，数二，9 分**)　曲线 $y=(x-1)(x-2)$ 和 x 轴围成一平面图形，求此平面图形绕 y 轴旋转一周所成的旋转体的体积.

(6)(**1992，数一，8 分**)　在变力 $F=yz\boldsymbol{i}+zx\boldsymbol{j}+xy\boldsymbol{k}$ 的作用下，质点由原点沿直线运动到椭球面 $\dfrac{x^2}{a^2}+\dfrac{y^2}{b^2}+\dfrac{z^2}{c^2}=1$ 上第一卦限的点 $M(\xi,\eta,\zeta)$，问当 ξ,η,ζ 取何值时，力 F 所做的功 W 最大？并求出 W 的最大值.

(7)(**1993，数二，9 分**)　设平面图形 A 由 $x^2+y^2\leqslant 2x$ 与 $y\geqslant x$ 所确定，求图形 A 绕直线 $x=2$ 旋转一周所得旋转体的体积.

(8)(**1994，数一，6 分**)　已知点 A 与 B 的直角坐标分别为 $(1,0,0)$ 与 $(0,1,1)$. 线段 AB 绕 z 轴旋转一周所围成的旋转曲面为 S. 求由 S 及两平面 $z=0,z=1$ 所围成的立体体积.

(9)(**1994，数二，9 分**)　求曲线 $y=3-|x^2-1|$ 与 x 轴围成的封闭图形绕直线 $y=3$ 旋转所得的旋转体体积.

(10)(**1996，数二，3 分**)　设 $f(x),g(x)$ 在区间 $[a,b]$ 上连续，且 $g(x)<f(x)<m$（m 为常数），由曲线 $y=g(x),y=f(x),x=a$ 及 $x=b$ 所围平面图形绕直线 $y=m$ 旋转而成的旋转体体积为（　　）.

(A) $\displaystyle\int_a^b \pi[2m-f(x)+g(x)][f(x)-g(x)]\mathrm{d}x$.

(B) $\displaystyle\int_a^b \pi[2m-f(x)-g(x)][f(x)-g(x)]\mathrm{d}x$.

(C) $\displaystyle\int_a^b \pi[m-f(x)+g(x)][f(x)-g(x)]\mathrm{d}x$.

(D) $\displaystyle\int_a^b \pi[2m-f(x)-g(x)][f(x)-g(x)]\mathrm{d}x$.

(11)(**2000，数二，8 分**)　设曲线 $y=ax^2$（$a>0,x\geqslant 0$）与 $y=1-x^2$ 交于点 A，过坐标原点 O 和点 A 的直线与曲线 $y=ax^2$ 围成一平面图形. 问 a 为何值时，该图形绕 x 轴旋转一周所得的旋转体体积最大？最大体积是多少？

(12)(**2002,数二,8 分**)　求微分方程 $x\mathrm{d}y+(x-2y)\mathrm{d}x=0$ 的一个解 $y=y(x)$，使得由曲线 $y=y(x)$ 与直线 $x=1,x=2$ 以及 x 轴所围成的平面图形绕 x 轴旋转一周的旋转体体积最小.

(13)(**2003,数二,12 分**)　设位于第一象限的曲线 $y=f(x)$ 过点 $\left(\dfrac{\sqrt{2}}{2},\dfrac{1}{2}\right)$，其上任一点 $P(x,y)$ 处的法线与 y 轴的交点为 Q，且线段 PQ 被 x 轴平分.①求曲线 $y=f(x)$ 的方程；②已知曲线 $y=\sin x$ 在 $[0,\pi]$ 上的弧长为 l，试用 l 表示曲线 $y=f(x)$ 的弧长 s.

(14)(**2007,数二,11 分**)　设 D 是位于曲线 $y=\sqrt{x}a^{\frac{x}{2a}}(a>1,0\leqslant x<+\infty)$ 下方、x 轴上方的无界区域.①求区域 D 绕 x 轴旋转一周所成旋转体的体积；②当 a 为何值时，$V(a)$ 最小？并求出最小值.

(15)(**2009,数一,4 分**)　已知曲线 $L:y=x^2(0\leqslant x\leqslant\sqrt{2})$，则 $\displaystyle\int_{L}x\mathrm{d}s=$ _____.

(16)(**2009,数一,11 分**)　椭球面 S_1 是椭圆 $\dfrac{x^2}{4}+\dfrac{y^2}{3}=1$ 绕 x 轴旋转而成，圆锥面 S_2 是过点 $(4,0)$ 且与椭圆 $\dfrac{x^2}{4}+\dfrac{y^2}{3}=1$ 相切的直线绕 x 轴旋转而成.①求 S_1 及 S_2 的方程；②求 S_1 与 S_2 之间的立体体积.

(17)(**2009,数二,10 分**)　设非负函数 $y=y(x)(x\geqslant0)$ 满足微分方程 $xy''-y'+2=0$.当曲线 $y=y(x)$ 过原点时，其与直线 $x=1$ 及 $y=0$ 围成的平面区域 D 的面积为 2，求 D 绕 y 轴旋转所得旋转体的体积.

(18)(**2010,数一,4 分**)　设 $\Omega=\{(x,y,z)\mid x^2+y^2\leqslant z\leqslant1\}$，则 Ω 的形心坐标 $z=$ _____.

(19)(**2010,数二,11 分**)　一个高为 1 的柱体形贮油罐，底面是长轴为 $2a$ 短轴为 $2b$ 的椭圆.现将贮油罐平放，当油罐中油面高度为 $\dfrac{3}{2}b$ 时，计算油的质量.（长度单位为 m，质量单位为 kg，油的密度 ρ 为常数 $\mathrm{kg/m^3}$）

(20)(**2011,数一,4 分**)　曲线 $y=\displaystyle\int_0^x\tan t\mathrm{d}t\left(0\leqslant x\leqslant\dfrac{\pi}{4}\right)$ 的弧长 s.

(21)(**2011,数二,11 分**)　一容器的内侧是由图 8－13 中曲线绕 y 轴旋转一周而成的曲面，该曲线由 $x^2+y^2=2y\left(y\geqslant\dfrac{1}{2}\right)$ 与 $x^2+y^2=1\left(y\leqslant\dfrac{1}{2}\right)$ 连接而成的.①求容器的容积；②若将容器内盛满的水从容器顶部全部抽出，至少需要做多少功？（长度单位为 m，重力加速度 g 单位为 $\mathrm{m/s^2}$，水的密度为 $10^3\mathrm{kg/m^3}$）

(22)(**2013,数一,11 分**)　设直线 L 过 $A(1,0,0),B(0,1,1)$ 两点，将 L 绕 Z 轴旋转一周得到曲面 Σ，Σ 与平面 $z=0,z=2$ 所围成的立体为 Ω.①求曲面 Σ 的方程；②求 Ω 的形心坐标.

(23)(**2013,数二,10 分**)　设 D 是由曲线 $y=x^{\frac{1}{3}}$，直线 $x=a(a>0)$ 及 x 轴所围成的平面图形，V_x,V_y 分别是 D 绕 x 轴，y 轴旋转一周所得旋转体的体积，若 $V_y=10V_x$，求 a 的值.

(24)(**2013,数二,11 分**)　设曲线 L 的方程为 $y=\dfrac{1}{4}x^2-\dfrac{1}{2}\ln x(1\leqslant x\leqslant\mathrm{e})$.①求 L 的弧长；②设 D 是由曲线 L，直线 $x=1,x=\mathrm{e}$ 及 x 轴所围平面图形，求 D 的形心的横坐标.

2)答案与提示

(1)据题意画图 8－14,由球的对称性,不妨设球面Σ的球心是$(0,0,a)$,于是Σ的方程是
$$x^2 + y^2 + (z-a)^2 = R^2.$$

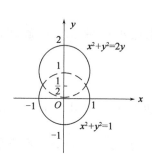

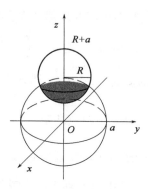

图 8－13   图 8－14

先求Σ与球面$x^2 + y^2 + z^2 = a^2$的交线Γ:$\begin{cases} x^2 + y^2 + (z-a)^2 = R^2, \\ x^2 + y^2 + z^2 = a^2, \end{cases} \Rightarrow z = \dfrac{2a^2 - R^2}{2a}.$

代入上式得Γ的方程$x^2 + y^2 = R^2 - \dfrac{R^4}{4a^2}.$它在平面$xOy$上的投影曲线
$\begin{cases} x^2 + y^2 = b^2, b^2 = R^2 - \dfrac{R^4}{4a^2} \quad (0 < R < 2a), \\ z = 0, \end{cases}$相应的在平面$xOy$上围成区域设为$D_{xy}$,则

球面Σ在定球面内部的那部分面积$S(R) = \iint\limits_{D_{xy}} \sqrt{1 + z_x'^2 + z_y'^2}\, \mathrm{d}x\mathrm{d}y.$将$\Sigma$的方程两边分别对

x, y求偏导得$\dfrac{\partial z}{\partial x} = -\dfrac{x}{z-a}, \dfrac{\partial z}{\partial y} = -\dfrac{y}{z-a},$所以

$$S(R) = \iint\limits_{D_{xy}} \sqrt{1 + z_x'^2 + z_y'^2}\, \mathrm{d}x\mathrm{d}y = \iint\limits_{D_{xy}} \sqrt{1 + \left(\frac{x}{a-z}\right)^2 + \left(\frac{y}{a-z}\right)^2}\, \mathrm{d}x\mathrm{d}y$$

$$= \iint\limits_{D_{xy}} \sqrt{1 + \left(\frac{x}{a-z}\right)^2 + \left(\frac{y}{a-z}\right)^2}\, \mathrm{d}x\mathrm{d}y = \iint\limits_{D_{xy}} \frac{R}{\sqrt{R^2 - x^2 - y^2}}\, \mathrm{d}x\mathrm{d}y.$$

利用极坐标变换$(0 \leqslant \theta \leqslant 2\pi, 0 \leqslant \rho \leqslant b)$有

$$S(R) = \iint\limits_{D_{xy}} \frac{R}{\sqrt{R^2 - x^2 - y^2}}\, \mathrm{d}x\mathrm{d}y \xrightarrow{\text{极坐标变换}} \int_0^{2\pi} \mathrm{d}\theta \int_0^b \frac{R\rho}{\sqrt{R^2 - \rho^2}}\, \mathrm{d}\rho$$

$$= -\frac{R}{2} \int_0^{2\pi} \mathrm{d}\theta \int_0^b \frac{1}{\sqrt{R^2 - \rho^2}}\, \mathrm{d}(R^2 - \rho^2) = 2\pi R(-\sqrt{R^2 - \rho^2})\Big|_0^b = 2\pi R(-\sqrt{R^2 - b^2} + R).$$

代入$b^2 = R^2 - \dfrac{R^4}{4a^2}$,化简得$S(R) = 2\pi R^2 - \dfrac{\pi R^3}{a}.$这是一个关于$R$的函数,求$S(R)$在$(0, 2a)$

的最大值点,$S(R)$两边对R求导,并令$S'(R) = 0,$得$S'(R) = 4\pi R - \dfrac{3\pi R^2}{u} = 0,$得$R = \dfrac{4a}{3}.$

且
$$\begin{cases} S'(R) > 0, 0 < R < \dfrac{4}{3}a, \\ S'(R) < 0, \dfrac{4}{3}a < R < 2a, \end{cases}$$
故 $R = \dfrac{4a}{3}$ 时 $S(R)$ 取极大值，也是最大值. 因此，当 $R = \dfrac{4a}{3}$ 时球面 $\sum$ 在定球面内部的那部分面积最大.

(2)(C). 图像 $y = \cos x \left(-\dfrac{\pi}{2} \leqslant x \leqslant \dfrac{\pi}{2} \right)$ 在 x 处取微小增量 $\mathrm{d}x$，则旋转体的体积

$$V = \int_{-\frac{\pi}{2}}^{\frac{\pi}{2}} \pi \cos^2 x \mathrm{d}x = \pi \int_{-\frac{\pi}{2}}^{\frac{\pi}{2}} \dfrac{\cos 2x + 1}{2} \mathrm{d}x = \dfrac{\pi^2}{2}.$$

(3)变力 $\boldsymbol{F} = P\boldsymbol{i} + Q\boldsymbol{j}$ 对沿曲线 L 运动的质点所做的功为 $W = \int_L P\mathrm{d}x + Q\mathrm{d}y$. 先求作用于点 $P(x,y)$ 的力 $\boldsymbol{F}$，按题意，$|\boldsymbol{F}| = |\overrightarrow{OP}| = \sqrt{x^2 + y^2}$ 与 $\overrightarrow{OP} = \{x, y\}$ 垂直的向量是 $\pm\{-y, x\}$，其中与 y 轴正向成锐角的是 $\{-y, x\}$，于是 $\dfrac{\boldsymbol{F}}{|\boldsymbol{F}|} = \dfrac{\{-y, x\}}{\sqrt{x^2 + y^2}} \Rightarrow \boldsymbol{F} = \{-y, x\}$，则 $\boldsymbol{F}$ 对质点所做的功的表达式为 $W = \int_L -y\mathrm{d}x + x\mathrm{d}y$. 对于该积分，考虑补线用格林公式求解，则 $W = \int_L -y\mathrm{d}x + x\mathrm{d}y = \oint_{L+\overline{AB}} - \int_{\overline{AB}}$，其中 $\oint_{L+\overline{AB}} = \iint_D 2\mathrm{d}x\mathrm{d}y = 2\pi$，$\int_{\overline{BA}} -y\mathrm{d}x + x\mathrm{d}y = \int_1^3 [-(x+1) + x]\mathrm{d}x = 2$，所以 $W = 2(\pi - 1)$.

(4)先求得切线方程. 对抛物线方程求导数，得 $y' = \dfrac{1}{2\sqrt{x-2}}$，过曲线上已知点 (x_0, y_0) 的切线方程为 $y - y_0 = k(x - x_0)$，当 $y'(x_0)$ 存在时，$k = y'(x_0)$. 所以点 $(x_0, \sqrt{x_0 - 2})$ 处的切线方程为 $y - \sqrt{x_0 - 2} = \dfrac{1}{2\sqrt{x_0 - 2}}(x - x_0)$，此切线过点 $P(1, 0)$ 代入切线方程得 $x_0 = 3$，再代入抛物线方程得 $y_0 = 1$，$y'(3) = \dfrac{1}{2\sqrt{3-2}} = \dfrac{1}{2}$. 由此，与抛物线相切于 $(3, 1)$ 斜率为 $\dfrac{1}{2}$ 的切线方程为 $x - 2y = 1$.

旋转体是由曲线 $y = f(x)$，直线 $x - 2y = 1$ 与 x 轴所围成的平面图形绕 x 轴旋转一周所形成的，求旋转体体积.

方法 1 曲线表成 y 是 x 的函数，V 是两个旋转体的体积之差，套用已有公式得
$$V = \pi \int_1^3 \dfrac{1}{4}(x-1)^2 \mathrm{d}x - \pi \int_2^3 (\sqrt{x-2})^2 \mathrm{d}x = \dfrac{\pi}{6}.$$

方法 2 曲线表成 x 是 y 的函数，并作水平分割，相应于 $[y, y+\mathrm{d}y]$ 小横条的体积微元，则体积为
$$V = 2\pi \int_0^1 (y^3 - 2y^2 + y)\mathrm{d}y = \dfrac{\pi}{6}.$$

(5)利用定积分求旋转体的体积，用微元法，曲线为一抛物线，与 x 轴的交点是 $x_1 = 1$，$x_2 = 2$，顶点坐标为 $\left(\dfrac{3}{2}, \dfrac{1}{4} \right)$. 考虑对 x 积分，如图中阴影部分绕 y 轴旋转一周，环柱体的体积为

$$V = \int_1^2 2\pi x (1-x)(x-2)\mathrm{d}x = \frac{\pi}{2}.$$

(6)先求在变力 F 作用下质点由原点沿直线运动到点 $M(\xi,\eta,\zeta)$ 时所做的功 W 的表达式.
点 O 到点 M 的线段记为 L,则 $W = \int_L F \cdot \mathrm{d}s = \int_L yz\,\mathrm{d}x + zx\,\mathrm{d}y + xy\,\mathrm{d}z$. 再计算该曲线积分.

L 的参数方程是 $x = \xi t, y = \eta t, z = \zeta t, t$ 从 0 到 1,所以 $W = \int_0^1 (\eta\zeta t^2 \cdot \xi + \xi\zeta t^2 \cdot \eta + \xi\eta t^2 \cdot \zeta)\mathrm{d}t$

$= 3\xi\eta\zeta \int_0^1 t^2 \mathrm{d}t = \xi\eta\zeta.$ 化为最值问题并求解,问题变成求 $W = \xi\eta\zeta$ 在条件 $\dfrac{\xi^2}{a^2} + \dfrac{\eta^2}{b^2} + \dfrac{\zeta^2}{c^2} = 1(\xi \geqslant$

$0, \eta \geqslant 0, \zeta \geqslant 0)$ 下的最大值与最大值点.用拉格朗日乘子法求解.拉格朗日函数为 $F(\xi,\eta,\zeta,\lambda)$

$= \xi\eta\zeta + \lambda\left(\dfrac{\xi^2}{a^2} + \dfrac{\eta^2}{b^2} + \dfrac{\zeta^2}{c^2} - 1\right)$,则有

$$\begin{cases} \dfrac{\partial F}{\partial \xi} = \eta\zeta + 2\lambda \dfrac{\xi}{a^2} = 0, \\ \dfrac{\partial F}{\partial \eta} = \xi\zeta + 2\lambda \dfrac{\eta}{b^2} = 0, \\ \dfrac{\partial F}{\partial \gamma} = \xi\eta + 2\lambda \dfrac{\zeta}{c^2} = 0, \\ \dfrac{\partial F}{\partial \lambda} = \dfrac{\xi^2}{a^2} + \dfrac{\eta^2}{b^2} + \dfrac{\zeta^2}{c^2} - 1 = 0. \end{cases}$$

解此方程组.对前三个方程,分别乘以 ξ,η,ζ 得 $\dfrac{\xi^2}{a^2} = \dfrac{\eta^2}{b^2} = \dfrac{\zeta^2}{c^2}$,($\lambda \neq 0$ 时),代入第四个方程得

$\xi = \dfrac{1}{\sqrt{3}}a, \eta = \dfrac{1}{\sqrt{3}}b, \zeta = \dfrac{1}{\sqrt{3}}c.$ 相应的 $W = \dfrac{1}{3\sqrt{3}}abc = \dfrac{\sqrt{3}}{9}abc.$ 当 $\lambda = 0$ 时相应的 ξ,η,ζ 得 $W = 0.$

因为实际问题存在最大值,所以当 $(\xi,\eta,\gamma) = \left(\dfrac{1}{\sqrt{3}}a, \dfrac{1}{\sqrt{3}}b, \dfrac{1}{\sqrt{3}}\right)$ 时 W 取最大值 $\dfrac{\sqrt{3}}{9}abc.$

(7)利用定积分求旋转体的体积,用微元法.考虑对 y 的积分,则边界线为 $x_1 = 1 -$
$\sqrt{1-y^2}$ 与 $x_2 = y(0 \leqslant y \leqslant 1)$,如图 8-15 所示,则

$$V = 2\pi \int_0^1 \left[\sqrt{1-y^2} - (1-y)^2\right]\mathrm{d}y = 2\pi\left(\dfrac{\pi}{4} - \dfrac{1}{3}\right).$$

(8)**解法 1** 用定积分.设高度为 z 处的截面 D_z 的面积为 $S(z)$,则所求体积 $V =$
$\int_0^1 S(z)\mathrm{d}z. A,B$ 所在的直线的方向向量为 $(0-1,1-0,1-0) = (-1,1,1)$,且过 A 点,所以

A,B 所在的直线方程为 $\dfrac{x-1}{-1} = \dfrac{y}{1} = \dfrac{z}{1}$ 或 $\begin{cases} x = 1-z, \\ y = z. \end{cases}$ 截面 D_z 是个圆形,其半径的平方

$R^2 = x^2 + y^2 = (1-z)^2 + z^2$,则面积

$$S(z) = \pi R^2 = \pi[(1-z)^2 + z^2],$$

由此 $\quad V = \int_0^1 \pi[(1-z)^2 + z^2]\mathrm{d}z = \pi \int_0^1 (1-2z+2z^2)\mathrm{d}z = \pi\left(z - z^2 + \dfrac{2}{3}z^3\right)\Big|_0^1 = \dfrac{2\pi}{3}.$

解法 2 用三重积分. $V = \iiint\limits_{\Omega} \mathrm{d}V = \int_0^{2\pi} \mathrm{d}\theta \int_0^1 \mathrm{d}z \int_0^{\sqrt{(1-z)^2+z^2}} r\mathrm{d}r = \dfrac{2\pi}{3},$

或者
$$V = \iiint\limits_{\Omega} dV = \int_0^1 dz \iint\limits_{D_z} d\sigma = \int_0^1 \pi[(1-z)^2 + z^2]dz$$

$$= \pi \int_0^1 (1 - 2z + 2z^2)\,dz = \pi \left(z - z^2 + \frac{2}{3}z^3 \right)\Big|_0^1 = \frac{2\pi}{3}.$$

(9)求曲线 $y = 3 - |x^2 - 1|$ 与 x 轴围成的封闭图形绕直线 $y = 3$ 旋转所得的旋转体体积. 如图 8-16 所示,曲线左右对称,与 x 轴的交点是 $(-2, 0)$,$(2, 0)$,只计算右半部分即可.

于是 $V = 2\pi \int_0^2 (8 + 2x - x^4)\,dx = \frac{448}{15}\pi.$

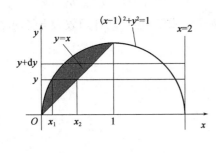

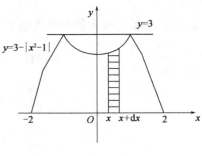

图 8-15   图 8-16

(10)(B). 如图 8-17 所示,

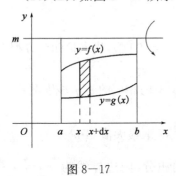

$$dV = \pi\,[m - g(x)]^2 dx - \pi\,[m - f(x)]^2 dx$$

$$= \pi[2m - f(x) - g(x)][f(x) - g(x)]dx,$$

于是 $V = \int_a^b \pi[2m - f(x) - g(x)][f(x) - g(x)]dx.$ 故选择(B).

(11)首先联立两式,求直线与曲线的交点 $x = \pm \dfrac{1}{\sqrt{1+a}}$,

而 $x \geqslant 0$,则交点坐标为 $\left(\dfrac{1}{\sqrt{1+a}}, \dfrac{a}{1+a} \right)$. 由点斜式,故直线

图 8-17

OA 的方程为 $y = \dfrac{ax}{\sqrt{1+a}}$. 要求的体积就是用大体积减去小体积,即

$$V = \int_0^{\frac{1}{\sqrt{a+1}}} \pi \left(\frac{ax}{\sqrt{1+a}} \right)^2 dx - \int_0^{\frac{1}{\sqrt{a+1}}} \pi \left(\frac{a^2 x^2}{1+a} - a^2 x^4 \right) dx = \frac{2\pi a^2}{15\,(1+a)^{\frac{5}{2}}}.$$

求导得
$$\frac{dV}{da} = \left(\frac{2\pi a^2}{15\,(1+a)^{\frac{5}{2}}} \right)' = \frac{\pi}{15} \cdot \frac{4a - a^2}{(1+a)^{\frac{7}{2}}} \quad (a > 0).$$

令 $\dfrac{dV}{da} = 0$,得唯一驻点 $a = 4$,所以 $a = 4$ 也是 V 的最大值点,最大体积为 $\dfrac{32\sqrt{5}}{1875}\pi.$

(12)这是一阶线性微分方程 $y' - \dfrac{2}{x}y = -1$,由通解公式得

$$y = e^{\int \frac{2}{x}dx}\left(-\int e^{-\int \frac{2}{x}dx} dx + C \right) = x + Cx^2, 1 \leqslant x \leqslant 2.$$

则旋转体体积

$$V = \pi \int_1^2 (x + Cx^2)^2 dx = \pi \left(\frac{31}{5}C^2 + \frac{15}{2}C + \frac{7}{3} \right).$$

令 $\dfrac{dV}{dC}=0$，得 $C=-\dfrac{75}{124}$ 唯一，是最小值点，于是所求曲线为 $y=x-\dfrac{75}{124}x^2$.

（13）①曲线 $y=f(x)$ 在点 $P(x,y)$ 处的法线方程为 $Y-y=-\dfrac{1}{y'}(X-x)$，令 $X=0$，则与 y 轴的交点为 $\left(0,y+\dfrac{x}{y'}\right)$. 由题意，此点与点 $P(x,y)$ 所连的线段被 x 轴平分，由中点公式得 $2y\,dy+x\,dx=0$. 积分得 $\dfrac{x^2}{2}+y^2=C$（C 为任意常数），代入初始条件得 $C=\dfrac{1}{2}$，故曲线 $y=f(x)$ 的方程为 $\dfrac{x^2}{2}+y^2=\dfrac{1}{2}$.

②曲线 $y=\sin x$ 在 $[0,\pi]$ 上的弧长为 $l=\displaystyle\int_0^\pi\sqrt{1+y'^2}\,dx=2\int_0^{\frac{\pi}{2}}\sqrt{1+\cos^2 t}\,dt$，又曲线弧长

$$s=\int_0^{\frac{\pi}{2}}\sqrt{\sin^2 t+\dfrac{1}{2}\cos^2 t}\,dt=\dfrac{1}{\sqrt{2}}\int_0^{\frac{\pi}{2}}\sqrt{1+\sin^2 t}\,dt\xlongequal{t=\frac{\pi}{2}-u}\dfrac{1}{\sqrt{2}}\int_0^{\frac{\pi}{2}}\sqrt{1+\cos^2 u}\,du,$$

所以 $\sqrt{2}\,s=\dfrac{1}{2}l$，即 $s=\dfrac{\sqrt{2}}{4}l$.

（14）① $V(a)=\pi\displaystyle\int_0^\infty xa^{\frac{x}{a}}\,dx=-\dfrac{a}{\ln a}\pi\int_0^\infty x\,d(a^{\frac{x}{a}})=\pi\left(\dfrac{a}{\ln a}\right)^2$.

②因为 $V'(a)=2\pi\left[\dfrac{a(\ln a-1)}{\ln^3 a}\right]$，令 $V'(a)=0$，得 $a=e$，当 $1<a<e$，$V'(a)<0$，单调减少；当 $a>e$，$V'(a)>0$，单调增加. 所以 $a=e$ 时 V 最小，最小体积为 $V_{\min}(a)=\pi e^2$.

（15）由题意可知，$x=x,y=x^2,0\leqslant x\leqslant\sqrt{2}$，则 $ds=\sqrt{(x')^2+(y')^2}\,dx=\sqrt{1+4x^2}\,dx$，所以

$$\int_L x\,ds=\int_0^{\sqrt{2}}x\sqrt{1+4x^2}\,dx=\dfrac{1}{8}\int_0^{\sqrt{2}}\sqrt{1+4x^2}\,d(1+4x^2)=\dfrac{1}{8}\cdot\dfrac{2}{3}\sqrt{(1+4x^2)^3}\,\Big|_0^{\sqrt{2}}=\dfrac{13}{6}.$$

（16）① S_1 的方程为 $\dfrac{x^2}{4}+\dfrac{y^2+z^2}{3}=1$，过点 $(4,0)$ 与 $\dfrac{x^2}{4}+\dfrac{y^2}{3}=1$ 的切线为 $y=\pm\left(\dfrac{1}{2}x-2\right)$，所以 S_2 的方程为 $y^2+z^2=\left(\dfrac{1}{2}x-2\right)^2$.

②记 $y_1=\dfrac{1}{2}x-2$，由 $\dfrac{x^2}{4}+\dfrac{y^2}{3}=1$，记 $y_2=\sqrt{3\left(1-\dfrac{x^2}{4}\right)}$，则

$$V=\int_1^4\pi y_1^2\,dx-\int_1^2\pi y_2^2\,dx=\pi\int_1^4\left(\dfrac{1}{4}x^2-2x+4\right)dx-\pi\int_1^2\left(3-\dfrac{3}{4}x^2\right)dx$$

$$=\pi\left[\dfrac{1}{12}x^3-x^2+4x\right]_1^4-\pi\left[3x-\dfrac{1}{4}x^3\right]_1^2=\pi.$$

（17）解微分方程 $xy''-y'+2=0$ 得其通解 $y=C_1+2x+C_2x^2$，其中 C_1、C_2 为任意常数，又因为曲线 $y=y(x)$ 过原点时与直线 $x=1$ 及 $y=0$ 围成的平面区域 D 的面积为 2，于是可得 $C_1=0,2=\displaystyle\int_0^1 y(x)\,dx=\int_0^1(2x+C_2x^2)\,dx=1+\dfrac{C_2}{3}$，从而 $C_2=3$，于是，所求非负函数 $y=2x+3x^2(x\geqslant0)$，在第一象限可表示为 $x=\dfrac{1}{3}(\sqrt{1+3y}-1)$. 于是 $V=5\pi-V_1$，其中 $V_1=\displaystyle\int_0^5\pi x^2\,dy=\int_0^5\pi\dfrac{1}{9}(\sqrt{1+3y}-1)^2\,dy=\dfrac{39}{18}\pi$，所以 $V=5\pi-V_1=\dfrac{17}{6}\pi$.

(18)由题,根据形心计算公式得 $z = \dfrac{\iiint\limits_{\Omega} z\,\mathrm{d}x\mathrm{d}y\mathrm{d}z}{\iiint\limits_{\Omega} \mathrm{d}x\mathrm{d}y\mathrm{d}z} = \dfrac{\int_0^{2\pi}\mathrm{d}\theta\int_0^1 r\mathrm{d}r\int_{r^2}^1 z\mathrm{d}z}{\int_0^{2\pi}\mathrm{d}\theta\int_0^1 r\mathrm{d}r\int_{r^2}^1 \mathrm{d}z} = \dfrac{\frac{\pi}{3}}{\frac{\pi}{2}} = \dfrac{2}{3}.$

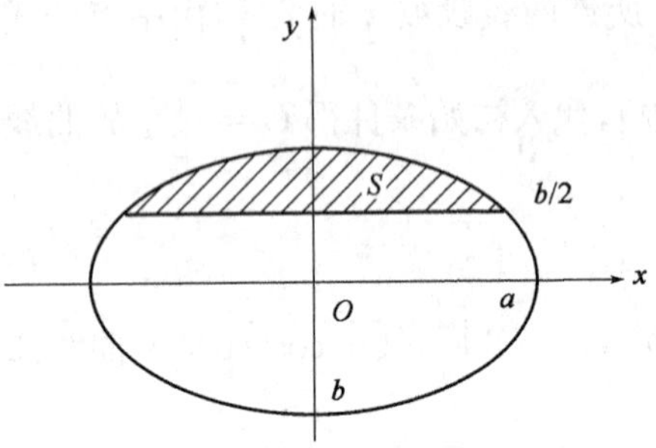

(19)油罐放平,截面如图 8-18 建立坐标系之后,边界椭圆的方程为 $\dfrac{x^2}{a^2} + \dfrac{y^2}{b^2} = 1$,阴影部分面积为 $S = \int_{-b}^{\frac{b}{2}} 2x\mathrm{d}y = \dfrac{2a}{b}\int_{-b}^{\frac{b}{2}}\sqrt{b^2-y^2}\,\mathrm{d}y$,令 $y = b\sin t$,$y = -b$ 时 $t = -\dfrac{\pi}{2}$;$y = \dfrac{b}{2}$ 时 $t = \dfrac{\pi}{6}$.$S = 2ab\int_{-\frac{\pi}{2}}^{\frac{\pi}{6}}\cos^2 t\,\mathrm{d}t = \left(\dfrac{2}{3}\pi + \dfrac{\sqrt{3}}{4}\right)ab$,所以油的质量 $m = \left(\dfrac{2}{3}\pi + \dfrac{\sqrt{3}}{4}\right)ab l\rho.$

图 8-18

(20)选取 x 为参数,则弧微元 $\mathrm{d}s = \sqrt{1+y'^2}\,\mathrm{d}x = \sqrt{1+\tan^2 x}\,\mathrm{d}x = \sec x\mathrm{d}x.$ 所以

$$s = \int_0^{\frac{\pi}{4}}\sec x\mathrm{d}x = \ln\left|\sec x + \tan x\right|\Big|_0^{\frac{\pi}{4}} = \ln(1+\sqrt{2}).$$

(21)①容器的容积即旋转体体积分为两部分,

$$V = V_1 + V_2 = \pi\int_{\frac{1}{2}}^2 (2y - y^2)\,\mathrm{d}y + \pi\int_{-1}^{\frac{1}{2}}(1 - y^2)\,\mathrm{d}y = \dfrac{9}{4}\pi.$$

②所做的功为

$$W = \pi\rho g\int_{-1}^{\frac{1}{2}}(2-y)(1-y^2)\,\mathrm{d}y + \pi\rho g\int_{\frac{1}{2}}^2(2-y)(2y-y^2)\,\mathrm{d}y = \dfrac{27\times 10^3}{8}\pi g = 3375 g\pi.$$

(22)① l 过 A,B 两点,所以其直线方程为:$\dfrac{x-1}{-1} = \dfrac{y-0}{1} = \dfrac{z-0}{1} \Rightarrow \begin{cases} x = 1-z, \\ y = z, \end{cases}$ 所以其绕着 z 轴旋转一周的曲面方程为 $x^2 + y^2 = (1-z)^2 + z^2 \Rightarrow \dfrac{x^2+y^2}{2} - \left(z - \dfrac{1}{2}\right)^2 = \dfrac{3}{4}.$

②由形心坐标计算公式可得 $\bar{z} = \dfrac{\iiint\limits_{\Omega} z\,\mathrm{d}x\mathrm{d}y\mathrm{d}z}{\iiint\limits_{\Omega}\mathrm{d}x\mathrm{d}y\mathrm{d}z} = \dfrac{\pi\int_0^2 [z(1-z)^2 + z^2]\mathrm{d}z}{\pi\int_0^2[(1-z)^2 + z^2]\mathrm{d}z} = \dfrac{7}{5}$,所以形心坐标为 $\left(0,0,\dfrac{7}{5}\right).$

(23)由题意可得 $V_x = \pi\int_0^a (x^{\frac{1}{3}})^2\,\mathrm{d}x = \dfrac{3}{5}\pi a^{\frac{5}{3}}$,$V_y = 2\pi\int_0^a x\cdot x^{\frac{1}{3}}\,\mathrm{d}x = \dfrac{6\pi}{7}a^{\frac{7}{3}}.$ 因为 $V_y = 10V_x$,所以 $a = \sqrt[7]{7}.$

(24)①由弧长的计算公式得 L 的弧长为

$$s = \int_1^e \sqrt{1 + \left[\left(\dfrac{1}{4}x^2 - \dfrac{1}{2}\ln x\right)'\right]^2}\,\mathrm{d}x = \int_1^e \sqrt{1 + \left(\dfrac{x}{2} - \dfrac{1}{2x}\right)^2}\,\mathrm{d}x$$

$$= \int_1^e \sqrt{\left(\dfrac{x}{2} + \dfrac{1}{2x}\right)^2}\,\mathrm{d}x = \dfrac{e^2 + 1}{4}.$$

②由形心计算公式可得 D 的形心的横坐标为 $\dfrac{\displaystyle\int_1^{\mathrm e} x\left(\dfrac14 x^2-\dfrac12\ln x\right)\mathrm dx}{\displaystyle\int_1^{\mathrm e}\left(\dfrac14 x^2-\dfrac12\ln x\right)\mathrm dx}=\dfrac{3(\mathrm e^4-2\mathrm e^2-3)}{4(\mathrm e^3-7)}.$

第七节　自我训练与提高

一、数学术语的英语表述

1. 将下列基本概念翻译成英语

(1)平面面积.　　　(2)物体体积.　　　(3)弧长.　　　(4)曲面面积.

(5)质量.　　　　　(6)质心坐标.　　　(7)引力.　　　(8)转动惯量.

(9)水压力.　　　　(10)功.　　　　　(11)流量.　　　(12)平均值.

2. 本章重要概念的英文定义

定积分的元素法.

二、习题与测验题

1. 习题

(1)函数 $f(x)=x^2$ 在 $[-a,a]$ 上的平均值为_____.

(2) $f(x)=\displaystyle\int_{\sqrt x}^2\sqrt{t^3+1}\,\mathrm dt$ 位于第一象限的图像与 x 轴、y 轴所围区域的面积为_____.

(3)密度均匀的上半椭球体的重心坐标为_____.

(4)设某球体的密度与球心的距离成正比,则它对于切平面的转动惯量是_____.

(5)设一物体 Ω 是由 yOz 平面上的曲线 $y^2=2z$ 绕 z 轴旋转而成的曲面与平面 $z=5$ 所围成的闭区域,在任一点的体密度为 $\rho=\rho(x,y,z)=x^2+y^2$,求物体的质量.

(6)如图 8－19,连续函数 $y=f(x)$ 在 $[-3,-2]$,$[2,3]$ 上的图形分别是直径为 1 的上、下半圆周,在 $[-2,0]$,$[0,2]$ 的图形分别是直径为 2 的下、上半圆周,设 $F(x)=\displaystyle\int_0^x f(t)\,\mathrm dt$,则有(　　).

(A) $F(3)=-\dfrac34 F(-2)$.　　　　　　　(B) $F(3)=\dfrac54 F(2)$.

(C) $F(3)=\dfrac34 F(2)$.　　　　　　　　(D) $F(3)=-\dfrac54 F(-2)$.

(7)如图 8－20,函数 $f(x)$ 在区间 $[0,a]$ 上有连续的导数,则定积分 $\displaystyle\int_0^a xf'(x)\,\mathrm dx$ 等于(　　).

(A)曲边梯形 $ABOD$ 面积.　　　　　　　(B)梯形 $ABOD$ 面积.

(C)曲边三角形 ACD 面积.　　　　　　　(D)三角形 ACD 面积.

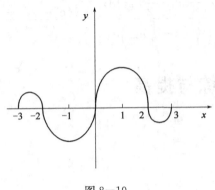

图 8—19

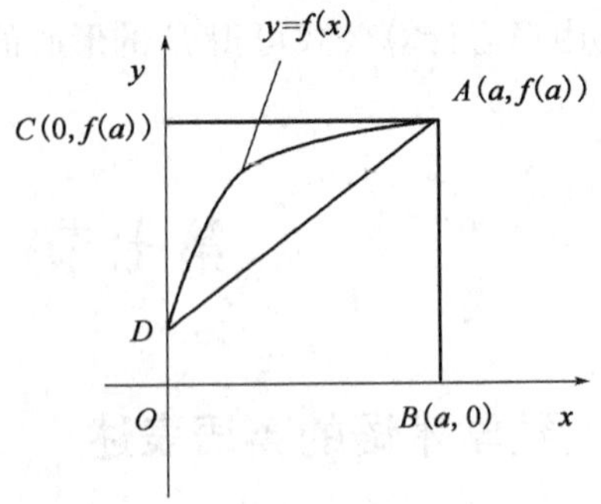

图 8—20

(8)在 x 轴上有一位于区间 $[-l,0]$ 的细杆,其线密度为 μ,在坐标为 a 处有一质量为 m 的质点. 已知引力系数为 k,则质点与细杆之间引力的大小为(　　).

(A) $2\displaystyle\int_0^{\frac{l}{2}}\frac{km\mu}{(a+x)^2}\mathrm{d}x$.　　　　　　　　(B) $\displaystyle\int_0^l\frac{km\mu}{(a-x)^2}\mathrm{d}x$.

(C) $2\displaystyle\int_{-\frac{l}{2}}^0\frac{km\mu}{(a+x)^2}\mathrm{d}x$.　　　　　　　(D) $\displaystyle\int_{-l}^0\frac{km\mu}{(a-x)^2}\mathrm{d}x$.

(9)过 $y=x^2$ 上一点 (a,a^2) 做切线,问 a 为何值时所作切线与抛物线 $y=-x^2+4x-1$ 所围区域的面积最小?

(10)求曲线 $r=4(1+\cos\theta)$ 和直线 $\theta=0,\theta=\dfrac{\pi}{2}$ 所围成图形绕极轴旋转一周的体积 V_x.

(11)求由曲线 $y^3=x^2$ 及 $y=\sqrt{2-x^2}$ 在上半平面围成图形的面积 A 及周长 S.

(12)求曲面 $x^2+y^2+z^2\leqslant 2a^2$ 与 $z\geqslant\sqrt{x^2+y^2}$ 所围成的立体体积.

2. 测验题

1)填空题(每小题 5 分,共 10 分)

(1)当 $a=$ _____ 时,曲线 $y=x^2$ 与直线 $x=a,x=a+1,y=0$ 围成平面图形面积最小.

(2)设曲线 L 的方程为 $x=\sqrt{1-y^2}$,则曲线 L 的形心为 _____.

2)单项选择题(每小题 5 分,共 15 分)

(1)曲线 $y=f(x)=x(x-1)(2-x)$ 与 x 轴所围平面图形的面积可表示为(　　).

(A) $-\displaystyle\int_0^2 f(x)\mathrm{d}x$　　　　　　　　(B) $\displaystyle\int_0^1 f(x)\mathrm{d}x-\int_1^2 f(x)\mathrm{d}x$.

(C) $-\displaystyle\int_0^1 f(x)\mathrm{d}x+\int_1^2 f(x)\mathrm{d}x$.　　　　(D) $\displaystyle\int_0^2 f(x)\mathrm{d}x$.

(2)曲线 $y=\cos x\left(-\dfrac{\pi}{2}\leqslant x\leqslant\dfrac{\pi}{2}\right)$ 与 x 轴所围平面图形绕 x 轴旋转一周所成的立体的体积为(　　).

(A) $\dfrac{\pi}{2}$.　　　　　(B) π.　　　　　(C) $\dfrac{\pi^2}{2}$.　　　　　(D) $\dfrac{2}{3}\pi$.

(3)曲线 $\rho = 3\cos\theta$ 及 $\rho = 1 + \cos\theta$ 所围成图形的公共部分的面积为（　　）.

(A) $\dfrac{2\pi}{\sqrt{2}}$.　　　　(B) $\dfrac{5\pi}{4}$.　　　　(C) $\dfrac{\pi}{\sqrt{2}}$.　　　　(D) $\dfrac{3\pi}{4}$.

3）解答题

(1)求由抛物线 $y^2 = 4ax$ 与过焦点的弦所围成的图形的面积的最小值. (15 分)

(2)半径为 R 的球沉入水中，球的顶部与水面相切，球的密度与水相同，现将球从水中取离水面，问做功多少？ (20 分)

(3)设有一半径为 R，中心角为 φ 的圆弧形细棒，其线密度为常数 ρ，在圆心处有一质量为 m 的质点，试求细棒对该质点的引力. (20 分)

(4)设 $\sum$ 是由曲面 $z = \sqrt{x^2 + y^2}$ 和平面 $z = 1$ 围成的立体的表面曲面，$\sum$ 上点 (x, y, z) 处的面密度为 $x^2 + y^2$，求 $\sum$ 的质量. (20 分)

三、参考答案

1. 数学术语的英语表述

1）将下列基本概念翻译成英语

(1) plane area.　　(2) volumes of solids.　　(3) arc length.　　(4) surface area.

(5) mass.　　(6) centroid coordinates.　　(7) gravitation.　　(8) moment of inertia.

(9) water pressure.　　(10) work.　　(11) the mass of fluid.　　(12) average value.

2）本章重要概念的英文定义

Element method of definite integral：

①Partition. Divide $[a, b]$ into many very small subintervals, let $[x, x + \Delta x]$ be a representative.

②Homogenization. Regard the curvilinear trapezoid on $[x, x + \Delta x]$ approximately as a rectangle with height $f(x)$. Then, we have $\Delta A \approx f(x)\Delta x$.

③Summation. $A \approx \sum f(x)\Delta x$

④Precision. $A = \lim\limits_{\Delta x \to 0} \sum f(x)\Delta x = \int_a^b f(x)\,dx$

2. 习题

(1) $\bar{y} = \dfrac{1}{2a}\int_{-a}^{a} x^2\,dx = \dfrac{1}{a}\int_0^a x^2\,dx = \dfrac{1}{a}\left[\dfrac{1}{3}x^3\right]_0^a = \dfrac{a^2}{3}$.

(2)面积 $A = \int_0^4 f(x)\,dx = [xf(x)]\big|_0^4 - \int_0^4 xf'(x)\,dx = \dfrac{1}{2}\int_0^4 \sqrt{x^{\frac{3}{2}} + 1}\sqrt{x}\,dx = \dfrac{52}{9}$.

(3)设椭球体方程为 $\dfrac{x^2}{a^2} + \dfrac{y^2}{b^2} + \dfrac{z^2}{c^2} \leqslant 1, z \geqslant 0$ 表示，由对称性知 $\bar{x} = \bar{y} = 0$，而

$$\bar{z} = \dfrac{\iiint\limits_{\Omega} z\,dx\,dy\,dz}{V} = \dfrac{\iiint\limits_{\Omega} z\,dx\,dy\,dz}{2\pi abc/3} = \dfrac{3c}{8}.$$

所以重心坐标为 $\left(0,0,\dfrac{3c}{8}\right)$.

(4)设球体由式 $x^2+y^2+z^2\leqslant R^2$ 表示,密度函数为 $\rho=k\sqrt{x^2+y^2+z^2}$,则它对切平面 $x=R$ 的转动惯量为

$$J=k\iiint\limits_{V}\sqrt{x^2+y^2+z^2}\,(x-R)^2\mathrm{d}v=k\int_0^{2\pi}\mathrm{d}\theta\int_0^{\pi}\mathrm{d}\varphi\int_0^R(R-r\sin\varphi\cos\theta)^2r^3\sin\varphi\mathrm{d}r=\frac{11}{9}k\pi R^6.$$

(5)曲线 $y^2=2z$ 绕 z 轴旋转得的旋转抛物面方程为 $z=\dfrac{1}{2}(x^2+y^2)$,故 Ω 由抛物面 $z=\dfrac{1}{2}(x^2+y^2)$ 与 $z=5$ 所围成. Ω 在 xOy 平面上的投影为 $x^2+y^2\leqslant 10$. 由三重积分的物理意义知物体的质量为 $M=\iiint\limits_{\Omega}\rho\mathrm{d}V=\iiint\limits_{\Omega}(y^2+z^2)\mathrm{d}v=\int_0^{2\pi}\mathrm{d}\theta\int_0^{\sqrt{10}}\mathrm{d}r\int_{\frac{r^2}{2}}^5 r^2r\mathrm{d}z=\dfrac{250\pi}{3}$.

(6)(C).根据定积分的几何意义,知 $F(2)$ 为半径是 1 的半圆面积: $F(2)=\dfrac{1}{2}\pi$; $F(3)$ 是两个半圆面积之差: $F(3)=\dfrac{1}{2}\left[\pi\cdot 1^2-\pi\cdot\left(\dfrac{1}{2}\right)^2\right]=\dfrac{3}{8}\pi=\dfrac{3}{4}F(2)$, $F(-3)=\int_0^{-3}f(x)\mathrm{d}x=-\int_{-3}^0 f(x)\mathrm{d}x=\int_0^3 f(x)\mathrm{d}x=F(3)$,因此应选(C).

(7)(C).因为 $\int_0^a xf'(x)\mathrm{d}x=\int_0^a x\mathrm{d}f(x)=xf(x)\,|_0^a-\int_0^a f(x)\mathrm{d}x=af(a)-\int_0^a f(x)\mathrm{d}x$,所以是长方形面积减去曲边梯形的面积,即为曲边三角形 ACD 面积.

(8)(D). 在 $[-l,0]$ 上任取一小区间 $[x,x+\mathrm{d}x]$,则对应于 $[x,x+\mathrm{d}x]$ 的细杆的质量为 $\mu\mathrm{d}x$,它与质点之间引力微元为 $\mathrm{d}F=k\cdot\dfrac{m\mu\mathrm{d}x}{(a-x)^2}$,从而质点与细杆之间引力的大小为 $\int_{-l}^0\dfrac{km\mu}{(a-x)^2}\mathrm{d}x$.

(9)易得两曲线交点 $x_1=-(a-2)-\sqrt{2a^2-4a+3}$, $x_2=-(a-2)+\sqrt{2a^2-4a+3}$, $S=\int_{x_1}^{x_2}[(-x^2+4x-1)-(2ax-x^2)]\mathrm{d}x\xlongequal{\text{韦达定理}}\dfrac{4}{3}(2a^2-4a+3)^{3/2}$,易知 $a=1$ 时 $S_{\min}=4/3$.

(10) $V_x=\pi\int_0^8 y^2\mathrm{d}x=\pi\int_{\pi/2}^0 r^2\sin^2\theta\mathrm{d}r\cos\theta\xlongequal{t=\cos\theta}\int_0^1(1+t)^2(1-t^2)(1+2t)\mathrm{d}t=160\pi$.

(11) $A=2\int_0^1(\sqrt{2-x^2}-x^{2/3})\mathrm{d}x$, 或 $A=2\left[\pi/4-\int_0^1(x^{2/3}-x)\mathrm{d}x\right]=(5\pi+2)/10$,

$\qquad S=2\int_0^1\sqrt{1+(3\sqrt{y}/2)^2}\,\mathrm{d}y+\sqrt{2}\pi/2=2(13\sqrt{13}-8)/27+\sqrt{2}\pi/2$.

(12) Ω 由锥面和球面围成,采用球面坐标,由

$$x^2+y^2+z^2=2a^2\Rightarrow r=\sqrt{2}a,\ z=\sqrt{x^2+y^2}\Rightarrow\varphi=\frac{\pi}{4},$$

$$\Omega:0\leqslant r\leqslant\sqrt{2}a,0\leqslant\phi\leqslant\frac{\pi}{4},0\leqslant\theta\leqslant 2\pi.$$

由三重积分的性质知

$$V=\iiint\limits_{\Omega}\mathrm{d}x\mathrm{d}y\mathrm{d}z\int_0^{2\pi}\mathrm{d}\theta\int_0^{\frac{\pi}{4}}\mathrm{d}\phi\int_0^{\sqrt{2}a}r^2\sin\phi\mathrm{d}r=2\pi\int_0^{\frac{\pi}{4}}\sin\varphi\cdot\frac{(\sqrt{2}a)^3}{3}\mathrm{d}\phi=\frac{4}{3}\pi(\sqrt{2}-1)a^3.$$

3. 测验题

1)(1)$a=-\dfrac{1}{2}$. 因为 $S=\displaystyle\int_a^{a+1}x^2\mathrm{d}x=\dfrac{x^3}{3}\Big|_a^{a+1}=a^2+a+\dfrac{1}{3}=\left(a+\dfrac{1}{2}\right)^2+\dfrac{1}{12}$,所以当 $a=-\dfrac{1}{2}$ 时,所围成平面图形面积最小.

(2)$\left(\dfrac{2}{\pi},0\right)$. 根据对称性,只需计算横坐标,$\bar{x}=\dfrac{\displaystyle\int_L x\,\mathrm{d}s}{\displaystyle\int_L \mathrm{d}s}=\dfrac{2}{\pi}$,所以形心坐标为 $\left(\dfrac{2}{\pi},0\right)$.

2)(1)(C). 由定积分几何意义可得,注意符号.

(2)(C). 因为 $V=\displaystyle\int_{-\frac{\pi}{2}}^{\frac{\pi}{2}}\pi f^2(x)\mathrm{d}x=\int_{-\frac{\pi}{2}}^{\frac{\pi}{2}}\pi\cos^2 x\,\mathrm{d}x=\dfrac{\pi^2}{2}$.

(3)(B). 因为曲线 $\rho=3\cos\theta$ 与 $\rho=1+\cos\theta$ 交点的极坐标为 $A\left(\dfrac{3}{2},\dfrac{\pi}{3}\right)$, $B\left(\dfrac{3}{2},-\dfrac{\pi}{3}\right)$. 由图 8—21 的对称性可知,所求的面积为

$$A=2\left[\dfrac{1}{2}\int_0^{\frac{\pi}{3}}(1+\cos\theta)^2\mathrm{d}\theta+\dfrac{1}{2}\int_{\frac{\pi}{3}}^{\frac{\pi}{2}}(3\cos\theta)^2\mathrm{d}\theta\right]=\dfrac{5}{4}\pi.$$

3)(1)设弦的倾角为 α. 由图 8—22 可以看出,抛物线与过焦点的弦所围成的图形的面积为 $A=A_0+A_1$.

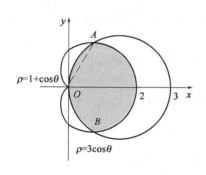

图 8—21

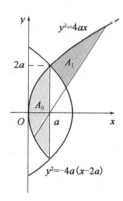

图 8—22

显然当 $\alpha=\dfrac{\pi}{2}$ 时,$A_1=0$;当 $\alpha<\dfrac{\pi}{2}$ 时,$A_1>0$. 因此,抛物线与过焦点的弦所围成的图形的面积的最小值为

$$A_0=2\int_0^a\sqrt{2ax}\,\mathrm{d}x-\dfrac{8}{3}\sqrt{a}\ \sqrt{x^3}\Big|_0^a-\dfrac{8}{3}a^2.$$

(2)如图 8—23,以切点为原点建立坐标系,则圆的方程为 $(x-R)^2+y^2=R^2$,将球从水中取出需做的功相应于将 $[0,2R]$ 区间上的许多薄片都上提 $2R$ 的高度时需做功的和的极限. 取深度 x 为积分变量,典型小薄片厚度为 $\mathrm{d}x$,将它由 A 上升到 B 时,在水中的行程为 x;在水上的行程为 $2R-x$. 因为球的比重与水相同,所以此薄片所受的浮力与其自身的重力之和 x 为零,因而该片在水中由 A 上升到水面时,提升力为零,并不做功,由水面再上提到 B 时,需做的功即功元素为

$$dW = (2R-x)[g\pi y^2(x)dx] = \pi g(2R-x)[\sqrt{R^2-(x-R)^2}]^2 dx$$
$$= \pi g(2R-x)(2Rx-x^2)dx.$$

所求的功为

$$W = \int_0^{2R} \pi g(2R-x)(2Rx-x^2)dx = \pi g\int_0^{2R}(4R^2x-4Rx^2+x^3)dx$$
$$= \pi g\left(2R^2x^2 - \frac{4}{3}Rx^3 + \frac{1}{4}x^4\right)\Big|_0^{2R} = \frac{4}{3}\pi R^4 g \text{ (kJ)}.$$

(3)如图8—24,建立坐标系,圆弧形细棒上一小段 ds 对质点 N 的引力的近似值即为引力

元素 $dF = \dfrac{km\rho ds}{R^2} = \dfrac{km\rho}{R^2}(Rd\theta) = \dfrac{km\rho}{R}d\theta$,则

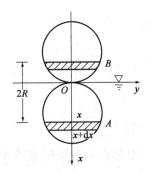

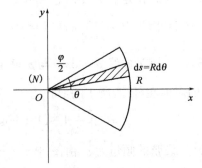

图 8—23 图 8—24

$$dF_x = dF\cos\theta = \frac{km\rho}{R}\cos\theta d\theta \Rightarrow F_x = \int_{-\frac{\varphi}{2}}^{\frac{\varphi}{2}}\frac{km\rho}{R}\cos\theta d\theta = 2\int_0^{\frac{\varphi}{2}}\frac{km\rho}{R}\cos\theta d\theta = \frac{2km\rho}{R}\sin\frac{\varphi}{2}.$$

$$dF_y = dF\sin\theta = \frac{km\rho}{R}\sin\theta d\theta \Rightarrow F_y = \int_{-\frac{\varphi}{2}}^{\frac{\varphi}{2}}\frac{km\rho}{R}\sin\theta d\theta = 0.$$

故所求引力的大小为 $\dfrac{2km\rho}{R}\sin\dfrac{\varphi}{2}$,方向自 N 点指向圆弧的中点.

(4) Σ 的质量为

$$\iint_{\Sigma}(x^2+y^2)dS = \iint_{\Sigma_1:z=\sqrt{x^2+y^2}}(x^2+y^2)dS + \iint_{\Sigma_2:z=1}(x^2+y^2)dS,$$

其中

$$\iint_{\Sigma_1:z=\sqrt{x^2+y^2}}(x^2+y^2)dS = \iint_{x^2+y^2\leqslant1}(x^2+y^2)\sqrt{2}d\sigma = \frac{\sqrt{2}\pi}{2},$$

$$\iint_{\Sigma_2:z=1}(x^2+y^2)dS = \iint_{x^2+y^2\leqslant1}(x^2+y^2)d\sigma = \frac{\pi}{2}.$$

所以

$$\iint_{\Sigma}(x^2+y^2)dS = \frac{\pi}{2}(1+\sqrt{2}).$$

第九章 无穷级数

第一节 教学大纲及知识结构图

一、教学大纲

1. 高等数学 I

1) 学时分配

"无穷级数"这一章建议授课学时 **18 学时**:常数项级数的概念及性质(2 学时);数项级数的审敛法(4 学时);幂级数(4 学时);函数展开成幂级数(2 学时);傅里叶级数(4 学时);习题课(2 学时).

2) 目的和要求

学习本章的目的是使学生掌握级数的概念与性质,能判定任意项数项级数的敛散性,能将函数展开为幂级数与函数展开为傅里叶级数,能运用级数这一工具进行计算.本章知识的基本要求是:

(1) 理解常数项级数收敛、发散以及和的概念,熟练掌握级数的基本性质,熟练掌握几何级数与 p 级数收敛和发散的条件.

(2) 熟练掌握比较判别法、比较判别法的极限形式、比值判别法和根值判别法判定正项级数的敛散性.

(3) 熟练掌握利用莱布尼茨定理判定交错级数的收敛性,理解任意项级数的绝对收敛与条件收敛的概念,以及绝对收敛与收敛的关系.

(4) 理解函数项级数的收敛域及和函数的概念.

(5) 理解幂级数收敛半径的概念,并熟练掌握幂级数的收敛半径及收敛域的求法.

(6) 掌握幂级数的和函数在其收敛区间内的一些基本性质,会求一些幂级数在收敛域内的和函数,并会求出某些数项级数的和.

(7) 熟练掌握 e^x、$\dfrac{1}{1-x}$、$\sin x$、$\cos x$、$\ln(1+x)$ 和 $(1+x)^a$ 的麦克劳林展开式,会用它们将一些简单函数间接展开成幂级数.

(8) 理解傅里叶级数的概念和狄利克雷收敛定理,掌握将周期为 $2l$ 的函数和定义在 $[-l,l]$ 上的函数展开为傅里叶级数,掌握将定义在 $[0,l]$ 上的函数展开为正弦级数与余弦级数,能写出傅里叶级数的和函数的表达式.

3) 重点和难点

(1) 重点:判定数项级数的敛散性,幂级数的收敛域及简单幂级数的和函数的求法,函数展开为幂级数与函数展开为傅里叶级数.

（2）难点：函数展开为幂级数与函数展开为傅里叶级数.

2. 高等数学 Ⅱ

1）学时分配

"无穷级数"这一章建议授课学时 16 学时：常数项级数的概念及性质（2 学时）；数项级数的审敛法（4 学时）；幂级数（4 学时）；函数展开成幂级数（2 学时）；傅里叶级数（2 学时）；习题课（2 学时）.

2）目的和要求

学习本章的目的是使学生掌握级数的概念与性质，能判定任意项数项级数的敛散性，能将函数展开为幂级数与函数展开为傅里叶级数，能运用级数这一工具进行计算. 本章知识的基本要求是：

（1）理解常数项级数收敛、发散以及和的概念，熟练掌握级数的基本性质，熟练掌握几何级数与 p 级数收敛和发散的条件.

（2）熟练掌握比较判别法、比较判别法的极限形式、比值判别法和根值判别法判定正项级数的敛散性.

（3）熟练掌握利用莱布尼茨定理判定交错级数的收敛性，理解任意项级数绝对收敛与条件收敛的概念，以及绝对收敛与收敛的关系.

（4）理解函数项级数的收敛域及和函数的概念.

（5）理解幂级数收敛半径的概念，并熟练掌握幂级数的收敛半径及收敛域的求法.

（6）掌握幂级数的和函数在其收敛区间内的一些基本性质，会求一些幂级数在收敛域内的和函数，并会求出某些数项级数的和.

（7）熟练掌握 e^x 、$\dfrac{1}{1-x}$ 、$\sin x$ 、$\cos x$ 、$\ln(1+x)$ 和 $(1+x)^\alpha$ 的麦克劳林展开式，会用它们将一些简单函数间接展开成幂级数.

（8）了解傅里叶级数的概念，理解狄利克雷收敛定理，掌握将周期为 2π 的函数和定义在 $[-\pi,\pi]$ 上的函数展开为傅里叶级数，掌握将定义在 $[0,\pi]$ 上的函数展开为正弦级数与余弦级数，能写出傅里叶级数的和函数的表达式.

3）重点和难点

（1）重点：判定数项级数的敛散性，幂级数的收敛域及简单幂级数的和函数的求法，函数展开为幂级数.

（2）难点：函数展开为幂级数.

3. 高等数学 Ⅲ

1）学时分配

"无穷级数"这一章建议授课学时 14 学时：常数项级数的概念及性质（2 学时）；数项级数的审敛法（4 学时）；幂级数（4 学时）；函数展开成幂级数（2 学时）；习题课（2 学时）.

2）目的和要求

学习本章的目的是使学生掌握级数的概念与性质，能判定任意项数项级数的敛散性，能将函数展开为幂级数，能运用级数这一工具进行计算. 本章知识的基本要求是：

（1）理解常数项级数收敛、发散以及和的概念，熟练掌握级数的基本性质，熟练掌握几何级

数与 p-级数收敛和发散的条件.

（2）熟练掌握比较判别法、比较判别法的极限形式、比值判别法和根值判别法判定正项级数的敛散性.

（3）熟练掌握利用莱布尼茨定理判定交错级数的收敛性,理解任意项级数绝对收敛与条件收敛的概念,以及绝对收敛与收敛的关系.

（4）理解函数项级数的收敛域及和函数的概念.

（5）理解幂级数收敛半径的概念,并熟练掌握幂级数的收敛半径及收敛域的求法.

（6）了解幂级数的和函数在其收敛区间内的一些基本性质,会求一些幂级数在收敛域内的和函数,并会由此求出某些数项级数的和.

（7）熟练掌握 e^x、$\dfrac{1}{1-x}$、$\sin x$、$\cos x$、$\ln(1+x)$ 和 $(1+x)^a$ 的麦克劳林展开式,会用它们将一些简单函数间接展开成幂级数.

3）重点和难点

（1）**重点**:判定数项级数的敛散性,幂级数的收敛域及简单幂级数的和函数的求法,函数展开为幂级数.

（2）**难点**:函数展开为幂级数.

二、知识结构图

高等数学 I 的知识结构图如图 9—1 所示,高等数学 II 的知识结构图如图 9—2 所示,高等数学 III 的知识结构图如图 9—3 所示.

第二节　内 容 提 要

无穷级数是高等数学的一个重要组成部分,它是表示函数、研究函数性质以及数值计算的一种工具.本节总结和归纳本章的基本概念、基本性质和基本方法及一些典型方法.

一、基本概念

1. 常数项级数的相关概念

（1）**常数项级数.** 如果给定一个数列 $u_1, u_2, \cdots, u_n, \cdots$,则由这个数列构成的表达式 $u_1 + u_2 + \cdots + u_n + \cdots$ 称为（**常数项**）**无穷级数**,简称（常项级）**级数**,记为 $\displaystyle\sum_{n=1}^{\infty} u_n$,即

$$\sum_{n=1}^{\infty} u_n = u_1 + u_2 + \cdots + u_n + \cdots,$$

其中的第 n 项 u_n 称为级数的**一般项**.

级数 $\displaystyle\sum_{n=1}^{\infty} u_n$ 的前 n 项和 $s_n = u_1 + u_2 + \cdots + u_n$ 称为级数 $\displaystyle\sum_{n=1}^{\infty} u_n$ 的**部分和**,称数列 $\{s_n\}$ 为级数 $\displaystyle\sum_{n=1}^{\infty} u_n$ 的**部分和数列**.

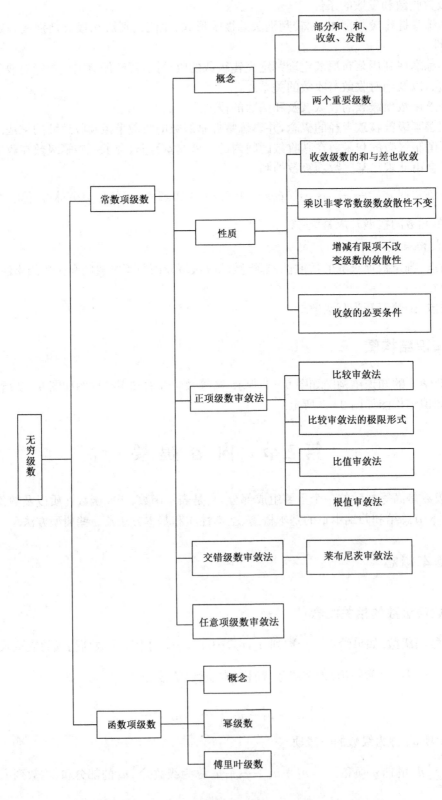

图 9—1

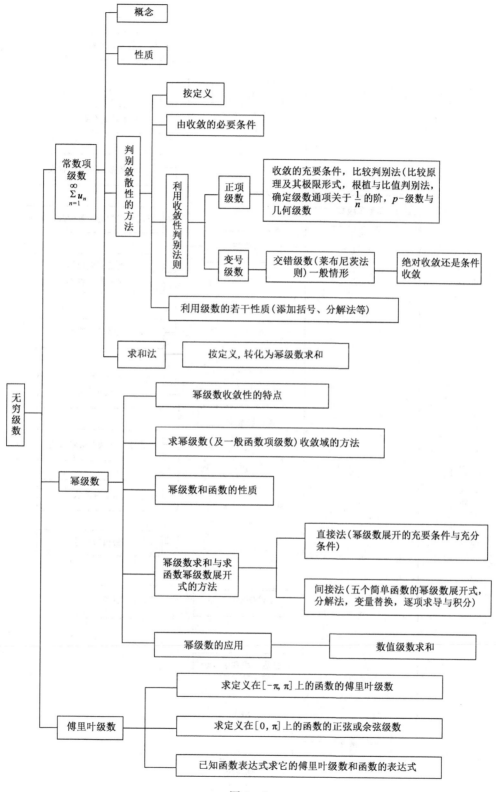

图 9-2

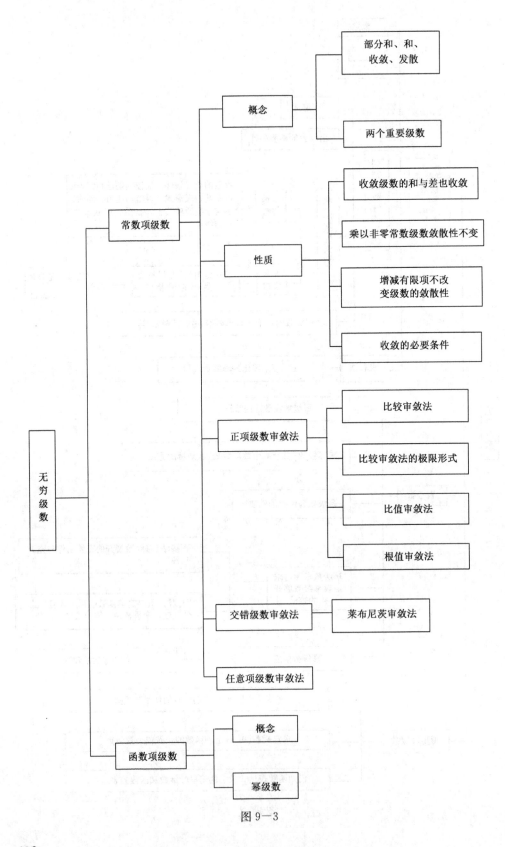

图 9—3

（2）级数的收敛和发散. 如果级数 $\sum\limits_{n=1}^{\infty} u_n$ 的部分和数列 $\{s_n\}$ 的极限为 s（有限数），即

$\lim\limits_{n\to\infty} s_n = s$，那么称级数 $\sum\limits_{n=1}^{\infty} u_n$ **收敛**，且将 s 称为该级数的和，记为 $\sum\limits_{n=1}^{\infty} u_n = s$，并写为 $s = u_1 + u_2$

$+ \cdots + u_n + \cdots$. 如果级数 $\sum\limits_{n=1}^{\infty} u_n$ 的部分和数列 $\{s_n\}$ 没有极限，那么称级数 $\sum\limits_{n=1}^{\infty} u_n$ **发散**.

（3）正项级数. 在 $\sum\limits_{n=1}^{\infty} u_n$ 中，若 $u_n \geqslant 0$，则称此级数为**正项级数**.

（4）交错级数. 若 $u_n \geqslant 0$，则称级数 $\sum\limits_{n=1}^{\infty} (-1)^n u_n$ 为**交错级数**.

（5）级数的绝对收敛和条件收敛. 如果级数 $\sum\limits_{n=1}^{\infty} u_n$ 中各项的绝对值所构成的正项级数

$\sum\limits_{n=1}^{\infty} |u_n|$ 收敛，则称级数 $\sum\limits_{n=1}^{\infty} u_n$ **绝对收敛**；如果级数 $\sum\limits_{n=1}^{\infty} u_n$ 收敛，而 $\sum\limits_{n=1}^{\infty} |u_n|$ 发散，则称级数

$\sum\limits_{n=1}^{\infty} u_n$ **条件收敛**.

2. 函数项级数的相关概念

（1）函数项级数. 如果给定一个定义区间 I 上的函数列 $u_1(x), u_2(x), \cdots, u_n(x), \cdots$，那么，由这个函数列构成的表达式

$$u_1(x) + u_2(x) + \cdots + u_n(x) + \cdots$$

称为定义在区间 I 上的**函数项无穷级数**，简称**函数项级数**，记为 $\sum\limits_{n=1}^{\infty} u_n(x)$，即

$$\sum\limits_{n=1}^{\infty} u_n(x) = u_1(x) + u_2(x) + \cdots + u_n(x) + \cdots,$$

其中第 n 项 $u_n(x)$ 称为级数的**一般项**.

对于任意取定 $x_0 \in I$，如果数项级数 $\sum\limits_{n=1}^{\infty} u_n(x_0)$ 收敛，则称 x_0 为函数项级数（1）的**收敛点**，否则，称 x_0 为函数项级数（1）的**发散点**. 级数（1）的收敛点的集合称为级数（1）的**收敛域**，发散点的集合称为级数（1）的**发散域**.

如果 I_0 是级数（1）的收敛域，那么 $\forall x \in I_0$，级数（1）有和 $s(x)$，称 $s(x)$ 为级数（1）的**和函数**.

（2）幂级数. 称函数项级数

$$\sum\limits_{n=0}^{\infty} a_n(x - x_0)^n = a_0 + a_1(x - x_0)^1 + a_2(x - x_0)^2 + \cdots + a_n(x - x_0)^n + \cdots$$

为**幂级数**，其中 $a_0, a_1, \cdots, a_n, \cdots$ 称为**幂级数的系数**.

（3）收敛半径. 如果存在确定的正实数 R，使得幂级数 $\sum\limits_{n=0}^{\infty} a_n x^n$ 在 $(-R, R)$ 内绝对收敛，在

$(-\infty, -R)$ 和 $(R, +\infty)$ 内发散，那么称 R 为幂级数 $\sum\limits_{n=0}^{\infty} a_n x^n$ 的**收敛半径**.

（4）泰勒级数. 如果 $f(x)$ 在某个邻域 $U(x_0, \delta)$ 内具有任意阶导数，那么称幂级数

$$f(x_0) + f'(x_0)(x - x_0) + \frac{f''(x_0)}{2!}(x - x_0)^2 + \cdots + \frac{f^{(n)}(x_0)}{n!}(x - x_0)^n + \cdots$$

为 $f(x)$ 的**泰勒(Taylor)级数**.

(5)麦克劳林级数. 当 $x_0 = 0$ 时, $f(x)$ 的泰勒级数为 $f(0) + f'(0)x + \frac{f''(0)}{2!}x^2 + \cdots + \frac{f^{(n)}(0)}{n!}x^n + \cdots$ 称为 $f(x)$ 的**麦克劳林级数**.

将函数 $f(x)$ 展开成 $(x - x_0)$ 的幂级数的方法有**直接展开法**和**间接展开法**. 直接从函数出发,通过麦克劳林级数的定义和定理得到函数的幂级数展开式,这种方法称为**幂级数的直接展开法**. 另外,也可以借助于已知函数的幂级数展开式,运用幂级数的性质来寻求其他函数的幂级数展开式,这种方法称为**幂级数的间接展开法**.

3. 傅里叶级数

设 $f(x)$ 为周期为 $2l$ 的周期函数,如果积分

$$a_k = \frac{1}{l}\int_{-l}^{l} f(x)\cos\frac{k\pi x}{l}dx, \quad k = 0, 1, 2, \cdots,$$

$$b_k = \frac{1}{l}\int_{-l}^{l} f(x)\sin\frac{k\pi x}{l}dx, \quad k = 1, 2, \cdots$$

都存在,这时它们定出的系数 $a_0, a_1, b_1, \cdots, a_n, b_n, \cdots$,称为 $f(x)$ 的**傅里叶系数**,以此为系数的级数

$$\frac{a_0}{2} + \sum_{n=1}^{\infty}\left(a_n\cos\frac{n\pi x}{l} + b_n\sin\frac{n\pi x}{l}\right)$$

称为 $f(x)$ 的**傅里叶级数**.

二、基本性质

1. 级数的性质

(1)如果级数 $\sum_{n=1}^{\infty} u_n$ 收敛于 s, k 为常数,那么 $\sum_{n=1}^{\infty} ku_n$ 也收敛于 ks.

(2)如果级数 $\sum_{n=1}^{\infty} u_n$ 发散, k 为不等于零的常数,那么 $\sum_{n=1}^{\infty} ku_n$ 也发散.

(3)如果级数 $\sum_{n=1}^{\infty} u_n$ 和 $\sum_{n=1}^{\infty} v_n$ 都收敛,那么级数 $\sum_{n=1}^{\infty}(u_n \pm v_n)$ 也收敛,且

$$\sum_{n=1}^{\infty}(u_n \pm v_n) = \sum_{n=1}^{\infty} u_n \pm \sum_{n=1}^{\infty} v_n.$$

(4)如果级数 $\sum_{n=1}^{\infty} u_n$ 收敛,而级数 $\sum_{n=1}^{\infty} v_n$ 发散,那么级数 $\sum_{n=1}^{\infty}(u_n \pm v_n)$ 发散.

(5)在级数中去掉、添加或改变有限项不改变级数的敛散性.

(6)对收敛级数保持原有顺序对其任意添加括号后的级数仍然收敛,且其和不变.

(7)如果保持原有顺序添加括号后的级数发散,那么原来的级数也发散.

(8)如果级数 $\sum_{n=1}^{\infty} u_n$ 收敛,那么 $\lim_{n\to\infty} u_n = 0$.

2. 正项级数的性质

(1)正项级数 $\sum\limits_{n=1}^{\infty} u_n$ 收敛的充要条件是 $\sum\limits_{n=1}^{\infty} u_n$ 的部分和数列有界.

(2)**比较判别法.** 设 $\sum\limits_{n=1}^{\infty} u_n$ 和 $\sum\limits_{n=1}^{\infty} v_n$ 都是正项级数,且 $u_n \leqslant v_n$（$n = 1, 2, \cdots$）. 如果级数 $\sum\limits_{n=1}^{\infty} v_n$ 收敛,那么级数 $\sum\limits_{n=1}^{\infty} u_n$ 收敛;如果级数 $\sum\limits_{n=1}^{\infty} u_n$ 发散,那么级数 $\sum\limits_{n=1}^{\infty} v_n$ 发散.

(3)**比较判别法的极限形式.** 设 $\sum\limits_{n=1}^{\infty} u_n$ 和 $\sum\limits_{n=1}^{\infty} v_n$ 都是正项级数,且 $l = \lim\limits_{n \to \infty} \dfrac{u_n}{v_n}$. 如果 l 为正实数,那么级数 $\sum\limits_{n=1}^{\infty} u_n$ 和 $\sum\limits_{n=1}^{\infty} v_n$ 同时收敛或发散;如果 $l = 0$,且级数 $\sum\limits_{n=1}^{\infty} v_n$ 收敛,那么级数 $\sum\limits_{n=1}^{\infty} u_n$ 收敛;如果 $l = +\infty$,且级数 $\sum\limits_{n=1}^{\infty} v_n$ 发散,那么级数 $\sum\limits_{n=1}^{\infty} u_n$ 发散.

(4)**比值判别法.** 设 $\sum\limits_{n=1}^{\infty} u_n$ 是正项级数,如果 $\rho = \lim\limits_{n \to \infty} \dfrac{u_{n+1}}{u_n}$,那么,当 $\rho < 1$ 时,$\sum\limits_{n=1}^{\infty} u_n$ 收敛;当 $\rho > 1$ 或 $\rho = +\infty$ 时,$\sum\limits_{n=1}^{\infty} u_n$ 发散.

(5)**根值判别法.** 设 $\sum\limits_{n=1}^{\infty} u_n$ 是正项级数,如果 $\rho = \lim\limits_{n \to \infty} \sqrt[n]{u_n}$,那么,当 $\rho < 1$ 时,$\sum\limits_{n=1}^{\infty} u_n$ 收敛;当 $\rho > 1$ 或 $\rho = +\infty$ 时,$\sum\limits_{n=1}^{\infty} u_n$ 发散.

3. 交错级数审敛法（莱布尼茨审敛法）

如果交错级数 $\sum\limits_{n=1}^{\infty} (-1)^{n-1} u_n (u_n \geqslant 0)$ 满足条件:(1) $u_n \geqslant u_{n+1}$,$n = 1, 2, \cdots$;(2) $\lim\limits_{n \to \infty} u_n = 0$;那么 $\sum\limits_{n=1}^{\infty} (-1)^{n-1} u_n$ 收敛,且其和 $s \leqslant u_1$,其余项 r_n 的绝对值 $|r_n| \leqslant u_{n+1}$.

4. 任意项级数的绝对收敛与条件收敛

如果级数 $\sum\limits_{n=1}^{\infty} u_n$ 绝对收敛,则级数 $\sum\limits_{n=1}^{\infty} u_n$ 收敛.

5. 幂级数的性质

1)阿贝尔定理

如果幂级数 $\sum\limits_{n=0}^{\infty} a_n x^n$ 在 $x_0 (x_0 \neq 0)$ 处收敛,那么该幂级数在 $(-|x_0|, |x_0|)$ 内绝对收敛;如果幂级数 $\sum\limits_{n=0}^{\infty} a_n x^n$ 在 x_0 处发散,那么该幂级数在 $(-\infty, -|x_0|) \bigcup (|x_0|, +\infty)$ 内发散.

2)收敛半径的求法

设 $\lim\limits_{n \to \infty} \left| \dfrac{a_{n+1}}{a_n} \right| = \rho$ 或者 $\lim\limits_{n \to \infty} \sqrt[n]{|a_n|} = \rho$,则幂级数 $\sum\limits_{n=0}^{\infty} a_n x^n$ 的收敛半径为

$$R = \begin{cases} \dfrac{1}{\rho}, & 0 < \rho < +\infty, \\ +\infty, & \rho = 0, \\ 0, & \rho = +\infty. \end{cases}$$

3)幂级数的运算

设幂级数 $\displaystyle\sum_{n=0}^{\infty} a_n x^n$ 与 $\displaystyle\sum_{n=0}^{\infty} b_n x^n$ 分别在区间 $(-R_1, R_1)$ 与 $(-R_2, R_2)$ 内收敛,那么

$$\sum_{n=0}^{\infty} a_n x^n + \sum_{n=0}^{\infty} b_n x^n = \sum_{n=0}^{\infty} (a_n \pm b_n) x^n,$$

$$\sum_{n=0}^{\infty} a_n x^n \cdot \sum_{n=0}^{\infty} b_n x^n = \sum_{n=0}^{\infty} (a_0 b_n + a_1 b_{n-1} + \ldots + a_n b_0) x^n,$$

上面两个等式在区间 $(-R_1, R_1) \bigcap (-R_2, R_2)$ 内成立.

4)幂级数的和函数的性质

(1)幂级数的和函数在其收敛域上连续.

(2)幂级数 $\displaystyle\sum_{n=0}^{\infty} a_n x^n$ 的和函数 $s(x)$ 在其收敛域 K 的任意有界闭子区间上可积,并有逐项积分公式

$$\int_0^x s(x) \mathrm{d}x = \int_0^x \left(\sum_{n=0}^{\infty} a_n x^n \right) \mathrm{d}x = \sum_{n=0}^{\infty} \int_0^x a_n x^n \mathrm{d}x = \sum_{n=0}^{\infty} \frac{a_n}{n+1} x^{n+1} \quad (x \in K),$$

逐项积分后所得幂数级与原幂级数有相同的收敛半径.

(3)幂级数 $\displaystyle\sum_{n=0}^{\infty} a_n x^n$ 的和函数 $s(x)$ 在其收敛区间 $(-R, R)$ 内可导,并有逐项求导公式

$$s'(x) = \left(\sum_{n=0}^{\infty} a_n x^n \right)' = \sum_{n=0}^{\infty} (a_n x^n)' = \sum_{n=1}^{\infty} n a_n x^{n-1} \quad (|x| < R),$$

逐项求导后所得幂级数与原幂级数有相同的收敛半径.

5)泰勒展开定理

设函数 $f(x)$ 在点 x_0 的某一邻域 $U(x_0)$ 内具有各阶导数,则 $f(x)$ 在该邻域内能展开成泰勒级数的充分必要条件是:$f(x)$ 的泰勒公式中的余项 $R_n(x)$ 当 $n \to \infty$ 时的极限为零,即

$$\lim_{n \to \infty} R_n(x) = 0, \quad x \in U(x_0).$$

6. 傅里叶级数的性质

(1)**狄利克雷收敛定理.** 如果周期函数 $f(x)$ 满足:在一个周期内连续或只有有限个第一类间断点,并且至多有有限个极值点,则 $f(x)$ 的傅里叶级数收敛,且当 x 是 $f(x)$ 的连续点时,$f(x)$ 的傅里叶级数收敛于 $f(x)$;当 x 是 $f(x)$ 的间断点时,$f(x)$ 的傅里叶级数收敛于 $\dfrac{f(x+0) + f(x-0)}{2}$.

(2)**周期为 $2l$ 的周期函数的傅里叶级数.** 设周期为 $2l$ 的周期函数 $f(x)$ 满足收敛定理的条件,则它的傅里叶级数的展开式为

$$f(x) = \frac{a_0}{2} + \sum_{n=1}^{\infty} \left(a_n \cos \frac{n\pi x}{l} + b_n \sin \frac{n\pi x}{l} \right) \quad (x \in C),$$

其中
$$a_n = \frac{1}{l}\int_{-l}^{l} f(x)\cos\frac{n\pi x}{l}\mathrm{d}x \quad (n = 0,1,2,\cdots),$$
$$b_n = \frac{1}{l}\int_{-l}^{l} f(x)\sin\frac{n\pi x}{l}\mathrm{d}x \quad (n = 1,2,\cdots),$$
$$C = \left\{ x \,\middle|\, f(x) = \frac{1}{2}\big[f(x^-) + f(x^+)\big]\right\}.$$

当 $f(x)$ 为**奇函数**时，$f(x) = \sum\limits_{n=1}^{\infty} b_n\sin\frac{n\pi x}{l} \quad (x \in C)$，

其中
$$b_n = \frac{2}{l}\int_{0}^{l} f(x)\sin\frac{n\pi x}{l}\mathrm{d}x \quad (n = 1,2,\cdots).$$

当 $f(x)$ 为**偶函数**时，$f(x) = \frac{a_0}{2} + \sum\limits_{n=1}^{\infty} a_n\cos\frac{n\pi x}{l} \quad (x \in C)$，

其中
$$a_n = \frac{2}{l}\int_{0}^{l} f(x)\cos\frac{n\pi x}{l}\mathrm{d}x \quad (n = 0,1,2,\cdots).$$

三、基本方法

1. 数项级数敛散性的简单判别方法

1) 定义法

利用级数的前 n 项部分和数列 $\{s_n\}$ 的极限 $\lim\limits_{n\to\infty} s_n$ 是否存在，若存在，则收敛；反之发散.

2) 利用收敛级数的性质判定

(1) 如果级数 $\sum\limits_{n=1}^{\infty} u_n$ 收敛于 s，k 为常数，那么 $\sum\limits_{n=1}^{\infty} ku_n$ 也收敛于 ks.

(2) 如果级数 $\sum\limits_{n=1}^{\infty} u_n$ 发散，k 为不等于零的常数，那么 $\sum\limits_{n=1}^{\infty} ku_n$ 也发散.

(3) 如果级数 $\sum\limits_{n=1}^{\infty} u_n$ 和 $\sum\limits_{n=1}^{\infty} v_n$ 都收敛，那么级数 $\sum\limits_{n=1}^{\infty} (u_n \pm v_n)$ 也收敛，且
$$\sum_{n=1}^{\infty} (u_n \pm v_n) = \sum_{n=1}^{\infty} u_n \pm \sum_{n=1}^{\infty} v_n.$$

(4) 如果级数 $\sum\limits_{n=1}^{\infty} u_n$ 收敛，而级数 $\sum\limits_{n=1}^{\infty} v_n$ 发散，那么级数 $\sum\limits_{n=1}^{\infty} (u_n \pm v_n)$ 发散.

(5) 在级数中去掉、添加或改变有限项不改变级数的敛散性.

(6) 对收敛级数保持原有顺序对其任意添加括号后的级数仍然收敛，且其和不变.

(7) 如果保持原有顺序添加括号后的级数发散，那么原来的级数也发散.

(8) 如果级数的通项极限不等于 0，则该级数一定发散.

2. 正项级数敛散性的判别方法

首先验证 $\lim\limits_{n\to\infty} u_n = 0$，若不是，则级数发散；若是，则采用如下方法：

(1) 利用正项级数收敛的充要条件. 其前 n 项部分和数列 $\{s_n\}$ 有界.

(2) 用正项级数的判别法. 如果其通项为多因子的乘积、乘方、开方、阶乘时，选用比值判别法；如果其通项为 n 的表达式的 n 次方时，选用根值判别法；如果是其他情况或使用它们失效

时，则用比较判别法的一般形式或极限形式进行判别.

3. 幂级数的收敛域和收敛半径的求法

（1）用比值法（或根值法）. 先求出 $\lim\limits_{n\to\infty}\dfrac{|u_{n+1}(x)|}{|u_n(x)|}=p(x)$（或 $\lim\limits_{n\to\infty}\sqrt[n]{u_n(x)}=p(x)$），再令 $p(x)<1$ 得出 x 的范围，然后考虑端点的收敛性，从而求出级数的收敛域，收敛域长度的一半即为其收敛半径.

（2）公式法. 对于幂级数的标准形 $\sum\limits_{n=1}^{\infty}a_nx^n$ 和一般形式 $\sum\limits_{n=0}^{\infty}a_n(x-x_0)^n$ 的收敛域的求法如下：

第一步 求 $\rho=\lim\limits_{n\to\infty}\left|\dfrac{a_{n+1}}{a_n}\right|$；

第二步 求收敛半径 $R=\dfrac{1}{\rho}(0<\rho<+\infty)$，$R=\infty(\rho=0)$，$R=0(\rho=\infty)$；

第三步 写出收敛区间；

第四步 考察端点的收敛性，写出收敛域.

说明 对于一般形式的幂级数 $\sum\limits_{n=0}^{\infty}a_n(x-x_0)^n$，需经过变量代换（令 $t=x-x_0$）化为标准形式的幂级数 $\sum\limits_{n=1}^{\infty}a_nt^n$ 之后，再按照上面的步骤来求收敛半径和收敛域，然后再将结论转换到幂级数 $\sum\limits_{n=0}^{\infty}a_n(x-x_0)^n$ 上来.

（3）利用阿贝尔（Abel）定理. 对于幂级数的通项为抽象形式，而已知了它在一些点的收敛性的问题，通常采用阿贝尔定理先求出收敛域，然后求其收敛半径.

4. 求幂级数的和函数的方法

其方法和步骤如下：

第一步 求出给定级数的收敛域；

第二步 通过逐项积分或微分将给定的幂级数化为常见函数展开式的形式（或易看出其和函数 $s(x)$ 与其导数 $s'(x)$ 的关系），从而得到新级数的和函数；

第三步 对于得到的和函数作微分或积分的分析运算，便得原幂级数的和函数.

5. 函数展开成幂级数的方法

将给定函数在某点处展开成幂级数有两种方法：**直接法和间接法.** 间接法更为普遍，通常利用下面的七个函数展开式，通过适当的变量替换、四则运算以及逐项积分和微分将函数展开成幂级数.

（1）$\dfrac{1}{1-u}=1+u+u^2+\cdots+u^n+\cdots=\sum\limits_{n=0}^{\infty}u^n,u\in(-1,1)$.

（2）$\dfrac{1}{1+u}=1-u+u^2-u^3+\cdots+(-1)^nu^n+\cdots=\sum\limits_{n=0}^{\infty}(-1)^nu^n,u\in(-1,1)$.

（3）$e^u=1+u+\dfrac{1}{2!}u^2+\cdots+\dfrac{1}{n!}u^n+\cdots=\sum\limits_{n=0}^{\infty}\dfrac{u^n}{n!},u\in(-\infty,+\infty)$.

（4）$\sin u=u-\dfrac{1}{3!}u^3+\cdots+(-1)^n\dfrac{1}{(2n+1)!}u^{2n+1}+\cdots=\sum\limits_{n=0}^{\infty}(-1)^n\dfrac{u^{2n+1}}{(2n+1)!}$,
$u\in(-\infty,+\infty)$.

(5) $\cos u = 1 - \dfrac{1}{2!}u^2 + \dfrac{1}{4!}u^4 - \cdots + (-1)^n \dfrac{1}{(2n)!}u^{2n} + \cdots = \displaystyle\sum_{n=0}^{\infty}(-1)^n \dfrac{u^{2n}}{(2n)!}$, $u \in (-\infty, +\infty)$.

(6) $\ln(1+u) = u - \dfrac{1}{2}u^2 + \dfrac{1}{3}u^3 - \cdots (-1)^n \dfrac{u^{n+1}}{n+1} + \cdots = \displaystyle\sum_{n=0}^{\infty}(-1)^n \dfrac{u^{n+1}}{n+1}$, $u \in (-1, 1]$.

(7) $(1+u)^\alpha = 1 + \alpha u + \dfrac{\alpha(\alpha-1)}{2!}u^2 + \cdots + \dfrac{\alpha(\alpha+1)\cdots(\alpha-n+1)}{n!}u^n + \cdots$, $u \in (-1, 1)$.

6. 数项级数求和的方法

(1) 利用级数和的定义. 求前 n 项的部分和 s_n 的极限.

(2) 构造幂级数法. 设 $\displaystyle\sum_{n=0}^{\infty}u_n$ 是 $\displaystyle\sum_{n=0}^{\infty}a_n x^n$ 的收敛域中 $x = x_0$ 时的常数项级数,可先求 $\displaystyle\sum_{n=0}^{\infty}a_n x^n$ 的和函数 $s(x)$,再求 $\displaystyle\sum_{n=0}^{\infty}u_n = s(x_0)$.

7. 求函数 $f(x)$ 的傅里叶级数的和函数

第一步　画出函数的一个周期的图形,再左右延拓,即画出三个周期图;

第二步　考察每个周期的连续点和间断点,连续点处傅里叶级数的和函数 $s(x) = f(x)$; 间断点处 $s(x) = \dfrac{f(x+0) + f(x-0)}{2}$;

第三步　利用周期性求出函数 $f(x)$ 在其定义域内的和函数.

四、典型方法

1. 级数一般项为 n 的有理式的收敛性的判定方法

一般可采用相同级别的 $\displaystyle\sum_{n=1}^{\infty}\dfrac{1}{n^x}$ 来比较其收敛性,其中 x 等于待考察的级数的一般项中分母和分子的 n 的最高次幂之差.

2. 任意项级数 $\displaystyle\sum_{n=1}^{\infty}u_n$ 的绝对收敛和条件收敛以及发散的判定方法

第一步　验证 $\displaystyle\lim_{n\to\infty}u_n$ 的极限是否为 0,若不为 0,级数发散,否则转第二步;

第二步　验证 $\displaystyle\sum_{n=1}^{\infty}|u_n|$ 是否收敛,若收敛,则级数绝对收敛,否则转第三步;

第三步　若级数 $\displaystyle\sum_{n=1}^{\infty}|u_n|$ 发散是由比值法或根值法判断得到的,则可以判断级数 $\displaystyle\sum_{n=1}^{\infty}u_n$ 发散;若级数 $\displaystyle\sum_{n=1}^{\infty}|u_n|$ 发散是由比较判别法得到的,则不能得到级数 $\displaystyle\sum_{n=1}^{\infty}u_n$ 发散的结论,需进一步判断.若级数 $\displaystyle\sum_{n=1}^{\infty}u_n$ 是交错级数则可以利用莱布尼茨定理来进一步判断是否收敛;若满足莱布尼茨定理的条件,则级数 $\displaystyle\sum_{n=1}^{\infty}u_n$ 为条件收敛;若不满足莱布尼茨定理的条件,且有 $\displaystyle\lim_{n\to\infty}s_{2n} \neq \lim_{n\to\infty}s_{2n+1}$,则级数 $\displaystyle\sum_{n=1}^{\infty}u_n$ 发散.

3. 定义在区间 $[-l,l]$ 上的函数展开成傅里叶级数的方法

应先将函数作周期延拓,使之成为周期是 $2l$ 的周期函数,展开傅里叶级数后限定变化区间回到 $(-l,l)$(端点处是否封闭,须由收敛定理决定).

4. 将定义在 $[-l,0)$ 或 $(0,l]$ 上的函数展开成正弦(余弦)级数的方法

1)对于定义在半周期 $[-l,0)$ 或 $(0,l]$ 上的函数 $f(x)$,将其展开成正弦级数的一般步骤如下:

(1)补充定义. 将 $f(x)$ 补充定义,使其在区间 $[-l,l]$ 上为**奇函数**,即

$$g(x) = \begin{cases} f(x), x \in [-l,0), \\ -f(-x), x \in [0,l], \end{cases} \text{ 或 } g(x) = \begin{cases} -f(-x), x \in [-l,0), \\ f(x), x \in [0,l]. \end{cases}$$

(2)周期延拓. 将 $g(x)$ 以 $2l$ 为周期延拓到 $(-\infty,+\infty)$ 上,称为 $f(x)$ 的**奇延拓**.

(3)展开成正弦级数. 将 $g(x)$ 展开成正弦级数,并讨论该级数在 $[-l,l]$ 上的收敛性.

$$g(x) = \sum_{n=1}^{\infty} b_n \sin \frac{n\pi}{l} x, \text{ 其中}, b_n = \frac{2}{l} \int_0^l f(x) \sin \frac{n\pi}{l} x \, dx \quad (n=1,2,\cdots).$$

(4)在区间 $[-l,0)$ 或 $(0,l]$ 上,在 $f(x)$ 的连续点处,有

$$f(x) = \sum_{n=1}^{\infty} b_n \sin \frac{n\pi}{l} x, \text{ 其中}, b_n = \frac{2}{l} \int_0^l f(x) \sin \frac{n\pi}{l} x \, dx \quad (n=1,2,\cdots).$$

2)对于定义在半周期 $[-l,0)$ 或 $(0,l]$ 上的函数 $f(x)$,将其展开成余弦级数的一般步骤如下:

(1)补充定义. 将 $f(x)$ 补充定义,使其在区间 $[-l,l]$ 上为**偶函数**,即

$$g(x) = \begin{cases} f(x), x \in [-l,0), \\ f(-x), x \in [0,l], \end{cases} \text{ 或 } g(x) = \begin{cases} f(-x), x \in [-l,0), \\ f(x), x \in [0,l]. \end{cases}$$

(2)周期延拓. 将 $g(x)$ 以 $2l$ 为周期延拓到 $(-\infty,+\infty)$ 上,称为 $f(x)$ 的**偶延拓**.

(3)展开成余弦级数. 将 $g(x)$ 展开成余弦级数,并讨论该级数在 $[-l,l]$ 上的收敛性.

$$g(x) = \frac{a_0}{2} + \sum_{n=1}^{\infty} a_n \cos \frac{n\pi}{l} x, \text{ 其中}, a_n = \frac{2}{l} \int_0^l f(x) \cos \frac{n\pi}{l} x \, dx \quad (n=0,1,2,\cdots).$$

(4)在区间 $[-l,0)$ 或 $(0,l]$ 上,在 $f(x)$ 的连续点处,有

$$f(x) = \frac{a_0}{2} + \sum_{n=1}^{\infty} a_n \cos \frac{n\pi}{l} x, \text{ 其中}, a_n = \frac{2}{l} \int_0^l f(x) \cos \frac{n\pi}{l} x \, dx \quad (n=0,1,2,\cdots).$$

第三节 典型例题

一、基本题型

1. 求常数项级数的敛散性

1)利用级数的前 n 项部分和数列 $\{s_n\}$ 是否有极限,若有极限则收敛;反之发散.

例 1 求下列级数的和.

(1) $1 - \dfrac{1}{3} + \dfrac{1}{2} - \dfrac{1}{9} + \cdots + \dfrac{1}{2^{n-1}} - \dfrac{1}{3^{n-1}} + \cdots.$

(2) $\dfrac{\ln 2}{2} + \dfrac{\ln^2 2}{2^2} + \cdots + \dfrac{\ln^n 2}{2^n} + \cdots.$

分析 简单级数求和的关键是寻找前 n 项和 s_n 的最简表达式,常用技巧有:等差数列求和、等比数列求和、拆项消去中间项、递推法等.

解 (1) $s_{2n} = \left(1 + \dfrac{1}{2} + \dfrac{1}{2^2} + \cdots + \dfrac{1}{2^{n-1}}\right) - \left(\dfrac{1}{3} + \dfrac{1}{9} + \cdots + \dfrac{1}{3^{n-1}}\right)$,从而

$$s_{2n} = \dfrac{1 - \dfrac{1}{2^n}}{1 - \dfrac{1}{2}} - \dfrac{\dfrac{1}{3}\left(1 - \dfrac{1}{3^n}\right)}{1 - \dfrac{1}{3}} = 2\left(1 - \dfrac{1}{2^n}\right) - \dfrac{1}{2}\left(1 - \dfrac{1}{3^n}\right),$$

即得 $\lim\limits_{n \to \infty} s_{2n} = \dfrac{3}{2}$. 而 $\lim\limits_{n \to \infty} s_{2n+1} = \lim\limits_{n \to \infty}\left[2\left(1 - \dfrac{1}{2^n}\right) - \dfrac{1}{2}\left(1 - \dfrac{1}{3^n}\right) + \dfrac{1}{2^{n+1}}\right] = \dfrac{3}{2}$,故 $\lim\limits_{n \to \infty} s_n = \dfrac{3}{2}$,

即原级数 $= \dfrac{3}{2}$.

(2) 求前 n 项之和. 因 $\dfrac{\ln 2}{2} < 1$,利用等比数列求和公式有

$$s_n = \dfrac{\ln 2}{2} + \dfrac{\ln^2 2}{2^2} + \cdots + \dfrac{\ln^n 2}{2^n} = \dfrac{\dfrac{\ln 2}{2}\left(1 - \dfrac{\ln^n 2}{2^n}\right)}{1 - \dfrac{\ln 2}{2}} = \dfrac{\ln 2}{2 - \ln 2}\left(1 - \dfrac{\ln^n 2}{2^n}\right),$$

则 $s = \lim\limits_{n \to \infty} s_n = \dfrac{\ln 2}{2 - \ln 2}.$

2)用定义和性质判定级数是否收敛

例 2 判定下列命题是否正确.

(1)若 $\sum\limits_{n=1}^{\infty}(u_{2n-1} + u_{2n})$ 收敛,则 $\sum\limits_{n=1}^{\infty} u_n$ 收敛.

(2)若 $\sum\limits_{n=1}^{\infty} u_n$ 收敛,则 $\sum\limits_{n=1}^{\infty} u_{n+100}$ 收敛.

(3)若 $\lim\limits_{n \to \infty} \dfrac{u_{n+1}}{u_n} \leqslant 1$,则 $\sum\limits_{n=1}^{\infty} u_n$ 收敛.

(4)若 $\sum\limits_{n=1}^{\infty}(u_n + v_n)$ 收敛,则 $\sum\limits_{n=1}^{\infty} u_n$,$\sum\limits_{n=1}^{\infty} v_n$ 都收敛.

分析 通过举反例,并结合级数的性质即可得出结论.

解 (1)错,如令 $u_n = (-1)^n$,则 $\sum\limits_{n=1}^{\infty}(u_{2n-1} + u_{2n})$ 收敛,而 $\sum\limits_{n=1}^{\infty} u_n$ 发散.

(2)正确,因为改变、增加或减少级数的有限项,不改变级数的收敛性.

(3)错,因为 $\sum\limits_{n=1}^{\infty} \dfrac{1}{n}$ 满足 $\lim\limits_{n \to \infty} \dfrac{u_{n+1}}{u_n} \leqslant 1$,但 $\sum\limits_{n=1}^{\infty} \dfrac{1}{n}$ 发散.

(4)错,如果令 $u_n = \dfrac{1}{n}$,$v_n = -\dfrac{1}{n}$,则 $\sum\limits_{n=1}^{\infty}(u_n + v_n)$ 收敛,但 $\sum\limits_{n=1}^{\infty} u_n$ 与 $\sum\limits_{n=1}^{\infty} v_n$ 都发散.

3)利用级数收敛的必要条件

分析 级数收敛的必要条件是通项的极限为 0,此性质可用于判别级数发散,即若通项的

极限不为 0,则该级数必发散;此性质也可用于求证某些特殊数列的极限为 0.为求证某个数列的极限为 0,可先判断以该数列为通项的级数是否收敛,若该级数收敛,则该数列极限必定为 0.

例 3 判别下列级数的敛散性.

(1) $\sum\limits_{n=1}^{\infty} \dfrac{n^3-2n+5}{(2n-1)(2n+1)(2n+3)}$.

(2) $\sum\limits_{n=1}^{\infty} \dfrac{3n^n}{(1+n)^n}$.

解 (1)因为 $\lim\limits_{n\to\infty} u_n = \lim\limits_{n\to\infty} \dfrac{n^3-2n+5}{(2n-1)(2n+1)(2n+3)} = \dfrac{1}{8} \neq 0$,

所以 $\sum\limits_{n=1}^{\infty} \dfrac{n^3-2n+5}{(2n-1)(2n+1)(2n+3)}$ 发散.

(2)因为 $\lim\limits_{n\to\infty} u_n = 3\lim\limits_{n\to\infty} \dfrac{1}{\left(1+\dfrac{1}{n}\right)^n} = \dfrac{3}{\mathrm{e}} \neq 0$,所以 $\sum\limits_{n=1}^{\infty} \dfrac{3n^n}{(1+n)^n}$ 发散.

例 4 求极限 $\lim\limits_{n\to\infty} \dfrac{n^n}{(n!)^2}$.

分析 由于该数列中含有 $n!$,因此用一般的数列求极限的方法不是很好处理,可以尝试利用级数收敛的必要条件来验证该数列极限值为 0.为此,需先构造一个级数,并利用级数判别法判断该级数是否收敛.

解 先考虑 $\sum\limits_{n=1}^{\infty} \dfrac{n^n}{(n!)^2}$ 的收敛性.

因为 $\lim\limits_{n\to\infty} \dfrac{u_{n+1}}{u_n} = \lim\limits_{n\to\infty} \dfrac{(n+1)^{n+1}}{[(n+1)!]^2} \cdot \dfrac{(n!)^2}{n^n} = \lim\limits_{n\to\infty} \dfrac{(n+1)^{n-1}}{n^n}$

$$= \lim\limits_{n\to\infty} \dfrac{1}{n+1}\left(1+\dfrac{1}{n}\right)^n = 0 \cdot \mathrm{e} = 0 < 1,$$

所以,由比值审敛法可知,级数 $\sum\limits_{n=1}^{\infty} \dfrac{n^n}{(n!)^2}$ 收敛,故 $\lim\limits_{n\to\infty} \dfrac{n^n}{(n!)^2} = 0$.

2. 正项级数的审敛

1)用比较判别法

例 5 用比较判别法判定下列级数的敛散性.

(1) $\sum\limits_{n=1}^{\infty} \dfrac{2n+1}{(n+1)(n+2)(n+3)}$.

(2) $\sum\limits_{n=1}^{\infty} \left(\dfrac{1}{n} - \ln\dfrac{n+1}{n}\right)$.

(3) $\sum\limits_{n=1}^{\infty} 2^n \sin\dfrac{x}{3^n}(x>0)$.

(4) $\sum\limits_{n=1}^{\infty} \left(1 - \cos\dfrac{\pi}{n}\right)$.

分析 这四个级数都是正项级数,可以用正项级数的判别法.级数的一般项是 n 的有理式时,一般可以与 p-级数 $\sum\limits_{n=1}^{\infty} \dfrac{1}{n^p}$ 进行比较,其中 p 等于分母的最高次数与分子的最高次数之差.所以级数(1)可以与级数 $\sum\limits_{n=1}^{\infty} \dfrac{1}{n^2}$ 比较.(2)中级数的一般项含有 $\ln\dfrac{n+1}{n}$ 的形式,注意到 $\ln\dfrac{n+1}{n} <$

$\dfrac{1}{n}$,同时 $\ln\dfrac{n+1}{n} = -\ln\dfrac{n}{n+1} = -\ln\left(1-\dfrac{1}{n+1}\right) > \dfrac{1}{n+1}$,于是可知 $0 < \dfrac{1}{n} - \ln\dfrac{n+1}{n} < \dfrac{1}{n} -$

$\dfrac{1}{n+1} = \dfrac{1}{n(n+1)}$，由于级数 $\sum\limits_{n=1}^{\infty} \dfrac{1}{n(n+1)}$ 收敛，由比较判别法容易得出结论. 注意到(3)和(4)的一般项的特征，需结合等价无穷小的结论，用比较判别法的极限形式来判断.

解 (1) $\lim\limits_{n\to\infty} \dfrac{2n+1}{(n+1)(n+2)(n+3)} \bigg/ \dfrac{1}{n^2} = \lim\limits_{n\to\infty} \dfrac{2n^3+n^2}{n^3+6n^2+11n+6} = 2$,

由于 $\sum\limits_{n=1}^{\infty} \dfrac{1}{n^2}$ 收敛，知 $\sum\limits_{n=1}^{\infty} \dfrac{2n+1}{(n+1)(n+2)(n+3)}$ 收敛.

(2)已知 $\ln(1+x) < x\,(x\neq 0, -1 < x < +\infty)$，于是 $\ln\dfrac{n+1}{n} < \dfrac{1}{n}$，并且

$$\ln\frac{n+1}{n} = -\ln\frac{n}{n+1} = -\ln\left(1-\frac{1}{n+1}\right) > \frac{1}{n+1},$$

所以
$$0 < \frac{1}{n} - \ln\frac{n+1}{n} < \frac{1}{n} - \frac{1}{n+1} = \frac{1}{n(n+1)},$$

而级数 $\sum\limits_{n=1}^{\infty} \dfrac{1}{n(n+1)}$ 收敛，得 $\sum\limits_{n=1}^{\infty} \left(\dfrac{1}{n} - \ln\dfrac{n+1}{n}\right)$ 收敛.

(3)由于 $\lim\limits_{n\to\infty} \dfrac{2^n \sin\dfrac{x}{3^n}}{\left(\dfrac{2}{3}\right)^n} = x$，其中 $x > 0$，而级数 $\sum\limits_{n=1}^{\infty} \left(\dfrac{2}{3}\right)^n$ 收敛，由比较判别法的极限形式可知，级数 $\sum\limits_{n=1}^{\infty} 2^n \sin\dfrac{x}{3^n}$ $(x>0)$ 收敛.

(4)由于 $\lim\limits_{n\to\infty} \dfrac{1-\cos\dfrac{\pi}{n}}{\dfrac{1}{2}\left(\dfrac{\pi}{n}\right)^2} = 1$，而 $\sum\limits_{n=1}^{\infty} \dfrac{\pi^2}{2} \dfrac{1}{n^2}$ 收敛，由比较判别法的极限形式可知，级数 $\sum\limits_{n=1}^{\infty} \left(1-\cos\dfrac{\pi}{n}\right)$ 收敛.

2)用比值法或者根值法判定正项级数的敛散性

例 6 判断下列级数的敛散性.

(1) $\sum\limits_{n=1}^{\infty} \dfrac{2^n n!}{n^n}$. (2) $\sum\limits_{n=1}^{\infty} \dfrac{n^{n-1}}{(n+1)^{n+1}}$. (3) $\sum\limits_{n=1}^{\infty} 2^{-n-(-1)^n}$. (4) $\sum\limits_{n=1}^{\infty} \left(\dfrac{n}{2n+1}\right)^n$.

分析 这四个级数都是正项级数，可以用正项级数的判别法.(1)由于 u_n 中含有 $n!$，故适合用比值法.(2)从形式上来看，用比值法、根值法均可，但经计算发现 $\rho=1$，比值法和根值法都失效，所以要改用比较判别法的极限形式来判断. 注意到分母的次数比分子高 2 次，故可与 $\sum\limits_{n=1}^{\infty} \dfrac{1}{n^2}$ 比较.(3)和(4)可以用根值法判断.

解 (1) $\lim\limits_{n\to\infty} \dfrac{u_{n+1}}{u_n} = \lim\limits_{n\to\infty} \dfrac{2^{n+1}(n+1)!}{(n+1)^{n+1}} \cdot \dfrac{n^n}{2^n n!} = \lim\limits_{n\to\infty} \dfrac{2n^n}{(n+1)^n} = 2\lim\limits_{n\to\infty} \dfrac{1}{\left(1+\dfrac{1}{n}\right)^n} = \dfrac{2}{e} < 1$,

故 $\sum\limits_{n=1}^{\infty} \dfrac{2^n n!}{n^n}$ 收敛.

(2) $\lim\limits_{n\to\infty} \dfrac{u_n}{\dfrac{1}{n^2}} = \lim\limits_{n\to\infty} \dfrac{n^{n+1}}{(n+1)^{n+1}} = \lim\limits_{n\to\infty} \dfrac{1}{\left(1+\dfrac{1}{n}\right)^{n+1}} = \dfrac{1}{e}$，由于 $\sum\limits_{n=1}^{\infty} \dfrac{1}{n^2}$ 收敛，故 $\sum\limits_{n=1}^{\infty} \dfrac{n^{n-1}}{(n+1)^{n+1}}$

收敛.

(3) $\lim\limits_{n\to\infty}\sqrt[n]{2^{-n-(-1)^n}}=\lim\limits_{n\to\infty}2^{-1-\frac{(-1)^n}{n}}=\dfrac{1}{2}<1$，所以 $\sum\limits_{n=1}^{\infty}2^{-n-(-1)^n}$ 收敛.

(4) $\lim\limits_{n\to\infty}\sqrt[n]{u_n}=\lim\limits_{n\to\infty}\sqrt[n]{\left(\dfrac{n}{2n+1}\right)^n}=\dfrac{1}{2}<1$，所以 $\sum\limits_{n=1}^{\infty}\left(\dfrac{n}{2n+1}\right)^n$ 收敛.

3）关于正项级数的证明题

正项级数证明题的思路：

(1)已知某级数收敛，欲证另一级数收敛，通常用比较判别法，已知收敛的级数被用作比较级数.

(2)已知某数列有某种性质(有极限、有界性、单调性)，欲证一级数收敛，通常是利用极限、有界性、单调性对数列的通项作某种估值，再用比较判别法.

(3)欲证级数的通项与已知敛散性的级数的通项有某种四则运算关系，通常用级数敛散性定义(即考察级数前 n 项和的极限)进行分析.

例 7 证明：(1)设 $a_n>0$，且 $\{na_n\}$ 有界，试证 $\sum\limits_{n=1}^{\infty}a_n^2$ 收敛；(2)若 $\lim\limits_{n\to\infty}n^2a_n=c(c>0)$，试证 $\sum\limits_{n=1}^{\infty}a_n$ 收敛.

分析 (1) $\sum\limits_{n=1}^{\infty}a_n^2$ 是正项级数，a_n 的表达式没有明确给出. 由"$\{na_n\}$ 有界"可知，存在正数 M，$\forall n\in\mathbf{Z}_+$，有 $na_n\leqslant M$，即 $a_n\leqslant\dfrac{M}{n}$，于是有 $a_n^2\leqslant\dfrac{1}{n^2}M^2$，则利用正项级数的比较判别法可知 $\sum\limits_{n=1}^{\infty}a_n^2$ 收敛. (2) 注意到 $\lim\limits_{n\to\infty}n^2a_n=c(c>0)$，变形得 $\lim\limits_{n\to\infty}n^2a_n=\lim\limits_{n\to\infty}\left(a_n\bigg/\dfrac{1}{n^2}\right)=c(c>0)$，利用正项级数的比较判别法的极限形式可知，正项级数 $\sum\limits_{n=1}^{\infty}a_n$ 收敛.

证 (1)因为 $a_n>0$，$\{na_n\}$ 有界，所以存在 $M>0$，使 $0\leqslant na_n\leqslant M$. 即 $0\leqslant a_n\leqslant\dfrac{M}{n}$，于是 $0\leqslant a_n^2\leqslant\dfrac{1}{n^2}M^2$. 又因为 $\sum\limits_{n=1}^{\infty}\dfrac{1}{n^2}$ 收敛，所以 $\sum\limits_{n=1}^{\infty}\dfrac{1}{n^2}M^2$ 收敛，故 $\sum\limits_{n=1}^{\infty}a_n^2$ 收敛.

(2)由题设可知 $\sum\limits_{n=1}^{\infty}a_n$ 为正项级数，因为 $\lim\limits_{n\to\infty}\left(a_n\bigg/\dfrac{1}{n^2}\right)=\lim\limits_{n\to\infty}n^2a_n=c$ $(c>0)$，而 $\sum\limits_{n=1}^{\infty}\dfrac{1}{n^2}$ 收敛，所以 $\sum\limits_{n=1}^{\infty}a_n$ 收敛.

3. 交错级数的敛散性(用莱布尼茨审敛法)

例 8 判定 $\sum\limits_{n=1}^{\infty}(-1)^n\dfrac{\sqrt{n}}{n+1}$ 的敛散性.

分析 该题为交错级数，可以用莱布尼茨定理进行判断，故需要验证 $u_n\geqslant u_{n+1}$，常用的方法有：作差法、作商法，但证明过程繁琐. 此外，可利用函数的单调性来判断数列的单调性，令 $f(x)=\dfrac{\sqrt{x}}{x+1}(x\geqslant1)$，先判断 $f(x)=\dfrac{\sqrt{x}}{x+1}$ 的单调性，再将此结论应用到数列 $\left\{\dfrac{\sqrt{n}}{n+1}\right\}$ 中.

解 设 $f(x) = \dfrac{\sqrt{x}}{x+1}(x \geqslant 1)$，则 $f'(x) = \dfrac{\dfrac{1}{2\sqrt{x}}(x+1) - \sqrt{x}}{(x+1)^2} = \dfrac{-(x-1)}{2\sqrt{x}(x+1)^2} \leqslant$

$0(x \geqslant 1)$，所以 $f(x) = \dfrac{\sqrt{x}}{x+1}(x \geqslant 1)$ 单调递减，则 $f(n) = \dfrac{\sqrt{n}}{n+1}(n \geqslant 1)$ 单调递减.又因为 $\lim\limits_{n \to \infty}$

$\dfrac{\sqrt{n}}{n+1} = \lim\limits_{n \to \infty} \dfrac{1}{\sqrt{n} + \dfrac{1}{\sqrt{n}}} = 0$，由莱布尼茨定理可知，级数 $\sum\limits_{n=1}^{\infty}(-1)^n \dfrac{\sqrt{n}}{n+1}$ 收敛.

4.任意项级数的绝对收敛和条件收敛

1)任意项级数的绝对收敛和条件收敛的判定

例 9 单项选择题

(1)设常数 $k > 0$，则级数 $\sum\limits_{n=1}^{\infty}(-1)^n \dfrac{k+n}{n^2}$（　　）.

(A)发散. 　　　　　　　　(B)绝对收敛.

(C)条件收敛. 　　　　　　(D)收敛或发散与 k 的取值有关.

(2)设 α 为常数且 $\alpha > 0$，则级数 $\sum\limits_{n=1}^{\infty}(-1)^n\left(1 - \cos\dfrac{\alpha}{n}\right)$（　　）.

(A)发散. 　　　　　　　　(B)绝对收敛.

(C)条件收敛. 　　　　　　(D)收敛性与 α 的取值有关.

(3)设常数 $\lambda > 0$，且 $\sum\limits_{n=1}^{\infty} a_n^2$ 收敛，则 $\sum\limits_{n=1}^{\infty}(-1)^n \dfrac{|a_n|}{\sqrt{n^2+\lambda}}$（　　）.

(A)发散. 　　　　　　　　(B)绝对收敛.

(C)条件收敛. 　　　　　　(D)收敛性与 λ 的取值有关.

(4)设 $0 \leqslant u_n \leqslant \dfrac{1}{n}$，则下列级数中肯定收敛的是（　　）.

(A) $\sum\limits_{n=1}^{\infty} u_n$. 　　(B) $\sum\limits_{n=1}^{\infty}(-1)^n u_n$. 　　(C) $\sum\limits_{n=1}^{\infty}\sqrt{u_n}$. 　　(D) $\sum\limits_{n=1}^{\infty}(-1)^n u_n^2$.

(5)级数 $\sum\limits_{n=1}^{\infty}(-1)^n \ln\left(1 + \dfrac{1}{n}\right)$（　　）.

(A)收敛. 　　(B)发散. 　　(C)条件收敛. 　　(D)绝对收敛.

分析 (1) $\sum\limits_{n=1}^{\infty}(-1)^n \dfrac{k+n}{n^2}$ 是任意项级数，可以将 $\sum\limits_{n=1}^{\infty}(-1)^n \dfrac{k+n}{n^2}$ 视作两个级数

$\sum\limits_{n=1}^{\infty}(-1)^n \dfrac{k}{n^2}$ 与 $\sum\limits_{n=1}^{\infty}(-1)^n \dfrac{1}{n}$ 之和，而 $\sum\limits_{n=1}^{\infty}(-1)^n \dfrac{k}{n^2}$ 绝对收敛，$\sum\limits_{n=1}^{\infty}(-1)^n \dfrac{1}{n}$ 条件收敛，从而可

知该级数是条件收敛.(2)级数 $\sum\limits_{n=1}^{\infty}(-1)^n\left(1 - \cos\dfrac{\alpha}{n}\right)$ 也是任意项级数，注意到 $1 - \cos\dfrac{\alpha}{n} = $

$2\sin^2\dfrac{\alpha}{2n} \sim \dfrac{\alpha^2}{2n^2}$（当 $n \to \infty$ 时），而 $\sum\limits_{n=1}^{\infty} \dfrac{\alpha^2}{2n^2}$ 收敛，利用正项级数的比较判别法的极限形式可知，

$\sum\limits_{n=1}^{\infty}(-1)^n\left(1 - \cos\dfrac{\alpha}{n}\right)$ 绝对收敛.(3)由 $\sum\limits_{n=1}^{\infty} a_n^2$ 收敛，结合 p－级数 $\sum\limits_{n=1}^{\infty} \dfrac{1}{n^p}$ 的收敛性（$p > 1$ 时

该级数收敛），利用不等式 $\dfrac{|a_n|}{\sqrt{n^2+\lambda}} < \dfrac{|a_n|}{n} \leqslant \dfrac{1}{2}\left(\dfrac{1}{n^2}+a_n^2\right)$，根据正项级数的比较判别法可以

得到结论. (4)由于 $\displaystyle\sum_{n=1}^{\infty} u_n$ 为正项级数，则可使用正项级数的判别法，但是所给条件为 $u_n \leqslant \dfrac{1}{n}$，

而 $\displaystyle\sum_{n=1}^{\infty} \dfrac{1}{n}$ 发散，故不能由此不等式得出级数 $\displaystyle\sum_{n=1}^{\infty} u_n$ 收敛或者发散的结论. 所以（A）选项不可

选.（C）选项也是同样的原因. 注意到 $\displaystyle\sum_{n=1}^{\infty}(-1)^n u_n$ 是交错级数，可以利用莱布尼茨定理来判断

级数的敛散性，由已知条件，利用夹逼准则仅能得到 $\lim\limits_{n\to\infty} u_n = 0$，不能判断数列 $\{u_n\}$ 是不是单调

递减的，因此也不能得出 $\displaystyle\sum_{n=1}^{\infty}(-1)^n u_n$ 一定收敛的结论. 所以（B）选项不可选. 又因为 $u_n^2 \leqslant \dfrac{1}{n^2}$，而

$\displaystyle\sum_{n=1}^{\infty} \dfrac{1}{n^2}$ 收敛，从而可知（D）选项中的级数 $\displaystyle\sum_{n=1}^{\infty}(-1)^n u_n^2$ 是绝对收敛的. 此外，可以找一些反例，

很快就能排除选项.（5）级数是交错级数，一般是利用莱布尼茨定理来判断敛散性，需验证两个

条件：一是 $\ln\left(1+\dfrac{1}{n}\right) \to 0(n \to \infty)$，二是数列 $\left\{\ln\left(1+\dfrac{1}{n}\right)\right\}$ 单调递减. 容易验证

$\lim\limits_{n\to\infty}\ln\left(1+\dfrac{1}{n}\right) = 0$. 数列 $\left\{\ln\left(1+\dfrac{1}{n}\right)\right\}$ 的单调性则可以利用函数 $\ln\left(1+\dfrac{1}{x}\right)$ 的单调性来

得到.

解 （1）因为 $\displaystyle\sum_{n=1}^{\infty}(-1)^n \dfrac{k+n}{n^2} = \sum_{n=1}^{\infty}(-1)^n \dfrac{k}{n^2} + \sum_{n=1}^{\infty}(-1)^n \dfrac{1}{n}$，右式中前一级数绝对收敛，

后一级数条件收敛，所以 $\displaystyle\sum_{n=1}^{\infty}(-1)^n \dfrac{k+n}{n^2}$ 条件收敛，故选（C）.

（2）因为 $1-\cos\dfrac{\alpha}{n} = 2\sin^2\dfrac{\alpha}{2n} \sim \dfrac{\alpha^2}{2n^2}$（当 $n \to \infty$ 时），而 $\displaystyle\sum_{n=1}^{\infty}(-1)^n \dfrac{\alpha^2}{2n^2}$ 绝对收敛，所以

$\displaystyle\sum_{n=1}^{\infty}(-1)^n\left(1-\cos\dfrac{\alpha}{n}\right)$ 绝对收敛，故选（C）.

（3）显然 $|u_n| = \dfrac{|a_n|}{\sqrt{n^2+\lambda}} < \dfrac{|a_n|}{n} \leqslant \dfrac{1}{2}\left(\dfrac{1}{n^2}+a_n^2\right)$，因为 $\displaystyle\sum_{n=1}^{\infty}\dfrac{1}{2}\left(\dfrac{1}{n^2}+a_n^2\right)$ 收敛，所以

$\displaystyle\sum_{n=1}^{\infty} \dfrac{|a_n|}{\sqrt{n^2+\lambda}}$ 收敛，从而 $\displaystyle\sum_{n=1}^{\infty}(-1)^n \dfrac{|a_n|}{\sqrt{n^2+\lambda}}$ 绝对收敛，故选（C）.

（4）应选择（D），事实上：

取 $u_n = \dfrac{1}{n+1}$，则 $0 < u_n < \dfrac{1}{n}$，但是 $\displaystyle\sum_{n=1}^{\infty} u_n$ 与 $\displaystyle\sum_{n=1}^{\infty} \sqrt{u_n}$ 都发散.

取 $u_n = \dfrac{1}{n}\cos^2\dfrac{n\pi}{2}$，则 $0 \leqslant u_n \leqslant \dfrac{1}{n}$，但是 $\displaystyle\sum_{n=1}^{\infty}(-1)^n u_n = \sum_{n=1}^{\infty}\dfrac{1}{2n}$ 发散.

若 $0 \leqslant u_n \leqslant \dfrac{1}{n}$，则 $0 \leqslant u_n^2 \leqslant \dfrac{1}{n^2}$，由于级数 $\displaystyle\sum_{n=1}^{\infty}\dfrac{1}{n^2}$ 收敛，根据正项级数的比较判别法知

$\displaystyle\sum_{n=1}^{\infty} u_n^2$ 收敛，这说明级数 $\displaystyle\sum_{n=1}^{\infty}(-1)^n u_n^2$ 是绝对收敛的，从而 $\displaystyle\sum_{n=1}^{\infty}(-1)^n u_n$ 收敛.

（5）应选择（C）. 这是一个交错级数，由于 $\lim\limits_{n\to\infty}\ln\left(1+\dfrac{1}{n}\right) = 0$，并且 $\dfrac{\mathrm{d}}{\mathrm{d}x}\left[\ln\left(1+\dfrac{1}{x}\right)\right] =$

$-\dfrac{1}{x+x^2}<0$（当 $x>0$ 时），因此 $\left\{\ln\left(1+\dfrac{1}{n}\right)\right\}$ 是一个单调减少的数列，由莱布尼茨判定法知，级数 $\displaystyle\sum_{n=1}^{\infty}(-1)^n\ln\left(1+\dfrac{1}{n}\right)$ 收敛. 但是，由于 $\displaystyle\sum_{n=1}^{\infty}\left|(-1)^n\ln\left(1+\dfrac{1}{n}\right)\right|=\sum_{n=1}^{\infty}\ln\left(1+\dfrac{1}{n}\right)$，又 $\displaystyle\lim_{n\to\infty}\ln\left(1+\dfrac{1}{n}\right)\Big/\dfrac{1}{n}=\lim_{n\to\infty}\ln\left(1+\dfrac{1}{n}\right)^n=\ln e=1$，根据正项级数的比较判别法知，$\displaystyle\sum_{n=1}^{\infty}\ln\left(1+\dfrac{1}{n}\right)$ 与 $\displaystyle\sum_{n=1}^{\infty}\dfrac{1}{n}$ 同时发散，从而级数 $\displaystyle\sum_{n=1}^{\infty}(-1)^n\ln\left(1+\dfrac{1}{n}\right)$ 条件收敛.

2）参数对级数绝对收敛、条件收敛和发散的影响

例 10　讨论 x 取何值时，级数 $\displaystyle\sum_{n=1}^{\infty}\dfrac{x^n}{1+x^{2n}}$ 收敛，绝对收敛，条件收敛，发散.

分析　研究级数 $\displaystyle\sum_{n=1}^{\infty}\dfrac{x^n}{1+x^{2n}}$ 的敛散性需对 x 的不同取值分情况讨论. 一般项 $a_n=\dfrac{x^n}{1+x^{2n}}$，若当 $n\to\infty$ 时 a_n 不趋于 0，则级数发散. 当 $|x|=1$ 时，$|a_n|=\dfrac{1}{2}$ 不趋近于 0. 当 $x=0$ 时，$a_n\equiv0$，级数的部分和数列极限为 0，故它收敛. 再分析 $x>0$ 且 $x\neq1$ 时的情况，此时级数为正项级数，可用比值判别法，计算极限 $\displaystyle\lim_{n\to\infty}\dfrac{a_{n+1}}{a_n}$，当 $0<x<1$ 时，$\displaystyle\lim_{n\to\infty}\dfrac{a_{n+1}}{a_n}=x<1$；当 $x>1$ 时，$\displaystyle\lim_{n\to\infty}\dfrac{a_{n+1}}{a_n}=\dfrac{1}{x}<1$. 故当 $x\geqslant0$，且 $x\neq1$ 时，级数收敛. 当 $x<0$ 时，$a_n=(-1)^n\dfrac{(-x)^n}{1+x^{2n}}$，级数是任意项级数，此时可以先考虑级数 $\displaystyle\sum_{n=1}^{\infty}\dfrac{|x^n|}{1+x^{2n}}$，同样可以利用正项级数的比值判别法来判断.

解　一般项 $a_n=\dfrac{x^n}{1+x^{2n}}$，当 $|x|=1$ 时，$|a_n|=\dfrac{1}{2}$ 不趋近于 0，故当 $|x|=1$ 时级数发散；当 $0<x<1$ 时，级数为正项级数，且 $\displaystyle\lim_{n\to\infty}\dfrac{a_{n+1}}{a_n}=\lim_{n\to\infty}\dfrac{x^{n+1}}{1+x^{2n+2}}\cdot\dfrac{1+x^{2n}}{x^n}=\lim_{n\to\infty}\dfrac{x+x^{2n+1}}{1+x^{2n+2}}=x<1$，由达朗贝尔比值判别法知，级数收敛；当 $x>1$ 时，级数为正项级数，且 $\displaystyle\lim_{n\to\infty}\dfrac{a_{n+1}}{a_n}=\lim_{n\to\infty}\dfrac{x+x^{2n+1}}{1+x^{2n+2}}=\lim_{n\to\infty}\dfrac{\dfrac{1}{x}+\dfrac{1}{x^{2n+1}}}{1+\dfrac{1}{x^{2n+2}}}=\dfrac{1}{x}<1$，级数收敛；显然当 $x=0$ 时，$a_n\equiv0$，收敛. 故当 $x\geqslant0$，$x\neq1$ 时，级数收敛. 当 $x<0$ 时，$a_n=(-1)^n\dfrac{(-x)^n}{1+x^{2n}}$，$|a_n|=\dfrac{(-x)^n}{1+x^{2n}}$ 为正项级数. 同理可证 $\displaystyle\sum_{n=1}^{\infty}|a_n|\ (x<0,x\neq-1)$ 收敛.

综合可知，当 $|x|\neq1$ 时，$\displaystyle\sum_{n=1}^{\infty}\dfrac{x^n}{1+x^{2n}}$ 绝对收敛；当 $|x|=1$ 时，$\displaystyle\sum_{n=1}^{\infty}\dfrac{x^n}{1+x^{2n}}$ 发散.

5. 关于幂级数的题型

1）求幂级数的收敛半径
（1）运用阿贝尔（Abel）定理求幂级数的收敛半径.

例 11　设幂级数 $\sum_{n=1}^{\infty} a_n(x+1)^n$ 在 $x=3$ 处条件收敛,求该幂级数的收敛半径 R.

分析　该题求幂级数的收敛半径,且 a_n 的具体形式未知,因此,要利用阿贝尔定理来求收敛半径.

解　设 $y=x+1$,由于幂数级 $\sum_{n=1}^{\infty} a_n(x+1)^n$ 在 $x=3$ 处条件收敛,所以幂数级 $\sum_{n=1}^{\infty} a_n y^n$ 在 $y=4$ 处条件收敛,从而幂数级 $\sum_{n=1}^{\infty} a_n y^n$ 的收敛半径为 $R=4$. 若不然,则必然存在 $y_0>4$,幂级数 $\sum_{n=1}^{\infty} a_n y^n$ 在 $y=y_0$ 收敛,根据阿贝尔定理知 $\sum_{n=1}^{\infty} a_n y^n$ 在 $|y|<y_0$ 内绝对收敛,从而推出 $\sum_{n=1}^{\infty} a_n y^n$ 在 $y=4$ 处绝对收敛,这与 $\sum_{n=1}^{\infty} a_n y^n$ 在 $y=4$ 处条件收敛矛盾,所以幂级数 $\sum_{n=1}^{\infty} a_n(x+1)^n$ 的收敛半径 $R=4$.

(2)运用公式法求幂级数的收敛半径.

例 12　求幂级数 $\sum_{n=1}^{\infty} (-1)^n \frac{n+1}{n} x^n$ 的收敛半径.

分析　求幂级数的收敛半径,需先观察该幂级数的形式,若是标准形 $\sum_{n=1}^{\infty} a_n x^n$ 或者一般形式 $\sum_{n=0}^{\infty} a_n(x-x_0)^n$ 则可以利用**基本方法**中给出的方法和步骤来求. 幂级数 $\sum_{n=1}^{\infty} (-1)^n \frac{n+1}{n} x^n$ 是标准形式,且 $a_n=(-1)^n \frac{n+1}{n}$,按照步骤,先求出 $\rho=\lim_{n\to\infty} \left| \frac{a_{n+1}}{a_n} \right|$,而收敛半径 $R=\frac{1}{\rho}$.

解　$\rho=\lim_{n\to\infty} \left| \frac{a_{n+1}}{a_n} \right| = \lim_{n\to\infty} \left| (-1)^{n+1} \frac{(n+1)+1}{n+1} \right| \times \left| (-1)^n \frac{n}{n+1} \right| = 1$,所以收敛半径 $R=1$.

2)求幂级数的收敛域
(1)用比值法(或根值法).

例 13　求级数 $\sum_{n=1}^{\infty} x^n \left(1+\frac{x}{n}\right)^n$ 的收敛域.

分析　一般来说,求幂级数的收敛域要先求出收敛半径,然后再考察收敛区间端点处的敛散性. 本题中给出的级数 $\sum_{n=1}^{\infty} x^n \left(1+\frac{x}{n}\right)^n$ 不是标准形式 $\sum_{n=1}^{\infty} a_n x^n$,因此不能直接用求收敛半径的方法,而是需将此函数项级数看成是常数项级数,利用正项级数的比值法和根值法来求. 记 $u_n(x) = x^n \left(1+\frac{x}{n}\right)^n$,先求出 $\lim_{n\to\infty} \frac{|u_{n+1}(x)|}{|u_n(x)|} = p(x)$（或 $\lim_{n\to\infty} \sqrt[n]{u_n(x)} = p(x)$）,令 $p(x)<1$,求出 x 的范围,再考虑端点的收敛性,从而求出级数的收敛域.

解　设 $u_n(x) = x^n \left(1+\frac{x}{n}\right)^n$,由于

$$\lim_{n\to\infty} \sqrt[n]{|u_n(x)|} = \lim_{n\to\infty} \sqrt[n]{\left| x^n \left(1+\frac{x}{n}\right)^n \right|} = \lim_{n\to\infty} \left| x\left(1+\frac{x}{n}\right) \right| = |x|.$$

当 $|x|<1$ 时,级数 $\sum_{n=1}^{\infty} x^n \left(1+\frac{x}{n}\right)^n$ 绝对收敛.

当 $|x| > 1$ 时，$u_n(x) \to +\infty$，故级数发散.

当 $|x| = 1$ 时，$|u_n(x)| = \left| (\pm 1)^n \left[1 + \dfrac{(\pm 1)}{n} \right]^n \right| \to \mathrm{e}^{\pm 1} \neq 0 (n \to \infty)$，所以，当 $|x| = 1$ 时，$\displaystyle\sum_{n=1}^{\infty} u_n(x)$ 发散.

从而级数 $\displaystyle\sum_{n=1}^{\infty} x^n \left(1 + \dfrac{x}{n} \right)^n$ 的收敛域为 $|x| < 1$.

（2）公式法.

例 14 求下列幂级数的收敛域.

(1) $\displaystyle\sum_{n=1}^{\infty} \dfrac{2^n + 3^n}{n} x^n$.　　　(2) $\displaystyle\sum_{n=1}^{\infty} \dfrac{(-1)^n}{n} (x-4)^n$.　　　(3) $\displaystyle\sum_{n=1}^{\infty} \dfrac{n^2}{x^n}$.

分析 求幂级数的收敛域要先求出收敛半径，然后再考察收敛区间端点处的敛散性.
(1)是标准形式 $a_n = \dfrac{2^n + 3^n}{n}$，可以直接利用求收敛半径的方法求.(2)是一般形式，作变量代换（令 $t = x - 4$）化为标准形式，求出收敛半径以及收敛域后再转化为关于 x 的范围.(3)中的级数不是标准形式的幂级数，同样可以经过变量代换 $y = \dfrac{1}{x}$，将级数转化为标准形式的幂级数 $\displaystyle\sum_{n=1}^{\infty} n^2 y^n$，利用和(1)中相同的方法求出收敛半径和收敛域，再转化为关于 x 的范围.

解 (1) $\rho = \lim\limits_{n \to \infty} \left| \dfrac{a_{n+1}}{a_n} \right| = \lim\limits_{n \to \infty} \dfrac{n}{2^n + 3^n} \cdot \dfrac{2^{n+1} + 3^{n+1}}{n+1} = 3$，故收敛半径 $R = \dfrac{1}{\rho} = \dfrac{1}{3}$.

当 $x = \dfrac{1}{3}$ 时，级数成为 $\displaystyle\sum_{n=1}^{\infty} \dfrac{2^n + 3^n}{n} \cdot \left(\dfrac{1}{3} \right)^n$，因为 $\displaystyle\sum_{n=1}^{\infty} \dfrac{2^n + 3^n}{n} \cdot \left(\dfrac{1}{3} \right)^n = \displaystyle\sum_{n=1}^{\infty} \left[\dfrac{1}{n} \left(\dfrac{2}{3} \right)^n + \dfrac{1}{n} \right]$. 而级数 $\displaystyle\sum_{n=1}^{\infty} \dfrac{1}{n}$ 发散，由正项级数的比值法可知 $\displaystyle\sum_{n=1}^{\infty} \dfrac{1}{n} \left(\dfrac{2}{3} \right)^n$ 收敛，故 $\displaystyle\sum_{n=1}^{\infty} \left[\dfrac{1}{n} \left(\dfrac{2}{3} \right)^n + \dfrac{1}{n} \right]$ 发散；

当 $x = -\dfrac{1}{3}$ 时，级数成为 $\displaystyle\sum_{n=1}^{\infty} \dfrac{2^n + 3^n}{n} \cdot \left(-\dfrac{1}{3} \right)^n$，注意到 $\displaystyle\sum_{n=1}^{\infty} \dfrac{2^n + 3^n}{n} \cdot \left(-\dfrac{1}{3} \right)^n = \displaystyle\sum_{n=1}^{\infty} \left[\dfrac{(-1)^n}{n} \cdot \left(\dfrac{2}{3} \right)^n + (-1)^n \dfrac{1}{n} \right]$，容易判定级数 $\displaystyle\sum_{n=1}^{\infty} \dfrac{(-1)^n}{n} \left(\dfrac{2}{3} \right)^n$ 与 $\displaystyle\sum_{n=1}^{\infty} (-1)^n \dfrac{1}{n}$ 都收敛，故此时级数 $\displaystyle\sum_{n=1}^{\infty} \dfrac{2^n + 3^n}{n} \cdot \left(-\dfrac{1}{3} \right)^n$ 收敛. 故原级数收敛域为 $\left[-\dfrac{1}{3}, \dfrac{1}{3} \right)$.

(2) $\rho = \lim\limits_{n \to \infty} \left| \dfrac{a_{n+1}}{a_n} \right| = \lim\limits_{n \to \infty} \left| \dfrac{(-1)^{n+1}}{n+1} \dfrac{n}{(-1)^n} \right| = 1$，故收敛半径 $R = \dfrac{1}{\rho} = 1$.

当 $x - 4 = 1$ 时，级数成为 $\displaystyle\sum_{n=1}^{\infty} \dfrac{(-1)^{n-1}}{n}$，由莱布尼茨判定法可知此级数收敛；

当 $x - 4 = -1$ 时，级数成为 $-\displaystyle\sum_{n=1}^{\infty} \dfrac{1}{n}$，此级数显然发散.

解不等式 $-1 < x - 4 \leqslant 1$，得 $3 < x \leqslant 5$，从而原级数收敛域为 $(3, 5]$.

(3)设 $y = \dfrac{1}{x}$，则级数成为 $\displaystyle\sum_{n=1}^{\infty} n^2 y^n$，对于此新级数，由于 $\rho = \lim\limits_{n \to \infty} \dfrac{(n+1)^2}{n^2} = 1$，$R = \dfrac{1}{\rho} =$

1，又级数 $\sum\limits_{n=1}^{\infty} n^2 y^n$ 在 $y=\pm 1$ 时级数发散，故此级数收敛域为 $-1<y<1$，即 $-1<\dfrac{1}{x}<1$，故原级数收敛域为 $(-\infty,-1)\bigcup(1,+\infty)$.

3）求幂级数的和函数

例 15 求下列幂级数的和函数.

(1) $\sum\limits_{n=1}^{\infty} \dfrac{1}{n \cdot 2^n} x^{n-1}$. (2) $\sum\limits_{n=0}^{\infty} (-1)^n \dfrac{n+1}{(2n+1)!} x^{2n+1}$.

分析 求幂级数的和函数先求出收敛域，在收敛域内，通过逐项积分或微分将给定的幂级数化为常见函数展开式的形式（或易看出其和函数 $s(x)$ 与其导数 $s'(x)$ 的关系），从而得到新级数的和函数；接着对得到的和函数作微分或积分的分析运算，得原幂级数的和函数.（1）中 x 的幂次比系数中低一次，因此可以乘以 x 之后再求和，设 $s(x)=\sum\limits_{n=1}^{\infty} \dfrac{1}{n2^n} x^{n-1} = \dfrac{1}{x}\sum\limits_{n=1}^{\infty} \dfrac{1}{n2^n} x^n = \dfrac{1}{x}\sum\limits_{n=1}^{\infty} \dfrac{1}{n}\left(\dfrac{x}{2}\right)^n$，注意到级数 $\sum\limits_{n=1}^{\infty} \dfrac{1}{n}\left(\dfrac{x}{2}\right)^n$ 的特点，为了利用公式 $\sum\limits_{n=0}^{\infty} t^n = \dfrac{1}{1-t}$（$|t|<1$），可以通过先逐项求导消去系数 $\dfrac{1}{n}$，再来求和，最后再积分得到要求的和函数.（2）观察级数 $\sum\limits_{n=0}^{\infty} (-1)^n \dfrac{n+1}{(2n+1)!} x^{2n+1}$ 的特点，发现与 $\sin x$ 的展开式

$$\sin x = x - \dfrac{x^3}{3!} + \dfrac{x^5}{5!} - \cdots + (-1)^n \dfrac{x^{2n+1}}{(2n+1)!} + \cdots \quad (-\infty<x<+\infty)$$

有相似之处. 于是将级数进行修改，令

$$s(x) = \dfrac{1}{2}\sum\limits_{n=0}^{\infty} (-1)^n \dfrac{2n+2}{(2n+1)!} x^{2n+1} = \dfrac{1}{2}\sum\limits_{n=0}^{\infty} (-1)^n \dfrac{(x^{2n+2})'}{(2n+1)!} = \left[\dfrac{x}{2}\sum\limits_{n=0}^{\infty} (-1)^n \dfrac{x^{2n+1}}{(2n+1)!}\right]',$$

先计算出级数 $\sum\limits_{n=0}^{\infty} (-1)^n \dfrac{x^{2n+1}}{(2n+1)!}$ 的和函数，再求导就可以得到 $s(x)$.

解 (1) 先求收敛域. $\lim\limits_{n\to\infty} \sqrt[n]{\dfrac{1}{n \cdot 2^n}|x|^{n-1}} = \dfrac{|x|}{2}$，当 $\dfrac{|x|}{2}<1$，即 $|x|<2$，亦即 $-2<x<2$ 时，级数收敛. 令 $x=2$，原级数 $\sum\limits_{n=1}^{\infty} \dfrac{1}{2n}$ 发散；令 $x=-2$，原级数 $\sum\limits_{n=1}^{\infty} (-1)^{n-1} \dfrac{1}{2n}$ 收敛；故级数收敛域 $[-2,2)$.

设 $s(x) = \sum\limits_{n=1}^{\infty} \dfrac{1}{n2^n} x^{n-1} = \dfrac{1}{x}\sum\limits_{n=1}^{\infty} \dfrac{1}{n2^n} x^n = \dfrac{1}{x}\int_0^x \left(\sum\limits_{n=1}^{\infty} \dfrac{1}{n2^n} x^n\right)' dx$

$= \dfrac{1}{x}\int_0^x \left[\sum\limits_{n=1}^{\infty} \left(\dfrac{1}{n2^n} x^n\right)'\right]dx = \dfrac{1}{x}\int_0^x \left[\sum\limits_{n=1}^{\infty} \left(\dfrac{1}{2^n} x^{n-1}\right)\right]dx$

$= \dfrac{1}{x}\int_0^x \left[\dfrac{1}{x}\sum\limits_{n=1}^{\infty} \left(\dfrac{x}{2}\right)^n\right]dx = \dfrac{1}{x}\int_0^x \dfrac{1}{2-x}dx$

$= \dfrac{1}{x}[\ln 2 - \ln(2-x)] \quad (x\neq 0)$.

因为和函数 $s(x)$ 在收敛域内是连续的，所以

$$s(0) = \lim\limits_{x\to 0} s(x) = \lim\limits_{x\to 0} \dfrac{\ln 2 - \ln(2-x)}{x} = \lim\limits_{x\to 0} \dfrac{1}{2-x} = \dfrac{1}{2},$$

故
$$s(x)=\begin{cases}\dfrac{1}{2}, & x=0,\\[2mm]\dfrac{\ln 2-\ln(2-x)}{x}, & x\in[-2,0)\bigcup(0,2).\end{cases}$$

（2）易知收敛域为 $(-\infty,+\infty)$.

令 $s(x)=\displaystyle\sum_{n=0}^{\infty}(-1)^n\frac{n+1}{(2n+1)!}x^{2n+1}=\frac{1}{2}\sum_{n=0}^{\infty}(-1)^n\frac{2n+2}{(2n+1)!}x^{2n+1}$

$$=\frac{1}{2}\sum_{n=0}^{\infty}(-1)^n\frac{(x^{2n+2})'}{(2n+1)!}=\left[\frac{x}{2}\sum_{n=0}^{\infty}(-1)^n\frac{x^{2n+1}}{(2n+1)!}\right]'$$

$$=\left(\frac{x}{2}\sin x\right)'=\frac{1}{2}(\sin x+x\cos x),\ x\in(-\infty,+\infty).$$

4）关于利用幂级数和函数求数项级数的和

例 16 求级数 $\displaystyle\sum_{n=1}^{\infty}\frac{2n}{3^n}$ 的和.

分析 由正项级数的比值判别法可知，$\displaystyle\sum_{n=1}^{\infty}\frac{2n}{3^n}$ 收敛，故可以求和. 但是直接求和并不容易，所以可以借助于幂级数的和函数来求该级数的和. 因为 $\displaystyle\sum_{n=1}^{\infty}\frac{2n}{3^n}=\frac{2}{3}\sum_{n=1}^{\infty}n\left(\frac{1}{3}\right)^{n-1}$，$\displaystyle\sum_{n=1}^{\infty}n\left(\frac{1}{3}\right)^{n-1}$ 是幂级数 $\displaystyle\sum_{n=1}^{\infty}n(x)^{n-1}$ 当 $x=\frac{1}{3}$ 时对应的数项级数. 由此可见，如果能求出幂级数 $\displaystyle\sum_{n=1}^{\infty}n(x)^{n-1}$ 的和函数，则级数 $\displaystyle\sum_{n=1}^{\infty}\frac{2n}{3^n}$ 的和就可以求出.

解 由于 $\displaystyle\lim_{n\to\infty}\left|\frac{a_{n+1}}{a_n}\right|=\lim_{n\to\infty}\frac{2(n+1)}{3^{n+1}}\frac{3^n}{2n}=\frac{1}{3}<1$，故 $\displaystyle\sum_{n=1}^{\infty}\frac{2n}{3^n}$ 收敛.

又因为 $\displaystyle\sum_{n=1}^{\infty}\frac{2n}{3^n}=\frac{2}{3}\sum_{n=1}^{\infty}n\left(\frac{1}{3}\right)^{n-1}$，而 $\displaystyle\sum_{n=1}^{\infty}n\left(\frac{1}{3}\right)^{n-1}$ 是幂级数 $\displaystyle\sum_{n=1}^{\infty}n(x)^{n-1}$ 当 $x=\frac{1}{3}$ 时对应的数项级数. 记 $s(x)=\displaystyle\sum_{n=1}^{\infty}nx^{n-1}$，将 $s(x)$ 在 0 到 x（$|x|<1$）上积分得

$$\int_0^x s(x)\mathrm{d}x=\int_0^x\sum_{n=1}^{\infty}nx^{n-1}\mathrm{d}x=\sum_{n=1}^{\infty}n\int_0^x x^{n-1}\mathrm{d}x=\sum_{n=1}^{\infty}x^n=\frac{x}{1-x}\quad(|x|<1),$$

则 $s(x)=\left(\dfrac{x}{1-x}\right)'=\dfrac{1}{(1-x)^2}$，即 $\displaystyle\sum_{n=1}^{\infty}nx^{n-1}=\frac{1}{(1-x)^2}$.

将 $x=\dfrac{1}{3}$ 代入上式得 $\displaystyle\sum_{n=1}^{\infty}n\left(\frac{1}{3}\right)^{n-1}=\frac{9}{4}$，故 $\displaystyle\sum_{n=1}^{\infty}\frac{2n}{3^n}=\frac{2}{3}\sum_{n=1}^{\infty}n\left(\frac{1}{3}\right)^{n-1}=\frac{3}{2}$.

5）函数的幂级数展开

例 17 将下列函数展成 x 的幂级数.

（1）$f(x)=\dfrac{x}{9+x^2}$. 　　　　　　　（2）$f(x)=\ln(1+x+x^2+x^3+x^4)$.

分析 函数展开成幂级数通常采用间接法展开，即利用已知函数的展开式，通过适当的变量替换、四则运算以及逐项积分和微分将函数展开成幂级数.（1）将 $f(x)=\dfrac{x}{9+x^2}$ 变形为

$f(x) = 9 \cdot \dfrac{x}{1+\left(\dfrac{x}{3}\right)^2}$，通过变量代换$\left(\text{令} u = \left(\dfrac{x}{3}\right)^2\right)$，利用$\dfrac{1}{1+u}$的展开式间接展开．(2) 函数

$f(x) = \ln(1+x+x^2+x^3+x^4)$ 不能直接利用函数 $\ln(1+u)$ 的展开式，需作适当的变形．注

意到，$1+x+x^2+x^3+x^4 = \dfrac{1-x^5}{1-x}$，将 $\ln(1+x+x^2+x^3+x^4)$ 化为 $\ln\dfrac{1-x^5}{1-x} = \ln(1-x^5) - $

$\ln(1-x)$ 后，再进行展开．

解　(1) $f(x) = \dfrac{1}{9} \dfrac{x}{1+\left(\dfrac{x}{3}\right)^2} = \dfrac{x}{9} \displaystyle\sum_{n=0}^{\infty} (-1)^n \left(\dfrac{x}{3}\right)^{2n} = \sum_{n=1}^{\infty} (-1)^{n-1} \dfrac{x^{2n-1}}{3^{2n}}, x \in (-3,3).$

(2) $f(x) = \ln(1+x+x^2+x^3+x^4) = \ln\dfrac{1-x^5}{1-x} = \ln(1-x^5) - \ln(1-x), (x \neq 1).$

因为 $\ln(1-x^5) = -\displaystyle\sum_{n=1}^{\infty} \dfrac{1}{n} x^{5n} (-1 \leqslant x < 1), \ln(1-x) = -\sum_{n=1}^{\infty} \dfrac{1}{n} x^n (-1 \leqslant x < 1),$

所以 $f(x) = -\displaystyle\sum_{n=1}^{\infty} \dfrac{1}{n} x^{5n} - \left(-\sum_{n=1}^{\infty} \dfrac{x^n}{n}\right) = \sum_{n=1}^{\infty} \dfrac{(1-x^{4n})}{n} x^n, x \in [-1,1).$

例 18　把下列函数在指定点处展开成幂级数．

(1) $f(x) = \ln x$　在 $x = 1$ 处．　　　　(2) $f(x) = \dfrac{1}{x^2+3x+2}$　在 $x = 1$ 处．

(3) $f(x) = \dfrac{\mathrm{d}}{\mathrm{d}x}\left(\dfrac{e^x - e}{x-1}\right)$　在 $x = 1$ 处．　(4) $f(x) = \sin x$　在 $x = \dfrac{\pi}{4}$ 处．

分析　利用间接法展开．(1) 要将 $f(x) = \ln x$ 在 $x = 1$ 处展开，先将 $\ln x$ 化为

$\ln[1+(x-1)]$，再利用公式进行展开．(2) 先将 $f(x) = \dfrac{1}{x^2+3x+2}$ 变形为 $\dfrac{1}{x^2+3x+2} = $

$\dfrac{1}{(x+1)(x+2)} = \dfrac{1}{x+1} - \dfrac{1}{x+2}$，再将 $\dfrac{1}{x+1}$ 和 $\dfrac{1}{x+2}$ 分别进行展开，再合并．(3) 如果先将

$f(x) = \dfrac{\mathrm{d}}{\mathrm{d}x}\left(\dfrac{e^x - e}{x-1}\right)$ 的具体表达式求出之后再进行展开，可能会比较复杂，而 $\dfrac{e^x - e}{x-1}$ 的展开式

相对容易得到，因此可以先将 $\dfrac{e^x - e}{x-1}$ 展开后再逐项求导．分子上函数化为 $e^x - e = e \cdot e^{x-1}$ 后再

进行展开．(4) 将 $\sin x$ 在 $x = \dfrac{\pi}{4}$ 处展开，需先变形，$\sin x = \sin\left[\dfrac{\pi}{4} + \left(x - \dfrac{\pi}{4}\right)\right]$，利用三角函

数公式将 $\sin\left(\dfrac{\pi}{4} + x - \dfrac{\pi}{4}\right)$ 化为 $\sin\dfrac{\pi}{4}\cos\left(x - \dfrac{\pi}{4}\right) + \cos\dfrac{\pi}{4}\sin\left(x - \dfrac{\pi}{4}\right)$ 之后再进行展开．

解　(1) $f(x) = \ln x = \ln[1+(x-1)] = \displaystyle\sum_{n=0}^{\infty} (-1)^{n-1} \dfrac{(x-1)^n}{n}$　$(0 < x \leqslant 2).$

(2) $f(x) = \dfrac{1}{(x+1)(x+2)} = \dfrac{1}{(x+1)} - \dfrac{1}{(x+2)},$

$\dfrac{1}{x+1} = \dfrac{1}{2+(x-1)} = \dfrac{1}{2} \dfrac{1}{1+\dfrac{x-1}{2}} = \dfrac{1}{2} \displaystyle\sum_{n=0}^{\infty} (-1)^n \left(\dfrac{x-1}{2}\right)^n$

$= \displaystyle\sum_{n=0}^{\infty} (-1)^n \dfrac{(x-1)^n}{2^{n+1}}$　$(-1 < x < 3),$

$$\frac{1}{x+2} = \frac{1}{3+(x-1)} = \frac{1}{3} \frac{1}{1+\frac{x-1}{3}} = \sum_{n=0}^{\infty}(-1)^n \frac{(x-1)^n}{3^{n+1}} \quad (-2 < x < 4),$$

$$f(x) = \sum_{n=0}^{\infty}(-1)^n \frac{(x-1)^n}{2^{n+1}} - \sum_{n=0}^{\infty}(-1)^n \frac{(x-1)^n}{3^{n+1}} = \sum_{n=0}^{\infty}(-1)^n \left(\frac{1}{2^{n+1}} - \frac{1}{3^{n+1}}\right)(x-1)^n$$

$(-1 < x < 3)$.

(3)因为 $e^x = e e^{x-1} = e\left[1+(x-1)+\frac{1}{2!}(x-1)^2+\frac{1}{3!}(x-1)^3+\cdots+\frac{1}{n!}(x-1)^n+\cdots\right]$,

所以 $\frac{e^x - e}{x-1} = e\left[1+\frac{1}{2!}(x-1)+\frac{1}{3!}(x-1)^2+\cdots+\frac{1}{n!}(x-1)^{n-1}+\cdots\right] \quad (x \neq 1)$,

故 $\frac{d}{dx}\left(\frac{e^x - e}{x-1}\right) = e\left[\frac{1}{2!}+\frac{2}{3!}(x-1)+\cdots+\frac{n-1}{n!}(x-1)^{n-2}+\cdots\right] \quad (x \neq 1)$.

(4) $\sin x = \sin\left[\frac{\pi}{4}+\left(x-\frac{\pi}{4}\right)\right] = \sin\frac{\pi}{4}\cos\left(x-\frac{\pi}{4}\right)+\cos\frac{\pi}{4}\sin\left(x-\frac{\pi}{4}\right)$

$$= \frac{1}{\sqrt{2}}\left[\cos\left(x-\frac{\pi}{4}\right)+\sin\left(x-\frac{\pi}{4}\right)\right],$$

而 $\sin\left(x-\frac{\pi}{4}\right) = \left(x-\frac{\pi}{4}\right)-\frac{\left(x-\frac{\pi}{4}\right)^3}{3!}+\frac{\left(x-\frac{\pi}{4}\right)^5}{5!}-\cdots \quad (-\infty < x < +\infty)$,

$\cos\left(x-\frac{\pi}{4}\right) = 1-\frac{\left(x-\frac{\pi}{4}\right)^2}{2!}+\frac{\left(x-\frac{\pi}{4}\right)^4}{4!}-\cdots \quad (-\infty < x < +\infty)$,

故 $\sin x = \frac{1}{\sqrt{2}}\left[1+\left(x-\frac{\pi}{4}\right)-\frac{\left(x-\frac{\pi}{4}\right)^2}{2!}-\frac{\left(x-\frac{\pi}{4}\right)^3}{3!}+\cdots\right] \quad (-\infty < x < +\infty)$.

6. 傅里叶级数的题型

1)求傅里叶级数的和函数

例19 设 $f(x) = \begin{cases} -1, & (-\pi \leqslant x \leqslant 0) \\ x, & (0 < x < \pi) \end{cases}$，又 $s(x)$ 为 $f(x)$ 在 $[-\pi,\pi]$ 上的傅里叶级数的和函数，则 $s(\pi)+s\left(\frac{\pi}{3}\right) = ($ $)$.

分析 利用狄氏定理即可.

解 由狄氏定理，$s(\pi) = \frac{1}{2}[f(-\pi+0)+f(\pi-0)] = \frac{\pi-1}{2}$，$s\left(\frac{\pi}{3}\right) = \frac{\pi}{3}$，故 $s(\pi)+$

$s\left(\frac{\pi}{3}\right) = \frac{5\pi}{6} - \frac{1}{2}$，因此应填 $\frac{5\pi}{6} - \frac{1}{2}$.

2)将函数展开成傅里叶级数

例20 设 $f(x) = 10-x, (5 \leqslant x \leqslant 15)$ 展开成以 10 为周期的傅里叶级数.

分析 函数 $f(x) = 10-x, (5 \leqslant x \leqslant 15)$ 不是周期函数，因此需要先进行周期延拓，使之成为周期为 10 的周期函数，再来展开成傅里叶级数，并将自变量的变化区间限定在区间 $[5,15]$ 上.

解 先将函数进行周期延拓，$l = 10$，

$$f(x) = \frac{a_0}{2} + \sum_{n=1}^{\infty} \left(a_n \cos\frac{n\pi x}{l} + b_n \sin\frac{n\pi x}{l} \right),$$

其中，$a_n = \frac{1}{5} \int_5^{15} (10-x) \cos\frac{n\pi}{5} x \mathrm{d}x = 2 \int_5^{15} \cos\frac{n\pi}{5} x \mathrm{d}x - \frac{1}{5} \int_5^{15} x \cos\frac{n\pi}{5} x \mathrm{d}x$

$$= \frac{10}{n\pi} \sin\frac{n\pi}{5} x \Big|_5^{15} - \frac{5}{n\pi} x \sin\frac{n\pi}{5} x \Big|_5^{15} - \left(\frac{5}{n\pi}\right)^2 \cos\frac{n\pi}{5} x \Big|_5^{15} = 0.$$

推演 a_n 过程中，$n=0$ 没有意义，所以 a_0 要重新算，$a_0 = \frac{1}{5} \int_5^{15} (10-x) \mathrm{d}x = 0$，

$$b_n = \frac{1}{5} \int_5^{15} (10-x) \sin\frac{n\pi}{5} x \mathrm{d}x = (-1)^n \frac{10}{n\pi} (n=1,2,\cdots).$$

由狄氏收敛定理可知，

$$f(x) = 10 - x = \frac{10}{\pi} \sum_{n=1}^{\infty} \frac{(-1)^n}{n} \sin\frac{n\pi}{5} \quad (5 < x < 15).$$

例 21 将 $f(x) = 2 + |x|$（$-1 \leqslant x \leqslant 1$）展为以 2 为周期的傅里叶级数.

分析 欲将 $f(x)$ 展为傅里叶级数，先将其进行周期延拓，并验证 $f(x)$ 在一个周期上满足狄氏条件，同时指出其间断点，再求系数 a_0, a_n, b_n，并注意 $f(x)$ 的奇偶性. 最后写出展开式并指明其收敛区间.

解 将 $f(x)$ 进行周期为 2 的周期延拓. 由于 $f(x) = 2 + |x|$ 为偶函数，且在 $[-1,1]$ 上满足狄氏收敛定理，所以延拓后的函数也为偶函数，因此，展成的傅氏级数的系数为

$$b_n = 0, \quad a_0 = 2 \int_0^1 (2+x) \mathrm{d}x = 5,$$

$$a_n = \frac{2}{1} \int_0^1 (2+x) \cos(n\pi x) \mathrm{d}x = 2 \int_0^1 x \cos(n\pi x) \mathrm{d}x = \frac{2(\cos n\pi - 1)}{n^2 \pi^2} (n=1,2,3\cdots),$$

故

$$2 + |x| = \frac{5}{2} + \sum_{n=1}^{\infty} \frac{2(\cos n\pi - 1)}{n^2 \pi^2} \cos(n\pi x), x \in [-1,1].$$

3）将函数展开成正弦（余弦）级数

例 22 将 $f(x) = -\sin\frac{x}{2} + 1$（$0 \leqslant x \leqslant \pi$）展开成正弦级数.

分析 $f(x) = 1 - \sin\frac{x}{2}$ 是定义在 $[0,\pi]$ 上的函数，不是周期函数. 现要将 $f(x) = 1 - \sin\frac{x}{2}$ 展开成正弦级数，按照**典型方法**中给出的方法，需要对 $f(x) = 1 - \sin\frac{x}{2}$ 进行奇延拓.

解 将 $f(x) = 1 - \sin\frac{x}{2}$ 进行奇延拓后再展开，则 $a_n = 0 (n=1,2,\cdots)$，

$$b_n = \frac{2}{\pi} \int_0^\pi f(x) \sin nx \mathrm{d}x = \frac{2}{\pi} \int_0^\pi \left(1 - \sin\frac{x}{2}\right) \sin nx \mathrm{d}x$$

$$= \frac{2}{\pi} \left[\int_0^\pi \sin nx \mathrm{d}x - \int_0^\pi \sin\frac{x}{2} \sin nx \mathrm{d}x \right]$$

$$= \frac{2}{\pi} \left\{ -\frac{1}{n} \cos nx \Big|_0^\pi - \frac{1}{2} \int_0^\pi \left[\cos\left(n-\frac{1}{2}\right)x - \cos\left(n+\frac{1}{2}\right)x \right] \mathrm{d}x \right\}$$

$$= \frac{2}{\pi} \left\{ \frac{1}{n}[1-(-1)^n] + \left[\frac{1}{2n+1} \sin\left(n+\frac{1}{2}\right)x - \frac{1}{2n-1} \sin\left(n-\frac{1}{2}\right)x \right] \Big|_0^\pi \right\}$$

$$= \frac{2}{\pi} \left\{ \frac{1}{n}[1-(-1)^n] + \frac{4n \cdot (-1)^n}{4n^2 - 1} \right\} \quad (n=1,2,\cdots).$$

由狄氏收敛定理可得，$f(x)=1-\sin\dfrac{x}{2}(0\leqslant x\leqslant\pi)$ 的正弦级数为

$$1-\sin\frac{x}{2}=\frac{2}{\pi}\sum_{n=1}^{\infty}\left\{\frac{1}{n}[1-(-1)^n]+\frac{(-1)^n4n}{4n^2-1}\right\}\sin nx,\quad x\in(0,\pi].$$

二、综合题型

1. 数项级数综合题

例 1　设函数 $f(x)$ 在 $[a,b]$ 上满足 $a\leqslant f(x)\leqslant b$，$|f'(x)|\leqslant q<1$，令 $u_n=f(u_{n-1})$，$n=1,2,3,\cdots$，$u_0\in[a,b]$，证明：$\displaystyle\sum_{n=1}^{\infty}(u_{n+1}-u_n)$ 绝对收敛.

分析　要证 $\displaystyle\sum_{n=1}^{\infty}(u_{n+1}-u_n)$ 绝对收敛，即证 $\displaystyle\sum_{n=1}^{\infty}|u_{n+1}-u_n|$ 收敛，由于添加绝对值后的级数是正项级数，因此可以考虑利用正项级数的审敛方法. 由于 $u_n=f(u_{n-1})$，则 $|u_{n+1}-u_n|$ 可以换成 $|f(u_n)-f(u_{n-1})|$，注意到题目中给出了条件 $|f'(x)|\leqslant q<1$，则可以利用拉格朗日中值定理建立函数增量与导数之间的关系式，由导数的有界性得到如下不等式

$$|f(u_n)-f(u_{n-1})|=|f'(\xi_1)||u_n-u_{n-1}|\leqslant q|u_n-u_{n-1}|,$$

得到这个不等式之后，暂时还不能得到级数收敛的结论. 因此，需继续使用递推公式 $u_n=f(u_{n-1})$，得到 $q|u_n-u_{n-1}|=q|f(u_{n-1})-f(u_{n-2})|=q|f'(\xi_2)||u_{n-1}-u_{n-2}|\leqslant q^2|u_{n-1}-u_{n-2}|\leqslant\cdots\leqslant q^n|u_1-u_0|$，由于 $q<1$，则级数 $\displaystyle\sum_{n=1}^{\infty}q^n$ 收敛，由正项级数的比较判别法得到级数 $\displaystyle\sum_{n=1}^{\infty}(u_{n+1}-u_n)$ 绝对收敛.

证　因为 $|u_{n+1}-u_n|=|f(u_n)-f(u_{n-1})|=|f'(\xi_1)||u_n-u_{n-1}|\leqslant q|u_n-u_{n-1}|=q|f(u_{n-1})-f(u_{n-2})|=q|f'(\xi_2)||u_{n-1}-u_{n-2}|\leqslant q^2|u_{n-1}-u_{n-2}|\leqslant\cdots\leqslant q^n|u_1-u_0|.$

又因为级数 $\displaystyle\sum_{n=1}^{\infty}q^n$ 收敛，所以 $\displaystyle\sum_{n=1}^{\infty}(u_{n+1}-u_n)$ 绝对收敛.

例 2　讨论级数 $1-\dfrac{1}{2^x}+\dfrac{1}{3}-\dfrac{1}{4^x}+\cdots+\dfrac{1}{2n-1}-\dfrac{1}{(2n)^x}+\cdots$ 的收敛性.

分析　级数 $1-\dfrac{1}{2^x}+\dfrac{1}{3}-\dfrac{1}{4^x}+\cdots+\dfrac{1}{2n-1}-\dfrac{1}{(2n)^x}+\cdots$ 的收敛性与参数 x 的取值有关，需对 x 分类讨论. 当 $x=1$ 时，原级数是交错级数，利用莱布尼茨定理容易判断. 当 $x>1$ 时，由于级数中奇、偶项对应的表达式不一样，因此可以考虑前 $2n$ 项之和，$S_{2n}=\left(1+\dfrac{1}{3}+\cdots+\dfrac{1}{2n-1}\right)-\dfrac{1}{2^x}\left(1+\dfrac{1}{2^x}+\dfrac{1}{3^x}+\cdots+\dfrac{1}{n^x}\right)$，前面一个括号中对应的是一个发散级数的前 n 项之和，后一个括号中是一个收敛级数的前 n 项之和，因此，当 $n\to\infty$ 时，前一个括号中的项极限不存在，后一个括号中的项极限存在. 从而，当 $n\to\infty$ 时，S_{2n} 的极限不存在，则级数发散. 而当 $x<1$ 时，情况不同，故不能用相同的方法来分析. 此时，考虑前 $2n+1$ 项之和，$S_{2n+1}=1-\left(\dfrac{1}{2^x}-\dfrac{1}{3}\right)-\left(\dfrac{1}{4^x}-\dfrac{1}{5}\right)-\cdots-\left[\dfrac{1}{(2n)^x}-\dfrac{1}{2n+1}\right]$，当 $x<1$ 时，每个括号中的量都

是正数,考虑正项级数 $\sum\limits_{n=1}^{\infty}\left[\dfrac{1}{(2n)^x}-\dfrac{1}{2n+1}\right]$ 的敛散性.利用正项级数的比较判别法,与级数 $\sum\limits_{n=1}^{\infty}\dfrac{1}{n^x}$ 比较,可以得到级数 $\sum\limits_{n=1}^{\infty}\left[\dfrac{1}{(2n)^x}-\dfrac{1}{2n+1}\right]$ 发散,从而得到 $\lim\limits_{n\to\infty}S_{2n+1}$ 不存在,原级数发散.

解 (1)当 $x=1$ 时,级数为 $1-\dfrac{1}{2}+\dfrac{1}{3}-\dfrac{1}{4}+\cdots+\dfrac{1}{2n-1}-\dfrac{1}{(2n)}+\cdots$ 是交错级数,根据莱布尼茨判别法可知,级数收敛.

(2)当 $x>1$ 时,$S_{2n}=\left(1+\dfrac{1}{3}+\cdots+\dfrac{1}{2n-1}\right)-\dfrac{1}{2^x}\left(1+\dfrac{1}{2^x}+\dfrac{1}{3^x}+\cdots+\dfrac{1}{n^x}\right)$,当 $n\to\infty$ 时,前一括号趋近正无穷大,后一括号 $1+\dfrac{1}{2^x}+\dfrac{1}{3^x}+\cdots+\dfrac{1}{n^x}$ 为收敛级数 $\sum\limits_{n=1}^{\infty}\dfrac{1}{n^x}$ 的部分和数列趋近定值,于是 $\lim\limits_{n\to\infty}S_{2n}=+\infty$,故级数发散.

(3)当 $x<1$ 时,$S_{2n+1}=1-\left(\dfrac{1}{2^x}-\dfrac{1}{3}\right)-\left(\dfrac{1}{4^x}-\dfrac{1}{5}\right)-\cdots-\left[\dfrac{1}{(2n)^x}-\dfrac{1}{2n+1}\right]$,由于 $x<1$,所以括号中的各项均是正数.考虑级数 $\sum\limits_{n=1}^{\infty}\left[\dfrac{1}{(2n)^x}-\dfrac{1}{2n+1}\right]$,利用比较判别法的极限形式,因为

$$\lim_{n\to\infty}\left[\dfrac{1}{(2n)^x}-\dfrac{1}{2n+1}\right]\bigg/\dfrac{1}{n^x}=\lim_{n\to\infty}\dfrac{2n+1-(2n)^x}{(2n+1)2^x}=\dfrac{1}{2^x},$$

而 $x<1$ 时,级数 $\sum\limits_{n=1}^{\infty}\dfrac{1}{n^x}$ 发散,所以 $\sum\limits_{n=1}^{\infty}\left[\dfrac{1}{(2n)^x}-\dfrac{1}{2n+1}\right]$ 发散,从而 $\lim\limits_{n\to\infty}S_{2n+1}=\infty$,故原级数发散.

综上所述,当 $x=1$ 时,级数收敛;当 $x\neq 1$ 时,级数发散.

例3 设 $a_n>0$ $(n=1,2,\cdots)$,$\{a_n\}$ 单调递减,$\sum\limits_{n=1}^{\infty}(-1)^na_n$ 发散,判别 $\sum\limits_{n=1}^{\infty}\left(\dfrac{1}{1+a_n}\right)^n$ 的收敛性.

分析 从题目中给出的条件:$\{a_n\}$ 单调递减,且有 $a_n>0(n=1,2,\cdots)$,即该数列单调下降且有下界,由单调有界准则可知,该数列收敛.设 $\lim\limits_{n\to\infty}a_n=p$,由极限的保号性可知,$p\geqslant 0$,而且 $p\neq 0$,这是因为,如果 $\lim\limits_{n\to\infty}a_n=0$,则由莱布尼茨定理可知交错级数 $\sum\limits_{n=1}^{\infty}(-1)^na_n$ 收敛,这与已知条件矛盾,从而 $p>0$.对于正项级数 $\sum\limits_{n=1}^{\infty}\left(\dfrac{1}{1+a_n}\right)^n$,可以利用根值判别法来判断,因为 $\lim\limits_{n\to\infty}\sqrt[n]{\left(\dfrac{1}{1+a_n}\right)^n}=\dfrac{1}{1+p}<1$,故该级数收敛.

解 由于 $\{a_n\}$ 单调下降且有下界,由单调有界准则可知,该数列收敛.设 $\lim\limits_{n\to\infty}a_n=p$,由极限的保号性可知,$p\geqslant 0$,而且 $p\neq 0$,这是因为,如果 $\lim\limits_{n\to\infty}a_n=0$,则由莱布尼茨定理可知交错级数 $\sum\limits_{n=1}^{\infty}(-1)^na_n$ 收敛,这与已知条件矛盾.

由根值判别法有,$\lim\limits_{n\to\infty}\sqrt[n]{\left(\dfrac{1}{1+a_n}\right)^n}=\dfrac{1}{1+p}<1$,故级数收敛.

2. 幂级数综合题

例 4 设数列 $\{a_n\}$ 满足条件：$a_0 = 3, a_1 = 1, a_{n-2} - n(n-1)a_n = 0 (n \geq 2)$，$s(x)$ 是幂级数 $\sum\limits_{n=0}^{\infty} a_n x^n$ 的和函数.

(1)证明：$s''(x) - s(x) = 0$；

(2)求 $s(x)$ 的表达式.

分析 (1)利用幂级数逐项求导运算求 $s''(x)$，然后通过幂级数的加减运算法则推出结论；

(2)通过题设定出初始条件，然后求出方程 $s''(x) - s(x) = 0$ 满足初始条件的特解即可.

解 (1)设 $s(x) = \sum\limits_{n=0}^{\infty} a_n x^n$，则 $s'(x) = \sum\limits_{n=1}^{\infty} n a_n x^{n-1}$，$s''(x) = \sum\limits_{n=2}^{\infty} n(n-1)a_n x^{n-2}$.

因为 $a_{n-2} - n(n-1)a_n = 0$，所以 $s''(x) = \sum\limits_{n=2}^{\infty} n(n-1)a_n x^{n-2} = \sum\limits_{n=2}^{\infty} a_{n-2} x^{n-2} = \sum\limits_{n=0}^{\infty} a_n x^n = s(x)$，即 $s''(x) - s(x) = 0$.

(2)方程 $s''(x) - s(x) = 0$ 的特征方程为 $\lambda^2 - 1 = 0$，解得 $\lambda_1 = -1, \lambda_2 = 1$. 所以 $s(x) = C_1 e^{-x} + C_2 e^x$. 由于 $a_0 = S(0) = 3 \Rightarrow C_1 + C_2 = 3$，又 $a_1 = s'(0) = 1 \Rightarrow C_1 - C_2 = 1$，解得 $C_1 = 1, C_2 = 2$，所以 $s(x) = e^{-x} + 2e^x$.

3. 傅里叶级数综合题

例 5 设 $g(x) = x^2, x \in [0, 2\pi]$. (1)写出 $g(x)$ 的傅氏级数，并讨论其收敛性；(2)利用(1)求 $\sum\limits_{n=1}^{+\infty} \dfrac{1}{n^2}$ 及 $\sum\limits_{n=1}^{+\infty} \dfrac{(-1)^{n-1}}{n^2}$；(3)求 $\int_0^1 \dfrac{\ln(1+x)}{x} dx$.

分析 (1) $g(x) = x^2$ 是定义在 $[0, 2\pi]$ 上的函数，所以要先进行周期延拓，然后再展开成傅氏级数，该级数的收敛性根据狄利克雷收敛定理可以得到. (2)利用函数的傅里叶级数可以确定某些特殊的数项级数的和. (3) $\int_0^1 \dfrac{\ln(1+x)}{x} dx$ 的被积函数的原函数不容易求得，因此可以利用 $\dfrac{\ln(1+x)}{x}$ 的幂级数展开式来代替该函数，逐项积分后再求和，涉及无穷级数求和问题.

解 (1)先将函数进行周期延拓，然后将延拓后的函数展开成傅氏级数，其中，

$$a_0 = \frac{1}{\pi} \int_0^{2\pi} x^2 dx = \frac{8\pi^2}{3},$$

$$a_n = \frac{1}{\pi} \int_0^{2\pi} \cos nx \, dx = \frac{1}{\pi} \left[\frac{x^2 \sin nx}{n} + \frac{2x \cos nx}{n^2} - \frac{2\sin nx}{n^3} \right]_0^{2\pi} = \frac{4}{n^2} \quad (n = 1, 2, \cdots),$$

$$b_n = \frac{1}{\pi} \int_0^{2\pi} x^2 \sin nx \, dx = \frac{1}{\pi} \left[-\frac{x^2 \cos nx}{n} + \frac{2x \sin nx}{n^2} + \frac{2\cos nx}{n^3} \right]_0^{2\pi} = -\frac{4\pi}{n} \quad (n = 1, 2, \cdots).$$

由于 $g(x) \in [0, 2\pi]$ 且连续，由狄利克雷收敛定理，有

$$g(x) = \frac{4\pi^2}{3} + 4 \sum_{n=1}^{+\infty} \frac{\cos nx}{n^2} - 4\pi \sum_{n=1}^{+\infty} \frac{\sin nx}{n} = \begin{cases} x^2, & x \in (0, 2\pi), \\ 2\pi^2, & x = 0 \text{ 或 } x = 2\pi. \end{cases}$$

(2)在(1)中令 $x = 0$，有 $\dfrac{4\pi^2}{3} + 4 \sum\limits_{n=1}^{+\infty} \dfrac{1}{n^2} = 2\pi^2$，于是有 $\sum\limits_{n=1}^{+\infty} \dfrac{1}{n^2} = \dfrac{\pi^2}{6}$.

令 $x = \pi$，有 $\dfrac{4\pi^2}{3} + 4 \sum\limits_{n=1}^{+\infty} \dfrac{(-1)^n}{n^2} = \pi^2 \Rightarrow \sum\limits_{n=1}^{+\infty} \dfrac{(-1)^{n-1}}{n^2} = \dfrac{\pi^2}{12}$.

$(3) \int_0^1 \frac{\ln(1+x)}{x} dx = \lim_{\varepsilon \to 0^+} \int_\varepsilon^1 \frac{1}{x}\left[x - \frac{x^2}{2} + \frac{x^3}{3} - \cdots + (-1)^{n-1}\frac{x^n}{n} + \cdots \right] dx$

$\qquad\qquad\qquad = \lim_{\varepsilon \to 0^+} \int_\varepsilon^1 \left[1 - \frac{x}{2} + \frac{x^2}{3} - \cdots + (-1)^{n-1}\frac{x^{n-1}}{n} + \cdots \right] dx$

$\qquad\qquad\qquad = \lim_{\varepsilon \to 0^+} \left[x - \frac{x^2}{2^2} + \frac{x^3}{3^2} + \cdots + (-1)^{n-1}\frac{x^n}{n^2} + \cdots \right]\Big|_\varepsilon^1$

$\qquad\qquad\qquad = \sum_{n=1}^{+\infty} (-1)^{n-1}\frac{1}{n^2} = \frac{\pi^2}{12}.$

第四节　数学文化拾趣园

一、数学家趣闻轶事

1. 祖冲之

1）生平简介

祖冲之（429—500），字文远，南北朝时期杰出的数学家和天文学家．祖籍范阳遒县（今河北涞水），先世迁居江南．父祖皆谙熟天算，学识渊博，为世人所敬重．冲之少传家业，青年时代入华林学省，从事学术研究．此后，历仕刘宋、南齐，官至长水校尉．他在数学、天文历法、机械制造等方面都有重大成就．

2）代表成就

在数学方面，祖冲之推算出圆周率 π 的不足近似值（朒数）3.1415926 和过剩近似值（盈数）3.1415927，指出 π 的真值在盈、朒两限之间，即 $3.1415926 < \pi < 3.1415927$，并用以校算新莽嘉量斛的容积．这个圆周率值是当时世界上最先进的数学成就，直到 15 世纪阿拉伯数学家阿尔·卡西和 16 世纪法国数学家韦达（1540—1603）才得到更精确的结果．祖冲之还确定了两个分数形式的圆周率值，约率 $\pi = 22/7 (\approx 3.14)$，密率 $\pi = 355/113 (\approx 3.1415929)$，其中密率是在分母小于 1000 条件下圆周率的最佳近似分数．密率为祖冲之首创，直到 16 世纪才被德国数学家奥托（1550—1605）和荷兰工程师安托尼兹（1543—1620）重新得到，在西方数学史上，这个圆周率值常被称为安托尼兹率．祖冲之和其子祖暅，在刘徽的工作的基础上圆满解决了球体积计算问题．他们得到下列结果："牟合方盖"（底径相等的两圆柱直交之公共部分）的体积等．推算过程中提出了"幂势既同，则积不容异（二立体等高处截面积恒相等，则二立体体积相等）"原理，这个原理，直到 17 世纪才为意大利数学家卡瓦列利（1598—1647）重新提出，而被称为卡瓦列利原理，中国现在一般称为祖暅公理．据《隋书·律历志》记载，祖冲之对于二次方程和三次方程也有所研究．所著《缀术》一书，是著名的《算经十书》之一，曾被唐代国子监和朝鲜、日本用做算学课本，可惜已失传．

在天文历法方面，祖冲之在长期观测、精确计算和对历史文献深入研究的基础上，创制了《大明历》．他最早把岁差引进历法，提高历法精确性，这是中国历法史上的重大进步．他还采用了 391 年有 144 个闰月的新闰周，突破了沿袭很久的 19 年 7 闰的传统方法．《大明历》中使用的数据，大多依据长期实测的结果，相当精确．按照祖冲之的数据计算，一个回归年的日数为

365.24281481 平太阳日,一个交点月的日数为 27.21223 平太阳日,关于木星(当时称岁星)每 84 年超辰一次的结论,相当于求出木星公转周期为 11.858 年,这些都非常接近现测数值.所推算的五大行星会合周期,也是当时最好的结果.他还发明用圭表测量冬至前后若干天的正午太阳影长以定冬至时刻的方法,这个方法也为后世长期采用.

3)名家垂范

宋孝武帝大明六年(462 年),祖冲之上书刘宋朝廷,请求颁行《大明历》,但遭到皇帝宠臣戴法兴的反对.戴法兴指责引进岁差和改革闰周等违背了儒家经典,是"诬天背经".祖冲之据理力争,针锋相对地写了一篇辩驳的奏章,他表示"愿闻显据,以核理实",并引用历史文献和天象观测的大量事实,逐条批驳了戴法兴的论点.他明确指出天体运行"有形可检,有数可推",是有规律的,科学在不断进步,人们不能"信古而疑今",充分体现了一位科学家坚持真理,革旧创新的可贵精神.但是,祖冲之生前《大明历》未能颁行.后经祖暅三次上书朝廷,推荐《大明历》,终于在梁武帝天监九年(510 年)被采用颁行,前后行用八十年,对后世历家产生了重要的影响.

祖冲之是一位博学多才的科学家和发明家,对于机械原理也很有研究.他曾设计制造水碓磨(利用水力加工粮食的工具)、铜制机件传动的指南车、一天能走百里的"千里船"和"木牛流马"等水陆运输工具.还设计制造过漏壶(古代计时器)和巧妙的欹器,并精通音律.他的著述很多,《隋书·经籍志》著录有《长水校尉祖冲之集》五十一卷,散见于各种史籍记载的有《缀术》《九章算术注》《大明历》《驳戴法兴奏章》《安边论》《述异记》《易老庄义》《论语孝经释》等.其中大部分已失传,现在仅能见到《上大明历表》《大明历》《驳戴法兴奏章》《开立圆术》等有限的几篇.其子祖暅、孙祖皓也都是南朝有名的天文学家和数学家.为了纪念和表彰祖冲之在科学上的卓越贡献,人们建议把密率 355/113 称为"祖率",紫金山天文台已把该台发现的一颗小行星命名为"祖冲之",在月球背面也已有了以祖冲之名字命名的环形山.

2. 傅里叶

1)生平简介

让·巴普蒂斯·约瑟夫·傅里叶(Jean Baptiste Joseph Fourier,1768—1830),法国著名数学家、物理学家.傅里叶生于法国中部欧塞尔(Auxerre)一个裁缝家庭,8 岁时沦为孤儿,就读于地方军校,1795 年任巴黎综合工科大学助教,1798 年随拿破仑军队远征埃及,受到拿破仑器重,回国后被任命为格伦诺布尔省省长.1817 年当选为科学院院士,1822 年任该院终身秘书,后又任法兰西学院终身秘书和理工科大学校务委员会主席.

2)代表成就

傅里叶的主要贡献是在研究热的传播时创立了一套数学理论.1807 年傅里叶向巴黎科学院呈交《热的传播》论文,推导出著名的热传导方程,并在求解该方程时发现解函数可以由三角函数构成的级数形式表示,从而提出任一函数都可以展成三角函数的无穷级数.傅里叶级数(即三角级数)、傅里叶分析等理论均由此创始.

他最早使用定积分符号,改进了代数方程符号法则的证法和实根个数的判别法等.

傅里叶变换的基本思想首先由傅里叶提出,所以以其名字来命名以示纪念.从现代数学的眼光来看,傅里叶变换是一种特殊的积分变换.它能将满足一定条件的某个函数表示成正弦基函数的线性组合或者积分.在不同的研究领域,傅里叶变换具有多种不同的变体形式,如连续傅里叶变换和离散傅里叶变换.

傅里叶变换是线性算子,若赋予适当的范数,它还是酉算子.傅里叶变换的逆变换容易求出,而且形式与正变换非常类似.正弦基函数是微分运算的本征函数,从而使得线性微分方程的求解可以转化为常系数的代数方程的傅里叶求解.在线性时不变的物理系统内,频率是个不变的性质,从而系统对于复杂激励的响应可以通过组合其对不同频率正弦信号的响应来获取.著名的卷积定理指出:傅里叶变换可以化复杂的卷积运算为简单的乘积运算,从而提供了计算卷积的一种简单手段.离散形式的傅里叶变换可以利用数字计算机快速的算出(其算法称为快速傅里叶变换算法(FFT)).正是由于上述良好性质,傅里叶变换在物理学、数论、组合数学、信号处理、概率、统计、密码学、声学、光学等领域都有着广泛的应用.

3)名家垂范

傅里叶在 1807 年向法国科学院递交了一份论文,开辟了数学史上富有成果的新篇章.这篇论文处理金属棒、盘和立体中热的问题.在该论文中得出令人惊讶的结论:任何定义于区间 $(-\pi, \pi)$ 上的函数,在该区间上就能表示为 $\frac{a_0}{2} + \sum_{n=1}^{+\infty}(a_n\cos nx + b_n\sin nx)$,这里 a_n,b_n 为适当的实数.科学院的学者对这个结论持怀疑的态度,并且该论文经过拉格朗日、拉普拉斯、勒让德审定,被拒绝.然而为了鼓励傅里叶进一步仔细地发展其思想,法国科学院于 1812 年为热传导这个课题授予他巨额的奖金,傅里叶于 1811 年提出修改的论文,论文被交给一个小组审阅,该小组除了之前审稿的三位科学家之外还包括其他人.论文虽然受到批评,认为不够严格,不能在研究报告上发表,还是获得了奖金.傅里叶愤愤不平地继续其关于热的研究,并且在到达巴黎之后发表了一部伟大的数学经典《热的解析理论》,该著作发表两年后,傅里叶成为法国科学院的秘书,这才有可能把他从 1811 年的论文照原样发表在科学院的研究报告上.虽然当时傅里叶的论断过于武断,但是不得不承认能用级数表示的函数确实非常广泛,他的研究很有应用价值.

关于傅里叶对热的浓厚兴趣,有一个传说,讲的是他在埃及的实验和他的热学工作,使他深信:沙漠地带的热是身体健康的理想条件,他因此穿许多湿衣服并且住在一个温度很高的房子里.有人说,由于他对热学如此着迷,加剧了他的心脏病,使他在 63 岁时就离开了人间,死前浑身热的像煮的一样.傅里叶的话应用最多的也许是:"对自然的深入研究是数学发现的最主要的源泉."

二、数学思维与发现

1. 函数逼近的思想

函数逼近主要指函数的近似表示.即对于较复杂的函数类 A(通常讨论区间 $[a,b]$ 上的连续函数)中给定的函数 $f(x)$,要在 A 的一个较简单又便于计算的子集 B 中,寻求函数 $p(x)$,使误差 $R(x) = p(x) - f(x)$ 在某种度量意义下最小,称 $p(x)$ 为 $f(x)$ 的逼近.采用不同的度量,就得到不同类型逼近,统称为函数逼近.

从 18 世纪到 19 世纪初期,在欧拉、拉普拉斯、傅里叶、彭赛列等数学家的研究工作中已涉及一些个别的具体函数的最佳逼近问题.这些问题是从诸如绘图学、测地学、机械设计等方面的实际需要中提出的,在当时没有可能形成深刻的概念和统一的方法.切比雪夫提出了最佳逼近概念,研究了逼近函数类是 n 次多项式时最佳逼近元的性质,建立了能够据以判断多项式为最佳逼近元的特征定理,他和他的学生们研究了与零的偏差最小的多项式的问题,得到了许多重要结果.

1885 年德国数学家魏尔斯特拉斯在研究用多项式来一致逼近连续函数的问题时证明了一条定理,这条定理在原则上肯定了任何连续函数都可以用多项式以任何预先指定的精确度在函数的定义区间上一致地近似表示,但是没有指出应该如何选择多项式才能逼近得最好. 如果考虑后一个问题,那么自然就需要考虑在次数不超过某个固定整数 n 的一切多项式中如何来选择一个与 $f(x)$ 的一致误差最小的多项式的问题,而这正好是切比雪夫逼近的基本思想. 所以,可以说切比雪夫和魏尔斯特拉斯是逼近论的现代发展的奠基者.

杰克森、伯恩斯坦等人的工作对逼近论的发展所产生的影响是深远的. 沿着他们开辟的方向继续深入,到 20 世纪 30 年代中期出现了法瓦尔、柯尔莫哥洛夫关于周期可微函数类借助于三角多项式的最佳逼近的精确估计以及借助于傅里叶级数部分和的一致逼近的渐近精确估计的工作. 这两个工作把从杰克森开始的逼近论的定量研究提高到一个新的水平. 从那时起,直到 60 年代,以尼科利斯基、阿希耶泽尔等人为代表的很多逼近论学者在定量研究方面继续有许多精深的研究工作.

2. 无穷级数收敛性的发现

在 18 世纪,数学家们对无穷级数的认识还不够深刻,不进行判别地使用无穷级数. 到 18 世纪末,在应用无穷级数的时候得到一些可疑的甚至是荒谬的结果,促使人们开始思考用无穷级数进行计算的合理性. 在 1810 年前后,傅里叶、高斯和波尔查诺已经开始深入研究这个问题. 波尔查诺指出必须考虑无穷级数的收敛性,并且特别批评了二项式定理的证明不严密. 阿贝尔是对无穷级数老式用法的最公开的批评者. 傅里叶在他 1811 年的论文和他的《热的解析理论》中给出了一个无穷级数收敛的定义,他所讲的收敛的意思是指:当 n 增加时前 n 项的和越来越趋近于一个固定的值,而且与这个值的差小于任何给定的量. 另外傅里叶还意识到,只能在 x 值的一个区间中得到函数级数的收敛性,并且他还强调指出收敛的必要条件是通项的值趋于零. 不过,傅里叶却被级数 $1-1+1-1+\cdots$ 愚弄了,他以为这个级数的和是 $\frac{1}{2}$.

对收敛性的一个重要而严密的研究是高斯在他 1812 年的论文《无穷级数的一般研究》中给出的. 在高斯之前的大部分著作中,如果级数从某一项往后的项减少到 0,他就把这个级数叫作收敛的. 但是在 1812 年的论文中他注意到这是一个不正确的概念,在该文中他研究了超几何级数 $F(\alpha,\beta,\gamma,x)$,因为选取不同的 α、β 和 γ,超几何级数可以代表很多函数,所以高斯希望对超几何级数提出一个确切的收敛判别准则. 虽然最后很费劲地得到了判别准则,但是只是解决了原来想到的级数的收敛问题. 高斯证明了对实数和复数 x,如果 $|x|<1$,则超几何级数收敛;如果 $|x|>1$,则发散;当 $x=1$ 时,级数当且仅当 $\alpha+\beta<\gamma$ 时收敛;而对 $x=-1$,级数当且仅当 $\alpha+\beta<\gamma+1$ 时收敛. 论文中超乎寻常的严密性使当时的数学家们丧失了兴趣. 而此时,高斯也只是关心特殊级数,而没有研究级数收敛的一般原则.

泊松也采取了奇特的立场. 他拒绝发散级数,甚至给出了用发散级数作计算会怎样导致错误的例子. 尽管如此,当他把一个任意函数表示为三角级数和球函数级数时,还是广泛地使用了发散级数.

波尔查诺在他 1817 年的出版物中已经对序列收敛的条件有了正确的概念,现在把这个条件归功于柯西. 波尔查诺也已有了关于级数收敛性的清楚而正确的概念. 但正如我们先前指出的那样, 他的工作没有广泛为人所知.

柯西关于级数收敛性的工作是这一课题的第一个具有广泛意义的论述. 他在《分析教程》中说: "令 $s_n = u_0 + u_1 + u_2 + \cdots u_{n-1}$ 是前 n 项的和, n 表示自然数. 如果对不断增加的 n 值, 和 s_n 无限趋近于某一极限 s, 则级数叫作收敛的, 而该极限值叫作该级数的和. 反之, 如果当 n 无限增加时, s_n 不趋于一个固定的值, 该级数就叫作发散的, 而且级数没有和." 在定义了收敛和发散以后, 柯西给出了柯西收敛判别准则, 即序列 $\{s_n\}$ 收敛到一个极限 s, 当且仅当 $s_{n+r} - s_n$ 的绝对值对于一切 r 和充分大的 n 都小于任何指定的量. 柯西证明了这个条件是必要的, 但是仅指出, 如果条件成立, 序列的收敛性就有了保证, 要给出证明他还缺少有关实数性质的知识. 柯西后来又陆续给出并证明了正项级数收敛的一些特殊的判别法, 他指出 u_n 必须趋于 0. 他也给出了使用 $\lim\limits_{n \to \infty} \dfrac{u_{n+1}}{u_n}$ 的比值判别法, 如果这个极限小于 1 则级数收敛; 如果极限大于 1 则级数发散; 如果比值为 1, 还给出了比值为 1 时的特殊判别法. 接着还给出了比较判别法和对数判别法. 他还证明了两个收敛级数的和收敛到各自极限的和, 对乘积也有类似的结果. 对于带有负项的级数, 柯西证明了由各项的绝对值构成的级数收敛时原级数收敛, 然后他推导了交错级数的莱布尼茨判别法. 柯西也研究了级数 $\sum u_n(x) = u_1(x) + u_2(x) + u_3(x) + \cdots$ 的和, 其中所有的项都是单值的连续实函数. 他也研究了通项是复变函数的级数.

人们曾假定级数的项是可以任意重新排列的. 狄利克雷在 1837 年的一篇论文中证明了对于一个绝对收敛的级数, 人们可以组合或重新排列它的项而不改变级数的和. 他还给出例子说明, 任何一个条件收敛的级数的项可以重新排列而使级数的和不相同. 黎曼在 1854 年的一篇论文中证明了适当重排级数项可以使级数的和等于任何给定的数值. 从 1830 年代直到 19 世纪末, 许多一流的数学家推导了无穷级数收敛的很多判别准则.

第五节　数学实践训练营

一、数学实验及软件使用

1. 正项级数的比值审敛法和根值审敛法以及比值审敛法的极限形式

1) 软件命令

编写正项级数的比值审敛法和根值审敛法的函数 PositiveIermSeries. m 如下:

```
function [L,type]=PositiveIermSeries(un,mode)
%POSITIVEIERMSERIES  正项级数的比值审敛法和根值审敛法
%L=POSITIVEIERMSERIES(UN)  比值审敛法判断正项级数的敛散性
%L=POSITIVEIERMSERIES(UN,MODE)  选用指定的审敛法判断正项级数的敛
%                               散性
%[L,TYPE]=POSITIVEIERMSERIES(...)选用指定的审敛法判断正项级数的敛散
%                               性,并返回所使用的审敛法
```

```
%   输入参数
%       ———UN,正项级数通项
%       ———MODE,指定的审敛法,MODE 有以下两个取值:
%               1.'d'或'比值'≫或 1,比值审敛法
%               2.'k'或'根值'≫或 2,根值审敛法
%   输出参数
%       ———L,返回的通项的某种类型的极限值
%       ———TYPE,所使用的审敛法
if   nargin==1
    mode=1;
end
    n=sym('n','positive');
    s=symvar(un);
if ~ismember(n,s)
    error('正项级数一般项的符号变量必须为 n.')
end
    switch lower(mode)
      case {1,'d','比值'}
            type='比值审敛法';
            uN=subs(un,'n',n+1);
            L=limit(simple(uN/un),'n',inf);
      case {2,'k','根值'}
            type='根值审敛法';
            L=limit(simple(un^(1/n)),'n',inf);
      otherwise
            error('Illegal options.')
end
if   length(s)==1
    if   double(L)<1
        type=[type,'收敛'];
    elseif   double(L)>1
        type=[type,'发散'];
    else
        error('当前所选择的审敛法失效.')
    end
end
end
```

2)举例示范

例 1   利用比值法和根值法判断级数 $\sum\limits_{n=1}^{\infty}\dfrac{n!}{10^n}$ 和 $\sum\limits_{n=1}^{\infty}\dfrac{2+(-1)^n}{2^n}$ 的敛散性.

解   在命令窗口中执行如下语句:

```
>>syms n positive
```

$$\gg\gg[L1,type1]=\text{PositiveTermSeries}(gamma(n+1)/10\hat{} n) \quad \% \sum_{n=1}^{\infty}\frac{n!}{10^n}$$

```
L1 =
Inf
type1 =
比值审敛法:发散
```

$$\gg\gg[L2,type2]=\text{PositiveTermSeries}((2+(-1)\hat{} n)/2\hat{} n,'根值') \quad \% \sum_{n=1}^{\infty}\frac{2+(-1)^n}{2^n}$$

```
L2 =
1/2
type2 =
根值审敛法:收敛
```

2. 正项级数比值审敛法的极限形式

1) 软件命令

编写正项级数的比值审敛法的极限形式的函数 LimitSeries.m 如下:

```
function [L,type]=LimitSeries(un,p)
%LIMITSERIES  正项级数的极限审敛法
% L=LIMITSERIES(UN)  极限审敛法判断正项级数 UN 的敛散性,p-级数中 p 取 1
% L=LIMITSERIES(UN,P)  极限审敛法判断正项级数 UN 的敛散性,p>1
% [L,TYPE]=LIMITSERIES(...)  极限审敛法判断正项级数 UN 的敛散性,并返回
%                            级数的敛散性字符串
```

```
% 输入参数:
%       ———UN:正项级数
%       ———P:p-级数的阶次
% 输出参数:
%       ———L:极限值
%       ———TYPE:表征级数敛散性的字符串
if nargin==1
    p=1;
end
if p<1
    error('等比级数的幂指数 p 必须大于等于 1.')
end
n=sym('n','positive');
s=symvar(un);
if ~ismember(n,s)
    error('正项级数一般项的符号变量必须为 n.')
end
```

```
        L＝limit(n^p * un,n,inf);
        if p＝＝1
            if length(s)＝＝1
                if double(L)＞0
                    type＝'发散';
                end
            end
        else
            if double(L)＞=0
                type＝'收敛';
            end
        end
end
```

2）举例示范

例2　利用比值审敛法的极限形式判断级数 $\sum_{n=1}^{\infty}\ln\left(1+\dfrac{1}{n^2}\right)$ 和 $\sum_{n=1}^{\infty}\sqrt{n+1}\left(1-\cos\dfrac{\pi}{n}\right)$ 的敛散性.

解　在命令窗口中执行如下语句：

```
>> syms  n  positive
[L1,type1]＝LimitSeries(log(1+1/n^2), 2)        % ∑_{n=1}^{∞} ln(1+1/n²)
```

$$\%\ \sum_{n=1}^{\infty}\ln\left(1+\frac{1}{n^2}\right)$$

```
L1 =
1
type1 =
收敛
>> [L2,type2]＝LimitSeries(sqrt(n+1) * (1-cos(pi/n)),3/2)
```

$$\%\ \sum_{n=1}^{\infty}\sqrt{n+1}\left(1-\cos\frac{\pi}{n}\right)$$

```
L2 =
pi^2/2
type2 =
收敛
```

3. 交错级数级数的审敛法

1）软件命令

编写正项级数的比值审敛法的极限形式的函数 AlternatingSeries. m 如下：

```
function type＝AlternatingSeries(un)
% ALTERNATINGSERIES  交错级数审敛法
% TYPE＝ALTERNATINGSERIES(UN)  利用莱布尼茨定理判断交错级数（－1）^
                              (N－1) * UN 的敛散性
% 输入参数：
```

```
%      ———UN:正项级数
% 输出参数:
%      ———TYPE:表征级数敛散性的字符串
n=sym('n','positive');
s=symvar(un);
if ~ismember(n,s)
    error('正项级数一般项的符号变量必须为 n.')
end
uN=subs(un,n,n+1);
x=subs(un-uN,n,1:1e6);
L=limit(un,n,inf);
if L==0 && all(x>=0)
    type='收敛';
elseif L~=0
    type='发散';
else
    type='不确定';
end
```

2)举例示范

例 3 判断级数 $\sum\limits_{n=1}^{\infty}(-1)^{n-1}\dfrac{1}{n}$ 和 $\sum\limits_{n=1}^{\infty}(-1)^{n-1}\dfrac{n}{3^{n-1}}$ 的敛散性.

解 在命令窗口中执行如下语句:

```
>> syms n positive

>> type=AlternatingSeries(1/n)                    % ∑(n=1→∞)(-1)^{n-1} 1/n

type =
收敛

>> type=AlternatingSeries(n/3^(n-1))              % ∑(n=1→∞)(-1)^{n-1} n/3^{n-1}

type =
收敛
```

例 4 判断级数 $\sum\limits_{n=1}^{\infty}(-1)^{n-1}\dfrac{1}{2^n}\left(1+\dfrac{1}{n}\right)^{n^2}$ 的敛散性.

解 在命令窗口中执行如下语句:

```
>> syms n positive
>> un=1/2^n*(1+1/n)^(n^2);
>> [L1,type1]=PositiveTermSeries(un,2)            %判断是否绝对收敛
L1 =
exp(1)/2
type1 =
```

根值审敛法:发散

`>> type2= AlternatingSeries(un)`　　　　　　　　%判断是否条件收敛

`type2 =`

发散

4. 幂级数的收敛半径与收敛域

1)软件命令

编写正项级数的比值审敛法的极限形式的函数 ConvergenceRadius. m 如下:

```
function [R,D]=ConvergenceRadius(an)
%CONVERGENCERADIUS                    幂级数的收敛半径与收敛域
% R=CONVERGENCERADIUS(AN)             求幂级数 AN 的收敛半径
% [R,D]=CONVERGENCERADIUS(AN)         求幂级数 AN 的收敛半径和收敛域
% 输入参数:
%        ———AN:幂级数一般项
% 输出参数:
%        ———R:收敛半径
%        ———D:收敛域
n=sym('n','positive');
s=symvar(an);
if ~ismember(n,s)
  error('幂级数系数的符号变量必须为 n. ')
end
aN=subs(an,n,n+1);
rho=limit(simple(abs(aN/an)),n,inf);
R=1/rho;        %求收敛半径
%以下是求收敛域
if R==0
  D=0;
elseif isinf(double(R))
  D='(-∞,+∞)';
else
  D=[-R,R];
end
```

2)举例示范

例5　求下列级数的收敛半径和收敛域.

(1) $\sum\limits_{n=1}^{\infty} \dfrac{1}{n} x^n$.　　　　(2) $\sum\limits_{n=1}^{\infty} \dfrac{x^n}{n!}$.　　　　(3) $\sum\limits_{n=1}^{\infty} n! x^n$.

解　在命令窗口中执行如下语句:

`>> syms n positive`

```
>> an1=1/n;
>> [R1,D1]=ConvergenceRadius(an1)          % $\sum_{n=1}^{\infty} \frac{1}{n} x^n$
R1 =
1
D1 =
[ -1, 1]
>> an2=1/gamma(n+1);
>> [R2,D2]=ConvergenceRadius(an2)          % $\sum_{n=1}^{\infty} \frac{x^n}{n!}$
R2 =
Inf
D2 =
(-∞,+∞)
>> an3=gamma(n+1);
>> [R3,D3]=ConvergenceRadius(an3)          % $\sum_{n=1}^{\infty} n! x^n$
R3 =
0
D3 =
0
```

对于幂级数 $\sum_{n=1}^{\infty} \frac{1}{n} x^n$，得到收敛域和发散域的分界点为 $x = \pm 1$，将它们代入幂级数就可以化为常数项级数，可以利用常数项级数的判别方法来判断其收敛性，编写下面的语句来进行判断.

```
>> [L,type]=LimitSeries(1/n)
L =
1
type =
发散
>> type=AlternatingSeries(1/n)
type =
收敛
```

因此，幂级数 $\sum_{n=1}^{\infty} \frac{1}{n} x^n$ 的收敛域为 $[-1,1)$.

5. 函数展开成幂级数

1）软件命令

函数展开成幂级数可以利用 MATLAB 自带的函数 taylor 来得到.

taylor(f)：将函数 f 在 x=0 处展开成 5 阶多项式.

2)举例示范

例如在窗口输入如下语句：

```
>>syms x ;
  taylor(exp(-x))
ans =
- x^5/120 + x^4/24 - x^3/6 + x^2/2 - x + 1
```

二、建模案例分析

1. 圆周率 π 的发现

公元前 200 年左右，我们的祖先在丈量圆形物体时，发现了圆的周长与直径的比值是个常数，这个常数就是圆周率，记为 π. 有了圆周率，我们只要知道圆的直径或半径，就可以求出它的周长与面积了.

设圆的半径为 r，则圆的周长为 $C = 2\pi r$；为了求圆的面积，将半径为 r 的圆盘等分为 $2n$ 个扇形，再将这 $2n$ 个扇形以图 9-4 方式拼接为一个整体（以 $n = 3$ 为例）：

随着 n 的增大，拼接成的圆形越来越像矩形，我们有理由相信，当 n 趋于无穷时，该图形便成为一个矩形，长为 $\dfrac{C}{2}$（C 为圆周长）宽为 r，于是它的面积 $S = \dfrac{C}{2}r = \dfrac{2\pi r}{2}r = \pi r^2$，这个面积就等于圆盘的面积，这样我们得到了圆面积的公式：$A = \pi r^2$.

图 9-4

数学上广泛使用的弧度也与 π 密切相关，一个角的弧度是指在单位圆中，以该角为圆心角所对应的圆弧的长度，如 $360° = 2\pi, 90° = \dfrac{\pi}{2}, 45° = \dfrac{\pi}{4}$ 等.

既然 π 这么重要，那么如何计算 π 呢？

早在公元 6 世纪，中国大数学家祖冲之就得到了 π 的近似值 355/113，它比欧洲发现这个近似值的时间早一千年左右，迄今为止，355/113 仍被认为是 π 的很好的近似值. 在 Mathematica 软件运用语句 $N[355/113, 10]$，可获得 355/113 化为小数的前十位数字 3.141592920，与 π 真值（运用 $N[Pi, 10]$ 可获得）的前十位 3.121592654 比较，发现前 7 位是完全一样的，在实际应用中，这样的近似程度已足够了.

但是后来的数学家们不满足于此，他们认为 π 不可能是由一个分式表示的有理数，并且在上个世纪，丹麦数学家 Contor 证明了 π 属于无理数中的"超越数"，即它不能成为系数为有理数的代数方程的解，因此 π 的真值是一个具有无穷多个没有规律的数字的小数.

对数学家来说，这个神妙莫测的数 π 是这样充满魅力，以致在漫长几千年的历史中大多数数学家都曾亲自计算过它,并出现了计算 π 位数的竞争.随着角的弧度制的采用、微积分的发现,特别是电子计算机的发明,人们计算 π 的位数大大地增加了,有报道说,1989 年 9 月,美国哥伦比亚大学一个小组已将 π 的近似值计算到 1011196691 位,而新的记录还在不断出现,最近有有报道说,日本学者将 π 的近似值提高到了千亿位以上.

2. 圆周率 π 的计算

下面利用函数的幂级数展开式求圆周率 π 的近似值.为了利用幂级数计算 π 的近似值,首先需要找到与 π 有关的函数,然后利用该函数在某点处的泰勒展开式.例如函数 $\arctan x$,当 $x = 1$ 时,$\arctan 1 = \pi/4$,因此可以考虑 $\arctan x$ 在 $x = 0$ 处的泰勒展开式

$$\arctan x = \sum_{n=0}^{\infty} (-1)^n \frac{x^{2n+1}}{2n+1} \quad (-1 \leqslant x \leqslant 1).$$

由上式可知,当 $x = 1$ 时,

$$\frac{\pi}{4} = \sum_{n=0}^{\infty} (-1)^n \frac{1}{2n+1},$$

这是由 Leibniz 于 1674 年首先得到的计算 π 的公式.利用 MATLAB 中自带的函数 taylor 将函数 $\arctan x$ 进行展开,在命令窗口中输入如下语句:

```
>>syms x
y=atan(x);
>>taylor(y,x,'OrderMode','Relative','Order',9)
ans =
x^9/9 - x^7/7 + x^5/5 - x^3/3 + x
```

这是 $\arctan x$ 在 $x = 0$ 处的泰勒展开式的前面的 9 项.

下面的函数文件 CalculatePI.m 可以用来计算 π 的任意精度的近似值.

```
function PI=CalculatePI(n)
%CALCULATEPI   圆周率 PI 的级数算法
% PI=CALCULATEPI(N)   利用幂级数计算圆周率的值
% 输入参数:
%       ———N:级数所取的项数
% 输出参数:
%       ———PI:圆周率的近似值
if nargin==0
  n=1000;
end
PI=0;
for k=1:n
  a=(-1)^(k-1)/(2*k-1);
  PI=PI+a;
end
PI=4*PI;
```

在上述函数中,如没有指定输出参数,则默认的级数的项数为 1000 项.在命令窗口输入如

下语句：

```
>> format long
>> PI=CalculatePI(1000)
PI =
    3.140592653839794
>> PI=CalculatePI(10000)
PI =
    3.141492653590035
>> PI=CalculatePI(100000)
PI =
    3.141582653589720
>> PI=CalculatePI(1000000)
PI =
    3.141591653589774
>> PI=CalculatePI(10000000)
PI =
    3.141592553589792
```

由上面运行的结果不难发现，随着幂级数所取的项数越来越多，则得到的结果越来越精确，加粗表示的就是精确数位.

但是，由于式(2)右端的交错级数时条件收敛而非绝对收敛的，若用其前 n 项和作近似，产生的误差将介于 $\dfrac{1}{2n+1}-\dfrac{1}{2n+3}$ 与 $\dfrac{1}{2n+1}$ 之间，因此该级数的收敛速度较慢.

第六节　考研加油站

一、考研大纲解读

1. 考研数学一

1)考试内容

(1)常数项级数的收敛与发散的概念，收敛级数的和的概念，级数的基本性质与收敛的必要条件，几何级数与 p-级数及其收敛性.

(2)正项级数收敛性的判别法，交错级数与莱布尼茨定理，任意项级数的绝对收敛与条件收敛.

(3)函数项级数的收敛域与和函数的概念，幂级数及其收敛半径、收敛区间(指开区间)和收敛域，幂级数的和函数，幂级数在其收敛区间内的基本性质，简单幂级数的和函数的求法.

(4)初等函数的幂级数展开式.

(5)函数的傅里叶(Fourier)系数与傅里叶级数，狄利克雷(Dirichlet)定理，函数在 $(-l,l)$

上的傅里叶级数,函数在 $(0,l)$ 上的正弦级数和余弦级数.

2)考试要求

(1)理解常数项级数收敛、发散以及收敛级数的和的概念,掌握级数的基本性质及收敛的必要条件.

(2)掌握几何级数与 p-级数的收敛与发散的条件.

(3)掌握正项级数收敛性的比较判别法和比值判别法,会用根值判别法.

(4)掌握交错级数的莱布尼茨判别法.

(5)了解任意项级数绝对收敛与条件收敛的概念以及绝对收敛与收敛的关系.

(6)了解函数项级数的收敛域及和函数的概念.

(7)理解幂级数收敛半径的概念、并掌握幂级数的收敛半径、收敛区间及收敛域的求法.

(8)了解幂级数在其收敛区间内的基本性质(和函数的连续性、逐项求导和逐项积分),会求一些幂级数在收敛区间内的和函数,并会由此求出某些数项级数的和.

(9)了解函数展开为泰勒级数的充分必要条件.

(10)掌握 e^x、$\dfrac{1}{1-x}$、$\sin x$、$\cos x$、$\ln(1+x)$ 和 $(1+x)^\alpha$ 的麦克劳林(Maclaurin)展开式,会用它们将一些简单函数间接展开成幂级数.

(11)了解傅里叶级数的概念和狄利克雷收敛定理,会将定义在 $(-l,l)$ 上的函数展开为傅里叶级数,会将定义在 $(0,l)$ 上的函数展开为正弦级数与余弦级数,会写出傅里叶级数的和函数的表达式.

2. 考研数学三

1)考试内容

(1)常数项级数的收敛与发散的概念,收敛级数的和的概念,级数的基本性质与收敛的必要条件.

(2)几何级数与 p-级数及其收敛性,正项级数收敛性的判别法,任意项级数的绝对收敛与条件收敛,交错级数与莱布尼茨定理.

(3)幂级数及其收敛半径、收敛区间(指开区间)和收敛域,幂级数的和函数,幂级数在其收敛区间内的基本性质,简单幂级数和函数的求法.

(4)初等函数的幂级数展开式.

2)考试要求

(1)了解级数的收敛与发散、收敛级数的和的概念.

(2)了解级数的基本性质及级数收敛的必要条件,掌握几何级数及 p-级数的收敛与发散的条件,掌握正项级数收敛性的比较判别法和比值判别法.

(3)了解任意项级数绝对收敛与条件收敛的概念以及绝对收敛与收敛的关系,了解交错级数的莱布尼茨判别法.

(4)会求幂级数的收敛半径、收敛区间及收敛域.

(5)了解幂级数在其收敛区间内的基本性质(和函数的连续性、逐项求导和逐项积分),会求简单幂级数在其收敛区间内的和函数,并会由此求出某些数项级数的和.

(6)了解泰勒公式和麦克劳林(Maclaurin)展开式.

注 考研数学二不考查"无穷级数"这一章的内容.

二、典型真题解答及思考

1. 考研真题解析

1) 试题特点

每年试题一般是一个大题、一个小题,分数约占试卷的 9%,小题一般是抽象级数敛散性的判定,一般以选择题形式出现,往往有一定难度;大题主要涉及求幂级数的和函数以及函数展开成幂级数,题目难度较大,出现傅里叶级数考题频率不高.

2) 常考题型

(1) 判别或证明数项级数的敛散性,特别是抽象级数的敛散性的判定.

(2) 求幂级数的和函数及数项级数的和.

(3) 求函数的幂级数展开式.

(4) 熟练掌握狄利克雷收敛定理.

3) 考题剖析示例

(1) 数项级数敛散性的判定.

例 1(2004,数三,4 分) 设有下列命题:

① 若 $\sum\limits_{n=1}^{\infty}(u_{2n-1}+u_{2n})$ 收敛,则 $\sum\limits_{n=1}^{\infty}u_n$ 收敛.

② 若 $\sum\limits_{n=1}^{\infty}u_n$ 收敛,则 $\sum\limits_{n=1}^{\infty}u_{n+1000}$ 收敛.

③ 若 $\lim\limits_{n\to\infty}\dfrac{u_{n+1}}{u_n}>1$,则 $\sum$ 发散.

④ 若 $\sum\limits_{n=1}^{\infty}(u_n+v_n)$ 收敛,则 $\sum\limits_{n=1}^{\infty}u_n$, $\sum\limits_{n=1}^{\infty}v_n$ 都收敛.

则以上命题中正确的是( ).

(A) ①②.　　　　(B) ②③.　　　　(C) ③④.　　　　(D) ①④.

分析 通过举反例并利用级数的性质即可得结论.

解 ① 错误,如令 $u_n=(-1)^n$,则 $\sum\limits_{n=1}^{\infty}u_n$ 发散,而 $\sum\limits_{n=1}^{\infty}(u_{2n-1}+u_{2n})$ 收敛.

② 正确,因为改变,增加或减少级数的有限项,不改变级数的收敛性.

③ 正确,因为 $\lim\limits_{n\to\infty}\dfrac{u_{n+1}}{u_n}>1$ 知 $\lim\limits_{n\to\infty}u_n\neq0$,所以 $\sum\limits_{n=1}^{\infty}u_n$ 发散.

④ 错误,如令 $u_n=\dfrac{1}{n}$,$v_n=-\dfrac{1}{n}$,则 $\sum\limits_{n=1}^{\infty}(u_n+v_n)$ 收敛,但 $\sum\limits_{n=1}^{\infty}u_n$ 与 $\sum\limits_{n=1}^{\infty}v_n$ 都发散,故选 (B).

例 2(2006,数一,4 分) 若级数 $\sum\limits_{n=1}^{\infty}a_n$ 收敛,则级数( ).

(A) $\sum\limits_{n=1}^{\infty}|a_n|$ 收敛.

(B) $\sum\limits_{n=1}^{\infty}(-1)^n a_n$ 收敛.

(C) $\sum\limits_{n=1}^{\infty}a_n a_{n+1}$ 收敛.

(D) $\sum\limits_{n=1}^{\infty}\dfrac{a_n+a_{n+1}}{2}$ 收敛.

分析 由级数 $\sum\limits_{n=1}^{\infty}|a_n|$ 收敛可以得到级数 $\sum\limits_{n=1}^{\infty}a_n$ 收敛,但反之不一定成立.例如,

$\sum\limits_{n=1}^{\infty}(-1)^n\dfrac{1}{n}$ 收敛,但是 $\sum\limits_{n=1}^{\infty}\left|(-1)^n\dfrac{1}{n}\right|=\sum\limits_{n=1}^{\infty}\dfrac{1}{n}$ 发散,故(A)不正确.(B)也不正确,例如

$\sum\limits_{n=1}^{\infty}(-1)^n\dfrac{1}{n}$ 收敛,而 $\sum\limits_{n=1}^{\infty}(-1)^{2n}\dfrac{1}{n}=\sum\limits_{n=1}^{\infty}\dfrac{1}{n}$ 发散. $a_n=(-1)^n\dfrac{1}{n}$, $a_{n+1}=(-1)^{n+1}\dfrac{1}{n}$, a_na_{n+1}

$=(-1)^{2n+1}\dfrac{1}{n}=-\dfrac{1}{n}$,则 $\sum\limits_{n=1}^{\infty}a_na_{n+1}$ 发散.故(C)也不正确.因此只能选(D).

解 由 $\sum\limits_{n=1}^{\infty}a_n$ 收敛知道 $\sum\limits_{n=1}^{\infty}a_{n+1}$ 收敛,所以 $\sum\limits_{n=1}^{\infty}\dfrac{a_n+a_{n+1}}{2}$ 收敛,故应该选(D).

例3 设数列 $\{a_n\}$,$\{b_n\}$ 满足 $0<a_n<\dfrac{\pi}{2}$,$0<b_n<\dfrac{\pi}{2}$,$\cos a_n-a_n=\cos b_n$,且级数 $\sum\limits_{n=1}^{\infty}b_n$

收敛,证明:① $\lim\limits_{n\to\infty}a_n=0$;②级数 $\sum\limits_{n=1}^{\infty}\dfrac{a_n}{b_n}$ 收敛.

分析 ①从本题所给条件来看,为证明 $\lim\limits_{n\to\infty}a_n=0$,可以做这样的尝试:由级数 $\sum\limits_{n=1}^{\infty}b_n$ 收敛,

得到 $\lim\limits_{n\to\infty}b_n=0$,再结合已知条件来考虑,由 $\cos a_n-a_n=\cos b_n$ 可得 $a_n=\cos a_n-\cos b_n$,又 0

$<a_n<\dfrac{\pi}{2}$,$0<b_n<\dfrac{\pi}{2}$,则 $0<a_n=\cos a_n-\cos b_n$,则有 $a_n<b_n$,即 $0<a_n<b_n$,由夹逼准

则可以得到 $\lim\limits_{n\to\infty}a_n=0$.另外,注意到 $0<a_n<b_n$,而级数 $\sum\limits_{n=1}^{\infty}b_n$ 收敛,由正项级数的比较审敛

法可知,正项级数 $\sum\limits_{n=1}^{\infty}a_n$ 收敛,从而有 $\lim\limits_{n\to\infty}a_n=0$.②对于正项级数 $\sum\limits_{n=1}^{\infty}\dfrac{a_n}{b_n}$ 收敛,由于 $\dfrac{a_n}{b_n}$ 的表达

式不能清楚的得到,因此也可以考虑利用正项级数的比较审敛法,找到合适的级数与之进行比

较.注意到 $a_n=\cos a_n-\cos b_n$,从而 $\dfrac{a_n}{b_n}=\dfrac{\cos a_n-\cos b_n}{b_n}$,再利用三角函数的公式进行变形

$$\dfrac{\cos a_n-\cos b_n}{b_n}=\dfrac{-2\sin\dfrac{a_n+b_n}{2}\sin\dfrac{a_n-b_n}{2}}{\dfrac{a_n+b_n}{2}\cdot\dfrac{a_n-b_n}{2}}\cdot\dfrac{a_n^2-b_n^2}{4b_n}\leqslant\dfrac{b_n^2-a_n^2}{2b_n}\leqslant\dfrac{b_n^2}{2b_n}\leqslant\dfrac{b_n}{2},$$

由于 $\sum\limits_{n=1}^{\infty}b_n$ 收敛,所以 $\sum\limits_{n=1}^{\infty}\dfrac{a_n}{b_n}$ 收敛.

证 ①因为 $\cos a_n-a_n=\cos b_n$,$a_n=\cos a_n-\cos b_n$,又 $0<a_n<\dfrac{\pi}{2}$,$0<b_n<\dfrac{\pi}{2}$,所以

$\cos a_n-\cos b_n>0\Rightarrow a_n<b_n$.

因为 $0<a_n$,$0<b_n$,又 $\sum\limits_{n=1}^{\infty}b_n$ 收敛,所以 $\sum\limits_{n=1}^{\infty}a_n$ 收敛. 故 $\lim\limits_{n\to\infty}a_n=0$.

② $\dfrac{a_n}{b_n}=\dfrac{\cos a_n-\cos b_n}{b_n}=\dfrac{-2\sin\dfrac{a_n+b_n}{2}\sin\dfrac{a_n-b_n}{2}}{\dfrac{a_n+b_n}{2}\cdot\dfrac{a_n-b_n}{2}}\cdot\dfrac{a_n^2-b_n^2}{4b_n}\leqslant\dfrac{b_n^2-a_n^2}{2b_n}\leqslant\dfrac{b_n^2}{2b_n}\leqslant\dfrac{b_n}{2}$,因为

$0 < a_n < \dfrac{\pi}{2}$，$0 < b_n < \dfrac{\pi}{2}$，且 $\displaystyle\sum_{n=1}^{\infty} b_n$ 收敛. 所以 $\displaystyle\sum_{n=1}^{\infty} \dfrac{a_n}{b_n}$ 收敛.

（2）求幂级数的收敛半径，收敛区间及收敛域.

例 4（2015，数一，4 分） 若级数 $\displaystyle\sum_{n=1}^{\infty} a_n$ 条件收敛，则 $x = \sqrt{3}$ 与 $x = 3$ 依次为幂级数 $\displaystyle\sum_{n=1}^{\infty} n a_n (x-1)^n$ 的（　　）.

(A)收敛点，收敛点.　　(B)收敛点，发散点.　　(C)发散点，收敛点.　　(D)发散点，发散点.

分析 本题主要考查阿贝尔定理的应用以及幂级数的性质.

解 由级数的 $\displaystyle\sum_{n=1}^{\infty} a_n$ 条件收敛可知幂级数 $\displaystyle\sum_{n=1}^{\infty} a_n (x-1)^n$ 在 $x = 2$ 处条件收敛，故 $x = 2$ 为幂级数 $\displaystyle\sum_{n=1}^{\infty} a_n (x-1)^n$ 的收敛区间的端点，故其收敛半径为 1. 由幂级数的性质可知幂级数 $\displaystyle\sum_{n=1}^{\infty} n a_n (x-1)^n$ 的收敛半径也为 1. 由于 $|\sqrt{3} - 1| < 1$，$|3 - 1| > 1$. 则 $x = \sqrt{3}$ 为收敛点，$x = 3$ 为发散点，故应选(B).

例 5（2011，数一，4 分） 设数列 $\{a_n\}$ 单调减少，$\lim\limits_{n \to \infty} a_n = 0$，$s_n = \displaystyle\sum_{k=1}^{n} a_k (n=1,2,\cdots)$ 无界，则幂级数 $\displaystyle\sum_{n=1}^{\infty} a_n (x-1)^n$ 的收敛域是（　　）.

(A)$(-1,1]$.　　　(B)$[-1,1)$.　　　(C)$[0,2)$.　　　(D)$(0,2]$.

分析 本题主要考查收敛半径和收敛域. 级数 $\displaystyle\sum_{n=1}^{\infty} a_n (x-1)^n$ 是一般形式的幂级数，其收敛区间一定是以 $x = 1$ 为中心的区间，收敛域还需要考虑区间端点处的敛散情况. 由部分和数列 $s_n = \displaystyle\sum_{k=1}^{n} a_k (n=1,2,\cdots)$ 无界可知，当 $x = 2$ 时，级数 $\displaystyle\sum_{n=1}^{\infty} a_n (x-1)^n$ 发散.

解 幂级数 $\displaystyle\sum_{n=1}^{\infty} a_n (x-1)^n$ 的收敛区间是以 1 为中心的对称区间，排除(A)(B). 而 $x = 2$ 时，由部分和数列 $S_n = \displaystyle\sum_{k=1}^{n} a_k$ 发散知 $\displaystyle\sum_{n=1}^{\infty} a_n$ 发散. 由排除法知，本题选(C).

（3）求幂级数的和函数及数项级数的和.

例 6 设 a_n 为曲线 $y = x^n$，$y = x^{n+1} (n=1,2,\cdots)$ 所围成区域的面积，记 $s_1 = \displaystyle\sum_{n=1}^{\infty} a_n$，$s_2 = \displaystyle\sum_{n=1}^{\infty} a_{2n-1}$，求 s_1, s_2 的值.

分析 要求 $s_1 = \displaystyle\sum_{n=1}^{\infty} a_n$ 和 $s_2 = \displaystyle\sum_{n=1}^{\infty} a_{2n-1}$ 的值，需要先求出 a_n 的表达式.

解 曲线 $y = x^n$ 与 $y = x^{n+1}$ 在点 $(0,0)$ 和 $(1,1)$ 处相交，

$$a_n = \int_0^1 (x^n - x^{n+1}) \mathrm{d}x = \left(\frac{1}{n+1} x^{n+1} - \frac{1}{n+2} x^{n+2} \right) \Big|_0^1 = \frac{1}{n+1} - \frac{1}{n+2}.$$

$$s_1 = \sum_{n=1}^{\infty} a_n = \lim_{N \to \infty} \sum_{n=1}^{N} a_n = \lim_{N \to \infty} \left(\frac{1}{2} - \frac{1}{3} + \cdots + \frac{1}{N+1} - \frac{1}{N+2} \right) = \lim_{N \to \infty} \left(\frac{1}{2} - \frac{1}{N+2} \right) = \frac{1}{2},$$

$$s_2 = \sum_{n=1}^{\infty} a_{2n-1} = \sum_{n=1}^{\infty} \left(\frac{1}{2n} - \frac{1}{2n+1} \right) = \frac{1}{2} - \frac{1}{3} + \cdots + \frac{1}{2n} - \frac{1}{2n+1} + \cdots.$$

由 $\ln(1+x) = x - \frac{1}{2}x^2 + \cdots + (-1)^{n-1}\frac{x^n}{n} + \cdots$, 令 $x = 1$ 得

$$\ln 2 = 1 - \left(\frac{1}{2} - \frac{1}{3} + \frac{1}{4} - \frac{1}{5} + \cdots \right) = 1 - s_2,$$

即 $s_2 = 1 - \ln 2$.

例7（2005,数一,12分） 求幂级数 $\sum_{n=1}^{\infty} (-1)^{n-1} \left(1 + \frac{1}{n(2n-1)} \right) x^{2n}$ 的收敛区间与和函数 $f(x)$.

分析 先求收敛半径,进而可确定收敛区间. 而和函数可利用逐项求导得到.

解 因为 $\lim\limits_{n\to\infty} \frac{(n+1)(2n+1)+1}{(n+1)(2n+1)} \cdot \frac{n(2n-1)}{n(2n-1)+1} = 1$, 所以当 $x^2 < 1$ 时,原级数绝对收敛,当 $x^2 > 1$ 时,原级数发散,因此原级数的收敛半径为1,收敛区间为 $(-1,1)$.

记 $s(x) = \sum_{n=1}^{\infty} \frac{(-1)^{n-1}}{2n(2n-1)} x^{2n}, x \in (-1,1)$, 则 $s'(x) = \sum_{n=1}^{\infty} \frac{(-1)^{n-1}}{2n-1} x^{2n-1}, x \in (-1,1)$.

由于 $s(0) = 0, s'(0) = 0$, 所以

$$s'(x) = \int_0^x s''(t)\mathrm{d}t = \int_0^x \frac{1}{1+t^2}\mathrm{d}t = \arctan x,$$

$$s(x) = \int_0^x s'(t)\mathrm{d}t = \int_0^x \arctan t \,\mathrm{d}t = x\arctan x - \frac{1}{2}\ln(1+x^2).$$

又 $\sum_{n=1}^{\infty} (-1)^{n-1} x^{2n} = \frac{x^2}{1+x^2}, x \in (-1,1)$, 从而

$$f(x) = 2s(x) + \frac{x^2}{1+x^2} = 2x\arctan x - \ln(1+x^2) + \frac{x^2}{1+x^2}, x \in (-1,1).$$

说明 本题求收敛区间是基本题型,应注意收敛区间指开区间,而幂级数求和尽量将其转化为形如 $\sum_{n=1}^{\infty} \frac{x^n}{n}$ 或 $\sum_{n=1}^{\infty} nx^{n-1}$ 的幂级数,再通过逐项求导或逐项积分求出其和函数.

例8（2010,数一,10分） 求幂级数 $\sum_{n=1}^{\infty} \frac{(-1)^{n-1}}{2n-1} x^{2n}$ 的收敛域及和函数.

分析 用比值判别法确定收敛区间,进而确定收敛域;利用幂级数的逐项求导求和函数.

解 因为 $\lim\limits_{x\to\infty} \left| \frac{u_{n+1}}{u_n} \right| = \lim\limits_{x\to\infty} \left| \frac{x^{2n+2}(2n-1)}{x^{2n}(2n+1)} \right| = x^2$, 所以当 $x^2 < 1$, 即 $-1 < x < 1$ 时,原幂级数绝对收敛. 当 $x = \pm 1$ 时,级数为 $\sum_{n=1}^{\infty} \frac{(-1)^{n-1}}{2n-1}$, 由莱布尼茨判别法可知,该级数收敛,故原幂级数的收敛域为 $[-1,1]$. 又 $\sum_{n=1}^{\infty} \frac{(-1)^{n-1}}{2n-1} x^{2n} = x \sum_{n=1}^{\infty} \frac{(-1)^{n-1}}{2n-1} x^{2n-1}$, 令 $f(x) = \sum_{n=1}^{\infty} \frac{(-1)^{n-1}}{2n-1} x^{2n-1}, x \in (-1,1)$, 则 $f'(x) = \sum_{n=1}^{\infty} (-1)^{n-1} x^{2(n-1)} = \frac{1}{1+x^2}$.

由于 $f(0) = 0$, 所以 $f(x) = \int_0^x f'(t)\mathrm{d}t + f(0) = \arctan x$. 从而幂级数的收敛域为 $[-1,1]$, 和函数为 $x\arctan x, x \in [-1,1]$.

说明 对于缺项的幂级数,一般用比值判别法确定收敛区间.

(4)函数展开成幂级数.

例 9(2006,数一,12 分)　将函数 $f(x)=\dfrac{x}{2+x-x^2}$ 展成 x 的幂级数.

分析　利用常见函数的幂级数展开式.

解　$f(x)=\dfrac{x}{2+x-x^2}=\dfrac{x}{(2-x)(1+x)}=\dfrac{A}{2-x}+\dfrac{B}{1+x}$，比较两边系数可得 $A=\dfrac{2}{3}$，

$B=-\dfrac{1}{3}$，即 $f(x)=\dfrac{1}{3}\left(\dfrac{2}{2-x}-\dfrac{1}{1+x}\right)=\dfrac{1}{3}\left[\dfrac{1}{1-\dfrac{x}{2}}-\dfrac{1}{1+x}\right]$.

而 $\dfrac{1}{1+x}=\sum\limits_{n=0}^{\infty}(-1)^n x^n, x\in(-1,1)$，$\dfrac{1}{1-\dfrac{x}{2}}=\sum\limits_{n=0}^{\infty}\left(\dfrac{x}{2}\right)^n,\quad x\in(-2,2)$，故

$$f(x)=\dfrac{x}{2+x-x^2}=\dfrac{1}{3}\left[-\sum_{n=0}^{\infty}(-1)^n x^n+\sum_{n=0}^{\infty}\dfrac{1}{2^n}x^n\right]=\dfrac{1}{3}\sum_{n=0}^{\infty}\left[(-1)^{n+1}+\dfrac{1}{2^n}\right]x^n, x\in(-1,1).$$

(5)函数展开成傅里叶级数.

例 10(2013,数一,4 分)　设 $f(x)=\left|x-\dfrac{1}{2}\right|, b_n=2\displaystyle\int_0^1 f(x)\sin n\pi x\,\mathrm{d}x\,(n=1,2,\cdots)$ 令

$s(x)=\sum\limits_{n=1}^{\infty}b_n\sin n\pi x$，则 $s\left(-\dfrac{9}{4}\right)=($　　$)$.

(A) $\dfrac{3}{4}$.　　　　　(B) $\dfrac{1}{4}$.　　　　　(C) $-\dfrac{1}{4}$.　　　　　(D) $-\dfrac{3}{4}$.

分析　由题知,需要对 $f(x)=\left|x-\dfrac{1}{2}\right|$ 作周期为 2 的奇延拓,然后用狄利克雷收敛定理.

解　$f(x)=\left|x-\dfrac{1}{2}\right|$ 作周期为 2 的奇延拓,则 $s\left(-\dfrac{9}{4}\right)=s\left(-2-\dfrac{1}{4}\right)=s\left(-\dfrac{1}{4}\right)=-s\left(\dfrac{1}{4}\right)=-f\left(\dfrac{1}{4}\right)=-\dfrac{1}{4}$，故选(C).

例 11　$f(x)=1-x^2,(0\leqslant x\leqslant\pi)$ 展开为余弦级数,并求 $\sum\limits_{n=1}^{\infty}\dfrac{(-1)^{n-1}}{n}$ 的和.

分析　$f(x)=1-x^2$ 是定义在 $[0,\pi]$ 上的函数,不是周期函数.现要将 $f(x)=1-x^2$ 展开成余弦级数,按照**典型方法**中给出的方法,需要对 $f(x)=1-x^2$ 进行偶延拓.

解　将 $f(x)=1-x^2$ 进行偶延拓后再展开,则 $b_n=0(n=1,2,\cdots)$，

$$a_0=\dfrac{2}{\pi}\int_0^\pi(1-x^2)\mathrm{d}x=2\left(1-\dfrac{\pi^2}{3}\right),$$

$$a_n=\dfrac{2}{\pi}\int_0^\pi f(x)\cos nx\,\mathrm{d}x=\dfrac{2}{\pi}\left(\int_0^\pi\cos nx\,\mathrm{d}x-\int_0^\pi x^2\cos nx\,\mathrm{d}x\right)$$

$$=\dfrac{2}{\pi}\left(0-\int_0^\pi x^2\cos nx\,\mathrm{d}x\right)=-\dfrac{2}{\pi}\left(\dfrac{x^2\sin nx}{n}\Big|_0^\pi-\int_0^\pi\dfrac{2x\sin nx}{n}\mathrm{d}x\right)$$

$$=\dfrac{2}{\pi}\cdot\dfrac{2\pi\cdot(-1)^{n-1}}{n^2}=\dfrac{4\cdot(-1)^{n-1}}{n^2},\quad(n=1,2,\cdots).$$

由狄氏收敛定理可得, $f(x)=1-x^2,(0\leqslant x\leqslant\pi)$ 的余弦级数为

$$1-x^2=\dfrac{a_0}{2}+\sum_{n=1}^{\infty}a_n\cos nx=1-\dfrac{\pi^2}{3}+\sum_{n=1}^{\infty}\dfrac{4\cdot(-1)^{n-1}}{n^2}\cos nx,\quad x\in[0,\pi],$$

取 $x = 0$，得 $1 = 1 - \dfrac{\pi^2}{3} + \displaystyle\sum_{n=1}^{\infty} \dfrac{4 \cdot (-1)^{n-1}}{n^2}$. 所以 $\displaystyle\sum_{n=1}^{\infty} \dfrac{(-1)^{n-1}}{n^2} = \dfrac{\pi^2}{12}$.

2. 考研真题思考

1) 思考题

(1)(**2004,数一,4分**) 设 $\displaystyle\sum_{n=1}^{\infty} a_n$ 为正项级数,下列结论正确的是(　　).

(A)若 $\displaystyle\lim_{n\to\infty} na_n = 0$,则级数 $\displaystyle\sum_{n=1}^{\infty} a_n$ 收敛.

(B)若存在非零常数 λ,使得 $\displaystyle\lim_{n\to\infty} na_n = \lambda$,则级数 $\displaystyle\sum_{n=1}^{\infty} a_n$ 发散.

(C)若级数 $\displaystyle\sum_{n=1}^{\infty} a_n$ 收敛,则 $\displaystyle\lim_{n\to\infty} n^2 a_n = 0$.

(D)若级数 $\displaystyle\sum_{n=1}^{\infty} a_n$ 发散,则存在非零常数 λ,使得 $\displaystyle\lim_{n\to\infty} na_n = \lambda$.

(2)(**2005,数三,4分**) 设 $a_n > 0, n = 1, 2, \cdots$,若 $\displaystyle\sum_{n=1}^{\infty} a_n$ 发散,$\displaystyle\sum_{n=1}^{\infty} (-1)^{n-1} a_n$ 收敛,下列结论正确的是(　　).

(A) $\displaystyle\sum_{n=1}^{\infty} a_{2n-1}$ 收敛, $\displaystyle\sum_{n=1}^{\infty} a_{2n}$ 发散 . 　　(B) $\displaystyle\sum_{n=1}^{\infty} a_{2n}$ 收敛, $\displaystyle\sum_{n=1}^{\infty} a_{2n-1}$ 发散.

(C) $\displaystyle\sum_{n=1}^{\infty} (a_{2n-1} + a_{2n})$ 收敛. 　　(D) $\displaystyle\sum_{n=1}^{\infty} (a_{2n-1} - a_{2n})$ 收敛.

(3)(**2011,数三,4分**) 设 $\{u_n\}$ 是数列,则下列命题正确的是(　　).

(A)若 $\displaystyle\sum_{n=1}^{\infty} u_n$ 收敛,则 $\displaystyle\sum_{n=1}^{\infty} (u_{2n-1} + u_{2n})$ 收敛.

(B)若 $\displaystyle\sum_{n=1}^{\infty} (u_{2n-1} + u_{2n})$ 收敛,则 $\displaystyle\sum_{n=1}^{\infty} u_n$ 收敛.

(C)若 $\displaystyle\sum_{n=1}^{\infty} u_n$ 收敛,则 $\displaystyle\sum_{n=1}^{\infty} (u_{2n-1} - u_{2n})$ 收敛.

(D)若 $\displaystyle\sum_{n=1}^{\infty} (u_{2n-1} - u_{2n})$ 收敛,则 $\displaystyle\sum_{n=1}^{\infty} u_n$ 收敛.

(4)(**2012,数三,4分**) 已知级数 $\displaystyle\sum_{n=1}^{\infty} (-1)^n \sqrt{n} \sin \dfrac{1}{n^\alpha}$ 绝对收敛,级数 $\displaystyle\sum_{n=1}^{\infty} \dfrac{(-1)^n}{n^{2-\alpha}}$ 条件收敛,则(　　).

(A) $0 < \alpha \leqslant \dfrac{1}{2}$. 　　(B) $\dfrac{1}{2} < \alpha \leqslant 1$. 　　(C) $1 < \alpha \leqslant \dfrac{3}{2}$. 　　(D) $\dfrac{3}{2} < \alpha < 2$.

(5)(**2009,数三,4分**) 幂函数 $\displaystyle\sum_{n=1}^{\infty} \dfrac{e^n - (-1)^n}{n^2} x^n$ 的收敛半径是_____.

(6)(**1997,数一,3分**) 设幂级数 $\displaystyle\sum_{n=0}^{\infty} a_n x^n$ 的收敛半径是 3,则幂级数 $\displaystyle\sum_{n=1}^{\infty} na_n (x-1)^{n+1}$ 的收敛区间是_____.

(7) **(2002,数一,3分)** 设幂级数 $\sum\limits_{n=1}^{\infty} a_n x^n$ 与 $\sum\limits_{n=1}^{\infty} b_n x^n$ 的收敛半径分别为 $\dfrac{\sqrt{5}}{3}$ 与 $\dfrac{1}{3}$,则幂级数 $\sum\limits_{n=1}^{\infty} \dfrac{a_n^2}{b_n^2} x^n$ 的收敛半径为(　　).

(A)5.　　　　(B) $\dfrac{\sqrt{5}}{3}$.　　　　(C) $\dfrac{1}{3}$.　　　　(D) $\dfrac{1}{5}$.

(8) **(2005,数三,9分)** 求幂级数 $\sum\limits_{n=1}^{\infty} \left(\dfrac{1}{2n+1} - 1\right) x^{2n}$ 在区间 $(-1,1)$ 内的和函数 $s(x)$.

(9) **(2007,数三,10分)** 将函数 $f(x) = \dfrac{1}{x^2 - 3x - 4}$ 展开成 $x-1$ 的幂级数,并指出其收敛区间.

(10) **(1998,数一,3分)** 设 $f(x)$ 是周期为 2 的周期函数,它在区间 $(-1,1]$ 上定义为 $f(x) = \begin{cases} 2, & -1 < x \leqslant 0, \\ x^3, & 0 < x \leqslant 1, \end{cases}$ 则 $f(x)$ 的傅里叶级数在 $x=1$ 处收敛于 _____.

2)答案与提示

(1)(B). 取 $a_n = \dfrac{1}{n \ln n}$,则 $\lim\limits_{n\to\infty} n a_n = 0$,但 $\sum\limits_{n=1}^{\infty} a_n = \sum\limits_{n=1}^{\infty} \dfrac{1}{n \ln n}$ 发散,排除(A)、(D),又取 $a_n = \dfrac{1}{n\sqrt{n}}$,则级数 $\sum\limits_{n=1}^{\infty} a_n$ 收敛,但 $\lim\limits_{n\to\infty} n^2 a_n = \infty$,排除(C),故选(B).

说明 本题也可以采用比较判别法的极限形式, $\lim\limits_{n\to\infty} n a_n = \lim\limits_{n\to\infty} \dfrac{a_n}{\frac{1}{n}} = \lambda \neq 0$,而级数 $\sum\limits_{n=1}^{\infty} \dfrac{1}{n}$ 发散,因此级数 $\sum\limits_{n=1}^{\infty} a_n$ 也发散,故选(B).

(2)(D). 取 $a_n = \dfrac{1}{n}$,则 $\sum\limits_{n=1}^{\infty} a_n$ 发散, $\sum\limits_{n=1}^{\infty} (-1)^{n-1} a_n$ 收敛,但 $\sum\limits_{n=1}^{\infty} a_{2n-1}$ 与 $\sum\limits_{n=1}^{\infty} a_{2n}$ 均发散,排除(A)、(B),且 $\sum\limits_{n=1}^{\infty} (a_{2n-1} + a_{2n})$ 发散,进一步排除(C),故应选(D). 事实上,级数 $\sum\limits_{n=1}^{\infty} (a_{2n-1} - a_{2n})$ 的部分和数列极限存在.

说明 通过反例,用排除法找答案是求解此类无穷级数选择题的最常用方法.

(3)(A). 若 $\sum\limits_{n=1}^{\infty} u_n$ 收敛,则该级数加括号后得到的级数仍收敛,故选(A).

(4)(D). 本题考查绝对收敛和条件收敛的性质及 p-级数的收敛性. 由级数 $\sum\limits_{n=1}^{\infty} (-1)^n \sqrt{n} \sin\dfrac{1}{n^\alpha}$ 绝对收敛,且当 $n \to \infty$ 时, $\left| (-1)^n \sqrt{n} \sin\dfrac{1}{n^\alpha} \right| \sim \dfrac{1}{n^{\alpha - \frac{1}{2}}}$,故 $\alpha - \dfrac{1}{2} > 1$,即 $\alpha > \dfrac{3}{2}$. 由 $\sum\limits_{n=1}^{\infty} \dfrac{(-1)^n}{n^{2-\alpha}}$ 条件收敛知, $\alpha < 2$,故选(D).

(5) $\dfrac{1}{e}$. 由题意知, $a_n = \dfrac{e^n - (-1)^n}{n^2} > 0$,

$$\left|\frac{a_{n+1}}{a_n}\right| = \frac{\mathrm{e}^{n+1} - (-1)^{n+1}}{(n+1)^2} \cdot \frac{n^2}{\mathrm{e}^n - (-1)^n} = \frac{n^2}{(n+1)^2} \cdot \frac{\mathrm{e}^{n+1}\left[1 - \left(-\frac{1}{\mathrm{e}}\right)^{n+1}\right]}{\mathrm{e}^n\left[1 - \left(-\frac{1}{\mathrm{e}}\right)^n\right]} \to \mathrm{e} \quad (n \to \infty),$$

所以,该幂级数的收敛半径为 $\frac{1}{\mathrm{e}}$.

说明 也可利用如下方法求解. $\sum\limits_{n=1}^{\infty} \frac{\mathrm{e}^n}{n^2} x^n$ 的收敛半径是 $\frac{1}{\mathrm{e}}$,而 $\sum\limits_{n=1}^{\infty} \frac{(-1)^n}{n^2} x^n$ 的收敛半径是 1,取两者最小值即可.

(6)$(-2,4)$. 幂级数 $\sum\limits_{n=0}^{\infty} a_n x^n$ 与 $\left(\sum\limits_{n=0}^{\infty} a_n x^n\right)' = \sum\limits_{n=1}^{\infty} n a_n x^{n-1}$ 有相同的收敛半径及收敛区间,即幂级数 $\sum\limits_{n=1}^{\infty} n a_n x^{n-1}$ 的收敛区间为 $|x| < 3$,因而 $\sum\limits_{n=1}^{\infty} n a_n (x-1)^{n+1} = (x-1)^2 \sum\limits_{n=1}^{\infty} n a_n (x-1)^{n-1}$ 的收敛区间为 $|x-1| < 3$,即 $(-2,4)$.

(7)(A). 由题设,有 $\lim\limits_{n\to\infty}\left|\frac{a_{n+1}}{a_n}\right| = \frac{3}{\sqrt{5}}$, $\lim\limits_{n\to\infty}\left|\frac{b_{n+1}}{b_n}\right| = 3$. 于是

$$\lim_{n\to\infty}\left|\frac{a_{n+1}}{a_n}\right| = \frac{3}{\sqrt{5}}, \quad \lim_{n\to\infty}\left|\frac{b_{n+1}}{b_n}\right| = 3, \quad \lim_{n\to\infty}\left|\left(\frac{\frac{a_{n+1}}{b_{n+1}}}{\frac{a_n}{b_n}}\right)^2\right| = \lim_{n\to\infty}\left|\left(\frac{\frac{a_{n+1}}{a_n}}{\frac{b_{n+1}}{b_n}}\right)^2\right| = \frac{1}{5},$$

故幂级数 $\sum\limits_{n=1}^{\infty} \frac{a_n^2}{b_n^2} x^n$ 的收敛半径为 5,所以选(A).

(8)设 $s(x) = \sum\limits_{n=1}^{\infty}\left(\frac{1}{2n+1} - 1\right)x^{2n}$,

$s_1(x) = \sum\limits_{n=1}^{\infty} \frac{1}{2n+1} x^{2n}$,$s_2(x) = \sum\limits_{n=1}^{\infty} x^{2n}$. 则 $s(x) = s_1(x) - s_2(x)$,$x \in (-1,1)$,

$s_2(x) = \sum\limits_{n=1}^{\infty} x^{2n} = \frac{x^2}{1-x^2}$. 由于 $[x s_1(x)]' = \sum\limits_{n=1}^{\infty} x^{2n} = \frac{x^2}{1-x^2}$,因此 $x s_1(x) = \int_0^x \frac{t^2}{1-t^2}\mathrm{d}t =$

$-x + \frac{1}{2}\ln\frac{1+x}{1-x}$. 又由于 $s_1(0) = 0$, 故 $s_1(x) = \begin{cases} -1 + \frac{1}{2x}\ln\frac{1+x}{1-x}, & |x| < 1, \\ 0, & x = 0. \end{cases}$ 所以,

$$s(x) = s_1(x) - s_2(x) = \begin{cases} \frac{1}{2x}\ln\frac{1+x}{1-x} - \frac{1}{1-x^2}, & |x| < 1, \\ 0, & x = 0. \end{cases}$$

说明 幂级数求和函数一般采用逐项求导或逐项积分,转化为几何级数或已知函数的幂级数展开式,从而达到求和的目的.幂级数求和尽量将其转化为形如 $\sum\limits_{n=1}^{\infty} \frac{x^n}{n}$ 或 $\sum\limits_{n=1}^{\infty} n x^{n-1}$ 的幂级数,再通过逐项求导或逐项积分求出其和函数,本题应特别注意 $x = 0$ 的情形.

(9)本题考查函数的幂级数展开,利用间接法.

$$f(x) = \frac{1}{x^2 - 3x - 4} = \frac{1}{(x-4)(x+1)} = \frac{1}{5}\left(\frac{1}{x-4} - \frac{1}{x+1}\right),$$

而 $\dfrac{1}{x-4} = -\dfrac{1}{3} \cdot \dfrac{1}{1-\dfrac{x-1}{3}} = -\dfrac{1}{3}\sum_{n=0}^{\infty}\left(\dfrac{x-1}{3}\right)^n = -\sum_{n=0}^{\infty}\dfrac{(x-1)^n}{3^{n+1}}\quad (-2 < x < 4),$

$\dfrac{1}{x+1} = \dfrac{1}{2} \cdot \dfrac{1}{1+\dfrac{x-1}{2}} = \dfrac{1}{2}\sum_{n=0}^{\infty}\left(-\dfrac{x-1}{2}\right)^n = \sum_{n=0}^{\infty}\dfrac{(-1)^n(x-1)^n}{2^{n+1}}\quad (-1 < x < 3),$

所以 $f(x) = -\sum_{n=0}^{\infty}\dfrac{(x-1)^n}{3^{n+1}} + \sum_{n=0}^{\infty}\dfrac{(-1)^n(x-1)^n}{2^{n+1}} = \sum_{n=0}^{\infty}\left[-\dfrac{1}{3^{n+1}} + \dfrac{(-1)^n}{2^{n+1}}\right](x-1)^n,$

收敛区间为 $-1 < x < 3$.

(10) 由狄利克雷收敛定理知, $f(x)$ 的傅里叶级数在 $x=1$ 处收敛于 $\dfrac{f(-1+0)+f(1-0)}{2} = \dfrac{2+1}{2} = \dfrac{3}{2}.$

说明 应注意在不连续点与左右端点处收敛定理的结论:收敛于相应点左右极限的算术平均值.

第七节 自我训练与提高

一、数学术语的英语表述

1. 将下列基本概念翻译成英语

(1)级数. (2)收敛. (3)发散. (4)绝对收敛. (5)条件收敛. (6)幂级数. (7)交错级数. (8)调和级数. (9)和函数.

2. 本章重要概念的英文定义

(1)绝对收敛. (2)泰勒级数和麦克劳林级数.

二、习题与测验题

1. 习题

(1)判别下列级数的收敛性.

① $\sum_{n=1}^{\infty}\left(\dfrac{1}{\sqrt[n]{2}} + \dfrac{1}{2^n}\right).$ 　　　　　　② $\sum_{n=1}^{\infty}\left(\dfrac{3}{2^n} + \dfrac{1}{3^n}\right).$

③ $\dfrac{1}{1 \cdot 3} + \dfrac{1}{3 \cdot 5} + \dfrac{1}{5 \cdot 7} + \cdots + \dfrac{1}{(2n-1)(2n+1)} + \cdots.$

④ $\sum_{n=1}^{\infty}\left(\sqrt{n+1} - \sqrt{n}\right).$

(2)用比较审敛法判别下列级数的收敛性.

① $1+\dfrac{1}{3}+\cdots+\dfrac{1}{2n-1}+\cdots$.

② $\displaystyle\sum_{n=2}^{\infty}\tan\dfrac{\pi}{2^n}$.

③ $\displaystyle\sum_{n=1}^{\infty}\dfrac{1}{1+x^n}\ (x>0)$.

④ $\displaystyle\sum_{n=1}^{\infty}\dfrac{1}{n(n+1)}$.

(3)用比值法判别下列级数的收敛性.

① $\displaystyle\sum_{n=1}^{\infty}\dfrac{n^2}{2^n}$.

② $\displaystyle\sum_{n=1}^{\infty}\dfrac{2^n n!}{n^n}$.

③ $\displaystyle\sum_{n=1}^{\infty}\dfrac{1}{2^n\cdot n}$.

④ $\displaystyle\sum_{n=1}^{\infty}\dfrac{7^n}{n!}$.

(4)用根值法判别下列级数的收敛性.

① $\displaystyle\sum_{n=1}^{\infty}\left(\dfrac{n}{2n+1}\right)^n$.

② $\displaystyle\sum_{n=1}^{\infty}2^{-n+(-1)^n}$.

(5)设级数 $\displaystyle\sum_{k=1}^{\infty}a_k,\sum_{k=1}^{\infty}b_k$ 均收敛,且 $a_k\leqslant u_k\leqslant b_k.(k=1,2\cdots)$,求证 $\displaystyle\sum_{k=1}^{\infty}u_k$ 收敛.

(6)用莱布尼茨审敛法判别下列级数的收敛性.

① $\displaystyle\sum_{n=1}^{\infty}(-1)^n\dfrac{n}{n+1}$.

② $\displaystyle\sum_{n=1}^{\infty}(-1)^n\dfrac{1}{\sqrt{n}}$.

③ $\displaystyle\sum_{n=1}^{\infty}(-1)^n\ln\left(1+\dfrac{1}{n}\right)$.

④ $\displaystyle\sum_{n=1}^{\infty}(-1)^n\dfrac{\ln(1+n)}{1+n}$.

(7)判别下列级数是绝对收敛还是条件收敛.

① $\displaystyle\sum_{n=1}^{\infty}\dfrac{n\cos\dfrac{2n\pi}{3}}{3^n}$.

② $\displaystyle\sum_{n=1}^{\infty}(-1)^n\ln\left(1+\dfrac{1}{n^2}\right)$.

③ $\displaystyle\sum_{n=1}^{\infty}\left[(-1)^n\dfrac{1}{n^2}+(-1)^n\dfrac{1}{n}\right]$.

④ $\displaystyle\sum_{n=1}^{\infty}(-1)^n\sin\dfrac{\pi}{2^n}$.

(8)求下列级数的收敛半径和收敛域.

① $\displaystyle\sum_{n=1}^{\infty}\dfrac{1}{\sqrt{n+1}}x^n$.

② $\displaystyle\sum_{n=1}^{\infty}\dfrac{(x-3)^n}{n\cdot 3^n}$.

③ $\displaystyle\sum_{n=1}^{\infty}(-1)^n\dfrac{x^{2n+1}}{2n+1}$.

(9)求和函数.

① $\displaystyle\sum_{n=1}^{\infty}nx^n$.

② $x+\dfrac{x^3}{3}+\dfrac{x^5}{5}+\cdots,x\in(-1,1)$.

(10)求下列函数在指定点的幂级数.

① $\sin x$ 在 $x=\dfrac{\pi}{6}$ 处.

② e^x 在 $x=1$ 处.

③ $\dfrac{x}{x^2-5x+4}$ 在 $x=5$ 处.

(11)写出下列函数在给定区间内的傅氏级数的和函数 $S(x)$ 的表达式.

① $f(x)=\begin{cases}-1, & -\pi\leqslant x<0,\\ 1, & 0\leqslant x<\pi.\end{cases}$

② $f(x)=x\ \ (-\pi<x\leqslant\pi)$.

(12)将 $f(x) = \begin{cases} ax, & 0 \leqslant x \leqslant 1, \\ a, & 1 < x \leqslant 2 \end{cases}$ 展开成正弦级数和余弦级数.

2. 测验题

1)填空题(每空 5 分,共 10 分)

(1)设 $f(x)$ 是周期为 2 的周期函数,且 $f(x) = \begin{cases} x+1, & -1 < x \leqslant 0, \\ x^2, & 0 < x \leqslant 1, \end{cases}$ 则 $f(x)$ 的 fourier 级数在 $x = 1$ 处收敛于( ).

(2)已知级数 $\sum\limits_{n=1}^{\infty} \dfrac{(-1)^n}{n^{2k-1}}$ 条件收敛,那么 k 满足的条件是( ).

2)单项选择题(每题 5 分,共 15 分)

(1)设 a 是常数,且 $a > 0$,则级数 $\sum\limits_{n=1}^{\infty} \dfrac{(-1)^n(n+a)}{n^2}$ ( ).

(A)绝对收敛.   (B)条件收敛.
(C)发散   (D)敛散性与 a 的取值有关.

(2)设 a 是常数,且 $a > 0$,则级数 $\sum\limits_{n=1}^{\infty} (-1)^n \left(1 - \cos\dfrac{a}{n}\right)$ ( ).

(A)绝对收敛.   (B)条件收敛.
(C)发散.   (D)敛散性与 a 的取值有关.

(3)设 b 为常数,且 $b > 0$,且级数 $\sum\limits_{n=1}^{\infty} a_n^2$ 收敛,则级数 $\sum\limits_{n=1}^{\infty} (-1)^n \dfrac{|a_n|}{\sqrt{n^2 + b}}$ ( ).

(A)绝对收敛.   (B)条件收敛.
(C)发散.   (D)敛散性与 b 的取值有关.

3)解答题

(1)判别下列级数是绝对收敛,条件收敛,还是发散. (20 分)

① $\sum\limits_{n=1}^{\infty} (-1)^n \ln \dfrac{\sqrt{n}+1}{\sqrt{n}}$.   ② $\sum\limits_{n=1}^{\infty} \dfrac{n\cos\dfrac{n\pi}{3}}{5^n}$.

(2)求下列幂级数的收敛半径和收敛域. (20 分)

① $\sum\limits_{n=1}^{\infty} \dfrac{3^n + 5^n}{n} x^n$.   ② $\sum\limits_{n=1}^{\infty} n(x+1)^{2n-1}$.

4)解答题

(1)将 $f(x) = \dfrac{1}{x^2 + 7x + 6}$ 展开为 $x + 4$ 的幂级数. (10 分)

(2)把 $f(x) = \begin{cases} 0, & 0 \leqslant x \leqslant \dfrac{\pi}{2}, \\ 1, & \dfrac{\pi}{2} < x \leqslant \pi \end{cases}$ 展为余弦级数. (10 分)

(3)设 $\sum\limits_{n=1}^{\infty} u_n$ 收敛,且 $\lim\limits_{n \to \infty} \dfrac{u_n}{v_n} = 1$,试说明 $\sum\limits_{n=1}^{\infty} v_n$ 的敛散性. (15 分)

三、参考答案

1. 数学术语的英语表述

1)将下列基本概念翻译成英语

(1)series.　(2)convergent.　(3)diverges.　(4)absolute convergence.

(5)conditionally convergent.　(6)power series.　(7)alternating series.

(8)harmonic series.　(9)sum function.

2)本章重要概念的英文定义

(1)A series $\sum\limits_{n=1}^{\infty} a_n$ **converges absolutely** (is **absolutely convergent**) if the con‐responding series of absolute values $\sum\limits_{n=1}^{\infty} |a_n|$ converges.

(2)Let f be a function with derivatives of all orders throughout some interval containing a as an interior point. Then the **Taylor series generated by** f **at** $x = a$ **is**

$$\sum_{k=0}^{\infty} \frac{f^{(k)}(0)}{k!}(x-a)^k = f(a) + f'(a)(x-a) + \frac{f''(0)}{2!}(x-a)^2 + \ldots + \frac{f^{(n)}(0)}{n!}(x-a)^n + \cdots.$$

The **Maclaurin series generated by** f **is**

$$\sum_{k=0}^{\infty} \frac{f^{(k)}(0)}{k!}x^k = f(0) + f'(0)x + \frac{f''(0)}{2!}x^2 + \ldots + \frac{f^{(n)}(0)}{n!}x^n + \cdots.$$

The Taylor series generated by f at $x = 0$.

2. 习题

(1)①发散.　②收敛.　③收敛.　④发散.

(2)①发散.　②收敛.　③ $x > 1$ 收敛，$x \leqslant 1$ 发散.　④收敛.

(3)①收敛.　②收敛.　③收敛.　④收敛.

(4)①收敛.　②收敛.

(5)由 $a_k \leqslant u_k \leqslant b_k \Rightarrow 0 \leqslant u_k - a_k \leqslant b_k - a_k$，由 $\sum\limits_{k=1}^{\infty}(b_k - a_k)$ 收敛 $\Rightarrow \sum\limits_{k=1}^{\infty}(u_k - a_k)$ 收敛，

由 $\sum\limits_{k=1}^{\infty} a_k$ 及 $\sum\limits_{k=1}^{\infty}(u_k - a_k)$ 收敛 $\Rightarrow \sum\limits_{k=1}^{\infty}(a_k + (u_k - a_k)) = \sum\limits_{k=1}^{\infty} a_k$ 收敛.

(6)①发散.　②收敛.　③收敛.　④收敛.

(7)①绝对收敛.　②绝对收敛.　③条件收敛.　④绝对收敛.

(8)① $R = 1; I = [-1,1)$.　② $R = 3; I = [0,6)$.　③ $R = 1; I = [-1,1]$.

(9)① $\dfrac{x^2}{1-x}(|x| < 1)$.　　② $\dfrac{1}{2}\ln\dfrac{1+x}{1-x}(-1 < x < 1)$.

(10)① $\sin x = \dfrac{1}{2}\Big[\sqrt{3}\sum\limits_{n=1}^{\infty} \dfrac{(-1)^{n-1}}{(2n-1)!}\Big(x - \dfrac{\pi}{6}\Big)^{2n-1} + \sum\limits_{n=0}^{\infty} \dfrac{(-1)^n}{(2n)!}\Big(x - \dfrac{\pi}{6}\Big)^{2n}\Big], x \in \mathbf{R}.$

② $e^x = e \cdot \sum\limits_{n=0}^{\infty} \dfrac{(x-1)^n}{n!}, x \in \mathbf{R}.$

③ $\dfrac{x}{x^2-5x+4}=\dfrac{5}{3}\sum\limits_{n=0}^{\infty}(-1)^n\left(1-\dfrac{1}{4^{n+1}}\right)(x-5)^n+\dfrac{1}{3}\sum\limits_{n=0}^{\infty}(-1)^n\left(1-\dfrac{1}{4^{n+1}}\right)(x-5)^{n+1}$, $4<x<6$.

(11)① $S(x)=\begin{cases}-1, & -\pi<x<0,\\ 1, & 0<x<\pi,\\ 0, & x=0,-\pi.\end{cases}$ ② $S(x)=\begin{cases}x, & -\pi<x<\pi,\\ 0, & x=\pi.\end{cases}$

(12)①余弦级数

$$f(x)=\dfrac{3}{4}a+\dfrac{4a}{\pi^2}\sum\limits_{n=1}^{\infty}\dfrac{\cos\dfrac{n\pi}{2}-1}{n^2}\cos\dfrac{n\pi}{2}x,\quad(0\leqslant x\leqslant 2).$$

②正弦级数

$$f(x)=\dfrac{2a}{\pi}\sum\limits_{n=1}^{\infty}\left(\dfrac{2}{n^2\pi}\sin\dfrac{n\pi}{2}+\dfrac{(-1)^{n+1}}{n}\right)\sin\dfrac{n\pi}{2}x,\quad(0\leqslant x<2).$$

3. 测验题

1)(1) $\dfrac{1}{2}$.　(2) $\dfrac{1}{2}<k<1$.

2)(1)(B).　(2)(A).　(3)(A) $\left[\dfrac{|a_n|}{\sqrt{n^2+b}}\leqslant\dfrac{|a_n|}{n}\leqslant\dfrac{1}{2}\left(a_n^2+\dfrac{1}{n^2}\right)\right]$.

3)(1)①条件收敛.　②绝对收敛.

(2)① $\left[-\dfrac{1}{5},\dfrac{1}{5}\right),R=\dfrac{1}{5}$.　②$(-2,0),R-1$.

4)(1) $f(x)=-\dfrac{1}{5}\sum\limits_{n=1}^{\infty}\left[\dfrac{1}{3^{n+1}}-\dfrac{(-1)^n}{2^{n+1}}\right](x+4)^n,x\in(-6,2)$.

(2) $f(x)=\dfrac{1}{2}+\sum\limits_{n=1}^{\infty}\dfrac{2\cdot(-1)^n}{(2n-1)\pi}\cos(2n-1)x,x\neq\dfrac{\pi}{2},\pi$.

(3)若 $u_n=\dfrac{(-1)^n}{\sqrt{n}}$，则 $\sum\limits_{n=1}^{\infty}u_n$ 收敛. 若 $v_n=\dfrac{(-1)^n}{\sqrt{n}}$，则 $\sum\limits_{n=1}^{\infty}v_n$ 收敛；若 $v_n=\dfrac{(-1)^n}{\sqrt{n}}+\dfrac{1}{n}$，则 $\lim\limits_{n\to\infty}\dfrac{u_n}{v_n}=1,\sum\limits_{n=1}^{\infty}v_n$ 发散.

参 考 文 献

[1] 同济大学数学系.高等数学.7版.北京:高等教育出版社,2014.

[2] 张天德,张焕玲,刘永乐.高等数学辅导:同济•第七版.沈阳:沈阳出版社,2014.

[3] 李永乐,王式安,季文铎,等.数学历年真题权威解析:数学一.西安:西安交通大学出版社,2015.

[4] 范培华,章学诚,刘西垣.微积分.北京:中国商业出版社,2006.

[5] 上海交通大学,集美大学.高等数学:及其教学软件.3版.北京:科学出版社,2010.

[6] George B Thomas, Ross L Finney, Maurice D Weir. Calculus and Analytic Geometry. 9th ed. Addison-Wesley Publishing Company, 1998.

[7] 汤家凤.考研数学复习大全:数学二.北京:中国时代经济出版社,2013.

[8] 刘西垣,李永乐,袁荫棠.数学复习全书:数学三.北京:国家行政学院出版社,2012.

[9] 李正元,李永乐.数学历年试题解析:数学二.北京:中国政法大学出版社,2013.

[10] 李正元,李永乐,范培华.2015年考研数学复习全书:数学一.北京:中国政法大学出版社,2014.

[11] 陈文灯,黄先开.2012年考研数学复习指南:理工类.北京:北京理工大学出版社,2012.

[12] 张仁德.高等数学辅导与习题[M].北京:中国计量出版社,1991.

[13] 郑唯唯,王拉省.高等数学辅导讲案[M].西安:西北工业大学出版社,2007.

[14] 上海理工大学高等数学教研室.高等数学辅导[M].上海:上海财经大学出版社,2005.

[15] 邹本腾.高等数学辅导:同济•高等数学.北京:科学技术文献出版社,2001.

[16] 姚孟臣,卢刚,孙惠玲,等.大学文科高等数学:第一册.北京:高等教育出版社,1997.

[17] 占海明.基于MATLAB的高等数学问题求解.北京:清华大学出版社,2013.

[18] 常广平.常微分方程的思想方法与应用[J].北京联合大学学报(自然科学版),2005,19(2):45—47.

[19] 李玲玲,黄玉.解读《微分方程》中的数学思想方法[J].中国西部科技,2014(5):97—98.

[20] 李铁安,王青建.笛卡儿解析几何思想的文化内涵[J].自然辩证法通讯,2007,29(4):74—80.

[21] 马英典.笛卡尔与解析几何的创立[J].科技资讯,2012(36):165.

[22] 王渝生.海王星的发现[J].科学世界,2012(9):84—85.

[23] 张志涌,杨祖樱.MATLAB教程[M].北京:北京航空航天大学出版社,2015.

[24] 杨爱珍,殷承元,叶玉全,等.高等数学习题及习题集精解.上海:复旦大学出版社,2014.

[25] 胡良剑.孙晓君.MATLAB数学实验.北京:高等教育出版社,2006.

[26] 裴礼文.数学分析中的典型问题与方法.2版.北京:高等教育出版社,2006.

[27] 莫里斯•克莱因.古今数学思想.邓东皋,张恭庆,等,译.上海:上海科技技术出版社,2000.